BIRKHÄUSER

# Collected Works of Charles François Sturm

Jean-Claude Pont (Editor)
In collaboration with Flavia Padovani

Birkhäuser
Basel · Boston · Berlin

Editor:

Prof. Jean-Claude Pont
28, chemin de Chantevent
3960 Sierre
Switzerland

Library of Congress Control Number: 2008920492

Bibliographic information published by Die Deutsche Bibliothek. Die Deutsche Bibliothek lists this publication in the Deutsche Nationalbibliografie; detailed bibliographic data is available in the Internet at http://dnb.ddb.de

ISBN 978-3-7643-7989-6 Birkhäuser Verlag AG, Basel - Boston - Berlin


Basel · Boston · Berlin
P.O. Box 133, CH-4010 Basel, Switzerland
Part of Springer Science+Business Media
Printed on acid-free paper produced from chlorine-free pulp. TCF ∞
Cover illustration (letter): Staatsbibliothek zu Berlin. Preussischer Kulturbesitz. Zentralkartei der Autographen
Printed in Germany
ISBN 978-3-7643-7989-6
9 8 7 6 5 4 3 2 1

e-ISBN 978-3-7643-7990-2
www.birkhauser.ch

# Contents

Préface ........ ix

*Jean-Claude Pont and Isaac Benguigui*
Charles François Sturm: notice biographique ........ 1

*Hourya Benis Sinaceur*
L'œuvre algébrique de Charles François Sturm ........ 13

*Jesper Lützen and Angelo Mingarelli*
Charles François Sturm and Differential Equations ........ 25

*Eisso J. Atzema*
Charles François Sturm's Writings on Optics ........ 49

*Patricia Radelet-De Grave*
Mécanique ........ 67

*Jean-Claude Pont*
Compressibilité des liquids et vitesse du son ........ 111

## Works of Charles François Sturm

Solution du problème de dynamique énoncé à la page 180 du présent volume (1822/23) ........ 117

Solution partielle du problème de géométrie énoncé à la page 288 du XIIe volume du présent recueil (1822/23) ........ 132

Démonstration d'un théorème de géométrie, énoncé à la page 248 du précédent volume (1823/24) ........ 137

Démonstration de deux théorèmes de géométrie, énoncés à la page 248 du XIIIe volume des *Annales* (1823/24) ........ 141

Recherches analitiques, sur une classe de problèmes de géométrie dépendant de la théorie des *maxima* et *minima* (1823/24) ........ 148

Démonstration des deux théorèmes de géométrie énoncés à la page 63 du présent volume (1823/24) ........ 157

Autre démonstration du même théorème (1823/24) ........ 165

Solution du dernier des quatre problèmes de géométrie proposés à la page 304 du précédent volume (1823/24) .......... 174

Solution du problème de statique énoncé à la page 28 du présent volume (1823/24) .......... 181

Addition à l'article inséré à la page 286 du présent volume (1823/24) ... 190

Démonstration des quatre théorèmes sur l'hyperbole énoncés à la page 268 du précédent volume (1824/25) .......... 192

Recherches sur les caustiques (1824/25) .......... 197

Théorèmes sur les polygones réguliers (1824/25) .......... 212

Recherches analitiques sur les polygones rectilignes plans ou gauches, renfermant la solution de plusieurs questions proposées dans le présent recueil (1824/25) .......... 219

Recherches d'analise sur les caustiques planes (1825/26) .......... 256

Mémoire sur les lignes du second ordre, première partie (1825/26) ...... 267

Mémoire sur les lignes du second ordre, deuxième partie (1826/27) ..... 297

Analyse d'un Mémoire sur la résolution des équations numériques (1829) 323

Extrait d'un mémoire de M. Sturm, présenté à l'Académie des sciences (1829) .......... 328

Note présentée à l'Académie par M. Ch. Sturm (1829) .......... 333

Extrait d'un Mémoire sur l'intégration d'un système d'équations différentielles linéaires, présenté à l'Académie des sciences (1829) .. 334

Rapport de M. Cauchy sur le Mémoire de M. Sturm intitulé. Résumé d'une nouvelle théorie relative à une classe de fonctions transcendantes (1830) .......... 343

Mémoire sur la résolution des équations numériques (1835) .......... 345

Mémoire sur les Équations différentielles linéaires du second ordre (1836) 392

Démonstration d'un Théorème de M. Cauchy, relatif aux racines imaginaires des Équations (1836) .......... 474

Autres démonstrations du même Théorème (1836) .......... 486

Mémoire sur une classe d'Équations à différences partielles (1836) ...... 505

Note sur un théorème de M. Cauchy relatif aux racines des équations simultanées (1837) .......... 578

Extrait d'un Mémoire sur le développement des fonctions en séries dont les différents termes sont assujettis à satisfaire à une même équation différentielle linéaire, contenant un paramètre variable (1837) .......... 584

Mémoire sur la compression des liquides (1838) .......... 589
Mémoire sur l'Optique (1838) .......... 671
Note de M. Sturm, relative au Mémoire de M. Libri inséré dans le précédent Compte rendu (1839) .......... 700
Réponse de M. Libri à la Note de M. Sturm (1839) .......... 701
Mémoire sur quelques propositions de mécanique rationnelle (1841) .......... 704
Note de M. Sturm à l'occasion de l'article précédent (1841) .......... 711
Note de M. Sturm à l'occasion de l'article précédent (1842) .......... 718
Note sur un Mémoire de M. Chasles (1842) .......... 721
Démonstration d'un Théorème d'algèbre de M. Sylvester (1842) .......... 732
Mémoire sur la théorie de la vision (1845) .......... 746
Note sur l'intégration des équations générales de la dynamique (1848) .......... 780
Sur le mouvement d'un corps solide autour d'un point fixe (1851) .......... 789

## Bibliographic References

Bibliographie des ouvrages de Charles François Sturm .......... 803
Bibliographie des principaux articles/ouvrages sur Charles François Sturm .......... 807

# Préface

Charles François Sturm est né à Genève le 29 septembre 1803. Ses œuvres, sans être abondantes, contiennent des pièces de choix, en particulier le théorème sur les racines des équations algébriques, qui a fait sa jeune célébrité, ainsi que la théorie dite de «Sturm–Liouville» pour les équations différentielles du second ordre. Pour célébrer le bicentenaire de sa naissance, l'Université de Genève, par l'intermédiaire de la Section de Physique et de l'Unité Histoire et Philosophie des Sciences, a organisé en son honneur un important colloque international (15–19 septembre 2003).

Deux parties constituaient ce colloque. L'une d'elles, la seconde, était consacrée aux aspects modernes et actuels de la théorie de Sturm–Liouville. Dirigée par Werner Amrein, Andreas Hinz et David Pearson, elle a fait l'objet d'un ouvrage paru chez Birkhäuser en 2005, sous le titre *Sturm-Liouville Theory. Past and Present*. Une pléiade de mathématiciens, spécialistes de la théorie de Sturm–Liouville, ont, à cette occasion, fait le point sur les développements intervenus dans ce domaine au cours du 20e siècle, ainsi que sur ses applications en sciences naturelles, particulièrement en physique.

Dans la première partie du colloque, des historiens des mathématiques, représentant les diverses facettes de l'œuvre de Sturm, ont traité des aspects historiques de cette œuvre et du contexte dans lequel elle s'est inscrite. Cette partie était conçue comme prolégomène à la publication des œuvres complètes du célèbre Genevois, les communications des intervenants servant de chapeaux aux divers champs où il a laissé son nom.

La conservation de la production des grands hommes relève du souci plus général de la sauvegarde du patrimoine, qui façonne le visage d'une civilisation et fait sa grandeur.

Dans notre présentation de l'ensemble des travaux de Charles François Sturm, nous avons maintenu l'ordre chronologique des publications, et les chapeaux qui introduisent les divers champs ont été regroupés en tête.

Les champs concernés sont, pour l'essentiel, les suivants: Mathématique élémentaire (théorie des polygones, trigonométrie, géométrie analytique, géométrie projective, sections coniques, etc.), Algèbre, Analyse, Mécanique, Optique (caustique, optique physiologique), Théorie de la chaleur (compressibilité des liquides, vitesse du son dans l'eau).

La présente publication et le colloque ont pu bénéficier de la générosité ou de l'appui de diverses instances genevoises que nous remercions ici: Société de physique et d'histoire naturelle, Société académique, Faculté des Sciences et Section de physique de l'Université. Nos remerciements vont aussi à l'Académie des Sciences de Paris pour sa participation active à notre colloque à la Bibliothèque publique et universitaire de Genève, qui a procédé à la numérisation des œuvres de Sturm et, *last but not least*, aux Editions Birkhäuser qui ont assuré cette publication avec leur compétence habituelle.

Sierre, avril 2008 Jean-Claude Pont

*Collected Works of Charles François Sturm*
Jean-Claude Pont (ed.), in coll. with Flavia Padovani, 1–11


# Charles François Sturm: notice biographique

Jean-Claude Pont et Isaac Benguigui

> «Deux beaux Mémoires sur la discussion des équations différentielles et à différences partielles, propres aux grands problèmes de la Physique mathématique, ont été du moins publiés en entier, grâce à mon insistance.» La postérité impartiale, les placera à côté des plus beaux Mémoires de Lagrange. «Voilà ce que j'ai dit et imprimé il y a vingt ans [Mémoires lu à l'Académie des Sciences par Liouville, le 14 décembre 1836], et ce que je répète sans craindre qu'aujourd'hui personne vienne me reprocher d'être trop hardi».
> Liouville, dans le discours prononcé sur la tombe de Sturm, le jeudi 20 décembre 1855 (Cité dans Prouhet, *Cours d'analyse de l'Ecole polytechnique*, t. 1 p. XXV).[1]

## Remarques liminaires

Pour l'essentiel, cette notice biographique reprend celle classique de Prouhet, complétée par Speziali; les *Souvenirs et mémoires* de Jean Daniel Colladon constituent aussi une précieuse source d'informations. En l'absence de matériaux véritablement nouveaux (si l'on excepte une lettre de Sturm à Lejeune-Dirichlet), nous avons dû nous contenter d'une restructuration et d'une épuration des documents existants. La correspondance et les papiers de Sturm semblent avoir disparu corps et bien (voir toutefois l'article de Neuenschwander). On peut s'en étonner connaissant la profonde amitié qui le liait à Liouville, décédé un quart de siècle plus tard et qui entretenait les meilleures relations avec la sœur de Charles François.[2] Voici à ce propos un passage de l'éloge funèbre prononcé par Liouville (Cité dans Prouhet):

> «Mais, bien qu'il y ait de quoi suffire à plus d'une réputation dans cet ensemble de découvertes solidement fondées et que le temps respectera,

---

[1]Les références figurent dans la «Bibliographie des biographies».

[2]Loria donne deux indications, mais sans références:

> «Malheureusement dans les papiers qu'il a laissés, on n'a pas trouvé le texte complet de ces mémoires, ni même quelques lignes capables de combler cette lacune (et ce n'est pas la seule) de sa production scientifique.» (p. 262) Et (p. 272) «... il faut mentionner un mémoire très étendu sur la communication de la chaleur dans une suite de vases; malheureusement, quoique ce mémoire fut complètement rédigé et prêt à envoyer à l'imprimerie, il n'a jamais vu le jour.» (Voir aussi l'article de Neuenschwander).

les amis de notre confrère savent que Sturm est loin d'être là tout entier, même comme géomètre. Puissent les manuscrits si précieux que quelques-uns de nous ont entrevus se retrouver intacts entre les mains de sa famille! En les publiant, elle ne déparera pas les chefs-d'œuvre que nous avons tant admirés.»

La présente notice précède les œuvres complètes de Sturm, elles-mêmes accompagnées d'abondants commentaires historiques et techniques; il ne nous a dès lors pas paru nécessaire de proposer ici une biographie intellectuelle résumée.[3]

Les informations sur la famille de Charles François Sturm sont maigres. C'est son grand-père, d'origine strasbourgeoise, qui était venu s'établir à Genève, vraisemblablement dans la mouvance «huguenote».[4] Le père, «régent d'arithmétique», avait «beaucoup d'exactitude et de ponctualité, mais il n'avait pas de fortune», écrivait Jean Daniel Colladon, ami d'enfance et de toujours. La mère de Sturm se nommait Jeanne Louise Henriette Gremay. Lorsque Charles François Sturm naît, le 29 septembre 1803,[5] Genève se débat pour conserver sa liberté dans la tourmente napoléonienne et post-révolutionnaire. Elle relève alors du département du Léman et on est le 6 vendémiaire de l'an XII. Charles François est l'aîné d'une famille de quatre enfants. On imagine assez la difficulté de la vie dans sa famille.

Des circonstances particulières, dont l'analyse est difficile, ont fait de la Genève des XVIII$^{e}$ et XIX$^{e}$ siècles un haut lieu de science. Selon Alphonse de Candolle, cité par Cléopâtre Montandon (p. 51), la cité de Calvin a fourni, entre 1740 et 1890, une trentaine de savants aux grandes académies. La Société de Physique et d'Histoire naturelle, qui a été fondée en 1790, regroupe des savants de premier plan et anime la vie scientifique genevoise; la *Bibliothèque britannique*, qu'elle publie et qui est son organe officiel, acquiert vite une grande réputation.[6]

---

[3]Les auteurs qui ont traité des aspects biographiques de Sturm sont les suivants: Maxime Bôcher, Jean Daniel Colladon, Gino Loria, Arthur Massé, Eugène Prouhet, Pierre Speziali.

Arthur Massé se proposait de raconter l'histoire des hommes célèbres qui ont donné leur nom à une rue de Genève. L'histoire de Sturm résumée est reprise dans *Qui étaient-ils?*, du même auteur en 1906.

[4]Prouhet émet des hypothèses sur l'existence d'ancêtres célèbres, mais sans aucune indication de source, assorties de l'adverbe «probablement».

[5]Dans le *Cours d'analyse* est indiqué «6 vendémiaire an XII (22 septembre 1803)». Mais le 6 vendémiaire correspond en fait au 29 septembre. Un extrait de l'acte de naissance porte bien l'indication du 6 vendémiaire de l'an XII.

[6]Alphonse de Candolle (1806–1893), et à sa suite Cléopâtre Montandon, tentent de rendre compte de la place extraordinaire qui est faite à la science à Genève à cette époque. La cause en résiderait dans la valeur sociale que les milieux patriciens attachent à la «quête de la vérité» (Montandon, p. 71) et dans leur «sens du devoir» (p. 74). Ces analyses accordent bien sûr un rôle à l'influence possible du protestantisme. Sous la rubrique «L'analyse des faits» (pp. 123ff), de Candolle montre à l'évidence l'inexistence des milieux catholiques dans la science de ce temps-là («Nous respirons pourtant tous, en Suisse, le même air.») D'une manière plus générale (p. 122), «il devrait se trouver sur les listes d'associés ou correspondants des principales académies un nombre de catholiques à peu près double de celui des protestants. C'est presque l'opposé qui est arrivé.» Parmi les arguments curieux qui méritent d'être notés (pp. 125–126), le célibat des prêtres, à partir du

Il y a plusieurs indications de la précocité de Sturm. Les principales proviennent des témoignages que nous a livrés Colladon dans son autobiographie. Ainsi: à 17 ans «M. Schaub l'a en particulier prié de le remplacer lorsqu'il a été indisposé.» Parmi les camarades de Sturm: le chimiste Jean-Baptiste Dumas (1800–1884) et le physicien Auguste De La Rive (1801–1873). Speziali (1964, p. 11) nous apprend aussi que Lhuillier lui prête la *Revue de Gergonne* (voir plus loin, *Annales de mathématiques pures et appliquées*).

En 1819 Sturm perd son père et la situation familiale s'aggrave singulièrement. Grâce à l'intervention de Colladon (voir à ce propos la très belle lettre que le jeune Colladon – il a alors à peine 20 ans – adresse à la famille de Broglie pour aider son ami (*Souvenirs et mémoires*, pp. 49–50)), il obtient un poste de précepteur auprès d'un fils de M$^{me}$ de Staël, le jeune Rocca.[7] Germaine de Staël est alliée aux de Broglie par sa fille Albertine, qui épouse Achille-Léonce-Charles-Victor duc de Broglie (1785–1870). Le duc est un des soutiens du parti libéral à la chambre des pairs de France, il est ministre de l'Instruction publique dans le premier gouvernement de Louis-Philippe, puis des affaires étrangères en 1832, président du conseil en 1835, membre de l'Académie française (élu en 1856); il serait loisible de penser que cette relation ait pu aider le jeune Sturm dans son ascension parisienne, mais la façon dont parle le duc dans ses *Souvenirs* ne donne pas à penser qu'ils aient eu une relation privilégiée ou qu'il soit intervenu en sa faveur.[8] Charles François Sturm commence son préceptorat au château de Coppet. Il suivra la famille de Broglie à Paris pour un court séjour, avant de revenir pour six mois à Coppet.[9]

---

«fait qu'un grand nombre de savants distingués ont été des fils d'ecclésiastiques protestants.» Les statistiques de Candolle (pp. 130–131) montrent aussi qu'un nombre impressionnant de savants descendent de «protestants expulsés de leur pays». On trouve dans l'ouvrage classique de Max Weber de 1930, *The Protestant Ethic and the Spirit of Capitalism*, un examen très fouillé de l'influence du protestantisme sur l'économie en général. Pour cette question, voir aussi Isaac Benguigui, *Trois physiciens genevois et l'Europe savante. Les De la Rive 1800–1920*, Genève, Georg, 1990, pp. 31–33.

[7]On trouvera des informations intéressantes dans les ouvrages de la Comtesse Jean de Pange (1890–1974; elle était la sœur de Louis de Broglie). Dans *Le dernier amour de Madame de Staël d'après des documents inédits*, elle nous apprend (p. 10) comment l'officier Jean de Rocca (décédé en 1818) «ce hussard de 23 ans fut amené par d'étranges circonstances à rencontrer la femme *trop célèbre* qui n'en comptait pas moins de 44 ans»; comment «le romantique héros de cette suprême passion» allait devenir le père du «petit Alphonse, *l'être manqué*», dernier enfant de Germaine de Staël (décédée en 1817), Alphonse dont Charles Sturm sera le précepteur.

[8]Anne-Louise Germaine de Staël est la fille de Jacques Necker, neveu du fameux ministre de Louis XVI; elle épouse en 1786 le baron Eric-Magnus de Staël-Holstein, ambassadeur de Suède à Paris. Jacques-Victor-Albert (1821–1901), fils d'Albertine et d'Achille-Léonce-Charles-Victor, qui sera élu à l'Académie française en 1861, est l'auteur des *Mémoires* cités dans la note suivante.

[9]Dans ses *Mémoires* (*Mémoires du Duc de Broglie (Jacques-Victor-Albert – 1821–1901)*, t. 1, Paris, Calmann-Lévy, 1938), le duc Albert de Broglie consacre quelques passages peu amènes au jeune Rocca: «C'était un être manqué» (p. 4) et (p. 5) «L'éducation d'Alphonse, toujours manquée et toujours à recommencer, avait amené dans la maison une suite de précepteurs qui quittaient la partie l'un après l'autre, découragés par l'incapacité de leur élève.» Sturm n'est

Les *Annales de mathématiques pures et appliquées* ont joué dans la vie mathématique du début du XIX$^e$ siècle un rôle central et c'est là que les premiers articles de Sturm (1822 à 1829) – ils sont une vingtaine – ont été publiés. Les publications de Sturm de cette période portent sur la géométrie et l'analyse élémentaires et sur la géométrie analytique, si l'on excepte deux mémoires consacrés aux caustiques et deux mémoires touchant à la géométrie projective. Sturm débarque à Paris au moment où Poncelet publie son *Traité des propriétés projectives des figures* (1822); il comprend tout de suite l'intérêt des principes nouveaux, du principe de continuité en particulier.[10]

Le *Bulletin de Férussac* (fondé par le baron Audebard de Férussac, 1786–1836), qui paraît à Paris de 1823 à 1831 sous le titre officiel *Bulletin général et universel des annonces et des nouvelles scientifiques*, puis, dès 1824, comme *Bulletin universel des sciences et de l'industrie* est le second journal auquel Sturm collabore, cette fois-ci au niveau rédactionnel puisqu'il en sera le rédacteur principal du début de 1829 à juillet 1830 (avec des articles signés C. S.). C'est d'ailleurs là

cité dans aucun des deux volumes. Seul est mentionné Ximénès Doudan; entré au service des de Broglie comme précepteur d'Alphonse, il n'a plus quitté la famille, au point d'être enterré à la place réservée aux de Broglie (p. 6).

Quant au, le duc Victor de Broglie, il écrit ceci dans ses *Souvenirs* (*Souvenirs – 1785–1870 – du feu Duc* [Victor] *de Broglie*, 2$^e$ édition, t. 2, Paris, Calmann-Lévy, 1886, p. 454):

> «Durant les derniers mois de notre séjour [à Coppet], M. Rocca, oncle et tuteur du dernier fils de madame de Staël, nous confia son pupille, pour être élevé dans notre famille, avec nos enfants, et nous le confiâmes nous-mêmes, pour être élevé sous nos yeux, aux soins d'un jeune Genevois, M. Sturm, qui s'est acquis depuis un nom dans les sciences mathématiques et n'est mort qu'il y a peu d'années, membre de l'Institut.»

[10]Les *Annales de Mathématiques pures et appliquées*, essentiellement le premier en date des périodiques consacrés en propre aux mathématiques, paraissent de 1810 à 1832. Cette remarquable publication est l'œuvre d'un seul homme: Joseph Diez Gergonne (1771–1859). Délibérément dédiées aux mathématiques élémentaires, le mot étant pris ici dans ses diverses acceptions, les *Annales* restent à l'écart (exception faite de la géométrie projective) des courants nouveaux qui s'installent et occuperont les devants de la scène. Elles ont compté parmi les auteurs des noms prestigieux: Ampère, Cauchy, Chasles, Dupin, Galois, Lacroix, Lamé, Liouville, Poisson, Poncelet, mais aussi Lhuillier, Plücker, ou encore Steiner. Comme l'écrivent Dhombres et Otero dans leur article très fouillé et remarquablement documenté, «on peut néanmoins parler d'un décrochage du journal par manque d'adaptation à l'actualité» (p. 46).

Il faut rappeler aussi les curieuses pratiques rédactionnelles de Gergonne, qui rédigeait à nouveau les communications, fusionnant certaines d'entre elles; cela a notamment été le cas pour le t. XIII, pp. 145–162; idem pour *Ann. Math. Gergonne XIII*, 1822–23, pp. 314–318.

(Jean Dhombres et Mario H. Otero, «Les *Annales de mathématiques pures et appliquées*: Le journal d'un homme seul au profit d'une communauté enseignante», in Elena Ausejo et Mariano Hormigon (eds.), *Messengers of mathematics: European mathematical Journals (1800–1946)*, pp. 3–71.)

Une longue lettre de Sturm à Colladon du 26 avril 1824 (Colladon 1893, pp. 54–61) nous renseigne sur ses débuts mathématiques à Paris, en particulier sur sa découverte de la géométrie projective et sur les progrès qu'il lui a fait faire.

qu'il publiera en 1829 son fameux mémoire sur le nombre des solutions d'équations polynomiales, qui le rendra célèbre du jour au lendemain.[11]

Sturm pénètre d'emblée dans le Saint des Saints. «Quant à M. Arago, écrit-il dans sa lettre à Colladon du 26 avril 1824, j'ai été deux ou trois fois à la société de savants qu'il rassemble chez lui tous les jeudis et j'y ai vu les maîtres de la science, MM. Laplace, Poisson, Fourier, Gay-Lussac, Ampère (...).» (Colladon, pp. 55–56) Il devient rapidement le familier d'Ampère, de Fourier, d'Arago (selon Speziali, p. 18, il donne des cours de mathématiques à son fils aîné, qui deviendra ambassadeur de France à Berne). Grâce à une recommandation de M$^{\text{me}}$ de Broglie (lettre à Colladon du 26 avril 1824, publiée dans Colladon, p. 56), le grand Alexander von Humboldt lui «témoigne de l'intérêt». A propos de ce milieu scientifique, Charles François écrivait à sa mère (Prouhet, pp. XX–XXI du *Cours d'analyse de l'Ecole polytechnique*, t. 1): «Je suis actuellement en relation avec des hommes très-savants et très-distingués. Il faut tâcher de m'élever à peu près à leur niveau.» Dans cette même lettre, Sturm nous apprend qu'il assiste souvent aux séances de l'Institut, les lundis. D'habiter chez les de Broglie lui donne aussi l'occasion de rencontrer le milieu intellectuel et cultivé de la capitale: Guizot, Cousin, de Rémusat; ce qui nous vaut des descriptions vivantes, et quelque peu ironiques, de ces hommes et de leurs petits travers. On y puise des informations sur ce milieu intellectuel,[12] on y apprend au passage ses réserves sur la philosophie, on y découvre son style, son don d'observation:

> «Et quant à la métaphysique, tout ce que j'en ai vu me porte à croire que les métaphysiciens, tous tant qu'ils sont, sont bien loin d'être en état de résoudre les grandes questions que quelques-uns d'entre eux agitent témérairement. Qu'ils soient de l'école de Kant ou de celle de Condillac, on trouve chez eux tous des sophismes grossiers, des raisonnements faux et ridicules revêtus d'un inutile verbiage.»

Colladon organise une souscription en faveur de Sturm, qui rapporte 1000 francs. «Les voilà donc partis par la diligence de Lyon le 20 décembre 1825 (...).» (Speziali, 1964, p. 17). Arrivés à Paris, ils logent rue de Seine où ils occupent des chambres à l'Hôtel de Rome. Les deux amis y vivent ensemble de 1825 à 1829. Pour Sturm, le séjour est cette fois-ci définitif. Quand il arrive à Paris, sa production

---

[11] Voir l'article de René Taton dans le *Bulletin de Férussac*. Speziali, de son côté (1964, p. 23) nous rappelle que le *Bulletin* «analyse toutes les productions qui paraissent dans le domaine de la science. En tout 160 tomes d'environ 400 p. chacun». Abel et Galois fréquentent les salons du baron. Les principaux collaborateurs du *Bulletin* sont: Cournot, Coriolis, Terquem, Duhamel, Hachette, Lacroix. Le poste de rédacteur a dû mettre notre héros en contact avec tout ce monde.

[12] «C'est un plaisir de voir aux prises M. Cousin avec M. Guizot. Celui-ci est aussi clair et précis que l'autre est emphatique et mystérieux. On dirait qu'il possède des secrets profonds sur la nature humaine et sur la divinité. Il parle comme un inspiré, insistant sur la nécessité de *fonder des croyances*; il est, ou il veut paraître idéaliste pur. On dit que sa philosophie, qui est toute allemande, prend en Angleterre la place de la philosophie écossaise. Pour moi, tout en admirant la rare éloquence de M. Cousin, je le regarde comme un homme qui n'est pas sincère et constant avec lui-même, et qui emploie son talent à inspirer aux autres une conviction qu'il n'a pas.»

se résume encore à peu de chose. Les recommandations de Lhuilllier à Gérono,[13] celle de Maurice, l'appui du duc de Broglie, peut-être (voir ci-dessus), lui ouvrent des portes, l'introduisent dans des lieux que ni sa naissance, ni sa production ne lui auraient permis d'espérer; son talent et sa gentillesse feront le reste. Avec son ami Colladon, ils suivent des cours à la Sorbonne et au Collège de France chez Ampère, Gay-Lussac, Lacroix, Cauchy (Speziali, 1964, p. 18).

Mis à part ses travaux de géométrie projective, Sturm a peut-être perdu quelques années à flâner dans des domaines où il n'y avait plus grand chose à glaner, des domaines où, d'une certaine manière, tout était dit. Il restait, certes, de jolis théorèmes à découvrir, mais cette géométrie élémentaire-là avait fait son temps, livré sa récolte, la moisson était désormais faite. C'est assurément Fourier qui fut son maître à penser et son modèle. Prouhet écrit à ce propos (*Cours d'analyse*, t. 1, p. XXI): «Sturm subit l'heureuse influence de ce maître vénéré, dont il ne parlait jamais qu'avec émotion. Il dirigea ses recherches vers la théorie de la chaleur et l'analyse algébrique.» L'importance de l'influence de Fourier est clairement mise en évidence par ces quelques lignes de l'article du *Bulletin de Férussac* (t. III, p. 413) où Sturm annonce son théorème d'algèbre (Loria, p. 259):

> «L'ouvrage qui doit renfermer l'ensemble de ses travaux [Fourier] sur l'Analyse algébrique n'a pas encore été publié. Une partie du manuscrit qui contient ces précieuses recherches a été communiquée à quelques personnes. M. Fourier a bien voulu m'en accorder la lecture et j'ai pu l'étudier à loisir. Je déclare donc que j'ai eu pleine connaissance de ceux des travaux inédits de M. Fourier qui se rapportent à la résolution des équations, et je saisis cette occasion de lui témoigner la reconnaissance dont ses bontés m'ont pénétré. C'est en m'appuyant sur les principes qu'il a posés et en imitant ses démonstrations que j'ai trouvé les nouveaux théorèmes que je vais énoncer.»

Malgré ces appuis, la suite de l'aventure parisienne n'est pas facile; à la fois étranger et protestant – il sera naturalisé en 1833 –,[14] il ne présente pas les qualités requises sous la Restauration. Néanmoins, Arago parvient à le faire nommer professeur de Mathématiques spéciales au Collège Rollin (L'ancienne institution privée pour garçons de Sainte-Barbe fut transformée en collège municipal en 1830 et pris le nom de Collège Rollin. Charles Rollin était un pédagogue réputé au début du XVIII$^{e}$ siècle).

Mais revenons sur nos pas. La carrière de Charles François Sturm commence en fanfare! Il est âgé de 24 ans quand, avec son ami Colladon, il remporte le pres-

[13] Camille Christophe Gérono (1799–1891) était professeur de mathématiques proche de Gergonne et des *Annales*; il fondera plus tard avec O. Terquem (1782–1862) les *Nouvelles Annales de Mathématiques*. Sturm est bien reçu par Gérono, qui est peut-être celui qui le mettra en contact avec Gergonne.

[14] Une feuille à l'en-tête du Ministère de la guerre/Ecole polytechnique, conservée dans les archives de l'Ecole, contient l'acte de nomination; elle précise que Sturm a été naturalisé français le 9 mars 1833, avec les références de l'enregistrement. On aurait pu se poser la question de savoir si le fait d'être né dans le département du Léman n'aurait pas dû lui assurer *ipso facto* cette nationalité.

tigieux «Grand Prix Mathématique» de l'Académie des Sciences de Paris (1827), prix qu'il obtiendra une nouvelle fois quelques années plus tard (1834). Il est prestigieux, à la fois par la notoriété des récipiendaires et par la solennité qu'il enveloppe.[15] La question proposée pour le Grand-Prix 1827 était la suivante:

> «1° Déterminer par des expériences multipliées la densité qu'acquièrent les liquides et spécialement le mercure, l'eau, l'alcool et l'éther sulfurique par des compressions équivalentes au poids de plusieurs atmosphères.
>
> 2° Mesurer les effets de la chaleur produite par ces compressions.» (Maindron, p. 58)

Le prix, qui était de 3000 francs, sera remis aux deux jeunes amis à la séance publique de l'Académie des Sciences du 11 juin 1827 pour leurs travaux sur la compressibilité des liquides et, en particulier, pour la première mesure de la vitesse du son dans l'eau, qu'il détermine avec une grande précision.

Pour le Grand Prix de 1834, on lit ceci: «Le prix sera décerné au Mémoire manuscrit ou imprimé qui contiendra une découverte importante pour l'Analyse, ou une nouvelle application du calcul à l'Astronomie ou à la Physique.» Il n'est pas inutile de préciser que le prix précédent avait été partagé par Abel et Jacobi. C'est là une reconnaissance importante pour la qualité de son travail. La cérémonie de remise a lieu le 4 décembre 1834, sur la base d'un mémoire déposé le 30 septembre 1833.

Suite à ses succès, Genève lui fait les yeux doux. Speziali écrit (1964, p. 25): «Ils voient en lui en quelque sorte leur député, leur porte-parole auprès de ces Messieurs de l'Académie des Sciences de Paris». En octobre 1835, l'Académie de Genève lui fait une offre par l'intermédiaire d'Auguste De La Rive. Sa réponse du 1er novembre 1836 est conservée au département des manuscrits de la Bibliothèque publique et universitaire de Genève. La même lettre nous apprend qu'il vient de refuser une offre de Gand par Quételet («10'000 francs au moins», écrit-il). Le fait que Arago lui laisse entendre qu'il obtiendra une place à l'Ecole polytechnique ou à la Faculté des sciences a vraisemblablement compté dans ce refus.

Charles François Sturm sera élu en 1836 (par 46 voix sur 52 votants) à l'Académie des Sciences, où il succède à Ampère. Une si brillante élection s'explique

---

[15](Voir Crosland et Maindron). L'idée de prix de l'Académie des Sciences date de 1714, suite à un don de 125'000 livres de Rouillé de Meslay pour un prix de mécanique céleste et un prix de science navale. L'idée d'un prix régulier remonte au 4 avril 1796 (15 germinal de l'an IV), quand des prix annuels sont fondés pour chacune des trois classes. A la première classe échoit la mission de décerner, en alternance tous les deux ans, un prix de mathématiques et un prix de physique.

Pour la solennité du prix, voyons, par exemple, l'article VI du règlement: «Le Président leur remettra la médaille spécifiée par le programme, ainsi qu'un extrait du procès-verbal de la séance dans laquelle le prix leur aura été adjugé; il leur donnera l'accolade, leur posera sur la tête une couronne de laurier et les invitera à prendre la place qui leur est destinée.» (Maindron, p. 55).

Les quelques exemples suivants de récipiendaires sont une bonne indication pour la valeur de cette récompense: Malus (1810), Fourier (1812), Sophie Germain (1814), Cauchy (1816), Brewster (1816), Seebeck (1816), Fresnel (1819; 1822), Oerstedt (1822), Herschel, Abel (1830), Jacobi (1830).

assurément par ses beaux résultats scientifiques, mais il est possible que sa gentillesse naturelle, que tous reconnaissent, ne soit pas complètement étrangère à ce succès. Nous possédons plusieurs témoignages sur les qualités humaines de Sturm. Celui de Liouville – qui va bien au-delà du propos de circonstance – offre un rare caractère d'authenticité; il est extrait de l'éloge funèbre prononcé sur la tombe de son ami (Cité dans Prouhet, *Cours d'analyse de l'Ecole polytechnique*, t. 1, pp. XXIV–XXV):

> «Le géomètre supérieur, l'homme excellent dont nous accompagnons les restes mortels, a été pour moi, pendant vingt-cinq ans, un ami dévoué; et par la bonté même de cette amitié, comme par les traits d'un caractère naïf uni à tant de profondeur, il me rappelait le maître vénéré qui a guidé mes premiers pas dans la carrière des mathématiques, l'illustre Ampère.
>
> Sturm était à mes yeux un second Ampère: candide comme lui, insouciant comme lui de la fortune et des vanités du monde; tous deux joignant à l'esprit d'invention une instruction encyclopédique; négligés ou même dédaignés par les habiles qui cherchent le pouvoir, mais exerçant une haute influence sur la jeunesse des écoles, que le génie frappe; possédant enfin sans l'avoir désiré, sans le savoir peut-être, une immense popularité.»[16]

Le caractère de Sturm apparaît bien aussi en filigrane dans la lettre inédite, qu'il adresse de Paris à Pierre Lejeune-Dirichlet, le 16 mai 1837.[17] Il s'agit de remerciements pour un message où Lejeune-Dirichlet annonçait à Sturm sa nomination comme membre correspondant de l'Académie de Berlin:[18]

> «Je n'ai pas oublié Monsieur, les moments agréables que j'ai passés auprès de vous pendant votre séjour à Paris, et l'extrême bienveillance

[16]La ressemblance avec Ampère a été affirmée plusieurs fois et de façons indépendantes.

[17]Dirichlet, né en 1805, est un peu plus jeune que Sturm, né, lui, en 1803. Le début de leur carrière présente plusieurs points communs. D'une famille française émigrée, Peter Lejeune Dirichlet a été proviseur à Paris entre 1822 et 1827. Le fait d'avoir déjà «pris rang parmi les savants» tient probablement à ce qu'il avait démontré le cas $n = 5$ du théorème de Fermat (Mémoire présenté à l'Académie des Sciences en 1825). Suite à ce succès, Lejeune-Dirchlet est rapidement admis dans le milieu scientifique parisien. A l'instar de Sturm, le jeune allemand entre en étroites relations avec Fourier et certains de ses plus grands travaux ont leur origine dans ce commerce. Il y rencontre, lui aussi, l'incontournable Alexander von Humboldt, qui le prendra sous sa protection et à qui il doit beaucoup, notamment sa nomination en Allemagne. (Ces quelques informations sur la jeunesse de Dirichlet sont empruntées à: E. E. Kummer, «Gedächtnisrede auf Gustav Peter Lejeune-Dirichlet», *Abhandlungen der Königlichen Akademie der Wissenschaften zu Berlin*, Aus dem Jahre 1860, pp. 1–36. Repris dans Hans Reichardt, *Nachrufe auf Berliner Mathematiker des 19. Jahrhunderts*, Leipzig, BSB B. G. Teubner, 1988, pp. 36–71).

[18]La lettre de Charles Sturm à Pierre Lejeune-Dirichlet du 16 mai 1837 porte l'adresse suivante:

«Monsieur
Monsieur [la répétition est dans l'adresse]
Lejeune-Dirichlet
Rue de Leipsic n° 3
A Berlin».

> dont vous m'honoriez à une époque où je n'avais rien produit et où vous aviez déjà pris rang parmi les savants. Dans le peu que j'ai fait depuis, il n'y a réellement qu'une ou deux idées et j'ai eu plus de bonheur que de mérite à les trouver.»

Dans une lettre de ce genre, il n'est pas facile de faire la part entre ce qui relève de la loi du genre ou de la convention et de ce qui est authentique. Mais le paragraphe suivant est particulier dans ce genre de correspondance et pourrait bien être l'expression d'une personnalité singulière, proche de celle qu'ont décrite ceux qui l'ont connu:

> «Je dois beaucoup travailler pour mériter l'honneur d'avoir été appelé à l'Institut et pour n'être pas totalement éclipsé par M. Liouville qui plus jeune que moi s'est déjà placé si haut dans la science. Vous avez sans doute reconnu la grandeur de son talent en lisant ses nombreux mémoires: mais vous ne pouvez savoir combien la noblesse de son caractère et son zèle étonnant pour la science le rendent recommandable.»

Et encore l'information suivante, qui confirmerait ce que nous disons par ailleurs du Sturm professeur: «... une grande partie de mon temps est employée à montrer l'abc des mathématiques dans un collège: cela me fait vivre et m'assomme et je cumule la réputation d'un professeur assez ordinaire et celle d'un savant paresseux.»

Pour le physique, écoutons Arthur Massé qui nous transmet le témoignage de Colladon (p. 163):

> «Il était vif, agile, très-amateur du saut, de la course, de la natation et des exercices du corps. Sa taille était mince, élancée, quoiqu'il fût fort et vigoureux. Il avait toujours bonne façon, lors même qu'il ne se préoccupât pas du tout de sa toilette.»

Comment était le Sturm professeur? Les jugements des contemporains et des proches sont souvent à prendre avec précaution. Pour notre part, nous serions enclins à faire confiance à l'auteur de l'article du *Livre du Centenaire 1794–1894 de l'Ecole polytechnique.* Mais d'autres sommaires indications biographiques permettent de nuancer ce jugement un peu carré. Dans un texte écrit à la fois avec beaucoup de finesse et une tendre ironie (p. 47), l'auteur rappelle le mot d'Arago: «la vocation d'Ampère était de ne pas être professeur» et d'ajouter «il ne fut pas le seul». La mention à Sturm suit de près cette boutade et l'auteur la lui appliquait sans doute (pp. 57–58):

> «Sturm, géant timide, couvrait de sa personne ses calculs».
>
> Après avoir dit du bien des présentations de Liouville, l'auteur enchaîne: «Sturm n'avait pas ses qualités extérieures. C'était une étrange figure. (...) Entre temps, en 1836, il succéda à Ampère à l'Académie des Sciences. Jamais remplaçant ne ressembla tant au remplacé: c'était la même instruction encyclopédique, le même esprit d'invention, la même vivacité d'imagination: égale naïveté, égale insouciance des choses de la

vie ordinaire et du monde ambiant: à la fin de sa vie, on voyait Sturm s'en aller dans les rues dans une tenue des plus négligées, victime désignée et résignée des plus méchants propos. Comme Ampère, il était affligé d'une gaucherie extrême dans l'attitude et dans le geste, d'une grande difficulté de parole, d'une insurmontable timidité, rendue plus saillante encore par sa corpulence d'hercule, son visage disgracieux et congestionné. Comme Ampère, il était bon et doux et bienveillant.»

Dans une brève nécrologie parue dans *Le Siècle* du 30 décembre 1855 (cité par Prouhet, *Cours d'analyse de l'Ecole polytechnique*, t. 1, p. XXIV), l'un des anciens élèves de Sturm, Regray-Belmy écrivait:

> «On admirait (et j'ajouterai: l'on aimait), cet homme supérieur s'étudiant à s'effacer, pénétrant dans l'amphithéâtre avec une timidité excessive, osant à peine regarder son auditoire. Aussi le plus religieux silence régnait-il pendant ses leçons, et on pouvait dire de lui comme d'Andrieux, qu'il se faisait entendre à force de se faire écouter, tant est grande l'influence du génie!»

L'originalité que Sturm mettait dans ses cours apparaît dans cette anecdote présentée sous forme de boutade (*Cours d'analyse de l'Ecole polytechnique*, t. 1, p. XXIV): «En ai-je assez perdu, disait-il en riant, de ces petits objets! et combien peu m'ont été rapportés par d'honnêtes ouvriers! A la longue, cependant, le total peut faire, comme on dit, une perte *conséquente.*» Loria, (p. 258), évoquant les «démonstrations véhiculées par ses élèves», parle joliment de démonstrations qui ont perdu «leur marque de fabrique».

Lorsqu'on se penche sur le Sturm professeur, il convient de rappeler l'extraordinaire succès de son *Cours d'analyse*, qui constituera pendant un demi-siècle le texte de base de l'enseignement à l'Ecole polytechnique; il verra sa quatorzième édition paraître en 1909, plus d'un demi-siècle après le décès de son auteur. Il faut toutefois rappeler que l'ouvrage a été rédigé un quart de siècle avant les grands chambardements qui bouleverseront les fondements de l'analyse et qu'il sera largement dépassé bien avant d'avoir cessé de servir; mais les vertus pédagogiques du maître apparaissent clairement dans ce texte. A noter aussi que le *Cours d'analyse* a été traduit en allemand par Theodor Fischer en 1897–1898. La première édition de 1857 commence par un avertissement. Prouhet nous y explique comment Sturm a cédé à l'insistance de ses amis et se décide à publier son *Cours d'analyse.* Affaibli par la maladie il demande de l'aide et c'est Eugène Prouhet (1817–1867), répétiteur à l'Ecole polytechnique et élève de Sturm, qui accepte de s'engager dans l'entreprise; mais Sturm décède aussitôt après le début du travail. Prouhet nous dit (p. XVIII) s'être servi des cahiers de Sturm pour sa rédaction. Il notait (pp. XXIII–XXIV): «Comme professeur, Sturm se distinguait par la clarté et la rigueur.» Dans le même ordre d'idées, il convient de mentionner le *Cours de Mécanique de l'Ecole polytechnique*, publié à titre posthume par Prouhet (1861) et dont la 13$^{e}$ édition paraît en 1905. Il s'agit pour l'un et l'autre cours d'une longévité inhabituelle.

Dès 1851, de santé déficiente, il doit se faire suppléer dans ses enseignements, mais reprend sporadiquement ses cours en 1852. Charles François Sturm décède le 18 décembre 1855. Son ami Colladon a fait le déplacement de Paris pour l'assister dans ses derniers moments (Speziali, 1964, p. 29). Sturm fut enseveli au cimetière de Montparnasse.[19]

***

## Annexe

Extrait de la *Table générale des Comptes rendus des séances de l'Académie des Sciences*, tomes 1er à XXXI. – Du 3 août 1835 au 30 décembre 1850, Paris (Mallet-Bachelier), 1853, à l'ordre alphabétique «Sturm»:

(p. 468): «M. Sturm est présenté par la Section de Géométrie comme un des candidats pour la place vacante dans cette Section, par suite du décès de M. Ampère. III, 660»

«M. Sturm est nommé candidat pour la place de professeur d'Analyse et de Mécanique vacante à l'Ecole Polytechnique. YXI. 606»

(p. 469) «M. Sturm est nommé membre de la Commission chargée de préparer la question qui devra être proposée comme sujet du Grand Prix des Sciences mathématiques à décerner en 1838. IV, 582. – en 1842, X, 866. – en 1846. XVIII, 240. – en 1848. XXI, 1422. (...). En 1850. XXVII, 411. en 1852. XXXI, 770.»

Jean-Claude Pont
28, chemin de Chantevent
CH-3960 Sierre
e-mail: jean-claude.pont@lettres.unige.ch

Isaac Benguigui
11, Ave des Cavaliers
CH-1224 Chêne-Bougeries/Genève
e-mail: isaac.benguigui@physics.unige.ch

[19] (Speziali, 1964, p. 32) «Anna Sturm épousa après la mort de son frère un agent d'affaires qui la rendit très malheureuse; elle divorça et mourut sans avoir d'enfants. La mère de Sturm est décèdée en 1854. Sturm, qui ne s'était pas marié, habita longtemps à la place de l'Estrapade, puis à la place du Panthéon avec sa mère et sa sœur. Sturm aurait fait encore deux séjours à Genève en 1834 et 1837.»

*Collected Works of Charles François Sturm*
Jean-Claude Pont (ed.), in coll. with Flavia Padovani, 13–24


# L'Œuvre algébrique de Charles François Sturm

Hourya Benis Sinaceur

L'Œuvre algébrique de Charles François Sturm se réduit à l'invention d'un unique théorème. Ledit «théorème d'algèbre» porte sur le calcul des racines réelles des équations numériques et fit de son jeune et brillant auteur, qui n'avait que 27 ans et s'était déjà fait remarquer pour les travaux menés avec son ami Daniel Colladon sur la compression des liquides, un homme célèbre.

En effet, la communication du résultat à l'Académie Royale des Sciences de Paris, le 25 mai 1829, constitua un événement scientifique. Ce fut François Arago, alors secrétaire perpétuel de l'Académie, qui présenta de la part de Sturm un mémoire sur la *Résolution des équations numériques*. Des mathématiciens connus: Louis Poinsot, Joseph Fourier, Claude Navier furent nommés commissaires. Cinq ans plus tard, en 1834, l'Académie des Sciences décerna à Sturm le prix de mathématiques «pour la découverte de son *Théorème sur le nombre des racines réelles, positives ou négatives des équations algébriques*». Ce prix consacra a posteriori un mérite immédiatement et largement reconnu par la communauté des savants européens.

## Sources bibliographiques

Notre présentation du théorème d'algèbre de Sturm ne peut s'appuyer sur le manuscrit original lu par François Arago à l'Académie. Car ce dernier n'a pas été retrouvé et n'a pas donné lieu à un rapport, ainsi que le montre l'examen du registe de mise à l'étude.

Cependant dès le mois de juin 1829, Sturm qui était alors rédacteur principal de la section mathématique du *Bulletin des sciences mathématiques, physiques et chimiques* du Baron de Férussac, consacre l'article 271 du tome 11 à sa découverte. Cet article de quatre pages est une sorte de résumé assez explicite. Il expose la construction par division euclidienne, convenablement modifiée, d'une suite de fonctions permettant l'énoncé et la compréhension du théorème. La démonstration, il ne la publie que six ans plus tard, en 1835, dans le *Mémoire sur la résolution des équations numériques*, qui est inséré, sous le même titre donc que le mémoire lu à l'Académie des Sciences, dans les *Mémoires présentés par divers savants étrangers à l'Académie Royale des Sciences.*[1]

Entre temps, de 1829 à 1835, cinq publications comportent une démonstration du théorème:

- La première est un bref article en allemand d'Andreas von Ettingshausen paru en 1830 dans une revue scientifique viennoise.[2]
- La seconde présente une démonstration «autorisée» dans un manuel pour étudiants. En effet, Choquet et Mayer demandèrent à Sturm et obtinrent de lui le droit d'insérer sa découverte dans leur *Traité élémentaire d'algèbre.*[3]
- La troisième est due à un examinateur à l'École polytechnique, E. L. Lefébure de Fourcy, qui juge le théorème de Sturm «essentiel» et le reproduit dans ses *Leçons d'algèbre*[4] de 1832.
- La quatrième apparaît, elle aussi, dans un traité général: les *Éléments d'algèbre* de L. P. M. Bourdon, dont la septième édition[5] paraît en 1834.
- La cinquième est une étude détaillée,[6] en allemand, dont l'auteur, A. L. Crelle, n'avait pas encore eu le temps de connaître préalablement le mémoire de Sturm de 1835, et ne disposait que des indications du résumé du *Bulletin de Férussac.* La démonstration ne diffère pas essentiellement de celle de Sturm.

## Énoncé

Soit une équation polynomiale de degré $m$ quelconque:

$$a_m x_m + a_{m-1} x_{m-1} + \cdots + a_2 x_2 + a_1 x_1 + a_0 = 0,$$

que nous abrégerons en $f(x) = 0$.

Soit $f_1$ la dérivée première du polynôme $f$. $f_1$ est supposée ne jamais s'annuler en même temps que $f$. En appliquant l'algorithme d'Euclide à $f$ et $f_1$, nous obtenons l'équation: $f = f_1 Q_1 + R_1$.

Posons $f_2 = -R_1$; l'équation précédente devient: $f = f_1 Q_1 - f_2$. Comme l'écrit Sturm «ce changement de signe, qui serait inutile si l'on n'avait pour but que de trouver le PGCD de $f$ et $f_1$ est nécessaire dans la théorie que nous exposons».

Réitérons le procédé avec $f_2$ et $f_3$, puis avec $f_3$ et $f_4$, etc.

$f$ et $f_1$ n'ayant pas de racine commune, cas auquel on peut toujours se ramener, nous parvenons par application réitérée du même procédé, à une dernière équation:

$f_{r-2} = Q_{r-2} - f_r$ où $r \leq m$ et $f_r$ est une constante numérique.

---

[1] Section «Sciences Mathématiques et Physiques», **VI**, pp. 273–318.

[2] Sturm's Regel... nebst einem Beweise derselben, *Zeitschrift für Physik, Mathematik und verwandte Wissenschaften,* **7,** pp. 444–450.

[3] Première édition, Paris, Bachelier, 1832, chapitre IX, pp. 383–396 et 418–420.

[4] Paris, Bachelier, chapitre XIX, pp. 483–493. Seconde édition, 1835.

[5] Paris, Bachelier.

[6] Die Sätze von Fourier und Sturm zur Theorie der algebraischen Gleichungen, *Journal für die reine und angewandte Mathematik,* **13,** pp. 119–144.

Nous avons ainsi construit une suite de fonctions auxiliaires $f, f_1, f_2, \ldots, f_r$ appelées, depuis que Heinrich Weber les a nommées ainsi, «fonctions de Sturm».

Soient deux nombres réels $p$ et $q$, $p < q$. Écrivons la suite $S_p$ des signes pris par les fonctions $f(x), f_1(x), f_2(x), \ldots, f_r(x)$ par substitution de $p$ à $x$. De même écrivons la suite des signes $S_q$. Soit $N_p$ le nombre des *variations* de signe dans $S_p$ et $N_q$ le nombre des variations de signe dans $S_q$.

Sturm démontre que $N_p - N_q$ est égal au nombre des racines réelles, comprises entre $p$ et $q$, de l'équation $f(x) = 0$.

Le contenu du théorème consiste donc en une procédure algorithmique, dérivée à peu de frais de l'algorithme d'Euclide, pour déterminer le nombre exact de racines réelles sur un intervalle donné $]p, q[$ d'une équation polynomiale.

## Contexte et terreau de la découverte

Dans le premier tiers du XIXe siècle, la scène mathématique est en grande partie occupée par les progrès de l'Analyse: théorie des fonctions, calcul des séries, calcul différentiel et intégral. Cet ensemble est pour beaucoup de mathématiciens le domaine par excellence, celui dont les méthodes permettent l'expression de phénomènes physiques et se prêtent à d'importantes applications pratiques mises en œuvre par les ingénieurs.

L'algèbre était alors essentiellement constituée par la théorie des équations et, sous le nom d'«analyse algébrique», se présentait comme une espèce dans le genre «analytique», qui comportait aussi l'«analyse différentielle», «l'analyse infinitésimale», «l'analyse géométrique» et l'«analyse des courbes». Conjuguer ces différentes espèces d'analyse, c'est-à-dire dans nos termes modernes, des méthodes algébriques, différentielles et géométriques, était courant sans qu'on chercha forcément à démêler ce qui revenait en propre à chacune. Dans l'introduction et le résumé de son ouvrage posthume sur les équations déterminées,[7] Fourier a même esquissé la théorie épistémologique de ce croisement, nécessaire et fécond, de procédures algébriques et infinitésimales. Il devance ainsi David Hilbert qui conseillera, dans sa célèbre conférence au Congrès de Paris (1900), la recherche systématique de tels croisements pour favoriser l'invention.

Le théorème de Sturm est le produit d'un tissage entre Algèbre et Analyse. Aussi Alfred Serret le présente-t-il avec raison comme «l'une des plus brillantes découvertes dont se soit enrichie l'Analyse mathématique».[8] Son auteur est un «géomètre», principalement occupé par la recherche de méthodes *générales* de résolution des équations différentielles du type de celles de Laplace et Lagrange sur les mouvements des corps célestes.

Formé par Simon Lhuilier (1750–1840) à Genève, Charles François Sturm vient en 1824 à Paris écouter les «maîtres de la science»: Simon de Laplace, François Arago, Denis Poisson, Louis Joseph Gay-Lussac, André Marie Ampère, Joseph

[7] *Analyse des équations déterminées, Première partie,* Paris, Firmin Didot, 1831.
[8] *Cours d'algèbre supérieure,* Paris, Bachelier, 1849, tome I, chapitre VI, p. 273.

Fourier, Augustin Cauchy. Avec son ami, Daniel Colladon, il est admis en 1825 au cabinet de physique d'Ampère comme «préparateur et collaborateur».[9] Puis il devient un proche de Fourier, qui le charge d'examiner certains procédés d'analyse utiles en physique en réservant à l'ami Colladon la mesure de la conductibilité de diverses substances. Nourri par les cours d'Ampère et de François Lacroix au Collège de France, ceux de Gay-Lussac et de Cauchy à la Sorbonne, Sturm prend connaissance des mémoires de Niels Henrik Abel et des travaux de Johann Peter Lejeune-Dirichlet: nous le savons par les comptes rendus qu'il en écrit dans les tomes 11, 12 et 13 du *Bulletin de Férussac*. Lecteur attentif des travaux de Simon de Laplace et de Joseph Louis Lagrange sur les équations différentielles déterminant les variations séculaires des orbites des planètes ou les petites oscillations d'un système de points matériels, Sturm cite, en particulier, le chapitre 6 de la *Mécanique céleste*, qui traite de la réalité des racines d'une équation provenant de l'intégration d'un système d'équations différentielles linéaires. Il évoque aussi de manière précise les résultats de Poisson sur la réalité des racines de certaines équations transcendantes rencontrées dans des problèmes de physique mathématique.

Pour la résolution numérique des équations algébriques, qui constitue le domaine spécifique de son théorème d'algèbre, les principales références de Sturm sont Lagrange et surtout Fourier. De ce dernier il connaît l'article publié en 1820 dans le *Bulletin des Sciences par la Société Philomatique*, des fragments de mémoires lus à l'Académie des Sciences et surtout le manuscrit de l'ouvrage publié à titre posthume par Navier sous le titre *Analyse des équations déterminées*. Ce manuscrit, Fourier l'a prêté à Sturm. Ce dernier a pu «l'étudier à loisir», «s'appuyer sur ses principes», «imiter ses démonstrations», comme il le déclare dès 1829.[10] Ce qui ne l'empêche pas d'avouer, par ailleurs, qu'il a trouvé son théorème comme par hasard, tandis qu'il méditait sur les équations différentielles et à différences finies de la mécanique céleste.[11]

De fait, il y a une solidarité organique forte entre le résultat sur le nombre de racines réelles d'une équation algébrique et l'«analyse générale» que pratique Sturm en s'intéressant d'abord à l'allure et à «la marche» de l'intégrale cherchée, avant d'en arriver aux valeurs numériques qu'elle peut prendre,[12] et en tirant grand profit de «la seule considération des équations différentielles en elles-mêmes, sans qu'on ait besoin de leur intégration».[13]

On résumera l'esprit du théorème et celui de son époque par cette observation que Joseph Liouville fait en 1839 à l'Académie des Sciences: «S'occuper

---

[9] Lettre de Colladon à Jean-Baptiste Dumas du 10 mai 1857, Archives de l'Académie des Sciences de Paris, dossier Colladon.

[10] *Bulletin de Férussac*, **12**, n° 271, pp. 419 et sq.

[11] Extrait d'un mémoire sur l'intégration d'un système d'équations différentielles linéaires, *Bulletin de Férussac*, **12**, n° 196, 1829, p. 313. Et aussi Mémoire sur les équations différentielles linéaires du second ordre, lu à l'Académie des Sciences le 30 septembre 1833 et publié en 1836 dans le *Journal de Liouville*, **1**, p. 106.

[12] Mémoire sur une classe d'équations à différences partielles, *Journal de Liouville*, **1**, 1836, pp. 373–380.

[13] Mémoire sur les équations différentielles linéaires du second ordre, introduction.

d'une question d'algèbre à l'occasion d'une question de physique est un privilège dont les géomètres se sont emparés depuis longtemps, privilège heureux auquel les mathématiques pures doivent une grande partie de leur progrès».[14]

## Les principes de l'analyse des équations numériques

Plus précisément, Sturm illustre par son théorème d'algèbre le principe de Fourier qui veut que «la résolution complète des équations numériques [soit] ... une des plus importantes applications du calcul différentiel».[15]

Le principal outil de la découverte est la méthode d'inspection des variations et des permanences des signes, que Descartes a immortalisée par une règle qui porte son nom. Fourier généralise l'application de cette méthode à la résolution d'une équation déterminée quelconque, algébrique ou transcendante. Et il la combine avec la méthode des cascades de Rolle pour donner un majorant du nombre de racines réelles d'une équation polynomiale. Ce faisant, il utilise le classique théorème de la valeur intermédiaire (ou théorème de Bolzano) et le théorème de Taylor, en insistant sur le caractère continu de la fonction représentée par l'équation. Sturm, suivant son exemple, ajoute un seul ingrédient nouveau: l'algorithme d'Euclide, appliqué, à une modification de signe près, à la suite constituée par une fonction polynomiale et ses fonctions dérivées successives. Il parvient ainsi à déterminer le *nombre exact* des racines réelles d'une telle équation. Citons le commentaire fait par Sturm de sa découverte: «J'avais remarqué que l'imperfection du théorème de Fourier tenait à ce que la suite des polynômes qu'il considérait pouvait perdre des variations sans que le premier s'annulât, c'est-à-dire sans qu'il passât par une racine de l'équation. Il résultait de là que la différence entre les nombres de variations correspondants à deux nombres donnés ne pouvait indiquer qu'une limite supérieure du nombre de racines comprises entre ces deux nombres, et non le nombre même de ces racines. Je m'attachai donc à chercher s'il ne serait pas possible de trouver des fonctions telles qu'en y faisant varier $x$ d'une manière continue, de la limite inférieure à la limite supérieure des racines réelles de l'équation, il ne se perdît de variation que quand $x$ passerait par une valeur égale à l'une des racines. C'est à quoi je suis parvenu ...».[16]

Il est important de résumer les observations qui permettent à Sturm de parvenir à un résultat exact et, simultanément, *général*. Ce sont toutes des considérations de signe, appuyées sur la continuité des fonctions concernées.

1°) Sturm observe que la dérivée $f_1$ de $f$ n'intervient dans le raisonnement que par son signe. On peut donc choisir pour premier diviseur un polynôme quelconque, pourvu qu'il ait toujours le même signe que cette dérivée (ou toujours le signe opposé) pour les valeurs $\alpha$ de la variable $x$ qui annulent $f(x)$. $f_1$ ayant

[14] Extrait du procès verbal de la séance du 18 novembre 1839, dans les *Comptes rendus*, **9**, p. 650.
[15] *Analyse des équations déterminées*, p. 18.
[16] Réponse de Sturm à une question de Duhamel, rapportée dans une lettre à la rédaction des *Nouvelles Annales de Mathématiques*, 2e série, **VI**, p. 428.

ainsi un signe constant au voisinage d'une racine $\alpha$, la suite $f, f_1$ perd une variation de signe quand $x$ passe de $\alpha - \varepsilon$ à $\alpha + \varepsilon$.

2°) La «suite de Sturm» doit satisfaire deux autres conditions:
- si une fonction $f_i$ s'annule pour une valeur $\alpha$, alors les valeurs pour $\alpha$ des fonctions encadrantes $f_{i-1}$ et $f_{i+1}$ doivent être de signes opposés.
- Deux fonctions consécutives de la suite ne doivent pas s'annuler pour une même valeur $\alpha$ de l'intervalle considéré.

3°) Le dernier terme de la suite doit avoir un signe constant sur l'intervalle considéré.

La réunion de ces conditions a pour conséquence que toute perte d'une variation de signe sur l'intervalle considéré correspond nécessairement à l'existence d'une racine réelle de l'équation $f(x) = 0$ sur cet intervalle.

Ainsi, la méthode de Descartes, transformée par Fourier en une «notion générale» de l'art analytique, également applicable au cas des fonctions transcendantes rencontrées dans les problèmes de mécanique céleste, de cordes vibrantes, de diffusion de la chaleur, de propagation des ondes, etc., devient, entre les mains de Sturm, le principal outil d'*analyse a priori*, c'est-à-dire d'une analyse qualitative des équations «en elles-mêmes», qu'elles soient algébriques, transcendantes ou différentielles. Pour la résolution de ces dernières, il importe en effet de connaître «la marche et les propriétés caractéristiques» des fonctions intégrales cherchées avant d'en attaquer le calcul. C'est cette méthode d'inspection des signes qui constitue l'unité d'inspiration profonde de Sturm et explique comment il a «rencontré» son théorème d'algèbre en étudiant les équations différentielles. Sturm prend soin de souligner que ce théorème est un cas particulier de sa théorie des équations différentielles linéaires.[17]

## Réception générale

Si tôt connu, si tôt repris, exposé et utilisé par des mathématiciens dans toute l'Europe. Son théorème d'algèbre fit la gloire immédiate de Sturm. L'article nécrologique publié en 1855 par le *Journal de Genève*,[18] rappelle que grâce à cette seule découverte, le nom de Sturm était devenu «populaire» en France, en Angleterre et dans le reste de l'Europe. Nous avons bien vu que la première mention écrite du théorème se trouve dans une revue autrichienne, et la première étude approfondie dans une fameuse revue allemande. Ajoutons la connaissance du théorème en Amérique dès 1844, grâce à la traduction[19] par Charles Davies du traité de Bourdon, régulièrement rééditée tous les ans jusqu'en 1852.

En France, pays d'adoption de l'auteur, chacun de célébrer ce coup d'éclat. Joseph Liouville évoque lui aussi, dans son éloge funèbre, «l'immense popula-

[17] Mémoire sur les équations différentielles linéaires du second ordre, *Journal de Liouville*, 1, 1836, p. 106 et sq.

[18] Archives d'État de Genève.

[19] *Elements of algebra, including Sturm's theorem*, Philadelphia, A. S. Barnes & Co.

rité» gagnée grâce à cette «découverte capitale». Dans *Le livre du Centenaire*[20] de l'École Polytechnique, où Sturm occupait depuis 1840 la chaire de Mathématiques, le directeur des études, Auguste Mercadier, note: «Heureux savant! Il avait fallu à Legendre au moins un livre, à Poinsot une théorie, il suffit à Sturm d'un théorème ... [pour] le couvrir de gloire.»

L'impact du théorème de Sturm fut donc immédiat, très vif et très large. Introduit dans les manuels scolaires avant même d'avoir été complètement exposé et démontré par son auteur, le théorème fut rapidement intégré aux éléments enseignés. «Connu de tous les savants», il fut «adopté par tous les professeurs», constate Lefébure de Fourcy dès la seconde édition, en 1835, de ses *Leçons d'algèbre*. Une décennie plus tard, O. Terquem rehausse le prestige du résultat en commentant malicieusement l'autorisation que «M. Mayer-Dalembert, doué d'un grand esprit de spéculation et sachant le prix de toute chose», avait obtenue de «faire usage de cette invention»![21]

Les manuels de Choquet et Mayer, de Lefébure de Fourcy, de Bourdon ne furent que les premiers d'une longue suite où allaient figurer les illustres traités d'Alfred Serret, de W. S. Burnside et A. W. Panton, de Charles de Comberousse, de Heinrich Weber, de Oscar Perron, de B. L. van der Waerden, de Leonard Dickson, de J. V. Uspensky, de Nathan Jacobson, de Serge Lang et d'autres encore qu'il serait trop long de citer exhaustivement.[22] Mentionnons tout de même encore le cas remarquable de l'article «Separation und Approximation der Wurzeln», rédigé par Carl Runge dans l'*Enzyklopädie der mathematischen Wissenschaften mit Einschluss ihrer Anwendungen*, ouvrage de référence universelle.

En France, cette diffusion correspondait notamment à l'importance de l'École Polytechnique dans le paysage académique. En effet, d'abord «tacitement» exigé des candidats et des élèves, comme le souligne Terquem, il fut bientôt l'objet d'une obligation tout à fait officielle. Mais les manuels en allemand, anglais, italien, pour ne citer que les principales langues, témoignent de l'étendue géographique à l'échelle du monde de la renommée du théorème. Bref, on pouvait reprendre à

[20]Paris, Gauthier-Villars, 1895, p. 57.

[21]Théorème de Sturm, *Nouvelles Annales de Mathématiques*, **2**, 1843, p. 97. Du reste, entre 1843 et 1890, on trouve dans ce journal plus d'une douzaine d'articles plus ou moins intéressants sur ce même sujet.

[22]Pour une liste plus complète voir Hourya Sinaceur, *Corps et Modèles*, Paris, Vrin, 1991, 2e éd. 1999, pp. 444–446 et, plus globalement, la bibliographie spécialement établie pour le théorème de Sturm, pp. 438–447. Voici les références des ouvrages cités ici:

- Serret, *Cours d'algèbre supérieure I*, 3e éd., 1849, Section I, chap. 6, pp. 273–300.
- Burnside et Panton, *The theory of equations*, Dublin-London, 1881, chap. 9, pp. 181–194.
- Comberousse, *Cours de mathématiques V*, Paris, 2e éd., 1890, 2e partie, pp. 442–460.
- Weber, *Lehrbuch der Algebra I*, Braunschweig, Vieweg und Sohn, 1894–1895, §§ 91–95.
- Warden, *Moderne Algebra I*, Springer, 1930, chap. 11.
- Dickson, *New first course in the theory of equations*, New York, 1932, §§ 57–59.
- Uspensky, *Theory of equations*, New York-Toronto-London, McGraw-Hill, 1948, chap. VII, pp. 138–150.
- Jacobson, *Lectures in abstract algebra III*, van Nostrand, 1964, chap. 6.
- Lang, *Algebra*, Addison-Wesley Pub. Co., 1969, Chap. 11, § 2, p. 276.

l'unisson l'exclamation admirative de J. M. Vincent, exposant pourtant une *autre* méthode de résolution numérique:[23] «Qui ne connaît le beau théorème de M. Sturm?»

## Raisons d'un brillant succès

Un tel succès a diverses raisons. D'une part, le théorème d'algèbre de Sturm répond à une question très ancienne, au moins aussi ancienne que la règle des signes de Descartes, et qui restait encore ouverte au début du XIX<sup>e</sup> siècle. D'illustres mathématiciens, comme Lagrange, Laplace, Cauchy, Fourier, Budan ont cherché, chacun selon une méthode propre, à déterminer le nombre des racines réelles d'une équation polynomiale dans un intervalle donné. Sturm commence d'ailleurs son mémoire de 1835 en observant que la question dont il va traiter «n'a pas cessé d'occuper les géomètres depuis l'origine de l'Algèbre ...».

D'autre part la solution de Sturm s'est immédiatement imposée par sa précision, sa simplicité et le fait qu'elle combine de façon nouvelle des éléments bien connus de tous.

1°) Précision: pour la première fois, on dispose d'une méthode qui permet de calculer le nombre *exact* des racines réelles dans un intervalle; par exemple, la méthode de Fourier et de Budan, dont Sturm s'est inspiré, ne donne qu'un majorant de ce nombre. Sturm surmonte l'obstacle principal qui avait arrêté tous les analystes et même «les princes de la science»: ne pouvoir séparer dans un intervalle réel les racines réelles des racines imaginaires. Fourier considérait cette question de la séparation des racines comme la plus difficile de toutes. Sturm la résout.
2°) Simplicité: par comparaison avec les méthodes de Lagrange et de Waring, qui nécessitent toute une série de substitutions successives pour former l'équation aux carrés des différences. Sturm juge la méthode de Lagrange «presque impraticable». Par comparaison également avec les procédés que Cauchy utilise dès 1815, procédés connus de Sturm. Les reconnaître publiquement «satisfaisants»[24] n'empêche pas Sturm de tenter une voie moins «laborieuse», de l'avis en tout cas de Terquem, qui écrit: «Le théorème de Sturm est remarquable, non pas tant par la nouveauté que par l'extrême simplicité du procédé».[25] Et Terquem d'enfoncer le clou: «Les procédés laborieux de M. Cauchy sont sans doute l'unique raison qui ont détourné l'attention que méritait un travail d'une si haute importance et qui, quinze ans après son apparition, était presque oublié».[26]
3°) Combinaison élémentaire: le théorème d'algèbre est tout de suite compris, car Sturm ne sort pas du cadre traditionnel de la théorie des équations et ne recourt qu'accessoirement aux procédés subtils de l'analyse. À vrai dire, ce ca-

[23]Sur la résolution des équations numériques, *Journal de Liouville,* **I**, 1836, pp. 341–372.
[24]*Bulletin de Férussac*, tome 12, article 192.
[25]*Nouvelles Annales de mathématiques*, **2**, 1843, p. 106.
[26]*Nouvelles Annales de mathématiques*, **3**, 1844, p. 557.

ractère n'apparaîtra dans toutes ses conséquences qu'après les travaux d'éminents algébristes comme James Joseph Sylvester ou Charles Hermite. Mais chacun a immédiatement senti l'intérêt décisif de ce caractère élémentaire. Témoin l'abbé Moigno qui s'exclame dans son analyse synthétique des résultats de Cauchy et de Sturm: «Lagrange et Legendre (deux algébristes de renom) auraient eu de la peine à croire qu'on arriverait par des procédés très élémentaires à déterminer, pour une équation de degré quelconque, le nombre des racines imaginaires dont la partie réelle et le coefficient de $\sqrt{-1}$ sont compris entre des limites données.»[27]

Moigno nous décrit aussi par là l'effet de surprise produit par la solution inattendue d'une difficulté longtemps rebelle. Toutes les qualités étaient réunies qui décident du destin «classique» d'un résultat. Le théorème de Sturm obtint pour toujours le label suprême: celui de l'élégance.

## Audience scientifique: impact sur la recherche mathématique

Le théorème de Sturm ne fut pas seulement le favori des professeurs ou auteurs de traités des deux continents. Il exerça également une influence profonde et considérable sur le cours même des mathématiques. Décennie après décennie, traversant les siècles, il engendra tout un «cycle d'idées sturmiennes»[28] et inspira des générations de mathématiciens de tout premier ordre, comme J. J. Sylvester, A. Cauchy, A. Cayley, C. G. Jacobi, Ch. Hermite, L. Kronecker, G. Frobenius, A. Hurwitz, E. Artin et O. Schreier, A. Tarski, A. Seidenberg, A. Robinson, et d'autres plus récents.

On peut dire que nonobstant certaines intermittences dans l'histoire des mathématiques, le théorème de Sturm y conquit d'emblée et garda la situation enviée des grands théorèmes, ceux que le temps fructifie et enrichit d'aspects inédits. Au cours du temps, il fut repris et travaillé sous divers angles: celui de l'algèbre des polynômes, celui de l'algèbre abstraite des corps réels clos, celui de la logique algébrique et de la théorie des modèles. Depuis peu il a une place enviable en théorie de la complexité, en calcul formel et en algèbre dite «effective».

Esquissons brièvement les traits saillants de trois des plus décisives de ces nouvelles figures.

1. La première transformation significative imprimée au théorème de Sturm consiste à l'extraire de son terreau analytique pour l'inscrire dans un cadre purement algébrique, comme le font J. J. Sylvester et Ch. Hermite. Dès 1839, Sylvester affirme que «la règle de Sturm repose sur une proposition purement algé-

[27] *Journal de Liouville*, **5**, p. 76.

[28] Expression due à J. J. Sylvester: On a theory of the sygytic relations of two rational integral functions, comprising an application to the theory of Sturm's functions, and that of the greatest algebraical common measure, *Collected Mathematical Papers I* (1837–1853), Cambridge University Press, p. 517.

brique», c'est-à-dire une proposition indépendante du concept de fonction continue, et même du concept de fonction tout court.[29] Cette affirmation s'inscrit dans le programme de Sylvester, tout à fait étranger à l'esprit de Sturm, de ramener toute l'Analyse à la théorie des déterminants, cette «Algèbre de l'Algèbre». Dans l'approche de Sylvester domine la conception d'un polynôme non pas comme *expression* algébrique d'une fonction, mais comme combinaison formelle de *caractères* symboliques et d'*opérations* algébriques. En somme, on ne se sert pas de la propriété des polynômes d'être des fonctions continues. Sturm en est lui-même suffisamment impressionné pour écrire, en 1842, une nouvelle démonstration de son théorème, où il n'est plus question de variation continue ni d'accroissement ou décroissement infiniment petit.[30] En 1853, profitant des travaux contemporains de Hermite sur les formes quadratiques, Sylvester reprend ses «méditations sturmiennes». Il énonce un critère de réalité des racines original en introduisant la notion nouvelle d'«inertie» (i.e. signature) d'une forme quadratique. La théorie des formes quadratiques ouvre ainsi la possibilité de démonstrations du théorème de Sturm «indépendantes de toute considération de continuité».[31]

2. La deuxième figure du théorème est constituée par sa place dans l'édification de la théorie abstraite des corps réels clos par Emil Artin et Otto Schreier.[32] Ceux-ci montrent que certaines propositions de l'Analyse réelle, comme le théorème de Rolle, le théorème des valeurs intermédiaires, le théorème des accroissements finis ou le théorème de Sturm sont vérifiées dans une structure algébrique générale, celle du corps réel clos, dont le corps des nombres réels est un modèle particulier. Cela achève toutes les recherches d'une expression de la propriété de *continuité* du corps des nombres réels, qui fût non géométrique et non analytique mais préservât la validité des théorèmes habituellement démontrés par des méthodes analytiques reposant sur cette propriété. Le vieux rêve de Lagrange d'une théorie purement algébrique des équations algébriques, que Fourier avait écarté au profit d'une «analyse» algébrico-différentielle, s'est enfin incarné. Et, reformulé en termes de la théorie des corps réels clos, le théorème de Sturm fournit directement, sans passer par les transformations de Hermite et de Sylvester, une caractérisation algébrique des racines réelles d'un polynôme.

3. La troisième découverte importante relative au théorème de Sturm est due au logicien Alfred Tarski. Dans un mémoire fameux,[33] Tarski utilise la propriété

[29]Note sur le théorème de Sturm en Appendice à son article: On rational derivation from equations of coexistence, that is to say, a new and extended theory of elimination, 1839, in *Collected Mathematical Papers I* (1837–1853), pp. 45–46.

[30]Démonstration d'un théorème de M. Sylvester, *Journal de Liouville*, **7**, 1842, pp. 356–368.

[31]Hermite: Remarques sur le théorème de Sturm, *Comptes rendus de l'Académie des Sciences de Paris*, **36**, 1853, dans *Œuvres*, Paris, Gauthier-Villars, **I**, pp. 284–287.

[32]Algebraische Konstruktion reeller Körper, 1926, et Eine Kennzeichnung der reell absgeschlossenen Körper, 1927, *Abhandlungen des mathematischen Seminar der Universität Hamburg*, **5**, pp. 85–99 et 225–231. On appelle réel clos un corps $K$ tel que tout élément positif de $K$ est un carré et que tout polynôme de degré impair, à coefficients dans $K$, a au moins une racine dans $K$.

[33]*A decision method for elementary algebra and geometry*, University of California Press, Berkeley-Los Angeles, 1948. Reprint in *Collected Papers*, Birkhäuser, 1986, **III**, pp. 297–368.

de calculabilité théorique que le théorème de Sturm met en œuvre par le biais de l'algorithme d'Euclide. En généralisant le théorème aux systèmes d'équations et d'inégalités à un nombre quelconque d'inconnues, il le transforme en méthode de décision pour une théorie élémentaire de l'algèbre des polynômes et de la géométrie cartésienne. Ce qui signifie la résolubilité théorique en un nombre fini de pas de tout problème formulé en termes de ladite théorie. En somme, la résolubilité numérique des équations à coefficients réels sert à Tarski de modèle pour trouver dans le théorème de Sturm le schème logique d'une méthode de décision pour tout problème élémentaire impliquant les nombres réels ou, plus généralement, les éléments d'un corps réel clos quelconque. Cette méthode de décision repose sur la possibilité d'éliminer tout quantificateur des énoncés concernés, donc d'éliminer les variables au profit de constantes, ce qui ouvre la voie à une résolution algorithmique. Où l'on comprend l'importance du caractère algorithmique d'un théorème de Sturm algébrisé. Du point de vue logique, un algorithme est une procédure dont l'exécution par une machine est univoquement prescrite par un texte fini et permettant de résoudre tout problème d'un type donné par un simple calcul. Ce détour logique fut nécessaire pour rapprocher la théorie de l'élimination algébrique développée dans le cadre des nombres complexes (ou d'un corps algébriquement clos quelconque) de l'algorithme de calcul du nombre de racines réelles d'une équation à coefficients réels (ou dans un corps réel clos quelconque). L'identité structurelle du théorème de Sturm avec des théorèmes importants démontrés pour le cas complexe, tels que le théorème sur le résultant d'une suite finie de polynômes ou le théorème des zéros de Hilbert, devient claire.

Rétrospectivement, nous gagnons une compréhension renouvelée du lien intime de l'Analyse classique avec un usage correct des quantificateurs universel et existentiel, comme il s'en présente dans l'énoncé de théorèmes tels que ceux sur la continuité ou la convergence (uniformes) de fonctions. Parler d'élimination des quantificateurs, c'est donc bien affirmer la nature algébrique des problèmes élémentaires traditionnellement rapportés à l'Analyse réelle. Aussi l'expression d'«algèbre réelle», originairement employée par Artin et Schreier pour désigner la théorie des corps réels clos et justifiée par eux de manière algébrique, reçoit-elle une nouvelle justification, d'ordre logique celle-là. Et le théorème de Sturm d'apparaître comme une instance particulière du principe logique d'élimination des quantificateurs, un moyen donc d'éliminer toute considération de continuité et de variation continue, au même titre que les théorèmes de la théorie de l'élimination algébrique. Ce que Sturm et les mathématiciens du XIXe siècle étaient bien loin de pouvoir imaginer!

## Conclusion

L'histoire du théorème de Sturm est celle d'un parcours de l'Analyse numérique classique à la logique symbolique en passant par la théorie des déterminants et des formes quadratiques et par la théorie de l'algèbre réelle abstraite. Aujourd'hui, avec la généralisation de l'auxiliaire informatique, le théorème est devenu un morceau de choix pour tous les amateurs de résultats effectifs et d'exécution automatique sur ordinateur des calculs algébriques. Et l'on voit de plus en plus de manuels d'algèbre «concrète», alliant les points de vue les plus nouveaux en théorie des nombres à la théorie classique des équations, réserver comme en son temps une large place à l'exposé du théorème de Sturm.

Benis Sinaceur Hourya
IHPST
CNRS, Université Paris I, ENS
13, rue du Four
F-75006 Paris
e-mail: sinaceur@canoe.ens.fr

*Collected Works of Charles François Sturm*
Jean-Claude Pont (ed.), in coll. with Flavia Padovani, 25–47


# Charles François Sturm and Differential Equations

Jesper Lützen and Angelo Mingarelli

## Introduction

There are several types of innovation in mathematical research: 1) Solutions of problems either in mathematics or outside; 2) Formulations and/or proofs of new mathematical theorems; 3) Developments of new areas and/or methodologies and/or questions. Sturm's work on equations presents innovations of the first and second type, whereas his work on differential equations primarily presents innovations of the third type. To be sure, Sturm was inspired by problems in physics when he developed his new theories, but his papers did not present the solution of specific problems. It is equally true that his new theories contain several new theorems, some of them later named after him, but they are remarkable primarily because they are of an entirely new kind.

Sturm's papers on differential equations are characterized by the general and qualitative nature of the problems and answers. He discussed general classes of equations that could be used in a variety of physical situations, and he asked questions of a much more qualitative nature than had been asked before. The methods used to answer the general qualitative questions were also of a new kind that pointed in the direction of the more conceptual and less formula-based mathematics of the 19th century. In this way he was a pioneer in 19th century analysis whose influence is felt even today.

## The main problems of Sturm–Liouville theory and their new qualitative character

Sturm's two major works on differential equations were published in 1836 in the first volume of Liouville's *Journal de mathématiques pures et appliquées.* In the second of these he studied the general second-order self-adjoint linear differential equation of the form

$$(k(x)V'(x))' + (g(x)r - l(x))V(x) = 0 \quad \text{for } x \in [\alpha, \beta] \tag{1}$$

with the imposed boundary conditions

$$k(x)V'(x) - hV(x) = 0 \quad \text{for } x = \alpha, \tag{2}$$

$$k(x)V'(x) + HV(x) = 0 \quad \text{for } x = \beta. \tag{3}$$

Here $k(x)$, $g(x)$, and $l(x)$ are positive functions on $[\alpha, \beta]$ and $h$ and $H$ are positive constants.

Sturm proved that there exist non-trivial solutions $V_1(x), V_2(x), V_3(x), \ldots$, the so-called eigenfunctions, for a countable number of values $r_1, r_2, r_3, \ldots$ of the parameter $r$, the so-called eigenvalues. His main contribution was a study of the qualitative behavior of these eigenfunctions.

Before Sturm the theory of differential equations had primarily dealt with the question: Given a differential equation, find its solutions. However, when the functions $k$, $g$ and $l$ in (1) are not given special forms, one cannot find a manageable form of the solution, so this kind of question cannot be answered. Instead Sturm changed the question to the following one: Given a differential equation, find some properties of its solutions.

But how can one find properties of the solutions without having found the solutions themselves? Sturm answered: one can deduce them directly from the equation. He was very conscious of this new approach to the subject, as can be seen from the following quote from his first paper in Liouville's journal:

> S'il importe de pouvoir déterminer la valeur de la fonction inconnue pour une valeur isolée quelconque de la variable dont elle dépend, il n'est pas moins nécessaire de discuter la marche de cette fonction, ou en d'autres termes, d'examiner la forme et les sinuosités de la courbe don't cette fonction serait l'ordonnée variable, en prenant pour abscisse la variable indépendante. Or on peut arriver à ce but par la seule considération des équations différentielles en elles-mêmes, sans qu'on ait besoin de leur intégration. Tel est l'objet du présent Mémoire. [Sturm 1836a, 107]

Some 15 years before the appearance of Sturm's papers, Cauchy had begun to insist on one particular type of qualitative question in analysis, namely the question of existence. In particular, in his lectures at the École Polytechnique he had proved the existence of a solution of a first order differential equation with given Cauchy initial conditions. However, the qualitative properties studied by Sturm were much more general. They anticipate Poincaré's later qualitative theory of nonlinear differential equations.

## The physical origin of the Sturm–Liouville problem

In the preface to his first paper in Liouville's journal, Sturm explained how the Sturm–Liouville problem (1)–(3) arises in connection with a variety of problems in mechanics and the theory of heat:

> La résolution de la plupart des problèmes relatifs à la distribution de la chaleur dans des corps de formes diverses et aux petits mouvements

oscillatoires des corps solides élastiques, des corps flexibles, des liquides et des fluides élastiques, conduit à des équations différentielles linéaires du second ordre qui renferment une fonction inconnue d'une variable indépendante et ses différentielles première et seconde multipliées par des fonctions données de la variable. On ne sait les intégrer que dans un très petit nombre de cas particuliers hors desquels on ne peut pas même en obtenir une intégrale première; et lors même qu'on possède l'expression de la fonction qui vérifie une telle équation, soit sous forme finie, soit en série, soit en intégrales définies, il est le plus souvent difficile de reconnaître dans cette expression la marche et les propriétés caractéristiques de cette fonction. [Sturm 1836a, 106]

In the second of his papers [Sturm 1836b, 381–382] Sturm went on to explain how the problem of heat conduction in an inhomogeneous thin bar will lead to the boundary value problem (1)–(3). Assume that the bar lies along the $x$-axis from $x = \alpha$ to $x = \beta$. Then its temperature $u(x,t)$ as a function of space $x$ and time $t$ will satisfy the partial differential equation

$$g\frac{\partial u}{\partial t} = \frac{\partial}{\partial x}\left(k\frac{\partial u}{\partial x}\right) - lu \quad \text{for } x \in [\alpha,\beta], \tag{4}$$

where $g(x)$, $k(x)$, and $l(x)$ are functions representing physical quantities such as conductivity, specific heat and surface composition. If the ends of the bar are kept in contact with ice, $u$ must satisfy boundary conditions of the form

$$k\frac{\partial u}{\partial x} - hu = 0 \quad \text{for } x = \alpha, \tag{5}$$

$$k\frac{\partial u}{\partial x} + Hu = 0 \quad \text{for } x = \beta. \tag{6}$$

In order to get a unique solution we also assume that the temperature distribution is known at time zero:

$$u(x,0) = f(x). \tag{7}$$

Sturm now used the technique of separation of variables. He looked for solutions of the form

$$u(x,t) = V(x)e^{-rt}. \tag{8}$$

When this expression is inserted into (4)–(6) he found that $V(x)$ must satisfy the equations (1)–(3).

In order to solve the original problem he noticed that if $V_1, V_2, V_3, \ldots$ are solutions to (1)–(3) for $r = r_1, r_2, r_3, \ldots$ respectively, the linear combination

$$u(x,t) = \sum_{n=1}^{\infty} A_n V_n(x) e^{-r_n t} \tag{9}$$

of the solutions of the form (8) solves (4)–(6).[1] The problem is therefore to determine the coefficients $A_n$ so that (see below)

$$\sum_{n=1}^{\infty} A_n V_n(x) = f(x). \tag{10}$$

## Prehistory of Sturm–Liouville theory

The roots of Sturm's work on Sturm–Liouville theory may be sought in previous work done on special cases of the above technique of separating variables in a partial differential equation. Although special cases of this technique can be traced back to Euler's and d'Alembert's discussion concerning the vibrating string, the first full and general use of it was made by Fourier in his study of heat conduction in homogeneous materials [1822]. In this case the coefficients $g$, $k$, and $l$ are constant, leading to trigonometric eigenfunctions $V_i$ and to the corresponding Fourier series (10). However, when the conducting body had spherical or cylindrical symmetry, Fourier wrote the heat equation in spherical or cylindrical coordinates and was led to equations of the kind (4) or (1) with variable, but explicitly known, specific functions as coefficients. Poisson [1835] and Liouville [1830] were the only ones in addition to Sturm who discussed the problem in the full generality discussed above.

In almost all treatments of specific equations of the kind (4) prior to Sturm's, some expression of the eigenfunctions could be found, so there was no need for investigations of the qualitative behavior based on the differential equation itself. We write almost, because there were in fact two instances where Sturm's predecessors came up with arguments that anticipated Sturm's new approach.

The first instance is d'Alembert's 1763 discussion of the vibration of an inhomogeneous string described by the wave equation

$$\frac{\partial^2 y}{\partial x^2} = X(x)\frac{\partial^2 y}{\partial t^2}, \tag{11}$$

where $X(x)$ represents the variable mass distribution along the string. On separating the variables in this equation, d'Alembert was led to a second-order ordinary differential equation which he transformed into a first order nonlinear Riccati differential equation. In order to argue for the existence of an eigenfunction corresponding to the case of fixed end points, d'Alembert got the idea of comparing the equation obtained when $X(x)$ is a constant equal to the minimal value of $X(x)$. This move anticipates an important idea in Sturm–Liouville theory, namely Sturm's Comparison Theorem. However, there are reasons not to regard this argument as an important step toward Sturm–Liouville theory: from a mathematical point of view one must point out that d'Alembert's argument is somewhat vague, and even if read with a positive attitude presents at most half of the argument for the existence of the eigenfunction. From a historical point of view one

[1] Disregarding problems of convergence and the problem of interchange of differentiation and summation.

must point out that d'Alembert did not seem to have been aware that he presented a fundamentally new idea, and to our knowledge there is no indication that Sturm should have known of d'Alembert's argument let alone that he should have been inspired by it.

However Sturm knew of and referred to another anticipation of his general ideas, presented by Poisson in a paper of 1826. Poisson showed that the eigenfunctions of the problem (1)–(3) satisfy the identity[2]

$$\int_{\alpha}^{\beta} g(x)V_m(x)V_n(x)\,dx = 0 \quad \text{for } m \neq n. \tag{12}$$

From this identity Poisson deduced that the eigenvalues must be real.

In his proof of the orthogonality relation Poisson explicitly referred to the partial differential equation (4): He replaced $V_n$ in the integral of (12) with a solution to this equation, integrated by parts and used (4) to deduce the result. Sturm [1836b] simplified the deduction considerably. Instead of using a solution of the partial differential equation, he used the ordinary differential equation (1) to express $V_n$ in terms of its second derivative and inserted this expression into the integral in (12). A simple integration by parts gives the result. In this way Sturm made the proof independent of the partial differential equation. In fact Sturm and Liouville succeeded in making Sturm–Liouville theory entirely independent of the partial differential equation that had given rise to the theory.[3]

## Sturm's first classical paper of 1836

Sturm's two major papers on Sturm–Liouville theory, published in the first volume of Liouville's journal [Sturm 1836a,b], are 80 and 70 pages long respectively. They are well written in the sense that the arguments are clear and easy to follow but they are rather talkative and not easy to survey. For example, Sturm only explicitly formulated one theorem in his first paper. All the rest of his results must be excavated by the reader from the many pages of prose. In the following we shall mention some of these results and give an impression of the novel methods Sturm used to prove them. These methods are intuitively appealing but of course not rigorous in the sense of the later 19th century. However, Bôcher [1917] later showed that all of Sturm's arguments could be made entirely rigorous rather easily.

[2]Today we interpret this identity as saying that eigenfunctions belonging to different eigenvalues are orthogonal to each other in a Hilbert space $L^2[\alpha, \beta]$ with the measure $gdx$. However, such geometric language was not used in connection with function «spaces» until 1908 when Erhard Schmidt introduced it in the Hilbert space $l^2$.

Poisson's paper of 1826 dealt with a slightly less general equation, but in his book on heat conduction from 1835 he carried the argument over to an equation similar to (4).

[3]Sturm had originally appealed to the partial differential equation in a proof of one of his theorems. In 1836 Liouville showed how one could arrive at the result without taking recourse to the partial differential equation. This made Sturm add a new proof to his second paper in Liouville's journal which is based solely on the ordinary differential equation.

In his first paper Sturm considered the more general differential equation

$$(K(r,x)V_r'(x))' + G(r,x)V_r(x) = 0 \quad \text{for } x \in [\alpha, \beta] \tag{13}$$

with one boundary condition

$$K(r,x)V_r'(x) - h(r)V_r(x) = 0 \quad \text{for } x = \alpha. \tag{14}$$

He appealed to a Cauchy-type result stating that there exists a unique solution of the equation (13) with given values of $V_r$ and $V_r'$ at a given point of the interval $[\alpha, \beta]$ and concluded that the problem (13)–(14) has a unique solution up to a multiplicative constant. His basic results concerned the behavior of the zeros $x(r)$ of the solution $V_r$ as a function of $r$. He noticed that such zeros can move around when $r$ changes, but they cannot appear or disappear. Indeed if a root $x(r)$ appears or disappears it will give rise to a double root. However, the just mentioned existence and uniqueness theorem shows that a non-trivial solution $V(x)$ cannot have a double root. Thus, it makes sense to follow a particular zero of $V_r$. The key to the study of their behavior is the following

**Theorem A:** *If $V$ is a solution of* (13)–(14) *and if*

$K > 0 \quad \forall r, \forall x \in [\alpha, \beta]$,
*$G$ is an increasing function of $r$* $\quad \forall x \in [\alpha, \beta]$,
*$K$ is a decreasing function of $r$* $\quad \forall x \in [\alpha, \beta]$,
$\left(\frac{KV'}{V}\right)_{x=\alpha} = h(r)$ *is a decreasing function of $r$,*

*then* $\left(\frac{KV'}{V}\right)$ *is a decreasing function of $r$ for all values of $x \in [\alpha, \beta]$.*

In order to prove this theorem Sturm differentiated equation (13) with respect to $r$ (call this process $\delta$) and integrated the result partially from $\alpha$ to $x$. That led him to the inequality

$$-V^2\delta\left(\frac{KV'}{V}\right) = \delta V(KV') - V\delta(KV') > 0. \tag{15}$$

Since $V^2$ is non-negative (15) implies that $\left(\frac{KV'}{V}\right)$ decreases with $r$.

From this theorem Sturm easily deduced the desired behavior of a root $x(r)$ satisfying $V_r(x(r)) = 0$. If $r$ is given an infinitesimal increment $dr$, $x(r)$ will change to $x(r + dr)$ and $V_r(x(r))$ to the value

$$0 = V_{r+dr}(x(r+dr)) = V_r(x(r)) + \frac{\partial V}{\partial r}\,dr + \frac{\partial V}{\partial x}\,dx \tag{16}$$

from which Sturm deduced that

$$\frac{dx}{dr} = -\frac{\partial V/\partial r}{\partial V/\partial x} \tag{17}$$

(a result analogous to that obtained using the Implicit Function Theorem today). According to (15) $\delta V$ or $\partial V/\partial r$ has the same sign as $V'$ or $\partial V/\partial x$ at points where $V = 0$, so from (17) Sturm concluded that $dx/dr$ is negative. Thus he had deduced

**Theorem B:** *If $V$ is as in Theorem A, then the roots $x(r)$ decrease with $r$.*

Thus if $V(\alpha) \neq 0$ and $r$ increases, roots of $V$ will enter the interval $[\alpha, \beta]$ through the right-hand end point $\beta$. $V_r$ will acquire a new root in $[\alpha, \beta]$ every time $V_r(\beta)$ becomes zero. This means that

**Theorem C:** *The number of roots of $V_r(\beta)$ in the interval $[r_1, r_2]$ is equal to the difference between the number of roots of $V_{r_0}$ and $V_{r_1}$ in the interval $[\alpha, \beta]$.*

Sturm could then deduce what he considered his main theorem:

**Main Theorem:** *Let $V_1$ and $V_2$ denote solutions to the equations*

$$(K_i V_i')' + G_i V_i = 0 \quad \text{for } x \in [\alpha, \beta], \tag{18}$$

$$\frac{K_i V_i'}{V_i} = h_i \quad \text{for } x = \alpha, \tag{19}$$

*for $i = 1$ and $i = 2$ respectively. Suppose furthermore that*

$$G_2(x) \geq G_1(x), \quad K_2(x) \leq K_1(x) \quad \forall x \in [\alpha, \beta] \tag{20}$$

*and*

$$h_2 < h_1. \tag{21}$$

*Then $V_2$ vanishes and changes sign at least as many times as $V_1$ in $[\alpha, \beta]$; and if one lists the roots of $V_1$ and $V_2$ in increasing order from $\alpha$, the roots of $V_1$ are larger than the roots of $V_2$ of the same order.*

He proved this theorem by connecting the two situations $i = 1$ and $i = 2$ by a continuous family of equations of the type described in Theorem A.

The rest of the paper consists of various consequences, refinements and variations of the main theorem. Among the consequences one can mention:

**Sturm's Comparison Theorem:** *If $V_1$ and $V_2$ are as in the main theorem, then the interval between two consecutive roots of $V_1$ will contain at least one root of $V_2$.*

**Sturm's Oscillation Theorem:** *Let $\rho$ and $\rho'$ be two consecutive values of $r$ which satisfy $KV_r' + HV_r = 0$ for $x = \beta$. Then $V_{\rho'}$ has one more root in $[\alpha, \beta]$ than $V_\rho$.*

Finally Sturm gave sufficient conditions to ensure that a solution of (13) has infinitely many zeros on a half line. In [1833a] Sturm stated the following results: If $G(x) > G^* > 0$ for all sufficiently large $x$, then every non-trivial solution of the equation $V'' + G(x)V = 0$ has an infinity of zeros on a half-line. Such equations are called «oscillatory» these days, the ensuing theory being called *oscillation theory*. He also pointed out that, in the same spirit, if $G(x) \to G^* > 0$ as $x \to \infty$, then said equation is once again oscillatory. Finally, in the case where $G(x) \to 0$, Sturm gave the interesting criterion $(x - a)\sqrt{\inf_{t \in [a,x]} G(t)} \to \infty$ as $x \to \infty$ as sufficient for oscillation. He then applied these results to the classical Bessel equation, treating all cases of the real parameter in questions relative to oscillation. We refer to [Hinton 2005] for further results dealing with oscillation theory of the Sturm–Liouville equation.

## Sturm's second classical paper

So, already in his first paper Sturm ended up considering solutions to the differential equation with given boundary conditions at both ends of the interval. In the second paper [Sturm 1836b] he considered this boundary value problem in the special case (1)–(3). As explained above, he first argued that the eigenvalues must be real and positive. He then used the comparison theorem to compare the roots of the solution of the given equation (1) and the roots of the well-known trigonometric solutions of differential equations with constant coefficients. From this comparison he could deduce that there is a countable infinity of eigenvalues $r_1 < r_2 < r_3 < \dots$ with corresponding eigenfunctions $V_1, V_2, V_3, \dots$. Since $V_1$ has no roots in $[\alpha, \beta]$ it follows from the oscillation theorem that $V_n$ has $n-1$ roots in this interval. He also proved other qualitative properties of the eigenfunctions, e.g., relating to their relative maximum and minimum points, and he investigated the oscillatory behavior of linear combinations of eigenfunctions.[4]

## Liouville's contributions

During the years 1836–37 Joseph Liouville published a series of papers in his own journal in which he continued Sturm's investigations. He was mainly interested in the question: Can any function $f$ be represented in the interval $[\alpha, \beta]$ as a generalized Fourier series of the kind

$$\sum_{n=1}^{\infty} A_n V_n(x) = f(x)? \tag{22}$$

If it is possible to represent $f$ in this way, Liouville could determine the coefficients using the orthogonality relations (12) in the following way: He multiplied (22) through by $V_m(x)g(x)$ and integrated between $\alpha$ and $\beta$:

$$\int_\alpha^\beta g(x) \sum_{n=1}^{\infty} A_n V_n(x) V_m(x)\, dx = \int_\alpha^\beta g(x) V_m(x) f(x)\, dx. \tag{23}$$

Then he interchanged integration and summation[5] on the left-hand side and used the orthogonality relation to conclude that only the $m$-th term survives:

$$A_m \int_\alpha^\beta g(x) V_m^2(x)\, dx = \int_\alpha^\beta g(x) V_m(x) f(x)\, dx \tag{24}$$

so that

$$A_m = \frac{\int_\alpha^\beta g(x) V_m(x) f(x)\, dx}{\int_\alpha^\beta g(x) V_m^2(x)\, dx}. \tag{25}$$

[4]This is where he at first made use of the partial differential equation (4).

[5]As usual at this time this process was not made explicit and seldom questioned.

When this expression for the «Fourier coefficients» is inserted into the equation (22) one gets

$$\sum_{n=1}^{\infty} \frac{\int_\alpha^\beta g(x)V_n(x)f(x)dx}{\int_\alpha^\beta g(x)V_n^2(x)dx} V_n(x) =^? f(x). \tag{26}$$

In connection with this supposed identity Liouville addressed two problems:

1. Is the Fourier series on the left-hand side of (26) convergent? Liouville gave two elegant proofs, of increasing generality, that the answer is yes when the function $f$ is not too wildly oscillating [Liouville 1837a,b]. This was his most important contribution to Sturm–Liouville theory.

2. Is the sum of the Fourier series equal to $f$? In his very first paper [Liouville 1836] he answered this question with a yes, and the following year Sturm and Liouville wrote a joint paper [Liouville & Sturm 1837b], Sturm's last contribution to Sturm–Liouville theory, containing another proof. This new proof may indicate that Liouville was not satisfied with the original proof. Despite their obvious differences the two proofs rely on a common core, namely a completeness theorem to the effect that only the zero function is orthogonal to all eigenfunctions $V_n$. However, neither paper contains a proof of this assertion. A later note in one of Liouville's notebooks indicates that he later came to realize that the lack of proof of this completeness result was a major weakness in his work.[6]

Liouville's interest in these problems arose in 1829/30 when he presented a series of papers to the Académie des Sciences on heat conduction. The last of the papers was printed in part in the last issue of Gergonne's *Annales de mathématiques pures et appliquées* [Liouville 1830]. It was devoted to a special case of the boundary value problem (1)–(3). Liouville used the method of successive approximations[7] to find an expression of the solution as an infinite series each term of which contains repeated integrals. He then used this expression to deduce that the Fourier series (26) converges to $f$. However, his argument is rather clumsy and unrigorous, even by the standards of his own day. It clearly drives home the point made by Sturm, that even if one has found an analytic expression for the eigenfunctions, it is usually so complicated that it is of no help in the subsequent discussion.

When Liouville returned to Sturm–Liouville theory in 1836 he built his arguments directly on Sturm's results, and did not even once refer to his first unsuccessful discussion. In addition to the above-mentioned convergence proofs Liouville's mature papers contained an important result concerning the asymptotic behavior of the eigenfunctions (1836–37) and a generalization of many of Sturm's results to higher order equations (1838–40) [Liouville 1838]. Finally he returned to spectral theory (now of an integral operator) in 1845–46 in connection with potential theory. However only one small publication resulted from these extensive studies (see [Lützen 1990, 601–628]).

[6] According to this note it was a certain Mr. D (probably Dirichlet) who pointed out this problem to him.

[7] The first use of this method which is usually attributed to Picard.

## The friendship and collaboration between Sturm and Liouville

When Sturm first came to Paris in 1825, Liouville was just beginning his first year of study at the École Polytechnique so they probably did not meet right away. Their earliest approaches to Sturm–Liouville theory from the years 1829–30 were so different in their goals and their methods that it is almost certain they were developed independently. However when they wrote their mature papers in 1836–37 they heaped praise on each other's results, in some cases even on results that were not published yet. So by then they were clearly collaborating on refining the theory. As mentioned above they even wrote one joint paper on Sturm–Liouville theory in 1837, and one year earlier they had written a joint paper on a method for finding complex roots of a polynomial equation, a method they claimed was superior to a method published by Cauchy. The occasion for the paper was a remark by Cauchy to the effect that he had a method for finding real roots that was superior to Sturm's famous result. Thus at a time when animosity and competition was the order of the day in Parisian mathematics, Sturm and Liouville stood out as a rare example of collaboration and mutual support. In fact their joint papers are among the earliest joint papers in the history of mathematics.

Even though they did not continue their collaboration beyond 1836 they continued to help each other in their respective careers: At the École Polytechnique Liouville was appointed répétiteur (assistant) in the course of analysis and mechanics already in 1831. When he was promoted to professor in 1838 he chose the senior Sturm as his répétiteur and when Sturm was promoted to professor two years later the two friends taught the course in alternate years for the next decade.

At the Académie des Sciences they helped each other to be elected, this time in order of age. They both presented themselves as candidates in 1833 together with their common friend Duhamel and the Italian mathematician Libri-Carucci, but at this occasion Libri was elected member. In 1836 the three friends tried again. Prior to the election Liouville presented some of his own results to the Academy as was the custom. However he strongly deviated from the custom by praising his competitor Sturm's papers on Sturm–Liouville theory, declaring that they rank on the level with Lagrange's best works. On the day of the election Liouville and Duhamel even went so far as withdrawing their candidacy in order to secure the seat for Sturm. Sturm was elected member.

Sturm repaid his debt to Liouville three years later when Liouville applied for membership to the Académie for the third time. At this occasion he had to fight Libri, who the Academy had preferred to the two friends in 1833. The incident began in 1838 when Liouville pointed out some mistakes in a paper by Libri. He presented the observation in a paper addressed to the Académie, who appointed an examining commission including Sturm. However, the commission never wrote up a report. This turned out to be unfortunate for Liouville when he applied for a vacant seat the following year. Indeed, three weeks before the election Libri took the floor and defended himself against Liouville while at the same time criticizing Liouville's work. In passing he argued that since the commission had not written a report it had sanctioned his results. The following week Sturm rose and defended his friend against the attacks from Libri. In particular, he explained the silence of the commission.

> M. Liouville, en publiant sa Note quelque temps après, dans son Journal, nous dégagea de l'obligation de faire un rapport qui pouvait n'être pas favorable à M. Libri. [Comptes Rendus, May 20. 1839]

After Sturm's intervention on behalf of his friend, Libri rose to reply, and succeeded in infuriating Sturm so much that he left the meeting:

> Pendant que M. Libri continuait de se livrer à l'examen de la Note de M. Sturm, celui-ci a brusquement abandonné la discussion, malgré les instances répétées et les efforts inutiles de M. Libri pour le retenir.

Helped by the intervention of his friend, Liouville was nominated to the academy two weeks after this incident.

Sturm and Liouville remained friends for the rest of Sturm's too short life. When Sturm died in 1855, Liouville gave a moving speech at the grave on behalf of the Académie des Sciences, ending with the words:

> Ah! cher ami, ce n'est pas toi qu'il faut plaindre. Echappée aux angoisses de cette vie terrestre, ton âme immortelle et pure habite en paix dans le sein de Dieu, et ton nom vivra autant que la science. Adieu, Sturm, adieu. [Liouville 1855]

Two months later when he wrote to his friend Dirichlet, he was still mourning:

> Venez et vous serez le bien venu. Nous pleurons ensemble notre pauvre Sturm. [Unpublished letter, dated February 19. 1856, in Liouville's Nachlass at the Bibliothèque de l'Institut de France, MS 3640, dossier 1846–51]

## The chronology of Sturm's work on Sturm–Liouville theory

During the summer of 1829 Sturm presented a series of papers to the Académie des Sciences dealing with heat conduction, transcendental equations and differential equations [Sturm 1829b–f]. Only titles, brief reports or summaries of these papers were published. However, they reveal that Sturm found many of the central ingredients of Sturm–Liouville theory during this period. He proved that certain systems of differential equations (c) and algebraic equations (d) have real eigenvalues, he determined Fourier coefficients (c), he found a version of his oscillation theorem (f) and he applied the theorems to determine the temperature distribution in different bodies for large values of time. Three years later Sturm composed the long mémoire that was eventually published as his first paper in Liouville's journal. He presented the mémoire to the Académie des Sciences on September 28th, 1833, and published a four-page summary of its main results in the journal *L'Institut* [Sturm 1833a]. This was followed by a shorter summary in the same journal [Sturm 1833b] of the results that were eventually published as his second paper in Liouville's journal.[8] The two summaries give a clearer survey of the main outlines of the theory than the often very verbose complete papers, but they do not explain the novel methods of proof. These had to wait until 1836 when Liouville persuaded Sturm to publish the complete mémoires in the first volume of Liouville's journal. As mentioned above Sturm only contributed one more paper jointly with Liouville to the field [Liouville & Sturm 1837b].

## The root of Sturm's ideas on Sturm–Liouville theory. Its connection to Sturm's theorem

It is conspicuous that Sturm's original ideas on Sturm–Liouville theory were presented to the Académie des Sciences a few weeks after he had presented his famous theorem concerning the real roots of polynomial equations [Sturm 1829a]. This seems to suggest that there was a connection between the development of the two theories. Historically they have a common root in the works of Fourier. However, there are even mathematical similarities that may suggest a common mathematical origin. Indeed, both theories deal with a specific equation: in the case of Sturm's theorem it is an algebraic equation and in the case of Sturm–Liouville theory it is a transcendental equation which Sturm denoted by $\varpi(r)$. It is the equation one gets by solving (1) and (2) and inserting the result into the left-hand side of (3). This means that the eigenvalues are the roots of the equation

$$\varpi(r) = 0. \tag{27}$$

The similarities run deeper: both theories deal with the relation between the number of roots of the equation between given limits, and the number of roots or sign changes of a different function. In the case of Sturm's theorem the number of roots of the polynomial $y(r)$ in the interval $(r_0, r_1)$ is equal to the difference between the number of sign changes in the Sturm sequences, evaluated at the end points $r_0$ and $r_1$ respectively. In the Sturm–Liouville case the number of sign changes of $V_r(\beta)$ (or $\varpi(r)$ when $H$ is infinitely large) in the interval $[r_0, r_1]$ is equal to the difference between the number of roots of $V_{r_0}$ and $V_{r_1}$ in the interval $[\alpha, \beta]$. So the only difference between the two theorems is that in the algebraic case we count sign changes in two discrete sequences, whereas in the Sturm–Liouville case we count sign changes in two continuous functions.

In his first paper in Liouville's journal Sturm in fact revealed that his theorem and his work on Sturm–Liouville theory had a common origin in a study of certain types of difference equations:

> La théorie exposée dans ce mémoire sur les equations différentielles linéaires de la forme
>
> $$L\frac{d^2V}{dx^2} + M\frac{dV}{dx} + NU = 0\,^{9} \tag{28}$$

[8] This second summary bears no author but it seems probable that Sturm wrote it himself.

[9] $U$ is an obvious misprint for $V$.

correspond à une théorie tout-à-fait analogue que je me suis faite antérieurement sur les équations linéaires du second ordre à différences finies de cette forme

$$LU_{i+1} + MU_i + NU_{i-1} = 0. \tag{29}$$

$i$ est une indice variable qui remplace la variable continue $x$; $L, M, N$, sont des fonctions de cet indice $i$ et d'une indéterminée $m$, qu'on assujettit à certaines conditions. C'est en étudiant les propriétés d'une suite de fonctions $U_0, U_1, U_2, U_3, \ldots$ liées entre elles par un système d'équations semblables à la précédente que j'ai rencontré mon théorème sur la détermination du nombre des racines réelles d'une équation numérique comprises entre deux limites quelconques, lequel est renfermé comme cas particulier dans la théorie que je ne fait qu'indiquer ici. Elle devient celle qui fait le sujet de ce mémoire, par le passage des différences finies aux différences infiniment petites. Je dois dire cependant que j'ai trouvé pour les équations a différences finies dont il s'agit, des propositions et des démonstrations spéciales qui ne sont pas susceptibles d'être transportées aux équations différentielles. [Sturm 1836a, 186]

How did Sturm make the steps from the difference equation to Sturm's theorem on the one hand and to Sturm–Liouville theory on the other hand? We do not know, because he did not publish anything on the matter. However, M. B. Porter [1901] has given a plausible reconstruction of the argument: Consider a family of homogeneous linear difference equations described in the quote above:

$$L_i(r)U_{i+1}(r) + M_i(r)U_i(r) + N_i(r)U_{i-1}(r) = 0 \tag{30}$$

where we have chosen the letter $r$ rather than $m$ to denote the parameter, in conformity with the notation used in Sturm–Liouville theory. As explained by Sturm, the index $i$ is a discrete replacement of the variable $x$ in the Sturm–Liouville case. For that reason it is reasonable to draw a graphic representation of $U_i(r)$ as a function of $i = 0, 1, 2, \ldots, n$ for a fixed value of $r$.

This graph will change shape when $r$ changes. Just as in the Sturm–Liouville case we will assume that the graph starts out above the $i$-axis, i.e., that $U_0(r) > 0$ for all values of $r$. Moreover we want to make sure that no sign change can appear or disappear except through the end point $i = n$. A sufficient condition is that $L_i(r)N_i(r) > 0$. Indeed if a root appears or disappears from the interior of the interval for a certain value $r_0$ of $r$, $U_{i+1}(r_0)$ must be zero for some value of $i$ and $U_i(r_0)$ and $U_{i+2}(r_0)$ must have the same sign. However, if $L_i(r)N_i(r) > 0$ it is clear from the equation (30) that this cannot happen.

By a simple change of dependent variable one can reduce the equation (30) to the form

$$U_{i+1}(r) + G_i(r)U_i(r) + U_{i-1}(r) = 0. \tag{31}$$

It is now easy to show that if $G_i(r)$ decreases with $r$ and $U_1(r)/U_0(r)$ increases with $r$, then for increasing values of $r$ the number of sign changes in the sequence

$U_0, U_1, U_2, \ldots, U_n$ will decrease (rather than increase) by one each time $U_n(r) = 0$. This in turn has the consequence that

$$\begin{aligned} &\text{number of sign changes in the sequence } U_0(r_0), U_1(r_0), \ldots, U_n(r_0) \\ -\,&\text{number of sign changes in the sequence } U_0(r_1), U_1(r_1), \ldots, U_n(r_1) \\ &\qquad = \text{number of roots of } U_n(r) \text{ in the interval } (r_0, r_1). \end{aligned} \tag{32}$$

As a special case consider the situation where $U_n(r)$ is a given $n$th degree polynomial. Set $U_{n-1}(r) = U_n'(r)$ and define the $U_i(r)$ successively for $i = 0, 1, \ldots, n-2$ as minus the remainder obtained by dividing $U_{i+2}(r)$ by $U_{i+1}(r)$, i.e.,

$$U_{i+2}(r) = q_{i+1}(r)U_{i+1}(r) - U_i(r) \tag{33}$$

(a construction that is reminiscent of the Euclidean Algorithm in Algebra). This equation is of the kind described above so the number of roots of $U_n(r)$ can be determined by (32). This is precisely the content of Sturm's theorem concerning roots of polynomials.

If we write $U_n(r) = V_r(\alpha + n\delta)$ and let $\delta$ tend to infinity, the difference equation will turn into a differential equation in the continuous variable $x = \alpha + n\delta$ and the above reflections will lead to Theorem C mentioned above and further to many of the other results in Sturm–Liouville theory. As hinted by Sturm in the above quote, he was led to the results in Sturm–Liouville theory by such a heuristic limiting process, but later rewrote the entire theory completely, leaving no trace of the finite difference equations.

There remains one interesting historical question: Why did Sturm begin to study difference equations like (30)? His early publications do not mention such equations explicitly but Maxim Bôcher [1911] has conjectured that they were the subject of the Mémoire *Sur la distribution de la chaleur dans un assemblage de vases* whose title was mentioned in Férussac's Bulletin of 1829. Indeed if $n$ vessels exchange heat with each other and with the surroundings, the temperature $u_i(t)$ of the $i$-th vessel at time $t$ will satisfy a system of differential equations of the form

$$Au' + Bu = 0 \tag{34}$$

where $u = col(u_1(t), \ldots, u_n(t))$ and $A = (g_{ij})$ is a positive diagonal matrix and $B = (k_{ij})$ is a symmetric matrix, both with constant entries. In particular, if the vessels are distributed along a straight line, so that a vessel can only exchange heat with its immediate neighbors and with the surroundings, $B$ is a tridiagonal matrix with zero entries except on or immediately next to the diagonal ($k_{ij} = 0$ for $j \neq i-1, i, i+1$). If we separate variables in this particular case by assuming that the temperature function can be written in the form $u_i(t) = U_i(r)e^{-rt}$, then $U_i(r)$ will satisfy a difference equation of the form (30).[10]

Whether this plausible reconstruction of Sturm's road to his most important contributions to mathematics really represents the true historical course of events may soon be revealed. Ervin Neuenschwander has found several of Sturm's early manuscripts, including the one on the distribution of heat in an assembly of

[10]For details see (Bôcher 1911).

vessels, among Liouville's papers, and he has announced his intention to publish his findings [Neuenschwander 1989]. But even before this publication takes place, one can notice that Bôcher's reconstruction is corroborated by the fact that in a Mémoire that Sturm presented to the Académie des Sciences one week earlier he used similar methods to deal with the system of differential equations (34) in the more general case where $A$ is a symmetric matrix. The content of this Mémoire is at least partly known from a summary in Férussac's *Bulletin* [Sturm 1829d]. It is so interesting both for its own sake and for the light it sheds on Sturm's theorem and its connection to Sturm–Liouville theory that it warrants a special analysis.

## Sturm's paper of 1829 on the spectral theory of matrices

Sturm motivated the study of the system (34) by referring to Lagrange's and Laplace's studies of it in connection with the motion of the planets and the small oscillations of a constrained mechanical system. A later anecdote emphasizes the latter problem as the true origin of Sturm's theorem. In 1869 J. J. Sylvester, in his Inaugural Presidential Address to the mathematical and physical section of the British Association of Exeter reported that, in the words of the historian Florian Cajori,

> Sturm... the successor of Poisson in the chair of mechanics at the Sorbonne, published in 1829 his celebrated theorem determining the number and situation of the roots of an equation comprised between given limits. Sturm tells us that this theorem stared him in the face in the midst of some investigations connected with the motion of a compound pendulum. This theorem, and Horner's method, offer sure and ready means of finding the real roots of a numerical equation. [Cajori 1897, 330]

In [Sturm 1829d] Sturm studied the system (34) in the special case where there are five equations and five unknown functions. As above he sought solutions of the form $u(t) = ve^{rt}$ where $v = col(V_1, \dots, V_5)$, is a column vector in $\mathbf{R^5}$, and $r$ is a parameter, each being independent of $t$. This leads to the generalized eigenvalue equation

$$(Ar + B)v = 0 \tag{35}$$

which is the main subject of Sturm's paper. By successively eliminating the $V_i$ from this system of linear equations, Sturm showed that $r$ is the root of a *quintic* having all of its roots real and distinct, provided that certain quadratic forms in the $V_i$'s are form-definite. He then calculated the number of real roots of this quintic in a prescribed interval, which ultimately led to a version of Sturm's theorem.

Sturm restricted himself to the case of five variables for notational simplicity[11] (and also, we believe, because this was reminiscent of the famous *insolvability of the quintic* question of the time). He pointed out that his results applied to any number

[11] Sturm of course did not use vector and matrix notation as we have done, so even writing the equations in the case of five unknowns was cumbersome.

of variables, and could even be applied «avec les modifications convenables, aux équations transcendantes auxquelles conduit l'intégration des équations linéaires à différences partielles». This demonstrates without doubt that Sturm had by this time developed some of his ideas in Sturm–Liouville theory.

It is worth having a closer look at Sturm's methods and results. He noted that the reality of the eigenvalues of (35) (or the roots of the quintic that arises from it) is actually related to the study of quadratic form $Z$ defined by $Z = v^T(Ar + B)v$, and he pointed out that the *critical points* of this function as a function of the $V$'s, are found precisely by solving (35) (and *vice-versa*).

Sturm now realized that the required values of $r$ are obtained by finding the roots of a quintic (which is obtained from (35)) by eliminating each of the $V_i$ in turn. In a brilliant attempt to avoid non-real roots of this quintic (equivalently, non-real eigenvalues of (35)) he chose to set his eyes on the study of each of the quadratic forms $v^TAv$ and $v^TBv$, which is exactly what is done today in order to test for this property. He then stated (in a somewhat different form) that if either of the quadratic forms $v^TAv$ or $v^TBv$ is positive-definite (or its negative is positive-definite), then the required $r$-values must be real.

That these «roots», i.e., eigenvalues, are real is an easy consequence of the theory of linear symmetric matrix pencils. For if $\Im(r) \neq 0$ is the imaginary part of a generalized eigenvalue of (35) then, for a corresponding eigenvector $v$, we have $v^TArv + v^TBv = 0$. There is no loss of generality in assuming that $A$ is definite. Then $v^TAv$ is real and non-zero, thus $\Im(r)v^TAv = -\Im(v^TBv) = 0$, since $B$ is symmetric, and this is impossible unless $\Im(r) = 0$, i.e., $r$ is real.

However, Sturm further incorrectly asserted that the roots $r$ are distinct (an error attributed to others before him but which he seems to have inherited). To see that the roots are not necessarily distinct, let $A = -B = E$, the identity matrix. Then $r = 1$ is a root of multiplicity 5, yet $A$ is positive-definite. In order to find an example in which all the entries of $A, B$ are non-zero, it suffices now to take the case where given a positive-definite matrix $A$, all of whose entries are non-zero, we choose $B = -A$. Then $r = 1$ is again a root of multiplicity 5. Such examples are also readily found in any dimensions.

Sturm (modestly) emphasized that the stated result on the reality etc. of the roots was not new and had been treated earlier by Laplace [*Celestial Mechanics*, Book 2; Chapter 6]. What *was* new however, was the fact that Sturm's argument reproduced above was completely general and modern. It can be used as it stands to cover questions on the reality of the eigenvalues of boundary problems associated with any even order differential equations, three-term recurrence relations, elliptic equations, etc. something that Laplace had likely not thought about. Sturm *could have finished his article here* since he had found that the $r$-values are real and thus he could get at the general solution. But he decided to look at the *eigenvectors* corresponding to these eigenvalues.

Thus, he proceeded to solve the system (35) by first solving for $V_1$ in the first of these equations in terms of the $V_2, V_3, V_4, V_5$, then substituting this value of $V_1$ in each of the remaining four equations and multiplying each one of these by

$L \equiv g_{11}r + k_{11}$. This leads to a new set of four equations, each of which is linear in the $V_i$'s for fixed $r$, and quadratic in $r$ for a fixed set of $V_i$'s. This procedure is now continued naturally. Denote the coefficient of $V_2$ in the first of these new equations by $M$ (actually $M = LG_{22} - G_{12}^2$), where we use the notation above, $G_{ij} = g_{ij}r + k_{ij}$ for $i \neq j$, $G_{ii} = g_{ii}$). With this latest (ordered) set of four equations, we take the first and solve for $V_2$ in terms of $V_3, V_4, V_5$. This done, we substitute this value of $V_2$ in the remaining three equations. In this fashion we obtain a new set of three equations in the $V_3, V_4, V_5$. The coefficient of $V_3$ is denoted by $N$ (it is actually a cubic in $r$!). We solve for $V_3$ in terms of the remaining $V_4$ and $V_5$. The resulting leading coefficient in $V_4$ is $P$, and the final quintic is denoted by $Q$. Of course, in the end one seeks the zeros of $Q$. Indeed, this process of elimination generates the quantities $L, M, N, P, Q$ which are in actuality, the principal minors of the matrix $Ar + B$ with $Q$ being its determinant. Note that these principal minors are respectively polynomials of degree 1, 2, 3, 4, and 5 as usual (in general).

Now, under the assumption that the matrix $A$ is positive-definite (i.e., that the coefficients of the highest order term in $r$ in the expressions for $L, \ldots, Q$ are positive) Sturm stated the following results (compare with Theorems A, B, C above):

**Theorem D:** *The roots of each of these functions are real and distinct* [as we pointed out above this last statement is generally not true, but it is true in most applications].

**Theorem E:** *The roots referred to in Theorem D contain, in the interval having them for its endpoints, the roots of the preceding function. It is, however, possible for two consecutive functions in this list to have one or more common roots.* What is actually meant here is that the zeros of these functions «interlace» as one «moves up» in the sequence.

*Note:* A special form of this result, i.e., when $B = I$, the identity matrix, is called the «inclusion principle» nowadays [for a proof which uses the Courant min-max theorem see [Franklin 1968, 149]].

**Theorem F:** *Add $G$ (a positive constant) to the sequence $L, M, N, P, Q$. Then for fixed $r = r_0$ the number of sign changes in the resulting numerical sequence is equal to the number of roots of the quintic $Q$ larger than $r_0$, with the proviso that if a term in the sequence vanishes, it should not be counted. In addition, let $r_0 < r_1$ be arbitrary real numbers. Then the difference between the number of sign changes in the sequences $G, L, M, N, P, Q$, for $r = r_0$ and $r = r_1$ is equal to the number of roots of the quintic $Q = 0$ in the interval $[r_0, r_1]$.*

The results above are similar to the results concerning the functions $U_0, U_1, U_2, \ldots, U_n$ in the reconstructed discussion of the difference equations (30). They led to the terminology and study of *Sturm sequences*, as they are called today. Summarizing the above, we have that Sturm got the existence of exceptional (real) values of $r$ such that the original first-order constant linear system (34) has exponential solutions. In doing so, he realized that the minors of the corresponding matrix $Ar + B$ arising from (35) have a separation property (Theorem F) and that each of the eigenvalues of the generalized eigenvalue problem (35) is a candidate for these exceptional $r$-values. Now he decided to study the eigenvector corresponding to the largest eigenvalue – this is reminiscent of the Perron–Frobenius theorem (discovered only about 50 years later!), which states that the components of the eigenvector corresponding to the eigenvalue of largest modulus of a matrix with positive entries can be chosen to be positive [see, e.g., Berman 1979, 13].

Sturm's published sketch of a proof actually shows that he *anticipated* the Perron–Fröbenius theorem in a special case. Sturm denoted the real zeros of the quintic $Q$ (which is, as we saw above, the determinant of the matrix $Ar + B$) by $\alpha, \beta, \gamma, \delta, \varepsilon$ with $\alpha$ being the largest, etc. Denote, as usual, the quadratic form $v^T(Ar + B)v$ by $Z(r)$ the $Z$-function of Sturm.[12] Sturm essentially stated the following proposition:

**Theorem G:** *If $G_{ij}(\alpha) \le 0$ (i.e., the matrix $A\alpha + B$ has non-positive off-diagonal entries), then the components of the eigenvector corresponding to the generalized eigenvalue $\alpha$ (can be chosen to have) all have the same sign. A similar result holds* [clearly] *if $G_{ij}(\alpha) \ge 0$.*

In order to prove this theorem Sturm first stated that since $\alpha$ is the *largest* real zero of $Z(r)$ it follows that in fact the quadratic form $Z(r) > 0$ for every (non-zero) choice of vector $v \in \mathbf{R}^5$ whenever $r > \alpha$. In other words, the matrix $Ar + B > 0$ whenever $r > \alpha$. Sturm may have based his proof of this result on the interlacing properties of the zeros of $G, L, \ldots, Q$. The idea would be to set $G = g_{11} > 0$, since $A$ is positive-definite [we write this as $A > 0$ using the current conventions]. Then, clearly $L$ has a zero at $-k_{11}/g_{11}$. Furthermore, the leading term of the quadratic $M$ is the principal minor of order 2 of $A$, which is also positive since $A > 0$. Thus, $M$ is concave up and an easy calculation shows that $M(-k_{11}/g_{11}) < 0$; $M$ therefore has two real zeros and the interval having these zeros as endpoints must contain the zero of $L$. Next, the leading term of the cubic $N$ is the principal minor of order 3 of $A$, again positive since $A$ is. Labeling the zeros of $M$ by $r_{00}, r_{11}$, we see that a necessary and sufficient condition for the zeros of $N$ to separate those of $M$ is that $N(r_{00}) > 0$ and that $N(r_{11}) < 0$. Of course this can be shown, although a direct proof is tedious and so we will omit the remainder of the argument in order not to distract us from the original question. Because the zeros of $G, \ldots, Q$ separate one another, it follows that, for $r > \alpha$, all the functions $G, \ldots, Q$ are positive, which, in turn, implies that the matrix $Ar + B > 0$ for such $r$, i.e., that the quadratic form $Z(r) > 0$ for such $r$. By continuity $Z(\alpha) \ge 0$. Thus, its diagonal elements $G_{ii}$ are all non-negative.

Now Sturm turned to the eigenvector corresponding to $\alpha$, itself. Let $v = (V_1, \ldots, V_5)$ be an eigenvector corresponding to $\alpha$. It is readily seen that since $Z(\alpha) \ge 0$ not all the $V_i$ can be non-positive (because the $G_{ij} \le 0$ for $i \ne j$). Thus there is at least one pair which, without loss of generality, we will take to be $V_1$

[12] There is a typographical error here in the paper in that $r$ is actually denoted by $\alpha$.

and $V_4$ say, for which $V_1 > 0$ and $V_4 > 0$. Now, since $\det(A\alpha + B) = 0$, one of the quantities $V_1, \ldots, V_5$ may be chosen arbitrarily. We will take this to be $V_2$, and assume that $V_2 > 0$. It remains to show that $V_3, V_5 > 0$. To this end consider the two relations, among the five linear equations relating the $V$'s:

$$G_{33}V_3 + G_{35}V_5 = p_1$$
$$G_{35}V_3 + G_{55}V_5 = p_2,$$

where $p_1$ and $p_2$ are non-negative. Then,

$$\frac{V_3}{V_5} = \frac{p_1 G_{55} - p_2 G_{35}}{p_2 G_{33} - p_1 G_{35}}$$

the numerator and denominator of which are each non-negative. Thus $V_3$ and $V_5$ are each non-negative and thus all the components of the eigenvector found here have the same sign. If the $G_{ij}(\alpha)$ are negative (not zero), then one can conclude from the above that each $V_i > 0$. This concludes the proof of Theorem G.

In the continuous case Theorem G corresponds to the important statement that the *smallest real eigenvalue of a boundary problem for a Sturm–Liouville equation has an eigenfunction that can be chosen to be positive in (the interior of) the interval under consideration* (see below for more discussion on this matter). From this theorem and the series expansion (9) Sturm concluded that for large values of $t$ the solution of the partial differential equation (4) (or (34)) will be everywhere positive or negative. He emphasized the consequences for heat conduction in his first paper on this subject:

> Si un corps de forme quelconque, homogène ou non homogène, est exposé à un milieu d'une température constante, ou si tous les points de sa surface sont entretenus à une même température fixe, tous les points de ce corps finiront par avoir des températures supérieures ou inférieures à celle du milieu ou à celle de la surface. [Sturm 1829b, 425]

## Going to the continuous limit

Because of the importance attached by Sturm to the theorem, that the smallest eigenvalue of a regular Sturm–Liouville problem must have an eigenfunction that can be chosen to be positive inside the interval, we shall show how he might have deduced it from the discrete Theorem G, above.

Without loss of generality we consider the boundary problem (1) with $k(x) = 1$ under Dirichlet boundary conditions, that is, with $V(0) = V(1) = 0$, on $[\alpha, \beta] = [0, 1]$. We subdivide the interval into $n + 1$ equal parts with the points $0 = x_0 < x_1 < \ldots < x_n < x_{n+1} = 1$, where $x_i = ih$ for $i = 0, 1, \ldots, n + 1$ and $h = 1/(n+1)$ (recall that Sturm gave a complete proof in the case $n = 5$ as typical of a general proof).

In addition, we introduce the notation $g_i \equiv g(x_i)$, $l_i \equiv l(x_i)$, $v = col(V_1, V_2, \ldots, V_n)$ where $V_i \equiv V(x_i)$ for a solution of the continuous problem (1). We can now replace $V''$ by the central difference approximation at the $x_i$, $i = 1, \dots, n$. We then obtain a set of linear algebraic equations

$$\frac{V_{i-1} - 2V_i + V_{i+1}}{h^2} + (rg_i - l_i)V_i = 0,$$

where $i = 1, 2, \dots, n$. Multiplying this expression throughout by $(-1)$ and rearranging terms we obtain the matrix equation $(B + rA)v = 0$ for a vector $v \in \mathbf{R}^n$ (compare this with (35)). In this representation, $B$ is the tridiagonal matrix given by

$$\begin{pmatrix} \frac{2}{h^2} + l_1 & -\frac{1}{h^2} & 0 & \cdot & & & \\ -\frac{1}{h^2} & \frac{2}{h^2} + l_2 & -\frac{1}{h^2} & \cdot & & & \\ \cdots\cdots & \cdots\cdots & \cdots & \cdot\cdot & \cdots & \cdots\cdots & \cdots\cdots \\ & & & \cdot & -\frac{1}{h^2} & \frac{2}{h^2} + l_{n-1} & -\frac{1}{h^2} \\ & & & \cdot & 0 & -\frac{1}{h^2} & \frac{2}{h^2} + l_n \end{pmatrix} \tag{36}$$

while $A$ is given by the diagonal matrix $A = \text{diag}[-g_1, -g_2, \dots, -g_n]$. In keeping with Sturm's proof, we must ensure that $A > 0$. Hence, we must assume that $g_i < 0$, $i = 1, 2, \dots, n$, that is, the weight function must be *negative* inside $[0, 1]$. In this way, the largest eigenvalue $\alpha$, considered by Sturm above, becomes an approximation to the largest eigenvalue of the boundary problem (1), since now the spectrum has been reversed (the eigenvalues tend to $-\infty$).

We now apply Theorem G in the general case. For $h \approx 0$, the matrices $B, A$ grow arbitrarily large in size, yet Theorem G ensures that for any fixed size $n$, an eigenvector $v$ of $(B + \alpha A)v = 0$ corresponding to the largest eigenvalue $\alpha$ (which depends on $n$, of course) can be chosen so that all its coefficients $V_i > 0$. But these quantities $V_i$ are the approximate values of $V(x_i)$ for each $i$, where $V$ is a real solution of (1). Consequently the $V_i$ approximate the values of an eigenfunction corresponding to the largest eigenvalue of the continuous problem, which as we can see, will be positive at an arbitrarily large set of points in $[0, 1]$. Indeed, if some eigenfunction corresponding to the largest eigenvalue of (1) were to be negative in $(0, 1)$, then by the approximating limits, there must exist an integer $n$ such that for some $i$, at least one of the $V(x_i) = V_i < 0$. This however contradicts Theorem G for that value of $n$. It follows that an eigenfunction corresponding to the largest eigenvalue can be chosen to be positive.

In this way, Sturm may have arrived at his oscillation theorem for the eigenfunctions of Sturm–Liouville problems by working out the discrete case first, as we have motivated, and getting the positivity of the first eigenfunction as we have done (and then using his comparison and separation theorems to get the oscillation of all the remaining eigenfunctions, as he did in his 1836 papers).

## Concluding remarks

Sturm's results on differential equations were developed in tandem with his discovery of his theorem on the number of real roots of a polynomial equations. Both theories grew out of his work with problems in mechanics and heat conduction. At first these problems led Sturm to study eigenvalue problems related to systems of linear equations, where he discovered remarkable theorems, and continuous systems of difference equations. By going to a continuous limit he found his famous results in Sturm–Liouville theory.

Nowadays we consider Sturm's and Liouville's work on the theory that is called after them a milestone in the history of mathematical analysis. Yet it caused no immediate response. The reason may be that their work was so far ahead of their time. Indeed, they asked totally new kinds of questions. In particular the conceptual and qualitative character of their results were in sharp contrast to the formula-centered approach of their precursors and most of their contemporaries. This shows their farsightedness. About 1870–80 the development in mathematics caught up with their ideas. First, spectral theory of other types of operators began to be investigated, a development that was an important source for the development of Functional Analysis. Second, around 1900 many mathematicians became interested in Sturm's oscillation and comparison theorems and rigorized and generalized them. [Everitt 2005, Hinton 2005].

However Sturm's papers were not only an anticipation of these novel conceptual and general developments. The theories they present have remained an important part of analysis that is still taught almost two centuries after they were developed.

## References

D'Alembert, J. 1863. «Extrait de différentes lettres de Mr. d'Alembert à Mr. de La Grange». *Hist. Acad. Roy. Sci. Belles Lettres, Berlin* (1763 publ. 1770) 235–277.

Berman A., Plemmons R. 1979. *Nonnegative matrices in the mathematical sciences*, Academic Press, New York, xviii, 316 p.

Bôcher, M. 1911. «The published and unpublished work of Charles Sturm on algebraic and differential equations». *Bull. Amer. Math. Soc.* **18**, 1–18.

Bôcher, M. 1917. *Leçons sur les méthodes de Sturm,* Gauthier-Villars, Paris.

Cajori, F. 1897. *A History of Mathematics.* Mac Millan, New York.

Everitt, W. N. 2005. «Charles Sturm and the development of Sturm-Liouville theory in the years 1900 to 1950», in *Sturm-Liouville Theory. Past and Present*, W. O. Amrein et al. (eds.), Birkhäuser, Basel, 45–74.

Fourier, J. 1822. *Théorie analytique de la chaleur.* Paris.

Franklin, J. N. 1968. *Matrix Theory*, Prentice-Hall, ix, 292 p.

Hinton, D. B. 2005. «Sturm's 1836 oscillation results: Evolution of the Theory», in *Sturm-Liouville Theory. Past and Present*, W. O. Amrein et al. (eds.), Birkhäuser, Basel, 1–27.

Liouville, J. 1830. «Mémoire sur la théorie analytique de la chaleur». *Ann. Math. Pures Appl.* **21**, 133–181.

Liouville, J. 1836. «Mémoire sur le développement des fonctions ou parties de fonctions en séries dont les divers termes sont assujettis à satisfaire à une même équation différentielle du second ordre, contenant un paramètre variable». *Journ. Math. Pures Appl.* **1**, 253–265.

Liouville, J. 1837a. «Second Mémoire sur le développement des fonctions ou parties de fonctions en séries dont les divers termes sont assujettis à satisfaire à une même équation différentielle du second ordre, contenant un paramètre variable». *Journ. Math. Pures Appl.* **2**, 16–35.

Liouville, J. 1837b. «Troisième Mémoire sur le développement des fonctions ou parties de fonctions en séries dont les divers termes sont assujettis à satisfaire à une même équation différentielle du second ordre, contenant un paramètre variable». *Journ. Math. Pures Appl.* **2**, 418–437. Extract in *Comp. Rend. Acad. Sci. Paris*, **5**, (1837) 205–207.

Liouville, J. 1838. «Premier mémoire sur la théorie des équations différentielles linéaires et sur le développement des fonctions en séries». *Journ. Math. Pures Appl.* **3**, 561–614.

Liouville, J. 1855. «Discours de M. Liouville, Membre de l'Académie, prononcé aux funérailles de M. Sturm». In [Prouhet 1856]

Liouville, J. & Sturm, C. 1836. «Démonstration d'un théorème de M. Cauchy relatif aux racines imaginaires des équations». *Journ. Math. Pures Appl.* **1**, 278–289.

Liouville, J. & Sturm, C. 1837a. «Note sur un théorème de M. Cauchy relatif aux racines des équations simultannées». *Comp. Rend. Acad. Sci. Paris*, **4**, 720–739. Extract in *Comp. Rend. Acad. Sci. Paris*, **7**, (1838) 1112–1116.

Liouville, J. & Sturm, C. 1837b. «Extrait d'un Mémoire sur le développement des fonctions en séries dont les différents termes sont assujettis à satisfaire à une même équation différentielle linéaire, contenant un paramètre variable». *Journ. Math. Pures Appl.* **2**, 220–233. = *Comp. Rend. Acad. Sci. Paris*, **4**, 675–677.

Lützen, J. 1990. *Joseph Liouville. Master of Pure and Applied Mathematics*, Springer Verlag, New York

Neuenschwander, E. 1989. «The Unpublished Papers of Joseph Liouville in Bordeaux.» *Historia Mathematica* **16**, 334–342.

Poisson, S. D. 1826. «Note sur les racines des équations transcendantes». *Bull. Soc. Philomatique* (1826), 145–148.

Poisson, S. D. 1835. *Théorie mathématique de la chaleur.* Paris

Porter, M. B. 1901. «On the Roots of Functions Connected by a Linear Recurrent Relation of the Second Order», *Annals of Mathematics*, (2) **3**, 55–70.

Prouhet, E. 1856. «Notice sur la vie et les travaux de Ch. Sturm». *Bull. de bibliographie, d'histoire et de biographie mathématiques*, **2**, 72–89. Reprinted in Sturm's *Cours d'analyse* 5. ed. vol. I 1877, XV–XXIX.

Sturm, C. 1829a. «Analyse d'un Mémoire sur la résolution des équations numériques». *Bull. Sci. Math. Astr. Phys.* **11**, 419–422. Presented to the Académie des Sciences on May 25. 1829.

Sturm, C. 1829b. «Extrait d'un Mémoire de M. Sturm». *Bull. Sci. Math. Astr. Phys.* **11**, 422–425. Presented to the Académie des Sciences on June 1, 1829.

Sturm, C. 1829c. «Note présenté à l'Académie par M. Ch. Sturm». *Bull. Sci. Math. Astr. Phys.* **11**, 425. Presented to the Académie des Sciences on June 8, 1829.

Sturm, C. 1829d. «Extrait d'un Mémoire sur l'intégration d'un système d'équations différentielles linéaires». *Bull. Sci. Math. Astr. Phys.* **12**, 315–322. Presented to the Académie des Sciences on July 27, 1829.

Sturm, C. 1829e. «Sur la distribution de la chaleur dans un assemblage de vases». Unpublished. Title mentioned in [Sturm 1829d, 322].

Sturm, C. 1829f. «Nouvelle théorie relative à une classe de fonctions transcendantes que l'on rencontre dans la résolution des problèmes de la physique mathématique». Unpublished. Title mentioned in [Sturm 1829d, 322]. Cauchy's review in the Académie des Sciences on July 5, 1830 is printed in the Procès Verbaux.

Sturm, C. 1833a. «Analyse d'un mémoire sur les propriétés générales des fonctions, qui dépendent d'équations différentielles linéaires du second ordre». *L'Institut. Journ. Acad. et Soc.* **11**, November 9. 1833, 219–223. (Summary of 1836a).

Sturm, C. 1833b. Note without name. *L'Institut. Journ. Acad. et Soc.* **1**, November 30. 1833, 247–248. (Summary of 1836b).

Sturm, C. 1835. «Mémoire sur la résolution des équations numériques». *Mém. Savants Étrangers, Acad. Sci. Paris,* **6**, 271–318.

Sturm, C. 1836a. «Mémoire sur les équations différentielles linéaires du second ordre». *Journ. Math. Pures Appl.* **1**, 106–186.

Sturm, C. 1836b. «Mémoire sur une classe d'équations à différences partielles». *Journ. Math. Pures Appl.* **1**, 373–444.

Jesper Lützen
Department of Mathematical Sciences
University of Copenhagen
Universitetsparken 5
DK-2100 Copenhagen
e-mail: lutzen@math.ku.dk

Angelo Mingarelli
School of Mathematics and Statistics
Carleton University
Ottawa, Ontario
Canada K1S 5B6
e-mail: amingare@math.carleton.ca

*Collected Works of Charles François Sturm*
Jean-Claude Pont (ed.), in coll. with Flavia Padovani, 49–65


# Charles François Sturm's Writings on Optics

Eisso J. Atzema

## Introduction

Sturm's writings on geometrical optics consist of only four papers in all, their publication evenly spread over the span of his career. The first two, published in 1824 and 1826, discuss the theory of plane caustics. The third paper, an extension of his work on plane caustics to spatial caustics was published in 1838. Finally, a paper on the physiology of the eye appeared in 1845. It is in this paper that Sturm introduces the description of the so-called infinitely thin pencil often associated with his name. The same publication also contains a much simplified derivation of the formulas he had obtained in his third paper. The *Royal Society Catalogue of Scientific Papers* also lists a publication in English on cylindrical lenses of 1854 among Sturm's papers. Most likely, however, this note was written by a namesake.[1]

## The early work – The study of plane caustics

Sturm's first paper on geometrical optics appeared in the 15th volume of the *Annales de Mathématiques Pures et Appliquées* as his 12th contribution to the journal published by the Montpellier-based mathematician Joseph-Diaz Gergonne (1771–1859). In this paper, Sturm discusses the refraction of light rays departing from a single point as they are refracted in a sphere or a plane. In general, these refracted light rays will no longer unite in a single point. Instead, there will be a surface to which all the light rays are tangent, the so-called envelope of the system of light rays. In the late 17th century, this surface (or rather its planar equivalent) had been extensively studied by Christiaan Huygens (1629–1695) and

---

[1] «Remarks on the Construction of Telescopes with Simple Cylindrical Glasses,» *Monthly Notices of the Astronomical Society*, XV (1854–1855), pp. 223–4. The note was communicated by John Lee, future president of the Society. It discusses a lens grinding machine patented by the author, who is only referred to as Mr. Sturm. According to information provided by the patent office at the British Library, one Salomon Sturm of London, «formerly of Vienna, in the Kingdom of Austria» applied for a patent of such a machine on November 11, 1853. The patent was granted on April 11th, 1854.

Jacob Bernoulli (1654–1705), among others. In the terminology of this tradition, this envelope is usually referred to as a caustic – a catacaustic for the case of reflection (or reflection caustic) and a caustic for the case of refraction (or refraction caustic). It is the diacaustic of refraction in a sphere that Sturm is interested in. Of course, because of the rotation-symmetry, he does not actually have to study the spatial case. It suffices to study the plane equivalent – which is exactly what Sturm does.

What led Sturm to study this particular topic is not clear. Most of his previous papers had been solutions to problems posed in the *Annales*. At the time geometrical optics certainly was somewhat of a fashionable topic. Between 1808 and 1811, Etienne Malus (1775–1812) had published his impressive studies on the generalization of plane geometrical optics to space. The topic was also taught at the Ecole Polytechnique and in that context the instructor Alexis Petit (1791–1820) had found new proofs of some of the classical formulas in optics, which were published by Hachette in 1812. In a paper presented in 1813 following up on Malus' work, Charles Dupin (1784–1874) had discussed the geometry of reflection in surfaces as well. In the *Annales*, this interest was reflected by two papers, both authored by Gergonne. In 1815, in a discussion of the appearance of multiple images in the case of reflection or refraction in a plane, he had computed the equation of some caustic curves. In 1821, discussing the image of a stick immersed in water, he had determined the equation of the diacaustic to a plane. Since then, however, nothing on the topic had appeared in the journal. In Ireland, working in almost total isolation, Sturm's close contemporary William Rowan Hamilton (1805–1865) had been studying problems in geometrical optics since he was seventeen. Much closer to home, Sturm's former class mate and friend Arthur-Auguste de la Rive (1801–1873), then freshly appointed as a professor of physics in Geneva, had just published a book-length study on caustics as well.[2]

If any evidence of Sturm's promise as a mathematician were needed, it suffices to compare Sturm's paper to De la Rive's study. Where De la Rive laboriously derives analytical expressions for the caustics themselves, Sturm takes a different approach. Rather than trying to improve on the standard techniques to determine a caustic, he essentially rephrases the problem at stake by looking for their evolutes instead. In terms of physics, instead of studying the light rays, he concentrates on the wavefronts. Using synthetic methods, Sturm shows in a rather elegant way that the caustic of refraction in a line is the involute to an ellipse, as Gergonne had already shown. Similarly, he shows that the caustic of refraction in a circle is the involute to the locus of all points for which the distance to two given points, weighted according to the refraction indices of the media before and after refraction, is constant.

[2]See [15], [8], [12], [13], and [33]. Malus' mathematical work is extensively discussed in [5]. On Hamilton's work, see [18]. The contributions of both Malus and Hamilton are discussed in [1] as well.

As elegant and well-done as Sturm's first contribution to geometrical optics was, more than likely the basic idea of his approach did not originate with himself. In fact, in both his earlier papers on geometrical optics, Gergonne had suggested that perhaps it was generally easier to find certain evolutes to a caustic than the caustic itself. Given that Sturm was an avid reader of the *Annales*, he almost certainly would have picked up on this idea. To stake his own claims in this matter, Gergonne clearly had no qualms about adding the long note reproduced at the very end of Sturm's paper, slyly suggesting that others might follow his lead as well.[3]

There can be little doubt that Gergonne's admonishment had its intended effect. Indeed, emboldened by the footnote, the young Belgian mathematician Adolphe Quetelet (1796–1874) soon contacted Gergonne about his own synthetic construction of a wavefront after refraction, given the wavefront before refraction as well as the refracting surface. In a very short time, this exchange led to a series of papers by Quetelet, Gergonne himself and others on the nature of caustics that not only gave rise to a more general approach to the study of the reflection and refraction of light rays, but also resulted in a construction that gave concrete interpretation of Gergonne's hunch about the more simple nature of wavefronts.

Much of the credit for both probably has to go to Charles Dupin. Only two years earlier, Dupin's memoir of 1813 had finally been published. In it, Dupin sought to prove in full generality Malus' theorem that any system of light rays normal to a surface remains a system of normals to the surface after reflection or refraction. In other words, wavefronts normal to a system of light rays are retained under reflection or refraction. As was usual at the time, Malus had started with a homo-centric system, i.e., a system of light rays all departing from a single point, which then were reflected at a surface, resulting in a new system. For this new system, Malus could show that a wavefront always exists. He then went on to investigate what happened after a second reflection, but he got stuck in the computations. Dupin's approach was different. Realizing that a homo-centric system is just a special case of a system of light rays normal to a wavefront, Dupin started out with a system of normals to a surface and then showed that the system of lines resulting from reflection in a surface still is a system of normals. This not only proved Malus' theorem for just one single reflection, but for any number of reflections as well. Also, it changed the search for caustics of reflection or refraction to the search for relations between the evolutes of an incoming wavefront and the evolute of the corresponding outgoing wavefront. His main argument consisted of a surprisingly simple construction of a wavefront after refraction. In his own words:

> Considérons un faisceau de rayons incidents qui tombent sur un miroir dont la forme est quelconque. Supposons seulement que ces rayons soient tous normaux à une même surface ($\Sigma$), et cherchons à déterminer le

[3]Although to modern eyes such a note might seem an odd practice, it certainly was not the only editorial interference on Gergonne's part with papers published in his journal. Most often, he would just provide alternative proofs. On other occasions, as with Sturm's paper, he would try to steer future research in a certain direction.

> faisceau des rayons réfléchis. Supposons pour cela qu'une sphère variable de rayon ait son centre constamment placé sur le miroir, et sa surface constamment tangente à la surface (Σ) ayant pour normales tous les rayons incidents. Cette surface (Σ) sera l'enveloppe de l'espace parcouru par la sphère, au-devant du miroir. L'espace occupé par la partie des sphères qui se trouve derrière le miroir, est pareillement terminé par une surface enveloppe dont la normale, en chaque point, se confond avec le rayon de la sphère qui touche au même point cette enveloppe. Or, (...) cette nouvelle normale est, derrière le miroir, le prolongement d'un rayon réfléchi.[4]

Quetelet's attention was mainly drawn to Dupin's construction, which he sought to extend to the case of refraction. Gergonne, on the other hand, was quick to pick up on Dupin's generalization of the study of optics as well and immediately steered the discussion in his journal on the construction of wavefronts away from just homo-centric systems to arbitrary systems of normals. From then on, this would be the standard approach in any more mathematical discussion on reflection or refraction. In a surprisingly short time (less than a year), Dupin's construction was extended to the case of refraction. Gergonne summarized the idea as follows:

> La caustique par réfraction, pour une courbe plane quelconque, et pour un point rayonnant situé d'une manière quelconque dans le plan de cette courbe, est la développée de l'enveloppe de tous les circles qui ont leurs centres sur la courbe séparatrice des deux milieux, et dont les rayons sont aux distances de ces mêmes centres au point rayonnant dans le rapport constant des sinus de réfraction au sinus d'incidence.[5]

Note that the envelope thus constructed actually consists of two branches, one on the side of the incoming light rays of the refracting surface and one on the other. Gergonne does not say which branch to take, but a little physics might be of help here. Indeed, both Dupin's and Gergonne's construction are for wavefronts the rays after reflection or refraction would appear to come from if the reflection or refraction is not taken into account – similar to the idea of a virtual image in optics. From this it follows that one has to take the branch of the curve on the same side as the incoming rays. For brevity's sake we will refer to any such pair of incoming and outgoing wavefronts (either for the case of reflection or refraction) as a Gergonne pair of wavefronts.[6]

Sturm himself would not contribute to this particular flurry of papers, but in his second paper he does make use of the new construction to revisit and generalize a formula already derived by Jacob Bernoulli. In a number of papers published in the 1690s, the latter had extensively investigated the plane caustics of reflection and refraction for homo-centric systems with reflection or refraction in an arbitrary curve. In particular, he had been interested in the point-wise construction of a

[4]See [8, p. 195]. (Σ) is the notation used by Dupin to denote a surface.
[5]See [14, p. 348].
[6]For details on the preceding, see [2].

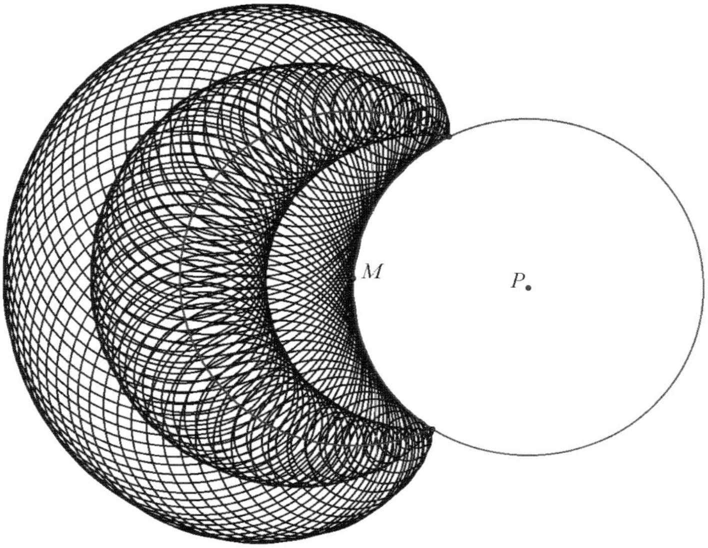


FIGURE 1. Wavefront Construction for refraction in a circle with center $M$ and $\lambda_1 : \lambda_2 = 2$.

caustic of reflection or refraction. The idea behind his solution was straightforward: Every light ray from a light source $P$ and meeting the reflecting or refracting curve in $R$ will (after reflection or refraction) be tangent to the caustic. Let this point of tangency be $P_R$. All he needed to do then in order to be able to construct the caustic was to find a formula relating $PR$ and $RP_R$. His actual derivation of such a formula, however, was anything but straightforward. In its blend of brilliant insights and utterly obscure manipulations, it bears all of the marks of Jacob's tell-tale mathematical style.[7]

Again, it is not known what exactly Sturm's reasons were to revisit this formula. Clearly, the more symmetric approach suggested by Dupin and Gergonne required only a minor modification of the formulation of Bernoulli's formula. Sturm might have felt, however, that a proof based on the idea of Gergonne pairs of wavefronts was called for and could conceivably lead to a more simple or insightful proof than the ones known thus far. The wording of the introduction to his paper certainly seems to indicate this. If nothing else, Gergonne's construction indeed gave Sturm an opportunity to avoid the use of the ‹ imperfect › method of infinitesimals, as he puts it himself. Essentially, his approach amounted to the determination of the first-order terms of the Taylor expansion of the law of refraction in terms of

[7]The early history of the study of plane caustics was the subject of several monographs during the 19th century. One of the earliest and probably the most exhaustive is [24], the winning contribution to an essay contest set by the University of Gandt in the wake of the stream of papers on the Dupin–Gergonne–Quetelet's construction of wave fronts. See also [4].

the parameters of the refracting surface. Since the zeroth-order part vanishes, he is left with an equation in first-order terms only. As it so happens, this equation contains all the information he is looking for.

It might be worthwhile to point out here that before Gergonne formulated his construction, it would have been hard for Sturm to pull off this trick. Without exception, the law of refraction was analytically expressed by means of some variation of the vector identity

$$\frac{1}{\lambda_{in}}\vec{s}_{in} - \frac{1}{\lambda_{out}}\vec{s}_{out} = \mu\vec{n},$$

where $\lambda_{in}$, $\lambda_{out}$ are the refraction indices before and after refraction and $\vec{s}_{in}$, $\vec{s}_{out}$, $\vec{n}$ are unit vectors in the direction of the incoming ray, the outgoing ray and the normal to the surface at the point of incidence respectively. Finally, $\mu$ is a scalar. But the fact that $\mu$ is not easily expressed in terms of the other variables makes manipulation of this form of the law of refraction rather problematic. In the skillful hands of Sturm, Gergonne's construction turns out to be just the right tool to circumvent this difficulty. The equation Sturm ultimately derives is equivalent to the one derived by Jacob Bernoulli and identical to the one given by Petit.[8]

## The Later Work: Geometrical Optics in Three-Space

Sturm's third paper was published 12 years and 17 papers after the second one. By that time, he had published his most important work in mathematics and he had firmly established himself as a high-caliber mathematician. In geometrical optics, most work that had appeared in France in the meantime was minor and almost exclusively elaborated on Gergonne's construction and the determination of equations for caustics. In Germany, August Möbius (1790–1868) had published two papers on the theory of so-called paraxial optics, the theory of the transition through a rotation-symmetric optical system of small pencils of light rays around the axis of symmetry of the system. In 1841, this work was to be followed by a much more influential paper on the same topic by his thesis advisor, Carl Friedrich Gauss (1777–1855).[9] There seemed to be little interest on the part of the German scientific community in the very general approach to geometrical optics favored by Malus, Dupin, Gergonne and Sturm. Likewise, in England, John Herschel (1792–1871) in his widely-read essay on the theory of optics did mention the work of the French school, but he devoted far more attention to his own theory of optical errors.[10] The two exceptions to this general lack of interest in the Malusian approach to geometrical optics originated on the fringe of the mathematical community. In Finland, Nathanaël af Schultén (1796–1860) had published the first of a number of

[8] Another way to circumvent this problem is to use the (for us) more obvious formulation of the law as ${\lambda_{in}}^{-1}\vec{n} \times \vec{s}_{in} = {\lambda_{out}}^{-1}\vec{n} \times \vec{s}_{out}$. However, although the cross product was known at the time, it does not seem to have been used in geometrical optics until much later.

[9] See [27], [28], and [11].

[10] See [20]. The book was also translated into French (1829–1831) and German (1831).

studies on geometrical optics in three-space.[11] In Ireland, William Rowan Hamilton had steadfastly continued his studies on systems of lines. Both Schultén and Hamilton drew heavily on the work of Malus, each shifting Malus' global approach to a more local one. In fact, independently elaborating on Malus' introduction of very narrow pencils of light, both studied pencils that were in fact infinitely narrow or thin. Conceptually, Schultén's study hardly went beyond Malus' and his work received little to no attention outside of Finland. In contrast, Hamilton's work was replete of fresh insights and by 1838 had begun to attract attention, almost in spite of the obscurity of the periodicals in which most of it was published. His four major papers on optics all appeared in the *Proceedings of the Irish Academy of Science*, a publication hard to find outside of Dublin. Some of his other publications on the topic were equally obscure. Pierre Verhulst's translation of Herschel's *Treatise on Light* (published between 1829 and 1831), however, contained a supplement with a summary of Hamilton's methods. In 1834 Hamilton himself had also published an article on the topic in the (slightly) less obscure *Correspondance mathématique et physique*, a competitor to Gergonne's *Annales* that was edited by Quetelet. The extension of his methods to dynamics that he had found by then certainly helped to attract attention and to make his earlier work better known as well.[12]

It seems probable that it was Hamilton's work that led Sturm to revisit geometrical optics and to extend his earlier work to three-space. Indeed, Sturm does mention Hamilton's proof of Malus' Theorem as it appeared in his «very long» papers published in the *Transactions*. Later on, he refers to Hamilton's use of the principle of least action. Neither reference is sufficiently specific to be able to tell whether Sturm read Hamilton's actual work or just went with the French summaries.

Other than the reference to Hamilton, his introduction is very similar to the one to his second paper. Again he refers to the nice work done by Malus, Dupin and Gergonne (including this time Hamilton as well) and the need to have a formula to be able to construct caustics on a point-by-point basis. Rather than referring to the Dupin–Gergonne–Quetelet construction, however, he sets out by providing an analytical proof of his own. The details of this proof need not concern us here, other than that this time Sturm does use the cross product form of the law of refraction (see note 8).

Sturm's derivation of the three-dimensional version of the Bernoulli–Petit formula closely follows that of his derivation of the original formula as well. Although the computations needed are much more complicated, he still essentially compares the first-order terms on either side of the vector equation expressing the law of refraction. Whereas in the plane case this process involves only one set of coordinates, the process requires comparison of three sets of coordinates in the spatial case. Consequently, Sturm ends up with three equations (the set of equations (26) in the original paper), which completely determine the local behavior of the Gergonne-pairs.

[11] On Schultén and the Finnish mathematical scene, see [9]. See also [1].

[12] See [16] and [17]. For further details, see [18]. See also [1].

Up to this point, the paper is little more than a fairly straightforward generalization of the second paper, albeit at a much higher level of technicality. The more interesting part comes on the final pages, where instead of following the standard Mongian analytical approach to geometry, Sturm takes a tack that is much more reminiscent of the style of Dupin and Chasles. The reason for this alternative approach may have been that the set of equations (26) does not easily reduce to the Bernoulli–Petit equation. To see that the Bernoulli–Petit equation indeed is a special case, Sturm considers the triples of planes defined by an arbitrary tangent line ($OI$) on the refracting surface at the point of incidence (at $O$) and each of the three lines related by the law of refraction. The intersection of each of these planes with the surface perpendicular to it will be a curve, the curvatures of which are related by the equations (26). For $OI$ in the plane of refraction, the resulting equation is exactly the Bernoulli–Petit one. Another interesting relation follows when $OI$ is taken perpendicular to the plane of refraction. In his final paper on optics, Sturm was to take up these formulas again.

Sturm's last paper on geometrical optics was very different in nature from his previous three. The latter were clearly written for a mathematical audience. The former was mostly geared toward the growing physiological community, particularly to those interested in the optics of the eye. In the 1820s and 1830s, the emerging field of physiology had begun to fashion for itself a research methodology largely inspired by the model of the budding physics community. Experimentation in the form of vivisection had become «de rigeur» and increasingly purely physical, often starkly reductive, descriptions of the functioning of organisms were valued higher than the older, more holistic, vitalist theories. In Germany, this movement would culminate in the often radically reductionist work of the school founded by Hermann von Helmholtz (1821–1894), Emil du Bois-Raymond (1816–1896), and Ernst Brücke (1819–1892).[13] The tendency to align physiology closely with physics and chemistry, however, was evident throughout Europe. One of the areas of physiology where this new approach was very successful was the physiology of the eye.[14] In the 1820s, the Bohemian physiologist Jan Evangelista Purkinje (1787–1869) and others had already studied the refraction of the eye by performing experiments on the various parts of the eyes of dead rabbits. In the 1830s, measurements on the curvature of the cornea of various species had become a thriving research topic. Most of this research was done in connection with the question how the eye adjusts (‹accommodates›) to see objects at different distances equally sharply, a phenomenon that could not really be explained by means of the traditional ‹model› of the eye.

In the early 17th century, Kepler had likened the eye to the so-called camera obscura as used by some artists at the time, and this analogy had stuck since then.

[13]Among mathematicians and physicists, Helmholtz needs no introduction. Emil was a brother of the mathematician Paul du Bois-Raymond. In the 1870s, Ernst Brücke would be Ph. D. advisor to one Sigmund Freund.

[14]A quick introduction to the development of this field is provided by [35].

Essentially, the camera obscura was a box with only a pinhole opening. If light passes through this opening, an image of the outside world will be projected onto the opposite wall. Under the right circumstances, this projection could be used to quickly draw a sketch of the image. In Kepler's analogy, the pupil of the eye was the pinhole opening and its retina the opposite wall. As not all objects will have an image that falls exactly on the retina, not all objects will be seen equally sharply, which is were the accommodation of the eye comes in. According to Kepler, the eye is different from a camera obscura in that somehow it is capable of relocating the image of any object so that it will fall on the retina and the object will be seen sharply. The one question left unanswered by Kepler of course was how exactly the eye does this. Clearly, various parts of the eye could be responsible, with the cornea and the so-called crystalline body the most likely candidates.

By the 1840s, some progress had been made in determining the role of the cornea in this process. Some of the findings also raised more questions than they answered. Thus, it had been found that abnormal curvature of the cornea indeed does give rise to presbyopia or myopia. At the same time, the cornea does not change shape or position (other than over time) and hence does not contribute to accommodation. What was more remarkable was that it was found that the cornea of many species is not even symmetric in shape, which would prevent the formation of sharp images under any circumstance. In extreme cases, such as those documented by Thomas Young (1773–1829) and George Bidell Airy (1801–1892), the result would be an eye defect dubbed *astigmatism* by William Whewell in the 1840s.[15] In mild cases, however, the lack of symmetry did not seem to impede vision. As for the crystalline body, the study of its role in the process of accommodation was complicated by the fact that it clearly was not optically homogeneous. Since the mathematics for the description of the transition of light through such media had not been developed yet, the effect of the shape of the crystalline body could only be studied experimentally. Measurements on the crystalline body of live subjects, however, were also problematic.

Thus was the situation in the study of accommodation when Sturm wrote his paper on the optics of the eye. As it would turn out, the answer to the question of accommodation was to be provided shortly with the independent discovery in 1848 by Ernst Brücke and (Sir) William Bowman (1816–1892) of the so-called ciliary muscle. Following Helmholtz' invention of the ophthalmoscope in the 1850s, it was to be proved beyond any doubt that it is the minute deformation of the crystalline body caused by the involuntary contraction of this muscle that allows for accommodation of the eye.

At first sight, Sturm's paper seems the outcome of a collaboration that parallels his joint work with Daniel Colladon. The stated main purpose of the paper is to provide a general theoretical description of the workings of the eye in support of the experimental work on the crystalline body by the aging Charles Nicholas Alexandre de Haldat du Lys (1770–1852), director of the school of medicine at Nancy and

[15] On the early history of astigmatism and its treatment, see [23].

corresponding member of the Académie. Also, one certainly gets the impression that he had made an effort to familiarize himself with the latest literature on the physiology of the eye. He even claimed to be working on specific measurements. At the same time, it would appear that he was only marginally interested in actually providing a theoretical basis to Haldat's work. There is no indication that he ever worked or even corresponded with Haldat. Rather, it seems the work of the latter provided an opportunity for Sturm to publish some results that he had found independently. In fact, he indicates as much himself by stating that the geometrical considerations that he uses go back a long time.

Reminding his readers of Malus' Law, he notes that the rays of any ‹lean› pencil of light rays departing from a single point will all be normals to a surface after any number of refractions. Therefore, to study the shape of such a pencil after any number of refractions, it suffices to study the shape of a lean pencil of normals around a central normal. In particular, to study the shape of a pencil of homo-centric light rays as it hits the retina after refraction in the various parts of the eye, it will do to look at a thin pencil of normals.[16]

As mentioned earlier, Hamilton and Schultén had studied such pencils of normals as well. The context in which they did this, however, was a very different one. Following Malus, both were interested in the so-called density of the pencil at any given point. To study the density of a pencil along its central ray, Hamilton considered a surface with an equation of the form $z = f(x, y)$ and looked at the normals to the surface at the points of a small circle around the origin. He then showed that the curve of intersection of these normals with a horizontal plane at height $z$ is an ellipse, the area of which is a measure of the density of the pencil at that point. Particularly, he shows that there are two positions of the plane for which the ellipse degenerates to a straight line, in which case the density becomes infinite. He also notes that the two degenerated ellipses are perpendicular to each other and that they each pass through one of the two points of intersection of the central normal with its neighboring normals, the so-called *focal points* of the pencil. Using a somewhat different approach, Schultén essentially finds the same result.

Sturm's approach to the infinitely thin pencil is different. What Sturm was interested in, was a *description* of the pencil, not merely a *property* of it. Regardless whether Sturm knew the work of Hamilton or Schultén or not, this interest takes him one essential step beyond their contribution to the topic. Neither Hamilton nor Schultén went as far as to draw the conclusion that their findings implied that all lines of the pencil pass through two line segments perpendicular to each other and perpendicular to the central ray. Sturm does draw that conclusion and then uses this property to describe the shape of the pencil.

[16]Strictly speaking, since the crystalline body is non-homogenous, Sturm does not know whether Malus' Law applies to transition through this part of the eye or not. He just assumes that this is the case. In the 1860s, Ernst Eduard Kummer would show that Malus' Law can indeed be extended to the transition through non-homogeneous media, provided the initial and the final medium are both homogeneous.

Sturm's description of the infinitely thin pencil is the corner stone of his theory of vision. His main contention is that according to this model, in combination with the fact that most eyes are asymmetric, really sharp images are seldom formed. What the pencil does, according to Sturm, is to naturally minimize the distance between the focal points, thus obviating the need for the eye to change its shape greatly to focus. Although he might have had a point here,[17] this particular application of the idea of an infinitely thin pencil was not likely to be taken too seriously. Much more convincing was Sturm's use of the model to explain the eye defects as observed by Airy and Young, who both suffered from severe astigmatism. Airy, for instance, mentioned that generally he would observe a point source of light as an elongated blur. As he moved the light source away, the blur would simultaneously grow more elongated and rotate. For two specific positions of the light, the blurs would be slimmest. At the same positions, the blurs would also be perpendicular to one another. All of this follows immediately from the description of the infinitely thin pencil.

The remainder of Sturm's memoir is devoted to another proof of the final refraction formulas of his previous paper. Clearly, this derivation was not for the benefit of the physiological community. Rather, it probably was a direct response to a paper published by the young upstart Joseph Bertrand (1822–1900), the later ‹secrétaire perpétuel› of the Académie des Sciences. In this paper, Bertrand not only considers pencils of normals and the formulas governing their refraction, but generalizes to arbitrary systems of lines.[18] It seems likely that Bertrand's work had Sturm revisit his own work. This time, instead of first deriving a set of formulas like the set of equations (26) of his third paper and then expressing his relations in terms of the curvatures of cross sections, he now starts with these curvatures. In this way, Sturm manages not only to derive the final formula of his previous paper with far less effort, but he also obtains a second formula in terms of curvatures of cross sections. In addition, he can derive the same results as had Bertrand.

## Reception

Even though Sturm's first three papers on geometrical optics were noticed, they drew nothing like the kind of attention some of his other papers garnered. To the best of our knowledge, no paper was ever published that built directly on either of these papers. In fact, it is hard to see how the questions that Sturm raised could have been answered more fully than he did himself. In many ways, these papers were the culmination point of the Malusian tradition in geometrical optics, both as far as epistemology and methodology are concerned, rather than a revitalization of the field. What was needed was a change in both the methods used and the topics

[17] As it would turn out, the changes of the shape of the eye to achieve accommodation are indeed minimal.

[18] See [3]. Twenty years later, Bertrand would include most of this paper in his *Traité de calcul différentiel et de calcul intégral* (Vol. II, Ch. 4: «Études des normales à une surface»).

studied. Sturm's contributions to geometrical optics provided neither. Ultimately, of course, the work of his almost exact contemporary William Rowan Hamilton would provide the tools to revitalize geometrical optics and lay the groundwork for the rise of technical optics, arguably the most successful guise of geometrical optics.[19]

Sturm must have had at least a passing familiarity with Hamilton's papers. Almost certainly, however, he never realized their potential impact on geometrical optics and other fields. By the time the importance of Hamilton's methods to geometrical optics did become clear, Sturm had been dead for almost a decade and his own contributions were largely overlooked. Mostly due to the curious reception history of his fourth paper, however, Sturm's work was not completely forgotten and with the rise of Hamiltonian optics, he received ample posthumous recognition for having been the first to derive the transition formulas – even though most of the newer derivations followed Hamilton's approach rather than Sturm's.

Contrary to his other papers on geometrical optics, Sturm's last paper on the topic received a fair amount of attention. Most of this interest came from outside the physico-mathematical community and had to do with his contribution to the theory of accommodation. In the same year that the original French text appeared, a German translation (without the derivation of the transition formulas) was published in the *Annalen der Physik und Chemie.*[20] the paper was reviewed by both physiologists and physicists, including Jacques-Guillaume Crahey (1789–1855), professor of physics at Louvain, and Ernst Brücke (1819–1892), then at the beginning of his career as a leading physiologist and a strong proponent of a physicalist approach to physiology.[21] In France itself, Louis-Legèr Vallée (1784–1864), a former railroad engineer and self-styled expert on the physiology of the eye, denounced Sturm's theory in very strong terms in a slew of (rather repetitive) papers published in the late 1840s and early 1850s. Much of this attention, however, was short-lived as most of his paper became obsolete after the discovery of the ciliary muscle in 1848. What remained of value was Sturm's description of the infinitely thin pencil.

In 1851, Sturm's description was adopted by the influential physiologist Adolf Fick (1829–1901) in his Inaugural-Dissertation on astigmatism and it also receives pride of place in many of his later handbooks.[22] Perhaps through Fick's influence, Sturm's description seems to have been widely accepted in physiological optics by the late 1850s. After 1860, the description of the infinitely thin pencil, usually with Sturm's name linked to it, is discussed in many places, most prominently in

[19]See for instance [31].

[20]«Ueber die Theorie des Sehens,» *Annalen der Physik und Chemie*, 65 (1845), pp. 116–134, 374–395.

[21]See [6]. As for Brücke's review, a reference can be found in [19], but this reference is incorrect. I have not been able to find the actual review.

[22]See [10]. The text is also included in his collected papers, together with a translation into German published in the *Zeitschrift für rationelle Medizin.*

the early work of the German-American opthalmologist Hermann Knapp (1832–1911) and in the extremely influential study of the accommodation of the eye by the Dutch ophthalmologist Franciscus Donders (1818–1889) of 1864. Helmholtz mentions the infinitely thin pencil in the second installment (of 1861) of his *Handbuch der Physiologischen Optik*.[23]

By the 1860s, there was an increasing familiarity with and acceptance of Sturm's description of the infinitely thin pencil within the physico-mathematical community as well. Interestingly, within this community, at least initially, Sturm's name is not usually linked to it – perhaps an indication that most mathematicians associated it with other sources, such as Hamilton's work. In the late 1850s, for instance, Ernst Eduard Kummer (1810–1893) began to study the differential geometry of systems of lines in three-space. In the context of these investigations, he also gives a description of the infinitely thin pencil for arbitrary systems of lines, which includes the Sturmian description of pencils of normals as a special case. The only authors he mentions, however, are Malus, Dupin and Hamilton. In 1862, inspired by Kummer's work, Möbius gives his own derivation of the properties of the infinitely thin pencil. In two notes from 1873 and 1875, James Clerk Maxwell (1831–1879) uses Hamilton's characteristic function to derive the transition formulas in terms of the infinitely thin pencil. Finally, in 1880 the mathematical physicist Carl Neumann (1832–1925) publishes a paper in which he very cleverly uses the concept of the infinitely thin pencil to essentially derive Sturm's transition formulas. Neither Maxwell nor Neumann mention Sturm at at all.[24]

Another sign of the general fascination with the Sturmian description of the infinitely thin pencil was the manufacture of actual physical models of the pencils. Kummer actually had thread models made for the three types of pencils that he distinguished. Around the same time, Hermann Knapp describes how to make a model out of cigar boxes. In the 1880s, extremely intricate models would be put together by the oculist Swan Burnett (1847–1906). In the same decade, the Göttinger *Universitätsmechaniker* Wilhelm Apel even made a commercial set of Kummer's pencils available.[25]

Sturm's description of the infinitely thin pencil, however, was not universally accepted. Starting in the early 1880s, the Rostock mathematician and expert in the physiology of the eye, Ludwig Matthiessen (1830–1906), wrote a long series of papers in a wide range of journals in which he attacks the validity of what he called the Sturmian conoid. Matthiessen's main concern was not so much that the conoid was a bad description of the infinitely small neighborhood of the rays of a pencil. On the contrary, he concedes that it is a very useful tool to study the phenomena of refraction and to interpret the transition formulas. Matthiessen's problem was that it was not the only, and under certain circumstances obviously

[23]See [22] and [7], a translation into English of a manuscript in Dutch. Translations into French and German appeared shortly afterward. On Helmholtz, see [19, pp. 246–8].

[24]See [29], [25], [26] and [30]. See also Chapter 6 of [1].

[25]See [22, pp. 196–7] and the photographs in [32]. Burnett was also the husband of Frances Burnett, author of *Little Lord Fauntleroy* (1886). On Apel, see [1, p. 96].

not the best, description possible. In fact, as the work of Schultén and Möbius had already implicitly made clear, the auxiliary lines through the focal points, dubbed *focal lines* by Kummer, are far from unique. Any line of the pencil defined by one of the focal lines and the central ray can serve the same purpose as the focal line. For Schultén and Möbius this freedom of choice had been unproblematic. Unable to satisfactorily determine which of these options could be considered the best under any given circumstances, Matthiessen rejected the infinitely thin pencil altogether.[26]

Another even more vocal critic of the infinitely thin pencil was the Swedish ophthalmologist Allvar Gullstrand (1862–1930). Much of Gullstrand's career was devoted to what he called the theory of astigmatism, essentially the study of the behavior of small pencils of light under refraction – particularly refraction in the eye. To Gullstrand, this theory was rooted in Sturm's work rather than in Hamilton's. This is not to say that he has praise for all of Sturm's contributions to optics. Whereas Gullstrand feels Sturm's transition formulas were an «achievement of the highest scientific value» (his words), he has little good to say about the concept of the infinitely thin pencil. Already in his thesis of 1890, Gullstrand argues that the approximation is meaningless and that the higher-order terms of the refraction equation play too significant a role to be neglected. For the next two decades, he was to work on descriptions of the infinitely thin pencil that did take higher-order terms into account. In 1911, this work would earn him the Nobel Prize for both Physics and Physiology. He declined the first and accepted the second.[27]

Interestingly enough, neither Matthiessen nor Gullstrand used any of the new Hamiltonian techniques. Gullstrand was even famously opposed to the use of any mathematics more sophisticated than basic Taylor expansion.[28] Both favored an approach to optics that was much more Malusian in flavor and that probably would have been perfectly acceptable to Sturm. Certainly their criticism was valid within the framework of Malusian (as opposed to Hamiltonian) optics. By focusing on the Malusian approach to optics, however, both Gullstrand and Matthiessen missed an important point.

Whereas for Sturm the combination of Malus' law, the transition formulas and his description of the infinitely thin pencil was essential to ‹understand› the phenomena of refraction, this was no longer true by the end of the 19th century. Increasingly, the essence of the behavior of refraction was expressed by one form or another of the functions generated by the approach pioneered by Hamilton. In order to understand refraction, all one had to do was to expand these functions

[26]See [1, pp. 125–137].

[27]Gullstrand deserves to be studied more. For what little has been published on him, see [1, pp. 146–153].

[28]In this context, many will only know of Gullstrand as the long-time member of the Nobel Committee for Physics who almost managed to sabotage awarding the 1921 Nobel Prize in physics to Einstein. More than likely, his aversion to sophisticated mathematics played a role in his opposition.

up to a sufficiently high order and then set them equal to each other. This approach was more straightforward and could also be extended to heterogeneous and optically inhomogeneous media, as well as to the study of optical aberrations in rotation-symmetrical optical systems. The infinitely thin pencil and the refraction formula had been reduced to representations in the Platonic sense of the word: useful in discourse, but not the real thing.

As part of a similar development, the Sturmian triad of properties characterizing refraction was soon to be incorporated in the framework of paraxial optics. In fact, using Hamiltonian techniques the Durham (UK) professor of mathematics Ralph Allen Sampson (1866–1939) showed in 1898 that, just as in paraxial optics, the transition of a small pencil of light rays through an optical medium could be linearized and described by means of a product of matrices.[29] By this approach, both the concept of the infinitely thin pencil and the transition formula had been reduced to properties of matrices. In the first half of the 20th century, this approach would be developed into an essential tool of technical optics by Max Herzberger (1899–1982), one of the founding fathers of modern optics in the United States.[30]

Both developments were part of a general shift within geometrical optics from the study of isolated results to an emphasis on process and algorithm. In the long run, this new focus would favor numerical approaches over algebraic ones, reaching its natural culmination point with the advent of computer technology. Today, although Sturm's description of the infinitely thin pencil and the formulation of the transition formulas are still useful, they have lost their central position to ray tracing software. In the late 19th century the more rigorous textbooks on geometrical optics might have had a whole chapter on the infinitely thin pencil and the transition formulas, but this became increasingly rare in the 20th century.[31] The only field in which Sturm's description of the infinitely thin pencil continues to be widely taught is physiological optics. Most modern textbooks on the optics of the eye still use it as a model to explain the phenomena of astigmatism.

## References

[1] Atzema, Eisso J. *The Structure of Systems of Lines in 19th Century Geometrical Optics: Malus' Theorem and the Description of the Infinitely Thin Pencil* (Ph. D. Utrecht, 1993).

[2] Atzema, Eisso J. «A Theory of Caustics – The Contribution of Dupin, Quetelet, and Gergonne to Geometrical Optics.» In: A. von Gotstedter (ed.), *Ad Radices. IGN Jubiläumsband* (Steiner Verlag Stuttgart, 1995), pp. 331–354.

[29] See [34].

[30] See [21], a summary of his work during the preceding 20 years.

[31] One example of such a textbook from the 19th century would have be the well-received 1886 *Treatise on Geometrical Optics* by Robert Samuel Heath, a brother of the historian of mathematics Thomas Little Heath. Chapter 8 of this book (pp. 154–194) is devoted to the theory of thin pencils only.

[3] Bertrand, Joseph «Mémoire sur la théorie des surfaces,» *Journal de mathématiques pures et appliquées* (1) 9 (1844), pp. 133–154.

[4] Bösser, Ferdinand *Die Theorie der caustischen Linien und Flächen in ihrer geschichtlichen Entwickelung* (Inaug.-Dissertation Kiel, 1869) (= *Zeitschrift für Mathematik und Physik* (1) 15 (1870), pp. 170–206).

[5] Chappert, André *Etienne Louis Malus (1775–1812) et la Théorie Corpusculaire de la Lumière* (Paris, 1977).

[6] Crahey, Jacques-Guillaume «Notice sur une nouvelle théorie de la vision,» *Bulletin de l'Académie Royale des Sciences et Belles-Lettres de Bruxelles* 12 (2) (1845), pp. 311–8.

[7] Donders, Franciscus Cornelis *On the Anomalies of Accommodation and Refraction of the Eye. With a Preliminary Essay on Physiological Dioptrics* (London: 1864).

[8] Dupin, Charles «Sur les routes suivis par la lumière (...) dans les phénomènes de la réflexion et de la réfraction.» In: *Applications de géométrie et de méchanique* (Paris, 1822), pp. 187–245.

[9] Elfving, Gustav *The History of Mathematics in Finland, 1828–1918* (Helsinki, 1981).

[10] Fick, Adolf *De errore optico quadam asymmetria bulbi oculi effecto* (Inaug.-diss. Marburg, 1851).

[11] Gauss, Carl Friedrich «Dioptrische Untersuchungen,» *Abhandlungen der königlichen Gesellschaft der Wisenschaften zu Göttingen* 1 (1841), pp. 1–34.

[12] Gergonne, Joseph-Diez «De la multiplicité des images d'un même objet, consideré à travers une glace posée obliquement, ou refléchi par un miroir plan, non métallique,» *Annales des mathématiques pures et appliquées* 5 (1814–5), pp. 283–295.

[13] Gergonne, Joseph-Diez «Recherches de dioptrique, renfermant la solution du dernier des deux problèmes proposés à la page 288 du Xième volume de ce recueil,» *Annales des mathématiques pures et appliquées* 11 (1820–1), pp. 229–269.

[14] Gergonne, Joseph-Diez «Recherches d'analise sur les caustiques planes,» *Annales des mathématiques pures et appliquées* 15 (1824–5), pp. 345–358.

[15] Hachette, Jean «Moyen de construire par points les caustiques,» *Correspondance sur l'Ecole Polytechnique* 4 (1812), 2 (Juillet), pp. 353–358.

[16] Hamilton, William Rowan «Sur l'emploi d'une formule générale propre à résoudre les differentes questions d'optique.» In: Herschel, *De La Lumière* (Bruxelles, 1829–31), 2, pp. 456–68.

[17] Hamilton, William Rowan «Sur une méthode générale pour exprimer les trajectoires de la lumière et des planètes, au moyen des coefficiens d'une fonction charactéristique,» *Correspondance Mathématique et Physique*, 8 (1834), pp. 69–89, 200–11, 256.

[18] Hankins, Thomas *Sir William Rowan Hamilton* (Baltimore: Johns Hopkins U. P., 1980).

[19] Helmholtz, Hermann *Handbuch der physiologischen Optik* (Leipzig: Voss, 1857–1867).

[20] Herschel, John «Treatise on Light,» in: Smedley, E. (ed.) *Encyclopedia Metropolitana* (London, 1827), pp. 341–586.

[21] Herzberger, Max *Modern Geometrical Optics* (New York, 1958).

[22] Knapp, Hermann «Ueber die Asymmetrie des Auges in seinen verschiedenen Meridianebenen,» *Archiv für Ophthalmologie* 8 (1862), pp. 185–241.

[23] Levene, John «Sir George Bidell Airy, F. R. S. (1801–1892) and the Discovery and Correction of Astigmatism,» *Notes and Records of the Royal Society of London* 21 (1966), pp. 180–199.

[24] Mareska, Daniel «responsio ad questionem ab ordine nobillisimo mathematicarum disciplinarum in academia gandavensi propositam, investigationes mere mathematicas de causticis per reflexionem et refractionem a tempore Tschirnhausen usque ad nostram aetatem factas enarrari.» *Annales Academiae Gandavensis* (1824–5) s. p.

[25] Maxwell, James Clerk «On the focal lines of a refracted pencil,» *Proceedings of the London Mathematical Society* (1) 4 (1871–1873), pp. 337–341.

[26] Maxwell, James Clerk «On Hamilton's characteristic function for a narrow beam of light,» *Proceedings of the London Mathematical Society* (1) 6 (1873–1875), pp. 182–190.

[27] Möbius, August Ferdinand «Kurze Darstellung der Haupteigenschaften eines Systems von Linsengläsern,» *Journal für die reine und angewandte Mathematik*, 5 (1829), pp. 113–132.

[28] Möbius, August Ferdinand «Beiträge zu der Lehre von den Kettenbrüchen nebst einem Anhange dioptrischen Inhalts,» *Journal für reine und angewandte Mathematik* 5 (1829), pp. 113–132.

[29] Möbius, August Ferdinand «Geometrische Entwickelungen der Eigenschaften unendlich dünner Strahlenbündel,» *Berichte über die Verhandlungen der Königlich Sächsischen Gesellschaft der Wissenschaften zu Leipzig. Mathematisch-physische Classe* 14 (1862), pp. 1–16.

[30] Neumann, Carl «Ueber die Brechung eines unendlich dünnen regulären Strahlenbündels,» *Berichte über die Verhandlungen der Königlich Sächsischen Gesellschaft der Wissenschaften zu Leipzig. Mathematisch-physische Classe* 32 (1880), pp. 42–64.

[31] Prange, Georg «W. R. Hamiltons Arbeiten zur Strahlenoptik und analytischen Mechanik.» *Nova Acta Leopoldina* 107 (1923), 1.

[32] Prentice, Charles F. *Dioptric Formulae for Combined Cylindrical Lenses (...)* (New York, 1888).

[33] Rive, Auguste de la *Dissertation sur la partie de l'optique qui traite des courbes dites caustiques* (Genève, 1823).

[34] Sampson, Ralph Allen «A Continuation of Gauss's *Dioptrische Untersuchungen*,» *Proceedings of the London Mathematical Society* 29 (1898), pp. 33–83.

[35] Turner, R. Stephen «Paradigms and Productivity: The Case of Physiological Optics, 1840–1894» *Social Studies of Science* 17 (1987), pp. 35–68.

Eisso J. Atzema
Dept. of Mathematics
University of Maine
Orono, ME 04469
USA
e-mail: atzema@math.umaine.edu

*Collected Works of Charles François Sturm*
Jean-Claude Pont (ed.), in coll. with Flavia Padovani, 67–110


# Mécanique

Patricia Radelet de Grave

## Introduction générale

Les publications que Charles François Sturm a consacrées à la mécanique sont au nombre de cinq.

1) Courbure d'un fil flexible et inextensible dont les extrémités sont fixes et dont tous les points sont attirés et repoussés par un centre fixe, suivant une fonction déterminée de la distance. Ann. Math. Gergonne XIV, 1823–24, pp. 381–389.
2) Mémoire sur quelques propositions de Mécanique rationnelle. C. R. A. S. Paris XIII, IIe sém., 1841, pp. 1046–1051.
3) Note sur l'intégration des équations générales de la Dynamique. C. R. A. S. Paris XXVI, IIe sém., 1848, pp. 658–666.
4) Sur le mouvement d'un corps solide autour d'un point fixe. Nouv. Ann. Math. X, 1851, pp. 419–432.
5) Cours de mécanique de l'Ecole polytechnique. Deux volumes, 1$^{\text{re}}$ édition publiée par E. Prouhet, Paris: Mallet-Bachelier, 1861; 2$^{\text{ème}}$ édition, Paris: Gauthier-Villars, 1869; 3$^{\text{ème}}$ édition, Paris: Gauthier-Villars, 1875; 4$^{\text{ème}}$ édition, Paris: Gauthier-Villars, 1881; 5$^{\text{ème}}$ et dernière édition revue et annotée par A. de Saint-Germain, 1883.

Nous reproduirons et analyserons ici les n° 1, 2 et 4 ainsi que les parties du cours de mécanique qui complètent les mêmes sujets. Le texte n° 3 sur l'intégration des équations générales de la mécanique sera étudié avec d'autres textes relatifs à l'intégration. Le cours de mécanique ne fait pas partie de cette réédition.

Les trois textes en question ont été écrits à des périodes très différentes. Le premier est un travail de jeunesse, le neuvième qu'il publie. Sturm n'a que 20 ans, il vient d'entrer comme précepteur chez Madame de Staël. Cette année-là, il publie huit articles au même volume XIV du journal de Gergonne. Le deuxième est écrit dix-huit ans plus tard, il s'insère dans une querelle de priorité entre Poncelet et Cauchy et donnera lieu à une longue discussion dans les comptes-rendus de l'Académie des Sciences. Lorsqu'il écrit le troisième, Sturm a 48 ans et s'attaque, après Poisson et Poinsot, à un problème particulièrement difficile de la mécanique, le mouvement général du corps solide.

## Courbure d'un fil flexible et inextensible dont les extrémités sont fixes et dont tous les points sont attirés et repoussés par un centre fixe, suivant une fonction déterminée de la distance.

## Ann. Math. Gergonne XIV, 1823–24, pp. 381–389

Sturm généralise ici un problème qui remonte à Galilée et qui a été résolu en 1691, dans le cas d'une chaînette parfaitement flexible livrée à son propre poids et fixée à ses extrémités, indépendamment et par des méthodes très différentes[1] par Leibniz, Huygens et Johann Bernoulli. Johann reprend le problème en plus de détails dans ses leçons au Marquis de l'Hôpital alors que son frère Jacob fera les premiers rapprochements avec le problème des isopérimètres qui sera finalement mis en ordre par Euler dans la *Methodus inveniendi.* Il figure, traité de manière géométrique, dans les *Eléments de statique* de Poinsot et de manière analytique dans le *Traité de mécanique* de Poisson.

Cet article traite un cas particulier du problème du fil parfaitement flexible et inextensible. Ce problème est traité de manière tout à fait générale dans la 31$^{e}$ leçon du cours de mécanique. Sturm applique ensuite, dans la leçon 32, les équations dérivées au problème de la chaînette et du pont suspendu. Le cas particulier envisagé ici n'est pas repris dans le cours de mécanique.

Sturm commence par reproduire littéralement le texte de la question posée anonymement à la page 28 du même tome du journal de Gergonne et qui précise que le fil est sans poids et qu'une force centrale attractive ou répulsive, dont la position du centre n'est pas précisée, agit en fonction de la distance sur les points du fil.

Sturm estime connues les équations générales d'équilibre d'un fil parfaitement flexible et inextensible

$$-T\frac{dx}{ds} = A + \int X\,ds,$$
$$-T\frac{dy}{ds} = B + \int Y\,ds,$$
$$-T\frac{dz}{ds} = C + \int Z\,ds,$$

ainsi que le fait que la tension est toujours tangente à la courbe formée par le fil. On retrouve ces équations, pratiquement sous la même forme chez Poisson.[2]

Dans la 31$^{e}$ leçon, Sturm commence par démontrer que la tension est tangente avant de dériver ces équations en écrivant que les forces appliquées à un

[1] Le lecteur trouvera plus de précisions dans la bibliographie.
[2] Poisson, 1811, p. 206.

élément infinitésimal de la corde sont en équilibre. Il montre ensuite que ces équations entraînent les équations générales de l'équilibre c'est-à-dire les six équations fournies par les relations vectorielles

$$\sum \vec{F} = 0 \quad \text{et} \quad \sum \vec{M} = 0.$$

Dans l'article, Sturm différentie les équations générales et en déduit une expression simple de la différentielle de la tension

$$-dT = X\,dx + Y\,dy + Z\,dz.$$

Où $X$, $Y$ et $Z$ sont les composantes d'une force quelconque. Il va à présent considérer, comme le demande la question posée, une force centrale $R$ émanant de l'origine du repère et uniquement fonction de la distance $r$. Ce qui lui permet de particulariser la relation précédente puis d'obtenir après intégration

$$T = c - \int R\,dr.$$

C'est-à-dire que la tension en un point du fil, est comme la force uniquement fonction de la distance r de ce point à l'origine.

Sturm prouve ensuite que le fil, ses extrémités fixes et le centre de force sont dans un même plan. Il peut donc simplifier le problème en faisant coïncider ce plan avec le plan xy.

Il montre ensuite que le moment de la tension, par rapport au centre de force est constante.

Sturm s'épargne deux intégrations. La première devrait donner l'équation polaire de la courbe en intégrant

$$du = \pm \frac{h\,dr}{r\sqrt{(Tr)^2 - h^2}}$$

$u$ étant la coordonnée polaire angulaire et $r$ la distance; alors que la deuxième

$$ds = \pm \frac{Tr\,dr}{\sqrt{(Tr)^2 - h^2}}$$

où $h$ est une constante, permettrait de déterminer la longueur de la courbe jusqu'au point considéré.

Sturm passe ensuite au cas particulier suggéré par celui qui pose la question, le cas d'une force centrale agissant en raison inverse du carré de la distance. On a donc $R = \frac{f}{r^2}$, $f$ étant une constante. Il en déduit les équations donnant la tension, la longueur de la courbe jusqu'au point considéré, et la différentielle de la coordonnée angulaire dont il se dispense d'écrire l'intégrale, tout en donnant le changement de variable à effectuer.

Il signale ensuite que, comme Euler l'a montré, à plusieurs reprises, dans la *Methodus inveniendi,* l'on peut aussi résoudre ce problème en termes de minimum et de maximum qu'il rattache au principe des vitesses virtuelles. Il faut pour cela extrémiser l'expression $\int ds \int r\,dr$, ce qui lui permet de retrouver ses équations générales de départ.

## Bibliographie

Bernoulli, Johann, Op. IV, «Solutio problematis funicularii», *Acta Eruditorum,* Juin 1691, pp. 274–276; Opera I, pp. 48–51.

Bernoulli, Johann, Op. CXLIX, «Lectiones Mathematicae, de Methodo Integralium, aliisque, conscriptae in usum Ill. Marchionis Hospitalii, Cum Auctor Parisiis ageret Annis 1691 & 1692,» *Opera,* vol. III, 492–495.

Euler, Leonhard, *Methodus inveniendi lineas curvas maximi minimive proprietate gaudentes,* Lausanne et Genève, Bousquet, 1744.

Huygens, Ch., «Solutio ejusdem problematis», *Acta Eruditorum,* juin, 1691, pp. 281–282.

Leibniz, G. W., «De linea in quam flexile se pondere proprio curvat, ejusque usu insigni ad inveniendas quotcunque medias proportionales et logarithmos», *Acta eruditorum,* Jun 1691, Gerhardt, Mathematische Schriften, vol. V, pp. 243–247. Traduction française par Marc Parmentier, *La naissance du calcul différentiel,* Paris Vrin, Mathesis, pp. 193–195.

Poinsot, L., *Eléments de statique*, Paris, Calixte-Volland. An XII = 1803.

Poinsot, L., *Eléments de statique*, Paris, Volland, 1811, pp. 260–262.

Poisson, S. D., *Traité de mécanique,* Paris, Vve Courcier, 1811, pp. 184–212.

### Notes au texte de Sturm (pagination originale)

Note p. 381, titre: L'énoncé du problème posé à la page 28 est repris textuellement, ci-dessous par Sturm.

Note p. 387, ligne 5 du bas: Euler, 1744.

Note p. 387, ligne 3 du bas: Sturm semble annoncer ici une citation, ce qui est confirmé par les guillemets qui encadrent le texte qui suit. Pourtant ce texte ne se trouve pas dans la *Methodus inveniendi* d'Euler, ce que l'on pouvait soupçonner vu l'utilisation des termes *différentielle exacte.* Ces termes sont par contre utilisés fréquemment par Poisson, mais là non plus, nous n'avons pu trouver ce passage. Il semble donc que, sauf erreur de notre part, Sturm ait voulu de cette manière donner plus d'importance à son théorème.

## Mémoire sur quelques propositions de Mécanique rationnelle. C. R. A. S. Paris XIII, II^e sém., 1841, pp. 1046–1051

Cet article est repris avec ajout de développements mathématiques dans la note I du deuxième tome du cours de mécanique.[3] Par ailleurs Joseph Bertrand signale dans les comptes-rendus de l'Académie des Sciences de Paris pour 1856 que:

[3]Sturm, Cours de mécanique, 1^re éd., p. 349 et 5^e éd., pp. 353–368.

> La démonstration n'est pas insérée dans les comptes-rendus de 1841; mais sans aucun doute elle se trouve dans les papiers laissés par M. Sturm, et il serait désirable qu'elle fût publiée avec celle de plusieurs autres propositions remarquables annoncées au même endroit.[4]

Ainsi fut fait pour ce texte par Eugène Prouhet dans la cinquième édition du cours de mécanique. Il précise en note au titre:

> On n'a pas trouvé de rédaction suivie de ce Mémoire dans les papiers de M. Sturm, mais seulement des parties détachées, couvertes de ratures. On a réuni ici tous ces fragments, en s'aidant, pour les coordonner et les compléter, de l'analyse du Mémoire donnée par l'Auteur dans les Comptes rendus des séances de l'Académie des Sciences,[5] t. XIII, p. 1046.

De plus, nous lisons dans l'article même de Sturm la phrase suivante:

> Dans la seconde partie de ce Mémoire, je compare le mouvement...[6]

Cette démonstration nous laisse supposer que le texte qui nous occupe n'est en fait qu'une présentation d'un mémoire plus copieux. Pour ces raisons, nous avons reproduit le texte de l'article accompagné en note des démonstrations données dans la note I ajoutée par Prouhet à l'édition du cours de mécanique de 1861, note qui porte le même intitulé que les comptes-rendus de 1841. Et pour que le lecteur puisse reconstituer les deux textes, nous avons placé entre crochets carrés le passage du texte principal qui est remplacé par celui de la note dans la publication de Prouhet.

Cet article s'insère dans une discussion de ce que les auteurs de l'époque appellent le théorème de Carnot. Ce théorème a pour but de déterminer la perte de force vive qui a lieu dans un système dont certaines parties dénuées d'élasticité changent brusquement de vitesse en se choquant.

Il s'agit donc d'un théorème destiné à remplacer celui de la conservation de l'énergie dans des systèmes non conservatifs. Le problème est de savoir sous quelles conditions la perte d'énergie est égale à l'énergie due aux vitesses perdues. Qu'il y ait de tels phénomènes n'est pas mis en doute mais comment les caractériser.

Le théorème énoncé par Lazare Carnot dans son *Essai sur les machines en général:*

> Dans le choc des corps durs, soit qu'il y en ait de fixes, ou qu'ils soient tous mobiles soit que ce choc soit immédiat soit par le moyen d'une machine quelconque sans ressort; la somme des forces vives avant le choc, est toujours égale à la somme des forces vives après le choc, plus la somme des forces vives qui auroit lieu, si la vitesse qui reste à chaque mobile, étoit égale à celle qu'il a perdue dans le choc.[7]

---

[4]Bertrand, $1856_2$, p. 1066.
[5]Sturm, Cours de mécanique, 5e ed., p. 353.
[6]Sturm, 1841, p. 1049.
[7]Carnot, 1797, p. 48.

Carnot envisage uniquement des «chocs durs», que nous appelons aujourd'hui parfaitement inélastiques ou chocs mous, dans lesquels les vitesses des corps s'égalisent dans le choc.

Ce théorème est cité à deux reprises par Poisson dans son *Traité de mécanique.*[8] Poisson ne considère que les collisions et distingue les chocs totalement mous pour lesquels le théorème est valable, les chocs parfaitement élastiques pour lesquels il y a conservation de la force vive et tous les cas intermédiaires pour lesquels la perte de force vive est différente de la force vive due aux vitesses perdues. Il signale encore que le théorème n'est pas valable en cas de frottement.

Cauchy[9] remet également le théorème en question en 1829 et démontre la proposition suivante:

> Lorsque dans un système de points matériels les vitesses varient brusquement en vertu d'actions moléculaires développées par les chocs de quelques parties du système, la somme des moments virtuels des quantités de mouvement acquises ou perdues pendant le choc, est nulle toutes les fois que l'on considère un mouvement virtuel dans lequel les vitesses de deux molécules qui réagissent l'une sur l'autre sont égales entre elles.[10]

Où un mouvement virtuel doit être compatible avec les liaisons. Ce théorème généralise le théorème de Carnot en considérant des variations brusques de vitesse. Il permet à Cauchy de préciser la validité de ce dernier.

> S'il arrive qu'après le choc tout point matériel qui a exercé une action moléculaire sur un autre point se réunisse à ce dernier, le principe que nous venons d'énoncer fournira toutes les équations nécessaires pour déterminer, après le choc, les mouvements de toutes les molécules ou de tous les corps dont se compose le système proposé. Dans le même cas, l'une de ces équations, savoir celle qu'on obtient en faisant coïncider les vitesses virtuelles avec les vitesses effectives après le choc, exprimera que la perte de forces vives est la somme des forces vives dues aux vitesses perdues.[11]

Cet article fera l'objet d'une querelle de priorité entre Poncelet et Cauchy.

D'autres analyses sont tentées par Coriolis,[12] Poncelet[13] et Duhamel[14] qui estiment le théorème de Carnot inutile car il faudrait connaître le mouvement après interaction pour déterminer la perte de force vive. Duhamel propose une loi

---

[8]Poisson, 1811, pp. 212–213, p. XIX et pp. 295–297.
[9]Cauchy, 1829, Œuvres, pp. 75–83.
[10]Cauchy, 1829, *Œuvres*, p. 78.
[11]Cauchy, 1829, *Œuvres,* pp. 78–79.
[12]Coriolis, G. G., *Cours de mécanique appliquée aux machines, Leçons de l'Ecole d'application de Metz, (Des résistances provenant des variations de la vitesse ou de la force vive),* §§ 130–156; Coriolis, $1829_1$.
[13]Poncelet, 1829, pp. 323–335.
[14]Duhamel, 1835, p. 1.

plus générale permettant de déterminer la perte de force vive dans toutes les collisions, non élastiques, élastiques ou imparfaitement élastiques. Mais la définition de l'élasticité qu'il donne, fondée sur le rapport entre les temps de compression et de décompression des corps en collision ne semble pas satisfaisante.

C'est à ce moment que Sturm intervient pour donner un nouvel énoncé du théorème et montrer au contraire que ce théorème reste valable dans des cas autres que celui des chocs de corps totalement non élastiques ou mous.

> *Si l'on conçoit que les liaisons d'un système de points matériels en mouvement soient changées à un instant donné, ou, pour mieux dire, dans un intervalle de temps très court, la somme des forces vives acquises avant cet intervalle surpassera celle qui aura lieu immédiatement après, d'une quantité égale à la somme des forces vives correspondant aux vitesses perdues dans le passage du premier état du système au second.*[15]

Bertrand[16] signale dans le compte-rendu de l'Académie de Paris du 8 décembre 1856, qu'en 1854, Ostrogradski[17] a retrouvé indépendamment le même résultat que Sturm. Cauchy[18] riposte rappelant son article de 1829, *sur un nouveau principe de mécanique* et mettant le doigt sur le point important:

> ... les énoncés des théorèmes donnés par moi-même dans les années 1828, 1829, et par M. Sturm en 1841, diffèrent quant aux conditions qu'ils supposent remplies.[19]

C'est bien là qu'est la difficulté. Bertrand[20] poursuit la discussion en attirant l'attention sur la démonstration donnée par Combes[21] dans son cours de l'école des Mines et citée par Sturm également. Il propose à son tour une démonstration du théorème de Sturm. Il montre en réalité quand ce théorème est applicable.

Le raisonnement de Bertrand est étonnement moderne puisqu'il revient à dire que les forces de liaison, qui ont été supposées sans frottement, n'effectuent pas de travail. En effet, l'expression actuelle du travail élémentaire d'une force est

$$dA = \left(\overrightarrow{F} \,.\, \overrightarrow{ds}\right) = F\,ds \,.\, \cos\left(\overrightarrow{F} \,.\, \overrightarrow{ds}\right).$$

Cette expression doit être nulle pour exprimer qu'une force ne travaille pas. Comparons cette expression à la dernière expression de Bertrand

$$\sum \overline{A\,I''}\;\overline{I'\,I''}\cos\overline{A\,I''}\;\overline{I'\,I''}$$

qui doit elle aussi être nulle pour que l'on ait le théorème de Sturm. La somme s'étend à tous les points du système. Sous ce signe de somme nous trouvons $\overline{AI''}$, le déplacement dû à l'action des deux types de liaisons, notre $\overrightarrow{ds}$ et $\overrightarrow{I'I''}$ qui est

[15] Sturm, 1841, p. 1047.
[16] Bertrand, $1856_1$, pp. 1065–1066.
[17] Ostrogradski, 1854.
[18] Cauchy, $1856_1$, p. 1066.
[19] Cauchy, $1856_1$, p. 1066.
[20] Bertrand, $1856_2$, pp. 1108–1110. Ce texte est reproduit pp. 79–80 h. v.
[21] Combes, 1843.

proportionnel à la force produite par les liaisons. Bertrand le montre explicitement. La forme qu'il annule est bien celle du produit scalaire exprimant que les liaisons ne travaillent pas.

La démonstration de Sturm[22] est très différente puisqu'il déduit du principe de d'Alembert que

$$\sum m\left[(a-a_1)\,\delta x+(b-b_1)\,\delta y+(c-c_1)\,\delta z\right]=0$$

où $a$, $b$ et $c$ sont les composantes de la vitesse avant modification des liaisons et $a_1$, $b_1$, $c_1$ les vitesses après modification des liaisons et $dx, dy, dz, dx' \ldots$ *sont les projections sur les axes des déplacements virtuels des points* $m, m', \ldots$, *compatibles avec les liaisons nouvelles.* Ces déplacements sont donc, lorsqu'on ne considère pas de friction, orthogonaux aux liaisons, autre manière de dire que le produit scalaire des forces de liaison avec ces déplacements est nul, donc que les liaisons ne travaillent pas. Notons que l'expression déduite du principe de d'Alembert qui avait déjà été utilisée, par Duhamel par exemple,[23] pour démontrer le théorème de Carnot et critiquée par Cauchy[24] qui disait avec raison que la force motrice ne peut être mesurée par la quantité de mouvement que si la force reste sensiblement égale et parallèle à elle-même.

En réponse à Bertrand, Cauchy[25] rappelle les deux théorèmes qu'il avait donnés en 1828 et tente d'en déduire la condition de validité du théorème de Sturm. Mais la discussion entre Cauchy et Duhamel tourne ensuite à la querelle stérile de priorité. Le problème n'étant pas bien défini, chacun[26] trouve des raisons d'estimer son théorème plus général que l'autre. Enfin intervient Poncelet[27] qui situe le problème à sa juste place:

> … maintenant que cette même discussion a été reprise entre MM. Cauchy et Duhamel, non plus seulement à l'égard de la priorité qu'ils peuvent avoir aux énoncés de M. Sturm, mais quant au fond même de la démonstration, à la portée de chaque théorème ou principe.[28]

Il s'agit de déterminer les différentes pertes d'énergie possibles et donc avant tout de reconnaître différentes formes d'énergie. Poncelet souligne plusieurs difficultés: la définition non rigoureuse de corps durs, la mauvaise connaissance des frottements, le fait que des forces vives, de l'énergie, peut être due aux vibrations et signale que

[22]Cf. Note 4, pp. 81–85 h. v.
[23]Duhamel, 1835, p. 7.
[24]Cauchy, 1829, Œuvres, p. 76.
[25]Cauchy, $1856_2$, pp. 1137–1139.
[26]Cauchy, $1856_2$, pp. 1137–1139; Duhamel, 1856, pp. 1166–1166; Cauchy, $1856_3$, pp. 1166–1167; Duhamel, $1857_1$, pp. 3–5; Cauchy, $1857_1$, pp. 80–81; Duhamel, $1857_2$, pp. 81–82.
[27]Poncelet, $1857_1$, pp. 82–89.
[28]Poncelet, $1857_1$, p. 84.

> ... les conditions physiques du choc des corps solides, où d'ailleurs, la chaleur, l'élasticité, la cohésion, l'électricité même, qui n'entrent nullement dans les équations ou formules, jouent un rôle nécessaire jusqu'ici fort mal apprécié et défini.[29]

Dès lors il regrette l'absence des démonstrations de Sturm parce que cette absence rend impossible la connaissance des hypothèses réellement faites.

> Je pense [écrit Poncelet] que, dans les questions de cette nature, les énoncés sans leur démonstration explicite peuvent induire à de fausses interprétations et conséquences dans les applications, et que, sous ce rapport, on doit infiniment déplorer que notre illustre confrère ne nous ait pas laissé au moins une courte indication des principes ou hypothèses fondamentales d'où il était parti, qui doivent appartenir exclusivement à la mécanique analytique ou rationnelle, et qu'il serait peut être facile de rétablir en partant de la manière, si généralement connue, dont il exposait, dans ses leçons, les principales doctrines de cette même mécanique.[30]

Le lecteur pourra se convaincre de la justesse de la remarque de Poncelet en lisant les démonstrations de Sturm données ici en note avec le texte, mais inconnues de Poncelet.

Morin[31] intervient alors pour souligner l'importance des remarques de Poncelet et signaler que l'hypothèse généralement admise d'un choc infiniment court dans le temps gomme toute l'étude qui est importante du point de vue qui est le leur. Il estime à juste titre nécessaire de considérer

> ... les efforts de réaction développés par l'inertie et par les forces moléculaires, pendant et après la période de compression[32]

donc pendant le choc.

Suit une intervention de Cauchy[33] qui poursuit sa querelle de priorité et la discussion se termine dans le bavardage par une dernière réplique de Poncelet[34] qui regrette encore le refus de Cauchy d'entrer dans le vif du sujet.

Après avoir donné et démontré dans la note I son nouvel énoncé du théorème de Carnot qui fit couler tant d'encre, Sturm donne quelques cas particuliers de son théorème. Il l'applique au mouvement d'un corps solide autour d'un point fixe et retrouve un théorème déjà démontré par Delaunay.[35] Ce théorème dit que la somme des forces vives d'un corps tournant autour de son axe spontané, c'est-à-dire celui autour duquel le corps tourne au premier instant de son mouvement, est

---

[29] Poncelet, $1857_1$, p. 86.
[30] Poncelet, $1857_1$, p. 87.
[31] Morin, 1857, pp. 89–91.
[32] Morin, 1857, p. 90.
[33] Cauchy, $1857_2$, pp. 101–104.
[34] Poncelet, $1857_2$, pp. 104–107.
[35] Delaunay, 1840, pp. 255–263.

toujours un maximum. Dans la deuxième édition de la *Mécanique analytique,* Lagrange[36] avait montré de manière fort nébuleuse que cette force vive était toujours un extremum.

Poinsot termine ce paragraphe en ajoutant qu'il obtient aisément cette proposition et une autre encore plus précise par la considération de la surface qu'il a nommée l'ellipsoïde central. Comme, il n'y a pas de complément dans la note I, il est difficile de dire quelle est cette proposition.

Son principe lui permet encore de retrouver un théorème de Coriolis dont on trouve le contenu dans un article publié par Coriolis en 1835 dans le *Journal de l'école polytechnique* mais l'expression en est différente.

> *La somme des forces vives d'un système de molécules, quels que soient leurs ébranlemens, peut se décomposer en trois parties: 1^o. la force vive qu'auraient toutes les molécules transportées au centre de gravité; 2^o. la somme des forces vives qu'auraient ces même molécules si dans la disposition où elles se trouvent on leur supposait le mouvement d'un corps solide possédant le mouvement moyen de rotation autour du centre de gravité; 3^o. la somme des forces vives qu'auraient ces molécules en vertu des seules vitesses relatives à des plans de coordonnées possédant ce même mouvement moyen de rotation.*[37]

Dans la deuxième partie de son mémoire Sturm donne une nouvelle proposition qui admet comme cas particulier un autre théorème qui a été énoncé par Coriolis dans un article[38] présenté à l'Académie le 6 juin 1832.

> Si un système de points matériels soumis à des forces est assujéti à des liaisons s'exprimant au moyen de coordonnées relatives à des plans qui se meuvent d'une manière quelconque; dans le mouvement par rapport à ces plans, on peut appliquer l'équation des forces vives en y faisant entrer les vitesses relatives, et les quantités d'action ou de travail qui se rapportent aussi aux déplacemens relatifs. Mais dans ces quantités d'action, en outre des forces qui sont immédiatement données et qui concourent au mouvement absolu, il faut en considérer d'autres dont il est facile d'indiquer la nature: elles sont opposées aux forces qu'il faudrait appliquer aux points matériels du système q'ils étaient libres, pour les obliger à conserver par rapport aux plans mobiles les positions relatives qu'ils ont à un instant donné, et à n'avoir ainsi que le mouvement qu'ils prendraient s'ils venaient à être invariablement liés à ces plans.[39]

Ce qu'il exprime de la manière suivante:

$$\sum \frac{mV_r^2}{2} - \frac{mv_r^2}{2} = \int P\cos(P\,ds_r)\,ds_r + \int P_t\cos(P_t\,ds_t)\,ds_t$$

[36] Lagrange, II$^{e}$ partie, sect. III, § 37, p. 311.

[37] Coriolis, $1835_1$, p. 109.

[38] Coriolis, 1832, pp. 268–302.

[39] Coriolis, 1832, pp. 268–269.

où $P$ sont les forces données, $P_t$ *des forces égales et opposées à celles qu'il faudrait appliquer à chaque point mobile pour lui faire prendre le mouvement qu'il aurait s'il était invariablement lié aux axes mobiles,* $V_r$ la vitesse d'un point au temps $t$ et $v_r$ sa vitesse au temps 0, les $ds_r$ sont les arcs décrits dans le mouvement relatif.

L'expression mathématique[40] du théorème plus général de Sturm est

$$\sum m\omega^2 - \sum m\omega_0^2 = 2\int \sum P \, . \, \omega \, dt \cos(P,\omega) + 2\int \sum Q \, . \, \omega \, dt \cos(Q,\omega).$$

Dans la note 1 Sturm donne une démonstration de ce théorème, qui une fois de plus fait appel au principe de d'Alembert. Il ajoute une variante de la démonstration.

## Bibliographie


Bertrand, J., *Observations sur un Mémoire de M. Ostrogradski,* Compte rendu des séances de l'Académie des sciences, Tome XLIII, $1856_1$, pp. 1065–1066.

Bertrand, J., *Démonstration d'un théorème de M. Sturm,* Compte rendu des séances de l'Académie des sciences, Tome XLIII, $1856_2$, pp. 1108–1110.

Carnot, L., *Essai sur les machines en général,* Dijon, 1783, 1786, repris dans les *Œuvres mathématiques du Citoyen Carnot,* Bâle 1797.

Cauchy, A., *Sur un nouveau principe de mécanique,* Bulletin des sciences mathématiques, publié par M. de Férussac, Tome XI, 1829, pp. 116–121; Œuvres série II, tome II, pp. 75–83. Nous citerons ce texte dans les *Œuvres.*

Cauchy, A., *Remarques sur le même sujet,* Compte rendu des séances de l'Académie des sciences, Tome XLIII, $1856_1$, p. 1066.

Cauchy, A., *Note sur les variations brusques de vitesse dans un système de points matériels,* Compte rendu des séances de l'Académie des sciences, Tome XLIII, $1856_2$, pp. 1137–1139.

Cauchy, A., *Réponse,* Compte rendu des séances de l'Académie des sciences, Tome XLIII, $1856_3$, pp. 1166–1167.

Cauchy, A., *Mémoire sur le choc des corps élastiques, présenté là l'Académie le 19 février 1827,* Compte rendu des séances de l'Académie des sciences, Tome XLIV, $1857_1$, pp. 80–81.

Combes, Charles, P.-M., *Leçons de Mécanique faites à l'école des mines,* 1843.

Coriolis, G. G., *Du calcul de l'effet des machines, ou Considérations sur l'emploi des moteurs et sur leur évaluation,* Paris, Carillan-Gœury, $1829_1$.

Coriolis, G. G., *Sur le principe des forces vives dans les mouvements relatifs des machines,* Journal de l'Ecole polytechnique, Tome XIII, XXI cahier, Paris 1832, pp. 268–302.

Coriolis, G. G., *Sur la manière d'établir les différens principes de Mécanique pour des systèmes de corps, en les considérant comme des assemblages de molécules,* Journal de l'Ecole polytechnique, Tome XV, XXIVe cahier, Paris, $1835_1$, pp. 93–125.

Delaunay, *Note sur un théorème de mécanique,* Journal de mathématiques pures et appliquées, vol. 5, 1840, pp. 255–263.


[40]Le lecteur trouvera l'énoncé dans Sturm, 1841, p. 1050.

Duhamel, J.-M.-C., *Sur la perte de force vive qu'éprouve un système, dans lequel il s'opère des changements brusques de vitesse,* Journal de l'école polytechnique, tome XV, cahier XXIV, 1835, pp. 1–16.

Duhamel, J.-M.-C., *Observations sur la note insérée par M. Cauchy dans le compte rendu de la dernière séance,* Compte rendu des séances de l'Académie des sciences, Tome XLIII, 1856, pp. 1165–1167.

Duhamel, J.-M.-C., *Observations au sujet d'un théorème de mécanique,* Compte rendu des séances de l'Académie des sciences, Tome XLIV, $1857_1$, pp. 3–5.

Duhamel, J.-M.-C., *Réplique,* Compte rendu des séances de l'Académie des sciences, Tome XLIV, $1857_2$, pp. 81–82.

Jullien, P. P. M., *Problèmes* de mécanique rationnelle disposés pour servir d'applications aux principes enseignés dans les cours, 2e éd., Paris: Gauthier-Villars, 1866–1867.

Morin, *Observations,* Compte rendu des séances de l'Académie des sciences, Tome XLIV, 1857, pp. 89–91.

Ostrogradski *Sur les changements brusques de vitesse dans les systèmes en mouvement,* 1854.

Poisson, S. D., *Traité de mécanique,* Paris, Vve Courcier, 1811.

Poisson, S. D., *Traité de mécanique,* Paris, Bachelier, 1833.

Poncelet, J.-V., *Cours de mécanique,* école de Metz, lithographié et publié en 1826.

Poncelet, J.-V., *Note sur quelques principes de mécanique relatifs à la science des machines,* Bulletin des sciences mathématiques, publié par M. de Ferussac, tome XII, 1829, pp. 323–335.

Poncelet, J.-V., *Observations générales sur la question relative au choc,* Compte rendu des séances de l'Académie des sciences, Tome XLIV, $1857_1$, pp. 81–89.

Poncelet, J.-V., *Réflexions sur la note précédente,* Compte rendu des séances de l'Académie des sciences, Tome XLIV, $1857_2$, pp. 104–107.

MÉCANIQUE APPLIQUÉE. — *Démonstration d'un théorème de* M. Sturm; *par* M. Joseph Bertrand.

« Ce théorème, dont il a été question dans la dernière séance, peut s'énoncer de la manière suivante :

« Si des points matériels liés entre eux par des liaisons (L), et sollicités » par des forces instantanées, prennent un mouvement dans lequel la » somme des forces vives initiales soit $\Sigma m v_1^2$;

» Si les mêmes points, partant comme précédemment du repos, sollicités » par les mêmes forces, après introduction de liaisons nouvelles (L'), » ajoutées à celles qui existaient déjà, prennent un nouveau mouvement » dans lequel la somme des forces vives initiales soit $\Sigma m v_2^2$;

» Quelles que soient les liaisons (L') introduites dans le système, la » somme des forces vives $\Sigma m v_2^2$ sera toujours moindre que la somme primi- » tive $\Sigma m v_1^2$, et la différence des deux sommes est précisément la somme » des forces vives dues aux vitesses perdues par chaque point. »

» Soient A un des points du système dont nous nommerons $m$ la masse; AI la vitesse qu'il prendrait sous l'influence des forces considérées, s'il était libre et qu'il n'existât aucune liaison entre lui et les autres points du système; AI' la vitesse qu'il prend sous l'influence des mêmes forces après l'introduction des liaisons (L), et enfin AI'' la vitesse du même point lorsqu'on a établi les liaisons (L) et (L'). Considérons le triangle AI'I'', nous aurons

$$\overline{AI'}^2 = \overline{AI''}^2 + \overline{I'I''}^2 - 2\,\overline{AI''}.\overline{I'I''}\cos \overline{AI''.I'I''}.$$

Si nous multiplions par $m$ les deux membres de cette équation et que nous fassions la somme des relations analogues pour tous les points du système, nous aurons

$$\Sigma m.\overline{AI'}^2 = \Sigma m\,\overline{AI''}^2 + \Sigma m\,\overline{I'I''}^2 - \Sigma\, 2m.\overline{AI''}.\overline{I'I''}.\cos \overline{AI''.I'I''}.$$

Or $\Sigma m\,\overline{AI'}^2$, $\Sigma m\,\overline{AI''}^2$ et $\Sigma m\,\overline{I'I''}^2$ représentent respectivement la somme des forces vives $\Sigma m v_1^2$, relatives au premier mouvement considéré, la somme $\Sigma m v_2^2$ des forces vives relatives au second mouvement, et la somme des forces vives dues aux vitesses perdues; le théorème de M. Sturm sera donc démontré si l'on prouve que l'on a

$$\Sigma m\,.\,\overline{AI''}\,.\,\overline{I'I''}\,.\cos\overline{AI''\,I'I''} = o.$$

Or $\frac{I'I''}{m}$ peut être considéré comme une force instantanée, susceptible d'être produite par les liaisons L et L' réunies : en effet, s'il n'y avait pas de liaisons, la vitesse acquise serait représentée en grandeur et en direction par AI. Sous l'influence des liaisons (L), elle devient AI', et les liaisons produisent, par conséquent, la force instantanée $\frac{II'}{m}$ : de même, les liaisons (L) et (L') produisent la force instantanée $\frac{II''}{m}$, et, par suite, les deux forces $\frac{II''}{m}$ et $\frac{II'}{m}$ peuvent être produites par les liaisons (L) et (L'), d'où l'on conclut que ces mêmes liaisons peuvent produire la force $\frac{I'I''}{m}$, qui est la résultante de l'une des deux et de l'autre prise en sens contraire. D'ailleurs $\overline{AI''}\,dt$ est un des déplacements compatibles avec les liaisons (L) et (L'), et la somme

$$\Sigma\overline{AI''}\;\overline{I'I''}\;\cos\;\overline{AI''\,I'I''}$$

est proportionnelle à la somme des moments virtuels de forces susceptibles d'être produites par les liaisons (L) et (L'). Cette somme est par conséquent égale à zéro et le théorème se trouve ainsi démontré.

**Notes au texte Sturm (pagination originale)**

Note p. 1046, ligne 3 du haut: Cf. Introduction.

Note p. 1046, ligne 12 du haut: Cauchy, 1829, pp. 116–121 et Coriolis, $1829_2$, pp. 322–335.

Note p. 1046, ligne 1 du bas: Poisson, 1811, p. 215 et p. 295.

Note p. 1047, ligne 9 du haut: Extrait de la note I ajoutée par Prouhet au cours de mécanique de Sturm pp. 354–358 et qui remplace le texte qui suit allant de la p. 1047, ligne 9 du haut («Je démontre en effet ...») jusqu'à la page 1048, ligne 6 du bas (jusqu'au dernier). On notera que les derniers paragraphes suivant les deux formules n'ont pas d'équivalent dans la note.

Considérons un système de points matériels en mouvement, sollicités par des forces quelconques et assujettis à des liaisons exprimées par des équations entre leurs coordonnées, qui ne renferment pas le temps explicitement. Soient $m, m', m'', \ldots$, les masses de ces points; $x, y, z$, les coordonnées du point $m$ au bout du temps $t$; $x', y', z'$, celles du point $m'$, etc. : ces coordonnées se rapportant à trois axes rectangulaires fixes dans l'espace. Désignons par $v$ la vitesse du point $m$ au bout du temps $t$, et par $a, b, c$ les composantes de cette vitesse parallèles aux axes fixes des $x, y, z$; soient de même $v'$ la vitesse du point $m'$ et $a', b', c'$ ses composantes, et ainsi de suite. Enfin soient

$$L = 0, \quad M = 0, \quad N = 0, \ldots,$$

les équations qui ont lieu à chaque instant, pendant le temps $t$, entre les coordonnées $x, y, z, x', \ldots$, des points du système, sans contenir le temps explicitement.

Imaginons maintenant qu'à un instant donné, au bout d'un temps $t$, on établisse entre les points du système de nouvelles liaisons exprimées par les équations

$$L_1 = 0, \quad M_1 = 0, \quad N_1 = 0, \ldots;$$

et parmi lesquelles pourraient se trouver comprises les liaisons

$$L = o, \quad M = o, \quad N = o, \ldots,$$

qui avaient lieu précédemment ou seulement quelques-unes d'entre elles.

A l'instant où l'on assujettit le système à ces nouvelles conditions, la vitesse de chaque point du système changera brusquement soit en grandeur, soit en direction. Désignons par $v_1$ la nouvelle vitesse que prendra le point $m$ qui avait auparavant la vitesse $v$, et par $a_1$, $b_1$, $c_1$ les composantes de $v_1$. Il résulte du principe de d'Alembert qu'à l'instant où commence le nouvel état du système, les quantités de mouvement telles que $mv_1$ que prennent les différents points étant considérées comme des forces et prises en sens contraire, doivent faire équilibre aux quantités de mouvement $mv$ que ces points possédaient auparavant : de sorte qu'on a l'équation

$$(h) \quad \sum m[(a - a_1)\delta x + (b - b_1)\delta y + (c - c_1)\delta z] = o,$$

en désignant par $\delta x$, $\delta y$, $\delta z$, $\delta x'$, ..., les projections sur les axes des déplacements virtuels des points $m$, $m'$, ..., compatibles avec les liaisons nouvelles

$$L_1 = o, \quad M_1 = o, \ldots.$$

Ainsi l'on peut donner à $\delta x$, $\delta y$, ... toutes les valeurs qui satisfont aux équations simultanées

$$(i) \quad \begin{cases} \dfrac{dL_1}{dx}\delta x + \dfrac{dL_1}{dy}\delta y + \dfrac{dL_1}{dz}\delta z + \dfrac{dL_1}{dx'}\delta x' + \ldots = o, \\ \dfrac{dM_1}{dx}\delta x + \dfrac{dM_1}{dy}\delta y + \dfrac{dM_1}{dz}\delta z + \dfrac{dM_1}{dx'}\delta x' + \ldots = o, \\ \ldots\ldots\ldots\ldots\ldots\ldots\ldots\ldots\ldots \end{cases}$$

En différentiant les mêmes équations $L_1 = o$, $M_1 = o$, .. par rapport au temps $t$, puis remplaçant $\frac{dx}{dt}$. $\frac{dy}{dt}$, $\frac{dz}{dt}$, ...

par leurs valeurs actuelles $a_1$, $b_1$, $c_1$, ..., on aura

$$(k)\quad\left\{\begin{array}{l}\dfrac{dL_1}{dx}a_1+\dfrac{dL_1}{dy}b_1+\dfrac{dL_1}{dz}c_1+\dfrac{dL_1}{dx'}a'_1+\ldots=0,\\[2ex] \dfrac{dM_1}{dx}a_1+\dfrac{dM_1}{dy}b_1+\dfrac{dM_1}{dz}c_1+\dfrac{dM_1}{dx'}a'_1+\ldots=0,\\ \ldots\ldots\ldots\ldots\ldots\ldots\ldots\ldots\ldots\ldots\ldots\end{array}\right.$$

Au moyen des équations $(i)$ on éliminera de l'équation $(h)$ une partie des variations $\delta x$, $\delta y$, ..., puis on égalera à zéro les quantités multipliées par chacune des variations restantes. Les équations qu'on obtiendra, jointes aux équations connues $(k)$, fourniront la valeur des $3n$ inconnues $a_1, b_1, c_1, \ldots$, qui n'y entrent que sous forme linéaire. On peut aussi combiner l'équation $(h)$ avec les équations $(i)$ par les équations

$$m(a_1-a)=\lambda\frac{dL_1}{dx}+\mu\frac{dM_1}{dx}+\ldots,$$

$$m(b_1-b)=\lambda\frac{dL_1}{dy}+\mu\frac{dM_1}{dy}+\ldots,$$

$$\ldots\ldots\ldots\ldots\ldots\ldots\ldots\ldots$$

dont le nombre est triple du nombre $n$ des points $m$, $m'$, .... Ces équations et celles qui précèdent $(k)$ donneront les valeurs des $3n$ inconnues $a_1$, $b_1$, $c_1$, ..., et en outre celles des facteurs $\lambda$, $\mu$, ... qui font connaître les percussions que les liens du système éprouvent par le changement brusque des vitesses.

Les équations de condition

$$L_1=0,\quad M_1=0,\quad N_1=0,\ldots$$

étant par hypothèse indépendantes du temps, on voit que le mouvement effectif du système pendant l'instant $dt$ qui succède au temps $t$ est l'un des mouvements virtuels que les liaisons données lui permettent de prendre. En effet, les équations $(i)$ sont vérifiées si l'on prend $\delta x$,

$\delta y$, $\delta z$.... proportionnelles aux composantes $a_1$, $b_1$, $c_1$, $a'_1$,... des vitesses réelles. On peut donc remplacer dans l'équation générale $\delta x$, $\delta y$, $\delta z$,... par $a_1$, $b_1$, $c_1$;.... On a ainsi l'équation

$$\sum m\left[(a-a_1)a_1+(b-b_1)b_1+(c-c_1)c_1\right]=0,$$

qu'on peut mettre sous la forme

$$\sum m\,(a^2+b^2+c^2)$$
$$=\sum m\,(a_1^2+b_1^2+c_1^2)+\sum m\left[(a-a_1)^2+(b-b_1)^2+(c-c_1)^2\right];$$

et comme $a-a_1$, $b-b_1$, $c-c_1$ sont les composantes de la vitesse perdue par le point $m$, quand on décompose sa vitesse $v$ en $v_1$ et $u_1$, cette formule devient

$$\sum mv^2=\sum mv_1^2+\sum mu_1^2.$$

Elle signifie que *si les liaisons d'un système de points en mouvement sont changées à un instant donné, la somme des forces vives acquises avant cet instant surpasse celle qui a lieu immédiatement après, d'une quantité égale à la somme des forces vives correspondant aux vitesses perdues dans le passage du premier état du système au second*.

Quoique la formule précédente soit semblable à celle du théorème de Carnot sur la perte de force vive dans le choc des corps dénués d'élasticité, les deux propositions reposent sur des considérations assez différentes pour être distinguées l'une de l'autre. Les conséquences suivantes feront mieux ressortir cette différence.

Rien n'empêche de supposer qu'à l'instant même où l'on établit les liaisons $L_1 = 0$, $M_1 = 0 \ldots$, le système soit mis en mouvement par des percussions, c'est-à-dire par des forces d'une très-grande intensité agissant pendant un temps inappréciable sur les différents points $m$, $m' \ldots$, et capables de leur imprimer, *s'ils étaient libres*, les vitesses $v$, $v'$, ..., qui se changent en $v_1$, $v'_1$, ... par l'effet des liaisons $L_1 = 0$, $M_1 = 0, \ldots$ Chaque vitesse $v$ se décomposant en $v_1$ et $u_1$, on aura toujours

$$\sum mv^2 = \sum mv_1^2 + \sum mu_1^2.$$

Considérons de nouveau un système de points en mouvement, $m$, $m'$, ..., assujettis à des liaisons $L = 0$, $M = 0, \ldots$ indépendantes du temps; supposons qu'à un instant donné pour lequel ces points ont les vitesses $v$, $v'$, ... on établisse de nouvelles liaisons exprimées par les équations $L_1 = 0$, $M_1 = 0, \ldots$, et parmi lesquelles se trouvent comprises toutes les anciennes liaisons. Appelons $v_1$ la vitesse que prendra le point $m$, qui avait auparavant la vitesse $v$. En décomposant cette vitesse $v$ en $v_1$ et $u_1$, on a trouvé

$$\sum mv^2 - \sum mv_1^2 = \sum mu_1^2$$

ou

$$\sum mv^2 - \sum mv_1^2 = \sum m[(a - a_1)^2 + (b - b_1)^2 + (c - c_1)^2].$$

Note p. 1047, ligne 17 du haut: A l'époque, ce même théorème a déjà démontré par trois autres auteurs, à savoir: Duhamel, 1835, pp. 1 et Combes, 1843 ainsi que Bertrand, $1856_2$, pp. 1108–1110. La démonstration de Sturm sera reprise avec le nom de Sturm, par Jullien, 1866–1867, tome II, pp. 276–277.

Note p. 1049, ligne 12 du haut: Delaunay, 1840, pp. 255–263

Note p. 1049, ligne 18 du haut: Coriolis, $1835_1$, pp. 93–125.

Note p. 1050, ligne 4 du haut: Dans la note I du cours de mécanique on trouve ici la note suivante écrite par Sturm.

«Dans un système de liaisons $L = 0$, $M = 0$, $N = 0$, ..., fonctions du temps, on peut toujours supposer qu'une seule renferme $t$ explicitement, en éliminant $t$ entre elle et les autres. Mais l'équation des forces vives devient

$$d\sum mv^2 = 2\sum(X\delta x + Y\delta y + Z\delta z) - \lambda\frac{dL}{dt}dt.$$

($\lambda$ n'est pas le même que si l'on conservait toutes les liaisons fonctions du temps.)»

Note p. 1050, ligne 20 du bas: Dans l'expression qui suit l'exposant 2 de $w$ a été omis par erreur.

Note p. 1050, ligne 8 du bas: Extrait du texte de la note I du cours de mécanique de pp. 361–363. Prouhet y donne une démonstration de Sturm retrouvée uniquement dans ses manuscrits.

**Pour démontrer ce théorème (*), nommons $\alpha$, $\beta$, $\gamma$ les composantes de la vitesse $\omega$, $a_1$, $b_1$, $c_1$, celles de la vitesse fictive, $a$, $b$, $c$ celles de la vitesse réelle, et X, Y, Z celles de la force motrice P. En conservant les notations déjà employées, on a**

$$\sum\left[\left(X - m\frac{da}{dt}\right)\delta x + \left(Y - m\frac{db}{dt}\right)\delta y + \left(Z - m\frac{dc}{dt}\right)\delta z\right] = 0,$$

**ou, à cause de $a = a_1 + \alpha$, $b = b_1 + \beta, \ldots$,**

$$(1)\quad \left\{\begin{aligned} &\sum(X\delta x + Y\delta y + Z\delta z) - \sum m\left[\left(\frac{da_1}{dt} + \frac{d\alpha}{dt}\right)\delta x\right.\\ &\qquad\left. + \left(\frac{db_1}{dt} + \frac{d\beta}{dt}\right)\delta y + \left(\frac{dc_1}{dt} + \frac{d\gamma}{dt}\right)\delta z\right] = 0.\end{aligned}\right.$$

**Mais l'équation de condition L = o donne**

$$\frac{dL}{dt} + \frac{dL}{dx}a + \frac{dL}{dy}b + \frac{dL}{dz}c + \frac{dL}{dx'}a' + \ldots = 0,$$

(*) Ce théorème a été aussi démontré par M. Combes (*Cours de Mécanique professé à l'École des Mines*). Dans l'exemplaire qu'il possédait, M. Sturm avait ajouté en marge sa démonstration, que nous reproduisons ici.

puisque $\frac{dx}{dt} = a$, $\frac{dy}{dt} = b, \ldots$, et

$$\frac{dL}{dt} + \frac{dL}{dx} a_1 + \frac{dL}{dy} b_1 + \frac{dL}{dz} c_1 + \frac{dL}{dx'} a'_1 + \ldots = 0,$$

puisque les vitesses $a_1, b_1, \ldots$, sont compatibles avec les liaisons du système à l'époque $t$.

Donc, en retranchant les deux équations précédentes, on aura

$$\frac{dL}{dx}(a - a_1) + \frac{dL}{dy}(b - b_1) + \ldots = 0,$$

ou

$$\frac{dL}{dx}\alpha + \frac{dL}{dy}\beta + \ldots = 0.$$

Donc on peut prendre pour vitesses virtuelles $\alpha dt$, $\beta dt, \ldots$, c'est-à-dire faire

$$\delta x = \alpha dt, \quad \delta y = \beta dt, \ldots,$$

et l'équation ($l$) devient

$$\sum (X\alpha + Y\beta + Z\gamma)\,dt - \sum m\left(\frac{da_1}{dt}\alpha + \frac{db_1}{dt}\beta + \frac{dc_1}{dt}\gamma\right)dt$$
$$= \sum m(\alpha d\alpha + \beta d\beta + \gamma d\gamma).$$

Le second membre est égal à $\frac{1}{2}\, d\sum m\omega^2$ et les composantes de la force Q étant $-Q\frac{da_1}{dt}$, $-Q\frac{db_1}{dt}$, $-Q\frac{dc_1}{dt}$, la formule précédente revient à

$$d\sum m\omega^2 = 2\sum P\omega dt \cos(P, \omega) + 2\sum Q\omega dt \cos(Q, \omega),$$

ce qui démontre le théorème énoncé.

On peut encore supposer dans cette formule que les forces Q soient des forces égales et contraires à celles qui seraient capables de produire le mouvement fictif à l'aide des liaisons données; car on aurait, d'après le principe de d'Alembert,

$$\sum m\left(\frac{da_1}{dt}\alpha + \frac{db_1}{dt}\beta + \frac{dc_1}{dt}\gamma\right)dt = -\sum Q\omega\, dt \cos(Q,\omega),$$

sans avoir

$$m\frac{da_1}{dt} = Q\cos(Q, x)\ldots.$$

*Autrement.* On a les deux éqnations

$$\sum\left[\left(X - m\frac{da}{dt}\right)\delta x + \left(Y - m\frac{db}{dt}\right)\delta y + \left(Z - m\frac{dc}{dt}\right)\delta z\right] = 0,$$

$$\sum\left[\left(X_1 - m\frac{da_1}{dt}\right)\delta x + \left(Y_1 - m\frac{db_1}{dt}\right)\delta y + \left(Z_1 - m\frac{dc_1}{dt}\right)\delta z\right] = 0,$$

en appelant $X_1$, $Y_1$, $Z_1$ les composantes des forces $-Q$ qui donneraient aux points le mouvement fictif. De là

$$\sum\left[(X - X_1)\delta x - m\left(\frac{da}{dt} - \frac{da_1}{dt}\right)\delta x + \ldots\right] = 0,$$

ou

$$\sum\left[\left(X - X_1 - m\frac{d\alpha}{dt}\right)\delta x + \ldots\right] = 0.$$

Mais on peut prendre $\delta x = \alpha\, dt$, $\delta y = \beta\, dt, \ldots,$ Donc... (*).

(*) *Application.* — Prendre le mouvement d'une planète pour le mouvement réel et le mouvement elliptique pour le mouvement fictif.

(*Note de M. Sturm.*)

Note p. 1051, ligne 5 du haut: Coriolis, 1832, p. 277.

Note p. 1051, ligne 1 du bas: A la fin de la note I se trouve une *note sur le théorème de Carnot.*

***Note sur le théorème de la page* 353.** — **La vitesse du point $m$ ne peut varier d'une manière continue depuis $v$ jusqu'à $v_1$ pendant le temps $\theta$ si les nouvelles liaisons $L = 0$, $M = 0, \ldots$ sont indépendantes du temps; car pour $t = 0$ on a**

$$
(1) \quad \left\{
\begin{array}{l}
\dfrac{dL}{dx} a + \dfrac{dL}{dy} b + \ldots \gtrless 0, \\
\dfrac{dM}{dx} a + \dfrac{dM}{dy} b + \ldots \gtrless 0, \\
\ldots\ldots\ldots\ldots\ldots\ldots,
\end{array}
\right.
$$

**puisque les vitesses $v$ sont incompatibles avec les liaisons $L = 0$, $M = 0$, .., ou $dL = 0$, $dM = 0, \ldots$.**

**Mais dans l'instant suivant $t'$, la vitesse devient $v'$ et**

doit être compatible avec $L = 0$, $M = 0, \ldots$, puisque ces liaisons doivent par hypothèse subsister depuis $t = 0$ jusqu'à $t = \theta$ et au delà. On a donc pour $t = t'$

$$(2) \qquad \frac{dL}{dx} a' + \frac{dL}{dy} b' + \ldots = 0.$$

Mais, dans les formules (1) et (2), $\frac{dL}{dx}, \frac{dL}{dy}, \ldots$ ont sensiblement les mêmes valeurs, puisque les points ne sont pas sensiblement déplacés. D'ailleurs la vitesse variant d'une manière continue, $v'$ diffère infiniment peu de $v$, $a'$ de $a$, $b'$ de $b$ et $c'$ de $c$. Donc $\frac{dL}{dx} a + \frac{dL}{dy} b + \ldots$ diffère infiniment peu de $\frac{dL}{dx} a' + \frac{dL}{dy} b' + \ldots$, c'est-à-dire de zéro, ce qui est faux, puisque les vitesses initiales $a$, $b$, $c$ sont arbitraires, et que par conséquent $\frac{dL}{dx} a + \frac{dL}{dx} b + \ldots$ peut avoir une valeur quelconque différente de zéro. Mais il n'y a plus aucune absurdité si l'on suppose que les liaisons $L = 0$, $M = 0, \ldots$ contiennent le temps pendant le temps $\theta$ et deviennent ensuite indépendantes du temps; car la liaison $L = 0$ peut être exprimée par $\varphi(x, y, z, x', \ldots) = t$ ou $\psi(t)$, $\psi(t)$ étant très-petit pendant le temps $\theta$ et nul après ce temps, tandis que $\psi'(t)$ a une valeur finie qui s'évanouit après $\theta$.

En supposant, par exemple,

$$L = x^2 + y^2 + z^2 - k^2 + 2t - \frac{t^2}{\theta} - \theta = 0,$$

on aura pour un temps quelconque (depuis zéro jusqu'à $\theta$)

$$\frac{dL}{dt} + \frac{dL}{dx}\frac{dx}{dt} + \frac{dL}{dy}\frac{dy}{dt} + \ldots = 0,$$

d'où, pour $t = 0$,

$$\frac{dL}{dt} + \frac{dL}{dx} a + \frac{dL}{dy} b + \ldots = 0.$$

Ici $\frac{dL}{dt} = 2 - \frac{2t}{\theta}$, et pour $t = 0$ on a $\frac{dL}{dt} = 2$. Les valeurs de $x$, $y$, $z$ et celles de $\frac{dL}{dx}$, $\frac{dL}{dy}$, $\cdots$ ne varient pas sensiblement pendant l'intervalle de temps $\theta$. Mais $\frac{dL}{dt}$ décroît depuis 2 jusqu'à zéro et au delà de $\theta$ reste nul, puisque L ne contient plus $t$.

Pour $t \gtreqqless \theta$, on a

$$\frac{dL}{dt} = 0, \quad \frac{dM}{dt} = 0, \ldots$$

On a pour un temps $t$ quelconque

$$\frac{dL}{dx}\delta x + \frac{dL}{dy}\delta y + \ldots = 0,$$
$$\frac{dM}{dx}\delta x + \frac{dM}{dy}\delta y + \ldots = 0,$$
$$\cdots\cdots\cdots\cdots\cdots\cdots\cdots$$

et comme $\frac{dL}{dx}$, $\frac{dL}{dy}$, $\cdots$ restent sensiblement constants, $\delta x$, $\delta y$, $\delta z$ sont constants pendant le temps $\theta$ et les mêmes qu'à la fin du temps $\theta$. On peut donc prendre $\delta x = a_1\, dt$, $\delta y = b_1\, dt, \ldots$, puisqu'on a ainsi

$$\frac{dL}{dx}a_1 + \frac{dL}{dy}b_1 + \ldots = 0,$$

à cause de $\frac{dL}{dt} = 0$, c'est-à-dire prendre pour déplacement virtuel pendant tout le temps $\theta$ le déplacement réel qui a lieu à la fin de ce temps quand L est devenu indépendant du temps. Or on a, en faisant abstraction des forces extérieures,

$$\sum m\left(\frac{d^2x}{dt^2}\delta x + \ldots\right) = 0.$$

Intégrant, en supposant $\delta x$, $\delta y, \ldots$ constants depuis

$t = 0$ jusqu'à $t = \theta$,

$$\sum m\left[\left(\frac{dx_1}{dt} - \frac{dx_0}{dt}\right)\delta x + \ldots\right] = 0,$$

ou

$$\sum m[(a_1 - a)\delta x + \ldots] = 0.$$

Il est permis de prendre $\delta x = a_1\, dt$, $\delta y = b_1\, dt, \ldots$: alors

$$\sum m[(a_1 - a)a_1 + \ldots] = 0 \quad (*).$$

*Vérification, méthode inverse.* — Appliquons au point $m$, *supposé libre* et animé de la vitesse initiale $v$ pour $t = 0$, les forces $\lambda \frac{dL}{dx}$, $\lambda \frac{dL}{dy}, \ldots$, $\mu \frac{dM}{dx}, \ldots$. On a

$$m\frac{d^2x}{dt^2} = \lambda\frac{dL}{dx} + \mu\frac{dM}{dx} + \ldots.$$

Supposons que pour un temps $t$, entre zéro et $\theta$, $x, y, z$ restent à peu près constants, ainsi que $\frac{dL}{dx}$, $\frac{dM}{dx}, \ldots$, quoique L contienne $t$. En intégrant l'équation précédente, on aura

$$m(a_1 - a) = \frac{dL}{dx}\int_0^\theta \lambda\, dt + \frac{dM}{dx}\int_0^\theta \mu\, dt + \ldots.$$

Supposons $\frac{dL}{dx}\delta x + \frac{dL}{dy}\delta y + \ldots = 0$: $\delta x$, $\delta y, \ldots$ resteront constants. On aura

$$m[(a_1 - a)\delta x + \ldots]$$
$$= \left(\frac{dL}{dx}\delta x + \frac{dL}{dy}\delta y + \ldots\right)\int_0^\theta \lambda\, dt + \ldots = 0,$$
$$m(a_1 - a)a_1 + \ldots = 0.$$

(*) Cette équation est la première de la page 353. On en déduit comme plus haut le théorème énoncé. La démonstration précédente avait été indiquée par M. Sturm à M. l'abbé Jullien. Voir *Problèmes de Mécanique rationnelle*. Paris, 1855, t. II, p. 255.

**Autrement et plus brièvement on a**

$$\sum\left(m\frac{d^2x}{dt^2}\delta x+\ldots\right)=0.$$

**Intégrant, on a, puisque $\delta x$, $\delta y$, $\delta z$, ... ne varient pas avec le temps,**

$$\sum\left(m\frac{dx}{dt}\delta x+\ldots\right)=0,$$

**et entre les limites zéro et $\theta$**

$$\sum[m(a_1-a)\delta x+\ldots]=0.$$

---

## Sur le mouvement d'un corps solide autour d'un point fixe

## Nouv. Ann. Math. X, 1851, pp. 419–432

### La reproduction du texte

Cet article constitue la version originale de la *50e Leçon* de la première édition du *Cours de mécanique* de Sturm publiée dix ans après l'article. On trouve attachée au titre de cette *Leçon*, la note suivante;

> (*) La plus grande partie de cette *Leçon* a été publiée par M. Sturm dans les *Nouvelles Annales de Mathématiques*, t. X (1851), p. 419.

Pour ces raisons, nous reproduisons le texte de l'article en texte principal et nous le complétons en note de bas de page par les ajouts ou les passages[41] du texte de la *Leçon* qui diffèrent de l'article. Nous avons mis entre crochets carrés les passages de l'article remplacés par un texte différent dans la *Leçon* pour permettre au lecteur de reconstruire cette dernière également. Cela nous a paru d'autant plus important que le texte de cette *Leçon*, et c'est la seule, a été totalement modifiée par A. de Saint-Germain dans la dernière édition, la plus courante, du *Cours de mécanique* de Sturm.

### Le texte de Sturm et la Leçon

L'article commence par quelques mots d'introduction qui ne se trouvent pas dans la *Leçon*. Les deux petites différences suivantes[42] gomment du cours toute référence à Poisson, les allusions à Poinsot restent en revanche présentes.

L'article comme le cours commencent par la présentation du repère fixe dans le corps, composé des axes principaux d'inertie, du repère fixe dans l'espace et

---

[41] Nous n'avons pas signalé des différences n'ayant aucune incidence sur le sens. A titre d'exemple nous n'avons pas signalé qu'au début du texte, l'article porte «parallèle aux axes fixes $Ox, Oy, Oz$» alors que la Leçon porte simplement «parallèle aux axes fixes».

[42] Cf. notes 1 et 5, p. 98.

des formules permettant le passage de l'un à l'autre au moyen des cosinus $a, b, c$, $a', b', c'$, et $a'', b'', c''$. Il introduit ensuite les $p, q, r$ directement liés aux vitesses puis recherche les points de vitesse nulle au temps t et montre qu'ils se trouvent sur une droite, l'*axe instantané de rotation,* pour calculer ensuite la vitesse instantanée autour de cet axe.

La première addition substantielle du cours[43] consiste essentiellement en un développement plus détaillé et donc plus pédagogique du calcul de cette vitesse instantanée. Le seul ajout réel est la préparation de l'étude du cas particulier où l'axe de rotation reste fixe dans le corps en donnant les conditions qui entraînent la fixité de cet axe.

Sturm calcule ensuite le moment cinétique qu'il appelle moment de la quantité de mouvement mv du point m par rapport aux trois axes fixes dans le corps. Après avoir sommé sur tous les points du corps, il montre que si A, B et C sont les moments principaux d'inertie, alors $\mathrm{A}p, \mathrm{B}q, \mathrm{C}r$ représentent la somme de ces moments.

La différence suivante[44] est également un développement pédagogique concernant les couples de Poinsot. Nous y reviendrons.

La fin des deux textes diffère fortement. En effet Sturm ne donne pas les équations d'Euler dans le cours alors que dans l'article, il les dérive de deux manières différentes. Il introduit d'abord des forces externes X, Y, Z, applique le principe de d'Alembert et écrit que le moment des forces est nul par rapport à chacun des axes fixes coïncidant avec les axes principaux d'inertie, et obtient les équations d'Euler. Il les retrouve encore en faisant appel à la composition des moments ou des couples sans avoir besoin de calculer les forces externes.

Dans le cours, il n'introduit pas de forces externes, et se contente de donner des relations entre les cosinus $a, b, \ldots$ et les composantes des vitesses, $p, q, r$. Dans la Leçon 52, il introduit des forces externes et retrouve les équations d'Euler exactement comme dans l'article, suivant la méthode de Poisson.

Le cours comme l'article, mais suivant un exposé différent, se termine par la recherche d'une relation entre les composantes des vitesses, $p, q, r$ et les angles d'Euler (qui ne sont pas nommés, au contraire, Sturm renvoie à Poisson pour leur définition) $y, j, q$ de deux manières différentes, la deuxième faisant appel à la composition des rotations.

**Les sources directes du texte de Sturm**

Le texte de Sturm est écrit en étroite relation avec deux textes. Le premier est de Poisson et l'autre de Poinsot. D'une part, il est en effet très proche du chapitre IV de la seconde partie du *Traité de mécanique* de Poisson.[45] Plusieurs passages sont même repris textuellement par Sturm. Il y a pourtant des différences importantes dont nous essayerons de rendre compte. D'autre part, il souhaite simplifier la

[43]Cf. note 6, pp. 98–103.
[44]Cf. note 1, p. 103.
[45]Poisson, 1833, vol. II, pp. 121–162.

partie concernant l'établissement des équations d'Euler dans la *Théorie nouvelle de la rotation des corps,* de Poinsot.[46]

**Poisson (1833)**

Le texte de Poisson est plus didactique que l'article de Sturm, mais leurs raisonnements sont très semblables. Sturm renvoie d'ailleurs à Poisson pour une bonne partie de la présentation et des relations entre repères. Pour la première dérivation des équations d'Euler, qui ne sont pas ainsi nommées par Poisson, le même appel est fait au principe de d'Alembert. Il n'y a qu'une petite différence de notation, $\mathrm{P}, \mathrm{Q}, \mathrm{R}$ de Poisson étant remplacé par $\mathrm{L}_1, \mathrm{M}_1, \mathrm{N}_1$, chez Sturm. Ils représentent ce que Sturm appelle le moment des forces perdues, il s'agit du moment de toutes les forces, y compris les forces d'inertie introduites par l'utilisation du principe de d'Alembert. En revanche la deuxième dérivation de ces équations qui fait appel à la composition des moments ou des couples est totalement absente chez Poisson. Ce sera donc là qu'il faudra chercher l'originalité de Sturm.

**Poinsot (1834, publié en 1851)**

La notion de couple est essentielle à la vision géométrique du problème que Poinsot s'efforce de donner dans ce très long texte. Il met en évidence la notion eulérienne d'axe instantané de rotation et montre que cet axe décrit deux cônes, l'un dans le repère fixe et l'autre dans le repère lié au corps. Leurs sommets sont tous deux au point fixe et ils roulent sans glisser l'un sur l'autre, l'axe instantané étant leur droite commune. Ces deux cônes sont absents chez Poisson comme chez Sturm. Comme est absente chez eux la vision géométrique du problème.

Poinsot démontre la nécessité de faire appel aux six équations fournies par $\sum \vec{F} = 0$ et $\sum \vec{M} = 0$ pour résoudre ce problème.

Poinsot poursuivant sa vision géométrique introduit l'ellipsoïde central d'inertie au sujet duquel Sturm fait la remarque suivante, montrant qu'il en a perçu la fécondité:

> (Dans la théorie des couples, ces moments [$\mathrm{A}p, \mathrm{B}q, \mathrm{C}r$ qui sont les sommes des moments des quantités de mouvement des points du corps par rapport aux axes principaux $\mathrm{O}x_1, \mathrm{O}y_1, \mathrm{O}z_1$] sont ceux de trois couples agissant dans les trois plans coordonnés $\mathrm{OX}_1, \mathrm{OY}_1, \ldots$. Ils donnent un couple résultant dont le moment $G = \sqrt{\mathrm{A}^2p^2 + \mathrm{B}^2q^2 + \mathrm{C}^2r^2}$; la perpendiculaire à son plan fait avec les axes $\mathrm{O}x_1, \mathrm{O}y_1, \mathrm{O}z_1$ des angles qui ont pour cosinus $\frac{\mathrm{A}p}{G}, \frac{\mathrm{B}q}{G}, \frac{\mathrm{C}r}{G}$. M. Poinsot a remarqué que ce plan est le plan diamétral conjugué au diamètre de l'ellipsoïde central $\mathrm{AX}^2 + \mathrm{BY}^2 + \mathrm{CZ}^2 = 1$, qui est dirigé suivant l'axe instantané, pour lequel les cosinus sont[47] $\frac{p}{\omega}, \frac{q}{\omega}, \frac{r}{\omega}$.)

La démonstration des équations d'Euler, faite par Poinsot est inhabituelle comme l'est à cette époque, sa vision géométrique des problèmes de mécanique.

[46]Poinsot, 1851.
[47]Cf. Sturm, 1851, p. 425.

> On pourra dire que le problème de la rotation des corps est entièrement résolu; c'est-à-dire qu'on est actuellement en état d'assigner le lieu précis de l'espace où se trouvera le corps au bout d'un temps quelconque donné.
>
> Et, en effet, on saura qu'au bout de ce temps le pôle instantané doit être, sur la surface de l'ellipsoïde central, à l'extrémité S de l'arc s qui répond à ce temps donné t; et que ce même pôle doit être, sur le plan fixe, à l'extrémité S de l'arc s de même longueur qui répond au même temps donné. Or, le centre de l'ellipsoïde étant retenu immobile en O à la hauteur donnée $h$ au-dessus du plan fixe, on n'aura qu'à mettre cet ellipsoïde en contact avec ce plan de manière qu'il touche par le point déterminé $S$ de sa surface, et au point déterminé $S$ du plan dont il s'agit: et de cette manière l'ellipsoïde central se trouvera posé dans le lieu précis de l'espace où il arrive par son mouvement naturel au bout du temps donné[48] $t$.

Il n'est pas possible d'entrer ici dans tous les détails de calculs qui permettraient de comprendre cette remarque en profondeur mais elle est suffisante pour montrer le caractère géométrique de ce texte et voir à quel point il est éloigné tant de Poisson que de Sturm. Poinsot va ensuite *traduire ce théorème en analyse, pour avoir ce qu'on appelle les équations du mouvement du corps*[49]; et trouver en une page les équations d'Euler.

La deuxième dérivation de ces équations par Sturm, si elle s'inspire de Poinsot, ne consiste pourtant pas en une telle traduction. Ce qu'il fait est très différent mais se base sur une idée dont la découverte à grandement bouleversé Poinsot. Il s'agit de la composition des moments ou des couples et du fait qu'ils se composent comme les forces suivant une loi géométrique, la loi du parallélogramme. Bref, qu'il s'agit également de vecteurs. Mais à nouveau ce n'est pas l'aspect géométrique de cette composition que Sturm va retenir mais bien les expressions analytiques des trois projections de la résultante sur les axes qui ont la même forme que celles des projections des forces.

> D'après les lois de la composition des moments ou des couples, analogue à celle des forces, la somme Ap des moments des quantités de mouvement par rapport à l'axe $Ox_1$ est égale à la somme des moments par rapport aux axes fixes multipliés par les cosinus $a, a', a''$, des angles que $Ox_1$ fait avec ces axes fixes.[50]

De cette expression analytique, Sturm va dériver en quelques lignes les équations d'Euler et pouvoir se permettre de dire avec raison.

> On arrive aux équations d'Euler sans avoir besoin de calculer ... les forces centrifuges de M. Poinsot.[51]

---

[48]Cf. Poinsot, 1851, pp. 120–121.
[49]Cf. Poinsot, 1851, p. 121.
[50]Cf. Sturm, 1851, p. 428.
[51]Cf. Sturm, 1851, p. 429.

Le différent qui a opposé Poinsot à Poisson en 1827–28 à propos de la composition des couples opposait aussi la vision géométrique de Poinsot à l'esprit analytique de Poisson.

**Le remaniement de A. de Saint-Germain, professeur à la Faculté de Caen.**

Le but de Saint-Germain est de marier la version géométrique de Poinsot avec la version analytique. Il explique donc le fonctionnement des deux cônes roulant l'un sur l'autre au moyen de cas particuliers. Ainsi le cas du mouvement d'un solide restant parallèle à un plan fixe. Dans ce cas, les cônes deviennent des cylindres. Il donne encore des problèmes plans de bielles manivelles où l'axe instantané se réduit à un centre instantané dont il montre le lieu géométrique dans le repère mobile et dans le repère fixe. Les équations de tous ces lieux sont calculées. Certains passages sont cependant repris textuellement de Sturm. La description du joint de Cardano, comme l'étude de la bielle manivelle montre que l'application aux machines est un objectif plus présent que pour Sturm.

## Bibliographie

Coriolis, Gaspard-Gustave de, *Traité de la mécanique des corps solides et du calcul de l'effet des machines,* Seconde édition, Paris, Carilian-Goeury et Vor Dalmont, 1844.

Poisson, S. D., *Traité de mécanique,* Paris, Vve Courcier, 1811.

Poisson, S. D., *Traité de mécanique,* Paris, Bachelier, 1833.

Poinsot, Louis, *Théorie nouvelle de la rotation des corps,* Journal de mathématiques pures et appliquées, tome XVI, 1851, pp. 9–129. Ce texte avait fait l'objet d'une première présentation à l'Académie dans la séance du 19 mai 1834 et des extraits en avaient été publiés dans les 8^e^, 9^e^ et 10^e^ éditions des *éléments de statique* de Poinsot.

Saint-Guilhem, P., Nouvelles détermination synthétique du mouvement d'un corps solide autour d'un point fixe, Journal de mathématiques pures et appliquées, tome XIX, 1854, pp. 356–365.

### Notes au texte de Sturm (pagination originale)

Note p. 419, titre: L'intitulé de la 50^e^ Leçon est: *Sur la rotation d'un corps solide autour d'un point fixe.*

Note p. 419, ligne 1 du haut: Poinsot, 1851, p. 79.

Note p. 420, ligne 2 du haut: Ce premier paragraphe ne figure pas dans la 50^e^ Leçon.

Note p. 420, ligne 3 du haut: Dans la 50^e^ Leçon, ce paragraphe est précédé du titre suivant: *Formules relatives au déplacement d'un corps solide.*

Note p. 420, ligne 6 du haut: Poisson, 1833.
L'élément de phrase, *En adoptant les notations de la mécanique de Poisson,* est remplacé dans la 50$^{e}$ Leçon par la figure suivante:

Fig. 173.

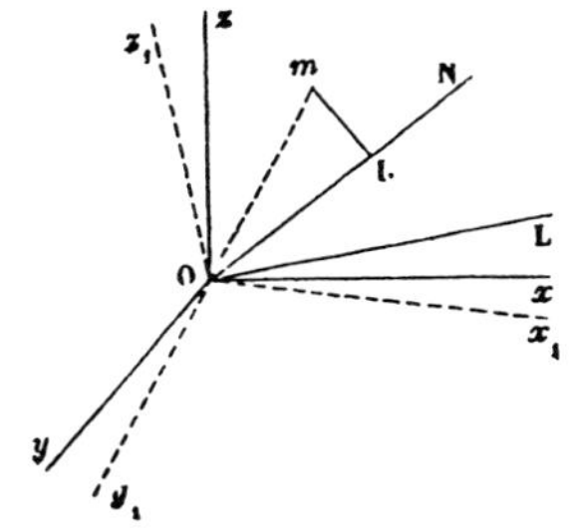


Note p. 420, ligne 12 du bas: Cette dernière phrase est plus développée dans la 50$^{e}$ Leçon:
«Les cosinus $a, b, c, a', \ldots$ sont les mêmes à chaque instant pour tous les points du corps, mais varient pendant le mouvement: ce sont des fonctions du temps. Les axes étant rectangulaires, on a les relations connues ...»

Note p. 422, ligne 11 du haut: Les signes ont été corrigés dans le cours ainsi que leur répercussion dans les formules qui suivent.

$$\left\{\begin{array}{l} \cos x_1Ox' = a + da = 1, \\ \cos x_1Oy' = db = -r\,dt, \\ \cos x_1Oz' = dc = q\,dt, \\ \cos y_1Ox' = da' = r\,dt, \\ \cos y_1Oy' = 1, \\ \cos y_1Oz' = dc' = -p\,dt, \\ \cos z_1Ox' = da'' = -q\,dt, \\ \cos z_1Oy' = db'' = p\,dt, \\ \cos z_1Oz' = 1. \end{array}\right.$$

Note p. 423, ligne 3 du haut: Sturm corrige au passage une faute de frappe de la publication de Poisson. On y trouve en effet, $c\,dr$ comme dernier terme de la deuxième équation.

Note p. 424, ligne 5 du haut: La dernière phrase du premier paragraphe de la page 423 («... et l'on en déduira ..., seconde édition.») est remplacée par un sous-titre dans la 50$^{e}$ Leçon: *Axe instantané.*

Note p. 424, ligne 6 du bas: Le passage qui précède, commençant p. 423, ligne 2 du bas («La vitesse angulaire ...») et allant jusqu'à la page 424, ligne 6 du bas («$pu_1 + qv_1 + rw_1 = 0$ ») est très différent et beaucoup plus développé dans la 50e Leçon. Nous le reproduisons donc ici.

**646. Soit OI l'axe instantané, au bout du temps $t$ : il fait avec les axes de $x_1$, $y_1$, $z_1$ des angles dont** les cosinus sont

$$\cos \mathrm{IO}x_1 = \frac{p}{\sqrt{p^2+q^2+r^2}},$$

$$\cos \mathrm{IO}y_1 = \frac{q}{\sqrt{p^2+q^2+r^2}},$$

$$\cos \mathrm{IO}z_1 = \frac{r}{\sqrt{p^2+q^2+r^2}},$$

ou

$$\cos \mathrm{IO}x_1 = \frac{p}{\omega}, \quad \cos \mathrm{IO}y_1 = \frac{q}{\omega}, \quad \cos \mathrm{IO}z_1 = \frac{r}{\omega},$$

en posant

$$\omega^2 = p^2 + q^2 + r^2.$$

On voit par ces formules que l'axe instantané peut être représenté par la diagonale d'un parallélipipède dont les arêtes dirigées suivant les axes fixes sont $p$, $q$, $r$.

647. Quand les rapports $\frac{p}{r}$, $\frac{q}{r}$ seront constants, l'axe de rotation restera fixe dans le corps et par conséquent aussi dans l'espace, puisque la vitesse sera toujours nulle pour les mêmes points du corps.

On a, par rapport aux axes fixes,

$$\cos IOx = a \cos IOx_1 + b \cos IOy_1 + c \cos IOz_1,$$

ou bien

$$\cos IOx = \frac{ap + bq + cr}{\omega}.$$

On aura de même

$$\cos IOy = \frac{a'p + b'q + c'r}{\omega},$$

$$\cos IOz = \frac{a''p + b''q + c''r}{\omega}.$$

Donc, quand $p$, $q$, $r$ seront constants, les numérateurs seront indépendants du temps. C'est ce qu'on vérifiera plus loin (656).

DÉTERMINATION DE LA VITESSE $v$.

648. Pour avoir la projection de la vitesse $v$ sur l'axe $Ox_1$, il faut faire la somme des projections de ses composantes $\frac{dx}{dt}$, $\frac{dy}{dt}$, $\frac{dz}{dt}$ sur cet axe, ce qui donnera

$$a\frac{dx}{dt} + a'\frac{dy}{dt} + a''\frac{dz}{dt},$$

ou, d'après les valeurs de $\frac{dx}{dt}$, $\frac{dy}{dt}$, $\frac{dz}{dt}$ (643)

$$qz_1 - ry_1.$$

On trouvera de même $rx_1 - pz_1$, $py_1 - qx_1$, pour les deux autres projections. Ainsi les quantités $qz_1 - ry_1$, $rx_1 - pz_1$, $py_1 - qx_1$, qui sont nulles pour tous les points situés sur l'axe instantané (645), expriment pour un autre point quelconque $m$ les composantes de la vitesse parallèles aux axes $Ox_1$, $Oy_1$, $Oz_1$.

Les valeurs de $p$, $q$, $r$, sont indépendantes de la position des axes fixes $Ox$, $Oy$, $Oz$, puisque les projections de la vitesse $v$ sur les axes $Ox_1$, $Oy_1$, $Oz_1$, qui sont $qz_1 - ry_1$, etc., ne dépendent pas de la position des axes fixes.

**649.** Des équations

$$(1)\quad \begin{cases} a\dfrac{dx}{dt} + a'\dfrac{dy}{dt} + a''\dfrac{dz}{dt} = qz_1 - ry_1, \\ b\dfrac{dx}{dt} + b'\dfrac{dy}{dt} + b''\dfrac{dz}{dt} = rx_1 - pz_1, \\ c\dfrac{dx}{dt} + c'\dfrac{dy}{dt} + c''\dfrac{dz}{dt} = py_1 - qx_1, \end{cases}$$

on tire

$$(2)\quad \begin{cases} \dfrac{dx}{dt} = a(qz_1 - ry_1) + b(rx_1 - pz_1) + c(py_1 - qx_1), \\ \dfrac{dy}{dt} = a'(qz_1 - ry_1) + b'(rx_1 - pz_1) + c'(py_1 - qx_1), \\ \dfrac{dz}{dt} = a''(qz_1 - ry_1) + b''(rx_1 - pz_1) + c''(py_1 - qx_1). \end{cases}$$

On a, en outre,

$$\begin{aligned} v^2 &= (qz_1 - ry_1)^2 + (rx_1 - pz_1)^2 + (py_1 - qx_1)^2 \\ &= (p^2 + q^2 + r^2)(x_1^2 + y_1^2 + z_1^2) - (px_1 + qy_1 + rz_1)^2 \\ &= (\mathrm{O}m^2.\omega^2 - \mathrm{O}m^2.\omega^2.\cos^2 \mathrm{IO}m, \end{aligned}$$

à cause de

$$\cos \mathrm{IO}m = \frac{p}{\omega}\frac{x_1}{u} + \frac{q}{\omega}\frac{y_1}{u} + \frac{r}{\omega}\frac{z_1}{u}.$$

De là on tire

$$v = \omega.\mathrm{O}m \sin \mathrm{IO}m,$$

ou

$$(3)\qquad v = \rho\omega,$$

$\rho$ étant la perpendiculaire abaissée du point $m$ sur l'axe OI. Ainsi $\omega$ est la vitesse angulaire ou de rotation.

**650.** On peut encore obtenir la vitesse de rotation, en cherchant la vitesse absolue d'un point particulier et la divisant par la distance de ce point à l'axe instantané. Si l'on choisit le point situé sur l'axe des $z_1$ à l'unité de distance de l'origine, on a $x_1 = 0, y_1 = 0, z = 1$ : alors les composantes de sa vitesse sont

$$u_1 = q, \quad v_1 = -p, \quad w_1 = 0,$$

d'où résulte

$$v = \sqrt{p^2 + q^2}.$$

La distance de ce point à l'axe instantané est

$$\sin IOz_1 = \sqrt{1 - \cos^2 IOz_1}$$
$$= \sqrt{1 - \frac{r^2}{p^2 + q^2 + r^2}} = \frac{\sqrt{p^2 + q^2}}{\sqrt{p^2 + q^2 + r^2}}.$$

En divisant $v$ par cette distance, on a bien la vitesse angulaire ou de rotation égale à $\sqrt{p^2 + q^2 + r^2}$ ou $\omega$, et comme $p = \omega \cos IOx_1$, $q = \omega \cos IOy_1$, $r = \omega \cos IOz_1$, on voit que les quantités $p$, $q$, $r$, données par les formules $-pdt = bdc + b'dc' + b''dc''$, etc. (644), ne dépendent pas de la position des axes des $x$, $y$, $z$, mais seulement de celle des axes des $x_1$, $y_1$, $z_1$.

La vitesse $\omega$ ou $\sqrt{p^2 + q^2 + r^2}$ peut n'être pas constante quoique l'axe de rotation soit invariable; elle peut aussi être constante, si l'axe de rotation est variable.

**651.** On vérifie que la direction de la vitesse $v$ est perpendiculaire au plan $IOm$. Car $v$ fait avec les axes des $x_1$, $y_1$, $z_1$ des angles dont les cosinus sont

$$\cos\alpha = \frac{qz_1 - ry_1}{v}, \quad \cos 6 = \frac{rx_1 - pz_1}{v}, \quad \cos\gamma = \frac{py_1 - qx_1}{v},$$

et l'axe instantané des angles dont les cosinus sont

$$\cos\alpha' = \frac{p}{\omega}, \quad \cos 6' = \frac{q}{\omega}, \quad \cos\gamma' = \frac{r}{\omega},$$

et l'on a bien

$$\cos\alpha\cos\alpha' + \cos 6 \cos 6' + \cos\gamma\cos\gamma' = 0.$$

On appelle $p, q, r$, les composantes de la vitesse angulaire de rotation $\omega$ suivant les axes rectangulaires $Ox_1, Oy_1, Oz_1$.

SOMME DES FORCES VIVES.

**652.** La somme des forces vives de tous les points du corps est

$$\sum mv^2 = \sum m[(qz_1 - ry_1)^2 + (rx_1 - pz_1)^2 + (py_1 - qx_1)^2]$$

ou

$$(1) \qquad \sum mv^2 = Ap^2 + Bq^2 + Cr^2,$$

A, B, C désignant les moments d'inertie du corps par rapport aux axes $Ox$, $Oy$, $Oz$. D'un autre côté (649)

$$(2) \qquad \sum mv^2 = \omega^2 \sum m\rho^2.$$

Or $\sum m\rho^2$ est le moment d'inertie du corps par rapport à l'axe instantané; on a donc, en désignant par $2\Delta$ le diamètre correspondant de l'ellipsoïde central,

$$(3) \qquad \sum mv^2 = \frac{\omega^2}{\Delta^2},$$

c'est-à-dire que la somme des forces vives est égale au carré de la vitesse angulaire divisé par le carré du demi-diamètre de l'ellipsoïde central qui coïncide avec l'axe instantané.

Note p. 424, ligne 5 du bas: Ce passage est intitulé *Moments des quantités de mouvement* dans la 50$^{e}$ Leçon.

Note p. 425, ligne 9 du bas: Poinsot, 1851, p. 79.

Note p. 425, ligne 5 du bas: Les derniers mots de la parenthèse ne sont pas repris dans la 50e Leçon. Par contre on y trouve un paragraphe supplémentaire:

**En effet, soient $x'$, $y'$, $z'$ les cordonnées par rapport aux axes $Ox_1$, $Oy_1$, $Oz_1$ du point N où l'axe instantané rencontre l'ellipsoïde central : on a**

$$\frac{x'}{p} = \frac{y'}{q} = \frac{z'}{r},$$

**et aussi, puisque le point N est sur l'ellipsoïde,**

$$Ax'^2 + By'^2 + Cz'^2 = 1;$$

**Le plan tangent en ce point N a pour équation**

$$Ax'x + By'y + Cz'z = 1,$$

**le plan diamétral conjugué à ON a pour équation**

$$Ax'x + By'y + Cz'z = 0,$$

**ou**

$$Apx + Bqy + Crz = 0.$$

**La perpendiculaire à ce plan diamétral fait avec les axes $Ox_1$, $Oy_1$, $Oz_1$ des angles dont les cosinus sont $\frac{Ap}{G}$, $\frac{Bq}{G}$, $\frac{Cr}{G}$. Donc ce plan est celui du couple résultant.**

Note p. 426, ligne 7 du haut: Le passage qui commence ici («Equations du mouvement») et se termine à la fin du texte est totalement différent dans la $50^e$ Leçon. Nous reproduisons donc le texte de cette dernière en note.

**RELATIONS ENTRE LES COSINUS $a$, $b$,... ET LES COMPOSANTES DE LA VITESSE.**

**655.** Il existe entre les cosinus $a$, $b$..., et $p$, $q$, $r$ des relations utiles. En comparant les formules

$$\frac{dx}{dt} = x_1 \frac{da}{dt} + y_1 \frac{db}{dt} + z_1 \frac{dc}{dt}, \quad (643)$$

$$\frac{dx}{dt} = a(qz_1 - ry_1) + b(rx_1 - pz_1) + c(py_1 - qx_1), \quad (649)$$

et les autres formules analogues, on obtient

$$(2) \left\{ \begin{array}{lll} \dfrac{da}{dt} = br - cq, & \dfrac{da'}{dt} = b'r - c'q, & \dfrac{da''}{dt} = b''r - c''q, \\ \dfrac{db}{dt} = cp - ar, & \dfrac{db'}{dt} = c'p - a'r, & \dfrac{db''}{dt} = c''p - a''r, \\ \dfrac{dc}{dt} = aq - bp, & \dfrac{dc'}{dt} = a'q - b'p, & \dfrac{dc''}{dt} = a''q - b''p. \end{array} \right.$$

On y arrive encore en multipliant par $a$, $b$, $c$, puis par $a'$, $b'$, $c'$,... les équations (643, 644)

$$ada + a'da' + a''da'' = 0,$$
$$bda + b'da' + b''da'' = rdt,$$
$$cda + c'da' + c''da'' = -qdt,$$

et de même pour $db$, $db'$, $db''$, etc.

**656.** On déduit des équations (2)

$$pda + qdb + rdc = 0,$$
$$pda' + qdb' + rdc' = 0,$$
$$pda'' + qdb'' + rdc'' = 0,$$

formules qui servent à vérifier l'invariabilité de l'expression $ap + bq + cr$ quand $p$, $q$, $r$ sont des constantes.

Les différentielles $da$, $db$, $dc$ sont les projections sur les axes $Ox_1$, $Oy_1$, $Oz_1$, du déplacement du point pris sur l'axe $Ox$ à l'unité de distance de l'origine. Ce déplacement a pour valeur $\sqrt{da^2 + db^2 + dc^2}$. En remplaçant $da$, $db$, $dc$ par leurs valeurs tirées des équations (2), on aura

$$dt\sqrt{(br - cq)^2 + (cp - ar)^2 + (aq - bp)^2},$$

ou

$$dt\sqrt{(a^2 + b^2 + c^2)(p^2 + q^2 + r^2) - (ap + bq + cr)^2},$$
$$= dt\sqrt{\omega^2 - \omega^2 \cos^2 \mathrm{IO}x} = \omega\, dt \sin \mathrm{IO}x.$$

La direction de ce déplacement est perpendiculaire au plan $IOx$, car les formules (2) donnent

$$ada + bdb + cdc = 0,$$

$$\frac{p}{\omega} da + \frac{q}{\omega} db + \frac{r}{\omega} dc = 0,$$

équations qui expriment que la direction du déplacement est perpendiculaire aux droites $Ox$ et $OI$.

VALEURS DE $p$, $q$, $r$ EN FONCTION DES ANGLES $\psi$, $\varphi$ ET $\theta$.

657. La position du corps par rapport aux axes fixes dépend des angles

Fig. 174.

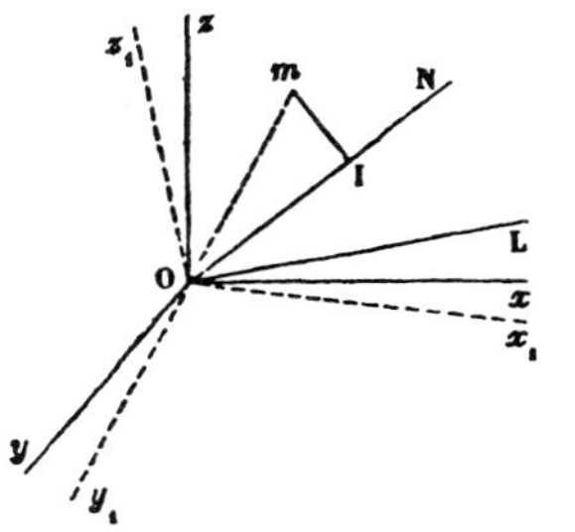


$$LOx = \psi,$$
$$LOx_1 = \varphi,$$
$$zOz_1 = \theta;$$

$OL$ étant la trace du plan $x_1Oy_1$ sur le plan $xOy$. Supposons que $L$, $x$, $y$, $z$, $x_1$, etc., soient les intersections des droites $OL$, $Ox$, etc., avec une sphère de rayon égal à l'unité : on a, dans les triangles sphériques $Lxx_1$, $Lxy_1$,

$$(1)\quad \begin{cases} \cos xOx_1 = a = \cos\theta \sin\psi \sin\varphi + \cos\psi \cos\varphi, \\ \cos xOy_1 = b = \cos\theta \sin\psi \cos\varphi - \cos\psi \sin\varphi. \end{cases}$$

Changeant $\psi$ en $\psi + 90°$, on a

$$(2)\quad \begin{cases} \cos yOx_1 = a' = \cos\theta \cos\psi \sin\varphi - \sin\psi \cos\varphi, \\ \cos yOy_1 = b' = \cos\theta \cos\psi \cos\varphi + \sin\psi \sin\varphi. \end{cases}$$

Le triangle sphérique $Lxz_1$, en observant que l'angle $xLz_1 = 90° - \theta$, donne $\cos xOz_1$ et $\cos yOz_1$ ou

$$(3)\quad \begin{cases} c = \sin\theta \sin\psi, \\ c' = \sin\theta \cos\varphi. \end{cases}$$

Enfin le triangle $L z x_1$ donne

$$(4)\quad \begin{cases} a'' = -\sin\theta \sin\varphi, \\ b'' = -\sin\theta\cos\varphi, \\ c'' = \cos\theta. \end{cases}$$

Substituons les valeurs de $a$, $b$,... en fonction de $\psi$, $\varphi$, $\theta$ et leurs différentielles dans les équations

$$(5)\quad \begin{cases} pdt = -\ bdc - b'dc' - b''dc'', \\ qdt = \quad adc + a'dc' + a''dc'', \\ rdt = \quad bda + b'da' + b''da''. \end{cases}$$

Les valeurs de $c$, $c'$, $c''$ ne contenant pas $\varphi$, celles de $pdt$ et $qdt$ ne contiendront pas $d\varphi$. Et comme les valeurs de $b$, $b'$, $b''$ se déduisent de celles de $a$, $a'$, $a''$, en augmentant $\varphi$ d'un angle droit, la valeur de $-pdt$ se déduira de même de celle de $qdt$. On aura, réductions faites,

$$(6)\quad \begin{cases} pdt = \sin\varphi \sin\theta d\psi + \cos\varphi d\theta, \\ qdt = \cos\varphi \sin\theta d\psi - \sin\varphi d\theta, \\ rdt = d\varphi + \cos\theta d\psi. \end{cases}$$

$\psi$ n'entre pas dans ces formules, parce que $\psi$ ou $LOx$ étant compté à partir d'un axe arbitraire $Ox$, les valeurs de $p$, $q$, $r$ ne doivent pas changer quand on augmente cet angle d'une quantité constante.

658. On peut arriver encore à ces formules par la théorie de la composition des rotations (*) en vertu de laquelle la projection de la résultante de plusieurs rotations sur un axe est égale à la somme des projections des rotations composantes, chaque rotation étant représentée par une longueur prise sur son axe et proportionnelle à

(*) Cette composition, analogue à celle des forces, repose sur le théorème suivant : *Si, par deux causes quelconques, un corps tend à la fois à prendre deux rotations représentées par les deux côtés d'un parallélogramme, le corps prendra une rotation unique représentée par la diagonale de ce parallélogramme.* Voir Poinsot, *Théorie nouvelle de la rotation des corps*, Journal de M. Liouville, t. XVI (1851), p. 9.

sa grandeur. Il en résulte que la rotation $\omega dt$ du corps autour de l'axe instantané équivaut aux trois rotations successives $pdt$, $qdt$, $rdt$ autour des axes $Ox_1$, $Oy_1$, $Oz_1$, et aussi aux trois rotations successives du corps autour des lignes $Oz$, OL et $Oz_1$, indiquées par les différentielles $d\psi$, $d\theta$ et $d\varphi$. En outre $pdt$ étant la projection sur l'axe $Ox_1$ de la rotation $\omega dt$, on a

$$\begin{aligned} pdt &= d\theta \cos \mathrm{LO}x_1 + d\psi \cos z\mathrm{O}x_1 + d\varphi \cos z_1\mathrm{O}x_1 \\ &= \cos\varphi\, d\theta + \sin\theta \sin\varphi\, d\psi; \end{aligned}$$

ensuite

$$\begin{aligned} qdt &= d\theta \cos \mathrm{LO}y_1 + d\psi \cos z\mathrm{O}y_1 + d\varphi \cos z_1\mathrm{O}y_1 \\ &= -\sin\varphi d\theta + \sin\theta \cos\varphi d\psi; \end{aligned}$$

enfin

$$\begin{aligned} rdt &= d\theta \cos \mathrm{LO}z_1 + d\psi \cos z\mathrm{O}z_1 + d\varphi \cos z_1\mathrm{O}z_1 \\ &= d\varphi + \cos\theta d\psi. \end{aligned}$$

659. Réciproquement on peut trouver $\frac{d\psi}{dt}$, $\frac{d\theta}{dt}$ et $\frac{d\varphi}{dt}$ en fonction de $p$, $q$, $r$. Les rotations $d\theta$, $d\psi$, $d\varphi$ se font autour des axes OL, $Oz$, $Oz_1$.

D'abord la somme des projections de ces rotations sur OL est $d\theta$ : on a donc

$$d\theta = pdt \cos \mathrm{LO}x_1 + qdt \cos \mathrm{LO}y_1 + rdt \cos \mathrm{LO}z_1,$$

d'où

$$\frac{d\theta}{dt} = p\cos\varphi + q \sin\varphi;$$

on trouvera ensuite

$$\sin\theta \frac{d\psi}{dt} = p \sin\varphi + q \cos\varphi,$$

$$\sin\theta \frac{d\psi}{dt} = r \sin\theta - p \sin\varphi \cos\theta - q \cos\varphi \cos\theta.$$

Note p. 427, ligne 3 du bas: Ces formules sont données pour la première fois, sous une forme différente dans Euler, E 292, 1758, p. 214.

Note p. 429, ligne 8 du haut: Poinsot, 1851, p. 81.

Note p. 430, ligne 2 du bas: Il s'agit de la page 134 de Poisson, 1833, vol. 2.
Note p. 431, ligne 5 du bas: Il s'agit de la page 135 de Poisson, 1833, vol. 2.
Note p. 432, ligne 3 du haut: Coriolis, 1844, pp. 44 et svt.

Patricia Radelet de Grave
Université de Louvain
2 chemin du Cyclotron
1348 Louvain-la-Neuve
Belgique
e-mail: patricia.radelet@uclouvain.be

*Collected Works of Charles François Sturm*
Jean-Claude Pont (ed.), in coll. with Flavia Padovani, 111–114


# Compressibilité des liquides et vitesse du son

Jean-Claude Pont

Nous avons peine, aujourd'hui, à réaliser l'importance que revêtaient ces questions de vitesse du son et de compressibilité des liquides au début du XIXe siècle. Pour nous convaincre de cet intérêt, relisons le texte de présentation pour le Grand-Prix de l'Institut de France, dans l'annonce qui en est faite aux *Annales de Chimie et de Physique* (t. 32, 1826, pp. 98–100) avec la mention «Prix de mathématiques, proposé en 1822 pour l'année 1824, remis au concours pour l'année 1826, et remis de nouveau au concours pour l'année 1827»: «L'Académie considère la théorie de la chaleur comme une des questions les plus importantes auxquelles on ait appliqué les sciences mathématiques; cette théorie a déjà été l'objet de plusieurs prix décernés, et les pièces que l'Académie a couronnées ont beaucoup contribué à perfectionner cette branche de la physique mathématique.»

D'où est venu cet intérêt, en apparence soudain, pour le problème de la vitesse du son dans l'eau et dans l'air? A quoi tient l'engouement qu'il déclenche à l'époque? Les premières mentions à l'idée de mesure de la vitesse du son sont associées au nom de Bacon et son *Sylva sylvarum* de 1605; s'il ne s'agit pas encore de véritables mesures, le protocole expérimental proposé est bien dans l'esprit de la nouvelle physique. Ce n'est probablement pas un hasard si cette préoccupation se fait jour au moment qui voit éclater la révolution scientifique, à laquelle on a coutume d'associer la naissance de la science moderne.

Il n'est pas trop difficile – si l'on se contente d'une première approximation – de caractériser cette naissance. On peut lui voir deux composantes principales, mais deux composantes étroitement liées l'une à l'autre. La première est conceptuelle. Le début du XVIIe siècle est marqué par une rupture épistémologique profonde. Durant le Moyen Age et la Renaissance, la conception de la Nature est, pour l'essentiel, animiste, on dit parfois organiciste: le modèle, l'analogie sur laquelle on fonde les explications est emprunté aux êtres vivants. Cette épistémologie s'évanouit lentement pour faire place à ce qui sera, près de trois siècles durant, l'épistémologie dominante: le mécanisme. La seconde de ces composantes est technique et contemporaine de l'avènement des instruments de mesure. Jusqu'aux débuts du XVIIe siècle, on ne mesurait guère, les choses étaient reconnues et indexées par leurs qualités. La vision mécaniste, elle, se fonde sur des entités dont la vertu majeure est qu'elles sont, en certains de leurs aspects, mesurables. Cette mathématisation de la Nature conduit à une physique de la quantité. Alors que la reconnaissance et la gestion des qualités relèvent de nous et de notre subjectivité, la quantité mène à l'intersubjectivité, parce que le nombre et la grandeur sont les mêmes en chacun de nous. Chaleur et Poids en sont d'excellents exemples. L'essence des choses, la nature des agents responsables des phénomènes intéressent moins le savant. Le règne du phénomène commence en même temps que se dissout, au moins pour la pratique quotidienne du savant, le réalisme ontologique. C'est la conquête d'une forme d'objectivité. Les problèmes qui nous préoccupent ici s'inscrivent parfaitement dans la problématique nouvelle de la science moderne, caractérisée par le couple *ratio/experientia*. Il convient d'ajouter à cela que physiciens et géomètres s'étaient fort intéressés aux questions de vibrations, suite aux recherches autour de la corde vibrante. Les problèmes de la propagation du son s'intègrent idéalement à ce cadre.

Si, dès les premiers balbutiements de la pensée rationnelle, il devint évident que le son employait un certain temps, dans l'air, pour se rendre d'un lieu à un autre, la question de sa propagation dans l'eau, puis celle de la vitesse de cette propagation, étaient plus éloignées du sens commun et ne devaient apparaître que bien plus tard. Certes, Aristote déjà dans la *Vie des Animaux* affirmait que les poissons entendent le bruit des rames, mais il s'agissait de connaissances empiriques, liées aux besoins de la vie quotidienne et sans écho dans les préoccupations du physicien.

L'idée de mesurer la vitesse du son dans l'air semble donc remonter au début du XVII$^{e}$ siècle (Bacon, Gassendi, Mersenne, etc.); mais l'intérêt de ce projet réside d'avantage dans le besoin dont il se fait l'expression que dans la valeur des résultats. Les premières mesures véritablement crédibles sont peut-être celles que l'Académie des sciences de Paris effectue en 1677. Dans une partie mémorable et souvent négligée des *Principia*, Newton – par une méthode inattendue se fondant sur les oscillations d'un pendule! – parvint à une formule théorique, établissant que la vitesse du son dans un milieu est proportionnelle à la racine carrée de l'élasticité du milieu et inversement proportionnelle à la racine carrée de sa densité. A la température de 0 degré, il avait obtenu avec ses données environ 298 m/s, valeur très inférieure à celle que fournissaient les mesures. Il tenta de remédier à cette différence en recourant à des hypothèses *ad hoc* mais qui se sont révélées infondées.

Dans l'essai qu'il lit à l'Académie des sciences le 23 décembre 1816, Laplace s'exprime ainsi au sujet de ce travail de Newton: «la manière dont il y parvient est l'un des traits les plus remarquables de son génie.» Le problème de l'accord entre la formule théorique de Newton et les diverses mesures effectuées change de nature au début du XIX$^{e}$ siècle. Le protagoniste majeur de ce changement est Laplace, mais c'est Jean Baptiste Biot qui donne la clé de l'énigme en 1802 (p. 177): «Dans la propagation du son les condensations et les dilatations successives de l'air doivent nécessairement occasionner dans les particules qui les éprouvent, des variations de température très-petites du même ordre (...) et ces variations doivent influer sur leur élasticité: par conséquent la loi suivant laquelle le ressort de l'air est proportionnel à sa densité, n'a lieu que dans l'état de repos où on laisse reprendre à ce fluide la température qu'il avait avant le changement de volume qu'on lui fait subir; et dans l'état de mouvement où les condensations et les raréfactions se succèdent à de courts intervalles, il devient nécessaire d'avoir égard aux variations correspondantes de la température.»

Dans un mémoire lu le 25 novembre 1816 à l'Académie, resté célèbre, Laplace énonce, sans démonstration le résultat suivant. On commence par déterminer la quantité dont s'allonge un solide placé horizontalement sous l'effet d'un poids égal au sien; pareil pour un fluide: c'est le raccourcissement d'une colonne d'un mètre comprimée par un poids égal au sien. De là cette proposition, énoncée d'une manière qu'elle que peu absconse (p. 164): «Si l'on divise, par cet allongement ou ce raccourcissement, le double des mètres dont la pesanteur fait tomber les corps dans une seconde sexagésimale; la racine carrée de ce quotient sera le nombre de mètres que le son parcourt dans cette substance pendant le même intervalle.» L'auteur de la *Mécanique céleste* revient sur la question le 23 décembre de la même année. Il y énonce le résultat qui porte aujourd'hui son nom et qui corrige celui de Newton (p. 239): «La vitesse réelle du son est égale au produit de la vitesse que donne la formule newtonienne, par la racine carrée du rapport de la chaleur spécifique de l'air soumis à la pression constante de l'atmosphère et à diverses températures, à sa chaleur spécifique lorsque son volume reste constant.» Il parvient ainsi pour l'eau à 1525,8 m/s.

Ce sont Arago et Laplace qui inciteront l'Académie à mettre au concours pour le Grand Prix Mathématiques de l'Institut la question de la compressibilité de l'eau. C'est dans le contexte de ce prix que Charles François Sturm et Jean Daniel Colladon – ils ont respectivement 23 et 24 ans – s'attellent à la délicate détermination de la compressibilité des liquides. Les recherches sur la compressibilité sont d'abord infructueuses, car il n'est pas commode d'empêcher la dilatation des vases dans lesquels on veut comprimer l'eau. Ainsi, Colladon et Sturm doivent-ils corriger leurs résultats de l'influence de la contraction du verre, laquelle a été déterminée par des expériences visant à fixer son allongement par «la traction d'un poids». Dans le cas de l'eau, Colladon et Sturm ont déterminé qu'il n'y avait pas de chaleur dégagée à la compression rapide et successive des molécules liquides et donc un accord immédiat entre la formule de Newton et le résultat observé.

Les recherches expérimentales délicates qu'ils mènent à Paris et à Genève sont complétées par les célèbres mesures de la vitesse du son dans l'eau, que Colladon effectue dans le Lac Léman sur une distance de 13'887 m en novembre 1826. Il vaut la peine de lire les savoureux passages qu'il consacre à ces mesures dans ses *Souvenirs et Mémoires* (pp. 130–145). J'en extrais le bref passage suivant: «J'ai pu faire, avec ce système, diverses expériences; les trois d'entre elles les plus exactes furent celles du 7, du 15 et du 18 novembre. (...) ce qui donne pour la vitesse réelle du son dans l'eau, à huit degrés centigrades, 1437 mètres de vitesse.» Alors que la valeur théorique qu'il calcule est de $1437\frac{8}{10}$ mètres.

En 1841, Colladon reprend les expériences de mesures de la vitesse du son dans l'eau, cette fois-ci sur la plus grande longueur du Lac Léman. Si les conditions météorologiques défavorables ne permirent pas d'observer le signal optique, le son, en revanche, est parfaitement perçu, malgré les quelque cinquante kilomètres de distance. Et Colladon de conclure dans son autobiographie (pp. 138–139): «Mais la remarque la plus importante est celle qui concerne l'énorme élasticité de l'eau qui transmettait le son. On ne mettait qu'une seconde pour frapper la cloche, le travail dépensé pour cet effort par un seul homme ne pouvait excéder douze kilogrammètres; eh bien, ces douze kilogrammètres suffisaient pour agiter une masse d'eau qui ne peut être évaluée à moins de cinquante milliards de kilogrammes (...) On ne peut citer aucun exemple plus frappant de l'énorme élasticité de l'eau et surtout de la conservation des forces vives.»

## References

Jean Baptiste Biot, «Sur la théorie du son», *Journal de Physique, de Chimie, d'Histoire naturelle et des Arts*, messidor an X, t. LV, 1802, pp. 173–182.

Jean Baptiste Biot, *Traité de Physique expérimentale et Mathématique*, t. 2, Paris, 1816.

Jean Daniel Colladon, *Souvenirs et mémoires : Autobiographie de J.-Daniel Colladon*, Genève, 1893.

Simon Laplace, «Sur la Vitesse du Son dans l'air et dans l'eau», *Annales de Chimie et de Physique*, pp. 238–241, t. 3, 1816 (lu à l'Académie le 23 décembre 1816).

Jean-Claude Pont
28, chemin de Chantevent
CH-3960 Sierre
e-mail: jean-claude.pont@lettres.unige.ch

# Collected Works of Charles François Sturm

Annales de Gergonne
XIII, pp. 289–303
1822–23



# QUESTIONS RÉSOLUES.

## *Solution du problème de dynamique énoncé à la page 180 du présent volume ;*

Par M. THOMAS DE ST-LAURENT, lieutenant-aide-major du corps royal d'état-major au 7.me régiment d'artillerie à pied ; et M. CH. STURM, de Genève. (*)

PROBLÈME. *Un chien, qui se trouve en un point donné de l'un des bords d'un canal rectiligne d'une largeur constante, apercevant, en un point donné de l'autre bord, son maître qui marche le long de ce bord, avec une vitesse constante, se jette à la nage pour le joindre. En nageant, il se dirige constamment vers son maître, avec un effort toujours constant ; mais le courant de l'eau, en l'entraînant, le détourne sans cesse, et avec un effort également constant, de la direction qu'il veut prendre ; on demande, d'après ces diverses circonstances, quelle courbe ce chien décrira sur la surface de l'eau ?*

*Solution.* Pour rendre plus facile le rapprochement entre les formules auxquelles nous allons parvenir et celles qui ont été obtenues

(*) Nous confondons dans une rédaction commune les deux solutions qui ne diffèrent entre elles que par des nuances très-légères.

J. D. G.

à la page 145 du présent volume, nous prendrons pour axes des $y$ le bord du canal parcouru par le maître, en supposant qu'il marche dans le sens des $y$ positives, et que le canal est à sa droite, ou du côté des $x$ positives, et nous prendions pour axe des $x$ une perpendiculaire à celui des $y$ que nous laissons d'abord indéterminée, et dont nous nous réservons de fixer ultérieurement la situation de manière à rendre nos résultats les plus simples possibles.

Cela posé, soient

1.° $g$ Le nombre d'unités de longueur que parcourt le maître à chaque unité de temps le long de l'axe des $y$.

2.° $h$ le nombre d'unités de longueur que le cours de l'eau ferait parcourir au chien, à chaque unité de temps, s'il s'y abandonnait entièrement, sans faire le moindre effort soit pour accélerer ou retarder la vitesse qu'il en reçoit, soit pour en changer la direction ; $h$ étant d'ailleurs positive ou négative, suivant que l'eau court dans le sens de la marche du maître ou en sens contraire.

3.° Enfin $k$ le nombre d'unités de longueur que parcourrait à chaque unité de temps, suivant une direction rectiligne, le chien nageant dans une eau stagnante, en faisant sans cesse un effort égal à celui qu'il emploie à poursuivre son maître.

Soient, au bout d'un temps $t$, compté d'une époque arbitraire, $x'$ et $y'$ les coordonnées du chien, à cet instant son maître se trouvera sur l'axe des $y$, à une distance de l'origine exprimée par $B+gt$, $B$ étant une longueur arbitraire dépendant de l'époque où le temps $t$ est supposé commencer. La droite joignant le chien à son maître aura alors pour équation

$$\frac{x-x'}{x'}=\frac{y-y'}{y'-B-gt}, \qquad (1)$$

d'où il suit que cette droite fera avec les axes des $x$ et des $y$ des angles dont les cosinus respectifs seront

$$\frac{x'}{\sqrt{x'^2+(y'-B-gt)^2}}\,, \qquad \frac{y'-B-gt}{\sqrt{x'^2+(y'-B-gt)^2}}\,;$$

en conséquence, les composantes de la vitesse $k$ du chien suivant cette droite, dans le sens des $x$ et des $y$, seront respectivement

$$\frac{kx'}{\sqrt{x'^2+(y'-B-gt^2}}\,, \qquad \frac{k(y'-B-gt)}{\sqrt{x'^2+(y-B-gt)^2}}\,;$$

mais, tandis que la première de ces composantes existera seule, la seconde devra être augmentée de la vitesse $h$ que le courant imprime au chien. En considérant donc que la première de ces composantes, d'après nos conventions, tend constamment à diminuer la coordonnée $x'$; que la portion $h$ de la seconde tend à augmenter la coordonnée $y'$, et que l'autre partie de cette dernière est dans le même sens qu'elle ou en sens contraire, suivant que $B+gt$ est plus grand ou plus petit que $y'$; nous aurons, par les principes connus, et en supprimant les accens désormais inutiles

$$\frac{dx}{dt}=-\frac{kx}{\sqrt{x^2+(y-B-gt)^2}}\,, \qquad \frac{dy}{dt}=h-\frac{k(y-B-gt)}{\sqrt{x^2+(y-B-gt)^2}}\,. \qquad (2)$$

Telles sont donc les équations différentielles du mouvement du chien; desquelles, par conséquent, nous devrons déduire toutes les circonstances de la solution du problème.

Pour intégrer ces équations, posons

$$y-B-gt=x\operatorname{Tang.}z\,, \qquad (3)$$

l'angle $z$ étant une nouvelle variable: les équations (2) deviendront ainsi

$$\frac{dx}{dt}=-k\operatorname{Cos}z\,, \qquad \frac{dy}{dt}=h-k\operatorname{Sin}z\,; \qquad (4)$$

différentiant ensuite l'équation (3) elle deviendra

$$\frac{dy}{dt}-g=\frac{dx}{dt}\,\text{Tang}.z+x.\frac{d.\text{Tang}.z}{dt}\,. \qquad (5)$$

mettant dans la dernière pour $\frac{dx}{dt}$ et $\frac{dy}{dt}$ les valeurs données par les équations (4), réduisant et posant, pour abréger, $g-h=nk$, on aura

$$-nk=x.\frac{d.\text{Tang}.z}{dt}=x\frac{d.\text{Tang}.z}{dt}\,\frac{dx}{dt}\,, \qquad (6)$$

mettant encore dans celle-ci, pour $\frac{dx}{dt}$, sa valeur donnée par la première des équations (4), elle deviendra

$$n\frac{dx}{x}=\text{Cos}.z.d.\text{Tang}\,z=\frac{d.\text{Tang}\,z}{\sqrt{1+\text{Tang}.^2z}}\,, \qquad (7)$$

équation séparée, dont l'intégrale est

$$n\text{Log}.\left(\frac{x}{A}\right)=\text{Log}.(\text{Tang}.z+\sqrt{1+\text{Tang}.^2z})\,.$$

ou bien

$$\left(\frac{x}{A}\right)^n=\text{Tang}.z+\sqrt{1+\text{Tang}.^2z}\,; \qquad (8)$$

$A$ étant une constante arbitraire.

Pour déterminer cette constante, statuons à la fois sur la situation de l'axe des $x$, que jusqu'ici nous avons laissée indéterminée ainsi que sur l'origine des temps que nous avons également laissée arbitraire; et pour le faire de la manière la plus propre à simplifier nos résultats, remarquons que, bien que, par l'énoncé du problème, la largeur du canal soit déterminée, cette largeur néanmoins n'entre aucunement dans nos formules; de sorte qu'il nous est permis de la supposer indéfinie du côté d'où part le chien, et d'admettre

que,

que, poursuivant son maître, il nage depuis un temps illimité; auquel cas on pourra concevoir une certaine époque où la droite qui le joint à son maître deviendra ou aura été perpendiculaire au bord du canal parcouru par celui-ci, c'est-à-dire à l'axe des $y$. Prenons donc cette époque pour origine des temps; supposons qu'alors la distance du chien à son maître soit $a$, cette longueur se confondra avec l'axe des $x$; et il est d'abord clair que, pour $t=0$, la distance du maître à l'origine devra être nulle; puis donc que cette distance est, en général $B+gt$, on devra avoir $B=0$; donc, en vertu de l'équation (3) on aura aussi alors tang. $z=0$; d'après quoi l'équation (8) deviendra

$$\left(\frac{a}{A}\right)^n=1\;;\quad \text{d'où}\quad A=a\;;$$

on aura donc, quel que soit $x$,

$$\left(\frac{x}{a}\right)^n=\text{Tang.}z+\sqrt{1+\text{Tang.}z}\;. \qquad (9)$$

En faisant évanouir le radical du second membre de cette équation, on en tire

$$\text{Tang.}z=\frac{\left(\frac{x}{a}\right)^n-\left(\frac{a}{x}\right)^n}{2}\;, \qquad (10)$$

d'où

$$\text{Sin.}z=\frac{\left(\frac{x}{a}\right)^n-\left(\frac{a}{x}\right)^n}{\left(\frac{x}{a}\right)^n+\left(\frac{a}{x}\right)^n}\;,\qquad \text{Cos}\,z=\frac{2}{\left(\frac{x}{a}\right)^n+\left(\frac{a}{x}\right)^n}\;: \qquad (11)$$

Pour parvenir présentement à l'équation différentielle de la trajectoire, éliminons d'abord d$t$ entre les équations (4); il viendra ainsi

$$\frac{\mathrm{d}y}{\mathrm{d}x}=\frac{k\text{Sin.}z-h}{k\text{Cos.}z}\;; \qquad (12)$$

ou, en y mettant pour sin. $z$ et cos. $z$ les valeurs déterminées ci-dessus

$$\frac{dy}{dx}=\frac{k-h}{2k}\left(\frac{x}{a}\right)^n-\frac{k+h}{2k}\left(\frac{a}{x}\right)^n; \qquad (13)$$

valeur qui devient également nulle, soit que $x$ soit nul ou qu'il soit infini.

Si l'on veut avoir la vitesse qui répond à une valeur quelconque de $x$, en représentant cette vitesse par $v$ et prenant la somme des quarrés des équations (4), il viendra

$$v^2=\left(\frac{dx}{dt}\right)^2+\left(\frac{dy}{dt}\right)^2=h^2-2kh\text{Sin.}z+k^2,$$

ou en mettant pour sin. $z$ sa valeur (11)

$$v^2=\frac{(k-h)^2\left(\frac{x}{a}\right)^n+(k+h)^2\left(\frac{a}{x}\right)^n}{\left(\frac{x}{a}\right)^n+\left(\frac{a}{x}\right)^n}. \qquad (14)$$

Si, suivant l'usage, nous posons, pour abréger, $\frac{dy}{dx}=p$, $\frac{d^2y}{dx^2}=q$, la formule (13) donnera

$$q=\frac{n}{a}\left\{\frac{k-h}{2k}\left(\frac{x}{a}\right)^{n-1}+\frac{k+h}{2k}\left(\frac{a}{x}\right)^{n+1}\right\}, \qquad (15)$$

on aura ensuite, par la formule (12),

$$1+p^2=\frac{k^2-2kh\text{Sin.}z+h^2}{k^2\text{Cos.}^2z}=\left(\frac{v}{k\text{Cos.}z}\right)^2; \qquad (16)$$

d'où

$$(1+p^2)^{\frac{3}{2}}=\left(\frac{v}{k\text{Cos.}z}\right)^3$$

en désignant donc par $r$ le rayon vecteur, on trouvera

$$r=\frac{(1+p^2)^{\frac{3}{2}}}{q}=\frac{a}{n}\cdot\frac{2v^3}{k^2\left\{(k-h)\left(\frac{x}{a}\right)^{n-1}+(k+h)\left(\frac{a}{x}\right)^{n+1}\right\}};$$

ou, en mettant pour $v$ sa valeur

$$r=\frac{2q}{nk^2}\cdot\frac{\left\{(k-h)^2\left(\frac{x}{a}\right)^n+(k+h)^2\left(\frac{a}{x}\right)^n\right\}^{\frac{3}{2}}}{\left\{(k-h)\left(\frac{x}{a}\right)^{n-1}+(k+h)\left(\frac{a}{x}\right)^{n+1}\right\}\left\{\left(\frac{x}{a}\right)^n+\left(\frac{a}{x}\right)^n\right\}^{\frac{1}{2}}}\cdot\quad(17)$$

On aura encore, d'après la formule, (16) en désignant par $s$ la longueur de l'axe de courbe

$$\frac{ds}{dx}=\frac{v}{k\,\mathrm{Cos}.z}\ ;$$

ou, en mettant pour $v$ et cos. $z$ leurs valeurs

$$\frac{ds}{dx}=\frac{1}{2k}\sqrt{(k-h)^2\left(\frac{x}{a}\right)^{2n}+2(k^2+h^2)+(k+h)^2\left(\frac{a}{x}\right)^{2n}}\ ;\qquad(18)$$

équation qu'il faudrait intégrer pour obtenir la valeur de $s$.

Pour obtenir l'équation de la courbe, il faut intégrer l'équation (13), ce qui donne

$$y+C=\frac{a}{2k}\left\{\frac{k-h}{n+1}\left(\frac{x}{a}\right)^{n+1}+\frac{k+h}{n-1}\left(\frac{a}{x}\right)^{n-1}\right\}:$$

En se rappelant qu'à $y=0$ doit répondre $x=a$, il viendra

$$C=\frac{a}{2k}\left\{\frac{k-h}{n+1}+\frac{k+h}{n-1}\right\}\ ;$$

d'où, en retranchant

$$\frac{2ky}{a}=\frac{k-h}{n+1}\left\{\left(\frac{x}{a}\right)^{n+1}-1\right\}+\frac{k+h}{n-1}\left\{\left(\frac{a}{x}\right)^{n-1}-1\right\}.\qquad(19)$$

Veut-on avoir le temps en fonction de l'abscisse, il ne s'agira, pour cela, que de substituer pour Cos.$z$, dans la première des équations (4), sa valeur donnée par la dernière des formules (11). Il viendra ainsi

$$-2k\mathrm{d}t=\left\{\left(\frac{x}{a}\right)^n+\left(\frac{a}{x}\right)^n\right\}\mathrm{d}x\ ;$$

ce qui donnera, en intégrant,

$$D-2kt=a\left\{\frac{1}{n+1}\left(\frac{x}{a}\right)^{n+1}-\frac{1}{n-1}\left(\frac{a}{x}\right)^{n-1}\right\}.$$

En se rappelant d'ailleurs qu'à $t=0$ doit répondre $x=a$ ; il viendra

$$D=a\left\{\frac{1}{n+1}-\frac{1}{n-1}\right\};$$

d'où, en retranchant

$$\frac{2kt}{a}=\frac{1}{n-1}\left\{\left(\frac{a}{x}\right)^{n-1}-1\right\}-\frac{1}{n+1}\left\{\left(\frac{x}{a}\right)^{n+1}-1\right\}. \qquad (20)$$

Des formules (19, 20) on tire

$$y-gt=\frac{a}{2k}\left\{\frac{k+g-h}{n+1}\left[\left(\frac{x}{a}\right)^{n+1}-1\right]+\frac{k-g+h}{n-1}\left[\left(\frac{a}{x}\right)^{n-1}-1\right]\right\},$$

ou, en se rappelant que $g-h=nk$

$$y-gt=\frac{a}{2}\left\{\left(\frac{x}{a}\right)^{n+1}-\left(\frac{a}{x}\right)^{n-1}\right\};$$

mais la distance du chien à son maître a généralement pour expression

$$\sqrt{x^2+(y-gt)^2}\ ;$$

en y substituant donc pour $y-gt$ la valeur que nous venons d'obtenir, cette distance deviendra, toutes réductions faites

$$\frac{a}{2}\left\{\left(\frac{x}{a}\right)^{n+1}+\left(\frac{a}{x}\right)^{n-1}\right\}; \qquad (21)$$

formule qui ne pourra devenir nulle en même temps que $x$ qu'autant que $n$ se trouvera compris entre $+1$ et $-1$.

Si l'on suppose l'eau stagnante, il faudra faire $h=0$, et conséquemment $g=nk$, dans toutes les formules que nous venons d'obtenir, lesquelles deviendront ainsi exactement celles qui répondent au problème traité à la page 145 du présent volume. Ce problème n'est, en effet, qu'un cas particulier de celui-ci.

L'équation (19) de la courbe peut être écrite ainsi

$$y+\frac{ag}{(n^2-1)k}=\frac{a}{2k}\left\{\frac{k-h}{n+1}\left(\frac{x}{a}\right)^{n+1}+\frac{k+h}{n-1}\left(\frac{a}{x}\right)^{n-1}\right\}. \qquad (22)$$

si donc on transporte l'origine sur l'axe des $y$, à une distance $\frac{ag}{(n^2-1)k}$ au-dessous de l'origine primitive, en posant

$$y'=\frac{a(k-h)}{2(n+1)k}\left(\frac{x}{a}\right)^{n+1}, \quad y''=\frac{a(k+h)}{2(n-1)k}\left(\frac{a}{x}\right)^{n-1}, \qquad (23)$$

l'équation de la courbe deviendra

$$y=y'+y'', \qquad (24)$$

En construisant donc, pour le nouveau système d'axes, les deux courbes exprimées par les équations (23); les ordonnées de la courbe cherchée seront les sommes d'ordonnées correspondantes de ces deux-là.

Il est aisé de voir que, tant que $n$ est un nombre positif plus grand que l'unité, la première de ces courbes est parabolique et l'autre hyperbolique. Si $n$, positif ou négatif, a une valeur absolue moindre que l'unité, les deux courbes sont paraboliques. Si enfin $n$ négatif a une valeur absolue plus grande que l'unité, c'est la première des deux courbes qui est hyperbolique, tandis que la seconde est parabolique.

Mais il est un cas particulier qui rend illusoire une partie des formules auxquelles nous venons de parvenir, à raison du dénominateur $n-1$ qui affecte leurs termes : c'est celui où le maître, marchant dans le sens du courant, a sur ce courant un excès de vitesse précisément égal à la vitesse que son chien pourrait se donner en nageant dans une eau tranquille. On a alors, en effet, $g-h=k$, d'où $n=1$, ce qui rend infinis les termes affectés du dénominateur $n-1$. Cherchons donc, en particulier, les formules qui conviennent à ce cas ; ou plutôt des formules qui remplacent les formules (19, 20), les seules qui présentent cette circonstance.

Dans le cas dont il s'agit, l'équation (13) devient simplement

$$\frac{dy}{dx}=\frac{k-h}{2k}\,\frac{x}{a}-\frac{k+h}{2k}\,\frac{a}{x}\,,$$

ce qui donne, en intégrant

$$y+E=\frac{a}{2}\left\{\frac{k-h}{2k}\left(\frac{x}{a}\right)^2+\frac{k+h}{2k}\,\mathrm{Log.}\left(\frac{a}{x}\right)^2\right\};$$

mais, parce que $x=a$ doit répondre à $y=0$, on aura

$$E=\frac{a}{2}\cdot\frac{k-h}{2k}\,;$$

d'où, en retranchant,

$$\frac{2y}{a}=\frac{k-h}{2k}\left\{\left(\frac{x}{a}\right)^2-1\right\}+\frac{k+h}{2k}\,\mathrm{Log.}\left(\frac{a}{x}\right)^2. \qquad (25)$$

Dans le même cas, l'équation

$$-2k\mathrm{d}t=\left\{\left(\frac{x}{a}\right)^n+\left(\frac{a}{x}\right)^n\right\}\mathrm{d}x\ ;$$

trouvée ci-dessus, se réduit à

$$-2k\mathrm{d}t=\frac{x\mathrm{d}x}{a}+\frac{a\mathrm{d}x}{x}\ ;$$

dont l'intégrale est

$$F-2kt=\frac{a}{2}\left\{\left(\frac{x}{a}\right)^2-\mathrm{Log.}\left(\frac{a}{x}\right)^2\right\}\ ;$$

en observant encore ici que $x=a$ et $t=o$ doivent se correspondre on aura

$$F=\frac{a}{2}$$

d'où en retranchant

$$\frac{4kt}{a}=\mathrm{Log.}\left(\frac{a}{x}\right)^2+\left\{\left(\frac{x}{a}\right)^2-1\right\}.$$

En écrivant l'équation (25) comme il suit

$$y+\frac{(k-h)a}{4k}=\frac{(k-h)a}{4k}\left(\frac{x}{a}\right)^2+\frac{(k+h)a}{4k}\mathrm{Log.}\left(\frac{a}{x}\right)^2\ ;$$

on voit que si, ayant transporté l'origine sur l'axe des $y$, à une distance $\frac{(k-h)a}{4k}$ au dessous de sa position primitive, on fait

$$y'=\frac{(k-h)a}{4k}\left(\frac{x}{a}\right)^2,\quad y''=\frac{(k+h)a}{4k}\mathrm{Log.}\left(\frac{a}{x}\right)^2\ ;\qquad (27)$$

on aura

$$y=y'+y''\ ;$$

de sorte qu'en construisant, par rapport au nouveau système d'axes, les courbes exprimées par les équations (27), dont la première est une parabole ordinaire et l'autre une logarithmique, les ordonnées de la trajectoire décrite par le chien ne seront autre chose que les sommes d'ordonnées correspondantes de ces deux courbes.

On peut remarquer que le problème qui vient de nous occuper est aussi celui des circonstances du mouvement de la chaloupe d'un bâteau qui suit le cours d'un fleuve, lorsque cette chaloupe se détache pour aller prendre des voyageurs qui marchent le long de l'un des bords de ce fleuve.

Parmi les différens cas particuliers de ce problème, le plus ordinaire, et conséquemment celui qui semble offrir le plus d'intérêt est celui de la route que suit une barque établie sur l'un des bords d'un fleuve, pour transporter les voyageurs au point directement opposé de l'autre bord. Dans ce cas $a$ représente la largeur du fleuve, les temps se comptent de l'instant du départ de la barque, et la vitesse $g$ du point vers lequel on tend est nulle; on a donc simplement alors $n=-\frac{h}{k}$, au moyen de quoi l'équation (19) de la trajectoire devient

$$2\left(\frac{y}{a}\right)=\left(\frac{x}{a}\right)^{\frac{k-h}{k}}-\left(\frac{x}{a}\right)^{\frac{k+h}{k}} \qquad (28)$$

Or, pour que la barque puisse parvenir au point vers lequel elle tend, il faut évidemment que la trajectoire qu'elle décrit passe par l'origine qui est ici le bord d'arrivée; et conséquemment il faut que $x$ et $y$ soient nuls en même temps, ce qui exigera évidemment que $k-h$ ne soient pas négatifs, c'est-à-dire que, pour qu'une barque qui, partant de l'un des bords d'un fleuve et tendant sans cesse vers le point de l'autre bord directement opposé à celui du départ, parvienne en ce point, il est nécessaire et il suffit que la force d'impulsion des rames soit au moins égale à la force d'impulsion du courant.

Cette même équation prouve aussi que, si la force d'impulsion des rames était nulle ou celle du courant infinie, la barque suivrait simplement le cours du fleuve, parallèlement à la direction du bord opposé à celui du départ; de sorte qu'elle n'atteindrait ce bord qu'à une distance infinie. Si au contraire la force d'impulsion du courant était nulle ou celle des rames infinie, la barque parviendrait d'un bord à l'autre dans une direction rectiligne, perpendiculaire à la direction commune de ces deux bords.

En différentiant l'équation (28) et supposant toujours $k>h$, il vient

$$\frac{dy}{dx}=\frac{k-h}{2k}\left(\frac{a}{x}\right)^{\frac{h}{k}}-\frac{k+h}{2k}\left(\frac{x}{a}\right)^{\frac{h}{k}}. \qquad (29)$$

Si donc on représente par $\alpha$ l'angle que fait la direction de la barque au moment du départ, où $x=a$, avec celle qu'elle tend à prendre, on aura

$$\text{Tang.}\alpha=\frac{k-h}{2k}-\frac{k+h}{2k}=-\frac{h}{k}; \qquad (30)$$

comme on pouvait bien le prévoir.

Veut-on savoir en quel point sa direction se trouvera perpendiculaire au cours du fleuve ou, ce qui revient au même, parallèle à celle qui joint le point de départ au point d'arrivée, il suffira d'égaler à zéro la valeur de $\frac{dy}{dx}$, ce qui donnera

$$x=a\left(\frac{k-h}{k+h}\right)^{\frac{k}{2h}}; \qquad (31)$$

substituant cette valeur dans l'équation (28), il en résultera

$$y=\frac{a}{2}\left\{\left(\frac{k-h}{k+h}\right)^{\frac{k-h}{k}}-\left(\frac{k-h}{k+h}\right)^{\frac{k+h}{k}}\right\} \qquad (32)$$

Si enfin on désigne par $B$ l'angle que fait la direction de la barque au moment d'arrivée ou $x=0$, avec la perpendiculaire à la direction du courant, on aura Tang. $B=\infty$, ou $B=\frac{1}{2}\varpi$, à moins pourtant qu'on ait $k=h$

Mais cette dernière hypothèse ne saurait être admise dans la pratique. En effet l'équation (28) devient, dans ce cas

$$x^2=2a(\tfrac{1}{2}a-y)$$

équation d'une parabole qui a pour foyer le point où on veut atteindre et pour paramètre le double de la largeur du fleuve ; d'où l'on voit que, si la force d'impulsion des rames n'était que rigoureusement égale à la force d'impulsion du courant, la barque arriverait au dessous du point désigné, à une distance de ce point égale à la moitié de la largeur du fleuve

Continuons donc de supposer $k>h$ ; $g$ étant toujours nul, et conséquemment $n=-\frac{h}{k}$ la formule (20) donnera alors

$$t=\frac{a}{2}\left\{\frac{1}{k-}\left[1-\left(\frac{x}{a}\right)^{\frac{k-h}{k}}\right]+\frac{1}{k+h}\left[1-\left(\frac{x}{a}\right)^{\frac{k+h}{k}}\right]\right\}. \qquad (33)$$

Pour avoir donc le temps employé à traverser le fleuve, il faudra, dans cette formule, faire $x=0$, ce qui donnera

$$t=\frac{a}{2}\left\{\frac{1}{k-h}+\frac{1}{k+h}\right\}=\frac{a}{2}\cdot\frac{2k}{k^2-h^2}=\frac{ka}{k^2-h^2}$$

mais si l'eau était stagnante, ce temps serait simplement $\frac{a}{k}$ ; d'où il suit que l'excès de temps dû à l'impulsion du courant est

$$\frac{kn}{k^2-h^2}-\frac{a}{k}=\frac{h^2a}{k(k^2-h^2)}\ ;$$

l'on voit que cet excès de temps croîtra avec $h$, ainsi que cela doit être.

Annales de Gergonne
XIII, pp. 314–318
1822–23



# *Solution partielle du problème de géométrie énoncé à la page 288 du XII.e volume du présent recueil ;*

Par MM. A. L. Boyer et Ch. Sturm.

PROBLÈME. *Déterminer, en fonction des quatre côtés d'un quadrilatère rectiligne inscrit au cercle, 1.° l'angle de deux côtés opposés ; 2.° l'angle des deux diagonales ?*

*Solution.* Soient, comme dans le mémoire de la page 269 du XII.e volume, $a$, $b$, $c$, $d$ les quatre côtés consécutifs du quadrilatère, et $x$, $y$ les deux diagonales ; la première se terminant aux sommets $(a, b)$, $(c, d)$, et la seconde aux sommets $(b, c)$, $(a, d)$ ; on aura, comme alors,

$$x^2=\frac{(ac+bd)(ab+cd)}{ad+bc}, \qquad y^2=\frac{(ac+bd)(ad+bc)}{ad+bc} ;$$

en outre, en posant

$$b+c+d-a=A,$$

$$c+d+a-b=B,$$

$$d+a+b-c=C,$$

$$a+b+c-d=D ;$$

nous aurons

$$\text{Sin.}(a, d)=\frac{\sqrt{ABCD}}{2(ad+bc)}, \qquad \text{Sin.}(a, b)=\frac{\sqrt{ABCD}}{2(ab+cd)} ;$$

$$\mathrm{Cos.}(a,d)=\frac{a^2+d^2-b^2-c^2}{2(ad+bc)}\qquad \mathrm{Cos.}(a,b)=\frac{a^2+b^2-c^2-d^2}{2(ab+cd)}\ .$$

Mais les prolongemens des côtés opposés $b$ et $d$ forment avec le côté $a$ un triangle dans lequel l'angle opposé à ce côté $a$ est précisément l'angle cherché $(b, d)$ de deux côtés opposés ; en supposant donc, pour fixer les idées, $a>c$, nous aurons

$$(b,\ d)=\varpi-[(a,\ d)+(a,\ b)]$$

d'où

$$\mathrm{Sin.}(b,\ d)=\mathrm{Sin.}[(a,\ d)+(a,\ b)]=\mathrm{Sin.}(a,\ d)\mathrm{Cos.}(a,\ b)+\mathrm{Sin.}(a,\ b)\mathrm{Cos.}(a,\ d)$$

ce qui donnera, en substituant,

$$\mathrm{Sin.}(b,\ d)=\frac{[(a^2+b^2-c^2-d^2)+(a^2+d^2-b^2-c^2)]\sqrt{ABCD}}{4(ad+bc)(ab+cd)}\ ,$$

ou, en réduisant

$$\mathrm{Sin.}(b\ ,\ d)=\frac{(a^2-c^2)\sqrt{ABCD}}{2(ad+bc)(ab+cd)}\ ;$$

tel est le sinus de l'angle des deux côtés opposés $b$ et $d$ ; on trouverait de même

$$\mathrm{Sin.}(a,\ c)=\frac{(b^2-d^2)\sqrt{ABCD}}{2(ad+bc)(ab+cd)}\ .$$

Si l'on cherche les cosinus des mêmes angles, on trouvera

$$\mathrm{Cos.}(b,\ d)=\mathrm{Sin.}(a,\ b)\mathrm{Sin.}(a,\ d)-\mathrm{Cos.}(a\ ,\ b)\mathrm{Cos.}(a\ ,\ d)$$

ou, en substituant,

$$\mathrm{Cos.}(b,\ d)=\frac{ABCD-(a^2+d^2-b^2-c^2)(a^2+b^2-c^2-d^2)}{4(ab+cd)(ad+bc)}$$

ou, en développant et réduisant

$$\mathrm{Cos.}(b,\,d)=\frac{(ab+cd)^2+(ad+bc)^2-(a^2-c^2)^2}{2(ab+cd)(ad+bc)}\,;$$

et on trouvera de même

$$\mathrm{Cos.}(a,\,c)=\frac{(ab+cd)^2+(ad+bc)^2-(b^2-d^2)^2}{2(ab+cd)(ad+bc)}\,:$$

De là on déduit

$$2\mathrm{Sin.}^2\tfrac{1}{2}(b,\,d)=1-\mathrm{Cos.}(b,\,d)=\frac{(a^2-c^2)^2-[(ab+cd)-(ad+bc)]^2}{2(ab+cd)(ad+bc)}\,,$$

ou, en décomposant, divisant par 2 et extrayant la racine quarrée

$$\mathrm{Sin.}\tfrac{1}{2}(b,\,d)=\frac{a-c}{2}\sqrt{\frac{BD}{(ab+cd)(ad+bc)}}\,;$$

et on aurait de même

$$\mathrm{Sin.}\tfrac{1}{2}(a,c)=\frac{b-d}{2}\sqrt{\frac{AC}{(ab+cd)(ad+bc)}}\,;$$

et, comme on a

$$\mathrm{Cos.}\tfrac{1}{2}(b,d)=\frac{\mathrm{Sin.}(b,\,d)}{2\mathrm{Sin.}\tfrac{1}{2}(b,d)}\,,\quad \mathrm{Cos.}\tfrac{1}{2}(a,\,c)=\frac{\mathrm{Sin.}\,(a,\,c)}{2\mathrm{Sin.}\tfrac{1}{2}\,(a,c)}$$

il viendra, en substituant,

$$\mathrm{Cos.}\tfrac{1}{2}(b,\,d)=\frac{a+c}{2}\sqrt{\frac{AC}{(ab+cd)(ad+bc)}}\,,$$

$$\mathrm{Cos.}\tfrac{1}{2}(a,\,c)=\frac{b+d}{2}\sqrt{\frac{BD}{(ab+cd)(ad+bc)}}\,;$$

et de là encore

$$\text{Tang.}\tfrac{1}{2}(b\,,d)=\frac{a-c}{a+c}\sqrt{\frac{BD}{AC}}\;;$$

$$\text{Tang.}\tfrac{1}{2}(a\,,c)=\frac{b-d}{b+d}\sqrt{\frac{AC}{BD}}\;;$$

formules très-commodes pour le calcul par logarithmes.

Passons à la recherche de l'angle des diagonales ; pour cela remarquons que ces diagonales divisent le quadrilatère en quatre triangles dont la somme des aires sera, en appelant $x'$ et $x''$ les deux segmens de $x$, et $y'$ et $y''$ les deux segmens de $y$,

$$\tfrac{1}{2}(x'y'+x'y''+x''y'+x''y'')\text{Sin.}(x\,,y)=\tfrac{1}{2}(x'+x'')(y'+y'')\text{Sin.}(x\,,y)=\tfrac{1}{2}xy\text{Sin.}(x\,,y)\,;$$

mais il a été prouvé, dans le mémoire cité que l'aire de ce quadrilatère a aussi pour expression

$$\tfrac{1}{4}\sqrt{ABCD}\,;$$

donc

$$\text{Sin.}(x\,,y)=\frac{\sqrt{ABCD}}{2xy}\;;$$

mais on a

$$xy=ac+bd\;;$$

donc finalement

$$\text{Sin.}(x\,,y)=\frac{\sqrt{ABCD}}{2(ac+bd)}\,.$$

De là on conclura facilement

$$\text{Cos.}(x\,,y)=\frac{a^2+c^2-b^2-d^2}{2(ac+bd)}\;;$$

et ensuite

$$2\text{Sin.}^2\tfrac{1}{2}(x\,,y)=1-\text{Cos.}(x\,,y)=\frac{AC}{2(ac+bd)}\,,$$

$$2\text{Cos.}^2\tfrac{1}{2}(x\,,y)=1+\text{Cos.}(x\,,y)=\frac{BD}{2(ac+bd)}\,;$$

d'où

$$\text{Sin.}\tfrac{1}{2}(x\,,y)=\tfrac{1}{2}\sqrt{\frac{AC}{ac+bd}}\,,\quad \text{Cos.}\tfrac{1}{2}(x\,,y)=\tfrac{1}{2}\sqrt{\frac{BD}{ac+bd}}\,;$$

et, par suite

$$\text{Tang.}\tfrac{1}{2}(x\,,y)=\sqrt{\frac{AC}{BD}}\,;$$

formule très-commode pour le calcul par logarithmes. (*)

(*) Nous rappellerons ici qu'il a été proposé de trouver des formules analogues pour le quadrilatère sphérique inscrit à un petit cercle de la sphère. De telles formules ont bien été reçues ; mais elles n'ont pas l'élégance suffisante pour en justifier la publication.

J. D. G.

*Annales de Gergonne*
XIV, pp. 13–16
1823–24



# QUESTIONS RÉSOLUES.

## *Démonstration d'un théorème de géométrie ; énoncé à la page 248 du précédent volume ;*

Par M. Ch. Sturm (*).

THÉORÈME. *Le point d'un plan indéfini dont la somme des distances à trois autres points est un* minimum *est tel que si, par ce point, on mène une perpendiculaire au plan dont il s'agit et des droites aux trois points donnés, le plan que l'on conduira par cette perpendiculaire et par l'une quelconque de ces droites divisera en deux parties égales l'angle formé par les deux autres.*

*Demonstration.* La démonstration de ce théorème peut être facilement déduite d'un théorème de statique dont voici l'énoncé :

*Si un point* M, *libre ou situé sur une surface ou ligne donnée, est sollicité par des forces, en nombre quelconque, dont les directions passent par des points fixes, et dont les intensités soient telles que la somme des produits respectifs des distances de ces*

(*) M. Sturm a adressé au rédacteur des *Annales* deux démonstrations de ce théorème ; mais, comme l'une d'elles est en tout semblable à celle qu'a donné M. Querret, à la page 329 du précédent volume, il serait superflu de la reproduire ici.

*J. D. G.*

*points au point* M *par les forces qui passent par ces mêmes points soit un* maximum *ou un* minimum , *le point* M *sera en équilibre.*

*Mais la réciproque de cette proposition n'est pas généralement vraie.*

Ce théorème , qui n'est qu'un cas particulier de celui qui se trouve déduit du principe des vitesses virtuelles dans la *Mécanique analitique* ( 2.$^e$ édition , tom. I , pag. 67 ) , pourrait être facilement démontré dans les traités élémentaires de statique.

Ce théorème admis , soient A , B , C ( fig. 4 ) trois points donnés hors d'un plan XZ , et M le point de ce plan dont la somme MA+MB+MC des distances aux points A , B , C soit un *minimum*. Si l'on conçoit le point M poussé contre le plan XZ par trois forces égales quelconques , représentées en intensité et en direction par MA′ , MB′ , MC′ , en vertu du théorème énoncé , ce point devra demeurer en équilibre ; il faudra donc que la direction MN de la résultante des trois forces soit perpendiculaire au plan XZ ; et cette résultante devra aussi être la même que celle de MC′ et de la résultante MD′ de M′A et MB′ ; et , comme la résultante de deux forces est dans leur plan, il faudra que la perpendiculaire MN soit dans le plan de MC′ et MD′ ; mais cette dernière droite divise l'angle AMB en deux parties égales ; donc , en effet , le plan qui passe par l'une quelconque MC de nos trois droites et par la perpendiculaire MN , divise en deux parties égales l'angle AMB formé par les deux autres.

Le théorème qui vient d'être démontré donne trois conditions pour déterminer le point M du plan XZ , lorsque les trois points A , B , C sont donnés ; or , comme deux d'entre elles suffisent pour déterminer ce point , il s'ensuit que chacune d'elles doit être comportée par les deux autres ; c'est-à-dire que les plans conduits par chacune des droites MA , MB , MC et par la droite qui divise l'angle des deux autres en deux parties égales , se coupent tous trois suivant une même droite , et c'est ce qu'il est facile d'ailleurs de démontrer directement pour les trois arêtes d'un angle trièdre quelconque.

Soit , en effet , SABC ( fig. 5 ) un angle trièdre quelconque , et soient menées les droites *Sa* , *Sb* , *Sc* , qui divisent ses angles en deux parties égales. Soient ensuite prises sur ses arêtes, à partir de son sommet, des parties égales quelconques $SA'$, $SB'$, $SC'$, et soient menées $A'B'$, $B'C'$, $C'A'$, coupées respectivement en $c'$, $a'$, $b'$ par $Sc$, $Sa$, $Sb$ ; les points $a'$, $b'$, $c'$ seront les milieux respectifs de $B'C'$, $C'A'$, $A'B'$, d'où il suit que si l'on mène $A'a'$, $B'b'$, $C'c'$, ces trois droites se couperont en un même point $p'$, centre de gravité de l'aire du triangle $A'B'C'$ ; or si, par S et $p'$, on mène une droite $Sp$, il est clair que cette droite sera à la fois dans les plans de SA et $Sa$, SB et $Sb$, SC et $Sc$ ; ces trois plans se coupent donc suivant la droite unique $Sp$.

Ainsi, *dans tout angle trièdre, les plans conduits par les arêtes et par les droites qui divisent les angles plans opposés en deux parties égales, se coupent tous trois suivant une même droite ;* et, d'après cela, notre théorème revient à dire que *le point d'un plan dont la somme des distances à trois points donnés hors de ce plan est un* minimum, *doit être tel que, si l'on en fait le sommet d'un angle trièdre dont les arêtes passent par les trois points donnés, cet angle trièdre devra être tel que la commune section des plans conduits par ses arêtes et par les droites qui divisent les angles plans opposés en deux parties égales, soit perpendiculaire au plan dont il s'agit.*

Au surplus, ce théorème n'est qu'un cas particulier d'un théorème plus général qu'on peut énoncer comme il suit :

*THÉORÈME. Si un point* M *est tellement situé, sur une surface quelconque, par rapport à trois autres points* A, B, C, *hors de cette surface, que la somme des produits de ses distances à ces trois points par des coefficiens* a, b, c *soit un* minimum ; *le plan conduit par la normale à la surface au point* M *et par l'une quelconque des trois droites* MA, MB, MC, *divisera l'angle des deux autres en deux parties dont les sinus seront en raison inverse des coefficiens qui répondent à ces deux dernières droites.*

*Démonstration.* En effet, tout étant d'ailleurs supposé comme ci-dessus (fig. 4) avec cette seule différence que les forces $MA'$,

MB′, MC′, au lieu d'être égales, soient proportionnelles aux coefficiens *a*, *b*, *c*, et que le plan XZ soit le plan tangent en M à la surface dont il s'agit, il faudra encore ici, comme alors, que le plan conduit par la direction MC de l'une quelconque des forces et par la normale MN contienne la résultante MD′ des deux autres et divise conséquemment l'angle AMB de celle-ci en deux autres D′MA et D′MB dont les sinus soient en raison inverse de MA′ et MB′, et conséquemment en raison inverse des coefficiens *a* et *b*.

Le même principe de statique donnera toujours les conditions que doit remplir un point M, libre dans l'espace ou situé sur une surface ou une ligne donnée, pour que la somme, soit de ses distances à des points donnés, soit des produits respectifs de ces distances par des multiplicateurs donnés, soit un *minimum*.

On en déduit encore cet autre théorème :

*THÉORÈME. Soient* A, B, C, D *quatre points donnés hors d'une surface et* M *un point tellement situé sur cette surface que la somme des produits* a.MA+b.MB+c.MC+d.MD *soit un* minimum. *Si l'on mène un plan qui divise les angles* AMB, CMD *en deux parties dont les sinus soient, pour le premier, en raison inverse de* a *et* b, *et pour le second, en raison inverse de* c *et* d, *ce plan contiendra la normale à la surface au point* M; *de sorte que, si l'on mène un second plan qui divise les angles* AMC, BMD *en deux parties, dont les sinus soient, pour le premier, en raison inverse de* a *et* c, *et pour le second, en raison inverse de* b *et* d, *puis un troisième plan qui divise les angles* AMD, BMC *en deux parties, dont les sinus soient, pour le premier, en raison inverse de* a *et* d, *et pour le second, en raison inverse de* b *et* c, *ces trois plans se couperont suivant cette même normale* (*).

Genève, le 15 d'avril 1823.

---

(*) Nous rappellerons encore ici que, quelque jour que puisse jeter ce qu'on vient de lire sur la question proposée à la page 380 du XII.e volume du présent recueil, cette question n'en reste pas moins à résoudre. J. D. G.

*Démonstration*

Annales de Gergonne
XIV, pp. 17–23
1823–24



# *Démonstration de deux théorèmes de géométrie, énoncés à la page 248 du XIII.e volume des* Annales ;

Par M. CH. STURM.

THÉORÈMES. *Soit une* lemniscate, *lieu géométrique des pieds des perpendiculaires abaissées du centre d'une hyperbole équilatère dont les diamètres principaux sont égaux à* 2a *sur les tangentes à la courbe. Sur l'axe transverse de cette hyperbole comme grand axe soit décrite une ellipse dont le petit axe soit égal à la distance entre ses foyers.*

*Désignons par* D *l'excès fini de l'asymptote infinie de l'hyperbole, comptée du centre, sur le quart infini de cette courbe, c'est-à-dire, sur la moitié de l'une de ses branches, comptée de son sommet. Soient en outre* q *le quart du périmètre de la lemniscate et* Q *le quart du périmètre de l'ellipse ; on aura*

$$1.^\circ \quad D+q=Q\sqrt{2}\,, \qquad 2.^\circ \quad Dq=\frac{\pi}{4}a^2\,.$$

*Démonstration.* En représentant par $a$ et $b$ les deux demi-diamètres principaux d'une hyperbole, son équation est

$$\left(\frac{x}{a}\right)^2-\left(\frac{y}{b}\right)^2=1\,; \qquad (1)$$

l'équation de sa tangente en un point $(x',y')$, pris sur la courbe, est

$$\frac{xx'}{a^2}-\frac{yy'}{b^2}=1\,; \qquad (2)$$

équation dans laquelle $x'$ et $y'$ sont liées par la condition

$$\left(\frac{x'}{a}\right)^2-\left(\frac{y'}{b}\right)^2=1\,. \qquad (3)$$

L'équation de la perpendiculaire menée du centre sur cette tangente est

$$a^2xy'+b^2yx'=0 \ . \qquad (4)$$

Son pied étant donné par le système des équations (2, 4), dans lesquelles $x'$ et $y'$ sont liées par la relation (3); il s'ensuit qu'en éliminant $x'$, $y'$ entre ces trois équations, l'équation résultante en $x$ et $y$ sera celle du lieu des pieds de toutes les perpendiculaires menées du centre de la courbe sur ces tangentes.

Or, on tire des équations (2 et 4)

$$\frac{x'}{a}=+\frac{ax}{x^2+y^2}\ , \qquad \frac{y'}{b}=-\frac{by}{x^2+y^2}\ ,$$

valeurs qui, substituées dans l'équation (3), donnent pour celle du lieu cherché

$$a^2x^2-b^2y^2=(x^2+y^2)^2 \ ;$$

c'est l'équation générale de la lemniscate.

Pour passer à son équation polaire, nous poserons

$$x=l\text{Cos.}u\ , \qquad y=l\text{Sin.}u\ ,$$

et cette équation polaire sera ainsi

$$l^2=a^2\text{Cos.}^2u-b^2\text{Sin.}^2u \ .$$

Quant à l'hyperbole, en appelant $h$ son rayon vecteur répondant à l'angle $u$, son équation deviendra

$$h^2(b^2\text{Cos.}^2u-a^2\text{Sin.}^2u)=a^2b^2 \ .$$

Mais, dans le cas particulier qui nous occupe, et où il s'agit d'une hyperbole équilatère, on a $b=a$; en sorte que l'équation polaire de l'hyperbole devient simplement

$$a^2=h^2\text{Cos.}2u\ , \qquad (5)$$

et celle de la lemniscate

$$l^2=a^2\text{Cos.}2u\ ; \qquad (6)$$

d'où résulte, entre les longueurs des rayons vecteurs correspondans des deux courbes l'équation de relation

$$lh=a^2\ .$$

On peut déduire de ces équations une construction simultanée des deux courbes.

Sur le demi-axe transverse CA (fig. 6) soit décrite une circonférence, à laquelle soit menée la tangente AD. Soient menées arbitrairement, par le centre, les deux droites CE, CE′ faisant des angles égaux avec CA, et coupant le cercle en F et F′. Soit pris l'arc FG=FA, et soit portée la corde CG de C en K. Soit élevée à CA la perpendiculaire KM rencontrant la circonférence en M et soit menée CM, coupant AD en N. Si alors du point C comme centre commun, et avec CM et CN pour rayon, on décrit deux cercles concentriques, le plus grand coupera nos arbitraires en quatre points H, H′, H″, H‴, qui appartiendront à l'hyperbole, et le plus petit coupera ces mêmes droites en quatre autres points L, L′, L″, L‴, qui appartiendront à la lemniscate.

En effet, 1.° en abaissant la perpendiculaire GP sur le diamètre, on aura

$$\overline{CH}^2=\overline{CN}^2=\overline{CA}^2+\overline{AN}^2=\overline{CA}^2+\left(\frac{CA.KM}{CK}\right)^2=\overline{CA}^2.\frac{\overline{CK}^2+\overline{KM}^2}{CK^2}=\overline{CA}^2.\frac{\overline{CM}^2}{\overline{CK}^2}\ ,$$

ou bien

$$\overline{CH}^2=\overline{CA}^2.\frac{\overline{CM}^2}{\overline{CG}^2}=\overline{CA}^2.\frac{CK}{CP}=\overline{CA}^2.\frac{CG}{CP}\ ;$$

c'est-à-dire,

$$z^2=a^2\text{Sec.}2u\ ,\qquad \text{ou}\qquad a^2=z^2\text{Cos.}2u\ .$$

On aura, 2.°

$$\overline{CL}^2=\overline{CM}^2=\overline{CA}^2.\frac{\overline{CK}^2}{\overline{CM}^2}=\overline{CA}^2.\frac{\overline{CG}^2}{\overline{CM}^2}=\overline{CA}^2.\frac{CP}{CK}=\overline{CA}^2.\frac{CP}{CG}\ ;$$

c'est-à-dire,

$$l^2=a^2\text{Cos.}2u\ .$$

Si l'hyperbole était déjà tracée, la construction de la lemniscate deviendrait beaucoup plus facile ; H étant le point où cette hyperbole serait coupée par l'arbitraire CE, l'arc HN, décrit du point C comme centre, déterminerait le point N de AD ; la droite CN déterminerait le point M de la circonférence ; et enfin l'arc ML, décrit encore du point C comme centre, déterminerait le point L de la lemniscate.

On tire des équations (5, 6)

$$du=+\frac{a^2dh}{h\sqrt{h^4-a^4}}, \qquad du=-\frac{ldl}{\sqrt{a^4-l^4}},$$

en observant que, pour la dernière courbe, le rayon vecteur décroît lorsque $u$ augmente. Mais on sait que $s$ étant l'arc d'une courbe dont le rayon vecteur $r$ fait un angle $u$ avec l'axe, on a

$$s=\int\sqrt{dr^2+r^2du^2}\ ;$$

donc, en représentant respectivement par H, L les arcs de nos deux courbes, nous aurons

$$H=\int\frac{h^2dh}{\sqrt{h^4-a^4}}, \qquad L=\int-\frac{a^2dl}{\sqrt{a^4-l^4}},$$

les arcs étant comptés à partir du sommet de l'hyperbole. Mais, à cause de la relation trouvée ci-dessus, $lh=a^2$, on peut exprimer $H$ en $l$, et il vient ainsi

$$H=\int-\frac{a^4dl}{l^2\sqrt{a^4-l^4}}=\frac{\sqrt{a^4-l^4}}{l}+\int\frac{l^2dl}{\sqrt{a^4-l^4}}.$$

Remarquons présentement que l'excès de l'asymptote de l'hyperbole sur le quart de cette courbe n'est autre chose que ce que devient l'excès $h-H$ ou $\frac{a^2}{l}-H$ du rayon vecteur sur l'arc correspondant, compté depuis le sommet, lorsque ce rayon vecteur devient infini, ou, ce qui revient au même, lorsque $l=0$, d'où il suit qu'on doit avoir

$$D=\frac{a^2}{l}-\frac{\sqrt{a^4-l^4}}{l}-\int\frac{l^2dl}{\sqrt{a^4-l^4}}. \qquad \left[\begin{matrix}l=a\\ l=0\end{matrix}\right]$$

Or, en remarquant que $\frac{a^2}{l}-\frac{\sqrt{a^4-l^4}}{l}=\frac{a^2}{l}\left\{1-\sqrt{1-\frac{l^4}{a^4}}\right\}$, on voit que la quantité qui précède le signe $\int$ s'évanouit aux deux limites, de sorte qu'on a simplement

$$D=\int-\frac{l^2\mathrm{d}l}{\sqrt{a^4-l^4}}\,.\qquad\left[\begin{matrix}l=a\\ l=0\end{matrix}\right],$$

On aura de même, pour le quart de la lemniscate,

$$q=\int-\frac{a^2\mathrm{d}l}{\sqrt{a^4-l^4}}\,;\qquad\left[\begin{matrix}l=a\\ l=0\end{matrix}\right]$$

en intervertissant donc l'ordre des limites, on trouvera

$$D+q=\int\left\{\frac{l^2}{\sqrt{a^4-l^4}}+\frac{a^2}{\sqrt{a^4-l^4}}\right\}\mathrm{d}l=\int\mathrm{d}l\sqrt{\frac{a^2+l^2}{a^2-l^2}}\,.\qquad\left[\begin{matrix}l=0\\ l=a\end{matrix}\right]$$

Concevons présentement que, sur l'axe transverse de notre hyperbole, comme petit axe, on décrive une ellipse dont le grand axe soit $a\sqrt{2}$, en représentant par $l$ l'abscisse de la courbe répondant à l'ordonnée $y$, son équation sera

$$2l^2+y^2=2a^2,$$

d'où on tirera

$$\mathrm{d}y=-\sqrt{2}\,.\frac{l\mathrm{d}l}{\sqrt{a^2-l^2}},$$

en conséquence, l'arc d'ellipse qui a pour expression $\int\sqrt{\mathrm{d}l^2+\mathrm{d}y^2}$, sera

$$\int\mathrm{d}l\sqrt{\frac{a^2+l^2}{a^2-l^2}}\,;$$

et, pour avoir le quart du périmètre de la courbe, il faudra prendre cette intégrale entre les limites 0 et $a$; représentant donc cette longueur par $Q'$, on aura

$$Q'=\int\mathrm{d}l\sqrt{\frac{a^2+l^2}{a^2-l^2}}\,;\qquad\left[\begin{matrix}l=0\\ l=a\end{matrix}\right]$$

et par suite

$$D+q=Q'.$$

Mais, si l'on conçoit une ellipse qui ait l'axe transverse de l'hyperbole pour grand axe, et dont le petit axe soit égal à la distance entre ses foyers, son équation sera

$$l^2+2y^2=a^2 ,$$

elle sera donc semblable à la précédente, et le rapport de leurs lignes homologues sera celui de $\sqrt{2}$ à 1 ; en représentant donc par $Q$ le quart du périmètre de cette nouvelle courbe, on aura

$$Q'=Q\sqrt{2} ,$$

et, par suite,

$$D+q=Q\sqrt{2} ,$$

ce qui démontre déjà la première partie du théorème.

Présentement, dans la théorie des intégrales définies de la forme $\int x^{m-1}\mathrm{d}x(1-x^n)^{\frac{p-n}{n}}$ donnée par Euler (*), on rencontre l'équation suivante

---

(*) Voyez le *Traité dss différences et des séries* de M. Lacroix, dernière édition, page 426. On parviendrait également au but à l'aide des formules de la page 430 du même ouvrage, en y faisant $n=4$.

Le même résultat se présente aussi à la page 413 de ce traité ; mais il nous a paru que la démonstration n'était point exacte.

On sait que

$$\int\frac{x^{2r}\mathrm{d}x}{\sqrt{1-x^2}}\cdot\int\frac{x^{2r+1}\mathrm{d}x}{\sqrt{1-x^2}}=\frac{1}{2r+1}\cdot\frac{\pi}{2} , \qquad \begin{bmatrix}x=0\\x=1\end{bmatrix}$$

du moins en supposant $r$ entier et positif. Si donc l'on pose $x=z^n$, $n$ étant supposé positif, auquel cas les limites de $z$ seront les mêmes que celles de $x$, on aura

$$n^2\int\frac{z^{2rn+n-1}\mathrm{d}z}{\sqrt{1-z^{2n}}}\cdot\int\frac{z^{2rn+n-1}\mathrm{d}z}{\sqrt{1-z^{2n}}}=\frac{1}{2r+1}\cdot\frac{\pi}{2} \qquad \begin{bmatrix}z=0\\z=1\end{bmatrix}$$

d'où, en posant $2rn+n-1=p$, il viendra

$$\int\frac{x^{m-1}dx}{\sqrt{1-x^n}}.\int\frac{x^{n-m-1}dx}{\sqrt{1-x^n}}=\frac{2\pi\text{Cot.}\frac{m\pi}{n}}{n(n-2m)}\,,\qquad\left[\begin{matrix}x=0\\x=1\end{matrix}\right]$$

en faisant donc $m=1$, $n=4$, $x=\frac{l}{a}$, on obtiendra

$$\int\frac{a^2dl}{\sqrt{a^4-l^4}}.\int\frac{l^2dl}{\sqrt{a^4-l^4}}=\frac{\pi a^2}{4}\,,\qquad\left[\begin{matrix}l=0\\l=a\end{matrix}\right]$$

donc

$$qD=\frac{\pi a^2}{4}\,,$$

deuxième partie du théorème (*).

Genève, le 15 avril 1823.

---

$$\int\frac{z^pdz}{\sqrt{1-z^{2n}}}.\int\frac{z^{p+n}dz}{\sqrt{1-z^{2n}}}=\frac{1}{n(p+1)}.\frac{\pi}{2}\,;\qquad\left[\begin{matrix}z=0\\z=1\end{matrix}\right]$$

mais il faut observer que $p$ n'est point ici un nombre tout-à-fait arbitraire, à cause de l'équation $2rn+n-1=p$, dans laquelle $r$ et $n$ sont nécessairement des nombres positifs, et où $r$ est un nombre entier. Si, par exemple, pour obtenir le produit

$$\int\frac{dz}{\sqrt{1-z^4}}.\int\frac{z^2dz}{\sqrt{1-z^4}}\,,$$

on voulait faire $p=0$ et $n=2$, il s'ensuivrait $4r+1=0$, ou $r=-\frac{1}{4}$, ce qu'on ne peut admettre ; il faut donc chercher ce produit par une autre voie.

(*) M. H. W. T. à qui on doit ces deux singuliers théorèmes en a donné une démonstration qui ne diffère guère de celle qu'on vient de lire qu'en ce que, dans ses calculs, il substitue l'angle $u$ au rayon vecteur.

J. D. G.

*Annales de Gergonne*
XIV, pp. 108–116
1823–24



# GÉOMÉTRIE TRANSCENDANTE.

## *Recherches analitiques, sur une classe de problèmes de géométrie dépendant de la théorie des* maxima *et* minima ;

Par M. Ch. Sturm.

Soient $p$, $p'$, $p''$,..... les distances d'un point cherché M à des points fixes, donnés dans l'espace ; soient $q$, $q'$, $q''$, ..... les distances du même point à d'autres points qui doivent être trouvés sur autant de courbes fixes données, planes ou à double courbure ; soient enfin $r$, $r'$, $r''$, ..... les distances de ce point à des points qui sont assujettis à se trouver sur autant de surfaces données ; et l'équation

$$u=\mathrm{F}(p\,,p'\,,p''\,,.....q\,,q'\,,q''\,,.....r\,,r'\,,r''\,,.....)\,,$$

dans laquelle F désigne une fonction connue quelconque, étant donnée, proposons-nous d'assigner les conditions nécessaires pour que la fonction $u$ soit *maximum* ou *minimum*.

Rapportons l'espace à trois plans rectangulaires quelconques. Soient $a$, $b$, $c$, $a'$, $b'$, $c'$, $a''$, $b''$, $c''$, ..... respectivement, les coordonnées des points d'où partent les droites $p$, $p'$, $p''$,..... pour se diriger vers M ; soient $d$, $e$, $f$, $d'$, $e'$, $f'$, $d''$, $e''$, $f''$, ..... respectivement les coordonnées des points d'où partent les droites $q$, $q'$, $q''$, ..... pour se diriger vers ce point ; et soient enfin $g$,

$h$, $k$, $g'$, $h'$, $k'$, $g''$, $h''$, $k''$,..... respectivement, les points d'où partent les droites $r$, $r'$, $r''$,....., pour se diriger vers le même point.

Convenons encore de désigner par $(p, x)$, $(p, y)$, $(p, z)$, $(p', x)$, $(p', y)$, $(p', z)$,..... les angles que font les droites $p$, $p'$,..... avec les trois axes; par $(q, x)$, $(q, y)$, $(q, z)$, $(q', x)$, $(q', y)$, $(q', z)$,..... les angles que font les droites $q$, $q'$,.... avec ces axes; et enfin par $(r, x)$, $(r, y)$, $(r, z)$, $(r', x)$, $(r', y)$, $(r', z)$,..... les angles que font les droites $r$, $r'$,..... avec les mêmes axes; et soient $x$, $y$, $z$, les coordonnées du point M.

La condition commune au *maximum* et au *minimum* de la fonction $u$, est, comme l'on sait, que sa différentielle totale du premier ordre soit égale à zéro. Il est connu d'ailleurs que cette condition, toujours nécessaire pour qu'il y ait *maximum* ou *minimum*, ne suffit pas néanmoins, dans tous les cas, pour en assurer l'existence.

En posant donc, pour abréger,

$$\left(\frac{du}{dp}\right)=P, \quad \left(\frac{du}{dp'}\right)=P', \quad \left(\frac{du}{dp''}\right)=P'', \ldots.$$

$$\left(\frac{du}{dq}\right)=Q, \quad \left(\frac{du}{dq'}\right)=Q', \quad \left(\frac{du}{dq''}\right)=Q'', \ldots.$$

$$\left(\frac{du}{dr}\right)=R, \quad \left(\frac{du}{dr'}\right)=R', \quad \left(\frac{du}{dr''}\right)=R'', \ldots.$$

l'équation commune au *maximum* et au *minimum* sera

$$Pdp+P'dp'+P''dp''+\ldots\ldots+Qdq+Q'dq'+Q''dq''+\ldots\ldots$$
$$+Rdr+R'dr'+R''dr''+\ldots\ldots=0.$$

Or, nous avons

$$p=\sqrt{(x-a)^2+(y-b)^2+(z-c)^2}\ ,$$

$$q=\sqrt{(x-d)^2+(y-e)^2+(z-f)^2}\ ,$$

$$r=\sqrt{(x-g)^2+(y-h)^2+(z-k)^2}\ ,$$

d'où

$$\mathrm{d}p=\frac{x-a}{p}\,\mathrm{d}x+\frac{y-b}{p}\,\mathrm{d}y+\frac{z-c}{p}\,\mathrm{d}z\ ,$$

$$\mathrm{d}q=\frac{x-d}{q}(\mathrm{d}x-\mathrm{d}d)+\frac{y-e}{q}(\mathrm{d}y-\mathrm{d}e)+\frac{z-f}{q}(\mathrm{d}z-\mathrm{d}f)\ ,$$

$$\mathrm{d}r=\frac{x-g}{r}(\mathrm{d}x-\mathrm{d}g)+\frac{y-h}{r}(\mathrm{d}y-\mathrm{d}h)+\frac{z-k}{r}(\mathrm{d}z-\mathrm{d}k)\ ,$$

mais on a

$$\frac{x-a}{p}=\mathrm{Cos.}(p\,,x)\ ,\quad \frac{y-b}{p}=\mathrm{Cos.}(p\,,y)\ ,\quad \frac{z-c}{p}=\mathrm{Cos.}(p\,,z)\ ,$$

$$\frac{x-d}{q}=\mathrm{Cos.}(q\,,x)\ ,\quad \frac{y-e}{q}=\mathrm{Cos.}(q\,,y)\ ,\quad \frac{z-f}{q}=\mathrm{Cos.}(q\,,z)\ ,$$

$$\frac{x-g}{r}=\mathrm{Cos.}(r\,,x)\ ,\quad \frac{y-h}{r}=\mathrm{Cos.}(r\,,y)\ ,\quad \frac{z-k}{r}=\mathrm{Cos.}(r\,,z)\ ;$$

donc

$$\mathrm{d}p=\mathrm{d}x\mathrm{Cos.}(p\,,x)+\mathrm{d}y\mathrm{Cos.}(p\,,y)+\mathrm{d}z\mathrm{Cos.}(p\,,z)\ , \qquad (1)$$

$$\mathrm{d}q=(\mathrm{d}x-\mathrm{d}d)\mathrm{Cos.}(q\,,x)+(\mathrm{d}y-\mathrm{d}e)\mathrm{Cos.}(q\,,y)+(\mathrm{d}z-\mathrm{d}f)\mathrm{Cos.}(q\,,z)\ ,$$

$$\mathrm{d}r=(\mathrm{d}x-\mathrm{d}g)\mathrm{Cos.}(r\,,x)+(\mathrm{d}y-\mathrm{d}h)\mathrm{Cos.}(r\,,y)+(\mathrm{d}z-\mathrm{d}k)\mathrm{Cos.}(r\,,z)\ ;$$

et l'on aura des valeurs analogues pour $\mathrm{d}p'$, $\mathrm{d}q'$, $\mathrm{d}r'$, $\mathrm{d}p''$, $\mathrm{d}q''$, $\mathrm{d}r''$, .....

Soient désignées par $t$ la tangente au point $(d, e, f)$ à la courbe sur laquelle ce point doit se trouver, et par $s$ l'arc de cette courbe, on aura

$$\mathrm{d}d=\mathrm{d}s\,\mathrm{Cos.}(t,x)\,, \quad \mathrm{d}e=\mathrm{d}s\,\mathrm{Cos.}(t,y)\,, \quad \mathrm{d}f=\mathrm{d}s\,\mathrm{Cos.}(t,z)\,;$$

substituant ces valeurs dans celle de $\mathrm{d}q$, en observant que

$$\mathrm{Cos.}(t,x)\mathrm{Cos.}(q,x)+\mathrm{Cos.}(t,y)\mathrm{Cos.}(q,y)+\mathrm{Cos.}(t,z)\mathrm{Cos.}(q,z)=\mathrm{Cos.}(t,q)$$

elle deviendra

$$\mathrm{d}q=\mathrm{d}x\,\mathrm{Cos.}(q,x)+\mathrm{d}y\,\mathrm{Cos.}(q,y)+\mathrm{d}z\,\mathrm{Cos.}(q,z)+\mathrm{d}s\,\mathrm{Cos.}(t,q) \qquad (2)$$

Soit ensuite désignée par $n$ la normale au point $(g, h, k)$ à la surface sur laquelle ce point doit se trouver; l'équation différentielle de cette surface pourra, comme l'on sait, être mise sous la forme

$$\mathrm{d}g\,\mathrm{Cos.}(n,x)+\mathrm{d}h\,\mathrm{Cos.}(n,y)+\mathrm{d}k\,\mathrm{Cos.}(n,z)=0\,,$$

d'où

$$-\mathrm{d}k=\frac{\mathrm{Cos.}(n,x)}{\mathrm{Cos.}(n,z)}\mathrm{d}g+\frac{\mathrm{Cos.}(n,y)}{\mathrm{Cos.}(n,z)}\mathrm{d}h\,,$$

valeur qui, substituée dans celle de $\mathrm{d}r$, donnera

$$\left.\begin{aligned}\mathrm{d}r=\mathrm{d}x\,\mathrm{Cos.}(r,x)&+\mathrm{d}y\,\mathrm{Cos.}(r,y)+\mathrm{d}z\,\mathrm{Cos.}(r,z)\\ &+\left\{\frac{\mathrm{Cos.}(r,z)\mathrm{Cos.}(n,x)}{\mathrm{Cos.}(n,z)}-\mathrm{Cos.}(r,x)\right\}\mathrm{d}g\\ &+\left\{\frac{\mathrm{Cos.}(r,z)\mathrm{Cos.}(n,y)}{\mathrm{Cos.}(n,z)}-\mathrm{Cos.}(r,y)\right\}\mathrm{d}h\,;\end{aligned}\right\} \qquad (3)$$

et les valeurs de $\mathrm{d}q'$, $\mathrm{d}r'$, $\mathrm{d}q''$, $\mathrm{d}r''$, ..... seront susceptibles de transformations analogues.

En substituant donc ces diverses valeurs dans l'équation

$$Pdp+P'dp'+.....+Qdq+Q'dq'+....+Rdr+R'dr'+....=0\,,$$

que nous avons vu ci-dessus exprimer la condition commune au *maximum* et au *minimum*, elle deviendra, en employant le signe $\Sigma$, par forme d'abréviation,

$$\begin{aligned}
&\{\Sigma[P\text{Cos.}(p,x)]+\Sigma[Q\text{Cos.}(q,x)]+\Sigma[R\text{Cos.}(r,x)]\}dx\\
&+\{\Sigma[P\text{Cos.}(p,y)]+\Sigma[Q\text{Cos.}(q,y)]+\Sigma[R\text{Cos.}(r,y)]\}dy\\
&+\{\Sigma[P\text{Cos.}(p,z)]+\Sigma[Q\text{Cos.}(q,z)]+\Sigma[R\text{Cos.}(r,z)]\}dz\\
&-\Sigma\{Qds\text{Cos.}(t,q)\}\\
&+\Sigma\left\{R\left[\frac{\text{Cos.}(r,z)\text{Cos.}(n,x)}{\text{Cos.}(n,z)}-\text{Cos.}(r,x)\right]dg\right\}\\
&+\Sigma\left\{R\left[\frac{\text{Cos.}(r,z)\text{Cos.}(n,y)}{\text{Cos.}(n,z)}-\text{Cos.}(r,y)\right]dh\right\}=0. \qquad \text{(I)}
\end{aligned}$$

Or, présentement que les différentielles $ds$, $dg$, $dh$, $ds'$, $dg'$, $dh'$,..... sont tout-à-fait indépendantes, il faudra, dans l'équation (I), égaler leurs coefficiens à zéro; et comme d'ailleurs aucune des fonctions $Q$, $R$, $Q'$, $R'$,..... ne doit être nulle, cela donnera d'abord

$$\text{Cos.}(t,q)=0\,,\quad \text{Cos.}(t',q')=0\,,\quad \text{Cos.}(t'',q'')=0\,,$$

ce qui nous apprend, en premier lieu, que les droites $q$, $q'$, $q''$,.... doivent être respectivement perpendiculaires aux tangentes $t$, $t'$, $t''$,.... et par conséquent normales aux courbes auxquelles elles se terminent.

On aura ensuite

Cos.

$$\frac{\text{Cos.}(r\,,\,x)}{\text{Cos.}(n\,,\,x)}=\frac{\text{Cos.}(r\,,\,y)}{\text{Cos.}(n\,,\,y)}=\frac{\text{Cos.}(r\,,\,z)}{\text{Cos.}(n\,,\,z)}\,,$$

et les autres équations analogues, d'où

$$\text{Cos.}(r\,,\,x)=\text{Cos.}(n\,,\,x)\,,\qquad \text{Cos.}(r'\,,\,x)=\text{Cos.}(n'\,,\,x)\,,....$$

$$\text{Cos.}(r\,,\,y)=\text{Cos.}(n\,,\,y)\,,\qquad \text{Cos.}(r'\,,\,y)=\text{Cos.}(n'\,,\,y)\,,....$$

$$\text{Cos.}(r\,,\,z)=\text{Cos.}(n\,,\,z)\,,\qquad \text{Cos.}(r'\,,\,z)=\text{Cos.}(n'\,,\,z)\,,....$$

ce qui montre que les droites $r$, $r'$, $r''$,..... doivent aussi être respectivement normales aux surfaces auxquelles elles se terminent.

Concevons présentement que le point M soit sollicité par des forces proportionnelles à $P$, $Q$, $R$, $P'$, $Q'$, $R'$, ......., et dirigé suivant les droites $p$, $q$, $r$, $p'$, $q'$, $r'$, ..... respectivement.

Soit $V$ la résultante de toutes ces forces, et soient $\alpha$, $\beta$, $\gamma$ les angles qu'elle fait avec les axes. Les quantités qui multiplient $\mathrm{d}x$, $\mathrm{d}y$, $\mathrm{d}z$, dans l'équation (I) reviennent visiblement à $V\text{Cos.}\alpha$, $V\text{Cos.}\beta$, $V\text{Cos.}\gamma$; de sorte que cette équation, de laquelle nous avons déjà fait disparaître les derniers termes, se réduit à

$$V(\mathrm{d}x\text{Cos.}\alpha+\mathrm{d}y\text{Cos.}\beta+\mathrm{d}z\text{Cos.}\gamma)=0\,. \qquad \text{(II)}$$

Celle-ci sera toujours satisfaite, lorsqu'on aura $V=0$, c'est-à-dire, lorsque les forces proportionnelles à $P$, $Q$, $R$, $P'$, $Q'$, $R'$, ..... se feront équilibre, à quelque conditions que le point M puisse être d'ailleurs assujetti.

Si ce point est parfaitement libre dans l'espace, les différentielles $\mathrm{d}x$, $\mathrm{d}y$, $\mathrm{d}z$ seront indépendantes, et il faudra encore que $V=0$; parce que $\text{Cos.}\alpha$, $\text{Cos.}\beta$, $\text{Cos.}\gamma$ ne sauraient être nuls à la fois.

Si le point M doit être pris sur une surface donnée ; en représentant par $\delta$, $\varepsilon$, $\zeta$ les angles que fait avec les axes la normale à cette surface en ce point, son équation différentielle sera

$$dx\,\mathrm{Cos.}\delta + dy\,\mathrm{Cos.}\varepsilon + dz\,\mathrm{Cos.}\zeta = 0\ ;$$

en tirant de cette équation la valeur de $dz$, pour la substituer dans l'équation (II), celle-ci deviendra, en divisant par $V$,

$$\left(\mathrm{Cos.}\alpha - \frac{\mathrm{Cos.}\delta\,\mathrm{Cos.}\gamma}{\mathrm{Cos.}\zeta}\right)dx + \left(\mathrm{Cos.}\beta - \frac{\mathrm{Cos.}\varepsilon\,\mathrm{Cos.}\gamma}{\mathrm{Cos.}\zeta}\right)dy = 0\ ;$$

d'où, à cause de l'indépendance de $dx$ et $dy$,

$$\frac{\mathrm{Cos.}\alpha}{\mathrm{Cos.}\delta} = \frac{\mathrm{Cos.}\beta}{\mathrm{Cos.}\varepsilon} = \frac{\mathrm{Cos.}\gamma}{\mathrm{Cos.}\zeta}\ ;$$

ou bien

$$\mathrm{Cos.}\alpha = \mathrm{Cos.}\delta\ , \quad \mathrm{Cos.}\zeta = \mathrm{Cos.}\varepsilon\ , \quad \mathrm{Cos.}\gamma = \mathrm{Cos.}\zeta\ ,$$

c'est-à-dire que la résultante des forces qui sollicitent le point M doit, lorsqu'elle n'est pas nulle, être normale à la surface sur laquelle ce point doit être situé ; de sorte qu'on peut la regarder comme détruite par la résistance de cette surface.

Si le point M doit être pris sur une ligne donnée, droite ou courbe, plane ou à double courbure ; en représentant par $ds$ l'élément de cette ligne, au point dont il s'agit et par $\delta$, $\varepsilon$, $\zeta$ les angles que fait cet élément avec les axes, on aura

$$dx = ds\,\mathrm{Cos.}\delta\ , \quad dy = ds\,\mathrm{Cos.}\varepsilon\ , \quad dz = ds\,\mathrm{Cos.}\zeta\ ;$$

ces valeurs étant substituées dans l'équation (II), elle deviendra, en divisant par $V ds$,

$$\mathrm{Cos.}\alpha\,\mathrm{Cos.}\delta + \mathrm{Cos.}\beta\,\mathrm{Cos.}\varepsilon + \mathrm{Cos.}\gamma\,\mathrm{Cos.}\zeta = 0\ ;$$

d'où l'on voit que, dans ce cas, si la résultante $V$ n'est pas nulle, sa direction devra être normale à la ligne sur laquelle le point M doit être situé ; de sorte qu'elle sera en équilibre sur cette ligne, considérée comme obstacle à l'action qu'elle tend à produire.

On peut donc, en résumé, établir le théorème général que voici :

*Soient* $p$, $p'$, $p''$,..... *les distances d'un point* M *à des points fixes dans l'espace. Soient* $q$, $q'$, $q''$,..... *les distances du même point à des points mobiles sur des lignes fixes. Soient enfin* $r$, $r'$, $r''$,..... *les distances de ce point à des points mobiles sur des surfaces fixes.*

*Supposons que ce point* M *soit tellement choisi dans l'espace qu'une fonction déterminée* $u$ *des distances* $p$, $p'$, $p''$,.... $q$, $q'$, $q''$,.... $r$, $r'$, $r''$,.... *soit un* maximum *ou un* minimum ; *et concevons ce même point sollicité, suivant les directions de ces distances, par des forces proportionnelles aux valeurs actuelles des dérivées partielles de* $u$, *prises par rapport à ces mêmes distances ; alors,*

1.° *Les droites* $q$, $q'$, $q''$,.... $r$, $r'$, $r''$,.... *seront respectivement normales aux lignes et surfaces auxquelles elles se termineront.*

2.° *Si le point* M *est parfaitement libre dans l'espace, il devra se trouver en équilibre sous l'action des forces que nous avons supposé le solliciter ; et s'il est assujetti à se trouver sur une surface ou sur une ligne donnée, la résultante de ces mêmes forces, lorsqu'elle ne sera pas nulle, devra être normale à cette surface ou à cette ligne ; de sorte qu'on pourra dire, dans tous ces cas, que le point* M *est en équilibre.*

*L'inverse de ce théorème n'est pas généralement vrai, c'est-à-dire que toutes ces diverses conditions peuvent fort bien être remplies, sans que, pour cela, il y ait nécessairement* maximum *ou* minimum.

Dans le cas particulier où la fonction $u$ sera simplement la somme des distances $p$, $p'$, $p''$, ...., $q$, $q'$, $q''$, ...., $r$, $r'$, $r''$, ...., ou la somme des produits respectifs de ces mêmes distances par des multiplicateurs $a$, $a'$, $a''$, ...., $b$, $b'$, $b''$, ...., $c$, $c'$, $c''$, ...., les forces sollicitant le point M devront être égales entre elles ou proportionnelles à ces multiplicateurs (*).

(*) A cette théorie générale se rattachent un grand nombre de problèmes traités dans le présent recueil, notamment tom. I, pag. 285, 297, 373 et 375.

J. D. G.

*Annales de Gergonne*
XIV, pp. 63–64, 216, 225–228
1823–24



# QUESTIONS PROPOSÉES.

## *Théorèmes de Géométrie.*

I. Soit, dans l'espace, un polygone rectiligne quelconque, plan ou gauche ABCD.......IK, et une droite indéfinie quelconque. Soient menés, par cette droite et par les $n$ sommets du polygone, un pareil nombre de plans. Chacun de ces plans, par ses $n-2$ intersections avec les côtés du polygone non adjacens au sommet par où il passe, déterminera, sur chacun de ces côtés, deux segmens, comptés à partir de ses deux extrémités. Soit formé le produit continuel de tous les segmens déterminés sur les côtés AB, BC, CD,.......IK, KA, à partir des sommets A, B, C,........I, K, respectivement. Soit aussi formé le produit de tous les autres segmens formés sur les mêmes côtés, à partir des sommets B, C, D,........K, A, respectivement; ces deux produits, composés d'un même nombre de facteurs, seront égaux entre eux.

II. Soit, dans l'espace, un polygone rectiligne quelconque, plan ou gauche ABCD,..........IK, et un point quelconque. Soient menés, par ce point et par les $n$ côtés du polygone, un pareil nombre de plans. Chacun de ces plans, par ses intersections avec les $n-3$ côtés du polygone non adjacens au côté par où il passe, déterminera, sur chacun de ces côtés, deux segmens comptés de ses extrémités. Soit formé le produit continuel des segmens déterminés sur les côtés AB, BC, CD, ......... IK, KA, à partir de leurs extrémités A, B, C, ........ I, K. Soit aussi formé le produit continuel des segmens déterminés sur ces mêmes côtés, à partir de leurs extrémités B, C, D, ....... K, A, respectivement ; ces deux produits, composés d'un même nombre de facteurs, seront égaux entre eux.

*Démonstration des deux théorèmes de géométrie énoncés à la page 63 du présent volume;*

Par MM. VECTEN, licencié ès sciences,
QUERRET, ancien chef d'institution,
VERNIER, professeur au collége royal de Caen.
Et CH. STURM.

LES géomètres qui nous ont adressé des démonstrations de ces deux élégans théorèmes les ont tous démontrés géométriquement; M. Sturm, à qui ils sont dûs, a seul accompagné la sienne d'une démonstration analitique. Les démonstrations géométriques ne différant guère que par la forme, nous les fondrons, pour abréger, dans une rédaction commune. Nous donnerons ensuite la démonstration analitique de M. Sturm.

Passons présentement aux démonstrations analitiques de M. Sturm.

Pour le premier théorème, prenons la droite donnée pour axe des $z$, l'origine étant d'ailleurs quelconque et les coordonnées étant ectangulaires.

r

Soient $a$, $a'$, $a''$ les coordonnées du sommet A,

$b$, $b'$, $b''$ les coordonnées du sommet B,

$c$, $c'$, $c''$ les coordonnées du sommet C,

. . . . . . . . . . . . . . . . . . . . . . . . .

$n$, $n'$, $n''$ les coordonnées du sommet N.

Soient en outre $\alpha$, $\alpha'$, $\alpha''$ les cosinus des angles que forme la direction du premier côté AB du polygone avec les trois axes; ce côté, considéré comme droite indéfinie, pourra également être exprimé par les deux systèmes d'équations

$$(1)\left\{\begin{array}{l} x=a+\alpha p\,, \\ y=a'+\alpha' p\,, \\ z=a''+\alpha'' p\,, \end{array}\right. \qquad (2)\left\{\begin{array}{l} x=b+\alpha q\,, \\ y=b'+\alpha' q\,, \\ z=b''+\alpha'' q\,; \end{array}\right.$$

$p$ et $q$ représentant les distances respectives d'un point quelconque de cette droite aux deux points A et B.

Le plan conduit par l'axe des $z$ et par le sommet N a pour équation

$$n'x=ny\,. \qquad (3)$$

Ce plan coupe AB en un certain point, et on peut admettre que $p$ et $q$ sont les distances de ce point aux deux points A et B. En substituant donc tour à tour pour $x$ et $y$ dans l'équation (3) les valeurs données par les équations (1) et (2) on trouvera, pour les deux segmens déterminés sur AB, par le plan dont il s'agit

$$p=\frac{na'-n'a}{n'\alpha-n\alpha'}, \qquad q=\frac{nb'-n'b}{n'\alpha-n\alpha'},$$

d'où il suit que le rapport entre les deux segmens que détermine sur AB le plan conduit par la droite donnée et par le sommet N est

$$\frac{na'-n'a}{nb'-n'b}.$$

Appliquant donc, tour à tour, les mêmes considérations aux côtés consécutifs AB, BC, CD, ...... LM du polygone coupés par ce même plan, on trouvera, pour les rapports de longueur des segmens déterminés sur ces divers côtés,

$$\frac{na'-n'a}{nb'-n'b},\ \frac{nb'-n'b}{nc'-n'c},\ \frac{nc'-n'c}{nd'-n'd},\ \ldots\ldots\ \frac{nl'-n'l}{nm'-n'm}.$$

Donc, si l'on dénote par $P_n$ le produit continuel des segmens déterminés sur ces côtés, à partir de leurs extrémités A, B, C ..... L, et par $Q_n$ le produit continuel des segmens déterminés sur ces mêmes côtés, à partir de leurs extrémités B, C, D, ....... M, le rapport du premier produit au second sera

$$\frac{P_n}{Q_n}=\frac{na'-n'a}{nm'-n'm}.$$

Si présentement nous considérons tour à tour les plans qui passent par les sommets A, B, C, ...... N, en employant des notations analogues, nous trouverons

$$\frac{P_a}{Q_a}=\frac{ab'-ba'}{n'a-na'}\,,\quad \frac{P_b}{Q_b}=\frac{bc'-cb'}{a'b-ab'}\,,\quad \frac{P_c}{Q_c}=\frac{cd'-dc'}{b'c-c'b}\,,\ \ldots\ldots\ \frac{P_n}{Q_n}=\frac{na'-n'a}{m'n-mn'}\,,$$

d'où nous conclurons

$$\frac{P_a}{Q_a}\cdot\frac{P_b}{Q_b}\cdot\frac{P_c}{Q_c}\cdots\cdots\cdots\frac{P_n}{Q_n}=1\,;$$

c'est-à-dire,

$$P_a\,.\,P_b\,.\,P_c\,.\,\ldots\ldots\,P_n=Q_a\,.\,Q_b\,.\,Q_c\,.\,\ldots\ldots\ldots\,Q_n,$$

comme le veut le théorème.

Tout étant supposé dans le second théorème comme dans le premier, avec eette circonstance particulière que le point donné P est pris pour origine; l'équation du plan mené par ce point $P$ et par le côté $MK$ du polygone sera

$$(m'n''-m''n')x+(m''n-mn'')y+(mn'-m'n)z=0\,, \qquad (4)$$

en mettant tour à tour dans cette équation, pour $x$, $y$, $z$ les valeurs (1) et (2) ci-dessus, $p$, $q$ deviendront respectivement les distances des extrémités A et B du côté AB au point où ce côté est coupé par le plan conduit par MN et par le point P. On trouvera ainsi pour ces deux segmens

$$p=-\frac{a(m'n''-n'm'')+a'(m''n-mn'')+a''(mn'-m'n)}{\alpha(m'n''-n'm'')+\alpha'(m''n-mn'')+\alpha''(mn'-m'n)}\,,$$

$$q=-\frac{b(m'n''-n'm'')+b'(m''n-mn'')+b''(mn'-m'n)}{\alpha(m'n''-n'm'')+\alpha'(m''n-mn'')+\alpha''(mn'-m'n)}\,,$$

de sorte que le rapport $\frac{p}{q}$ de ces deux segmens aura pour expression

$$\frac{mn'a''-ma'n''+am'n'-nm'a''+na'm''-an'm''}{mn'b''-mb'n''-bm'n''-nm'b''+nb'm''-bn'm''}\,.$$

On trouvera de même pour le rapport entre les segmens retranchés par le même plan sur le côté BC et comptés tour à tour de ses extrémités B et C,

$$\frac{mn'b''-mb'n''+bm'n''-nm'b''+nb'm''-bn'm''}{mn'c''-mc'n''+cm'n''-nm'c''+nc'm''-cn'm''}\,.$$

et ainsi des autres, jusqu'au côté KL, pour lequel le rapport de ces mêmes segmens sera

$$\frac{mn'k''-mk'n''+km'n''-nm'k''+nk'm''-km'n''}{mn'l''-ml'n''+lm'n''-nm'l''+nl'm''-lm'n''}\,.$$

En conséquence, si l'on dénote par $P_{mn}$ le produit continu des segmens déterminés par le plan MPN sur les côtés consécutifs AB, BC, CD, ...... KL, à partir de leurs extrémités A, B, C, ...... K, et par $Q_{mn}$ le produit continu des segmens déterminés par ce même plan sur les mêmes côtés, à partir de leurs extrémités B, C, D, ...... L, on aura

$$\frac{P_{mn}}{Q_{mn}}=\frac{mn'a''-ma'n''+am'n''-nm'a''+na'm''-am'n''}{mn'l''-ml'n''+lm'n''-nm'l''+nl'm''-lm'n''}\,.$$

Par l'emploi de notations analogues, on trouvera

$$\frac{P_{ab}}{Q_{ab}}=\frac{ab'c''-ac'b''+ca'b''-ba'c''+bc'a''-cb'a''}{ab'n''-an'b''+na'b''-ba'n''+bn'a''-nb''a'}\,,$$

$$\frac{P_{bc}}{Q_{bc}}=\frac{bc'd''-bd'c''+db'c''-cb'd''+cd'b''-dc'b''}{bc'a''-ba'c''+ab'c''-ab'c''+ca'b''-ac'b''}\,,$$

et ainsi de suite, et enfin

$$\frac{P_{na}}{Q_{na}}=\frac{na'b''-nb'a''+bn'a''-an'b''+ab'n''-ba'n''}{na'm''-nm'a''+mn'a''-an'm''+am'n''-ma'n''}\,,$$

d'où nous conclurons

$$\frac{P_{ab}}{Q_{ab}}\cdot\frac{P_{bc}}{Q_{bc}}\cdot\frac{P_{cd}}{Q_{cd}}\cdots\cdots\cdots\cdots\frac{P_{mn}}{Q_{mn}}\cdot\frac{P_{na}}{Q_{na}}=1\,.$$

c'est-à-dire,

$$P_{ab}\,.\,P_{bc}\,.\,P_{cd}\,.....\,P_{mn}\,.\,P_{na}=Q_{ab}\,.\,Q_{bc}\,.\,Q_{cd}\,.....\,Q_{mn}\,.\,Q_{na}\,;$$

comme le veut le théorème.

*Annales de Gergonne*
XIV, pp. 28, 286–293
1823–24



# QUESTIONS PROPOSÉES.

## *Problème de statique.*

Un fil non pesant, parfaitement flexible et inextensible, d'une longueur déterminée, est attaché par ses extrémités à deux points fixes dont la distance donnée est moindre que sa longueur. Tous ses points sont attirés ou repoussés par un centre fixe, suivant une fonction déterminée de la distance. On demande l'équation la plus simple de la courbure du fil en équilibre. On demande, en particulier, ce que devient cette équation, lorsque l'attraction ou la répulsion suit la raison inverse du quarré de la distance.

## *Théorème de Géométrie.*

Si de l'un quelconque des points d'une circonférence concentrique à celle du cercle circonscrit à un triangle, on abaisse des perpendiculaires sur les directions de ses trois côtés, l'aire du triangle dont les sommets seront les pieds de ces perpendiculaires sera constante. Si, en particulier, ce cercle se confond avec le premier, cette aire deviendra nulle ; c'est-à-dire qu'alors les pieds des trois perpendiculaires seront en ligne droite (*).

En outre, si deux cercles concentriques au cercle circonscrit sont tels que la somme des quarrés de leurs rayons soit double du quarré du sien, les triangles qui auront pour sommets les pieds des perpendiculaires abaissées des points des circonférences des dernier cercles sur les directions des côtés du triangle inscrit au premier seront équivalens.

(*) Ce cas particulier a déjà été démontré dans le présent recueil (tom. IV, p. 251)

## *Autre démonstration du même théorème ;*

### Par M. Ch. Sturm.

Soient $\alpha$, $\beta$, $\gamma$ les trois angles du triangle donné, et $r$ le rayon du cercle circonscrit ; il est aisé de voir que les côtés respectivement opposés à ces angles seront

$$2r\text{Sin}.\alpha\,, \qquad 2r\text{Sin}.\beta\,, \qquad 2r\text{Sin}.\gamma\,.$$

Si d'un point P, situé comme on voudra dans l'intérieur du triangle on abaisse des perpendiculaires $a$, $b$, $c$ sur les directions de ses trois côtés, ces perpendiculaires seront les hauteurs de trois triangles ayant pour bases les trois côtés du premier et leur sommet commun au point P; les aires de ces triangles seront respectivement

$$ra\text{Sin}.\alpha\,, \qquad rb\text{Sin}.\beta\,, \qquad rc\text{Sin}.\gamma\,,$$

et la somme de ces aires sera l'aire du triangle donné. Mais on sait qu'on obtient aussi cette dernière en divisant le produit des trois côtés du triangle par le quadruple du rayon du cercle circonscrit; ce qui donne

$$\frac{2r\text{Sin}\,\alpha.2r\text{Sin}\,\beta.2r\text{Sin}.\gamma}{4r} \qquad \text{ou} \qquad 2r^2\text{Sin}.\alpha\text{Sin}.\beta\text{Sin}.\gamma\,;$$

on aura donc, en divisant par $r$,

$$a\mathrm{Sin.}\alpha+b\mathrm{Sin.}\beta+c\mathrm{Sin.}\gamma=2r\mathrm{Sin.}\alpha\mathrm{Sin.}\beta\mathrm{Sin.}\gamma. \qquad (1)$$

Le triangle qui a ses sommets aux pieds des trois perpendiculaires $a$, $b$, $c$ est lui même décomposé, par ces perpendiculaires en trois autres; et, en remarquant que les angles que forment ces perpendiculaires deux à deux sont les supplémens respectifs des trois angles du triangle donné, nous aurons, pour les aires de ces triangles partiels,

$$\tfrac{1}{2}bc\mathrm{Sin.}\alpha\,, \qquad \tfrac{1}{2}ca\mathrm{Sin.}\beta\,, \qquad \tfrac{1}{2}ab\mathrm{Sin.}\gamma\,;$$

de sorte qu'en désignant par $k^2$ l'aire du triangle total, on aura

$$bc\mathrm{Sin.}\alpha+ca\mathrm{Sin.}\beta+ab\mathrm{Sin.}\gamma=2k^2\,. \qquad (2)$$

Pour rendre cette dernière équation appliquable à toutes les situations du point P, que nous avons d'abord supposé intérieur au triangle donné, il faudra avoir égard aux signes des perpendiculaires $a$, $b$, $c$ qu'il faudra prendre positives ou négatives, suivant qu'en partant de leurs pieds elles se dirigeront vers l'intérieur ou vers l'extérieur de ce triangle. Cette circonstance pourra quelquefois rendre $k^2$ négatif, ce qui, géométriquement parlant ne sera d'aucune conséquence, attendu que, dans la géométrie proprement dite, toutes les grandeurs sont supposées absolues; mais lorsqu'au contraire on voudra envisager les choses sous le point de vue analitique, il faudra avoir égard au signe de $k^2$.

Cela posé, cherchons quel doit être le lieu des divers points P qui rendent constante l'aire $k^2$ du triangle qui a ses sommets aux pieds des trois perpendiculaires. Eliminons d'abord $c$ entre les équations (1) et (2), nous trouverons ainsi

$$2r(b\mathrm{Sin.}\alpha+a\mathrm{Sin.}\beta)\mathrm{Sin.}\alpha\mathrm{Sin.}\beta\mathrm{Sin.}\gamma-(a^2+b^2)\mathrm{Sin}\,\alpha\mathrm{Sin.}\beta-ab(\mathrm{Sin.}^2\alpha+\mathrm{Sin.}^2\beta-\mathrm{Sin}\,^2\gamma)$$
$$=2k^2\mathrm{Sin.}\gamma\,. \qquad (3)$$

Mais, si l'on désigne par $a'$, $b'$, $c'$ les trois côtés du triangle donné, on aura

$$a'^2+b'^2-c'^2=2a'b'\text{Cos.}\gamma\ ,$$

ou en mettant pour les trois côtés leurs valeurs $2r\text{Sin.}\alpha$, $2r\text{Sin.}\beta$, $2r\text{Sin.}\gamma$ et divisant par $4r^2$

$$\text{Sin.}^2\alpha+\text{Sin.}^2\beta-\text{Sin.}^2\gamma=2\text{Sin.}\alpha\text{Sin.}\beta\text{Cos.}\gamma\ .$$

En introduisant donc cette valeur dans l'équation (3) elle deviendra

$$2r(b\text{Sin.}\alpha+a\text{Sin.}\beta)\text{Sin.}\alpha\text{Sin.}\beta\text{Sin.}\gamma-(a^2+b^2)\text{Sin.}\alpha\text{Sin.}\beta-2ab\text{Sin.}\alpha\text{Sin.}\beta\text{Cos.}\gamma$$

$$=2k^2\text{Sin.}\gamma\ . \qquad (4)$$

Rapportons présentement le point P aux deux côtés de l'angle $\gamma$, pris pour axes des coordonnées, c'est-à-dire, aux deux côtés du triangle donné sur les directions desquels tombent les perpendiculaires $a$ et $b$, le premier étant pris pour axe des $x$ et l'autre pour axe des $y$. En représentant par $x$ et $y$ les deux coordonnées du point P parrallèles à ces axes, nous aurons

$$a=y\text{Sin.}\gamma\ , \qquad b=x\text{Sin.}\gamma\ ,$$

valeurs qui, substituées dans l'équation (4) donneront, en réduisant,

$$x^2+y^2+2xy\text{Cos.}\gamma-2rx\text{Sin.}\alpha-2ry\text{Sin}\beta+\frac{2k^2}{\text{Sin.}\alpha\text{Sin.}\beta\text{Sin.}\gamma}=0\ ;$$

équation qui appartient évidemment à un cercle et qui peut facilement être mise sous cette forme

$$\left(x-\frac{r\text{Cos.}\beta}{\text{Sin.}\gamma}\right)^2+\left(y-\frac{r\text{Cos.}\alpha}{\text{Sin.}\gamma}\right)^2+2\left(x-\frac{r\text{Cos.}\beta}{\text{Sin.}\gamma}\right)\left(y-\frac{r\text{Cos.}\alpha}{\text{Sin.}\gamma}\right)\text{Cos}\,\gamma$$

$$=r^2-\frac{2k^2}{\text{Sin.}\alpha\text{Sin.}\beta\text{Sin.}\gamma}\;;$$

les coordonnées du centre de ce cercle sont donc

$$\frac{r\text{Cos.}\beta}{\text{Sin.}\gamma}\,,\qquad \frac{r\text{Cos.}\alpha}{\text{Sin.}\gamma}\,,$$

longueurs indépendantes de $k$ ; ce qui nous montre que, pour les diverses valeurs de $k$, la circonférence, lieu des points P, ne varie que de rayon et conserve toujours le même centre.

Mais, lorsqu'on suppose $k=0$, l'équation, sous sa première forme, perd son terme tout connu ; elle exprime donc alors un cercle passant par l'origine, c'est-à-dire, par un quelconque des sommets du triangle donné, et par conséquent par ses trois sommets. Ainsi le lieu de tous les points P est alors le cercle circonscrit au triangle donné lui-même ; puis donc que les lieux du point P répondant aux diverses valeurs de $k$ sont des cercles concentriques, ils ont tous pour centre commun le centre du cercle circonscrit au triangle donné. On voit de plus que le lieu des points P est ce cercle lui-même, lorsque $k=0$.

Si présentement nous nous rappelons que $k^2$ peut être pris indistinctement en plus ou en moins, nous en conclurons qu'en représentant par $R$ le rayon du cercle qui, pour une certaine valeur de $k$, résout le problème, on doit avoir

$$R=\sqrt{r^2\pm\frac{2k^2}{\text{Sin.}\alpha\text{Sin.}\beta\text{Sin.}\gamma}}\;;$$

d'où l'on voit qu'en général, pour une même valeur donnée de $k^2$, les points P qui résolvent le problème sont sur deux circonférences concentriques avec celle du cercle circonscrit au triangle donné. Nous disons en général ; car, si $k^2$ excédait une certaine limite, l'une des deux valeurs de $R$ deviendrait imaginaire, de sorte que le problème ne pourrait plus être résolu que par les points d'une circonférence unique.

Si l'on désigne par $R$ et $R'$ les rayons des deux cercles, on aura

$$R^2=r^2+\frac{2k^2}{\text{Sin}.\alpha\text{Sin}.\beta\text{Sin}.\gamma}, \qquad R'^2=r^2-\frac{2k^2}{\text{Sin}.\alpha\text{Sin}.\beta\text{Sin}.\gamma},$$

ce qui donne

$$R^2+R'^2=2r^2 ;$$

*ou encore*

$$R^2-r^2=r^2-R'^2 ;$$

d'où l'on voit d'abord que l'un des deux cercles est toujours extérieur au cercle circonscrit au triangle donné, tandis que l'autre lui est intérieur, tellement que la corde du cercle circonscrit tangente à l'intérieur est égale à la corde de l'extérieur tangente au circonscrit.

Pour que le plus petit des deux cercles se réduise à un point, il faut qu'on ait

$$r^2-\frac{2k^2}{\text{Sin}.\alpha\text{Sin}.\beta\text{Sin}.\gamma}=0, \qquad \text{d'où} \qquad k^2=\frac{r^2\text{Sin}.\alpha\text{Sin}.\beta\text{Sin}.\gamma}{2},$$

ou bien

$$k^2=\frac{2r\text{Sin}.\alpha.2r\text{Sin}.\beta.2r\text{Sin}.\gamma}{16r} ;$$

or, le numérateur de cette expression est le produit des trois côtés du triangle donné, d'où il est aisé de conclure que cette valeur de

$k^2$ est le quart de l'aire de ce triangle. Il faut bien en effet qu'il en soit ainsi ; car, lorsque du centre du cercle circonscrit à un triangle on abaisse des perpendiculaires sur les directions de ses trois côtés, les pieds de ces perpendiculaires sont les milieux de ces mêmes côtés, et par conséquent le triangle qui a ses sommets à ces pieds est le quart du premier.

On voit aussi, par ce qui précède, 1.° que, tant que le diamètre du cercle extérieur est moindre que la diagonale du quarré circonscrit au cercle circonscrit au triangle donné, il y a un cercle extérieur et un cercle intérieur qui résolvent le problème ; 2.° que, lorsque le diamètre du cercle extérieur est précisément égal à cette diagonale, le cercle intérieur se réduit à un point ; 3.° qu'enfin lorsque le diamètre du cercle extérieur est plus grand que cette diagonale, il n'y a plus de cercle intérieur.

Il résulte aussi de ce qui précéde que, lorsque le cercle extérieur se confond avec le cercle circonscrit au triangle donné, le cercle intérieur se confond aussi avec lui. L'aire du triangle qui a ses sommets aux pieds des trois perpendiculaires étant alors nulle, ces trois points doivent ainsi être en ligne droite. C'est le cas particulier déjà démontré (*Annales*, tom. IV, pag. 251.)

Après avoir ainsi démontré de tous points le théorème énoncé, nous allons généraliser un peu la propriété qu'il exprime.

Par le point P soient menées aux trois côtés du triangle donné des obliques $a'$, $b'$, $c'$ faisant dans le même sens des angles égaux $\varepsilon$ avec les trois perpendiculaires $a$, $b$, $c$. Soient fait des pieds de ces obliques les sommets d'un triangle inscrit dont nous représenterons l'aire par $k'^2$. En raisonnant, comme nous l'avons fait ci-dessus, pour parvenir à l'équation (2), nous aurons

$$b'c'\mathrm{Cos.}\alpha+c'a'\mathrm{Cos.}\beta+a'b'\mathrm{Cos.}\gamma=k'^2\,. \qquad (5)$$

Mais on a

$$a'=\frac{a}{\text{Cos.}\varepsilon}\,,\quad b'=\frac{b}{\text{Cos.}\varepsilon}\,,\quad c'=\frac{c}{\text{Cos.}\varepsilon}\,.\qquad(6)$$

substituant donc, nous aurons

$$bc\text{Cos.}\alpha+ca\text{Cos.}\beta+ab\text{Cos.}\gamma=2k'^2\text{Cos.}^2\varepsilon\,,$$

ou, en vertu de l'équation (2),

$$k^2=k'^2\text{Cos.}^2\varepsilon\,.$$

Ainsi, l'aire du nouveau triangle sera égale à celle du triangle dont les sommets sont les pieds mêmes des perpendiculaires, divisée par le quarré du cosinus de l'angle que forment les obliques avec elles. Donc, pour que l'aire de ce premier triangle soit constante, il est nécessaire et il suffit que l'aire de l'autre le soit, et conséquemment le lieu des points P qui rempliront cette condition sera encore ici, comme dans le premier cas, une circonférence concentrique à celle du cercle circonscrit.

On voit, en particulier, que, si de l'un quelconque des points de la circonférence du cercle circonscrit à un triangle, on abaisse, sur les directions de ses côtés, des obliques également inclinées dans le même sens sur ces mêmes côtés, les pieds de ces obliques appartiendront tous trois à une même ligne droite.

Nous terminerons par observer qu'en général le lieu des points du plan d'un polygone quelconque desquels abaissant des perpendiculaires sur les directions de ses côtés, le polygone inscrit au premier, dont les sommets consécutifs sont les pieds de ces perpendiculaires, à une aire constante, est une ligne du second ordre.

En

En effet, en désignant toujours par P l'un des points dont il s'agit et par $x$ et $y$ ses coordonnées, sur le plan du polygone dont il s'agit, l'aire du second polygone sera la *somme algébrique* des aires d'une suite de triangles ayant leur sommet commun en P et dont les côtés adjacens à ce sommet sont les perpendiculaires dont il s'agit. Or, l'aire de chacun de ces triangles sera la moitié du produit des deux côtés qui partent de ce sommet commun, multiplié par le sinus de l'angle que comprennent entre eux ces mêmes côtés. Or, cet angle est indépendant de la situation du point P, par la nature même de la question; et les côtés qui le comprennent sont des fonctions linéaires des coordonnées $x$ et $y$ du point P; l'expression de l'aire de chacun de ces triangles sera donc une fonction entière du second degré de $x$ et de $y$; il en sera donc de même de l'expression de l'aire du polygone somme des aires de ces triangles. Si donc on égale l'aire de ce polygone à une surface constante, l'équation résultante sera celle d'une ligne du second ordre, lieu de tous les points P.

Il est aisé de voir que les mêmes choses auraient lieu encore si, au lieu de perpendiculaires, on abaissait du point P des obliques également inclinées dans le même sens sur les côtés du polygone donné.

---

*Annales de Gergonne*
XIV, pp. 302–307
1823–24



## *Solution du dernier des quatre problèmes de géométrie proposés à la page 304 du précédent volume ;*

Par M. Ch. Sturm.

Problème. *Quelle est la surface courbe de chacun des points de laquelle menant à trois points fixes des droites, considérées comme les trois arêtes d'un angle trièdre, cet angle trièdre intercepte toujours des portions équivalentes d'un plan donné, fixe et indéfini ?*

*Solution.* Rapportons les points de l'espace à un système d'axes obliques, de manière que le plan donné soit celui des $xy$, mais sans rien statuer d'ailleurs sur l'origine ni sur la direction des axes.

Soient $(a, b, c)$, $(a', b', c')$, $(a'', b'', c'')$ les trois points donnés, et $(x, y, z)$ le sommet de l'angle trièdre. Soient de plus $(p, q)$, $(p', q')$, $(p', q'')$ respectivement les points où le plan des $xy$ est percé par les trois arêtes de cet angle trièdre, nous aurons

(*) M. Woisard, professeur aux écoles d'artillerie à Metz, a aussi donné une solution du problème qui, pour le fond, ne diffère pas de celle qu'on vient de lire.

J. D. G.

$$\frac{x-a}{z-c}=\frac{a-p}{c}\,,\qquad \frac{y-b}{z-c}=\frac{b-q}{c}\,,$$

$$\frac{x-a'}{z-c'}=\frac{a'-p'}{c'}\,,\qquad \frac{y-b'}{z-c'}=\frac{b'-q'}{c'}\,,$$

$$\frac{x-a''}{z-c''}=\frac{a''-p''}{c''}\,,\qquad \frac{y-b''}{z-c''}=\frac{b''-q''}{c''}\,;$$

équations d'où on tire

$$p=\frac{az-cx}{z-c}\,,\qquad q=\frac{bz-cy}{z-c}\,,$$

$$p'=\frac{a'z-c'x}{z-c'}\,,\qquad q'=\frac{b'z-c'y}{z-c'}\,,$$

$$p''=\frac{a''z-c''x}{z-c''}\,,\qquad q''=\frac{b''z-c''y}{z-c''}\,.$$

Or, si l'on désigne par $k^2$ l'aire constante du triangle intercepté sur le plan des $xy$, en désignant par $\gamma$ l'angle que comprennent les axes des $x$ et des $y$, on aura, comme l'on sait

$$(pq'-p'q+p'q''-p''q'+p''q-pq'')\mathrm{Sin.}\gamma=2k^2\;;$$

sur quoi il faudra remarquer que $k^2$ peut être indifféremment positif ou négatif.

En mettant dans le premier membre de cette équation pour $p$, $p'$, $p''$, $q$, $q'$, $q''$ les valeurs déterminées ci-dessus, elle devient

$$\left.\begin{array}{l}\dfrac{(bc'-cb')x+(ca'-ac')y+(ab'-ba')z}{(z-c)(z-c')}\\[2ex]+\dfrac{(b'c''-c'b'')x+(c'a''-a'c'')y+(a'b''-b'a'')z}{(z-c')(z-c'')}\\[2ex]+\dfrac{(b''c-c''b)x+(c''a-a''c)y+(a''b-b''a)z}{(z-c'')(z-c)}\end{array}\right\}=\frac{2k^2}{\text{Sin}.\gamma}\;.$$

Telle est donc l'équation de la surface demandée.

En y chassant les dénominateurs, développant et posant, pour abréger,

$$bc'-cb'+b'c''-c'b''+b''c-c''b=A\;,$$

$$ca'-ac'+c'a''-a'c''+c''a-a''c=B\;,$$

$$ab'-ba'+a'b''-b'a''+a''b-b''a=C\;,$$

$$ab'c''-ac'b''+ca'b''-ba'c''+bc'a''-cb'a''=D\;,$$

cette équation deviendra

$$(Ax+By+Cz-D)z^2\text{Sin}.\gamma=2k^2(z-c)(z-c')(z-c'')\;. \qquad (1)$$

Il faudra d'ailleurs se rappeler que $k^2$ peut être pris indistinctement en plus ou en moins ; de sorte qu'il y a proprement deux surfaces courbes qui résolvent le problème. Nous nous bornerons à discuter celle qui répond à $k^2$ positif.

Remarquons d'abord que l'équation du plan qui contient les trois points fixes est

$$Ax+By+Cz=D\ , \qquad (2)$$

qui, combinée avec (1), la réduit à

$$(z-c)(z-c')(z-c'')=0\ ; \qquad (3)$$

ce qui montre que si, par chacun des trois points fixes, on mène un plan parallèle au plan fixe, les trois plans, ainsi menés, couperont le plan des trois points fixes suivant trois droites parallèles appartenant à la surface dont il s'agit. Ces trois droites, au surplus, ne sont autre chose que des parallèles menées par les trois points fixes à l'intersection du plan de ces trois points avec le plan fixe.

Les équations d'une parallèle quelconque à cette intersection sont

$$Ax+By+Cz=D' \quad \text{et} \quad z=C'\ . \qquad (4)$$

Pour savoir si cette parallèle coupe la surface dont il s'agit et en quels points, il faudra combiner ces deux dernières équations avec l'équation (1), ce qui donnera

$$(D'-D)C'^2\text{Sin.}\gamma=2k^2(C'-c)(C'-c')(C'-c'')\ ;$$

équation qui ne pourra être qu'absurde ou identique, d'où il suit que, suivant les valeurs de $C'$ et $D'$, la droite (4) ne percera pas la surface dont il s'agit ou bien s'y trouvera entièrement située; ce qui nous montre que cette surface est une surface cylindrique du troisième degré, ayant ses élémens parallèles à l'intersection du plan fixe avec celui des trois points fixes.

Prenons cette intersection pour axe des $y$, ses équations sont

$$Ax+By+Cz=D \quad \text{et} \quad z=0\ ;$$

mais les équations de l'axe des $y$ doivent être

$$x=0\ , \qquad z=0\ ;$$

il faudra donc que ces quatre équations aient lieu à la fois, ce qui donnera

$$By-D=0\ ,$$

équation qui, devant avoir lieu quelle que soit $y$, donnera

$$B=0\ , \qquad D=0\ ;$$

l'équation (1) deviendra donc

$$(Ax+Cz)z^2\text{Sin.}\gamma=2k^2(z-c)(z-c')(z-c'')\ ; \qquad (5)$$

équation que l'on reconnaît en effet pour celle d'une surface cylindrique, ayant ses arêtes parallèles à l'axe des $y$, et qui appartient en même temps à l'intersection de cette surface avec le plan des $xz$. On voit qu'en y faisant $z=0$, la valeur de $x$ devient infinie, d'où l'on peut conclure que le plan fixe est un plan asymptotique de la surface cherchée.

Si l'un des trois points fixes, le point ($a''$, $b''$, $c''$), par exemple, était situé sur le plan fixe, on aurait $c''=0$, et l'équation (5) deviendrait, en divisant par $z$,

$$(Ax+Cz)z\text{Sin.}\gamma=2k^2(z-c)(z-c')\ ;$$

c'est-à-dire qu'alors la surface cherchée se réduirait à une surface cylindrique du second ordre à base hyperbolique. Si le point

$(a', b', c')$ se trouvait aussi sur ce plan, on aurait en outre $c'=0$ ; ce qui réduirait l'équation à

$$(Ax+Cz)\text{Sin.}\gamma=2k^2(z-c)$$

équation d'un plan que l'on trouvera passer par le troisième point fixe et être parallèle à la droite qui joint les deux premiers, ainsi que cela doit être.

Si le plan que déterminent les trois points fixes, et dont l'équation est, en général,

$$Ax+By+Cz=D\ ,$$

était parallèle au plan fixe ; c'est-à-dire, si l'on avait $c=c'=c''$, cette équation devrait se réduire simplement à $z=c$ ; on devrait donc avoir, à la fois,

$$A=0\ ,\qquad B=0\ ,\qquad D=cC\ ;$$

au moyen de quoi l'équation (1) deviendrait, en substituant et en divisant par $z-c$,

$$Cz^2\text{Sin.}\gamma=2k^2(z-c)^2$$

équation commune à deux plans parallèles au plan fixe, ou plutôt à quatre, à raison du double signe dont $k^2$ est susceptible.

*Annales de Gergonne*
XIV, pp. 381–389
1823–24



## Solution du problème de statique énoncé à la page 28 du présent volume ;

Par M. CH. STURM.

PROBLÈME. *Un fil non pesant, parfaitement flexible et inextensible, d'une longueur déterminée, est attaché, par ses extrémités, à deux points fixes dont la distance donnée est moindre que sa longueur. Tous ses points sont attirés ou repoussés par un centre fixe, suivant une fonction déterminée de la distance. On demande l'équation la plus simple de la courbure du fil en équilibre ? On demande, en particulier, ce que devient cette équation, lorsque l'attraction ou la répulsion suit la raison inverse du quarré de la distance ?*

*Solution.* Soit rapportée la courbe du fil à trois axes rectangulaires passant par le centre d'attraction ou de répulsion, et soient $x$, $y$, $z$ les coordonnées de l'un quelconque des points de sa longueur; soient $r$ la distance de ce point au même centre, $s$ la portion de la longueur de ce fil comptée depuis le même point jusqu'à la première de ces deux extrémités fixes.

Les équations connues de l'équilibre d'un fil parfaitement flexible et inextensible sont

$$\left.\begin{aligned} -T\frac{dx}{ds} &= A+\int X ds\,, \\ -T\frac{dy}{ds} &= B+\int Y ds\,, \\ -T\frac{dz}{ds} &= C+\int Z ds\,; \end{aligned}\right\} \quad (1)$$

dans lesquelles $T$ représente la tension au point ( $x$, $y$, $z$ ) de la courbure du fil; tension dirigée suivant la tangente à cette courbure en ce point; et où $X$, $Y$, $Z$ sont les forces parallèles aux axes qui sollicitent ce même point, tandis que $A$, $B$, $C$ sont les composantes, parallèles aux mêmes axes, de la force par laquelle le premier des deux points extrêmes est retenu, et qui, lorsque ce point est fixe, exprime la pression qu'il supporte. Les intégrales qui entrent dans ces équations doivent toujours être prises depuis ce premier point jusqu'à celui que l'on considère, c'est-à-dire, le point ( $x$, $y$, $z$ ).

En différentiant les équations (1), on trouve

$$\left.\begin{aligned}
-\mathrm{d}T\frac{\mathrm{d}x}{\mathrm{d}s}-T\mathrm{d}.\frac{\mathrm{d}x}{\mathrm{d}s}&=X\mathrm{d}s\,,\\
-\mathrm{d}T\frac{\mathrm{d}y}{\mathrm{d}s}-T\mathrm{d}.\frac{\mathrm{d}y}{\mathrm{d}s}&=Y\mathrm{d}s\,,\\
-\mathrm{d}T\frac{\mathrm{d}z}{\mathrm{d}s}-T\mathrm{d}.\frac{\mathrm{d}z}{\mathrm{d}s}&=Z\mathrm{d}s\,;
\end{aligned}\right\}\quad(2)$$

dont la somme des produits respectifs par $\frac{\mathrm{d}x}{\mathrm{d}s}$, $\frac{\mathrm{d}y}{\mathrm{d}s}$, $\frac{\mathrm{d}z}{\mathrm{d}s}$ est

$$-\mathrm{d}T=X\mathrm{d}x+Y\mathrm{d}y+Z\mathrm{d}z\,.\qquad(3)$$

Lorsqu'on suppose que les particules du fil sont sollicitées par une force $R$ qui émane de l'origine, on a

$$X=\frac{Rx}{r}\,,\quad Y=\frac{Ry}{r}\,,\quad Z=\frac{Rz}{r}\,.$$

Avec ces valeurs et observant que

$$x\mathrm{d}x+y\mathrm{d}y+z\mathrm{d}z=r\mathrm{d}r\,,$$

l'équation (3) deviendra

$$-\mathrm{d}T=R\mathrm{d}r\,,$$

d'où

$$T=c-\int R\mathrm{d}r\,;\qquad(4)$$

$c$ étant la constante arbitraire. Or, la force $R$ étant supposée une fonction de $r$, $\int R\mathrm{d}r$ en sera une aussi, de sorte que, dans l'état d'équilibre, *la tension du fil en chacun de ses points dépend uniquement de la distance de ce point au centre attirant.*

Si l'on substitue les valeurs de $X$, $Y$, $Z$ dans les équations (2), on reconnaît qu'elles admettent une intégrale de la forme

$$z=ax+by .$$

En effet, en mettant cette valeur de $z$ dans la dernière de ces trois équations, elle se trouvera, en vertu des deux premières, satisfaite indépendamment des constantes arbitraires $a$ et $b$. On voit donc que *le fil en équilibre est tout entier dans le plan conduit par ses deux extrémités fixes et par le centre d'où émanent les forces*, ce qu'il était d'ailleurs facile de prévoir, puisque tout est égal de part et d'autre de ce plan. En exprimant que le plan dont il s'agit contient les deux extrémités fixes, on déterminera les deux constantes $a$ et $b$.

Pour simplifier nos formules, faisons coïncider ce plan avec celui des $xy$, en posant $z=0$, d'où $x^2+y^2=r^2$ et $\mathrm{d}x^2+\mathrm{d}y^2=\mathrm{d}s^2$. Laissant donc de côté la troisième des équations (2) et éliminant $\mathrm{d}T$ entre les deux autres, nous aurons

$$T\left(\frac{\mathrm{d}x}{\mathrm{d}s}\,\mathrm{d}.\,\frac{\mathrm{d}y}{\mathrm{d}s}-\frac{\mathrm{d}y}{\mathrm{d}s}\,\mathrm{d}.\,\frac{\mathrm{d}x}{\mathrm{d}s}\right)=X\mathrm{d}y-Y\mathrm{d}x . \qquad (5)$$

Pour intégrer cette équation, nous passerons aux coordonnées polaires, en posant

$$x=r\mathrm{Cos}.u , \qquad y=r\mathrm{Sin}.u ;$$

d'où résultera

$$x\mathrm{d}y-y\mathrm{d}x=r^2\mathrm{d}u ,$$

et par suite

$$X\mathrm{d}y-Y\mathrm{d}x=\frac{R(x\mathrm{d}y-y\mathrm{d}x)}{r}=Rr\mathrm{d}u .$$

Posons encore

$$\frac{dx}{ds}=\text{Cos.}\varphi\ , \qquad \frac{dy}{ds}=\text{Sin.}\varphi\ ,$$

nous aurons

$$\frac{dx}{ds}\,d.\frac{dy}{ds}-\frac{dy}{ds}\,d.\frac{dx}{ds}=d\varphi\ ;$$

mais, on trouve

$$\text{Tang.}(\varphi-u)=\frac{\text{Tang.}\varphi-\text{Tang.}u}{1+\text{Tang.}\varphi\text{Tang.}u}=\frac{\frac{dy}{dx}-\frac{y}{x}}{1+\frac{ydy}{xdx}}=\frac{xdy-ydx}{xdx+ydy}=\frac{rdu}{dr}\ ;$$

posant donc

$$\frac{rdu}{dr}=z\ , \qquad \text{d'où} \qquad du=\frac{zdr}{r}\ , \qquad (6)$$

on aura

$$\varphi-u=\text{Arc}(\text{Tang.}=z)\ , \qquad d\varphi=du+\frac{dz}{1+z^2}\ .$$

Par la substitution de ces valeurs, l'équation (5) devient

$$(T-Rr)du+\frac{Tdz}{1+z^2}=0\ ;$$

puis, en mettant pour $du$ sa valeur (6) et décomposant,

$$\frac{dr}{r}-\frac{Rdr}{T}+\frac{dz}{r}-\frac{zdz}{1+z^2}=0\ .$$

A cause de $dT=-Rdr$, l'intégration par logarithmes donnera

$$\frac{Trz}{\sqrt{1+z^2}}=h\ ; \qquad (7)$$

$h$ étant la constante arbitraire.

Comme, en vertu de l'équation (6), $z$ est la tangente tabulaire de l'angle que fait la courbe, en chacun de ses points avec son rayon vecteur, il s'ensuit que $\frac{z}{\sqrt{1+z^2}}$ est le sinus de cet angle, indépendamment du signe de $z$ ; l'équation (7) signifie donc que *le moment de la tension, pris par rapport au centre fixe, est une quantité constante.*

Si l'on résout l'équation (7) par rapport à $z$, et qu'on remplace ensuite $z$ par sa valeur (6), on trouvera

$$du = \pm \frac{h\,dr}{r\sqrt{(Tr)^2 - h^2}}. \qquad (8)$$

Dans cette expression de $du$, il faudra prendre le signe supérieur pour toute la portion de la courbe où le rayon vecteur croît en même temps que l'angle qu'il fait avec l'axe. Ce rayon sera un *maximum* ou un *minimum*, et aura sa direction normale à la courbe, quand on aura $(Tr)^2 - h^2 = 0$, ou $Tr = \pm h$.

En intégrant l'équation (8), dans laquelle les deux variables sont séparées, on aura l'équation polaire de la courbe cherchée.

Quant à sa rectification, en substituant l'expression de $du$ dans la formule $ds = \sqrt{dr^2 + r^2du^2}$, on trouvera à intégrer

$$ds = \pm \frac{Tr\,dr}{\sqrt{(Tr)^2 - h^2}}. \qquad (9)$$

Examinons présentement le cas particulier où la force $R$ agit en raison inverse du quarré de la distance. Faisons, en conséquence, $R = \frac{f}{r^2}$, $f$ étant une constante, qui devra être supposée positive ou négative, suivant que la force $R$ sera supposée répulsive ou attractive. Les formules (4) et (9) deviendront alors

$$T=c+\frac{f}{r}\,,\qquad s=\frac{\sqrt{(cr+f)^2-h^2}}{c}+\text{Const.}$$

L'équation (8) deviendra, dans le même cas,

$$\mathrm{d}u=\pm\frac{h\mathrm{d}r}{r\sqrt{(cr+f)^2-h^2}}\,. \qquad (10)$$

Nous nous dispenserons d'en écrire l'intégrale, qu'on peut obtenir facilement, en posant $r=\frac{1}{r'}$, et qui prendra trois formes différentes suivant qu'on aura

$$f^2-h^2>0 \quad \text{ou} \quad =0 \quad \text{ou} \quad <0\,.$$

La détermination des constantes arbitraires introduites par les intégrations se fera en exprimant que la courbe passe par les deux points fixes extrêmes, et qu'elle a, entre ces deux points, une longueur donnée.

En vertu d'un théorème connu, la courbure du fil en équilibre ne changerait pas, si l'on supposait le centre unique d'attraction remplacé par celui d'une sphère homogène dont tous les points jouiraient de la même propriété que lui.

La courbe à laquelle appartient l'équation (8) jouit d'une propriété assez remarquable; elle est entre toutes les courbes de même longueur et passant par les mêmes points extrêmes, celle qui rend l'intégrale $\int \mathrm{d}s \int r\mathrm{d}r$ un *minimum* ou un *maximum*. Cette propriété, remarquée par Euler, dépend d'une propriété plus générale, qui se rattache elle-même au principe des vitesses virtuelles. En voici toutefois l'exposé direct :

« Toutes les notations employées dans l'équation (1) étant ad-
» mises, si la formule $X\mathrm{d}x+Y\mathrm{d}y+Z\mathrm{d}z$ est une différentielle

» exacte à trois variables ; et qu'on représente par $U$ son inté-
» grale, la courbe formée par le fil en équilibre sera entre toutes
» les courbes de même longueur et se terminant aux mêmes
» points, celle qui rendra l'intégrale $\int U\mathrm{d}s$ prise entre ces points,
» un *minimum* ou un *maximum* ».

Cherchons en effet la courbe qui remplit cette dernière condition. En suivant la méthode générale des variations, il faudra égaler à zéro la variation de la formule

$$\int U\sqrt{\mathrm{d}x^2+\mathrm{d}y^2+\mathrm{d}z^2}+a\int\sqrt{\mathrm{d}x^2+\mathrm{d}y^2+\mathrm{d}z^2}\,,$$

dans laquelle $a$ désigne un nombre qui doit être déterminé par la condition d'avoir, entre les limites données,

$$\int\sqrt{\mathrm{d}x^2+\mathrm{d}y^2+\mathrm{d}z^2}=l\,.$$

Posons donc

$$\delta\int(U+a)\sqrt{\mathrm{d}x^2+\mathrm{d}y^2+\mathrm{d}z^2}=0\;;$$

nous en tirerons

$$\int\left\{\delta U\mathrm{d}s+(U+a)\left(\frac{\mathrm{d}x}{\mathrm{d}s}\,\mathrm{d}\delta x+\frac{\mathrm{d}y}{\mathrm{d}s}\,\mathrm{d}\delta y+\frac{\mathrm{d}z}{\mathrm{d}s}\,\mathrm{d}\delta z\right)\right\}=0\,.$$

Faisant disparaître $\mathrm{d}\delta x$, $\mathrm{d}\delta y$, $\mathrm{d}\delta z$, au moyen de l'intégration par parties, il viendra

$$(U+a)\left(\frac{\mathrm{d}x}{\mathrm{d}s}\,\delta x+\frac{\mathrm{d}y}{\mathrm{d}s}\,\delta y+\frac{\mathrm{d}z}{\mathrm{d}s}\,\delta z\right)$$

$$+\int\left\{\delta U\mathrm{d}s-\delta x\mathrm{d}.(U+a)\,\frac{\mathrm{d}x}{\mathrm{d}s}-\delta y\mathrm{d}.(U+a)\,\frac{\mathrm{d}y}{\mathrm{d}s}-\delta z\mathrm{d}.(U+a)\,\frac{\mathrm{d}z}{\mathrm{d}s}\right\}=0\,.$$

Mais, par hypothèse, la formule $X\mathrm{d}x+Y\mathrm{d}y+Z\mathrm{d}z$ est une différentielle exacte à trois variables, et l'on a

d$U$

$$\mathrm{d}U = X\mathrm{d}x + Y\mathrm{d}y + z\mathrm{d}z\ , \quad \text{d'où} \quad \delta U = X\delta x + Y\delta y + Z\delta z\ ;$$

au moyen de quoi l'équation ci-dessus devient

$$(U+a)\left(\frac{\mathrm{d}x}{\mathrm{d}s}\delta x + \frac{\mathrm{d}y}{\mathrm{d}s}\delta y + \frac{\mathrm{d}z}{\mathrm{d}s}\delta z\right)$$

$$+\int\left\{\left[X\mathrm{d}s - \mathrm{d}.(U+a)\frac{\mathrm{d}x}{\mathrm{d}s}\right]\delta x + \left[Y\mathrm{d}s - \mathrm{d}.(U+a)\frac{\mathrm{d}x}{\mathrm{d}s}\right]\delta y + \left[Z\mathrm{d}s - \mathrm{d}.(U+a)\frac{\mathrm{d}z}{\mathrm{d}s}\right]\delta z\right\} = 0$$

Les deux points extrêmes de la courbe étant fixes, la partie hors du signe intégral du premier membre de cette équation doit s'évanouir ; et, en égalant séparément à zéro les quantités multipliées par $\delta x$, $\delta y$, $\delta z$, sous ce même signe intégral, on obtient, pour les trois équations de la courbe cherchée,

$$\mathrm{d}.(U+a)\frac{\mathrm{d}x}{\mathrm{d}s} = X\mathrm{d}s\ ,$$

$$\mathrm{d}.(U+a)\frac{\mathrm{d}y}{\mathrm{d}s} = Y\mathrm{d}s\ ,$$

$$\mathrm{d}.(U+a)\frac{\mathrm{d}z}{\mathrm{d}s} = Z\mathrm{d}s\ .$$

Deux de ces équations doivent comporter la troisième ; et c'est en effet ce qui résulte de la relation $\mathrm{d}U = X\mathrm{d}x + Y\mathrm{d}y + Z\mathrm{d}z$.

En posant $T = -(U+a)$, ces équations deviennent identiques avec les équations (1), et par conséquent la courbe qu'elles représentent est celle qu'affecte le fil flexible en équilibre, sous l'action des forces $X$, $Y$, $Z$, sollicitant chacun de ses points ; ce qu'il fallait démontrer.

*Annales de Gergonne*
XIV, pp. 390–391
1823–24



## *Addition à l'article inséré à la page 286 du présent volume ;*

### Par M. Ch. Sturm.

En démontrant, à la page 286 du présent volume, le théorème de géométrie élémentaire énoncé à la page 28 (*), j'ai négligé de faire remarquer qu'on pouvait facilement passer de là à la démonstration d'un théorème connu (**), sur lequel M. Durrande est revenu de nouveau à la page 54 de ce volume, et qu'il a heureusement étendu au triangle sphérique et au tétraèdre. Voici de quoi il s'agit :

On a vu, à l'endroit cité, qu'en représentant par $\alpha$, $\beta$, $\gamma$ les trois angles d'un triangle, par $r$ le rayon du cercle circonscrit, par $D$ la distance d'un point quelconque P au centre de ce cercle, et enfin par $k^2$ l'aire du triangle qui a ses sommets aux pieds des perpendiculaires abaissées de ce point P sur les directions des côtés du triangle proposé, on avait (pag. 289)

$$D^2=r^2-\frac{2k^2}{\text{Sin}\,\alpha\text{Sin}.\beta\text{Sin}.\gamma}\;.$$

(*) Ce théorème appartient à M. Sturm.

(**) Voyez *Annales*, tom. I, pag. 64 et 149 ; tom. III, pag. 346.

*J. D. G.*

Supposons que l'on prenne pour ce point P le centre du cercle inscrit à notre triangle ; alors les trois perpendiculaires $a$, $b$, $c$ seront égales entre elles et au rayon de ce cercle ; en représentant donc ce rayon par $r'$, les équations (1) et (2), pag. 287, deviendront

$$r'(\text{Sin}.\alpha+\text{Sin}.\beta+\text{Sin}.\gamma)=2r\text{Sin}.\alpha\text{Sin}.\beta\text{Sin}.\gamma\ ,$$

$$r'^2(\text{Sin}.\alpha+\text{Sin}.\beta+\text{Sin}.\gamma)=2k^2\ ;$$

d'où, en divisant membre à membre,

$$\frac{2k^2}{\text{Sin}.\alpha\text{Sin}.\beta\text{Sin}.\gamma}=2rr'\ ;$$

en substituant donc cette valeur dans celle de $D^2$, elle deviendra

$$D^2=r^2-2rr'=r(r-2r')\ ,$$

c'est-à-dire, *la distance entre les centres des cercles inscrit et circonscrit à un même triangle est moyenne proportionnelle entre le rayon du circonscrit et l'excès de ce rayon sur le diamètre de l'inscrit.* C'est le théorème auquel nous nous étions proposé de parvenir.

Paris, le 20 mars 1824.

*Annales de Gergonne*
XV, pp. 100–104
1824–25



## *Démonstration des quatre théorèmes sur l'hyperbole énoncés à la page 268 du précédent volume ;*

Par MM. CH. STURM, VECTEN et QUERRET.

THÉORÈME I. *Les sécantes menées de l'un quelconque des points d'une hyperbole à deux points fixes pris sur la courbe interceptent toujours, sur l'une ou sur l'autre asymptote, des longueurs cons–*

*tantes et égales à la longueur interceptée sur la même asymptote entre la sécante menée par les deux points fixes et la tangente à l'un d'eux.*

*Démonstration.* Soient M, M′ (fig. 14) deux points fixes pris sur la courbe, et Z un autre point arbitraire de la même courbe. Soient menées les sécantes ZM, ZM′ et MM′, rencontrant respectivement l'une des asymptotes en X, X′ et A et l'autre en Y, Y′ et B. Soit encore menée, par l'un quelconque M des deux points fixes, une tangente à la courbe, coupant la première asymptote en D et la seconde en E; tout se réduit à démontrer que XX′=DA, quel que soit le point Z.

Pour cela, menons, par les points M, M′ et Z, des parallèles à la première asymptote, rencontrant respectivement la seconde en H, H′ et U, et des parallèles à la seconde, rencontrant respectivement la première en G, G′ et T; et soit O le centre de la courbe.

Par une propriété très-connue de l'hyperbole, on aura ZY=MX, ZY′=M′X′, MB=M′A, MD=ME, d'où il suit que les triangles ZYU, ZY′U, MBH et MEH, déjà respectivement semblables aux triangles XMG, X′M′G′, AM′G′ et DMG leur seront, en outre, respectivement égaux; de sorte qu'on aura

$$OT=UZ=GX=G'X'\ , \qquad OG=HM=G'A=GD\ .$$

On aura, en conséquence,

$$XX'=OX'-OX=(OG'+G'X')-(OG+GX)=OG'-OG=GG'\ ,$$

$$DA=OA-OD=(OG'+G'A)-(OG+GD)=OG'-OG=GG'\ ;$$

donc, en effet, XX′=DA; et par conséquent XX′ est constant, quelle que soit la situation du point Z sur la courbe.

M. Vecten observe que ce théorème n'est, pour ainsi dire, qu'un renversement du problème résolu analitiquement par M. C. G., à la page 26 du précédent volume ; aussi, est-ce, en effet, en cherchant à résoudre ce même problème par des considérations purement géométriques que M. Sturm y est parvenu. M. Vecten remarque encore que M. Brianchon, dans son *Mémoire sur les lignes du second ordre* ( art. LXVII ), a fait voir comment, au moyen de la propriété de l'hexagone inscrit à une section conique, on pouvait démontrer la première partie du théorème ; mais il s'est contenté d'énoncer la seconde, qui en est en effet une conséquence nécessaire.

*THÉORÈME II. Toute corde d'une hyperbole divise en deux parties égales la portion de l'une ou de l'autre asymptote comprise entre les tangentes à ses deux extrémités.*

*Démonstration.* Ce théorème est une conséquence manifeste du précédent. Il en résulte, en effet, que la partie d'une asymptote comprise entre la corde et la tangente à l'une de ses extrémités doit être égale à la portion de la même asymptote comprise entre cette même corde et la tangente à son autre extrémité.

M. Vecten remarque que ce théorème fait le sujet de l'art. LXVIII de l'ouvrage déjà cité de M. Brianchon, où il l'énonce comme une conséquence de l'art. LXVII ; mais qu'il peut être aussi directement démontré par des considérations analogues à celles qui conduisent à la démonstration du premier, sans le faire dépendre de celui-ci.

*THÉORÈME III. Si, sur une corde d'une hyperbole, considérée comme diagonale, on construit un parallélogramme dont les côtés soient respectivement parallèles aux deux asymptotes de la courbe ; l'autre diagonale de ce parallélogramme, prolongée s'il est nécessaire, passera par le centre de cette courbe.*

*Démonstration.* Soit MM′ ( fig. 15 ) une corde d'une hyperbole sur laquelle, comme diagonale, soit construit le parallélogramme MN′M′N, dont les côtés opposés soient respectivement parallèles aux deux asymptotes de la courbe, dont nous supposons le centre en O. Soient G, G′ les points où les directions des côtés opposés MN,

N′M′ rencontrent l'asymptote qui ne leur est pas parallèle ; et soient H , H′ les points où les deux autres côtés N′M , M′N rencontrent l'autre asymptote. Par une propriété connue de l'hyperbole, on aura

$$MH\times MG=M'H'\times M'G' ,$$

ou bien

$$OG\times N'G'=OG'\times NG ,$$

ou encore

$$\frac{N'G'}{NG}=\frac{OG'}{OG} ,$$

ce qui prouve que les trois point N , N′ , O sont en ligne droite.

M. Sturm , à qui on doit aussi ce théorème, observe qu'on en peut déduire la solution du problème où *étant donnés trois points d'une hyperbole et des parallèles à ses deux asymptotes, on demande de construire le centre de la courbe , et par suite ces asymptotes elles-mêmes ?*

Ayant, en effet, trois points de la courbe et des parallèles aux deux asymptotes , on a, par là même, deux cordes sur lesquelles , comme diagonales, on peut construire des parallélogrammes de la nature de celui dont il vient d'être question ci-dessus ; et , comme les secondes diagonales de ces parallélogrammes doivent ( *Théorème III* ) passer par le centre de la courbe , ce centre se trouvera déterminé par leur intersection.

Les deux cordes qui joignent un des points donnés sur la courbe aux deux autres peuvent être choisies de trois manières différentes; mais , comme le problème est évidemment déterminé , quel que soit le choix qu'on en fera, on trouvera toujours le même centre. C'est cette considération qui a conduit M. Sturm au quatrième théorème qui se trouve ainsi suffisamment démontré par ce qui précède , et qu'il nous suffira conséquemment d'énoncer.

*THÉORÈME IV. Si , sur les trois côtés d'un triangle , pris tour à tour comme diagonales , on construit des parallélogrammes , dont les côtés soient parallèles à deux droites données, les trois autres diagonales de ces parallélogrammes concourront en un même point, lequel sera le centre d'une hyperbole qui, étant circonscrite au triangle, aurait ses asymptotes parallèles aux deux droites données.*

Ce théorème appartient, au surplus, à la géométrie élémentaire, et peut être facilement démontré, sans rien emprunter à la géométrie des courbes, comme l'ont fait voir MM. Querret et Vecten.

*Annales de Gergonne*
XV, pp. 205–218
1824–25



# OPTIQUE.

## *Recherches sur les caustiques ;*

Par M. Ch. Sturm.

Soit, dans un milieu homogène, un point lumineux A, d'où émanent, en tous sens, des rayons qui se réfractent, en passant de ce milieu dans un autre milieu également homogène, séparé du premier par une surface plane ou sphérique. Nous nous proposons ici de déterminer la nature de la surface caustique formée par la rencontre consécutive des rayons réfractés.

Supposons d'abord (fig. 1 et 2) que la surface de séparation soit un plan. Abaissons du point A sur ce plan une perpendiculaire AC, que nous prolongerons d'une quantité CB=AC, et par laquelle nous conduirons, à volonté, un plan ACD qui coupera le proposé suivant une droite CD, perpendiculaire à CA. Il est clair que tous les rayons émanés du point A qui tomberont dans ce plan ACD n'en sortiront pas en passant dans le second milieu. Ainsi nous n'avons à considérer que ce qui se passe dans le plan ACD, qui est celui de la figure.

Soient donc AI un rayon incident quelconque, I son point d'incidence, sur la droite CD et IK la direction qu'il prend en se réfractant. Soit IL le prolongement de cette direction IK du côté du point A ; élevons IF perpendiculaire à CD ; les sinus des angles AIF et LIF d'incidence et de réfraction seront entre eux, d'après une loi connue, dans un rapport constant que nous nommerons $\frac{a}{c}$.

Faisons passer par les trois points A, B, I une circonférence de cercle. Cette circonférence touchera IF en I, et coupera de nouveau la droite IL en un point M. Il est aisé de voir que les sinus des angles AIF, MIF que la tangente IF au cercle AIB fait avec les cordes IA, IM sont entre eux comme ces cordes. Donc le rapport de celles-ci est donné et égal à $\frac{a}{c}$ ; et suivant que $a$ sera plus grand ou plus petit que $c$, les points I et M seront ou ne seront pas situés tous deux du même côté de AB. Ces deux cas doivent être examinés séparément.

*Premier cas* (fig. 1). $a>c$, d'où IA>IM.

L'angle AMB étant alors égal à l'angle AIB, prenons sur MB une portion MG égale à MA et joignons AG, les deux triangles isocèles AIB, AMG seront semblables ; donc l'angle MAG sera égal à l'angle IAB, et par conséquent l'angle BAG égal à l'angle IAM ; mais on a aussi l'angle ABG égal à l'angle IAM ; donc les deux triangles BAG et AMI sont semblables, et donnent conséquemment cette proportion

$$\frac{\text{BA}}{\text{BG}}=\frac{\text{IA}}{\text{IM}}, \quad \text{ou} \quad \frac{\text{BA}}{\text{BG}}=\frac{a}{c};$$

donc BG est constant et donné de grandeur ; et comme

$$\text{BG}=\text{MB}-\text{MG}=\text{MB}-\text{MA},$$

on voit que la différence MB—MA est constante, et que par conséquent le point M est à une branche d'hyperbole dont les foyers sont A et B et dont l'axe transverse est égal à BG.

De plus MI est la normale à cette courbe au point M, puisqu'elle fait, avec les deux rayons vecteurs MA, MB, des angles

AMI, BMI, supplémens de l'autre, comme sous-tendus dans le cercle AMB par des cordes égales BI, AI. Tous les rayons réfractés IK sont donc normaux à la branche d'hyperbole dont il s'agit.

Ainsi, *lorsque l'angle de réfraction est moindre que l'angle d'incidence, la caustique formée par les rayons réfractés est la développée d'une branche d'hyperbole dont le foyer est le point de départ des rayons incidens, dont le centre est la projection du même point sur la droite séparatrice des deux milieux, et dont l'excentricité est à l'axe transverse dans le rapport donné du sinus d'incidence au sinus de réfraction.*

*Deuxième cas* (fig. 2). $a<c$, d'où IA<IM.

L'angle AMB étant alors supplément de AIB, prolongeons BM d'une quantité MG=MA et joignons AG ; les triangles isocèles AIB, AMG étant semblables, l'angle MAG sera égal à IAB, et par conséquent l'angle BAG égal à l'angle IAM ; mais l'angle ABG est égal à l'angle AIM ; donc les deux triangles BAG, IAM sont semblables et donnent conséquemment

$$\frac{BA}{BG}=\frac{IA}{IM}, \quad \text{ou} \quad \frac{BA}{BG}=\frac{a}{c};$$

donc BG est donné de grandeur ; et comme

$$BG=MG+MB=MA+MB,$$

on voit que le point M appartient à une ellipse dont A et B sont les foyers et dont le grand axe est égal à BG.

De plus MI est la normale à cette courbe, puisqu'elle fait, avec les rayons vecteurs MA, MB, des angles IMA, IMB égaux entre eux, comme sous-tendant des cordes égales IA, IB du cercle AMB. Tous les rayons réfractés IK sont donc normaux à l'ellipse dont il s'agit.

Ainsi, *lorsque l'angle de réfraction est plus grand que l'angle d'incidence, la caustique formée par les rayons réfractés est la développée d'une demi-ellipse, dont le foyer est le point de départ des rayons incidens, dont le centre est la projection du même point sur la droite séparatrice des deux milieux, et dont l'excentricité est au demi-grand axe dans le rapport donné du sinus d'incidence au sinus de réfraction.* Il faut remarquer qu'ici l'angle d'incidence ne saurait croître au-delà d'une certaine limite déterminée par la formule $\text{Sin.AIF} = \frac{a}{c}$.

Comme les résultats que nous venons d'exposer sont déjà connus et ont été démontrés par l'analise (*), nous ne nous y arrêterons pas davantage. Passons donc à d'autres recherches.

Supposons (fig. 3, 4, 5) que la surface séparatrice des deux milieux soit une surface sphérique. Tirons de son centre C au point lumineux A une droite indéfinie CA, par laquelle nous ferons passer un plan CAD, qui coupera cette surface suivant un cercle dD$\delta$, représenté dans la figure. Il est clair que tous les rayons émanés du point A dans ce plan CAD n'en sortiront pas en pénétrant du premier milieu dans le second.

Soient donc AI un rayon incident quelconque, I son point d'incidence sur le cercle dD$\delta$ et IK la direction qu'il prend en se réfractant. Soit IL le prolongement de IK dans la direction opposée, et tirons le rayon ou la normale CI. Les sinus des angles AIC, LIC d'incidence et de réfraction sont toujours entre eux dans un rapport donné. Il faut remarquer, en outre, que ces angles doivent toujours être de même espèce, c'est-à-dire, tous deux aigus ou tous deux obtus.

Prenons, sur la direction de la droite CA, un point B tel que

(*) Voyez le mémoire inséré à la page 229 du XI.<sup>e</sup> volume du présent recueil.

*J. D. G.*

le produit de CA par CB soit égal au quarré du rayon CI ou Cd. Les triangles CAI, CIB seront semblables et donneront $\frac{IA}{IB}=\frac{CA}{CI}$; le rapport $\frac{IA}{IB}$ sera donc constant. Posons

$$\frac{IA}{IB}=\frac{a}{b}\,.$$

Le triangle CAI donne encore

$$\frac{Sin.CIA}{Sin.CAI}=\frac{CA}{CI}=\frac{a}{b}\;;$$

et comme les angles CAI, CIB sont égaux, on a

$$\frac{Sin.CIA}{Sin.CIB}=\frac{CA}{CI}=\frac{a}{b}\,.$$

Si le point A est tellement placé, à l'égard de la surface séparatrice, que le rapport de CA au rayon CI soit égal au rapport donné du sinus d'incidence au sinus de réfraction, la formule ci-dessus fait voir que, l'angle d'incidence étant CIA, l'angle de réfraction sera CIB, pourvu toutefois que ces deux angles soient de même espèce. Cette condition n'est remplie qu'autant que le point I tombe sur l'arc $\delta$D, déterminé sur le cercle dD$\delta$ par la perpendiculaire AD à CA (fig. 3) ou par la tangente AD à ce cercle (fig. 4, 5), suivant que A lui est intérieur ou extérieur. Ce cas particulier, dans lequel la courbure sphérique fait converger en un seul et même point les directions des rayons réfractés, a été signalé par M. le professeur de La Rive fils, dans son mémoire sur les Caustiques, imprimé récemment à Genève (*).

(*) Nous aurions déjà annoncé cet intéressant mémoire que nous n'avons reçu au surplus que depuis peu, si nous n'avions voulu faire connaître

Pour rentrer dans la généralité de la question, faisons passer une circonférence par les trois points A, B, I; cette circonférence coupera la droite IL en un second point M; et, à cause de la relation $CA.CB=\overline{CI}^2$, CI lui sera tangente en I. Cela étant, les sinus des angles CIA, CIM, formés par cette tangente CI avec les cordes IA, IM seront entre eux comme ces cordes. Soit $\frac{a}{c}$ le rapport donné de ces sinus; on aura ainsi $\frac{IA}{IM}=\frac{a}{c}$, de sorte que les trois droites IA, IB, IM seront constamment proportionnelles aux trois constantes $a$, $b$, $c$.

La circonférence qui passe par les trois points A, B, I, est divisée par ces points en trois arcs sur chacun desquels le point M peut également se trouver. Voilà donc trois cas distincts qu'il faut discuter séparément.

*Premier cas* (fig. 3). Le point M tombe sur l'arc AB.

Les angles AIB, AMB étant alors supplémens l'un de l'autre; prolongeons BM d'une longueur MG qui soit à MA dans le rapport donné de $b$ à $a$ ou de IB à IA, et soit menée AG. Les triangles AIB, AMG ayant un angle égal en M et I, compris entre deux côtés proportionnels, seront semblables; d'où il suit que l'angle MAG sera égal à l'angle IAB, et par conséquent l'angle BAG égal à l'angle IAM. Les triangles BAG, IAM ayant en outre les angles ABG, AIM égaux sont donc semblables et donnent

$$\frac{BA}{BG}=\frac{IA}{IM}, \quad \text{ou} \quad \frac{BA}{BG}=\frac{a}{c};$$

donc BG est constante et donnée de grandeur. Or, on a

---

en même temps quelques résultats sur le même sujet que nous avons obtenus depuis long-temps, mais que le défaut de loisir nous a empêché jusqu'ici de mettre en ordre.

*J. D. G.*

$$BG=MB+MG\ , \qquad MG=\frac{b}{a}MA\ ;$$

ainsi

$$MB+\frac{b}{a}MA=BG\ , \qquad \text{ou} \qquad a.MB+b.MA=c.AB\ . \qquad (1)$$

Le lieu géométrique du point M est donc une courbe dans laquelle la somme des produits des rayons vecteurs, rapportés aux points A et B par deux constantes, est elle-même une quantité constante.

*Deuxième cas* (fig. 4). Le point M se trouve sur l'arc AI.

Les angles AIB, AMB étant alors égaux entre eux, soit prise sur MB, prolongée, s'il est nécessaire, au-delà du point B, une longueur MG qui soit à MA dans le rapport donné de $b$ à $a$, et soit menée AG. Les triangles AMG, AIB ayant un angle égal en M et I, compris entre deux côtés proportionnels, seront semblables ; d'où il suit que l'angle MAG sera égal à l'angle IAB, et conséquemment plus petit que MAB ; de sorte que G doit réellement tomber entre M et B. Ensuite l'angle BAG sera égal à l'angle IAM ; et, comme les angles ABG, AIM sont aussi égaux, on voit que les triangles BAG, IAM sont aussi semblables, et donnent conséquemment

$$\frac{BA}{BG}=\frac{IA}{IM}\ , \qquad \text{ou} \qquad \frac{BA}{BG}=\frac{a}{c}\ ;$$

donc BG est constant et donné de grandeur. Or, on a

$$BG=MB-MG\ , \quad MG=\frac{b}{a}MA\ ,$$

ainsi

$$MB-\frac{b}{a}MA=BG\ , \quad \text{ou} \quad a.MB-b.MA=c.AB\ . \qquad (2)$$

Le lieu géométrique du point M est donc une courbe dans laquelle la différence des produits des rayons vecteurs, rapportés aux points A et B, par deux constantes est elle-même une quantité constante.

*Troisième cas* (fig. 5). Le point M tombe sur l'arc BI.

Soit prise sur BM, prolongée, s'il est nécessaire, au-delà de B une longueur $MG=\frac{b}{a}MA$, et soit menée. Par là les triangles AMG et AIB seront semblables, l'angle MAG égal à l'angle IAB, et plus grand que l'angle MAB; de sorte que G doit réellement tomber sur le prolongement de MB. Ensuite, l'angle BAG sera égal à l'angle IAM; mais d'ailleurs les angles ABG, AIM sont égaux, comme ayant le même supplément ABM; donc les triangles BAG, IAM sont semblables et donnent

$$\frac{BA}{BG}=\frac{IA}{IM}, \qquad \text{ou} \qquad \frac{BA}{BG}=\frac{a}{c};$$

donc BG est constant et donné de grandeur. Or, on a

$$BG=MG-MB, \quad MG=\frac{b}{a}MA;$$

ainsi

$$\frac{b}{a}MA-MB=BG, \quad \text{ou} \quad b.MA-a.MB=c.AB. \tag{3}$$

Le lieu géométrique du point M est donc encore ici une courbe dans laquelle la différence des produits des rayons vecteurs, rapportés aux points A et B, par deux constantes est elle-même une quantité constante; mais ici la différence est inverse de celle du cas précédent.

En résumé, nous voyons que le lieu géométrique du point M est une courbe telle que la somme ou la différence des produits des distances de ses points aux deux points fixes A et B par deux coefficiens déterminés est constante et donnée de grandeur. Il sera donc toujours facile de construire cette courbe, d'après l'équation qui lui correspondra ; on trouvera que c'est une courbe du genre de l'ellipse ou de l'hyperbole, différant d'autant moins de l'une ou de l'autre de celles-ci que le rayon du cercle dont le centre est C sera plus grand par rapport à la distance du point A à sa circonférence, et qu'en même temps les deux coefficiens seront moins inégaux.

Nous allons faire voir présentement que la normale au point M de la courbe dont il s'agit coïncide avec le rayon réfracté MI. Soit en effet MN cette normale (fig. 3), la courbe répondant alors à l'équation (1). Comme on peut toujours, d'un point pris à volonté sur le plan d'une courbe, lui mener une ou plusieurs normales, supposons que la normale MN à la courbe proposée soit celle qui passe par un point fixe P, pris sur son plan. D'après les théories connues, sa portion PM sera un *minimum* ou un *maximum*, entre toutes les droites que l'on peut mener du point P à la même courbe. Donc, en vertu de l'équation (1), la somme

$$p.\text{PM}+a.\text{MB}+b.\text{MA}\ ,$$

dans laquelle $p$ est un coefficient constant arbitraire, sera aussi un *minimum* ou un *maximum*. De là résulte, suivant un théorème général que nous avons démontré ailleurs (*), que, si l'on applique au point M trois forces dirigées suivant les droites PM, BM, AM et proportionnelles aux quantités $p$, $a$, $b$, respectivement, leur résultante sera dirigée suivant la normale MN. Or, l'une d'elles ayant déjà cette direction, les deux autres qui agissent suivant BM et AM devront aussi avoir leur résultante dirigée suivant MN,

(*) Voyez tom. XIV, pag. 115.

avec laquelle elles feront des angles BMN, AMN, dont les sinus devront être conséquemment en raison inverse de leurs intensités, c'est-à-dire, dans le rapport de $b$ à $a$. Mais MI fait avec MB et MA des angles dont les sinus sont entre eux comme les cordes IB, IA qui les sous-tendent, dans le cercle AMB, c'est-à-dire, dans le rapport de $b$ à $a$; donc la normale MN coïncide avec MI. On démontrerait la même chose pour le cas des équations (2) et (3), (fig. 4 et 5) (*).

Cette propriété fait voir que la courbe à laquelle sont tangens les rayons réfractés IK ou IM, est la développée de l'une des courbes (1), (2), (3); or, cette courbe n'est autre chose que la caustique formée par ces rayons réfractés, d'où il faut conclure que *la caustique que forment les rayons lumineux qui émanent d'un point, après s'être réfractés à la rencontre d'une circonférence dans le plan de laquelle ce point se trouve situé, est la développée d'une courbe dont la propriété caractéristique est que la somme ou la différence des produits des distances de ses points au point lumineux et à son conjugué par rapport au cercle, par deux coefficiens constans est une quantité constante.* Les courbes de ce genre ayant quelque ressemblance soit avec l'ellipse, soit avec l'hyperbole, on doit en conclure que les caustiques dont il s'agit ici ne doivent pas

---

(*) Si l'on voulait faire usage du calcul différentiel, on aurait, en nommant $r$, $r'$ les droites MA, MB, et $ds$ l'élément de la courbe

$$br \pm ar' = Const. \quad \text{d'où} \quad b\frac{dr}{ds} \pm a\frac{dr'}{ds} = 0;$$

or, $\frac{dr}{ds}$ et $\frac{dr'}{ds}$ sont les sinus des angles que fait la normale avec les rayons vecteurs $r$ et $r'$; donc, etc.

différer extrêmement des développées de ces deux courbes (*).

La proposition que nous venons d'établir doit maintenant être appliquée aux différentes circonstances que peut présenter la questiou.

---

(*) Ce qui précède nous conduit à une construction assez simple des courbes (1), (2), (3).

Soit prise (fig. 6) sur la direction de IA une longueur IM'=IM, et soit M'C', parallèle à CI, qui coupe en C' la direction de CA. On a d'abord

$$\frac{\mathrm{IA}}{\mathrm{IM'}}=\frac{a}{c}, \quad \text{d'où} \quad \frac{\mathrm{IA}}{\mathrm{M'A}}=\frac{a}{c-a}.$$

les triangles CIA, C'M'A donnent ensuite

$$\frac{\mathrm{CA}}{\mathrm{C'A}}=\frac{\mathrm{CI}}{\mathrm{C'M'}}=\frac{\mathrm{IA}}{\mathrm{M'A}}=\frac{a}{c-a};$$

donc le point C' est donné de position et la distance C'M' donnée de grandeur ; de sorte que le point M' appartient à une circonférence de cercle dont on connaît le centre C' et le rayon.

Ainsi, décrivons un cercle dont le centre C' et le rayon C'M' soient déterminés par les proportions

$$\frac{\mathrm{CA}}{\mathrm{CC'}}=\frac{a}{c} \quad \text{et} \quad \frac{\mathrm{CI}}{\mathrm{C'M'}}=\frac{\mathrm{CA}}{\mathrm{C'A}}=\frac{a}{c-a};$$

le point A sera un centre de similitude des cercles dont C et C' sont les centres. Soient menées par ce point A des droites IM' qui coupent ces deux cercles en des points corrélatifs I et M', de sorte que les rayons CI, C'M' soient parallèles entre eux ; puis, faisant passer par les points A et B une suite de cercles AIB, prenons sur chacun d'eux une corde IM égale à IM', tellement que l'angle CIM soit de même espèce que CIA ; nous obtiendrons, par cette construction, tous les points M de la courbe demandée, et toutes ses normales MI.

Une construction analogue, indiquée (fig. 2), a lieu relativement à l'ellipse et à l'hyperbole dont il a été question (fig. 1 et 2).

Tout étant supposé comme ci-dessus ( fig. 3 ) , soit d'abord supposé le point A dans l'intérieur du cercle réfringent , ce qui donne $a<b$. Elevons la perpendiculaire AD à l'axe CA. L'angle CDB étant égal à l'angle CAD , BD sera tangente au cercle dD$\delta$ , et l'angle CDA=CBD , sera la plus grande valeur que puisse prendre l'angle d'incidence CIA, qui est toujours égal à CBI. Concevons décrit le cercle AIB , pour chaque point I d'incidence ; il faudra supposer successivement que le point I tombe sur l'arc dD , puis sur l'arc $\delta$D , en se rappelant que l'angle CIM ne peut devenir obtus.

Si l'on a $c<a$, il s'ensuit IM<IA, le point M tombe toujours sur l'arc AI, quel que soit I ; la caustique formée par les rayons réfractés est alors la développée de la courbe (2).

Si l'on a $c>a$ et $<b$ , IM est compris entre IA et IB , le point M tombe sur l'arc AB, quel que soit I ; la caustique répond alors à la courbe (1).

Soit enfin $c>a$ et $>b$, d'où IM>IA et >IB. Si le point d'incidence tombe sur l'arc dD , on voit que la caustique est la développée de la courbe (1) ; et , s'il tombe sur $\delta$D , elle devient celle de la courbe (3). L'angle d'incidence a ici une limite au-dessous de CDA , qu'on obtient en faisant Sin.CIM=1 , dans la formule $\frac{\textit{Sin.}\,\text{CIA}}{\textit{Sin.}\,\text{CIM}}=\frac{a}{c}$, d'où $\textit{Sin.}\,\text{CIA}=\frac{a}{c}<\frac{a}{b}$ ou $<\text{Sin.CDA}$.

Examinons maintenant ce qui a lieu ( fig. 4 et 5 ) , quand le point A est extérieur au cercle, d'où résulte $a>b$. Soit alors AD tangente au cercle dD$\delta$ ; il est clair que les rayons qui partent du point A ne pourront pas tomber , à la fois , sur les deux arcs dD et $\delta$D ; ils tomberont seulement sur l'un ou sur l'autre. D'après cela , si l'on suppose décrit le cercle AIB pour chaque point I , en se rappelant que les angles CIA , CIM sont toujours de même espèce , et que le premier est obtus ou aigu , suivant que I tombe sur dD ou sur $\delta$D, on parviendra aux résultats suivans.

Les rayons incidens tombant sur l'arc dD , si l'on a $c<a$ , la

caustique est la développée de la courbe (2) ; mais, si l'on a $c>a$, elle répondra à la courbe (1) ; les rayons incidens susceptibles de réfraction n'atteindront pas AD, et leur limite sera donnée par la formule $Sin.CIA=\frac{a}{c}$.

Les rayons incidens tombant sur l'arc δD, si l'on a $c<a$, la caustique se rapporte à la courbe (1) ou à la courbe (3), suivant qu'on a $c>$ ou $<b$. Mais $c>a$ se rapporte à la courbe (2). Dans ce dernier cas, l'angle d'incidence CIA a une limite au-dessous de l'angle droit CDA, donnée par la formule $Sin.CIA=\frac{a}{c}$.

Outre les suppositions que nous venons de parcourir, il reste celle de $c=b$. Nous avons vu qu'alors, tant que les rayons incidens tombent sur l'arc δD, la caustique se réduit à un point unique B ; mais, à l'égard de ceux qui tombent sur l'autre arc dD, la caustique devient la développée de la courbe (1) ou de la courbe (2), suivant que le point A est intérieur ou extérieur au cercle dDδ.

Pour compléter ces recherches, nous allons encore considérer la surface sphérique comme surface réfléchissante, ou, ce qui revient au même, le cercle comme courbe réfléchissante, et nous ferons connaître la nature de la caustique que forment alors les rayons réfléchis.

En admettant les mêmes notations et constructions que ci-dessus, on parvient aisément alors aux conclusions que voici :

Si la distance du point A au centre du miroir est plus petite que son rayon, la caustique formée par les rayons réfléchis est la développée de la courbe définie par l'équation $\frac{b}{a}$MA—MB=AB.

Si la distance du point A au centre du miroir est plus grande que son rayon, la caustique est la développée de la courbe

$MB+\frac{b}{a}MA=AB$ ou de la courbe $MB-\frac{b}{a}=AB$, suivant que le miroir est convexe ou concave à l'égard du point A.

Il convient de rappeler ici une autre propriété optique dont jouissent en commun les courbes désignées par (2) et (3) dans ce qui précède, et qui se trouve énoncée dans les *Œuvres de Descartes*; propriété qui découle de celle que nous avons exposée relativement aux normales de ces courbes. En voici l'énoncé. Soient A et B deux points donnés de position, et soit $\frac{b}{a}$ un rapport donné; soit construite une courbe telle que, pour chacun de ses points M, la quantité $b$.MA—$a$.MB soit égale à une constante arbitraire qu'on peut prendre positive, négative ou nulle. Si des rayons lumineux, partant du point A, se réfractent à la rencontre de cette courbe, de telle sorte que les sinus des angles d'incidence et de réfraction soient entre eux dans le rapport donné de $a$ à $b$, les directions des rayons réfractés convergeront vers le point fixe B (*).

---

(*) Nous avons déjà insinué ailleurs ( tom. V, pag. 289 ) qu'il se pourrait bien que la plupart des caustiques, d'ordinaire d'une figure si compliquée, ne fussent que des développées de courbes beaucoup plus simples. Cette pensée semble avoir présidé au beau travail qu'on vient de lire; et c'est sans doute ce qui a conduit son estimable auteur aux élégans résultats auxquels il est parvenu, et qui jettent tant de jour sur un des plus épineux sujets que puisse offrir l'analise appliquée.

*J. D. G.*

*Annales de Gergonne*
XV, pp. 250–256
1824–25



# GÉOMÉTRIE ÉLÉMENTAIRE.

## *Théorèmes sur les polygones réguliers ;*

Par M. CH. STURM.

IL a paru, à la page 45 du présent volume, une démonstration d'un théorème de géométrie dont M. le professeur Lhuilier avait donné l'énoncé dans la *Bibliothèque universelle*. Cette démonstration nous ayant paru moins simple que le sujet ne semblait le comporter, nous nous sommes occupés à en chercher une autre ; et le tour de raisonnement que nous y avons employé nous a heureusement conduit à quelques autres théorèmes assez curieux. M. Lhuilier n'ayant point encore publié sa démonstration, nous pensons que nos recherches sur ce sujet seront accueillies avec quelque bienveillance.

Nous allons d'abord chercher quel est le lieu des points du plan d'un polygone régulier quelconque, desquels abaissant des perpendiculaires sur les directions de ses côtés, la somme des puissances semblables quelconques de ces perpendiculaires est une grandeur constante donnée.

Soient $m$ le nombre des côtés du polygone régulier dont il s'agit, O son centre, et P l'un des points desquels abaissant des perpendiculaires sur les directions de ses côtés, la somme des $n.^{me}$ puissances de ces perpendiculaires soit une grandeur constante donnée.

Du point O comme centre, et avec sa distance au point P pour rayon, soit décrit une circonférence (C). Du même point O soient menées des droites à tous les sommets ; ces droites diviseront la circonférence (C) en $m$ parties égales. Or, excepté le cas où le point P se trouverait le milieu de l'une des divisions, ce point sera plus près de l'un des points de division que de tous les autres. Soit pris, de l'autre côté de ce point de division, un second point Q qui en soit à la même distance que le point P, de sorte que le point de division dont il s'agit soit le milieu de l'arc PQ. Soient enfin déterminés, pour chacun des autres points de division de la circonférence (C), des points P′ et Q′, P″ et Q″, P‴ et Q‴,...... qui soient situés par rapport à eux de la même manière que le sont les points P et Q par rapport au premier. Il est manifeste que la circonférence (C) sera aussi divisée en $m$ parties égales, soit par les points P, P′, P″,..... soit par les points Q, Q′, Q″,..... Il n'est pas moins évident que les points de ces deux séries seront tous des points semblablement situés par rapport au polygone dont il s'agit ; d'où il suit que les perpendiculaires abaissées de l'un quelconque d'entre eux, autre que le point P, sur les directions des côtés de ce polygone seront, une à une, égales aux perpendiculaires abaissées de ce point P sur ces mêmes côtés. Il arrivera seulement que les perpendiculaires égales, dans les deux séries, correspondront à des côtés différens.

Concluons de là que la somme des $n$.mes puissances des perpendiculaires abaissées de l'un quelconque des $2m$ points P, P′, P″,...., Q, Q′, Q″,....., autre que le point P, sur les directions des côtés du polygone est égale à la somme des $n$.mes puissances des perpendiculaires abaissées de ce point P sur ces mêmes directions, et qu'ainsi ces $2m$ points doivent tous appartenir à la courbe cherchée, qui doit conséquemment couper en $2m$ points au moins la circonférence (C), si toutefois elle ne se confond pas avec elle.

Or, un cercle, qui est une ligne du second ordre, ne saurait être coupé en $2m$ points au moins que par une ligne qui soit au moins du $m^{me}$ ordre ; donc toutes les fois que le lieu cherché sera d'un ordre inférieur au $m.^{me}$ , il devra nécessairement se confondre avec la circonférence (C).

Mais , d'un autre côté , il est connu que la longueur de la perpendiculaire abaissée d'un point sur une droite est une fonction linéaire des coordonnées de ce point ; d'où il résulte que le lieu des points P du plan d'un polygone régulier desquels abaissant des perpendiculaires sur les directions des côtés de ce polygone, la somme des $n.^{mes}$ puissances des longueurs de ces perpendiculaires est une quantité donnée , ne saurait être qu'une ligne du $n.^{me}$ ordre au plus ; donc, toutes les fois qu'on aura $n<m$, ce lieu devra se confondre avec la circonférence (C). On a donc ce théorème assez remarquable :

*THÉORÈME. Le lieu géométrique des points du plan d'un polygone régulier , desquels abaissant des perpendiculaires sur les directions de ses côtés , la somme des puissances semblables d'un degré donné quelconque des longueurs de ces perpendiculaires est une grandeur constante donnée , est nécessairement une circonférence concentrique au polygone dont il s'agit ; toutes les fois du moins que l'exposant de la puissance est inférieur au nombre des côtés de ce polygone.*

Or , il est connu que toute fonction symétrique entière et rationnelle de plusieurs quantités est exprimable en sommes de puissances semblables de ces mêmes quantités , dont le degré n'excède jamais le nombre des dimensions de la fonction dont il s'agit ; on peut donc à ce théorème substituer le suivant, beaucoup plus général.

*THÉORÈME. Le lieu géométrique des points du plan d'un polygone régulier , desquels abaissant des perpendiculaires sur les directions de ses côtés , une fonction symétrique rationnelle et entière de forme quelconque des longueurs de ces perpendiculaires est une quantité constante , est une circonférence concentrique au polygone dont il s'agit ; toutes les fois du moins que le nombre des dimensions de la fonction est inférieur au nombre des côtés de ce polygone.*

Ainsi, en particulier, le théorème sera vrai pour les sommes de produits deux à deux, trois à trois, ...... $m-1$ à $m-1$ de ces perpendiculaires.

D'après l'idée qu'on se forme communément de la loi de continuité, on serait tenté de croire que notre premier théorème doit subsister encore pour les sommes de puissances des longueurs des perpendiculaires d'un degré égal ou supérieur à $m$. Il paraîtrait étrange et vraiment paradoxal, en effet, que, par exemple, le lieu géométrique des points du plan d'un polygone régulier de 100 côtés desquels abaissant des perpendiculaires sur les directions de ces côtés, la somme des 99.mes puissances ou des puissances semblables de degrés inférieurs serait constante, dût être un cercle, et que ce lieu dût devenir tout-à-coup une ligne du 100.me ordre, ou peut-être même d'un ordre plus élevé, dès qu'il s'agirait seulement de la somme des 100mes puissances de ces mêmes longueurs.

Pour démontrer généralement qu'alors le lieu demandé cesse d'être un cercle, il faudrait probablement s'engager dans de longs et difficiles calculs; mais nous pouvons du moins prouver, par un exemple particulier des plus simples, que du moins la loi de continuité n'est point observée dans tous les cas. En effet, dans ses *Élémens d'analise géométrique* (pag. 139), M. Lhuilier a prouvé que le lieu des points du plan d'un polygone régulier tels que la somme des cubes de leurs distances aux côtés du polygone est constante, est une circonférence concentrique à ce polygone, tant que le nombre de ses côtés surpasse trois; mais que, dans le cas du triangle équilatéral, ce lieu cesse d'être une circonférence, pour devenir une ligne du troisième ordre. Il résulte d'ailleurs, de ce qui vient d'être démontré ci-dessus, que, pour le triangle équilatéral, comme pour les autres polygones réguliers, ce lieu redevient une circonférence dès qu'il ne s'agit plus que des sommes de perpendiculaires ou de la somme de leurs quarrés.

Venons présentement au théorème de M. Lhuilier, que nous avons rappelé au commencement de cet article, et cherchons quel est le lieu des points du plan d'un polygone régulier donné quelconque, desquels abaissant des perpendiculaires sur les directions de *ses côtés, le polygone non régulier inscrit qui aura ses sommets* aux pieds de ces perpendiculaires, ait une aire constante donnée.

Exécutons exactement les mêmes constructions que ci-dessus et nous obtiendrons comme alors $2m$ points P, P′, P″,..... Q, Q′, Q″,..... distribués sur la circonférence (C), de telle sorte que le polygone non régulier inscrit qui aura ses sommets aux pieds des perpendiculaires abaissées de l'un quelconque, autre que P, sur les directions des côtés du polygone primitif, sera identiquement égal au polygone irrégulier inscrit qui aura ses sommets aux pieds des perpendiculaires abaissées du point P sur ces mêmes directions; d'où l'on conclura, comme ci-dessus, que le lieu cherché doit couper la circonférence (C) aux $2m$ points P, P′, P″,.....Q, Q′, Q″,......, si toutefois il ne se confond pas avec elle.

Mais, d'un autre côté, il *résulte*, des *considérations très-simples* exposées à la page 293 du précédent volume, que le lieu cherché ne saurait être qu'une ligne du second ordre qui, si elle ne se confond pas avec la circonférence (C), ne saurait la couper en plus de quatre points; donc ce lieu est cette circonférence elle-même; de sorte qu'on a ce théorème, qui est précisément celui de M. Lhuilier:

*THÉORÈME. Étant donné, sur un plan, un polygone régulier d'un nombre quelconque de côtés; une circonférence concentrique à ce polygone est le lieu géométrique des points de chacun desquels abaissant des perpendiculaires sur ses côtés, l'aire du polygone qui a pour sommets les pieds de ces perpendiculaires est d'une grandeur donnée.*

Désignons présentement par $a$, $b$, $c$,...... $g$, $h$ les perpendiculaires abaissées du point quelconque P de la circonférence (C) sur les directions des côtés du polygone régulier dont il s'agit; ces perpendiculaires diviseront le polygone irrégulier inscrit en une suite de triangles dont les aires seront respectivement, en représentant par $\varepsilon$ l'angle intérieur du polygone régulier,

$$\tfrac{1}{2}ab\mathrm{Sin}.\varepsilon\,,\quad \tfrac{1}{2}bc\mathrm{Sin}.\varepsilon\,,\ldots\ldots\ldots,\tfrac{1}{2}gh\mathrm{Sin}.\varepsilon\,,\quad \tfrac{1}{2}ha\mathrm{Sin}.\varepsilon\ ;$$

la somme des aires de ces triangles, c'est-à-dire, l'aire du polygone irrégulier inscrit, aura donc pour expression

$$\tfrac{1}{2}(ab+bc+\ldots\ldots\ldots+gh+ha)\mathrm{Sin}.\varepsilon\ .$$

Or, d'après ce qui vient d'être démontré ci-dessus, cette aire est constante, quelle que soit la situation du point P sur la circonférence (C) ; puis donc que Sin.$\varepsilon$ est constant, il s'ensuit que la somme de produits

$$ab+bc+\ldots\ldots\ldots\ldots+gh+ha\ ,$$

est aussi une quantité constante, quelle que soit la situation du point P sur la circonférence (C).

Or, les quarrés des côtés consécutifs du polygone irrégulier inscrit ont respectivement pour expression

$$a^2+b^2+2ab\mathrm{Cos}.\varepsilon\ ,$$

$$b^2+c^2+2bc\mathrm{Cos}.\varepsilon\ ,$$

$$\ldots\ldots\ldots\ldots,$$

$$g^2+h^2+2gh\mathrm{Cos}.\varepsilon\ ,$$

$$h^2+a^2+2ha\mathrm{Cos}.\varepsilon\ ;$$

donc la somme des quarrés de ces mêmes côtés a pour expression

$$2(a^2+b^2+c^2+\ldots+g^2+h^2)+2(ab+bc+\ldots+gh+ha)\mathrm{Cos.}\varepsilon\ .$$

Or, il a été démontré ci-dessus que $a^2+b^2+c^2+\ldots+g^2+h^2$ était une quantité constante, et nous venons de démontrer la même chose de $ab+bc+\ldots+gh+ha$ ; on a donc cet autre théorème:

*THÉORÈME. De quelque point d'une circonférence concentrique à un polygone régulier donné qu'on abaisse des perpendiculaires sur les directions de ses côtés, la somme des quarrés des côtés du polygone irrégulier inscrit dont les sommets consécutifs seront les pieds de ces perpendiculaires, demeurera constante.*

Le tour de raisonnement qui nous a conduit à la démonstration de ces divers théorèmes peut être employé à démontrer un grand nombre de théorèmes analogues, parmi lesquels nous nous bornerons à indiquer le suivant:

*THÉORÈME. Une circonférence concentrique à un polygone régulier donné est le lieu géométrique des points de chacun desquels menant des droites à tous ses sommets, la somme des puissances paires du même degré des longueurs de ces droites est une grandeur constante; pourvu toutefois que l'exposant commun de ces puissances paires soit inférieur au nombre des côtés du polygone régulier donné.*

Annales de Gergonne
XV, pp. 309–344
1824–25



# GÉOMÉTRIE ANALITIQUE.

## *Recherches analitiques sur les polygones rectilignes plans ou gauches, renfermant la solution de plusieurs questions proposées dans le présent recueil;*

Par M. Ch. Sturm.

Dans l'essai que l'on va lire, nous avons beaucoup moins en vue de découvrir des propriétés nouvelles des polygones plans ou gauches, que de montrer comment on peut, par une application convenable de l'analise, déduire, d'une manière uniforme, toutes les propriétés de ces polygones d'un petit nombre d'équations fondamentales. Ces propriétés sont en très-grand nombre sans doute, ou, pour mieux dire, leur nombre est illimité, et c'est assez faire comprendre que nous ne saurions nous proposer ici de les démontrer toutes; mais un petit nombre d'exemples bien choisis suffira pour montrer comment on doit se conduire dans les cas très-nombreux que le dessein d'abréger nous aura forcé d'omettre. La résolution générale des polygones plans, c'est-à-dire, l'art d'assigner les diverses parties inconnues de ces polygones en fonction des données nécessaires pour les déterminer devrait naturellement faire partie de notre travail; mais M. le professeur Lhuilier préparant dans ce moment un ouvrage où ce sujet doit être traité dans le plus grand détail, nous croyons superflu de nous y arrêter.

## §. I.

Soit, dans l'espace, un polygone rectiligne fermé quelconque, plan ou gauche, de $n$ côtés, dont nous nommerons les côtés consécutifs $r_1, r_2, r_3, \ldots\ldots r_n$. Concevons un système d'axes rectangulaires auquel ce polygone soit rapporté, et soient $\alpha_1, \beta_1, \gamma_1$; $\alpha_2, \beta_2, \gamma_2$; $\alpha_3, \beta_3, \gamma_3$; ...... $\alpha_n, \beta_n, \gamma_n$ les angles que forment respectivement ces côtés avec les axes des coordonnées. Soient enfin $(x_1, y_1, z_1)$, $(x_2, y_2, z_2)$, $(x_3, y_3, z_3)$, ....... $(x_n, y_n, z_n)$, les sommets des angles $(r_n, r_1)$, $(r_1, r_2)$, $(r_2, r_3)$, ....... $(r_{n-1}, r_n)$.

Par les principes connus, nous aurons cette suite d'équations

$$\left.\begin{array}{lll}
x_2=x_1+r_1\mathrm{Cos}.\alpha_1\,, & y_2=y_1+r_1\mathrm{Cos}.\beta_1\,, & z_2=z_1+r_1\mathrm{Cos}.\gamma_1\,,\\
x_3=x_2+r_2\mathrm{Cos}.\alpha_2\,, & y_3=y_2+r_2\mathrm{Cos}.\beta_2\,, & z_3=z_2+r_2\mathrm{Cos}.\gamma_2\,,\\
x_4=x_3+r_3\mathrm{Cos}.\alpha_3\,, & y_4=y_3+r_3\mathrm{Cos}.\beta_3\,, & z_4=z_3+r_3\mathrm{Cos}.\gamma_3\,,\\
\ldots\ldots\ldots\ldots, & \ldots\ldots\ldots\ldots\ldots, & \ldots\ldots\ldots\ldots,\\
x_1=x_n+r_n\mathrm{Cos}.\alpha_n\,; & y_1=y_n+r_n\mathrm{Cos}.\beta_n\,; & z_1=z_n+r_n\mathrm{Cos}.\gamma_n\,;
\end{array}\right\}(1)$$

En prenant successivement les sommes d'équations de chacune des colonnes, on aura, sur-le-champ, par l'effet des réductions, les trois équations suivantes :

$$\left.\begin{array}{l}
r_1\mathrm{Cos}.\alpha_1+r_2\mathrm{Cos}.\alpha_2+r_3\mathrm{Cos}.\alpha_3+\ldots\ldots+r_n\mathrm{Cos}.\alpha_n=0\,,\\
r_1\mathrm{Cos}.\beta_1+r_2\mathrm{Cos}.\beta_2+r_3\mathrm{Cos}.\beta_3+\ldots\ldots+r_n\mathrm{Cos}.\beta_n=0\,,\\
r_1\mathrm{Cos}.\gamma_1+r_2\mathrm{Cos}.\gamma_2+r_3\mathrm{Cos}.\gamma_3+\ldots\ldots+r_n\mathrm{Cos}.\gamma_n=0\,;
\end{array}\right\}(2)$$

dont chacune exprime ce théorème connu : *Dans tout polygone rectiligne fermé, plan ou gauche, la somme des produits respectifs des côtés par les cosinus tabulaires des angles que forment leurs directions avec celle d'une droite indéfinie quelconque est égale à zéro* ; ou , en d'autres termes , *Dans tout polygone rectiligne fermé , plan ou gauche , la somme des projections des côtés sur une même droite indéfinie quelconque est égale à zéro.*

## §. II.

Avant d'aller plus loin, nous tirerons des équations (2) quelques conséquences relatives à la statique.

Et d'abord : *Si des forces respectivement parallèles aux côtés d'un polygone rectiligne fermé , plan ou gauche , et proportionnelles aux longueurs de ces côtés, sont appliquées à un même point de l'espace , elles se feront équilibres.* En effet , si plusieurs forces proportionnelles aux longueurs $r_1$ , $r_2$ , $r_3$ , ...... $r_n$ , et dont les directions sont déterminées par les angles $\alpha_1$ , $\beta_1$ , $\gamma_1$ ; $\alpha_2$ , $\beta_2$ , $\gamma_2$ ; $\alpha_3$ , $\beta_3$ , $\gamma_3$ ; ...... $\alpha_n$ , $\beta_n$ , $\gamma_n$ , sont appliquées à un même point de l'espace , les conditions connues de leur équilibre ne seront autres que les équations (2).

Il résulte de ce théorème que , des forces d'intensité et de directions quelconques étant appliquées à un même point de l'espace , si l'on décrit , dans l'espace , un polygone ouvert dont les côtés soient respectivement parallèles et proportionnels à ces forces, la droite qui fermera le polygone sera parallèle et proportionnelle à leur résultante.

Et, comme les mêmes forces appliquées à un même point ne sauraient avoir qu'une seule et même résultante , dans quelque ordre d'ailleurs qu'on les combine, il faut en conclure que, si deux polygones ouverts ont un même nombre de côtés égaux et parallèles chacun à chacun ; dans quelque ordre d'ailleurs que se succèdent ces côtés, dans les deux polygones , les droites qui les formeront seront égales et parallèles.

On voit , par ce qui précède , que la plupart des théorèmes que nous démontrerons, sur les polygones rectilignes , pourront s'appliquer immédiatement à la composition et à la décomposition des forces autour d'un même point.

Par des points $(a_1, b_1, c_1)$, $(a_2, b_2, c_2)$, ...... $(a_n, b_n, c_n)$, pris à volonté dans l'espace, en nombre égal à celui des sommets du polygone, soient menées des droites respectivement parallèles et proportionnelles à ses côtés $r_1, r_2, \ldots\ldots r_n$. Soient $(a'_1, b'_1, c'_1)$, $(a'_2, b'_2, c'_2)$, ....... $(a'_n, b'_n, c'_n)$ les extrémités de ces droites ; en représentant par $\lambda$ le rapport donné, on aura

$$a'_1=a_1+\lambda r_1 \operatorname{Cos.}\alpha_1\ ,\quad b'_1=b_1+\lambda r_1 \operatorname{Cos.}\beta_1\ ,\quad c'_1=c_1+\lambda r_1 \operatorname{Cos.}\gamma_1\ ,$$

$$a'_2=a_2+\lambda r_2 \operatorname{Cos.}\alpha_2\ ,\quad b'_2=b_2+\lambda r_2 \operatorname{Cos}\beta_2\ ,\quad c'_2=c_2+\lambda r_2 \operatorname{Cos.}\gamma_2\ ,$$

$$a'_3=a_3+\lambda r_3 \operatorname{Cos.}\alpha_3\ ,\quad b'_3=b_3+\lambda r_3 \operatorname{Cos.}\beta_3\ ,\quad c'_3=c_3+\lambda r_3 \operatorname{Cos.}\gamma_3\ ,$$

$$\ldots\ldots\ldots\ldots,\ \ldots\ldots\ldots\ldots,\ \ldots\ldots\ldots\ldots,$$

$$a'_n=a_n+\lambda r_n \operatorname{Cos.}\alpha_n\ ;\quad b'_n=b_n+\lambda r_n \operatorname{Cos}\beta_n\ ;\quad c'_n=c_n+\lambda r_n \operatorname{Cos.}\gamma_n\ ;$$

d'où, en ajoutant les équations d'une même colonne et ayant égard aux équations (2),

$$a'_1+a'_2+a'_3+\ldots\ldots+a'_n=a_1+a_2+a_3+\ldots\ldots+a_n\ ,$$

$$b'_1+b'_2+b'_3+\ldots\ldots+b'_n=b_1+b_2+b_3+\ldots\ldots+b_n\ ,$$

$$c'_1+c'_2+c'_3+\ldots\ldots+c'_n=c_1+c_2+c_3+\ldots\ldots+c_n\ .$$

Ces équations signifient que le centre commun de gravité des points $(a'_1, b'_1, c'_1)$, $(a'_2, b'_2, c'_2)$, ......... $(a'_n, b'_n, c'_n)$ coïncide avec celui des points $(a_1, b_1, c_1)$, $(a_2, b_2, c_2)$, ..... $(a_n, b_n, c_n)$.

Donc, *Si, par des points pris à volonté, dans l'espace, on mène des droites respectivement parallèles et proportionnelles aux côtés d'un polygone rectiligne fermé quelconque, plan ou gauche ; le centre de gravité d'un système de poids égaux sera le même, soit que ces poids se trouvent situés aux points où ces droites se terminent ou qu'on les place à leurs points de départ.*

En supposant que les points de départ sont pris respectivement sur les directions des côtés du polygone, on conclura de là que, *Si des poids égaux, placés d'abord arbitrairement sur les directions des côtés d'un polygone rectiligne fermé quelconque, plan ou gauche, parcourent simultanément et dans le même sens, sur ces directions, des longueurs respectivement proportionnelles à celles de ces mêmes côtés; leur centre commun de gravité demeurera immobile* (*).

Si l'on suppose, au contraire, que toutes ces droites émanent d'un même point quelconque de l'espace; comme ce point sera à lui-même son centre de gravité, on conclura de la même proposition générale que, *Si, par un point quelconque de l'espace, on conduit des droites parallèles et proportionnelles aux côtés d'un polygone rectiligne fermé quelconque, plan ou gauche, ce point sera le centre commun de gravité d'un système de masses égales placées aux extrémités de ces droites.*

Cette dernière proposition, combinée avec la première du présent §., donne la suivante : *Un point autour duquel des forces dirigées d'une manière quelconque dans l'espace se font équilibre est le centre commun de gravité de masses égales placées aux extrémités des droites qui, partant de ce point, représentent ces forces en intensité et en direction.*

Et comme, lorsque des forces ne se font pas équilibre autour d'un point, il suffit, pour établir l'équilibre dans le système, d'y introduire une force égale et directement opposée à leur résultante,

---

(*) C'est là l'un des deux théorèmes de statique énoncés à la page 391 du XIV.e volume des *Annales*, et déjà démontré à la page 129 du présent volume.

*J. D. G.*

il en faut conclure que, *Lorsque des forces agissent dans des directions quelconques sur un même point de l'espace, 1.° le centre des moyennes distances des extrémités des droites qui représentent ces forces en intensité et en direction est un point de la direction de leur résultante; 2.° cette résultante est représentée en intensité par autant de fois la distance de ce centre au point d'application des forces qu'il y a de composantes dans le système* (*).

Maintenant, par les mêmes points $(a_1, b_1, c_1)$, $(a_2, b_2, c_2)$, ..... $(a_n, b_n, c_n)$, menons encore des droites respectivement parallèles aux côtés du polygone, mais d'une même longueur quelconque $k$; en désignant leurs extrémités respectives par $(a''_1, b''_1, c''_1)$, $(a''_2, b''_2, c''_2)$, ...... $(a''_n, b''_n, c''_n)$, nous aurons

$$a''_1=a_1+k\text{Cos}\,\alpha_1\,,\quad b''_1=b_1+k\text{Cos}\,\beta_1\,,\quad c''_1=c_1+k\text{Cos.}\gamma_1\,,$$

$$a''_2=a_2+k\text{Cos.}\alpha_2\,,\quad b''_2=b_2+k\text{Cos.}\beta\,,\quad c''_2=c_2+k\text{Cos}\,\gamma_2\,,$$

$$\ldots\ldots\ldots\,,\quad \ldots\ldots\ldots\,,\quad \ldots\ldots\ldots\,,$$

$$a''_n=a_n+k\text{Cos.}\alpha_n\,;\quad b''_n=b_n+k\text{Cos.}\beta_n\,;\quad c''_n=c_n+k\text{Cos}\,\gamma_n\,.$$

Prenant successivement la somme des produits respectifs des équations de chaque colonne par $r_1$, $r_2$, ...... $r_n$, en ayant égard aux équations (2), il viendra

---

(*) C'est le théorème énoncé à la page 272 du présent volume. M. Gerono remarque qu'il en résulte que, si plusieurs systèmes de forces, concourant en divers points de l'espace, sont composés de forces représentées en intensité et en direction par les distances de ces points à un certain nombre de points fixes, les résultantes de ces systèmes se croiseront toutes au centre des moyennes distances de ces derniers points.

Si l'on suppose ensuite que ces points de concours des composantes sont infiniment éloignés, on retombe sur le théorème relatif au *centre des forces parallèles*, du moins pour le cas où ces forces sont égales.

J. D. G.

$$a''_1r_1+a''_2r_2+a''_3r_3+\ldots+a''_nr_n=a_1r_1+a_2r_2+a_3r_3+\ldots+a_nr_n\,,$$

$$b''_1r_1+b''_2r_2+b''_3r_3+\ldots+b''_nr_n=b_1r_1+b_2r_2+b_3r_3+\ldots+b_nr_n\,,$$

$$c''_1r_1+c''_2r_2+c''_3r_3+\ldots+c''_nr_n=c_1r_1+c_2r_2+c_3r_3+\ldots+c_nr_n\,;$$

d'où on conclut ce théorème : *Si, par des points pris à volonté dans l'espace, on mène des droites d'une même longueur quelconque, respectivement parallèles aux côtés d'un polygone rectiligne fermé quelconque, plan ou gauche, le centre de gravité d'un système de poids respectivement parallèle aux longueurs de ces côtés sera le même, soit que ces poids soient situés aux points où ces droites se terminent, ou qu'on les place à leurs points de départ.*

En supposant que les points de départ soient pris respectivement sur les directions des côtés du polygone, on conclura de là que, *Si des poids respectivement proportionnels aux longueurs des côtés d'un polygone rectiligne fermé quelconque, plan ou gauche, et placés arbitrairement sur les directions de ces côtés, y parcourent simultanément et dans le même sens des longueurs égales quelconques, leur centre commun de gravité demeurera immobile* (*).

Si l'on suppose, au contraire, que toutes ces droites émanent d'un même point quelconque de l'espace, comme ce point sera à lui-même son centre de gravité, on conclura de la même proposition générale que, *Si, dans une sphère, on mène des rayons parallèles aux côtés d'un polygone rectiligne fermé quelconque, plan ou gauche, et qu'on place aux extrémités de ces rayons des poids respectivement proportionnels aux longueurs des côtés auxquels ils*

---

(*) C'est l'autre théorème de statique de l'endroit déjà cité.

J. D. G.

*sont parallèles ; leur centre commun de gravité coïncidera avec le centre de la sphère.*

## §. III.

Si le polygone proposé se réduit à un triangle, les équations (2) se réduisent aux suivantes :

$$r_1\text{Cos.}\alpha_1+r_2\text{Cos.}\alpha_2+r_3\text{Cos.}\alpha_3=0\ ,$$

$$r_1\text{Cos.}\beta_1+r_2\text{Cos.}\beta_2+r_3\text{Cos.}\beta_3=0\ ,$$

$$r_1\text{Cos.}\gamma_1+r_2\text{Cos.}\gamma_2+r_3\text{Cos.}\gamma_3=0\ .$$

Transposant les derniers termes dans les seconds membres, prenant ensuite la somme des quarrés des équations résultantes, en se rappelant les relations connues

$$\text{Cos.}^2\alpha_1+\text{Cos.}^2\beta_1+\text{Cos.}^2\gamma_1=1\ ,$$

$$\text{Cos.}^2\alpha_2+\text{Cos.}^2\beta_2+\text{Cos.}^2\gamma_2=1\ ,$$

$$\text{Cos.}^2\alpha_3+\text{Cos.}^2\beta_3+\text{Cos.}^2\gamma_3=1\ ,$$

on obtient

$$r^2_3=r^2_1+r^2_2+2r_1r_2(\text{Cos.}\alpha_1\text{Cos}\,\alpha_2+\text{Cos.}\beta_1\text{Cos.}\beta_2+\text{Cos.}\gamma_1\text{Cos.}\gamma_2)\ .$$

Mais, en supposant, pour un moment, que la droite $r_1$ est parallèle à l'axe des $x$, l'angle $\alpha_1$ sera nul, et les angles $\beta_1$ et $\gamma_1$ seront droits, de sorte qu'on aura

$$\text{Cos.}\alpha_1=1\ ,\quad \text{Cos.}\beta_1=0\ ,\quad \text{Cos.}\gamma_1=0\ .$$

Quant à l'angle $\alpha_2$, ce sera alors l'angle $(r_1\,,r_2)$ lui-même ; de sorte que l'on aura

$$r^2_3 = r^2_1 + r^2_2 + 2r_1r_2\text{Cos.}(r_1, r_2) \ ;$$

comparant cette dernière avec celle de laquelle elle est dérivée, on obtient la formule bien connue

$$\text{Cos.}(r_1\ ,\ r_2) = \text{Cos.}\alpha_1\text{Cos.}\alpha_2 + \text{Cos.}\beta_1\text{Cos}\,\beta_2 + \text{Cos.}\gamma_1\text{Cos.}\gamma_2 \ ;$$

de laquelle on déduit ensuite aisément

$$\text{Sin.}^2(r_1, r_2) = \left\{ \begin{array}{l} (\text{Cos.}\alpha_1\text{Cos.}\beta_2 - \text{Cos.}\beta_1\text{Cos.}\alpha_2)^2 \\ +(\text{Cos.}\beta_1\text{Cos.}\gamma_2 - \text{Cos.}\gamma_1\text{Cos.}\beta_2)^2 \\ +(\text{Cos.}\gamma_1\text{Cos}\,\alpha_2 - \text{Cos.}\alpha_1\text{Cos.}\gamma_2)^2 \end{array} \right\} .$$

L'équation

$$r^2_3 = r^2_1 + r^2_2 + 2r_1r_2\text{Cos.}(r_1\ ,\ r_2)$$

exprime aussi une proposition fondamentale de la trigonométrie rectiligne ; mais nous verrons bientôt qu'elle n'est qu'un cas particulier d'une proposition plus générale.

Retournons présentement aux équations (2). En prenant la somme de leurs produits respectifs, d'abord par $\text{Cos.}\alpha_1$, $\text{Cos.}\beta_1$, $\text{Cos.}\gamma_1$, puis par $\text{Cos.}\alpha_2$, $\text{Cos}\,\beta_2$, $\text{Cos}\,\gamma_2$, et ainsi de suite, et enfin par $\text{Cos.}\alpha_n$, $\text{Cos.}\beta_n$, $\text{Cos.}\gamma_n$, observant que

$$\text{Cos.}^2\alpha_1 + \text{Cos.}^2\beta_1 + \text{Cos.}^2\gamma_1 = 1 \ ,$$

$$\text{Cos.}^2\alpha_2 + \text{Cos.}^2\beta_2 + \text{Cos.}^2\gamma_2 = 1 \ ,$$

$$\cdots\cdots\cdots\cdots\cdots\cdots ;$$

et que

$$\text{Cos.}\alpha_1\,\text{Cos.}\alpha_2+\text{Cos.}\beta_1\,\text{Cos.}\beta_2+\text{Cos.}\gamma_1\,\text{Cos.}\gamma_2=\text{Cos.}(r_1\,,r_2)\ ,$$

$$\text{Cos.}\alpha_1\,\text{Cos.}\alpha_3+\text{Cos}\,\beta_1\,\text{Cos.}\beta_3+\text{Cos.}\gamma_1\,\text{Cos.}\gamma_3=\text{Cos.}(r_1\,,r_3)\ ,$$

$$\ldots\ldots\ldots\ldots\ldots\ldots\ldots\ldots\ldots,$$

il viendra

$$\left.\begin{array}{l}
r_1+r_2\text{Cos.}(r_1\,,r_2)+r_3\text{Cos.}(r_1\,,r_3)+\ldots\ldots+r_n\text{Cos.}(r_1\,,r_n)=0\ ,\\
r_1\text{Cos.}(r_1\,,r_2)+r_2+r_3\text{Cos.}(r_2\,,r_3)+\ldots\ldots+r_n\text{Cos.}(r_2\,,r_n)=0\ ,\\
r_1\text{Cos.}(r_1\,,r_3)+r_2\text{Cos.}(r_2\,,r_3)+r_3+\ldots\ldots+r_n\text{Cos.}(r_3\,,r_n)=0\ ,\\
\ldots\ldots\ldots\ldots\ldots\ldots\ldots\ldots\ldots\ldots\\
r_1\text{Cos.}(r_1\,,r_n)+r_2\text{Cos.}(r_2\,,r_n)+r_3\text{Cos.}(r_3\,,r_n)+\ldots+r_n=0\ .
\end{array}\right\}\ (3)$$

On parviendrait également à ces équations, en supposant successivement, dans les équations (2), que chacune des droites $r_1$, $r_2$, $r_3$,.... $r_n$ devient, à son tour, parallèle à l'axe des $x$. Elles se traduisent dans l'énoncé que voici : *Dans tout polygone rectiligne fermé, plan ou gauche, chaque côté est égal à la somme des produits de tous les autres par les cosinus des angles que forment leurs directions avec la sienne.*

Si l'on prend la somme des quarrés des équations (2), il vient, en faisant les réductions convenables,

$$r_1^2+r_2^2+r_3^2+\ldots+r_n^2+2r_1r_2\text{Cos.}(r_1,r_2)+2r_1r_3\text{Cos.}(r_1,r_3)+2r_2r_3\text{Cos.}(r_2,r_3)+\ldots=0\ (4)$$

c'est-à-dire, *La somme des quarrés des côtés d'un polygone rectiligne quelconque, plan ou gauche, augmentée des doubles produits de ces côtés deux à deux, multipliés par les cosinus des angles que forment entre elles leurs directions, est égale à zéro.*

Si l'on prend de nouveau la somme des quarrés des équations

(2), mais après avoir préalablement transporté leurs premiers termes dans le second membre, il viendra, par l'effet de semblables réductions,

$$r_1^2=r^2_2+r^2_3+..+r^2_n+2r_2r_3\,\text{Cos.}(r_2,r_3)+2r_2r_4\,\text{Cos.}(r_2,r_4)+2r_3r_4\,\text{Cos.}(r_3,r_4)+..=0\;(s)$$

donc, *Dans tout polygone rectiligne fermé, plan ou gauche, le quarré de l'un quelconque des côtés est égal à la somme des quarrés de tous les autres augmentée de la somme des doubles produits de ces derniers deux à deux multipliés par les cosinus des angles que forment entre elles leurs directions.* Ce théorème fait en même temps connaître l'intensité de la résultante de plusieurs forces données d'intensité et de direction autour d'un même point de l'espace.

Si, au lieu de transposer seulement les premiers termes des équations (2), on y transpose un même nombre quelconque de termes correspondans, et qu'on prenne ensuite la somme des quarrés des équations résultantes, en y faisant toujours les mêmes réductions, on obtiendra cette autre proposition : *La somme des quarrés d'un certain nombre de côtés d'un polygone rectiligne fermé quelconque, plan ou gauche, augmentée des doubles produits de ces côtés deux à deux multipliés par les cosinus des angles qu'ils comprennent entre eux, est égale à la somme des quarrés des côtés restans augmentée des produits de ces derniers deux à deux multipliés par les cosinus des angles qu'ils comprennent entre eux.*

Si l'on désigne par $\Pi$ le périmètre du polygone, on aura

$$\Pi=r_1+r_2+r_3+\ldots\ldots\ldots+r_n\,,$$

d'où, en quarrant,

$$\Pi^2=r^2_1+r^2_2+r^2_3+\ldots\ldots+r^2_n+2r_1r_2+2r_1r_3+2r_2r_3+\ldots\ldots\,;$$

mais nous avons trouvé plus haut

$$0=r^2_1+r^2_2+r^2_3+\ldots+r^2_n+2r_1r_2\,\text{Cos.}(r_1,r_2)+2r_1,r_3\,\text{Cos.}(r_1,r_3)+2r_1r_3\,\text{Cos.}(r_2,r_3)+..;$$

retranchant cette dernière de la précédente, nous aurons, en nous rappelant qu'en général $1-\text{Cos.}x=2\text{Sin.}^2\frac{1}{2}x$,

$$\Pi^2=4\{r_1r_2\text{Sin.}^2\tfrac{1}{2}(r_1,r_2)+r_1r_3\text{Sin.}^2\tfrac{1}{2}(r_1,r_3)+r_2r_3\text{Sin.}^2\tfrac{1}{2}(r_2,r_3)+\ldots\}.$$

Ainsi, *Le quarré du demi-périmètre d'un polygone rectiligne fermé quelconque, plan ou gauche, est égal à la somme des produits de ses côtés deux à deux multipliés par les quarrés des sinus des moitiés des angles que comprennent entre elles leurs directions.*

## §. IV.

Posons généralement, pour abréger,

$$x^m{}_1+x^m{}_2+x^m{}_3+\ \ldots\ldots\ +x^m{}_n=\text{X}_m\,,$$

$$y^m{}_1+y^m{}_2+y^m{}_3+\ \ldots\ldots\ +y^m{}_n=\text{Y}_m\,,$$

$$z^m{}_1+z^m{}_2+z^m{}_3+\ \ldots\ldots\ +z^m{}_n=\text{Z}_m\,.$$

Le quarré de la distance entre deux sommets quelconques est

$$(x_p-x_q)^2+(y_p-y_q)^2+(z\ -z_q)^2\ ;$$

ou, en développant,

$$(x^2{}_p+y^2{}_p+z^2{}_p)-2(x_px_q+y_py_q+z_pz_q)+(x^2{}_q+y^2{}_q+z^2{}_q)\ .$$

Si l'on veut avoir la somme des quarrés des distances du sommet $(x_p, y_p, z_p)$ à tous les autres, il faudra prendre la somme des résultats qu'on obtient en mettant dans cette formule pour $q$ tous les nombres naturels de 1 à $n$ inclusivement. Il ne sera pas même nécessaire d'en excepter le nombre $p$ puisque la distance d'un sommet à lui-même est nulle. On obtiendra ainsi, pour la somme de ces quarrés, à l'aide des notations ci-dessus,

$$n({x^2}_p+{y^2}_p+{z_p}^2)-2(X_1x_p+Y_1y_p+Z_1z_p)+(X_2+Y_2+Z_2)\ .$$

Si présentement on veut avoir la somme des quarrés de toutes les droites, soit côtés, soit diagonales, qui joignent les sommets deux à deux, lesquelles sont au nombre de $\frac{n}{1}\cdot\frac{n-1}{2}$, il ne s'agira que de prendre la demi-somme des résultats qu'on déduit de cette dernière formule en y mettant successivement pour $p$ tous les nombres naturels de 1 à $n$ inclusivement. Nous disons la demi-somme, parce que menant, tour à tour, des droites de chaque sommet à tous les autres, chaque droite se trouve menée deux fois. On aura ainsi, pour la somme des quarrés de toutes ces droites,

$$n(X_2+Y_2+Z_2)-({X^2}_1+{Y^2}_1+{Z^2}_1)\ .$$

Cherchons ensuite la somme des quarrés des longueurs des droites qui joignent deux à deux les milieux tant des côtés que des diagonales. Nous venons déjà de remarquer que le nombre tant des côtés que des diagonales était $\frac{n}{1}\cdot\frac{n-1}{2}$, et leurs milieux sont en même nombre. Si donc on représente respectivement par $X'_1$, $Y'_1$, $Z'_1$ les sommes des premières puissances des coordonnées de ces milieux parallèles à chaque axe, et par $X'_2$, $Y'_2$, $Z'_2$ les sommes des quarrés de ces mêmes coordonnées; en posant $\frac{n}{1}\cdot\frac{n-1}{2}=n'$, on aura, pour la somme des quarrés des droites dont il s'agit, d'après la précédente formule,

$$n'(X'_2+Y'_2+Z'_2)-({X'^2}_1+{Y'^2}_1+{Z'^2}_1)\ .$$

Cela posé, 1.° comme la coordonnée parallèle aux $x$ du milieu de la droite qui joint deux sommets quelconques est $\frac{x_p+x_q}{2}$, nous aurons

$$X'_1=\frac{x_1+x_2}{2}+\frac{x_2+x_3}{2}+\frac{x_3+x_4}{2}+\ldots\ldots+\frac{x_{n-1}+x_n}{2}.$$

$$+\frac{x_1+x_3}{2}+\frac{x_2+x_4}{2}+\ldots\ldots+\frac{x_{n-2}+x_n}{2}$$

$$+\frac{x_1+x_4}{2}+\ldots\ldots\ldots+\frac{x_3+x_n}{2}$$

$$+\ldots\ldots\ldots$$

$$+\frac{x_1+x_n}{2}.$$

Ces termes sont au nombre de $\frac{n}{1}\cdot\frac{n-1}{2}$; et, comme il entre deux de nos $n$ sortes de lettres dans chacun, il s'ensuit qu'ils se composent de $n(n-1)$ lettres; et comme il est d'ailleurs manifeste que chacune des $n$ sortes de lettres y figure de la même manière, il s'ensuit que chaque sorte de lettre y figure $n-1$ fois; de sorte qu'on doit avoir

$$X'_1=\frac{(n-1)(x_1+x_2+x_3+\ldots\ldots+x_n)}{2}=\frac{n-1}{2}.X_1;$$

et par conséquent

$$X'^2_1=\frac{(n-1)^2}{4}.X_1^2.$$

On aura semblablement

$$Y'^2_1=\frac{(n-1)^2}{4}.Y^2_1, \qquad Z'^2_1=\frac{(n-1)^2}{4}.Z^2_1;$$

et, par suite,

$$X'^2_1+Y'^2_1+Z'^2_1=\frac{(n-1)^2}{4}(X^2_1+Y^2_1+Z^2_1) .$$

2.° On aura, par les mêmes considérations,

$$X'_2=\left(\frac{x_1+x_2}{2}\right)^2+\left(\frac{x_2+x_3}{2}\right)^2+\left(\frac{x_3+x_4}{2}\right)^2+\ldots+\left(\frac{x_{n-1}+x_n}{2}\right)^2 .$$

$$+\left(\frac{x_1+x_3}{2}\right)^2+\left(\frac{x_2+x_4}{2}\right)^2+\ldots\ldots\ldots+\left(\frac{x_{n-2}+x_n}{2}\right)^2$$

$$+\left(\frac{x_1+x_4}{2}\right)^2+\ldots\ldots\ldots+\left(\frac{x_3+x_n}{2}\right)^2$$

$$+\ldots\ldots\ldots$$

$$+\left(\frac{x_1+x_n}{2}\right)^2$$

En faisant, pour un moment, abstraction des doubles produits qui naîtront du développement des quarrés, nous nous trouverons dans le même cas que ci-dessus avec cette seule différence que les quarrés des coordonnées $x_1$, $x_2$, ........ $x_n$ se trouveront substitués à leurs premières puissances, et que le dénominateur commun sera 4; de sorte qu'il y a d'abord, dans le développement de $X'_2$,

$$\frac{n-1}{4}(x^2_1+x^2_2+x^2_3+\ldots\ldots+x^2_n)=\frac{n-1}{4}X_2 .$$

Mais il s'y trouve de plus

$$\frac{x_1x_2}{2}+\frac{x_2x_3}{2}+\frac{x_3x_4}{2}+\ldots\ldots+\frac{x_{n-1}x_n}{2} ;$$

$$+\frac{x_1x_3}{2}+\frac{x_2x_4}{2}+\ldots\ldots+\frac{x_{n-2}x_n}{2}$$

$$+\frac{x_1x_4}{2}+\ldots\ldots\ldots\ldots+\frac{x_3x_n}{2}$$

$$+\ldots\ldots\ldots$$

$$+\frac{x_1x_n}{2}$$

c'est tout simplement la demi-somme des produits deux à deux des coordonnées $x_1$, $x_2$, $x_3$, ........ $x_n$. Or, on a

$$X^2_1=(x_1+x_2+x_3+\ldots+x_n)^2=(x^2_1+x^2_2\,x^2_3+\ldots+x^2_n)+2(x_1x_2+x_1x_3+x_2x_3+\ldots);$$

c'est-à-dire,

$$X^2_1=X_2+2(x_1x_2+x_1x_3+x_2x_3+\ldots\ldots);$$

d'où

$$\tfrac{1}{2}(x_1x_2+x_1x_3+x_2x_3+\ldots\ldots\ldots)=\frac{X_1^2-X_2}{4};$$

ajoutant donc cette quantité à celle que nous avons déjà obtenue ci-dessus, nous aurons

$$X'_2=\frac{n-1}{4}X_2+\frac{X_1^2-X_2}{4},$$

ou, en réduisant,

$$X'_2=\frac{X_1^2}{4}+\frac{n-2}{4}X_2.$$

On aura semblablement

$$Y'_2=\frac{Y_1^2}{4}+\frac{n-2}{4}Y_2\,,\qquad Z'_2=\frac{Z_1^2}{4}+\frac{n-2}{4}Z_2\,,$$

et par suite

$$X'_2+Y'_2+Z'_2=\frac{X^2_1+Y^2_1+Z^2_1}{4}+\frac{n-2}{4}(X_2+Y_2+Z_2)\,.$$

Nous avons trouvé tout à l'heure pour la somme des quarrés des droites qui joignent deux à deux les milieux tant des côtés que des diagonales

$$n'(X'_2+Y'_2+Z'_2)-(X'^2_1+Y'^2_1+Z'^2_1)\;;$$

mais nous venons de trouver

$$X'_2+Y'_2+Z'_2=\tfrac{1}{4}\{(n-2)(X_2+Y_2+Z_2)+(X^2_1+Y^2_1+Z^2_1)\}\,,$$

$$X'^2_1+Y'^2_1+Z'^2_1=\tfrac{1}{4}(n-1)^2(X^2_1+Y^2_1+Z^2_1)\;;$$

nous avons d'ailleurs $n'=\frac{n}{1}\cdot\frac{n-1}{2}$ ; en substituant donc, nous trouverons pour cette somme de quarrés

$$\frac{1}{4}\cdot\frac{n-1}{1}\cdot\frac{n-2}{2}\{n(X_2+Y_2+Z_2)-(X^2_1+Y^2_1+Z^2_1)\}\;;$$

mais nous avons trouvé ci-dessus, pour la somme des quarrés tant des côtés que des diagonales,

$$n(X_2+Y_2+Z_2)-(X^2_1+Y^2_1+Z^2_1)\;;$$

donc, en désignant par $S_1$ cette dernière somme et par $S_2$ l'autre, nous aurons

$$4S_2=\frac{n-1}{1}\cdot\frac{n-2}{2}S_1 .$$

Or, si l'on considère que, dans le présent §., les sommets ne se trouvent assujettis à aucun ordre de succession déterminé, on verra que l'équation que nous venons d'obtenir revient au théorème suivant : *Des points, en nombre quelconque, étant situés d'une manière quelconque dans l'espace, si l'on joint ces points deux à deux par des droites, de toutes les manières possibles, puis les milieux de ces droites deux à deux par d'autres droites, de toutes les manières possibles, le quadruple de la somme des quarrés de ces dernières droites sera égal à autant de fois la somme des quarrés des premières qu'un nombre de choses inférieur d'une unité à celui des points dont il s'agit peut donner de combinaisons deux à deux* (*).

## §. V.

Présentement, soit éliminé le côté $r_1$ entre les équations (2), prises deux à deux, il viendra

$$\left.\begin{aligned}
&r_2(\mathrm{Cos}.\beta_1\mathrm{Cos}.\gamma_2-\mathrm{Cos}.\gamma_1\mathrm{Cos}.\beta_2)+r_3(\mathrm{Cos}.\beta_1\mathrm{Cos}.\gamma_3-\mathrm{Cos}.\gamma_1\mathrm{Cos}.\beta_3)+\ldots=0\,,\\
&r_2(\mathrm{Cos}.\gamma_1\mathrm{Cos}.\alpha_2-\mathrm{Cos}.\alpha_1\mathrm{Cos}.\gamma_2)+r_3(\mathrm{Cos}.\gamma_1\mathrm{Cos}.\alpha_3-\mathrm{Cos}.\alpha_1\mathrm{Cos}.\gamma_3)+\ldots=0\,,\\
&r_2(\mathrm{Cos}.\alpha_1\mathrm{Cos}.\beta_2-\mathrm{Cos}.\beta_1\mathrm{Cos}.\alpha_2)+r_3(\mathrm{Cos}.\alpha_1\mathrm{Cos}.\beta_3-\mathrm{Cos}.\beta_1\mathrm{Cos}.\alpha_3)+\ldots=0\,.
\end{aligned}\right\}\quad(6)$$

---

(*) C'est le théorème de la page 272 du présent volume. M. Gerono, en nous l'adressant, en a pris occasion de relever une méprise de Carnot qui, dans sa *Géométrie de position*, page 331, a énoncé ce théorème, sous le n.° XXXI, d'une manière défectueuse.

*J. D. G.*

Afin d'évaluer la quantité $\text{Cos}.\beta_1\text{Cos}.\gamma_2-\text{Cos}.\gamma_1\text{Cos}.\beta_2$ et ses analogues, soient menées, par un point quelconque de l'espace, des parallèles aux côtés $r_1$, $r_2$, $r_3$, ......$r_n$ du polygone ; la première fera, avec toutes les autres, des angles $(r_1, r_2)$, $r_1, r_3$, ....$(r_1, r_n)$. Soient élevées, par le même point, aux plans de ces divers angles, des perpendiculaires que nous désignerons respectivement par $r_1r_2$, $r_1r_3$, ...... $r_1r_n$ ; en représentant les angles que forment ces perpendiculaires avec les axes des coordonnées par

$$\begin{array}{ccc}(r_1r_2\,,x)\,, & (r_1r_2\,,y)\,, & (r_1r_2\,,z)\,,\\ (r_1r_3\,,x)\,, & (r_1r_3\,,y)\,, & (r_1r_3\,,z)\,,\\ \ldots & \ldots & \ldots\,,\\ (r_1r_n\,,x)\,, & (r_1r_n\,,y)\,, & (r_1r_n\,,z)\,.\end{array}$$

Cela posé, soient, pour un moment, $a$, $b$, $c$ les cosinus des angles $(r_1r_2\,,x)$, $(r_1r_2\,,y)$, $(r_1r_2\,,z)$ que fait avec les axes la perpendiculaire $r_1r_2$ au plan de l'angle $(r_1r_2)$, construite comme il vient d'être dit. Comme elle est perpendiculaire, à la fois aux directions des deux droites $r_1$, $r_2$, on aura, par les conditions connues de perpendicularité,

$$a\text{Cos}.\alpha_1+b\text{Cos}.\beta_1+c\text{Cos}.\gamma_1=0\,,$$
$$a\text{Cos}.\alpha_2+b\text{Cos}.\beta_2+c\text{Cos}.\gamma_2=0\,;$$

d'où on tire

$$b=a.\frac{\text{Cos}.\gamma_1\text{Cos}.\alpha_2-\text{Cos}.\alpha_1\text{Cos}.\gamma_2}{\text{Cos}.\beta_1\text{Cos}.\gamma_2-\text{Cos}.\gamma_1\text{Cos}.\beta_2}\,,\qquad c=a.\frac{\text{Cos}.\alpha_1\text{Cos}.\beta_2-\text{Cos}.\beta_1\text{Cos}.\alpha_2}{\text{Cos}.\beta_1\text{Cos}.\gamma_2-\text{Cos}.\gamma_1\text{Cos}.\beta_2}\,;$$

substituant ces valeurs dans l'équation de condition

$$a^2+b^2+c^2=1\,,$$

on trouvera

$$(\text{Cos.}\beta_1\text{Cos.}\gamma_2-\text{Cos.}\gamma_1\text{Cos.}\beta_2)^2=a^2\left\{\begin{array}{l}(\text{Cos.}\beta_1\text{Cos.}\gamma_2-\text{Cos.}\gamma_1\text{Cos.}\beta_2)^2\\+(\text{Cos.}\gamma_1\text{Cos.}\alpha_2-\text{Cos.}\alpha_1\text{Cos.}x_2)^2\\+(\text{Cos.}\alpha_1\text{Cos.}\beta_2-\text{Cos.}\beta_1\text{Cos.}\gamma_2)^2\end{array}\right\};$$

or, le multiplicateur de $a^2$, dans le second membre (§. III) n'est autre chose que $\text{Sin.}^2(r_1, r_2)$, d'où il suit qu'on aura, en extrayant la racine quarrée,

$$\text{Cos.}\beta_1\text{Cos.}\gamma_2-\text{Cos.}\gamma_1\text{Cos.}\beta_2=\pm a\text{Sin.}(r_1, r_2)=\pm\text{Sin.}(r_1, r_2)\text{Cos.}(r_1, r_2, x).$$

Les signes $+$ et $-$ étant ici arbitraires, nous ferons choix du signe $+$, et nous aurons, en formant les équations analogues,

$$\left.\begin{array}{l}\text{Cos.}\beta_1\text{Cos.}\gamma_2-\text{Cos.}\gamma_1\text{Cos.}\beta_2=\text{Sin.}(r_1, r_2)\text{Cos.}(r_1r_2, x),\\ \text{Cos.}\gamma_1\text{Cos}\,\alpha_2-\text{Cos.}\alpha_1\text{Cos.}\gamma_2=\text{Sin.}(r_1, r_2)\text{Cos.}(r_1r_2, y),\\ \text{Cos.}\alpha_1\text{Cos.}\beta_2-\text{Cos.}\beta_1\text{Cos.}\alpha_2=\text{Sin.}(r_1, r_2)\text{Cos.}(r_1r_2, z).\end{array}\right\}(7)$$

Substituant ces valeurs et les autres que nous obtiendrions de même forme, par un *semblable calcul*, dans *les équations* (6), *elles* deviendront

$$\left.\begin{array}{l}r_2\text{Sin.}(r_1, r_2)\text{Cos.}(r_1r_2, x)+r_3\text{Sin.}(r_1, r_3)\text{Cos}(r_1r_3, x)+\ldots\ldots=0,\\ r_2\text{Sin.}(r_1, r_2)\text{Cos.}(r_1r_2, y)+r_3\text{Sin.}(r_1, r_3)\text{Cos.}(r_1r_3, y)+\ldots\ldots=0,\\ r_2\text{Sin.}(r_1, r_2)\text{Cos.}(r_1r_2, z)+r_3\text{Sin.}(r_1, r_3)\text{Cos.}(r_1r_3, z)+\ldots\ldots=0.\end{array}\right\}(8)$$

Ces équations (8) étant de même forme que les équations (2), nous pourrons opérer sur elles de la même manière. Pour pouvoir noter les résultats de ces opérations, nous représenterons simplement par $(r_1r_2, r_1r_3)$ *l'angle que forment entre elles les perpendiculaires* aux plans des deux angles $(r_1, r_2)$, $(r_1, r_3)$, et ainsi de suite pour les autres. Ces angles sont la mesure des angles dièdres formés par les plans de ces mêmes angles, et qui peuvent s'étendre de zéro à quatre droites ; attendu qu'on doit les compter invariablement, en partant de l'un quelconque des angles plans dont il s'agit, et en tournant constamment dans le même sens, jusqu'à ce qu'en passant par tous les autres on y soit revenu de nouveau. Tout cela admis, les équations (8) donneront d'abord (3)

$$\left.\begin{array}{l}
r_2\,\text{Sin.}(r_1,r_2)+r_3\,\text{Sin.}(r_1,r_3)\text{Cos.}(r_1r_2,r_1r_3)+r_4\,\text{Sin.}(r_1,r_4)\text{Cos.}(r_1r_2,r_1r_4)+..=0,\\
r_2\,\text{Sin.}(r_1,r_2)\text{Cos.}(r_1r_2,r_1r_3)+r_3\,\text{Sin.}(r_1,r_3)+r_4\,\text{Sin.}(r_1,r_4)\text{Cos.}(r_1r_3,r_1r_4)+..=0,\\
r_2\,\text{Sin.}(r_1,r_2)\text{Cos.}(r_1r_2,r_1r_4)+r_3\,\text{Sin.}(r_1,r_3)\text{Cos.}(r_1r_3,r_1r_4)+r_4\,\text{Sin.}(r_1,r_4)+..=0,\\
\ldots\ldots\ldots\ldots\ldots\ldots\ldots\ldots\ldots\ldots\ldots\ldots
\end{array}\right\}\quad(9)$$

On aura, en second lieu, (4)

$$\left.\begin{array}{l}
0=r^2_2\,\text{Sin.}^2(r_1,r_2)+r^2_3\,\text{Sin.}^2(r_1,r_3)+r^2_4\,\text{Sin.}^2(r_1,r_4)+\ldots.+r^2_n\,\text{Sin.}^2(r_1,r_n)\\
\qquad+2r_2r_3\,\text{Sin.}(r_1,r_2)\text{Sin.}(r_1,r_3)\text{Cos.}(r_1r_2,r_1r_3)+\ldots.
\end{array}\right\}\quad(10)$$

On aura enfin (5)

$$\left.\begin{array}{l}
r^2_2\,\text{Sin.}^2(r_1,r_2)=r^2_3\,\text{Sin.}^2(r_1,r_3)+r^2_4\,\text{Sin.}^2(r_1,r_4)+\ldots\ldots+r^2_n\,\text{Sin.}^2(r_1,r_4)\\
\qquad+2r_3r_4\,\text{Sin.}(r_1,r_3)\text{Sin.}(r_1,r_4)\text{Cos.}(r_1r_3,r_1r_4)+\ldots.
\end{array}\right\}\quad(11)$$

Soient désignées, pour un moment, par $p_2$, $p_3$, ........ $p_n$, les perpendiculaires aux plans des angles $(r_1, r_2)$, $(r_1, r_3)$, ....$(r_1, r_n)$, *dont il a été question ci-dessus ; les deux premières équations* (8) pourront être écrites ainsi

$$r_2\,\text{Sin.}(r_1,r_2)\text{Cos.}(p_2,x)+r_3\,\text{Sin.}(r_1,r_3)\text{Cos.}(p_3,x)+r_4\,\text{Sin.}(r_1,r_4)\text{Cos.}(p_4,x)+..=0$$

$$r_2\,\text{Sin.}(r_1,r_2)\text{Cos.}(p_2,y)+r_3\,\text{Sin.}(r_1,r_3)\text{Cos.}(p_3,y)+r_4\,\text{Sin.}(r_1,r_4)\text{Cos.}(p_4,y)+..=0$$

Si, du produit de la première par Cos.$(p_2, y)$, on retranche le produit de la seconde par Cos.$(p_2, x)$, afin d'éliminer $r_2$ entre elles, on trouvera

$$\left.\begin{array}{l} r_3\,\mathrm{Sin.}(r_1,r_3\,([\mathrm{Cos.}(p_3,x)\mathrm{Cos.}(p_2,y)-\mathrm{Cos.}(p_2,x)\mathrm{Cos.}(p_3,y)] \\ +r_4\,\mathrm{Sin.}(r_1,r_4([\mathrm{Cos.}(p_4,x)\mathrm{Cos.}(p_2,y)-\mathrm{Cos.}(p_2,x)\mathrm{Cos}\,(p_4,y)] \\ +\ \ldots\ldots\ldots\ldots\ldots\ldots\ldots\ldots \end{array}\right\}=0.$$

Or, les formules (7) donnent

$$\mathrm{Cos.}(p_3,x)\mathrm{Cos.}(p_2,y)-\mathrm{Cos.}(p_2,x)\mathrm{Cos.}(p_3,y)=\mathrm{Sin}\,(p_2,p_3)\mathrm{Cos.}(p_2p_3,z)\ ,$$

$$\mathrm{Cos.}(p_4,y)\mathrm{Cos.}(p_2,y)-\mathrm{Cos.}(p_2,x)\mathrm{Cos.}(p_4,y)=\mathrm{Sin.}(p_2,p_4)\mathrm{Cos.}(p_2p_4,z)\ ,$$

$$\ldots\ldots\ldots\ldots\ldots\ldots\ldots\ldots\ldots\ldots ;$$

on a d'ailleurs, par la définition même des lignes $p_2$, $p_3$, ..$p_n$,

$$(r_1, z)=(p_2p_3, z)=(p_2p_4, z)=\ldots\ldots$$

et, en outre,

$$\mathrm{Sin}\,(p_2,p_3)=\mathrm{Sin.}(r_1r_2\,,r_1r_3),\ \mathrm{Sin.}(p_2,p_4)=\mathrm{Sin.}(r_1r_2\,,r_1r_4),\ldots.$$

au moyen de quoi l'équation ci-dessus deviendra, en divisant par Cos.$(r_1, z)$,

$$r_3\,\mathrm{Sin.}(r_1,r_3)\mathrm{Sin.}(r_1r_2\,,r_1r_3)+r_4\,\mathrm{Sin.}(r_1,r_4)\mathrm{Sin.}(r_1r_2\,,r_1r_4)+\ldots.=0\ . \quad (12)$$

Comme cette dernière équation, et toutes les autres qu'on en pourrait déduire, ne renferment plus rien de relatif aux axes des coordonnées, elles ne sauraient être susceptibles de transformations ultérieures.

## §. VI.

Après nous être occupés d'un polygone rectiligne quelconque, occupons-nous, en particulier, du quadrilatère gauche, dont la théorie se lie à celle des coordonnées obliques.

Soient, dans l'espace, trois axes obliques, donnés de position, et un point quelconque, rapporté à ces axes, par les trois coordonnées $x$, $y$, $z$. Soit $r$ la distance de ce point à l'origine, laquelle est la diagonale d'un parallélipipède obliquangle, ayant $x$, $y$, $z$ pour les trois arêtes d'un même angle. Trois arêtes consécutives de ce parallélipipède forment avec cette diagonale $r$, un quadrilatère gauche, auquel nous pouvons appliquer les formules générales trouvées précédemment. Nous conviendrons seulement de changer la direction de son côté $r$, c'est-à-dire que nous considérerons la diagonale comme allant de l'origine au point $(x, y, z)$; en conséquence, il faudra, dans toutes nos formules, changer $\text{Cos.}(r, x)$, $\text{Cos.}(r, y)$, $\text{Cos.}(r, z)$ en $-\text{Cos}(r, x)$, $-\text{Cos.}(r, y)$, $-\text{Cos.}(r, z)$.

Cela posé, $r'$ étant une droite de direction arbitraire, les équations (2) donnent d'abord

$$r\text{Cos.}(r, r') = x\text{Cos.}(x, r') + y\text{Cos.}(y, r') + z\text{Cos.}(z, r') \,. \quad (13)$$

On tire ensuite des équations (3)

$$\left.\begin{aligned} r &= x\text{Cos.}(r, x) + y\text{Cos.}(r, y) + z\text{Cos.}(r, z)\,, \\ r\text{Cos}(r, x) &= x + y\text{Cos.}(x, y) + z\text{Cos.}(x, z)\,, \\ r\text{Cos.}(r, y) &= x\text{Cos.}(x, y) + y + z\text{Cos.}(y, z)\,, \\ r\text{Cos.}(r, z) &= x\text{Cos.}(x, z) + y\text{Cos.}(y, z) + z\,. \end{aligned}\right\} \quad (14)$$

Si l'on met, dans la première des équations (14), les valeurs de $x$, $y$, $z$ tirées des trois autres, on parviendra à l'équation de relation connue entre les six angles que forment deux à deux dans l'espace quatre droites $r$, $x$, $y$, $z$ de direction arbitraire. Cette équation est

$$1-\text{Cos.}^2(y,z)-\text{Cos.}^2(z,x)-\text{Cos.}^2(x,y)+2\text{Cos.}(y,z)\text{Cos.}(z,x)\text{Cos.}(x,y)$$

$$=\left\{\begin{array}{l}\text{Cos.}^2(r,x)\text{Sin.}(y,z)-2\text{Cos.}(r,y)\text{Cos.}(r,z)[\text{Cos.}(y,z)-\text{Cos.}(x,y)\text{Cos.}(z,x)]\\+\text{Cos.}^2(r,y)\text{Sin.}^2(z,x)-2\text{Cos.}(r,z)\text{Cos.}(r,x)[\text{Cos.}(z,x)-\text{Cos.}(y,z)\text{Cos.}(x,y)]\\+\text{Cos.}^2(r,z)\text{Sin.}^2(x,y)-2\text{Cos.}(r,x)\text{Cos.}(r,y)[\text{Cos.}(x,y)-\text{Cos.}(z,x)\text{Cos.}(y,z)]\end{array}\right\}. \quad (15)$$

Soient $\alpha$ , $\beta$ , $\gamma$ les angles dièdres adjacens à l'une des faces d'un tétraèdre et $\alpha'$, $\beta'$ , $\gamma'$ les angles dièdres respectivement opposés. Si , d'un point pris dans l'intérieur du tétraèdre on abaisse des perpendiculaires sur les directions de ses quatre faces , ces perpendiculaires formeront deux à deux six angles qui auront entre eux la relation ci-dessus ; mais ces angles seront les supplémens respectifs des six angles dièdres du tétraèdre , d'où il suit que ces derniers auront entre eux la relation suivante :

$$1-\text{Cos.}^2\alpha'-\text{Cos.}^2\beta'-\text{Cos.}^2\gamma'-2\text{Cos.}\alpha'\text{Cos.}\beta'\text{Cos.}\gamma'$$

$$=\left\{\begin{array}{l}\text{Cos.}^2\alpha\text{Sin.}^2\alpha'+2(\text{Cos.}\alpha'+\text{Cos}\,\beta'\text{Cos.}\gamma')\text{Cos}\,\beta\text{Cos.}\gamma\\+\text{Cos}^2\beta\text{Sin.}^2\beta'+2(\text{Cos.}\beta'+\text{Cos.}\gamma'\text{Cos.}\alpha')\text{Cos.}\gamma\text{Cos.}\alpha\\+\text{Cos.}^2\gamma\text{Sin.}^2\gamma'+2(\text{Cos.}\gamma'+\text{Cos.}\alpha'\text{Cos}\,\beta')\text{Cos.}\alpha\text{Cos.}\beta\end{array}\right\};$$

et la première des deux questions proposées à la page 396 du XIII.$^e$ volume des *Annales*, consisterait à déduire de cette équation une relation entre les angles $\alpha$ , $\beta$ , $\gamma$ , $\alpha'$ , $\beta'$ , $\gamma'$ eux-mêmes ; mais peut-être parviendrait-on plus aisément au but à l'aide d'un procédé analogue à ceux qui ont été mis en usage dans l'article de la page 271 du tome IX.

Les formules (4) donnent

$$r^2=x^2+y^2+z^2+2yz\text{Cos.}(y,z)+2zx\text{Cos.}(z,x)+2xy\text{Cos.}(x,y) \; ; \quad (16)$$

c'est-à-dire que : *Le quarré de la diagonale d'un parallélipipède est égal à la somme des quarrés des trois arêtes qui partent de l'une de ses extrémités, augmentée des doubles produits de ces arêtes deux à deux, multipliés par les cosinus des angles que comprennent leurs directions.*

En vertu des équations (9), on a

$$r^2\text{Sin.}^2(r,x)=y^2\text{Sin.}^2(x,y)+z^2\text{Sin.}^2(x,z)+2xy\text{Sin.}(x,y)\text{Sin.}(x,z)\text{Cos.}(xy,xz)\ ;$$

mais en quarrant la seconde des équations (14) on a

$$r^2\text{Cos.}^2(r,x)=x^2+y^2\text{Cos.}^2(x,y)+z^2\text{Cos.}^2(x,z)+2xy\text{Cos.}(x,y)$$
$$+2xz\text{Cos.}(x,z)+2yz\text{Cos.}(x,y)\text{Cos.}(x,z)\ ;$$

ajoutant cette équation à la précédente, il viendra

$$r^2=x^2+y^2+z^2+2xy\text{Cos.}(x,y)+2xz\text{Cos.}(x,z)$$
$$+2yz\{\text{Sin.}(x,y)\text{Sin.}(x,z)\text{Cos.}(xy,xz)+\text{Cos.}(x,y)\text{Cos.}(x,z)\}\ ,$$

en égalant cette valeur de $r^2$ à celle qui est donnée par la formule (16), on aura

$$\text{Sin.}(x,y)\text{Sin.}(x,z)\text{Cos.}(xy,xz)=\text{Cos.}(y,z)-\text{Cos.}(x,y)\text{Cos.}(x,z)\ ;\quad (17)$$

équation que l'on reconnaîtra pour l'équation fondamentale de la trigonométrie sphérique.

En vertu des équations (9), on a

$$x\text{Sin.}(z,x)\text{Sin.}(zx,rz)=y\text{Sin.}(y,z)\text{Sin.}(yz,rz)\ ,$$

$$y\text{Sin.}(x,y)\text{Sin.}(xy,rx)=z\text{Sin.}(z,x)\text{Sin.}(xy,rx)\ ;$$

$$z\text{Sin.}(y,z)\text{Sin.}(yz,ry)=x\text{Sin.}(x,y)\text{Sin.}(xy,ry)\ ;$$

donc, en multipliant

$$\text{Sin.}(zx, rz)\text{Sin.}(xy, rx)\text{Sin.}(yz, ry) = \text{Sin.}(yz, rz)\text{Sin.}(zx, rx)\text{Sin.}(xy, ry).$$

On peut, dans l'équation (13) faire disparaître, de trois manières, deux des termes du second membre, en y supposant nulles deux des quantités $\text{Cos.}(x, r')$, $\text{Cos.}(y, r')$, $\text{Cos.}(z, r')$; la droite $r'$, dabord de direction indéterminée, devient alors perpendiculaire à l'un des plans coordonnés, ce qui donne

$$r\text{Cos.}(r,yz) = x\text{Cos.}(x,yz), \quad r\text{Cos.}(r,zx) = y\text{Cos.}(y,zx), \quad r\text{Cos.}(r,xy) = z\text{Cos.}(z,xy). \quad (18)$$

En substituant les valeurs de $x$, $y$, $z$ qui en résultent dans les équations trouvées ci-dessus, on obtiendra diverses formules indépendantes des longueurs des droites $r$, $x$, $y$, $z$ et relatives seulement à leur direction; les principales sont

$$1 = \frac{\text{Cos.}(r,yz)}{\text{Cos}(x,yz)}\text{Cos.}(r,x) + \frac{\text{Cos.}(r,zx)}{\text{Cos.}(y,zx)}\text{Cos.}(r,y) + \frac{\text{Cos.}(r,xy)}{\text{Cos.}(z,xy)}\text{Cos.}(r,z),$$

$$\text{Cos.}(r,x) - \frac{\text{Cos.}(r,yz)}{\text{Cos.}(x,yz)} = \frac{\text{Cos.}(r,zx)}{\text{Cos.}(y,zx)}\text{Cos.}(x,y) + \frac{\text{Cos.}(r,xy)}{\text{Cos.}(z,xy)}\text{Cos.}(z,x);$$

$$\text{Cos.}(r,y) - \frac{\text{Cos.}(r,zx)}{\text{Cos.}(y,zx)} = \frac{\text{Cos.}(r,xy)}{\text{Cos.}(z,xy)}\text{Cos.}(y,z) + \frac{\text{Cos.}(r,yz)}{\text{Cos.}(x,yz)}\text{Cos.}(x,y),$$

$$\text{Cos.}(r,z) - \frac{\text{Cos.}(r,xy)}{\text{Cos.}(z,xy)} = \frac{\text{Cos.}(r,yz)}{\text{Cos.}(x,yz)}\text{Cos.}(z,x) + \frac{\text{Cos.}(r,zx)}{\text{Cos.}(y,zx)}\text{Cos.}(y.z).$$

$$1 = \left\{\begin{aligned} &\frac{\text{Cos.}^2(r,yz)}{\text{Cos.}^2(x,yz)} + 2\frac{\text{Cos.}(r,zx)\text{Cos.}(r,xy)}{\text{Cos.}(y,zx)\text{Cos.}(z,xy)}\text{Cos.}(y,z) \\ &+ \frac{\text{Cos.}^2(r,zx)}{\text{Cos.}^2(y,zx)} + 2\frac{\text{Cos.}(r,xy)\text{Cos.}(r,yz)}{\text{Cos.}(z,xy)\text{Cos.}(x,yz)}\text{Cos.}(z,x) \\ &+ \frac{\text{Cos.}^2(r,xy)}{\text{Cos.}^2(z,xy)} + 2\frac{\text{Cos.}(r,yz)\text{Cos.}(r,zx)}{\text{Cos.}(x,yz)\text{Cos.}(y,zx)}\text{Cos.}(x,y) \end{aligned}\right\}$$

Soit encore une droite $r'$, menée, dans une direction quelconque, par l'origine des axes obliques, et soit $(x', y', z')$ son extrémité; l'équation (13), multipliée par $r'$, donnera

$$rr'\text{Cos.}(r, r') = r'x\text{Cos.}(r', x) + r'y\text{Cos.}(r', y) + r'z\text{Cos.}(r', z) ;$$

mais les trois dernières équations (14) donnent

$$r'\text{Cos.}(r', x) = x' + y'\text{Cos.}(x, y) + z'\text{Cos.}(z, x) ,$$

$$r'\text{Cos.}(r', y) = y' + z'\text{Cos.}(y, z) + x'\text{Cos.}(x, y) ,$$

$$r'\text{Cos.}(r', z) = z' + x'\text{Cos.}(z, x) + y'\text{Cos.}(y, z) ;$$

mettant ces valeurs dans l'équation précédente, elle deviendra

$$rr'\text{Cos.}(r, r') = \left\{ \begin{array}{l} xx' + (yz' + zy')\text{Cos.}(y, z) \\ +yy' + (zx' + xz')\text{Cos}(z, x) \\ +zz' + (xy' + yx')\text{Cos.}(x, y) \end{array} \right\} .$$

En substituant aux rapports $\frac{x}{r}$, $\frac{y}{r}$, $\frac{z}{r}$, $\frac{x'}{r}$. $\frac{y'}{r}$, $\frac{z'}{r}$, leurs valeurs angulaires, données par les équations (18), cette formule donnera le cosinus de l'angle de deux droites, rapportées à des coordonnées obliques.

## §. VII.

Les formules relatives à la transformation des coordonnées se déduisent de l'équation (13) de la manière la plus simple.

Soient, en effet dans l'espace, deux systèmes d'axes obliques ayant la même origine; soient $x$, $y$, $z$ et $x'$, $y'$, $z'$ les coordonnées d'un même point quelconque, dans les deux systèmes, et soit $r$ la distance de ce point à l'origine. Si $p$ désigne une autre droite de direction arbitraire menée par cette origine, l'équation (13) donnera

$$r\mathrm{Cos.}(r\,,p)=x\ \mathrm{Cos.}(x\ \ ,p)+y\ \mathrm{Cos.}(y\ \ ,p)+z\ \mathrm{Cos.}(z\ \ ,p)\ ,$$

$$r\mathrm{Cos.}(r\,,p)=x'\mathrm{Cos.}(x'\,,p)+y'\,\mathrm{Cos.}(y'\,,p)+z'\mathrm{Cos.}(z'\,,p)\ ;$$

et conséquemment

$$x\mathrm{Cos.}(x,p)+y\mathrm{Cos.}(y,p)+z\mathrm{Cos.}(z,p)=x'\mathrm{Cos.}(x',p)+y'\mathrm{Cos.}(y',p)+z'\mathrm{Cos.}(z',p).\quad (19)$$

Nous ferons disparaître deux termes de cette dernière équation, en posant

$$\mathrm{Cos.}(y\,,p)=0\ ,\quad \mathrm{Cos.}(z\,,p)=0\ ;$$

alors la droite $p$ sera perpendiculaire au plan des $yz$. Désignant alors par $(x\,,\,yz)$, $(x'\,,yz)$, les angles que fait cette droite avec les axes des $x$ et des $x'$, et employant des notations analogues pour les autres angles du même genre, l'équation (19) deviendra

$$x\mathrm{Cos.}(x,yz)=x'\mathrm{Cos.}(x'yz)+y'\mathrm{Cos.}(y',yz)+z'\mathrm{Cos.}(z',yz)\ ;\quad (20)$$

et, comme on pourrait appliquer le même raisonnement à chacun des autres axes, on aura, pour les formules générales de la transformation des coordonnées,

$$\left.\begin{aligned}
x\mathrm{Cos.}(x,yz)&=x'\mathrm{Cos.}(x',yz)+y'\mathrm{Cos.}(y',yz)+z'\mathrm{Cos.}(z'yz)\ ,\\
y\mathrm{Cos.}(y,zx)&=y'\mathrm{Cos.}(y',zx)+z'\mathrm{Cos.}(z',zx)+x'\mathrm{Cos.}(x',zx)\ ,\\
z\mathrm{Cos.}(z,xy)&=z'\mathrm{Cos.}(z',xy)+x'\mathrm{Cos.}(x'xy)+y'\mathrm{Cos.}(y',xy)\ .
\end{aligned}\right\}\ (21)$$

On obtient par les mêmes moyens, les formules réciproques,

$$\left.\begin{aligned}
x'\mathrm{Cos.}(x',y'z')&=x\mathrm{Cos.}(x,y'z')+y\mathrm{Cos.}(y,y'z')+z\mathrm{Cos.}(z,y'z')\,,\\
y'\mathrm{Cos.}(y',z'x')&=y\mathrm{Cos.}(y,x'x')+z\mathrm{Cos.}(z,z'x')+x\mathrm{Cos.}(x,z'x')\,,\\
z'\mathrm{Cos.}(z',x'y')&=z\mathrm{Cos.}(z,x'y')+x\mathrm{Cos.}(x,x'y')+y\mathrm{Cos}(y,x'y')\,.
\end{aligned}\right\}\ (22)$$

Ces équations sont celles qui résolvent le problème général de la transformation des coordonnées. Les neuf coefficiens qui entrent dans leurs seconds membres sont, en vertu de l'équation (15), liés par trois conditions, de manière que six seulement d'entre eux sont nécessaires et indépendans.

Lorsque les axes primitifs des $x$, $y$, $z$ sont rectangulaires, les équations (21) se simplifient et deviennent

$$x=x'\text{Cos.}(x',x)+x'\text{Cos.}(y',x)+z'(z',x)\ ,$$

$$y=y'\text{Cos.}(y',y)+z'\text{Cos.}(z',y)+x'(x',y)\ ,$$

$$z=z'\text{Cos.}(z',z)+x'\text{Cos.}(x',z)+y'(y',z)\ ;$$

et les trois équations de relation dont il vient d'être question ci-dessus

$$\text{Cos.}^2(x',x)+\text{Cos.}^2(x'y)+\text{Cos.}^2(x',z)=1\ ,$$

$$\text{Cos.}^2(y',y)+\text{Cos.}^2(y',z)+\text{Cos.}^2(y',x)=1\ ,$$

$$\text{Cos.}^2(z',z)+\text{Cos.}^2(z',x)+\text{Cos.}^2(z',y)=1\ .$$

Supposons de nouveau les deux systèmes de coordonnées obliques; mais admettons que les axes des $x'$, $y'$, $z'$ soient respectivement perpendiculaires aux plans des $yz$, $zx$, $xy$, alors les axes des $x$, $y$, $z$ seront, à l'inverse, respectivement perpendiculaires aux plans des $y'z'$, $z'x'$, $x'y'$, en introduisant ces conditions dans les équations (21) et (22), en posant, pour abréger,

$$\text{Cos.}(y,z)=a\ ,\qquad \text{Cos.}(zx,xy)=a'\ ,\qquad \text{Cos.}(x,yz)=\text{A}\ ,$$

$$\text{Cos.}(z,x)=b\ ,\qquad \text{Cos.}(xy,yz)=b'\ ,\qquad \text{Cos.}(y,zx)=\text{B}\ ,$$

$$\text{Cos.}(x,y)=c\ ,\qquad \text{Cos.}(yz,zx)=c'\ ,\qquad \text{Cos.}(z,xy)=\text{C}\ .$$

Ces équations deviendront

$$\left.\begin{aligned} Ax &= x'+c'y'+b'z' ,\\ By &= y'+a'z'+c'x' ,\\ Cz &= z'+b'x'+a'y' ; \end{aligned}\right\} (23) \qquad \left.\begin{aligned} Ax' &= x+cy+bz ,\\ By' &= y+az+cx ,\\ Cz' &= z+bx+ay . \end{aligned}\right\} (24)$$

Si l'on résout les équations (24) par rapport à $x$, $y$, $z$, en multipliant respectivement les résultats par A, B, C, et posant, pour abréger,

$$k^2=1-a^2-b^2-c^2+2abc ,$$

on trouvera

$$Ax=\frac{1}{k^2}\left\{A^2(1-a^2)x'+AB(ab-c)y'+CA(ca-b)z'\right\}$$

$$By=\frac{1}{k^2}\left\{B^2(1-b^2)y'+BC(bc-a)z'+AB(ab-c)x'\right\}$$

$$Cz=\frac{1}{k^2}\left\{C^2(1-c^2)z'+CA(ca-b)x'+BC(bc-a)y'\right\}$$

comparant ces dernières équations aux équations (23), on aura, à cause de l'identité qui doit évidemment exister entre leurs seconds membres,

$$\left.\begin{aligned} A^2(1-a^2) &= k^2 , & BC(bc-a) &= a'k^2 ,\\ B^2(1-b^2) &= k^2 , & CA(ca-b) &= b'k^2 ,\\ C^2(1-c^2) &= k^2 , & AB(ab-c) &= c'k^2 . \end{aligned}\right\} (25)$$

Il est manifeste que si l'on eût opéré d'abord sur les équations (23) pour comparer ensuite les résultats aux équations (24); en posant, pour abréger,

$$k'^2=1-a'^2-b'^2-c'^2+2a'b'c' ,$$

on aurait eu

$$\left.\begin{array}{ll} A^2(1-a'^2)=k'^2 , & BC(b'c'-a')=ak^2 , \\ B^2(1-b'^2)=k'^2 , & CA(c'a'-b')=bk^2 , \\ C^2(1-c'^2)=k'^2 ; & AB(a'b'-c')=ck^2 . \end{array}\right\} (26)$$

Equations dont le système équivaut évidemment à celui des premières.

Les axes des $x$, $y$, $z$ sont les arêtes d'un angle trièdre dont les angles plans sont $(x, y)$, $(y, z)$, $(z, x)$; et dont nous désignerons les angles dièdres respectivement opposés par X, Y, Z. On peut supposer que les perpendiculaires élevées aux faces de cet angle trièdre, sont tellement dirigées que les angles qu'elles font avec les arêtes opposées n'excèdent pas l'angle droit; alors les cosinus A, B, C de ces angles sont positifs, et les équations de gauche (25) et (26) donnent

$$\begin{array}{ll} A\sqrt{1-a^2}=k , & A\sqrt{1-a'^2}=k' , \\ B\sqrt{1-b^2}=k , & B\sqrt{1-b'^2}=k' , \\ C\sqrt{1-c^2}=k , & C\sqrt{1-c'^2}=k' ; \end{array}$$

d'où, par division

$$\frac{k}{k'}=\frac{\sqrt{1-a^2}}{\sqrt{1-a'^2}}=\frac{\sqrt{1-b^2}}{\sqrt{1-b'^2}}=\frac{\sqrt{1-c^2}}{\sqrt{1-c'^2}} .$$

Si l'on compare les produits deux à deux des trois premières, puis des trois dernières, avec les équations de droite (25) et (26), on aura

$$\begin{array}{ll} bc-a=\sqrt{1-b^2}.\sqrt{1-c^2}.a' , & b'c'-a'=\sqrt{1-b'^2}.\sqrt{1-c'^2}.a , \\ ca-b=\sqrt{1-c^2}.\sqrt{1-a^2}.b' , & c'a'-b'=\sqrt{1-c'^2}.\sqrt{1-a'^2}.b , \\ ab-c=\sqrt{1-a^2}.\sqrt{1-b^2}.c' , & a'b'-c'=\sqrt{1-a'^2}.\sqrt{1-b'^2}.c . \end{array}$$

Maintenant, les angles que font entre elles les perpendiculaires aux plans des faces de l'angle trièdre, et dont les cosinus sont $a'$, $b'$, $c'$, peuvent être égaux aux angles dièdres X, Y, Z ou bien en être les supplémens. La question se décide par l'examen d'un cas particulier. Quand les angles plans $zx$, $xy$ sont droits, ce qui rend $b$ et $c$ nuls, l'angle $(y, z)$ ne diffère pas de l'angle dièdre X, et l'on a $a=\text{Cos.X}$ ; mais nos formules donnent, en même temps $-a=a'$, donc $a'=-\text{Cos.X}$; d'où l'on conclut qu'en général $a'$, $b'$; $c'$ sont les cosinus des supplémens des angles dièdres X, Y, Z. Quant à A, B, C, ce sont visiblement les sinus des angles que font les arêtes avec les faces opposées, angles que, pour abréger, nous dénoterons simplement par X', Y', Z'. Désignant en outre, pour abréger, $x$, $y$, $z$, respectivement, les angles $(y, z)$, $(z, x)$, $(x, y)$ ; les formules ci-dessus deviendront

$$\text{Sin.}x\text{Sin.X}'=\text{Sin.}y\text{Sin.Y}'=\text{Sin.}z\text{Sin.Z}'=k\quad,$$

$$\text{Sin.XSin.X}'=\text{Sin.YSin.Y}'=\text{Sin.ZSin.Z}'=k'\quad;$$

$$\frac{\text{Sin.}x}{\text{Sin.X}}=\frac{\text{Sin.}y}{\text{Sin.Y}}=\frac{\text{Sin.}z}{\text{Sin.Z}}=\frac{k}{k'}\quad,$$

$$\text{Sin.}y\text{Sin.}z\text{Cos.X}=\text{Cos.}x-\text{Cos.}y\text{Cos.}z\ ,\quad \text{Sin.YSin.ZCos.}x=\text{Cos.X}+\text{Cos.YCos.Z}\ ,$$

$$\text{Sin.}z\text{Sin.}x\text{Cos.Y}=\text{Cos.}y-\text{Cos.}z\text{Cos.}x\ ,\quad \text{Sin.ZSin.XCos.}y=\text{Cos.Y}+\text{Cos.ZCos.X}\ ,$$

$$\text{Sin}x\text{Sin.}y\,\text{Cos.Z}=\text{Cos.}z-\text{Cos.}x\text{Cos.}y\ ,\quad \text{Sin.XSin.YCos.}z=\text{Cos.Z}+\text{Cos.XCosY}\ .$$

Nous retrouvons donc ainsi l'ensemble des formules de la trigonométrie sphérique.

Le volume P du parallélipipède construit sur les grandeurs et directions des coordonnées $x$, $y$, $z$, est égal à l'aire de la face qui renferme les coordonnées $x$ et $y$ multipliée par la perpendiculaire abaissée sur le plan de cette face de l'extrémité de l'arête $z$ qui lui est opposée. Or, l'aire de cette face est $xy\text{Sin.}(x, y)$, et la perpendiculaire a pour expression $z\text{Cos.}(z, xy)$ ou $z\text{Sin.Z}'$; donc

$$\text{P}=xyz\text{Sin.}(x,y)\text{Sin.Z}'\ ;$$

mais nous avons trouvé

$$\text{Sin.}(y,z)\text{Sin.}Z'=k=\sqrt{1-\text{Cos.}^2(x,y)-\text{Cos.}^2(y,z)-\text{Cos.}^2(z,x)+2\text{Cos.}(x\,y)\text{Cos}(y,z)\text{Cos.}(z,x)}\ ;$$

donc finalement

$$P=xyz\sqrt{1-\text{Cos.}^2(x,y)-\text{Cos.}^2(y,z)-\text{Cos.}^2(z,x)+2\text{Cos.}(x,y)\text{Cos.}(y,z)\text{Cos.}(z,x)}\ .$$

## §. VIII.

La formule (13) va nous conduire à l'équation du plan. En désignant, en effet, par $p$ la perpendiculaire abaissée de l'origine des coordonnées sur un plan donné de position, $(x,y,z)$ représentant un point quelconque de ce plan, et $r$ la distance du même point à l'origine, on aura par l'équation (13)

$$r\text{Cos.}(r,p)=x\text{Cos.}(x,p)+y\text{Cos.}(y,p)+z\text{Cos.}(z.p)\ .$$

Or $r\text{Cos}(r,p)$ n'est autre chose que la perpendiculaire $p$ ; donc

$$x\text{Cos.}(x,p)+y\text{Cos.}(y,p)+z\text{Cos.}(z,p)=p\ . \qquad (27)$$

Telle est donc sous une forme très-simple l'équation entre les trois coordonnées de l'un quelconque des points d'un plan donné. On doit remarquer, au surplus, que les trois coefficiens du premier membre sont liés entre eux par l'équation (15) qui, lorsque les axes sont rectangulaires, se réduit à

$$\text{Cos.}^2(x,p)+\text{Cos.}^2(y,p)+\text{Cos.}^2(z,p)=1\ .$$

Dans la même hypothèse, si

$$Ax+By+Cz=D$$

représente l'équation d'un plan, on aura

$$\text{Cos.}(x,p)=\frac{A}{\sqrt{A^2+B^2+C^2}}\,,\quad \text{Cos.}(y,p)=\frac{B}{\sqrt{A^2+B^2+C^2}}\,,\quad \text{Cos.}(z,p)=\frac{C}{\sqrt{A^2+B^2+C^2}}\,,$$

$$p=\frac{D}{\sqrt{A^2+B^2+C^2}}\ .$$

Soit $(x', y', z')$ un point quelconque de l'espace, et soit P la perpendiculaire abaissée de ce point sur le plan (27); si, par le point $(x', y', z')$ on conçoit un plan parallèle à celui-là, son équation sera de la forme

$$x\text{Cos.}(x, p)+y\text{Cos.}(y, p)+z\text{Cos.}(z, p)=p' ; \qquad (28)$$

et conséquemment on devra avoir

$$x'\text{Cos.}(x, p)+y'\text{Cos.}(y, p)+z'\text{Cos.}(z, p)=p' ;$$

or, la perpendiculaire P est visiblement égale à la différence des perpendiculaires abaissées de l'origine sur les deux plans parallèles (27) et (28); donc suivant que le plan (27) sera ou ne sera pas situé entre l'origine et le point $(x',y',z')$, on aura

$$\pm P=p'-p=x'\text{Cos.}(x,p)+y'\text{Cos.}(y,p)+z'\text{Cos.}(z,p)-p . \qquad (29)$$

D'après les formules déterminées ci-dessus, on voit que, si l'équation proposée était de la forme

$$Ax+By+Cz=D ,$$

on aurait alors

$$P=\pm\frac{Ax'+By'+Cz'-D}{\sqrt{A^2+B^2+C^2}} ;$$

formule connue.

Soit un second plan

$$A'x+B'y+C'z=D' ;$$

l'angle des deux plans sera égal à $(p, p')$, $p'$ étant ici la perpendiculaire abaissée de l'origine sur le second plan; or, on a (§. VI)

$$\text{Cos.}(p,p')=\text{Cos.}(x,p)\text{Cos.}(x,p')+\text{Cos.}(y,p)\text{Cos.}(y,p')+\text{Cos.}(z,p)\text{Cos}(z,p') ;$$

donc

$$\text{Cos.}(p, p')=\frac{AA'+BB'+CC'}{\sqrt{(A^2+B^2+C^2)(A'^2+B'^2+B'^2)}} ;$$

formule également connue.

## §. IX.

Nous terminerons par la recherche des relations entre les aires des faces d'un polyèdre et les angles dièdres qu'elles déterminent par leur rencontre.

Soient $t_1$, $t_2$, $t_3$, .......... $t_n$ les aires de ces faces. Rapportons le polyèdre à des axes rectangulaires ayant leur origine dans son intérieur ; et soient $p_1$, $p_2$, $p_3$, ..... $p_n$ les perpendiculaires abaissées de cette origine sur les plans de ses faces, et allant conséquemment du dedans au dehors. Soient encore $\alpha_1$, $\beta_1$, $\gamma_1$ ; $\alpha_2$, $\beta_2$, $\gamma_2$ ;....., $\alpha_n$, $\beta_n$, $\gamma_n$ les angles que font ces mêmes perpendiculaires avec les trois faces.

Si l'on considère un autre point $(x, y, z)$, pris dans l'intérieur du polyèdre, comme le sommet commun d'une suite de pyramides ayant ses faces pour bases, leurs hauteurs seront (29)

$$\begin{array}{l} p_1-x\text{Cos.}\alpha_1-y\text{Cos.}\beta_1-z\text{Cos.}\gamma_1\ , \\ p_2-x\text{Cos.}\alpha_2-y\text{Cos.}\beta_2-z\text{Cos.}\gamma_2\ , \\ \cdots\cdots\cdots\cdots\cdots\ , \\ p_n-x\text{Cos.}\alpha_n-y\text{Cos.}\beta_n-z\text{Cos.}\gamma_n\ ; \end{array}$$

de sorte qu'en désignant par P le volume de tout le polyèdre, égal à la somme des volumes de ces pyramides, on aura

$$3\text{P}=\left\{\begin{array}{l} t_1(p_1-x\text{Cos.}\alpha_1-y\text{Cos.}\beta_1-z\text{Cos.}\gamma_1) \\ +t_2(p_2-x\text{Cos.}\alpha_2-y\text{Cos.}\beta_2-z\text{Cos.}\gamma_2) \\ +\cdots\cdots\cdots\cdots\cdots \\ +t_n(p_n-x\text{Cos.}\alpha_3-y\text{Cos.}\beta_n-z\text{Cos.}\gamma_n) \end{array}\right\}\ ;$$

ou bien

$$3\text{P}=t_1p_1+t_2p_2+\cdots\cdots+t_np_n-\left\{\begin{array}{l} x(t_1\text{Cos.}\alpha_1+t_2\text{Cos.}\alpha_2+\cdots\cdots t_n\text{Cos.}\alpha_n) \\ +y(t_1\text{Cos.}\beta_1+t_2\text{Cos.}\beta_2+\cdots\cdots t_n\text{Cos.}\beta_n) \\ +z(t_1\text{Cos.}\gamma_1+t_2\text{Cos.}\gamma_2+\cdots\cdots t_n\text{Cos.}\gamma_n) \end{array}\right\}\ ;$$

et, comme on a aussi

$$3\text{P}=t_1p_1+t_2p_2+\cdots\cdots+t_np_n\ ,$$

il s'ensuit qu'on doit avoir

$$\left.\begin{array}{l} x(t_1\text{Cos.}\alpha_1+t_2\text{Cos.}\alpha_2+ \ldots\ldots\ t_n\text{Cos.}\alpha_n) \\ +y(t_1\text{Cos.}\beta_1+t_2\text{Cos}\,\beta_2+ \ldots\ldots\ t_n\text{Cos.}\beta_n) \\ +z(t_1\text{Cos.}\gamma_1+t_2\,\text{Cos.}\gamma_2+ \ldots\ldots\ t_n\text{Cos.}\gamma_n) \end{array}\right\}=0\,;$$

et, comme $x$, $y$, $z$ sont tout à fait arbitraires et indépendans, cette équation équivaut aux trois suivantes

$$t_1\text{Cos.}\alpha_1+t_2\text{Cos.}\alpha_2+t_3\text{Cos.}\alpha_3+\ldots\ldots\ t_n\text{Cos.}\alpha_n=0\ ,$$
$$t_1\text{Cos.}\beta_1+t_2\text{Cos.}\beta_2+t_3\text{Cos.}\beta_3+\ldots\ldots\ t_n\text{Cos.}\beta_n=0\ ,$$
$$t_1\text{Cos.}\gamma_1+t_2\text{Cos}\,\gamma_2+t_3\text{Cos.}\gamma_3+\ldots\ldots\ t_n\text{Cos.}\gamma_n=0\ ;$$

équations absolument de même forme que les équations (2), relatives aux polygones rectilignes fermés, plans ou gauches, de sorte que toutes les propositions que nous en avons déduites pour ces polygones s'appliquent sans restrictions aucunes, aux polyèdres, pourvu que l'on substitue les aires des faces aux longueurs des côtés et les directions des perpendiculaires à ces faces à celles de ces mêmes côtés ; et c'est assez dire que nous ne devons pas insister davantage sur ce sujet.

*Annales de Gergonne*
XVI, pp. 238–247
1825–26



# OPTIQUE.

## *Recherches d'analise sur les caustiques planes.*

Par M. Ch. Sturm.

M. Gergonne, par ses derniers travaux sur l'optique analitique, en a porté les principes au plus haut degré de simplicité et d'élégance qu'ils puissent atteindre. Il a montré, en particulier, par divers exemples, avec quelle facilité la théorie générale qu'il a établie conduit à tous les résultats déjà connus. Cette nouvelle théorie, purement analitique, devant suffire pour rendre compte de tous les phénomènes que la réflexion et la réfraction ordinaire peuvent offrir, il m'a paru à propos d'y rattacher quelques propriétés générales des caustiques planes qui ont beaucoup occupé les premiers investigateurs de ces sortes de courbes propriétés qui n'ont encore été démontrées jusqu'ici que par la méthode mixte et imparfaite des infiniment petits, et qui méritent d'être reproduites et généralisées dans le langage qui convient à l'état actuel de la science. Je me propose, entre autres choses, de faire voir que toute caustique, pouvant toujours être considérée comme une développée, est conséquemment rectifiable. Sous le point de vue de l'utilité physique, cette propriété des caustiques n'est pas sans quelque importance, en ce qu'elle peut donner la mesure de l'intensité de la lumière aux différens points de ces sortes de courbes. On conçoit, en effet, que les arcs de caustiques qui reçoivent une égale quantité de rayons lumineux sont d'autant moins éclairés qu'ils ont plus de longueur. Mais, avant d'exposer les formules relatives à cette rectification, je donnerai d'abord celles qui établissent une relation entre les longueurs des rayons incidens et réfractés correspondans, prises, l'une et l'autre, depuis le point d'incidence jusqu'à ceux où ces rayons touchent leurs caustiques respectives. Ces élégantes formules, dont la recherche première paraît due à Jean Bernouilli, renferment implicitement celles qui servent à déterminer les foyers des miroirs et lentilles de toute espèce; elles offrent en outre, le plus souvent, le seul moyen praticable pour construire par points les caustiques dont on s'occupe, et pour parvenir ainsi à une connaissance exacte ou approchée de la figure de ces sortes de courbes; comme on peut le voir par plusieurs exemples consignés dans l'*Analise des infiniment petits* du Marquis de l'Hôpital, et par un mémoire de Petit, inséré dans le II.e volume de la *Correspondance sur l'école polytechnique*.

Pour parvenir au but que j'ai en vue, je dois d'abord rappeler sommairement la théorie des caustiques planes de M. Gergonne. Cette théorie se réduit simplement à ce que, *à chaque trajectoire orthogonale des rayons incidens, il répond toujours une trajectoire orthogonale des rayons réfractés, telle que, de quelque point de la courbe séparatrice des deux milieux que l'on mène des normales aux deux trajectoires, les longueurs de ces normales seront respectivement entre elles dans le rapport constant du sinus d'incidence au sinus de réfraction*

On conclut de là immédiatement que $(X,Y)$ étant le point d'incidence, $(x,y)$, $(x',y')$ les pieds des normales abaissées de ce point sur les deux trajectoires, et le rapport constant de $\lambda$ à $\lambda'$ celui de leurs longueurs; en posant

$$\mathrm{d}Y=P\mathrm{d}X\,,\qquad \mathrm{d}y=p\mathrm{d}x\,,\qquad \mathrm{d}y'=p'\mathrm{d}x'\,;$$

on aura les quatre équations

$$\frac{(X-x)^2+(Y-y)^2}{\lambda^2}=\frac{(X-x')^2+(Y-y')^2}{\lambda'^2}\,,\qquad (1)$$

$$(X-x)+p(Y-y)=0\,,\quad (2)\qquad (X-x')+p'(Y-y')=0\,,\quad (2')$$

$$\frac{(X-x)+P(Y-y)}{\lambda^2}=\frac{(X-x')+P(Y-y')}{\lambda'^2}\,;\quad (3)\qquad (^*)$$

dont la dernière est comportée par les trois autres.

Puisque ces équations n'équivalent qu'à trois seulement, et que d'ailleurs chacune des trois courbes se trouve déterminée par les deux autres, il s'ensuit que, des six variables $X$, $Y$, $x$, $y$, $x'$, $y'$, une seule doit être regardée comme indépendante. Prenons $X$ pour telle, et posons

$$\mathrm{d}P=Q\mathrm{d}X\,,\qquad \mathrm{d}p=q\mathrm{d}x\,,\qquad \mathrm{d}p'=q'\mathrm{d}x'\,,$$

nous aurons

$$\frac{\mathrm{d}y}{\mathrm{d}X}=\frac{\mathrm{d}y}{\mathrm{d}x}\cdot\frac{\mathrm{d}x}{\mathrm{d}X}=p\frac{\mathrm{d}x}{\mathrm{d}X}\,;\qquad \frac{\mathrm{d}y'}{\mathrm{d}X}=\frac{\mathrm{d}y'}{\mathrm{d}x'}\cdot\frac{\mathrm{d}x'}{\mathrm{d}X}=p'\frac{\mathrm{d}x'}{\mathrm{d}X}\,.$$

---

(*) Voy. la page 66 du présent volume.

Différentiant alors les trois dernières équations sous ce point de vue, en ayant égard à ces relations, il viendra

$$1+pP-[(1+p^2)-q(Y-y)]\frac{\mathrm{d}x}{\mathrm{d}X}=0\,,$$

$$1+p'P-[(1+p'^2)-q'(Y-y')]\frac{\mathrm{d}x'}{\mathrm{d}X}=0\,,$$

$$\frac{(1+P^2)+Q(Y-y)-(1+pP)\frac{\mathrm{d}x}{\mathrm{d}X}}{\lambda^2}=\frac{(1+P^2)+Q(Y-y')-(1+p'P)\frac{\mathrm{d}x'}{\mathrm{d}X}}{\lambda'^2}$$

mettant ensuite dans la dernière les valeurs de $\frac{\mathrm{d}x}{\mathrm{d}X}$ et $\frac{\mathrm{d}x'}{\mathrm{d}X}$, tirées des deux qui la précèdent, on aura

$$\left.\begin{aligned}&\frac{(1+P^2)+Q(Y-y)-\dfrac{(1+pP)^2}{(1+p^2)-q(Y-y)}}{\lambda^2}\\&=\frac{(1+P^2)+Q(Y-y')-\dfrac{(1+p'P)^2}{(1+p'^2)-q'(Y-y')}}{\lambda^2}\end{aligned}\right\}\quad(4)$$

Cela posé, les axes des coordonnées n'étant simplement assujettis qu'à être rectangulaires, et pouvant d'ailleurs avoir, sur le plan des trois courbes, une situation quelconque ; il nous est permis de supposer, pour simplifier un peu ce résultat, qu'on a pris pour origine le point d'incidence ( $X$, $Y$ ), en dirigeant les axes des $x$ et des $y$, respectivement suivant la tangente et la normale à la courbe séparatrice en ce point. On aura ainsi $Y=0$, $P=0$ ; et si, en outre, on désigne par $R$ le rayon de courbure de cette séparatrice en ce point, on aura $Q=-\frac{1}{R}$ ; au moyen de quoi l'équation (4) deviendra simplement

$$\frac{1+\frac{y}{R}-\frac{1}{(1+p^2)+qy}}{\lambda^2}=\frac{1+\frac{y'}{R}-\frac{1}{(1+p'^2)+q'y'}}{\lambda'^2}. \quad (5)$$

Désignons par (S) la courbe séparatrice, par (T), (T′) les deux trajectoires, par (C), (C′) leurs développées respectives, lesquelles ne sont autre chose que les caustiques formées par les rayons incidens et réfractés. Soient $\lambda k$, $\lambda' k$ les longueurs des normales abaissées respectivement sur les deux trajectoires (T), (T′); soient ($t$), ($t'$) les points où ces normales touchent les caustiques (C), (C′); et soient $d$, $d'$ les distances de l'origine à ces deux points; soient enfin $r$, $r'$ les rayons de courbure des deux trajectoires, pour les points ($x$, $y$), ($x'$, $y'$).

Prenons pour angle des coordonnées positives celui dans lequel se trouve situé le point ($t$) de la caustique (C); et remarquons que le rapport de $\lambda$ à $\lambda'$ pouvant toujours être supposé aussi voisin de l'égalité qu'on voudra, il s'ensuit que la caustique (C′) peut être supposée indéfiniment voisine de la caustique (C), sans pourtant se confondre avec elle; auquel cas le point ($t'$) se trouvera très-voisin de ($t$) et situé, comme lui, dans l'angle des coordonnées positives.

Remarquons présentement que, les deux trajectoires (T), (T′) étant liées entre elles, mais d'ailleurs arbitraires, l'une et l'autre, on peut toujours faire passer l'une d'elles par un point donné, pris comme on voudra. On peut donc supposer le point ($x$, $y$) de (T) situé entre le point ($t$) et l'origine, et si près de ce dernier point qu'on voudra; et alors, à raison de la presque égalité des deux nombres $\lambda$ et $\lambda'$, le point ($x'$, $y'$) se trouvera également situé entre le point ($t'$) et l'origine.

En conséquence on aura

$$d=r+\lambda k, \quad (6) \qquad d'=r'+\lambda' k, \quad (6')$$

$$y=\lambda k\,\mathrm{Cos.}(R,d)\,, \quad (7) \qquad y'=\lambda' k\,\mathrm{Cos.}(R,d')\,, \quad (7')$$

$$p=-\mathrm{Tang.}(R,d)\,, \quad (8) \qquad p'=-\mathrm{Tang.}(R,d')\,, \quad (8')$$

$$r=\frac{(1+p^2)^{\frac{3}{2}}}{q}\,, \quad (9) \qquad r'=\frac{(1+p'^2)^{\frac{3}{2}}}{q'}\,. \quad (9')$$

Des quatre équations (8, 9, 8′, 9′) on tirera

$$1+p^2=\frac{1}{\mathrm{Cos.}^2(R,d)}\,, \qquad 1+p'^2=\frac{1}{\mathrm{Cos.}^2(R,d')}\,,$$

$$q=-\frac{1}{r\,\mathrm{Cos.}^3(R,d)}\,, \qquad q'=-\frac{1}{r'\,\mathrm{Cos.}^3(R,d')}\,;$$

d'où on conclura, à l'aide des équations (7, 7′)

$$qy=-\frac{\lambda k}{r\,\mathrm{Cos.}^2(R,d)}\,, \qquad q'y'=-\frac{\lambda' k}{r'\,\mathrm{Cos.}^2(R,d')}\,;$$

et par conséquent

$$(1+p^2)+qy=\frac{r+\lambda k}{r\,\mathrm{Cos.}^2(R,d)}\,, \qquad (1+p'^2)+q'y'=\frac{r'+\lambda' k}{r'\,\mathrm{Cos.}^2(R,d')}\,;$$

ou, en vertu des équations (6, 6′)

$$(1+p^2)+qy=\frac{d}{r\,\mathrm{Cos.}^2(R,d)}\,, \qquad (1+p'^2)+q'y'=\frac{d'}{r'\,\mathrm{Cos.}^2(R,d')}\,.$$

Substituant toutes ces diverses valeurs daus l'équation (5) elle deviendra

$$\frac{1+\frac{\lambda k \mathrm{Cos.}(R,d)}{R}-\frac{r\mathrm{Cos.}^2(R.d)}{d}}{\lambda^2}=\frac{1+\frac{\lambda' k \mathrm{Cos.}(R,d')}{R}-\frac{r'\mathrm{Cos.}^2(R,d')}{d'}}{\lambda'^2};$$

mais (6, 6′)

$$\frac{r\mathrm{Cos.}^2(R,d)}{d}=\frac{(d-\lambda k)\mathrm{Cos.}^2(R,d)}{d}=\mathrm{Cos.}^2(R.d)-\frac{\lambda k\mathrm{Cos.}^2(R,d)}{d},$$

$$\frac{r'\mathrm{Cos.}^2(R,d')}{d'}=\frac{(d'-\lambda' k)\mathrm{Cos.}^2(R,d')}{d'}=\mathrm{Cos.}^2(R,d')-\frac{\lambda' k\mathrm{Cos.}^2(R,d')}{d'},$$

donc, en substituant, et remplaçant $1-\mathrm{Cos.}^2(R,d)$ et $1-\mathrm{Cos.}^2(R.d')$ par $\mathrm{Sin.}^2(R,d)$ et $\mathrm{Sin.}^2(R,d')$

$$\frac{\mathrm{Sin.}^2(R.d)}{\lambda^2}+\frac{k}{\lambda}\left\{\frac{\mathrm{Cos.}(R.d)}{R}+\frac{\mathrm{Cos.}^2(R,d)}{d}\right\}$$

$$=\frac{\mathrm{Sin.}^2(R,d')}{\lambda'^2}+\frac{k}{\lambda'}\left\{\frac{\mathrm{Cos.}(R,d')}{R}+\frac{\mathrm{Cos.}^2(R,d')}{d'}\right\},$$

mais on a

$$\frac{\mathrm{Sin.}^2(R,d)}{\lambda^2}=\frac{\mathrm{Sin.}^2(R,d')}{\lambda'^2}$$

donc finalement

$$\frac{1}{\lambda}\left\{\frac{\mathrm{Cos.}(R.d)}{R}+\frac{\mathrm{Cos.}^2(R,d)}{d}\right\}=\frac{1}{\lambda'}\left\{\frac{\mathrm{Cos.}(R,d')}{R}+\frac{\mathrm{Cos.}^2(R,d')}{d'}\right\},$$

Ainsi étant donné le rapport de $\lambda$ à $\lambda'$ qui est celui du sinus d'incidence au sinus de réfraction, la caustique des rayons incidens et la courbe séparatrice, et par suite le rayon de courbure

$R$ de cette dernière en chacun de ses points (*) ; on pourra, à l'aide de cette dernière équation, déterminer tant de points qu'on voudra de la caustique des rayons réfractés.

Si la ligne séparatrice était une ligne droite, on aurait $R=\infty$, et l'équation deviendrait simplement

$$\frac{\mathrm{Cos.}^2(R,d)}{\lambda d}=\frac{\mathrm{Cos.}^2(R,d')}{\lambda' d'}$$

d'où l'on voit qu'alors $d$ et $d'$ devraient constamment être de même signe. Dans tous les autres cas, il faudra se rappeler que la formule générale suppose que les points $(t)$, $(t')$ sont tous deux situés dans la concavité de la séparatrice, et varier conséquemment les signes de $d$ et $d'$ suivant la situation des points que l'on considérera sur l'une et sur l'autre caustiques.

Pour passer de là au cas de la reflexion, il suffira de supposer $\lambda'=-\lambda$, Ang. $R,d')=$Ang.$(R,d)$ et de changer les signes de $d$ et $d'$. Il viendra ainsi

$$\frac{1}{d}+\frac{1}{d'}=\frac{2}{R\mathrm{Cos.}(R,d)}=\frac{2}{R\mathrm{Cos.}(R,d')}\ ;$$

cependant $d$ et $d'$ devront avoir des signes contraires, si les points de contact $(t)$, $(t')$ tombent de différens côtés de la courbe reflechissante.

Revenons au cas de la réfraction. Considérons un rayon incident et le rayon réfracté correspondant, différens de ceux que nous avons considérés plus haut, et pour lesquels nous désignerons par $d_1$, $r_1$, $d'_1$, $r'_1$, $k_1$, les longueurs analogues à celles que nous

---

(*) Voy. sur ce sujet la pag. 361 du Tom. XI.

*J. D. G.*

avions désignées par $d$, $r$, $d'$, $r'$, $k$ pour les premiers ; nous aurons, comme alors,

$$d=r+\lambda k\,, \qquad d'=r'+\lambda' k\,,$$

$$d_1=r_1+\lambda k_1\,, \qquad d'_1=r'_1+\lambda' k_1\,;$$

d'où en retranchant

$$d_1-d=r_1-r+\lambda(k_1-k)\,, \quad d_1'-d'=r_1'-r'+\lambda'(k_1-k)\,;$$

puis en éliminant $k_1-k$,

$$\frac{d_1-d-(r_1-r)}{\lambda}=\frac{d'_1-d'-(r'_1-r')}{\lambda'}\,;$$

mais, en représentant par $s$ et $s'$, respectivement les longueurs des arcs de chaque caustique compris entre les points de contact des deux rayons, et en supposant que les rayons de courbure vont croissant, on a

$$r_1-r=s\,, \qquad r'_1-r'=s'\,;$$

en aura donc, en substituant

$$\frac{d_1-d+s}{\lambda}=\frac{d'_1-d'+s'}{\lambda'}\,;$$

c'est-à-dire qu'en général la différence des longueurs de deux rayons incidens, mesurées depuis leur caustique jusqu'à la courbe séparatrice, augmentée de l'arc de cette caustique compris entre eux, est à la différence des longueurs des rayons réfractés correspondans, mesurées également depuis leur caustique jusqu'à la courbe séparatrice, augmentée de l'arc de cette caustique compris entre eux, dans le rapport constant du sinus d'incidence au sinus de réfraction Nous disons en général, parce que le théorème se trouverait en défaut si, sur l'une ou sur l'autre caustique ou sur toutes les deux il se trouvait un point de rebroussement entre les points de contact des deux rayons.

Si donc on suppose que la caustique des rayons incidens soit rectifiable et que la courbe séparatrice soit algébrique, la caustique des rayons réfractés sera également algébrique et rectifiable.

Dans l'application de ce théorème, comme dans celle de celui que nous avons démontré en premier lieu, il faudra avoir égard aux signes de $d$ et $d'$, et il aura, comme celui-là, son analogue pour la réflexion.

On déduit de tout cela, en particulier, que, si des rayons incidens parallèles ou émanés d'un même point et compris dans un même plan subissent une suite de réflexions et de réfractions, à la rencontre de courbes algébriques quelconques, situées dans ce plan, les caustiques auxquelles ils donneront naissance, depuis la première jusqu'à la dernière seront toutes algébriques et rectifiables. Il en sera donc de même, dans l'espace, pour les surfaces caustiques engendrées par des rayons qui se réflechiront et se réfracteront successivement, à la rencontre d'une suite de surfaces algébriques de révolution ayant un axe commun; pourvu que les rayons primitifs émanent tous de l'un des points de cet axe ou soient tous parallèles à sa direction.

Annales de Gergonne
XVI, pp. 265–293
1825–26



# GÉOMÉTRIE ANALITIQUE.

## *Mémoire sur les lignes du second ordre;*

Par M. Ch. Sturm.

( *Première Partie.* )

### §. I.

Soient, sur un plan, deux lignes quelconques du second ordre (c), (c′), rapportées à deux axes de coordonnées rectangulaires ou obliques quelconques, et représentées respectivement par les deux équations

$$Ax^2+By^2+2Cxy+2Dx+2Ey+F=0\,, \qquad \text{(c)}$$

$$A'x^2+B'y^2+2C'xy+2D'x+2E'y+F'=0\,. \qquad \text{(c')}$$

Les coordonnées des points d'intersection que peuvent avoir les deux courbes proposées doivent satisfaire, à la fois, à leurs deux équations (c), (c′); de sorte qu'elles sont déterminées par l'ensemble de ces deux équations. Considérant donc $x$ et $y$ comme les deux coordonnées inconnues de l'un quelconque de ces points d'intersection, on aura d'abord, par l'élimination de $y^2$, entre les deux équations (c), (c′), la suivante (γ), qui n'est que du premier degré en $y$

$$(AB'-BA')x^2+2(DB'-BD')x+(FB'-BF')+2\{(C'B-BC')x+(EB'-BE')\}y=0. \quad (\gamma)$$

Substituant la valeur de $y$ qui en résulte dans l'une des équations (c), (c′), on parviendra à une équation en $x$ du quatrième degré, à coefficiens réels, dont les racines seront les abscisses des points communs aux deux courbes proposées. A chaque racine réelle correspondra, d'après l'équation ($\gamma$), une valeur réelle de l'ordonnée $y$; et à chaque couple de racines imaginaires conjuguées, une couple de valeurs imaginaires conjuguées de $y$. Or, cette équation du quatrième degré en $x$ pourra avoir quatre racines toutes réelles, ou bien deux racines réelles et une couple de racines imaginaires conjuguées, ou bien enfin quatre racines imaginaires, conjuguées deux à deux. Dans le premier cas, les deux courbes (c), (c′) auront quatre points d'intersection réels; dans le second, elles n'en auront que deux, et dans le troisième elles n'en auront aucune. On voit aussi par là que deux lignes du second ordre ne sauraient avoir plus de quatre points communs sans se confondre.

Supposons présentement qu'une troisième ligne (c″), d'un ordre quelconque, tracée sur le plan des deux premières (c), (c′), et rapportée aux mêmes axes, soit exprimée par une équation à laquelle satisfassent les coordonnées, soit réelles soit imaginaires, de chacun des points d'intersections des courbes (c), (c′); nous dirons alors que *cette courbe* (c″) *passe par les points d'intersection des deux premières* (c), (c′).

Il est visible que toute équation qu'on peut former par une combinaison des équations (c), (c′) exprime une telle courbe. Mais, si l'on veut que cette courbe (c″) soit elle-même une ligne du second ordre, il faudra combiner les équations (c), (c′) de telle sorte que l'équation résultante, qui doit représenter (c″), ne s'élève pas au-dessus du second degré. C'est ce qu'on ne peut obtenir qu'en ajoutant à l'une d'elles le produit de l'autre par un facteur numérique indéterminé $m$ (*).

Il vient ainsi

(*) Il y aurait, peut-être, un peu plus de symétrie, mais pas plus de généralité, à prendre la somme des produits respectifs de ces deux équa-

$$(mA+A')x^2+(mB+B')y^2+2(mC+C')xy+2(mD+D')x$$

$$+2(mE+E')y+(F+F')=0 .$$

Cette équation est d'abord évidemment satisfaite par les quatre systèmes de valeurs, soit réelles soit imaginaires, que donnent les équations (c), (c'), pour les coordonnées $x$, $y$ de leurs points communs (*). En outre, on peut toujours, dans la même équation, disposer du facteur indéterminé $m$, de manière que la courbe qu'elle exprime remplisse une autre condition quelconque, celle, par exemple, de passer par un point donné; ce qui fera que cette courbe remplira, en tout, cinq conditions distinctes. Or une ligne du second ordre assujettie à remplir les cinq conditions dont il s'agit est complètement déterminée, puisque ces cinq conditions suffisent pour déterminer les rapports de l'un quelconque des coefficiens que renferme son équation générale aux cinq autres; donc l'équation à laquelle nous venons de parvenir ci-dessus peut effectivement représenter toute ligne du second ordre qui passe par les intersections des deux proposées (c), (c') ou qui a avec elles les mêmes points d'intersection; ces points ou plutôt leurs coordonnées, déduites des équations (c), (c'), pouvant être d'ailleurs indifféremment réels ou imaginaires.

---

tions par deux multiplicateurs $\lambda$ et $\lambda'$. Il est manifeste, en effet, qu'en posant ensuite $\lambda=m\lambda'$, on retomberait sur le résultat qui vient d'être indiqué.

(*Note de l'Auteur.*)

(*) Il faut observer ici que, si une équation du second degré, en $x$ et $y$, est satisfaite par ces valeurs imaginaires $x=f+g\sqrt{-1}$, $x=h+k\sqrt{-1}$, elle le sera nécessairement aussi par leurs conjuguées $x=f-g\sqrt{-1}$, $x=h-k\sqrt{-1}$.

(*Note de l'Auteur.*)

Mais l'équation de cette troisième courbe (c″) peut aussi s'écrire comme il suit :

$$A''x^2+B''y^2+2C''xy+2D''x+2E''y+F''=0 \,. \qquad (c'')$$

Exprimant donc qu'elle est identique avec la précédente, on aura ces *six relations*

$$mA+A'=A'' \,, \quad mB+B'=B'' \,, \quad mC+C'=C'' \,,$$

$$mD+D'=D'' \,, \quad mE+E'=E'' \,, \quad mF+F'=F'' \,,$$

signifiant que *la courbe* (c″) *passe par les points d'intersection des courbes* (c), (c′), *quels qu'ils soient* ; ou, ce qui revient au même, que *les trois lignes du second ordre* (c), (c′), (c″), *rapportées à deux axes quelconques de coordonnées, ont les mêmes points d'intersection, soit réels soit imaginaires.*

Au surplus, ces relations étant établies relativement au système d'axes de coordonnées auxquels nos trois courbes (c), (c′), (c″) sont actuellement rapportées, on peut aisément s'assurer, par la transformation des coordonnées, que, si l'on passe de ce premier système à tout autre, les mêmes relations subsisteront, entre les coefficiens correspondans des trois nouvelles équations qui représenteront (c), (c′), (c″) (*).

(*) Généralement, trois lignes du second ordre (c), (c′), (c″), rapportées aux mêmes axes quelconques, étant exprimées par les trois équations

$$Ax^2+By^2+2Cxy+2Dx+2Ey+F=0 \,, \qquad (c)$$

$$A'x^2+B'y^2+2C'xy+2D'x+2E'y+F'=0 \,, \qquad (c')$$

$$A''x^2+B''y^2+2C''xy+2D''x+2E''y+F''=0 \,, \qquad (c'')$$

dans lesquelles, sans rien ôter à leur généralité, on peut supposer tous les

## §. II.

Ne considérons présentement que la seule courbe (c), donnée par l'équation

$$Ax^2+By^2+2Cxy+2Dx+2Ey+F=0 \,. \qquad (c)$$

Par un point $(x',y')$, pris à volonté sur le plan de cette courbe, soient menées deux droites qui la coupent. Le système de ces deux droites sera représenté par une équation du second degré de la forme

$$A'(x-x')^2+B'(y-y')^2+2C'(x-x')(y-y')=0 \,,$$

---

coefficiens entiers, si l'on peut trouver trois multiplicateurs $\lambda$, $\lambda'$, $\lambda''$, qu'on peut également supposer entiers, positifs ou négatifs, tels qu'on ait

$$\lambda A+\lambda' A'+\lambda'' A''=0 \,, \qquad \lambda D+\lambda' D'+\lambda'' D''=0 \,,$$

$$\lambda B+\lambda' B'+\lambda'' B''=0 \,, \qquad \lambda E+\lambda' E'+\lambda'' E''=0 \,,$$

$$\lambda C+\lambda' C'+\lambda'' C''=0 \,, \qquad \lambda F+\lambda' F'+\lambda'' F''=0 \,,$$

Il est manifeste qu'alors chacune de ces trois équations sera comportée par les deux autres; de telle sorte que, quelles que soient les deux d'entre elles que l'on combine, par voie d'élimination, on en tirera toujours les quatre mêmes systèmes de valeurs de $x$ et $y$; ce qui revient à dire que les trois courbes passent par les quatre mêmes points.

Réciproquement, si les trois courbes passent par les quatre mêmes points, chacune des trois équations (c), (c'), (c'') sera comportée par les deux autres; d'où il suit évidemment qu'il devra être possible de trouver trois multiplicateurs $\lambda$, $\lambda'$, $\lambda''$, qui vérifient les six relations ci-dessus.

Or, que l'on rapporte ensuite les trois mêmes courbes à un autre système de coordonnées; elles seront toujours en même situation les unes à l'égard des autres; d'où il suit évidemment que six relations semblables aux précédentes devront encore avoir lieu.

J. D. G.

$A'$, $B'$, $C'$ étant des coefficiens relatifs aux directions de ces deux droites. Si l'on développe cette équation, elle devient

$$A'x^2+B'y^2+2C'xy-2(A'x'+C'y')x-2(B'y'+C'x')y+A'x'^2+B'y'^2+2C'x'y'=0. \quad (C')$$

Concevons une autre couple de droites, joignant les points de section des deux premières avec la courbe (c). Si l'on désigne par $(x'',y'')$ le point de concours de ces nouvelles droites, leur système sera également exprimé par une équation unique de la forme

$$A''(x-x'')^2+B''(y-y'')^2+2C''(x-x'')(y-y'')=0,$$

dont le développement sera

$$A''x^2+B''y^2+2C''xy-2(A''x''+C''y'')x-2(B''y''+C''x'')y+A''x''^2+B''y''^2+2C''x''y''=0. \quad (C'')$$

Mais, puisque les deux couples de droites exprimées par les équations (C'), (C'') ont avec la courbe proposée (c) quatre points communs, et qu'ainsi on peut considérer les équations (c), (C'), (C'') comme appartenant à trois lignes du second ordre qui ont les mêmes points d'intersection; il faut (§. I.) que, moyennant une détermination convenable du facteur $m$, on ait, entre les coefficiens correspondans de ces trois équations, les six relations suivantes :

$$mA+A'=A'', \qquad mB+B'=B'', \qquad mC+C'=C'',$$

$$mD-(A'x'+C'y')=-(A''x''+C''y''),$$

$$mE-(B'y'+C'x')=-(B''y''+C''x''),$$

$$mF+(A'x'^2+B'y'^2+2C'x'y')=(A''x''^2+B''y''^2+2C''x''y''),$$

par lesquelles on peut effectivement déterminer les six inconnues $m$, $x''$, $y''$, $A''$, $B''$, $C''$.

Il est aisé d'en déduire une équation entre les coordonnées $x''$,

$y''$, du point de concours des deux droites (C″) délivrée à la fois des coefficiens $A'$, $B'$, $C'$ et $A''$, $B''$, $C''$, aussi bien que du facteur $m$. Il suffit pour cela de prendre la somme des produits respectifs des six équations précédentes par $x'x''$, $y'y''$, $x'y''+y'x''$, $x'+x''$, $y'+y''$ et 1. On trouve ainsi, toutes réductions faites,

$$(Ax'+Cy'+D)x''+(By'+Cx'+E)y''+(Dx'+Ey'+F)=0 . \quad \text{(p)}$$

Comme cette dernière équation ne renferme $x''$, $y''$ qu'au premier degré, et qu'elle se trouve indépendante des coefficiens $A'$, $B'$, $C'$, qui déterminent les directions des deux sécantes (C′), menées à la courbe (c), par le point fixe $(x',y')$ ; il en résulte que, quelles que soient ces directions, le point de concours $(x'',y'')$ des deux cordes (C″), qui joignent les points de section de ces sécantes arbitraires, ne sortira pas d'une ligne droite donnée de position, et exprimée par l'équation (p). On a donc le théorème suivant :

*Si, par un point fixe, pris arbitrairement sur le plan d'une ligne du second ordre, on mène à volonté deux droites qui la coupent, et que l'on joigne, par deux cordes, un point de section de l'une de ces sécantes avec un point de section de l'autre, puis les deux autres points de section restants; ces deux cordes auront toujours leur point de concours situé sur une certaine droite fixe, dont la situation, à l'égard de la courbe, est déterminée uniquement par celle du point fixe d'où partent les sécantes arbitraires.*

A cause de la relation remarquable qui existe entre le point fixe et la droite qu'il détermine, ce point a été appelé le *pôle* de cette droite, qui est dite à l'inverse, la *polaire* de ce point. De même que, le point fixe étant pris arbitrairement, on peut toujours déterminer une droite qui ait avec lui la relation exprimée dans l'énoncé du théorème, on peut réciproquement, lorsque c'est la droite qui est donnée de position, déterminer le point qui est lié avec elle par une pareille relation. Il suffit, en effet, pour cela, d'exprimer que l'équation donnée de la droite dont il s'agit rentre dans l'équation (p) de la polaire, ce qui conduira à deux équations de condition, desquelles on déduira les coordonnées du point $(x',y')$.

Il existe visiblement deux systèmes de cordes qui joignent les quatre points d'intersection de la courbe (c) avec les deux sécantes menées arbitrairement par le point fixe pris pour pôle. D'après le précédent théorème, le point de concours des deux cordes du premier système et le point de concours de celles du second sont indistinctement situés sur la polaire du point fixe; en sorte que la droite qui les joint coïncide avec cette polaire. On voit, en outre, par la même construction, que la polaire de chacun des points de concours dont il s'agit passe par le pôle proposé; d'où il suit que, *lorsqu'un point est situé sur une certaine ligne droite, sa polaire passe nécessairement par le pôle de cette droite*, et que *la droite qui joint deux points pris à volonté sur le plan d'une ligne du second ordre a son pôle à l'intersection des polaires de ces deux points*. Donc, *pour déterminer le pôle d'une droite donnée de position, sur le plan d'une ligne du second ordre, il suffit de construire les polaires de deux quelconques des points de sa direction. Le pôle cherché sera à l'intersection de ces polaires.*

Nous avons supposé, dans ce qui précède, que les deux sécantes menées à la courbe par le pôle avaient des directions quelconques. Or, il y a deux cas particuliers dans lesquels leurs quatre points d'intersection avec cette courbe se réduisent à deux seulement, et où, par suite, les deux systèmes de cordes qui joignent ces quatre points se réduisent à un seul.

Premièrement, si nous concevons que les deux sécantes arbitraires, partant du pôle $(x',y')$, se rapprochent jusqu'à se confondre en une seule, l'un des systèmes de cordes disparaîtra, et l'autre se changera en une couple de tangentes menées à la courbe, par les extrémités de la corde interceptée. Mais le théorème général devant subsister dans tous les cas, il en résulte que le point de concours de ces tangentes appartiendra à la polaire du point $(x',y')$. Donc, *si, par un point pris à volonté, sur le plan d'une ligne du second ordre, on lui mène une suite de sécantes, et que, par les points d'intersection de chacune d'elles avec la courbe, on mène à cette courbe deux tangentes, prolongées jusqu'à leur point de concours; tous les points de concours des couples de tangentes appartiendront à une même droite, polaire du point d'où les sécantes seront issues.* Réciproquement, *si, des différens points d'une droite, menée arbitrairement, sur le plan d'une ligne du second ordre, on mène à cette courbe une suite de couples de tangentes; leurs cordes de contact iront toutes concourir en un même point, pôle de la droite dont il s'agit.* C'est de cette propriété particulière que les dénominations de pôle et de polaire tirent leur origine.

En second lieu, il peut arriver que la polaire ne coupe pas la courbe ou qu'elle la coupe en deux points. Dans ce dernier cas, il est aisé de voir que la droite tirée du pôle à l'un quelconque des points d'intersection de la polaire avec la courbe ne peut avoir avec cette courbe que ce seul point commun; c'est-à-dire que, *lorsque la polaire coupe la courbe, elle coïncide avec la corde de contact des deux tangentes issues du pôle*; proposition qui découle d'ailleurs des précédentes. Au surplus le pôle est *extérieur* ou *intérieur* à la courbe, suivant que la polaire la coupe ou ne la rencontre pas.

Observons encore que, dans le cas particulier où le pôle serait pris sur la courbe elle-même, la polaire ne différerait pas de la tangente en ce point; en sorte que, si l'on prend, sur une ligne (c) du second ordre, un point quelconque $(x',y')$, l'équation (p) sera celle de sa tangente en ce point.

Pour revenir aux propriétés générales du pôle et de la polaire, nous allons rechercher quelle est la relation entre les quatre points déterminés sur une droite menée arbitrairement par le pôle; savoir: ce pôle lui-même, l'intersection de cette droite avec la polaire, et ses deux intersections avec la courbe. Mais, auparavant, nous devons donner ici quelques notions et définitions préliminaires.

Lorsque quatre points A , B, C , D sont distribués sur une droite de telle sorte que les distances AC, BC de deux A , B de ces points au troisième C , sont proportionnelles aux distances AD , BD des deux mêmes points A, B au quatrième D , de telle sorte qu'on aît $\frac{AC}{BC}=\frac{AD}{BD}$ , on dit de cette droite qu'elle est coupée *harmoniquement* par ces quatre points qui sont dits eux-mêmes des *points harmoniques*. Les deux premiers A, B sont dits *conjugués* l'un à l'autre , par rapport aux deux autres C, D , qui sont dits pareillement *conjugués* par rapport aux premiers ; attendu que notre proportion peut être écrite ainsi $\frac{CA}{DA}=\frac{CB}{DB}$. De deux points conjugués, l'un est toujours situé entre les deux autres et l'autre sur le prolongement de l'intervalle qui les sépare Trois de ces points donnés de position déterminent toujours le quatrième ; et , si l'un d'eux s'éloigne à l'infini , son conjugué est alors au milieu de l'intervalle qui sépare les deux autres (*).

Supposons , pour fixer les idées , que le point A soit extérieur à CD, et que le point B lui soit intérieur , comme on le voit dans la figure ;

la proportion $\frac{AC}{BC}=\frac{AD}{BD}$ pourra être écrite ainsi .

---

(*) On rencontre un exemple très-familier de quatre points distribués de la sorte dans les centres de deux cercles , le point de concours de leurs tangentes communes extérieures, et le point de concours de leurs tangentes communes intérieures.

En général, si l'on cherche sur une droite un point dont les distances à deux points donnés de cette droite soient entre elles dans un rapport

$$\frac{AB-BC}{BC}=\frac{AD}{AD-AB};$$

d'où, en chassant les dénominateurs, développant et transposant

$$AB(AD-AB+BC)=2BC.AD$$

c'est-à-dire,

$$AB.CD=2BC.AD;$$

et, comme on a $BC.AD=AC.BD$, on pourra écrire

$$AB.CD=2AC.BD=2BC.AD.$$

De cette dernière équation on tire

$$2AC.BD=CD(AC+BC),$$

ou bien

$$AC(2BD-CD)=BC.CD$$

d'où

$$\frac{AC}{BC}=\frac{CD}{2BD-CD};$$

mais, si I est le milieu de l'intervalle CD, on pourra écrire

$$\frac{AC}{BC}=\frac{2CI}{2BD-2ID}=\frac{CI}{BD-ID}=\frac{CI}{BI};$$

et l'on aura aussi

---

donné; le problème aura deux solutions, et alors les deux points donnés et les deux points qui résoudront le problème seront quatre points harmoniques.

J. D. G.

$$2AC.BD=CD.(AD-BD)$$

ou bien

$$BD(2AC+CD)=AD.CD$$

d'où

$$\frac{AD}{BD}=\frac{2AC+CD}{CD}=\frac{2AC+2CI}{2CI}=\frac{AC+CI}{CI}=\frac{AI}{CI}\ .$$

On a donc d'après cela

$$\frac{AC}{BC}=\frac{CI}{BI}\ ,\quad \frac{AD}{BD}=\frac{AI}{CI}\ ;$$

puis donc que les premiers membres de ces deux équations sont égaux, on aura, en égalant leurs seconds membres,

$$\overline{CI}^2=AI.BI\ ;$$

et ensuite, en éliminant CI

$$\frac{AI}{BI}=\frac{AC}{BC}\ .\ \frac{AD}{BD}=\frac{\overline{AC}^2}{\overline{BC}^2}=\frac{\overline{AD}^2}{\overline{BD}^2}\ .$$

Si l'on fait $AB=x$, $AC=x''$ et $AD=x'$, l'équation $\frac{AC}{BC}=\frac{AD}{BD}$ deviendra $\frac{x''}{x-x''}=\frac{x'}{x'-x}$ ; ce qui donne, toutes réductions faites ;

$$2x'x''=x(x'+x'')\ .$$

Cela posé, transportons, pour plus de simplicité, au pôle l'origine qui est arbitraire, en prenant pour axe des $x$ une droite quelconque passant par ce pôle, nous aurons ainsi $x'=0$, $y'=0$, et l'équation de la polaire deviendra simplement

$$Dx+Ey+F=0\ .$$

de sorte que l'abscisse de son intersection avec l'axe des $x$ sera donnée par la formule

$$x=-\frac{F}{D}\ ;$$

quant aux intersections de la courbe avec le même axe, elles seront données par l'équation

$$Ax^2+2Dx+F=0\ ,$$

de sorte qu'en désignant par $x'$, $x''$ les distances de ces intersections à l'origine, on aura

$$x'+x''=-\frac{2D}{A}\ , \qquad x'x''=\frac{F}{A}\ .$$

On aura, d'après cela

$$2x'x''=\frac{2F}{A}\ , \qquad x(x'+x'')=-\frac{F}{L}\times-\frac{2D}{A}=\frac{2F}{A}\ ;$$

et, par suite

$$2x'x''=x(x'+x'')\ ;$$

propriété caractéristique de quatre points harmoniques; de sorte que *toute sécante menée par le pôle est divisée harmoniquement par ce pôle, par sa polaire et par la courbe* (*).

---

(*) On peut se demander ici ce que devient la relation harmonique dont

## PROPRIETES DES LIGNES

### §. III.

Comme le système de deux droites, tracées sur un plan, fait partie des lignes du second ordre, nous pouvons y appliquer les résultats précédens.

---

il s'agit, pour celles des droites issues du pôle qui ne coupent pas la courbe. La réponse à cette question se trouve dans les considérations suivantes.

Soit une ligne du second ordre et une droite, tracées sur un même plan, et données par leurs équations. Si l'on cherche, par l'analise, leurs points d'intersection ; en désignant par $(x,y)$ l'un quelconque d'entre eux, on trouvera, pour déterminer la coordonnée $x$, une équation du second degré dont les coefficiens seront toujours réels. Suivant que les deux racines de cette équation seront réelles ou imaginaires, les valeurs correspondantes de l'autre coordonnée $y$ seront aussi réelles ou imaginaires Dans le premier cas, la droite coupera effectivement la courbe ; dans le second, elle ne la coupera pas, et ses points d'intersection avec elle seront *imaginaires*.

Quoi qu'il en soit, il suit de la nature de l'équation du second degré qui donne les coordonnées de ces points d'intersection parallèles à un même axe, qu'on aura, dans l'un et l'autre cas, des valeurs *réelles* pour la *somme* et pour le *produit* de ces deux coordonnées. On observera que ceci a lieu, en particulier, lorsque les abscisses sont comptées sur la droite proposée elle-même.

En supposant que les deux points de section existent en réalité, concevons un autre point P, lié à ceux-là par une dépendance symétrique ; de telle sorte que les coordonnées de ce point P soient des fonctions symétriques de celles qui appartiennent aux deux premiers ; ces fonctions pourront donc être exprimées uniquement au moyen des somme et produit dont il vient d'être question ; elles devront conséquemment conserver des valeurs réelles, lors même que les coordonnées des points d'intersection seront devenues imaginaires. Il suit de là que le point P, en tant qu'il est déterminé par ses coordonnées, et que ces coordonnées ont pour expression les fonctions symétriques dont il s'agit, demeure réel et constructible, lors même que les deux points d'intersection passent du réel à l'imaginaire ; bien qu'alors ce point P ne puisse plus être construit au moyen

Et d'abord *si l'on coupe un angle fixe par deux sécantes arbitraires issues d'un même point fixe du plan de cet angle ; et que l'on joigne les points d'intersection des deux sécantes avec les deux cotés de l'angle par deux nouvelles droites ; ces dernières concourront toujours sur une certaine droite fixe, dont la situation ne dépendra uniquement que de celle du point fixe par rapport à*

---

des conditions graphiques par lesquelles il était d'abord lié aux deux autres, ceux-ci ayant disparu. Il n'y aura cependant aucun inconvénient à lui conserver sa dénomination ou définition primitive.

C'est ainsi, par exemple, que le milieu de la corde intercepté sur une droite, par son intersection avec une ligne du second ordre, est un point toujours réel et assignable, lors même que la droite ne coupe plus la courbe ; c'est-à-dire, lorsque les deux extrémités de la corde interceptée sont devenues imaginaires. Ce milieu est déterminé, dans tous les cas, par la rencontre de cette droite avec le conjugué du diamètre qui lui est parallèle. De même, le conjugué harmonique d'un point donné sur la même droite, par rapport à ses deux points d'intersection imaginaires avec la courbe, est toujours constructible, au moyen de la relation $2x'x''=x(x'+x'')$, dans laquelle le point donné est pris pour origine des $x$, et où $x$ est sa distance au point cherché, parce que $x'+x''$ et $x'x''$ sont réels, lors même que $x'$ et $x''$ sont imaginaires, puisqu'ils sont alors de la forme $x'=p+q\sqrt{-1}$ et $x''=p-q\sqrt{-1}$. Il est aussi donné graphiquement par l'intersection de la droite donnée avec la polaire du point donné ; et il n'en faut pas davantage pour comprendre comment, dans un groupe harmonique, deux points conjugués peuvent être réels, bien que les deux autres soient imaginaires.

Les remarques qui précèdent doivent être étendues aux intersections des lignes droites avec les courbes de tous les degrés. Il ne faut jamais les perdre de vue, parce qu'elles sont nécessaires pour donner aux relations que fournit la théorie des transversales et à d'autres relations que nous ferons connaître par la suite, toute la généralité convenable. On ne doit pas d'ailleurs les confondre avec les considérations de M. Poncelet sur la loi de continuité. La distinction en a été déjà faite, avec soin par M. Cauchy, dans son rapport inséré au tome XI.e des *Annales* (pag. 69) et placé depuis en tête du *Traité des Propriétés projectives des figures.*

(*Note de l'Auteur.*)

*l'angle dont il s'agit. Cette droite qu'on pourra appeler la polaire du point fixe, passera évidemment par le sommet de l'angle.*

La construction qui donne un point quelconque de cette polaire fait voir que ce point est, à son tour, le pôle de la droite qui joint le sommet de l'angle au pôle primitif, de sorte que toute droite menée par ce nouveau pôle est coupée harmoniquement par ce point lui-même, par sa polaire et par les deux côtés de l'angle. De là résultent deux conséquences; premièrement, *les différens points d'une droite menée arbitrairement par le sommet d'un angle et dans son plan, n'ont qu'une seule et même polaire située dans ce plan, et passant comme elle par le sommet de l'angle;* en second lieu, *si quatre droites, issues d'un même point et comprises dans un même plan, sont tellement dirigées qu'elles divisent harmoniquement une seule droite tracée dans ce plan, elles diviseront aussi harmoniquement toute autre droite qu'on voudra tracer dans le même plan.* A cause de cette propriété, l'ensemble de ces quatre droites est appelé *faisceau harmonique.* Elles sont conjuguées deux à deux, comme les points d'un groupe harmonique.

On doit observer que, *si un faisceau harmonique est coupé par une parallèle à l'une des droites qui le compose, la conjuguée de cette droite passera par le milieu de la portion de parallèle interceptée entre les deux autres.* En particulier, *si deux des droites du faisceau, conjuguées entre elles, sont perpendiculaires l'une à l'autre, elles diviseront en deux parties égales les quatre angles formés par les deux autres.*

Démontrons présentement que, *si quatre droites issues d'un même point, forment un faisceau harmonique, les sinus des angles que formera l'une d'elles avec les deux qui ne lui sont pas conjuguées, seront proportionnels au sinus des angles que formera la droite restante avec les deux mêmes droites, et réciproquement.*

# DU SECOND ORDRE.

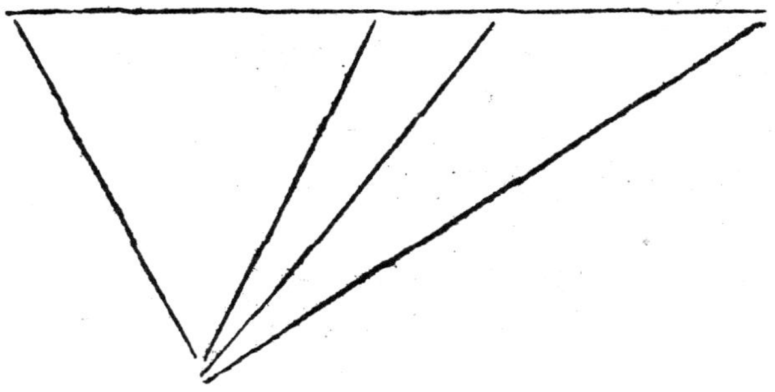


*Soient, comme ci-dessus, les quatre points harmoniques* A, B, C, D; les deux premiers conjugués l'un à l'autre, ainsi que les deux derniers, en sorte qu'on ait, comme alors $\frac{AC}{BC}=\frac{AD}{BD}$ D'un point quelconque S, hors de leur direction, soient menées à ces quatre points les droites SA, SB, SC, SD, qui formeront un faisceau harmonique, dans lequel les deux premières droites, ainsi que les deux dernières, seront conjuguées l'une à l'autre. *En vertu de la proportionnalité des sinus des angles des triangles* aux côtés qui leur sont opposés, on aura

$$\frac{AC}{AS}=\frac{\text{Sin.}ASC}{\text{Sin.}ACS}\,, \qquad \frac{BC}{BS}=\frac{\text{Sin.}BSC}{\text{Sin.}BCS}\,;$$

d'où, à cause de Sin $ACS=\text{Sin.}BCS$,

$$\frac{AC}{BC}=\frac{AS}{BS}\cdot\frac{\text{Sin.}ASC}{\text{Sin.}BSC}\,;$$

et, en suite,

$$\frac{AD}{AS}=\frac{\text{Sin.}ASD}{\text{Sin.}ADS}\,, \qquad \frac{BD}{BS}=\frac{\text{Sin.}BSD}{\text{Sin.}BDS}\,;$$

d'où, à cause de Sin $ADS=\text{Sin.}BDS$,

$$\frac{AD}{BD}=\frac{AS}{BS}\frac{\text{Sin.}ASD}{\text{Sin.}BSD};$$

donc enfin, à cause de $\frac{AC}{BC}=\frac{AD}{BD}$

$$\frac{\text{Sin.}ASC}{\text{Sin.}BSC}=\frac{\text{Sin.}ASD}{\text{Sin.}BSD};$$

comme nous l'avions annoncé. Il sera aisé de prouver, d'après cela, que, réciproquement, si cette dernière relation a lieu, on aura aussi $\frac{AC}{BC}=\frac{AD}{BD}$ et que, par conséquent, les droites SA, SB, SC, SD formeront un faisceau harmonique. On pourrait, au surplus, simplifier l'une et l'autre démonstrations, en supposant la sécante parallèle à une des droites du faisceau.

On nomme *quadrilatère complet*, le système de quatre droites indéfinies tracées sur un même plan, de manière que trois d'entre elles ne concourent pas en un même point. Ces quatre droites sont dites les *côtés du quadrilatère*, lesquels se coupent en six points tels qu'il y en a toujours trois sur chacun d'eux. Ces points sont dits les *sommets* du quadrilatère; et les droites, au nombre de trois, qui joignent un sommet à un autre, qui n'appartient pas au même coté, en sont dites les *diagonales*.

Il est aisé de conclure de ces définitions et de ce qui a été dit ci-dessus que, *dans tout quadrilatère complet, les extrémités de l'une quelconque des trois diagonales et les deux points où sa direction est coupée par celles des deux autres sont quatre points harmoniques.* On conclut de là le moyen de construire, avec la règle seulement, le quatrième harmonique de trois points donnés. Soient en effet A, B, C ces trois points, A et B étant conjugués l'un à l'autre. Par A et B soient menées arbitrairement deux droites concourant en E, et soit menée CE; par A soit encore menée l'arbitraire AF, coupant CE et BE en G et F; soit enfin menée BG, coupant AE en H; si alors on mène FH, son point D d'intersection avec AB sera le quatrième harmonique cherché. On pourra donc aussi construire tout aussi facilement le quatrième harmonique de trois droites données.

Si, en particulier, deux des trois diagonales du quadrilatère complet sont parallèles entre elles, chacune d'elles sera divisée en deux parties égales par la troisième; ce qui revient à dire que, *dans un trapèze, la droite qui joint le point de concours des deux côtés non parallèles au point de concours des deux diagonales, passe par les milieux des deux côtés parallèles.* On déduit de là 1.° le moyen de diviser une droite, avec la règle seulement, en deux parties égales, pourvu qu'on ait une seule droite parallèle à celle-là; 2.° le moyen de mener par un point donné, avec la règle seulement, une parallèle à une droite donnée, pourvu qu'on ait sur cette droite trois points équidistans.

On peut encore remarquer que, *dans un trapèze, le point de concours des deux diagonales, le point de concours des deux côtés non parallèles et les milieux des deux côtés parallèles sont quatre points harmoniquement distribués sur une même droite.*

## §. IV.

Il serait facile, en suivant une marche purement géométrique, de déduire immédiatement de la théorie des pôles et polaires exposée ci-dessus (§. II.), toutes les définitions et propriétés connues du *centre*, des *diamètres*, des *axes* et des *asymptotes* des lignes du second ordre; mais il nous paraît préférable de traiter ce sujet analitiquement. Retournons donc à la courbe (c), pour examiner les diverses positions que peuvent prendre, sur son plan, le pôle $(x',y')$ et la polaire (p).

Cherchons d'abord s'il est une position du pôle pour laquelle la polaire passe toute entière à l'infini. Il faudra, pour cela, que les quantités qui multiplient $x$ et $y$ dans l'équation (p) de cette polaire, soient séparément égales à zéro ; car autrement la droite représentée par cette équation pourrait être construite et par suite accessible, dans une partie de son cours. Posons donc, à la fois

$$\left.\begin{array}{l} Ax'+Cy'+D=0 \ , \\ By'+Cx'+E=0 \ . \end{array}\right\} \quad (C)$$

Comme ces deux équations, qui déterminent les coordonnées inconnues $x', y'$, ne sont que du premier degré, on voit qu'en général, *il y a sur le plan d'une ligne du second ordre, un point unique dont la polaire est toute entière à l'infini* ; conséquemment, *ce point est le milieu commun de toutes les cordes qui y passent ; les tangentes menées à la courbe, par les extrémites de chacune de ces cordes sont parallèles entre elles ; et il en est de même des droites qui joignent les extrémités de ces mêmes cordes, prises deux à deux.*

Le point qui jouit de ces propriétés, et dont les coordonnées sont déterminées par les équations (C), est ce qu'on nomme le *centre de la courbe.* Au surplus, la ligne du second ordre proposée peut être telle que son centre soit à l'infini, ou qu'elle ait une infinité de centres, distribués sur une même droite donnée de position.

Par une supposition inverse de la précédente, concevons que le pôle $(x', y')$ s'éloigne à l'infini, en parcourant une droite donnée par l'équation $y=mx+g$, tellement qu'on ait

$$y'=mx'+g \ .$$

Si l'on met cette valeur de $y'$ dans l'équation (p) et qu'on y pose ensuite $x'$ infini, elle deviendra

$$(A+Cm)x+(C+Bm)y+(D+Em)=0 \ . \qquad (d)$$

En l'écrivant sous cette forme

$$Ax+Cy+D+m(By+Cx+E)=0\ ,$$

on voit que, quel que soit $m$, la droite qu'elle représente passe par le point dont les coordonnées $x',y'$ sont déterminées par les équations (C). Comme d'ailleurs, dans le cas présent, toutes les sécantes partant du pôle se changent en un système de droites parallèles entre elles et à la droite $y=mx+g$ ; il en résulte ce théorème : *Si l'on inscrit à une ligne du second ordre une suite de cordes parallèles à une droite de position arbitraire, les milieux de ces cordes, les points de concours des tangentes à la courbe menées par les extrémités de chacune d'elles et les droites qui joindront les extrémités des mêmes droites, prises deux à deux, appartiendront toutes à une même ligne droite, passant par le centre de la courbe.* Cette droite est appelée un *diamètre de la courbe.*

Supposons son équation (d) mise sous la forme

$$y=m'x+g'\ ;$$

nous aurons

$$m'=-\frac{A+Cm}{C+Bm}\ ;$$

c'est-à-dire,

$$A+C(m+m')+Bmm'=0\ .$$

Cette équation étant symétrique en $m$ et $m'$, on en peut conclure que *toutes les cordes d'une ligne du second ordre parallèles à l'un quelconque de ses diamètres ont leurs milieux sur un autre diamètre tel que, réciproquement, toutes les cordes qui lui sont parallèles ont leurs milieux sur le premier.* On nomme *diamètres conjugués* deux diamètres qui ont entre eux une semblable corrélation. Non seulement *toute ligne du second ordre a une infinité de systèmes de diamètres conjugués*, mais encore on voit que *tout diamètre d'une ligne du second ordre est nécessairement conjugué à un autre diamètre de la courbe.* Si l'on mène, par le centre, deux diamètres quelconques, leurs extrémités seront les sommets d'un parallélogramme dont les côtés opposés seront respectivement parallèles à deux diamètres conjugués de la courbe, et divisés par ces diamètres en deux parties égales. En particulier, si l'on décrit du centre, avec un rayon arbitraire, un cercle coupant la courbe en quatre points, ces quatre points seront les sommets d'un rectangle dont les côtés seront parallèles aux deux *diamètres principaux* ou *axes* de cette courbe.

Nous avons trouvé que, si $y=mx+g$ est l'équation d'un diamètre, celle de son conjugué pourrait prendre la forme

$$Ax+Cy+D+m(By+Cx+E)=o\ .$$

Si l'on suppose le premier diamètre parallèle soit à l'axe des $x$ soit à l'axe des $y$, en faisant tour-à-tour $m=o$, $m=\frac{1}{o}$, l'équation de son conjugué deviendra successivement

$$\left.\begin{aligned} Ax+Cy+D&=o\ ,\\ By+Cx+E&=o\ .\end{aligned}\right\}\quad (e)$$

Ces deux équations appartiennent donc aux deux diamètres dont les conjugués sont parallèles, l'un à l'axe des $x$ et l'autre à l'axe des $y$. En supposant le premier diamètre $y=mx+g$ parallèle à l'axe des $x$, si l'on veut que son conjugué, dont l'équation est alors

$$Ax+Cy+D=o\ ,$$

soit parallèle à l'axe des $y$, il faudra nécessairement qu'on ait, dans son équation, et conséquemment dans celle (c) de la courbe $C=o$ ; conclusion qu'on tirerait également des deux équations (e), en exprimant que les diamètres qu'elle représente sont parallèles aux axes des $x$ et des $y$, respectivement. Ainsi *le parallélisme des axes à deux diamètres conjugués quelconques a la propriété de priver l'équation de la courbe du terme qui renferme le produit des deux coordonnées*. Il est aisé de voir, en outre, qu'elle ne peut être privée de ce terme que sous cette condition.

Si l'origine était placée au centre de la courbe, les équations (C), dans lesquelles $x'$, $y'$ sont les coordonnées de ce centre, devraient avoir lieu, dans la supposition de $x'=0$, $y'=0$ : on aurait donc $D=0$, $E=0$ ; ainsi *la situation de l'origine des coordonnées au centre jouit de la propriété de priver l'équation de la courbe des termes qui renferment les premières puissances des deux variables*, et on voit aussi qu'*elle en jouit exclusivement*.

Si donc on prend pour axes des coordonnées deux diamètres conjugués quelconques, l'équation de la courbe se réduira à cette forme très-simple

$$ax^2+by^2+f=0 ,$$

sous laquelle la discussion ultérieure de cette courbe devient extrêmement facile.

A la vérité, cette forme ne pourrait plus avoir lieu, si la courbe n'avait pas de centre, ce qui arrive lorsqu'on a $C^2-AB=0$ ; mais, en prenant pour axes un diamètre quelconque et la tangente à l'une de ses extrémités, tangente parallèle au conjugué de ce diamètre, on pourra toujours présenter l'équation de la courbe sous cette forme

$$ax^2+by^2+2dx=0 ;$$

qui convient également aux lignes du second ordre qui ont un centre et à celles qui en sont dépourvues.

Maintenant, si l'on prend, sur l'axe des $x$, un point quelconque dont $x'$ soit la distance à l'origine, sa polaire, dont l'équation sera alors

$$(ax'+d)x+dx'=0\ ,$$

se trouvera ainsi parallèle à l'axe des $y$ ; c'est-à-dire que *tout point pris sur le plan d'une ligne du second ordre a sa polaire parallèle au conjugué du diamètre qui passe par ce point et réciproquement.*

L'équation actuelle de la courbe, lorqu'on y fait $y=0$, donne la longueur du diamètre dont la direction coïncide avec l'axe des $x$. Cette longueur étant désignée par $2c$, $c$ sera l'abcisse du centre, et l'on aura

$$ac+d=0\ .$$

En conséquence l'équation $(ax'+d)x+dx'=0$, devient

$$(x'-c)x-cx'=0 \quad \text{ou} \quad (x'-c)(x-c)=c^2\ ;$$

de sorte que *la moitié du diamètre dont la direction passe par le pôle est moyenne proportionnelle entre les deux segmens que le pôle et la polaire forment sur ce diamètre, à partir du centre ;* propriété qui résulte d'ailleurs (§. II) de ce que le pôle et la polaire coupent harmoniquement le diamètre dont il s'agit.

Dans le cas de la parabole, qui n'a pas de centre, et pour laquelle $a=0$, l'équation de la polaire se réduit à $x+x'=0$, en sorte que, *dans la parabole, la portion de diamètre compris entre un point et sa polaire, est coupée par la courbe en deux parties égales.*

## §. V.

Soient $a$, $b$, $c$, $d$ quatre points pris arbitrairement sur le plan d'une ligne du second ordre ; et soient respectivement $e$, $f$, $g$ les points de concours de $ab$ et $cd$, $ac$ et $bd$, $ad$ et $bc$.

Par ces quatre points soient menées à la courbe des tangentes que nous désignerons respectivement par A, B, C, D. En convenant de désigner généralement par (P, Q) l'intersection de deux droites désignées par P et Q ; représentons par E, F, G les droites qui joignent le point (A, B) au point (C, D), le point (A, C) au point (B, D), et enfin le point (A, D) au point (B, C) : nous aurons ainsi deux quadrilatères, l'un inscrit et l'autre circonscrit à la courbe ; de telle sorte que les sommets de l'inscrit seront les points de contact du circonscrit.

Les points (A, B), (A, C), (B, C), (A, D), (B, D), (C, D) seront les pôles respectifs des droites *ab*, *ac*, *bc*, *ad*, *bd*, *cd*. Or, il résulte de là 1.° que la droite E contiendra les points *f* et *g*, que la droite F contiendra les points *g* et *e*, et que la droite G contiendra les points *e* et *f* ; 2.° que les droites F et G concourront en *e*, les droites G et E en *f*, et les droites E et F en *g* ; 3.° que chaque côté du quadrilatère circonscrit sera coupé harmoniquement par son opposé et par son point de contact avec la courbe ; 4.° enfin que les quatre droites qui passeront par chacun des sommets du quadrilatère inscrit formeront un faisceau harmonique.

De là il est facile de conclure que, *lorsque deux quadrilatères sont l'un inscrit et l'autre circonscrit à une ligne du second ordre, de telle sorte que les sommets de l'inscrit sont les points de contact du circonscrit ; 1.° les diagonales des deux quadrilatères se coupent toutes quatre en un même point, où elles forment un faisceau harmonique ; 2.° les points de concours des directions des côtés opposés sont tous quatre harmoniquement distribués sur une même droite, polaire du point de concours des quatre diagonales ; 3.° chaque diagonale du quadrilatère circonscrit concourt avec deux côtés opposés de l'inscrit, et forme, avec ces côtés et la droite qui joint leurs points de concours, un faisceau harmonique ; ou, en d'autres termes, chaque point de concours de deux côtés opposés du quadrilatère inscrit est en ligne droite avec deux sommets opposés du circonscrit, et forme, avec ces sommets et le point de concours des quatre diagonales, un système de quatre points harmoniques.*

Il résulte de ces propriétés des quadrilatères inscrit et circonscrit à une même ligne du second ordre, sous la condition indiquée, que, si l'on donne quatre points de la courbe et la tangente en l'un d'eux, ou bien quatre tangentes à la courbe et le point de contact de l'une d'elles, on obtiendra de suite, par des constructions qui n'exigeront que le simple usage de la règle, soit les tangentes aux trois autres points, soit les points de contact des trois autres tangentes. Plus généralement, toutes les fois que l'on connaîtra, dans la figure, des élémens en nombre suffisant pour déterminer les deux quadrilatères et la courbe à laquelle ils doivent être inscrit et circonscrit, on pourra toujours se servir de ces données pour achever de construire ces deux quadrilatères, sans que la courbe soit décrite.

Donc toutes les fois qu'on sera parvenu à la connaissance de deux tangentes et de leurs points de contact, et qu'on aura en outre un troisième point ou une troisième tangente quelconque de la courbe, on sera en état d'en construire, en n'employant que la règle seulement, tant d'autres points ou tant d'autres tangentes qu'on voudra.

Soit, en effet, 1.° AMC l'angle des deux tangentes, soient A et C leurs points de contact; et soit B un troisième point quelconque de la courbe Par le sommet M de l'angle des deux tangentes, soit menée une droite arbitraire et indéfinie, coupée par AB en P et par BC en Q. Soient menées PC et QA, se coupant en D; ce point D sera un quatrième point de la courbe; et, à cause de l'indetermination de la direction de MP, on pourra, en variant cette direction, déterminer tant d'autres points D de cette courbe qu'on voudra. Menant alors les deux diagonales AC, BD du quadrilatère inscrit, se coupant en O; la droite PO déterminera, sur les tangentes MA, MC, deux sommets opposés E, G du quadrilatère circonscrit, tandis que la droite QO déterminera, sur ces deux mêmes droites, les deux autres sommets opposés F, H de ce même quadrilatère. On aura donc ainsi quatre points de la courbe et les tangentes en ces quatre points; et on pourra ainsi déterminer tant de points de cette courbe et tant de tangentes qu'on voudra.

2.° Soit AFGC le polygone ouvert formé par trois tangentes consécutives, et soient A et C les points de contact des deux tangentes extrêmes. Soit menée AC, sur la direction de laquelle soit pris arbitrairement un point O. En menant FO, concourant avec GC en H et GO, concourant avec FA en E, la droite EH sera une quatrième tangente; et, à cause de l'indétermination du point O sur AC, on pourra, en variant sa position, déterminer tant d'autres tangentes EH à la courbe qu'on voudra. Menant alors GH et EF, concourant en M, puis FG et EH, concourant en N, et enfin EG et FH, coupant MN en P et Q; l'intersection B de FG avec PA ou QC sera le point de contact de cette tangente; et l'intersection D de EH avec PC ou QA sera le point de contact de son opposée. On aura donc ainsi quatre tangentes à la courbe et leurs points de contact; et l'on pourra ainsi avoir autant de tangentes à cette courbe et autant de points de son périmètre qu'on voudra.

En considérant que PQ, qui joint les points de concours P et Q des directions des côtés opposés du quadrilatère inscrit, contient les pôles M et N de ses deux diagonales, on reconnaît que, si l'on fait varier ce quadrilatère inscrit de telle sorte que, ses sommets opposés A et C demeurant fixes, sa diagonale BD prenne toutes les situations qu'on voudra, cette droite PQ demeurera assujettie à passer constamment par le pôle M de la diagonale AC; c'est-à-dire, que, *si l'on inscrit à une ligne du second ordre une suite de quadrilatères ayant deux côtés opposés communs, les droites qui joindront les deux points de concours des directions de leurs côtés opposés, iront toutes concourir en un même point fixe, pôle de leur diagonale commune.*

De même, en considérant que le point O de concours des diagonales du quadrilatère circonscrit est sur la droite AC qui joint les points de contact de la courbe avec les deux côtés opposés EF et

GH, et qui a son pôle au point de concours M de ces deux côtés; on en conclura que, ces mêmes côtés restant fixes, si les deux autres varient d'une manière quelconque, en demeurant d'ailleurs constamment tangens à la courbe, l'intersection O des deux diagonales ne sortira pas de la polaire AC du point M; c'est-à-dire, que, *si l'on circonscrit à une ligne du second ordre une suite de quadrilatères, dont deux côtés opposés soient de direction invariable, les diagonales de ces quadrilatères se couperont constamment sur une même droite, polaire du point de concours des deux côtés communs à tous.*

De là nous tirerons quelques conséquences qui méritent d'être remarquées.

Il est connu, et nous aurons occasion de le prouver plus tard, qu'étant donnés cinq points quelconques, sur un plan, il existe toujours une ligne du second ordre qui passe par ces cinq points. Supposons donc cette courbe décrite, en sorte que les cinq points se trouvent sur son périmètre; si de trois quelconques de ces points on mène aux deux autres trois couples de droites; en combinant ces couples deux à deux, on formera trois quadrilatères simples, inscrits à la courbe, et ayant deux sommets opposés communs ou une diagonale commune; donc, suivant ce qui a été établi ci-dessus, les droites joignant les points de concours de leurs côtés opposés, iront concourir toutes trois en un même point, pôle de cette diagonale commune. Ainsi *cinq points étant pris, à volonté, sur un plan, si de trois quelconques de ces points on mène aux deux autres trois couples de droites; en prenant ces couples deux à deux, on aura trois quadrilatères simples tels que les droites joignant les points de concours des directions de leurs côtés opposés iront toutes trois concourir en un même point. En outre, ce point sera, relativement à la ligne du second ordre qu'on peut toujours faire passer par les cinq points donnés, le pôle de la diagonale commune aux trois quadrilatères.*

Si l'on suppose que les deux extrémités de la diagonale commune s'éloignent à l'infini, en parcourant deux droites fixes indéfinies, données de position, on conclura de ce théorème le corollaire suivant : *Si, sur les trois côtés d'un triangle quelconque, pris tour à tour pour diagonales, on construit trois parallélogrammes, dont les côtés soient respectivement parallèles à deux droites quelconques, données de position ; les trois autres diagonales de ces parallélogrammes iront concourir en un même point, centre d'une hyperbole circonscrite au triangle et ayant ses asymptotes parallèles aux deux droites données de position* (*).

On démontrera par des considérations analogues cet autre théorème : *Cinq droites étant tracées arbitrairement sur un plan, si l'on conçoit trois quadrilatères simples, ayant à la fois deux cotés opposés qui coïncident, pour la direction, avec deux de ces droites, et dont les autres côtés ne soient autre chose que les trois droites restantes prises deux à deux ; les points de concours des diagonales de ces trois quadrilatères appartiendront tous trois à une même droite. En outre, cette droite sera, relativement à la ligne du second ordre qui touchera les cinq droites données, la polaire du point de concours des deux d'entre elles qu'on aura prise pour direction commune des deux côtés opposés des trois quadrilatères.*

Il suit de là qu'ayant sur un plan cinq points d'une ligne du second ordre ou cinq tangentes à cette courbe, on peut toujours, en n'employant d'autre instrument que la règle, déterminer simultanément soit les tangentes en deux de ces points, soit les points de contact de deux de ces tangentes ; après quoi la construction de la courbe pourra s'achever comme on l'a fait voir ci-dessus.

( *La suite à un prochain numéro.* )

---

(*) C'est le théorème de la pag. 103 du tom. XV.

J. D. G.

*Annales de Gergonne*
XVII, pp. 173–198
1826–27



# GÉOMÉTRIE ANALYTIQUE.

## *Mémoire sur les lignes du second ordre ;*

Par M. Ch. Sturm.

( *Deuxième partie* (*) )

### §. VI.

Nous avons développé, dans ce qui précède, la théorie purement analytique des pôles et polaires, et nous avons fait voir qu'on pouvait en déduire, avec facilité, les propriétés généralement connues des lignes du second ordre qui nous ont été transmises par les anciens géomètres. Nous allons présentement reprendre les considérations du §. I, concernant le système de trois lignes du second ordre qui, tracées sur un même plan, ont les mêmes points d'intersection ; et, après avoir étudié les propriétés d'un tel système, nous montrerons que, dans leur généralité, elles renferment la presque totalité de celles qui composent aujourd'hui la géométrie de ces sortes de courbes.

Soient sur un plan, trois lignes du second ordre, rapportées aux mêmes axes et ayant les mêmes intersections. Nous avons vu qu'en supposant ces courbes exprimées par les équations

(*) Voy. la pag. 265 du précédent volume.

J. D. G.

$$Ax^2+By^2+2Cxy+2Dx+2Ey+F=0\ , \qquad (c)$$

$$A'x^2+B'y^2+2C'xy+2D'x+2E'y+F'=0\ , \qquad (c')$$

$$A''x^2+B''y^2+2C''xy+2D''x+2E''y+F''=0\ , \qquad (c'')$$

on devrait avoir les six relations

$$\left.\begin{array}{lll} mA+A'=A''\ , & mB+B'=B''\ , & mC+C'=C''\ , \\ mD+D'=D''\ , & mE+E'=E''\ , & mF+F'=F''\ ; \end{array}\right\} \quad (a)$$

dans lesquelles le nombre $m$ peut être quelconque.

Cela posé, par un point O, pris à volonté sur le plan des trois courbes, et dont nous supposons les coordonnées X et Y, soit menée une droite parallèle à l'axe des $x$, c'est-à-dire, parallèle à une droite fixe arbitraire, puisque les axes des coordonnées sont quelconques. Ensuite, sans changer la direction des axes, transportons-en l'origine en O ; il nous suffira pour cela de changer respectivement $x$ et $y$ en $x+\mathrm{X}$ et $y+\mathrm{Y}$, dans les équations $(c)$, $(c')$, $(c'')$, qui deviendront ainsi

$$Ax^2+By^2+2Cxy+2(AX+CY+D)x+2(BY+CX+E)y+(AX^2+BY^2+2CXY+2DX+2EY+F)=0,$$

$$A'x^2+B'y^2+2C'xy+2(A'X+C'Y+D')x+2(B'Y+C'X+E')y+(A'X^2+B'Y^2+2C'XY+2D'X+2EY+F)=0\ ,$$

$$A''x^2+B''y^2+2C''xy+2(A''X+C''Y+D'')x+2(B''Y+C''X+E'')y+(A''X^2+B''Y^2+2C''XY+2D''X+2EY+F)=0\ .$$

Si l'on fait, dans la première $y=0$, on en tirera les valeurs des distances du point O aux deux intersections de la courbe $(c)$ avec la transversale menée par ce point O. Ces distances pourront être réelles ou imaginaires, suivant que la transversale coupera ou ne coupera pas la courbe $(c)$ ; mais, dans tous les cas, leur produit, aussi bien que leur somme algébrique, auront toujours des valeurs réelles. En effet, en désignant ce produit par P et cette somme par S, on a, par la propriété des équations du second degré,

$$P=\frac{AX^2+BY^2+2CXY+2DX+2EY+F}{A}, \quad S=-\frac{2(AX+CY+D)}{A},$$

On obtiendrait des valeurs de même forme pour les produits $P'$, $P''$, et pour les sommes $S'$, $S''$, des distances du point $O$, aux points d'intersection réels ou imaginaires, de la transversale avec les courbes $(c')$, $(c'')$; de sorte qu'on a

$$AP=AX^2+BY^2+2CXY+2DX+2EY+F, \qquad AS=-2(AX+CX+D),$$

$$A'P'=A'X^2+B'Y^2+2C'XY+2D'X+2E'Y+F', \qquad A'S'=-2(A'X+C'Y+D'),$$

$$A''P''=A''X^2+B''Y^2+2C''XY+2D''X+2E''Y+F'', \qquad A''S''=-2(A''X+C''Y+D'').$$

De là, en ayant égard aux relations (a), on déduit, sur-le-champ, ces deux équations

$$mAP+A'P'=A''P'', \qquad mAS+A'S'=A''S'',$$

qui donnent, par la substitution de $A''-A'$ à la place de $mA$

$$(A''-A')P+A'P'=A''P'', \qquad (A''-A')S+A'S'=A''S'';$$

ou bien

$$A'(P'-P)=A''(P''-P), \qquad A'(S'-S)=A''(S''-S);$$

d'où résulte enfin

$$\frac{P'-P}{P''-P}=\frac{A''}{A'}; \qquad \frac{S'-S}{S''-S}=\frac{A''}{A'}.$$

Donc, quelle que soit la transversale, et quel que soit le point O de sa direction, les différences de l'un quelconque des produits désignées par $P$, $P'$, $P''$ aux deux autres, ainsi que les différences de chacune des sommes désignées par $S$, $S'$, $S''$ aux deux autres, sont dans un rapport donné et invariable, tant que cette transversale se meut parallélement à elle-même.

*Les moitiés des sommes* $S$, $S'$, $S''$ *expriment, comme l'on sait,* les distances du point O aux milieux des cordes interceptées sur la transversale par les trois courbes; de sorte que les moitiés des différences $S'-S$, $S''-S$, expriment les distances de l'un de ces milieux aux deux autres. En vertu donc de la relation ci-dessus, ces distances sont toujours entre elles dans le même rapport, tant que la transversale se meut parallèlement à elle-même, et conséquemment elles doivent s'évanouir en même temps. La relation entre $S$, $S'$, $S''$ nous donne donc ce théorème : *Lorsque trois lignes du second ordre, tracées sur un même plan, ont les mêmes points d'intersections, leurs diamètres dont les conjugués sont parallèles à une même droite fixe, vont tous trois concourir en un même point* (*).

---

(*) Il n'est pas difficile de prouver que cette propriété renferme implicitement les précédentes, bien qu'elle paraisse d'abord moins générale.

Soient, en effet, (A, B), (C, D), (E, F) les points où la transversale indéfinie coupe les trois courbes $(c)$, $(c')$, $(c'')$; et soient respectivement H, I, K, les milieux des cordes interceptées AB, CD, EF. En supposant que les quatre points C, D, E, F soient sur le prolongement de AB, la double relation

$$\frac{AC.AD}{AE.AF}=\frac{A''}{A'}=\frac{BC.BD}{BE.BF}$$

donnera

$$\frac{AC.AD}{AE.AF}=\frac{A''}{A'}=\frac{(AC-AB)(AD-AB)}{(AE-AB)(AF-AB)}=\frac{AC.AD-AB(AC+AD-AB)}{AE.AF-AB(AE+AF-AB)}\;;$$

d'où l'on déduira

Voyons maintenant ce qui résulte, en particulier, de la relation établie entre les produits $P$, $P'$, $P''$. Si l'on prend pour le point O l'un quelconque des points où la transversale coupe la courbe $(c)$, on a $P=0$, et la relation $\frac{P'-P}{P''-P}=\frac{A''}{A'}$, devenant $\frac{P'}{P''}=\frac{A''}{A'}$, se traduit alors dans l'énoncé suivant :

---

$$\frac{A''}{A'}=\frac{\mathrm{AC+AD-AB}}{\mathrm{AE+AF-AB}},$$

puis, en observant que AB=2AH, AC+AD=2AI, AE+AF=2AK,

$$\frac{A''}{A'}=\frac{\mathrm{2AI-2AH}}{\mathrm{2AK-2AH}}=\frac{\mathrm{AI-AH}}{\mathrm{AK-AH}}=\frac{\mathrm{HI}}{\mathrm{HK}};$$

c'est la relation contenue dans l'équation $\frac{S'-S}{S''-S}=\frac{A''}{A'}$,

Soit pris ensuite un point quelconque O sur la direction de la transversale. En supposant que tous les points A, B, C, D, E, F se trouvent situés d'un même côté de ce point O, on aura

$$\frac{\mathrm{OC.OD-OA.OB}}{\mathrm{OE.OF-OA.OB}}=\frac{\mathrm{(OA+AC)(OA+AD)-OA(OA+AB)}}{\mathrm{(OA+AE)(OA+AF)-OA(OA+AB)}}$$

$$=\frac{\mathrm{OA(AC+AD-AB)+AC.AD}}{\mathrm{OA(AE+AF-AB)+AE.AF}};$$

ou, ce qui revient au même $\frac{P'-P}{P''=P}=\frac{A''}{A'}$.

La propriété qu'exprime la double équation

$$\frac{\mathrm{AC.AD}}{\mathrm{AE.AF}}=\frac{A''}{A'}=\frac{\mathrm{BC.BD}}{\mathrm{BE.BF}};$$

et que nous avons tout-à-l'heure énoncée, doit donc être considérée comme la seule propriété fondamentale du système de trois lignes du second ordre ayant les mêmes points d'intersection.

*Lorsque trois lignes du second ordre, tracées sur un même plan, ont les mêmes intersections, soit réelles soit imaginaires, toute droite menée sur leur plan, parallèlement à une droite donnée de position; les coupe de telle-sorte que le produit des segmens compris entre l'un des points de section de l'une des courbes, proposée, et les deux points de section de l'une des deux autres est égal au produit des segmens compris entre le même point et les deux points de section de la courbe restante.*

---

De là nous passons aisément à la propriété suivante : *Etant données, sur un plan, trois lignes du second ordre, ayant les mêmes points d'intersection, si par un point* A *pris à volonté sur l'une d'elles* (c), *on mène des parallèles à deux droites données de position, l'une coupant la courbe* (c') *en deux points* c, d, *et l'autre coupant la courbe* (c'') *en deux points* e, f; *les deux produits de segmens* Ac.Ad, Ae.Af *seront toujours entre eux dans un rapport constant.* En effet, par le point A, pris à volonté sur la courbe (c), soit menée une parallèle à une autre droite fixe quelconque, et soient respectivement C et D, E et F les points où cette parallèle coupe (c') et (c''). En vertu d'un principe connu, le rapport $\frac{AC.AD}{Ac.Ad}$ est donné et invariable, aussi bien que le rapport $\frac{AE.AF}{Ae.Af}$; mais on a prouvé ci-dessus que le rapport $\frac{AC.AD}{AE.AF}$ doit aussi être donné et constant; donc il doit également en être de même du rapport $\frac{Ac.Ad}{Ac.Af}$.

Au reste la même proposition peut directement se déduire de notre analyse. En effet, soient rapportées les trois courbes à deux axes de coordonnées, parallèles aux deux droites données de position. Ces courbes étant alors représentées par les équations ($c$), ($c'$), ($c''$), accompagnées des relations (a); si l'on transporte l'origine en un point quelconque ($X$, $Y$) de la courbe ($c$), les deux nouveaux axes étant menés par ce point là, parallélement aux premiers, on trouvera que le produit des abscisses comprises entre cette nouvelle origine et les points d'intersection de la courbe ($c'$) avec le nouvel axe des $x$, est au produit des ordonnées comprises entre la même origine et les points d'intersection de la courbe ($c''$) avec le

Soient donc respectivement ( $A$ , $B$ ) , ( $C$ , $D$ ), ( $E$ , $F$ ) les points où les courbes proposées ( $c$ ) , ( $c'$ ) , ( $c''$ ) sont coupées par la transversale dont il s'agit , cette transversale étant toujours menée parallélement à une droite fixe quelconque , les deux rapports

$$\frac{AC.AD}{AE.AF}, \quad \frac{BC.BD}{BE.BF}$$

auront une même valeur déterminée et constante, et il en sera de même des rapports

$$\frac{CA.CB}{CE.CF}, \quad \frac{DA.DB}{DE.DF},$$

comme aussi des deux suivans

$$\frac{EA.EB}{EC.ED}, \quad \frac{FA.FB}{FC.FD};$$

de là résulte ce nouveau théorème, qui n'est qu'une conséquence immédiate du précédent.

---

nouvel axe des $y$ , en raison inverse des coefficiens $A'$ et $B''$ de $x^2$ et $y^2$ , dans les équations ( $c'$ ) , ( $c''$ ) , ce rapport étant toujours le même, quel que soit , sur la courbe ( $c$ ) le point ( X , Y ) par lequel on mène les parallèles aux deux axes primitifs ; la proposition dont il s'agit se trouve ainsi démontrée.

Voici une autre proposition , déjà connue , qui découle , comme corollaire , de ce qui précède : *Un quadrilatère étant inscrit à une ligne du second ordre , si , d'un point quelconque de la courbe , on abaisse sur les directions des côtés de ce quadrilatère des perpendiculaires , ou des obliques faisant avec eux des angles égaux à un angle donné , le rectangle des perpendiculaires ou des obliques abaissées sur deux côtés opposés sera dans un rapport constant avec le rectangle des perpendiculaires ou des obliques abaissées sur les deux autres.*

*Soient trois lignes du second ordre, tracées sur un même plan et ayant les mêmes points d'intersection. Si l'on mène à volonté, sur leur plan, une droite coupant chacune d'elles en deux points, il y aura sur cette droite arbitraire six points de section tels que les deux produits de segmens compris entre un point de section appartenant à l'une quelconque des trois courbes et les points de section de chacune des deux autres, seront entre eux dans le même rapport que les deux produits de segmens compris entre le second point de section de la première courbe et les mêmes points de section des deux autres.*

Ainsi, l'on a ces trois équations

$$\frac{AC.AD}{AE.AF}=\frac{BC.BD}{BE.BF}\,,\quad \frac{CA.CB}{CE.CF}=\frac{DA.DB}{DE.DF}\,,\quad \frac{EA.EB}{EC.ED}=\frac{FA.FB}{FC.FD}\,. \qquad (f)$$

En les combinant par voie de multiplication, on en déduit, sur-le-champ, les quatre autres que voici :

$$\begin{aligned} AC.BE.DF&=AF.BD.CE\,, & AD.BE.CF&=AF.BC.DE\,,\\ AC.BF.DE&=AE.BD.CF\,, & AD.BF.CE&=AE.BC.DF\,. \end{aligned} \qquad (f)$$

*Lors donc qu'une droite arbitraire coupe trois lignes du second ordre qui ont les mêmes points d'intersection, les divers segmens formés sur cette droite par les trois courbes, sont liés entre eux par le système de sept équations.* Il est clair, au surplus, qu'une seule de ces équations doit comporter les six autres, puisqu'elles dérivent toutes d'une seule et même propriété, et que d'ailleurs une seule suffit évidemment pour déterminer l'un quelconque des six points A, B, C, D, E, F ; les cinq autres étant placés arbitrairement sur la transversale indéfinie.

Il pourra souvent arriver que la transversale arbitraire ne rencontre pas à la fois les trois courbes proposées. Supposons, par exemple, qu'elle ne coupe pas la troisième $(c'')$ ; alors, parmi les six points de section A, B, C, D, E, F, que cette droite doit, en général, déterminer sur les courbes proposées, les deux E, F seront devenus imaginaires, et toutefois les produits AE.AF, BE.BF conserveront toujours des valeurs réelles, puisque chacun d'eux n'est autre chose que le produit des racines d'une certaine équation du second degré dont les coefficiens sont toujours réels. Nous conclurons de cette remarque, qui se lie d'ailleurs avec celle que nous avons faite dans la note du §. II, que le système des formules (f) a toujours une signification réelle et indépendante de la réalité des points de section de la transversale, pourvu néanmoins que ces points ne soient pas tous à la fois imaginaires ; car alors on serait obligé de remonter à la relation $\frac{P'-P}{P''-P}=\frac{A''}{A''}$, pour leur trouver un sens intelligible.

Desargues, géomètre contemporain de Descartes, le premier qui ait consideré les diverses sections coniques comme des variétés d'une courbe unique, paraît être aussi le premier qui ait examiné les propriétés qui appartiennent à six points rangés sur une même droite et liés entre eux par les relations (f). Cette liaison remarquable était nommée par lui *involution de six points.* Son ouvrage sur les sections coniques, qui ne nous est connu que par quelques citations des contemporains, renfermait, entre autres, le développement de la proposition suivante et de ses corollaires : *Un quadrilatère étant inscrit à une section conique quelconque, toute droite tracée sur son plan détermine, par ses intersections avec la courbe et les côtés du quadrilatère, six points qui sont en involution*, c'est-à-dire, qui satisfont au système des relations (f). Ce principe, sur lequel nous reviendrons bientôt, et qui se déduit, comme corollaire, de notre second théorème, a fourni à M. Brianchon le sujet de son intéressant *Mémoire sur les lignes du second ordre.* Il a encore été rappelé dans la 2.[me] section du *Traité des propriétés projectives des figures* ; mais jusqu'ici on n'avait pas encore considéré l'ensemble des relations (f) comme l'expression de la propriété essentielle et caractéristique du système de trois sections coniques qui ont mêmes points d'intersection. Le principe de Désargues, ainsi généralisé, devient beaucoup plus fécond et plus digne d'intérêt. Le présent mémoire est particulièrement consacré au développement des nombreuses conséquences qui découlent de cette source (*).

---

(*) A cause de l'importance de cette propriété, on sera sans doute bien aise d'en trouver ici une démonstration analytique directe et simple, et telle nous paraît être la suivante :

Les équations des trois courbes, rapportées à deux axes quelconques, étant toujours supposées

$$\left.\begin{array}{l} Ax^2+By^2+2Cxy+2Dx+2Ey+F=0\ , \\ A'x^2+B'y^2+2C'xy+2D'x+2E'y+F'=0\ , \\ A''x^2+B''y^2+2C''xy+2D''x+2E''y+F''=0\ ; \end{array}\right\} \quad (1)$$

on a vu dans une note du §. I, que, pour que ces trois courbes se coupassent aux quatre mêmes points, il fallait que, $\lambda$, $\lambda'$, $\lambda''$ étant trois multiplicateurs, on eût les six relations suivantes

$$\left.\begin{array}{ll} \lambda A+\lambda' A'+\lambda'' A''=0\ , & \lambda D+\lambda' D'+\lambda'' D''=0\ , \\ \lambda B+\lambda' B'+\lambda'' B''=0\ , & \lambda E+\lambda' E'+\lambda'' E''=0\ , \\ \lambda C+\lambda' C'+\lambda'' C''=0\ , & \lambda F+\lambda' F'+\lambda'' F''=0\ . \end{array}\right\} \quad (2)$$

Cela posé, puisque les courbes sont situées d'une manière quelconque par rapport aux axes, l'axe des $x$ peut, à l'inverse, être considéré comme une transversale quelconque tracée sur le plan de ces trois courbes. Soient respectivement $p$ et $q$, $p'$ et $q'$, $p''$ et $q''$ les abscisses des points d'intersection de cette transversale avec les trois courbes, c'est-à-dire, les valeurs de $x$ que donnent leurs équations, lorsqu'on y fait $y=0$ ; nous aurons, par la nature des racines des équations du second degré,

Il est bon d'observer, dès à présent, qu'il peut arriver que l'un des six points de section vienne à coïncider avec son conjugué, ce qui arrivera si la transversale est tangente à une des trois courbes. Il est aisé de voir à quoi se réduiront, dans ce cas, les relations (f), qui constitueront alors une *involution de cinq points*, suivant l'expression de Desargues. Si en outre la même chose arrive pour deux autres points également conjugués, on retombera

---

$$\left.\begin{array}{ll} A(p+q)+2D=0\,, & Apq-F=0\,, \\ A'(p'+q')+2D'=0\,. & A'p'q'-F'=0\,, \\ A''(p''+q'')2D''=0\,, & A''p''q''-F''=0\,, \end{array}\right\} \quad (3)\,.$$

prenant la somme des produits respectifs des équations de chacune de ces deux colonnes par $\lambda$, $\lambda'$, $\lambda''$, et ayant égard aux relations (2), il viendra

$$\lambda(p+q)A+\lambda'(p'+q')A'+\lambda''(p''+q'')A''=0\,,$$

$$\lambda pqA+\lambda'p'q'A'+\lambda''p''q''A''=0\,,$$

joignant à ces équations l'équation

$$\lambda A+\lambda'A'+\lambda''A''=0\,,$$

et éliminant entre elles $\dfrac{\lambda'A'}{\lambda A}$ et $\dfrac{\lambda''A''}{\lambda A}$ comme deux inconnues, on obtiendra cette équation

$$(p+q)(p'q'-p''q'')+(p'+q')(p''q''-pq)+(p''+q'')(pq-p'q')=0\,. \quad (4)$$

Or, si dans l'équation

$$\frac{(p-p')(p-q')}{(p-p'')(p-q'')}=\frac{(q-p')(q-q')}{(p-p'')(q-q'')} \quad (5)$$

on chasse les dénominateurs ; en transposant, réduisant et divisant par $p-q$

sur la relation entre quatre points, que nous avons déjà fait connaître sous le nom de *division harmonique.*

Nous devons encore placer ici une conséquence immédiate de notre théorie qui nous sera utile dans la suite. On sait que trois cercles tracés sur un même plan et ayant une corde commune, réelle ou idéale, peuvent être envisagés comme trois lignes du second ordre qui ont les mêmes points d'intersection, dont deux situés à l'infini. On peut donc leur appliquer les résultats précédens; et, en les combinant avec la propriété connue des sécantes menées d'un même point à un même cercle, on aura le théorème suivant qui est d'ailleurs facile à démontrer par les élémens : *Si trois circonférences tracées sur un même plan, ont une corde commune, réelle ou idéale, et que, d'un point quelconque de l'une d'elles, on mène à volonté deux droites qui coupent respectivement les deux*

---

on obtiendra l'équation (4); donc, quand $p-q$ n'est pas nul, l'équation (4) revient à l'équation (5); or, cette dernière exprime que les six points d'intersection sont en *involution*; donc l'autre l'exprime également.

On sait que les conjugués des diamètres qui, dans les trois courbes, sont parallèles à l'axe des $x$ ont pour équations respectives

$$Ax+Cy+D=0\ ,$$

$$A'x+C'y+D'=0\ ,$$

$$A''x+C''y+D''=0\ .$$

Or, trois des équations (2) prouvent que ces trois droites concourent en un même point; puis donc que l'axe des $x$ est une droite arbitraire sur le plan des trois courbes, il en faut conclure que, *lorsque trois coniques sont les mêmes intersections, si on leur mène, sous une direction arbitraire, trois diamètres parallèles, les conjugués de ces diamètres concourent nécessairement en un même point.* C'est ce que M. Sturm avait déjà établi plus haut, d'une manière un peu différente.

J. D. G.

*autres, les deux produits de segmens compris sur l'une et sur l'autre de ces sécantes, entre le point commun d'où elles partent et les circonférences qu'elles coupent, sont toujours entre eux dans un rapport constant.* En outre, *si l'on mène une transversale arbitraire, les six points de section, soit réels soit imaginaires, qu'elle déterminera sur les trois circonférences, seront en involution.*

## §. VII.

Etant donné sur un plan un quadrilatère simple quelconque, on peut envisager ses deux couples de côtés opposés et ses deux diagonales comme trois lignes du second ordre ayant quatre points communs; conséquemment, si l'on mène sur son plan une droite arbitraire, coupant ces mêmes côtés et diagonales en des points A, B, C, D, E, F; ces six points de section seront entre eux en involution. Cette propriété, qu'il serait d'ailleurs facile de démontrer directement, est une extension de celle qui concerne la division harmonique des diagonales du quadrilatère complet; puisqu'il suffit, pour obtenir cette dernière, de supposer, dans les relations ci-dessus, que la transversale arbitraire passe par les points de concours des côtés opposés de notre quadrilatère simple. Il suit de là que, si l'on déforme ce quadrilatère, de manière que cinq des points de section dont il s'agit demeurent fixes, sur la même droite, le sixième ne variera pas. Ainsi, tout quadrilatère simple dont les côtés et l'une des diagonales passeront respectivement, et dans un ordre assigné, par cinq points A, B, C, D, E, pris à volonté sur une même droite, aura son autre diagonale toujours dirigée vers un autre point fixe F de la même droite, et liée aux premiers par l'ensemble des relations (f). Donc, *cinq points étant donnés, sur une même droite, il sera toujours facile, avec la règle pour tout instrument, d'en trouver un sixième qui soit en involution avec eux;* et l'on voit en outre que ce sixième point sera unique.

Ceci fournit une nouvelle solution du problème connu : *Par un point donné, mener avec la règle une droite qui passe par le point de concours, supposé inaccessible de deux droites données de position ?* Et conséquemment de celui-ci : *Deux parallèles étant tracées sur un plan, mener par un point donné sur ce plan, et en n'employant que la règle, une parallèle à ces droites ?* Ce problème, dont Lambert a déduit la solution des principes de la perspective, a été rappelé à la page 108 du *Traité des propriétés projectives des figures.*

Ayant, sur un plan, un quadrilatère simple avec ses deux diagonales; si l'on fait varier deux côtés adjacens de ce quadrilatère, en les assujettissant à tourner sur deux points fixes pris à volonté sur son plan, et qu'on laisse immobiles les deux autres côtés et la diagonale qui part de leur point de concours; il arrivera que l'autre diagonale, en variant de direction, coupera toujours au même point la droite que déterminent les deux points fixes vers lesquels les deux côtés mobiles sont dirigés sans cesse. Par conséquent, en considérant, dans deux positions quelconques, le triangle variable formé par cette diagonale et ses côtés mobiles, on aura ce théorème : *Si deux triangles ont l'un et l'autre leurs sommets situés sur trois lignes droites qui concourent en un même point, les trois points de concours de leurs côtés placés entre ces mêmes droites, prises deux à deux se trouveront en ligne droite.* Et réciproquement, *si deux triangles sont tellement disposés sur un plan que leurs côtés concourent deux à deux en trois points situés en ligne droite, les trois droites qui joindront leurs sommets correspondans iront concourir en un même point* (*).

---

(*) On peut consulter, sur diverses autres démonstrations de ces théorèmes le *Traité des propriétés projectives des figures* (pag. 87 — 94), et les mémoires de M. Brianchon.

(*Note de l'auteur.*)

Cette proposition, fort importante dans la géométrie de la règle, a été donnée pour la première fois par Desargues, et reproduite par MM. Servois et Brianchon. Quoique nous ne fassions pas usage ici de la méthode des projections, nous ne pouvons nous refuser à observer que la proposition dont il s'agit devient évidente, par simple intuïtion, quand on met en projection ou en perspective sur un plan un tronc de pyramide triangulaire à bases non parallèles (*). On en déduit ce corollaire qui peut être souvent utile, savoir, que *si deux triangles sont inscrit et circonscrit l'un à l'autre de telle sorte que les droites qui joignent leurs sommets opposés concourent en un même point, les points de concours des directions de leurs côtés opposés appartiendront à une même droite; et réciproquement.*

Au moyen du même théorème, *étant donné sur un plan un quadrilatère simple on pourra construire, avec la règle seulement, la droite dont la direction passe par les deux points de concours de ses côtés opposés, en supposant ces deux points inaccessibles, et déterminer en même temps le point où cette droite est coupée par une autre droite donnée à volonté sur le même plan* (**).

On peut encore, en n'employant que la règle, *construire le point de concours de deux droites, déterminées chacune par deux points et que des obstacles quelconques, situés entre ces points ou au-delà, empêcheraient de tracer* (***).

---

(*) C'est ainsi que nous l'avons nous-même démontrée dans notre XVI.e volume ( pag. 219 ) où l'on peut voir les applications que nous en avons déduites.

J. D. G.

(**) Nous avons indiqué cette application à l'endroit cité.

J. D. G.

(***) C'est un des deux problèmes résolus par M. Vallès ( tom. XVI, pag. 385 ).

J. D. G.

## §. VIII.

Lorsqu'un quadrilatère est inscrit à une ligne du second ordre quelconque, on peut envisager ses deux couples de côtés opposés comme deux lignes du second ordre ayant avec la proposée quatre points communs. On peut donc appliquer ici la théorie du §. VI; c'est-à-dire que *si, sur le plan d'un quadrilatère inscrit à une ligne du second ordre, on mène une droite arbitraire, ses points d'intersection avec deux côtés opposés du quadrilatère, ses points d'intersection avec les deux autres et enfin ses points d'intersection avec la courbe seront six points en involution.* C'est en cela que consiste le théorème de Desargues mentionné au §. VI. M. Brianchon en a déduit un grand nombre de conséquences particulières, sur lesquelles il serait superflu de revenir.

Supposons que l'on rende fixes les points où la transversale est coupée par trois des côtés du quadrilatère inscrit, et qu'on fasse ensuite varier ce quadrilatère de telle sorte que, sans cesser d'être inscrit, il ait toujours trois de ses côtés dirigés vers les mêmes points, le quatrième côté variera aussi; mais comme, des six points en involution, cinq demeureront invariables, savoir, les trois points dont il s'agit et les deux points d'intersection de la transversale avec la courbe, le sixième aussi devra être invariable. Donc, *si l'on inscrit à une ligne du second ordre une suite de quadrilatères tels que trois de leurs côtés passent constamment, et dans un ordre assigné, par trois points fixes, pris à volonté sur une droite arbitraire, leurs quatrièmes côtés concourront constamment en un quatrième point fixe de la même droite.*

Soit ABCDEF un hexagone quelconque inscrit à une ligne du second ordre; désignons par G, H, K, respectivement, les points de concours des côtés opposés AB et DE, BC et EF, CD et FA; menons par les deux sommets opposés A et D une diagonale coupant GH en L; les deux quadrilatères ABCD et DEFA auront trois de leurs côtés qui passeront par les trois mêmes points G, H, L d'une droite; donc le point $k$ de concours des côtés restans devra aussi se trouver sur cette droite; c'est-à-dire, que, *dans tout hexagone inscrit à une ligne du second ordre, les points de concours des côtés respectivement opposés sont situés sur une même ligne droite* (*).

Cette belle et importante propriété de l'hexagone inscrit a été énoncée pour la première fois par Pascal, qui la désignait sous

---

(*) La démonstration que je viens de donner de ce beau théorème, démonstration que je crois nouvelle, me paraît se recommander par sa simplicité. La théorie ordinaire des transversales en fournit une autre qui peut trouver ici sa place.

Soit formé un triangle par les prolongemens des côtés AB, CD, EF de l'hexagone, et soient respectivement L, M, N les sommets de ce triangle opposés à ces côtés. En lui appliquant un théorème connu, on aura d'abord

$$MA.MB.NC.ND.LE.LF=ME.MF.NA.NB.LC.LD.$$

Considérant ensuite tour à tour BC, DE, FA, comme des transversales coupant le triangle LMN, nous aurons

$$LC.MH.NB=LH.MB.NC,$$

$$ME.NG.LD=MG.ND.LE,$$

$$NA.LK.MF=NK.LF.MA;$$

multipliant ces quatre équations membre à membre, et réduisant, il viendra

$$MH.NG.LK=LH.MG.NK;$$

ce qui prouve que les trois points G, H, K appartiennent à une même droite.

le nom d'*hexagrame mystique*, et en avait fait la base d'un traité de sections coniques qui n'a pas été publié. Quoiqu'elle paraisse n'avoir pas été ignorée de Desargues, la découverte en est généralement attribuée à Pascal. Depuis lors, plusieurs géomètres l'ont reproduite sous différentes formes, et en ont tiré beaucoup de conséquences utiles ou curieuses. M. Brianchon a établi sur le même principe, d'une manière purement géométrique, toute la théorie des pôles et polaires des lignes et surfaces du second ordre (*Journal de l'école polytechnique* XIII.^e cahier). Il a fait connaître, en même temps, un théorème non moins intéressant que celui de Pascal; théorème que nous allons démontrer d'après lui, à l'aide de la théorie des pôles et polaires.

Etant donné un hexagone circonscrit à une ligne du second ordre, si nous joignons les points de contact de ses côtés consécutifs par des droites, nous formerons un hexagone inscrit, dont chaque côté aura pour pôle un sommet de l'hexagone circonscrit; et, comme (§. II) la droite qui joint les pôles de deux autres a son pôle au point de concours de celles-ci, il s'ensuit que les diagonales qui, dans l'hexagone circonscrit, joindront deux sommets opposés, auront pour pôles les points de concours des directions des côtés opposés de l'inscrit; puis donc que ces trois points appartiennent à une même ligne droite, les trois diagonales dont il s'agit devront concourir en un même point, pôle de cette droite; c'est-à dire que, *dans tout hexagone circonscrit à une ligne du second ordre, les diagonales qui joignent les sommets opposés concourent toutes trois en un même point* (*).

---

(*) On trouve dans le présent recueil, tom. IV, pag. 78 et 381, tom. XIV, pag. 29, tom. XV, pag. 387 et tom. XVI, pag. 322, diverses démonstrations de ces deux théorèmes.

*J. D. G.*

Les propositions inverses des deux précédentes s'en déduisent si facilement qu'il nous suffira de les énoncer, 1.° *lorsque cinq des sommets d'un hexagone appartiennent à une ligne du second ordre, et que d'ailleurs les points de concours des côtés opposés de cet hexagone appartiennent tous trois à une même droite, son sixième sommet est aussi sur la courbe;* 2.° *lorsque cinq des côtés d'un hexagone sont tangens à une ligne du second ordre, et que d'ailleurs les diagonales qui joignent les sommets opposés de cet hexagone se coupent au même point, son sixième côté est aussi tangent à la courbe.*

Il suit de là qu'*il n'existe qu'une seule conique qui puisse passer par cinq points ou toucher cinq droites données sur un plan.* Les mêmes propriétés fournissent le moyen, bien connu, de *construire, avec la règle seulement, une conique dont on a cinq points ou cinq tangentes.* Elles s'étendent au cas où l'on suppose qu'un côté, ou plusieurs côtés non consécutifs, de l'hexagone inscrit deviennent nuls et tangens à la courbe, et à celui où un angle, ou plusieurs angles non consécutifs, de l'hexagone circonscrit deviennent égaux à deux angles droits et ont leur sommet sur la courbe. On retrouve ainsi les propriétés des quadrilatères inscrits et circonscrits démontrés précédemment ( §. V ).

En particulier, si l'on suppose que, dans l'hexagone inscrit, trois côtés non consécutifs soient d'une longueur nulle, ou que, dans l'hexagone circonscrit, trois angles non consécutifs soient égaux à deux angles droits, on obtient ce théorème : *Si deux triangles sont l'un inscrit et l'autre circonscrit à une même ligne du second ordre; de telle sorte que les sommets de l'inscrit soient les points de contact du circonscrit;* 1.° *les points de concours des côtés respectivement opposés, dans ces deux triangles appartiendront tous trois à une même droite;* 2.° *les droites qui joindront leurs sommets opposés concourront toutes trois en un même point.*

Il y aurait beaucoup d'autres choses à dire sur le sujet qui nous occupe ; mais ces détails intéressans se trouvent pour la plupart dans le *Traité des propriétés projectives des figures* ( pag. 109 — 120 et 290 — 304 ), auquel nous renvoyons. Nous nous bornerons à extraire les énoncés suivans de deux théorèmes qui dérivent des propriétés des hexagones inscrits et circonscrits :

1.° *Si tous les côtés d'un polygone variable, tracé sur un plan, sont assujettis à tourner sur autant de points fixes, tandis que ses sommets, un seul excepté, parcourent respectivement des droites données de position ; le sommet libre décrira, dans son mouvement, une ligne du second ordre passant par les points fixes sur lesquels tournent ses deux côtés.*

2.° *Si tous les sommets d'un polygone variable, tracé sur un plan, sont assujettis à se mouvoir sur autant de droites fixes, tandis que ses côtés, un seul excepté, tournent sur des points fixes ; le côté libre sera constamment, dans son mouvement, tangent à une ligne du second ordre touchant les deux droites fixes parcourues par ses extrémités.*

## §. IX.

Soient ABC, DEF, deux triangles inscrits arbitrairement à une même ligne du second ordre ; soient respectivement H, I, K les points de concours de AB et DE, AC et DF, BC et EF ; en menant les cordes BF et CE, concourant en G, on formera un hexagone inscrit BACEDF, dans lequel les points de concours G, H, I des côtés opposés seront en ligne droite ; de sorte que les trois droites BF, EC, HI concourent en un même point ; or, on peut considérer ces droites comme joignant les sommets opposés de l'hexagone BCIFEH, dont les côtés sont ceux des deux triangles proposés ; donc cet hexagone est circonscriptible à une ligne du second ordre ; ainsi *deux triangles inscrits à une même ligne du second ordre sont par là même circonscriptibles à la fois à une autre ligne du même ordre.*

Réciproquement, *deux triangles circonscrits à une même ligne du second ordre sont par là même inscriptibles à une autre ligne du même ordre.* En effet, si deux triangles ABC, DEF, sont circonscrits à une même ligne du second ordre; en désignant respectivement par H et I les points de concours de AB et DE, AC et DF, l'hexagone BCIFEH sera circonscrit à la courbe; d'où il suit que les droites BF, CE et HI concourront en un même point G; les trois points G, H, I seront donc en ligne droite; d'où il suit que l'hexagone BACEDF, dont les sommets sont précisément ceux de nos deux triangles sera inscriptible à une ligne du second ordre.

De ces théorèmes, dus à M. Brianchon, il résulte que, *si un seul triangle est inscrit à une ligne du second ordre et circonscrit à un autre, une infinité d'autres triangles pourront être, à la fois comme celui-là, inscrits à la première courbe et circonscrits à la seconde.*

En considérant toujours les mêmes triangles inscrits ABC, DEF, joignons leurs sommets correspondans par des droites, et soient L, M, N, respectivement, les intersections de AD et BE, CF et AD, BE et CF. On voit d'abord que ces trois points seront situés sur les polaires respectives de H, I, K. Ensuite si l'on mène KN, cette droite sera la polaire du point G de la droite HI; d'où il suit que KN contiendra le pôle de HI, et que, par conséquent le point N est sur la droite qui joint le point K au pôle de HI. Pareillement, les points L, M, sont situés sur les droites qui joignent les points H, I, avec les pôles des droites IK et HK, respectivement, d'où résulte ce théorème: *Lorsque deux triangles sont inscrits à une même ligne du second ordre, le triangle formé par les trois droites qui joignent les sommets correspondans de ces deux là est tel que chacun de ses sommets se trouve à l'intersection de la polaire du point de concours de deux côtés correspondans des deux premiers avec la droite menée de ce point de concours au pôle de la droite qui joint les deux autres.*

Deux triangles inscrits à une même ligne du second ordre ordre pouvant prendre une infinité de formes et de situations différentes, il s'ensuit que les points de concours de leurs côtés correspondans pourront aussi prendre toutes les situations qu'on voudra. On pourra donc supposer ces trois points donnés à volonté sur le plan de la courbe; et, pour chaque situation qu'on leur assignera, il existera, en général, deux triangles inscrits dont les côtés correspondans se couperont en ces points; triangles qu'il sera facile de construire d'après ce qui précède. On obtiendra donc ainsi une construction très-simple et purement linéaire du problème suivant: *Inscrire à une ligne donnée du second ordre un triangle dont les côtés passent par trois points donnés*? La solution qui résulte de ce qui précède, et à laquelle M. Gergonne a été conduit par l'analyse (*Annales*, tom. VII, pag. 325), peut être énoncée comme il suit:

*Formez un triangle dont les sommets soient les pôles des droites qui joignent les points donnés, pris deux à deux; joignez chacun des sommets de ce triangle à celui des trois points donnés qui n'a pas concouru à sa détermination par une droite; les droites ainsi menées de trois sommets détermineront trois points sur les côtés respectivement opposés. Formant alors un triangle dont ces trois nouveaux points soient les sommets, les côtés de ce triangle, par leurs intersections avec la courbe, détermineront les six sommets des deux triangles cherchés.*

Si l'on circonscrit à la même courbe deux triangles dont les points de contact soient les sommets des deux triangles inscrits, il est aisé de voir que ces triangles seront inscrits au triangle dont les sommets sont les pôles des trois points donnés, pris deux à deux; et de là résulte le moyen de ramener, au problème qui vient d'être résolu, cet autre problème: *A une ligne donnée du second ordre circonscrire un triangle dont les sommets soient sur trois droites données*? On peut aussi attaquer directement ce problème, à l'aide de ce que nous avons dit ci-dessus sur les propriétés du système de deux triangles circonscrits à une même ligne du second ordre. De l'une ou de l'autre manière on parvient à la construction linéaire que voici, et qui a aussi été indiquée par M. Gergonne, en l'endroit cité :

*Formez un triangle dont les côtés soient les polaires des intersections deux à deux des trois droites données ; marquez le point de concours de chaque côté de ce triangle avec celle des droites données qui n'aura pas concouru à sa détermination, joignez les points ainsi déterminés avec les sommets respectivement opposés du triangle des polaires par trois droites, ces trois droites formeront un nouveau triangle tel que les six tangentes menées à la courbe par ses trois sommets seront les côtés des deux triangles cherchés.*

## §. X.

En exposant (§. II) la théorie des pôles et polaires, nous avons remarqué que la droite qui joint les pôles de deux autres droites, tracées sur le plan d'une ligne du second ordre, a pour pôle le point de concours de celle-ci. Il s'ensuit immédiatement que, *si deux polygones d'un même nombre de côtés, tracés sur le plan d'une ligne du second ordre, sont tels que les sommets de l'un soient les pôles des côtés de l'autre, réciproquement les sommets de ce dernier seront les pôles des côtés du premier ; et de plus le point de concours de deux quelconques des côtés de chacun sera le pôle de la droite qui joindra les sommets pôles de ce deux côtés dans l'autre.* A raison de ces propriétés corrélatives, les deux polygones peuvent être dits *polaires réciproques* l'un de l'autre par rapport à la courbe, qui en sera dit elle-même la *directrice.*

Supposons que les polygones proposés soient deux hexagones et que le premier se trouve inscrit à une ligne quelconque du second ordre, autre que la directrice ; les trois points de concours de ses côtés opposés seront alors situés en ligne droite ; mais ces points sont les pôles des diagonales qui, dans l'autre hexagone, joignent les sommets opposés; donc ces trois diagonales doivent concourir en un même point; donc ce second hexagone est inscriptible à une ligne du second ordre; donc *quand deux hexagones sont polaires réciproques l'un de l'autre, si l'un d'eux est inscriptible à une ligne du second ordre, l'autre est nécessairement circonscriptible à une ligne du même ordre; et réciproquement.*

De là, en faisant varier simultanément le sixième sommet du premier hexagone sur la courbe à laquelle il est inscrit et le sixième côté du second, de telle sorte que ce sommet en reste toujours le pôle, on conclut généralement que, *si un polygone quelconque tracé sur le plan d'une ligne du second ordre, prise pour directrice, est inscriptible à une autre ligne du même ordre, son polaire réciproque sera circonscriptible à une troisième ligne de cet ordre et réciproquement.* Il en résulte encore ce théorème : *Si un point, pris arbitrairement sur le plan d'une ligne du second ordre, se meut en parcourant une deuxième ligne du même ordre, sa polaire enveloppera, dans son mouvement, une troisième ligne de cet ordre;* et réciproquement, *si une droite, tracée arbitrairement sur le plan d'une ligne du second ordre, se meut en enveloppant une deuxième ligne du même ordre, son pôle parcourra, dans son mouvement, une troisième ligne de cet ordre.*

Il est à remarquer que la relation qui a lieu entre la courbe parcourue par le pôle et celle qu'enveloppe sa polaire est réciproque entre ces deux courbes; c'est-à-dire que, *si en un point quelconque de la ligne du second ordre parcourue par le pôle, on lui mène une tangente, la polaire de ce point touchera la courbe enveloppée par les polaires en un point qui sera le pôle de cette tangente;* de sorte que chacune des deux courbes dont il s'agit peut être considérée, à la fois, comme le lieu des pôles des tangentes de l'autre et comme l'enveloppe des polaires de tous les points de cette même courbe; ce qui justifie complètement la dénomination de *polaires réciproques* qu'elles ont reçue. En effet, soient P, P′, deux points pris sur la première courbe, et dont les polaires touchent la seconde en des points T, T′, respectivement. La corde PP′ aura elle-même pour son pôle le point d'intersection des deux polaires. Or ce point approche d'autant plus de se confondre avec les points de contact T, T′, que ceux-ci seront plus rapprochés, et en même temps les pôles P, P′, sur la première courbe, deviennent d'autant plus voisins l'un de l'autre. En faisant donc coïncider T′ avec T, la corde PP′ se changera en une tangente à la première courbe, ayant pour son pôle le point T de la seconde ; ce qui démontre la proposition annoncée. On prouverait avec la même facilité qu'*étant donnés un point et sa polaire, par rapport à la première courbe, si l'on construit, relativement à la directrice, la polaire de ce point et le pôle de cette droite, on aura par là même un point et sa polaire, par rapport à l'autre courbe.*

Ce qui précède renferme les principes de la théorie des pôles et polaires réciproques, dont nous ferons souvent usage dans la suite de ces recherches. M. Poncelet, à qui est due cette extension importante de la théorie des pôles, a montré dans son grand traité, et dans un article du tome VIII des *Annales de mathématiques* (pag. 201), comment on peut y parvenir directement, sans recourir aux propriétés des hexagones inscrit et circonscrit. Il a fait voir, par des applications très-variées, toute l'utilité de cette nouvelle théorie, dont il a enrichi la géométrie. En général, il résulte de cette théorie qu'il n'existe aucune relation descriptive d'une figure donnée sur un plan qui n'ait sa correspondante dans une autre figure ; en sorte que toute propriété appartenant à une figure composée de points et de lignes, soit droites soit courbes, et tracée sur le plan d'une ligne arbitraire du second ordre, prise pour directrice, entraîne nécessairement l'existence d'une certaine propriété corrélative de la figure qu'on peut concevoir comme polaire réciproque de la proposée. Par exemple, à chaque propriété des polygones inscrits aux lignes du second ordre doit correspondre une propriété analogue des polygones circonscrits de même espèce, et réciproquement. C'est ce qu'on peut vérifier au sujet des quadrilatères et hexagones inscrits et circonscrits, dont il a été question précédemment.

Pour le présent, nous nous proposons, à l'aide de cette théorie, et en partant du théorème général que nous avons établi sur les lignes du second ordre qui ont quatre points communs, lequel est exprimé par les formules ( f ) du §. VI, de démontrer un théorème analogue à celui-là, relatif à des lignes du même ordre qui ont quatre tangentes communes. Cette application fera le sujet du §. suivant.

*Bulletin de Férussac*
XI, pp. 419–422
1829



271. Analyse d'un Mémoire sur la résolution des équations numériques; par M. Ch. Sturm. (Lu à l'Acad. roy. des Scien., le 23 mai 1829.)

La résolution des équations numériques est une question qui n'a pas cessé d'occuper les géomètres depuis l'origine de l'algèbre jusqu'à nos jours. La véritable difficulté de ce problème se réduit, comme on sait, à trouver, pour chaque racine réelle de l'équation proposée, deux limites, entre lesquelles cette racine soit seule comprise. Les différentes méthodes qui ont été proposées pour arriver à ce but sont trop connues pour qu'il soit nécessaire de les rappeler ici. Aucune ne peut être comparée, sous le double rapport de la simplicité et de l'exactitude, à celle que M. Fourier a depuis long-temps découverte, et qui est fondée sur une proposition générale, dont la règle des signes de Descartes n'est qu'un cas particulier. M. Fourier a fait connaître les principes de sa belle théorie dans le *Bulletin* de la société philomathique de 1820 ; il en a donné quelques autres fragmens dans divers mémoires qu'il a lus à l'Académie. Mais l'ouvrage qui doit renfermer l'ensemble de ses travaux sur l'analyse algébrique n'a pas encore été publié. Une partie du manuscrit qui contient ces précieuses recherches a été communiquée à quelques personnes. M. Fourier a bien voulu m'en accorder aussi la lecture, et j'ai pu l'étudier à loisir. Je déclare donc que j'ai eu pleine connaissance de ceux des travaux inédits de M. Fourier qui se rapportent à la résolution des équations, et je saisis cette occasion de lui témoigner la reconnaissance dont ses bontés m'ont pénétré. C'est en m'appuyant sur les principes qu'il a posés, et en imitant ses démonstrations, que j'ai trouvé les nouveaux théorèmes que je vais énoncer.

Soit $\mathrm{A}\,x^n + \mathrm{B}\,x^{n-1} + \mathrm{C}\,x^{n-2} + \ldots + \mathrm{M}\,x + \mathrm{N} = 0$ une équation numérique d'un degré quelconque dont on se propose de trouver toutes les racines réelles. On effectuera sur cette équation le calcul qui sert à trouver si elle a des racines égales, en ayant soin d'opérer de la manière que nous allons indiquer. La fonction entière $\mathrm{A}\,x^n + \mathrm{B}\,x^{n-1}) +$ etc. étant désignée par V et sa dérivée $n\,\mathrm{A}\,x^{n-1} + (n-1)\,\mathrm{B}\,x^{n-2} +$ etc. par $\mathrm{V}_1$, il faut chercher le plus grand commun diviseur entre V et $\mathrm{V}_1$.

On divisera d'abord V par $V_1$ jusqu'à ce qu'on parvienne à un reste d'un degré inférieur au degré du diviseur $V_1$. On pourra, si l'on veut, multiplier tous les termes de ce reste par le dénominateur commun de leurs coefficiens, s'ils sont fractionnaires, ou par un nombre positif quelconque. Ensuite il faudra changer à-la-fois tous les signes de ces mêmes termes, les signes + en — et les — en +. Ce changement est nécessaire dans notre méthode. Après l'avoir fait, on aura une fonction d'un degré inférieur au degré de $V_1$. En la désignant par $V_2$ on divisera de la même manière $V_1$ par $V_2$ et l'on obtiendra un nouveau reste qu'on pourra multiplier par un nombre positif quelconque. Il faudra changer aussi les signes de tous ses termes. Ce reste ainsi modifié étant désigné par $V_3$, on divisera $V_2$ par $V_3$ et l'on aura un nouveau reste dont on devra changer encore tous les signes. La division de $V_3$ par cette nouvelle fonction $V_4$ donnera de même une fonction $V_5$ qui sera le reste de cette division pris en signe contraire et ainsi de suite. En continuant cette série de divisions et changeant toujours dans le reste de chaque division les signes de tous ses termes, on finira par arriver, si l'équation $V = 0$ n'a pas de racines égales, à une fonction du degré 0, c'est-à-dire à une constante numérique indépendante de $x$. Cette constante sera désignée par $V_r$ l'indice $r$ étant égal ou inférieur à $n$. En admettant donc que l'équation proposée $V = 0$ n'ait pas de racines égales, on aura cette suite de fonctions $V\ V_1\ V_2\ V_3\ V_4\ .\ .\ V_{r-1}\ V_r$, dont la dernière sera un nombre tout connu positif ou négatif.

Cela posé, si l'on veut connaître combien l'équation $V = 0$ a de racines réelles comprises entre deux nombres quelconques A et B positifs ou négatifs, on substituera le premier nombre A dans toutes ces fonctions $V\ V_1\ V_2\ .\ .\ V_{r-1} V_r$, on écrira par ordre sur une même ligne les signes de tous les résultats, puis on comptera le nombre des variations contenues dans la suite de ces signes. On marquera de même la suite des signes de ces mêmes fonctions pour $x = B$ et l'on comptera le nombre des variations qui se trouveront dans cette seconde suite. Si B est plus grand que A, autant l'équation $V = 0$ aura de racines réelles comprises entre A et B, autant la suite des signes des fonctions $V\ V_1\ V_2\ .\ .\ V_r$ pour $x = B$ contiendra de variations de moins que la suite de leurs signes pour $x = A$. En d'autres termes, la différence entre le nombre des variations contenues dans la suite des signes des fonctions $V\ V_1\ V_2\ ..\ V_r$ pour $x = A$, et le nombre des variations contenues dans la suite de leurs signes pour $x = B$, sera précisément égale au nombre des racines réelles de l'équation $V = o$, comprises entre A et B. Donc, en particulier, si la suite des signes pour $x = A$ et celle pour $x = B$ contiennent le même nombre de variations, l'équation $V = o$ n'aura aucune racine réelle entre A et B.

Ce théorème sera toujours vrai lors même que pour $x = A$, ou pour $x = B$, une ou plusieurs des fonctions $V_1\ V_2\ ...$ se réduiront à zéro; dans ce cas, il suffira de ne point avoir égard aux fonctions qui s'évanouiront, ou de les omettre dans la suite des signes.

Lorsque le nombre des fonctions auxiliaires $V_1\ V_2$ etc., est égal au degré $n$ de l'équation $V = o$, ce qui arrive ordinairement, on déduit du théorème qui vient d'être énoncé le suivant : autant la suite des signes des coefficiens des plus hautes puissances de $x$ dans les fonctions $V_1\ V_2\ ..\ V_n$ contient de variations, autant l'équation $V = o$ a de couples de racines imaginaires. Il s'ensuit que l'équation $V = o$ a toutes ses racines réelles lorsque les coefficiens des premiers termes de ces fonctions sont tous de même signe.

Quand le nombre des fonctions auxiliaires $V_1\ V_2$ etc., est plus petit que $n$, on trouve aisément le nombre total de ses racines réelles par l'application du théorème général.

Il est évident que ce théorème fournit une méthode certaine pour la détermination des racines réelles d'une équation qui n'a pas de racines égales. On sait d'ailleurs que si une équation a des racines égales, on peut toujours ramener sa résolution à celle d'autres équations dans lesquelles ces mêmes racines sont seulement simples. Mais, comme cette réduction exige des calculs qui peuvent devenir assez longs, j'ai tiré de ma théorie le moyen de trouver les racines égales que peut avoir l'équation proposée, sans recourir à d'autres équations.

Le système des fonctions auxiliaires $V_1\ V_2\ ..\ V_r$ qu'on déduit les unes des autres par le calcul du plus grand commun diviseur entre $V$ et $V_1$, n'est pas le seul qui puisse servir ainsi à déterminer les racines réelles de l'équation $V = o$. Je fais voir qu'on peut en former une infinité d'autres qui jouissent des mêmes propriétés. Je dois ici me borner à dire que le système précédent, qui résulte de la méthode des racines égales, est compris parmi ceux dont la formation est la plus facile; que le nombre de ceux-ci est en général $2^{n-2}$, et qu'on en déduit $2^{n-2}$ systèmes de quantités, fonctions des coefficiens de l'équation $V = 0$, dont les signes sont propres à faire connaître le nombre des racines réelles de cette équation.

*Bulletin de Férussac*
XI, pp. 422–425
1829



272. EXTRAIT D'UN MÉMOIRE de M. STURM, présenté à l'Académie des sciences, dans sa séance du 1^er juin 1829.

Le problème que je me propose de résoudre dans ce mémoire est de déterminer toutes les valeurs réelles et positives de l'inconnue $x$, qui satisfont à une équation de cette forme

$$A x^{\alpha} + B x^{6} + C x^{\gamma} + \ldots + M x^{\mu} = o$$

dans laquelle les coefficiens A B C.. M sont des nombres donnés positifs ou négatifs, et les exposans $\alpha\, \beta\, \gamma \ldots\, \mu$ de l'inconnue sont des nombres réels quelconques, rationnels ou irrationnels.

On ramène immédiatement à cette forme toute équation, telle que la suivante :

$$Ae^{\alpha t} + Be^{6t} + \ldots + Me_{\mu . t} = o$$

où l'inconnue $t$ admet des valeurs soit positives, soit négatives. Il suffit de faire $e^{t} = x$ : si l'on fait varier $t$ entre les limites $-\infty$ et $+\infty$, $x$ variera depuis $o$ jusqu'à $+\infty$.

On réduit encore à la même forme toute équation, telle que

$$Aa^{t} + Bb^{t} + Cc^{t} + \text{etc.} = o$$

$a\; b\; c\ldots$ étant des nombres positifs quelconques ; car cette équation rentre dans la précédente, quand on fait

$$e^{\alpha} = a, e^{6} = b, \text{etc.}$$

On rencontre ces équations dans la résolution de plusieurs problèmes relatifs à la théorie de la chaleur et à celle des probabilités.

La méthode par laquelle je résous les équations de cette espèce

$$Ax^{\alpha} + Bx^{6} + \text{etc.} = o$$

est celle que M. Fourier a donnée pour les équations algébriques ordinaires qui ne renferment que des puissances entières de l'inconnue, et qui sont comprises dans la classe des équations dont il s'agit. Je ne puis me dispenser de dire ici que, lorsque j'ai annoncé à M. Fourier le sujet de mon travail, il connaissait déjà la manière d'appliquer sa théorie à ces nouvelles équations; car il m'a exposé le principe de cette application, tel que je l'avais trouvé moi-même. Ce principe consiste simplement à diviser la fonction $Ax^\alpha + Bx^\beta + \ldots$ qui forme le premier membre de l'équation proposée par l'une des puissances de $x$ qu'elle renferme, et à prendre la fonction dérivée du quotient, ce qui fait disparaître un des coefficiens de la proposée. On opère sur cette fonction dérivée, qui a un terme de moins que la fonction primitive, de la même manière qu'on a opéré sur celle-ci, et l'on continue ainsi à former de nouvelles fonctions dont le nombre des termes va toujours en diminuant d'une unité, jusqu'à ce qu'on arrive à une fonction qui n'ait plus qu'un seul terme. On a ainsi un système de fonctions qui jouissent de toutes les propriétés que M. Fourier a démontrées pour le système des fonctions dérivées dans les équations algébriques. Cette extension de la théorie de M. Fourier est, comme on le voit, si simple et si facile, que je n'attacherais aucun prix à l'avoir remarquée, si elle ne m'avait pas conduit à trouver plusieurs propositions que je crois nouvelles et qui peuvent faciliter et abréger considérablement la recherche des racines, même dans le cas des équations algébriques. Je vais indiquer très-rapidement quelques-unes de ces propositions.

J'ai vu d'abord que la règle des signes de Descartes s'étend à ces équations à exposans quelconques, c'est-à-dire qu'une telle équation ne peut pas avoir plus de racines réelles positives qu'il n'y a de variations dans la suite des signes de ses différens termes ordonnés suivant les puissances décroissantes de $x$. D'un autre côté, j'ai prouvé que, s'il y a dans l'équation un ou plusieurs exposans incommensurables, elle doit avoir une infinité de racines imaginaires de la forme $r\,(\cos.p + \sqrt{-1}\sin.p)$.

L'opération par laquelle on forme les fonctions auxiliaires ayant pour effet de faire disparaître un à un tous les coefficiens A B C... de la proposée rentre dans le procédé par lequel on élimine des constantes arbitraires contenues dans une équation à 2 variables à l'aide de la différentiation. Or, on peut, pour faire ces éliminations des coefficiens A B C... établir entr'eux tel ordre qu'on voudra. D'après cette considération, l'on peut avoir plusieurs systèmes de fonctions auxiliaires qui jouissent tous des propriétés que M. Fourier a trouvées, pour le système des fonctions dérivées proprement dites dans les équations algébriques. Le nombre total de ces systèmes est égal au produit du nombre des termes de l'équation multiplié par tous les nombres entiers inférieurs. Mais, parmi tous ces systèmes qu'il est possible de former, il y a un choix à faire lorsque l'équation proposée renferme des permanences. Il convient de n'employer que ceux dans lesquels chaque fonction auxiliaire renferme toujours une variation de moins que la fonction précédente. Je donne une règle très-simple pour former ces systèmes particuliers. On arrive alors à une fonction qui a plusieurs termes tous de même signe, et l'on n'a pas besoin d'aller plus loin, parce que cette dernière fonction ne peut pas changer de signe.

Lorsqu'on substitue à la place de $x$ différens nombres, on trouve des intervalles dans lesquels, d'après la théorie de M. Fourier, on doit chercher les racines de l'équation ; mais les racines qu'il faut chercher dans un intervalle peuvent ne pas exister. M. Fourier a trouvé divers moyens très-ingénieux pour distinguer le cas où les racines cherchées existent, et celui où elles manquent. Je fais voir que l'emploi simultané et combiné de deux ou plusieurs de mes systèmes de fonctions auxiliaires suffira le plus souvent pour faire disparaître cette difficulté. Pour les cas très-rares où ce moyen simple et pratique ne suffirait pas, je donne une règle sûre et rigoureuse.

Je joins à cet extrait de mon mémoire l'énoncé de quelques théorèmes qui font partie d'un autre travail que je dois bientôt soumettre à l'Académie.

Concevons une sphère solide comme composée d'une infinité de couches concentriques infiniment minces, et supposons que la densité, la capacité de chaleur et la conductibilité soient variables d'une couche à une autre, suivant des lois quelconques, mais qu'elles soient les mêmes pour tous les points d'une même couche également éloignés du centre. Supposons aussi que les couches aient des températures initiales arbitraires, et que la sphère soit placée dans un milieu indéfini d'une température constante. Cela posé, après qu'il se sera écoulé un temps plus ou moins considérable, les températures de toutes les couches de la sphère seront supérieures à la température fixe du milieu, et, de plus, croissantes depuis la surface extérieure jusqu'au centre, ou bien, au contraire, ces températures seront toutes inférieures à celle du milieu, et décroissantes depuis la surface jusqu'au centre.

Une propriété semblable aura lieu quand la surface de la sphère sera maintenue à une température constante.

La même proposition peut s'étendre à d'autres corps. J'en ai 2 démonstrations différentes. L'une de ces démonstrations, appliquée au problème de la chaleur dans une barre homogène, tel que l'a traité M. Poisson, m'a fait connaître que les températures finales doivent être supérieures à la température fixe du milieu, croissantes depuis une extrémité de la barre jusqu'à l'un de ses points, puis décroissantes depuis ce point jusqu'à l'autre extrémité, ou bien que le contraire doit avoir lieu.

Voici un autre théorème qui comprend une partie des précédens, et qui convient à tous les corps quels qu'ils soient.

Si un corps de forme quelconque, homogène ou non homogène, est exposé à un milieu d'une température constante, ou si tous les points de sa surface sont entretenus à une même température fixe, tous les points de ce corps finiront par avoir des températures supérieures ou inférieures à celle du milieu ou à celle de la surface.

Au surplus, ces théorèmes sont sujets à une exception qui a lieu quand les fonctions données dans la question sont liées par une relation particulière que je fais connaître.

*Bulletin de Férussac*
XI, p. 425
1829



273. NOTE *présentée à l'Académie par M. Ch. Sturm, dans sa séance du 8 juin* 1829.

Cette note contient 1° deux nouvelles démonstrations de la réalité des racines dans les équations transcendantes auxquelles conduit la résolution de divers problèmes de physique mathématique; 2° la détermination générale des coefficiens constans contenus dans les séries qui doivent représenter une fonction arbitraire entre des limites données.

*Bulletin de Férussac*
XII, pp. 313–322
1829



196. Extrait d'un Mémoire sur l'intégration d'un système d'équations différentielles linéaires, présenté à l'Acadé-



mie des sciences, le 27 juillet 1829, par M. Sturm.

On connaît les équations différentielles que Lagrange et Laplace ont trouvées pour déterminer les variations séculaires des élémens des orbites des planètes, la belle méthode que ces illustres géomètres ont employée pour intégrer ces équations, et les conséquences capitales qu'ils en ont déduites relativement à la stabilité du système du monde. On sait que Lagrange a représenté par des équations différentielles de la même forme les petites oscillations d'un système de points matériels assujettis à des liaisons quelconques, et qu'il y a appliqué les mêmes procédés d'intégration dont il avait fait usage dans ses recherches sur les mouvemens des corps célestes. D'autres problèmes, moins généraux, de mécanique et de physique, dépendent aussi d'équations du même genre. L'étude que j'ai faite de ces importantes questions et de l'analyse qui s'y rapporte m'a fait découvrir quelques propositions nouvelles que je développe dans ce mémoire. Le résultat principal de mes recherches sur ce sujet est une méthode spéciale pour la résolution des équations algébriques déterminées, auxquelles conduit l'intégration des équations différentielles linéaires dont il est ici question.

Pour plus de simplicité, je fixe le nombre des variables qui doivent entrer dans les équations que je me propose de considérer, et je n'y admets que les différentielles premières de ces variables. Tous les résultats que j'obtiendrai seront applicables aux équations qui se trouvent dans la Mécanique céleste et dans la Méc. analytique, lesquelles renferment sous la forme linéaire un nombre quelconque de variables avec leurs différentielles, soit du 1^er^, soit du 2^e^ ordre.

Je suppose donc qu'on ait seulement 5 variables $u_1\, u_2\, u_3\, u_4\, u_5$ fonctions d'une même variable indépendante $t$, liées par ces 5 équations différentielles

$$\begin{aligned}
&g_1 \frac{du_1}{dt} + g_{1,2}\frac{du_2}{dt} + g_{1,3}\frac{du_3}{dt} + g_{1,4}\frac{du_4}{dt} + g_{1,5}\frac{du_5}{dt} \\
&\quad + k_1 u_1 + k_{1,2} u_2 + k_{1,3} u_3 + k_{1,4} u_4 + k_{1,5} u_5 = 0 \\
(1)\;&g_{1,2}\frac{du_1}{dt} + g_2\frac{du_2}{dt} + g_{2,3}\frac{du_3}{dt} + g_{2,4}\frac{du_4}{dt} + g_{2,5}\frac{du_5}{dt} \\
&\quad + k_{1,2} u_1 + k_2 u_2 + k_{2,3} u_3 + k_{2,4} u_4 + k_{2,5} u_5 = 0 \\
&g_{1,3}\frac{du_1}{dt} + \text{etc.} \qquad\qquad = 0 \\
&\quad \text{etc.}
\end{aligned}$$

Les coefficiens $g_1\, g_2\, .\, .\, g_5\, g_{1,2}$, etc. $k_1\, k_2\, .\, .\, k_{1,2}\, .\, .$ sont des nombres donnés quelconques, positifs ou négatifs. On observera que chacune des quantités représentées par l'une des lettres $g$ ou $k$ affectée *de deux indices*, entre à la fois dans deux des équations (1) : cette circonstance tient à la nature même des problèmes qui conduisent à de telles équations.

Il s'agit de trouver des valeurs de $u_1\, u_2\, u_3\, u_4\, u_5$ en fonction de $t$ qui satisfassent aux équations différentielles (1), et qui de plus deviennent pour $t = 0$ égales à des quantités données et arbitraires $f_1 f_2\, .\, .\, f_5$.

Pour intégrer les équations (1), on suppose, suivant la théorie connue,

$$u_1 = V_1 e^{rt},\quad u_2 = V_2 e^{rt},\quad \ldots\ldots\quad u_5 = V_5\, e^{rt}. \qquad (2)$$

$V_1\, V_2\, .\, .\, V_5$ étant, ainsi que $r$, des constantes indépendantes de $t$.

En substituant ces valeurs dans les équations (1) on obtient les 5 suivantes :

$$\begin{aligned}
&(g_1 r + k_1)V_1 + (g_{1,2} r + k_{1,2})V_2 + (g_{1,3} r + k_{1,3})V_3 + (g_{1,4} r + k_{1,4})V_4 \\
&\qquad + (g_{1,5} r + k_{1,5})V_5 = 0 \\
&(g_{1,2} r + k_{1,2})V_1 + (g_2 r + k_2)V_2 + (g_{2,3} r + k_{2,3})V_3 + (g_{2,4} r + k_{2,4})V_4 \\
&\qquad + (g_{2,5} r + k_{2,5})V_5 = 0 \\
&(g_{1,3} r + k_{1,3})V_1 + \text{etc.} \qquad\qquad = 0 \qquad\qquad (3) \\
&(g_{1,4} r + k_{1,4})V_1 + \text{etc.} \qquad\qquad = 0 \\
&(g_{1,5} r + k_{1,5})V_1 + \text{etc.} \qquad\qquad = 0
\end{aligned}$$

Il est à remarquer qu'on obtient toutes ces équations en considérant cette fonction

$$\begin{aligned}
Z = {} & (g_1\, r + k_1)\, V_1^2 + (g_2\, r + k_2)\, V_2^2 + \,.\,.\, + (g_5\, r + k_5)\, V_5^2 \\
& + 2\,(g_{1,2}\, r + k_{1,2})\, V_1\, V_2 + \text{etc.}
\end{aligned}$$

et égalant à zéro ses dérivées partielles prises par rapport à chacune des indéterminées $V_1\, V_2\, .\, .\, V_5$.

Si l'on élimine entre ces équations (3) quatre des indéterminées $V_1\, V_2 \ldots V_5$, la 5$^e$ disparaîtra en même temps, et l'on parviendra à une équation du 5$^e$ degré en $r$.

Je prouve d'abord que cette équation en $r$ aura toutes ses racines réelles et inégales, si l'une de ces deux fonctions

$$\begin{aligned}
& g_1\, V_1^2 + g_2\, V_2^2 + \,.\,. \qquad + g_5\, V_5^2 + 2\, g_{1,2}\, V_1\, V_2 + \text{etc.} \\
& k_1\, V_1^2 + k_2\, V_2^2 + \,.\,. \qquad + k_5\, V_5^2 + 2\, k_{1,2}\, V_1\, V_2 + \text{etc.}
\end{aligned}$$

jouit de la propriété de conserver constamment le même signe, quelles que soient les valeurs réelles qu'on attribue aux indéterminées $V_1\, V_2\, .\, .\, V_5$. Cette propriété a lieu, comme on sait,

21.

moyennant un système déterminé de relations au nombre de 5 entre les coefficiens $g_1\, g_2 \,..\, g_5\, g_{1,2}$ .. ou entre $k_1\, k_2 \,..\, k_5\, k_{1,2}$ etc. Il existe, d'ailleurs, plusieurs systèmes de relations également propres à manifester cette propriété quand elle a lieu.

Je dois dire que la proposition qui vient d'être énoncée n'est pas nouvelle ; car Laplace avait déja démontré la réalité et l'inégalité des racines d'une équation déduite d'un système pareil à celui des équations (3), où les coefficiens $g_{1,2}\, g_{1,3}\, g_{2,3}$ etc., seraient supposés nuls ( Chap. 6 du Liv. II de la Méc. cél. ). Sa démonstration, et les deux autres que j'expose dans mon mémoire, peuvent être appliquées avec les modifications convenables, aux équations transcendantes auxquelles conduit l'intégration des équations linéaires à différences partielles.

Je reprends la question pour la traiter par une nouvelle méthode qui ne suppose pas que l'on connaisse la forme générale des racines imaginaires des équations. Cette méthode exige que l'on élimine successivement $V_1\, V_2 \,..\, V_5$ entre les équations (2). On peut établir un ordre quelconque entre $V_1\, V_2 \,..\, V_5$ pour faire cette élimination. J'élimine d'abord $V_1$, ensuite $V_2$, puis $V_3$, etc., en procédant de la manière suivante:

Je tire de la 1^re^ des équations (3) cette valeur de $V_1$

$$V_1 = \frac{-(g_{1,2}r + k_{1,2})V_2 - (g_{1,3}r + k_{1,3}(V_3 - (g_{1,4}r + k_{1,4})V_4 - (g_{1,5}r + k_{1,5})V_5}{g_1 r + k_1}$$

et je la substitue dans les 4 autres équations (3) en les multipliant par $g_1 r + k_1$, que je désigne par L. J'obtiens ainsi 4 équations où $V_2\, V_3\, V_4\, V_5$ sont au 1^er^ degré, et ont pour coefficiens des fonctions entières de $r$ du second degré. Je désigne par M celle qui multiplie $V_2$ dans la première de ces 4 équations. J'élimine de la même manière $V_2$ entre cette première équation et chacune des trois autres. J'obtiens 3 nouvelles équations ne renfermant plus que $V_3\, V_4\, V_5$, dont les coefficiens seront des fonctions de $r$ du 4^e^ degré, toutes divisibles par L. Il faudra effectuer la division, après laquelle $V_3$ aura pour coefficient dans la 1^re^ de ces équations une fonction du 3^e^ degré, que je désignerai par N. En éliminant de même $V_3$ entre ces 3 dernières équations, j'aurai deux équations entre $V_4$ et $V_5$ dont les coefficiens seront divisibles par M. La division effectuée, $V_4$ aura pour coefficient une fonction de $r$ du 4^e^ degré que j'appelerai P. Enfin l'élimination de $V_4$ donnera une équa tion de la forme N Q $V_5 = 0$, qu'il faut réduire à Q = o. C'est l'équation finale du $5^e$ degré en $r$ qu'il s'agissait de former.

Cela posé, en désignant par G un nombre positif quelconque, je considère le système de ces fonctions G, L, M, N, P, Q, et je suppose que, dans toutes, le coefficient de la plus haute puissance de $r$ soit positif. Il résultera de cette condition que la fonction

$$g_1 V_1^2 + g_2 V_2^2 + \ldots + g_5 V_5^2 + 2 g_{1,2} V_1 V_2 + \text{etc.}$$

demeurera constamment positive pour toutes les valeurs possibles des indéterminées $V_1 V_2 \ldots V_5$.

Cette condition étant admise, voici les principales propositions que j'établis.

Les fonctions L, M, N, P, Q, auront toutes leurs racines réelles et inégales (1). Les racines de chacune de ces fonctions comprendront dans leurs intervalles les racines de la fonction précédente. Il peut cependant arriver que, pour des valeurs numériques particulières des coefficiens $g_1\, g_2\, g_5\, g_{1,2}$, $k_1\, k_2$ etc. deux fonctions consécutives aient une ou plusieurs racines communes; mais ce cas ne fait pas exception au théorème.

Si l'on substitue à la place de $r$ un nombre quelconque A, positif ou négatif dans toutes les fonctions G, L, M, N, P, Q, autant la suite des signes de ces fonctions pour $r = A$ contiendra de variations, autant l'équation Q = o aura de racines supérieures à A. Une fonction qui sera nulle pour $r = A$ ne devra pas être comptée. Si l'on substitue à la place de $r$ deux nombres quelconques A et B dans ces fonctions G, L, M, N, P, Q, la différence entre le nombre des variations contenues dans la suite de leurs signes pour $r = A$, et le nombre des variations contenues dans la suite de leurs signes pour $r = B$, sera précisément égale au nombre des racines de l'équation Q = o comprise entre A et B.

Si l'on peut reconnaître que l'une des fonctions qui précèdent Q, par exemple la fonction N, conserve le même signe pour toutes les valeurs de $r$ croissantes depuis A jusqu'à B, il ne sera point nécessaire de substituer A et B dans les fonctions G, L, M, qui précèdent N, il faudra seulement les substituer dans N, P et Q; la différence entre le nombre des variations formées par les signes de ces fonctions N, P, Q, pour $r = A$ et le nombre des variations formées par leurs signes pour $r = B$, sera égale

(1) Pour abréger le discours, j'appelle *racine d'une fonction de $r$*, toute valeur de $r$ qui rend cette fonction égale à zéro.

au nombre des racines réelles de l'équation $Q = 0$ comprises entre A et B (*).

Ces théorèmes, dont je donne deux démonstrations différentes, fournissent pour la résolution de l'équation $Q = 0$ une méthode qui me semble plus simple que toute autre qu'on pourrait employer, en ce que le même calcul par lequel on forme l'équation $Q = 0$ donne le système de fonctions auxiliaires qui sert à la résoudre. Au surplus, cette équation ayant toutes ses racines réelles, pourrait être résolue par la seule application de la règle de Descartes.

Soient $\alpha$, $\beta$, $\gamma$, $\delta$, $\varepsilon$ les 5 racines réelles de l'équation $Q = 0$ rangées par ordre de grandeur depuis la plus grande $\alpha$ jusqu'à la plus petite $\varepsilon$. Pour chacune de ces valeurs de $r$ on tirera des équations (3) des valeurs correspondantes de $V_1$ $V_2$ .. $V_5$ dont une est arbitraire. La fonction Z sera nulle en même temps que ses dérivées $\frac{dZ}{dV_1}$, $\frac{dZ}{dV_2}$ .. pour chacun de ces systèmes de valeurs de $r$ et de $V_1$ $V_2$ .. $V_5$. Si l'on donne à $r$ une valeur plus grande que $\alpha$, cette fonction Z sera toujours positive pour

(*) Dans l'extrait de mon mémoire sur la résolution des équations numériques (n° 271 du Bulletin de juin), j'ai négligé de dire que, si parmi les fonctions auxiliaires $V_1$ $V_2$ .. dont il est question dans cet article, l'une d'elles, $V_i$ conserve le même signe pour toutes les valeurs de $x$ croissantes depuis A jusqu'à B, le nombre des racines réelles de l'équation $V = 0$ comprises entre A et B, sera égal à la différence entre le nombre des variations contenues dans la suite des signes des fonctions $V$ $V_1$ $V_2$ .. $V_i$ pour $x = A$ et le nombre des variations contenues dans la suite des signes de ces mêmes fonctions pour $x = B$. Ma méthode admet encore d'autres simplifications.

Je dois aussi ajouter à l'extrait de mon mémoire sur les équations de la forme $A x^{\alpha} + B x^{\beta} + \ldots = 0$, que les principes que j'ai indiqués pour la recherche de leurs racines réelles, sont également applicables à un grand nombre d'équations transcendantes, parmi lesquelles je citerai les suivantes :

$$M \sin. P + N \cos. P = R, \quad \tang. P = Q,$$

$$e^{P} = R, \qquad A e^{\alpha x} + B e^{\beta x} + \ldots = R$$

où M, N, P et Q sont des fonctions rationnelles quelconques de l'inconnue $x$, R une fonction entière; $\alpha$, $\beta$, A, etc., des constantes réelles.

On peut trouver pareillement les valeurs de $x$ qui réduisent à zéro certaines fonctions définies par des équations différentielles.

toutes les valeurs possibles des indéterminées $V_1\ V_2\ ..\ V_5$. Si l'on donne à $r$ une valeur plus petite que $\varepsilon$, Z sera au contraire toujours négative, quelles que soient $V_1\ V_2\ ..\ V_5$. Lorsqu'on fait $r=\alpha$ et qu'on prend pour $V_1\ V_2\ ..\ V_5$ les valeurs correspondantes à $r=\alpha$ que donnent les équations (3), la fonction Z devient un minimum : au contraire $r=\varepsilon$ et les valeurs de $V_1\ V_2\ ..\ V_5$ correspondantes à $r=\varepsilon$, rendent Z un maximum. Mais pour $r=\beta, \gamma, \delta$, cette fonction Z ne sera ni maximum ni minimum, quoiqu'on ait alors $\frac{dZ}{dV_1}=0$ $\frac{dZ}{dV_2}=0$ etc. Cependant je fais voir qu'elle pourra le devenir si l'on établit entre $V_1\ V_2\ ..\ V_5$ certaines relations particulières.

En considérant $r$ comme une fonction de $V_1\ V_2\ ..\ V_5$ donnée par l'équation $Z=o$, on aura aussi $\frac{dr}{dV_1}=o$, $\frac{dr}{dV_2}=o$, .. pour chaque système de valeurs de $r$ et de $V_1\ V_2$ .. tirées des équations (3).

Si, en substituant à la place de $r$ la plus grande racine $\alpha$ de l'équation $Q=0$ dans les binomes $g_{1,2}\,r+k_{1,2}$, $g_{1,3}\,r+k_{1,3}$, .. $g_{2,3}\,r+k_{2,3}$ etc., on ne trouve que des résultats négatifs ( ou zéro), les valeurs de $V_1\ V_2\ ..\ V_5$ correspondantes à cette plus grande racine $\alpha$ qu'on tirera des équations (3), seront toutes de même signe. Si, en substituant la plus petite racine $\varepsilon$ dans les mêmes binomes $g_{1,2}\,r+k_{1,2}$ etc., on n'obtient que des résultats positifs, les valeurs de $V_1\ V_2\ ..\ V_5$ correspondantes à cette plus petite racine $\varepsilon$, seront encore toutes de même signe. Le nombre G étant toujours supposé positif, si le coefficient de la plus haute puissance de $r$ était négatif dans L, positif dans M, négatif dans N, et ainsi de suite; on ramènerait ce cas à celui où tous ces coefficiens sont positifs, en changeant simplement $r$ en $-r$ dans les équations (3).

Les théorèmes qui viennent d'être énoncés auront encore lieu si c'est la fonction $k_1V_1^2+k_2V_2^2+..+k_5\,V_5^2+2k_{1,2}\,V_1\,V_2+$, etc., au lieu de $g_1\,V_1^2+g_2\,V_2^2+..+2\,g_{1,2}\,V_1\,V_2+$ etc., qui jouit de la propriété de conserver constamment le même signe, pour toutes les valeurs possibles de $V_1\ V_2\ ..\ V_5$. C'est ce qu'on voit en divisant les équations (3) par $r$, puis prenant $\frac{1}{r}$ pour inconnue, à l place de $r$. Quand ces deux fonctions à-la-fois seront toujours positives pour toutes les valeurs de $V_1\ V_2\ ..\ V_5$, les racines de l'équation $Q=o$ seront toutes négatives. Quand l'une de ces fonctions sera toujours positive et l'autre toujours négative, les racines de l'équation $Q=o$ seront toutes positives.

Si les coefficiens des plus hautes puissances de $r$ dans les fonctions G, L, ... Q avaient des signes quelconques, le nombre des racines réelles de l'équation $Q=o$ ne pourrait pas être moindre que la différence entre le nombre des variations formées par les signes de ces fonctions pour $r=\infty$ et le nombre des variations formées par leurs signes pour $r=-\infty$.

Enfin, en faisant de différentes manières l'élimination de $V_1\, V_2 \,..\, V_5$ entre les équations (3) pour arriver à l'équation $Q=o$, on peut obtenir plusieurs systèmes de fonctions, telles que G L M N P Q, qui jouiront tous des propriétés précédentes. Je dois ajouter que quelques-uns de ces théorèmes pourraient être sujets à exception, si 2 ou plusieurs fonctions consécutives parmi L M N P Q avaient des facteurs communs, ce qui n'a pas lieu tant que les coefficiens $g_1\, g_2 \,..\, g_{1,2}\, k_1$ etc., sont indéterminés.

En revenant à l'intégration des équations différentielles (1), je représente par $a_1\, a_2 \,..\, a_5$ les valeurs de $V_1\, V_2 \,..\, V_5$ correspondantes à $r=\alpha$ que donnent les équations (2), valeurs dont une est arbitraire; je désigne de même par $b_1\, b_2 \,..$ les valeurs de $V_1\, V_2 \,..$ pour $r=\beta$, puis par $c_1\, c_2 \,..$ celles qui répondent à $r=\gamma$, etc. Ces valeurs étant censées toutes connues, les expressions générales et complètes des variables $u_1\, u_2 \,...\, u_5$ seront comme il suit :

$$
\begin{aligned}
u_1 &= a_1 A e^{\alpha t} + b_1 B e^{\beta t} + c_1 C e^{\gamma t} + d_1 D e^{\delta t} + e_1 E e^{\varepsilon t} \\
u_2 &= a_2 A e^{\alpha t} + b_2 B e^{\beta t} + \text{etc.} \qquad\qquad (4) \\
u_3 &= a_3 A e^{\alpha t} + b_3 B e^{\beta t} + \text{etc.} \\
&\text{etc.}
\end{aligned}
$$

Il faut déterminer les 5 constantes arbitraires A, B, C, D, E, de manière que pour $t=o$ on ait $u_1=f_1$, $u_2=f_2 \,..\, u_5=f_5$. J'emploie à cet effet la méthode connue de Lagrange, qui donne (5)

$$
A=\frac{(g_1a_1+g_{1,2}a_2+g_{1,3}a_3+g_{1,4}a_4+g_{1,5}a_5)f_1+(g_{1,2}a_1+g_2a_2+\,..\,+g_{2,5}a_5)f_2+\text{etc.}}{g_1a_1^2+g_2a_2^2+\,..\,+g_5a_5^2+2g_{1,2}a_1a_2+\text{etc.}}
$$

On a des valeurs analogues pour B C D E.

La même analyse conduit à des relations entre $a_1\, a_2 \,..\, a_5$ $b_1\, b_2 \,..\, c_1\, c_2 \,..$, telles que la suivante :

$$g_1a_1b_1+g_2a_2b_2+\,..\,+g_5a_5b_5+g_{1,2}(a_1b_2+a_2b_1)+\text{etc.}=o. \qquad (6)$$

qui peut servir à prouver la réalité des racines de l'équation $Q=o$.

Si après avoir substitué les valeurs de A B C . . dans les formules (4), on y fait $t=0$, on doit retrouver $u_1=f_1$, $u_2=f_2$ etc. Il faudra ensuite que les termes affectés de $f_1$ dans chaque équation se détruisent séparément. Il en sera de même de ceux qui renfermeront $f_2$ etc. De là résultent de nouvelles relations au nombre de 25 entre $a_1\ a_2\ ..\ b_1\ b_2$ etc., telles que les deux suivantes : (7)

$$\frac{g_1 a_1^2+g_{1,2}a_1a_2+g_{1,3}a_1a_3+g_{1,4}a_1a_4+g_{1,5}a_1a_5}{g_1a_1^2+g_2a_2^2+\,..\,+g_5a_5^2+2g_{1,2}a_1a_2+\text{etc.}}$$
$$+\frac{g_1b_1^2+g_{1,2}b_1b_2+\,..\,+g_{1,5}b_1b_5}{g_1b_1^2+g_2b_2^2+\,..\,+2g_{1,2}b_1b_2+\,..}+\text{etc.}=1$$

$$\frac{g_{1,2}a_1^2+g_2a_1a_2+g_{2,3}a_1a_3+g_{2,4}a_1a_4+g_{2,5}a_1a_5}{g_1a_1^2+g_2a_2^2+\,..\,+2g_{1,2}a_1a_2+\,..}$$
$$+\frac{g_{1,2}b_1^2+g_2b_1b_2+g_{2,3}b_1b_3+g_{2,4}b_1b_4+g_{2,5}b_1b_5}{g_1b_1^2+g_2b_2^2+\,..\,+2g_{1,2}b_1b_2+\,..}+\text{etc.}=0.$$

Les quantités $a_1\ a_2\ ..\ b_1\ b_2$ . . sont encore liées entre elles par d'autres relations qu'on obtient en remplaçant dans les formules précédentes (6) et (7) les coefficiens $g_1\ g_2\ ..\ g_{1,2}$ etc. par $k_1\ k_2\ ..\ k_{1,2}$ etc.

Après avoir déduit ces formules de l'intégration effectuée des équations différentielles (1), je les établis de nouveau d'une manière directe et indépendante de cette intégration. Je prouve que même en faisant abstraction des équations (3), les formules (7) sont une conséquence nécessaire des formules (6), qui, à leur tour, peuvent être déduites des formules (7). Je fais voir à ce sujet que si des indéterminées $V_1\ V_2\ ..\ V_5$ sont liées avec d'autres indéterminées $X_1\ X_2\ ..\ X_5$ par les relations suivantes:

$$\begin{aligned}
V_1&=a_1X_1+b_1X_2+c_1X_3+d_1X_4+e_1X_5\\
V_2&=a_2X_1+b_2X_2+c_2X_3+d_2X_4+e_2X_5\\
V_3&=a_3X_1+b_3X_2+\,..\\
V_4&=a_4X_1+b_4X_2+\,..\\
V_5&=a_5X_1+b_5X_2+\,..
\end{aligned}$$

et si l'on admet seulement que les coefficiens $a_1\ a_2\ ..\ a_5\ b_1$ etc. vérifient le système des équations telles que (6), on aura ces formules réciproques

$$X_1=\frac{(g_1a_1+g_{1,2}a_2+g_{1,3}a_3+g_{1,4}a_4+g_{1,5}a_5)V_1+(g_{1,2}a_1+g_2a_2+g_{2,3}a_3+\,..)V_2+\text{etc.}}{g_1a_1^2+g_2a_2^2+\,..\,+g_5^2a_5+2g_{1,2}a_1a_2+\text{etc.}}$$

$$X_2=\frac{(g_1b_1+g_{1,2}b_2+g_{1,3}b_3+g_{1,4}b_4+g_{1,5}b_5)V_1+(g_{1,2}b_1+g_2b_2+g_{2,3}b_3+\,..)V_2+\text{etc.}}{g_1b_1^2+g_2b_2^2+\,..\,+g_5b_5^2+2g_{1,2}b_1b_2+\text{etc.}}$$

etc.

En outre la fonction homogène du second degré

$$g_1 V_1^2 + g_2 V_2^2 + \ldots + g_5 V_5^2 + 2 g_{1,2} V_1 V_2 + \text{etc}$$

se transformera dans la suivante :

$$(g_1 a_1^2 + g_2 a_2^2 + \ldots + g_5 a_5^2 + 2 g_{1,2} a_1 a_2 + \text{etc.}) X_1^2 + (g_1 b_1^2 + g_2 b_2^2 + \ldots + 2 g_{1,2} b_1 b_2 + \ldots) X_2^2$$
$$+ \ldots\ldots\ldots + (g_1 e_1^2 + g_2 e_2^2 + \ldots + 2 g_{1,2} e_1 e_2 + \ldots) X_5^2$$

qui ne renferme que les carrés des nouvelles variables $X_1\, X_2 \ldots X_5$.

On aura en même temps pour cette autre fonction

$$k_1 V_1^2 + k_2 V_2^2 + \ldots + k_5 V_5^2 + 2 k_{1,2} V_1 V_2 + \text{etc.}$$

une transformation toute pareille, en changeant simplement $g_1\, g_2 \ldots g_{1,2}$ etc. en $k_1\, k_2 \ldots k_{1,2} \ldots$ si l'on admet comme auparavant, que les quantités $a_1\, a_2 \ldots b_1$ etc., tirent leur origine des équations (2).

Ces dernières formules renferment, comme cas très-particuliers, celles de la transformation des coordonnées et celles par lesquelles on rapporte les surfaces du second degré qui ont un centre au système de leurs diamètres principaux.

J'ai présenté à l'Académie des sciences, le 3 août 1829, un mémoire plus étendu que le précédent, *sur la distribntion de la chaleur dans un assemblage de vases*, et le 19 octobre un autre mémoire qui a pour objet principal une *nouvelle théorie relative à une classe de fonctions transcendantes*, que l'on rencontre dans la résolution des problèmes de la physique mathématique. Je rendrai compte de ces deux mémoires dans un prochain Bulletin.

*Procès-verbaux de l'Académie des sciences*
XI, pp. 469–470
1828–1831



M. Cauchy fait le Rapport suivant sur le Mémoire de M. **Sturm**, intitulé *Résumé d'une nouvelle théorie relative à une classe de fonctions transcendantes*:

« L'Académie m'a chargé de lui rendre compte d'un Mémoire de M. Charles Sturm qui a pour titre *Résumé d'une nouvelle théorie relative à une certaine classe de fonctions transcendantes*.

« L'auteur, déjà connu par d'importants travaux en physique et en mathématiques, s'est proposé dans ce nouveau Mémoire d'établir diverses propriétés que renferment les intégrales des équations aux différences partielles fournies par un grand nombre de problèmes de physique mathématique, quand on suppose ces intégrales développées en séries d'exponentielles.

« M. Sturm a spécialement considéré le cas où l'équation aux différences partielles qu'il s'agit d'intégrer, étant linéaire et du second ordre, renferme avec la variable principale $u$ deux variables indépendantes $x$ et $t$, et où la dérivée du logarithme de la variable principale prise par rapport à $x$ doit se réduire, pour deux valeurs connues de $x$, à deux constantes données. Alors une intégrale particulière peut être présentée sous la forme

$$u = Ve^{-rt}$$

$V$ désignant une fonction de $x$ et de $r$ et $r$ l'une des racines d'une certaine équation transcendante. Or si l'on désigne par $V'$ ce que devient $V$ quand on y remplace $r$ par $r'$, $V$ et $V'$ vérifieraient deux formules que donne M. Sturm, et à l'aide desquelles il a établi diverses propositions dignes de remarque, sur la nature et le nombre des valeurs de $x$ ou de $r$, qui font évanouir la fonction $V$ et sa dérivée prise par rapport à $x$, ou bien encore sur la nature et le nombre des racines de l'équation transcendante ci-dessus mentionnée. Ces propositions peuvent être fort utiles dans les solutions des problèmes de physique mathématique. Ainsi, par exemple, si l'on considère une plaque élastique circulaire entièrement libre, les sons les plus graves que pourra rendre la plaque, ainsi que l'a démontré M. Poisson, seront accompagnés le premier d'une seule, le second de deux lignes nodales. Or il résulte de la théorie de M. Sturm que, si l'on indique les divers sons par les numéros 1, 2, 3, 4 . . . , en donnant les plus petits numéros à ceux qui sont les plus graves, le quatrième son sera toujours accompagné de $n$ lignes nodales, et que deux lignes nodales consécutives correspondantes au son dont le numéro est $n+1$, comprendront entre elles une ligne nodale, mais une seule correspondante au $n^e$ son.

« M. Sturm s'est contenté le plus souvent d'énoncer les propositions auxquelles il parvient. Ayant vérifié un grand nombre de ces propositions, nous les avons trouvées parfaitement exactes, et nous pensons que le nouveau Mémoire de M. Sturm est très digne de l'approbation qui a été accordée aux autres ouvrages de ce jeune savant. En conséquence nous proposerons à l'Académie d'insérer ce Mémoire dans le recueil des Savants étrangers. »

Signé à la minute: **Cauchy**.

L'Académie adopte les conclusions de ce Rapport.

**La Séance est levée.**

*Mémoires divers présentés par des savants étrangers*
6, pp. 273–318
1835

# MÉMOIRE
# SUR LA RÉSOLUTION
## DES
# ÉQUATIONS NUMÉRIQUES,

PAR C. STURM.

La résolution des équations numériques est une question qui n'a pas cessé d'occuper les géomètres, depuis l'origine de l'Algèbre jusqu'à nos jours. Nous ne rappellerons pas tous les procédés qui ont été proposés pour la détermination des racines réelles des équations. Lagrange, le premier, a donné pour cet objet une méthode rigoureuse; elle consiste à substituer dans l'équation, à la place de l'inconnue, une suite de nombres croissant depuis la limite supérieure des racines négatives jusqu'à celle des racines positives, et tellement choisis, qu'entre chaque nombre substitué et le suivant, il ne puisse tomber qu'une seule racine de l'équation; les changemens de signe qu'on obtient dans la suite des résultats indiquent quels sont ceux de ces nombres qui comprennent effectivement une racine. On remplit la condition qu'il ne puisse tomber qu'une racine entre un nombre substitué et celui qui le surpasse immédiatement, en substituant des nombres formant une progression arithmétique, dont la raison soit une quantité moindre que la plus petite des différences qui existent entre les racines réelles de l'équation proposée. On parvient à déterminer une telle quantité, en formant une équation auxiliaire dont l'inconnue a pour valeurs les carrés des différences entre les racines de la proposée, et cherchant une limite inférieure des racines positives de cette nouvelle équation; la racine carrée de cette limite ou toute quantité moindre peut être prise pour l'intervalle des substitutions successives qu'il faut effectuer dans l'équation.

Cette méthode, considérée sous un point vue purement théorique, ne laisse rien à désirer du côté de la rigueur. Mais, dans l'application, la longueur des calculs nécessaires pour former l'équation aux carrés des différences, et la multitude des substitutions qu'on peut avoir à effectuer, la rendent presque impraticable; et quoique Lagrange y ait apporté quelques simplifications, les calculs qu'elle exige sont toujours très pénibles; aussi l'on a essayé d'autres solutions. Fourier a découvert un théorème qui renferme comme corollaire *la règle des signes de Descartes*, et à l'aide duquel on peut reconnaître qu'une équation n'a aucune racine entre deux limites données, ou bien que le nombre des racines comprises entre ces limites ne peut pas surpasser un certain nombre facile à déterminer. Mais ce théorème ne donnant pas précisément le nombre de ces racines, on peut être exposé, en l'appliquant, à chercher des racines dans des intervalles où il n'en existe pas, de sorte que de nouvelles règles sont nécessaires pour faire disparaître cette incertitude.

Le théorème dont le développement est l'objet de ce Mémoire a beaucoup d'analogie avec celui de Fourier. Il fournit un moyen sûr de connaître combien une équation a de racines réelles comprises entre deux nombres quelconques; cette connaissance suffit pour conduire à la détermination effective de toutes les racines réelles, sans qu'on soit obligé de recourir à l'équation aux carrés des différences.

## 1.

Soit

$$Nx^m + Px^{m-1} + Qx^{m-2} + \ldots + Tx + U = 0$$

une équation numérique d'un degré quelconque, dont on se propose de déterminer toutes les racines réelles.

On commencera par exécuter sur cette équation le calcul qui sert à trouver si elle a des racines égales, en opérant de la manière que nous allons indiquer. En désignant par V la fonction entière $Nx^m + Px^{m-1} +$ etc., et par $V_1$ sa fonction dérivée (qui se forme en multipliant chaque terme de V par l'exposant de $x$ dans ce terme et diminuant cet exposant d'une unité), il faut chercher le plus grand commun diviseur des deux polynomes V et $V_1$. On divisera d'abord V par $V_1$, et quand on sera arrivé à un reste d'un degré inférieur à celui du diviseur $V_1$, on changera les signes de tous les termes de ce reste (les signes + en — et les — en +). Désignons par $V_2$ ce que deviendra ce reste après ce changement de signes. On divisera de la même manière $V_1$ par $V_2$, et, après avoir encore changé les signes du reste, on aura un nouveau polynome $V_3$ d'un degré inférieur à celui de $V_2$. La division de $V_2$ par $V_3$ conduira de même à une fonction $V_4$ qui sera le reste de cette division où l'on aura changé les signes. On continuera cette série de divisions, en ayant toujours soin de changer les signes des termes de chaque reste. Ce changement de signes qui serait inutile si l'on n'avait pour but que de trouver le plus grand commun diviseur des polynomes V et $V_1$ est nécessaire dans la théorie que nous exposons. Comme les degrés des restes successifs vont en diminuant, on arrivera finalement soit à un reste numérique indépendant de $x$ et différent de zéro, soit à un reste fonction de $x$ qui divisera exactement le reste précédent. Nous examinerons ces deux cas séparément.

## 2.

Supposons, en premier lieu, qu'on parvienne après un certain nombre de divisions à un reste numérique qui soit désigné par $V_r$.

Dans ce cas, on est assuré que l'équation $V = o$ n'a pas de racines égales, puisque les polynomes $V$ et $V_1$ n'ont pas de diviseur commun fonction de $x$. En représentant par $Q_1$, $Q_2$,.. $Q_{r-1}$.. les quotiens donnés par les divisions successives qui laissent pour restes $-V_2$, $-V_3$, ... $-V_r$, on a cette suite d'égalités

$$\begin{array}{l} V = V_1Q_1 - V_2 \\ V_1 = V_2Q_2 - V_3 \\ V_2 = V_3Q_3 - V_4 \\ \quad\cdot \quad \cdot \quad \cdot \\ \quad\cdot \quad \cdot \quad \cdot \\ V_{r-2} = V_{r-1}Q_{r-1} - V_r. \end{array} \qquad (1)$$

Cela posé, la considération de ce système de fonctions $V, V_1, V_2, \ldots V_r$ fournit un moyen sûr et facile de connaître *combien l'équation* $V = o$ *a de racines réelles comprises entre deux nombres* A *et* B *de grandeurs et de signes quelconques*, B *étant plus grand que* A. Voici la règle qui remplit cet objet :

*On substituera à la place de $x$ le nombre A dans toutes les fonctions $V$, $V_1$, $V_2$,... $V_{r-1}$, $V_r$, puis on écrira par ordre sur une même ligne les signes des résultats, et l'on comptera le nombre de variations qui se trouveront* *dans cette suite de signes. On écrira de même la suite des signes que prendront ces mêmes fonctions, par la substitution de l'autre nombre* B, *et l'on comptera le nombre des variations qui se trouveront dans cette seconde suite. Autant elle aura de variations de moins que la première, autant l'équation* $V=0$ *aura de racines réelles comprises entre les deux nombres* A *et* B. *Si la seconde suite a autant de variations que la première, l'équation* $V=0$ *n'aura aucune racine entre* A *et* B. *D'ailleurs,* B *étant plus grand que* A, *la seconde suite ne peut pas avoir plus de variations que la première.*

### 3.

Nous allons démontrer ce théorème, en examinant comment le nombre des variations formées par les signes des fonctions $V$, $V_1$, $V_2$..,$V_r$, pour une valeur quelconque de $x$, peut s'altérer, quand $x$ passe par différens états de grandeur.

Quels que soient les signes de ces fonctions pour une valeur de $x$ déterminée, lorsque $x$ croît par degrés insensibles au-delà de cette valeur, il ne peut arriver de changement dans cette suite de signes qu'autant qu'une des fonctions $V$, $V_1$... change de signe et par conséquent devient nulle. Il y a donc deux cas à examiner, selon que la fonction qui s'évanouit est la première $V$, ou quelqu'une des autres fonctions $V_1$, $V_2$,.. $V_{r-1}$ *intermédiaires* entre $V$ et $V_r$; la dernière $V_r$ ne peut pas changer de signe, puisque c'est un nombre positif ou négatif.

### 4.

Voyons, premièrement, quelle altération éprouve la suite des signes, lorsque $x$, en croissant d'une manière continue, atteint et dépasse une valeur qui annulle la première fonction V. Désignons cette valeur par $c$. La fonction $V_1$, dérivée de V, ne peut pas être nulle en même temps que V pour $x=c$; car, par hypothèse, l'équation $V=0$; n'a pas de racines égales. On voit d'ailleurs d'après les équations (1), sans s'appuyer sur la théorie des racines égales, que si les deux fonctions V et $V_1$ étaient nulles pour $x=c$, toutes les autres fonctions $V_2, V_3$.. et enfin $V_r$ seraient nulles en même temps. Or, au contraire, $V_r$ est par hypothèse un nombre différent de zéro. $V_1$ a donc pour $x=c$ une valeur différente de zéro, positive ou négative.

Considérons des valeurs de $x$ très peu différentes de $c$. Si, en désignant par $u$ une quantité positive, aussi petite qu'on voudra, on fait tour à tour $x=c-u$ et $x=c+u$, la fonction $V_1$ aura pour ces deux valeurs de $x$ le même signe qu'elle a pour $x=c$; car on peut prendre $u$ assez petit pour que $V_1$ ne s'évanouisse pas et ne change pas de signe, tandis que $x$ croît depuis la valeur $c-u$ jusqu'à $c+u$.

Il faut maintenant déterminer le signe de V pour $x=c+u$. Désignons pour un moment V par $f(x)$, $V_1$ par $f'(x)$, et les autres fonctions dérivées de V par $f''(x)$, $f'''(x)$ .... $f^{(m)}(x)$, suivant la notation usitée. Lorsqu'on fait $x=c+u$, V devient $f(c+u)$. Or on

$$f(c+u)=f(c)+f'(c)u+\frac{f''(c)}{1.2}u^2+\frac{f'''(c)}{1.2.3}u^3+\text{etc.}$$

ou bien, en observant que $f(c)$ est zéro, et que $f'(c)$ ne l'est pas,

$$f(c+u)=u.\left[f'(c)+\frac{f''(c)}{1.2}u+\frac{f'''(c)}{1.2.3}u^2+..\right].$$

On voit, d'après cette expression de $f(c+u)$, qu'en attribuant à $u$ des valeurs positives très petites, $f(c+u)$ aura le même signe que $f'(c)$, et par conséquent $f(c+u)$ aura aussi le même signe que $f'(c+u)$, puisque $f'(c+u)$ a le même signe que $f'(c)$. Ainsi V a le même signe que $V_1$ pour $x=c+u$.

En changeant $u$ en $-u$ dans la formule précédente, on a

$$f(c-u)=-u.\left[f'(c)-\frac{f''(c)}{1.2}u+\text{etc.}\right],$$

et l'on voit de même que $f(c-u)$ a un signe contraire à celui de $f'(c)$; d'où il suit que, pour $x=c-u$, le signe de V est contraire à celui de $V_1$.

Donc, si le signe de $f'(c)$ ou de $V_1$ pour $x=c$ est $+$, le signe de V sera $+$ pour $x=c+u$ et $-$ pour $x=c-u$. Si au contraire le signe de $V_1$ est $-$ pour $x=c$, celui de V sera $-$, pour $x=c+u$ et $+$ pour $x=c-u$. D'ailleurs $V_1$ a pour $x=c+u$ et pour $x=c-u$ le même signe qu'il a pour $x=c$.

Ces résultats sont indiqués dans le tableau suivant :

| | | V | $V_1$ | | V | $V_1$ |
|---|---|---|---|---|---|---|
| pour | $x=c-u$ | $-$ | $+$ | | $+$ | $-$ |
| | $x=c$ | o | $+$ | ou bien | o | $-$ |
| | $x=c+u$ | $+$ | $+$ | | $-$ | $-$ |

Ainsi, lorsque la fonction V s'évanouit, le signe de V forme avec le signe de $V_1$ une variation, avant que $x$ atteigne la valeur $c$ qui annulle V, et cette variation est changée en une permanence après que $x$ a dépassé cette valeur.

Quant aux autres fonctions $V_2$, $V_3$, etc., chacune aura, comme $V_1$, soit pour $x=c+u$, soit pour $x=c-u$, le même signe qu'elle a pour $x=c$, si toutefois aucune ne s'évanouit pour $x=c$, en même temps que V.

La suite des signes des fonctions $V, V_1, V_2, .. V_r$, perd donc une variation, lorsque $x$ en croissant dépasse une valeur $c$ qui annulle la première fonction $V$, sans annuler aucune des autres fonctions $V_1$, $V_2$, etc. Il faut maintenant examiner ce qui arrive lorsqu'une de ces fonctions s'évanouit.

## 5.

Soit $V_n$ une fonction intermédiaire entre $V$ et $V_r$, qui s'annulle quand $x$ devient égal à $b$. Cette valeur de $x$ ne peut réduire à zéro, ni la fonction $V_{n-1}$ qui précède immédiatement $V_n$, ni la fonction $V_{n+1}$ qui suit $V_n$. En effet, on a entre les trois fonctions $V_{n-1}$, $V_n$, $V_{n+1}$, l'équation suivante qui est l'une des équations (1)

$$V_{n-1} = V_n Q_n - V_{n+1},$$

Elle prouve que si les deux fonctions consécutives $V_{n-1}$, $V_n$, étaient nulles pour la même valeur de $x$, $V_{n+1}$ serait nul en même temps; et comme on a aussi

$$V_n = V_{n+1} Q_{n+1} - V_{n+2},$$

on aurait encore $V_{n+2} = 0$, et ainsi de suite; de sorte qu'on aurait enfin $V_r = 0$, ce qui est contraire à l'hypothèse.

Les deux fonctions $V_{n-1}$ et $V_{n+1}$ ont donc pour $x = b$ des valeurs différentes de zéro; en outre, ces valeurs sont de signes contraires; car la même équation

$$V_{n-1} = V_n Q_n - V_{n+1}$$

donne $V_{n-1} = - V_{n+1}$ lorsqu'on a $V_n = 0$.

Cela posé, substituons à la place de $x$ deux nombres $b - u$ et $b + u$, très peu différens de $b$; les deux fonctions

$V_{n-1}$ et $V_{n+1}$ auront pour ces deux valeurs de $x$ les mêmes signes qu'elles ont pour $x = b$, puisqu'on peut toujours prendre $u$ assez petit pour que ni $V_{n-1}$ ni $V_{n+1}$ ne change de signe quand $x$ croît dans l'intervalle de $b - u$ à $b + u$. Quel que soit le signe de $V_n$ pour $x = b - u$, comme il est placé dans la suite des signes entre ceux de $V_{n-1}$ et de $V_{n+1}$ qui sont contraires, les signes de ces trois fonctions consécutives $V_{n-1}$, $V_n$, $V_{n+1}$ pour $x = b - u$ formeront toujours, soit une permanence suivie d'une variation, soit une variation suivie d'une permanence, comme on le voit ici :

| | $V_{n-1}$ | $V_n$ | $V_{n+1}$ | | $V_{n-1}$ | $V_n$ | $V_{n+1}$ |
|---|---|---|---|---|---|---|---|
| pour $x = b - u$ | $+$ | $\pm$ | $-$ | ou bien | $-$ | $\pm$ | $+$ |

Pareillement, les signes de ces trois fonctions $V_{n-1}$, $V_n$, $V_{n+1}$ pour $x = b + u$, quel que soit celui de $V_n$, formeront une variation, et n'en formeront qu'une.

D'ailleurs, chacune des autres fonctions aura un même signe pour $x = b - u$ et $x = b + u$, pourvu qu'aucune ne se trouve nulle pour $x = b$ en même temps que $V_n$.

Conséquemment, la suite des signes de toutes les fonctions $V, V_1, \ldots V_r$ pour $x = b + u$ contiendra précisément autant de variations que la suite de leurs signes pour $x = b - u$. Ainsi, le nombre des variations dans la suite des signes n'est pas changé, quand une fonction intermédiaire quelconque passe par zéro.

On arriverait évidemment à la même conclusion, si plusieurs fonctions intermédiaires non consécutives s'évanouissaient pour la même valeur de $x$. Mais si cette valeur annullait aussi la première fonction $V$, le changement de signe de celle-ci ferait alors disparaître une variation sur la gauche de la suite des signes, ainsi que nous l'avons fait voir n° 4.

## 6.

Il est donc démontré que chaque fois que la variable $x$, en croissant par degrés insensibles, atteint et dépasse une valeur qui rend V égal à zéro, la suite des signes des fonctions $V$, $V_1$, $V_2$, .... $V_r$ perd une variation formée sur sa gauche par les signes de V et $V_1$, laquelle est remplacée par une permanence; tandis que les changemens de signes des fonctions intermédiaires $V_1$, $V_2$, .... $V_{r-1}$ ne peuvent jamais ni augmenter ni diminuer le nombre des variations qui existaient déjà. En conséquence, si l'on prend un nombre quelconque A positif ou négatif, et un autre nombre quelconque B plus grand que A, et si l'on fait croître $x$ depuis A jusqu'à B, autant il y aura de valeurs de $x$ comprises entre A et B, qui rendront V égal à zéro, autant la suite des signes des fonctions $V$, $V_1$, .... $V_r$ pour $x = B$ contiendra de variations de moins que la suite de leurs signes pour $x = A$. C'est le théorème qu'il fallait démontrer.

Pour en faciliter les applications, il est nécessaire d'ajouter plusieurs remarques à ce qui précède.

## 7.

Dans les divisions successives qui servent à former les fonctions $V_2$, $V_3$, etc., on peut, avant de prendre un polynome pour dividende ou pour diviseur, le multiplier ou le diviser par tel nombre positif qu'on voudra. Les fonctions $V$, $V_1$, $V_2$, ..... $V_r$ qu'on obtiendra en opérant ainsi, ne diffèreront que par des facteurs numériques positifs, de celles que nous avons considérées précédemment et qui figurent dans les équations (1); de sorte qu'elles auront respectivement les mêmes signes que celles-ci pour chaque valeur de $x$.

Avec cette modification on peut, lorsque les coefficiens de l'équation $V = 0$ sont des nombres entiers, former des polynomes $V_2$, $V_3$, etc., dont tous les coefficiens seront aussi entiers; mais il faut bien prendre garde que les facteurs numériques qu'on introduit ou qu'on supprime soient toujours positifs.

## 8.

Il peut arriver que l'une des fonctions $V_1, V_2, \ldots V_{r-1}$ se trouve nulle, soit pour $x = A$, soit pour $x = B$. Dans ce cas, il suffit de compter les variations qui se trouvent dans la suite des signes des fonctions $V$, $V_1$, $V_2, \ldots V_r$ en omettant la fonction qui est nulle. C'est ce qui résulte de la démonstration que nous avons donnée n° 5 pour le cas où une fonction intermédiaire s'évanouit. En effet, on a vu que, lorsque $V_n$ s'annulle pour $x = b$, si l'on attribue à $x$ une valeur $b - u$ ou $b + u$ très peu différente de $b$, les signes des trois fonctions consécutives $V_{n-1}$, $V_n$, $V_{n+1}$ forment une variation, et n'en forment qu'une; or cette variation subsistera encore lorsqu'on fera $x = b$, et qu'on omettra dans la suite des signes le résultat 0 placé entre les deux signes contraires de $V_{n-1}$ et de $V_{n+1}$.

Si $V$ se trouve nul pour $x = A$, on en conclut d'abord que $A$ est racine de l'équation $V = 0$, puis on attribue à $x$ une valeur $A + u$ qui surpasse $A$ d'une quantité aussi petite qu'on voudra; pour cette valeur $A + u$, le signe de $V$ forme avec le signe de $V_1$ une permanence comme on l'a vu n° 4, tandis que dans le reste de la suite des signes, depuis $V_1$ jusqu'à $V_r$, il y a le même nombre de variations que pour $x = B$. On trouvera donc par la règle générale combien l'équation $V = o$ a de racines comprises entre $A + u$ et B, c'est-à-dire plus grandes que A et plus petites que B.

De même si B est racine de l'équation $V = o$, on déterminera par la même règle le nombre de ses racines comprises entre A et $B - u$, en observant que pour $x = B - u$ le signe de V forme avec celui de $V_1$ une variation (n° 4), et que dans le reste de la suite des signes depuis $V_1$ jusqu'à $V_r$ il y a autant de variations que pour $x = B$.

## 9.

Quand on pourra reconnaître qu'une des fonctions auxiliaires, $V_n$, intermédiaire entre V et $V_r$, conserve constamment le même signe pour toutes les valeurs de $x$ comprises entre A et B, il ne sera point nécessaire de considérer les fonctions qui suivent $V_n$; il suffira de substituer ces deux nombres A et B dans les fonctions des degrés supérieurs $V, V_1, V_2, ..$ en s'arrêtant à $V_n$, et d'écrire les signes des résultats. *Autant la suite des signes des fonctions* $V, V_1, V_2, ..$ *jusqu'à* $V_n$ *inclusivement, pour* $x = A$, *présentera de variations de plus que celle pour* $x = B$, *autant il y aura de racines de l'équation* $V = o$ *comprises entre* A *et* B.

En effet, on peut appliquer au système partiel des fonctions $V, V_1, V_2, .. V_n$, la démonstration que nous avons donnée plus haut pour le système complet des fonctions $V, V_1, V_2 .., V_n, V_{n+1}, .. V_r$, dont la dernière était un nombre constant. Dans l'hypothèse actuelle $V_n$ conserve toujours le même signe, sans avoir une valeur constante, pour toutes les valeurs de $x$ croissant depuis A jusqu'à B. Or, comme on l'a vu n$^{os}$ 4 et 5, la suite des signes de ces fonctions $V, V_1, V_2 .., V_n$ perd une variation chaque fois que V devient nul, et l'évanouissement des fonctions intermédiaires entre V et $V_n$ ne peut ni augmenter ni diminuer le nombre des variations; donc autant l'équation $V = 0$ aura de racines comprises entre A et B, autant le nombre B substitué dans les fonctions $V, V_1, V_2 .., V_n$ donnera de variations de moins que A; ce qu'il fallait prouver.

## 10

On voit encore que si $V_n$ ne change pas de signe, quand $x$ croît depuis A jusqu'à B, on obtiendra constamment le même nombre de variations en substituant, soit A, soit B, soit tout autre nombre compris entre A et B dans la suite partielle des fonctions $V_n, V_{n+1} ..., V_r$. Mais il ne faut pas croire que réciproquement, si les deux nombres A et B substitués dans ces fonctions, donnent le même nombre de variations, $V_n$ doive toujours conserver le même signe pour toutes les valeurs de $x$ croissant depuis A jusqu'à B. Cette proposition inverse n'a lieu qu'autant que les fonctions $V_n, V_{n+1} ...$ remplissent certaines conditions que nous ne croyons pas devoir exposer ici. Nous dirons seulement qu'elle a lieu en particulier, lorsque les degrés respectifs de ces fonctions $V_n$, $V_{n+1}$, $V_{n+2} ..$ vont en diminuant d'une unité, et qu'en outre le premier terme de chacune est positif. Nous développerons dans un autre Mémoire cette propriété et plusieurs autres dont jouissent certaines classes d'équations.

## 11.

Notre théorème, modifié comme nous venons de le dire n° 9, sera souvent d'une application plus facile. Ainsi, lorsqu'en cherchant le plus grand commun diviseur de V et de $V_1$, on parviendra à un polynome $V_n$ (par exemple à celui du second degré) qui égalé à zéro ne donnera que des valeurs imaginaires de $x$, il ne sera pas nécessaire de pousser plus loin les divisions, car ce polynome $V_n$ sera constamment de même signe que son premier terme pour toutes les valeurs réelles de $x$, de sorte qu'on pourra le prendre pour la dernière des fonctions auxiliaires $V_1$,$V_2$, etc. On pourrait même encore s'arrêter à un polynome $V_n$ qui s'annullerait pour des valeurs réelles de $x$, pourvu qu'on pût déterminer toutes ces valeurs. Car en désignant par $p$, $q$, $r$,.. celles qui seraient comprises entre A et B, après les avoir disposées par ordre de grandeur, en commençant par les plus petites, et observant que $V_n$ conserve le même signe pour toutes les valeurs de $x$ comprises entre A et $p$, on trouverait, par l'application du théorème, modifié comme dans les n$^{os}$ 8 et 9, combien l'équation $V = 0$ a de racines entre A et $p - u$, $u$ étant une très petite quantité; de même, $V_n$ ayant encore un signe constant pour toutes les valeurs de $x$ comprises entre $p$ et $q$, on trouverait combien $V=0$ a de racines entre $p + u$ et $q - u$; c'est-à-dire entre $p$ et $q$, en prenant $u$ suffisamment petit; on reconnaîtrait de même combien $V=0$ a de racines entre $q$ et $r$, et ainsi de suite. On suppose ici que l'équation $V=0$ n'a pas de racines égales, et qu'une valeur de $x$ qui annulle $V_n$ n'annulle pas V en même temps.

Ces circonstances où l'on peut diminuer le nombre des fonctions auxiliaires méritent d'être remarquées; car les calculs nécessaires pour la détermination des fonctions $V_2$, $V_3$,... sont très longs, surtout lorsqu'on arrive aux dernières fonctions, à cause de la grandeur de leurs coefficiens numériques.

## 12.

Le théorème général donne le moyen de connaître le nombre total des racines réelles de l'équation $V = 0$. En effet, étant donné un polynome fonction entière de $x$, on peut toujours, sans connaître les valeurs de $x$ qui l'annullent, assigner à $x$ une valeur positive finie telle que, pour cette valeur et pour toutes les valeurs plus grandes, le polynome aura constamment le même signe que son premier terme; il en est de même pour toutes les valeurs de $x$ négatives au-delà d'une certaine limite. Donc, si l'on représente selon l'usage par le caractère $\infty$ un nombre aussi grand qu'on voudra, toutes les racines réelles de l'équation $V = 0$ étant comprises entre $-\infty$ et $+\infty$, il suffira pour en connaître le nombre, de substituer $-\infty$ et $+\infty$ au lieu de A et B dans les fonctions $V, V_1, V_2, .. V_r$ et de marquer les deux suites de signes pour $-\infty$ et $+\infty$. Quand on fait $x = +\infty$, chaque fonction est de même signe que son premier terme. Pour $x = -\infty$ chaque fonction de degré pair, y compris la constante $V_r$, a le même signe qu'elle a pour $x = +\infty$, mais chaque fonction de degré impair prend pour $x = -\infty$ un signe contraire à celui qu'elle a pour $x = +\infty$. L'excès du nombre des variations formées par les signes des fonctions $V, V_1, .. V_r$, pour $x = -\infty$, sur le nombre des variations pour $x = +\infty$, exprimera le nombre total des racines réelles de l'équation $V = o$.

## 13.

Mais on peut faire usage d'une règle encore plus simple, pour déterminer le nombre des racines réelles et celui des racines imaginaires dans la plupart des équations.

Les fonctions auxiliaires $V_1, V_2$, etc., sont ordinairement en nombre égal au degré $m$ de l'équation $V = o$, parce que dans la recherche du plus grand commun diviseur de $V$ et de $V_1$, chaque reste est ordinairement d'un degré inférieur d'une seule unité à celui du reste précédent. Toutes les fois que les fonctions $V_1, V_2$, etc., sont effectivement en nombre égal à $m$, on peut connaître le nombre des racines imaginaires de l'équation $V = o$ par la simple inspection des signes des premiers termes de ces fonctions $V_1, V_2, ..$ y compris le signe de la dernière, qui ne contient plus $x$ et qui doit être actuellement représentée par $V_m$. *L'équation* $V = o$ *a autant de couples de racines imaginaires qu'il y a de variations dans la suite des signes des premiers termes des fonctions* $V_1, V_2$, *etc., jusqu'au signe de la constante* $V_m$ *inclusivement.* Voici la démonstration de cette proposition.

Il résulte de l'hypothèse qu'on vient d'admettre, que deux fonctions consécutives $V_{n-1}$ $V_n$, sont l'une de degré pair, l'autre de degré impair. Donc si ces deux fonctions ont un même signe pour $x = +\infty$, elles auront des signes contraires pour $x = -\infty$; *et vice versâ*, si elles ont des signes contraires pour $x = +\infty$, elles auront un même signe $x = -\infty$ : de sorte que si l'on écrit l'une au-dessous de l'autre les deux suites de signes des fonctions $V, V_1, V_2, .. V_m$ pour $x = -\infty$ et pour $x = +\infty$, chaque variation dans l'une quelconque de ces deux suites correspondra à une permanence dans l'autre suite; ainsi le nombre des permanences pour $x = -\infty$ est égal au nombre des variations pour $x = +\infty$.

Soit $i$ le nombre des variations pour $x = +\infty$, $i$ pouvant être zéro. Ces variations sont celles que présente la suite des signes des coefficiens qui multiplient les plus hautes puissances de $x$ dans les fonctions auxiliaires $V_1, V_2, \ldots V_m$, le premier terme de V et celui de $V_1$ étant positifs.

On vient de voir que la suite des signes pour $x = -\infty$ doit contenir $i$ permanences; elle contiendra donc $m - i$ variations, puisque les fonctions $V, V_1, \ldots V_m$ sont au nombre de $m + 1$, et que dans une suite de $m + 1$ signes, le nombre des variations et celui des permanences réunis font une somme égale à $m$.

Or, en vertu du théorème général, le nombre des racines réelles de l'équation $V = 0$ toutes comprises entre $-\infty$ et $+\infty$, doit être égal à l'excès du nombre $m - i$ des variations pour $x = -\infty$ sur le nombre $i$ des variations pour $x = +\infty$. L'équation $V = 0$ a donc $m - 2i$ racines réelles et par conséquent $2i$ racines imaginaires; on sait d'ailleurs que celles-ci forment des couples de la forme $a \pm b\sqrt{-1}$; ainsi le nombre de ces couples est égal à $i$; ce qu'il fallait démontrer.

## 14.

En supposant $i = 0$, on conclut de là le corollaire suivant: *le premier terme de* V *et celui de* $V_1$ *étant positifs, si les autres fonctions* $V_2, V_3$ *etc., y compris celle qui ne contient plus* x *sont au nombre de* $m - 1$, *et si elles ont toutes un premier terme positif, l'équation* $V = 0$ *aura toutes ses racines réelles.*

Réciproquement, *si l'équation* $V=0$ *a toutes ses racines réelles, il faut nécessairement que les fonctions auxiliaires* $V_2, V_3 ..$ *jusqu'à celle qui ne contient plus* $x$ *inclusivement, soient au nombre de* $m - 1$, (ou, *en d'autres termes, que chacune de ces fonctions soit d'un degré inférieur d'une seule unité à celui de la précédente*) *et qu'en outre leurs premiers termes soient tous positifs.*

En effet, si le nombre des fonctions $V_2, V_3$, etc., était plus petit que $m - 1$, la suite des signes des fonctions $V$, $V_1$, $V_2$, etc., pour $x = -\infty$ aurait un nombre de variations plus petit que $m$; or, au contraire, elle doit avoir $m$ variations de plus que la suite des signes pour $x = +\infty$, si l'équation $V=0$ a toutes ses racines réelles. Il faut donc d'abord que le nombre des fonctions $V_2$, $V_3 ..$ soit $m - 1$, en outre le coefficient de la plus haute puissance de $x$ dans chacune d'elles doit être positif, comme dans $V$ et dans $V_1$; car, autrement, il y aurait une ou plusieurs variations dans la suite des signes des fonctions $V$, $V_1$, $V_2 ..$ pour $x = +\infty$ et l'équation $V=0$ aurait des couples de racines imaginaires en nombre égal à celui de ces variations.

Lorsque les coefficiens de l'équation $V=0$ sont indéterminés et représentés par des lettres, les polynomes $V_2$, $V_3$, etc., qu'on obtient par la recherche du plus grand commun diviseur de $V$ et de $V_1$ sont respectivement des degrés $m-2$, $m-3$, etc., et les coefficiens des plus hautes puissances de $x$ dans ces polynomes, en y comprenant $V_m$, sont des quantités littérales composées des coefficiens de l'équation $V=0$. Les conditions de la réalité de toutes les racines de cette équation $V=0$ se réduisent donc à ce que toutes ces quantités soient positives, aucune n'étant nulle. On voit que le nombre de ces conditions n'est pas plus grand que $m-1$; mais il peut être moindre, parce-que quelques-unes peuvent être comprises dans les autres.

## 15.

L'usage de notre théorème pour la recherche des racines réelles d'une équation $V=0$ qui n'a pas de racines égales, se présente de lui-même.

Après avoir obtenu les fonctions $V_2, V_3 ..$ jusqu'à $V_r$ qui ne contient plus $x$, on détermine en premier lieu le nombre total des racines réelles de l'équation, en écrivant les signes de ces fonctions $V, V_1, .. V_r$ pour $x=-\infty$ et pour $x=+\infty$, comme on l'a dit n° 12 ou bien en appliquant la règle du n° 13 dans le cas ordinaire où les fonctions auxiliaires $V_2, V_3 ...$ etc., sont au nombre de $m-1$.

Pour trouver les racines positives, on substitue à la place de $x$ une suite de nombres croissans o, A, B, C, D, etc., dans les fonctions $V, V, .. V_{r1}$, et l'on écrit la suite des signes des résultats que donne chaque nombre substitué; le nombre des variations perdues en passant de la suite des signes que donne un nombre substitué à celle que donne le nombre suivant, exprime, en vertu du théorème, combien l'équation $V=0$ a de racines comprises entre ces deux nombres-là. On trouve ainsi quels sont ceux qui comprennent des racines et combien ils en comprennent.

Pour ne pas faire des substitutions inutiles, il faut s'arrêter dès qu'on arrive à un nombre qui donne autant de variations qu'en donnerait un nombre infiniment grand, c'est-à-dire autant de variations qu'il s'en trouve dans la suite des signes des premiers termes des polynomes $V, V_1$, $V_2, .. V_r$ (en comptant $V_r$). Un tel nombre est une limite supérieure des racines de l'équation, puisque entre ce nombre et $+\infty$ il ne peut pas exister de racines.

Admettons qu'il y ait plusieurs racines entre A et B; alors on substituera un nombre intermédiaire ou plusieurs; et les variations perdues en passant d'un nombre substitué à celui qui le surpasse immédiatement, indiqueront toujours l'existence d'autant de racines comprises entre eux.

Il pourra se faire que quelques substitutions suffisent pour opérer complètement la séparation des racines, c'est-à-dire pour assigner à chacune d'elles deux limites entre lesquelles elle soit seule comprise. Mais quand des racines seront très rapprochées, on sera obligé de faire un plus grand nombre de substitutions pour les séparer. Au surplus, on verra bientôt que cette séparation n'est pas indispensable pour le calcul des racines, et qu'il suffit d'avoir la partie entière de chacune. En substituant des nombres négatifs dans les fonctions $V, V_1, .. V_r$, ou ce qui revient au même, en y substituant des nombres positifs après avoir changé dans toutes $x$ en $-x$, on trouvera de la même manière entre quels nombres tombent les racines négatives.

Ces substitutions peuvent être effectuées de telle sorte, qu'on obtienne d'abord le chiffre de l'ordre le plus élevé de chaque racine, puis le chiffre de l'ordre immédiatement inférieur, et ainsi de suite.

## 16.

On peut ainsi déterminer la valeur approchée de chaque racine, à une unité près où même à une certaine fraction près; il reste à calculer sa partie inconnue par une méthode d'approximation plus rapide. On peut ici employer celle de Newton ou celle de Lagrange.

On sait qu'il y a des cas où la première se trouve en défaut; alors il vaut mieux se servir de celle de Lagrange, à laquelle notre théorème donne le complément dont elle avait besoin, comme nous allons l'expliquer.

L'usage de cette méthode suppose que la racine qu'on veut calculer, soit seule comprise entre deux nombres entiers consécutifs; on ramène aisément à ce cas, par une transformation, celui où une racine est seule comprise entre deux limites connues. Mais lorsqu'une équation a des racines qui diffèrent entre elles de quantités très petites, on ne parvient à obtenir deux limites de chacune qu'après des substitutions multipliées, qui exigent de longs calculs. Or, on peut éviter cet inconvénient, en combinant notre théorème avec la méthode de Lagrange.

Il s'agit de calculer les racines de l'équation $V = 0$ qui sont comprises entre les deux nombres entiers consécutifs $a$ et $a + 1$. Si le théorème indique que ces deux nombres ne comprennent qu'une seule racine, on fait, suivant le procédé connu, $x = a + \frac{1}{y}$ dans l'équation $V = 0$, et comme l'inconnue $y$ ne doit avoir qu'une seule valeur positive plus grande que l'unité, on substitue, dans l'équation transformée en $y$, à la place de $y$ les nombres entiers $1, 2, 3, 4, \ldots$ jusqu'à ce qu'on arrive à deux nombres consécutifs $b$ et $b + 1$, qui donnent des résultats de signes contraires; ces nombres comprennent la valeur cherchée de $y$; on fait ensuite $y = b + \frac{1}{z}$ dans l'équation en $y$, $z$ n'ayant aussi qu'une seule valeur positive plus grande que $1$; on cherche de même sa partie entière $c$ en substituant les nombres $1, 2, 3, \ldots$ et en continuant ainsi on obtient la valeur de $x$ exprimée par la fraction continue

$$a+\cfrac{1}{b+\cfrac{1}{c+\text{etc.}}}$$

Supposons actuellement que le théorème indique l'existence de plusieurs racines entre les deux nombres entiers $a$ et $a+1$. On fait encore $x=a+\frac{1}{y}$ dans l'équation $V=0$; l'inconnue $y$ devant avoir autant de valeurs positives plus grandes que l'unité que $x$ a de valeurs entre $a$ et $a+1$, la simple substitution des nombres naturels 1, 2, 3, 4,.. dans l'équation transformée en $y$, ne suffirait pas généralement pour faire découvrir toutes ces valeurs de $y$, puisque deux ou plusieurs valeurs de $y$ peuvent avoir la même partie entière. C'est pourquoi l'on doit remplacer $x$ par $a+\frac{1}{y}$ non-seulement dans la fonction $V$, mais aussi dans les fonctions auxiliaires $V_1$, $V_2$, etc., en s'arrêtant à une fonction $V_n$, dont on soit certain que le signe reste le même pour toutes les valeurs de $x$ comprises entre $a$ et $a+1$.

Les polynomes $V$, $V_1$, $V_2$, .... $V_n$ étant ainsi transformés en fonction de $y$, on y substitue à la place de $y$ les nombres entiers 1, 2, 3, 4, .... et l'on écrit la suite des signes que donne chaque nombre substitué. La différence entre les deux nombres de variations que donnent deux nombres entiers consécutifs $b$ et $b+1$, exprime combien il y a de valeurs de $y$, comprises entre ces deux nombres, qui satisfont à l'équation $V=0$. Car, puisqu'on a fait $x=a+\frac{1}{y}$, en substituant $b$ et $b+1$ à la place de $y$ dans les polynomes $V$, $V_1$, .... $V_n$ exprimés en fonction de $y$, on obtient les mêmes résultats qu'en substituant $a+\frac{1}{b}$ et $a+\frac{1}{b+1}$ à la place de $x$ dans les mêmes polynomes exprimés sous leur forme primitive en fonction de $x$ : or, la différence entre les deux nombres de variations que présentent les signes de ces résultats exprime le nombre des valeurs de $x$ comprises entre $a + \frac{1}{b}$ et $a + \frac{1}{b+1}$ qui sont racines de l'équation $V = 0$, et auxquelles répondent autant de valeurs de $y$ comprises entre $b$ et $b + 1$.

Si l'on trouve ainsi que $b$ et $b + 1$ comprennent plusieurs valeurs de $y$, on fera $y = b + \frac{1}{z}$, et l'on remplacera $y$ par $b + \frac{1}{z}$ dans les polynomes $V, V_1, V_2, \ldots$ déjà exprimés en fonction de $y$, en s'arrêtant, sans aller jusqu'à $V_n$, à un polynome $V_k$ qui conserve toujours le même signe pour toutes les valeurs de $y$ comprises entre $b$ et $b + 1$ ; puis on substituera dans ces polynomes $V, V_1, V_2, \ldots V_k$ à la place de $z$ les nombres $1, 2, 3 \ldots$

La différence entre les deux nombres de variations que donneront deux nombres entiers consécutifs $c$ et $c + 1$, marquera le nombre des valeurs de $z$ comprises entre $c$ et $c + 1$ qui correspondront à des racines $x$ de l'équation $V = 0$. En continuant ainsi, on développera en fractions continues toutes les valeurs de $x$ comprises entre $a$ et $a + 1$.

Lorsqu'une des inconnues successives $y, z, \ldots$ n'a qu'une seule valeur comprise entre deux nombres entiers consécutifs, on n'a plus besoin des fonctions auxiliaires $V_1, V_2 \ldots$ pour développer cette valeur en fraction continue; il suffit d'employer le procédé ordinaire que nous avons rappelé plus haut, pour développer une valeur de $x$, dans le cas où elle est seule comprise entre les deux nombres $a$ et $a + 1$.

Si l'on doit calculer avec une grande approximation des

racines qui sont très peu différentes, on pourra d'abord obtenir, par les moyens que nous venons d'indiquer, une valeur suffisamment approchée de chaque racine, puis recourir à la méthode d'approximation de Newton, pour avoir une valeur plus exacte.

*Remarques.* 1° La fonction V, étant représentée par $f(x)$, devient, lorsqu'on y fait $x = a + \frac{1}{y}$,

$$V = f\left(a + \frac{1}{y}\right) = \frac{1}{y^m}\left\{f(a)y^m + f'(a)\,y^{m-1} + \frac{f''(a)}{1.2}y^{m-2} + \text{etc.}\right\}$$

Or, on n'a besoin de connaître que les signes et non les valeurs numériques des polynomes V, $V_1$, $V_2$, ... pour chaque nombre positif substitué à la place de $y$; on peut donc supprimer dans cette expression de V le facteur positif $\frac{1}{y^m}$, et prendre simplement pour V la fonction entière $f(a)y_m + f'(a)y^{m-1} + \frac{f''(a)}{1.2}y^{m-2} + \text{etc.}$ Cette remarque s'applique à toutes les fonctions V, $V_1$, $V_2$.... où l'on remplace $x$ par $a + \frac{1}{y}$, ainsi qu'à toutes leurs transformées successives qu'on emploie dans le cours des calculs.

2° Il est inutile de remplacer $x$ par $a + \frac{1}{y}$ dans la fonction $V_n$, si elle conserve le même signe, comme on l'a supposé, pour toutes les valeurs de $x$ comprises entre $a$ et $a + 1$; car elle aura aussi ce même signe pour toutes les valeurs de $y$ plus grandes que 1.

De même on se dispensera de mettre $b + \frac{1}{z}$ à la place de $y$ dans $V_k$, si $V_k$ a un signe constant pour toute valeur de $y$ comprise entre $b$ et $b + 1$.

## 17.

Appliquons notre méthode à quelques exemples.

### Ier EXEMPLE.

Soit l'équation

$$x^3 - 2x - 5 = 0;$$

on a ici

$$V = x^3 - 2x - 5,$$
$$V_1 = 3x^2 - 2.$$

Pour former $V_2$ on divise V par $V_1$; mais afin d'éviter les fractions, on multiplie d'abord V par 3 (n° 7): on obtient ainsi le reste $-4x-15$, et l'on a, en changeant les signes,

$$V_2 = 4x + 15.$$

On divise ensuite $V_1$ par $V_2$, et pour éviter les fractions, on multiplie par 4 la fonction $V_1$, ainsi que le reste du premier degré.

Le reste, indépendant de $x$ auquel on arrive est $+643$; on a donc

$$V_3 = -643. \quad (*)$$

L'existence de ce reste numérique prouve que l'équation proposée n'a pas de racines égales. Le nombre des fonctions auxiliaires $V_1$, $V_2$, $V_3$ est égal au degré de

(*) Si les coefficiens de $V_1$ et de $V_2$, étaient des nombres plus grands, on éviterait la division de $V_1$ par $V_2$, en observant qu'à cause de la relation $V_1 = V_2Q_2 - V_3$, le signe cherché de $V_3$ doit être contraire à celui du résultat qu'on obtiendrait en substituant dans $V_1$ la valeur de $x$ unique qui annulle $V_2$. Or, on touve facilement le signe de ce résultat, en examinant si la valeur de $x$ qui annulle $V_2$ est ou n'est pas comprise entre celles qui annullent $V_1$.

l'équation, et la suite des signes de leurs premiers termes, y compris $V_3$, est

$$+ + -.$$

Cette suite offrant une variation, on en conclut, d'après la proposition du n° 13, que l'équation a une couple de racines imaginaires, et par conséquent une seule racine réelle; ce qu'on peut voir encore en écrivant les signes des fonctions $V, V_1, V_2, V_3$ pour $x = -\infty$, et pour $x = +\infty$, et prenant la différence entre les deux nombres de variations.

Cette racine réelle étant unique, pour obtenir sa partie entière, on n'a plus besoin de considérer les fonctions auxiliaires $V_1$, $V_2$, $V_3$, il suffit de substituer différens nombres dans la seule fonction V. Comme 0 et $+\infty$ substitués dans V, donnent des résultats de signes contraires, on voit d'abord que cette racine est positive. En faisant $x = 2$ dans V, on a un résultat négatif; et en faisant $x = 3$, on a un résultat positif : la racine est donc comprise entre 2 et 3. On en obtiendra des valeurs aussi approchées qu'on voudra par les procédés ordinaires d'approximation qui ont été rappelés dans les n[os] précédens. On trouvera

$$x = 2{,}09455148.$$

2$^{\text{e}}$ EXEMPLE.

Cherchons les conditions nécessaires pour que l'équation

$$x^3 + px + q = 0$$

ait toutes ses racines réelles.

On a

$$V = x^3 + px + q,$$
$$V_1 = 3x^2 + p.$$

On obtient $V_2$ et $V_3$ par les divisions successives. Pour éviter les fractions, on a soin de multiplier le dividende par 3 dans la première division, et dans le seconde par $4p^2$ qui est une quantité positive (n° 7).

On trouve

$$V_2 = -2px - 3q,$$
$$V_3 = -4p^3 - 27q^2.$$

Les conditions de la réalité des racines de l'équation proposée sont (n$^{os}$ 13 et 14) les deux suivantes :

$$-2p > 0, \qquad -4p^3 - 27q^2 > 0,$$

qui reviennent à celles-ci :

$$p < 0, \qquad 4p^3 + 27q^2 < 0.$$

La première se trouve comprise dans la seconde; ce qui est d'ailleurs bien connu.

On pourrait trouver de la même manière les conditions nécessaires pour que l'équation

$$x^4 + px^2 + qx + r = 0$$

ait toutes ses racines réelles.

### 3$^e$ EXEMPLE.

On verra, dans l'exemple suivant, comment on peut calculer deux racines dont la différence est très petite.

Soit l'équation

$$x^3 + 11x^2 - 102x + 181 = 0,$$

On a
$$
\begin{aligned}
V &= x^3 + 11x^2 - 102x + 181,\\
V_1 &= 3x^2 + 22x - 102,\\
V_2 &= 854x - 2751,\\
V_3 &= +441.
\end{aligned}
$$

On voit d'abord, d'après la proposition du n° **14**, que l'équation a ses trois racines réelles.

Pour trouver les racines positives, on substitue à la place de $x$ les nombres $0, 1, 2, 3, 4, \ldots$ dans les fonctions $V$, $V_1$, $V_2$, $V_3$, et l'on écrit les signes des résultats; on trouve

| | $V$ | $V_1$ | $V_2$ | $V_3$ | | |
|---|---|---|---|---|---|---|
| pour $x = 0$ | + | − | − | + | 2 variations, | $(a)$ |
| $x = 1$ | + | − | − | + | | |
| $x = 2$ | + | − | − | + | | |
| $x = 3$ | + | − | − | + | 2 variations, | |
| $x = 4$ | + | + | + | + | 0 | |
| $x = +\infty$ | + | + | + | + | 0 | |

Ce tableau montre que l'équation a deux racines positives et qu'elles sont comprises entre 3 et 4.

Déterminons la valeur de ces racines à *un dixième* près. Pour rendre le calcul plus facile, on fera $x = 3 + y$, et l'on remplacera $x$ par $3 + y$, non-seulement dans $V$, mais aussi dans $V_1$ et $V_2$, parce qu'on voit dans le tableau précédent que chacune de ces fonctions $V_1$, $V_2$, change de signe pour une valeur de $x$ comprise entre 3 et 4. Les fonctions $V$, $V_1, \ldots$, deviendront par cette transformation

$$
\begin{aligned}
V &= y^3 + 20y^2 - 9y + 1,\\
V_1 &= 3y^2 + 40y - 9,\\
V_2 &= 854y - 189,\\
V_3 &= +.
\end{aligned}
$$

On fera successivement $y = 0$, $y = 0{,}1$; $y = 0{,}2\ldots$; jusqu'à ce que la suite des signes des fonctions $V$, $V_1$, $V_2$, $V_3$, perde les deux variations qu'elle a pour $y = 0$ (qui répond à $x = 3$), ou jusqu'à ce que V change de signe.

| | | V | $V_1$ | $V_2$ | $V_3$ |
|---|---|---|---|---|---|
| $y = 0$ | donne | + | − | − | + |
| $y = 0{,}1$ | | + | − | − | + |
| $y = 0{,}2$ | | + | − | − | + |
| $y = 0{,}3$ | | + | + | + | + |

On a donc $V = 0$ pour deux valeurs de $y$ comprises entre 0,2 et 0,3, et par conséquent pour deux valeurs de $x$ comprises entre 3,2 et 3,3.

On déterminera le chiffre des *centièmes* de chaque racine, en substituant à la place de $y$, dans les mêmes fonctions, les nombres 0,20 .. 0,21 .. 0,22 .. jusqu'à ce que la suite de leurs signes perde deux variations, ou jusqu'à ce que V change de signe. On trouvera

| | V | $V_1$ | $V_2$ | $V_3$ | |
|---|---|---|---|---|---|
| pour $y = 0{,}20$ | + | − | − | + | |
| $y = 0{,}21$ | + | − | − | + | $V = +\,0{,}001261$ |
| $y = 0{,}22$ | − | | | | $V = -\,0{,}001352$. |

On voit par le changement de signe de V, que l'une des deux valeurs cherchées de $y$ tombe entre 0,21 et 0,22, et que l'autre doit être plus grande que 0,22; de sorte que les deux racines sont maintenant séparées. Dès lors on n'a plus besoin des fonctions auxiliaires $V_1$, $V_2$, $V_3$. On substitue 0,23 à la place de $y$ dans la seule fonction V: on trouve le résultat positif $+\,0{,}000167$; d'où il suit que la seconde valeur cherchée de $y$ tombe entre 0,22 et 0,23.

Par de nouvelles substitutions faites dans V, on trouvera que le chiffre des *millièmes* est 3 pour la plus petite racine, et 9 pour l'autre. Ainsi les deux racines positives de l'équation proposée

$$x^3 + 11x^2 - 102x + 181 = 0,$$

sont 3,213 et 3,229 à *un millième près*.

On obtiendra trois chiffres décimaux de plus pour chacune, en appliquant la règle de Newton à cette équation ou à sa transformée en $y$. On trouvera les valeurs 3,213128 et 3,229521, exactes à *un millionième* près.

On peut obtenir les mêmes racines en cherchant leurs valeurs en fractions continues, suivant le procédé de Lagrange. Après avoir reconnu par le tableau ($a$) que l'équation $V = 0$ a deux racines positives entre 3 et 4, on fait $x = 3 + \frac{1}{y}$, $y$ aura deux valeurs positives plus grandes que l'unité. On remplace $x$ par $3 + \frac{1}{y}$, non-seulement dans V, mais aussi dans $V_1$ et $V_2$, qui changent de signe quand $x$ croît depuis 3 jusqu'à 4. En supprimant les facteurs positifs $\frac{1}{y^3}, \frac{1}{y^2}, \ldots$ comme on l'a dit à la fin du n° 16, les fonctions deviennent :

$$\begin{aligned} V &= y^3 - 9y^2 + 20y + 1, \\ V_1 &= -9y^2 + 40y + 3, \\ V_2 &= -189y + 854, \\ V_3 &= +. \end{aligned}$$

On fait dans ces fonctions $y = 1, 2, 3, 4 \ldots$; on trouve

pour $y = 1$ $+ + + +$

les mêmes résultats qu'on avait obtenus pour $x = 4$

$y = 4$ $+ + + +$

$y = 5$ $+ - - +$

On voit que les deux valeurs cherchées de $y$ tombent entre 4 et 5. On fait alors $y = 4 + \frac{1}{z}$; $z$ aura encore deux valeurs plus grandes que 1. Les fonctions $V, V_1 \ldots$ deviennent

$$\begin{aligned} V &= z^3 - 4z^2 + 3z + 1, \\ V_1 &= 19z^2 - 32z - 9, \\ V_2 &= 98z - 189, \\ V_3 &= +. \end{aligned}$$

$$\begin{array}{llll} & & & V \\ \text{Or} & z = 1 & \text{donne} & + - - + \quad (\text{comme } y = 5), \\ & z = 2 & & - \\ & z = 3 & & + \end{array}$$

Donc l'une des valeurs de $z$ tombe entre 1 et 2, l'autre entre 2 et 3. Arrivé à ce point, on n'a plus besoin des fonctions auxiliaires $V_1$, $V_2$, $V_3$. On développe la plus petite valeur de $z$ en fraction continue : on pose $z = 1 + \frac{1}{t}$. L'équation précédente

$$z^3 - 4z^2 + 3z + 1 = 0$$

devient

$$t^3 - 2t^2 - t + 1 = 0;$$

$t$ ne doit avoir qu'une seule valeur positive plus grande que l'unité; on substitue pour $t$, les nombres entiers 1, 2, 3. . . On trouve que 2 et 3 donnent des résultats de signes contraires; on fait donc $t = 2 + \frac{1}{u}$, $u$ étant $> 1$. On trouve de même $u = 4 + \frac{1}{v}$, $v = 20 + \frac{1}{r}$, et ainsi de suite. La plus petite racine positive de l'équation $V = 0$, est donc exprimée par la fraction continue

$$x = 3 + \cfrac{1}{4 + \cfrac{1}{1 + \cfrac{1}{2 + \cfrac{1}{4 + \cfrac{1}{20 + \frac{1}{r}.}}}}}$$

En formant les fractions convergentes et convertissant la sixième, qui est $\frac{3965}{1234}$, en fraction décimale, on trouve $x = 3,213128$, à *un millionième* près.

On calculera de la même manière la seconde valeur de $z$ qui tombe entre 2 et 3. On aura successivement

$$z = 2 + \frac{1}{t}, \quad t' = 1 + \frac{1}{u'}, \text{ (1) } \quad u' = 4 + \frac{1}{v'}, \quad v' = 20 + \frac{1}{r'} \text{ etc.},$$

puis

$$x = 3 + \cfrac{1}{4 + \cfrac{1}{2 + \cfrac{1}{1 + \cfrac{1}{4 + \cfrac{1}{20 + \text{etc.}}}}}},$$

et de là $x = 3,229521$, pour la seconde racine positive de l'équation proposée.

---

(1) L'équation transformée en $u'$, se trouve la même que l'équation en $u$ à laquelle on est arrivé dans le calcul de la première racine.

## 18.

Nous avons admis jusqu'à présent que l'équation proposée $V = 0$, n'avait pas de racines égales. On peut toujours faire en sorte qu'on n'ait à résoudre que des équations qui remplissent cette condition. Car on sait que si une équation a des racines égales, on peut en ramener la résolution à celle d'autres équations de degrés moindres qui n'ont que des racines inégales, et dont les racines sont celles de la proposée elle-même. On pourra donc déterminer toutes ses racines réelles à l'aide des principes exposés précédemment.

Toutefois, il ne sera pas inutile de faire voir que lors même que l'équation proposée $V = 0$ a des racines égales, le théorème énoncé n° 2 ne cesse pas d'être vrai, et peut servir encore à faire découvrir toutes les racines réelles de cette équation, sans qu'il soit nécessaire de la décomposer en deux ou plusieurs autres, qui n'aient que des racines inégales.

Supposons donc qu'en cherchant le plus grand commun diviseur de $V$ et de $V_1$ comme on l'a dit n° 1, on parvienne à un reste $V_r$, fonction de $x$, qui divise exactement le reste précédent $V_{r-1}$. Ce dernier reste $V_r$ est alors le plus grand commun diviseur de $V$ et de $V_1$, et l'on est averti que l'équation $V = 0$ a des racines égales.

Les divisions successives donnent cette suite d'égalités

$$\left.\begin{aligned} V &= V_1Q_1 - V_2, \\ V_1 &= V_2Q_2 - V_3, \\ &\cdot\;\cdot\;\cdot\;\cdot\;\cdot \\ &\cdot\;\cdot\;\cdot\;\cdot\;\cdot \\ V_{r-2} &= V_{r-1}Q_{r-1} - V_r, \\ V_{r-1} &= V_r\,Q_r. \end{aligned}\right\} \quad (2)$$

On voit que $V_r$ divise à la fois toutes les fonctions $V, V_1$, $V_2$, etc. Si l'on désigne par $T, T_1, T_2, .., T_r$, les quotiens que donnera la division de $V, V_1, V_2, .., V_r$ par $V_2$, on aura les équations suivantes

$$\left.\begin{aligned} T &= T_1Q_1 - T_2, \\ T_1 &= T_2Q_2 - T_3, \\ & \cdot \quad \cdot \quad \cdot \\ & \cdot \quad \cdot \quad \cdot \\ T_{r-2} &= T_{r-1}Q_{r-1} - T_r, \end{aligned}\right\} \quad (3)$$

et enfin.

$$T_r = + 1.$$

Nous allons prouver que le théorème énoncé n° **2**, relativement au système des fonctions $V, V_1, V_2, .., V_r$, pour le cas où l'équation $V = 0$ n'avait pas de racines égales, s'applique à ces nouvelles fonctions $T, T_1, T_2, .., T_r$, quoique $T_1$ ne soit pas la fonction dérivée de $T$.

D'abord on sait que le plus grand commun diviseur $V_r$ de $V$ et de $V_1$, se compose du produit des facteurs multiples de $V$, élevés chacun à une puissance dont l'exposant est moindre d'une unité que dans $V$, d'où il suit que le quotient $T$ de la division de $V$ par $V_r$, contient tous les facteurs de $V$ soit simples, soit multiples, à la première puissance. L'équation $T = 0$ a donc les mêmes racines que la proposée $V = 0$, mais chacune de ces racines ne se trouve qu'une fois dans $T = 0$.

Examinons maintenant comment la suite des signes des fonctions $T, T_1, T_2, .., T_r$, perd ou acquiert des variations, quand $x$ passe par différens états de grandeur. Cette suite ne peut s'altérer qu'à cause des changemens de signe qu'éprouvent les fonctions $T, T_1, T_2, ..$ en s'évanouissant.

Considérons d'abord le cas où la première fonction $T$

devient égale à zéro. Soit $c$ une valeur de $x$ qui rend $T = 0$. La fonction $T_1$ ne peut pas être nulle en même temps que $T$; car si $T$ et $T_1$ étaient nuls pour la même valeur de $x$, en vertu des équations (3) toutes les autres fonctions $T_2$, $T_3$,... et enfin $T_r$, seraient nulles en même temps; ce qui ne peut pas être, puisque $T_r$ est égal à $+1$. $T_1$ aura donc pour $x = c$ une valeur différente de zéro, et si l'on attribue à $x$ des valeurs $c - u$ et $c + u$ très peu différentes de $c$, $T_1$ aura pour ces valeurs le même signe qu'il a pour $x = c$.

La valeur $c$ qui annulle $T$ est aussi une racine de l'équation $V = 0$. Supposons qu'elle se trouve $p$ fois dans $V = 0$, ou en d'autres termes que $V$ soit divisible par $(x - c)^p$ : en désignant le quotient par $\varphi(x)$, on a

$$V = (x - c)^p \cdot \varphi(x)$$

et sa fonction dérivée $V_1$ a pour expression

$$V_1 = (x - c)^{p-1} [(p\varphi(x) + (x - c)\varphi'(x)].$$

On tire de là

$$\frac{V}{V_1} = \frac{(x - c)\varphi(x)}{p\varphi(x) + (x - c)\varphi'(x)} = \frac{x - c}{p + \frac{(x - c)\varphi'(x)}{\varphi(x)}};$$

mais puisque

$$V = TV_r \text{ et } V_1 = T_1 V_r,$$

on a

$$\frac{V}{V_1} = \frac{T}{T_1},$$

donc aussi

$$\frac{T}{T_1} = \frac{x - c}{p + \frac{(x - c)\varphi'(x)}{\varphi(x)}} \qquad (4)$$

Cette formule fait voir que le quotient $\frac{T}{T_1}$ est positif pour des valeurs de $x$ un peu plus grandes que $c$, et négatif pour des valeurs de $x$ un peu plus petites que $c$. Ainsi, pour $x=c+u$, T a le même signe que $T_1$ et pour $x=c-u$, T a un signe contraire à celui de $T_1$. Chacune des autres fonctions $T_2$, $T_3$,.. aura d'ailleurs, soit pour $x=c-u$, soit pour $x=c+u$, le même signe qu'elle a pour $x=c$, si toutefois aucune ne s'évanouit pour $x=c$. On conclut de là, que la suite des signes des fonctions T, $T_1$, $T_2$,.., $T_r$ perd une variation lorsque $x$ en croissant dépasse une valeur qui annulle la seule fonction T.

Quand une des autres fonctions $T_1$, $T_2$, ... $T_{r-1}$, s'évanouira pour une valeur de $x$ qui ne réduira pas en même temps T à zéro, le nombre des variations restera le même dans la suite des signes. En effet, supposons $T_n=0$ pour $x=b$ : en vertu des équations (3), les deux fonctions adjacentes $T_{n-1}$ et $T_{n+1}$, auront pour $x=b$ des valeurs différentes de zéro, et de signes contraires, car si l'on supposait $T_{n-1}$ ou $T_{n+1}$ nul en même temps que $T_n$, on voit que toutes les fonctions jusqu'à $T_r$ inclusivement seraient nulles à la fois, ce qui est impossible, puisqu'on a $T_r=1$. Le signe de $T^n$ pour $x=b-u$, quel qu'il soit, étant placé entre les signes de $T_{n-1}$ et de $T_{n+1}$ qui sont contraires, ces trois signes consécutifs formeront une variation et n'en formeront qu'une, et il en sera de même pour $x=b+u$. Il résulte de là que le nombre des variations n'est pas changé dans la suite des signes de T, $T_1$, .., $T_r$, quand une fonction intermédiaire vient à s'évanouir, à moins que la première fonction T ne s'annulle en même temps, auquel cas la suite des signes perd une variation, comme on l'a vu plus haut.

En conséquence, si $x$ croît depuis A jusqu'à B, *autant il y aura de valeurs de* x *entre* A *et* B *qui rendront* T *égal à zéro, autant la suite des signes des fonctions*

$T, T_1, T_2, \ldots, T_r$ *pour* $x = B$ *contiendra de variations de moins que la suite de leurs signes pour* $x = A$.

On peut à l'aide de cette proposition, déterminer les racines réelles de l'équation $T=0$, qui sont aussi celles de la proposée $V=0$, sans être obligé de faire sur la fonction T et sa dérivée l'opération du plus grand commun diviseur; il suffit de l'avoir faite sur V et $V_1$.

L'équation $T=0$ n'ayant que des racines inégales, il reste à savoir, après qu'on aura calculé l'une d'elles, combien de fois elle se trouvera dans la proposée $V=0$. Désignons par $c$, comme précédemment, une racine de l'équation $T=0$ qui entre $p$ fois dans $V=0$. T étant divisible par le facteur $x-c$ une fois seulement, posons

$$T = (x-c)\,\psi(x).$$

En nommant T' la fonction dérivée de T, on a

$$T' = \psi(x) + (x-c)\,\psi'(x)$$

et conséquemment

$$\frac{T}{T'} = \frac{x-c}{1 + \frac{(x-c)\,\psi'(x)}{\psi(x)}}.$$

Si l'on divise cette valeur de $\frac{T}{T'}$ par celle de $\frac{T}{T_1}$ trouvée plus haut, formule (4), il vient

$$\frac{T_1}{T'} = \frac{p + \frac{(x-c)\,\varphi'(x)}{\varphi(x)}}{1 + \frac{(x-c)\,\psi'(x)}{\psi(x)}},$$

d'où l'on tire, en faisant $x = c$,

$$\frac{T_1}{T'} = p.$$

Ainsi, après avoir calculé une racine $c$ de l'équation $T=0$, on la substituera dans les deux fonctions $T_1$ et $T'$ et le quotient qu'on obtiendra en divisant le premier résultat par le second, exprimera combien de fois cette racine se trouvera dans l'équation $V=0$. Quand la racine $c$ sera irrationnelle, on n'aura que des valeurs approchées de $T_1$ et de $T'$, mais leur quotient devra différer très peu d'un nombre entier qui sera $p$. On connaît d'ailleurs d'autres moyens de déterminer le degré de multiplicité de chaque racine de l'équation $V=0$.

Il faut remarquer, enfin, qu'on peut se dispenser d'effectuer la division de $V, V_1, V_2, \ldots,$ par $V_r$. En effet on a

$$V=TV_r, \quad V_1=T_1V_r, \quad V_2=T_2V_r, \ldots \quad V_r=T_rV_r.$$

Donc, si pour une valeur donnée de $x$, $V_r$ a une valeur positive, $V$ aura pour cette valeur de $x$ le même signe que $T$, $V_1$ aura le même signe que $T_1$, $V_2$ le même signe que $T_2$ et ainsi de suite jusqu'à $V$ qui a le même signe que $T_r=+1$. Mais si $V_r$ a une valeur négative, les signes de $V, V_1, .., V_r$ seront contraires à ceux de $T, T_1, .., T_r$ respectivement. Ainsi, quel que soit le signe de $V_r$, la suite des signes de $V, V_1, V_2, ..V_r$, présentera les mêmes variations que la suite des signes de $T, T_1, T_2, .., T_r$. De cette remarque et de la proposition qui précède, on conclut *que le nombre des racines réelles différentes de l'équation* $V=0$ *comprises entre* A *et* B, *abstraction faite du degré de multiplicité de chacune, est égal à l'excès du nombre des variations contenues dans la suite des signes des fonctions* $V, V_1, V_2, ..V_r$, *pour* $x=A$ *sur le nombre des variations contenues dans la suite de leurs signes pour* $x=B$. Notre théorème est ainsi étendu au cas où l'équation proposée $V$ o a des racines égales.

## 19.

On peut être curieux de savoir comment la suite des signes des fonctions $V$, $V_1$, $V_2, \ldots, V_r$ doit se modifier, pour qu'elle puisse perdre une variation chaque fois que $V$ s'évanouit.

On a vu, n$^{os}$ 4 et 18, que si $c$ est une racine, soit simple soit multiple, de l'équation $V = 0$, les deux fonctions $V$ et $V_1$ doivent avoir des signes contraires pour $x = c - u$ et le même signe pour $x = c + u$. De même, si l'on désigne par $c'$ la racine simple ou multiple de l'équation $V = 0$, qui surpasse $c$ immédiatement, de sorte qu'entre $c$ et $c'$, il n'y ait pas d'autre racine, $V_1$ aura pour $x = c' - u$ un signe contraire à celui de $V$. Or, $V$ a constamment le même signe pour toutes les valeurs de $x$ comprises entre $c$ et $c'$; et comme $V_1$ a le même signe que $V$ pour $x = c + u$ et un signe contraire à celui de $V$ pour $x = c' - u$, on voit que $V_1$ a deux valeurs de signes contraires pour $x = c + u$ et pour $x = c' - u$; donc, tandis que $x$ croît depuis $c + u$ jusqu'à $c' - u$, $V_1$ doit changer de signe une fois, ou un nombre impair de fois (1).

Soit $\gamma$ la valeur unique de $x$ ou la plus petite valeur de $x$, entre $c$ et $c'$, pour laquelle $V_1$ change de signe; $V$ et $V_1$ auront pour $x = \gamma - u$ le même signe commun

(1) On sait que cette propriété, qui est le fondement des méthodes proposées par *Rolle* et *de Gua* pour la résolution des équations, n'est pas bornée aux fonctions entières. On la démontre aisément pour une fonction quelconque $f(x)$ d'une variable $x$, en observant que si la fonction dérivée $f'(x)$ est constamment positive ou negative pour toutes les valeurs de la variable $x$ comprises entre deux limites données, la fonction $f(x)$ doit croître ou décroître continuellement dans leur intervalle; d'où il suit qu'elle ne peut pas s'évanouir pour deux valeurs de $x$ comprises entre ces limites.

qu'elles ont pour $x = c + u$. Pour $x = \gamma + u$, V aura ce même signe; mais $V_1$ aura le signe contraire. $V_2$ aura un signe contraire à celui de V pour les trois valeurs $\gamma - u$, $\gamma$ et $\gamma + u$ (n° 5). Si, par exemple, V est positif pour $x = c + u$, on aura le tableau suivant :

| | V | $V_1$ | $V_2$ |
|---|---|---|---|
| pour $x=\gamma-u$ | + | + | — |
| $x=\gamma$ | + | 0 | — |
| $x=\gamma+u$ | + | — | —. |

Ainsi, avant que $x$ atteignît la valeur $c$ qui annulle V, les signes de V et de $V_1$ formaient une variation qui est changée en une permanence après que $x$ a dépassé cette valeur $c$; cette permanence subsiste jusqu'à ce que $V_1$ change de signe, puis elle est de nouveau remplacée par une variation après le changement de signe de $V_1$ : mais en même temps il y a une variation formée par les signes de $V_1$ et de $V_2$, qui se change en permanence; de sorte que le nombre des variations dans la suite totale des signes n'est ni augmenté ni diminué.

Si $V_1$ change de signe une seconde fois pour une nouvelle valeur de $x$ comprise entre $c$ et $c'$, la variation que forment les signes de V et de $V_1$ avant que $x$ atteigne cette valeur, sera de nouveau remplacée par une permanence; et cependant, à cause de $V_2$, le nombre des variations restera le même dans la suite des signes. Comme $V_1$ ne peut ainsi changer de signe qu'un nombre impair de fois, après son dernier changement, les signes de V et de $V_1$ formeront une variation qui subsistera jusqu'à ce que $x$ atteigne la valeur $c'$ qui annulle V. On n'a point à considérer ici le cas où $V_1$ s'évanouit sans changer de signe.

## 20.

$V_1$ étant la fonction dérivée de V, nous savons que si V est nul pour $x = c$, V a un signe contraire à celui de $V_1$ pour $x = c - u$ et le même signe que $V_1$ pour $x = c + u$. C'est ce qu'on peut exprimer plus brièvement en disant que le quotient $\frac{V}{V_1}$ passe toujours du négatif au positif quand V s'évanouit.

Supposons maintenant que $V_1$ ne soit plus la fonction dérivée de V, mais que ce soit un polynome quelcônque d'un degré inférieur à celui de V et qui n'ait aucun facteur réel commun avec V. On pourra se servir de ce polynome $V_1$, pour en former d'autres $V_2$, $V_3$, etc., de degrés décroissans, par des divisions successives, comme on s'est servi n° 1, du polynome dérivé.

Considérons ce nouveau système de fonctions V, $V_1$, $V_2, \ldots, V_r$, qui vérifient aussi les équations (1). Quand $x$, en croissant, atteint et dépasse une valeur $c$ qui annulle V, il peut arriver que le quotient $\frac{V}{V_1}$ passe du négatif au positif, ou du positif au négatif, ou enfin qu'il ne change pas de signe. Dans le premier cas, la suite des signes des fonctions V, $V_1$, $V_2, \ldots, V_r$ perd sur sa gauche une variation; dans le second, elle acquiert au contraire une variation; dans le troisième, le nombre de ses variations n'est pas changé. D'ailleurs (n° 5) l'évanouissement d'une fonction intermédiaire entre V et $V_r$ ne peut pas altérer le nombre des variations. De là il est aisé de conclure la théorème suivant qui remplace celui du n° 2, lorsque la fonction $V_1$ n'est pas la dérivée de V :

Le nombre des racines de l'équation $V = 0$ comprises entre les deux nombres A et B, pour lesquelles le quotient $\frac{V}{V_1}$ passe du négatif au positif, moins le nombre des racines de la même équation comprises entre A et B, pour lesquelles $\frac{V}{V_1}$ passe du positif au négatif, est égal au nombre des variations qui se trouvent dans la suite des signes des fonctions $V$, $V_1$, $V_2, .., V_r$, pour $x = A$, moins le nombre de leurs variations pour $x = B$.

Le nombre des racines de l'équation $V = 0$ comprises entre A et B, ne peut donc pas être moindre que la différence entre ces deux nombres de variations; mais il puet être égal à cette différence, ou la surpasser d'un nombre pair quelconque. Pour qu'il lui soit précisément égal, il faut que $V_1$ soit la fonction dérivée de V ou bien une fonction qui ait toujours le même signe que cette dérivée, ou un signe contraire au sien, pour chaque valeur réelle de $x$ comprise entre A et B qui annulle V. Comme on ne connaît pas *à priori* une telle fonction, on est obligé de prendre pour $V_1$ la fonction dérivée de V, si l'on veut déterminer avec certitude toutes les racines réelles de l'équation $V = 0$.

## 21.

Lorsque $V_1$ est la fonction dérivée de V, le système des fonctions auxiliaires $V_1$, $V_2$, $V_3$, etc., qu'on déduit les unes des autres par le calcul du plus grand commun diviseur entre V et $V_1$ n'est pas le seul qu'on puisse employer pour la recherche des racines réelles de l'équation $V = 0$. Nous allons montrer qu'on peut en former une infinité d'autres qui jouissent des mêmes propriétés.

Multiplions la fonction dérivée $V_1$ par le binome $px + q$, où $p$ et $q$ sont des indéterminées, et retranchons V du produit : nous aurons pour résultat un polynome du degré $m$ : divisons-le par une fonction du second degré de la forme $ax^2 + bx + c$, $a, b, c$ étant des nombres tout connus, tels que cette formule soit constamment positive pour toute valeur réelle de $x$, ou que du moins elle ne s'évanouisse que pour une seule valeur de $x$ qui n'annulle pas $V_1$, et qu'elle soit positive pour toute autre valeur. La division du polynome $V_1(px+q) - V$ par $ax^2 + bx + c$, nous donnera un quotient fonction de $x$ du degré $m - 2$ que nous désignerons par $V_2$, contenant $p$ et $q$ à la première puissance dans tous ses termes, et un reste du premier degré de la forme $Kx + L$, dont les coefficiens K, L contiendront aussi les indéterminées $p$ et $q$ au premier degré. Égalons ces quantités K, L à zéro, nous en tirerons des valeurs de $p$ et de $q$ qui seront ordinairement finies et déterminées ; substituons ces valeurs dans le quotient $V_2$, il deviendra un polynome tout connu. La fonction $V_2$ déterminée par ce calcul est donc liée avec V et $V_1$ par l'équation

$$V_1(px+q) - V = V_2(ax^2 + bx + c),$$

ou

$$V = V_1(px + q) - V_2(ax^2 + bx + c). \quad (6)$$

Si le coefficient de $x^{m-2}$ dans $V_2$ ne se trouve pas nul, on formera de la même manière une fonction $V_3$ du degré $m - 3$, en divisant le polynome $V_2(rx + s) - V_1$ par un nouveau diviseur du second degré $ex^2 + fx + g$, qui soit aussi positif pour toutes les valeurs réelles de $x$ et ne puisse s'évanouir que pour une seule valeur de $x$ qui n'annullera pas $V_2$. On déterminera $r$ et $s$ de manière que le reste de cette division soit nul, et l'on substituera leurs valeurs dans le quotient $V_3$. On aura ainsi,

$$V_1 = V_2(rx + s) - V_3(ex^2 + fx + g). \quad (6)$$

Si $V_2$ était du degré $m - 3$, on remplacerait le binome $rx + s$ par un trinome $rx^2 + sx + t$; on diviserait $V_2(rx^2 + sx + t) - V_1$ par $ex^2 + fx + g$, et l'on déterminerait $r, s, t$, de manière que le quotient $V_3$ fût au plus du degré $m - 4$; alors $V_3$ satisferait à l'équation

$$V_1 = V_2(rx^2 + sx + t) - V_3(ex^2 + fx + g). \quad (6)$$

On calculera de la même manière des fonctions $V_4$, $V_5$, etc.

Si l'équation $V = 0$ n'a pas de racines égales, on arrivera à une dernière fonction $V_r$ qui ne contiendra plus $x$; car si l'on arrivait à une fonction $V_r$ contenant encore $x$, et que la suivante $V_{r+1}$ fût identiquement nulle, $V_r$ devrait, en vertu des équations (6), diviser à la fois toutes les fonctions précédentes, et enfin $V_1$ et $V$, ce qui est contre l'hypothèse.

Cela posé, le théorème énoncé n° 2 pour les fonctions $V$, $V_1$, $V_2$, etc., que nous avons définies n° 1, et qui vérifient les équations (1), a lieu également pour les nouvelles fonctions dont nous venons d'expliquer la formation : car on peut appliquer à ce nouveau système de fonctions $V, V_1, \ldots, V_r$ toute la démonstration développée dans les n^os 3, 4 et 5. Ainsi, $V_1$ étant toujours la fonction dérivée de $V$, la suite des signes de ces fonctions perdra une variation chaque fois que $V$ s'évanouira. Mais le nombre des variations restera le même, quand une des fonctions intermédiaires $V_1$, $V_2$, .. s'évanouira, parce qu'alors les deux fonctions adjacentes auront des valeurs différentes de zéro et de signes contraires : ce que l'on conclut facilement des équations (6) et des hypothèses que nous avons admises.

Le théorème aura lieu encore pour ce nouveau système de fonctions $V, V_1, \ldots, V_r$, dans le cas même où l'équation $V = 0$ aura des racines égales, pourvu qu'aucun des trinomes $ax^2 + bx + c$, $ex^2 + fx + g$, etc., ne divise V.

Comme le diviseur du second degré $ax + bx^2 + c$, qui sert à former la fonction $V_2$, peut être pris à volonté, pourvu qu'il remplisse les conditions énoncées plus haut, on pourra obtenir une infinité de fonctions qui seront représentées par $V_2$. De même, avec $V_1$ et l'une de ces fonctions $V_2$, on pourra composer une infinité de fonctions $V_3$, et ainsi de suite. Il est donc possible de former une infinité de systèmes de fonctions auxiliaires, propres à la résolution de l'équation $V = 0$.

Le système que nous avons considéré particulièrement dans ce Mémoire, et qui est défini par les équations (1), est compris parmi ceux que nous venons d'indiquer. On peut le déduire des équations générales (6), en réduisant les trinomes $ax^2 + bx + c$, $ex^2 + fx + g$, etc., à l'unité ou à de simples nombres positifs.

Il existe encore un autre moyen particulier de former les fonctions auxiliaires, aussi simple que celui qui a été exposé n° 1. Quand on a deux fonctions consécutives, $V_{n-1}$ et $V_n$, on peut former la suivante $V_{n+1}$, en divisant $V_{n-1}$ par $V_n$, après avoir ordonné ces polynomes suivant les puissances croissantes de $x$, au lieu de les ordonner suivant les puissances décroissantes, comme on a coutume de le faire. La division donnera un quotient de la forme $p + qx$, et un reste divisible par $x^2$; en changeant les signes de tous les termes de ce reste, et le divisant par $x^2$, on aura la fonction $V_{n+1}$, qui est ainsi liée avec $V_{n-1}$ et $V_n$ par la relation

$$V_{n-1} = V_n(p + qx) - V_{n+1}\,x^2,$$

Cette relation est comprise dans les équations générales (6), lorsqu'on réduit les trinomes $ax^2 + bx + c$, $ex^2 + fx + g, \ldots$ au seul terme $x^2$.

Ainsi, pour obtenir $V_{n+1}$, on peut effectuer la division de $V_{n-1}$ par $V_{n+1}$ de deux manières différentes, en ordonnant ces polynomes suivant les puissances décroissantes de $x$, ou suivant les puissances croissantes. La combinaison de ces deux procédés donne plusieurs systèmes de fonctions auxiliaires également propres à la résolution de l'équation $V = 0$; et de là résultent aussi plusieurs systèmes de quantités dépendantes des coefficiens de cette équation, dont les signes font connaître le nombre de ses racines réelles.

Il y aurait encore d'autres moyens de former des fonctions auxiliaires. Mais de plus longs détails sur ce sujet seraient superflus.

*Journal de Liouville*
I, pp. 106–186
1836



# MÉMOIRE

*Sur les Équations différentielles linéaires du second ordre;*

**Par C. STURM.**

(Lu à l'Académie des Sciences, le 28 septembre 1833.)

---

La résolution de la plupart des problèmes relatifs à la distribution de la chaleur dans des corps de formes diverses et aux petits mouvements oscillatoires des corps solides élastiques, des corps flexibles, des liquides et des fluides élastiques, conduit à des équations différentielles linéaires du second ordre qui renferment une fonction inconnue d'une variable indépendante et ses différentielles première et seconde multipliées par des fonctions données de la variable. On ne sait les intégrer que dans un très petit nombre de cas particuliers hors desquels on ne peut pas même en obtenir une intégrale première; et lors même qu'on possède l'expression de la fonction qui vérifie une telle équation, soit sous forme finie, soit en série, soit en intégrales définies ou indéfinies, il est le plus souvent difficile de reconnaître dans cette expression la marche et les propriétés caractéristiques de cette fonction. Ainsi, par exemple, on ne voit pas si dans un intervalle donné elle devient nulle ou infinie, si elle change de signe, et si elle a des valeurs *maxima* ou *minima*. Cependant la connaissance de ces propriétés renferme celle des circonstances les plus remarquables que peuvent offrir les nombreux phénomènes physiques et dynamiques auxquels se rapportent les équations différentielles dont il s'agit. S'il importe de pouvoir déterminer la valeur de la fonction inconnue pour une valeur isolée quelconque de la variable dont elle dépend, il n'est pas moins nécessaire de discuter la marche de cette fonction, ou en d'autres termes, d'examiner la forme et les sinuosités de la courbe dont cette fonction serait l'ordonnée variable, en prenant pour abscisse la variable indépendante. Or on peut arriver à ce but par la seule considération des équations différentielles en elles-mêmes, sans qu'on ait besoin de leur intégration. Tel est l'objet du présent Mémoire. Les fonctions dont je me suis occupé ont, comme on le verra, des analogies remarquables avec les sinus et les exponentielles, et peuvent, dans certains cas, être évaluées numériquement avec une approximation suffisante à l'aide des tables logarithmiques et trigonométriques. La même théorie fournit les moyens de calculer les racines de ces équations transcendantes qui se présentent dans la physique mathématique, et fait connaître les propriétés singulières dont jouissent ces racines. Le principe sur lequel reposent les théorèmes que je développe, n'a jamais, si je ne me trompe, été employé dans l'analyse, et il ne me paraît pas susceptible de s'étendre à d'autres équations différentielles. Dans un autre Mémoire, j'exposerai les applications de cette théorie à quelques problèmes, et un grand nombre de lois qui en résultent.

## I.

Je considère l'équation différentielle

$$L\frac{d^2V}{dx^2} + M\frac{dV}{dx} + NV = 0; \qquad (1)$$

V est une fonction inconnue de la variable $x$ qui doit satisfaire à cette équation pour toutes les valeurs de $x$ comprises entre deux limites données $\mathrm{x}$, $\mathbf{X}$; $\mathbf{L}$, $\mathbf{M}$, $\mathbf{N}$, sont des fonctions de $x$ données pour toutes les valeurs de $x$ croissantes depuis $\mathrm{x}$ jusqu'à $\mathbf{X}$. Je commence par ramener l'équation différentielle proposée à la forme suivante,

$$\frac{d.\left(K\frac{dV}{dx}\right)}{dx} + GV = 0. \qquad \text{(I)}$$

On rend les deux équations (1) et (I) identiques, en posant

$$\frac{M}{L} = \frac{dK}{Kdx}, \quad \text{et} \ \frac{N}{L} = \frac{G}{K};$$

d'où l'on tire

$$K = e^{\int \frac{Mdx}{L}}, \qquad G = \frac{N}{L} \cdot e^{\int \frac{Mdx}{L}}.$$

On connaît ainsi les fonctions K et G dans la nouvelle équation (I), qui prend la place de l'équation (1). Mais ordinairement, les équations du second ordre qui proviennent des problèmes de physique mathématique, se présentent immédiatement sous la forme de l'équation (I), de sorte qu'on est dispensé de leur faire subir la transformation que nous venons d'effectuer sur l'équation (1).

L'intégrale complète de l'équation (I) doit contenir deux constantes arbitraires, pour lesquelles on peut prendre les valeurs de V et de $\frac{dV}{dx}$ correspondantes à une valeur particulière de $x$. Lorsque ces valeurs sont fixées, la fonction V est entièrement définie par l'équation (I), elle a une valeur déterminée et unique pour chaque valeur de $x$.

En écrivant l'équation (I) ainsi

$$K\frac{d^2V}{dx^2} + \frac{dK}{dx}\frac{dV}{dx} + GV = 0,$$

et en la différentiant ensuite autant de fois qu'on voudra, on voit que si la fonction K devenait nulle pour des valeurs particulières de $x$, $\frac{d^2V}{dx^2}$, $\frac{d^3V}{dx^3}$, etc., pourraient devenir infinies en même temps que K s'annullerait, et par suite la fonction V pourrait aussi devenir infinie. Pour supprimer cette cause de discontinuité, nous supposerons toujours que K soit constamment positive entre les limites **X**, **X**, et que si elle est nulle à l'une de ces limites, on ait en même temps

$\frac{dK}{dx} \cdot \frac{dV}{dx} + GV = o$ afin que la valeur de $\frac{d^2V}{dx^2}$ fournie par l'équation (1) ne soit pas infinie. D'ailleurs G est tout-à-fait arbitaire.

## II.

Lorsque la fonction V s'évanouit pour une valeur particulière de $x$, $\frac{dV}{dx}$ ne peut pas s'évanouir en même temps.

En effet, il résulte de l'équation (I) que, si V et $\frac{dV}{dx}$ étaient nulles pour une même valeur de $x$, toutes les fonctions dérivées $\frac{d^2V}{dx^2}$, $\frac{d^3V}{dx^3}$, ... s'évanouiraient en même temps que V et $\frac{dV}{dx}$, et par suite V serait nulle pour toutes les valeurs de $x$. Mais voici une démonstration plus rigoureuse de cette proposition.

Supposons que V ne soit pas nulle pour $x = a$. On peut concevoir une fonction V′ qui, prise pour V, satisfasse à l'équation (I) et qui d'ailleurs diffère de V en ce qu'on se donne à volonté pour $x = a$ des valeurs de V′ et de $\frac{dV'}{dx}$ différentes de celles de V et de $\frac{dV}{dx}$.

On a donc les deux équations

$$\frac{d\left(K\frac{dV}{dx}\right)}{dx} + GV = o,$$

$$\frac{d\left(K\frac{dV'}{dx}\right)}{dx} + GV' = o,$$

d'où l'on tire, en multipliant la première par $V'dx$, la seconde par $Vdx$, et retranchant

$$V'.d.\left(K\frac{dV}{dx}\right) - V.d.\left(K\frac{dV'}{dx}\right) = o.$$

Le premier membre de cette équation est la différentielle de... $K\left(V'\frac{dV}{dx} - V\frac{dV'}{dx}\right)$; en intégrant, on a donc

$$K\left(V'\frac{dV}{dx} - V\frac{dV'}{dx}\right) = C,$$

C étant une constante arbitraire.

On suppose que V n'est pas nulle pour $x = a$, et l'on peut se donner à volonté pour $x = a$ des valeurs de $V'$ et $\frac{dV'}{dx}$ telles que la formule $K\left(V'\frac{dV}{dx} - V\frac{dV'}{dx}\right)$ ait pour $x = a$ une valeur différente de zéro, qui sera celle de la constante C. On voit alors que pour toute autre valeur de $x$, on ne peut pas avoir en même temps $V = 0$ et $\frac{dV}{dx} = 0$, puisqu'il s'ensuivrait $C = 0$, contre l'hypothèse.

Ainsi $\frac{dV}{dx}$ ne peut jamais se trouver nulle en même temps que V. Il s'ensuit que V change de signe chaque fois qu'elle s'évanouit. Car si V est nulle pour $x = \xi$, il résulte de la définition même de $\frac{dV}{dx}$, que V aura pour les valeurs de $x$ un peu plus grandes que $\xi$ le signe de $\frac{dV}{dx}$ pour $x = \xi$, et le signe contraire pour les valeurs de $x$ un peu moindres que $\xi$; en sorte que, quand $x$ en croissant atteint et dépasse la valeur $\xi$, V en s'évanouissant passe de l'état négatif au positif, ou du positif au négatif, selon que la valeur de $\frac{dV}{dx}$ pour $x = \xi$ est positive ou négative.

## III.

La fonction V dépend implicitement des fonctions G et K et des valeurs arbitraires A et B qu'on peut attribuer à V et à $\frac{dV}{dx}$ pour une valeur particulière de $x$.

Nous allons examiner quel changement V éprouvera, si l'on altère en même temps les fonctions G et K pour chaque valeur de $x$, et les constantes A, B, de quantités infiniment petites, ou pour parler avec plus de rigueur, aussi petites qu'on voudra.

Pour fixer les idées et pour abréger le discours, nous regarderons les quantités G, K, A, B, comme fonctions d'un paramètre indéterminé et indépendant de $x$ que nous désignerons par $m$; elles seront des fonctions de $m$ tout-à-fait arbitraires, assujetties à la seule condition de varier par degrés insensibles en même temps que $m$ : on pourra d'ailleurs ne pas faire varier ces quantités G, K, A, B, toutes à la fois avec $m$; on pourra supposer aussi que la fonction G ou K reste la même pour certaines valeurs de $x$, malgré la variation de $m$; en un mot, les altérations infiniment petites que G, K, A, B, éprouveront quand $m$ variera infiniment peu, seront entièrement arbitraires.

Pour exprimer que ces fonctions G, K, varient non-seulement par la variation de $x$, mais encore par celle du paramètre $m$, nous les désignerons, quand il en sera besoin, par $G(x, m)$ et $K(x, m)$. De même V qui dépend implicitement de $x$ et de $m$ sera représentée par $V(x, m)$, et dans cette expression, on pourra remplacer $x$ ou $m$ par telle valeur particulière qu'on voudra.

On peut considérer les deux variables indépendantes $x$ et $m$ comme étant les coordonnées rectangulaires $x$ et $y$ d'un point pris à volonté sur un plan horizontal, et concevoir une ordonnée $z$ perpendiculaire à ce plan en ce point-là, et égale à la valeur de la fonction $G(x, m)$ correspondante aux valeurs actuelles de $x$ et de $m$. On aura ainsi, en faisant varier $x$ et $m$, une surface représentée par l'équation $z = G(x, m)$. A chaque valeur particulière de $m$ correspond sur cette surface une courbe dont le plan est parallèle au plan $xz$ à la distance $m$, et dont les ordonnées verticales représentent les valeurs successives de la fonction G pour cette valeur de $m$. Cette courbe change de forme insensiblement et engendre la surface quand $m$ varie par degrés insensibles. On peut de même imaginer deux autres surfaces dont les ordonnées verticales représentent les deux fonctions $K(x, m)$ et $V(x, m)$.

## IV.

En concevant ainsi les altérations arbitraires des quantités G, K, A, B, comme produites par la seule variation du paramètre $m$, faisons maintenant varier $m$ dans l'équation (I). Désignons par la caractéristique $\delta$ cette espèce de variation, indépendante de celle indiquée par $d$ qui se rapporte à $x$.

15..

En observant que l'on a en général pour toute fonction P de $x$ et de $m$,

$$\delta d\mathrm{P} = d\delta\mathrm{P},$$

ce qui revient à

$$\frac{d\left(\frac{d\mathrm{P}}{dx}\right)}{dm} = \frac{d\left(\frac{d\mathrm{P}}{dm}\right)}{dx}$$

l'équation

$$\frac{d.\left(\mathrm{K}\frac{d\mathrm{V}}{dx}\right)}{dx} + \mathrm{GV} = 0, \qquad (1)$$

différentiée par rapport à $m$, donnera

$$\frac{d.\delta.\left(\mathrm{K}\frac{d\mathrm{V}}{dx}\right)}{dx} + \mathrm{G}\delta\mathrm{V} + \mathrm{V}\delta\mathrm{G} = 0. \qquad (2)$$

Multiplions l'équation (1) par $\delta\mathrm{V}.dx$, l'équation (2) par $-\mathrm{V}.dx$, et ajoutons les produits, nous aurons

$$\delta\mathrm{V}.d.\left(\mathrm{K}\frac{d\mathrm{V}}{dx}\right) - \mathrm{V}.d.\delta\left(\mathrm{K}\frac{d\mathrm{V}}{dx}\right) = \mathrm{V}^2\delta\mathrm{G}.dx. \qquad (3)$$

Intégrons les deux membres de cette équation, par rapport à $x$, depuis $x = \mathrm{x}$ jusqu'à une valeur indéterminée de $x$.

En intégrant par parties le premier terme $\delta\mathrm{V}.d.\left(\mathrm{K}\frac{d\mathrm{V}}{dx}\right)$, sans fixer les limites de l'intégration, on trouve

$$\int\delta\mathrm{V}.d.\left(\mathrm{K}\frac{d\mathrm{V}}{dx}\right) = \delta\mathrm{V}.\mathrm{K}\frac{d\mathrm{V}}{dx} - \int\mathrm{K}\frac{d\mathrm{V}}{dx}.\frac{d\delta\mathrm{V}}{dx}.dx.$$

On a de même

$$\int\mathrm{V}.d.\delta\left(\mathrm{K}\frac{d\mathrm{V}}{dx}\right) = \mathrm{V}.\delta.\left(\mathrm{K}\frac{d\mathrm{V}}{dx}\right) - \int\delta\left(\mathrm{K}\frac{d\mathrm{V}}{dx}\right).\frac{d\mathrm{V}}{dx}.dx;$$

ou bien $\left[\text{à cause de } \delta.\left(\mathrm{K}\frac{d\mathrm{V}}{dx}\right) = \frac{d\mathrm{V}}{dx}.\delta\mathrm{K} + \mathrm{K}\frac{\delta d\mathrm{V}}{dx}\right]$

$$\int\mathrm{V}.d.\delta\left(\mathrm{K}\frac{d\mathrm{V}}{dx}\right) = \mathrm{V}.\delta.\left(\mathrm{K}\frac{d\mathrm{V}}{dx}\right) - \int\left(\frac{d\mathrm{V}}{dx}\right)^2.\delta\mathrm{K}.dx - \int\mathrm{K}\frac{\delta d\mathrm{V}}{dx}.\frac{d\mathrm{V}}{dx}.dx.$$

En retranchant cette dernière intégrale de la précédente, on aura donc

$$\int \delta V.d.\left(K\frac{dV}{dx}\right)-\int V.d.\delta\left(K\frac{dV}{dx}\right)=\delta V.K\frac{dV}{dx}-V.\delta.\left(K\frac{dV}{dx}\right)+\int\left(\frac{dV}{dx}\right)^2.\delta K.dx.$$

C'est l'intégrale indéfinie du premier membre de l'équation (3) : par conséquent en intégrant cette équation depuis $x = \mathrm{x}$ jusqu'à une valeur quelconque de $x$, on aura

$$\delta V.K\frac{dV}{dx}-V.\delta.\left(K\frac{dV}{dx}\right)=C+\int_{\mathrm{x}}^{x} V^2.\delta G.dx-\int_{\mathrm{x}}^{x}\left(\frac{dV}{dx}\right)^2.\delta K.dx. \quad (4)$$

La constante C introduite par l'intégration est égale à la valeur de la formule $\delta V.K\frac{dV}{dx} - V.\delta.\left(K\frac{dV}{dx}\right)$, pour $x=\mathrm{x}$, et l'on peut attribuer à $\delta V$ et à $\delta\left(K\frac{dV}{dx}\right)$ des valeurs arbitraires pour $x=\mathrm{x}$.

Si au lieu d'intégrer l'équation (3) entre les limites $\mathrm{x}$ et $x$, on l'intègre entre les limites $x$ et X, on aura de même l'équation suivante :

$$\delta V.K\frac{dV}{dx}-V.\delta.\left(K\frac{dV}{dx}\right)=C'-\int_{x}^{X} V^2.\delta G.dx+\int_{x}^{X}\left(\frac{dV}{dx}\right)^2.\delta K.dx, \quad (5)$$

la constante C′ étant égale à la valeur de $\delta V.K\frac{dV}{dx}-V.\delta\left(K\frac{dV}{dx}\right)$ pour $x = X$.

On remarquera qu'on a identiquement

$$\delta V.K\frac{dV}{dx}-V.\delta.\left(K\frac{dV}{dx}\right)=\left(K\frac{dV}{dx}\right)^2.\delta.\left(\frac{V}{K\frac{dV}{dx}}\right), \quad (6)$$

et aussi

$$\delta V.K\frac{dV}{dx}-V.\delta.\left(K\frac{dV}{dx}\right)=-V^2.\delta.\left(\frac{K\frac{dV}{dx}}{V}\right). \quad (7)$$

## V.

La formule (4) peut encore se déduire d'une autre qu'il est bon de connaître.

Combinons l'équation

$$\frac{d.\left(K\frac{dV}{dx}\right)}{dx} + GV = 0,$$

avec cette autre équation de même forme

$$\frac{d.\left(K'\frac{dV'}{dx}\right)}{dx} + G'V' = 0,$$

dans laquelle $G'$ et $K'$ sont des fonctions quelconques de $x$ différentes de $G$ et de $K$. Ces deux équations donnent la suivante :

$$V'.d.\left(K\frac{dV}{dx}\right) - V.d.\left(K'\frac{dV'}{dx}\right) = (G'-G)\,VV'dx. \qquad (8)$$

Or, on a

$$\int V'.d.\left(K\frac{dV}{dx}\right) = V'.K\frac{dV}{dx} - \int K\frac{dV}{dx}.\frac{dV'}{dx}.dx.$$

$$\int V.d.\left(K'\frac{dV'}{dx}\right) = V.K'\frac{dV'}{dx} - \int K'\frac{dV'}{dx}.\frac{dV}{dx}.dx.$$

Conséquemment en intégrant l'équation (8) depuis $x = \mathrm{x}$ jusqu'à une valeur quelconque de $x$, on aura (9)

$$V'.K\frac{dV}{dx} - V.K'\frac{dV'}{dx} = C + \int_{\mathrm{x}}^{x} VV'(G'-G)dx - \int_{\mathrm{x}}^{x}\frac{dV}{dx}.\frac{dV'}{dx}.(K'-K)dx.$$

La constante arbitraire $C$ étant égale à la valeur du premier membre $V'.K\frac{dV}{dx} - V.K'\frac{dV'}{dx}$ pour $x = \mathrm{x}$.

Si l'on suppose actuellement les différences $G'-G$, $K'-K$, infiniment petites, et les valeurs de $V'$ et de $K'\frac{dV'}{dx}$ pour $x = \mathrm{x}$ infiniment peu différentes de celles de $V$ et de $K\frac{dV}{dx}$, $V'$ différera infiniment peu de $V$, et en faisant $G' = G + \delta G$, $K' = K + \delta K$, $V' = V + \delta V$ dans l'équation (9), elle deviendra l'équation (4) du numéro précédent.

Il reviendrait au même de différentier cette équation (9), par rapport au paramètre $m$ qui n'entre que dans $G$, $K$ et $V$ et non dans

G', K' et V', et de faire après cette différentiation, $G'=G$, $K'=K$ et par suite $V'=V$, en prenant d'ailleurs la constante C égale à la valeur du premier membre pour $x=\mathrm{x}$.

On arrivera de la même manière à la formule (5).

## VI.

A l'inspection de l'équation (4), on reconnaît que l'expression $\delta V.K\frac{dV}{dx} - V.\delta.\left(K\frac{dV}{dx}\right)$ équivalente à $\left(K\frac{dV}{dx}\right)^2\delta.\left(\frac{V}{K\frac{dV}{dx}}\right)$ et aussi à $-V^2.\delta.\left(\frac{K\frac{dV}{dx}}{V}\right)$ aura pour chaque valeur de $x$ une valeur différente de zéro et positive, si le second membre de cette équation (4) est positif pour toutes les valeurs de $x$ depuis x jusqu'à X. Or, on le rendra tel, si, en supposant $\delta m$ positive, on prend la constante C positive ou nulle, la variation arbitraire $\delta G$ aussi positive ou nulle, et $\delta K$ négative ou nulle, pourvu toutefois qu'on ne suppose pas ces quantités C, $\delta G$ et $\delta K$, nulles toutes trois en même temps. En considérant que C représente la valeur de $\delta V.K\frac{dV}{dx} - V.\delta.\left(\frac{dV}{dx}\right)$ pour $x=\mathrm{x}$, on voit que prendre C positive ou nulle, c'est supposer que la valeur du rapport $\frac{V}{K\frac{dV}{dx}}$ pour $x=\mathrm{x}$ augmente ou du moins ne diminue pas, quand on fait croître $m$, ou ce qui revient au même, que la valeur du rapport inverse $\frac{K\frac{dV}{dx}}{V}$ pour $x=\mathrm{x}$ diminue ou du moins n'augmente pas, quand $m$ augmente; en particulier, si l'on a $V=0$ pour $x=\mathrm{x}$, il faut admettre que la valeur de $\frac{V}{K\frac{dV}{dx}}$ pour $x=\mathrm{x}$ devient positive, ou demeure nulle, quand $m$ augmente; et, si l'on a $K\frac{dV}{dx}=0$ pour $x=\mathrm{x}$, que celle de $\frac{K\frac{dV}{dx}}{V}$ pour $x=\mathrm{x}$ devient négative ou reste nulle, quand $m$ augmente.

Lorsqu'on fait $\delta G$ positive et $\delta K$ négative, on suppose que, pour chaque valeur de $x$ la valeur de G augmente et celle de K diminue, tandis que $m$ augmente. Et quand on fait $\delta G$ ou $\delta K$ nulle pour certaines valeurs de $x$, alors pour ces valeurs-là, G ou K conserve la même grandeur, malgré la variation de $m$.

En admettant donc ces hypothèses qui rendent le second membre de l'équation (4) positif, et observant que le premier....... $\delta V . K \frac{dV}{dx} - V . \delta . \left(K \frac{dV}{dx}\right)$ peut être présenté sous les deux formes (6) et (7), on voit, que pour chaque valeur de $x$, la variation $\delta . \left(\frac{V}{K \frac{dV}{dx}}\right)$ sera positive, et $\delta . \left(\frac{K \frac{dV}{dx}}{V}\right)$ négative, ce qui signifie que la valeur de l'expression $\frac{V}{K \frac{dV}{dx}}$ augmente quand $m$ augmente, ou que celle de $\frac{K \frac{dV}{dx}}{V}$ diminue. On a donc cette proposition :

Si pour chaque valeur de $x$ la valeur de la fonction G augmente infiniment peu, si en même temps K diminue, et si la valeur du rapport $\frac{V}{K \frac{dV}{dx}}$ pour $x = \mathrm{x}$ augmente ou si celle du rapport inverse $\frac{K \frac{dV}{dx}}{V}$ diminue, pour toute autre valeur de $x$ plus grande que $\mathrm{x}$, la valeur de $\frac{V}{K \frac{dV}{dx}}$ augmentera ou celle de $\frac{K \frac{dV}{dx}}{V}$ diminuera infiniment peu. Et il en sera de même, si les altérations indiquées n'ont pas lieu toutes à la fois, pourvu qu'une d'elles au moins ait lieu.

## VII.

En admettant toujours les hypothèses énoncées dans le numéro précédent, nous allons maintenant considérer les différentes valeurs de $x$ qui annullent la fonction V et montrer que chacune de ces valeurs diminue quand $m$ augmente. Cette proposition est fondée sur ce que, d'après la formule (4), toutes les fois que V est nulle, $\frac{dV}{dx}$ et $\frac{\delta V}{\delta m}$ ont des valeurs différentes de zéro et de même signe.

En effet, supposons que V soit nulle pour des valeurs particulières de $x$ et de $m$. Si l'on donne à ces valeurs de $x$ et de $m$ des accroissements infiniment petits $dx$ et $dm$, la fonction V deviendra $V+\frac{dV}{dx}dx+\frac{dV}{dm}dm$, et cette fonction sera encore nulle pour ces nouvelles valeurs $x+dx$ et $m+dm$, si l'on a $\frac{dV}{dx}dx+\frac{dV}{dm}dm=0$.

On tire de là $\frac{dm}{dx}=-\frac{\frac{dV}{dx}}{\frac{dV}{dm}}$.

Cette valeur du rapport $\frac{dm}{dx}$ est négative; car, en vertu de la formule (4), lorsque V est nulle, $\frac{dV}{dx}$ et $\frac{\delta V}{\delta m}$ ou $\frac{dV}{dm}$ ont des valeurs différentes de zéro et de même signe. Les accroissements infiniment petits $dx$ et $dm$ qu'il faut donner aux valeurs de $x$ et de $m$ qui annullent V pour avoir toujours $V=0$, doivent donc être de signes contraires; en d'autres termes, chaque valeur de $x$ qui annulle V diminue quand $m$ augmente, et augmente quand $m$ diminue.

On peut rendre plus sensible la vérité de cette proposition par la considération de la courbe qui est le lieu géométrique des points pour lesquels on a $V(x, m)=0$, en regardant $x$ et $m$ comme des coordonnées relatives à deux axes tracés sur un plan. Supposons qu'on passe d'un point de cette courbe ayant pour coordonnées $x$ et $m$ à un autre point infiniment voisin sur la même courbe dont les coordonnées soient $x+dx$ et $m+dm$. On aura le rapport des accroissements infiniment petits $dx$ et $dm$ en différentiant l'équation de la courbe $V(x, m)=0$. On en tire $\frac{dV}{dx}dx+\frac{dV}{dm}dm=0$; puis $\frac{dm}{dx}=-\frac{\frac{dV}{dx}}{\frac{dV}{dm}}$, valeur négative, à cause de l'équation (4). Donc quand on passe d'un point de la courbe $V(x, m)=0$ à un autre point infiniment voisin sur la même courbe, la valeur de $m$ augmente, tandis que celle de

$x$ diminue, ou bien au contraire $m$ diminue et $x$ augmente. Ainsi, chaque branche de cette courbe, en s'éloignant de l'axe des $x$, se dirige vers la gauche du côté des $x$ négatives, comme l'indique la figure.

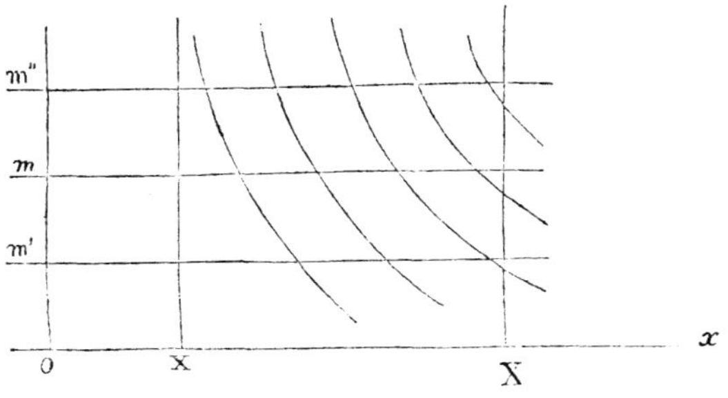


## VIII.

La proposition dont il s'agit peut encore se démontrer d'une manière tout-à-fait rigoureuse, sans aucune considération de quantités infiniment petites, comme nous allons l'expliquer.

Attribuons à l'indéterminée $m$ une valeur particulière quelconque $\mu$, et supposons que la fonction $V(x, \mu)$ s'évanouisse pour différentes valeurs de $x$. Nous avons vu, n° II, que cette fonction doit changer de signe chaque fois qu'elle s'évanouit.

Attribuons encore à $m$ une nouvelle valeur $\mu'$ qui surpasse la première $\mu$ d'une quantité aussi petite qu'on voudra. Nous allons démontrer que la nouvelle fonction $V(x, \mu')$ s'évanouira et changera de signe entre les limites x et X au moins autant de fois que $V(x, \mu)$, pour des valeurs de $x$ un peu moindres que celles qui annullent $V(x, \mu)$.

Soit $\xi$ l'une quelconque des valeurs de $x$ pour lesquelles $V(x, \mu)$ s'évanouit, de sorte que $V(\xi, \mu) = 0$. D'après la formule (4), $\frac{dV}{dx}$ et $\frac{\delta V}{\delta m}$ doivent avoir, pour $x = \xi$ et $m = \mu$ des valeurs différentes de zéro et de même signe.

Attribuons à $x$ une valeur $a$ plus petite que $\xi$, telle que pour cette valeur $a$ et pour toute autre comprise entre $a$ et $\xi$ la fonction $V(x,\mu)$ ne soit point nulle et conserve constamment le même signe : on peut toujours prendre $a$ assez près de $\xi$ pour que cette condition soit remplie. Alors $V(x, \mu)$ aura pour $x = a$ le même signe qu'elle a pour les valeurs de $x$ un peu moindres que $\xi$, et par conséquent un signe contraire au signe de $\frac{dV}{dx}$ pour $x=\xi$; car pour les valeurs de $x$ un peu plus petites que $\xi$, $V(x, \mu)$ a un signe contraire à celui de $\frac{dV}{dx}(\xi, \mu)$.

Considérons maintenant $V(x, \mu')$ : si l'on y fait d'abord $x=a$, $V(a, \mu')$ aura une valeur différente de zéro et de même signe que $V(a, \mu)$ qui n'est pas nulle; en effet on peut toujours prendre $\mu'$ assez peu différente de $\mu$, pour qu'en faisant croître $m$ depuis $\mu$ jusqu'à $\mu'$, la fonction $V(a, m)$ ne change pas de signe. Ainsi $V(x, \mu')$ aura comme $V(x, \mu)$ pour $x=a$, un signe contraire à celui de $\frac{dV}{dx}(\xi, \mu)$.

Si l'on fait $x=\xi$, $V(\xi, \mu')$ aura le signe de $\frac{\delta V}{\delta m}$ pour $x=\xi$ et $m=\mu$. Car $V$ étant nulle pour $x=\xi$ et $m=\mu$, doit prendre pour $x=\xi$ et pour une valeur de $m$, telle que $\mu'$, un peu plus grande que $\mu$, le signe de la fonction dérivée $\frac{\delta V}{\delta m}(\xi, \mu)$. Or, en vertu de l'équation (4) dont le second membre est positif, $\frac{\delta V}{\delta m}$ a le même signe que $\frac{dV}{dx}$, toutes les fois que $V$ est nulle. Donc $V(x, \mu')$ a pour $x=\xi$ le même signe que $\frac{dV}{dx}(\xi, \mu)$.

Mais on a vu tout à l'heure que, pour $x=a$, $V(x, \mu')$ a le signe contraire à celui de cette même quantité $\frac{dV}{dx}(\xi, \mu)$; donc $V(x, \mu')$ ayant pour $x=a$ et pour $x=\xi$ deux valeurs de signes contraires, doit s'évanouir et changer de signe au moins une fois pour une valeur de $x$ comprise entre $a$ et $\xi$.

On conçoit que cette valeur de $x$ plus petite que $\xi$ qui annulle $V(x, \mu')$ doit différer infiniment peu de $\xi$, si $\mu'$ surpasse $\mu$ d'une quantité infiniment petite, puisqu'on pourra prendre l'autre limite $a$ aussi près qu'on voudra de $\xi$, en remplissant toujours la condition que $V(x, \mu)$ ne change pas de signe dans l'intervalle de $a$ à $\xi$.

On peut représenter et résumer ce qui précède par le tableau suivant :

| | | | | | |
|---|---|---|---|---|---|
| Pour $x = a$ ......... | | | $\xi$ | | |
| on a $V(x, \mu)$ | $-\ -\ -\ -$ | | o | | quand, pour $x=\xi$ et $m=\mu$, |
| $V(x, \mu')$ | $-$ | o | $+$ | | $\frac{dV}{dx}$ et $\frac{\delta V}{\delta m}$ ont le signe $+$, |

ou bien,

| | | | | |
|---|---|---|---|---|
| $V(x, \mu)$ | $+\ +\ +\ +$ | | o | quand pour $x=\xi$ et $m=\mu$, |
| $V(x, \mu')$ | $+$ | o | $-$ | $\frac{dV}{dx}$ et $\frac{\delta V}{\delta m}$ ont le signe $-$. |

Le o placé entre les deux signes contraires de $V(x, \mu')$ pour $x=a$ et $x=\xi$ indique l'évanouissement de cette fonction pour une valeur de $x$ comprise entre $a$ et $\xi$.

On vient de voir qu'à chaque valeur de $x$ telle que $\xi$ qui annulle $V(x, \mu)$ correspond toujours une valeur de $x$ un peu moindre que $\xi$ qui annulle $V(x, \mu')$, et l'on remarquera que cette proposition subsiste dans le cas même où la plus grande des valeurs de $x$ désignées par $\xi$ qui annullent $V(x, \mu)$ serait précisément égale à la limite X.

Il est nécessaire de prouver aussi que réciproquement à chaque valeur de $x$ comprise entre x et X qui annulle $V(x, \mu')$ correspond une valeur de $x$ un peu plus grande qui annulle $V(x, \mu)$. La démonstration de cette proposition inverse est semblable à la précédente. Nous l'énoncerons en peu de mots.

Supposons que $V(x, \mu')$ soit nulle pour $x=\xi'$. On peut donner à $x$ une valeur $b$ plus grande que $\xi'$ telle que $V(x, \mu')$ ait toujours le même signe quand $x$ croîtra depuis $\xi'$ jusqu'à $b$ ; ce signe sera celui de $\frac{dV}{dx}$ pour $x=\xi'$ et $m=\mu'$. La quantité $V(b, \mu)$ aura le même signe que $V(b, \mu')$ si la différence entre $\mu$ et $\mu'$ est suffisamment petite. Comme on a $V(\xi', \mu')=0$, et que $\mu$ est plus petite que $\mu'$, $V(\xi', \mu)$ aura un signe contraire à celui de $\frac{\delta V}{\delta m}(\xi', \mu')$ et conséquemment contraire à celui de $\frac{dV}{dx}(\xi', \mu')$ en vertu de l'équation (4). Mais $V(b, \mu)$ a le même signe que cette quantité $\frac{dV}{dx}(\xi', \mu')$ ; $V(x, \mu)$ a donc deux valeurs de signes contraires pour $x=\xi'$ et pour $x=b$ ; ainsi $V(x, \mu)$ doit s'évanouir et changer de signe pour une valeur de $x$ comprise entre $\xi'$ et $b$.

Ces résultats sont indiqués dans le tableau suivant :

$$\begin{array}{llcccl} & \text{Pour } x = \xi' \ldots\ldots\ldots & & b & & \\ \text{on a} & V(x,\mu) & - \;\; 0 & + & \Big\} & \text{quand, pour } x=\xi \text{ et } m=\mu', \\ & V(x,\mu') & 0 \; + + + + + + & & & \dfrac{dV}{dx} \text{ et } \dfrac{\delta V}{\delta m} \text{ ont le signe } +, \end{array}$$

ou bien,

$$\begin{array}{llccl} V(x,\mu) & + \;\; 0 & - & \Big\} & \text{quand } \dfrac{dV}{dx} \text{ et } \dfrac{\delta V}{\delta m} \text{ ont le signe } -. \\ V(x,\mu') & 0 \; - - - - & & & \end{array}$$

On a supposé ici $\xi' < \mathrm{X}$. Il n'y a pas lieu de s'occuper du cas où l'on aurait $\xi' = \mathrm{X}$, c'est-à-dire $V(\mathrm{X}, \mu') = 0$, puisqu'on ne fait pas croître $x$ au-delà de X.

## IX.

Il est donc prouvé qu'à chaque valeur $\xi$ de $x$ qui annulle $V(x, \mu)$, valeur qui peut être inférieure ou égale à X, correspond une valeur de $x$ un peu moindre que $\xi$ qui annulle $V(x, \mu')$, *et vice versâ*; qu'à chaque valeur $\xi'$ de $x$ moindre que X qui annulle $V(x, \mu')$ correspond une valeur de $x$ un peu plus grande que $\xi'$ qui annulle $V(x, \mu)$. On déduit de là les conséquences suivantes, en supposant que les deux fonctions $V(x, \mu)$ et $V(x, \mu')$ aient pour $x = \mathrm{x}$ des valeurs différentes de zéro et de même signe, outre la condition admise n° VI, que la valeur de $\dfrac{K \frac{dV}{dx}}{V}$ pour $x = \mathrm{x}$ diminue quand $m$ croît depuis $\mu$ jusqu'à $\mu'$.

Si $V(x, \mu)$ et $V(x, \mu')$ ont toutes deux des valeurs différentes de zéro pour $x = \mathrm{X}$, la fonction $V(x, \mu')$ s'évanouit et change de signe précisément le même nombre de fois que $V(x, \mu)$ entre les limites x et X, et pour des valeurs de $x$ un peu plus petites que celles qui annullent $V(x, \mu)$.

Si $V(x, \mu)$ est nulle pour $x = \mathrm{X}$, $V(x, \mu')$ s'évanouit encore autant de fois que $V(x, \mu)$ pour des valeurs de $x$ un peu moindres que celles qui annullent $V(x, \mu)$, y compris X. Mais entre les limites x et X, $V(x, \mu')$ change de signe une fois de plus que $V(x, \mu)$ et ce changement de signe excédant de $V(x, \mu')$ a lieu pour une valeur de $x$ un peu moindre que X. Car, d'après ce qu'on a démontré n° VIII, si l'on donne à $x$ une valeur $a$ moindre que X, telle que $V(x, \mu)$ conserve constamment le même signe dans l'intervalle de $a$ à X, $V(x, \mu')$ changera de signe en s'évanouissant une seule fois, avant que $x$ atteigne la limite X pour laquelle on a $V(X, \mu) = 0$.

Enfin, si $V(x, \mu')$ est nulle pour $x = X$, $V(x, \mu)$ s'évanouit une fois de moins que $V(x, \mu')$, mais elle change de signe le même nombre de fois, tandis que $x$ croît depuis x jusqu'à X. En effet, si l'on désigne par $a$ une valeur de $x$ moindre que X, telle que $V(x, \mu')$ ne change pas de signe dans l'intervalle de $a$ à X, la fonction $V(x, \mu)$ aura pour $x = a$ le même signe que $V(x, \mu')$ et conservera ce même signe pour toutes les valeurs de $x$ croissantes depuis $a$ jusqu'à X inclusivement, puisque si elle s'annullait pour une valeur $\xi$ de $x$ comprise entre $a$ et X ou même pour $x = X$, $V(x, \mu')$ devrait s'évanouir aussi et changer de signe pour une valeur de $x$ un peu moindre que $\xi$ ou que X dans l'intervalle de $a$ à X, ce qui est contre l'hypothèse.

Il est aisé de voir qu'on arriverait aux mêmes conséquences, si la limite X au lieu d'être constante augmentait insensiblement, tandis que $m$ passerait de la valeur $\mu$ à la valeur $\mu'$.

## X.

On voit par là comment le nombre des changements de signe de la fonction $V(x, m)$ entre les limites x et X pour chaque valeur attribuée à $m$, peut s'altérer quand on fait passer $m$ par degrés insensibles d'une valeur quelconque à une autre plus grande. On admet que tandis que $m$ augmente, la fonction $V(x, m)$ ne change pas de signe pour $x = \text{x}$, et que de plus, comme on l'a dit n° VI, la valeur de $\dfrac{K\frac{dV}{dx}}{V}$ pour $x = \text{x}$ diminue ou demeure constante.

Si l'on fait croître $m$ à partir d'une valeur quelconque $m'$, tant que la fonction $V(x, m)$ ne s'évanouira pas pour $x = X$, cette fonction aura toujours, entre les limites x et X, le même nombre de changements de signe qu'elle a d'abord pour $m = m'$, et les différentes valeurs de $x$ qui l'annullent diminueront par degrés insensibles.

Quand $m$ atteindra une valeur pour laquelle $V(X, m)$ s'évanouira, la fonction $V(x, m)$ aura encore pour cette valeur de $m$ le même nombre de changements de signe qu'elle avait pour les valeurs précédentes de $m$ et pour $m = m'$. Mais dès que $m$ dépassera la valeur dont il s'agit, $V(x, m)$ acquerra un nouveau changement de signe en s'évanouissant près de la limite X; et en général le nombre des changements de signe de $V(x, m)$ entre x et X augmentera toujours d'une unité, chaque fois que $m$ en croissant dépassera une nouvelle valeur qui annullera $V(X, m)$.

En conséquence, si $m$ croît depuis une valeur quelconque $m'$ jusqu'à une autre valeur plus grande $m''$, autant il y aura de valeurs de $m$ entre $m'$ et $m''$ qui annulleront $V(X, m)$, autant la fonction $V(x, m'')$ aura de changements de signe de plus que $V(x, m')$ entre les limites x et X; et les valeurs de $x$ qui annulleront $V(x, m')$ seront respectivement plus grandes que celles de même rang à partir de x qui annulleront $V(x, m'')$.

On peut rendre cette proposition plus sensible en considérant comme au n° VII la courbe, lieu des points pour lesquels on a $V(x,m) = 0$ entre les limites x et X; cette courbe est composée de plusieurs branches qui en s'éloignant de l'axe des $x$ se portent toujours vers la gauche du côté des $x$ négatives. (*Voyez* la figure placée à la fin du n° VII.)

Nous désignerons dorénavant par $\Delta$ la différence entre les nombres de changements de signe des deux fonctions $V(x, m')$ et $V(x, m'')$.

Il ne faut pas oublier que $V(x, m')$ aussi bien que $V(x, m'')$ change de signe pour chaque valeur de $x$ qui l'annulle, et que $V(X, m)$ change aussi de signe pour chaque valeur de $m$ qui l'annulle; ce qui résulte de ce que ni $\frac{dV}{dx}$ ni $\frac{\delta V}{\delta m}$ ne peut s'évanouir en même temps que V, à cause de l'équation (4).

On peut dire en d'autres termes que les équations $V(x, m') = 0$, $V(x, m'') = 0$, $V(X, m) = 0$, n'ont point de racines égales.

## XI.

Maintenant on remarquera qu'il est permis de regarder la fonction G $(x, m')$ comme une fonction de $x$ tout-à-fait arbitraire, et G $(x, m'')$ comme une autre fonction de $x$ également arbitraire, pourvu qu'elle soit pour chaque valeur de $x$ plus grande que la première fonction G $(x, m')$ ou au moins égale à G $(x, m')$.

En effet, si l'on se donne à volonté entre les limites x et X deux fonctions G' et G'', telles que pour chaque valeur de $x$, G'' soit toujours plus grande que G', ou au moins égale à G', on pourra toujours concevoir une troisième fonction G $(x, m)$ contenant avec $x$ un paramètre indéterminé $m$, qui devienne le même que G', quand on attribuera à $m$ la valeur particulière $m'$, la même que G'' quand on fera $m = m''$, et qui en outre pour une valeur quelconque de $x$ croisse par degrés insensibles ou du moins ne décroisse pas, lorsqu'on fera croître $m$ d'une manière continue depuis $m'$ jusqu'à $m''$. Il y aura toujours une infinité de fonctions G $(x, m)$ qui rempliront ces conditions.

La détermination d'une telle fonction G $(x, m)$ revient à celle d'une surface assujettie d'abord à passer par deux courbes données dans deux plans parallèles au plan $xz$ et représentées la première par les équations $y = m'$, $z = G'$, la seconde par les équations $y = m''$, $z = G''$, et qui soit telle que dans chacune de ses sections parallèles au plan $yz$ à la distance $x$, les ordonnées $z =$ G $(x, m)$ croissent toujours en même temps que $y = m$, depuis G' jusqu'à G'', ou du moins ne décroissent pas. Quand pour une valeur de $x$ particulière, G' et G'' auront la même valeur, G aura aussi nécessairement cette même valeur.

Parmi toutes les surfaces en nombre infini qui rempliront les conditions prescrites, on peut donner pour exemple, la surface gauche engendrée par une ligne droite indéfinie qui se meut en demeurant parallèle au plan $yz$ et glissant sur les deux courbes données.

Les deux fonctions K $(x, m')$ et K $(x, m'')$ peuvent de même être remplacées par deux fonctions arbitraires de $x$, K' et K'', pourvu que K' et K'' soient positives entre les limites x et X, et que pour une même valeur quelconque de $x$, K'' ait toujours une valeur inférieure ou tout au plus égale à celle de K'; K' et K'' ne peuvent être nulles que pour $x = \mathrm{x}$; pour toute autre valeur de $x$, K′ et K″ doivent avoir des valeurs plus grandes que o.

Cela posé, le théorème auquel nous sommes parvenus à la fin du n° X deviendra celui que nous allons énoncer.

## XII.

*Théorème*. Soient les deux équations différentielles

$$\frac{d.\left(K'\frac{dV'}{dx}\right)}{dx} + G'\,V' = 0,$$

$$\frac{d.\left(K''\frac{dV''}{dx}\right)}{dx} + G''\,V'' = 0,$$

qui ont lieu pour toutes les valeurs de $x$ comprises entre les deux limites x et X et pour lesquelles on admet les conditions suivantes :

G′ est une fonction arbitraire de $x$ donnée entre les limites x et X; G″ est une autre fonction de $x$ assujettie à la seule condition d'avoir pour chaque valeur de $x$ une valeur supérieure ou au moins égale à celle de G′. Les deux fonctions K′ et K″ sont positives pour toutes les valeurs de $x$ comprises entre x et X (*). En outre, pour chaque valeur de $x$, K″ doit être inférieure ou au plus égale à K′. On suppose encore que la valeur du rapport $\dfrac{K''\frac{dV''}{dx}}{V''}$ pour $x = \mathrm{x}$ ne soit pas plus grande que celle de $\dfrac{K'\frac{dV'}{dx}}{V'}$.

(*) K′ aussi bien que K″ peut être nulle pour $x = \mathrm{x}$, pourvu qu'on ait en même temps

$$\frac{dK'}{dx}\cdot\frac{dV'}{dx} + G'V' = 0 \quad \text{ou} \quad \frac{dK''}{dx}\cdot\frac{dV''}{dx} + G''V'' = 0 \text{ pour } x = \mathrm{x},$$

selon la remarque qui termine le n° I.

Ces conditions

$$\mathrm{G}'' \geqq \mathrm{G}', \qquad \mathrm{K}'' \leqq \mathrm{K}',$$

et
$$\frac{\mathrm{K}''\frac{d\mathrm{V}''}{dx}}{\mathrm{V}''} \leqq \frac{\mathrm{K}'\frac{d\mathrm{V}'}{dx}}{\mathrm{V}'}, \text{ pour } x = \mathrm{x},$$

étant admises, la fonction $\mathrm{V}''$ s'évanouira et changera de signe autant de fois ou plus de fois que $\mathrm{V}'$ entre les limites x et $\mathrm{X}$; et si l'on considère par ordre de grandeur à partir de x les différentes valeurs de $x$ qui annullent $\mathrm{V}'$ et $\mathrm{V}''$, les valeurs de $x$ qui annullent $\mathrm{V}'$ seront respectivement plus grandes que celles de même rang qui annullent $\mathrm{V}''$.

Concevons une nouvelle fonction G ou G $(x, m)$ contenant avec $x$ un paramètre indéterminé $m$, qui devienne la même que $\mathrm{G}'$ quand on attribue à $m$ une valeur particulière $m'$, la même que $\mathrm{G}''$ quand on fait $m = m''$, et dont les valeurs successives correspondantes à une même valeur quelconque de $x$, croissent d'une manière continue ou du moins ne décroissent pas, quand on fait croître $m$ depuis $m'$ jusqu'à $m''$. Il y aura toujours une infinité de fonctions G $(x, m)$ qui rempliront ces conditions. Soit de même K ou K $(x, m)$ une autre fonction de $x$ et de $m$ qui devienne égale à $\mathrm{K}'$ pour $m = m'$, à $\mathrm{K}''$ pour $m = m''$, et qui décroisse ou du moins ne croisse pas, quand $m$ croît depuis $m'$ jusqu'à $m''$, $x$ demeurant constante. Soit une fonction V déterminée par l'équation différentielle

$$\frac{d.\left(\mathrm{K}\frac{d\mathrm{V}}{dx}\right)}{dx} + \mathrm{GV} = 0,$$

et supposons que pour chaque valeur de $m$, V ait toujours pour $x = \mathrm{x}$ un même signe qui soit aussi commun à $\mathrm{V}'$ et à $\mathrm{V}''$, et que la valeur du rapport $\frac{\mathrm{K}\frac{d\mathrm{V}}{dx}}{\mathrm{V}}$ pour $x = \mathrm{x}$, d'abord égale à celle de $\frac{\mathrm{K}'\frac{d\mathrm{V}'}{dx}}{\mathrm{V}'}$ quand $m = m'$, décroisse quand $m$ augmente ou du moins ne croisse pas, et devienne égale à celle de $\frac{\mathrm{K}''\frac{d\mathrm{V}''}{dx}}{\mathrm{V}''}$ quand

$m$ devient $m''$. Cela posé, l'excès $\Delta$ du nombre des changements de signe de $V''$ entre les limites x et X sur le nombre des changements de signe de $V'$, est précisément égal au nombre des changements de signe qu'éprouve la fonction $V(X, m)$ lorsque $m$ croît depuis $m'$ jusqu'à $m''$.

D'ailleurs, d'après ce qu'on a dit plus haut, V doit s'évanouir et changer de signe entre les limites x et X au moins autant de fois que $V'$ et au plus autant de fois que $V''$, et chaque valeur de $x$ qui annulle V est plus petite que la valeur de $x$ de même rang qui annulle $V'$, et plus grande que la valeur de $x$ de même rang qui annulle $V''$.

Dans la première partie de ce théorème, il n'est pas nécessaire de supposer que les fonctions $V'$ et $V''$ aient le même signe pour $x = \mathrm{x}$. A la vérité nous avons admis cette hypothèse dans notre démonstration, n$^{os}$ IX et X. Mais la première partie du théorème a toujours lieu, quand même les valeurs de $V'$ et de $V''$ pour $x = \mathrm{x}$ sont de signes contraires; car on peut changer le signe de l'une de ces fonctions, par exemple de $V'$, sans qu'elle cesse de satisfaire à l'équation différentielle

$$\frac{d.\left(K'\frac{dV'}{dx}\right)}{dx} + G'V' = 0,$$

et à la condition $\dfrac{K'\frac{dV'}{dx}}{V'} \overset{>}{=} \dfrac{K''\frac{dV''}{dx}}{V''}$ pour $x = \mathrm{x}$.

## XII *bis*.

On a supposé dans tout ce qui précède, que tandis que $m$ croît depuis $m'$ jusqu'à $m''$, la fonction $V(x, m)$ conserve toujours le même signe pour $x = \mathrm{x}$ et que d'ailleurs la valeur de $\dfrac{K\frac{dV}{dx}}{V}$ pour $x = \mathrm{x}$ diminue ou demeure constante. Mais on peut supposer encore que cette fonction $V(x, m)$ soit nulle pour $x = \mathrm{x}$ quand $m = m'$, ou quand $m = m''$, ou enfin pour toutes les valeurs de $m$ depuis $m'$ jusqu'à $m''$, sans qu'elle change de signe. On peut étendre le théorème précédent à ces différents cas particuliers, en ayant égard à l'hypothèse adoptée n° VI sur la valeur de $\frac{V}{K\frac{dV}{dx}}$ ou de $\frac{K\frac{dV}{dx}}{V}$ pour $x = \mathrm{x}$.

Si l'on suppose $V(x, m')$ ou $V' = 0$ pour $x = \mathrm{x}$, le théorème qui vient d'être énoncé aura toujours lieu, pourvu que l'on considère le rapport $\frac{K'\frac{dV'}{dx}}{V'}$ comme égal à $+\infty$ pour $x = \mathrm{x}$, et qu'on ne tienne pas compte de la valeur x parmi celles qui annullent $V'$, en les comparant avec celles qui annullent $V''$ et $V$. En effet, on a ici $\frac{V}{K\frac{dV}{dx}} = 0$ pour $x = \mathrm{x}$ et $m = m'$; quand $m$ croît au-delà de $m'$, la valeur du rapport $\frac{V}{K\frac{dV}{dx}}$ pour $x = \mathrm{x}$ doit augmenter, en vertu de l'hypothèse établie n° VI, si V ne demeure pas nulle pour $x = \mathrm{x}$. Donc la valeur de $\frac{V}{K\frac{dV}{dx}}$ pour $x = \mathrm{x}$, qui est nulle quand $m = m'$, devient plus grande que zéro, quand $m$ croît au-delà de $m'$. Alors le rapport inverse $\frac{K\frac{dV}{dx}}{V}$ a une valeur positive d'autant plus grande que $m$ diffère moins de $m'$. C'est pourquoi quand $m = m'$, on doit considérer la valeur de $\frac{K'\frac{dV'}{dx}}{V'}$ pour $x = \mathrm{x}$ comme égale à $+\infty$; en même temps on doit omettre la valeur x parmi celles qui annullent $V'$, puisque quand $m$ augmente, la fonction V n'est plus nulle pour $x = \mathrm{x}$.

Si l'on a $V'' = 0$ pour $x = \mathrm{x}$, le théorème subsiste encore en supposant $\frac{K''\frac{dV''}{dx}}{V''} = -\infty$ pour $x = \mathrm{x}$ et en tenant compte de la valeur x parmi celles qui annullent $V''$. Car quand $m$ est un peu moindre que $m''$, $\frac{K\frac{dV}{dx}}{V}$ a pour $x = \mathrm{x}$ une valeur négative d'autant plus considérable que $m$ approche plus de $m''$; et la fonction V s'évanouit pour une valeur de $x$ un peu plus grande que x, qui diminue jusqu'à devenir égale à x, quand $m$ atteint la valeur $m''$.

Enfin si l'on a à la fois $V'=0$ et $V''=0$ pour $x=\mathrm{x}$, on doit supposer aussi $V=0$ pour $x=\mathrm{x}$, pour toutes les valeurs de $m$ entre $m'$ et $m''$, et il faut alors dans l'énoncé du théorème n'avoir égard qu'aux valeurs de $x$ plus grandes que x qui annullent V', V'' et V. On a constamment, dans ce cas, $\dfrac{V}{K\dfrac{dV}{dx}}=0$ pour $x=\mathrm{x}$, quelle que soit $m$.

La considération de la courbe $V(x, m)=0$ représentée n° VII peut servir à faire comprendre comment le théorème subsiste dans ces cas particuliers, en adoptant les conventions et restrictions énoncées.

On peut donner encore plus d'extension au théorème précédent, en supposant dans son énoncé que la limite X au lieu d'être constante, augmente insensiblement en même temps que $m$. Cette extension résulte de la remarque qui a été faite à la fin du n° X, et l'on peut s'en rendre compte par l'inspection de la figure ci-jointe.

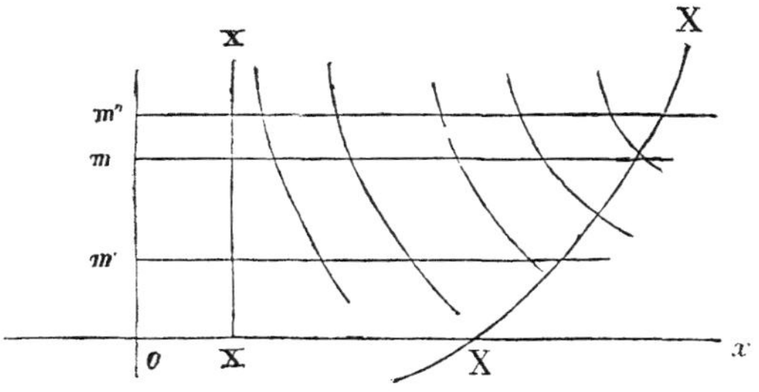


## XIII.

On peut sans altérer les fonctions G et K dans l'équation

$$\frac{d.\left(K\dfrac{dV}{dx}\right)}{dx}+GV=0, \qquad (I)$$

faire varier seulement le rapport de V à $K\frac{dV}{dx}$ pour $x=\mathrm{x}$.

La formule (4) se réduit alors à

$$\delta V . K\frac{dV}{dx} - V.\delta.\left(K\frac{dV}{dx}\right) = C.$$

La constante C est égale à la valeur arbitraire du premier membre pour $x = \mathrm{x}$, et prendre cette constante positive, c'est supposer que la valeur du rapport $\frac{K\frac{dV}{dx}}{V}$ pour $x = \mathrm{x}$, que nous désignerons par $h$, diminue, quand $m$ augmente. La démonstration précédente comprend ce cas particulier dans lequel les variations $\delta G$ et $\delta K$ sont nulles. On en conclut que lorsque $h$ diminue, les valeurs de $x$ qui annullent V diminuent par degrés insensibles, et conséquemment, si $h$ augmente, ces mêmes valeurs augmentent.

Désignons par $V_1$ et $V_2$ deux fonctions qui substituées à la place de V satisfassent à l'équation (I) et en outre aux conditions

$$V_1 = 0, \quad \frac{dV_1}{dx} = 1, \quad V_2 = 1, \quad \frac{dV_2}{dx} = 0, \text{ pour } x = \mathrm{x}:$$

la valeur générale de V sera

$$V = AV_1 + BV_2,$$

A et B étant des constantes arbitraires; $V_2$ est une valeur particulière de V qui satisfait à l'équation (I) et correspond à l'hypothèse de $h = 0$. $V_1$ est de même une valeur de V en supposant $h = \pm\infty$.

Cela posé, on a la proposition suivante : Si l'on fait croître la valeur du rapport $\frac{K\frac{dV}{dx}}{V}$ pour $x = \mathrm{x}$ par degrés insensibles depuis $-\infty$ jusqu'à $+\infty$, chaque valeur de $x$ qui annulle V augmente continuellement, en passant par toutes les grandeurs comprises entre deux valeurs consécutives qui annullent $V_1$; quand $h$ est égale à zéro, on a les valeurs de $x$ qui annullent $V_2$.

Il suit de là que deux valeurs de $x$ qui annullent $V_1$ comprennent toujours entre elles une valeur de $x$ qui annulle V et n'en comprennent qu'une : elles comprennent aussi une valeur de $x$ qui annulle $V_2$ et n'en comprennent qu'une; et cette valeur de $x$ qui annulle V est plus petite ou plus grande que celle de même rang qui annulle $V_2$, selon que la valeur $h$ de $\frac{K\frac{dV}{dx}}{V}$ pour $x = \mathrm{x}$ est négative ou positive.

## XIV.

La proposition précédente admet une autre démonstration fort simple.

Soient les deux équations

$$\frac{d.\left(K\frac{dV}{dx}\right)}{dx} + GV = 0,$$

$$\frac{d.\left(K\frac{dV'}{dx}\right)}{dx} + GV' = 0.$$

On en tire, comme au n° II,

$$K\left(V\frac{dV'}{dx} - V'\frac{dV}{dx}\right) = C. \qquad (10)$$

La constante C est égale à la valeur arbitraire de l'expression $K\left(V\frac{dV'}{dx} - V'\frac{dV}{dx}\right)$ pour $x = \mathrm{x}$. Cette constante C sera positive si l'on a $\frac{K\frac{dV}{dx}}{V} < \frac{K\frac{dV'}{dx}}{V'}$ pour $x = \mathrm{x}$, V et V' ayant d'ailleurs pour $x = \mathrm{x}$ des valeurs de même signe qu'on peut rendre positives.

Cela posé, soient $\alpha$ et $\beta$ deux valeurs de $x$ consécutives qui annullent V'. Il résulte de l'équation (10), comme on l'a déjà vu n° II, que pour ces valeurs de $x$, $\frac{dV'}{dx}$ ne peut pas être nulle en même temps que V', et il est aisé de voir que $\frac{dV'}{dx}$ aura des valeurs de signes contraires pour $x = \alpha$ et pour $x = \beta$. En effet, pour les valeurs de $x$ un peu plus grandes que $\alpha$, V' et $\frac{dV'}{dx}$ ont un même signe qui est celui de $\frac{dV'}{dx}$ pour $x=\alpha$, tandis que pour les valeurs de $x$ un peu plus petites que $\beta$, V' a un signe contraire à celui de $\frac{dV'}{dx}$ pour $x=\beta$. Mais V' a un même signe pour toutes les valeurs de $x$ comprises entre $\alpha$ et $\beta$ : donc $\frac{dV'}{dx}$ a pour $x=\beta$, un signe contraire à celui qu'elle a pour $x=\alpha$.

Maintenant l'équation (10) où C est positive, fait voir que, toutes les fois que V' est nulle, V a le même signe que $\frac{dV'}{dx}$. Conséquemment V a pour $x=\alpha$ et pour $x=\beta$ deux valeurs de signes contraires; V s'évanouit donc au moins une fois pour une valeur de $x$ comprise entre $\alpha$ et $\beta$.

On reconnaîtra de la même manière que deux valeurs de $x$ consécutives qui annullent V doivent comprendre au moins une valeur de $x$ qui annulle V'.

Donc ces deux fonctions V, V' s'évanouiront pour des valeurs croissantes de $x$, l'une après l'autre alternativement. V s'évanouira la première. Car si l'on suppose que $\alpha$ soit la plus petite valeur de $x$ qui annulle V', les valeurs de V et de V' pour $x=\mathrm{x}$ étant toujours censées positives, la valeur de $\frac{dV'}{dx}$ pour $x=\alpha$ sera négative, puisque V' doit en s'évanouissant pour $x=\alpha$ passer du positif au négatif; V sera donc aussi négative pour $x=\alpha$, d'après l'équation (10); mais elle est positive pour $x=\mathrm{x}$; donc V change de signe et s'annulle pour une valeur de $x$ plus petite que $\alpha$, c'est-à-dire que V s'annulle avant V'.

Il suit de là que si l'on attribue au rapport $\frac{K\frac{dV}{dx}}{V}$, pour $x=X$, des valeurs $h$ de plus en plus petites, les différentes valeurs de $x$ qui annullent V diminueront progressivement : on est ainsi ramené à la proposition du numéro précédent.

## XV.

Jusqu'ici l'on s'est donné à volonté la valeur du rapport $\frac{K\frac{dV}{dx}}{V}$ pour

$x = \mathrm{x}$ et l'on a supposé cette valeur décroissante ou invariable, tandis que le paramètre $m$ augmentait; mais on peut aussi se donner la valeur de $\dfrac{K\frac{dV}{dx}}{V}$ pour $x = X$ et la faire varier avec $m$, en conservant d'ailleurs les autres conditions relatives aux fonctions G, K, G', etc. On ramenera ce cas au précédent, en faisant la variable $x = a - z$, $a$ étant une constante, et considérant toutes les quantités G, K, V, G', etc., qui étaient jusqu'à présent fonctions de $x$, comme fonctions de la nouvelle variable $z$ qui augmente quand $x$ diminue. La proposition du n° XII deviendra par cette inversion celle que nous allons énoncer et qu'on peut aussi établir directement à l'aide de la formule (5) de la même manière qu'on a démontré celle du n° XII, en s'appuyant sur la formule (4).

Soient les deux équations différentielles

$$\frac{d.\left(K'\frac{dV'}{dx}\right)}{dx} + G'V' = 0,$$

$$\frac{d.\left(K''\frac{dV''}{dx}\right)}{dx} + G''V'' = 0,$$

dans lesquelles les fonctions G', K', G'', K'' remplissent les conditions énoncées n° XII. Si l'on a

$$\frac{K''\frac{dV''}{dx}}{V''} \geqq \frac{K'\frac{dV'}{dx}}{V'} \quad \text{pour } x = X,$$

la fonction V'' doit s'évanouir autant de fois ou plus de fois que V' entre les limites x et X, et si l'on considère $x$ comme décroissante à partir de X, les valeurs de $x$ qui annullent V' sont respectivement plus petites que celles de même rang à partir de X qui annullent V''.

Soit encore une fonction V telle que

$$\frac{d.\left(K\frac{dV}{dx}\right)}{dx} + GV = 0,$$

G et K étant des fonctions de $x$ et de $m$ qui remplissent les conditions énoncées n° XII. Supposons que tandis que $m$ croît depuis $m'$ jusqu'à $m''$, V ait constamment pour $x = X$ un même signe qui soit aussi commun à V′ et à V″, et que la valeur de $\frac{K\frac{dV}{dx}}{V}$ pour $x = X$ d'abord égale à celle de $\frac{K'\frac{dV'}{dx}}{V'}$ quand $m = m'$, croisse avec $m$ ou du moins ne décroisse pas et devienne égale à celle de $\frac{K''\frac{dV''}{dx}}{V''}$, quand $m$ devient $m''$. Cela posé, l'excès du nombre des changements de signe de V″ entre les limites x et X sur le nombre des changements de signe de V′ est égal au nombre des changements de signe qu'éprouve la fonction $V(x, m)$, lorsque $m$ croît depuis $m'$ jusqu'à $m''$.

Si l'on suppose $V' = 0$ pour $x = X$, ce théorème aura encore lieu pourvu que l'on considère $\frac{K'\frac{dV'}{dx}}{V'}$ comme égal à $-\infty$ pour $x = X$, et qu'on ne tienne pas compte de la valeur X parmi celles qui annullent V′.

Si l'on a $V'' = 0$ pour $x = X$, il faut supposer $\frac{K''\frac{dV''}{dx}}{V''} = +\infty$ pour $x = X$, et tenir compte de la valeur X parmi celles qui annullent V″.

Enfin, si l'on a à la fois $V' = 0$ et $V'' = 0$ pour $x = X$, on doit aussi avoir constamment $V = 0$ pour $x = X$, en faisant varier $m$; et dans ce cas, il faut ne considérer que les valeurs de $x$ plus petites que X qui annullent V′, V″ et V.

Si l'on se borne à faire croître par degrés insensibles la valeur du rapport $\frac{K\frac{dV}{dx}}{V}$ pour $x = X$, sans altérer les fonctions G et K dans l'équation $\frac{d.\left(K\frac{dV}{dx}\right)}{dx} + GV = 0$, on voit que les valeurs de $x$ qui annullent V augmenteront toutes à la fois. Cette proposition particulière, à laquelle nous pourrions donner plus de développement, correspond à celle du n° XIII.

## XVI.

Les propositions énoncées dans les nos XII et XV vont nous donner de nouvelles propriétés des fonctions qui nous occupent.

Soient encore les deux équations différentielles

$$\frac{d.\left(\mathrm{K}'\frac{d\mathrm{V}'}{dx}\right)}{dx}+\mathrm{G}'\mathrm{V}'=0,$$

$$\frac{d.\left(\mathrm{K}''\frac{d\mathrm{V}''}{dx}\right)}{dx}+\mathrm{G}''\mathrm{V}''=0,$$

où l'on suppose toujours

$$\mathrm{G}''\geqq \mathrm{G}',\quad \mathrm{K}''\leqq \mathrm{K}'.$$

Quelles que soient les valeurs des rapports $\frac{\mathrm{K}'\frac{d\mathrm{V}'}{dx}}{\mathrm{V}'}$, $\frac{\mathrm{K}''\frac{d\mathrm{V}''}{dx}}{\mathrm{V}''}$, soit pour $x=\mathrm{x}$, soit pour $x=\mathrm{X}$, *deux valeurs de $x$ consécutives qui annullent* V' *comprennent toujours au moins une valeur de $x$ qui annulle* V''.

En effet, soient $\alpha$ et $\beta$ deux valeurs de $x$ qui annullent V', et supposons qu'aucune autre valeur de $x$ comprise entre $\alpha$ et $\beta$ n'annulle V'. Si V'' n'est pas nulle pour $x=\alpha$, le rapport $\frac{\mathrm{K}''\frac{d\mathrm{V}''}{dx}}{\mathrm{V}''}$ aura pour $x=\alpha$ une valeur finie plus petite que celle de $\frac{\mathrm{K}'\frac{d\mathrm{V}'}{dx}}{\mathrm{V}'}$ pour $x=\alpha$, qui doit être considérée comme égale à $+\infty$, d'après la remarque faite au n° XII *bis*. (On peut dire aussi qu'on a $\frac{\mathrm{K}'\frac{d\mathrm{V}'}{dx}}{\mathrm{V}'}=+\infty$ pour $x=\alpha$, parce que $\frac{\mathrm{K}'\frac{d\mathrm{V}'}{dx}}{\mathrm{V}'}$ a des valeurs positives très grandes pour les valeurs de $x$ un peu plus grandes que $\alpha$.)

18..

Alors, d'après le théorème du n° XII, si l'on fait croître $x$ depuis $\alpha$ jusqu'à $\beta$, la fonction V″ s'évanouira nécessairement au moins une fois pour une valeur de $x$ plus petite que la valeur $\beta$ qui annulle V′.

Il en sera de même, si V″ est nulle pour $x = \alpha$ en même temps que V′.

On tirerait aussi la même conclusion du n° XV, en faisant décroître $x$ depuis $\beta$ jusqu'à $\alpha$, et considérant $\dfrac{K'\frac{dV'}{dx}}{V'}$ comme égal à $-\infty$ pour $x = \beta$.

*Deux valeurs de $x$ consécutives qui annullent* V″ *ne peuvent pas comprendre plus d'une valeur de $x$ qui annulle* V′. Car s'il y avait entre elles deux valeurs de $x$ annullant V′, celles-ci comprendraient une nouvelle valeur de $x$ qui annullerait V″ et qui tomberait entre les deux que l'on considère, ce qui serait contraire à l'hypothèse. Cette proposition subsiste dans le cas même où l'une des deux valeurs de $x$ qui annullent V″ annullerait aussi V′. Il ne peut pas entre ces deux valeurs de $x$ en exister d'autre qui annulle V′.

## XVII.

Ces propositions ont lieu, quelles que soient les valeurs des rapports $\dfrac{K'\frac{dV'}{dx}}{V'}$, $\dfrac{K''\frac{dV''}{dx}}{V''}$, soit pour $x = \mathrm{x}$, soit pour $x = \mathrm{X}$. Maintenant, admettons comme dans les n^os^ XII et XV, qu'on ait à la fois

$$\frac{K''\frac{dV''}{dx}}{V''} \leqq \frac{K'\frac{dV'}{dx}}{V'} \quad \text{pour } x = \mathrm{x},$$

$$\frac{K''\frac{dV''}{dx}}{V''} \geqq \frac{K'\frac{dV'}{dx}}{V'} \quad \text{pour } x = \mathrm{X}.$$

Alors V″ s'évanouira au moins une fois pour une valeur de $x$ moindre que la plus petite valeur de $x$ au-dessus de x qui annulle V′, et aussi pour une valeur de $x$ plus grande que la plus grande valeur de $x$ au-dessous de X qui annulle V′.

On est ramené par là à conclure, conformément à la première partie du théorème du n° XII, que tandis que $x$ croît depuis la limite x jusqu'à une valeur quelconque $a$, V'' s'évanouit et change de signe entre les limites x et $a$ au moins autant de fois que V' et pour des valeurs de $x$ respectivement moindres que celles de même rang qui annullent V'. Car tandis que $x$ croît depuis x jusqu'à $a$, V'' s'évanouit au moins une fois avant que $x$ atteigne la plus petite valeur qui annulle V', et d'ailleurs il y a toujours entre deux valeurs de $x$ consécutives qui annullent V' au moins une valeur qui annulle V''.

De même, tandis que $x$ croît depuis une valeur $b$ jusqu'à X, V'' s'évanouit entre les limites $b$ et X au moins autant de fois que V', et pour des valeurs de $x$ respectivement plus grandes que celles du même rang à partir de X qui annullent V'. Car V'' s'évanouit pour une valeur de $x$ qui surpasse la plus grande de celles qui annullent V', et d'ailleurs deux valeurs de $x$ consécutives qui annullent V' comprennent au moins une valeur de $x$ qui annulle V''. Cette proposition a été déjà énoncée dans la première partie du n° XV.

Si l'on considère par ordre de grandeur à partir de x les différentes valeurs de $x$ qui annullent V' et V'', *la $n^{ieme}$ valeur de $x$ à partir de* x *qui annulle* V' *sera plus grande que la $n^{ieme}$ valeur de $x$ qui annulle* V'' *et plus petite que la valeur de $x$ qui annulle* V'' *d'un rang marqué par $n+\Delta$*, $\Delta$ désignant comme précédemment l'excès du nombre des changements de signe de V'' entre les limites x et X sur le nombre des changements de signe de V'. En effet, la $n^{ieme}$ valeur de $x$ à partir de x qui annulle V' est plus grande que la valeur de $x$ de même rang qui annulle V'', d'après le n° XII, et d'un autre côté, cette valeur de $x$ qui annulle V' est, d'après le n° XV, plus petite que la valeur de $x$ de même rang à partir de X qui annulle V'', valeur dont le rang à partir de x est marqué par $n+\Delta$.

En particulier, *si* $\Delta = 1$, c'est-à-dire *si* V'' *ne s'annulle qu'une fois de plus que* V' *entre les limites* x *et* X, *chaque valeur de $x$ qui annulle* V' *tombe entre la valeur de $x$ de même rang, à partir de* x *qui annulle* V'' *et la valeur de $x$ immédiatement supérieure qui annulle aussi* V'', *de sorte que les deux fonctions* V'' *et* V' *s'évanouissent l'une après l'autre alternativement, tandis que $x$ croît depuis* x *jusqu'à* X.

On peut aussi le conclure de ce que deux valeurs de $x$ consécutives qui annullent V' doivent comprendre au moins une valeur de $x$ qui annulle V″, n° XVI, et de ce qu'il y a au moins une valeur de $x$ qui annulle V″ entre x et la plus petite valeur de $x$ qui annulle V′, comme aussi entre X et la plus grande valeur de $x$ qui annulle V′.

Si l'on a $V'=0$ ou $V''=0$ pour $x=\mathrm{x}$ ou pour $x=\mathrm{X}$, ou si l'on a à la fois $V'=0$ et $V''=0$ pour $x=\mathrm{x}$ ou pour $x=\mathrm{X}$, les propositions précédentes subsisteront, pourvu qu'on ait égard aux observations faites dans les n^os XII *bis* et XV.

## XVIII.

Considérons deux valeurs de $x$ quelconques, $a$ et $b$, entre x et X ($a$ pouvant être égale à x ou $b$ à X). V″ *ne peut s'évanouir entre les limites $a$ et $b$ qu'une fois de moins que* V′. Car entre deux valeurs de $x$ qui annullent V′, il y a toujours au moins une valeur de $x$ qui annulle V″.

V″ *s'évanouit entre les limites $a$ et $b$ au plus $\Delta$ fois de plus que* V′: car V″ s'évanouit au moins autant de fois que V′ soit entre les limites x et $a$, soit entre $b$ et X.

Il suit de là *qu'entre deux valeurs de $x$ consécutives $\alpha$ et $\beta$ qui annullent* V′, *il ne peut exister plus de $\Delta$ valeurs de $x$ qui annullent* V″.

Il peut arriver que V″ soit nulle en même temps que V′ pour $x=\alpha$: dans ce cas particulier, V″ s'évanouit au moins une fois de plus que V′, tandis que $x$ croît depuis x jusqu'au-delà de $\alpha$, et au moins autant de fois que V′, tandis que $x$ croît depuis une valeur un peu moindre que $\beta$ jusqu'à X. Donc V″ s'évanouit au plus $\Delta-1$ fois entre $\alpha$ et $\beta$, sans compter son évanouissement pour $x=\alpha$.

On voit de même que si V″ était nulle pour $x=\beta$ en même temps que V′, sans l'être pour $x=\alpha$, V″ s'évanouirait encore au plus $\Delta-1$ fois entre $\alpha$ et $\beta$. Enfin, si V″ était nulle en même temps que V′ pour les deux valeurs $\alpha$ et $\beta$, il y aurait au plus $\Delta-2$ valeurs de $x$ entre $\alpha$ et $\beta$ qui annulleraient V″.

## XIX.

En adoptant les hypothèses énoncées n° VI, on a reconnu que la valeur de la fonction $\dfrac{K\dfrac{dV}{dx}}{V}$ pour chaque valeur de $x$ diminue quand

$m$ augmente, aussi long-temps que V ne s'évanouit pas. Il en sera de même de l'expression $\frac{K\frac{dV}{dx}}{V} + H$ ou $\frac{K\frac{dV}{dx} + HV}{V}$, si l'on désigne par H une quantité constante ou une fonction de $m$ qui décroisse aussi continuellement quand $m$ augmente. Faisons $x = X$ dans cette fonction $\frac{K\frac{dV}{dx} + HV}{V}$ qui ne contiendra plus alors d'autre variable que $m$, et considérons les changements de signe qu'elle pourra éprouver par la variation de $m$.

Cette fonction $\frac{K\frac{dV}{dx} + HV}{V}$, où l'on fait $x = X$, ne peut changer de signe qu'en devenant nulle ou infinie. Lorsqu'elle devient nulle, on a $K\frac{dV}{dx} + HV = 0$, et l'on ne peut pas avoir en même temps $V = 0$, car alors on aurait à la fois $V = 0$ et $\frac{dV}{dx} = 0$ pour $x = X$, ce qui est impossible. Puisque la fonction $\frac{K\frac{dV}{dx} + HV}{V}$ a la propriété de décroître continuellement tandis que $m$ augmente, elle passe en s'évanouissant du positif au négatif; ensuite $m$ continuant à croître, elle décroît indéfiniment en prenant des valeurs négatives de plus en plus éloignées de o, jusqu'à ce que V devienne nulle à son tour.

Quand V s'annulle pour une valeur de $m$, on a vu plus haut, n$^{os}$ VII et VIII, que, pour les valeurs de $m$ un peu plus grandes que celle-là, V a le signe de $\frac{dV}{dx}$, et pour les valeurs de $m$ un peu plus petites le signe contraire; ce qu'on peut aussi conclure de ce que $\frac{V}{K\frac{dV}{dx}}$ augmente en même temps que $m$. Donc, quand V s'annulle, la fonction $\frac{K\frac{dV}{dx} + HV}{V}$ change de signe en passant de l'infini négatif à l'infini positif ; $m$ continuant à croître, cette fonction recommence à décroître, en prenant des valeurs positives de plus en plus petites, jusqu'à ce qu'elle s'évanouisse derechef pour une nouvelle valeur de $m$; en s'évanouissant, elle passera du positif au négatif, puis continuera à décroître jusqu'à l'infini négatif qu'elle atteindra par un nouvel évanouissement de V; de sorte qu'en général les deux fonctions V et $K\frac{dV}{dx} + HV$ s'évanouiront toujours l'une après l'autre alternativement pour des valeurs croissantes de $m$.

## XX.

De là il est aisé de tirer les conséquences suivantes :

Si la fonction $\frac{K\frac{dV}{dx} + HV}{V}$ où l'on fait toujours $x = X$, a des valeurs positives pour $m = m'$ et pour $m = m''$, $m$ croissant depuis $m'$ jusqu'à $m''$, elle doit changer de signe un nombre pair de fois, en passant d'abord par zéro, puis par l'infini, et ensuite par zéro et par l'infini alternativement. Le nombre des valeurs de $m$ comprises entre $m'$ et $m''$ qui annullent $K\frac{dV}{dx} + HV$ est donc égal au nombre de celles qui annullent V ou $V(X, m)$, et par conséquent, n° XII, à l'excès $\Delta$ du nombre des changements de signe de $V(x, m'')$ ou $V''$ entre les limites x et X sur le nombre des changements de signe de $V(x, m')$ ou $V'$. Ces deux fonctions V et $K\frac{dV}{dx} + HV$ s'évanouissent l'une après l'autre alternativement, quand $m$ croît depuis $m'$ jusqu'à $m''$, et c'est $K\frac{dV}{dx} + HV$ qui s'évanouit la première.

Si la fonction $\frac{K\frac{dV}{dx} + HV}{V}$ a une valeur négative pour $m = m'$ aussi bien que pour $m = m''$, elle doit encore changer de signe un nombre pair de fois, en passant alternativement par l'infini et par zéro, et d'abord par l'infini. Ainsi, $m$ croissant depuis $m'$ jusqu'à $m''$, les deux fonctions V.et $K^{dx} + HV$ s'évanouissent l'une après l'autre alternativement le même nombre de fois, V étant la première qui s'évanouisse ; et par suite, le nombre des valeurs de $m$ comprises entre $m'$ et $m''$ qui annullent $K\frac{dV}{dx}+HV$ est égal à l'excès $\Delta$.

Si $\frac{K\frac{dV}{dx}+HV}{V}$ a une valeur positive pour $m=m'$ et une valeur négative pour $m=m''$, elle doit changer de signe un nombre impair de fois, en passant alternativement par zéro et par l'infini, et d'abord par zéro, tandis que $m$ croît depuis $m'$ jusqu'à $m''$ : la fonction $K\frac{dV}{dx}+HV$ s'évanouit donc avant V et une fois de plus que V ; le nombre des valeurs de $m$ entre $m'$ et $m''$ qui annullent $K\frac{dV}{dx}+HV$ est donc égal à $\Delta+1$.

Enfin, si $\frac{K\frac{dV}{dx}+HV}{V}$ a une valeur négative pour $m=m'$ et positive pour $m=m''$, $m$ croissant depuis $m'$ jusqu'à $m''$, la fonction $K\frac{dV}{dx}+HV$ s'évanouira après V et une fois de moins que V, par conséquent un nombre de fois marqué par $\Delta-1$.

Dans tous les cas, ces deux fonctions V et $K\frac{dV}{dx}+HV$ où l'on attribue à $x$ la valeur particulière X, ont une corrélation telle, que deux valeurs de $m$ consécutives qui annullent l'une d'elles comprennent toujours entre elles une valeur de $m$ qui annulle l'autre, et n'en comprennent qu'une.

Soient $\mu$ et $\mu'$ deux valeurs de $m$ consécutives qui satisfont à l'équation $K\frac{dV}{dx}+HV=0$ pour $x=X$. Puisqu'elles comprennent entre elles une valeur de $m$ qui annulle $V(X, m)$ et n'en comprennent qu'une, on en conclut, d'après la 2e partie du théorème du n° XII, que la fonction $V(x, \mu')$ s'évanouit et change de signe entre les limites x et X une fois de plus que $V(x, \mu)$.

Nous ajouterons que cette équation $K\frac{dV}{dx}+HV=0$ ne peut pas avoir de racines égales, car elle est la même que $\frac{K\frac{dV}{dx}}{V}+H=0$ et l'on ne peut pas avoir en même temps $\frac{\delta}{\delta m}\left(\frac{K\frac{dV}{dx}}{V}+H\right)=0$, ce qui est le caractère d'une racine multiple, puisque d'après la formule (4), $\delta\left(\frac{K\frac{dV}{dx}}{V}\right)$ est toujours négative, et que $\delta H$ est par hypothèse négative ou nulle. On peut voir encore qu'on ne peut pas avoir pour une même valeur de $m$, $K\frac{dV}{dx}+HV=0$ et $\frac{\delta}{\delta m}\left(K\frac{dV}{dx}+HV\right)=0$, en observant que la formule (4) donne

$$\delta V.\left(K\frac{dV}{dx}+HV\right)-V.\delta.\left(K\frac{dV}{dx}+HV\right)>0 \text{ pour } x=X,$$

pourvu que $\delta H$ soit négative ou nulle.

On a déjà remarqué, n° X, que les équations $V(X,m)=0$ et $V(x,m')=0$, $V(x,\mu)=0$, etc., n'ont pas non plus de racines égales.

### XXI.

Si l'on remplace la quantité H qui est une constante ou une fonction décroissante de $m$ par une autre quantité $H_{\prime}$ aussi constante ou fonction décroissante de $m$ qui pour chaque valeur de $m$ soit plus grande que H, la fonction $\frac{K\frac{dV}{dx}+HV}{V}$ aura toujours une valeur inférieure à celle de $\frac{K\frac{dV}{dx}+H_{\prime}V}{V}$ pour chaque valeur de $m$; et comme ces deux fonctions décroissent en même temps jusqu'à $-\infty$, tandis que $m$ augmente, la seconde s'évanouira nécessairement après la première, si $m$ croît depuis une valeur quelconque qui rende la première positive jusqu'à la valeur immédiatement supérieure qui annulle V.

Conséquemment, lorsque $m$ croît depuis $m'$ jusqu'à $m''$, ces trois fonctions V, $K\frac{dV}{dx}+HV$ et $K\frac{dV}{dx}+H_{\prime}V$ s'évanouissent l'une après l'autre alternativement dans l'ordre suivant : $K\frac{dV}{dx}+HV$ s'évanouit toujours immédiatement après V, $K\frac{dV}{dx}+H_{,}V$ s'évanouit après $K\frac{dV}{dx}+HV$, et V après $K\frac{dV}{dx}+H_{,}V$.

On voit par là que si l'on fait varier H en lui attribuant successivement des valeurs constantes de plus en plus grandes depuis $-\infty$ jusqu'à $+\infty$ ou en la remplaçant par des fonctions décroissantes de $m$ de plus en plus grandes, les diverses valeurs de $m$ qui annullent $K\frac{dV}{dx}+HV$ augmenteront en passant par toutes les grandeurs comprises entre les valeurs de $m$ consécutives qui annullent $V(X, m)$. On a vu d'ailleurs que les valeurs de $x$ qui annullent la fonction $V(x, m)$ diminuent, quand la valeur attribuée à $m$ dans cette fonction augmente.

Tout ce qui précède s'applique en particulier aux valeurs de $m$ qui donnent $\frac{dV}{dx}=0$ pour $x=X$, puisque la fonction $K\frac{dV}{dx}+HV$ se réduit à $K\frac{dV}{dx}$, quand on fait $H=0$.

## XXII.

Nous avons désigné par $h$ la valeur de $\frac{K\frac{dV}{dx}}{V}$ pour $x=\mathrm{x}$ et admis que cette valeur $h$ diminue ou reste la même, tandisque $m$ augmente. Si en prenant toujours pour G et K les mêmes fonctions de $x$ et de $m$, on remplace $h$ par une autre quantité $h_{,}$ constante ou fonction décroissante de $m$, qui pour chaque valeur de $m$ surpasse $h$ d'aussi peu qu'on voudra, on sait d'après le n° VI que la fonction $\frac{K\frac{dV}{dx}}{V}$ augmentera ou que $\frac{V}{K\frac{dV}{dx}}$ diminuera pour chaque valeur de $x$ et en particulier pour $x=X$. Conséquemment la fonction $\frac{K\frac{dV}{dx}}{V}+H$ ou $\frac{K\frac{dV}{dx}+HV}{V}$ où l'on fait $x=X$, qui conserve la propriété de décroître quand $m$ augmente, s'évanouira pour de nouvelles valeurs de $m$ un peu plus grandes que celles qui l'annullaient d'abord, quand on supposait $\frac{K\frac{dV}{dx}}{V} = h$ pour $x = \text{x}$.

Pour le voir encore plus clairement, supposons que la fonction $K\frac{dV}{dx} + HV$ où l'on fait $x = X$, soit nulle pour $m = \mu$, lorsqu'on a $\frac{K\frac{dV}{dx}}{V} = h$ pour $x = \text{x}$. Alors la fonction $\frac{K\frac{dV}{dx}}{V} + H$ ou $\frac{K\frac{dV}{dx} + HV}{V}$ où l'on fait $x = X$, étant nulle pour $m = \mu$ et décroissant quand $m$ augmente, est négative pour les valeurs de $m$ plus grandes que $\mu$ jusqu'à celle qui annulle $V(X, m)$.

Faisons maintenant $\frac{K\frac{dV}{dx}}{V} = h_{,}$ pour $x = \text{x}$, $h_{,}$ surpassant $h$ d'une quantité aussi petite qu'on voudra; la fonction $\frac{K\frac{dV}{dx} + HV}{V}$, où l'on fait $x = X$, deviendra plus grande qu'elle n'était avant le changement de $h$ en $h_{,}$; or elle était nulle pour $m = \mu$ et négative pour $m > \mu$; donc après la substitution de $h_{,}$ à la place de $h$, cette fonction sera positive pour $m = \mu$ et aussi pour des valeurs de $m$ un peu plus grandes que $\mu$; mais $m$ continuant à croître, cette fonction reprendra le signe — qu'elle avait d'abord, puisque son augmentation due au changement de $h$ en $h_{,}$ est aussi petite qu'on le veut, en prenant $h_{,}$ très peu différente de $h$. Ainsi les valeurs de $m$ qui annullent la fonction $K\frac{dV}{dx} + HV$ où l'on fait $x = X$, augmentent quand on remplace $h$ par $h_{,}$, c'est-à-dire quand la valeur de $\frac{K\frac{dV}{dx}}{V}$ pour $x = \text{x}$ devient plus grande. Si au contraire elle devient plus petite (ou si l'on remplace $h_{,}$ par $h$), on prouvera pareillement que chaque valeur de $m$ qui annulle la fonction $K\frac{dV}{dx} + HV$ où l'on fait $x = X$, devient plus petite.

On reconnaît de la même manière que les valeurs de $m$ qui annullent $V(X, m)$ augmentent ou diminuent toutes à la fois, selon que la valeur de $\frac{K\frac{dV}{dx}}{V}$ pour $x = \text{x}$ devient plus grande ou plus petite, en considérant qu'alors celle de $\frac{V}{K\frac{dV}{dx}}$ pour $x = X$ diminue ou augmente.

Ainsi, lorsqu'on fait varier la valeur $h$ du rapport $\frac{K\frac{dV}{dx}}{V}$ pour $x = \text{x}$, soit en lui attribuant des valeurs constantes de plus en plus grandes depuis $-\infty$ jusqu'à $+\infty$, soit en prenant pour $h$ des fonctions décroissantes de $m$ de plus en plus grandes, sans changer les fonctions G et K, les valeurs de $m$ qui satisfont soit à l'équation $K\frac{dV}{dx} + HV =$ pour $x = X$, soit à l'équation $V(X, m) = 0$, augmentent toutes à la fois.

Les valeurs de $m$ qui satisfont aux deux équations

$$K\frac{dV}{dx} - hV = 0, \text{ pour } x = \text{x},$$

et

$$K\frac{dV}{dx} + HV = 0, \text{ pour } x = X.$$

augmentent donc en même temps que les quantités $h$ et H, dont chacune est une constante ou une fonction décroissante de $m$.

## XXIII.

Supposons que dans l'équation (I)

$$\frac{d.\left(K\frac{dV}{dx}\right)}{dx} + GV = 0,$$

on remplace la fonction de $x$ et de $m$ que G représente par une autre fonction $G_1$ de $x$ et de $m$, qui pour chaque valeur de $x$ et de $m$ surpasse G d'une quantité aussi petite qu'on voudra. On peut concevoir, si l'on veut, que G dépende non-seulement de $x$ et de $m$, mais encore d'un autre paramètre indéterminé $n$, et qu'en faisant croître celui-ci, G augmente et devienne $G_1$. Remplaçons aussi K par une autre fonction $K_1$ de $x$ et de $m$ qui soit moindre que K d'une quantité aussi petite qu'on voudra : on peut encore considérer K comme fonction du nouveau paramètre $n$, et admettre que K devient plus petite et se change en $K_1$ par l'augmentation de $n$. L'équation (I) deviendra

$$\frac{d.\left(K_1 \frac{dV_1}{dx}\right)}{dx} + G_1V_1 = 0,$$

Supposons enfin qu'on ait $\dfrac{K_1 \frac{dV_1}{dx}}{V_1}$ = ou un peu $< \dfrac{K \frac{dV}{dx}}{V}$ pour $x = \mathrm{x}$, quelle que soit $m$, et que d'ailleurs chacun de ces rapports diminue ou demeure constant, quand $m$ augmente.

Cela posé, on conclut du théorème du n° XII, en y remplaçant $m$ par $n$, que la nouvelle fonction $V_1$ doit s'évanouir entre les limites x et X autant de fois ou plus de fois que V, et que chaque valeur de $x$ qui annulle $V_1$ est plus petite que la valeur de $x$ de même rang à partir de x qui annulle V. En outre on aura d'après le n° VI pour toute valeur de $x$ plus grande que x

$$\frac{K_1 \frac{dV'}{dx}}{V} < \frac{K \frac{dV}{dx}}{V} \quad \text{ou} \quad \frac{V_1}{K_1 \frac{dV_1}{dx}} > \frac{V}{K \frac{dV}{dx}}.$$

Conséquemment en faisant $x = \mathrm{X}$, on aura pour chaque valeur de $m$

$$\frac{K_1 \frac{dV_1}{dx} + HV_1}{V_1} < \frac{K \frac{dV}{dx} + HV}{V},$$

et comme ces deux fonctions décroissent l'une et l'autre quand $m$ augmente, $\dfrac{K_1 \frac{dV_1}{dx} + HV_1}{V_1}$, s'évanouira en passant toujours du positif au négatif pour des valeurs de $m$ un peu plus petites que celles qui annullent $\frac{K\frac{dV}{dx}+HV}{V}$, c'est-à-dire que les racines $m$ de l'équation $K_1\frac{dV_1}{dx}+HV_1=o$ sont un peu moindres que celles de l'équation $K\frac{dV}{dx}+HV=o$; proposition qu'on pourrait rendre encore plus évidente par le raisonnement développé dans le numéro précédent.

En considérant qu'on a $\frac{V_1}{K_1\frac{dV_1}{dx}}>\frac{V}{K\frac{dV}{dx}}$, on reconnaît de même que $V_1(X, m)$ s'évanouira pour des valeurs de $m$ plus petites que celles qui annullent $V(X, m)$ (*).

On voit par tout ce qui précède comment l'augmentation ou la diminution de chacune des quantités H, $h$, G et K, indépendamment de la variation de $m$, influe sur les valeurs de $x$ qui annullent $V(x, m)$ entre les limites $x$ et X, et sur les valeurs de $m$ qui satisfont à l'équation $K\frac{dV}{dx}+HV=o$ pour $x=X$.

## XXIV.

On a supposé dans tout ce qui précède que H était une quantité constante ou une fonction décroissante de $m$. Si l'on prend pour H une fonction quelconque de $m$ assujettie à la seule condition de ne pas devenir infinie, la fonction $\frac{K\frac{dV}{dx}}{V}+H$ ou $\frac{K\frac{dV}{dx}+HV}{V}$ où l'on fait $x=X$, pourra

(*) Par exemple, le problème de la distribution de la chaleur dans une sphère homogène conduit à des équations de cette forme

$$\frac{d^2V}{dx^2}+\left(m+\frac{n}{x^2}\right)V=o,$$

qu'on intègre en supposant $V=o$ pour $x=o$.

D'après ce qui précède les valeurs de $m$ qui satisfont à l'équation $\frac{dV}{dx}+HV=o$, pour $x=X$ ou à l'équation $V(X, m)=o$, diminuent quand la quantité $n$ augmente, et si $n$ n'admet pas de valeurs positives, les racines $m$ de ces équations sont les plus petites quand $n=o$.

tantôt croître, tantôt décroître. En désignant par $\alpha$ et $\beta$ deux valeurs de $m$ consécutives qui annullent $V(X, m)$, cette fonction $\dfrac{K\dfrac{dV}{dx}}{V} + H$ aura toujours pour les valeurs de $m$ un peu plus grandes que $\alpha$ des valeurs positives très grandes et pour les valeurs de $m$ un peu plus petites que $\beta$ des valeurs très grandes, puisque $\dfrac{K\dfrac{dV}{dx}}{V}$ où l'on fait $x=X$ passe de $-\infty$ à $+\infty$, toutes les fois que $m$ atteint et dépasse une valeur qui annulle $V(X, m)$ : par conséquent $K\dfrac{dV}{dx} + HV$ changera de signe en s'évanouissant une fois ou un nombre impair de fois tandis que $m$ croîtra depuis $\alpha$ jusqu'à $\beta$; il pourra même arriver que $K\dfrac{dV}{dx} + HV$ s'évanouisse pour d'autres valeurs de $m$ entre $\alpha$ et $\beta$ sans changer de signe. On voit aussi que si la quantité $\dfrac{K\dfrac{dV}{dx} + HV}{V}$ est positive pour une certaine valeur de $m$, $K\dfrac{dV}{dx} + HV$ devra changer de signe une fois ou un nombre impair de fois tandis que $m$ croîtra depuis cette valeur jusqu'à celle immédiatement supérieure qui annulle $V(X, m)$ et que $K\dfrac{dV}{dx} + HV$ ne changera pas de signe ou en changera un nombre pair de fois, tandis que $m$ variera depuis la valeur dont il s'agit jusqu'à celle immédiatement inférieure qui annulle $V(X, m)$. D'après cela il est aisé de voir comment on devra modifier les propositions des n$^{os}$ XX...XXIII, en supposant que H soit une fonction quelconque de $m$, au lieu d'être une constante ou une fonction de $m$ décroissante.

## XXV.

Nous avons considéré précédemment les changements de signe qu'éprouve entre les limites x et X la fonction V définie par l'équation différentielle

$$\frac{d.\left(K\dfrac{dV}{dx}\right)}{dx} + GV = 0. \qquad \text{(I)}$$

G et K étant des fonctions de $x$ et de $m$ qui satisfont aux conditions énoncées n° XII.

Maintenant nous allons nous occuper de la fonction $K\frac{dV}{dx}+pV$ que nous désignerons par T, $p$ étant une fonction de $x$ ou une constante.

En posant

$$T = K\frac{dV}{dx} + pV,$$

on a

$$\frac{dT}{dx} = \frac{d.\left(K\frac{dV}{dx}\right)}{dx} + p\frac{dV}{dx} + V\frac{dp}{dx};$$

en remplaçant dans le second membre $\frac{d.\left(K\frac{dV}{dx}\right)}{dx}$ par la quantité équivalente $-GV$, et $\frac{dV}{dx}$ par $\frac{T-pV}{K}$, on trouvera

$$K\frac{dT}{dx} - pT + \left(GK + p^2 - K\frac{dp}{dx}\right)V = 0. \qquad (11)$$

La formule

$$T = K\frac{dV}{dx} + pV$$

donne aussi

$$\delta T = \delta\left(K\frac{dV}{dx}\right) + p\delta V,$$

d'où l'on tire

$$T.\delta V - V.\delta T = \delta V.K\frac{dV}{dx} - V.\delta\left(K\frac{dV}{dx}\right).$$

En combinant cette dernière formule avec les équations (4) et (5) du n° VI, on aura les suivantes :

$$T\delta V - V\delta T = C + \int_{\mathrm{x}}^{x} V^2.\delta G.dx - \int_{\mathrm{x}}^{x}\left(\frac{dV}{dx}\right)^2.\delta K.dx, \qquad (12)$$

$$T\delta V - V\delta T = C' - \int_{x}^{\mathrm{X}} V^2.\delta G.dx + \int_{x}^{\mathrm{X}}\left(\frac{dV}{dx}\right)^2.\delta K.dx. \qquad (13)$$

Les constantes C et C′ représentent ici les valeurs de $T\delta V - V\delta T$ pour $x = \mathrm{x}$ et pour $x = \mathrm{X}$.

La formule (12) fait voir qu'on aura, pour chaque valeur de $x$,

$$T\delta V - V\delta T > 0,$$

si l'on prend C et $\delta$G positives ou nulles, et $\delta$K négative ou nulle, comme dans le n° VI ($\delta m$ étant positive). Alors la quantité $\frac{V}{T}$ augmente ou $\frac{T}{V}$ diminue, quand $m$ augmente, car on a

$$T\delta V - V\delta T = T^2.\delta\left(\frac{V}{T}\right) = -V^2.\delta\left(\frac{T}{V}\right).$$

Prendre C positive ou nulle, c'est supposer que la valeur de $\frac{V}{T}$ pour $x = \mathrm{x}$ augmente ou que celle de $\frac{T}{V}$ diminue, quand $m$ augmente, ou que l'une et l'autre demeure constante. Nous admettrons en outre que T ne change pas de signe pour $x = \mathrm{x}$, mais que $V(\mathrm{x}, m)$ peut en changer.

Cela posé, attribuons à $m$ une valeur arbitraire et soit $\xi$ une valeur de $x$ qui annulle T. Comme T représente $K\frac{dV}{dx} + pV$, V ne peut pas être nulle en même temps que T pour $x = \xi$, puisque si V était nulle, on aurait à la fois $V = 0$ et $\frac{dV}{dx} = 0$ pour $x = \xi$, ce qui est impossible, n° II. On le voit encore par l'équation (12).

L'équation (12) prouve aussi que $\delta$T ne peut pas être nulle en même temps que T, puisque alors $T\delta V - V\delta T$ serait nulle, tandis qu'au contraire on a toujours, en vertu de nos hypothèses,

$$T\delta V - V\delta T > 0.$$

A cause de $T = 0$, cette inégalité se réduit à

$$- V\delta T > 0;$$

ainsi quand $T = 0$, $\delta T$ ou $\frac{\delta T}{\delta m}$ a un signe contraire à celui de V.

D'ailleurs l'équation (11) fait voir que $\frac{dT}{dx}$ sera aussi différente de zéro et d'un signe contraire à celui de V, si l'on a pour chaque valeur de $x$,

$$GK + p^2 - K\frac{dp}{dx} > 0. \qquad (14)$$

En admettant cette nouvelle hypothèse, toutes les fois qu'on aura $T = 0$ pour un système de valeurs de $x$ et de $m$, les deux dérivées $\frac{dT}{dx}$ et $\frac{\delta T}{\delta m}$ auront des valeurs différentes de zéro et de même signe. En conséquence, on pourra appliquer à la fonction T tout ce qu'on a démontré dans les nos VII...XI sur les changements de signe de V, en s'appuyant sur ce que les dérivées $\frac{dV}{dx}$ et $\frac{\delta V}{\delta m}$ ont des valeurs différentes de zéro et de même signe, toutes les fois que V s'évanouit. Puisque T jouit de la même propriété, on en conclura successivement comme on l'a fait pour V, que T change toujours de signe en s'évanouissant, que les valeurs de $x$ qui annullent T décroissent progressivement quand $m$ augmente, et que si T est nulle pour $x = X$ et pour une valeur particulière de $m$, T acquiert pour une valeur de $m$ un peu plus grande un nouveau changement de signe près de la limite X.

De là résulte le théorème suivant.

## XXVI.

Soient les équations différentielles

$$\frac{d.\left(K'\frac{dV'}{dx}\right)}{dx} + G'V' = 0,$$

$$\frac{d.\left(K''\frac{dV''}{dx}\right)}{dx} + G''V'' = 0,$$

$$\frac{d.\left(K\frac{dV}{dx}\right)}{dx} + GV = 0,$$

dans lesquelles les fonctions G′, K′, etc. remplissent les conditions énoncées n° XII. Soit $p$ une fonction de $x$ telle qu'on ait pour toutes les valeurs de $x$ comprises entre les limites x et X,

$$\begin{aligned} G'K' + p^2 - K'\frac{dp}{dx} &> 0,\\ G''K'' + p^2 - K''\frac{dp}{dx} &> 0, \qquad (14)\\ GK + p^2 - K\frac{dp}{dx} &> 0, \end{aligned}$$

$p$ pouvant se réduire à une constante.

Si l'on a pour $x = \text{x}$, $\dfrac{V''}{K''\dfrac{dV''}{dx} + pV''} \gtreqless \dfrac{V'}{K'\dfrac{dV'}{dx} + pV'}$, la fonction $K''\dfrac{dV''}{dx} + pV''$ doit s'évanouir et changer de signe autant de fois ou plus que $K'\dfrac{dV'}{dx} + pV'$, entre les limites x et X, et chaque valeur de $x$ qui annulle $K'\dfrac{dV'}{dx} + pV'$ est plus grande que la valeur de $x$ de même rang à partir de x qui annulle $K''\dfrac{dV''}{dx} + pV''$.

En outre, si $K\dfrac{dV}{dx} + pV$ a toujours pour $x = \text{x}$ un signe constant qui soit aussi celui de $K'\dfrac{dV'}{dx} + pV'$ et de $K''\dfrac{dV''}{dx} + pV''$ pour $x = \text{x}$, et si la valeur du rapport $\dfrac{V}{K\dfrac{dV}{dx} + pV}$ pour $x = \text{x}$, étant d'abord égale à celle de $\dfrac{V'}{K'\dfrac{dV'}{dx} + pV'}$ quand $m = m'$, augmente ou du moins ne diminue pas quand $m$ augmente, et devient égale à celle de $\dfrac{V''}{K''\dfrac{dV''}{dx} + pV''}$ quand $m = m''$, l'excès du nombre des changements de signe de $K''\dfrac{dV''}{dx} + p''$ sur le nombre des changements de signe de $K'\dfrac{dV'}{dx} + pV'$ entre les limites x et X, est précisément égal au nombre des changements de signe qu'éprouve la fonction $K\dfrac{dV}{dx} + pV$ où l'on fait $x = X$, lorsque $m$ croît depuis $m'$ jusqu'à $m''$.

*Remarques.* — Quoiqu'on ait supposé pour établir ce théorème que la fonction $K\frac{dV}{dx}+pV$ ne change pas de signe pour $x=\text{x}$, et que par conséquent $K'\frac{dV'}{dx}+pV'$ et $K''\frac{dV''}{dx}+pV''$ ont le même signe pour $x=\text{x}$, cependant la première partie du théorème a lieu, lors même que les valeurs de $K'\frac{dV'}{dx}+pV'$ et de $K''\frac{dV''}{dx}+pV''$ pour $x=\text{x}$ sont de signes contraires. En effet, on a la faculté de changer le signe de la fonction $V'$ par exemple, sans qu'elle cesse de vérifier l'équation différentielle

$$\frac{d\left(K'\frac{dV'}{dx}\right)}{dx}+G'V'=0,$$

et la condition

$$\frac{V'}{K'\frac{dV'}{dx}+pV'}\leqq\frac{V''}{K''\frac{dV''}{dx}+pV''}\quad\text{pour } x=\text{x}.$$

En changeant le signe de $V'$, celui de $K'\frac{dV'}{dx}+pV'$ est changé en même temps pour chaque valeur de $x$ et en particulier pour $x=\text{x}$. Chacune des fonctions $V'$, $V''$ et $V$ peut avoir pour $x=0$ une valeur positive, négative ou nulle, indifféremment.

Si l'on a $K'\frac{dV'}{dx}+pV'=0$ pour $x=\text{x}$, le théorème qui vient d'être énoncé a toujours lieu, pourvu que l'on considère le rapport $\frac{V'}{K'\frac{dV'}{dx}+pV'}$ comme égal à $-\infty$ pour $x=\text{x}$ (*) et qu'on ne tienne

---

(*) En effet, on a $\frac{K\frac{dV}{dx}+pV}{V}=0$ pour $x=\text{x}$ et $m=m'$: or quand $m$ augmente, ce rapport $\left(\frac{T}{V}\right)$ doit décroître, et conséquemment devenir négatif: en sorte que $\frac{V}{K\frac{dV}{dx}+pV}$ a pour $x=\text{x}$ une valeur négative d'autant plus considérable que $m$ diffère moins de $m'$.

pas compte de la valeur x parmi celles qui annullent $K'\frac{dV'}{dx}+pV'$ en les comparant avec celles qui annullent $K''\frac{dV''}{dx}+pV''$.

Si l'on a $K''\frac{dV''}{dx}+pV''=0$ pour $x=\mathrm{x}$, le théorème subsiste encore en supposant $\frac{V''}{K''\frac{dV''}{dx}+pV''}=+\infty$ pour $x=\mathrm{x}$ et en tenant compte de la valeur x parmi celles qui annullent $K''\frac{dV''}{dx}+pV''$.

Enfin si l'on a à la fois $K'\frac{dV'}{dx}+pV'=0$ et $K''\frac{dV''}{dx}+pV''=0$ pour $x=\mathrm{x}$, on doit supposer aussi constamment $K\frac{dV}{dx}+pV=0$ pour $x=\mathrm{x}$, tandis que $m$ croît depuis $m'$ jusqu'à $m''$, et il faut alors dans l'énoncé du théorème n'avoir égard qu'aux valeurs de $x$ plus grandes que x qui annullent les fonctions $K'\frac{dV'}{dx}+pV'$, $K''\frac{dV''}{dx}+pV''$ et $K\frac{dV}{dx}+pV$.

## XXVII.

On peut sans altérer les fonctions G et K dans l'équation... $\frac{d\left(K\frac{dV}{dx}\right)}{dx}+GV=0$, faire varier seulement le rapport de V à $K\frac{dV}{dx}$ pour $x=\mathrm{x}$. En supposant toujours $GK+p^2-K\frac{dp}{dx}>0$, le théorème du n° XXVI se réduit alors au suivant, dans lequel les fonctions $V_1$ et $V_2$ sont celles qui ont été définies au n° XIII.

Si l'on fait croître la valeur $h$ de $\frac{K\frac{dV}{dx}}{V}$ pour $x=\mathrm{x}$ par degrés insensibles depuis $-\infty$ jusqu'à $+\infty$, chaque valeur de $x$ qui annulle $K\frac{dV}{dx}+pV$ augmente continuellement en passant par toutes les grandeurs comprises entre deux valeurs de $x$ consécutives qui annullent $K\frac{dV_1}{dx}+pV_1$ : quand $h=0$, on a les valeurs de $x$ qui annullent $K\frac{dV_2}{dx}+pV_2$.

## XXVIII.

Il est aisé de voir comment on doit modifier le théorème du n° XXVI, si l'on remplace les conditions énoncées pour la limite x par des conditions analogues pour la limite X. Nous ne donnerons ici qu'une partie du nouvel énoncé.

Soient les deux équations différentielles

$$\frac{d\left(K'\frac{dV'}{dx}\right)}{dx} + G'V' = 0,$$

$$\frac{d.\left(K''\frac{dV''}{dx}\right)}{dx} + G''V'' = 0,$$

et supposons toujours

$$G'' \geqq G', \quad K'' \leqq K',$$

$$G'K' + p^2 - K'\frac{dp}{dx} > 0,$$

$$G''K'' + p^2 - K''\frac{dp}{dx} > 0.$$

Si l'on a

$$\frac{V''}{K''\frac{dV''}{dx} + pV''} \leqq \frac{V'}{K'\frac{dV'}{dx} + pV'} \text{ pour } x = X,$$

la fonction $K''\frac{dV''}{dx} + pV''$ s'évanouira entre les limites x et X autant de fois ou plus de fois que $K'\frac{dV'}{dx} + pV'$, et pour des valeurs de $x$ respectivement plus grandes que celles de même rang à partir de X qui annullent $K'\frac{dV}{dx} + pV'$.

Si l'on a $K'\frac{dV}{dx} + pV' = 0$ pour $x = X$, cette proposition subsiste pourvu que l'on considère $\frac{V'}{K'\frac{dV'}{dx} + pV'}$ comme égal à $+\infty$

pour $x = \mathrm{X}$, et qu'on ne tienne pas compte de la valeur X parmi celles qui annullent $\mathrm{K}' \frac{d\mathrm{V}'}{dx} + p\mathrm{V}'$, en les comparant à celles qui annullent $\mathrm{K}'' \frac{d\mathrm{V}''}{dx} + p\mathrm{V}''$.

Si l'on a $\mathrm{K}'' \frac{d\mathrm{V}''}{dx} + p\mathrm{V}'' = 0$ pour $x = \mathrm{X}$, il faut regarder $\frac{\mathrm{V}''}{\mathrm{K}'' \frac{d\mathrm{V}''}{dx} + p\mathrm{V}''}$ comme égal à $-\infty$ pour $x = \mathrm{X}$, et compter la valeur X parmi celles qui annullent $\mathrm{V}''$.

Si l'on a en même temps $\mathrm{K}' \frac{d\mathrm{V}'}{dx} + p\mathrm{V}' = 0$ et $\mathrm{K}'' \frac{d\mathrm{V}''}{dx} + p\mathrm{V}''$ pour $x = \mathrm{X}$, il faut dans le même énoncé n'avoir égard qu'aux valeurs de $x$ plus petites que X, qui annullent $\mathrm{K}' \frac{d\mathrm{V}'}{dx} + p\mathrm{V}'$ et $\mathrm{K}'' \frac{d\mathrm{V}''}{dx} + \mathrm{V}''$.

## XXIX.

Les théorèmes des n$^{\text{os}}$ XII et XV sur les changements de signe de $\mathrm{V}'$ et de $\mathrm{V}''$, nous ont donné comme corollaires les propriétés développées dans les n$^{\text{os}}$ XVI, XVII et XVIII. En appliquant les mêmes raisonnements aux deux fonctions $\mathrm{K}' \frac{d\mathrm{V}'}{dx} + p\mathrm{V}'$ et $\mathrm{K}'' \frac{d\mathrm{V}''}{dx} + p\mathrm{V}''$, on déduira des n$^{\text{os}}$ XXVI et XXVIII des propriétés de ces fonctions tout-à-fait analogues à celles de $\mathrm{V}'$ et de $\mathrm{V}''$. Il suffira de les énoncer.

Quelles que soient les valeurs de $\frac{\mathrm{V}'}{\mathrm{K}' \frac{d\mathrm{V}'}{dx} + p\mathrm{V}'}$ et de $\frac{\mathrm{V}''}{\mathrm{K}'' \frac{d\mathrm{V}''}{dx} + p\mathrm{V}''}$, soit pour $x = \mathrm{x}$, soit pour $x = \mathrm{X}$, deux valeurs de $x$ consécutives qui annullent $\mathrm{K}' \frac{d\mathrm{V}'}{dx} + p\mathrm{V}'$ comprennent toujours au moins une valeur de $x$ qui annulle $\mathrm{K}'' \frac{d\mathrm{V}''}{dx} + p\mathrm{V}''$, et deux valeurs de $x$ consécutives qui annullent $\mathrm{K}'' \frac{d\mathrm{V}''}{dx} + p\mathrm{V}''$ ne peuvent pas comprendre plus d'une valeur de $x$ qui annulle $\mathrm{K}' \frac{d\mathrm{V}'}{dx} + p\mathrm{V}'$.

Admettons maintenant qu'on ait à la fois

$$\frac{V''}{K''\frac{dV''}{dx}+pV''} \geqq \frac{V'}{K'\frac{dV'}{dx}+pV'} \quad \text{pour } x = \mathrm{x},$$

$$\frac{V''}{K''\frac{dV''}{dx}+pV''} \leqq \frac{V'}{K'\frac{dV'}{dx}+pV'} \quad \text{pour } x = \mathrm{X}.$$

Alors la $n^{ieme}$ valeur de $x$ à partir de x qui annulle $K'\frac{dV'}{dx}+pV'$, est plus grande que la $n^{ieme}$ valeur de $x$ qui annulle $K''\frac{dV''}{dx}+pV''$ et plus petite qu'une autre valeur de $x$ qui annulle $K''\frac{dV''}{dx}+pV''$ d'un rang marqué par $n+\varepsilon$ (à partir de x), $\varepsilon$ désignant combien de fois $K''\frac{dV''}{dx}+pV''$ s'évanouit de plus que $K'\frac{dV}{dx}+pV'$ entre les limites x et X.

En particulier, si $\varepsilon = 1$, c'est-à-dire si $K''\frac{dV''}{dx}+pV''$ ne s'annulle qu'une fois de plus que $K'\frac{dV'}{dx}+pV'$ entre x et X, chaque valeur de $x$ qui annulle $K'\frac{dV'}{dx}+pV'$ tombe entre la valeur de $x$ de même rang à partir de x qui annulle $K''\frac{dV''}{dx}+pV''$ et la valeur de $x$ immédiatement supérieure qui annulle aussi $K''\frac{dV''}{dx}+pV''$; de sorte que les deux fonctions $K''\frac{dV''}{dx}+pV''$ et $K'\frac{dV'}{dx}+pV'$ s'évanouissent l'une après l'autre alternativement, tandis que $x$ croît depuis x jusqu'à X.

Si l'on prend entre x et X des valeurs $a$ et $b$, $K''\frac{dV''}{dx}+pV''$ ne peut s'évanouir entre les limites $a$ et $b$ qu'une fois de moins que $K'\frac{dV'}{dx}+pV'$; d'un autre côté $K''\frac{dV''}{dx}+pV''$ s'évanouit entre les limites $a$ et $b$ au plus $\varepsilon$ fois de plus que $K'\frac{dV'}{dx}+pV'$. Conséquemment, entre deux valeurs de $x$ consécutives $\alpha$ et $\beta$ qui annullent $K'\frac{dV'}{dx}+pV'$, il ne peut exister plus de $\varepsilon$ valeurs de $x$ qui annullent $K''\frac{dV''}{dx}+pV''$. Si l'on avait $K''\frac{dV''}{dx}+pV''=0$, en même temps que $K'\frac{dV'}{dx}+pV'=0$, pour

$x = \alpha$ ou pour $x = \mathcal{C}$, $K'' \frac{dV''}{dx} + pV''$ s'évanouirait au plus $\varepsilon - 1$ fois entre $\alpha$ et $\mathcal{C}$, sans compter son évanouissement pour $x = \alpha$ ou pour $x = \mathcal{C}$. Et si $K'' \frac{dV''}{dx} + pV''$ était nulle en même temps que $K' \frac{dV'}{dx} + pV'$ pour les deux valeurs $\alpha$ et $\mathcal{C}$, il n'y aurait au plus que $\varepsilon - 2$ valeurs de $x$ entre $\alpha$ et $\mathcal{C}$ qui annulleraient $K'' \frac{dV''}{dx} + pV''$.

Si l'on a $K' \frac{dV'}{dx} + pV' = 0$ ou $K'' \frac{dV''}{dx} + pV'' = 0$ pour $x = \mathrm{x}$ ou pour $x = \mathrm{X}$, ou si l'on a à la fois $K' \frac{dV'}{dx} + pV' = 0$ et..... $K'' \frac{dV''}{dx} + pV'' = 0$ pour $x = \mathrm{x}$ ou pour $x = \mathrm{X}$, les propositions précédentes subsisteront, pourvu qu'on ait égard aux remarques qui terminent les nos XXVI et XXVIII.

## XXX.

En observant qu'on a

$$\frac{d.}{dx}\left(\frac{K\frac{dV}{dx}}{V}\right) = \frac{V.\frac{d.\left(K\frac{dV}{dx}\right)}{dx} - K\left(\frac{dV}{dx}\right)^2}{V^2},$$

et

$$\frac{d.}{dx}\left(\frac{V}{K\frac{dV}{dx}}\right) = \frac{K\left(\frac{dV}{dx}\right)^2 - V.\frac{d.\left(K\frac{dV}{dx}\right)}{dx}}{\left(K\frac{dV}{dx}\right)^2},$$

on peut mettre l'équation

$$\frac{d.\left(K\frac{dV}{dx}\right)}{dx} + GV = 0, \qquad (I)$$

sous les deux formes suivantes :

$$\frac{d.}{dx}\left(\frac{K\frac{dV}{dx}}{V}\right) + G + \frac{1}{K}\left(\frac{K\frac{dV}{dx}}{V}\right)^2 = 0,$$

et

$$\frac{d.}{dx}\left(\frac{V}{K\frac{dV}{dx}}\right) = G\left(\frac{V}{K\frac{dV}{dx}}\right)^2 + \frac{1}{K}\ (*).$$

On voit ici que si la fonction G est positive comme K entre les limites x et X, $\frac{d}{dx}\left(\frac{K\frac{dV}{dx}}{V}\right)$ est constamment négative entre ces limites et $\frac{d.}{dx}\left(\frac{V}{K\frac{dV}{dx}}\right)$ positive, et par conséquent en faisant croître $x$ depuis x jusqu'à X, la fonction $\frac{K\frac{dV}{dx}}{V}$ diminue continuellement et $\frac{V}{K\frac{dV}{dx}}$ augmente.

Quand $x$ en croissant atteint une valeur qui annulle V, on a simplement $\frac{d.}{dx}\left(\frac{V}{K\frac{dV}{dx}}\right) = \frac{1}{K}$, d'où l'on conclut que lors même que G

---

(*) Ainsi en faisant

$$y = \frac{K\frac{dV}{dx}}{V} \quad \text{et} \quad z = \frac{1}{y} = \frac{V}{K\frac{dV}{dx}},$$

l'équation

$$\frac{d.\left(K\frac{dV}{dx}\right)}{dx} + GV = 0, \qquad (I)$$

se transforme dans les deux suivantes :

$$\frac{dy}{dx} + G + \frac{1}{K}y^2 = 0 \quad \text{et} \quad \frac{dz}{dx} = Gz^2 + \frac{1}{K},$$

qu'on peut réciproquement ramener à l'équation (I). Ces dernières renferment comme cas particulier l'équation de *Riccati ;* on peut leur appliquer les transformations dont l'équation (I) est susceptible et qui seront indiquées dans le nº XXXV.

n'est pas positive, $-\frac{V}{K\frac{dV}{dx}}$ passe toujours du négatif au positif quand V s'évanouit. Cette propriété qu'on a déjà remarquée n° II, n'est pas particulière à la fonction V; car en général, lorsqu'une fonction $f(x)$ d'une variable $x$ s'évanouit, le quotient $\frac{f(x)}{f'(x)}$ passe du négatif au positif, $f'(x)$ étant la fonction dérivée de $f(x)$.

Quand $\frac{dV}{dx}$ devient nulle pour une valeur de $x$, $\frac{K\frac{dV}{dx}}{V}$ passe en s'évanouissant du positif au négatif, si G est positive; donc pour cette valeur de $x$ qui annulle $\frac{dV}{dx}$, V a une valeur *maximum* soit positive soit négative, puisque pour les valeurs de $x$ un peu plus grandes que celle-là $\frac{dV}{dx}$ prend un signe contraire à celui de V et que pour les valeurs de $x$ un peu moindres, $\frac{dV}{dx}$ a le même signe que V, ce qui indique une valeur *maximum* de V. On peut encore le reconnaître en écrivant l'équation (I), ainsi

$$K\frac{d^2V}{dx^2} + \frac{dK}{dx}\frac{dV}{dx} + GV = 0.$$

G étant positive, on voit que quand on a $\frac{dV}{dx} = 0$, $\frac{d^2V}{dx^2}$ a un signe contraire à celui de V, ce qui est le caractère d'une valeur *maximum* de V. Cette fonction V ne peut donc point avoir de valeur *minimum*, quand G est positive; elle deviendait *minimum*, si $\frac{dV}{dx}$ s'annullait pour une valeur de $x$ qui rendrait G négative.

## XXXI.

Désignons par $p$ une quantité constante ou une fonction de $x$ qui décroisse continuellement, tandis que $x$ croît depuis x jusqu'à X. En supposant toujours G positive, la fonction $\frac{K\frac{dV}{dx}}{V} + p$ ou $\frac{K\frac{dV}{dx} + pV}{V}$ doit, d'après ce qui précède, décroître à mesure que $x$ augmente, aussi long-temps que V ne s'évanouit pas. Cette fonction ne peut changer de signe qu'en devenant nulle ou infinie. Elle devient infinie lorsque V s'évanouit; alors elle passe du négatif au positif. Elle devient nulle quand on a $K\frac{dV}{dx} + pV = 0$; on ne peut pas avoir en même temps $V = 0$, car alors on aurait $V = 0$ et $K\frac{dV}{dx} = 0$ pour la même valeur de $x$, ce qui est impossible. Puisque la fonction $\frac{K\frac{dV}{dx} + pV}{V}$ décroît, tandis que $x$ augmente, elle passe quand elle s'évanouit du positif au négatif; puis $x$ continuant à croître, elle décroît indéfiniment en prenant des valeurs négatives de plus en plus considérables, jusqu'à ce que V devienne nulle. Alors $\frac{K\frac{dV}{dx} + pV}{V}$ devient infinie et change de signe en passant de $-\infty$ à $+\infty$; et $x$ continuant à croître, elle recommence à décroître et prend des valeurs positives de plus en plus petites jusqu'à ce qu'elle s'évanouisse de nouveau; après quoi elle devient négative jusqu'à ce que V s'annulle : de sorte qu'en général les deux fonctions V et $K\frac{dV}{dx} + pV$ s'évanouissent l'une après l'autre alternativement pour des valeurs croissantes de $x$.

En conséquence, si la fonction $\frac{K\frac{dV}{dx} + pV}{V}$ est positive pour $x = \mathrm{x}$ et pour $x = \mathrm{X}$, tandis que $x$ croîtra depuis x jusqu'à X, elle ne pourra changer de signe qu'un nombre pair de fois, en passant d'abord par zéro, puis par l'infini, et ensuite par zéro et par l'infini alternativement. Les deux fonctions $K\frac{dV}{dx} + pV$ et V s'évanouissent donc l'une après l'autre tour à tour un même nombre de fois, et c'est $K\frac{dV}{dx} + pV$ qui s'évanouit la première.

Si $\frac{K\frac{dV}{dx} + pV}{V}$ est négative pour $x = \mathrm{x}$ et pour $x = \mathrm{X}$, les deux fonctions V et $K\frac{dV}{dx} + pV$ s'évanouiront encore entre ces limites un même nombre de fois et toujours l'une après l'autre : V s'évanouira la première.

Si $\frac{K\frac{dV}{dx} + pV}{V}$ a une valeur positive pour $x = \mathrm{x}$ et négative pour $x = \mathrm{X}$, $K\frac{dV}{dx} + pV$ s'évanouira une fois de plus que V entre les limites x et X ; d'ailleurs ces deux fonctions s'annullent toujours l'une après l'autre alternativement, et c'est $K\frac{dV}{dx} + pV$ qui devient nulle la première.

Enfin, si $\frac{K\frac{dV}{dx} + pV}{V}$ est négative pour $x = \mathrm{x}$ et positive pour $x = \mathrm{X}$, $K\frac{dV}{dx} + pV$ s'évanouira une fois de moins que V entre les limites x et X et V deviendra nulle la première.

Dans tous les cas, deux valeurs de $x$ consécutives qui annullent l'une de ces fonctions V et $K\frac{dV}{dx} + pV$ comprennent toujours entre elles une valeur de $x$ qui annulle l'autre et n'en comprennent qu'une, pourvu que G soit positive et que la quantité $p$ n'augmente pas quand $x$ augmente.

## XXXII.

Lorsque G changera de signe entre les limites x et X, ou que $p$ ne sera pas constante ou fonction décroissante de $x$, la fonction $\frac{K\frac{dV}{dx}}{V} + p$ pourra tantôt croître, tantôt décroître. Comme en désignant par $\alpha$ et $\beta$ deux valeurs de $x$ consécutives qui annullent V, cette fonction $\frac{K\frac{dV}{dx}}{V} + p$ a toujours pour les valeurs de $x$ un peu plus grandes que $\alpha$ des valeurs positives très grandes et pour les valeurs de $x$ un peu plus petites que $\beta$ des valeurs négatives très grandes, on voit que la fonction $K\frac{dV}{dx} + pV$ changera de signe une fois ou un nombre impair de fois entre $\alpha$ et $\beta$, et pourra même en outre s'évanouir sans changer de signe si l'on n'a pas constamment $GK+p^2-K\frac{dp}{dx}>0$. On voit aussi que si la quantité $\frac{K\frac{dV}{dx}+pV}{V}$ est positive pour une certaine valeur de $x$, $K\frac{dV}{dx}+pV$ changera de signe une fois ou un nombre impair de fois dans l'intervalle compris entre cette valeur de $x$ et celle immédiatement supérieure qui annulle V, et que $K\frac{dV}{dx}+pV$ ne changera pas de signe ou en changera un nombre pair de fois dans l'intervalle compris entre la même valeur de $x$ et celle immédiatement inférieure qui annulle V. L'inverse aura lieu, si $\frac{K\frac{dV}{dx}+pV}{V}$ est négative pour la valeur de $x$ que l'on considère.

## XXXIII.

G étant positive, si l'on remplace $p$ par une quantité $p_{,}$ constante ou fonction décroissante de $x$ qui pour chaque valeur de $x$ soit un peu plus grande que $p$, les valeurs de $x$ qui annulleront la fonction $K\frac{dV}{dx}+p_{,}V$ seront un peu plus grandes que celles qui annullent $K\frac{dV}{dx}+pV$, puisqu'on a pour chaque valeur de $x$,

$$\frac{K\frac{dV}{dx}}{V}+p_{,}>\frac{K\frac{dV}{dx}}{V}+p$$

et que ces deux fonctions décroissent l'une et l'autre quand $x$ augmente. On peut au surplus appliquer ici le raisonnement du n° XIX.

Si donc on prend successivement pour $p$ des valeurs constantes croissantes depuis $-\infty$ jusqu'à $+\infty$, ou des fonctions de $x$ de plus en plus grandes qui décroissent tandis que $x$ croît depuis x jusqu'à X, chaque valeur de $x$ qui annulle $K\frac{dV}{dx}+pV$ doit augmenter en même temps que $p$, sans cesser d'être seule comprise entre deux valeurs de $x$ consécutives qui annullent V; celles-ci répondent à $p=\pm\infty$. Les valeurs de $x$ qui annullent $\frac{dV}{dx}$ répondent à $p=0$. Chacune d'elles rend V *maximum* (n° XXX).

## XXXIV.

On a supposé depuis le n° XXX, la fonction G positive et $p$ égale à une constante ou à une fonction de $x$ qui décroît, tandis que $x$ croît depuis x jusqu'à X. De là résulte $GK + p^2 - K\frac{dp}{dx} > 0$. Cette condition (14), la seule à laquelle $p$ fût assujettie dans les n$^{os}$ XXV... XXIX étant actuellement remplie, en supposant G positive et $p$ constante ou fonction décroissante de $x$, on peut combiner les propositions de ces n$^{os}$ XXV...XXIX avec celles des n$^{os}$ suivants XXX, XXXI et XXXII et en déduire de nouvelles conséquences qu'il nous paraît superflu de développer.

## XXXV.

En différentiant plusieurs fois l'équation (I) après l'avoir écrite ainsi :

$$K\frac{d^2V}{dx^2} + \frac{dK}{dx}\frac{dV}{dx} + GV = 0,$$

on obtiendra pour toutes les fonctions $\frac{d^2V}{dx^2}$, $\frac{d^3V}{dx^3}$, etc.... des expressions de cette forme $Q\frac{dV}{dx} + RV$, Q et R étant des fonctions connues de $x$. Par conséquent, si l'on multiplie V, $\frac{dV}{dx}$, $\frac{d^2V}{dx^2}$, etc. par des fonctions de $x$ arbitraires, la somme des produits pourra se réduire à une expression semblable $M\frac{dV}{dx} + NV$. En la mettant sous cette forme $\frac{M}{K}\left(K\frac{dV}{dx} + \frac{KN}{M}V\right)$, et faisant $\frac{KN}{M} = p$, on pourra lui appliquer les diverses propositions démontrées précédemment sur les changements de signe de la fonction $K\frac{dV}{dx} + pV$, pourvu que $p$ remplisse les conditions énoncées.

XXXVI.

On peut déduire de la théorie qui précède un grand nombre de conséquences. Celles que nous allons développer suffiront pour faire comprendre le sens et l'usage de nos théorèmes.

Soit donnée l'équation

$$L\frac{d^2U}{dx^2}+M\frac{dU}{dx}+NU=0, \qquad (15)$$

où L, M, N sont des fonctions de $x$ données entre deux limites x et X. On peut la transformer dans la suivante :

$$\frac{d.\left(K\frac{dV}{dx}\right)}{dx}+GV=0, \qquad (16)$$

en faisant

$$U=\theta V.$$

$\theta$ étant une fonction arbitraire de $x$.

En effet l'équation (15) devient en y remplaçant U par $\theta$V,

$$L\theta\frac{dV^2}{dx^2}+\left(2L\frac{d\theta}{dx}+M\theta\right)\frac{dV}{dx}+\left(L\frac{d^2\theta}{dx^2}+M\frac{d\theta}{dx}+N\theta\right)V=0,$$

et on la rend identique avec l'équation (16), en faisant

$$\frac{dK}{Kdx}=2\frac{d\theta}{\theta dx}+\frac{M}{L},$$

$$\frac{G}{K}=\frac{L\frac{d^2\theta}{dx^2}+M\frac{d\theta}{dx}+N\theta}{L\theta}.$$

On tire de là

$$K=\theta^2.e^{\int\frac{Mdx}{L}}, \qquad (17)$$

puis

$$G=\frac{K}{L\theta}\left(L\frac{d^2\theta}{dx^2}+M\frac{d\theta}{dx}+N\theta\right)=\frac{\theta}{L}.e^{\int\frac{Mdx}{L}}\left(L\frac{d^2\theta}{dx^2}+M\frac{d\theta}{dx}+N\theta\right)$$
$$=\frac{N\theta^2}{L}.e^{\int\frac{Mdx}{L}}+\theta\left(e^{\int\frac{Mdx}{L}}\frac{d^2\theta}{dx^2}+e^{\int\frac{Mdx}{L}}.\frac{M}{L}.\frac{d\theta}{dx}\right),$$

ou enfin,

$$G = \frac{N\theta^2}{L} \cdot e^{\int \frac{Mdx}{L}} + \theta \cdot \frac{d}{dx} \cdot \left( e^{\int \frac{Mdx}{L}} \cdot \frac{d\theta}{dx} \right). \qquad (18)$$

On connaît ainsi les fonctions K et G (17) et (18) dans la nouvelle équation (16) qui remplace l'équation (15)

Si l'on prend la fonction arbitraire $\theta$ positive entre les limites x et X, U et V s'évanouiront pour les mêmes valeurs de $x$.

En supposant $\theta = 1$, on a $U = V$, et l'on retombe sur la transformation indiquée au commencement de ce mémoire, n° I, pour ramener l'équation

$$L \frac{d^2V}{dx^2} + M \frac{dV}{dx} + NV = 0$$

à la forme

$$\frac{d.\left(K \frac{dV}{dx}\right)}{dx} + GV = 0.$$

Par cette transformation, l'équation (15) peut toujours être préparée de telle sorte qu'on ait $M = \frac{dL}{dx}$. Elle est alors

$$\frac{d.\left(L \frac{dU}{dx}\right)}{dx} + NU = 0. \qquad (19)$$

En y faisant $U = \theta V$, pour la transformer dans celle-ci

$$\frac{d\left(K \frac{dV}{dx}\right)}{dx} + GV = 0. \qquad (16)$$

on trouve

$$K = \theta^2 L,$$

$$G = N\theta^2 + \theta . \frac{d\left(L \frac{d\theta}{dx}\right)}{dx} \quad (*).$$

(*) La variable indépendante est la même dans l'équation (19) et dans sa transformée (16) obtenue en faisant $U = \theta V$. On pourrait encore ramener l'équation (19) à une autre de même forme qui renfermerait la même fonction U en prenant

Si l'on prend en particulier $\theta = \frac{1}{\sqrt{L}}$, d'où $d\theta = \frac{-d\sqrt{L}}{L}$, on aura

$$K = 1, \qquad G = \frac{N}{L} - \frac{1}{\sqrt{L}} \cdot \frac{d^2\sqrt{L}}{dx^2}, \qquad U = \frac{V}{\sqrt{L}}, \qquad (20)$$

et par ces substitutions l'équation proposée

$$\frac{d\left(L\frac{dU}{dx}\right)}{dx} + NU = 0 \qquad (19)$$

sera remplacée par celle-ci

$$\frac{d^2V}{dx^2} + GV = 0 \qquad (21)$$

que nous allons considérer.

## XXXVII.

Supposons que la fonction G soit positive pour toutes les valeurs de $x$ croissantes depuis une valeur $a$ jusqu'à une autre $b$.

Prenons une constante $G'$ égale ou inférieure à la plus petite valeur de G dans l'intervalle compris entre $a$ et $b$, et une autre constante $G''$ égale ou supérieure à la plus grande valeur de G dans le même intervalle, et posons

$$\left.\begin{aligned} \frac{d^2V'}{dx^2} + G'V' &= 0, \\ \frac{d^2V''}{dx^2} + G''V'' &= 0. \end{aligned}\right\} (22)$$

---

une nouvelle variable indépendante $z$ dont $x$ serait fonction. Car cette équation (19) deviendrait

$$\frac{d}{dz}\cdot\left[\frac{L}{\left(\frac{dx}{dz}\right)}\cdot\frac{dU}{dz}\right] + N\left(\frac{dx}{dz}\right).U = 0.$$

Si par exemple on détermine $z$ de manière qu'on ait $\frac{dx}{dz} = L$ ou $dz = \frac{dx}{L}$, l'équation (19) deviendra

$$\frac{d^2U}{dz^2} + LN.U = 0.$$

Ces deux équations linéaires à coefficients constants s'intègrent et donnent

$$V' = C' \sin.(x\sqrt{G'} + c'), \quad V'' = C'' \sin.(x\sqrt{G''} + c'').$$

Quelles que soient les valeurs de V et de $\frac{dV}{dx}$ pour $x = a$, on peut toujours prendre les constantes arbitraires $c'$, $c''$, $C'$, $C''$, telles qu'on ait pour $x = a$

$$\frac{\frac{dV'}{dx}}{V'} \gtreqless \frac{\frac{dV}{dx}}{V}, \quad \frac{\frac{dV''}{dx}}{V''} \lesseqgtr \frac{\frac{dV}{dx}}{V},$$

et que $V'$ et $V''$ aient pour $x = a$, le même signe que V.

Si V était nulle pour $x = a$, on prendrait

$$V' = C' \sin.[(x - a)\sqrt{G'}], \quad V'' = C'' \sin[(x - a)\sqrt{G''}],$$

afin d'avoir aussi $V' = 0$ et $V'' = 0$ pour $x = a$.

Cela posé, il résulte du théorème du n° XII, que la fonction inconnue V s'évanouira entre les limites $a$ et $b$ au moins autant de fois que $V'$ et au plus autant de fois que $V''$.

Mais le sinus représenté par $V'$ s'annulle pour une suite de valeurs de $x$ équidifférentes dont la différence constante est $\frac{\pi}{\sqrt{G'}}$. V doit donc s'évanouir entre $a$ et $b$, au moins autant de fois que l'intervalle $b - a$ contient $\frac{\pi}{\sqrt{G'}}$ ou autant de fois qu'il y a d'unités entières dans $\frac{(b-a)\sqrt{G'}}{\pi}$. On verra de même que V doit s'évanouir entre $a$ et $b$ au plus autant de fois qu'il y a d'unités dans $\frac{(b-a)\sqrt{G''}}{\pi} + 1$.

Conséquemment, lorsqu'en prenant l'intervalle $b - a$ de plus en plus grand, le produit $(b - a)\sqrt{G'}$ deviendra plus grand que tout nombre donné, V s'évanouira pour une infinité de valeurs de $x$ croissantes jusqu'à l'infini. C'est ce qui a lieu toutes les fois que G ne diminue pas jusqu'à zéro, tandis que $x$ croît depuis une valeur $a$ jusqu'à l'infini; et lors même qu'en faisant croître $x$ jusqu'à l'infini, G diminuera jusqu'à 0, V pourra encore s'évanouir pour une infinité de valeurs de $x$, puisqu'il suffit pour cela que le produit $(b-a)\sqrt{G'}$ augmente indéfiniment en même temps que $b$.

On peut prendre la limite $b$ assez rapprochée de $a$ pour que l'intervalle $b-a$ soit plus petit que $\frac{\pi}{\sqrt{G''}}$. Alors si pour $x=a$ et pour $x=b$, V a des valeurs de même signe, V ne s'évanouira pas entre les limites $a$ et $b$; mais si V a des valeurs de signes contraires pour $x=a$ et pour $x=b$, V s'évanouira pour une seule valeur de $x$ comprise entre $a$ et $b$.

La principale difficulté de la résolution des équations numériques est, comme on sait, d'assigner des intervalles qui ne comprennent pas de racines ou qui n'en comprennent qu'une. A l'égard des équations $V=0$ qui nous occupent, cette difficulté est réduite par ce qui précède, à celle de déterminer le signe de la fonction V pour diverses valeurs de $x$ suffisamment rapprochées.

Nous allons donner dans le numéro suivant des formules pour déterminer approximativement les valeurs de $x$ qui annullent V.

## XXXVIII.

L'intervalle $b-a$ étant pris plus petit que $\frac{\pi}{\sqrt{G''}}$, il ne peut y avoir entre $a$ et $b$ qu'une seule valeur de $x$ qui annulle V. Il s'agit de déterminer cette valeur, si elle existe.

En posant les équations différentielles

$$\left.\begin{aligned} \frac{d^2V'}{dx^2} + G'V' &= 0, \\ \frac{d^2V''}{dx^2} + G''V'' &= 0, \end{aligned}\right\} \quad (22)$$

on peut prendre pour V′ et V″ les expressions suivantes :

$$\left.\begin{aligned} V' &= C' \sin.[(x-a)\sqrt{G'} - t'], \\ V'' &= C'' \sin.[(x-a)\sqrt{G''} - t''], \end{aligned}\right\} \quad (23)$$

$C'$, $C''$, $t'$, $t''$, étant les constantes arbitraires. On peut d'ailleurs supposer les arcs de cercle $t'$, $t''$, compris entre o et $\pi$.

On doit, d'après le théorème du n° XII, remplir les conditions

$$\frac{\frac{dV'}{dx}}{V'} \overset{>}{=} \frac{\frac{dV}{dx}}{V} \quad \text{et} \quad \frac{\frac{dV''}{dx}}{V''} \overset{<}{=} \frac{\frac{dV}{dx}}{V} \quad \text{pour } x = a.$$

Or les valeurs (23) de $V'$ et de $V''$ donnent pour $x = a$,

$$\frac{\frac{dV'}{dx}}{V'} = -\frac{\sqrt{G'}}{\operatorname{tang} t'} \quad \text{et} \quad \frac{\frac{dV''}{dx}}{V''} = -\frac{\sqrt{G''}}{\operatorname{tang} t''}.$$

En désignant donc par $p$ la valeur (positive ou négative) du rapport $\frac{V}{\frac{dV}{dx}}$ pour $x = a$, il faudra qu'on ait

$$-\frac{\sqrt{G'}}{\operatorname{tang} t'} \overset{>}{=} \frac{1}{p} \quad \text{et} \quad -\frac{\sqrt{G''}}{\operatorname{tang} t''} \overset{<}{=} \frac{1}{p}.$$

On tire de là

$$\operatorname{tang} t' \overset{>}{=} -p\sqrt{G'}, \quad \operatorname{tang} t'' \overset{<}{=} -p\sqrt{G''}, \quad (24)$$

pourvu toutefois qu'on prenne $\operatorname{tang} t'$ et $\operatorname{tang} t''$ d'un signe contraire à celui de $p$: les quantités $t'$ et $t''$ doivent d'ailleurs être comprises entre o et $\pi$.

On voit d'après l'expression (23) de $V'$ qu'on aura la plus petite valeur de $x$ immédiatement supérieure à $a$ qui annulle $V'$ en posant

$$(x - a)\sqrt{G'} - t' = 0,$$

d'où l'on tire

$$x = a + \frac{t'}{\sqrt{G'}};$$

de même la plus petite valeur de $x$ au-dessus de $a$ qui annulle $V''$ est $a + \frac{t''}{\sqrt{G''}}$.

Cela posé, si l'on désigne par $\xi$ la valeur de $x$ immédiatement supérieure à $a$ qui annulle la fonction $V$, et si cette valeur $\xi$ ne surpasse pas $b$, on aura en vertu du théorème du n° XII.

$$\xi < a + \frac{t'}{\sqrt{G'}}, \quad \xi > a + \frac{t''}{\sqrt{G''}}. \qquad (25)$$

Les quantités $t'$, $t''$ comprises entre o et $\pi$ étant déterminées par les formules (24).

Ainsi l'on connaîtra deux limites entre lesquelles sera comprise l'inconnue $\xi$, pourvu que $\xi$ tombe entre $a$ et $b$, comme on l'a supposé.

Si ces deux limites ne surpassent pas $b$, on sera certain qu'il existe entre elles une valeur de $x$ qui annulle V; cette valeur désignée par $\xi$ est d'ailleurs la seule entre $a$ et $b$ qui annulle V.

Si la limite inférieure $a+\frac{t''}{\sqrt{G''}}$ surpasse $b$, on en conclura que la fonction V ne s'évanouit pas quand $x$ croît depuis $a$ jusqu'à $b$.

Mais si $b$ est comprise entre $a+\frac{t''}{\sqrt{G''}}$ et $a+\frac{t'}{\sqrt{G'}}$, on sera dans l'alternative de savoir si V s'annulle pour une valeur de $x$ comprise entre $a+\frac{t''}{\sqrt{G''}}$ et $b$, ou si V ne change pas de signe dans l'intervalle de $a$ à $b$; la question serait décidée si l'on connaissait le signe de V pour $x=b$, comme pour $x=a$.

Les formules (24, 25) sont relatives à la valeur $a$ plus petite que la racine cherchée $\xi$. On peut établir des formules analogues qui se rapportent à la valeur $b$ plus grande que $\xi$.

On présente les valeurs de V' et V'' qui satisfont aux équations (22), sous cette forme :

$$V' = C' \sin.\left[(x-b)\sqrt{G'}+u'\right],$$
$$V'' = C'' \sin.\left[(x-b)\sqrt{G''}+u''\right].$$

On remplit les conditions

$$\frac{\frac{dV'}{dx}}{V'} \leqq \frac{\frac{dV}{dx}}{V}, \quad \frac{\frac{dV''}{dx}}{V''} \geqq \frac{\frac{dV}{dx}}{V} \text{ pour } x=b;$$

en prenant

$$\text{tang } u' \geqq q\sqrt{G'}, \quad \text{tang } u'' \leqq q\sqrt{G''}, \qquad (26)$$

$q$ désigne la valeur de $\frac{V}{\frac{dV}{dx}}$ pour $x=b$; tang $u'$ et tang $u''$ doivent avoir le même signe que $q$, et l'on prend $u'$ et $u''$ entre o et $\pi$.

La valeur de $x$ immédiatement inférieure à $b$ qui annulle $V'$ est $b-\frac{u'}{\sqrt{G'}}$; celle qui annulle $V''$ est $b-\frac{u''}{\sqrt{G''}}$. En désignant toujours par $\xi$ la valeur de $x$ comprise entre $a$ et $b$ qui annulle V, on a, d'après le n° XX,

$$\xi > b-\frac{u'}{\sqrt{G'}} \quad \text{et} \quad \xi < b-\frac{u''}{\sqrt{G''}}. \tag{27}$$

Si ces deux limites ne sont pas moindres que $a$, on sera certain qu'il existe entre elles une valeur $\xi$ de $x$ qui annulle V.

Si la limite supérieure $b-\frac{u''}{\sqrt{G''}}$ est plus petite que $a$, V ne pourra point s'évanouir entre $a$ et $b$.

Enfin, si $a$ est comprise entre $b-\frac{u'}{\sqrt{G'}}$ et $b-\frac{u''}{\sqrt{G''}}$, il pourra se faire que V s'annulle pour une valeur de $x$ comprise entre $a$ et $b-\frac{u''}{\sqrt{G''}}$, ou bien que V ne s'annulle pas dans l'intervalle de $a$ à $b$, on décidera la question si l'on connaît le signe de V pour $x=a$ comme pour $x=b$.

On peut donc par le moyen des formules (24, 25, 26 et 27) lorsqu'on a deux limites $a$ et $b$ comprenant une seule valeur de $x$ qui annulle V, déterminer de nouvelles limites $a'$ et $b'$ qui approchent davantage de cette valeur $\xi$. Pour faire usage de ces formules, il n'est pas nécessaire d'avoir la valeur exacte $p$ de $\frac{V}{\frac{dV}{dx}}$ pour $x=a$; il suffit de connaître par un moyen quelconque une valeur plus petite que $p$ et une autre plus grande que $p$. Il en est de même pour $q$.

On obtiendra de nouvelles valeurs encore plus approchées de $\xi$ en appliquant les mêmes formules (24,...) aux limites $a'$ et $b'$ qu'on vient de déterminer; il faut pour cela calculer, s'il est possible, des valeurs approchées de $\frac{V}{\frac{dV}{dx}}$ pour $x=a'$ ou pour $x=b'$, et prendre deux nouvelles constantes $G' < G$ et $G'' > G$ dans l'intervalle compris entre $a'$ et $b'$.

## XXXIX.

Prenons maintenant pour les limites $a$ et $b$ deux valeurs de $x$ consécutives $\alpha$ et $\beta$ qui annullent V et supposons que pour $x = \alpha$, on ait $V' = 0$, $V'' = 0$, en même temps que $V = 0$.

En prenant la constante $G' < G$ et $G'' > G$ dans l'intervalle compris entre $\alpha$ et $\beta$, nous aurons

$$V' = C' \sin . \left[(x - \alpha)\sqrt{G'}\right], \quad V'' = C'' \sin . \left[(x - \alpha)\sqrt{G''}\right].$$

D'après le théorème du n° XII, la valeur $\beta$ qui annulle V doit être plus grande que la première valeur de $x$ au-delà de $\alpha$ qui annulle $V''$ et plus petite que la première valeur de $x$ au-delà de $\alpha$ qui annulle $V'$, d'où résulte

$$\beta - \alpha > \frac{\pi}{\sqrt{G''}}, \quad \beta - \alpha < \frac{\pi}{\sqrt{G'}},$$

et par conséquent,

$$\beta - \alpha = \frac{\pi}{\sqrt{G(\xi)}}, \tag{28}$$

$\xi$ étant une certaine valeur de $x$ comprise entre $\alpha$ et $\beta$, et $G(\xi)$ la valeur de G correspondante à $x = \xi$.

On a de même, en désignant par $\gamma$ la valeur de $x$ immédiatement supérieure à $\beta$ qui annulle V,

$$\gamma - \beta = \frac{\pi}{\sqrt{G(\xi')}}, \quad \xi' \text{ étant entre } \beta \text{ et } \gamma.$$

Supposons que G diminue continuellement jusqu'à la valeur $\lambda$, tandis que $x$ croît depuis $a$ jusqu'à $b$, et soient $\alpha, \beta, \gamma \ldots$ les valeurs de $x$ comprises entre $a$ et $b$ qui annullent V; on a alors $G(\xi') < G(\xi)$ et par conséquent $\gamma - \beta > \beta - \alpha$ : ainsi les différences entre ces valeurs de $x$ consécutives comprises entre $a$ et $b$ qui annullent V vont en augmentant et s'approchent de la quantité $\frac{\pi}{\sqrt{\lambda}}$ qu'elles ne peuvent dépasser.

Cette proposition subsiste lorsque G diminue jusqu'à la limite $\lambda$ tandis que $x$ croît depuis la valeur $a$ jusqu'à $b=\infty$. Dans ce dernier cas, si la limite $\lambda$ de G est o, les différences $\beta-\alpha$, $\gamma-\beta$,... deviendront plus grandes que tout nombre donné, quoiqu'il puisse exister encore une infinité de valeurs au-delà de $a$ qui annullent V.

On voit de même que si G augmente continuellement en s'approchant d'une limite A tandis que $x$ croît depuis $a$ jusqu'à $b$, $b$ pouvant être infinie, les différences entre les valeurs de $x$ comprises entre $a$ et $b$ qui annullent V diminuent progressivement et convergent vers $\frac{\pi}{\sqrt{\Lambda}}$; il s'ensuit que si $b=\infty$, V s'annulle pour un nombre infini de valeurs de $x$, comme on l'a déjà vu plus haut n° XXXVII; et si G augmente jusqu'à l'infini en même temps que $x$, les différences entre ces valeurs finissent par devenir plus petites que toute quantité donnée

Ces résultats sont applicables par exemple à la fonction U donnée par l'équation

$$\left.\begin{aligned} &\frac{d^2U}{dx^2}+\frac{1}{x}\frac{dU}{dx}+\left(r^2-\frac{n}{x^2}\right)U=0,\\ \text{ou}\quad &\frac{d\left(x\frac{dU}{dx}\right)}{dx}+\left(r^2x-\frac{n}{x}\right)U=0, \end{aligned}\right\} \quad (29)$$

qu'on rencontre dans plusieurs problèmes de physique et de mécanique, $r$ et $n$ étant des constantes. M. Poisson a donné dans ses mémoires l'expression de cette fonction en intégrales définies.

La transformation $U=\frac{V}{\sqrt{L}}$ (n° XXXVI) donne ici

$$U=\frac{V}{\sqrt{x}},\quad G=r^2+\frac{1-4n}{4x^2}$$

et

$$\frac{d^2V}{dx^2}+\left(r^2+\frac{1-4n}{4x^2}\right)V=0.$$

Lorsqu'on a $n<\frac{1}{4}$, G diminue continuellement en s'approchant de la limite $r^2$, tandis que $x$ croît depuis o jusqu'à $\infty$. V ou U doit donc s'évanouir pour une infinité de valeurs de $x$, dont les différences consécutives vont en augmentant et convergent rapidement vers la limite

$\frac{\pi}{r}$ sans pouvoir la dépasser; de plus on a

$$\beta - \alpha = \frac{\pi}{\sqrt{r^2 + \frac{1-4n}{4\xi^2}}}, \qquad (30)$$

$\xi$ étant une certaine valeur de $x$ comprise entre $\alpha$ et $\beta$ et conséquemment entre $\alpha$ et $\alpha + \frac{\pi}{r}$.

Quand on a $n > \frac{1}{4}$, G augmente depuis o jusqu'à $r^2$, tandis que $x$ croît depuis la valeur $\frac{\sqrt{4n-1}}{2r}$ jusqu'à $+\infty$. V doit donc s'évanouir encore pour une infinité de valeurs de $x$ dont les différences diminuent continuellement et tendent vers la constante $\frac{\pi}{r}$ qu'elles surpassent toujours : on a de plus

$$\beta - \alpha = \frac{\pi}{\sqrt{r^2 - \frac{4n-1}{4\xi^2}}}, \quad \xi \text{ tombant entre } \alpha \text{ et } \beta. \qquad (30)$$

Lorsqu'on aura calculé à l'aide des formules du n° XXXVIII, quelques-unes des plus petites valeurs de $x$ qui annullent V ou U, les formules (30) donneront les valeurs suivantes avec assez d'approximation.

## XL.

Il arrive fréquemment que, dans l'équation générale

$$\frac{d.\left(L\frac{dU}{dx}\right)}{dx} + NU = 0,$$

qui devient

$$\frac{d^2V}{d^2x} + GV = 0,$$

en faisant

$$V = U\sqrt{L} \quad \text{et} \quad G = \frac{N}{L} - \frac{1}{\sqrt{L}} \cdot \frac{d^2\sqrt{L}}{dx^2} \text{(n° XXXVI)},$$

les fonctions L, N, contiennent avec $x$ une autre indéterminée $r$, et qu'en faisant croître $r$ depuis une certaine valeur jusqu'à $+\infty$ la fonction G est positive et augmente indéfiniment avec $r$. Dans ce cas, V ou U s'évanouira autant de fois qu'on voudra entre deux limites $a$ et $b$, quelque rapprochées qu'elles soient, pourvu qu'on attribue à $r$ une valeur suffisamment grande.

De cette propriété et de la deuxième partie du théorème des nos XII et XV, on conclut encore que, si U a toujours le même signe pour une certaine valeur de $x$ quelle que soit $r$, et si l'on attribue à $x$ une autre valeur particulière quelconque plus grande ou plus petite, cette fonction U ne contenant plus d'autre variable que $r$, s'évanouira et changera de signe pour une infinité de valeurs de $r$ croissantes jusqu'à l'infini, et d'après le n° XX, il en sera de même de la fonction $L\frac{dU}{dx}+HU$, H étant une quantité constante ou une fonction quelconque de $r$.

Ces propriétés conviennent, par exemple, à la fonction U donnée par l'équation (29); elles auront encore lieu si l'on prend plus généralement

$$L = lr^{\lambda} + l'r^{\lambda'} + \text{etc.}, \quad N = nr^{\nu} + n'r^{\nu'} + \ldots,$$

$l$, $n$ étant des fonctions positives de $x$ sans $r$, $l'$, $n'$, $l''\ldots$ d'autres fonctions de $x$ tout-à-fait arbitraires, $\lambda$, $\lambda'\ldots$ des exposants quelconques décroissants de même que $\nu$, $\nu'\ldots$ et $\lambda < \nu$. Si l'on avait $\lambda = \nu$ ou $> \nu$, U ne pourrait s'évanouir qu'un nombre limité de fois entre $a$ et $b$ quelle que fût $r$, et en donnant à $x$ une valeur particulière, il n'y aurait qu'un nombre limité de valeurs de $r$ qui pourraient annuller U aussi bien que $L\frac{dU}{dx}+HU$.

Dans les problèmes de physique, l'indéterminée $r$ ne se trouve ordinairement qu'au 1er ou au 2e degré dans N et n'entre pas dans L.

## XLI.

Pour compléter la théorie qui précède, nous allons encore comparer les valeurs des deux fonctions V′, V″, définies par les équations différentielles

$$\frac{d^2V'}{dx^2} + G'V' = 0,$$

$$\frac{d^2V''}{dx^2} + G''V'' = 0,$$

dans l'intervalle compris entre deux limites $a$ et $b$, en supposant que ces deux fonctions ne changent pas de signe dans cet intervalle, et qu'on ait

$$\text{pour } x = a, \quad \frac{\frac{dV''}{dx}}{V''} \leqq \frac{\frac{dV'}{dx}}{V'}:$$

G' et G'' sont comme dans le n° XII des fonctions données de $x$, telles que G'' est $\geqq$ G'.

Ces fonctions V' et V'' ne changeant pas de signe entre les limites $a$ et $b$, il est permis pour le but que nous nous proposons de les supposer toutes deux positives entre ces limites. Car si V' par exemple était négative, on pourrait changer son signe et la regarder comme positive, sans qu'elle cessât de vérifier l'équation différentielle

$$\frac{d^2V'}{dx^2} + G'V' = 0,$$

et la condition

$$\frac{\frac{dV'}{dx}}{V'} \geqq \frac{\frac{dV''}{dx}}{V''} \quad \text{pour } x = a.$$

Considérons une autre fonction V donnée par l'équation différentielle

$$\frac{d^2V}{dx^2} + GV = 0,$$

G étant comme dans les n$^{os}$ VI et suivants, une fonction de $x$ et d'une indéterminée $m$, qui devienne la même que G' quand on fait $m = m'$, la même que G'' quand $m = m''$, et qui augmente quand $m$ croît depuis $m'$ jusqu'à $m''$. Supposons en outre que la valeur de $\frac{\frac{dV}{dx}}{V}$ pour $x = a$, d'abord égale à celle de $\frac{\frac{dV'}{dx}}{V'}$ quand $m = m'$, décroisse ou du moins ne croisse pas quand $m$ augmente et devienne égale à celle de $\frac{\frac{dV''}{dx}}{V''}$ quand $m$ devient égale à $m''$.

Ces conditions étant admises, il ne peut pas arriver que tandis que $m$ croît depuis $m'$ jusqu'à $m''$, la fonction V s'évanouisse pour une valeur de $x$ comprise entre $a$ et $b$; car dans ce cas $V''$ s'évanouirait pour une valeur moindre, ce qui est contre l'hypothèse. V sera donc constamment positive comme $V'$ et $V''$ entre ces limites $a$ et $b$, et le rapport $\frac{\frac{dV}{dx}}{V}$ ne deviendra point infini. Mais d'après le n° VI, cette quantité $\frac{\frac{dV}{dx}}{V}$ doit décroître continuellement, tandis que $m$ augmente : ses valeurs extrêmes sont $\frac{\frac{dV'}{dx}}{V'}$ et $\frac{\frac{dV''}{dx}}{V''}$. On aura donc pour chaque valeur de $x$ comprise entre $a$ et $b$,

$$\frac{\frac{dV''}{dx}}{V''} < \frac{\frac{dV'}{dx}}{V'},$$

puis en multipliant par la quantité positive $V'V''$,

$$V'' \frac{dV'}{dx} - V' \frac{dV''}{dx} > 0.$$

On en conclut

$$\frac{d}{dx} \cdot \left(\frac{V'}{V''}\right) > 0;$$

c'est-à-dire que le rapport $\frac{V'}{V''}$ augmente tandis que $x$ croît depuis $a$ jusqu'à $b$. Si donc on suppose $V' \geqq V''$ pour $x = a$ on aura constamment $V' > V''$ pour toutes les valeurs de $x$ croissantes depuis $a$ jusqu'à $b$.

On peut arriver au même résultat d'une autre manière plus directe. Les deux équations différentielles

$$\frac{d^2V'}{dx^2} + G'V' = 0,$$
$$\frac{d^2V''}{dx^2} + G''V'' = 0,$$

donnent celle-ci

$$V''\frac{d^2V'}{dx^2} - V'\frac{d^2V''}{dx^2} = (G'' - G')\,V'V'';$$

ou bien

$$\frac{d}{dx}\cdot\left(V''\frac{dV'}{dx} - V'\frac{dV''}{dx}\right) = (G'' - G')\,V'V''. \quad (31)$$

Par hypothèse, $V'$ et $V''$ sont positives entre les limites $a$ et $b$, et l'on a $G'' > G'$; le terme $(G'' - G')\,V'V''$ est donc positif et l'on a

$$\frac{d}{dx}\cdot\left(V''\frac{dV'}{dx} - V'\frac{dV''}{dx}\right) > 0,$$

d'où il suit que la quantité $V''\frac{dV'}{dx} - V'\frac{dV''}{dx}$ augmente, tandis que $x$ croît depuis $a$ jusqu'à $b$. Si donc on suppose cette quantité positive ou nulle pour $x = a$, ce qui donne

$$\frac{\frac{dV''}{dx}}{V''} \leqq \frac{\frac{dV'}{dx}}{V'} \text{ pour } x = a,$$

on aura depuis $a$ jusqu'à $b$,

$$V''\frac{dV'}{dx} - V'\frac{dV''}{dx} > 0,$$

et par conséquent

$$\frac{d}{dx}\cdot\left(\frac{V'}{V''}\right) > 0;$$

d'où l'on conclut comme précédemment, que $\frac{V'}{V''}$ augmente en même temps que $x$, et que si l'on a $V' \geqq V''$ pour $x = a$, on aura $V' > V''$ pour toutes les valeurs de $x$ croissantes depuis $a$ jusqu'à $b$.

On trouvera de la même manière que $\frac{V'}{V''}$ diminue tandis que $x$ croît depuis $a$ jusqu'à $b$, et qu'on a dans cet intervalle $V' > V''$, si l'on a

$$\frac{\frac{dV''}{dx}}{V''} \overline{\overline{>}} \frac{\frac{dV'}{dx}}{V'} \text{ et } V' \underline{\underline{>}} V'' \text{ pour } x = b,$$

au lieu de supposer, pour $x = a$,

$$\frac{\frac{dV''}{dx}}{V''} \overline{\overline{<}} \frac{\frac{dV'}{dx}}{V'} \text{ et } V' \underline{\underline{>}} V''.$$

On parviendra encore aux mêmes conclusions, si $V'$ et $V''$ sont nulles en même temps pour $x = a$, ou pour $x = b$, pourvu qu'alors on prenne $\frac{dV'}{dx} \underline{\underline{>}} \frac{dV''}{dx}$ pour $x = a$, ou $\frac{dV'}{dx} \underline{\underline{<}} \frac{dV''}{dx}$ pour $x = b$, en observant que le rapport $\frac{V'}{V''}$ devient égal à celui des différentielles $\frac{dV'}{dx}$, $\frac{dV''}{dx}$, quand $V'$ et $V''$ sont nulles.

## XLII.

On peut, par ce qui précède, déterminer dans tout l'intervalle compris entre deux limites $a$ et $b$ des valeurs approchées de la fonction V définie par l'équation différentielle

$$\frac{d^2V}{dx^2} + GV = 0, \tag{32}$$

G étant une fonction quelconque de $x$, lorsqu'on connaît les valeurs exactes ou approchées de V et de $\frac{dV}{dx}$ pour $x=a$ ou pour $x=b$, et que V ne change pas de signe ou demeure positive entre ces limites.

A cet effet, on déterminera des fonctions $V'$ et $V''$ qui vérifient les équations

$$\left.\begin{aligned} \frac{d^2V'}{dx^2} + G'V' &= 0, \\ \frac{d^2V''}{dx^2} + G''V'' &= 0, \end{aligned}\right\} \tag{33}$$

$G'$ étant une fonction de $x$ ou une constante plus petite que G entre les limites $a$ et $b$, et $G''$ une autre fonction de $x$ ou une constante plus grande que G.

On intégrera ces équations (33) en remplissant les conditions

$$\left.\begin{array}{l} \dfrac{\frac{dV'}{dx}}{V'} \gtreqq \dfrac{\frac{dV}{dx}}{V} \quad \text{et} \quad V' \gtreqq V, \quad \text{pour} \quad x=a, \\ \dfrac{\frac{dV''}{dx}}{V''} \lesseqq \dfrac{\frac{dV}{dx}}{V} \quad \text{et} \quad V'' \lesseqq V, \quad \text{pour} \quad x=a, \end{array}\right\} \quad (34)$$

V étant par hypothèse positive entre les limites $a$ et $b$, $V'$ sera aussi nécessairement positive, et si l'on trouve que $V''$ l'est encore, on aura pour toutes les valeurs de $x$ croissantes depuis $a$ jusqu'à $b$

$$V < V' \quad \text{et} \quad V > V''.$$

En outre $\frac{V}{V'}$ diminuera et $\frac{V}{V''}$ augmentera, tandis que $x$ croîtra dans cet intervalle.

Si l'on intègre les équations (33) en supprimant les conditions (34) pour $x=a$ et les remplaçant par celles que voici pour $x=b$,

$$\left.\begin{array}{l} \dfrac{\frac{dV'}{dx}}{V'} \lesseqq \dfrac{\frac{dV}{dx}}{V} \quad \text{et} \quad V' \gtreqq V, \\ \dfrac{\frac{dV''}{dx}}{V''} \gtreqq \dfrac{\frac{dV}{dx}}{V} \quad \text{et} \quad V'' \lesseqq V. \end{array}\right\} \text{pour } x=b \quad (35)$$

On aura encore entre $a$ et $b$

$$V < V' \quad \text{et} \quad V > V'';$$

d'ailleurs $\frac{V}{V'}$ augmentera et $\frac{V}{V''}$ diminuera, tandis que $x$ croîtra depuis $a$ jusqu'à $b$.

On peut ainsi, en rapprochant suffisamment les limites $a$ et $b$ et choisissant convenablement $G'$ et $G''$, déterminer pour chaque valeur de $x$ entre $a$ et $b$, des valeurs $V'$ et $V''$ entre lesquelles soit comprise celle de la fonction inconnue V. Par exemple, si G est positive entre

$a$ et $b$ et qu'on prenne G′ et G″ constantes, $G' < G$ et $G'' > G$, on aura pour V′ une expression de cette forme

$$V' = C \sin.\left[(x - a)\sqrt{G'}\right] + D \cos.\left[(x - a)\sqrt{G'}\right],$$

ou bien

$$V' = C \sin.\left[(b - x)\sqrt{G'}\right] + D \cos\left[(b - x)\sqrt{G'}\right],$$

et une expression semblable pour V″; on déterminera les constantes arbitraires C, D, ... de manière que les conditions (34) ou (35) soient satisfaites; alors pour chaque valeur de $x$ entre $a$ et $b$, la valeur de V sera comprise entre celles de ces deux fonctions trigonométriques V′ et V″ qui pourront différer très peu l'une de l'autre, surtout si G varie peu entre les limites $a$ et $b$. Si G est négative entre $a$ et $b$, V′ et V″ deviendront des fonctions exponentielles. La courbe inconnue $cmd$ dont l'ordonnée serait V, se trouve par là renfermée entre deux courbes connues $c'm'd'$, $c''m''d''$ ayant pour ordonnées V′ et V″, qui lui servent de limites, pour toutes les valeurs de l'abscisse $x$ croissantes depuis $a$ jusqu'à $b$, comme l'indique la figure (*).

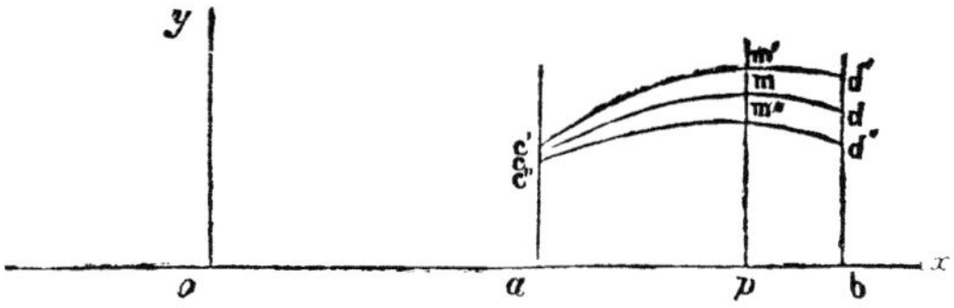


(*) En intégrant l'équation (31) entre des limites quelconques, on trouve

$$V'' \frac{dV'}{dx} - V' \frac{dV''}{dx} = C + \int (G'' - G') \, V'V'' \, dx. \qquad (36)$$

Cette formule coïncide avec l'équation (9) du n° V, lorsqu'on suppose dans celle-ci et dans les deux équations différentielles dont elle provient, $K = 1$ et $K' = 1$.

On peut en s'appuyant sur cette formule (36), démontrer d'une manière nouvelle la première partie du théorème du n° XII, en y supposant toutefois les fonctions K′ et K″ réduites à l'unité.

On prouve d'abord que deux valeurs consécutives de $x$ qui annullent V′ comprennent toujours au moins une valeur de $x$ qui annulle V″.

En effet, supposons, s'il est possible, qu'entre deux valeurs de $x$ consécutives $\alpha$ et $\beta$ qui annullent V′, il n'y ait pas de valeur de $x$ qui annulle V″. On peut alors

## XLIII.

Les considérations précédentes sur l'équation $\frac{d^2V}{dx^2}+GV=0$ peuvent s'étendre avec quelques modifications à l'équation plus générale $\frac{d.\left(K\frac{dV}{dx}\right)}{dx}+GV=0$ à laquelle on ramène $L\frac{d^2U}{dx^2}+M\frac{dU}{dx}+NU=0$ en faisant $U=\theta V$, $\theta$ étant un facteur arbitraire.

---

supposer ces deux fonctions $V'$ et $V''$ positives dans l'intervalle compris entre $\alpha$ et $\beta$, puisqu'il est permis de changer le signe de chacune.

Dans l'équation (36), l'intégrale $\int(G''-G')V'V''dx$ prise entre ces limites $\alpha$ et $\beta$ sera donc positive. La constante C sera positive ou nulle, car elle est égale à la valeur du premier membre $V''\frac{dV'}{dx}-V'\frac{dV''}{dx}$ pour $x=\alpha$; or $V'$ est nulle pour $x=\alpha$, $\frac{dV'}{dx}$ a pour $x=\alpha$ le même signe que $V'$ a pour les valeurs de $x$ un peu plus grandes que $\alpha$, c'est-à-dire le signe $+$; et en outre $V''$ est supposée positive ou nulle pour $x=\alpha$.

On aura donc pour toutes les valeurs de $x$ depuis $\alpha$ jusqu'à $\beta$

$$V''\frac{dV'}{dx}-V'\frac{dV''}{dx}>0,$$

et puisque $V'$ redevient nulle pour $x=\beta$ on a

$$V''\frac{dV'}{dx}>0 \text{ pour } x=\beta.$$

Donc $V''$ qu'on suppose positive entre les limites $\alpha$ et $\beta$ ne peut pas être nulle pour la valeur même $x=\beta$, de sorte qu'elle est encore positive pour $x=\beta$. Et puisqu'on a $V''\frac{dV'}{dx}>0$ pour $x=\beta$, $\frac{dV'}{dx}$ devrait être aussi positive pour $x=\beta$, mais au contraire $\frac{dV'}{dx}$ est négative pour $x=\beta$, car la fonction $V'$ passe du positif au négatif en prenant le signe de $\frac{dV'}{dx}$ quand $x$ atteint et dépasse la valeur $\beta$.

Il est donc absurde de supposer que $V''$ ne change pas de signe entre les limites $\alpha$ et $\beta$, $V''$ étant ou n'étant pas nulle pour $x=\alpha$.

On pourrait aussi, d'après les n$^{os}$ XXVI...XXXV, établir relativement aux valeurs de $x$ qui annullent la fonction $K\frac{dV}{dx}+pV$, des propositions analogues à celles que nous avons données pour V. Il nous paraît superflu de nous y arrêter. Nous terminerons par quelques remarques.

Étant donnée l'équation

$$\frac{d.\left(K\frac{dV}{dx}\right)}{dx}+GV=0,$$

si l'on considère la fonction V dans l'intervalle compris entre deux valeurs quelconques de $x$, $a$ et $a+i$, et ensuite dans un autre intervalle égal au premier compris entre deux autres valeurs $c$ et $c+i$, on peut à l'aide de nos théorèmes comparer les états de cette fonction dans ces deux intervalles.

---

On démontrera d'une manière semblable à l'aide de la même formule (36) que si l'on a pour une valeur de $x$ désignée par x

$$V''\frac{dV'}{dx}-V'\frac{dV''}{dx}\geqq 0 \text{ ou } \frac{\frac{dV''}{dx}}{V''}\leqq\frac{\frac{dV'}{dx}}{V'},$$

il doit exister entre x, et la valeur de $x$ immédiatement supérieure à x qui annulle $V'$, au moins une valeur de $x$ qui annulle $V''$.

De ces propositions réunies on conclut la première partie du théorème du n° XII, en y réduisant $K'$ et $K''$ à l'unité.

On peut encore la démontrer de la manière suivante :

Supposons de nouveau, s'il est possible, qu'entre deux valeurs de $x$ consécutives $\alpha$ et $\beta$ qui annullent $V'$ il n'y ait pas de valeur de $x$ qui annulle $V''$. On peut alors supposer $V'$ et $V''$ positives entre les limites $\alpha$ et $\beta$ dans l'équation (36); l'intégrale $\int(G''-G')V'V''dx$ prise entre ces limites sera donc positive. La constante C sera positive ou nulle puisqu'elle est égale à la valeur de $V''\frac{dV'}{dx}$ $\frac{dV''}{dx}$ pour $x=\alpha$, et que pour $x=\alpha$, $V'$ est nulle, $\frac{dV'}{dx}$ est positive et $V''$ positive ou nulle.

On a donc pour toutes les valeurs de $x$ croissantes depuis $\alpha$ jusqu'à $\beta$,

$$V''\frac{dV'}{dx}-V'\frac{dV''}{dx}>0,$$

On fait d'abord $x = a + x'$ et en désignant par G', K' et V' ce que deviennent les fonctions G, K et V par la substitution de $a + x'$ à la place de $x$, l'équation (I) devient

$$\frac{d\left(K' \frac{dV'}{dx'}\right)}{dx'} + G'V' = 0.$$

En faisant de même $x = a + x''$, elle devient aussi

$$\frac{d\left(K'' \frac{dV''}{dx''}\right)}{dx''} + G''V'' = 0.$$

On suppose maintenant que $x'$ et $x''$ représentent une seule et même variable croissante depuis o jusqu'à $i$, et l'on établit la comparaison

---

d'où $V'' \frac{dV'}{dx} > 0$ pour $x = \beta$ ; par conséquent V'' qu'on suppose positive entre les limites $\alpha$ et $\beta$ ne peut pas être nulle et doit être encore positive pour $x = \beta$. Mais $V'' \frac{dV'}{dx} - V' \frac{dV''}{dx} > 0$, donne $\frac{d}{dx}\left(\frac{V'}{V''}\right) > 0$. Ainsi, tandis que $x$ croît depuis $\alpha$ jusqu'à $\beta$, la quantité $\frac{V'}{V''}$ augmente continuellement, sans devenir infinie. Mais pour les valeurs de $x$ un peu plus grandes que $\alpha$ on a $\frac{V'}{V''} > 0$, puisque V' et V'' sont positives. On devrait donc avoir aussi $\frac{V'}{V''} > 0$ pour $x = \beta$, ce qui n'est pas, puisque pour $x = \beta$, V' est nulle par hypothèse et que V'' ne peut pas l'être. On ne peut donc pas supposer que V'' ne change pas de signe entre les limites $\alpha$ et $\beta$. On prouvera de même que si l'on a pour $x = \mathrm{x}$

$$V'' \frac{dV'}{dx} - V' \frac{dV''}{dx} \geqq 0 \text{ ou } \frac{\frac{dV''}{dx}}{V''} \leqq \frac{\frac{dV'}{dx}}{V'};$$

en faisant croître $x$ à partir de x, V'' devra s'annuller avant V'. De là résulte la première partie du théorème du n° 12, les fonctions K' et K'' y étant réduites à l'unité.

Quoique la démonstration de ce théorème développée dans les n$^{os}$ VII...XI soit plus complète et plus lumineuse que celles que nous venons d'indiquer, nous n'avons pas cru devoir les passer sous silence, parce qu'elles peuvent être utiles dans d'autres occasions.

entre V′ et V″. C'est ainsi qu'on peut comparer entre elles deux portions différentes d'une ligne courbe correspondantes à des intervalles égaux pris sur l'axe des abscisses, en superposant ces deux intervalles.

Plus généralement on peut faire successivement $x$ égale à une fonction quelconque d'une indéterminée $x'$, puis à une autre fonction d'une autre indéterminée $x''$. Alors V se changera en une fonction V′ de $x'$ et en une fonction V″ de $x''$. On comparera ensuite V′ et V″ en supposant que $x'$ et $x''$ représentent une seule et même variable indépendante.

La théorie exposée dans ce mémoire sur les équations différentielles linéaires de la forme

$$L\frac{d^2V}{dx^2} + M\frac{dV}{dx} + NU = 0.$$

correspond à une théorie tout-à-fait analogue que je me suis faite antérieurement sur les équations linéaires du second ordre à différences finies de cette forme

$$LU_{i+1} + MU_i + NU_{i-1} = 0.$$

$i$ est un indice variable qui remplace la variable continue $x$; L, M, N, sont des fonctions de cet indice $i$ et d'une indéterminée $m$, qu'on assujettit à certaines conditions. C'est en étudiant les propriétés d'une suite de fonctions $U_0$, $U_1$, $U_2$, $U_3$,... liées entre elles par un système d'équations semblables à la précédente que j'ai rencontré mon théorème sur la détermination du nombre des racines réelles d'une équation numérique comprises entre deux limites quelconques, lequel est renfermé comme cas particulier dans la théorie que je ne fais qu'indiquer ici. Elle devient celle qui fait le sujet de ce mémoire, par le passage des différences finies aux différences infiniment petites. Je dois dire cependant que j'ai trouvé pour les équations à différences finies dont il s'agit, des propositions et des démonstrations spéciales qui ne sont pas susceptibles d'être transportées aux équations différentielles.

*Journal de Liouville*
I, pp. 278–289
1836



# DÉMONSTRATION

## *D'un Théorème de* M. CAUCHY, *relatif aux racines imaginaires des Équations;*

PAR C. STURM ET J. LIOUVILLE.

1. Soit $f(z) = z^m + A_1 z^{m-1} + A_2 z^{m-2} + \ldots + A_{m-1} z + A_m$ une fonction entière de $z$ dans laquelle les coefficients $A_1, A_2, \ldots, A_{m-1}, A_m$ sont des constantes quelconques réelles ou imaginaires. Si l'on remplace l'indéterminée $z$ par $x + y\sqrt{-1}$, $f(z)$ prendra aussi la forme $P + Q\sqrt{-1}$, P et Q étant des fonctions réelles de $x, y$, et si l'on peut trouver des valeurs réelles de $x$ et $y$ qui annullent à la fois P et Q, en substituant ces valeurs dans la formule $x + y\sqrt{-1}$, on aura une racine de l'équation $f(z) = 0$. On dit que la racine $z = x + y\sqrt{-1}$ est *simple* quand on a $f(z) = 0$, sans avoir en même temps $f'(z) = 0$ : on dit que cette racine est double quand on a à la fois $f(z) = 0$, $f'(z) = 0$, sans avoir en même temps $f''(z) = 0$; et en général elle est multiple de l'ordre $n$ quand on a à la fois $f(z) = 0$, $f'(z) = 0, \ldots,$ $f^{(n-1)}(z) = 0$, sans avoir en en même temps $f^{(n)}(z) = 0$. Nous regarderons toujours une racine double comme équivalente à deux racines égales entre elles; et ainsi de suite. Cette convention que les géomètres font ordinairement simplifiera beaucoup les énoncés de nos théorèmes.

On peut regarder les deux quantités $x$ et $y$ qui entrent dans une expression quelconque de la forme $x + y\sqrt{-1}$, comme étant l'abscisse et l'ordonnée d'un certain point M rapporté à des axes rectangulaires O$x$, O$y$ et situé dans le plan de ces axes : $x + y\sqrt{-1}$ devient réelle et le point M est placé sur l'axe des $x$, quand on a $y = 0$. A chaque valeur de $x+y\sqrt{-1}$ répondra ainsi un point M ayant $x$ pour abscisse, $y$ pour ordonnée, et réciproquement à chaque point M dont les coordonnées sont $x$ et $y$ répondra une expression de la forme $x+y\sqrt{-1}$. Parmi les points que l'on obtient en construisant ainsi la formule $x+y\sqrt{-1}$, on doit distinguer ceux pour lesquels on a à la fois $P=0$, $Q=0$ : ces points représentent en quelque sorte géométriquement les racines de l'équation $f(z)=0$.

2. Cela posé; si l'on trace dans le plan des $xy$ un contour ferme quelconque ABC,

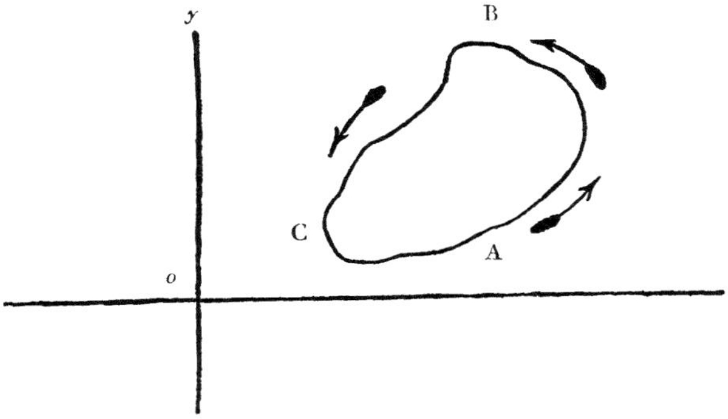


on peut se demander si, dans l'intérieur de ce contour, il y a des points pour lesquels P et Q soient nuls en même temps, et combien il y en a; ou plus brièvement, on peut se demander combien, dans l'intérieur du contour ABC, il y a de racines de l'équation $f(z)=0$. Or, pour résoudre cette question, M. Cauchy a donné dans un de ses mémoires la règle que voici.

Considérons le rapport $\frac{P}{Q}$ qui est une fonction réelle et rationnelle des coordonnées $x$, $y$ : ce rapport pour chaque point du contour ABC a une valeur déterminée, si toutefois on suppose qu'il n'y ait sur le contour même aucun point pour lequel P et Q soient nuls en même temps. Si l'on marche le long du contour ABC toujours dans le même sens ABC, en partant du point quelconque A jusqu'à ce qu'on revienne à ce point, la quantité $\frac{P}{Q}$ prendra successivement diverses valeurs, et pourra changer de signe, en passant par zéro si P s'annulle et par l'infini si Q s'annulle. Soit

$i$ le nombre de fois où $\frac{P}{Q}$ en s'évanouissant et changeant de signe passe du positif au négatif, $k$ le nombre de fois où $\frac{P}{Q}$ en s'évanouissant et changeant de signe passe du négatif au positif, et $\Delta$ l'excès de $i$ sur $k$ : cet excès $\Delta$ ou $i - k$ sera toujours double du nombre $\mu$ des racines égales ou inégales contenues dans le contour ABC.

Le théorème de M. Cauchy consiste, comme on voit, dans l'équation $\mu = \frac{1}{2}\Delta$, $\mu$ et $\Delta$ ayant la signification que nous venons de leur attribuer.

Il est bien essentiel d'observer que, dans cet énoncé, on ne tient nullement compte des changements de signe que $\frac{P}{Q}$ peut éprouver en passant par l'infini : on ne fait non plus aucune attention aux cas où $\frac{P}{Q}$ s'annulle sans changer de signe.

La démonstration que M. Cauchy a donnée de son théorème est fondée sur l'emploi des intégrales définies et du calcul des résidus. Celle que nous allons exposer ici repose uniquement sur les premiers principes de l'Algèbre. Nous ne supposerons pas même connue cette proposition fondamentale de l'analyse des équations, *que toute équation algébrique* $f(z) = 0$ *a au moins une racine de la forme*...... $a + b\sqrt{-1}$, nous proposant au contraire de déduire ce dernier principe du théorème de M. Cauchy dont il est, comme on le verra et comme l'auteur lui-même l'a observé, un simple corollaire.

3. Ce théorème est évident pour un contour quelconque ABC, lorsque dans l'intérieur de ce contour et sur le contour même on n'a jamais $P = 0$ : alors en effet les deux nombres $\mu$ et $\Delta$ sont tous les deux nuls et par suite l'équation $\mu = \frac{1}{2}\Delta$ est satisfaite.

Elle est satisfaite encore lorsque dans l'intérieur du contour ABC et sur ce contour même on n'a jamais $Q = 0$ : le nombre $\mu$ est alors encore égal à zéro et je vais prouver que l'on a aussi $\Delta = 0$. En effet la fraction $\frac{P}{Q}$, quand on aura fait un tour entier pour revenir au point de départ A, devra se retrouver en ce point affectée du même signe que d'abord elle possédait, quand le mouvement a commencé : donc cette fraction doit changer de signe un nombre pair de fois, toujours en s'évanouissant, puisque son numérateur seul peut devenir nul, et en passant alternativement du positif au négatif et du négatif au positif : donc enfin l'excès $\Delta$ du nombre de fois où elle va du $+$ au $-$ sur le nombre de fois où elle va du $-$ au $+$ en s'évanouissant, est égal à zéro, ce qu'il fallait prouver.

4. Considérons maintenant un point M pour lequel on ait à la fois $P=0$, $Q=0$ et qui réponde par conséquent à une racine simple ou multiple de l'équation $f(z)=0$. Traçons autour du point M un contour convexe $A_1A_2A_3A_4$. Si pour un point quelconque N de la courbe ainsi tracée, le rayon vecteur MN ou $r$ est suffisamment petit, le théorème de M. Cauchy aura lieu pour ce contour $A_1A_2A_3A_4$. C'est ce que nous allons prouver.

Soient $a$ et $b$ les coordonnées du point M. En nommant $\varphi$ l'angle que le rayon vecteur MN ou $r$ fait avec l'axe des $x$, les coordonnées du point N seront $x=a+r\cos\varphi$, $y=b+r\sin\varphi$; et par suite, en développant $f(x+y\sqrt{-1})$ et observant que $f(a+b\sqrt{-1})=0$, on aura

$$(1)\quad f(x+y\sqrt{-1})=\frac{f'(a+b\sqrt{-1})}{1}.r(\cos\varphi+\sqrt{-1}\sin\varphi)$$
$$+\frac{f''(a+b\sqrt{-1})}{1.2}.r^2(\cos\varphi+\sqrt{-1}\sin\varphi)^2+\ldots$$
$$+\frac{f^{(m)}(a+b\sqrt{-1})}{1.2\ldots m}.r^m(\cos\varphi+\sqrt{-1}\sin\varphi)^m.$$

Le terme général de ce développement est

$$\frac{f^{(n)}(a+b\sqrt{-1})}{1.2\ldots n}r^n(\cos\varphi+\sqrt{-1}\sin\varphi)^n;$$

représentons par $H_n$ le module de $\dfrac{f^{(n)}(a+b\sqrt{-1})}{1.2\ldots n}$, et par $\alpha_n$ un angle convenable, en sorte que l'on ait

$$\frac{f^{(n)}(a+b\sqrt{-1})}{1.2\ldots n}=H_n(\cos\alpha_n+\sqrt{-1}\sin\alpha_n),$$

puis rappelons-nous la formule de Moivre $(\cos\varphi+\sqrt{-1}\sin\varphi)^n=\cos n\varphi+\sqrt{-1}\sin n\varphi$; ce terme général deviendra

$$H_n r_n[\cos(n\varphi+\alpha_n)+\sqrt{-1}\sin(n\varphi+\alpha_n)].$$

On a donc

$$\begin{aligned} f(x+y\sqrt{-1}) &= H_1 r[\cos(\varphi+\alpha_1)+\sqrt{-1}\sin(\varphi+\alpha_1)] \\ &+H_2 r^2[\cos(2\varphi+\alpha_2)+\sqrt{-1}\sin(2\varphi+\alpha_2)]+\ldots\ldots \\ &\ldots\ldots+H_m r^m\cos(m\varphi+\alpha_m)+\sqrt{-1}\sin(m\varphi+\alpha_m)]; \end{aligned}$$

d'où résulte

$$\begin{aligned} P &= H_1 r\cos(\varphi+\alpha_1)+H_2 r^2\cos(2\varphi+\alpha_2)+\ldots+H_m r^m\cos(m\varphi+\alpha_m), \\ Q &= H_1 r\sin(\varphi+\alpha_1)+H_2 r^2\sin(2\varphi+\alpha_2)+\ldots+H_m r^m\sin(m\varphi+\alpha_m). \end{aligned}$$

Si la racine $a+b\sqrt{-1}$ est une racine simple, le coefficient $H_1$ sera essentiellement différent de zéro; ce cas est celui qu'il convient d'examiner en premier lieu.

5. Pour mieux fixer alors le degré de petitesse du rayon vecteur $r$, désignons par K la somme des modules $H_2, H_3, \ldots H_m$, et posons à la fois $r<1$, $r<\frac{H_1\sqrt{2}}{2K}$, c'est-à-dire rendons $r$ plus petit que le plus petit des deux nombres 1 et $\frac{H_1\sqrt{2}}{2K}$. En adoptant pour $r$ une valeur assujettie à la condition qui vient d'être énoncée, P aura le même signe que son premier terme $H_1 r\cos(\varphi+\alpha_1)$ toutes les fois que la valeur absolue de $\cos(\varphi+\alpha_1)$ sera supérieure à $\frac{\sqrt{2}}{2}$, ce qui arrivera si l'angle $\varphi+\alpha_1$ est compris entre les limites $\frac{3\pi}{4}$, $\frac{5\pi}{4}$, ou entre les limites $\frac{7\pi}{4}$, $\frac{9\pi}{4}$; de même le signe de Q sera celui de son premier terme $H_1 r\sin(\varphi+\alpha_1)$ toutes les fois que la valeur absolue de $\sin(\varphi+\alpha_1)$ sera supérieure à $\frac{\sqrt{2}}{2}$, ce qui arrivera si l'angle $\varphi+\alpha_1$ est compris entre les limites $\frac{\pi}{4}$, $\frac{3\pi}{4}$, ou entre les limites $\frac{5\pi}{4}$, $\frac{7\pi}{4}$.

Ce que nous venons de dire sur la manière dont les signes de P et Q dépendent des signes de leurs premiers termes, est vrai non seulement le long du contour $A_1A_2A_3A_4$, mais encore dans son intérieur où l'on a *à fortiori* $r < 1$, $r < \frac{H_1\sqrt{2}}{2K}$; or, quand la valeur absolue de $\sin(\varphi + \alpha_1)$ est plus petite que $\frac{\sqrt{2}}{2}$, celle de $\cos(\varphi + \alpha_1)$ est plus grande que $\frac{\sqrt{2}}{2}$, et *vice versâ;* donc, quel que soit $\varphi$ et sauf le cas où $r = 0$, une au moins des deux quantités P, Q est différente de zéro, et possède le même signe que son premier terme. Sur le contour $A_1A_2A_3A_4$, et dans son intérieur, il n'y a donc que le point M pour lequel on ait à la fois $P = 0$, $Q = 0$, et qui réponde à une racine de l'équation $f(z) = 0$.

Cela posé, pour parcourir le contour $A_1A_2A_3A_4$, nous désignerons par $A_1$, $A_2$, $A_3$, $A_4$, les quatre points pour lesquels on a... $\varphi + \alpha_1 = \frac{\pi}{4}$, $\varphi + \alpha_1 = \frac{3\pi}{4}$, $\varphi + \alpha_1 = \frac{5\pi}{4}$, $\varphi + \alpha_1 = \frac{7\pi}{4}$; et prenant le point $A_1$ pour point de départ, nous irons successivement de $A_1$ en $A_2$, de $A_2$ en $A_3$, de $A_3$ en $A_4$, et de $A_4$ en $A_1$. D'après ce que l'on vient de dire, le polynome Q ne changera jamais de signe dans l'intervalle $A_1A_2$ ni dans l'intervalle $A_3A_4$, et la même chose aura lieu pour le polynome P dans les deux intervalles $A_2A_3$, $A_4A_1$.

Au point $A_1$ les deux polynomes P et Q ont les mêmes signes que leurs premiers termes, tous deux égaux à $H_1r.\frac{\sqrt{2}}{2}$, c'est-à-dire le signe $+$; la fraction $\frac{P}{Q}$ est donc positive. Au point $A_2$ ces deux polynomes ont encore les mêmes signes que leurs premiers termes qui sont $-H_1r.\frac{\sqrt{2}}{2}$, $H_1r.\frac{\sqrt{2}}{2}$; et la fraction $\frac{P}{Q}$ est négative. Quand on va du point $A_1$ au point $A_2$, la fraction $\frac{P}{Q}$ change donc de signe une ou plusieurs fois; et comme dans cet intervalle on n'a jamais $Q = 0$, il en résulte qu'elle s'évanouit toujours au moment où elle change de signe. En vertu de ces changements de signe, la fraction $\frac{P}{Q}$ d'abord positive devient négative, puis redevient positive, et ainsi de suite. Mais comme finalement le signe $+$ se trouve remplacé par le signe $-$, il faut que le nombre de fois où la fraction $\frac{P}{Q}$ passe du positif au négatif l'emporte d'une unité sur le nombre de fois où elle passe du négatif au positif.

Du point $A_2$ au point $A_3$ la fraction $\frac{P}{Q}$ change encore de signe ; mais sans s'évanouir, puisque dans cet intervalle on a constamment $P < 0$.

Du point $A_3$ où la fraction $\frac{P}{Q}$ est positive jusqu'au point $A_4$ où elle est négative, les changements de signe n'ont lieu que lorsque P s'évanouit. On arrive donc pour l'intervalle $A_3A_4$ au résultat fourni par l'intervalle $A_1A_2$, savoir que $\frac{P}{Q}$ en s'évanouissant passe du positif au négatif une fois de plus que du négatif au positif.

Enfin, dans l'intervalle $A_4A_1$, P est toujours $> 0$, et la fraction $\frac{P}{Q}$ ne peut jamais s'évanouir.

En résumé, nous trouvons donc pour le contour entier $A_1A_2A_3A_4$ l'excès $\Delta$ égal à 2; d'un autre côté ce contour ne renferme dans son intérieur qu'une seule racine. Le théorème de M. Cauchy est donc vrai pour le contour en question.

6. Supposons en second lieu que la racine $a + b\sqrt{-1}$ soit multiple de l'ordre $n$: on devra regarder alors le contour $A_1 A_2 A_3 A_4$, dont les dimensions sont très petites, comme renfermant $n$ racines égales entre elles, et l'on aura par suite $\mu = n$ : pour que le théorème de M. Cauchy soit exact, il faut donc que l'excès $\Delta$ soit alors égal à $2n$. Or, quand la racine $a + b\sqrt{-1}$ est multiple de l'ordre $n$, on a $H_1 = 0$, $H_2 = 0$, .... $H_{n-1} = 0$; les valeurs de P et de Q sont par conséquent

$$\begin{aligned}
P &= H_n r^n \cos(n\varphi + \alpha_n) + H_{n+1} r^{n+1} \cos[(n+1)\varphi + \alpha_{n+1}] \\
&\qquad + \ldots + H_m r^m \cos(m\varphi + \alpha_m) \\
Q &= H_n r^n \sin(n\varphi + \alpha_n) + H_{n+1} r^{n+1} \sin[(n+1)\varphi + \alpha_{n+1}] + \ldots \\
&\qquad + H_m r^m \sin(m\varphi + \alpha_m).
\end{aligned}$$

Pour fixer le degré de petitesse du rayon $r$, nous désignerons par K la somme $H_{n+1} + H_{n+2} + \ldots + H_m$ et nous prendrons $r$ plus petit que le plus petit des deux nombres 1 et $\frac{H_n\sqrt{2}}{2K}$. En adoptant pour $r$ une valeur assujettie à cette condition, le signe de P sera le même que celui de son premier terme $H_n r^n \cos(n\varphi + \alpha_n)$ toutes les fois que la valeur absolue de $\cos(n\varphi + \alpha_n)$ se trouvera supérieure à $\frac{\sqrt{2}}{2}$, comme cela arrive quand l'arc $n\varphi + \alpha_n$ est compris entre les limites $\frac{3\pi}{4}$, $\frac{5\pi}{4}$, ou entre les limites $\frac{7\pi}{4}$, $\frac{9\pi}{4}$, .... et ainsi de suite jusqu'à $\frac{(8n-1)\pi}{4}$, $\frac{(8n+1)\pi}{4}$ : de même le signe de Q sera celui de son premier terme $H_n r^n \sin(n\varphi + \alpha_n)$ toutes les fois que la valeur absolue de $\sin(n\varphi + \alpha_n)$ se trouvera supérieure à $\frac{\sqrt{2}}{2}$, ce qui arrivera si l'arc $n\varphi + \alpha_n$ est compris entre les limites $\frac{\pi}{4}$, $\frac{3\pi}{4}$, ou entre les limites $\frac{5\pi}{4}$, $\frac{7\pi}{4}$, ou enfin entre les limites $\frac{(8n-3)\pi}{4}$, $\frac{(8n-1)\pi}{4}$.

On conclut aisément de là que, sur le contour $A_1A_2A_3A_4$ et dans son intérieur il n'existe aucun point (le point M excepté), pour lequel on ait à la fois $P = 0$, $Q = 0$ : c'est pourquoi l'on a $\mu = n$, comme nous l'avons dit tout à l'heure.

Cela posé, pour parcourir le contour $A_1A_2A_3A_4$, nous désignerons par $A_1$, $A_2$, $A_3$, ... $A_{4n}$ les points pour lesquels on a

$$n\varphi + \alpha_n = \frac{\pi}{4},\quad n\varphi + \alpha_n = \frac{3\pi}{4},\quad n\varphi + \alpha_n = \frac{5\pi}{4}, \ldots n\varphi + \alpha_n \frac{(8n-3)\pi}{4};$$

et, prenant le point $A_1$ pour point de départ nous irons successivement de $A_1$ en $A_2$, de $A_2$ en $A_3$, .... de $A_{4n}$ en $A_1$ D'après ce que l'on vient de dire, le polynome Q ne changera jamais de signe, ni dans l'intervalle $A_1A_2$, ni dans l'intervalle $A_3A_4$, ... ni dans l'intervalle $A_{4n-1}A_{4n}$; et la même chose aura lieu pour le polynome P dans les intervalles $A_2A_3$, $A_4A_5$, .... $A_{4n}A_1$. Il est inutile de considérer ces derniers intervalles dans lesquels $\frac{P}{Q}$ ne peut pas s'évanouir : dans tous les autres au contraire, cette fraction s'évanouit et passe du positif au négatif. Ainsi, par exemple, au point $A_1$, P et Q ont les mêmes signes que leurs premiers termes, tous deux égaux à $H_n r^n . \frac{\sqrt{2}}{2}$ : la fraction $\frac{P}{Q}$ est donc positive : on peut s'assurer au contraire qu'en $A_2$ elle est négative : donc

**dans l'intervalle $A_1A_2$, elle change de signe une fois ou un nombre impair de fois en s'évanouissant et allant de $+$ à $-$, puis de $-$ à $+$,... puis finalement de $+$ à $-$; le nombre des passages de $+$ à $-$ surpasse d'une unité le nombre des passages de $-$ à $+$. Ce que nous disons pour l'intervalle $A_1A_2$ a lieu pour les $2n-1$ autres intervalles $A_3A_4$, $A_5A_6$, ... $A_{4n-1}A_{4n}$. L'excès $\Delta$ est donc égal à $2n$, de sorte que le théorème de M. Cauchy est rigoureusement démontré pour le contour que nous considérons (*).**

(*) On simplifiera beaucoup cette démonstration en admettant, comme on a au fond droit de le faire, que l'équation $f(z) = 0$ n'a pas de racines égales. Si l'on adopte cette hypothèse, on pourra aussi se dispenser de recourir à la formule de Moivre, en présentant le raisonnement de la manière suivante. Après avoir développé $f(x+y\sqrt{-1})$ et obtenu la formule (1) du n° 4, on séparera dans cette formule le premier terme $f'(a+b\sqrt{-1})r(\cos\varphi+\sqrt{-1}\sin\varphi)$ de tous les autres dont on représentera l'ensemble par $P_1+Q_1\sqrt{-1}$, et après avoir mis $f'(a+b\sqrt{-1})r(\cos\varphi+\sqrt{-1}\sin\varphi)$ sous la forme ................. $H_1r[\cos(\varphi+\alpha_1)+\sqrt{-1}\sin(\varphi+\alpha_1)]$, on aura

$$f(x+y\sqrt{-1}) = H_1r[\cos(\varphi+\alpha_1)+\sqrt{-1}\sin(\varphi+\alpha_1)]+P_1+Q_1\sqrt{-1},$$

qui donne $P = H_1r\cos(\varphi+\alpha_1)+P_1$, $Q = H_1r\sin(\varphi+\alpha_1)+Q_1$. Pour fixer le degré de petitesse du rayon $r$ que nous prendrons d'abord $< 1$, représentons par $H_nr^n$ le module du terme général $\frac{f^{(n)}(a+b)\sqrt{-1}}{1.2....n}r^n(\cos\varphi+\sqrt{-1}\sin\varphi)^n$ : le module de la somme $P_1+Q_1\sqrt{-1}$ sera moindre que la somme des modules $H_2r^2+H_3r^3+\ldots+H_mr^m$ et *à fortiori* moindre que $r^2(H_2+H_3+\ldots+H_m)$. en posant $H_1+H_2+\ldots+H_m = K$, on aura donc $\sqrt{P_1^2+Q_1^2} < Kr^2$, ce qui exige que la valeur absolue de chacune des quantités $P_1$, $Q_1$ soit aussi $< Kr^2$. Cela posé, si l'on prend $r < \frac{H_1\sqrt{2}}{2K}$, il est clair que le signe de P sera semblable au signe de son premier terme, et constamment négatif depuis le point $A_2$, où.. $\cos(\varphi+\alpha_1) = -\frac{\sqrt{2}}{2}$ jusqu'au point $A_3$ où l'on a encore $\cos(\varphi+\alpha_1) = -\frac{\sqrt{2}}{2}$. Au contraire, le signe de P est constamment $+$ depuis le point $A_4$ où l'on a $\cos(\varphi+\alpha_1) = \frac{\sqrt{2}}{2}$ jusqu'au point $A_1$, où l'on a aussi $\cos(\varphi+\alpha_1) = \frac{\sqrt{2}}{2}$. De même la fonction Q est toujours positive dans l'intervalle $A_1A_2$, et toujours négative dans l'intervalle $A_3A_4$. On achèvera ensuite la démonstration comme au n° 5, où les points $A_1$, $A_2$, $A_3$, $A_4$ ont la même signification qu'ici.

7. Quand le théorème de M. Cauchy a lieu pour deux contours ABCA, ACDA qui ont une partie commune AC, il a lieu également pour le contour total ABCDA formé par leur réunion. En effet, l'excès $\Delta$ du nombre de fois où $\frac{P}{Q}$ en s'évanouissant passe du $+$ au $-$ sur le nombre de fois où cette fraction en s'évanouissant passe du $-$ au $+$ est le même, soit qu'on parcoure le contour total ABCDA, soit qu'on parcoure successivement les deux contours ABCA, ACDA, puisqu'à chaque passage du $+$ au $-$ ou du $-$ au $+$ qui a lieu quand on va sur le côté AC de C en A répond un passage inverse du $-$ au $+$ ou du $+$ au $-$ quand on va sur le même côté de A en C. Or en supposant que le nombre des racines soit égal à $\mu'$ dans le contour ABCA et à $\mu''$ dans le contour ACDA, on a $\Delta = 2\mu$ pour le premier de ces contours et $\Delta = 2\mu''$ pour le second, puisque le théorème de M. Cauchy est supposé applicable à l'un et à l'autre : d'après ce que l'on vient de voir, il résulte de là que, pour le contour total ABCDA, on a $\Delta = 2(\mu' + \mu'')$, équation qui ne diffère pas de l'équation $\Delta = 2\mu$ du n° 2 appliquée au contour ABCDA dans lequel il y a $\mu' + \mu''$ racines. Le théorème de M. Cauchy est donc vrai pour le contour ABCDA, ce qu'il fallait démontrer.

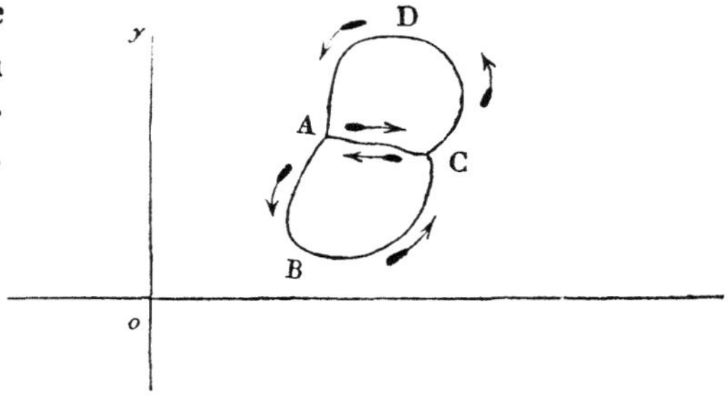


Si l'on considère un nombre quelconque de contours juxtaposés, pour chacun desquels ce théorème ait lieu, il aura lieu également pour le contour total formé par la réunion de ceux-là : c'est ce qu'on verra en réunissant ces contours successivement deux à deux, comme on peut le faire d'après ce qui vient d'être démontré.

8. Étant donné un contour quelconque ABC, on peut toujours le concevoir divisé 1°. en contours convexes tracés autour de chaque racine contenue dans l'intérieur de ABC et assujettis aux conditions énoncées n° 6 : 2°. en contours semblables à ceux dont on a parlé n° 3, c'est-à-dire pour lesquels on n'ait jamais à la fois $P = 0$, $Q = 0$. Le théorème de M. Cauchy ayant lieu pour les diverses parties dans les-

quelles on divise ainsi le contour ABC aura lieu pour ce contour même ABC, dont la forme est arbitraire.

Ce théorème est donc entièrement démontré.

Toutefois nous excluons formellement le cas particulier où, pour quelque point de la courbe ABC, on aurait à la fois $P=0$, $Q=0$ : ce cas particulier ne jouit d'aucune propriété régulière et ne peut donner lieu à aucun théorème; car dès qu'on l'admet, l'excès $\Delta$ peut varier avec la forme du contour sans que le nombre $\mu$ varie : de sorte qu'il n'existe alors entre $\mu$ et $\Delta$ aucune relation constante.

9. De l'origine O des coordonnées comme centre et d'un rayon $r$ très grand, traçons un cercle, et cherchons combien l'équation $f(z)=0$ a de racines comprises dans l'intérieur de ce cercle. Soit $\varphi$ l'angle qu'un rayon quelconque ON fait avec l'axe des $x$ : les coordonnées du point N seront $x=r\cos\varphi$, $y=r\sin\varphi$, et l'on aura

$$\begin{aligned} f(x+y\sqrt{-1}) &= r^m(\cos m\varphi+\sqrt{-1}\sin m\varphi) \\ &\quad + A_1 r^{m-1}\left[\cos(m-1)\varphi+\sqrt{-1}\sin(m-1)\varphi\right] \\ &\quad \cdots\cdots\cdots\cdots\cdots\cdots \\ &\quad + A_{m-1}\, r(\cos\varphi+\sqrt{-1}\sin\varphi)+A_m. \end{aligned}$$

Soit $H_1$ le module de $A_1, \ldots H_{m-1}$ celui de $A_{m-1}$, $H_m$ celui de $A_m$ et supposons que l'on ait

$A_1 = H_1(\cos\alpha_1+\sqrt{-1}\sin\alpha_1)$, $A_2=H_2(\cos\alpha_2+\sqrt{-1}\sin\alpha_2)$, etc.

On aura

$$\begin{aligned} f(x+y\sqrt{-1}) &= r^m[\cos m\varphi+\sqrt{-1}\sin m\varphi] \\ &\quad + H_1 r^{m-1}\cos[(m-1)\varphi+\alpha_1]+\sqrt{-1}\sin[(m-1)\varphi+\alpha_1)] \\ &\quad \cdots\cdots\cdots\cdots\cdots\cdots \\ &\quad + H_m(\cos\alpha_m+\sqrt{-1}\sin\alpha_m); \end{aligned}$$

ce qui donne

$$\begin{aligned} P &= r^m\cos m\varphi+H_1 r^{m-1}\cos[(m-1)\varphi+\alpha_1]+\ldots+H_m\cos\alpha_m, \\ Q &= r\sin m\varphi+H_1 r^{m-1}\sin[(m-1)\varphi+\alpha_1]+\ldots+H_m\sin\alpha_m. \end{aligned}$$

Prenons le rayon $r$ à la fois $>1$ et $>K\sqrt{2}$, K désignant la somme des modules $H_1, \ldots . H_{m-1}$, $H_m$. Alors le signe de P sera semblable à celui de son premier terme toutes les fois que la valeur absolue de $\cos m\varphi$ sera supérieure à $\frac{\sqrt{2}}{2}$ : de même le signe du polynome Q sera celui de son premier terme $r^m \sin m\varphi$ toutes les fois que la valeur absolue de $\sin m\varphi$ sera supérieure à $\frac{\sqrt{2}}{2}$.

Nommons $A_1$, $A_2$, $A_3$, $A_{4m}$ les points de la circonférence du cercle pour lesquels on a successivement

$$m\varphi = \frac{\pi}{4}, \quad m\varphi = \frac{3\pi}{4}, \quad m\varphi = \frac{5\pi}{4}, \ldots . m\varphi = \frac{(8m-1)\pi}{4}.$$

Il est aisé de voir par une discussion toute semblable à celle du n° 6 que dans les intervalles $A_2A_3$, $A_4A_5, \ldots A_{4m}A_1$ la fraction $\frac{P}{Q}$ ne s'évanouira jamais, et que dans chacun des intervalles $A_1A_2$, $A_3A_4, \ldots A_{4m-1}$, où elle s'évanouira au contraire et ne deviendra jamais infinie, l'excès du nombre de fois où elle passera du $+$ au $-$ sur le nombre de fois où elle passera du $-$ au $+$ sera égal à l'unité. L'excès total $\Delta$ pour le contour entier ABC sera ainsi égal à $2m$ : la moitié $m$ de cet excès donne le nombre des racines de l'équation $f(z) = 0$ contenues dans le cercle $A_1A_2, \ldots . A_{4m}$ dont le rayon est exprimé par un nombre quelconque plus grand que 1 et que $K\sqrt{2}$. On voit par là que *toute équation algébrique* $f(z) = 0$ *de degré m a m racines de la forme* $x + y\sqrt{-1}$ *et n'en a que m.* Le plus grand des deux nombres 1 et $K\sqrt{2}$ est une limite supérieure du module de toutes les racines : il serait facile de trouver une limite plus simple (*).

(*) Il nous resterait à expliquer les moyens de trouver l'excès $\Delta$ pour un contour donné. Mais afin d'éviter un double emploi, nous renverrons cette recherche à la fin de l'article suivant.

*Journal de Liouville*
I, pp. 290–308
1836



## *Autres démonstrations du même Théorème ;*

PAR C. STURM.

Les nouvelles démonstrations que je vais donner du théorème de M. Cauchy, s'éloignent moins que la précédente de la méthode que cet illustre géomètre a suivie dans son mémoire ; elles sont fondées sur la décomposition en facteurs de la fonction qu'on égale à zéro. Je vais d'abord démontrer ce théorème pour une équation algébrique de degré quelconque en admettant comme déjà connu ce principe que toute équation algébrique a toujours une racine soit réelle soit imaginaire de la forme $a + b\sqrt{-1}$, d'où l'on conclut immédiatement qu'une équation du $m^{ième}$ degré a $m$ racines.

Soit $F(z) = 0$ l'équation proposée, $F(z)$ étant une fonction entière de $z$ dont le degré est $m$, et dans laquelle les coefficients des puissances de $z$ sont des quantités réelles ou imaginaires de la forme..... $\alpha + \mathcal{C}\sqrt{-1}$. Soient $a + b\sqrt{-1}$, $a' + b'\sqrt{-1}$, $a'' + b''\sqrt{-1}$,.... les $m$ racines de cette équation parmi lesquelles il peut s'en trouver d'égales. On a d'abord

$$F(z) = (z - a - b\sqrt{-1})(z - a' - b'\sqrt{-1})(z - a'' - b''\sqrt{-1}), \text{ etc...} \quad (1)$$

Si l'on remplace $z$ par $x + y\sqrt{-1}$, $x$ et $y$ étant des quantités réelles indéterminées, $F(z)$ prendra la forme $P + Q\sqrt{-1}$, $P$ et $Q$ étant des fonctions entières et réelles de $x$ et $y$, et l'équation précédente deviendra

$$\left.\begin{array}{l} P + Q\sqrt{-1} = [x - a + (y - b)\sqrt{-1}][x - a' + (y - b')\sqrt{-1}] \\ \qquad [x - a'' + (y - b'')\sqrt{-1}] \text{ etc.} \end{array}\right\} \quad (2)$$

On peut regarder les indéterminées $x$ et $y$ comme les coordonnées d'un point quelconque M rapporté à un système d'axes rectangulaires tracés sur un plan, et alors la recherche des racines de l'équation

$F(z) = 0$ qui est devenue $P + Q\sqrt{-1} = 0$, revient à déterminer sur ce plan tous les points dont les coordonnées satisfont à la fois aux deux équations réelles $P = 0$, $Q = 0$.

Désignons ces points par K, K', K'', etc. Leurs coordonnées sont $a$ et $b$ pour le point K, $a'$ et $b'$ pour le point K', $a''$ et $b''$ pour K'', etc.

Posons

$$x - a + (y - b)\sqrt{-1} = r(\cos t + \sqrt{-1}\sin t),$$
$$x - a' + (y - b')\sqrt{-1} = r'(\cos t' + \sqrt{-1}\sin t'),$$
$$x - a'' + (y - b'')\sqrt{-1} = r''(\cos t'' + \sqrt{-1}\sin t''),$$
etc.

Le produit de tous ces facteurs sera, d'après la formule connue,

$$rr'r''\ldots[\cos(t + t' + t'' + \ldots) + \sqrt{-1}\sin(t + t' + t'' + \ldots)].$$

En vertu de l'équation (2), ce produit doit être égal à $P + Q\sqrt{-1}$, on a donc

$$P = rr'r''\ldots\cos(t + t' + t'' + \ldots),$$
$$Q = rr'r''\ldots\sin(t + t' + t'' + \ldots),$$

et

$$\frac{P}{Q} = \cot(t + t' + t'' + \ldots),$$

La cotangente signifie ici le quotient du cosinus divisé par le sinus.

Puisqu'on a fait $x - a + (y - b)\sqrt{-1} = r(\cos t + \sqrt{-1}\sin t)$, on a

$$x - a = r\cos t, \quad y - b = r\sin t.$$

On voit que $x - a$ et $y - b$ sont les projections sur les deux axes rectangulaires de la droite qui joint le point fixe K au point quelconque M dont les coordonnées sont $x$ et $y$. Par conséquent, $r$ représente la longueur de cette droite, et $t$ l'angle ou plutôt l'arc de cercle compris entre sa direction et celle d'une parallèle KX menée par le point K à l'axe O$x$ dans le sens des $x$ positives, cet arc étant mesuré sur un cercle qui a pour centre le point K. L'arc $t$ est nul lorsque la droite KM coïncide avec la parallèle KX à l'axe des $x$, et il peut prendre des valeurs quelconques soit positives, soit négatives, même au-delà d'une circonférence, si l'on fait tourner autour du point K cette droite KM supposée indéfinie. De même $t'$, $t''$... seront les angles ou arcs de cercle compris entre les droites K′M, K″M, et des parallèles à l'axe des $x$ menées par les points K′, K″.

Il s'agit maintenant de déterminer combien parmi ces points K, K′, K″,... pour lesquels on a $P=0$, $Q=0$, il s'en trouve dans l'intérieur d'un contour fermé ABC tracé à volonté sur le plan $xOy$.

Concevons que le point M soit un point mobile qui parcoure le contour ABC en partant d'un point A de ce contour et allant toujours dans le même sens sans rétrograder, jusqu'à ce qu'il revienne au point de départ A. Lorsque le point M est en A, l'angle ou l'arc $t$ a une valeur déterminée que nous désignerons par $\alpha$; c'est la valeur de l'angle AKX. Supposons que le point fixe K soit dans l'intérieur du contour ABC. Lorsque le point M parcourra ce contour, l'arc $t$ variera par degrés insensibles et pourra tantôt croître, tantôt décroître, même au-delà d'une circonférence, selon la forme du contour ABC. Mais quand le point M sera revenu en A, l'arc $t$ se trouvera égal à sa valeur primitive $\alpha$ augmentée d'une circonférence. Ainsi l'on a $t=\alpha$ au moment où le point M part de A, et $t=\alpha+2\pi$ quand il revient en A après avoir parcouru le contour entier.

Mais si le point K est hors du contour ABC, l'arc $t$ après avoir alternativement augmenté et diminué par degrés insensibles, finira par reprendre sa valeur primitive $\alpha$, au moment où le point M reviendra en A.

On dira la même chose des autres arcs $t'$, $t''$,... qui ont pour centres les points K′, K″....

Supposons que parmi les points K, K′, K″,... les uns soient situés hors du contour ABC, et les autres au dedans. Soit $\mu$ le nombre des points intérieurs. Désignons par $\mathcal{C}$ la somme des valeurs $\alpha$, $\alpha'$, $\alpha''$,... des arcs $t$, $t'$, $t''$,.... au moment où le point M part du point A. Pendant que le point M parcourra le contour ABC, cette somme... $t+t'+t''+\ldots$ variera par degrés insensibles, et lorsque le point M reviendra en A, on aura $t+t'+t''+\ldots=\mathcal{C}+2\mu\pi$, puisque chacun des arcs $t$, $t'$, $t''$, qui a pour centre un point intérieur doit être augmenté de $2\pi$, quand le point M revient en A, tandis que les arcs qui ont pour centres des points extérieurs reprennent leurs valeurs primitives. Pour une position quelconque du point mobile, on a

$$\frac{P}{Q}=\cot(t+t'+t''+\ldots).$$

Je dis maintenant que $\cot(t+t'+t''+\ldots)$ doit s'évanouir pour différents points du contour ABC en passant du positif au négatif $2\mu$ fois de plus que du négatif au positif.

La cotangente d'un arc variable s'évanouit en même temps que son cosinus, quand cet arc devient égal à un multiple impair de $\frac{\pi}{2}$. En s'évanouissant, la cotangente passe du positif au négatif ou du négatif au positif, selon que l'arc croît ou décroît en devenant égal à ce multiple; mais elle ne change pas de signe si l'arc atteint ce multiple sans l'outrepasser. L'arc $t+t'+t''+\ldots$ variant par degrés insensibles pendant le mouvement du point M, deviendra égal une ou plusieurs fois à chacun des $2\mu$ multiples impairs de $\frac{\pi}{2}$ compris entre $\mathcal{C}$ et... $\mathcal{C}+2\mu\pi$. Si l'on considère l'un quelconque de ces multiples, l'arc $t+t'+t''+\ldots$ doit lui devenir égal en croissant une fois de plus qu'en décroissant, puisque $t+t'+t''+\ldots$ commence par avoir au point de départ A une valeur $\mathcal{C}$ plus petite que ce multiple, et finit par avoir une valeur plus grande $\mathcal{C}+2\mu\pi$, quand on revient au point A : alors $\cot(t+t'+t''+\ldots)$ en s'évanouissant pour ce multiple-là, passe du positif au négatif une fois de plus que du négatif au positif. S'il arrive que la somme variable $t+t'+t''\ldots$ devienne égale à un multiple impair de $\frac{\pi}{2}$ qui ne soit pas compris entre $\mathcal{C}$ et $\mathcal{C}+2\mu\pi$, elle l'atteindra autant de fois en augmentant qu'en diminuant; et par conséquent $\cot(t+t'+t''+\ldots)$, en s'évanouissant pour ce multiple-là passera du positif au négatif autant de fois que du négatif au positif.

Puisque les multiples impairs de $\frac{\pi}{2}$ compris entre $\mathcal{C}$ et $\mathcal{C}+2\mu\pi$ sont au nombre de $2\mu$, que $\cot(t+t'+t''+\ldots)$ en s'évanouissant pour chacun de ces multiples, passe du positif au négatif une fois de plus que du négatif au positif, et qu'en s'évanouissant pour un multiple impair de $\frac{\pi}{2}$ non compris entre $\mathcal{C}$ et $\mathcal{C}+2\mu\pi$, elle passe autant de fois du positif au négatif que du négatif au positif; on en conclut que $\cot(t+t'+t''+\ldots)$ ou la quantité $\frac{P}{Q}$ qui lui est égale, en s'évanouissant pour différents points du contour ABC, passera du positif au négatif $2\mu$ fois de plus que du négatif au positif. Ce qui est le théorème de M. Cauchy.

On peut en donner encore une démonstration analogue à la précédente, mais dans laquelle on ne suppose pas déjà connu le principe de l'existence des racines, qui deviendra au contraire une conséquence du théorème en question. On verra même par cette nouvelle démonstration qu'il s'étend à des équations non algébriques. Elle est fondée sur les propositions suivantes :

1re *Proposition*. Soient $p$ et $q$ des fonctions réelles de deux variables réelles $x$ et $y$. Considérons $x$ et $y$ comme les coordonnées d'un point quelconque M rapporté à un système d'axes rectangulaires $Ox$, $Oy$; et supposons que chacune des fonctions $p$, $q$, ait une valeur finie unique et déterminée pour tout point situé sur un contour ABC tracé dans le plan $xOy$ (elles peuvent devenir infinies pour des points situés au dehors ou au dedans de ce contour). Admettons aussi que $p$ et $q$ ne soient nulles en même temps pour aucun point situé sur ce contour même. Si l'on conçoit que le point M dont les coordonnées sont $x$, $y$, parcoure le contour ABC (dans le sens ABC), la quantité $\frac{p}{q}$ pourra s'évanouir en changeant de signe pour différents points de ce contour. Soit $\delta$ l'excès du nombre de fois où $\frac{p}{q}$ en s'évanouissant passe du positif au négatif sur le nombre de fois où $\frac{p}{q}$ en s'évanouissant passe du négatif au positif (cet excès $\delta$ peut être un nombre positif, ou négatif, ou zéro). Si l'on fait $p + q\sqrt{-1} = r(\cos t + \sqrt{-1} \sin t)$, je dis que lorsque le point M partant du point A aura parcouru le contour entier ABC et sera revenu en A, l'arc $t$ après avoir varié par degrés insensibles sera égal à la valeur primitive $\alpha$ qu'il avait au point de départ A plus $\delta\pi$.

En effet, au moment où le point mobile M part du point A, $p$ et $q$ ont des valeurs déterminées, et quand le point M revient en A, $p$ et $q$ reprennent ces mêmes valeurs; donc $\cos t$ et $\sin t$ reprennent aussi leurs valeurs primitives; donc $\alpha$ étant la valeur de l'arc $t$, au moment où le point M part de la position A; quand il y reviendra $t$ sera égal à cette valeur primitive $\alpha$ ou bien à cette même valeur $\alpha$ *plus* ou *moins* un multiple de la circonférence, de sorte qu'en revenant au point A, on aura $t=\alpha\pm 2k\pi$, $k$ étant un nombre entier ou zéro.

Si l'on a $t=\alpha+2k\pi$, $t$ en variant par degrés insensibles pendant le mouvement du point M sur le contour ABC, deviendra égal une ou plusieurs fois à chacun des $2k$ multiples impairs de $\frac{\pi}{2}$ compris entre $\alpha$ et $\alpha+2k\pi$, et il atteindra chacun de ces multiples une fois de plus en croissant qu'en décroissant, puisque cet arc $t$ a d'abord au point de départ A une valeur $\alpha$ plus petite que le multiple de $\frac{\pi}{2}$ que l'on considère et finit par avoir une valeur plus grande quand le point M revient en A. Donc cot $t$ en s'évanouissant pour ce multiple-là passera du positif au négatif une fois de plus que du négatif au positif. Si l'arc $t$ devient égal à un multiple impair de $\frac{\pi}{2}$ non compris entre $\alpha$ et $\alpha+2k\pi$, il l'atteindra autant de fois en augmentant qu'en diminuant; et alors cot $t$, en s'évanouissant pour ce multiple passera du $+$ au $-$ autant de fois que du $-$ au $+$. On conclut de là que cot. $t$ ou $\frac{p}{q}$ en s'évanouissant pour différents points du contour ABC passera du positif au négatif $2k$ fois de plus que du négatif au positif. Ainsi le nombre que nous avons appelé $\delta$ est égal à $2k$, et l'on a $t=\alpha+\delta\pi$, quand le point M revient en A.

Si après avoir parcouru le contour entier, on a $t=\alpha-2k\pi$, on prouvera de la même manière que cot. $t$ ou $\frac{p}{q}$ devra s'évanouir en passant du positif au négatif $2k$ fois *de moins* que du négatif au positif, on aura donc $\delta=-2k$; et en revenant au point A, $t=\alpha+\delta\pi$, (puisqu'on a $t=\alpha-2k\pi$).

Si le point M revenant en A, $t$ reprenait sa valeur primitive $\alpha$, cot. $t$ en s'évanouissant passerait du $+$ au $-$ autant de fois que du $-$ au $+$ de sorte qu'on aurait $\delta=0$, et en revenant au point A, la formule $t=\alpha+\delta\pi$ serait encore vérifiée.

2e *Proposition*. Soient $p$, $q$, $p'$, $q'$, $p''$, $q''$, etc. des fonctions des deux variables $x$ et $y$ ayant chacune une valeur finie et unique pour tout point situé sur le contour ABC. Le point M dont les coordonnées sont $x$ et $y$ parcourant le contour ABC (dans le sens ABC), soient $\delta$, $\delta'$, $\delta''$,... respectivement les nombres qui expriment combien de fois chacune des quantités $\frac{p}{q}$, $\frac{p'}{q'}$, $\frac{p''}{q''}$, ... en s'évanouissant pour différents points de ce contour passe du positif au négatif de plus que du négatif au positif. On suppose qu'aucune de ces fractions $\frac{p}{q}$, $\frac{p'}{q'}$.... ne devient $\frac{0}{0}$ sur le contour même. Si l'on pose

$$P+Q\sqrt{-1}=(p+q\sqrt{-1})(p'+q'\sqrt{-1})(p''+q''\sqrt{-1})\ldots$$

et $\Delta=\delta+\delta'+\delta''+\text{etc.}$

le nombre $\Delta$ exprimera combien de fois la quantité $\frac{P}{Q}$ en s'évanouissant passera du positif au négatif de plus que du négatif au positif. (Chacun des nombres $\delta$, $\delta'$, $\delta''$,... et $\Delta$ peut être positif, négatif, ou zéro.)

En effet posons $p+q\sqrt{-1}=r(\cos t+\sqrt{-1}\sin t)$,

$p'+q'\sqrt{-1}=r'(\cos t'+\sqrt{-1}\sin t')$,

etc.

Nous aurons $\frac{P}{Q}=\cot.(t+t'+t''+\ldots.)$.

Au moment où le point M part du point A, les arcs $t$, $t'$, $t''$... ont des valeurs déterminées $\alpha$, $\alpha'$, $\alpha''$,... désignons par $\mathscr{E}$ la somme $\alpha+\alpha'+\alpha''+\ldots$ Quand le point M aura parcouru le contour entier ABC et sera revenu en A, on aura d'après la première proposition $t=\alpha+\delta\pi$, $t'=\alpha'+\delta'\pi$, $t''=\alpha''+\delta''\pi$, etc. et conséquemment $t+t'+t''+\ldots=(\alpha+\alpha'+\alpha''\ldots)+(\delta+\delta'+\delta''+\ldots)\pi=\mathscr{E}+\Delta\pi$.

On en conclut par le raisonnement employé précédemment que $\cot(t+t'+t''+\ldots)$, qui n'est autre chose que $\frac{P}{Q}$, en s'évanouissant pour différents points du contour ABC, passera du positif au négatif $\Delta$ fois de plus que du négatif au positif.

Corollaire. Si l'on pose $P+Q\sqrt{-1}=(p+q\sqrt{-1})(p'+q'\sqrt{-1})$ et si l'excès $\delta'$ qui se rapporte à $\frac{p'}{q'}$ est zéro, on aura $\Delta=\delta$, c'est-à-dire que l'excès du nombre des passages par zéro du $+$ au $-$ sur le nombre des passages par zéro du $-$ au $+$ sera le même pour $\frac{p}{q}$ et pour $\frac{P}{Q}$ qui est ici $\frac{pp'-qq'}{pq'+qp'}$.

Ce cas a lieu en particulier quand la quantité $p'$ ne s'évanouit pas sur le contour ABC; car alors $\frac{p'}{q'}$ ou cot $t'$ ne s'évanouit pas sur ce contour, de sorte qu'on a $\delta' = 0$.

On aura encore $\delta' = 0$, si l'on suppose $p' = 0$, car alors $\frac{p'}{q'}$ ou cot $t'$ étant identiquement nulle, ne change pas de signe sur le contour ABC. Mais en faisant $p' = 0$, $\frac{\mathrm{P}}{\mathrm{Q}}$ ou $\frac{pp' - qq'}{pq' + qp'}$ se réduit à $-\frac{q}{p}$. Donc l'excès $\delta$ est le même pour les deux quantités $\frac{p}{q}$ et $-\frac{q}{p}$; ce qu'il est facile au surplus de reconnaître *à priori*. (*Voyez* page 306.)

3e *Proposition*. Soient K, K', K''... des points dont le nombre est $\mu$ situés dans l'intérieur du contour ABC, et parmi lesquels il peut s'en trouver qui coïncident. Soient $a$ et $b$ les coordonnées du point K, $a'$ et $b'$ celles de K', $a''$ et $b''$ celles de K'', etc. Si l'on pose $\mathrm{P} + \mathrm{Q}\sqrt{-1} = [x - a + (y - b)\sqrt{-1}]\,[x - a' + (y - b')\sqrt{-1}]$ etc. la quantité $\frac{\mathrm{P}}{\mathrm{Q}}$ en s'évanouissant pour différents points du contour ABC passera du positif au négatif $2\mu$ fois de plus que du négatif au positif, de sorte que pour $\frac{\mathrm{P}}{\mathrm{Q}}$ on aura $\Delta = 2\mu$.

En effet si l'on pose

$$x - a + (y - b)\sqrt{-1} = p + q\sqrt{-1} = r\,(\cos t + \sqrt{-1}\sin t)$$
$$x - a' + (y - b')\sqrt{-1} = p' + q'\sqrt{-1} = r'\,(\cos t' + \sqrt{-1}\sin t')$$

$t$, $t'$, $t''$,.. seront les angles ou arcs de cercles compris entre les rayons vecteurs KM, K'M, K''M .. et les parallèles à l'axe des $x$ menées par les points K, K', K''.. Quand le point M a parcouru le contour entier et revient en A, chacun de ces arcs se trouve augmenté d'une circonférence $2\pi$. Donc en vertu de la première proposition, pendant le mouvement du point M, chacune des quantités cot $t$ ou $\frac{p}{q}$, cot $t'$ ou $\frac{p'}{q'}$,... passera en s'évanouissant du positif au négatif deux fois de plus que du négatif au positif, de sorte que les nombres $\delta$, $\delta'$, $\delta''$.. sont tous égaux à $+2$. Donc pour $\frac{\mathrm{P}}{\mathrm{Q}}$ on aura d'après la deuxième proposition, $\Delta = \delta + \delta' + \delta'' + \ldots = 2\mu$.

4e *Proposition*. Soient P et Q des fonctions réelles des deux variables $x$ et $y$ ayant chacune une valeur finie et unique pour tout système de valeurs réelles de $x$ et de $y$. Si le contour ABC ne renferme aucun point pour lequel on ait à la fois $P = 0$ et $Q = 0$, je dis qu'on aura $\Delta = 0$ pour $\frac{P}{Q}$, c'est-à-dire que si $\frac{P}{Q}$ s'évanouit pour différents points du contour ABC, $\frac{P}{Q}$ passera en s'évanouissant du positif au négatif autant de fois que du négatif au positif.

Cette proposition est évidente, si dans l'intérieur du contour ABC et sur ce contour même on n'a jamais $P = 0$.

Elle est encore vraie lorsque dans l'intérieur du contour ABC et sur ce contour même on n'a jamais $Q = 0$. Car, d'après le corollaire de la deuxième proposition l'excès $\Delta$ est le même pour les deux quantités $\frac{P}{Q}$ et $-\frac{Q}{P}$, or $\Delta$ est nul pour $-\frac{Q}{P}$, puisque par hypothèse Q ne s'annulle pas sur le contour ABC ni au dedans, donc $\Delta$ est nul aussi pour $\frac{P}{Q}$. En voici d'ailleurs une autre raison. Au moment où le point M part du point A, $\frac{P}{Q}$ a une valeur et un signe déterminés; et quand le point M revient en A, $\frac{P}{Q}$ reprend la même valeur et le même signe; donc le point M parcourant le contour ABC, $\frac{P}{Q}$ ne peut changer de signe qu'un nombre pair de fois, toujours en s'évanouissant, puisque P seule peut devenir nulle, et en passant alternativement du positif au négatif et du négatif au positif; ainsi l'on a $\Delta = 0$.

Considérons maintenant un contour quelconque ABC qui ne renferme pas de point intérieur pour lequel on ait à la fois $P = 0$, $Q = 0$. On pourra évidemment partager l'aire comprise dans ce contour en plusieurs segments tels que pour tous les points situés dans l'un quelconque de ces segments et sur le contour même qui le termine l'une au moins des fonctions P, Q, ait toujours des valeurs différentes de zéro et de même signe. Si les contours qui terminent deux de ces segments ont une partie commune, on peut admettre que dans l'un de ces deux segments contigus, c'est P qui n'est jamais nulle, et que dans l'autre c'est Q. Car, si c'était la même fonction

P ou Q qui ne fût jamais nulle dans ces deux segments, on pourrait les réunir en un seul dans lequel cette même fonction ne serait jamais nulle, en supprimant la partie commune aux deux contours qui les renferment. Après qu'on aura ainsi supprimé ces lignes de séparation inutiles, la fonction P ne sera nulle pour aucun point commun à deux contours contigus, puisque, comme nous venons de le dire, P ne pourra jamais être nulle sur l'un de ces deux contours et que Q ne pourra pas l'être sur l'autre.

Cela posé, en parcourant l'un quelconque de ces contours partiels la quantité $\frac{\mathrm{P}}{\mathrm{Q}}$ ne s'évanouira pas ou bien elle s'évanouira en passant autant de fois du positif au négatif que du négatif au positif, comme on l'a vu tout-à-l'heure. Donc, en parcourant le contour primitif unique ABC qui résulte de la suppression de toutes les parties communes, il est clair que $\frac{\mathrm{P}}{\mathrm{Q}}$ passera encore en s'évanouissant du positif au négatif autant de fois que du négatif au positif ou que $\Delta$ sera nul pour le contour ABC, puisque $\frac{\mathrm{P}}{\mathrm{Q}}$ ne s'annulle sur aucune *partie commune*.

Maintenant il est facile d'établir le théorème de M. Cauchy. Soit $\mathrm{F}(z) = 0$ l'équation proposée qui devient $\mathrm{P} + \mathrm{Q}\sqrt{-1} = 0$ quand on fait $z = x + y\sqrt{-1}$. Soit $\mu$ le nombre de ses racines $a + b\sqrt{-1}$, $a' + b'\sqrt{-1}$, $a'' + b''\sqrt{-1}$, etc., correspondantes à des points K, K$'$, K$''$,.. situés dans l'intérieur d'un contour quelconque ABC, de sorte qu'on ait à la fois $\mathrm{P} = 0$, $\mathrm{Q} = 0$, pour chacun de ces points. Soit aussi $\Delta$ l'excès du nombre de fois où la quantité $\frac{\mathrm{P}}{\mathrm{Q}}$ en s'évanouissant pour différents points du contour ABC passe du positif au négatif sur le nombre de fois où $\frac{\mathrm{P}}{\mathrm{Q}}$ en s'évanouissant sur le même contour passe du négatif au positif. Il s'agit de prouver qu'on a toujours $\Delta = 2\mu$, quel que soit $\mu$.

Ce théorème a lieu d'abord si le nombre $\mu$ est *zéro*, c'est-à-dire si au dedans du contour ABC il n'y a aucun point pour lequel on ait à la fois $\mathrm{P} = 0$ et $\mathrm{Q} = 0$; car alors on a aussi $\Delta = 0$, d'après notre proposition 4$^{\mathrm{e}}$. Supposons que le nombre $\mu$ des racines renfermées dans le contour ABC ne soit pas nul ; $F(z)$ est alors divisible par le produit des $\mu$ facteurs $z-a-b\sqrt{-1}$, $z-a'-b'\sqrt{-1}$, etc., (parmi lesquels il peut s'en trouver d'égaux). En désignant le quotient par $\varphi(z)$, on a donc

$$F(z)=(z-a-b\sqrt{-1})(z-a'-b'\sqrt{-1})(z-a''-b''\sqrt{-1})\ldots\times\varphi(z).$$

En remplaçant $z$ par $x+y\sqrt{-1}$, $F(z)$ devient $P+Q\sqrt{-1}$, le produit des $\mu$ facteurs $z-a-b\sqrt{-1}$, $z-a'-b'\sqrt{-1}$, etc., devient une quantité de la forme $p+q\sqrt{-1}$, $\varphi(z)$ devient aussi $p'+q'\sqrt{-1}$; et l'on a $P+Q\sqrt{-1}=(p+q\sqrt{-1})(p'+q'\sqrt{-1})$.

Supposons comme précédemment que le point mobile M dont les coordonnées sont $x$, $y$ parcoure le contour ABC (dans le sens ABC).

La fonction $\varphi(z)$ ou $p'+q'\sqrt{-1}$ n'est nulle pour aucun point situé dans l'intérieur du contour ABC; donc d'après notre $4^e$ proposition, en parcourant le contour ABC, on aura $\delta'=0$ pour la quantité $\frac{p'}{q'}$. D'après la $3^e$ proposition, pour $\frac{p}{q}$ on aura $\delta=2\mu$. Donc pour $\frac{P}{Q}$ on aura d'après la $2^e$ proposition $\Delta=\delta+\delta'=2\mu$. Ainsi le théorème est complétement démontré.

Il importe d'observer que cette démonstration s'applique non-seulement à une fonction entière de $z$ qu'on égale à zéro, mais encore à toute fonction $F(z)$ qui devenant nulle pour différentes valeurs de $z$ de la forme $a+b\sqrt{-1}$, donne toujours, étant divisée par $z-a-b\sqrt{-1}$ ou par une certaine puissance entière de ce facteur, un quotient qui ne devient ni nul ni infini pour cette valeur de $z$. Nous pourrions aussi modifier la forme de cette dernière démonstration, en faisant voir à l'aide de nos lemmes, que le théorème énoncé doit être vrai pour une équation qui a $\mu$ racines renfermées dans le contour ABC, s'il est vrai pour une équation qui n'en a que $\mu-1$, après avoir prouvé comme nous l'avons fait dans la $4^e$ proposition, qu'il a lieu quand $\mu=0$.

On peut en déduire qu'une équation algébrique d'un degré quelconque a toujours autant de racines qu'il y a d'unités dans son degré.

Supposons que l'équation $F(z)=0$ soit algébrique du $m^{ieme}$ degré, elle sera de la forme suivante :

$$z^m + A_1(\cos\alpha_1 + \sqrt{-1}\sin\alpha_1)z^{m-1} + \ldots\ldots + A_m(\cos\alpha_m + \sqrt{-1}\sin\alpha_m) = 0 \quad (5)$$

je dis qu'elle aura $m$ racines de la forme $a + b\sqrt{-1}$.

Faisons $z = x + y\sqrt{-1} = r(\cos t + \sqrt{-1}\sin t)$; $r$ est ici la distance du point M $(x,y)$ à l'origine O et $t$ l'angle que cette droite OM fait avec l'axe des $x$. En désignant par $P + Q\sqrt{-1}$ ce que devient $F(z)$, on trouve $P + Q\sqrt{-1}$ égal à

$$\cos mt + \sqrt{-1}\sin mt \text{ multiplié par}$$

$$r^m + A_1 r^{m-1}(\cos\overline{\alpha_1 - t} + \sqrt{-1}\sin\overline{\alpha_1 - t}) + A_2 r^{m-2}(\cos\overline{\alpha_2 - 2t} + \sqrt{-1}\sin\overline{\alpha_2 - 2t}) + \text{etc.}$$

Désignons par $p + q\sqrt{-1}$ le premier facteur $\cos mt + \sqrt{-1}\sin mt$ et par $p' + q'\sqrt{-1}$ le second facteur $r^m +$ etc.

On peut tracer autour de l'origine O un contour assez grand pour que la partie réelle $p'$ de ce second facteur soit constamment positive pour tous les points situés sur ce contour ou au dehors. Car cette partie réelle $p'$ est $r^m + A_1 r^{m-1}\cos\overline{\alpha_1 - t} + A_2 r^{m-2}\cos\overline{\alpha_2 - 2t} +$ etc.; et l'on voit qu'elle sera positive, si la distance $r$ de l'origine à un point quelconque M du contour ABC est égale ou supérieure au plus grand des modules $A_1, A_2 \ldots A_m$ augmenté de l'unité. En admettant que cette condition soit remplie, la fonction $p'$ sera *à fortiori* positive pour tous les points situés hors de ce contour.

Le facteur $p' + q'\sqrt{-1}$ ne pourra donc être nul pour aucun point situé sur le contour ABC ou au dehors; d'ailleurs le premier facteur $p + q\sqrt{-1}$ ou $\cos mt + \sqrt{-1}\sin mt$ n'est nul pour aucun point du plan $xOy$; donc $P + Q\sqrt{-1}$ qui est le produit de ces deux facteurs, ne peut être nul pour aucun point situé sur le contour ABC ou au dehors. Ainsi toutes les racines de la forme $a + b\sqrt{-1}$ que peut avoir l'équation proposée $F(z) = 0$ ou $P + \sqrt{-1} = 0$ répondent à des points situés dans l'intérieur de ce contour, et d'après le théorème général le nombre total de ces racines est égal à la moitié du nombre $\Delta$ qui exprime combien de fois la quantité $\frac{P}{Q}$

en s'évanouissant sur ce contour ABC passe du positif au négatif de plus que du négatif au positif.

Comme on a $P+Q\sqrt{-1}=(p+q\sqrt{-1})(p'+q'\sqrt{-1})$ le nombre $\Delta$ est d'après notre 2^e^ proposition la somme des deux nombres analogues $\delta$, $\delta'$ relatifs aux quantités $\frac{p}{q}$, $\frac{p'}{q'}$. Mais pour $\frac{p'}{q'}$ on a $\delta'=0$, puisque $p'$ est positive pour tous les points du contour ABC. Je dis que pour $\frac{p}{q}$ on a $\delta=2m$. En effet, $\frac{p}{q}$ n'est autre chose que $\cot mt$. Or, l'arc $t$ ayant une valeur déterminée $\alpha$ au moment où le point M qui se meut sur le contour ABC part du point A, devient égal à $\alpha+2\pi$ quand ce point revient en A, de sorte que $mt$ devient égal à $m\alpha+2m\pi$; d'où l'on conclut que $\cot mt$ passe en s'évanouissant du positif au négatif $2m$ fois de plus que du négatif au positif, ainsi pour $\frac{p}{q}$ l'on a bien $\delta=2m$.

Puisque la valeur de $\Delta$ relative à $\frac{P}{Q}$ est égale à $\delta+\delta'$ et qu'on vient de trouver $\delta'=0$ et $\delta=2m$, on en conclut $\Delta=2m$. Donc le nombre total des racines de l'équation algébrique $F(z)=0$ est égal à son degré $m$, puisqu'il doit être égal à la moitié de $\Delta$.

Le raisonnement que je viens d'employer pour déduire du théorème de M. Cauchy la proposition que toute équation algébrique du $m^{\text{ième}}$ degré a $m$ racines, peut encore servir à prouver autrement que dans les n^os^ 5 et 6 de l'article précédent, que si l'on trace un contour suffisamment petit autour d'un point K correspondant à une racine simple d'une équation quelconque $F(z)=0$, ou à une racine multiple de l'ordre $n$, on trouvera, en parcourant ce petit contour, $\Delta=2$ ou $\Delta=2n$, c'est-à-dire que la quantité $\frac{P}{Q}$ en s'évanouissant sur ce contour passera du positif au négatif 2 fois ou $2n$ fois de plus que du négatif au positif. D'un autre côté il a été prouvé dans notre 4^e^ proposition et aussi dans l'article précédent qu'on a toujours $\Delta=0$ pour un contour qui ne renferme pas de racines. Cela posé, si l'on considère un contour quelconque qui renferme un certain nombre de racines, on peut le partager en plusieurs contours dont les uns très petits ne renferment qu'une seule racine (simple ou multiple) et les autres n'en contiennent pas, et l'on fera voir comme dans l'article précédent, n[os] 7 et 8 que le théorème de M. Cauchy ayant lieu pour chacun de ces contours partiels de l'une et de l'autre espèce, a lieu aussi pour le contour donné formé de leur réunion. Je n'insisterai pas davantage sur cette nouvelle démonstration du théorème, qu'il suffit d'avoir indiquée.

La proposition suivante mérite encore d'être remarquée. Soit $F(z) = 0$ une équation (algébrique ou non algébrique) qui devient $P + Q\sqrt{-1} = 0$ quand on fait $z = x + y\sqrt{-1}$ et qui a un certain nombre $\mu$ de racines renfermées dans l'intérieur du contour ABC, n'en ayant aucune sur ce contour même. Soit $f(z) = 0$ une autre équation qui devient $p + q\sqrt{-1} = 0$ en faisant $z = x + y\sqrt{-1}$ et qui a $\nu$ racines au dedans du même contour. On suppose qu'aucune des quantités P, Q, $p$, $q$ ne peut devenir infinie pour des valeurs finies de $x$ et de $y$. Si l'on divise $P + Q\sqrt{-1}$ par $p + q\sqrt{-1}$, on aura un quotient de la forme $p' + q'\sqrt{-1}$, dans lequel les quantités $p'$ et $q'$ auront toujours des valeurs finies pour tous les points du contour ABC. Je dis qu'en parcourant le contour ABC, la quantité $\frac{p'}{q'}$ passera en s'évanouissant du positif au négatif $2(\mu - \nu)$ fois de plus que du négatif au positif, ou qu'on aura $\delta' = 2(\mu - \nu)$ pour $\frac{p'}{q'}$.

En effet on a d'après le théorème $\Delta = 2\mu$ pour $\frac{P}{Q}$, $\delta = 2\nu$ pour $\frac{p}{q}$ et d'après notre 2e proposition on a aussi $\Delta = \delta + \delta'$. De là résulte $\delta' = 2(\mu - \nu)$.

Donc quand on connaîtra $\delta'$ et l'un des deux nombres de racines $\mu$, $\nu$, on connaîtra l'autre. En particulier on aura $\delta' = 0$, si les deux équations $F(z) = 0$ et $f(z) = 0$ ont le même nombre de racines dans l'intérieur du contour ABC; et réciproquement.

La recherche du nombre des racines d'une équation $F(z) = 0$ contenues dans un contour donné étant réduite à trouver l'excès $\Delta$ pour ce contour, nous allons maintenant donner les moyens de déterminer ce nombre $\Delta$, lorsque l'équation $F(z) = 0$ est algébrique.

Supposons que le contour ABC soit composé de plusieurs portions de lignes AB, BC, etc. Il faudra déterminer en parcourant successivement chacune de ces portions de lignes AB, BC, ... l'excès (positif, négatif ou zéro) du nombre de fois où la quantité $\frac{P}{Q}$ en s'évanouissant passe du positif au négatif sur le nombre de fois où elle passe du négatif au positif. Le nombre $\Delta$ sera égal à la somme de tous ces excès partiels relatifs aux différentes portions du contour ABC. Il suffit donc de considérer l'une de ces portions AB. On peut trouver l'excès qui s'y rapporte, lorsque les coordonnées $x$ et $y$ d'un point quelconque de cette ligne AB peuvent être exprimées par des fonctions rationnelles d'une certaine variable $s$. On emploie à cet effet une méthode semblable à celle que j'ai donnée dans mon théorème pour la détermination du nombre des racines réelles d'une équation comprises entre deux limites quelconques.

P et Q devenant sur la ligne AB deux fonctions rationnelles de la variable $s$, leur quotient $\frac{P}{Q}$ prendra la forme d'une fraction $\frac{V}{V_1}$ dans laquelle V et $V_1$ seront deux fonctions entières de $s$. On fera sur ces deux polynomes V et $V_1$ l'opération nécessaire pour trouver leur plus grand commun diviseur, en ayant soin de changer les signes de tous les termes de chaque reste avant de le prendre pour diviseur du reste précédent. Ainsi en supposant que le degré de V par rapport à $s$ soit supérieur ou égal à celui de $V_1$, on divisera V par $V_1$ jusqu'à ce qu'on arrive à un reste d'un degré inférieur à celui de $V_1$. On changera les signes de tous les termes de ce reste, et en le désignant après ce changement de signes par $V_2$, on divisera $V_1$ par $V_2$; on arrivera à un nouveau reste $-V_3$. On divisera de même $V_2$ par $V_3$, et en continuant ainsi on arrivera enfin à un dernier reste $V_r$ indépendant de $s$ ou qui contenant $s$ divisera exactement le reste précédent $V_{r-1}$.

Si l'on parcourt la ligne AB (dans le sens ABC), $s$ aura d'abord pour le point de départ A une certaine valeur $\alpha$; $s$ variera ensuite par degrés insensibles et finira par avoir pour le point B une valeur $\beta$ plus grande ou plus petite que $\alpha$. ($s$ peut dans ses variations tantôt croître, tantôt décroître, et même ne pas rester comprise entre les valeurs $\alpha$ et $\beta$ relatives aux deux points extrêmes A et B.)

Cela posé, l'excès $\varepsilon$ du nombre de fois où la quantité $\frac{V}{V_1}$ ou $\frac{P}{Q}$ en s'évanouissant pour différents points de la ligne AB passera du positif au négatif sur le nombre de fois où elle passera en s'évanouissant du négatif au positif sera égal à l'excès du nombre des variations qui se trouveront dans la suite des signes des fonctions $V, V_1, V_2 \ldots V_r$ pour $s=\beta$ sur le nombre de leurs variations pour $s=\alpha$.

Cette proposition résulte des considérations suivantes: tandis que $s$ varie depuis $\alpha$ jusqu'à $\beta$, la suite des signes des fonctions $V, V_1, \ldots V_r$ pour chaque valeur de $s$ ne peut s'altérer qu'autant qu'une de ces fonctions change de signe et par conséquent devient nulle. Quand c'est une des fonctions intermédiaires entre $V$ et $V_r$ qui s'annulle, on prouve aisément (comme dans la démonstration du théorème relatif aux racines réelles) que le nombre des variations dans la suite des signes de toutes les fonctions demeure le même, et quand $s$ en croissant ou décroissant, atteint et dépasse une valeur qui annulle $V$, la suite des signes gagne ou perd une variation ou conserve le même nombre de variations selon qu'alors $\frac{V}{V_1}$ passe du positif au négatif, ou du négatif au positif ou ne change pas de signe; cela est vrai, lors même que $V$ et $V_1$ ont un plus grand diviseur commun $V_r$ qui s'annulle pour la valeur de $s$ que l'on considère, auquel cas toutes les fonctions $V, V_1, \ldots V_r$ s'annullent en même temps. On conclut de là la proposition énoncée qui a lieu soit que $V$ et $V_1$ aient ou n'aient pas de diviseur commun (*).

Si l'on trouve un plus grand commun diviseur $V_r$ entre $V$ et $V_1$, il pourra se faire qu'on ait à la fois $P=0$, $Q=0$, pour une valeur de $s$ qui annullera ce plus grand commun diviseur et qui

---

(*) Les recherches qui m'ont conduit à mon théorème sur la détermination des racines réelles des équations m'avaient aussi fait rencontrer cette dernière proposition parmi plusieurs autres. Mais comme je n'en voyais pas alors l'utilité, je ne l'ai pas énoncée dans l'analyse de mon mémoire insérée au *Bulletin des Sciences* de juin 1829. J'en ai fait mention depuis dans le n° 20 du mémoire imprimé dans le *Recueil des Savans étrangers;* elle admet d'ailleurs les simplifications exposées dans ce mémoire.

répondra à un point situé sur la ligne AB entre A et B. Dans ce cas, P et Q étant nulles à la fois pour ce point-là, en substituant ses coordonnées dans la formule $x+y\sqrt{-1}$, on aura une racine simple ou multiple de l'équation $F(z)=0$. Si le plus grand commun diviseur entre V et $V_1$ ne devient nul pour aucun point de la ligne AB situé entre A et B, ou si l'on ne trouve pas de plus grand commun diviseur, on sera certain, pourvu qu'on n'ait supprimé d'avance aucun facteur commun à P et à Q, qu'il n'existe sur la ligne AB aucun point correspondant à une racine de l'équation $F(z)=0$. C'est en admettant cette hypothèse que nous avons démontré le théorème de M. Cauchy; les modifications qu'il faudrait y apporter dans le cas où il y aurait des racines sur le contour même ABC, exigeraient une discussion longue et minutieuse que nous avons voulu éviter en faisant abstraction de ce cas particulier.

Nous avons supposé le degré de V par rapport à $s$ supérieur ou égal à celui de $V_1$. Si le degré de V est inférieur à celui de $V_1$, on cherchera encore le plus grand commun diviseur entre V et $V_1$ en divisant d'abord $V_1$ par V, puis V par le reste de la première division après avoir changé les signes de tous ses termes, et en continuant ainsi on formera cette suite de fonctions $V_1, V, V_2, V_3, \ldots V_r$. La différence qu'on obtiendra en retranchant le nombre des variations formées par leurs signes pour $s=\alpha$ du nombre des variations pour $s=\beta$, exprimera l'excès E du nombre de fois où la quantité $\frac{V_1}{V}$ en s'évanouissant sur la ligne AB passera du positif au négatif sur le nombre de fois où elle passera du négatif au positif. Ce nombre E étant ainsi déterminé, l'excès cherché $\varepsilon$ du nombre de fois où la quantité inverse $\frac{V}{V_1}$ en s'évanouissant sur la même ligne AB, passera du positif au négatif sur le nombre de fois où elle passera du négatif au positif, sera égal à $-E$ ou à $-E+1$ ou à $-E-1$ selon que cette quantité $\frac{V}{V_1}$ aura des valeurs de même signe pour $s=\alpha$ et $s=\beta$, ou qu'elle sera positive pour $s=\alpha$ et négative pour $s=\beta$, ou qu'elle sera négative pour $s=\alpha$ et positive pour $s=\beta$.

En effet, la quantité $\frac{V}{V_1}$ peut changer de signe sur la ligne AB en devenant tantôt nulle, tantôt infinie. L'excès $i$ du nombre de fois où en devenant nulle ou infinie elle passe du positif au négatif sur le nombre de fois où elle passe du négatif au positif est égal à la somme des deux nombres $\varepsilon$ et E. D'un autre côté cet excès $i$ est évidemment égal à zéro ou à $+1$ ou à $-1$, selon que $\frac{V}{V_1}$ a des valeurs de même signe pour $s=\alpha$ et $s=\mathcal{C}$, ou que $\frac{V}{V_1}$ est positive pour $s=\alpha$ et négative pour $s=\mathcal{C}$, ou qu'elle est négative pour $s=\alpha$ et positive pour $s=\mathcal{C}$. Donc $\varepsilon$ est bien égal à $-E$ dans le premier cas, à $-E+1$ dans le second et à $-E-1$ dans le troisième. Cette proposition a lieu, comme on voit, quand même V et $V_1$ ne seraient pas des fonctions entières de $s$.

On peut toujours rendre P et Q fonctions rationnelles d'une même variable $s$, lorsque la ligne AB est une droite, ou un cercle ou un arc de cercle.

Si la ligne AB est droite, il suffit de prendre pour $s$ la distance d'un point quelconque de cette droite à un point fixe situé sur sa direction, ou bien encore on peut supposer que $s$ n'est autre que $x$ ou $y$. Si la droite AB est parallèle à l'axe des $x$, $y$ est constante et il faut prendre $s=x$; si elle est parallèle à l'axe des $y$, $x$ est constante et l'on prend $s=y$.

Si la ligne AB est un cercle ou un arc de cercle dont le rayon soit R et dont le centre ait pour coordonnées $g$ et $h$, on fera $x=g+R\cos t$, $y=h+R\sin t$, et l'on prendra $s=\operatorname{tang}\frac{1}{2}t$; alors on aura $x=g+\frac{R(1-s^2)}{1+s^2}$, $y=h+\frac{2Rs}{1+s^2}$; et P, Q seront des fonctions rationnelles de cette nouvelle variable $s$, de sorte que $\frac{P}{Q}$ prendra la forme $\frac{V}{V_1}$, V et $V_1$ étant des fonctions entières de $s$.

Pour la pratique, ce qu'il y a de plus simple est de chercher par la méthode précédente les racines contenues dans des rectangles dont les côtés sont parallèles aux axes. On ne fait alors varier qu'une seule des coordonnées $x$, $y$ dans P et Q qui sont des fonctions entières de $x$ et $y$. On abrégera le calcul en supposant d'abord les deux côtés du rectangle qui sont parallèles à l'un des axes situés à des distances infinies de cet axe. Car alors en parcourant ces côtés-là pour lesquels on aura $y$ ou $x=-\infty$ et $=+\infty$, la quantité $\frac{P}{Q}$ ne s'évanouira pas ou s'évanouira une seule fois, et l'on verra aisément si en s'évanouissant elle passe du positif au négatif ou du négatif au positif.

On peut ainsi déterminer approximativement les parties réelles $x$ et les parties $y$ des racines représentées par $x+y\sqrt{-1}$ ; on obtiendra ensuite des valeurs plus exactes de ces racines par les méthodes d'approximation usitées.

On peut encore dans la pratique faire usage de la proposition suivante dont on peut donner une démonstration semblable à la première du présent article. Soit une équation algébrique $\mathrm{F}(z)=0$ de la forme (3) qui devient $\mathrm{P}+\mathrm{Q}\sqrt{-1}=0$ en faisant $z=x+y\sqrt{-1}$.

Si l'on donne à $y$ dans P et Q une valeur déterminée $h$ positive ou négative, et si l'on fait croître $x$ depuis $-\infty$ jusqu'à $+\infty$, l'excès du nombre de fois où $\frac{\mathrm{P}}{\mathrm{Q}}$ en s'évanouissant passera du positif au négatif sur le nombre de fois où $\frac{\mathrm{P}}{\mathrm{Q}}$ en s'évanouissant passera du négatif au positif sera égal à l'excès du nombre des racines $x+y\sqrt{-1}$ de l'équation $\mathrm{F}(z)=0$, pour lesquelles $y$ est plus grande que $h$ sur le nombre des autres racines pour lesquelles $y$ est plus petite que $h$.

Le degré $m$ de l'équation $\mathrm{F}(z)=0$ étant pair, si l'on donne à $x$ dans P et Q une valeur déterminée $g$ et si l'on fait croître $y$ depuis $-\infty$ jusqu'à $+\infty$, l'excès du nombre de fois où $\frac{\mathrm{P}}{\mathrm{Q}}$ en s'évanouissant passera du positif au négatif sur le nombre de fois où $\frac{\mathrm{P}}{\mathrm{Q}}$ passera du négatif au positif sera égal à l'excès du nombre des racines de l'équation $\mathrm{F}(z)=0$ pour lesquelles la partie réelle $x$ est plus petite que $g$ sur le nombre des autres racines pour lesquelles $x$ est plus grande que $g$.

Le degré $m$ étant impair, si l'on fait toujours $x=g$ dans P et Q et si l'on fait croître $y$ depuis $-\infty$ jusqu'à $+\infty$, l'excès du nombre de fois où la quantité $-\frac{\mathrm{Q}}{\mathrm{P}}$ en s'évanouissant passera du positif au négatif sur le nombre de fois où elle passera du négatif au positif sera encore égal à l'excès du nombre des racines de $\mathrm{F}(z)=0$ pour lesquelles $x$ est plus petite que $g$ sur le nombre des racines pour lesquelles $x$ est plus grande que $g$.

*Journal de Liouville*
I, pp. 373–444
1836



# MÉMOIRE

## *Sur une classe d'Équations à différences partielles ;*

PAR C. STURM.

Les géomètres ont résolu un grand nombre de problèmes relatifs à la distribution de la chaleur dans des corps de différentes formes et aux petits mouvements vibratoires des corps solides élastiques, des corps flexibles et des fluides, en supposant ces corps homogènes et identiques dans toutes leurs parties. Dans la théorie de la chaleur la fonction inconnue qui représente la température variable d'un point quelconque du corps dépend de l'intégration d'une équation à différences partielles contenant sous forme linéaire cette fonction, sa différentielle ou dérivée première par rapport au temps et ses différentielles partielles du premier et du second ordre, quelquefois même d'un ordre supérieur au second par rapport aux coordonnées d'un point quelconque, toutes ces différentielles étant multipliées par des fonctions connues de ces coordonnées. Dans les questions dynamiques, les fonctions inconnues qui représentent les déplacements d'un point quelconque suivant certaines directions dépendent aussi d'équations à différences partielles linéaires qui renferment les différentielles secondes de ces fonctions par rapport au temps et leurs différentielles partielles de différents ordres par rapport aux coordonnées, multipliées par des fonctions connues de ces coordonnées.

Les solutions qu'on a données de ces diverses questions sont analogues à celle du problème de la corde vibrante qu'on doit à D. Bernouilli et à Lagrange. Elles se composent de la somme d'une infinité de solutions particulières d'une même forme déterminée. Les cas les plus simples qu'il faut d'abord considérer, sont ceux où la fonction inconnue ne dépend que du temps et d'une autre variable indépendante qui fixe la position d'un point quelconque du corps; alors chaque terme de la série qui représente cette fonction satisfait séparément à l'équation à différences partielles qui a lieu pour tous les points du corps et à des équations particulières qui ont lieu à ses limites. Le terme général de la série est le produit de deux quantités distinctes; la première est une exponentielle dont l'exposant est égal au temps multiplié par un certain paramètre ou bien c'est le sinus ou le cosinus du temps multiplié encore par un paramètre; la seconde quantité est une fonction de la variable indépendante autre que le temps, et du même paramètre, laquelle dépend d'une équation différentielle ordinaire de forme linéaire; on obtient cette équation en substituant dans l'équation à différences partielles, à la place de la fonction inconnue le produit des deux facteurs dont il s'agit, et supprimant le premier qui se trouve commun à tous les termes de l'équation. Cette seconde fonction qui ne renferme pas le temps et qu'on peut multiplier par un coefficient constant arbitraire, doit aussi satisfaire aux équations aux limites; et de là résulte une équation transcendante déterminée dont l'inconnue est le paramètre qui multiplie le temps dans l'exponentielle, ou sous le sinus ou le cosinus, et dont les racines en nombre infini sont toutes les valeurs de ce paramètre, valeurs qu'il faut substituer successivement dans le terme général de la série. On achève ensuite la solution en déterminant par des méthodes connues les coefficients arbitraires de cette série, de telle sorte qu'à l'origine du temps elle représente l'état initial de la fonction dont on cherche l'état variable.

Ces problèmes, même restreints, comme nous venons de le dire au cas d'une seule dimension deviennent beaucoup plus difficiles, quand le corps dont on s'occupe n'est pas homogène dans toutes ses parties, c'est-à-dire quand les qualités spécifiques, telles que la densité ou l'épaisseur, la capacité de chaleur, la conductibilité, l'élasticité, sont variables d'un point à un autre suivant des lois quelconques. Les équations du problème étant posées, il faut toujours commencer, comme précédemment, par chercher des valeurs particulières de la fonction inconnue qui satisfassent à toutes ces équations, à l'exception de celle qui exprime l'état initial qu'on suppose arbitraire. Une quelconque de ces valeurs particulières est encore le produit de deux quantités de même nature que dans le cas de l'homogénéité. Mais ici l'on est arrêté d'abord par la difficulté d'intégrer l'équation différentielle linéaire à laquelle doit satisfaire la fonction de la variable indépendante autre que le temps et du paramètre indéterminé, et ensuite par celle de former et de résoudre l'équation transcendante qui doit donner les valeurs de ce paramètre. Dans les questions même les plus simples et les plus connues relatives à des corps homogènes, où l'on est parvenu à intégrer l'équation différentielle dont il s'agit et à écrire l'équation transcendante, sous forme finie ou en série, on a quelque peine à démontrer que cette équation doit avoir des racines réelles en nombre infini, et à reconnaître la marche et les propriétés distinctives des fonctions qu'on obtient en substituant ces différentes racines à la place du paramètre indéterminé dans l'expression analytique de la fonction satisfaisant à l'équation différentielle qu'on a intégrée. On ne voit pas non plus comment les altérations qu'on peut faire éprouver aux qualités spécifiques du corps influent sur la grandeur des racines et sur les propriétés des fonctions qui en dépendent. Ces discussions me semblent indispensables, si l'on veut bien connaître les circonstances les plus intéressantes de ces phénomènes; elles doivent même nécessairement précéder la recherche de l'intégrale générale.

Le présent mémoire a pour objet les questions nouvelles que je viens d'indiquer rapidement. Je crois les avoir résolues pour les cas assez nombreux où la fonction inconnue dépend d'une équation linéaire à différences partielles contenant cette fonction, sa différentielle première ou seconde par rapport au temps et ses deux différentielles première et seconde par rapport à une autre variable qui fixe la position d'un point quelconque du corps, la fonction et ses différentielles étant multipliées par des fonctions connues de la dernière variable.

Pour plus de précision et de clarté, j'ai choisi comme exemple un problème qui a toute la généralité qu'on peut désirer dans le cercle que je me suis tracé. Je considère la distribution de la chaleur dans une barre droite ou courbe d'une matière homogène ou non homogène et d'un épaisseur constante ou variable, mais assez petite pour que tous les points d'une section plane perpendiculaire à l'axe aient sensiblement la même température au même instant; cette barre est placée dans un milieu d'une température constante qu'on peut supposer égale à zéro M. Poisson a donné dans son grand ouvrage sur la chaleur les équations de ce problème et leur a appliqué ses méthodes générales d'intégration; mais il ne s'est pas occupé des propriétés de l'équation transcendante et des intégrales particulières que j'ai cru devoir étudier. J'ai fait usage dans mes recherches de la théorie sur les équations différentielles linéaires du second ordre que j'ai exposée dans un précédent mémoire publié dans le Journal de M. Liouville. Je vais indiquer sommairement les principaux résultats auxquels je suis arrivé.

Je cherche d'abord suivant la méthode connue que j'ai rappelée plus haut, des valeurs particulières de la fonction qui désigne la température variable d'un point quelconque de la barre; je suppose donc cette fonction égale au produit de l'exponentielle $e^{-rt}$ par une fonction V de l'abscisse $x$ et du paramètre indéterminé $r$ indépendante du temps $t$. L'équation transcendante en $r$ à laquelle on arrive n'a pas de racines imaginaires, ainsi que M. Poisson l'a démontré pour cette équation et en général pour toutes celles qu'on rencontre dans les problèmes de physique mathématique. Je fais voir en outre que la même équation n'a pas de racines égales et qu'elle n'a pas de racines négatives. Je prouve ensuite à l'aide de ma théorie sur les équations différentielles linéaires du second ordre, qu'elle a une infinité de racines positives dont la plus petite peut être zéro dans un cas particulier. En substituant chacune de ces racines à la place du paramètre indéterminé dans la formule $Ve^{-rt}$, on a donc une infinité de solutions particulières, satisfaisant à l'équation à différences partielles et aux deux équations qui ont lieu aux extrémités de la barre. Si les températures initiales sont exprimées par la fonction V qui correspond à l'une des racines de l'équation en $r$, les températures variables de tous les points seront exprimées par le seul terme $Ve^{-rt}$, elles seront donc à chaque instant proportionnelles à leurs valeurs initiales, et pour des temps croissants en progression arithmétique, ces températures, abstraction faite de leur signe lorsqu'elles seront négatives, décroîtront en progression géométrique d'autant plus rapidement que la racine $r$ sera plus grande. Les propriétés qui distinguent ces états *simples* en nombre infini où les températures variables sont exprimées par un seul terme ne sont autres que celles des fonctions V correspondantes aux différentes racines de l'équation transcendante. Voici les plus remarquables.

Aucune de ces fonctions ne peut s'évanouir sans changer de signe.

La première de ces fonctions, celle qui répond à la plus petite racine conserve constamment le même signe dans toute l'étendue de la barre.

La seconde, qui répond à la deuxième racine, change de signe une fois pour un point situé entre les deux extrémités de la barre.

La troisième fonction change de signe deux fois entre les mêmes extrémités.

La quatrième change de signe trois fois, et ainsi de suite, jusqu'à l'infini.

Deux de ces fonctions correspondantes à deux racines consécutives changent toujours de signe l'une après l'autre alternativement; celle qui répond à la plus grande de ces deux racines s'évanouit la première, en partant de l'une des extrémités de la barre. Entre deux points consécutifs de la barre pour lesquels une de ces fonctions est nulle, il y a toujours au moins un point pour lequel l'une quelconque des fonctions correspondantes à des racines plus grandes change de signe, et il y a au plus autant de points pour lesquels cette dernière fonction change de signe qu'il y a d'unités de différence entre les indices de ces deux fonctions.

Ainsi ces fonctions données par une même équation différentielle linéaire du deuxième ordre contenant un paramètre variable, jouissent de propriétés analogues à celles des sinus des multiples d'une variable qui sont les fonctions les plus simples de cette espèce; mais les intervalles compris entre les points consécutifs pour lesquels chaque fonction change de signe ne sont pas égaux; ils ont des relations déterminées avec les qualités spécifiques de la substance, et varient en même temps que celles-ci suivant certaines lois, ainsi que les racines $r$ de l'équation transcendante. Par exemple si le pouvoir émissif augmente à l'une des extrémités de la barre, les points pour lesquels chaque fonction s'annullera s'éloigneront de cette extrémité, et toutes les racines $r$ de l'équation transcendante deviendront à la fois plus grandes.

J'établis des propositions analogues relativement aux valeurs maxima de ces fonctions et à d'autres valeurs plus ou moins remarquables.

Après avoir ainsi discuté les solutions particulières, je donne d'après les méthodes connues l'intégrale générale pour un état initial arbitraire.

Avant que les températures de la barre soient réduites à zéro, il y aura une époque où elles seront exprimées sensiblement par le premier terme de la série qui représente l'intégrale générale; cet état final des températures se confondra donc avec le premier des états simples que nous avons considérés précédemment; par conséquent après un temps plus ou moins long les températures de tous les points de la barre seront supérieures ou inférieures à la température fixe du milieu, ce qui peut n'avoir pas lieu pour les températures initiales.

Cette propriété exige cependant que le coefficient du premier terme de la série qu'on obtient par une intégrale définie, ne soit pas nul. S'il est nul, et si celui du second terme ne l'est pas, l'état final des températures sera le second de nos états simples, de sorte que les températures finales seront supérieures à celle du milieu dans une portion de la barre et inférieures dans la portion restante.

En assujettissant à de nouvelles conditions la fonction qui représente les températures initiales, l'état final pourra se réduire à tel état simple qu'on voudra. Toutefois je pense que ce résultat mathématique ne pourrait guère être vérifié par l'expérience, parce que les équations de la chaleur ne sont pas d'une exactitude absolue.

En général, les variations de signe qui peuvent exister dans les températures initiales doivent, le temps croissant, disparaître les unes après les autres.

J'ai examiné de quelle manière cette disparition s'opère et je suis arrivé à un théorème très complet qui comprend le cas où ces variations de signe ne disparaîtraient pas toutes. J'en ai déduit comme corollaire ces propriétés nouvelles et curieuses de la fonction qu'on forme en ajoutant ou superposant un nombre quelconque de solutions particulières, le temps ayant une valeur déterminée quelconque.

En premier lieu, cette fonction qui ne renferme que la seule variable $x$, s'évanouit en changeant de signe entre les deux extrémités de la barre au moins autant de fois que celui de ses termes dont l'indice est le moindre. Elle peut en outre être nulle à l'une des extrémités ou à deux extrémités de la barre. En second lieu, cette fonction s'annulle au plus autant de fois que celui de ses termes dont l'indice est le plus grand. Dans cette seconde partie du théorème, une valeur de $x$ qui annulle la fonction dont il s'agit et quelques-unes de ses différentielles successives par rapport à $x$ doit être considérée comme une racine multiple et comptée pour autant de racines qu'il y a d'unités dans l'ordre de la première des différentielles qu'elle n'annulle pas, si cette valeur de $x$ est comprise entre celles qui répondent aux deux extrémités de la barre. Mais si la fonction et quelques-unes de ses différentielles successives se trouvent nulles pour la valeur de $x$ qui répond à l'une des extrémités de la barre, le degré de multiplicité de cette valeur de $x$ est seulement la moitié de l'ordre de la première différentielle qui ne s'annulle pas, cet ordre ne pouvant être alors qu'un nombre pair.

M. Liouville a démontré directement ce théorème, qui n'était pour moi qu'un corollaire du précédent, sans s'occuper du cas particulier où la fonction serait nulle à l'une des extrémités de la barre. J'en ai aussi trouvé après lui une autre démonstration directe que je donne dans ce mémoire. M. Liouville a fait usage du même théorème dans un très beau Mémoire qu'il a publié dans le numéro de juillet de son journal et qui a pour objet le développement d'une fonction arbitraire en une série composée des fonctions V que nous avons considérées.

Ces résultats s'étendent avec quelques légères modifications au mouvement linéaire de la chaleur dans un globe ou dans un cylindre composé de couches concentriques infiniment minces, telles que la densité, la capacité de chaleur et la conductibilité, sont les mêmes pour tous les points d'une même couche, mais variables d'une couche à une autre; ce corps est placé dans un milieu d'une température constante, ou bien sa surface est entretenue à une température fixe. Les propriétés relatives aux *maxima* sont plus simples que dans la barre. Après un temps plus ou moins long, les températures de toutes les couches qui composent le corps deviennent supérieures à la température fixe du milieu et croissantes depuis la surface extérieure jusqu'au centre, ou bien au contraire ces températures deviennent inférieures à celle du milieu et décroissantes depuis la surface jusqu'au centre. J'ai énoncé cette proposition dans le *Bulletin des Sciences* de 1829. Comme pour la démontrer on n'a besoin de considérer que le premier terme de la série qui exprime l'intégrale générale, j'en avais une démonstration indépendante de ma théorie sur les équations différentielles linéaires du 2$^{e}$ ordre: je la donne dans le présent Mémoire. On peut d'ailleurs déterminer avec une approximation suffisante la fonction à laquelle les températures finales deviennent proportionnelles dans la barre, la sphère et le cylindre.

La même analyse, convenablement modifiée, donne les lois du mouvement linéaire de la chaleur dans une barre composée d'un nombre quelconque de parties hétérogènes, comme aussi dans un globe et dans un cylindre plein ou creux, composé de couches hétérogènes d'épaisseurs quelconques, telles que les qualités spécifiques varient brusquement dans le passage d'une substance à une autre.

Toute cette théorie s'applique sans aucune difficulté à plusieurs problèmes dynamiques, parmi lesquels je citerai ceux qui ont pour objet les vibrations d'une corde homogène ou non homogène d'une épaisseur et d'une élasticité variables, les oscillations d'une chaîne pesante de densité variable suspendue par l'un de ses bouts ou par les deux bouts, et le mouvement vibratoire d'une colonne d'air de densité et d'élasticité variables.

I.

Considérons la distribution de la chaleur dans une barre droite ou courbe d'une matière homogène ou non homogène et d'une épaisseur constante ou variable, mais assez petite pour que tous les points d'une section plane perpendiculaire à la ligne qu'on prend pour l'axe de la barre aient sensiblement la même température au même instant. Ce corps est placé dans un milieu dont la température est constante; nous la prendrons pour le zéro de l'échelle thermométrique. Le mouvement de la chaleur dans cette barre, n'ayant lieu que dans le sens de son axe, est représenté par l'équation suivante:

$$g\,\frac{du}{dt} = \frac{d.\left(k\frac{du}{dx}\right)}{dx} - lu \qquad (1)$$

$x$ désigne la portion de l'axe de la barre comprise entre une section quelconque $\omega$ perpendiculaire à cet axe et un point fixe pris sur le même axe, $u$ est la température de cette section au bout du temps $t$; $g$ représente le produit de la chaleur spécifique de la barre à l'endroit où est faite la section $\omega$ par l'aire de cette section; $k$ est le produit de la *conductibilité intérieure* en cet endroit par la même aire $\omega$; enfin $l$ exprime le produit du contour de la section $\omega$ par *le pouvoir émissif* au même lieu; $l$ dépend de la matière de la barre et du degré de poli de sa surface. Nous regarderons les trois quantités $g$, $k$ et $l$ comme des fonctions de $x$ positives données pour tous les points de la barre; chacune d'elles peut se réduire à une constante.

La fonction $u$ doit remplir encore d'autres conditions.

On doit avoir

$$k\frac{du}{dx} - hu = 0 \text{ pour } x = \mathrm{x}, \qquad (2)$$

$$k\frac{du}{dx} + \mathrm{H}u = 0 \text{ pour } x = \mathbf{X}, \qquad (3)$$

x et **X** étant les valeurs de $x$ qui répondent aux deux extrémités de la barre, $h$ et H des constantes positives qui mesurent la grandeur du rayonnement à ces extrémités.

Au lieu de la condition (2) on peut se donner celle que $u$ ou $\frac{du}{dx}$

soit nulle pour $x = \mathrm{x}$, quel que soit $t$; cela revient à supposer $h$ infinie ou nulle dans l'équation (2). Si par exemple on doit avoir $u = 0$ pour $x = \mathrm{x}$, on écrira l'équation (2) ainsi :

$$\frac{k}{h}\frac{du}{dx} - u = 0 \text{ pour } x = \mathrm{x}$$

puis on y fera $\frac{1}{h} = 0$ ou $h$ infinie. De même l'équation (3) deviendra $u = 0$ ou $\frac{du}{dx} = 0$ pour $x = \mathbf{X}$, si l'on fait $\mathbf{H}$ infinie ou nulle.

Enfin il faut qu'on ait encore

$$u = f(x) \text{ pour } t = 0 \qquad (4)$$

$f(x)$ étant une fonction donnée de $x$ qui représente les températures initiales des points de la barre, et qui prise pour $u$ doit vérifier les équations (2) et (3); elle est d'ailleurs arbitraire.

On verra facilement que les équations (1), (2), (3), (4) déterminent complétement la fonction $u$ pour toutes les valeurs de $t$ et pour celles de $x$ comprises entre $\mathrm{x}$ et $\mathbf{X}$, et qu'au contraire il y aurait indétermination, si en conservant l'équation (1), on supprimait l'une quelconque des équations (2), (3), (4).

## II.

Pour arriver à l'expression de $u$ en fonction de $x$ et de $t$, on commence par chercher, suivant la méthode connue, des valeurs particulières de $u$ qui satisfassent à l'équation (1) et aux équations (2) et (3) en faisant abstraction de la condition (4), $u = f(x)$ pour $t = 0$. On suppose

$$u = \mathrm{V}e^{-rt} \qquad (5)\ (*)$$

$r$ étant une constante indéterminée indépendante de $x$ et de $t$, et $\mathrm{V}$ une fonction de $x$ indépendante de $t$. En substituant à la place de $u$ cette valeur hypothétique (5) dans les trois équations (1), (2), (3), $e^{-rt}$ disparaît comme facteur commun, et l'on trouve pour déterminer $\mathrm{V}$ et $r$ les équations suivantes.

(*) On peut voir dans les ouvrages de M. Poisson et surtout dans sa *Théorie de la Chaleur*, chap. VI, les considérations qui conduisent à chercher des intégrales particulières de la forme (5) et à prendre pour l'intégrale générale la somme de toutes les intégrales de cette forme.

On a d'abord

$$\frac{d.\left(k\frac{dV}{dx}\right)}{dx} + (gr-l)V = 0 \qquad (6)$$

pour toutes les valeurs de $x$ depuis x jusqu'à **X**;

et en outre
$$k\frac{dV}{dx} - h\mathbf{V} = 0, \text{ pour } x = \mathrm{x} \qquad (7)$$
$$k\frac{dV}{dx} + \mathbf{HV} = 0, \text{ pour } x = \mathbf{X}. \qquad (8)$$

La valeur de l'une des quantités **V**, $\frac{dV}{dx}$, pour $x=$ x reste indéterminée et peut être prise à volonté; celle de l'autre est donnée par l'équation (7). Cette équation (7) se réduit à $\frac{dV}{dx} = 0$ ou à $\mathbf{V} = 0$ pour $x=$x, selon qu'on y suppose $h$ nulle ou infinie. Il faut alors donner à celle des quantités **V**, $\frac{dV}{dx}$, qui ne doit pas être nulle pour $x=$x, une valeur arbitraire.

Dès que les valeurs de V et de $\frac{dV}{dx}$ pour $x=$ x sont fixées, la fonction **V** est entièrement déterminée par l'équation différentielle (6) pour toutes les valeurs de $x$ croissantes depuis x jusqu'à **X**; quoiqu'on ne sache intégrer cette équation que dans un très petit nombre de cas particuliers, on conçoit que la fonction **V** existe et a pour chaque valeur de $x$ une valeur réelle unique qui dépend de celles de $x$ et de $r$; on peut toujours la développer en une série convergente, comme M. Liouville l'a fait voir dans son Mémoire inséré au n° de juillet de son journal (page 255.)

Jusqu'ici la constante $r$ est arbitraire; mais maintenant elle doit être déterminée de telle sorte qu'on ait

$$k\frac{dV}{dx} + \mathbf{HV} = 0 \text{ pour } x = \mathrm{X} \qquad (8)$$

Cette équation (8) peut se réduire soit à $\mathbf{V} = 0$, soit à $\frac{dV}{dx} = 0$, pour $x = \mathbf{X}$, en faisant **H** infinie ou nulle.

On aura ainsi une équation en $r$ que nous représenterons par $\mathrm{F}(r) = 0$ et qui fournira différentes valeurs de cette inconnue $r$.

Il est clair qu'on obtiendrait la même équation $\mathrm{F}(r) = 0$, si l'on se donnait la valeur de l'une des quantités $V, \frac{dV}{dx}$, pour $x = X$, qu'on tirât celle de l'autre de l'équation (8), et qu'on substituât les valeurs de V et de $\frac{dV}{dx}$ que fournirait l'intégration de l'équation différentielle (6) dans l'équation (7) qui doit avoir lieu pour $x = \mathrm{x}$.

Il faut maintenant examiner les propriétés des racines de cette équation $F(r) = 0$.

## III.

Nous allons démontrer d'abord que *cette équation en r,* $F(r) = 0$, *ne peut point avoir de racines imaginaires.*

Supposons, s'il est possible, que l'équation $F(r) = 0$ soit vérifiée par une valeur imaginaire de $r$ de cette forme, $\lambda + \mu\sqrt{-1}$, $\lambda$ et $\mu$ étant des quantités réelles. Si l'on substitue cette racine $\lambda + \mu\sqrt{-1}$ à la place de $r$ dans V qui est une fonction de $x$ et de $r$, V deviendra de la forme $P + Q\sqrt{-1}$, P et Q étant des fonctions réelles de $x$, $\lambda$ et $\mu$. Les trois équations (6), (7), (8) devront donc être identiquement satisfaites, si l'on y met $P + Q\sqrt{-1}$, à la place de V et $\lambda + \mu\sqrt{-1}$ à la place de $r$. En faisant cette substitution, puis égalant séparément à zéro la somme des termes réels et celle des termes qui renferment $\sqrt{-1}$ comme facteur, on trouve

$$\left.\begin{array}{l} \dfrac{d\left(k\dfrac{dP}{dx}\right)}{dx} + (g\lambda - l)\,P - g\mu\,Q = 0 \\[2ex] \dfrac{d.\left(k\dfrac{dQ}{dx}\right)}{dx} + (g\lambda - l)\,Q + g\mu\,P = 0 \end{array}\right\} \quad (9)$$

et

$$k\frac{dP}{dx} - hP = 0, \qquad k\frac{dQ}{dx} - hQ = 0, \text{ pour } x = \mathrm{x} \quad (10)$$

$$k\frac{dP}{dx} + HP = 0, \qquad k\frac{dQ}{dx} + HQ = 0, \text{ pour } x = X. \quad (11).$$

En multipliant la première des équations (9) par Q, la seconde par P, puis retranchant, il vient

$$Q.d.\left(k\frac{dP}{dx}\right) - P.d.\left(k\frac{dQ}{dx}\right) = \mu.g\,(P^2 + Q^2)\,dx \qquad (12).$$

Intégrons les deux membres de cette équation depuis $x = \mathrm{x}$ jusqu'à

$x = \mathrm{X}$. En intégrant par parties le terme $\mathrm{Q}.d.k\left(\frac{d\mathrm{P}}{dx}\right)$ sans fixer d'abord les limites de l'intégration, on trouve

$$\begin{aligned}\int \mathrm{Q}.d.\left(k\frac{d\mathrm{P}}{dx}\right) &= \mathrm{Q}.\ k\frac{d\mathrm{P}}{dx} - \int k\,\frac{d\mathrm{P}}{dx}\,\frac{d\mathrm{Q}}{dx}\,dx\\ &= \mathrm{Q}.\ k\frac{d\mathrm{P}}{dx} - \mathrm{P}.k\frac{d\mathrm{Q}}{dx} + \int \mathrm{P}.d.\left(k\frac{d\mathrm{Q}}{dx}\right);\end{aligned}$$

d'où $$\int \mathrm{Q}.d.\left(k\frac{d\mathrm{P}}{dx}\right) - \int \mathrm{P}.d.\left(k\frac{d\mathrm{Q}}{dx}\right) = k\left(\mathrm{Q}\frac{d\mathrm{P}}{dx} - \mathrm{P}\frac{d\mathrm{Q}}{dx}\right).$$

L'intégrale du premier membre de l'équation (12) prise entre les limites x et X est donc égale à la valeur que prend l'expression $k\left(\mathrm{Q}\frac{d\mathrm{P}}{dx} - \mathrm{P}\frac{d\mathrm{Q}}{dx}\right)$ pour $x = \mathrm{X}$, moins celle qu'elle prend pour $x = \mathrm{x}$. Or, en vertu des équations (10) et (11), $k\left(\mathrm{Q}\frac{d\mathrm{P}}{dx} - \mathrm{P}\frac{d\mathrm{Q}}{dx}\right)$ se trouve nulle, soit pour $x = \mathrm{x}$, soit pour $x = \mathrm{X}$. Ainsi l'intégrale du premier membre de l'équation (12) prise entre les limites x et X se réduit à zéro, et par conséquent celle du second membre est aussi nulle, c'est-à-dire qu'on a

$$\mu.\int_{\mathrm{x}}^{\mathrm{X}} g\,(\mathrm{P}^2 + \mathrm{Q}^2)\,dx = 0. \qquad (13)$$

Mais comme la fonction $g$ est positive pour toutes les valeurs de $x$ comprises entre x et X, l'intégrale $\int_{\mathrm{x}}^{\mathrm{X}} g\,(\mathrm{P}^2 + \mathrm{Q}^2)\,dx$ ne peut pas être nulle; car elle est la somme des valeurs de la différentielle $g\,(\mathrm{P}^2 + \mathrm{Q}^2)\,dx$ qui est positive, quand P et Q ne sont pas nulles. Or, P et Q ne peuvent pas être nulles pour toutes les valeurs de $x$ depuis x jusqu'à X; en effet leurs valeurs pour $x = \mathrm{x}$ sont arbitraires, puisqu'on peut se donner à volonté la valeur de V pour $x = \mathrm{x}$ (si toutefois on ne doit pas avoir $\mathrm{V} = 0$ pour $x = \mathrm{x}$); et l'on voit de plus d'après la forme des équations (10) et (9) qu'elles doivent donner pour P et Q des valeurs réelles différentes de zéro, quand $x$ croît à partir de x. Si l'on avait $\mathrm{V} = 0$ pour $x = \mathrm{x}$, on observerait que pour les valeurs de $x$ un peu plus grandes que x on n'aurait pas $\mathrm{V} = 0$, puisque $\frac{d\mathrm{V}}{dx}$ ne doit pas être nulle en même temps que V pour $x = \mathrm{x}$. L'équation (13) à laquelle on vient d'arriver est donc absurde, à moins que $\mu$ ne soit nulle. Ainsi l'équation $\mathrm{F}(r) = 0$ ne peut point avoir de racines imaginaires de la forme $\lambda + \mu\sqrt{-1}$. On remarquera que cette proposition a lieu, lors même que la fonction $l$ ne serait pas constamment positive entre les limites x et X, et que les constantes $h$ et H ne seraient pas aussi toutes deux positives, comme on l'a supposé, n° 1; il faut seulement que $g$ et $k$ soient positives.

## IV.

C'est à M. Poisson qu'est due la première démonstration générale et rigoureuse de la réalité des racines de ces équations transcendantes auxquelles on est conduit dans la résolution des problèmes de physique mathématique. Il l'a donnée d'abord dans le *Bulletin de la Société philomathique* pour l'année 1828, et l'a reproduite dans d'autres mémoires et dans sa *Théorie de la Chaleur*, page 178.

Je crois devoir appliquer cette démonstration de M. Poisson à l'équation $F(r) = 0$ dont il est ici question. On verra que celle du numéro précédent est au fond la même, et n'en diffère que par la forme. Je ferai voir en outre que la même équation $F(r) = 0$ n'a pas de racines égales. Mais auparavant il faut établir les formules qui servent de base à ces démonstrations, et qui ont d'ailleurs un autre usage.

Considérons $r$ comme variable, en supposant que la fonction $V(x, r)$ soit assujettie à vérifier seulement les deux équations (6) et (7),

$$\frac{d\left(k\frac{dV}{dx}\right)}{dx} + (gr - l)V = 0, \qquad (6)$$

et

$$k\frac{dV}{dx} - hV = 0 \text{ pour } x = \text{x}. \qquad (7)$$

On n'a point égard ici à l'autre condition (8) qui doit servir à déterminer les valeurs de $r$. Attribuons à $r$ une autre valeur $r'$, et désignons par $V'$ ce que devient la fonction V par le changement de $r$ en $r'$, nous aurons aussi

$$\frac{d.\left(k\frac{dV'}{dx}\right)}{dx} + (gr' - l)V' = 0, \qquad (6')$$

et

$$k\frac{dV'}{dx} - hV' = 0 \text{ pour } x = \text{x}. \qquad (7')$$

En multipliant l'équation (6) par $V'$, l'équation (6') par V, et retranchant, on a la suivante

$$V.d\left(k\frac{dV'}{dx}\right) - V'.d.\left(k\frac{dV}{dx}\right) = (r-r')gVV'dx$$

Son premier membre est la différentielle de l'expression..... $k\left(V\frac{dV'}{dx} - V'\frac{dV}{dx}\right)$, qui est nulle pour $x = \mathrm{x}$ en vertu des équations (7) et (7'). Donc en intégrant les deux membres de cette équation depuis $x = \mathrm{x}$ jusqu'à $x = \mathrm{X}$, on aura

$$(r-r')\int_{\mathrm{x}}^{\mathrm{X}} gVV'dx = k\left(V\frac{dV'}{dx} - V'\frac{dV}{dx}\right) \text{ pour } x = \mathrm{X}. \quad (14)$$

Si l'on différentie cette équation (14) par rapport à l'indéterminée $r$ qui entre dans V et non dans V', on aura

$$\int_{\mathrm{x}}^{\mathrm{X}} gVV'dx + (r-r')\int_{\mathrm{x}}^{\mathrm{X}} gV'\frac{dV}{dr}dx = k\left(\frac{dV}{dr}\frac{dV'}{dx} - V'\frac{ddV}{dxdr}\right) \text{pour } x = \mathrm{X}.$$

En faisant dans cette dernière équation $r' = r$, V' se change en V, et l'on obtient cette formule

$$\int_{\mathrm{x}}^{\mathrm{X}} gV^2dx = k\left(\frac{dV}{dx}\frac{dV}{dr} - V\frac{ddV}{dxdr}\right) \text{ pour } x = \mathrm{X}. \quad (15)$$

On peut encore y arriver de la manière suivante, sans faire usage des équations (6') et (7').

En différentiant l'équation (6)

$$\frac{\left(k\frac{dV}{dx}\right)}{dx} + (gr-l)V = 0, \quad (6)$$

par rapport à $r$, on a

$$\frac{d.\left(k\frac{ddV}{dxdr}\right)}{dx} + (gr-l)\frac{dV}{dr} + gV = 0.$$

En multipliant cette équation par V et l'autre (6) par $\frac{dV}{dr}$, puis retranchant, on obtient

$$gV^2dx = \frac{dV}{dr}.d.\left(k\frac{dV}{dx}\right) - V.d.\left(k\frac{ddV}{dxdr}\right).$$

Le second membre de cette équation est la différentielle de $k\left(\frac{dV}{dx}\frac{dV}{dr} - V\frac{ddV}{dxdr}\right)$, et cette expression se réduit à zéro pour $x = \mathrm{x}$;

car on a $$k\frac{dV}{dx} - hV = 0 \text{ pour } x = \mathrm{x},$$

d'où l'on tire en différentiant, par rapport à $r$,

$$k\frac{ddV}{dxdr} - h\frac{dV}{dr} = 0 \text{ pour } x = \mathrm{x},$$

et de là résulte

$$k\left(\frac{dV}{dx}\frac{dV}{dr} - V\frac{ddV}{dxdr}\right) = 0 \text{ pour } x = \mathrm{x},$$

En intégrant donc l'équation qui précède entre les limites x et X, on retrouvera la formule (15).

On en déduit encore, H étant une constante,

$$\int_{\mathrm{x}}^{\mathrm{X}} gV^2dx = \left(k\frac{dV}{dx} + HV\right)\frac{dV}{dr} - V.\frac{d.}{dr}\left(k\frac{dV}{dx} + HV\right) \text{pour } x = \mathrm{X}. \quad (16)$$

Au surplus, les formules (14) et (15) sont comprises dans les formules (9) et (4) de notre premier Mémoire(*), n^os IV et V, dont elles se déduisent en y remplaçant l'indéterminée $m$ par $r$, et prenant X pour la seconde limite de l'intégration.

Supposons maintenant qu'on prenne pour $r$ et $r'$ deux racines différentes de l'équation $F(r) = 0$, c'est-à-dire deux valeurs telles qu'on ait

$$k\frac{dV}{dx} + HV = 0, \text{ et } k\frac{dV'}{dx} + HV' = 0 \text{ pour } x = \mathrm{X}.$$

Alors le second membre de l'équation (14) sera nul, et cette équation deviendra

$$\int_{\mathrm{x}}^{\mathrm{X}} gVV'dx = 0; \quad (17)$$

Mais si l'on prend pour $r$ et $r'$ une seule et même racine de l'équation $F(r) = 0$, l'intégrale définie $\int_{\mathrm{x}}^{\mathrm{X}} gVV'dx$ n'est plus nulle, car elle devient $\int_{\mathrm{x}}^{\mathrm{X}} gV^2dx$, quantité essentiellement positive. D'après la formule (16) on a alors

(*) *Mémoire sur les Equations différentielles linéaires du second ordre.*

$$\int_{x}^{X} g V^2 dx = - V . \frac{d.}{dr} \left( k \frac{dV}{dx} + HV \right) \text{ pour } x = X, \qquad (18)$$

puisqu'on suppose que la valeur actuelle de $r$ annulle $k \frac{dV}{dx} + HV$ pour $x = X$.

D'après M. Poisson, la réalité des racines de l'équation $F(r) = 0$ résulte très simplement de la formule (17). Supposons que cette équation $F(r) = 0$ ait une racine imaginaire $\lambda + \mu \sqrt{-1}$. Si l'on prend $r = \lambda + \mu \sqrt{-1}$, la fonction V qui vérifie les trois équations (6), (7) et (8), deviendra $P + Q \sqrt{-1}$, P et Q étant des quantités réelles dépendantes de $x$, $\lambda$ et $\mu$, qui ne seront pas nulles pour toutes les valeurs de $x$ depuis x jusqu'à X. En effet, leurs valeurs pour l'une de ces limites, par exemple pour $x = x$, sont arbitraires (si toutefois on ne doit pas avoir $V = 0$ pour $x = x$); et d'ailleurs quand on fait $r = \lambda + \mu \sqrt{-1}$ et $V = P + Q \sqrt{-1}$ dans les équations (6) et (7), elles se partagent en d'autres (qui sont les équations (9) et (10) du n° III), qui doivent visiblement donner des valeurs de P et de Q différentes de zéro pour des valeurs de $x$ croissantes à partir de x. Cela serait encore vrai, lors même qu'on supposerait $V = 0$ pour $x = x$, attendu qu'on ne peut pas avoir en même temps $\frac{dV}{dx} = 0$. Ces remarques ont déjà été faites au n° III.

L'équation $F(r) = 0$ ayant pour racine $\lambda + \mu \sqrt{-1}$, il est aisé de voir, en changeant dans les formules $\sqrt{-1}$ en $-\sqrt{-1}$, qu'elle aura aussi pour racine $\lambda - \mu \sqrt{-1}$, et en faisant $r' = \lambda - \mu \sqrt{-1}$ dans l'équation (6') du n° précédent, on aura $V' = P - Q \sqrt{-1}$.

En mettant ces expressions de V et de V' dans la formule (17), on trouvera

$$\int_{x}^{X} g (P^2 + Q^2) dx = 0,$$

ce qui est impossible, puisque $g$ est une fonction positive de $x$, et que P et Q ne peuvent être nulles que pour des valeurs e $dx$ particulières.

L'équation $F(r) = 0$ ne peut donc pas avoir des racines imaginaires de la forme $\lambda + \mu \sqrt{-1}$.

J'ajouterai qu'elle n'a pas de racines égales, c'est-à-dire qu'une même valeur de $r$ ne peut pas réduire à zéro en même temps la fonction $k\frac{dV}{dx}+HV$ et sa dérivée $\frac{d.}{dr}\left(k\frac{dV}{dx}+HV\right)$, où l'on fait $x=X$; c'est ce qui résulte immédiatement de la formule (16). D'ailleurs cette proposition n'est qu'un cas particulier de celle qui est énoncée à la fin du n° XX du premier Mémoire.

## V.

On peut encore s'assurer que l'équation $F(r)=0$ n'a point de racines imaginaires ni égales par une démonstration analogue à celle dont Laplace a fait usage dans le 6ᵉ chapitre du 2ᵉ livre de la *Mécanique céleste* pour prouver la réalité des racines d'une équation algébrique provenant de l'intégration d'un système d'équations différentielles linéaires.

Soient $p$ et $q$ deux variables fonctions de $x$ et de $t$ qui vérifient les équations suivantes :

$$\left.\begin{aligned} g\frac{dp}{dt} &= \frac{d.\left(k\frac{dq}{dx}\right)}{dx} - lq \\ g\frac{dq}{dt} &= \frac{d.\left(k\frac{dp}{dx}\right)}{dx} + lp \end{aligned}\right\} \quad (19)$$

$$\left.\begin{aligned} k\frac{dp}{dx} - hp = 0, \quad & k\frac{dq}{dx} - hq = 0, \text{ pour } x = x \\ \frac{k\,dp}{dx} + Hp = 0, \quad & k\frac{dq}{dx} + Hq = 0, \text{ pour } x = X \end{aligned}\right\} \quad (20)$$

On satisfait à ces équations en supposant

$$\left.\begin{aligned} p &= V.\cos. rt \\ q &= V.\sin. rt \end{aligned}\right\} \quad (21)$$

les quantités V et $r$ étant les mêmes que précédemment.

En effet en substituant ces valeurs de $p$ et de $q$ dans les équations (19) et (20) on obtient les équations (6), (7) et (8) d'où résulte l'équation en $r$, $F(r)=0$.

Supposons que cette équation puisse avoir une racine imaginaire $\lambda+\mu\sqrt{-1}$. Pour cette valeur de $r$, V se changera en

$P+Q\sqrt{-1}$, et pour que les valeurs de $p$ et de $q$ ne cessent pas d'être réelles, on les modifiera de la manière suivante.

On a d'après les formules (21):

$$p+q\sqrt{-1}=V.(\cos.rt+\sqrt{-1}\sin.rt)=V.e^{rt\sqrt{-1}}$$
$$=(P+Q\sqrt{-1})e^{(\lambda+\mu\sqrt{-1})t\sqrt{-1}}=(P+Q\sqrt{-1})(\cos.\lambda t+\sqrt{-1}\sin.\lambda t).e^{-\mu t}$$

d'où l'on tire en séparant les parties réelles d'avec les imaginaires,

$$\begin{aligned} p &= (P\cos.\lambda t-Q\sin.\lambda t).e^{-\mu t},\\ q &= (P\sin.\lambda t+Q\cos.\lambda t).e^{-\mu t}. \end{aligned} \qquad (22)$$

Cette nouvelle expression de $p$ est la demi-somme des deux valeurs de $V.\cos.rt$ qui répondent à $r=\lambda+\mu\sqrt{-1}$ et à $r=\lambda-\mu\sqrt{-1}$, il en est de même pour $q$. On peut au surplus s'assurer par une vérification directe que ces valeurs (22) satisfont aux équations (19) et (20). Car leur sub titution dans ces équations reproduit les équations (9), (10) et (11) dans lesquelles se transforment les équations (6), (7) et (8) quand on fait $r=\lambda+\mu\sqrt{-1}$.

Maintenant je multiplie les équations (19), la première par $2\,pdx$ la seconde par $2\,qdx$, et je trouve en ajoutant

$$g\left(\frac{2pdp+2qdq}{dt}\right)dx=2p.d.\left(k\frac{dq}{dx}\right)-2q.d.\left(k\frac{dp}{dx}\right).$$

Intégrant les deux membres de cette équation par rapport à $x$ depuis $x=\mathrm{x}$ jusqu'à $x=\mathrm{X}$, j'obtiens

$$\frac{d}{dt}.\int_{\mathrm{x}}^{\mathrm{X}}g(p^2+q^2)dx=2.\int_{\mathrm{x}}^{\mathrm{X}}\left[p.d.\left(k\frac{dq}{dx}\right)-q.d.\left(k\frac{dp}{dx}\right)\right] \qquad (23)$$

Mais l'intégrale de $p.d.\left(k\frac{dq}{dx}\right)-q.d.\left(k\frac{dp}{dx}\right)$ est $k\left(p\frac{dq}{dx}-q\frac{dp}{dx}\right)$ expression qui est nulle, soit pour $x=\mathrm{x}$, soit pour $x=\mathrm{X}$, à cause des équations (20). L'équation (23) se réduit donc à celle-ci

$$\frac{d}{dt}.\int_{\mathrm{x}}^{\mathrm{X}}g(p^2+q^2)\,dx=0.$$

qui donne en intégrant par rapport à $t$

$$\int_{\mathrm{x}}^{\mathrm{X}}g(p^2+q^2)\,dx=\text{constante}.$$

50..

Je substitue maintenant dans cette équation les valeurs (22) de $p$ et de $q$, et je trouve

$$e^{-2\mu t}\int_{\mathrm{x}}^{\mathrm{X}} g\,(\mathrm{P}^2+\mathrm{Q}^2)\,dx = \text{constante},$$

résultat absurde, puisque l'intégrale définie qui multiplie ici l'exponentielle $e^{-2\mu t}$ ne dépend pas de $t$ et qu'elle ne peut pas être nulle, attendu que $g$ est une quantité positive, et que d'ailleurs P et Q ne peuvent pas être nulles pour toutes les valeurs de $x$ depuis x jusqu'à X. On prouverait d'une manière semblable que l'équation $\mathrm{F}(r) = 0$ ne peut pas avoir de racines multiples.

## VI.

Je vais maintenant faire voir que l'équation $\mathrm{F}(r) = 0$ ne peut pas être vérifiée par une valeur de $r$ négative ou nulle, si les fonctions $k$, $g$, $l$, et les constantes $h$, H, sont positives, comme on l'a supposé n° I.

En intégrant l'équation (6) par rapport à $x$ depuis $x = \mathrm{x}$ jusqu'à une valeur quelconque de $x$, on a

$$k\frac{d\mathrm{V}}{dx} = \mathrm{C} + \int_{\mathrm{x}}^{x}(-gr + l)\mathrm{V}\,dx. \qquad (24)$$

La constante C est égale à la valeur de $k\frac{d\mathrm{V}}{dx}$ pour $x = \mathrm{x}$. Si V ne doit pas être nulle pour $x = \mathrm{x}$, on peut lui attribuer une valeur arbitraire, et supposer cette valeur positive; d'après l'équation (7) celle de $\frac{d\mathrm{V}}{dx}$ pour $x = \mathrm{x}$ sera aussi positive ou nulle; et si V était nulle pour $x = \mathrm{x}$, on prendrait toujours la valeur de $\frac{d\mathrm{V}}{dx}$ pour $x = \mathrm{x}$ positive. Ainsi C est positive ou nulle dans l'équation (24). Il résulte de cette équation que si l'on donne à $r$ une valeur négative ou nulle $\frac{d\mathrm{V}}{dx}$ doit être positive pour toutes les valeurs de $x$ croissantes depuis x jusqu'à X. En effet, supposons, s'il est possible, qu'en faisant croître $x$ à partir de x, $\frac{d\mathrm{V}}{dx}$ vienne à changer de signe en s'évanouissant une première fois pour $x = \xi$. L'équation (24) donnera

$$o = C + \int_{\mathrm{x}}^{\xi} (-gr + l)V dx. \qquad (25)$$

Or ici C est positive ou nulle, et comme $\frac{dV}{dx}$ est positive pour toutes les valeurs de $x$ moindres que $\xi$, V qui est positive ou nulle pour $x = \mathrm{x}$, prendra des valeurs croissantes et par conséquent positives, tandis que $x$ croîtra depuis $\mathrm{x}$ jusqu'à $\xi$. Donc, si l'on suppose $r$ négative ou nulle, les fonctions $g$ et $l$ étant positives, l'intégrale $\int_{\mathrm{x}}^{\xi} (-gr + l)V dx$ sera une quantité positive, et l'équation (25) sera impossible.

Ainsi, quand on attribue à $r$ une valeur négative ou nulle, $\frac{dV}{dx}$ doit demeurer positive dans tout l'intervalle compris entre $\mathrm{x}$ et X. Conséquemment V est positive et croissante dans cet intervalle, et il s'ensuit, d'après l'équation (24), que la fonction positive $k\frac{dV}{dx}$ est aussi croissante. La fonction $k\frac{dV}{dx} + HV$ est donc encore positive et croissante, et ne peut pas être nulle, lorsque $x$ atteint la limite X, c'est-à-dire que l'équation $F(r) = o$ ne peut pas être vérifiée par une valeur de $r$ négative, ni par $r = o$.

On peut encore le démontrer de la manière suivante.

On a, en multipliant l'équation (16) par $Vdx$, puis intégrant depuis $x = \mathrm{x}$,

$$\int_{\mathrm{x}}^{x} V.d.\left(k\frac{dV}{dx}\right) + \int_{\mathrm{x}}^{x} (gr - l)V^2 dx = o.$$

L'intégration par parties donne

$$\int V.d.\left(k\frac{dV}{dx}\right) = V.k\frac{dV}{dx} - \int k\left(\frac{dV}{dx}\right)^2 dx;$$

de sorte que l'équation précédente devient

$$kV\frac{dV}{dx} = C + \int_{\mathrm{x}}^{x} k\left(\frac{dV}{dx}\right) dx + \int_{\mathrm{x}}^{x} (-gr + l)V^2 dx. \qquad (26)$$

La constante C étant égale à la valeur de $kV\frac{dV}{dx}$ pour $x = \mathrm{x}$, est positive ou nulle, d'après l'équation (7).

Si l'on fait $r$ négative ou nulle, on voit que le second membre de cette équation aura une valeur positive et croissante avec $x$, de sorte qu'il ne pourra pas devenir nul; donc $k\mathrm{V}\frac{d\mathrm{V}}{dx}$, et conséquemment ni V, ni $\frac{d\mathrm{V}}{dx}$ ne peut s'évanouir quand on attribue à $r$ une valeur négative ou nulle; V et $\frac{d\mathrm{V}}{dx}$ restent donc positives, et l'on ne peut pas avoir $k\frac{d\mathrm{V}}{dx}+\mathrm{HV}=0$ pour $x=\mathrm{X}$, H étant positive.

Si la fonction $l$ n'était pas constamment positive entre les limites x et X, mais que les fonctions $k$, $g$ et les constantes $h$, H fussent toujours positives, il serait possible que l'équation $\mathrm{F}(r)=0$ fût satisfaite par des valeurs de $r$ négatives ou par $r=0$. Mais alors les racines négatives de cette équation seraient en nombre limité, et toutes comprises entre o et la plus grande valeur négative de $\frac{l}{g}$ (c'est-à-dire la plus éloignée de zéro). En effet, si l'on attribue à $r$ une valeur négative qui surpasse numériquement $\frac{l}{g}$, la quantité $-gr+l$ sera constamment positive, et l'on reconnaîtra, en reprenant les démonstrations précédentes, que les fonctions $\frac{d\mathrm{V}}{dx}$ et V ne pourront point passer du positif au négatif pour aucune valeur de $x$.

La plus petite racine de l'équation $\mathrm{F}(r)=0$ serait $r=0$, si $l$ était nulle, et si l'on supposait $k\frac{d\mathrm{V}}{dx}=0$ pour $x=\mathrm{x}$ et pour $x=\mathrm{X}$; alors V serait égale à une constante.

On peut encore démontrer les propositions de ce numéro à l'aide de la théorie exposée dans notre premier Mémoire.

## VII.

*L'équation* $\mathrm{F}(r)=0$ *a une infinité de racines positives.*

Cette proposition peut se déduire du n° XL du premier Mémoire. Mais nous préférons la démontrer directement de la manière suivante.

Soient $k'$ et $n$ des constantes positives telles qu'on ait pour chaque valeur de $x$ comprise entre x et X

$$k < k' \quad \text{et} \quad gr - l > k'n^2.$$

Posons l'équation différentielle

$$\frac{d.\left(k'\frac{dV'}{dx}\right)}{dx} + k'n^2.V' = 0,$$

qui se réduit à

$$\frac{d^2V'}{dx^2} + n^2V' = 0.$$

Elle a pour intégrale $V' = C\sin.(nx + c)$.
On peut prendre la constante arbitraire $c$ telle qu'on ait

$$\frac{k'\frac{dV'}{dx}}{V'} = \frac{k\frac{dV}{dx}}{V} \quad \text{pour} \quad x = \mathrm{x},$$

ou bien $V' = 0$, si $V$ est nulle pour $x = \mathrm{x}$.

Cela posé, il résulte du théorème du n° XII du premier Mémoire que la fonction V doit s'évanouir et changer de signe entre les limites $x$ et X au moins autant de fois que $V'$, et en outre d'après le n° XVI deux valeurs de $x$ consécutives qui annullent $V'$ doivent toujours comprendre au moins une valeur de $x$ qui annulle V. Mais $V'$ s'annulle pour une suite de valeurs de $x$ équidifférentes dont la différence constante est $\frac{\pi}{n}$. Donc V doit s'évanouir entre x et X au moins autant de fois que l'intervalle $\mathrm{X} - \mathrm{x}$ contient $\frac{\pi}{n}$ ou autant de fois qu'il y a d'unités entières dans $\frac{n(\mathrm{X}-\mathrm{x})}{\pi}$. Or on peut rendre ce nombre plus grand que tout nombre donné, en faisant croître $r$ indéfiniment; car on peut prendre $n$ aussi grand qu'on voudra, et remplir toujours la condition $gr - l > k'n^2$, en attribuant à $r$ des valeurs positives suffisamment grandes.

Concevons maintenant que $r$ croisse par degrés insensibles depuis o jusqu'à une valeur R; la fonction $gr - l$ croîtra en même temps que $r$. Si l'on suppose toujours que, quelle que soit $r$, on ait

$$k\frac{dV}{dx} - hV = 0 \quad \text{pour} \quad x = \mathrm{x},$$

$\left(\text{ce qui revient à } \frac{k\frac{dV}{dx}}{V} = h\right)$ et si l'on observe que, quand $r=0$, V ne s'évanouit pas entre les limites x et X, on conclura de la deuxième partie du théorème du n° XII, en y remplaçant le paramètre $m$ par $r$, que le nombre des valeurs de $r$ comprises entre o et R qui annullent la fonction $V(X, r)$ est égal au nombre $i$ des valeurs de $x$ qui annullent $V(x, R)$ entre les limites x et X. Il résulte ensuite du n° XX du même mémoire que le nombre des valeurs de $r$ comprises entre o et R qui satisfont à l'équation $F(r)=0$, c'est-à-dire qui annullent la fonction $k\frac{dV}{dx}+HV$ où l'on fait $x=X$ est égal à $i$ ou à $i+1$, selon que la fonction $\frac{k\frac{dV}{dx}+HV}{V}$ est positive ou négative pour $x=X$ et $r=R$, sa valeur pour $x=X$ et $r=0$ étant positive, comme on l'a vu plus haut n° V.

L'équation $F(r)=0$ a donc une infinité de racines positives, puisque $i$ augmente jusqu'à l'infini, quand on prend la quantité R de plus en plus grande.

## VIII.

Nous désignerons par $\rho_1$, $\rho_2$, $\rho_3$, etc. les différentes racines de l'équation $F(r)=0$ rangées par ordre de grandeur en commençant par les plus petites. Pour chacune de ces valeurs de $r$, les trois équations (6), (7), (8) sont vérifiées en même temps. Nous représenterons généralement par $V_i$ la fonction V correspondante à la racine $\rho_i$ : elle renferme implicitement comme facteur une constante arbitraire.

On a supposé n° II, $u=Ve^{-rt}$ pour satisfaire aux trois équations (1), (2), (3). On a donc maintenant une infinité de solutions particulières de cette forme; savoir

$$u=V_1e^{-\rho_1t},\quad u=V_2e^{-\rho_2t},\quad u=V_3e^{-\rho_3t},\quad \text{etc.},$$

et en général,

$$u=V_ie^{-\rho_it}. \qquad (27)$$

Cette valeur (27) de $u$ qui vérifie les équations (1), (2), (3) satisfera en outre à l'équation (4) si les températures initiales des différents points de la barre sont exprimées par la fonction $V_i$. Alors la formule

(27) remplit toutes les conditions du problème : les températures variables de tous les points de la barre sont à chaque instant proportionnelles à leurs valeurs initiales ; et si l'on conçoit que le temps croisse par intervalles égaux, les valeurs numériques de ces températures décroissent comme les puissances successives d'une même fraction dont le logarithme pris positivement est proportionnel à $\rho_i$; de sorte qu'elles s'approchent de zéro d'autant plus rapidement que la racine $\rho_i$ est plus grande. Nous allons faire connaître les principales propriétés qui distinguent ces différents *états simples* représentés par les formules (27) où les températures variables sont exprimées par un seul terme. Ces propriétés ne sont autres que celles des fonctions $V_1$, $V_2$,... $V_i$,... et se déduisent de la théorie exposée dans notre premier mémoire.

## IX.

En considérant $r$ comme variable, nous supposerons toujours, comme dans les n^os VI et VII, que la fonction $V(x, r)$ qui satisfait à l'équation

$$\frac{d\left(k\frac{dV}{dx}\right)}{dx} + (gr - l)V = o$$

remplit la condition

$$k\frac{dV}{dx} - hV = o \quad \text{pour} \quad x = x.$$

Cela posé, la quantité $\dfrac{k\frac{dV}{dx} + HV}{V}$ étant positive pour $x = X$ et $r = o$, comme on l'a vu n° VI, on conclut du théorème du n° XX du premier Mémoire, que les deux fonctions V et $k\frac{dV}{dx} + HV$ où l'on fait $x = X$ doivent s'évanouir et changer de signe alternativement pour des valeurs croissantes de $r$, et que c'est $k\frac{dV}{dx} + HV$ qui s'évanouit la première.

Ainsi, $V(X, r)$ qui est positive quand $r = o$, demeure positive tandis que $r$ croît depuis o jusqu'à $\rho_1$; elle change de signe une fois et devient négative pour une valeur de $r$ comprise entre $\rho_1$ et $\rho_2$; elle s'évanouit une seconde fois pour redevenir positive quand $x$ croît depuis $\rho_2$ jusqu'à $\rho_3$, et ainsi de suite.

De là et du n° XII du premier Mémoire on conclut encore les propriétés suivantes : $V_1$ ne change pas de signe ou demeure positive entre les limites x et X (comme $V(x, r)$ quand $r=0$). $V_2$ change de signe une fois pour une valeur de $x$ comprise entre ces limites. $V_3$ change de signe deux fois entre les mêmes limites, et en général $V_i$ change de signe $i-1$ fois entre x et X.

Si l'on devait avoir $V=0$ pour $x=X$ au lieu de $K\frac{dV}{dx}+HV=0$ (ce qui revient à supposer H infinie dans l'équation (8), $V_i$ s'évanouirait toujours pour $i-1$ valeurs de $x$ plus grandes que x, en comptant X parmi ces valeurs. Et si l'on avait $V=0$ pour $x=x$, au lieu de $k\frac{dV}{dx}-hV=0$, $V_i$ s'évanouirait encore pour $i-1$ valeurs de $x$ plus grandes que x; X pouvant être encore la plus grande de ces valeurs.

## X.

D'après les n$^{os}$ XVI et XVII du premier Mémoire, la valeur de $x$ unique qui annulle $V_2$ est comprise entre les deux valeurs de $x$ qui annullent $V_3$; chaque valeur de $x$ qui annulle $V_3$ tombe seule entre deux des trois valeurs qui annullent $V_4$; en général, les deux fonctions $V_i$ et $V_{i+1}$ correspondantes à deux racines consécutives $\rho_i$, $\rho_{i+1}$ de l'équation $F(r)=0$, s'évanouissent l'une après l'autre alternativement, tandis que $x$ croît depuis x jusqu'à X, et c'est $V_{i+1}$ qui s'annulle la première. Il en sera de même si l'on a $V=0$ pour $x=x$, pourvu qu'on ne compte pas x parmi les valeurs de $x$ qui annullent $V_i$ et $V_{i+1}$

Si l'on compare les deux fonctions correspondantes à deux racines de rangs quelconques $\rho_i$ et $\rho_{i+\Delta}$, la $n^{ième}$ valeur de $x$ à partir de x qui annulle $V_i$ est plus grande que la $n^{ième}$ valeur de $x$ qui annulle $V_{i+\Delta}$, et plus petite que la valeur de $x$ qui annulle $V_{i+\Delta}$ dont le rang à partir de x est marqué par $n+\Delta$.

D'après les n$^{os}$ XVI et XVIII du premier Mémoire, deux valeurs de $x$ consécutives qui annullent $V_i$ comprennent toujours au moins une valeur de $x$ qui annulle $V_{i+\Delta}$. Si l'on considère deux valeurs de

$x$ quelconques $a$ et $b$ entre x et X ($a$ pouvant être égale à x et $b$ à X), $V_{i+\Delta}$ ne peut s'évanouir entre les limites $a$ et $b$ qu'une fois de moins que $V_i$; $V_{i+\Delta}$ s'évanouit entre $a$ et $b$ au plus $\Delta$ fois de plus que $V_i$, et entre deux valeurs de $x$ consécutives qui annullent $V_i$ il ne peut exister plus de $\Delta$ valeurs de $x$ qui annullent $V_{i+\Delta}$.

A ces propositions il faut ajouter les remarques énoncées à la fin du n° XVIII, en y remplaçant $V'$ par $V_i$ et $V''$ par $V_{i+\Delta}$.

D'après une observation générale que nous avons faite n° XLIII de notre premier mémoire, on peut encore à l'aide des théorèmes des n^os XII, XVI, XVII et XVIII, comparer les changements de signe qu'éprouve la fonction $V_i$ dans l'intervalle compris entre $a$ et $b$, avec ceux qu'éprouve la même fonction $V_i$, ou une autre $V_n$ correspondante à une autre racine $\rho_n$, dans un second intervalle égal au premier $b-a$, et compris entre deux autres valeurs de $x$, $a'$ et $b'$.

Par exemple, si $a$ et $b$ sont deux valeurs de $x$ consécutives qui annullent $V_i$, et si en superposant les deux intervalles égaux $b$-$a$ et $b'$-$a'$ on trouve que les valeurs de la fonction $g\rho_i - l$ dans le premier intervalle sont plus petites que les valeurs correspondantes de $g\rho_i - l$ ou de $g\rho_n - l$ dans le second, et que celles de $k$ sont au contraire plus grandes dans le premier que dans le second, on sera certain que $V_i$ ou $V_n$ change de signe au moins une fois dans ce second intervalle, $V_i$ ou $V_n$ pouvant d'ailleurs être nulle pour $x=a'$ ou $x=b'$.

## XI.

Soit $p$ une quantité constante ou une fonction de $x$ telle qu'on ait pour toutes les valeurs de $x$ depuis x jusqu'à X

$$(g\rho_i - l)\,k + p^2 - k\frac{dp}{dx} > 0. \tag{28}$$

On aura aussi *à fortiori*

$$(g\rho_{i+\Delta} - l)\,k + p^2 - k\frac{dp}{dx} > 0.$$

Nous allons comparer les valeurs de $x$ qui annullent les deux fonctions

$k\frac{dV_i}{dx}+pV_i$ et $k\frac{dV_{i+\Delta}}{dx}+pV_{i+\Delta}$ qu'on obtient en faisant $r=\rho_i$ et $r=\rho_{i+\Delta}$ dans l'expression $k\frac{dV}{dx}+pV$.

Quelle que soit la racine de l'équation $F(r)=o$ qu'on substitue à la place de $r$ dans $\frac{k\frac{dV}{dx}+pV}{V}$, cette quantité a toujours une valeur constante $h+p$ pour $x=\mathrm{x}$, et une autre valeur constante $-H+p$ pour $x=X$, en vertu des équations (7) et (8). Si l'on fait croître $r$ d'une manière continue depuis $\rho_i$ jusqu'à $\rho_{i+\Delta}$ en supposant toujours $\frac{\frac{dV}{dx}}{V}=h$ pour $x=\mathrm{x}$, la fonction $\frac{k\frac{dV}{dx}+pV}{V}$ où l'on fait $x=X$ variera, et comme elle a pour $r=\rho_i$ et pour $r=\rho_{i+\Delta}$ une seule et même valeur $-H+p$, et conséquemment le même signe, on en conclut d'après le théorème du n° XX du premier mémoire, que $r$ croissant depuis $\rho_i$ jusqu'à $\rho_{i+\Delta}$, la fonction $k\frac{dV}{dx}+pV$ où l'on fait $x=X$ doit s'évanouir et change de signe le même nombre de fois que $V(X,r)$, c'est-à-dire $\Delta$ fois. Il s'ensuit, d'après le n° XXVI, que la fonction $k\frac{dV_{i+\Delta}}{dx}+pV_{i+\Delta}$ s'évanouit entre les limites x et X, $\Delta$ fois de plus que $k\frac{dV_i}{dx}+pV_i$ : d'ailleurs chacune change toujours de signe en s'évanouissant.

## XII.

Cela posé, on peut appliquer à ces deux fonctions les propositions énoncées dans le n° XXIX du premier Mémoire, en remplaçant dans ce numéro

$$K'\frac{dV'}{dx}+pV' \text{ par } k\frac{dV_i}{dx}+pV_i, \quad K''\frac{dV''}{dx''}+pV'' \text{ par } k\frac{dV_{i+\Delta}}{dx}+pV_{i+\Delta}$$

et le nombre $\varepsilon$ par $\Delta$.

Ainsi deux valeurs de $x$ consécutives qui annullent $k\frac{dV_i}{dx}+pV_i$ comprennent toujours au moins une valeur de $x$ qui annulle $k\frac{dV_{i+\Delta}}{dx}+pV_{i+\Delta}$

et deux valeurs de $x$ consécutives qui annullent $k\frac{dV_{i+\Delta}}{dx}+pV_{i+\Delta}$ ne peuvent pas comprendre plus d'une valeur de $x$ qui annulle $K\frac{dV_i}{dx}+pV_i$.

La $n^{ieme}$ valeur de $x$ à partir de x qui annulle $k\frac{dV_i}{dx}+pV_i$ est plus grande que la $n^{ieme}$ valeur de $x$ qui annulle $k\frac{dV_{i+\Delta}}{dx}+pV_{i+\Delta}$ et plus petite qu'une autre valeur de $x$ qui annulle $k\frac{dV_{i+\Delta}}{dx}+pV_{i+\Delta}$ d'un rang marqué par $n+\Delta$ (à partir de x). En faisant en particulier $\Delta=1$, on voit que les deux fonctions $k\frac{dV_{i+1}}{dx}+pV_{i+1}$ et $k\frac{dV_i}{dx}+pV_i$ s'évanouissent l'une après l'autre alternativement, tandis que $x$ croît depuis x jusqu'à $X_i$.

Si l'on prend entre x et X des valeurs $a$ et $b$, $k\frac{dV_{i+\Delta}}{dx}+pV_{i+\Delta}$ ne peut s'évanouir qu'une fois de moins que $k\frac{dV_i}{dx}+pV_i$ entre ces limites $a$ et $b$ et s'évanouit au plus $\Delta$ fois de plus que $K\frac{dV_i}{dx}+pV_i$. Conséquemment entre deux valeurs de $x$ consécutives $\alpha$ et $\beta$ qui annullent $k\frac{dV_i}{dx}+pV_i$, il ne peut exister plus de $\Delta$ valeurs de $x$ qui annullent $k\frac{dV_{i+\Delta}}{dx}+pV_{i+\Delta}$. Il faut joindre à ces propositions tirées du n° XXIX les remarques qui terminent ce numéro.

D'après le n° XXXII, la fonction $k\frac{dV_i}{dx}+pV_i$ doit changer de signe une fois ou un nombre impair de fois dans l'intervalle compris entre deux valeurs de $x$ consécutives qui annullent $V_i$, elle ne peut pas s'évanouir sans changer de signe si la condition (28) est toujours remplie.

De plus si la quantité $\frac{k\frac{dV_i}{dx}+pV_i}{V_i}$ est positive pour une certaine valeur de $x$, $k\frac{dV_i}{dx}+pV_i$ changera de signe une fois ou un nombre impair de fois dans l'intervalle compris entre cette valeur de $x$ et celle immédiatement supérieure qui annulle $V_i$; et $k\frac{dV_i}{dx}+pV_i$ ne changera pas de signe ou en changera un nombre pair de fois dans l'intervalle compris entre la même valeur de $x$ et celle immédiatement inférieure qui annulle $V_i$. L'inverse aura lieu, si $\frac{k\frac{dV_i}{dx}+pV_i}{V_i}$ est négative pour la valeur de $x$ que l'on considère.

## XIII.

Supposons actuellement que $p$ soit une quantité constante ou une fonction de $x$ qui décroisse continuellement, tandis que $x$ croît depuis x jusqu'à X et qui remplisse toujours la condition

$$(g\rho_i - l)k + p^2 - k\frac{dp}{dx} > 0. \tag{28}$$

Il peut se faire que quelques-unes des fonctions $g\rho_1 - l$, $g\rho_2 - l, \ldots$ $g\rho_i - l$, etc., changent de signe entre les limites x et X. Mais pour toutes les valeurs de $r$ supérieures à la plus grande valeur de $\frac{l}{g}$, $gr - l$ sera constamment positive entre ces limites. Soit $\rho_{i+\Delta}$ l'une de ces valeurs de $r$. Alors la fonction $k\frac{dV_{i+\Delta}}{dx}+pV_{i+\Delta}$ jouira des propriétés énoncées dans le n° XXXI du premier Mémoire. Ainsi elle s'évanouira entre les limites x et X, autant de fois que $V_{i+\Delta}$ ou une fois de plus, ou une fois de moins, c'est-à-dire un nombre de fois marqué par $i+\Delta-1$ ou $i+\Delta$ ou $i+\Delta-2$, selon que les valeurs $h+p$ et $-H+p$ de $\frac{k\frac{dV_{i+\Delta}}{dx}+pV_{i+\Delta}}{V_{i+\Delta}}$ pour $x=$ x et pour $x=$ X seront toutes deux de même signe, ou la première positive et la seconde négative; ou enfin la première négative et la seconde positive. En outre, d'après le même n° XXXI ces deux fonctions doivent s'évanouir l'une après l'autre alternativement quand $x$ croît depuis x jusqu'à X, et suivant l'ordre indiqué dans ce numéro.

Considérons maintenant la fonction $k\frac{dV_i}{dx} + pV_i$. Elle s'évanouit toujours $\Delta$ fois de moins que $k\frac{dV_{i+\Delta}}{dx} + pV_{i+\Delta}$ entre x et X, pourvu que la condition (28) soit toujours vérifiée. Donc les valeurs de $\frac{\frac{dV_i}{dx} + pV_i}{V_i}$ pour $x = \text{x}$ et pour $x = \text{X}$ étant les mêmes que celles de $\frac{\frac{dV_{i+\Delta}}{dx} + pV_{i+\Delta}}{V_{i+\Delta}}$ savoir $h + p$ et $-\text{H} + p$, on voit que cette fonction $\text{K}\frac{dV_i}{dx} + pV_i$ doit s'évanouir un nombre de fois marqué par $i - 1$ ou $i$ ou $i - 2$, selon que ces valeurs $h + p$ et $-\text{H} + p$ de $\frac{k\frac{dV_i}{dx} + pV_i}{V_i}$ pour $x = \text{x}$ et $x = \text{X}$ seront toutes deux de même signe ou la première positive et la seconde négative, ou enfin la première négative et la seconde positive.

Dans le premier cas, où les deux fonctions $V_i$ et $k\frac{dV_i}{dx} + pV_i$ s'évanouissent le même nombre de fois $i - 1$ entre x et X, je dis qu'elles doivent s'évanouir l'une après l'autre alternativement pour des valeurs de $x$ croissantes, et que c'est $k\frac{dV_i}{dx} + pV_i$ ou $V_i$ qui s'annulle la première selon que les valeurs $h + p$ et $-\text{H} + p$ pour $x = \text{x}$ et $x = \text{X}$ sont toutes deux positives ou toutes deux négatives.

Car d'après le n° XXXII, $\text{K}\frac{dV_i}{dx} + pV_i$ doit changer de signe au moins une fois dans l'intervalle compris entre deux valeurs de $x$ consécutives qui annullent $V_i$ et de plus $k\frac{dV_i}{dx} + pV_i$ doit changer de signe au moins une fois entre x et la plus petite valeur de $x$ qui annulle $V_i$, si $h + p$ est positive pour $x = \text{x}$, ou bien une fois au moins entre X et la plus grande valeur de $x$ qui annulle $V_i$ si $-\text{H} + p$ est négative pour $x = \text{X}$. Donc ces deux fonctions devant s'évanouir le même nombre de fois $i - 1$ ne peuvent s'annuller que l'une après l'autre alternativement.

On voit de même que si $h+p$ est positive pour $x=\mathrm{x}$ et $-\mathrm{H}+p$ négative pour $x=\mathrm{X}$, les deux fonctions $\mathrm{V}_i$ et $k\frac{d\mathrm{V}_i}{dx}+p\mathrm{V}_i$ s'évanouiront encore l'une après l'autre alternativement, et que $k\frac{d\mathrm{V}_i}{dx}+p\mathrm{V}_i$ qui doit s'évanouir une fois de plus que $\mathrm{V}_i$, deviendra nulle la première. Enfin si $h+p$ pour $x=\mathrm{x}$ est négative et $-\mathrm{H}+p$ pour $x=\mathrm{X}$ positive, les deux mêmes fonctions s'évanouiront encore l'une après l'autre tour à tour, $\mathrm{V}_i$ deviendra nulle la première et le sera une fois de plus que $k\frac{d\mathrm{V}_i}{dx}+p\mathrm{V}_i$.

Ces propriétés ont lieu pourvu qu'on ait constamment depuis x jusqu'à X,

$$(g\rho_i-l)\,k+p^2-k\frac{dp}{dx}>0 \tag{28}$$

et que $p$ ne croisse pas, tandis que $x$ augmente.

Cette condition (28) sera remplie, si la fonction $g\rho_i-l$ reste positive entre les limites x et X; alors on peut ajouter à ce qui précède que $\dfrac{k\frac{d\mathrm{V}_i}{dx}+p\mathrm{V}_i}{\mathrm{V}_i}$ décroîtra continuellement tandis que $x$ croîtra depuis une valeur quelconque jusqu'à celle immédiatement supérieure qui annulle $\mathrm{V}_i$. Enfin d'après le n° XXXIII, $g\rho_i-l$ étant toujours positive, si l'on prend successivement pour $p$ des valeurs constantes croissantes depuis $-\infty$ jusqu'à $+\infty$ ou des fonctions de $x$ de plus en plus grandes qui décroissent tandis que $x$ croît depuis x jusqu'à X, chaque valeur de $x$ qui annulle $k\frac{d\mathrm{V}_i}{dx}+p\mathrm{V}_i$ augmentera en même temps que $p$, sans cesser d'être seule comprise entre deux valeurs de $x$ consécutives qui annullent $\mathrm{V}_i$; celles-ci répondent à $p=\pm\infty$.

## XIV.

Les valeurs de $x$ qui annullent $\frac{d\mathrm{V}_i}{dx}$ répondent à $p=0$. Quand on fait $p=0$, la condition (28) se réduit à $g\rho_i-l>0$. Alors, d'après le n° XXV et aussi d'après le n° XXX du 1er mémoire, pour chaque annulle $\frac{dV_i}{dx}$, $\frac{k\frac{dV_i}{dx}}{V_i}$ passe toujours du positif au négatif, et $V_i$ devient *maximum*, abstraction faite de son signe. $V_i$ n'a pas de *minimum*. En outre, comme $\frac{k\frac{dV_i}{dx}}{V_i}$ a une valeur positive $+h$ pour $x = \mathrm{x}$ et une valeur négative $-\mathrm{H}$ pour $x = \mathrm{X}$ (aucune des constantes $h$, H n'étant nulle ou infinie) on conclut du n° XXXI que lorsque $x$ croît depuis x jusqu'à X, les deux fonctions $V_i$ et $\frac{dV_i}{dx}$ doivent s'évanouir en changeant de signe l'une après l'autre alternativement; $\frac{dV_i}{dx}$ devient nulle la première et s'évanouit $i$ fois, c'est-à-dire, une fois de plus que $V_i$, ainsi $V_i$ passe tour à tour d'un *maximum* à zéro, puis de zéro à un autre *maximum* de signe contraire au précédent, puis change de signe de nouveau, et ainsi de suite, sans avoir de *minimum*. De plus, $\frac{k\frac{dV_i}{dx}}{V_i}$ décroît toujours, quand $x$ croît.

La fonction $V_{i+\Delta}$ jouit de ces propriétés en même temps que $V_i$. On peut d'ailleurs, d'après le n° XXIX où l'on fera $p = 0$, comparer les valeurs de $x$ qui annullent $\frac{dV_i}{dx}$ et $\frac{dV_{i+\Delta}}{dx}$ et pour lesquelles $V_i$ et $V_{i+\Delta}$ deviennent des *maxima*. On voit ainsi qu'entre deux *maxima* consécutifs de $V_i$ il y a toujours au moins un *maximum* de $V_{i+\Delta}$ et entre deux *maxima* consécutifs de $V_{i+\Delta}$ il ne peut exister plus d'un *maximum* de $V_i$. Le $n^{ième}$ *maximum* de $V_i$ tombe toujours entre les deux *maxima* de $V_{i+\Delta}$ dont les rangs sont $n$ et $n+\Delta$ à partir de x; de sorte que si $\Delta = 1$, les deux fonctions $V_i$ et $V_{i+\Delta}$ atteignent leurs *maxima* l'une après l'autre tour à tour. Entre deux limites $a$ et $b$, $V_{i+\Delta}$ ne peut avoir qu'un *maximum* de moins que $V_i$ et au plus $\Delta$ *maxima* de plus que $V_i$; et conséquemment entre deux *maxima* consécutifs de $V_i$ il ne peut exister plus de $\Delta$ *maxima* de $V_{i+\Delta}$. *Voyez* la fin du n° XXIX.

On peut, dans ce qui précède, supposer en particulier $i = 1, 2, 3, \ldots$ On en conclut que si la fonction $g\rho_1 - l$ est positive pour toutes les valeurs de $x$ comprises entre x et X, $V_1$ qui ne s'évanouit pas entre ces limites a un *maximum* unique dans leur intervalle.

Si $g\rho_2 - l$ est constamment positive entre x et X, $V_2$ a deux valeurs *maxima* entre lesquelles elle s'annulle. Et si $g\rho_1 - l$ est aussi positive en même temps que $g\rho_2 - l$, le *maximum* unique de $V_1$ se trouvera entre les deux *maxima* de $V_2$.

Si $g\rho_3 - l$ est positive entre x et X, $V_3$ qui change deux fois de signe entre ces limites aura trois valeurs *maxima* tour à tour positives et négatives.

Si $g\rho_2 - l$ est aussi positive entre x et X, chaque *maximum* de $V_2$ se trouve placé entre deux *maxima* consécutifs de $V_3$, et si $g\rho_1 - l$ est aussi positive, le *maximum* unique de $V_1$ tombera entre le premier et le troisième *maximum* de $V_3$.

Il en sera de même des fonctions $V_4$, $V_5$, etc.

Ce qui précède fait connaître à peu près la forme des courbes qui représentent ces différentes fonctions $V_1$, $V_2$, $V_3 \ldots$ dans l'intervalle de x à X.

Nous pourrions encore considérer les points d'inflexion de ces courbes qui sont donnés par l'équation $\frac{d^2V_i}{dx^2} = 0$ laquelle à cause de l'équation (8) est la même que la suivante

$$k\frac{dV_i}{dx} + \frac{k(g\rho_i - l)}{\left(\frac{dk}{dx}\right)} V_i = 0.$$

En supposant, dans tout ce qui précède, $p = \frac{k(g\rho_i - l)}{\left(\frac{dk}{dx}\right)}$, si la condition (28) était satisfaite, on pourrait connaître le nombre de ces points d'inflexion sur chaque courbe et les comparer sous le rapport de leurs positions respectives sur la même courbe ou sur des courbes différentes, soit entre eux, soit avec les points d'intersection de ces courbes avec l'axe des $x$ et les points *maxima*. Mais ces détails deviendraient trop longs et auraient peu d'intérêt. Il vaudra mieux ne s'occuper des points d'inflexion que dans chaque problème particulier où les fonctions $g$, $k$, $l$ auront des expressions connues.

## XV.

Les valeurs des racines de l'équation $F(r) = 0$ dépendent de celle des constantes $h$ et H et des fonctions $g$, $l$ et $k$ et varient en même temps que ces diverses quantités.

En supposant constante la valeur $h$ de $\frac{k\frac{dV}{dx}}{V}$ pour $x = \text{x}$, si l'on attribue successivement à H des valeurs positives de plus en plus grandes depuis zéro jusqu'à l'infini, les racines de l'équation $F(r) = 0$, c'est-à-dire les valeurs de $r$ qui annullent la fonction $k\frac{dV}{dx} + HV$ où l'on fait $x = X$, augmenteront toutes à la fois en convergeant vers celles qui annullent $V(X, r)$, d'après le n° XXI du premier mémoire. En même temps la fonction $g\rho_i - l$ devenant plus grande, les valeurs de $x$ qui annullent chaque fonction $V_i$ deviendront plus petites, de sorte que les points de la barre pour lesquels cette fonction $V_i$ est nulle, s'éloignent tous de l'extrémité de la barre correspondante à l'abscisse X, où le pouvoir émissif devient plus grand.

D'après le n° XXVI les valeurs de $x$ qui annullent la fonction $k\frac{dV_i}{dx} + pV_i$ doivent aussi diminuer, si l'on a

$$(g\rho_i - l)k + p^2 - k\frac{dp}{dx} > 0. \qquad (28)$$

On en conclut en faisant $p = 0$ que, si l'on a $g\rho_i - l > 0$, les valeurs de $x$ qui rendent $V_i$ maximum deviendront aussi plus petites, de sorte que les maxima de $V_i$ s'éloigneront de l'extrémité de l'abscisse X.

Si l'on donne à l'autre constante $h$ des valeurs positives de plus en plus grandes, sans faire varier H, les racines de l'équation $F(r) = 0$ comme aussi celles de l'équation $V(X, r) = 0$ augmenteront toutes à la fois, d'après le n° XXII du premier mémoire, et en même temps d'après le n° XXVIII, les valeurs de $x$ qui annullent chaque fonction $V_i$ deviendront plus grandes, de même que celles qui annullent $k\frac{dV_i}{dx} + pV_i$, si la condition (28) est remplie. En particulier si l'on a $g\rho_i - l > 0$, les maxima de $V_i$ s'éloigneront de l'extrémité de l'abscisse x.

Au surplus, le cas où $h$ augmente ne diffère pas réellement de celui où H augmente, puisque $h$ et H mesurent la grandeur du rayonnement aux deux extrémités de la barre; ainsi ce qu'on a dit pour l'un de ces cas peut s'appliquer à l'autre, par une simple inversion.

Si H et $h$ prennent ensemble des valeurs plus grandes, les racines $\rho_i$ de l'équation $F(r) = 0$ augmenteront plus que si une seule de ces quantités H, $h$ augmentait; mais alors on ne peut pas décider en général si une valeur de $x$ qui annulle $V_i$ doit devenir plus grande ou plus petite, car elle deviendrait plus petite, si H seule augmentait, et plus grande si $h$ seule augmentait.

Si $h$ augmente et si H diminue, on ne peut pas dire en général si une racine $\rho_i$ de l'équation $F(r) = 0$ doit devenir plus grande ou plus petite, car $\rho_i$ deviendrait plus grande si $h$ seule augmentait et plus petite si H seule diminuait. Mais ces deux causes réunies feront croître les valeurs de $x$ qui annullent $V_i$, comme aussi celles qui annullent $k\frac{dV_i}{dx} + pV_i$ si la condition (28) est remplie, et celles qui rendent $V_i$ *maximum* si l'on a $g\rho_i - l > 0$.

Ces valeurs de $x$ deviendront au contraire plus petites, si $h$ diminue et si H augmente, sans qu'on puisse décider dans quel sens variera la racine $\rho_i$.

## XVI.

En donnant à $h$ et à H des valeurs constantes, supposons qu'on remplace la fonction que $k$ représente par une autre fonction $k'$ qui pour chaque valeur de $x$ soit plus petite que la première $k$ ou au moins égale à $k$, et les fonctions $g$, $l$ par d'autres $g'$, $l'$ telles que $g'r - l'$ soit plus grande que $gr - l$, ou au moins égale, pour chaque valeur de $r$ comprise entre certaines limites.

Supposons qu'après ces changements de fonctions la racine $\rho_i$ de l'équation $F(r) = 0$ dont le rang est $i$ devienne $\rho'_i$ et que la fonction correspondante $V_i$ soit changée en $V_i'$.

Il résulte du n° XXIII du premier mémoire que les nouvelles racines $\rho'_i$ seront plus petites que les premières $\rho_i$, pourvu qu'elles satisfassent comme les premières à la condition $g'r - l' >$ ou $= gr - l$; mais on ne saura pas si la nouvelle fonction $V_i'$ s'annullera pour des valeurs de $x$ plus petites ou plus grandes que celles qui annullent $V_i$; car d'après le théorème du n° XII, $V_i'$ s'annullerait pour des valeurs plus petites, si la racine $\rho'_i$ n'était pas plus petite que $\rho_i$, puisqu'on aurait $g'\rho'_i - l' > g\rho_i - l$ et $k' < k$; mais d'un autre côté, les valeurs de $x$ qui annullent $V'_i$ deviennent d'autant plus grandes, que $\rho'_i$ est plus petite.

Si l'on prend de nouvelles fonctions $g'$, $l'$ et $k'$ telles qu'on ait $g'r - l' \geqq gr - l$ et $k' > k$ on ne peut plus dire si la racine $\rho'_i$ qui remplacera $\rho_i$ sera plus petite ou plus grande que $\rho_i$; car $\rho'_i$ serait $< \rho_i$, si l'on avait seulement $g'r - l \geqq gr - l$ et $k' = k$, et $\rho'_i$ serait $> \rho_i$ si $k$ seule était changée en $k' > k$ et que $g'$ et $l'$ fussent les mêmes que $g$ et $l$.

Si pour chaque valeur de $x$ on a $g'\rho_i' - l \geqq g\rho_i - l$ et $k' \leqq k$, les valeurs de $x$ qui annulleront $V'_i$ seront plus petites que celles de même rang à partir de x qui annullent $V_i$; elles seront au contraire plus grandes si l'on a $g'\rho'_i - l' \leqq g\rho_i - l$ et $k' \geqq k$.

Pareillement si les deux fonctions $g\rho_i - l$ et $g'\rho'_i - l'$ sont positives, selon qu'on aura pour chaque valeur de $x$,

$$g'\rho'_i - l' \geqq g\rho_i - l \text{ et } k' \leqq k$$

ou bien
$$g'\rho'_i - l' \leqq g\rho_i - l \text{ et } k' \geqq k,$$

les valeurs de $x$ correspondantes aux maxima de $V'_i$ seront plus petites ou plus grandes que celles de même rang à partir de x qui répondent aux maxima de $V_i$.

## XVII.

Jusqu'ici nous n'avons considéré que les valeurs particulières de la fonction $u$ données par la formule $u = V_i e^{-\rho_i t}$ (27) qui satisfait à toutes les équations du problème (1), (2), (3) et (4), lorsque la fonction $f(x)$ qui représente les températures initiales des points de la barre est la même que $V_i$; $V_i$ contenant implicitement comme facteur une constante arbitraire. Si $f(x)$ n'est égale à aucune des fonctions $V_1$, $V_2$, $V_3$,... on formera l'expression générale de $u$ en faisant la somme de toutes les valeurs particulières (27) après les avoir multipliées par des constantes arbitraires $C_1$, $C_2$, $C_3$, $C_i$, etc., de sorte qu'on aura

$$u = C_1 V_1 e^{-\rho_1 t} + C_2 V_2 e^{-\rho_2 t} + \ldots + C_i V_i e^{-\rho_i t} + \text{etc.} \qquad (29)$$

Cette expression de $u$ satisfait aux trois équations (1), (2), (3) puisque chacun de ses termes y satisfait séparément. Il reste à remplir la condition

$$u = f(x) \text{ pour } t = 0. \qquad (4)$$

Il faut donc qu'en faisant $t=0$ dans l'équation (29) on ait pour toutes les valeurs de $x$ depuis x jusqu'à X

$$f(x) = C_1 V_1 + C_2 V_2 + \ldots + C_i V_i + \text{etc.} \qquad (30)$$

c'est-à-dire qu'il s'agit d'exprimer dans l'intervalle de x à X la fonction arbitraire $f(x)$ par une série de fonctions assujetties à vérifier les trois équations (6), (7), (8) et qui diffèrent les unes des autres par les valeurs $\rho_1\, \rho_2 \ldots \rho_i \ldots$ du paramètre $r$ tirées de l'équation transcendante $F(r) = 0$. En admettant la possibilité de ce développement, on détermine chaque coefficient $C_i$ par le procédé connu que nous allons rappeler.

Multiplions les deux membres de l'équation (30) par $gV_i dx$, puis intégrons-les entre les limites x et X; nous aurons

$$\int_{\mathrm{x}}^{X} gV_i f(x)\, dx = C_1 \int_{\mathrm{x}}^{X} gV_1 V_i\, dx + C_2 \int_{\mathrm{x}}^{X} gV_2 V_i dx + \ldots$$
$$+ C_i \int_{\mathrm{x}}^{X} gV_i^2\, dx + \text{etc.} \qquad (31)$$

Or, d'après la formule (17) toutes les intégrales qui dans le second membre de cette équation sont multipliées par les coefficients $C_1$ $C_2$... autres que $C_i$ sont nulles. Celle qui est multipliée par $C_i$ est évidemment une quantité positive. Si l'on suppose connue l'expression de V en fonction de $x$ et de $r$ qui satisfait aux deux équations (1) et (2), en considérant $r$ comme indéterminée, cette intégrale $\int_{\mathrm{x}}^{X} gV_i^2 dx$ sera d'après la formule (18) égale à la valeur de l'expression $-V\frac{d.}{dr}\left(k\frac{dV}{dx}+HV\right)$ où l'on fera $x=X$ et $r=\rho_i$. En désignant pour abréger, cette quantité par $R_i$, on tirera donc de l'équation (31)

$$C_i=\frac{\int_{\mathrm{x}}^{X} gV_i\ f(x)\ dx}{R_i} \qquad (32)$$

et en mettant cette valeur de $C_i$ dans les formules (29) et (30) qu'on peut écrire ainsi :

$$u=\sum_{i=1}^{i=\infty} C_i V_i e^{-\rho_i t} \qquad f(x)=\Sigma.C_iV_i$$

elles deviendront

$$u=\sum_{i=1}^{i=\infty}.V_i e^{-\rho_i t}\int_{\mathrm{x}}^{X}\frac{gV_i\,f(x)\,dx}{R_i} \qquad (33)$$

$$f(x)=\sum_{i=1}^{i=\infty}V_i.\int_{\mathrm{x}}^{X}\frac{gV_i\,f(x)\,dx}{R_i} \qquad (34)$$

On arrive aux mêmes résultats par la méthode générale dont M. Poisson a fait usage depuis long-temps dans un grand nombre de problèmes et en particulier dans celui qui nous occupe. (*Théorie de la chaleur*, pages 261 — 264.)

On n'a point encore démontré, lorsque les fonctions positives $g$, $k$, $l$, sont quelconques, la possibilité d'exprimer une fonction arbitraire $f(x)$ par une série *convergente* de la forme $C_1V_1+C_2V_2+$ etc. (30). Fourier et d'autres géomètres semblent avoir méconnu l'importance et la difficulté de ce problème qu'ils ont confondu avec celui de déterminer les coefficients $C_i$. M. Liouville a résolu une partie de la question en démontrant par une méthode très ingénieuse (n° de juillet de son journal), que la somme de la série (34), si cette série est convergente, ne peut qu'être égale à $f(x)$, pour toutes les valeurs de $x$ comprises entre x et X. Dans le numéro suivant, nous admettrons provisoirement l'intégrale (33) qui est fondée sur la formule (34), pour en déduire quelques conséquences.

## XVIII.

On voit qu'à mesure que le temps $t$ augmente, tous les termes de la série (33) tendent vers zéro, avec des vitesses inégales, de sorte qu'après un certain temps, la température variable $u$ de chaque point de la barre finit par se réduire sensiblement à zéro, c'est-à-dire à la température fixe du milieu où la barre est placée. Mais avant que la valeur de $u$ soit nulle, il y aura une époque où la série (33) se réduira à très peu près à son premier terme correspondant à la plus petite racine $\rho_1$ de l'équation $F(r) = 0$, en sorte qu'on aura sensiblement

$$u = C_1 V_1 e^{-\rho_1 t},$$

$C_1$ désignant la quantité

$$\frac{\int_x^X g V_1 f(x) dx}{\int_x^X g V_1^2 dx}.$$

En faisant abstraction du coefficient constant $C_1$, on voit que cet *état final* des températures ne dépend point de leur distribution initiale représentée par $f(x)$ qui n'influe que sur la valeur de la constante $C_1$ : il se confond avec le premier des états simples que nous avons considérés précédemment. Par conséquent, après un certain temps plus ou moins long, les températures de tous les points de la barre, quel que soit leur état initial, seront supérieures à la température fixe du milieu, si la valeur de $C_1$ est positive, ou lui seront inférieures, si $C_1$ est négative. En outre, si la fonction $g\rho_1 - l$ est positive pour toutes les valeurs de $x$ depuis x jusqu'à X, ces températures finales, abstraction faite de leur signe quand elles seront négatives, ne présenteront qu'un seul *maximum*, c'est-à-dire qu'elles seront croissantes depuis une extrémité de la barre jusqu'à un certain point, puis décroissantes depuis ce point jusqu'à l'autre extrémité; et si l'une des équations (2), (3) se réduit à $\frac{du}{dx} = 0$ pour l'une des extrémités, ces températures finales iront en croissant ou décroissant depuis cette extrémité jusqu'à l'autre. Ces propriétés n'ont pas lieu dans l'état initial, puisque la fonction $f(x)$ est arbitraire.

Elles supposent toutefois que la valeur de la constante $C_1$ qui dépend de cette fonction $f(x)$ n'est pas nulle. Or $C_1$ devient nulle, dans le cas où $f(x)$ remplit la condition $\int_x^X gV_1 f(x)dx = 0$. Alors si l'on n'a pas en même temps $\int_x^X gV_2 f(x)dx = 0$, les températures finales seront exprimées par le second terme $C_2V_2e^{-\rho_2 t}$ de la série (33), la valeur de $C_2$ étant $\frac{\int_x^X gV_2 f(x)dx}{\int_x^X gV_2^2 dx}$. Dans cet état final, les températures seront positives dans une partie de la barre et négatives dans la partie restante. De plus, si $g\rho_2 - l$ est positive pour toute la barre, il y aura une valeur *maximum* de $u$ sur chacune de ces parties et il n'y en aura qu'une.

Si l'on avait à la fois

$$\int_x^X gV_1 f(x)dx = 0, \quad \text{et} \quad \int_x^X gV_2 f(x)\,dx = 0,$$

l'état final serait exprimé par le troisième terme de la série (33). Si l'on avait en outre $\int_x^X gV_3 f(x)\,dx = 0$, l'état final serait donné par le quatrième terme et ainsi de suite.

## XIX.

On vient de voir qu'après un temps plus ou moins considérable, la fonction $u$ finit par avoir le même signe dans toute l'étendue de la barre, si la valeur de $C_1$ n'est pas nulle, ou bien par n'avoir qu'un nombre de changements de signe égal au nombre des coefficients successifs $C_1$, $C_2$, $C_3$... qui se trouvent nuls à la fois. Donc, si à une époque déterminée, $u$ s'évanouit une ou plusieurs fois entre les limites x et X, il faut que par l'accroissement du temps, le nombre des valeurs nulles de $u$ diminue, jusqu'à se réduire enfin à zéro ou au nombre des coefficients $C_1$, $C_2$... qui seront nuls à la fois. Nous allons examiner comment s'opère cette disparition des valeurs nulles de $u$. Cette recherche a des applications importantes.

Supposons d'abord que $u$ soit nulle pour $t = \tau$ et $x = \xi$, et que $\frac{du}{dx}$ ne soit pas nulle en même temps. On peut donner à $x$ une valeur

$a$ plus petite que $\xi$ et une autre valeur $b$ plus grande que $\xi$ telles que $\frac{du}{dx}(x, \tau)$ qui n'est pas nulle pour $x = \xi$ ne s'annulle ni pour $x = a$, ni pour $x = b$, ni pour aucune valeur de $x$ comprise entre $a$ et $b$.

Alors $\frac{du}{dx}(x, \tau)$ ayant constammment le même signe dans cet intervalle, selon que ce signe est $+$ ou $-$, la fonction $u(x, \tau)$ doit croître ou décroître continuellement, tandis que $x$ croît depuis $a$ jusqu'à $b$, elle ne s'évanouit donc que pour $x = \xi$ dans cet intervalle, et les valeurs de $u(a, \tau)$ et $u(b, \tau)$ sont différentes de zéro et de signes contraires.

Faisons maintenant $t = \tau + t'$, $t'$ étant une quantité positive qu'on prendra aussi petite qu'on voudra. Comme $\frac{du}{dx}(x, \tau)$ n'est nulle pour aucune valeur de $x$ comprise entre $a$ et $b$, $\frac{du}{dx}(x, \tau + t')$ aura, pour chaque valeur de $x$ entre $a$ et $b$ une valeur différente de zéro et de même signe que $\frac{du}{dx}(x, \tau)$, pourvu que $t'$ soit suffisamment petite.

Donc $\frac{du}{dx}(x, \tau + t')$ aura dans tout l'intervalle de $a$ à $b$ le signe de $\frac{du}{dx}(\xi, \tau)$ : donc, selon que ce signe sera $+$ ou $-$, la fonction $u(x, \tau + t')$ ira en croissant ou en décroissant dans cet intervalle.

Or, aux deux limites $a$ et $b$ cette fonction a des valeurs de signes contraires. Car $u(a, \tau)$ n'étant pas nulle, $u(a, \tau + t')$ aura le même signe que $u(a, \tau)$ si l'on prend $t'$ suffisamment petite, puisqu'on peut rendre la différence entre $u(a, \tau)$ et $u(a, \tau + t')$ plus petite que $u(a, \tau)$ en diminuant $t'$ : donc $u(a, \tau + t')$ a un signe contraire à celui de $\frac{du}{dx}(\xi, \tau)$. De même $u(b, \tau + t')$ aura le même signe que $u(b, \tau)$ et conséquemment le même signe que $\frac{du}{dx}(\xi, \tau)$.

Donc $u(x, \tau + t')$ a deux valeurs de signes contraires pour $x = a$ et pour $x = b$; et comme cette fonction croît ou décroît continuellement dans l'intervalle de $a$ à $b$, on voit qu'elle s'annulle une seule fois et qu'elle change de signe pour une valeur de $x$ comprise entre $a$ et $b$.

En faisant $x = \tau - t'$, on verra de même que la fonction... $u(x, \tau - t')$ doit aussi s'évanouir une seule fois en changeant de signe pour une valeur de $x$ entre $a$ et $b$.

## XX.

Supposons à présent que $u$ et $\frac{du}{dx}$ soient nulles à la fois pour $t = \tau$ et $x = \xi$, mais que $\frac{d^2u}{dx^2}$ ne le soit pas, et admettons pour fixer les idées que $\frac{d^2u}{dx^2}$ soit positive.

On peut donner à $x$ une valeur $a$ plus petite que $\xi$ et une valeur $b$ plus grande que $\xi$ telles que $\frac{d^2u}{dx^2}$ ait dans tout l'intervalle de $a$ à $b$ le même signe qu'elle a pour $x = \xi$, c'est-à-dire le signe $+$. Alors $x$ croissant depuis $a$ jusqu'à $b$, $\frac{du}{dx}(x, \tau)$ ira en croissant, et comme cette fonction est nulle pour $x = \xi$, elle sera négative dans l'intervalle de $a$ à $\xi$ puis positive dans l'intervalle de $\xi$ à $b$.

Donc $x$ croissant depuis $a$ jusqu'à $\xi$, la fonction $u(x, \tau)$ décroîtra et sera par conséquent positive, puisqu'elle est nulle pour $x = \xi$; ensuite $x$ croissant depuis $\xi$ jusqu'à $b$, $u(x, \tau)$ croîtra et par conséquent sera encore positive.

Faisons maintenant $t = \tau + t'$ : $\frac{d^2u}{dx^2}(x, \tau + t')$ aura pour chaque valeur de $x$ entre $a$ et $b$ une valeur différente de zéro et de même signe que $\frac{d^2u}{dx^2}(x, \tau)$ c'est-à-dire positive, pourvu qu'on prenne $t'$ suffisamment petite, puisqu'alors ces deux fonctions diffèrent l'une de l'autre aussi peu qu'on veut. Donc $\frac{du}{dx}(x, \tau + t')$ croîtra continuellemment dans l'intervalle de $a$ à $b$; mais cette fonction a une valeur négative pour $x = a$ et positive pour $x = b$, puisque ces valeurs diffèrent aussi peu qu'on veut de celles de $\frac{du}{dx}(a, \tau)$ et $\frac{du}{dx}(b, \tau)$ qui ne sont pas nulles. Donc $\frac{du}{dx}(x, \tau + t')$ s'annulle entre les limites $a$ et $b$ une seule fois et passe en s'évanouissant du négatif ou positif.

Pour discuter $u(x, \tau + t')$, il faut considérer la fonction $\frac{du}{dt}(x, \tau)$.

Pour $x = \xi$ et $t = \tau$ on a par l'équation (1) $g\frac{du}{dt} = k\frac{d^2u}{dx^2}$, puisque $u$ et $\frac{du}{dx}$ sont alors nulles. Donc $\frac{du}{dt}(\xi, \tau)$ n'est pas nulle et a le même signe que $\frac{d^2u}{x^2}(\xi, \tau)$, c'est-à-dire le signe $+$. Or, on peut prendre $a$ et $b$ assez près de $\xi$ pour que $\frac{du}{dt}(x, \tau)$ reste positive entre ces limites $a$ et $b$. Mais en prenant $t'$ suffisamment petite, la différence $u(x, \tau + t') - u(x, \tau)$ a le même signe que $\frac{du}{dt}(x, \tau)$. Donc pour toutes les valeurs de $x$ comprises entre $a$ et $b$, la fonction.... $u(x, \tau + t')$ est plus grande que $u(x, \tau)$ et par conséquent positive.

Si l'on fait $x = \tau - t'$, on prouvera, comme tout à l'heure, que $\frac{du}{dx}(x, \tau - t')$ s'annulle entre les limites $a$ et $b$ une seule fois et passe du négatif au positif.

Pour chaque valeur de $x$ comprise entre $a$ et $b$, la fonction $u(x, \tau - t')$ est plus petite que $u(x, \tau)$, puisque la différence $u(x, \tau - t') - u(x, \tau)$ a un signe contraire à celui de $\frac{du}{dt}(x, \tau)$, $t'$ étant suffisamment petite : donc $u(x, \tau - t')$ est négative pour $x = \xi$. Mais elle est positive pour $x = a$ et $x = b$, comme $u(x, \tau)$, car en prenant $t'$ suffisamment petite, $u(a, \tau - t')$ et $u(b, \tau - t')$ diffèrent aussi peu qu'on veut de $u(a, \tau)$ et $u(b, \tau)$ qui ont le signe $+$. Il suit de là que $u(x, \tau - t')$ change de signe au moins deux fois, d'abord pour une valeur de $x$ comprise entre $a$ et $\xi$, puis pour une autre entre $\xi$ et $b$. Je dis de plus que cette fonction ne peut pas s'évanouir plus de deux fois entre les limites $a$ et $b$ : car si elle s'évanouissait une troisième fois, en changeant ou ne changeant pas de signe, $\frac{du}{dx}(x, \tau - t')$ devrait s'annuller au moins deux fois entre les mêmes limites $a$ et $b$, ce qui n'arrive pas.

Nous avons supposé $\frac{d^2u}{ax^2}(\xi, \tau)$ positive. Si cette quantité est négative on reconnaîtra de la même manière que $u(x, \tau + t')$ doit être négative et ne pas s'évanouir entre les limites $a$ et $b$, et que... $u(x, \tau - t')$ doit changer de signe et s'évanouir deux fois seulement, d'abord entre $a$ et $\xi$, puis entre $\xi$ et $b$. D'ailleurs, ce cas se ramène au précédent, en changeant $u$ en $-u$.

En supposant que $u$ ne soit pas constamment nulle pour $x = \mathrm{X}$

quelle que soit $t$, il peut arriver que $u$ s'évanouisse pour $x = \mathrm{x}$ quand $t$ atteint une valeur $\tau$. Alors $\frac{du}{dx}$ sera nulle en même temps, à cause de l'équation $k\frac{du}{dx} - hu = 0$. (2). Si $\frac{d^2u}{dx^2}$ n'est pas nulle aussi, on verra par le raisonnement précédent qu'en faisant croître $x$ depuis $\mathrm{x}$ jusqu'à une valeur $b$ un peu plus grande que $\mathrm{x}$, $u(x, \tau + t')$ ne s'évanouira pas et aura le même signe que $\frac{d u}{dx^2}(\mathrm{x}, \tau)$, et que $u(x, \tau - t')$ changera de signe et s'évanouira une seule fois entre $\mathrm{x}$ et $b$.

De même, si $u$ est nulle pour $x = \mathrm{X}$ et $t = \tau$, $\frac{du}{dx}$ sera nulle en même temps; à cause de l'équation (3). Alors $u(x, \tau + t')$ aura pour les valeurs $x$ un peu plus petites que X et pour $x = \mathrm{X}$, le même signe que $\frac{d^2u}{dx^2}(\mathrm{X}, \tau)$: et $u(x, \tau - t')$ changera de signe et s'évanouira une fois près de la limite X.

## XXI.

Je suppose actuellement que la fonction $u$ et plusieurs de ses dérivées successives $\frac{du}{dx}$, $\frac{d^2u}{dx^2}$, ... jusqu'à $\frac{d^{m-1}u}{dx^{m-1}}$ deviennent nulles à la fois pour $x = \xi$ et $t = \tau$, et je vais examiner ce que $u$ deviendra pour des valeurs de $x$ et de $t$ très peu différents de $\xi$ et de $\tau$. Pour traiter ce cas général qui comprend ceux dont je me suis occupé dans les deux numéros précédents, j'emploierai une autre méthode fondée sur le développement de $u$ suivant les puissances de $x'$ et de $t'$, en faisant $x = \xi + x'$ et $t = \tau + t'$

L'équation (1) devient

$$g\frac{du}{dt'} = \frac{d\left(k\frac{du}{dx'}\right)}{dx'} - lu'. \qquad (1)$$

On a, d'après la formule de Taylor,

$$u(\xi + x', \tau + t') = \mathrm{Y} + \mathrm{Y}_1 t' + \mathrm{Y}_2 \frac{t'^2}{1.2} + \ldots + \mathrm{Y}_n \frac{t'^n}{1.2.3.n} + \theta t'^{n+1} (*) \quad (35)$$

(*) On arrive immédiatement à cette formule en intégrant $n + 1$ fois de suite $\frac{d^{n+1}u}{dt'^{n+1}} \cdot dt'^{n+1}$ depuis $t' = 0$ jusqu'à $t = t'$ et introduisant successivement comme constantes arbitraires les valeurs de $\frac{d^nu}{dt'^n}$ $\frac{d^{n-1}u}{dt'^{n-1}}$, etc. pour $t' = 0$, qu'on suppose données.

en désignant par $Y$, $Y_1$, $Y_2 \ldots Y_n$, ce que deviennent les fonctions $u$, $\frac{du}{dt'}$, $\frac{d^2u}{dt'^2} \ldots \frac{d^nu}{dt'^n}$, quand on fait $t' = 0$ ou $t = \tau$, de sorte que $Y$, $Y_1 \ldots Y_n$ ne dépendent que de la seule variable $x'$. Le terme $\theta t'^{n+1}$ remplace l'intégrale multiple $\int_0^{t'}\!\!\int\!\!\int \ldots \frac{d^{n+1}u}{dt'^{n+1}} dt'^{n+1}$, d'où il suit que $\theta$ est comprise entre la plus petite et la plus grande des valeurs que prend la fonction $\frac{1}{1.2.3\ldots(n+1)} \cdot \frac{d^{n+1}u}{dt'^{n+1}}$, tandis que $t'$ varie depuis 0 jusqu'à sa plus grande valeur.

On a supposé que pour $x = \xi$ et $t = \tau$, les fonctions $u$, $\frac{du}{dx}$, $\frac{d^2u}{dx^2}$, etc. jusqu'à $\frac{d^{m-1}u}{dx^{m-1}}$ sont toutes nulles et que $\frac{d^mu}{dx^m}$ a une valeur A différente de zéro. Quand on fait $t = \tau$ ou $t' = 0$, ces fonctions $u$, $\frac{du}{dx}$, $\frac{d^2u}{dx^2}$,... sont les mêmes que $Y$, $\frac{dY}{dx'}$, $\frac{d^2Y}{dx'^2}$, etc. Donc, pour $x' = 0$, $Y$, $\frac{dY}{dx'}$, etc. jusqu'à $\frac{d^{m-1}Y}{dx'^{m-1}}$ sont nulles et $\frac{d^mY}{dx'^m}$ est égale à A.

Pour des valeurs de $x'$ suffisamment petites, soit positives, soit négatives, $\frac{d^mY}{dx'^m}$ différera de A aussi peu qu'on voudra. On en conclut (en intégrant $m$ fois), que pour ces mêmes valeurs, on aura

$$Y = (A + \alpha) \frac{x'^m}{1.2.3\ldots m}.$$

$\alpha$ étant une quantité positive ou négative, fonction de $x'$, qui s'évanouira avec $x'$, et qu'on pourra rendre plus petite que toute quantité donnée en prenant $x'$ suffisamment petite.

Pour avoir les expressions de $Y_1$, $Y_2$...., il faut dans l'équation (1) et dans celles qu'on en déduit en la différentiant plusieurs fois par rapport à $t'$, faire $t' = 0$. On obtient alors en remplaçant $u$, $\frac{du}{dt'}$, $\frac{d^2u}{dt'^2}$..., par $Y$, $Y_1$, $Y_2$.... les équations suivantes :

$$gY_1 = \frac{d.\left(k\frac{dY}{dx'}\right)}{dx'} - lY,$$

$$gY_2 = \frac{d.\left(k\frac{dY_1}{dx'}\right)}{dx'} - lY_1,$$

$$gY_3 = \frac{d.\left(k\frac{dY_2}{dx'}\right)}{dx'} - lY_2.$$

etc.

La première $gY_1 = \frac{d.\left(k\frac{dY}{dx'}\right)}{dx'} - lY$ différentiée $p$ fois par rapport à $x'$, donne

$$g\frac{d^pY_1}{dx'^p} + p\frac{dg}{dx'}\frac{d^{p-1}Y}{dx'^{p-1}} + \ldots + \frac{d^pg}{dx'^p}Y_1$$
$$= k\frac{d^{p+2}Y}{dx'^{p+2}} + (p+1)\frac{dk}{dx'}\frac{d^{p+1}Y}{dx'^{p+1}} + \frac{(p+1)p}{1.2}\frac{d^2k}{dx'^2}\frac{d^pY}{dx'^p} + \ldots + \frac{d^{p+1}k}{dx'^{p+1}}\frac{dY}{dx'}$$
$$- l\frac{d^pY}{dx'^p} - \ldots - \frac{d^pl}{dx'^p}Y.$$

Comme $Y$, $\frac{dY}{dx'}, \ldots \frac{d^{m-1}Y}{dx'^{m-1}}$ sont nulles pour $x' = 0$ et que $\frac{d^mY}{dx'^m} = A$ on voit par les deux dernières équations que $Y_1$ $\frac{dY_1}{dx'}$, etc., jusqu'à $\frac{d^{m-3}Y_1}{dx'^{m-3}}$ sont nulles aussi pour $x' = 0$ et qu'on a

$$\frac{d^{m-2}Y_1}{dx'^{m-2}} = \left(\frac{k}{g}\right)\frac{d^mY}{dx'^m} = \left(\frac{k}{g}\right)A, \text{ pour } x' = 0.$$

Par conséquent, pour des valeurs de $x'$ suffisamment petites, on aura

$$Y_1 = \left(\frac{k}{g}\right)(A + \alpha_1)\frac{x'^{m-2}}{1.2.3\ldots(m-2)}.$$

$\alpha$ étant une fonction de $x'$ qui doit être très petite et nulle en même temps que $x'$, et $\left(\frac{k}{g}\right)$ désignant ici la valeur de $\frac{k}{g}$ qui répond à... $x' = 0$.

En différentiant $p$ fois par rapport à $x'$ l'équation

$$gY_2 = \frac{d.\left(k\frac{dY_1}{dx'}\right)}{dx'} - lY_1,$$

on verra de la même manière que $Y_2$, $\frac{dY_2}{dx'}$... jusqu'à $\frac{d^{m-5}Y_2}{dx'^{m-5}}$ sont nulles pour $x'=0$ et que

$$\frac{d^{m-4}Y_2}{dx'^{m-4}} = \left(\frac{k}{g}\right)\frac{d^{m-2}Y_1}{dx'^{m-2}} = \left(\frac{k}{g}\right)^2.A, \text{ pour } x'=0,$$

d'où l'on conclura

$$Y_2 = \left(\frac{k}{g}\right)^2.(A+\alpha_2)\frac{x'^{m-4}}{1.2.3\ldots(m-4)}.$$

On trouvera de même

$$Y_3 = \left(\frac{k}{g}\right)^3(A+\alpha_3)\frac{x'^{-6}}{1.2.3\ldots(m-6)},$$

et en général,

$$Y_n = \left(\frac{k}{g}\right)^n.(A+\alpha_n)\frac{x^{m-2n}}{1.2.3\ldots(m-2n)}.$$

Toutes les quantités $\alpha$, $\alpha_1$, $\alpha_2$....$\alpha$, fonctions de $x'$ pourront devenir plus petites que toute grandeur donnée, pourvu qu'on attribue à $x'$ des valeurs suffisamment petites soit positives, soit négatives.

Supposons maintenant le nombre $m$ pair et $=2n$. Nous aurons en mettant dans la formule (35) les valeurs précédentes de $Y$, $Y_1$, $Y_2$...

$$\begin{aligned} u(\xi+x', \tau+t') = {} & (A+\alpha)\frac{x'^{2n}}{1.2.3\ldots 2n} + (A+\alpha_1)\frac{x'^{2n-2}}{1.2.3\ldots(2n-2)}\left(\frac{kt'}{g}\right) \\ & + (A+\alpha_2)\frac{x'^{2n-4}}{1.2.3\ldots(2n-4)}.\frac{\left(\frac{kt'}{g}\right)^2}{1.2} + (A+\alpha_3)\frac{x'^{2n-6}}{1.2\ldots(2n-6)}.\frac{\left(\frac{kt'}{g}\right)^3}{1.2.3} \\ & + \ldots\ldots\ldots\ldots\ldots\ldots\ldots\ldots \\ & + (A+\alpha_{n-1})\frac{x'^2}{1.2}.\frac{\left(\frac{kt'}{g}\right)^{n-1}}{1.2.3\ldots(n-1)} + (A+\alpha_n)\frac{\left(\frac{kt'}{g}\right)^n}{1.2.3\ldots n} \\ & + \theta t'^{n+1}. \end{aligned}$$

Si l'on fait

$$x' = z\sqrt{\left(\frac{kt'}{g}\right)},$$

et si l'on représente par Q le polynome

$$\frac{z^{2n}}{1.2.3\ldots 2n} + \frac{z^{2n-2}}{1.2.3\ldots(2n-2)\times 1} + \frac{z^{2n-4}}{1.2.3\ldots(2n-4)\times 1.2} + \ldots$$
$$+ \frac{z^{2n-6}}{1.2.3\ldots(2n-6)\times 1.2.3} + \frac{z^2}{1.2\times 1.2.3\ldots(n-1)} + \frac{1}{1.2.3\ldots n},$$

la somme des termes affectés du coefficient A dans le développement précédent sera $A.\left(\frac{kt'}{g}\right)^n.Q$; la somme des termes qui renferment $\alpha, \alpha_1, \alpha_2 \ldots \alpha_n$ aura une valeur absolue plus petite que $\left(\frac{kt'}{g}\right)^n.\mathfrak{C}Q$, $\mathfrak{C}$ étant un nombre qui surpasse toutes les quantités $\alpha, \alpha_1 \ldots \alpha_n$ prises positivement, et qu'on pourra prendre aussi petit qu'on voudra, en donnant à $x'$ des valeurs assez petites, pour que $\alpha, \alpha_1, \alpha_2 \ldots \alpha_n$ soient encore moindres que $\mathfrak{C}$.

En joignant à ces termes la partie $\theta t'^{n+1}$, on voit que la valeur précédente de $u$ pourra se mettre sous cette forme

$$u(\xi + x', \quad \tau + t') = \left(\frac{kt'}{g}\right)^n.A(Q + \varepsilon).$$

$\varepsilon$ est une quantité positive ou négative, fonction de $z$ et de $t'$, qu'on rendra aussi petite qu'on voudra, en prenant $t'$ suffisamment petite et donnant d'ailleurs à $z$ des valeurs finies, positives et négatives, qui ne soient pas tellement grandes que les valeurs correspondantes de $x'$ ou de $z\sqrt{\left(\frac{kt'}{g}\right)}$ sortent des limites que nous avons assignées à cette variable $x'$. On pourra donc donner à $z$ des valeurs d'autant plus grandes que $t'$ sera plus petite. Nous désignerons par $-a$ et $+b$ les limites entre lesquelles $x'$ devra rester comprise pour que la quantité $\varepsilon$ soit moindre qu'une quantité donnée aussi petite qu'on voudra.

Cela posé, pour toutes les valeurs de $z$, le polynome Q est constamment positif et plus grand que son dernier terme $\frac{1}{1.2.3\ldots n}$, qui est lui-même plus grand que $\varepsilon$, qu'on peut diminuer à volonté. Donc pour toutes les valeurs de $x'$ comprises entre $-a$ et $+b$, la fonction $u(\xi+x', \tau+t')$

sera différente de zéro et de même signe que A, la quantité positive $t'$ étant très petite.

Supposons maintenant $m$ impair et $= 2n+1$. En substituant dans la série de Taylor (35) les valeurs de $Y, Y_1, Y_2 \ldots Y_n$, on aura

$$u(\xi+x', \tau+t') = (A+\alpha)\frac{x'^{2n+1}}{1.2.3\ldots(2n+1)} + (A+\alpha')\frac{x'^{2n-1}}{1.2.3\ldots(2n-1)}\left(\frac{kt'}{g}\right)$$

$$+(A+\alpha_2)\frac{x'^{2n-3}}{1.2.3\ldots(2n-3)}.\frac{\left(\frac{kt'}{g}\right)^2}{1.2} + \ldots$$

$$\ldots\ldots\ldots\ldots\ldots\ldots$$

$$+(A+\alpha_n)\frac{x'}{1}.\frac{\left(\frac{kt'}{g}\right)^n}{1.2.3\ldots n} + \theta t'^{n+1}.$$

Si l'on fait encore

$$x' = z\sqrt{\left(\frac{kt'}{g}\right)}$$

et $$Q = \frac{z^{2n+1}}{1.2.3\ldots(2n+1)} + \frac{z^{2n-1}}{1.2\ldots(2n-1)\times 1} + \frac{z^{2n-3}}{1.2.3\ldots(2n-3)\times 1.2} + \ldots$$

$$\ldots + \frac{z^3}{1.2.3\times 1.2\ldots(n-1)} + \frac{z}{1\times 1.2.3\ldots n}$$

on aura

$$u(\xi+x', \tau+t') = \sqrt{\left(\frac{kt'}{g}\right)^{2n+1}}.A(Q+\varepsilon),$$

la quantité $\varepsilon$ sera comme précédemment aussi petite qu'on voudra, pourvu que $x'$ reste comprise entre des limites $-a$ et $+b$ suffisamment petites.

Cela posé, le polynome Q est nul pour $z=0$, positif quand $z$ est positive, et négatif quand $z$ est négative. On voit d'ailleurs que la fonction $u(\xi+x', \tau+t')$ a le même signe que AQ pour toute valeur finie de $z$ qui n'est pas très petite, puisque alors Q surpasse $\varepsilon$. Donc, Q changeant de signe pour $z=0$, la fonction $u(\xi+x', \tau+t')$ doit aussi changer de signe au moins une fois, tandis que $x'$ varie entre les limites $-a$ et $+b$. Je dis de plus qu'elle ne peut s'évanouir qu'une seule fois dans cet intervalle, parce que sa dérivée $\frac{du}{dx'}$ ne s'évanouit pas et conserve constamment le signe de A dans ce même intervalle. En effet, on a, d'après la formule (35),

$$\frac{du}{dx'} = \frac{dY}{dx'} + \frac{dY_1}{dx'}t' + \frac{dY_2}{dx'}\frac{t'^2}{1.2} + \ldots + \frac{dY_n}{dx'}\frac{t'}{1.2.3\ldots n} + \frac{d\theta}{dx'}t'^{n+1}, \quad (36)$$

On trouve d'ailleurs

$$\frac{dY}{dx'} = (A+\alpha')\frac{x'^{m-1}}{1.2.3\ldots(m-1)}, \quad \frac{dY_{,}}{dx'} = \left(\frac{k}{g}\right)(A+\alpha'_{,})\frac{x'^{m-3}}{1.2.3\ldots(m-3)}, \text{ etc.},$$

$\alpha'$, $\alpha'_{,}\ldots$ étant très petites et nulles en même temps que $x'$.

Substituant ces valeurs de $\frac{dY}{dx'}$, $\frac{dY_1}{dx'}\ldots$ dans la formule précédente, remplaçant $m$ par $2n+1$, et faisant ensuite

$$x' = z\sqrt{\left(\frac{kt'}{g}\right)}$$

on trouvera

$$\frac{du}{dx'} = \left(\frac{kt'}{g}\right)^n . A\left[\frac{z^{2n}}{1.2.3\ldots 2n} + \frac{z^{2n-2}}{1.2.3\ldots(2n-2)\times 1} + \ldots + \frac{1}{1.2.3\ldots n} + \varepsilon'\right],$$

$\varepsilon'$ étant comme $\varepsilon$ une quantité qu'on rendra aussi petite qu'on voudra en prenant $t'$ et $x'$ suffisamment petites.

On voit par cette expression de $\frac{du}{dx'}$ que cette dérivée conserve constamment le signe de A quand $x'$ varie entre les limites très petites $-a$ et $+b$, et qu'ainsi la fonction $u(\xi+x', \tau+t')$ croît ou décroît continuellement dans cet intervalle; de sorte qu'elle s'y évanouit une seule fois en changeant de signe.

On peut encore démontrer ces propositions sans employer les développements précédents. Lorsque $m$ est pair et $=2n$, on a $Y_n = \left(\frac{k}{g}\right)$. A pour $x'=0$, et les autres fonctions $Y$, $Y_1$, $Y_2,\ldots Y_{n-1}$ sont nulles pour $x'=0$. D'après les relations qui existent entre $Y$, $Y_1,\ldots Y_n$, et leurs différentielles, il est aisé de voir que toutes ces fonctions $Y$, $Y_1,\ldots Y_n$ sont différentes de zéro et de même signe que A pour des valeurs de $x'$ suffisamment petites, soit positives, soit négatives; donc alors tous les termes de la formule de Taylor (35) qui renferment ces fonctions sont de même signe que A et comme le dernier $Y_n\,\frac{t'^n}{1.2.3\ldots n}$ surpasse $\theta t'^{n+1}$, on voit que $u(\xi+x', \tau+t')$ ne s'annulle pas et conserve le signe de A dans l'intervalle suffisamment petit où l'on fait varier $x'$.

Lorsque $m = 2n + 1$, $Y, Y_1 \ldots Y_n$ ont toutes le signe de A, quand $x'$ est positive, et le signe contraire, quand $x'$ est négative; d'où l'on conclut d'abord que la fonction $u(\xi + x', \tau + t')$ change de signe dans le petit intervalle où l'on fait varier $x'$. Mais elle ne peut s'évanouir qu'une seule fois dans cet intervalle, parce que $\frac{du}{dx'}$ ne s'y annulle pas. En effet, $\frac{du}{dx'}$ étant exprimée par la formule (36), on trouve que $\frac{dY}{dx'}, \frac{dY_1}{dx'}, \ldots \frac{dY_n}{dx'}$ ont constamment le signe de A et que $\frac{dY_n}{dx'} = \left(\frac{k}{g}\right)^n . A$ pour $x' = 0$.

## XXII.

Considérons maintenant la fonction $u(\xi + x', \tau - t')$. En changeant dans les formules qui précèdent $t'$ en $-t'$ et faisant encore

$$x' = z\sqrt{\left(\frac{kt'}{g}\right)},$$

on trouvera, si $m$ est pair et $= 2n$,

$$u(\xi + x', \quad \tau - t') = \left(\frac{kt'}{g}\right)^n . A . (P + \varepsilon), \tag{37}$$

P désignant le polynome (38)

$$\frac{z^{2n}}{1.2.3\ldots 2n} - \frac{z^{2n-2}}{1.2.3\ldots(2n-2)\times 1} + \frac{z^{n-4}}{1.2.3\ldots(2n-4)\times 1.2} \ldots\ldots \mp \frac{z^2}{1.2\times 1.2\ldots(n-1)} \pm \frac{1}{1.2.3\ldots n}$$

Si $m$ est pair et $= 2n + 1$, on obtiendra

$$u(\xi + x', \quad \tau - t') = \sqrt{\left(\frac{kt'}{g}\right)^{2n+1}} . A(P + \varepsilon) \tag{39}$$

en posant (40)

$$P = \frac{z^{2n+1}}{1.2.3\ldots(2n+1)} - \frac{z^{2n-1}}{1.2.3\ldots(2n-1)\times 1} + \frac{z^{2n-3}}{1.2.3\ldots(2n-3)\times 1.2} \ldots\ldots \pm \frac{z}{1\times 1.2.3\ldots n}$$

la quantité $\varepsilon$ remplit les mêmes conditions que dans le numéro précédent.

Nous allons montrer que le polynome P (39) ou (40) s'évanouit en changeant de signe pour autant de valeurs de $z$ qu'il y a d'unités dans son degré $m$ qui est $2n$ ou $2n+1$.

Il est à remarquer d'abord que quel que soit le degré $m$ pair ou impair de ce polynome, ses fonctions dérivées $\frac{dP}{dz}$, $\frac{d^2P}{dz^2}$, etc., peuvent se déduire de P en y remplaçant successivement $m$ par $m-1$, $m-2$, etc.

Si l'on divise P par $\frac{dP}{dz}$, on trouve la partie entière du quotient égale à $\frac{1}{m}z$ et le reste égal à $-\frac{2}{m}\cdot\frac{d^2P}{dz^2}$, de sorte qu'on a identiquement

$$mP = z\frac{dP}{dz} - 2\frac{d^2P}{dz^2}. \qquad (41)$$

En différentiant cette équation par rapport à $z$, on en conclura

$$\left.\begin{aligned} (m-1)\frac{dP}{dz} &= z\frac{d^2P}{dz^2} - 2\frac{d^3P}{dz^3} \\ (m-2)\frac{d^2P}{dz^2} &= z\frac{d^3P}{dz^3} - 2\frac{d^4P}{dz^4} \\ \text{etc.} & \end{aligned}\right\} \quad (41).$$

Enfin l'on a

$$\frac{d^mP}{dz^m} = +1.$$

On peut aussi déduire ces équations de la première

$$mP = z\frac{dP}{dz} - 2\frac{d^2P}{dz^2}$$

sans la différentier, puisque cette équation a lieu, quel que soit le degré $m$, et que si dans l'expression de P on change successivement $m$ en $m-1$, $m-2$, etc., P se change en $\frac{dP}{dz}$, $\frac{d^2P}{dz^2}\ldots$, comme on l'a observé tout à l'heure.

Les fonctions P, $\frac{dP}{dz}$, $\frac{d^2P}{dz^2}$, $\frac{d^3P}{dz^3}$, ... $\frac{d^mP}{dz^m}$ étant liées entre elles par les équations (41), deux fonctions consécutives de cette suite ne peuvent pas s'évanouir pour une même valeur de $z$; car ces équations (41) font voir qu'une valeur de $z$ qui annullerait deux fonctions consécutives réduirait aussi à zéro toutes les autres jusqu'à $\frac{d^mP}{dz^m}$ inclusivement, ce qui ne peut être, puisque $\frac{d^mP}{dz^m}$ est égale à $+1$. Il suit de là que l'équation $P=0$ n'a pas de racines égales.

De plus, les équations (41) montrent que pour toute valeur de $z$ qui annulle l'une quelconque des fonctions dérivées $\frac{dP}{dz}$, $\frac{d^2P}{dz^2}$, etc., les deux fonctions adjacentes ont des valeurs de signes centraires : on en conclut d'après un théorème connu que l'équation $P=0$ a ses $m$ racines à la fois réelles et inégales. On peut tirer la même conclusion du théorème de Fourier et aussi de celui que j'ai donné pour la résolution des équations numériques, en ayant égard, dans leur application, aux relations (41).

Le polynome P s'évanouit donc et change de signe pour des valeurs finies de $z$ en nombre égal à son degré $m$ ; l'une de ces racines est zéro quand $m$ est impair, les autres racines sont deux à deux égales et de signes contraires, quel que soit $m$. Toutes ces racines sont comprises entre $-m$ et $+m$, car en faisant $z=m$ ou $>m$, on voit que chaque terme positif de P surpasse le terme négatif qui le suit immédiatement.

Puisque P change de signe $m$ fois, on peut donner à $z$, $m+1$ valeurs (entre $-m$ et $+m$), pour lesquelles P aura des valeurs alternativement positives et négatives, qui d'ailleurs surpasseront les valeurs correspondantes de $\varepsilon$, attendu qu'on peut rendre $\varepsilon$ moindre que toute quantité donnée, en prenant $t'$ et $x'$ suffisamment petites.

Il résulte de là que la fonction $u(\xi+x', \tau-t')$ exprimée par l'une des formules (37), (39) change de signe au moins autant de fois que P, c'est-à-dire $m$ fois, tandis que $x'$ croît depuis $-a$ jusqu'à $+b$.

Je dis de plus que cette fonction ne peut s'évanouir plus de $m$ fois dans cet intervalle. En effet, si elle s'évanouissait $m+1$ fois, sa dérivée première $\frac{du}{dx'}(\xi+x', \tau-t')$ changerait de signe au moins $m$ fois dans cet intervalle, donc sa dérivée seconde $\frac{d^2u}{dx'^2}$ changerait de signe au moins $m-1$ fois, puis $\frac{d^3u}{dx'^3}$ en changerait au moins $m-2$ fois, et ainsi de suite; de sorte qu'enfin $\frac{d^mu}{dx'^m}(\xi+x', \tau-t')$ changerait de signe au moins une fois dans le même intervalle. Or c'est ce qui ne peut arriver, si l'on prend cet intervalle suffisamment petit, aussi bien que $t'$; car en diminuant $t'$, $\frac{d^m u}{dx'^m}(\xi + x', \tau - t')$ diffère aussi peu qu'on veut de $\frac{d^m u}{dx'^m}(\xi + x', \tau)$ pour une même valeur de $x'$, et cette dernière fonction ne s'annulle pas et conserve le signe de A dans l'intervalle dont il s'agit, si on le prend suffisamment petit.

Les $m$ valeurs consécutives de $z$ ou de $x'$ qui annulent...... $u(\xi + x', t - t')$, en comprennent d'autres qui annulent $\frac{du}{dx'}$, ainsi $\frac{du}{dx'}$ doit s'évanouir $m - 1$ fois, ni plus ni moins, tandis que $x'$ croît depuis $-a$ jusqu'à $+b$, on en conclut que $\frac{du}{dx'}$ ne peut pas être nulle en même temps que $u$, et que $u$ n'a point de valeurs *minima* dans cet intervalle.

En résumé, si la fonction $u$ et plusieurs de ses dérivées successives $\frac{du}{dx}$, $\frac{d^2u}{dx^2}$ jusqu'à $\frac{d^{m-1}u}{dx^{m-1}}$ sont nulles pour $t = \tau$ et $x = \xi$, en prenant la quantité positive $t'$ assez petite et faisant varier $x$ dans un intervalle suffisamment petit renfermant la valeur $\xi$, la fonction $u(x, \tau + t')$ ne s'évanouira pas dans ce petit intervalle, si $m$ est pair, et s'y évanouira une seule fois en changeant de signe si $m$ est impair; mais la fonction $u(x, \tau - t')$ s'évanouira et changera de signe précisément $m$ fois dans le même intervalle, quel que soit $m$, la dérivée $\frac{du}{dx'}$ ne s'évanouira pas en même temps que $u$.

Il en sera de même pour chacune des valeurs de $x$, telles que $\xi$ comprises entre x et X, qui annulleront la fonction $u(x, \tau)$.

Les petits intervalles qui renfermeront ces différentes valeurs de $x$ et qui jouiront des propriétés précédentes seront séparés les uns des autres, ou de l'une des extrémités de la barre par d'autres intervalles plus ou moins grands, dans lesquels la fonction $u(x, \tau)$ ne s'annullera pas; dans ces derniers, les fonctions $u(x, \tau - t')$ et $u(x, \tau + t')$ ne s'annulleront pas non plus, si $t'$ est suffisamment petite, puisqu'alors elles diffèrent aussi peu qu'on veut de $u(x, \tau)$, qui n'est pas nulle.

## XXIII.

Nous avons supposé jusqu'ici que la fonction $u(x, \tau)$ n'était nulle ni pour $x = \mathrm{x}$ ni pour $x = \mathrm{X}$. Examinons maintenant le cas où elle serait nulle à l'une de ces limites.

Si $u(x; \tau)$ est nulle pour $x = \mathrm{x}$, $\frac{du}{dx}(\mathrm{x}, \tau)$ est nulle en même temps, à cause de l'équation $k\frac{du}{dx} - hu = 0$ qui a lieu pour $x = \mathrm{x}$, quel que soit $t$. Si $\frac{d^2u}{dx^2}$ n'est pas nulle aussi, on a déjà vu au n° XX, qu'en faisant croître $x$ depuis x jusqu'à une valeur un peu plus grande que x, la fonction $u(x, \tau + t')$ ne s'évanouit pas et a le même signe que $\frac{d^2u}{dx^2}(\mathrm{x}, \tau)$ et que $u(x, \tau - t')$ s'évanouit en changeant de signe une seule fois dans ce petit intervalle, sa dérivée $\frac{du}{dx}(x, \tau - t')$ ne pouvant pas y être nulle.

Mais il peut arriver que plusieurs dérivées consécutives $\frac{du}{dx}, \frac{d^2u}{dx^2}, \ldots$ jusqu'à $\frac{d^{m-1}u}{dx^{m-1}}$ soient nulles en même temps que $u$ pour $x = \mathrm{x}$ et $t = \tau$. On va voir qu'alors la première dérivée $\frac{d^m u}{dx^m}$ qui n'est pas nulle est d'un ordre pair.

Faisons $t = \tau + t'$ et $x = \mathrm{x} + x'$, et désignons, comme précédemment par $\mathrm{Y}_n$ ce que devient la fonction $\frac{d^n u}{dt^n}$ ou $\frac{d^n u}{dt'^n}$ quand on fait $t = \tau$ ou $t' = 0$. On a vu n° XXI que cette fonction $\mathrm{Y}_n$ est nulle pour $x' = 0$, si $2n$ est $< m$. En outre, on a en général, quel que soit $n$, pourvu que $m - 2n$ soit positif,

$$\frac{d^{m-2n}\mathrm{Y}_n}{dx'^{m-2n}} = \left(\frac{k}{g}\right)^n.\mathrm{A} \quad \text{pour } x' = 0,$$

A étant la valeur de $\frac{d^m u}{dx^m}$ pour $x' = 0$, qui est par hypothèse différente de zéro.

Donc, si l'on suppose le nombre $m$ impair et $= 2n + 1$, on aura

$$Y_n = 0 \quad \text{et} \quad \frac{dY_n}{dx'} = \left(\frac{k}{g}\right)^n . A \quad \text{pour } x' = 0.$$

Ainsi $Y_n = 0$ sera nulle pour $x' = 0$ et $\frac{dY_n}{dx'}$ ne le sera pas. Or, au contraire, il résulte de l'équation $k\frac{du}{dx} - hu = 0$ qui a lieu pour $x = \text{x}$, quel que soit $t$, que $Y_n$ ne peut pas être nulle sans que $\frac{d}{dx'}$ le soit en même temps. En effet, cette équation revient à la suivante :

$$k\frac{du}{dx'} - hu = 0 \quad \text{pour} \quad x' = 0,$$

qui différentiée $n$ fois, par rapport à $t'$, donne

$$k\frac{d\left(\frac{d^n u}{dt'^n}\right)}{dx'} - h \frac{dt'^n}{d^n u} = 0 \quad \text{pour} \quad x' = 0.$$

$t'$ étant quelconque.

En faisant dans cette dernière $t' = 0$, on aura donc

$$k\frac{dY_n}{dx'} - hY_n = 0 \quad \text{pour} \quad x' = 0.$$

On ne peut donc pas avoir en même temps $Y_n = 0$ et $\frac{dY_n}{dx'} = \left(\frac{k}{g}\right)^n A$, ce qui résulterait de l'hypothèse de $m = 2n + 1$.

Ainsi $m$ ne peut être qu'un nombre pair $2n$; alors $Y_n$ est égale à $\left(\frac{k}{g}\right)^n A$ pour $x' = 0$.

Cela posé, on conclut de ce qui a été démontré dans les n$^{\text{os}}$ XXI et XXII, qu'en prenant la quantité positive $t'$ suffisamment petite et faisant croître $x$ depuis la limite x jusqu'à une valeur un peu plus grande que x, la fonction $u(x, \tau + t')$ ne s'évanouira pas et que $u(x, \tau - t')$ s'évanouira $n$ fois en changeant de signe. Au-delà de ce petit intervalle, ces deux fonctions ne s'évanouiront pas, jusqu'à ce que $x$ en croissant atteigne un autre petit intervalle comprenant la valeur $\xi$ la plus voisine de x qui annulle $u(x, \tau)$.

On arriverait à une conclusion semblable, si $u$ et plusieurs de ses dérivées successives $\frac{du}{dx}$, $\frac{d^2u}{dx^2}$.... étaient nulles à la fois pour $t=\tau$ et $x=\mathrm{X}$.

## XXIV.

De tout ce qui précède, résulte l'énoncé suivant :

Concevons que $t$ croisse par degrés insensibles, à partir d'une valeur quelconque. Aussi long-temps que pour des valeurs croissantes de $t$, la fonction $u(x, t)$ et sa dérivée $\frac{du}{dx}$ ne s'évanouiront pas simultanément pour quelque valeur de $x$ comprise entre les limites x et X, et que $u(x, t)$ ne deviendra pas nulle à l'une de ces limites, cette fonction $u(x, t)$ s'évanouira toujours le même nombre de fois entre ces limites, en changeant de signe chaque fois. Quand $t$ dépassera une valeur $\tau$ telle que $u(x, \tau)$ et quelques-unes de ses dérivées successives $\frac{du}{dx}$, $\frac{d^2u}{dx^2}$,... jusqu'à $\frac{d^{m-1}u}{dx^{m-1}}$ deviendront nulles à la fois pour une valeur $\xi$ de $x$ comprise entre x et X, la fonction $u(x, t)$ perdra, si $m$ est pair, un nombre $m$ de changements de signe ou de valeurs nulles qu'elle possédait avant que $t$ atteignît cette valeur $\tau$ et qui répondaient à des valeurs de $x$ très voisines de $\xi$; mais si $m$ est impair, elle en perdra $m-1$, de sorte qu'elle ne s'évanouira plus qu'une seule fois en changeant de signe près de la valeur $\xi$, et $\frac{du}{dx}$ ne sera pas nulle en même temps. Il en sera de même pour toute autre valeur de $x$ comprise entre x et X qui annullera à la fois $u(x, \tau)$ et quelques-unes de ses dérivées $\frac{du}{dx}$, $\frac{d^2u}{dx^2}$....

Quand $u$ deviendra nulle pour $t=\tau$ à l'une des limites x, X, $\frac{du}{dx}$ s'évanouira en même temps, et s'il arrive que d'autres dérivées successives $\frac{d^2u}{dx^2}$, $\frac{d^3u}{dx^3}$,... s'annullent aussi, la première qui ne s'évanouira pas sera d'un ordre pair $2n$. Alors un peu avant que $t$ atteigne la valeur $\tau$, $u$ s'évanouit en changeant de signe $n$ fois près de la limite pour laquelle $u(x, \tau)$ est nulle, et quand $t$ croît au-delà de $\tau$, $u$ cesse de s'évanouir en cet endroit.

Si $t$ continue à croître, le nombre des valeurs nulles ou des changements de signe de $u(x, t)$ diminuera toujours de la même manière, chaque fois que $u$ deviendra nulle à l'une des limites $\mathrm{x}$, $\mathrm{X}$, ou que $u$ et quelques-unes de ses dérivées consécutives s'évanouiront simultanément entre ces limites.

Il est aisé de voir, en modifiant légèrement l'analyse précédente, que la fonction $u(x, t)$ jouirait encore des mêmes propriétés, lors même que $g$, $k$, $l$ dans l'équation (1) seraient des fonctions des deux variables $x$ et $t$, et que $h$ et $\mathrm{H}$ dans les équations (2) et (3) seraient aussi des fonctions de $t$, toutes ces fonctions étant assujetties à la condition d'être constamment positives.

Si l'équation (2) se réduisait à $u=0$ pour $x=\mathrm{x}$, on aurait encore les mêmes propositions, en ne tenant compte que des autres valeurs de $x$ plus grandes que $\mathrm{x}$ qui annulleraient la fonction $u$.

De même, on n'aura pas égard dans l'énoncé à la valeur $\mathrm{X}$, si l'équation (3) se réduit à $u=0$ pour $x=\mathrm{X}$.

Dans tout ce qui précède, la variable $t$ peut être négative aussi bien que positive, en supposant $u$ égale à une fonction arbitraire de $x$ pour $t=0$, ou pour une valeur donnée de $t$.

Ces propositions pourraient ne plus subsister, si quelques-unes des quantités que nous avons considérées dans notre analyse pouvaient devenir infinies pour certaines valeurs de $x$ qui annulleraient la fonction $u(x, t)$.

## XXV.

On satisfait aux trois équations (1), (2) et (3), en posant

$$u=\mathrm{C}_i \mathrm{V}_i e^{-\rho_i t}+\mathrm{C}_{i+1} \mathrm{V}_{i+1} e^{-\rho_{i+1} t}+\ldots+\mathrm{C}_p \mathrm{V}_p e^{-\rho_p t}. \qquad (42)$$

$\mathrm{C}_i$, $\mathrm{C}_{i+1}, \ldots \mathrm{C}_p$ étant des constantes arbitraires.

Cette fonction $u$ (42) jouit donc des propriétés qui viennent d'être énoncées. Il est aisé de voir combien de fois elle s'évanouit, quand on donne à $t$ de très grandes valeurs positives ou négatives. Si l'on donne à $t$ une valeur positive très grande, $u$ devient sensiblement proportionnelle à son premier terme $\mathrm{C}_i \mathrm{V}_i e^{-\rho_i t}$, quand $\mathrm{V}_i$ n'est pas nulle, car les rapports des autres termes à celui-ci sont d'autant plus petits que la valeur de $t$ est plus grande, comme on le voit en écrivant cette

55..

fonction de la manière suivante :

$$u = e^{-\rho_i t}[C_i V_i + C_{i+1} V_{i+1} e^{-(\rho_{i+1}-\rho_i)t} + \ldots C_p V_p e^{-(\rho_p-\rho_i)t}].$$

Or, la fonction $V_i$ s'évanouit et change de signe $i-1$ fois entre les limites x et X sans que la dérivée $\frac{dV_i}{dx}$ s'annulle en même temps. Donc, $t$ ayant une valeur positive très grande ou infinie, $u$ doit aussi s'évanouir et changer de signe $i-1$ fois entre x et X pour des valeurs de $x$ très peu différentes de celles qui annullent $V_i$ et $\frac{du}{dx}$ ne s'annulera pas en même temps que $u$. Cette proposition peut être établie plus rigoureusement comme il suit:

Soit $\xi$ l'une des valeurs de $x$ entre x et X pour lesquelles $V_i$ s'annulle. Comme $\frac{dV_i}{dx}$ n'est jamais nulle en même temps que $V_i$, on peut donner à $x$ une valeur $a$ plus petite que $\xi$ et une valeur $b$ plus grande que $\xi$ telles que pour toutes les valeurs de $x$ comprises entre $a$ et $b$, $\frac{dV_i}{dx}$ ait constamment le même signe qu'elle a pour $x=\xi$. Alors $V_i$ croîtra ou décroîtra continuellement dans cet intervalle et n'y deviendra nulle que pour $x=\xi$. Or, on a

$$\frac{du}{dx} = e^{-\rho_i t}\left(C_i \frac{dV_i}{dx} + C_{i+1} \frac{dV_{i+1}}{dx} e^{-(\rho_{i+1}-\rho_i)t} + \text{etc.}\right),$$

et le terme $C_i \frac{dV_i}{dx}$ qui n'est pas nul dans l'intervalle de $a$ à $b$ surpasse la somme de tous les termes suivants qui deviennent plus petits que toute quantité donnée, quand on donne à $t$ une valeur positive suffisamment grande.

Donc, $\frac{du}{dx}$ a dans le même intervalle le signe constant de $C_i \frac{dV_i}{dx}$.

Mais pour $x=a$ comme pour $x=b$, $u$ a le même signe que le terme $C_i V_i$ qui n'est pas nul et qui surpasse la somme de tous les termes suivants, quand la valeur de $t$ est suffisamment grande. Donc $u$ a comme $V_i$ deux valeurs de signes contraires pour $x=a$ et pour $x=b$, et puisque $\frac{du}{dx}$ ne change pas de signe entre $a$ et $b$, on voit que $u$ s'évanouit et change de signe une seule fois dans cet intervalle.

De même $u$ s'évanouit une seule fois dans chacun des petits intervalles semblables qui comprennent les autres valeurs de $x$ pour lesquelles $V_i$ est nulle. Hors de ces intervalles, $V_i$ n'étant pas nulle, $u$ ne le sera pas et aura le même signe que $C_iV_i$, pourvu que la valeur de $t$ soit assez grande pour que ce terme qui n'est pas nul surpasse la somme de tous les autres.

On verra de même qu'en donnant à $t$ une valeur négative très grande, $u$ s'évanouira et changera de signe $p-1$ fois pour des valeurs de $x$ comprises entre x et X très peu différentes de celles qui annullent la fonction $V_p$, $\frac{du}{dx}$ ne s'annullera pas en même temps que $u$.

Si l'on fait $t=0$, $u$ devient

$$Y = C_iV_i + C_{i+1}V_{i+1} + \ldots + C_pV_p.$$

*Cette fonction* Y *doit changer de signe entre les limites* x *et* X *au moins* $i-1$ *fois*. En effet, d'après les numéros précédents, lorsque $t$ croît depuis 0 jusqu'à $+\infty$, le nombre des changements de signe de la fonction $u(x, t)$ entre les limites x et X ne peut que diminuer ou rester le même; donc ce nombre, étant $i-1$ quand $t=+\infty$, doit être supérieur ou au moins égal à $i-1$ quand $t=0$. Ainsi Y change de signe au moins $i-1$ fois pour $i-1$ valeurs de $x$ différentes comprises entre x et X; il peut arriver d'ailleurs que quelqu'une de ces $i-1$ valeurs annulle un nombre pair de dérivées consécutives $\frac{dY}{dx}$, $\frac{d^2Y}{dx^2}$, ... en même temps que Y. En outre Y peut encore s'évanouir sans changer de signe pour d'autres valeurs de $x$ comprises entre x et X et aussi être nulle à ces deux limites ou à l'une d'elles. Nous supposons ici qu'aucune des équations (2), (3) ne se réduit à $V=0$ pour $x=\mathrm{x}$ ou $x=\mathrm{X}$.

On voit de même que le nombre des valeurs de $x$, depuis x jusqu'à X, qui annullent la fonction Y, ne peut surpasser $p-1$, en comptant x ou X parmi ces valeurs, si Y est nulle à l'une de ces limites. En effet, quand $t=-\infty$, $u$ s'évanouit et change de signe $p-1$ fois pour $p-1$ valeurs de $x$ comprises entre x et X infiniment peu différentes de celles qui annullent $V_p$: et quand $t$ croît depuis $-\infty$ jusqu'à o, le nombre des valeurs nulles de $u(x, t)$ correspondantes à des valeurs de $x$ comprises entre x et X, ou même égales à ces limites, ne peut que diminuer ou rester le même. Donc ce nombre est au plus $p - 1$ pour $u(x, 0)$ ou Y.

On peut même prouver que le nombre des valeurs différentes de $x$ qui annullent Y doit être plus petit que $p-1$, si x ou X est l'une de ces valeurs ou si parmi celles qui sont comprises entre x et X il s'en trouve qui annullent à la fois Y et $\frac{dY}{dx}$ ou Y et plusieurs dérivées consécutives $\frac{dY}{dx}$, $\frac{d^2Y}{dx^2}\ldots$

En effet, supposons que la valeur $\xi$ comprise entre x et X annulle à la fois Y et les dérivées $\frac{dY}{dx}$, $\frac{d^2Y}{dx^2}\ldots$ jusqu'à $\frac{d^{m-1}Y}{dx^{m-1}}$ inclusivement. Si l'on donne à $t$ une valeur négative très petite $-t'$, on vient de voir que la fonction $u(x, -t')$ s'évanouira pour un nombre de valeurs de $x$ au plus égal à $p-1$, en comprenant parmi ces valeurs x ou X, si elle est nulle à l'une de ces limites. Or à la valeur $\xi$ qui annulle Y ou $u(x, 0)$ et ses dérivées, jusqu'à celle de l'ordre $m-1$, correspondent $m$ valeurs de $x$ très peu différentes de $\xi$ qui annullent $u(x, -t')$, comme on l'a prouvé dans les numéros précédents. Ainsi quand $t$ passe de $-t'$ à o, $m$ valeurs qui annullent $u(x, -t')$ deviennent toutes à la fois égales à la valeur $\xi$ qui annulle Y. D'ailleurs à chacune des autres valeurs de $x$ qui annullent Y correspond toujours au moins une valeur qui annulle $u(x, -t')$ différente des $m$ valeurs très voisines de $\xi$, dont il vient d'être question. Donc le nombre total des racines $x$ de l'équation $u(x, -t') = 0$ depuis x jusqu'à X, étant au plus $p-1$, on voit que *le nombre des racines $x$ de l'équation* Y $= 0$, *depuis* x *jusqu'à* X, *est aussi au plus* p $- 1$, *en comptant chaque valeur de $x$ telle que $\xi$ comprise entre* x *et* X *qui annulle à la fois* Y *et quelques-unes de ses dérivées consécutives* $\frac{dY}{dx}$, $\frac{d^2Y}{dx^2}$,... *pour autant de racines égales entre elles qu'il y a d'unités dans l'ordre de la première dérivée que cette valeur $\xi$ n'annulle pas.* Quand aux autres valeurs de $x$ qui annullent Y sans annuller en même temps $\frac{dY}{dx}$, ce sont les ra-

*cines simples* de l'équation $\mathrm{Y} = 0$; chacune d'elles ne doit être comptée qu'une seule fois.

Le degré de multiplicité d'une racine de l'équation $\mathrm{Y} = 0$, tel que nous venons de le définir, a, comme on voit, la même expression que dans les équations algébriques ordinaires, puisqu'il est égal au nombre des fonctions consécutives $\mathrm{Y}, \frac{d\mathrm{Y}}{dx}, \frac{d^2\mathrm{Y}}{dx^2}, \ldots$ que cette racine annulle à la fois.

Cette définition des racines égales de l'équation $\mathrm{Y} = 0$ ne convient toutefois qu'aux valeurs de $x > \mathrm{x}$ et $< \mathrm{X}$. En supposant que l'équation (2) ne se réduise pas à $\mathrm{V} = 0$ pour $x = \mathrm{x}$, si l'on a $\mathrm{Y} = 0$ pour $x = \mathrm{x}$, on a vu que cette valeur de $x$ doit annuller en même temps $\frac{d\mathrm{Y}}{dx}$ ou un nombre impair de dérivées $\frac{d\mathrm{Y}}{dx}$, $\frac{d^2\mathrm{Y}}{dx^2}, \ldots$ La première de ces dérivées, qui n'est pas nulle pour $x = \mathrm{x}$ étant alors d'un ordre pair $2n$, je dis *que le nombre des racines $x$ de l'équation* $\mathrm{Y} = 0$ *sera encore au plus égal à* $\mathrm{p} - 1$, *en comptant la racine* $\mathrm{x}$ *pour* $\mathrm{n}$ *racines égales entre elles;* de sorte que le degré de multiplicité de cette racine $\mathrm{x}$ n'est que la moitié de l'ordre $2n$ de la première dérivée qui n'est pas nulle pour $x = \mathrm{x}$. La raison en est qu'à cette valeur $\mathrm{x}$ qui annulle $\mathrm{Y}$ ou $u(x, 0)$ correspondent $n$ valeurs un peu plus grandes que $\mathrm{x}$ qui annullent $u(x, -t')$; et comme le nombre total des valeurs de $x$ qui annullent $u(x, -t')$ est au plus $p - 1$, il s'ensuit que le nombre des racines $x$ de l'équation $\mathrm{Y} = 0$ sera toujours au plus égal à $p - 1$, en comptant la valeur $\mathrm{x}$ pour $n$ racines égales entre elles.

En supposant que l'équation (3) ne se réduise pas à $\mathrm{V} = 0$ pour $x = \mathrm{X}$, si l'on a $\mathrm{Y} = 0$ pour $x = \mathrm{X}$, on estimera de la même manière le degré de multiplicité de la racine $\mathrm{X}$.

En admettant ces conventions, le nombre des racines $x$ de l'équation $\mathrm{Y} = 0$, $x$ variant depuis $\mathrm{x}$ jusqu'à $\mathrm{X}$, ne surpassera jamais $p - 1$.

Si l'équation (2) $k\frac{d\mathrm{V}}{dx} - h\mathrm{V} = 0$ pour $x = \mathrm{x}$ se réduisait à $\mathrm{V} = 0$ pour $x = \mathrm{x}$, on aurait aussi $\mathrm{Y} = 0$ pour $x = \mathrm{x}$ et en général

$u(x, t) = 0$ pour $x = \mathrm{x}$. Il est aisé de voir que, dans ce cas, notre théorème subsisterait toujours en ne comptant pas la valeur x parmi les racines de l'équation $Y = 0$, mais en comptant X pour une racine simple ou pour plusieurs racines égales, comme on l'a expliqué plus haut, si l'on a $Y = 0$ pour $x = X$, et si l'équation (3) ne se réduit pas à $V = 0$ pour $x = X$.

De même, si l'équation (3) est $V = 0$ pour $x = X$, et que l'équation (2) ne soit pas $V = 0$ pour $x = \mathrm{x}$, le théorème aura lieu en ne comptant pas la racine X, mais en comptant x quand on aura $Y = 0$ pour $x = \mathrm{x}$.

Enfin, si les deux équations (2) et (3) se réduisent à la fois à $V = 0$ pour $x = \mathrm{x}$ et $x = X$, auquel cas on a aussi $Y = 0$ pour $x = \mathrm{x}$ et $x = X$, le même théorème aura lieu en faisant abstraction des deux racines x et X; parce que $V_p$ s'annulle encore $p - 1$ fois entre ces limites.

## XXVI.

M. Liouville a démontré directement le théorème du numéro précédent (dans le cahier d'août de son journal) sans employer la considération de la variable auxiliaire $t$ qui entre dans la fonction $u$(42) dont j'ai fait usage. Il n'a pas tenu compte toutefois de la racine x ou X lorsqu'elle existe. Je vais donner ici une autre démonstration directe du même théorème, indépendante de celui du n° XXIV.

Soit

$$Y = C_i V_i + C_{i+1} V_{i+1} + \ldots + C_p V_p. \qquad (43)$$

On a

$$\frac{d.\left(k\frac{dV_i}{dx}\right)}{dx} + (g\rho_i - l)V_i = 0,$$

$$\frac{d\left(k\frac{dV_{i+1}}{dx}\right)}{dx} + (g\rho_{i+1} - l)V_{i+1} = 0,$$

etc.

En multipliant ces équations par $C_i$, $C_{i+1} \ldots C_p$, ajoutant et posant

$$Y_1 = -(C_i\rho_i V_i + C_{i+1}\rho_{i+1} V_{i+1} + \ldots + C_p\rho_p V_p),$$

on aura

$$gY_1 = \frac{d\left(k\frac{dY}{dx}\right)}{dx} - lY,$$

ou

$$gY_1 = k\frac{d^2Y}{dx^2} + \frac{dk}{dx}\cdot\frac{dY}{dx} - lY. \qquad (44)$$

On voit par l'expression même de la fonction Y(43) qu'elle satisfait aux deux équations

$$k\frac{dY}{dx} - hY = 0 \text{ pour } x = \mathrm{x},$$
$$k\frac{dY}{dx} + HY = 0 \text{ pour } x = X,$$

puisque chacun de ses termes satisfait séparément aux deux équations (2) et (3).

Je vais prouver que si l'équation $Y = 0$ a un certain nombre $\mu$ de racines $x$ tant égales qu'inégales, plus grandes que x et plus petites que X, les racines égales étant définies comme dans le numéro précédent, l'équation $Y_1 = 0$ aura au moins $\mu$ racines tant égales qu'inégales, comprises entre les mêmes limites x et X.

Soit $\xi$ une valeur de $x >$ x et $<$ X pour laquelle Y s'annulle et change de signe. Supposons que cette valeur $\xi$ ne soit ni la plus petite ni la plus grande de celles qui annullent Y. Il y aura entre $\xi$ et la valeur de $x$ immédiatement inférieure à $\xi$ qui annulle Y au moins une valeur $a$ qui rendra Y *maximum*, et pour laquelle $\frac{dY}{dx}$ sera nulle, et $\frac{d^2Y}{dx^2}$ aura une signe contraire à celui de Y ou sera nulle. L'équation (44) fait voir que pour $x = a$, et pour les valeurs de $x$ un peu plus grandes que $a$, la fonction $Y_1$ sera différente de zéro et aura le même signe que $\frac{d^2Y}{dx^2}$ ou un signe contraire à celui de la valeur *maximum* de Y dont il s'agit (quand même la fonction $l$ serait nulle pour $x = a$ ou nulle identiquement). De même entre $\xi$ et la valeur de $x$ immédiatement supérieure à $\xi$ qui annulle Y, il y aura au moins une valeur $b$ qui rendra Y *maximum* et pour laquelle

$\frac{dY}{dx}$ sera nulle et $\frac{d^2Y}{dx^2}$ aura un signe contraire à celui de Y ou sera nulle. D'après l'équation (44) $Y_1$ aura encore pour $x=b$ un signe contraire à celui de cette valeur *maximum* de Y. Mais les deux valeurs *maxima* de Y pour $x=a$ et $x=b$, sont de signes contraires, puique par hypothèse Y change de signe en s'évanouissant pour $x=\xi$. Donc $Y_1$ a deux valeurs de signes contraires pour $x=a$ et $x=b$, et par conséquent $Y_1$ change de signe au moins une fois, tandis que $x$ croît depuis $a$ jusqu'à $b$.

Cette conclusion subsiste, quand la valeur de $x$ immédiatement inférieure ou supérieure à $\xi$ qui annulle Y est x ou X.

Si $\xi$ est la plus petite racine de l'équation $Y=0$, Y n'étant pas alors nulle pour $x=\mathrm{x}$, il existe entre x et $\xi$ au moins une valeur de $x$ qui rend Y *maximum*. Car à cause de l'équation $k\frac{dY}{dx}-hY=0$ qui a lieu pour $x=\mathrm{x}$, Y et $\frac{dY}{dx}$ ont d'abord le même signe pour $x=\mathrm{x}$ et pour les valeurs de $x$ un peu plus grandes que x; donc, $x$ croissant à partir de x, la fonction Y ne peut pas s'évanouir avant que $\frac{dY}{dx}$ change de signe et prenne un signe contraire à celui de Y. Donc Y doit atteindre une valeur *maximum* avant de s'annuller la première fois pour $x=\xi$. Ce *maximum* pourrait avoir lieu pour $x=\mathrm{x}$, si la constante $h$ était nulle. Entre la valeur de $x$ correspondante à ce *maximum* et celle immédiatement supérieure à $\xi$ qui répond à un autre *maximum* de Y, il y aura au moins une valeur de $x$ pour laquelle $Y_1$ s'évanouira et changera de signe, puisque d'après l'équation (44), $Y_1$ a toujours un signe contraire à celui de Y, chaque fois que Y devient *maximum*, et que les deux *maxima* dont il vient d'être question sont de signes contraires.

On verra de même que si $\xi$ est la plus grande valeur de $x$ qui annulle Y, il y a, à cause de l'équation $k\frac{dY}{dx}+HY=0$ pour $x=X$, au moins une valeur de $x$ comprise entre $\xi$ et X qui rend Y maximum; elle peut être égale à X, si H est nulle. Pour cette valeur et pour celle immédiatement inférieure à $\xi$, qui donne un autre maximum de Y, $Y_1$ a deux valeurs de signes contraires, de sorte que $Y_1$ change de signe au moins une fois dans cet intervalle.

Si $\xi$ est la seule valeur de $x$ qui annulle Y, cette fonction a encore au moins un maximum dans l'intervalle de x à $\xi$ et un autre dans l'intervalle de $\xi$ à X, d'où il suit que $Y_1$ change de signe dans l'intervalle compris entre ces deux maxima.

On peut déjà conclure de ce qui précède que $Y_1$ doit changer de signe au moins autant de fois que Y entre les limites x et X, Y étant ou n'étant pas nulle à chacune de ces limites.

Supposons maintenant que la valeur $\xi$ toujours comprise entre x et X soit une racine multiple de l'ordre $m$ de l'équation $Y = 0$, c'est-à-dire qu'elle annulle à la fois les $m$ fonctions consécutives Y, $\frac{dY}{dx}\ldots$ jusqu'à $\frac{d^{m-1}Y}{dx^{m-1}}$. En désignant par A la valeur de $\frac{d^mY}{dx^m}$ pour $x = \xi$ et faisant $x = \xi + x'$, on aura $\frac{d^mY}{dx^m}$ ou $\frac{d^mY}{dx'^m} = A + \alpha_m$, $\alpha_m$ étant une fonction de $x'$ qui deviendra très petite et nulle en même temps que $x'$. Puis par une suite d'intégrations, il viendra

$$\frac{d^{m-1}Y}{dx'^{m-1}} \text{ ou } \frac{d^{m-1}Y}{dx^{m-1}} = (A + \alpha_{m-1})x', \quad \frac{d^{m-2}Y}{dx^{m-2}} = (A + \alpha_{m-2})\frac{x'^2}{1.2}, \ldots$$

$$\ldots \frac{dY}{dx} = (A + \alpha_1)\frac{x'^{m-1}}{1.2.3\ldots(m-1)}, \quad Y = (A + \alpha)\frac{x'^m}{1.2.3\ldots m},$$

les quantités $\alpha_{m-1}\ldots\alpha_1$, $\alpha$ étant comme $\alpha_m$ très petites et nulles en même temps que $x'$.

En mettant les valeurs de Y, $\frac{dY}{dx}$ et $\frac{d^2Y}{dx^2}$ dans l'équation (44), on voit que $Y_1$ est égale au produit de $\frac{Ax'^{m-2}}{1.2.3\ldots(m-2)}$ par une fonction de $x'$ qui approche d'autant plus d'être égale à $\frac{k}{g}$ que $x'$ est plus petite.

Par conséquent, si $\xi$ est une racine double de $Y = 0$, $\xi$ n'est pas racine de $Y_1 = 0$, ce qu'on voit d'ailleurs immédiatement à l'inspection de l'équation (44). Si $m$ est $> 2$, $\xi$ est racine de l'équation $Y_1 = 0$, et s'y trouve $m-2$ fois; car en supposant qu'elle s'y trouve un nombre $s$ de fois, c'est-à-dire qu'elle annulle les $s$ fonctions $Y_1$ $\frac{dY_1}{dx}\ldots\frac{d^{s-1}Y_1}{dx^{s-1}}$; $Y_1$ est égale au produit de $\frac{x'^s}{1.2.3\ldots s}$ par une fonction de $x'$ qui ne devient pas très petite et nulle en même temps que $x'$; $s$ est donc $= m - 2$.

L'expression de $Y_{,}$ en fonction de $x'$ fait voir aussi que pour une valeur $\xi + x'$ un peu plus grande que $\xi$, $Y_{1}$ doit avoir le même signe que $\frac{d^2Y}{dx^2}$ et par conséquent le même signe que Y attendu que pour $x = \xi + x'$ toutes les fonctions $Y, \frac{dY}{dx}, \ldots \frac{d^mY}{dx^m}$ ont le signe de A, $x'$ étant positive et suffisamment petite. Or $x$ croissant au-delà de $\xi$ doit toujours atteindre une valeur (plus petite que X ou égale à X), pour laquelle Y est maximum et $Y_{,}$ a un signe contraire à celui de Y, qui n'a pas changé de signe en passant de zéro à ce maximum. Donc $Y_{1}$ change de signe au moins une fois dans le même intervalle. On verra de même que $Y_{,}$ doit changer de signe au moins une fois dans l'intervalle compris entre la racine $\xi$ et la valeur de $x$ immédiatement inférieure à $\xi$ (supérieure ou égale à x) qui rend Y maximum.

Il est donc prouvé que si l'équation $Y = 0$ a $m$ racines égales à $\xi$, $\xi$ étant comprise entre x et X, l'équation $Y_{1} = 0$ aura $m - 2$ racines égales à $\xi$, et en outre deux autres racines pour lesquelles $Y_{1}$ changera de signe, l'une comprise entre $\xi$ et la valeur de $x$ immédiatement supérieure à $\xi$ qui rend Y maximum, l'autre entre $\xi$ et la valeur de $x$ immédiatement inférieure à $\xi$ qui rend Y maximum.

On conclut de ce qui précède, que si l'équation $Y = 0$ a $\mu$ racines tant égales qu'inégales comprises entre x et X, l'équation $Y_{1} = 0$ aura aussi au moins $\mu$ racines tant égales qu'inégales entre les mêmes limites, et renfermées entre les valeurs de $x$ qui répondent à des valeurs maxima de $Y_{1}$ alternativement positives et négatives. Ce théorème a lieu, comme on voit, en faisant abstraction de la racine x ou X que chacune des équations $Y = 0$, $Y_{1} = 0$ pourrait avoir.

On peut aussi comprendre dans l'énoncé de ce théorème, la racine x ou X que peut avoir $Y = 0$, en la comptant pour autant de racines égales entre elles qu'il y a d'unités dans la moitié du nombre des fonctions consécutives $Y, \frac{dY}{dx}, \frac{d^2Y}{dx^2} \ldots \frac{d^{m-1}Y}{dx^{m-1}}$ qu'elle annulle, ce nombre $m$ étant nécessairement pair.

En effet, si l'on a $Y = 0$ pour $x = \text{x}$, on aura en même temps

$\frac{dY}{dx} = 0$ à cause de l'équation $k\frac{dY}{dx} - hY = 0$ qui a lieu pour $x = \text{x}$. Si $\frac{d^2Y}{dx^2}$ n'est pas nulle en même temps, $Y_,$ d'après l'équation (44) ne sera pas nulle pour $x = \text{x}$ et aura le signe de $\frac{d^2Y}{dx^2}$. Entre x et la valeur de $x$ immédiatement supérieure à x qui rend Y maximum il y en aura au moins une pour laquelle $Y_,$ changera de signe, comme on l'a vu plus haut. Ainsi en comptant x pour une racine simple de $Y = 0$, l'équation $Y_, = 0$ a au moins une racine correspondante plus grande que x.

Si la valeur x annulle les $m$ fonctions consécutives $Y, \frac{dY}{dx}, \ldots \frac{d^{m-1}Y}{dx^{m-1}}$, le nombre $m$ est pair. En effet, si l'on fait $x = \text{x} + \xi'$, la fonction $Y_,$ ou $-(C_i\rho_iV_i + C_{i+1}\rho_{i+1}V_{i+1} + \ldots + C_p\rho_pV_p)$ sera, d'après ce qu'on a vu plus haut, divisible par $x'^{m-2}$, c'est-à-dire égale au produit de $x'^{m-2}$ multiplié par une fonction de $x'$ qui ne sera ni nulle ni infinie pour $x' = 0$. Pareillement, si l'on multiplie les différents termes de $Y_,$ par $\rho_i$, $\rho_{i+1}$, etc., la nouvelle fonction...... $C_i\rho_i^2V_i + \ldots + C_p\rho_p^2V_p$ sera divisible par $x'^{m-4}$, et en continuant ainsi on trouvera que la fonction $C_i\rho_i^nV_i + \ldots + C_p\rho_p^nV_p$ est divisible par $x'^{\,-2n}$.

Donc, si le nombre $m$ est pair et $= 2n$, cette dernière fonction $Y_n$ ne s'évanouira pas pour $x' = 0$. Si l'on suppose $m$ impair et $= 2n + 1$, $Y_n$ sera divisible par $x'$. Or on a l'équation $k\frac{dY_n}{dx'} - hY_n = 0$ pour $x' = 0$. Donc $\frac{dY_n}{dx'}$ serait nulle pour $x' = 0$ en même temps que $Y_n$, et il s'ensuivrait que $Y_n$ serait divisible par une puissance de $x'$ supérieure à la première; ce qui est contraire à ce que nous venons de trouver. Il est donc impossible que $m$ soit un nombre impair $2n + 1$.

En supposant $m = 2n$, $Y_,$ est divisible par $x'^{2n-2}$ et par conséquent la racine x annulle à la fois les $2n - 2$ fonctions consécutives $Y_, \frac{dY_,}{dx} \ldots \frac{d^{2n-3}Y_,}{dx^{2n-3}}$, et d'ailleurs entre x et la valeur de $x$ immédiatement supérieure à x qui rend Y maximum, il y a au moins une racine de $Y_, = 0$.

Donc si l'on convient de compter la valeur x qui annulle les $2n$ fonctions $Y \frac{dY}{dx} \ldots \frac{d^{2n-1}Y}{dx^{2n-1}}$ pour $n$ racines égales entre elles de l'équation $Y = 0$, l'équation $Y_1 = 0$ aura, selon la même convention, $n - 1$ racines égales à x, et de plus une racine comprise entre x et la valeur de $x$ immédiatement supérieure qui rend Y maximum.

Les mêmes observations s'appliquent à l'autre limite X.

Nous avons donc démontré que si l'équation $Y = 0$ ou $C_i V_i + \ldots + C_p V_p = 0$ a un certain nombre $\mu$ de racines $x$ tant égales qu'inégales depuis x jusqu'à X, sans exclure ces limites mêmes, l'équation $Y_1 = 0$ ou $C_i \rho_i V_i + \ldots + C_p \rho_p V_p = 0$ aura aussi au moins $\mu$ racines tant égales qu'inégales, depuis x jusqu'à X, les racines égales étant définies comme nous l'avons dit précédemment.

En conséquence, il y aura aussi *à fortiori* au moins $\mu$ racines, soit inégales, soit égales, dans chacune des équations suivantes qui dérivent les unes des autres comme $Y_1$ dérive de Y.

$$\begin{aligned} C_i\rho_i^2 V_i + \ldots + C_p\rho_p^2 V_p &= 0, \\ C_i\rho_i^3 V_i + \ldots + C_p\rho_p^3 V_p &= 0, \\ \ldots\ldots\ldots & \\ C_i\rho_i^n V_i + \ldots + C_p\rho_p^n V_p &= 0. \end{aligned}$$

On peut même ajouter, d'après ce qu'on a vu plus haut, que chacune de ces fonctions change de signe entre les limites x et X, au moins autant de fois que la première $C_i V_i + \ldots + C_p V_p$, en faisant abstraction de la multiplicité des racines et de celles qui sont égales à x ou à X.

La dernière équation pouvant s'écrire ainsi

$$\left(\frac{C_i}{C_p}\right)\left(\frac{\rho_i}{\rho_p}\right)^n V_i + \left(\frac{C_{i+1}}{C_p}\right)\left(\frac{\rho_{i+1}}{\rho_p}\right)^n V_{i+1} + \ldots + V_p = 0$$

se réduit à très peu près à $V_p = 0$ quand on suppose le nombre $n$ très grand ou infini, et alors elle a $p - 1$ racines inégales, comprises entre x et X ; ce qu'on peut au surplus établir plus rigoureusement par le raisonnement déjà employé au commencement du n° XXIV.

Donc on a $\mu < p - 1$ ou au plus égal à $p - 1$ ; ce qu'il fallait démontrer.

On peut prouver par la même méthode que *l'équation*... $C_iV_i + \ldots + C_pV_p = 0$ *a au moins* $i - 1$ *racines différentes comprises entre* x *et* X *et pour lesquelles la fonction* $C_iV_i +$ etc... $+ C_pV_p$ *change de signe.*

En effet, on a vu tout-à-l'heure que la fonction

$$C_i\rho_i^n V_i + \ldots\ldots + C_p\rho_p^n V_p$$

a au moins autant de changements de signe entre x et X que

$$C_iV_i + \ldots\ldots + C_pV_p.$$

On en conclut, en remplaçant $C_i$ par $\frac{C_i}{\rho_i^n}$, $C_{i+1}$ par $\frac{C_{i+1}}{\rho_{i+1}^n}$, etc. que

$$C_iV + \ldots\ldots + C_pV_p$$

a au moins entre x et X autant de changements de signe que la fonction

$$\frac{C_i}{\rho_i^n}V_i + \ldots\ldots + \frac{C_p}{\rho_p^n}V_p$$

qui en a $i - 1$ lorsqu'on fait $n$ infini, puisqu'alors elle est proportionnelle à $V_i$ (*).

Les fonctions $Y, Y_1 \ldots Y_n$, dont je viens de m'occuper ne sont autre chose que la fonction $u$ (42) et ses dérivées $\frac{du}{dt} \ldots \frac{d^nu}{dt^n}$ où l'on fait $t=0$. Au lieu de Y et $Y_1$, j'aurais pu aussi bien considérer la fonction $u(x, t)$ et sa dérivée $\frac{du}{dt}$ définies par les équations (1), (2), (3), et prouver à l'aide de ces équations, que l'équation $\frac{du}{dt} = 0$, a au moins autant de racines $x$ tant égales qu'inégales depuis x jus-

(*) J'ai admis dans ces derniers n$^{os}$ qu'une fonction Y de la forme $C_iV_i + C_{i+1}V_{i+1} + \ldots + C_pV_p$ ne peut pas être identiquement nulle pour toute valeur de $x$ comprise entre x et X, quand les coefficients $C_iC_{i+1} \ldots C_p$ ne sont pas tous nuls. On reconnaît aisément cette propriété en observant qu'on a

$$\int_{\mathrm{x}}^{\mathrm{X}} gV_i Y dx = C_i\int_{\mathrm{x}}^{\mathrm{X}} gV_i^2 dx + C_{i+1}\int_{\mathrm{x}}^{\mathrm{X}} gV_iV_{i+1}dx + \ldots + C_p\int_{\mathrm{x}}^{\mathrm{X}} gV_iV_p dx,$$

ou simplement

$$\int_{\mathrm{x}}^{\mathrm{X}} gV_i Y dx = C_i\int_{\mathrm{x}}^{\mathrm{X}} gV_i^2 dx,$$

d'où il résulte que Y ne peut pas être identiquement nulle.

qu'à X que l'équation $u(x, t) = 0$, d'où j'aurais conclu le théorème relatif à $C_i V_i + \ldots + C_p V_p = 0$.

Ce théorème a lieu, comme on l'a déjà vu dans la démonstration du n° XXIV, quand même la fonction $l$ ne serait pas constamment positive entre les limites x et X. Il est aisé d'étendre à ce cas où $l$ est quelconque, la démonstration que je viens de donner dans ce dernier numéro, en la modifiant de la manière suivante.

Ayant désigné par Y la fonction $C_i V_i + C_{i+1} V_{i+1} + \ldots + C_p V_p$, je prends

$$Y_1 = -[C_i V_i(\rho_i + c) + C_{i+1} V_{i+1}(\rho_{i+1} + c) + \ldots + C_p V_p(\rho_p + c)],$$

$c$ étant une constante arbitraire. J'ai alors au lieu de l'équation (44), la suivante $gY_1 = k\frac{d^2Y}{dx^2} + \frac{dk}{dx}\frac{dY}{dx} - (gc + l)\,Y$.

Au moyen de cette équation, en prenant la constante $c$ positive et assez grande pour que la fonction $gc + l$ reste positive entre les limites x et X, je prouve comme précédemment, que si l'équation $Y = 0$ a $\mu$ racines $x$ tant égales qu'inégales depuis x jusqu'à X, sans exclure ces limites mêmes, l'équation $Y_1 = 0$ doit avoir aussi au moins $\mu$ racines égales ou inégales depuis x jusqu'à X, ce qui suffit pour établir le théorème en question.

Il faut ajouter ici les remarques qui terminent le n° XXIV (*).

---

L'équation (44) fait voir d'ailleurs que si Y était constamment nulle, entre les limites x et X, la fonction

$$Y_1 \text{ ou } -(C_i\rho_i V_i + \ldots + C_p\rho_p V_p)$$

serait nulle aussi, et par conséquent la fonction

$$C_i\rho_i^n V_i + \ldots + C_p\rho_p^n V_p,$$

ou celle-ci

$$\left(\frac{C_i}{C_p}\right)\left(\frac{\rho_i}{\rho_p}\right)^n V_i + \ldots + V_p$$

le serait encore, tandis qu'au contraire cette dernière fonction se réduit à $V_p$ quand on fait $n$ infini.

(*) Le défaut d'espace m'oblige à supprimer quelques détails relatifs à la sphère et au cylindre que j'ai annoncés dans l'introduction et auxquels le lecteur peut suppléer aisément.

*Comptes Rendus hebdomadaires des séances de l'Académie Royale des Sciences*
IV, pp. 720–724
1837



ANALYSE MATHÉMATIQUE. — *Note sur un théorème de M. Cauchy relatif aux racines des équations simultanées; par* MM. C. STURM *et* J. LIOUVILLE.

« La lettre de M. Cauchy, lue à l'Académie lundi dernier et imprimée depuis dans le *Compte rendu*, renferme l'énoncé d'un théorème relatif aux racines réelles des équations simultanées. Ce théorème est une extension de celui que l'illustre auteur a donné en 1831 pour les racines imaginaires des équations à une seule inconnue et qu'il a démontré à cette époque par une méthode fondée sur l'emploi des intégrales définies et du calcul des résidus. La démonstration dont nous parlons étant ainsi très compliquée, nous avons pensé qu'il était utile de résoudre cette même question par des principes élémentaires, et nous y sommes parvenus d'une manière à la fois simple et rigoureuse dans une note imprimée dans *le cahier d'août* 1836 *du Journal de Mathématiques*. L'analyse dont nous avons fait usage s'étend d'elle-même aux racines réelles des équations à deux inconnues; mais les théorèmes qu'elle fournit dans ce cas étant peu précis et peu applicables à la pratique, nous n'avons pas cru devoir les publier. Toutefois l'étude que nous en avons faite n'a pas été entièrement perdue, puisqu'elle nous a mis à même de reconnaître immédiatement l'inexactitude de la proposition générale contenue dans la lettre de M. Cauchy.

» Désignons par P et Q deux fonctions entières de $x$ et $y$, et par R la quantité $\frac{dP}{dx} \cdot \frac{dQ}{dy} - \frac{dP}{dy} \cdot \frac{dQ}{dx}$. On peut regarder $x$ et $y$ comme représentant les coordonnées rectangulaires d'un point quelconque pris dans le plan des $xy$; à chaque couple $(x, y)$ répondra un point M du plan, et, réciproquement, à chaque point M répondra un couple de valeurs des deux variables $x$ et $y$. On distinguera surtout les points du plan pour lesquels on a à la fois $P = 0$, $Q = 0$ : ces points représentent en quelque sorte géométriquement les solutions réelles des équations simultanées $P = 0$, $Q = 0$. Maintenant traçons sur le plan des $xy$ un contour fermé quelconque ABC; pour chaque point de ce contour la fraction $\frac{P}{RQ}$ aura en général un signe déterminé, qui pourra varier d'un point à l'autre si, dans un intervalle compris entre ces deux points, la fraction $\frac{P}{RQ}$ est devenue nulle ou infinie.

» Désignons par $\Delta$ l'excès du nombre de fois où la fraction $\frac{P}{RQ}$, en s'évanouissant, passe du positif au négatif, sur le nombre de fois où elle passe, en s'évanouissant, du négatif au positif, lorsqu'on parcourt le contour ABC, d'un mouvement continu, en allant des $x$ positives aux $y$ positives.

» Désignons en même temps par $\mu$ le nombre des solutions réelles des équations $P = 0$, $Q = 0$ qui sont contenues dans l'intérieur du contour ABC.

» Cela posé, le théorème annoncé par M. Cauchy revient à dire que l'on a toujours $\mu = \frac{1}{2}\Delta$.

» Pour le cas particulier où P et Q représentent la partie réelle et le coefficient de $\sqrt{-1}$ dans le développement d'une fonction de $x + y\sqrt{-1}$, M. Cauchy observe, en terminant sa lettre, que l'on peut remplacer la fraction $\frac{P}{RQ}$ par la fraction $\frac{P}{Q}$ : cette simplification étant faite, son nouveau théorème coïncide avec celui qu'il a donné en 1831.

» Quand on a

$$P + Q\sqrt{-1} = f(x + y\sqrt{-1}),$$

( 722 )

on a aussi

$$\frac{dQ}{dy} = \frac{dP}{dx}, \quad \frac{dQ}{dx} = -\frac{dP}{dy},$$

d'où

$$R = \left(\frac{dP}{dx}\right)^2 + \left(\frac{dP}{dy}\right)^2:$$

la quantité R ne devient donc jamais négative : c'est à cette circonstance que tient la possibilité d'employer indifféremment, pour le calcul de l'excès $\Delta$, la fraction $\frac{P}{Q}$ ou la fraction $\frac{P}{RQ}$.

» Passons à l'examen du cas général où P et Q sont des polynomes quelconques. La démonstration que M. Cauchy indique dans sa lettre consiste à remplacer (dans un intervalle très petit) par leurs tangentes, les deux courbes ayant pour équations respectives $P = 0$, $Q = 0$. Cette substitution n'est pas toujours permise ; elle est, par exemple, inadmissible dans les environs d'un point *isolé*, appartenant à l'une ou à l'autre de ces deux courbes. Mais en supposant même que l'illustre auteur exclue implicitement les cas où les deux courbes posséderaient des points singuliers, son théorème général sera encore souvent en défaut, comme on peut le voir, soit en examinant de près sa démonstration, soit en traitant les exemples suivants, dans lesquels les courbes représentées par les équations $P = 0$, $Q = 0$ sont des cercles ou des lignes droites.

» 1^er^ *Exemple.* Soit $P = x^2 + y^2 - 1$, $Q = y$; d'où $R = 2x$, et par suite

$$\frac{P}{RQ} = \frac{x^2 + y^2 - 1}{2xy}.$$

Traçons autour de l'origine des coordonnées un rectangle tel que la fraction $\frac{P}{RQ}$ ne s'évanouisse pour aucun des points de son périmètre, ce qui arrivera si les coordonnées de chacun de ces points vérifient toujours l'inégalité $x^2 + y^2 > 1$. Pour un tel contour, l'excès $\Delta$ sera nul. D'un autre côté les équations

$$P = x^2 + y^2 - 1 = 0, \qquad Q = y = 0$$

sont satisfaites quand on pose $y = 0$, $x = 1$, ou $y = 0$, $x = -1$, en sorte que l'on a $\mu = 2$. L'équation $\mu = \frac{1}{2}\Delta$ n'a donc pas lieu dans ce premier exemple.

» 2^e *Exemple.* Soit $P = x + y$, $Q = x^2 + y^2 + a$, d'où $R = 2(y - x)$, et par suite

$$\frac{P}{RQ} = \frac{x + y}{2(y - x)(x^2 + y^2 + a)}.$$

Considérons un contour fermé entourant l'origine des coordonnées $x, y$, et pour tous les points duquel $x^2 + y^2$ surpasse la valeur absolue de la constante $a$ : le diviseur $x^2 + y^2 + a$ ne changera jamais de signe, et l'on pourra en faire abstraction dans le calcul de l'excès $\Delta$ : cet excès est donc le même pour la fraction $\frac{P}{RQ}$ et pour la fraction $\frac{x+y}{y-x}$, c'est-à-dire qu'il est indépendant du signe de $a$. D'après l'équation $\mu = \frac{1}{2}\Delta$, il devrait en être de même du nombre $\mu$, ce qui n'est pas, car on a $\mu = 0$ si la constante $a$ est positive et $\mu = 2$ si cette constante est négative.

» En posant $x = r\cos\varphi$, $y = r\sin\varphi$, on trouve aisément

$$\frac{P}{RQ} = -\frac{\operatorname{tang}\left(\varphi + \frac{\pi}{4}\right)}{2(r^2 + a)},$$

et par conséquent $\Delta = 2$, valeur qui ne s'accorde jamais avec l'équation $\mu = \frac{1}{2}\Delta$, quel que soit le signe de $a$.

3^e *Exemple.* Enfin le théorème de M. Cauchy se trouvera encore en défaut si l'on pose

$$P = x, \quad Q = x^2 + y^2 + 1, \quad \text{ou} \quad P = y, \quad Q = x^2 + y^2 + 1;$$

et dans une infinité d'autres cas.

» Il existe un autre théorème qu'on peut substituer à celui de M. Cauchy.

» Considérons un contour fermé ABC sur lequel P et Q ne s'annullent jamais à la fois, et admettons de plus que, dans l'intérieur de ce contour, les valeurs de $x$, $y$, qui annullent P et Q, donnent à R une valeur positive ou négative, mais différente de zéro.

» Parmi les solutions $(x, y)$ des équations $P = 0$, $Q = 0$, contenues dans l'intérieur de ABC, les unes pourront correspondre à une valeur positive, les autres à une valeur négative de R. Nous désignerons par $\mu_1$ le nombre des solutions de la première espèce, et par $\mu_2$ le nombre des solutions de la seconde espèce.

( 724 )

» Cela posé, on aura

$$\Delta = 2(\mu_1 - \mu_2),$$

$\Delta$ représentant l'excès du nombre de fois où la fraction $\frac{P}{Q}$ passe du positif au négatif sur le nombre de fois où elle passe du négatif au positif, en s'évanouissant, quand on parcourt d'un mouvement continu le contour entier ABC, en allant des $x$ positives aux $y$ positives.

» Nous supprimons la démonstration de ce théorème, qui nous est connu depuis long-temps, et qu'on établit immédiatement par les principes mêmes dont nous avons fait usage dans la note citée plus haut. Si nous n'avons pas, dans cette note, relevé l'inexactitude du théorème de M. Cauchy, relatif aux équations simultanées, c'est que le mémoire de 1833, où ce théorème est mentionné, ne nous était point parvenu : il ne paraît pas même qu'aucun des principaux géomètres de Paris ait reçu ce mémoire. »

Journal de Liouville
II, pp. 220–223
1837



# EXTRAIT

## *D'un Mémoire sur le développement des fonctions en séries dont les différents termes sont assujettis à satisfaire à une même équation différentielle linéaire, contenant un paramètre variable ;*

PAR MM. C. STURM ET J. LIOUVILLE.

---

Soient $x$ une variable indépendante comprise entre deux limites données x, X; $g$, $k$, $l$ trois fonctions positives de $x$; $r$ un paramètre indéterminé; et V une fonction de $x$ et de $r$, qui satisfasse à la fois à l'équation indéfinie

$$\frac{d\left(k\frac{dV}{dx}\right)}{dx} + (gr - l)V = 0, \tag{1}$$

et à la condition définie

$$\frac{dV}{dx} - hV = 0 \quad \text{pour} \quad x = \mathrm{x}, \tag{2}$$

dans laquelle $h$ représente un nombre donné positif. Il est aisé de trouver une fonction V qui vérifie ces deux équations et qui ne devienne identiquement nulle pour aucune valeur déterminée de $r$, lorsque $x$ reste indéterminée. On s'est beaucoup occupé des propriétés de la fonction V dans différents mémoires auxquels nous renverrons le lecteur (*).

---

(*) Tome I de ce Journal, pages 106, 253, 269, 373, et tome II, page 16.

Désignons par H un coefficient positif et par $\varpi(r)$ ce que devient la quantité $\frac{dV}{dx} + HV$ lorsqu'on y fait $x = X$ : on sait que l'équation $\varpi(r) = 0$ a une infinité de racines toutes réelles et positives que nous nommerons $r_1, r_2, \ldots r_n, \ldots$ en les supposant rangées dans un ordre de grandeurs croissantes. Nous représenterons par $V_n$ ou $V_n(x)$ ce que devient V lorsqu'on fait $r = r_n$. Ainsi l'on aura à la fois

$$\frac{d\left(k\frac{dV_n}{dx}\right)}{dx} + (gr_n - l)V_n = 0, \tag{3}$$

$$\frac{dV_n}{dx} - hV_n = 0 \quad \text{pour} \quad x = \text{x}, \tag{4}$$

$$\frac{dV_n}{dx} + HV_n = 0 \quad \text{pour} \quad x = X. \tag{5}$$

Cela posé, on peut chercher à sommer la série

$$\Sigma\left\{\frac{V_n\int_{\text{x}}^{X} gV_n f(x)dx}{\int_{\text{x}}^{X} gV_n^2 dx}\right\}, \tag{6}$$

dans laquelle le signe $\Sigma$ s'applique aux valeurs successives 1, 2, 3,.... de l'indice $n$, et où $f(x)$ est une fonction arbitraire de $x$ qui ne devient jamais infinie. Soit F$(x)$ la somme demandée. Il s'agit de prouver d'une manière directe et rigoureuse que l'on a $F(x) = f(x)$. Déjà l'un de nous a traité cette question dans un mémoire particulier; mais comme la série (6) se présente dans une foule de problèmes de physique mathématique, nous avons pensé qu'il était bon de revenir sur ce sujet. Au surplus, la méthode dont nous allons faire usage diffère beaucoup de celle que l'on a d'abord employée.

Combinons entre elles les équations (1) et (3); en ayant égard aux conditions (2), (4), nous aurons sans difficulté

$$\int_{\text{x}}^{x} gVV_n dx = \frac{k}{r - r_n}\left(V\frac{dV_n}{dx} - V_n\frac{dV}{dx}\right).$$

En posant $x = X$ et se rappelant que, pour cette valeur de $x$, $\frac{dV_n}{dx} + HV_n$ se réduit à zéro et $\frac{dV}{dx} + HV$ à $\varpi(r)$, il vient donc

$$(7) \qquad \int_x^X gVV_n dx = -KV_n(X) . \frac{\varpi(r)}{r - r_n} :$$

K et $V_n(X)$ représentent les valeurs respectives de $k$ et de $V_n$ pour $x = X$. Dans le cas particulier où $r = r_n$, le second membre de la formule (7) prend la forme $\frac{0}{0}$ : en cherchant alors sa vraie valeur par la règle connue, on trouve

$$(8) \qquad \int_x^X gV_n^2 dx = -KV_n(X)\varpi'(r_n).$$

D'un autre côté on peut démontrer que la fraction $\frac{V}{\varpi(r)}$ est décomposable en fractions simples. Par les méthodes connues pour ce genre de décomposition, on obtient

$$\frac{V}{\varpi(r)} = \Sigma \left\{ \frac{V_n}{(r - r_n)\varpi'(r_n)} \right\},$$

d'où résulte

$$(9) \qquad V = \Sigma \left\{ \frac{\varpi(r) V_n}{(r - r_n)\varpi'(r_n)} \right\}.$$

A l'aide des formules (7) et (8), on peut éliminer $\varpi(r)$, $\varpi'(r_n)$ : cette élimination faite, si l'on multiplie l'équation (9) par $gf(x)dx$ et si l'on intègre ensuite, on obtient finalement

$$\int_x^X gVf(x)dx = \Sigma \left\{ \frac{\int_x^X gVV_n dx . \int_x^X gV_n f(x) dx}{\int_x^X gV_n^2 dx} \right\}.$$

Mais en multipliant par $gVdx$ et intégrant les deux membres de l'équation

$$F(x) = \Sigma \left\{ \frac{V_n \int_x^X gV_n f(x) dx}{\int_x^X gV_n^2 dx} \right\},$$

on a de même

$$\int_x^X gVF(x)\,dx = \Sigma \left\{ \frac{\int_x^X gVV_n dx . \int^X gV_n f(x) dx}{\int_x^X gV_n^2 dx} \right\}.$$

Les deux intégrales

$$\int_x^X gVf(x)\,dx, \qquad \int_x^X gVF(x)\,dx$$

sont donc égales entre elles, en sorte que l'on a

$$\int_x^X gV[F(x) - f(x)]\,dx = 0.$$

Cette dernière équation doit avoir lieu quel que soit $r$, et l'on peut aisément prouver qu'elle entraîne la suivante $F(x) = f(x)$, C. Q. F. D.

La méthode que nous venons d'employer pour sommer la série (6) est à la fois très simple et très générale. Elle peut servir à trouver la somme d'un grand nombre d'autres séries, comme on le verra dans notre mémoire, où l'analyse précédente est présentée sous plusieurs points de vue (*).

(*) L'abondance des matières nous force à différer la publication de ce Mémoire. L'extrait qu'on vient de lire a déjà été imprimé dans le *Compte rendu des séances de l'Académie des Sciences*, tome IV, page 675. (J. LIOUVILLE.)

*Mémoires présentés par divers savants*
*à l'Académie Royale des Sciences*
V, pp. 267–347
1838

# MÉMOIRE

SUR

# LA COMPRESSION DES LIQUIDES,

## PAR MM. D. COLLADON ET C. STURM.

( CE MÉMOIRE A REMPORTÉ LE PRIX PROPOSÉ PAR L'ACADÉMIE. )

SÉANCE PUBLIQUE DU 11 JUIN 1827.

Nous exposerons dans ce mémoire les principaux résultats de nos expériences sur la compressibilité des liquides et sur la vitesse de propagation du son dans l'eau.

Un corps liquide soumis à un accroissement de pression diminue de volume, et ne reprend son état primitif qu'au moment où la compression cesse d'agir; ces différences de volume sont toujours très-petites si on les compare à celles qu'éprouvent les gaz; elles croissent à peu près proportionnellement à l'augmentation de pression, et il n'en résulte pour la température et la conductibilité électrique de ce corps que des changements presque inappréciables.

Les divers liquides ne se compriment pas également sous des accroissements égaux de pression, mais la compressibilité de chacun d'eux a une valeur constante, et qui ne varie qu'avec sa température; en sorte qu'on pourrait reconnaître la nature d'un liquide en mesurant son volume sous diverses pressions.

Cette compressibilité spécifique est une propriété essentielle de ces corps, et sa détermination doit servir à compléter le tableau de leurs qualités élémentaires; elle peut en outre conduire à la solution de plusieurs problèmes très-importants de méca nique et de physique; nous citerons comme exemples la théorie des moteurs et la mesure de la vitesse du son dans les corps liquides.

La chaleur, en pénétrant les corps et en écartant leurs molécules, produit dans l'intérieur de ces corps un travail qui peut être transmis, et dont la valeur dépend à la fois de l'étendue de la dilatation et de l'intensité de la pression que le corps peut exercer en se dilatant. On a souvent proposé d'employer dans ce but la dilatation des corps liquides comme on utilise celle des vapeurs et des gaz; mais on ne pouvait calculer les avantages qui peuvent résulter de ces nouveaux moteurs sans connaître préalablement la résistance que chaque liquide oppose à la compression.

Quant à la vitesse de propagation du son, on sait, depuis les recherches de Young, de Laplace et de M. Poisson, sur ce sujet, que la mesure de cette vitesse dans une masse liquide peut se déduire de la densité de ce liquide et de sa compressibilité.

Nous avons entrepris de vérifier, par des expériences directes faites sur la vitesse du son dans l'eau d'un lac, les résultats de la formule qui sert à calculer cette vitesse : l'accord que nous avons trouvé entre les résultats déduits du calcul et ceux de l'expérience est un des faits les plus remarquables de la science.

---

Les premières expériences sur la compression des liquides ont été faites à la fin du dix-septième siècle par des physiciens florentins (1). A cette époque les découvertes de Galilée et de Torri-

(1) Plusieurs auteurs ont cité les résultats de l'expérience faite à Florence avec une sphère

celli avaient attiré l'attention des savants sur les recherches de physique expérimentale; les académiciens d'el Cimento qui travaillaient en commun à des expériences sur les propriétés des corps et des fluides impondérables, firent plusieurs tentatives pour déterminer si l'eau était sensiblement compressible. Le premier appareil qu'ils construisirent dans ce but était composé d'un long tube capillaire recourbé en U renversé, et terminé par deux boules très-épaisses *a* et *b*. La boule *b* et la partie adjacente du tube capillaire contenaient l'eau à comprimer; une échelle fixée au tube devait servir à mesurer cette compression; la seconde boule *a* était aussi remplie d'eau, et l'appareil était exactement fermé; on faisait l'expérience de la manière suivante : la boule *b* était placée dans un vase rempli de glace, puis on chauffait fortement la boule *a;* le liquide en se dilatant diminuait le volume de l'air contenu dans le tube capillaire, et l'eau contenue dans la branche *b* supportait une forte pression. Cette expérience prolongée jusqu'à la rupture des appareils ne donna aucune diminution sensible de volume.

D'autres essais furent faits avec un appareil semblable à celui que l'on emploie pour vérifier la loi de Mariotte, et au moyen d'une colonne comprimante de mercure de vingt-quatre pieds de hauteur sans donner de résultats plus marqués.

Les académiciens d'el Cimento firent alors fabriquer une sphère d'argent à parois très-épaisses. Cette sphère ayant été remplie d'eau et hermétiquement bouchée, ils la soumirent à des chocs violents; la compression ayant déformé la sphère et diminué le volume intérieur, le liquide traversa les parois et parut en rosée sur la surface. Les savants florentins conclurent de ces expériences que la

d'argent, mais nous n'avons trouvé dans aucun ouvrage élémentaire français les détails des autres expériences tentées par les savants florentins, non plus que la description des appareils ingénieux au moyen desquels Canton découvrit le premier la compressibilité de l'eau et de quelques autres liquides; nous avons pensé faire acte de justice envers ce savant physicien anglais, en reproduisant avec quelques détails les dispositions principales de l'appareil qu'il avait employé dans ses expériences.

compressibilité de l'eau ne pouvait être rendue appréciable, et cette opinion fut partout adoptée.

En 1761, J. Canton, physicien très-exact, découvrit le premier et essaya de mesurer la compression de l'eau et de quelques autres liquides (1); la méthode d'expérience qu'il imagina dans ce but est susceptible d'une grande précision, et elle a été adoptée depuis par tous ceux qui se sont occupés de recherches semblables.

Canton plaçait les liquides qu'il voulait comprimer dans des instruments en verre ou *piézomètres,* ressemblant à de gros thermomètres dont le tube serait ouvert; pour éviter l'altération de forme qui aurait pu résulter d'une pression inégale sur les parois intérieures et extérieures de cet instrument, il eut l'ingénieuse idée de l'introduire dans un récipient entièrement clos, dans lequel il comprimait de l'air; la pression se communiquait au liquide de l'instrument par l'extrémité de son tube. Les parois de cet appareil étaient ainsi comprimées exactement de la même manière sur leur face intérieure et extérieure, et ne subissaient aucune déformation. On évitait l'influence des changements de température, en plongeant la boule de l'instrument dans un réservoir d'eau placé sous le récipient.

Les expériences de cet habile physicien suffiraient pour démontrer que les liquides sont des corps compressibles; mais comme il n'avait opéré que pour des différences de pression de deux ou trois atmosphères et sur un très-petit nombre de liquides, qui tous n'étaient pas parfaitement purs, les mesures de compressibilité qu'il a données ne sont pas suffisamment précises.

Aucune autre expérience remarquable sur la compressibilité des liquides n'a été publiée pendant le XVIII^e^ siècle; ce n'est qu'en 1819 que de nouveaux essais de M. Perkins ont attiré l'attention sur ce sujet. Ces essais, publiés dans les *Transactions philosophiques* pour l'année 1820, ont démontré que l'eau est encore compres-

(1) *Transactions philosophiques*, 1762 et 1764.

sible sous de très-fortes pressions, mais les valeurs qu'on en pourrait déduire pour la contraction absolue ne peuvent pas être admises comme exactes. De l'aveu même de M. Perkins les résultats obtenus dans deux expériences différentes ont varié du simple au double, et l'instrument à index qui devait servir à mesurer la compression ne pouvait l'indiquer qu'approximativement.

L'année suivante, M. le professeur Œrsted s'étant occupé de répéter les expériences sur la compressibilité de l'eau, apporta quelques perfectionnements à l'appareil de Canton (1); au lieu de comprimer de l'air dans le récipient qui contient le piézomètre, M. Œrsted a imaginé de le remplir complétement d'eau; on évite ainsi l'influence du réchauffement de l'air sur le liquide du piézomètre. Ce savant ayant comprimé l'eau dans cet appareil depuis une pression d'un tiers jusqu'à celle de six atmosphères, a trouvé que la diminution de volume est constante entre ces limites de pression, et que la température du corps liquide n'éprouve pas de changement notable lorsque son volume diminue.

La compressibilité de l'eau d'après ces expériences serait de 45 millionièmes par atmosphère à 15°. Cependant l'exactitude de ce nombre nous semble fort douteuse, et nous présenterons au sujet de cette expérience de M. Œrsted quelques remarques critiques qui nous paraissent fondées.

Ainsi, M. Œrsted s'est servi, pour déterminer les degrés de pression, d'un manomètre à air fort court, et l'air de ce manomètre était comprimé directement par l'eau du récipient. La propriété que l'eau possède d'absorber des quantités variables d'air lorsque la pression augmente devait influer nécessairement sur les indications de ce manomètre, et donner pour la compressibilité du liquide un nombre trop petit. M. Œrsted a aussi méconnu l'influence qu'exerce sur la contraction apparente du liquide la diminution de volume du piézomètre, dont les parois formées d'une

(1) *Annales de chimie et de physique*, tome XXII.

substance compressible sont aussi contractées par l'accroissement de pression; en sorte que le changement de volume que l'on observe sur le liquide du piézomètre n'est que la différence entre la contraction réelle du liquide et celle d'un volume égal de la matière qui sert d'enveloppe.

On peut concevoir facilement cette influence en imaginant que le piézomètre dont on se sert pour ces mesures a un réservoir prismatique à base rectangulaire; chaque parois de ce prisme devant se contracter en tous sens proportionnellement à ses trois dimensions, le volume intérieur occupé par le liquide sera diminué, et si ce liquide était incompressible, la colonne dans le tube capillaire augmenterait de longueur par l'effet de la compression.

Nous avons étendu nos recherches à la plupart des liquides dont la composition chimique est exactement ou à peu près exactement déterminée, et pour presque tous ces liquides nous avons opéré avec des pressions successivement croissantes et décroissantes, depuis une jusqu'à vingt-quatre et même trente-deux atmosphères. Les nombres que nous donnons dans ce mémoire pour la compressibilité spécifique de ces liquides ont été corrigés de l'influence de la contraction du verre, que nous avons conclue d'expériences faites avec soin sur l'allongement que cette substance éprouve par la traction d'un poids.

Quelques mesures, sur l'exactitude desquelles nous avions conservé des doutes, ont été omises dans ce mémoire. Dans ce nombre plusieurs se rapportaient à des expériences sur la compressibilité de l'eau, de l'alcool, de l'éther sulfurique et du sulfure de carbone, pris à des températures très-voisines des points d'ébullition de ces liquides, et distantes de ces points d'un même nombre de degrés. Ces expériences, destinées à confirmer une loi que nous n'avons pas cru devoir énoncer dans ce mémoire, nous ont présenté des obstacles si difficiles à surmonter, que nous avons dû renvoyer à un autre temps la suite de ces recherches.

La mesure de la compression des liquides est un des sujets d'expériences qui exercent le plus la patience des observateurs.

Lorsque l'on veut expérimenter à de très-hautes pressions, on s'expose à faire rompre des appareils dont la préparation exige beaucoup de temps. Les variations les plus légères dans la température du piézomètre ont une telle influence, qu'on doit attendre pour chaque mesure que cette température et celle d'une grande partie de l'appareil soit devenue parfaitement stable; enfin quelques liquides résistent à toutes ces précautions, et ne peuvent être soumis que très-difficilement à ces expériences de mesures. On peut citer comme exemples quelques éthers et le carbure de soufre. Nous avons pris des précautions nombreuses pour éviter toutes ces causes d'erreur, et nous avons cherché à n'opérer que sur des liquides très-purs. Le temps considérable que nous avons mis à ces expériences, qui nous ont exclusivement occupés pendant plusieurs mois, est la meilleure garantie de la précision de nos mesures. Le nombre de nos observations n'est pas très-étendu, mais nous les avons vérifiées à plusieurs reprises, persuadés que quelques mesures exactes sont plus utiles pour l'avancement de la science que des résultats nombreux et mal observés. C'est à la patience et à la précision de quelques expérimentateurs modernes que sont dus en grande partie les progrès vastes et rapides que les sciences physiques ont faits depuis le commencement de ce siècle.

---

Ce mémoire sera divisé en TROIS PARTIES.

La PREMIÈRE contiendra la description de l'appareil employé pour mesurer la compression des liquides, les expériences relatives à la compressibilité du verre, et les tableaux des résultats trouvés pour le mercure, l'eau pure et saturée d'air, l'alcool, l'éther sulfurique, l'éther hydrochlorique, l'éther acétique, l'éther nitreux, l'acide sulfurique, l'acide nitrique ou azotique, l'acide acétique, l'essence de térébenthine, le sulfure de carbone, l'eau en partie saturée de gaz ammoniac et l'eau de mer.

La SECONDE PARTIE traitera des expériences faites pour mesurer la chaleur que dégagent les liquides par l'effet de pressions fortes et rapides, ainsi que des essais que nous avons faits pour connaître l'influence d'une compression mécanique sur la conductibilité électrique de quelques liquides bons conducteurs.

Dans la TROISIÈME PARTIE nous donnerons le détail d'une série d'expériences faites par l'un de nous sur la propagation du son dans l'eau, et nous comparerons les nombres obtenus par cette mesure expérimentale avec ceux qui résultent de l'application de nos mesures de compressibilité à la formule donnée par M. Poisson.

# PREMIÈRE PARTIE.

## § I.

### DESCRIPTION DE L'APPAREIL DE COMPRESSION.

La mesure de la compressibilité d'un liquide ne peut être obtenue que par deux observations différentes, qui doivent être faites simultanément; par l'une de ces observations on détermine quel est l'accroissement de pression que l'on fait supporter au liquide, et par l'autre on mesure la diminution de volume produite par cet excès de pression.

Les appareils employés pour ces mesures se composent par conséquent de deux instruments principaux : l'un de ces instruments, destiné à mesurer la pression, sera appelé le *manomètre*, et l'autre, servant à indiquer la variation du volume liquide, sera appelé le *piézomètre*.

C'est de la bonne disposition de ces deux instruments que dépend l'exactitude des résultats observés; et comme ces mesures portent sur des variations de volume excessivement petites, comme elles peuvent être influencées par des causes d'erreur très-puissantes, la construction des appareils et l'emploi de ces instruments exigent des précautions nombreuses et une précision extrême.

Nous allons décrire les procédés qui nous ont servi pour la construction et la graduation de notre appareil de compression, et la méthode d'expérience que nous avons adoptée dans l'emploi de cet appareil.

#### DESCRIPTION DU PIÉZOMÈTRE.

Le liquide dont on veut mesurer la compression est renfermé

dans un instrument de verre assez semblable à un thermomètre à gros réservoir; cet instrument est représenté dans les figures 2 et 3, planche I; il est formé d'un long tube capillaire *uy*, à une des extrémités duquel est soudé un réservoir *r*, terminé par une pointe effilée; à l'autre extrémité du tube capillaire est un tube cylindrique *yz*, dont le diamètre intérieur est égal à quatre ou cinq millimètres.

Pour la construction de cet instrument il convient de choisir un tube capillaire qui soit parfaitement cylindrique sur une longueur de deux ou trois décimètres; on parvient à se procurer ces tubes en en calibrant un très-grand nombre au moyen d'une petite goutte de mercure que l'on fait glisser le long du tube, et en mesurant sa longueur sur une petite échelle d'ivoire très-mince, interposée entre la bulle et le jour.

Lorsqu'on est parvenu à trouver un de ces tubes dont une partie est cylindrique, on y introduit par tâtonnement une goutte de mercure, qui occupe sensiblement toute la longueur de cette partie cylindrique, puis avec un léger pinceau trempé dans une solution de résine on marque d'un trait fin les deux extrémités de la colonne de mercure; en inclinant ensuite le tube, on fait glisser cette colonne jusqu'à ce qu'elle soit arrivée à l'extrémité de cette première division; on marque alors une seconde division parfaitement égale en volume à la première, et on continue cette opération aussi longtemps que la longueur du tube le permet. La somme de ces divisions forme donc un volume multiple de celui de la portion cylindrique du tube. On remplit alors, toujours par une suite de tâtonnements, le tube capillaire d'une goutte de mercure, d'une grosseur telle qu'elle remplisse exactement la somme de toutes les divisions du tube, puis on verse cette goutte dans une petite capsule en papier, que l'on place sur une balance d'essai. Son poids sert à déterminer exactement le volume qu'elle occupait dans le tube capillaire; en divisant ce volume par le nombre des divisions tracées sur le tube on a d'une manière très-précise le volume de la fraction de ce tube, que l'on peut considérer comme parfaitement cylindrique. Si maintenant on place le long de cette partie cylindrique une échelle divisée en parties égales, chaque division ou chaque degré correspondra à un volume parfaitement connu du tube capillaire.

Toutes ces précautions sont indispensables dans la construction de cet instrument, destiné à indiquer des fractions de millioniémes de volume du liquide employé.

On soude ensuite, à l'une des extrémités du tube capillaire, un réservoir *r*, terminé par une pointe effilée ouverte, et à l'autre extrémité un petit tube *yz*, de quelques millimètres de diamètre. Pour déterminer le volume du réservoir, on le remplit de mercure en le plongeant dans une cloche renversée remplie de mercure bouilli à l'avance. Le mercure s'introduit très-promptement, par l'effet de la différence de niveau, dans le réservoir, en y pénétrant par la pointe effilée qui le termine. On achève alors de remplir la portion du tube capillaire placée entre l'échelle divisée et le réservoir, et l'on marque par un point *i* l'extrémité de la masse de mercure du côté de la pointe du réservoir, en ayant soin d'opérer à une température uniforme. Le mercure contenu dans le piézomètre est ensuite vidé dans une coupe, et on le pèse très-exactement. Cette seconde pesée sert à déterminer le rapport entre le volume total du piézomètre et le volume des divisions de son tube capillaire.

Cette opération terminée, on remplit le piézomètre du liquide dont on veut mesurer la compressibilité, en l'introduisant également par la pointe ouverte du réservoir, puis lorsqu'il est entièrement plein, on ferme à la lampe l'extrémité du réservoir au point *i* (voyez figure 3).

Ce procédé est extrêmement commode, et il est souvent le seul que l'on puisse employer, soit lorsqu'on veut mesurer la compression de liquides saturés de gaz, soit lorsqu'on opère sur des liquides qui se décomposent facilement par la chaleur.

Le tube *yz* qui termine le piézomètre est ouvert et plein d'air; cet air sert d'intermédiaire entre l'eau qui environne le piézomètre et le liquide qui y est contenu, et empêche le contact des deux liquides.

Canton et M. Œrsted se sont servis d'un index de mercure pour empêcher ce contact et marquer l'extrémité de la colonne dans le tube capillaire. Nous avons trouvé que l'emploi de cet index est sujet à plusieurs inconvénients. Quelques liquides, tels que le carbure de soufre, l'essence de térébenthine, divisent cet index en un grand nombre de petits globules, et passent facilement entre les parois du tube et l'index; lorsque l'on fait varier la pression d'une manière subite, l'index, par suite de la vitesse acquise et de la différence de la masse, pénètre dans la colonne liquide avec laquelle il est en contact. Enfin, l'on sait qu'une bulle de mercure logée dans un tube très-capillaire ne s'y meut que par une différence de pression de quelques centimètres de mercure; ainsi l'emploi d'un index de ce métal occasionne une différence de pression nuisible contre les parois intérieures et extérieures du piézomètre.

Tous ces inconvénients nous ont fait renoncer à l'emploi de cet index; nous avons préféré observer directement l'extrémité de la colonne liquide, qn'il est toujours facile de distinguer; pour les liquides très-hygrométriques, nous avons employé un très-petit index de sulfure de carbone.

D'après la méthode de Canton, adoptée par M. Œrsted, nous avons placé le piézomètre ouvert dans un vase plein d'eau, et nous avons comprimé directement l'eau de ce vase avec une pompe de compression; la figure 1, planche I, représente cette disposition.

AB est le vase plein d'eau contenant le piézomètre; c'est un fort cylindre de verre terminé à son extrémité B par une virole en cuivre à laquelle on visse la pompe CD; un petit treuil F fixé sur cette pompe sert, au moyen de la corde *cc* et de la tige EE, à faire avancer le piston lorsque l'on veut comprimer l'eau du vase AB.

Nous avons placé le cylindre AB dans une position horizontale, afin d'éviter les mouvements du liquide contenu dans ce cylindre, dont toutes les parties n'avaient point toujours la même température.

Un piézomètre construit comme nous venons de le dire, peut être considéré comme un thermomètre extrêmement sensible, et sur lequel de légères variations de température produiraient des variations dans la longueur de la colonne capillaire qui altéreraient complétement les résultats de compression : cette cause d'erreur est tellement puissante, que pour le mercure, par exemple, une variation de température de $\frac{1}{55}$ de degré centigrade occasionne une variation de longueur égale à celle que produirait une différence de pression d'une atmosphère.

Les expériences de compression sur les liquides doivent donc être faites avec assez de soin pour que l'on puisse éviter l'influence des variations de température sur le piézomètre, ou du moins sur le réservoir de cet instrument; et comme quelques-unes de ces expériences doivent se prolonger pendant plusieurs minutes, l'appareil doit être construit de telle sorte que le liquide en expérience ne puisse varier de température pendant tout ce temps.

Pour y parvenir nous avons introduit l'extrémité A du cylindre de verre AB dans une caisse en métal M pleine d'eau légèrement épaissie par une solution d'empois, afin d'en rendre les mouvements moins faciles. Le vase M, d'une capacité d'environ 50 litres, était muni de thermomètres, dont l'un *tt* était appliqué immédiatement sur l'extrémité A du cylindre. L'appareil était renfermé dans une petite chambre n'ayant qu'une seule fenêtre; on élevait ou on abaissait la température de cette chambre suivant le degré de température auquel on voulait opérer, de manière à avoir autant que possible la même température dans l'eau du réservoir M et dans l'air environnant. Lorsque l'extrémité de la colonne du piézomètre indiquait par son immobilité que la température de cet instrument était parfaitement fixe ainsi que celle du thermomètre *tt*, on comprimait le liquide du vase AB en faisant tourner le petit treuil F, l'eau du cylindre AB communiquait sa pression au liquide du piézomètre à travers le tube *yz*, et l'on observait avec une petite lunette les mouvements du sommet de la colonne liquide le long de l'échelle *nn*.

L'expérience terminée, on observait de nouveau la longueur de la colonne du piézomètre et l'indication du thermomètre *tt*; si ces deux indications n'avaient pas changé, on était certain que la température du piézomètre n'avait pas varié pendant la durée de l'expérience.

Pour des mesures prises à des températures plus élevées nous avons logé le vase cubique dans une seconde enveloppe plus grande, et l'espace intermédiaire a été rempli d'une poussière peu conductrice; on échauffait peu à peu l'eau de la caisse M, et on saisissait pour l'expérience l'instant où la température de l'eau de ce vase atteignait un maximum.

Outre les variations de température, trois autres causes d'erreur pourraient encore influer sur les indications du piézomètre, savoir: l'adhérence d'une portion du liquide aux parois du tube capillaire, la diminution de pression due au frottement de la colonne liquide dans ce tube, enfin les petites quantités d'air adhérentes aux parois intérieures du piézomètre.

On remédie aux deux premières causes en faisant deux séries d'expériences, l'une pour des pressions croissantes et la seconde pour des pressions décroissantes; on évite presque complétement l'influence de la dernière cause, soit en faisant bouillir à l'avance le liquide du piézomètre, soit en employant des pressions très-puissantes.

## DESCRIPTION DU MANOMÈTRE.

La partie de l'appareil destinée à mesurer l'intensité de la pression doit être aussi construite avec soin, et ses indications doivent être mises à l'abri des variations de température et des influences diverses qui tendent à les altérer. La construction d'un bon manomètre n'est point une chose facile, surtout lorsque ce manomètre doit servir pour des expériences à de hautes pressions.

Le manomètre dont nous nous sommes servis est représenté dans les figures 1, 4 et 5, planche I; il est formé de trois tubes d'inégal diamètre *pq*, *qr* et *rs*, figure 5, et il est muni dans toute sa longueur d'une échelle divisée en parties égales.

Ce manomètre fermé à sa partie supérieure se place dans un cylindre de verre vertical KL, figures 1 et 4. Ce cylindre de verre est fermé dans sa partie inférieure, et son extrémité supérieure L se visse à un tube recourbé GGG, par l'intermédiaire duquel le cylindre KL communique avec le cylindre AB.

Le cylindre de verre KL contient dans sa partie inférieure du mercure jusqu'en *m*, et dans ce mercure plonge l'extrémité inférieure ouverte du manomètre *ps*.

Lorsque l'appareil est ainsi disposé, on ouvre le robinet *o*, placé au sommet du tube recourbé GG, et on remplit d'eau tout l'appareil; l'air qu'il contenait se dégage peu à peu par cette ouverture supérieure; on ferme ensuite le robinet *o*, et si l'on fait marcher la pompe, la compression se transmet à l'air du manomètre par l'intermédiaire de la colonne liquide GGLK, et le mercure s'élève dans cet instrument.

La graduation directe de ce manomètre d'après les lois de la compressibilité de l'air aurait présenté plusieurs difficultés; le procédé que nous avons adopté nous paraît à l'abri de toute difficulté, et donne immédiatement la graduation du manomètre d'après les degrés de pression que supporte l'eau contenue dans le cylindre horizontal AB où doit être placé le piézomètre.

Nous avons fait construire un tube *abcd*, figure 6, long d'environ deux mètres, composé de deux parties soudées; l'une *ab*, à peu près cylindrique, est un tube ordinaire en verre, de quatre millimètres de diamètre; l'autre partie *cd*, rendue conique en l'étirant à la lampe, a un diamètre qui diminue jusqu'à son extrémité *d*.

On laisse d'abord l'extrémité *d* ouverte, et l'on gradue ce tube dans toute sa longueur en un très-grand nombre de parties égales en volume au moyen de petites gouttes de mercure que l'on y fait cheminer, en marquant à la résine les extrémités. On vérifie plusieurs fois cette division en employant des bulles de mercure de plus en plus fortes, puis l'on ferme l'instrument à son extrémité *d;* lorsque l'air qu'il contient a une température convenable, on fait arriver jusqu'à l'origine *a* de la division une bulle de mercure qui doit servir d'index.

Cet instrument ainsi divisé est introduit dans le cylindre horizontal AB, figure I, à la place du piézomètre, qu'il remplace momentanément, puis on comprime l'eau du cylindre AB. La bulle de mercure chemine alors en parcourant successivement les divisions tracées sur la longueur *abcd,* et dont chacune correspond à un degré de compression connu; en même temps le mercure contenu dans le bas du cylindre vertical KL s'élève dans le manomètre *pqrs* muni d'une échelle graduée. On établit ainsi une table de ces hauteurs et des pressions correspondantes; cette table une fois faite, si on enlève le tube *abd* du cylindre AB et que l'on y replace le piézomètre, on sera sûr, chaque fois que l'on ramènera par la compression le mercure du manomètre *ps* à une hauteur donnée, que le liquide du piézomètre logé dans le cylindre horizontal supporte une pression bien déterminée.

Dans le cas où la température de l'air du manomètre aurait varié, il est facile d'en tenir compte; à cet effet on place dans le cylindre KL deux petits thermomètres *tt,* destinés à indiquer cette température.

Cette méthode de graduation suppose, il est vrai, que l'air comprimé obéit exactement à la loi de Mariotte jusqu'à une pression de 30 ou 40 atmosphères. Nous n'avons pu vérifier cette loi jusqu'à d'aussi fortes pressions; mais nous nous sommes assurés, par une série d'expériences de compression faites à Genève en 1825, que cette loi de compressibilité des gaz est sensiblement exacte pour toutes les pressions moindres que 16 atmosphères. Dans cette expérience la tubulure de l'extrémité B du cylindre AB était mise en communication avec un baromètre ouvert à mercure haut de

12$^m$,3, et les pressions se mesuraient directement sur ce baromètre. Ayant introduit dans le cylindre horizontal un tube construit et gradué comme celui de la figure 6, les indications de cet instrument nous ont paru coïncider parfaitement avec celles de la colonne barométrique (1).

On pouvait craindre que les variations de température causées par les changements de volume du gaz du manomètre n'altérassent les indications de celui-ci, mais il faut remarquer que ce manomètre se trouvant amplement environné d'eau, ses parois absorbent et transmettent promptement la petite quantité de chaleur dégagée par la compression, d'autant mieux que cette compression n'était jamais instantanée; on opérait avec lenteur pour éviter des disjonctions dans la colonne du tube capillaire, et on maintenait chaque pression pendant quelques instants.

## § II.

### COMPRESSIBILITÉ DU VERRE.

Nous avons dit précédemment que Canton, dans le but d'éviter la déformation du réservoir de ses piézomètres, avait eu l'heureuse idée de les plonger dans un récipient fermé où l'on faisait varier la pression; par ce moyen on évite, il est vrai, d'altérer la forme de ce réservoir, puisque la pression se transmet également sur tous ses points; mais cette pression produit sur la matière de ce réservoir une diminution de volume qui influe sur la contraction apparente du liquide contenu. Cette conclusion repose sur ce principe assez évident, qu'un corps solide homogène, plongé dans un fluide

(1) Pendant le temps qui s'est écoulé entre la présentation de ce mémoire et son impression, MM. Arago et Dulong ont vérifié, par des expériences très-précises, la parfaite coïncidence d'un manomètre gradué d'après la loi de Mariotte et les indications d'une colonne barométrique, depuis 1 jusqu'à 30 atmosphères. Cette expérience, d'une grande importance pour plusieurs recherches de physique, justifie l'exactitude des nombres qui, dans nos tableaux, représentent les pressions.

et soumis à une pression uniforme, éprouve, selon chacune de ses dimensions, une diminution proportionnelle à leur grandeur, et se contracte en conservant une forme semblable à sa forme primitive.

Supposons en effet que ce corps solide est un prisme parallélipipède dont les trois dimensions ont une mesure commune, et divisons par la pensée ce prisme par des plans parallèles à chacune de ses bases en un grand nombre de petits cubes tous égaux entre eux.

Lorsque la compression sera opérée et l'équilibre établi, ces molécules cubiques supporteront nécessairement sur leurs faces opposées des pressions égales, et cette pression sera la même pour toutes. Ainsi chacune de ces molécules se contractera également selon ses trois dimensions, et le corps, après avoir diminué de volume, conservera une forme semblable à celle qu'il avait avant la compression.

Si maintenant dans ce prisme ainsi contracté, et dont toutes les molécules sont parvenues à un état fixe d'équilibre, on enlève un prisme intérieur semblable plus petit, et si on remplace ce solide par un volume égal de liquide, dont les molécules soient dans le même état de tension, chaque face de ce prisme liquide produira, sur les faces contiguës du prisme enveloppant, une pression parfaitement égale à la réaction qu'exerçaient auparavant les faces homologues du prisme solide dont il a pris la place; rien ne sera changé pour l'état d'équilibre des molécules enveloppantes; et comme avant cette substitution le noyau solide avait dû être contracté proportionnellement à sa compressibilité, le volume du liquide sera diminué, dans le second cas, de la même quantité.

Cette conclusion suppose que la tension du fluide intérieur est égale à celle du fluide qui environne le piézomètre; cette condition est toujours remplie lorsqu'on fait usage de la méthode de Canton, puisque la pression extérieure se transmet librement au liquide du piézomètre.

En raisonnant de la même manière pour un piézomètre dont le

réservoir aurait une forme prismatique quelconque ou une forme cylindrique, on arrive également à cette conclusion, que dans l'emploi de ce piézomètre le volume intérieur occupé par le liquide diminue, pendant la compression, de la même quantité dont diminuerait, sous une pression égale, une masse solide de même matière que l'enveloppe, et d'un volume équivalent à celui du liquide comprimé.

La méthode que l'on a coutume d'employer pour déterminer les diminutions de volume des corps solides par la pression, consiste à mesurer le raccourcissement ou l'allongement linéaire d'une barre prismatique, et à en conclure la dilatation ou la contraction cubique. Cette méthode suppose que les variations de longueur sont assez petites pour que cet allongement ou ce raccourcissement ne modifie pas sensiblement la position relative des molécules; il faut par conséquent dans ces mesures apprécier de très-petits allongements, et faire usage d'un appareil disposé de manière que l'on n'ait point à redouter l'influence de la dilatation des supports et de la barre ou celle de la flexion des appuis qui soutiennent la barre chargée de poids.

L'appareil qui nous a servi pour l'allongement du verre est figuré dans la planche II, figures 1 et 2.

AB est la baguette dont on veut mesurer l'allongement, on la suspend par son extrémité A, et on fixe en B un plateau $p$, pour y suspendre des poids; à cette baguette on fixe, par sa partie supérieure, avec du mastic de résine, un tube CD également en verre; ce tube, long d'un mètre, enveloppe la baguette AB à laquelle il est suspendu; c'est à la partie inférieure D de ce tube que l'on fixe l'appareil gradué destiné à la mesure des allongements du cylindre AB. On voit que par ce procédé très-simple cet appareil de division conserve toujours la même position par rapport à l'extrémité supérieure du cylindre AB, et que la position de l'index est indépendante des variations ou des flexions des supports. Si de plus la température venait à varier, le cylindre et le tube étant à peu près contigus dans toute leur longueur et ayant des dilatations égales, cette variation ne changerait rien à la mesure observée pour l'allongement.

Dans une première tentative nous avons mesuré directement l'allongement du cylindre de verre AB, en adaptant au bas de ce cylindre une petite échelle micrométrique d'un millimètre, divisé en cent parties, et en fixant au tube un index très-fin, qui glissait le long de cette échelle; on observait les mouvements du micromètre et de l'index au moyen d'un fort grossissement.

Nous avons aussi fait modifier cet appareil de manière à obtenir une indication plus facile à observer : cette disposition est représentée dans les figures 1 et 2; *ss* est un appendice soudé au tube et terminé par un petit couteau *t;* un autre couteau *u* est fixé au bas du cylindre de verre et appuyé sur un levier très-léger *ll;* ce levier tourne sur le tranchant *a* du couteau *t,* et parcourt à son extrémité le cercle divisé *mn.* Un second levier *l'l',* supporté de la même manière sur le côté opposé du cylindre, sert à contrôler les indications du levier *ll.*

La moyenne des résultats obtenus par ces deux procédés différents nous a donné un allongement de $\frac{6}{100}$ de millimètre sous l'influence d'un poids de huit kilogrammes; la longueur de la barre soumise à cet allongement étant exactement d'un mètre. Il est facile de déduire de ce résultat la contraction linéaire correspondante à une pression atmosphérique; la surface de section du cylindre était équivalente à 13 1/3 millimètres carrés. Il fallait, pour produire une traction équivalente à une atmosphère, un poids égal à celui d'un cylindre de mercure haut de 760 millimètres et ayant une base de 16,3 millimètres carrés. Le poids d'un pareil cylindre est de 138,3 grammes, par conséquent les 8 kilogrammes produiraient une traction équivalente à 57 atmosphères. En divisant l'allongement observé, savoir $\frac{6}{100}$ de millimètres par 57, on trouve que pour une atmosphère l'allongement de la baguette de verre d'un mètre de longueur est de 11 dix-millionièmes; une pression correspondante à une atmosphère, agissant sur les deux extrémités de la barre, la raccourcirait de la même quantité. On peut conclure de là la diminution linéaire que le corps éprouverait s'il était soumis à cette même pression d'une atmosphère sur tous les points de sa surface.

M. Poisson a démontré, dans un mémoire sur l'équilibre des corps élastiques, que cette dernière contraction n'est que la moitié de la première; en sorte qu'un cylindre de verre plongé dans un fluide et soumis à une pression de $0^{m},76$ de mercure, se comprime de 165 cent-millionièmes de son volume primitif. Ce nombre, exprimant la compressibilité spécifique du verre, doit être ajouté à ceux qui représentent la contraction apparente des liquides pour chaque accroissement de pression d'une atmosphère (1).

## § III.

### EXPÉRIENCES SUR LA COMPRESSIBILITÉ DES LIQUIDES.

Les nombres contenus dans les tableaux de ce chapitre sont ceux que nous avons trouvés dans nos expériences, et que nous donnons sans aucune correction. La première colonne des pressions renferme les indications du manomètre à air contenu dans le cylindre vertical KL, planche I. L'aide qui opérait la pression au moyen du treuil F ramenait la colonne de ce manomètre à des hauteurs toujours égales, et la maintenait à la même pression pendant le temps nécessaire pour chaque observation. Les indications contenues dans cette première colonne doivent être corrigées de la variation de température pour chaque expérience. Les nombres contenus dans la seconde colonne sont les lectures sur l'échelle

(1) Dans le mémoire original que nous avons déposé à l'Institut en 1827, et que les rédacteurs des Annales de chimie et de physique ont publié dans le tome XXXVI de ce recueil, nous avions supposé que la contraction linéaire $\delta$ d'une barre, comprimée également sur toute sa surface, était égale à celle $\delta'$ d'une barre égale comprimée seulement par ses extrémités, et nous avions en conséquence supposé la contraction cubique du verre égale à 303 cent-millionièmes. M. Poisson ayant démontré depuis que la valeur de $\delta'$ est double de celle de $\delta$, nous avons dû admettre cette correction en publiant nos résultats.

adaptée au piézomètre; ces nombres ou degrés correspondent à des fractions de volume de la portion cylindrique du tube capillaire; pour en conclure la contraction il faut les comparer au volume du réservoir de chaque piézomètre exprimé aussi en degrés. Ce rapport est indiqué en tête de chaque tableau sous le titre de VOLUME PRIMITIF DU LIQUIDE.

Il faut en outre corriger la contraction déduite de cette comparaison de l'influence de la contraction de l'enveloppe. Nous donnons à la suite de chaque tableau le calcul relatif à cette double correction.

Quelques-uns de ces tableaux sont suivis de tableaux semblables ayant pour titre EXPÉRIENCES EN RETOUR; ils contiennent une seconde suite d'observations faites à des pressions successivement décroissantes et destinées à vérifier les premières.

On remarquera que le plus grand nombre des observations contenues dans ce chapitre ont été faites à la température de la glace fondante. Le choix de cette température rendait encore plus certaine la fixité de la température du piézomètre. Quelques autres expériences ont été faites à des températures de 10 et 11 degrés; elles font partie d'une série de mesures que nous avions entrepris de faire sur les principaux liquides à cette seconde température; mais le temps limité du concours et la difficulté de ces mesures n'ayant pas permis de vérifier suffisamment toutes les observations relatives à cette double série, nous avons choisi dans chacune les tableaux dont on avait eu le temps de vérifier les résultats.

L'une des difficultés principales que l'on rencontre lorsqu'on veut opérer à une température autre que celle de la chambre qui contient l'appareil, provient de la dilatation prodigieuse de la colonne capillaire. Si l'on n'a pas su prévoir la quantité précise de liquide qu'il convient de laisser dans l'instrument, il arrive que lorsque le piézomètre a été placé dans le cylindre AB, et qu'il a pris exactement la température de la caisse M, ce qui nécessite un temps assez long, l'extrémité de la colonne ne coïncide plus avec le commencement de l'échelle $nn'$. Il faut alors retirer le piézomètre pour y introduire une nouvelle goutte de liquide et recommencer la même opération.

Dans quelques-uns des piézomètres que nous avons employés la colonne capillaire s'allongeait de près de 200 millimètres pour un réchauffement d'un degré centigrade; on peut comprendre d'après cela combien était difficile l'appréciation dont nous venons de parler.

---

## I.

### COMPRESSIBILITÉ DU MERCURE À 0°.

La compressibilité de ce liquide a été observée par Canton, qui l'avait jugée égale à 304 cent millionièmes pour $0^m,76$ de mercure. Nous avons fait remarquer que ce physicien avait oublié de tenir compte de l'influence de la contraction de l'enveloppe, et que ses expériences n'ont pas été étendues au delà de trois atmosphères de pression; aussi ce nombre, qu'il a donné dans les *Transactions philosophiques*, ne pouvait être adopté que comme une mesure approximative.

Nos expériences sur le mercure ont été faites avec tout le soin qu'exigeait la petitesse des quantités qu'il fallait mesurer, et nous avons poussé nos mesures pour ce liquide jusqu'à 30 atmosphères. La caisse M était remplie de glace fondante, qui entourait complétement l'extrémité A du cylindre et le maintenait à un degré fixe de température, ainsi que le réservoir du piézomètre qui y était contenu.

La fixité de la température est une condition encore plus essentielle pour ce liquide que pour tout autre; si elle variait d'un cinquantième de degré, il en résulterait un changement de volume plus grand que celui que pourrait produire la pression d'une atmosphère. Les quatres séries que contiennent les deux tableaux suivants indiquent, par la constance des indications, que la température du piézomètre était parfaitement stable.

**MERCURE À 0°. — VOLUME PRIMITIF DU LIQUIDE = 622440 DEGRÉS DU TUBE CAPILLAIRE. — TEMPÉRATURE DU MANOMÈTRE = 9° (1).**

| ATMOSPHÈRES. | DEGRÉS de l'échelle. | DIFFÉRENCES de pression. | DIFFÉRENCES de contraction. | CONTRACTION pour une atmosphère. |
|---|---|---|---|---|
| 1 | 242, 5 | | | |
| | | 1 | 2, 3 | 2, 3 |
| 2 | 244, 8 | | | |
| | | 1 | 1, 2 | 1, 2 |
| 3 | 246 | | | |
| | | 1 | 2 | 2 |
| 4 | 248 | | | |
| | | 1 | 1, 6 | 1, 6 |
| 5 | 249, 6 | | | |
| | | 1 | 1, 2 | 1, 2 |
| 6 | 250, 8 | | | |
| | | 2 | 2, 2 | 1, 1 |
| 8 | 253 | | | |
| | | 2 | 2, 1 | 1, 05 |
| 10 | 255, 1 | | | |
| | | 2 | 1, 9 | 0, 95 |
| 12 | 257 | | | |
| | | 2 | 2 | 1 |
| 14 | 259 | | | |
| | | 2 | 1, 9 | 0, 95 |
| 16 | 260, 9 | | | |
| | | 2 | 2, 1 | 1, 05 |
| 18 | 263 | | | |
| | | 2 | 2 | 1 |
| 20 | 265 | | | |
| | | 2 | 2 | 1 |
| 22 | 267 | | | |
| | | 2 | 2, 1 | 1, 05 |
| 24 | 269, 1 | | | |
| | | 6 | 5, 9 | 0, 983 |
| 30 | 275 | | | |
| | | RETOUR. | | |
| 24 | 270 | | | |
| | | | 4, 1 | 1, 025 |
| 20 | 265, 9 | 4 | | |
| | | | 6, 2 | 1, 033 |
| 14 | 259, 7 | 6 | | |
| | | | 3, 7 | 0, 925 |
| 10 | 256 | 4 | | |
| | | | 10, 8 | 1, 35 |
| 2 | 245, 2 | 8 | | |

(1) Cette expérience est la seule de celles mentionnées dans ce mémoire pour laquelle la *température normale du manomètre soit* = 9°, *ce manomètre ayant été remplacé par un* autre gradué à la température de 10° centigrades.

## SUITE DU TABLEAU PRÉCÉDENT.

| ATMOSPHÈRES. | DEGRÉS de l'échelle. | DIFFÉRENCES de pression. | DIFFÉRENCES de contraction. | CONTRACTION pour une atmosphère. |
|---|---|---|---|---|
| 1 | 242, 5 | | | |
| | | 2 | 3, 5 | 1, 75 |
| 3 | 246 | | | |
| | | 3 | 4, 8 | 1, 6 |
| 6 | 250, 8 | | | |
| | | 3 | 3, 2 | 1, 066 |
| 9 | 254 | | | |
| | | 3 | 3 | 1 |
| 12 | 257 | | | |
| | | 3 | 3 | 1 |
| 15 | 260 | | | |
| | | 3 | 3 | 1 |
| 18 | 263 | | | |
| | | 3 | 3, 2 | 1, 066 |
| 21 | 266, 2 | | | |
| | | 3 | 3 | 1 |
| 24 | 669, 2 | | | |
| | | 6 | 5, 8 | 0, 966 |
| 30 | 275 | | | |
| | | RETOUR. | | |
| 24 | 270 | | | |
| | | 4 | 4 | 1 |
| 20 | 266 | | | |
| | | 6 | 6, 4 | 1, 066 |
| 14 | 259, 6 | | | |
| | | 5 | 4, 6 | 0, 92 |
| 9 | 255 | | | |
| | | 7 | 9, 8 | 1, 4 |
| 2 | 245, 2 | | | |
| | | 1/2 | 1, 2 | 2, 4 |
| 1 1/2 | 244 | | | |

La contraction n'est pas uniforme dès le commencement; ce n'est guère qu'à partir de la sixième atmosphère qu'elle devient régulière et constante. La régularité des résultats obtenus pour de plus fortes pressions indique que ces variations ne proviennent pas d'une diminution de compressibilité du mercure; nous les avons attribuées à l'influence de la très-petite quantité d'air qui reste adhérente aux parois du verre malgré l'ébullition du mercure dans l'instrument. Si c'est la véritable cause de ces différences, on comprend que ces petites bulles doivent être réduites à un si faible volume, quand la pression a atteint cinq ou six atmosphères, que leur influence s'annule entièrement.

A partir de la huitième atmosphère on a exactement un degré de contraction moyenne; le manomètre qui a servi à ces expériences avait été gradué sous une pression barométrique de $0^m,706$ de mercure et à la température de 9° c. Il n'y a donc aucune correction à faire pour sa température, mais il faut augmenter les résultats observés dans le rapport de 760 à 706 pour obtenir la contraction correspondante à des atmosphères de $0^m,760$ de mercure. En faisant cette correction sur la contraction observée, qui est égale à $\frac{1}{622440}$ pour chaque atmosphère de $0^m,706$, on trouve que pour des pressions de $0^m,760$ la contraction apparente du mercure dans un piézomètre de verre est de 173 cent millionièmes. Si à cette contraction on ajoute celle de l'enveloppe, 165 cent millionièmes, on trouvera la compressibilité vraie du mercure = 338 cent millionièmes.

L'observation de Canton sur la compression du mercure donne 469 cent millionièmes, lorsqu'elle a été corrigée de la compression du verre. Nous avons déjà fait la remarque que ce physicien n'a expérimenté que jusqu'à trois atmosphères, pression trop faible, surtout pour les liquides peu compressibles; les premiers nombres de nos tableaux jusqu'à six atmosphères environ donnent à peu près la même contraction de 471 cent millionièmes. Il est probable que la même cause qui nous a donné une contraction apparente trop forte pour les premières pressions aura influé dans l'expérience de Canton.

La densité du mercure à 0° est égale à 13,568; en introduisant dans la formule de la vitesse du son citée à la fin de ce mémoire les nombres qui représentent la densité et la compressibilité du mercure, on trouve que la vitesse de propagation du son dans ce métal serait égale à 1483 mètres à la température 0°.

En comparant la contraction 338 cent millioniėmes avec la dilatation produite entre zéro et cent degrés par chaque degré de réchauffement du mercure, on trouve que la pression de cinquante-trois atmosphères produit la même réduction de volume qu'un degré de refroidissement, et l'on peut conclure de ce rapprochement que dans les thermomètres à mercure non purgés d'air, la compression produite par cet air, quand la colonne capillaire s'allonge, n'exerce pas d'influence sensible sur le volume du liquide.

En calculant la quantité de travail ou de force vive que l'on pourrait obtenir de la dilatation du mercure pour un kilogramme de charbon, on trouve que s'il était possible de renfermer ce liquide dans des vases inextensibles, de l'y réchauffer et refroidir alternativement, en recueillant sur un piston le travail produit par ces variations de volume, chaque kilogramme de charbon brûlé (en supposant, comme on le fait pour les bonnes machines à vapeur, que l'on utilise les deux tiers seulement de la chaleur dégagée par la combustion de ce kilogramme) produirait environ mille dynamies, et si les frottements du piston et des autres pièces frottantes absorbaient un tiers de cette puissance, l'effet utile recueilli serait égal à 666 dynamies ou au travail d'un cheval de machine pendant deux heures et demie, effet triple ou quintuple de celui que l'on obtient dans les meilleures machines à vapeur.

---

## II.

### COMPRESSIBILITÉ DE L'EAU.

---

#### 1° EAU DISTILLÉE PRIVÉE D'AIR PAR L'ÉBULLITION.

L'eau sur laquelle nous avons opéré avait subi plusieurs ébullitions dans le réservoir du piézomètre pour la séparer de l'air qu'elle contenait. Il est important d'observer qu'une première ébullition n'est jamais suffisante ; à la sixième et même à la huitième ébullition il se dégage encore des bulles qui ne disparaissent que par le refroidissement. Pour cette expérience et celles qui suivent, le manomètre avait été changé ; ce dernier avait été gradué, le baromètre étant à $0^{m},7466$ et le thermomètre à $10°$ centigrades.

Le piézomètre dont nous avons fait usage dans cette expérience est le même qui nous a servi à mesurer la compression de l'eau saturée d'air (voyez le III$^{e}$ tableau); la position seule de l'échelle avait été intervertie dans les deux opérations. Nous avons mesuré en premier lieu la compression de l'eau avec ou sans air dans deux piézomètres différents : frappés de la diminution sensible de compressibilité indiquée par ces deux expériences, nous avons désiré la constater par un essai décisif, en opérant à la même température et dans le même vase ; en conséquence, après que les essais sur l'eau saturée ont été achevés, nous avons fait bouillir cette eau dans son piézomètre, nous en avons dégagé l'air avec soin, et nous avons recommencé une nouvelle série de compressions qui est celle du tableau suivant. Les nombres de cette expérience confirment à une très-petite fraction près ceux que nous avons obtenus avec un piézomètre différent.

**EAU DISTILLÉE ET PRIVÉE D'AIR A 0°. — VOLUME PRIMITIF = 237300 DEGRÉS DU TUBE CAPILLAIRE. — TEMPÉRATURE DU MANOMÈTRE = 10°.**

| ATMOSPHÈRES de $0^m,7466$. | DEGRÉS de l'échelle. | DIFFÉRENCES de pression. | DIFFÉRENCES de contraction. | CONTRACTION par atmosphère. |
|---|---|---|---|---|
| 1 | 211 | | | |
| | | 1 | 12 | 12 |
| 2 | 223 | | | |
| | | 2 | 22 $\frac{1}{4}$ | 11 $\frac{1}{8}$ |
| 4 | 245 $\frac{1}{4}$ | | | |
| | | 2 | 22 $\frac{5}{4}$ | 11 $\frac{5}{8}$ |
| 6 | 268 | | | |
| | | 2 | 22 $\frac{1}{5}$ | 11 $\frac{1}{10}$ |
| 8 | 290 $\frac{1}{6}$ | | | |
| | | 2 | 24 $\frac{1}{20}$ | 12 |
| 10 | 314 $\frac{1}{4}$ | | | |
| | | 2 | 21 $\frac{1}{4}$ | 10 $\frac{5}{8}$ |
| 12 | 335 $\frac{1}{2}$ | | | |
| | | 4 | 44 $\frac{1}{2}$ | 11 $\frac{1}{8}$ |
| 16 | 380 | | | |
| | | 2 | 23 $\frac{1}{5}$ | 11 $\frac{2}{8}$ |
| 18 | 403 $\frac{1}{5}$ | | | |
| | | 2 | 22 $\frac{1}{6}$ | 11 $\frac{1}{12}$ |
| 20 | 425, 5 | | | |
| | | 4 | 45 | 11 $\frac{1}{4}$ |
| 24 | 470, 5 | | | |

Ces expériences, poussées jusqu'à vingt-quatre atmosphères, donnent une contraction uniforme et constante pour toutes les pressions intermédiaires. M. Œrsted avait reconnu cette constance pour les pressions moindres que six atmosphères. Nous avons découvert que cette uniformité de compression n'existe pas pour tous les liquides, et que plusieurs d'entre eux donnent des degrés de contraction qui vont en diminuant, à mesure que la pression augmente.

La contraction moyenne observée est de 11 $\frac{1}{4}$ degrés sur l'échelle pour une pression de $0^m,7466$, le volume total du liquide équivalant à 237300 degrés. D'après ces données, on obtient pour la contraction apparente 48 millioniémes, et si l'on ajoute 1,65 millioniémes pour la contraction cubique du verre, on trouve que la compression de l'eau à 0° = 49,65 millioniémes.

Dans une autre expérience faite sur l'eau privée d'air avec un piézomètre différent, nous avions trouvé, toute correction faite, 49,5. Canton a donné trois mesures différentes de la compressibilité de l'eau : l'une à + 0°,5, l'autre à + 10°, et la troisième à 15°,2 centigrades. Les nombres qu'il donne étant corrigés de la contraction du verre et ramenés à $0^m,76$ sont $50\frac{1}{4}$, $47\frac{1}{5}$ et 46 millioniémes. Nos recherches ne confirment pas cette différence : nous avons trouvé que l'eau a la même compressibilité à 0° et à + 10°. Nous avons déjà fait observer les causes d'erreur qui ont dû altérer les résultats des expériences de Canton.

M. Œrsted a trouvé dans ses expériences le nombre 45 millioniémes, qui, corrigé pour la compression du verre, donne 46,65 millioniémes. Nous avons montré que dans l'appareil employé par ce physicien célèbre la mesure des pressions devait être trop faible, parce que l'air de son manomètre était en contact immédiat avec l'eau du récipient ; peut-être aussi l'eau employée par M. Œrsted n'avait-elle pas été privée de tout l'air qu'elle contenait.

### EAU SATURÉE D'AIR A 0°.

A la température de 0° et sous la pression atmosphérique ordinaire, l'eau peut dissoudre environ un vingt-cinquième de son volume d'air dont la composition chimique n'est pas exactement la même que celle de l'air atmosphérique. Nous avons déterminé l'influence que cette quantité de gaz exerce sur la compressibilité de l'eau. Cette expérience était nécessaire pour comparer les mesures de la vitesse réelle du son dans l'eau douce avec la vitesse théorique que l'on déduit de sa densité et de sa compressibilité. Les résultats que nous avons obtenus indiquent que cet air modifie très-sensiblement la compression de l'eau ; ils peuvent expliquer en partie la différence des nombres donnés par divers physiciens pour la compressibilité de ce liquide.

Nous donnons dans ce mémoire un tableau d'expériences faites sur l'eau saturée d'ammoniaque; on y remarquera également une diminution très-sensible de compressibilité.

Pour cette expérience, il était nécessaire d'introduire l'eau dans le piézomètre, sans avoir recours à l'ébullition de ce liquide, et même sans en élever sensiblement la température; il fallait, d'un autre côté, éviter l'influence de la couche d'air qui aurait pu adhérer aux parois de l'instrument; nous y sommes parvenus en procédant de la manière suivante : les réservoirs de nos piézomètres étaient terminés (fig. 2, pl. I$^{re}$) par une pointe ouverte en *i*, que l'on ne fermait que lorsque l'instrument était entièrement plein de liquide. Le tube capillaire étant aussi ouvert à son extrémité, il était facile de remplir complétement le piézomètre, sans élever la température du réservoir; il suffisait pour cela de le plonger dans le liquide, et celui-ci entrait dans la boule *r* par la seule différence de niveau.

On introduisait d'abord une petite quantité d'eau dans le réservoir *r*, et on l'y faisait fortement bouillir; on purgeait ainsi les parois intérieures de l'air adhérent, puis on remplissait entièrement le piézomètre par le procédé décrit. On fermait la pointe *i* au chalumeau, et s'il restait des bulles, la chaleur de la main suffisait pour les faire sortir.

EAU SATURÉE D'AIR À 0°. — VOLUME PRIMITIF = 237416 DEGRÉS. — TEMPÉRATURE DU MANOMÈTRE = 10°,25.

| ATMOSPHÈRES de 0m,7466. | DEGRÉS de l'échelle. | DIFFÉRENCES de pression. | DIFFÉRENCES de contraction. | CONTRACTIONS pour une atmosphère. |
|---|---|---|---|---|
| 1 | 675 $\frac{1}{2}$ | | | |
| | | 2 | 22 $\frac{1}{2}$ | 11 $\frac{1}{4}$ |
| 3 | 653 | | | |
| | | 1 | 10 $\frac{3}{4}$ | 10 $\frac{3}{4}$ |
| 4 | 642 $\frac{1}{4}$ | | | |
| | | 2 | 20 $\frac{3}{4}$ | 10 $\frac{3}{8}$ |
| 6 | 621 $\frac{1}{2}$ | | | |
| | | 2 | 22 $\frac{1}{2}$ | 11 $\frac{1}{4}$ |
| 8 | 599 | | | |
| | | 4 | 44 | 11 |
| 12 | 555 | | | |
| | | 6 | 65 $\frac{1}{2}$ | 10 |
| 18 | 489 $\frac{1}{2}$ | | | |
| | | 6 | 66 $\frac{1}{2}$ | 11 $\frac{1}{12}$ |
| 24 | 423 | | | |

Ce tableau nous fournit la même observation que le précédent, c'est-à-dire que les contractions sont constantes pour des accroissements égaux de pression. Mais la valeur absolue de la compressibilité pour une atmosphère n'est plus la même qu'auparavant. Elle est moindre que pour de l'eau privée d'air, en sorte que l'eau qui contient de l'air en dissolution est moins compressible que celle qui en est privée. Nous avons aussi vérifié ce résultat à la température de + 4°; les rapports de compressibilité ont été les mêmes. Cette diminution de compressibilité de l'eau qui contient de l'air en dissolution sert à confirmer ce que l'on savait déjà, c'est que cet air n'y est point contenu à l'état de simple mélange, mais qu'il y est retenu par une véritable combinaison chimique.

Avant de terminer ce que nous avions à dire sur ce liquide, nous ferons observer que Canton ayant mesuré la compressibilité de l'eau non privée d'air, dit (*Transact. philosoph.* pour 1764) que sa compressibilité est la même que celle de l'eau privée d'air; les les faibles compressions qu'il employait ne lui auront sans doute pas permis d'apercevoir cette différence.

Les expériences précédentes ont été faites dans un piézomètre pour lequel le poids du volume de mercure remplissant le réservoir était de 271540 milligrammes; le tube capillaire avait été divisé en quatre parties d'égales capacités, et le poids d'une colonne de mercure occupant ces quatre divisions était de 1578,5 milligrammes. Depuis le milieu de la première division, du côté du réservoir, jusqu'à la fin de la seconde, le tube était exactement cylindrique, et la longueur de cette deuxième division correspondait à 344 degrés sur l'échelle : le poids de la colonne de mercure occupant cette longueur était donc de $\frac{1578,5}{4} = 394,6$ milligrammes. En comparant ces poids, on trouve que le réservoir avait un volume équivalant à 236736 parties égales en capacité aux portions du tube capillaire longues d'un degré.

Le liquide, au commencement de l'expérience, remplissait le réservoir, plus une partie du tube capillaire égale à 680 degrés; en les ajoutant au volume du réservoir que nous venons d'évaluer, on trouve pour le volume total primitif du liquide 237,416 des petits degrés du tube capillaire.

En comprimant le liquide, nous avons trouvé sa contraction moyenne pour chaque atmosphère égale à 11 degrés, ce qui fait $\frac{11}{237416}$ du volume primitif, ou à très-peu près 46,2 millioniémes. Telle est la contraction observée pour chaque indication du manomètre; il faut maintenant chercher la contraction pour une atmosphère de $0^m,76$ de mercure : pour cela, on corrige d'abord l'effet de la température, qui était de $10^\circ,25$ au lieu de $10^\circ$, ce qui augmentait de $\frac{1}{954}$ la valeur des indications, et l'on transforme les compressions de 0,7466 en atmosphères de 0,760. On obtient ainsi une contraction apparente de 47,65 millioniémes, qui, corrigée de l'influence de la compression du vase, devient égale à 48,65 millionièmes. Ainsi la présence de l'air diminue d'environ 1 millionième la compressibilité de l'eau (1).

---

## III.

### COMPRESSIBILITÉ DE L'ALCOOL.

La seule mesure qui a été donnée pour la compressibilité de l'alcool est celle que Canton a insérée dans les *Transactions philosophiques* : à cette époque, on ne connaissait pas encore les procédés par lesquels on peut obtenir l'alcool anhydre, et l'on se contentait de distiller plusieurs fois ce liquide pour le purifier. Aussi le résultat publié par ce physicien pour de l'alcool dont la densité était 0,846 donne-t-il évidemment une contraction beaucoup trop faible et qui ne peut convenir qu'à un mélange d'eau et d'alcool. Le liquide que nous avons employé avait été purifié et distillé à plusieurs reprises sur du chlorure de calcium ; sa densité était 0,783 à 10°. On a eu soin pendant le temps employé à remplir le piézomètre de l'abriter du contact de l'air dont il aurait pu absorber l'humidité. Ce liquide est moins facile à observer que l'eau, parce qu'en se contractant il adhère quelquefois aux parois du tube capillaire, et que l'extrémité de la colonne sur laquelle on mesure les diminutions de volume abandonne quelquefois en cheminant de petites gouttes qui se fixent aux parois du tube. On corrige la petite erreur qui pourrait provenir de cette adhésion en observant la variation de volume sous des pressions successivement croissantes et décroissantes. L'alcool n'atteint pas immédiatement la valeur maximum de condensation à laquelle il doit arriver ; cet effet est surtout sensible quand on opère de fortes pressions. Nous avons eu soin, en conséquence, dans les expériences sur ce li-

(1) Dans le mémoire imprimé dans les Annales de chimie et de physique, tome XXXVI, on remarque à la page 32 une erreur d'addition pour la somme des contractions du verre et du liquide; cette somme est trop faible d'une unité.

quide, de faire durer chaque nouvelle pression pendant deux ou trois minutes, avant de mesurer la contraction qu'elle y produisait; ce temps est nécessaire pour que la diminution de volume arrive à sa valeur finale. Le même phénomène s'observe pour l'éther sulfurique, le carbure de soufre et l'essence de térébenthine; soit que cette anomalie provienne d'un arrangement particulier des molécules, qui ne serait complétement effectué qu'au bout d'un certain temps, soit qu'elle ait pour cause une légère élévation de température par l'effet de la compression.

Voici la plus régulière des trois séries d'expériences faites sur l'alcool :

ALCOOL À 11° 6. — VOLUME PRIMITIF = 152660 DEGRÉS. — TEMPÉRATURE DU MANOMÈTRE = 7° $\frac{1}{2}$.

| ATMOSPHÈRES. | DEGRÉS de l'échelle. | DIFFÉRENCES de pression. | DIFFÉRENCES de contraction. | CONTRACTIONS pour une atmosphère. |
|---|---|---|---|---|
| 1 | 202 | | | |
| | | 2 | 27, 7 | 13, 85 |
| 3 | 235, 7 | | | |
| | | 3 | 39, 8 | 13, 2 |
| 6 | 275, 5 | | | |
| | | 6 | 80 | 13, 6 |
| 12 | 355, 5 | | | |
| | | 6 | 78, 5 | 13, 2 |
| 18 | 434 | | | |
| | | 6 | 77 | 12, 8 |
| 24 | 511 | | | |
| | | RETOUR. | | |
| 24 | 511 | | | |
| | | 6 | 76, 5 | 12, 8 |
| 18 | 434, 5 | | | |
| | | 6 | 78, 5 | 13, 1 |
| 12 | 356 | | | |
| | | 6 | 79 | 13, 19 |
| 6 | 277 | | | |
| | | 3 | 41 | 13, 6 |
| 3 | 436 | | | |
| | | 2 | 27, 5 | 13, 75 |
| 1 | 208, 5 | | | |

Les nombres de cette série, surtout ceux du retour qui sont réguliers, indiquent une diminution sensible de compressibilité pour des accroissements égaux de pression. On voit que les contractions les plus fortes sont aux contractions les plus faibles comme 138 : 128.

En réduisant ces mesures en millionièmes et en ramenant les indications du manomètre à la pression de $0^{m},760$ et à $10^{\circ}$ de température, on trouve, après avoir corrigé l'influence du verre, que la compressibilité spécifique de l'alcool anhydre varie avec la pression, et qu'elle est en moyenne de :

94,5 millionièmes de 1 à 2 atmosphères ;

92,0 millionièmes de 9 à 10 atmosphères ;

87,5 millionièmes de 21 à 22 atmosphères.

Canton a donné pour la contraction de l'alcool mélangé d'eau à la densité 0,846 un nombre qui, ramené à 0,76 et corrigé de la contraction du verre, donne 68,6 millionièmes. Il aurait été difficile d'en conclure, même approximativement, la compressibilité de l'alcool pur.

---

## IN.

### COMPRESSIBILITÉ DE L'ÉTHER SULFURIQUE.

La compression de ce liquide et celle des liquides suivants n'avait pas encore été mesurée ; nous avons employé de l'éther préparé avec beaucoup de soin, et dont la densité à $11^{\circ},5$ était 0,7245. L'observation des mouvements de la colonne capillaire présente pour ce liquide, comme pour l'alcool, quelques difficultés, parce qu'il adhère en petite quantité aux parois du tube, et surtout parce qu'il faut prolonger la pression pendant plusieurs minutes, pour qu'il ait le temps d'atteindre son véritable degré de contraction : c'est pour cela qu'on n'a opéré qu'à des intervalles de plusieurs atmosphères. On n'a noté les nombres indiqués dans la seconde colonne des tableaux qu'après s'être assuré par deux lectures faites à intervalles sur l'échelle, que la contraction était arrivée à son dernier terme. Les deux séries d'expériences contenues dans ce paragraphe ont été faites au moyen de deux piézomètres différents; elles indiquent un accroissement notable de compressibilité dans l'éther, quand la température s'est élevée de 0 à 11°,4. Cette différence est beaucoup plus marquée pour l'éther que pour la plupart des autres liquides.

Nous avons observé un fait singulier, en voulant purger l'éther de nos piézomètres de l'air qu'il contient : c'est qu'à chaque ébullition nouvelle, il se dégage des bulles de gaz, et ces bulles ne disparaissent pas, lors même que le liquide est refroidi à 0°. Le temps nous a manqué pour vérifier la nature de ce gaz.

ÉTHER SULFURIQUE A 0°. — VOLUME PRIMITIF = 117930 DEGRÉS DU TUBE CAPILLAIRE. — TEMPÉRATURE DU MANOMÈTRE = 10°.

| ATMOSPHÈRES de $0^{m},7466$. | DEGRÉS de l'échelle. | DIFFÉRENCES de pression. | DIFFÉRENCES de contraction. | CONTRACTIONS par atmosphère. |
|---|---|---|---|---|
| 3 | 13 | | | |
| | | 9 | 135 | 15 |
| 12 | 148 | | | |
| | | 6 | 84 | 14 |
| 18 | 232 | | | |
| | | 6 | 80 | $13\frac{2}{3}$ |
| 24 | 312 | | | |

La diminution de compressibilité est très-sensible dans ce tableau, puisqu'elle varie dans le rapport de 15 à $13\frac{2}{3}$. Ces deux nombres réduits à la pression 0,76 de mercure à 10° donnent pour la contraction apparente 130 à $118\frac{1}{2}$ millioniémes, et en ajoutant à ces nombres la fraction 1,65 millioniėmes, on a pour mesure de la compression réelle de l'éther à 0° :

De 3 à 12 atmosphères, 120 millionièmes;

De 18 à 24 atmosphères, 131,6 millionièmes à très-peu près.

L'inconvénient que nous avons indiqué de l'adhésion d'une petite quantité de liquide aux parois du tube introduit quelque incertitude sur cette mesure, mais la plus grande erreur produite par cette cause ne dépasse pas 3 ou 4 millionièmes.

Les liquides deviennent plus compressibles quand leur température s'élève; cette différence est surtout très-marquée pour l'éther sulfurique : c'est ce que montrent les résultats suivants, obtenus à la température de 11°,4.

ÉTHER SULFURIQUE A 11°,4. — VOLUME PRIMITIF = 198,170 DEGRÉS. — TEMPÉRATURE DU MANOMÈTRE = 9°.

| ATMOSPHÈRES de $0^m,7466$. | DEGRÉS de l'échelle. | DIFFÉRENCES de pression. | DIFFÉRENCES de contraction. | CONTRACTIONS par atmosphère. |
|---|---|---|---|---|
| 1 | 658 | | | |
| | | 2 | 59 | $29\frac{1}{2}$ |
| 3 | 599 | | | |
| | | 3 | 86 | $28\frac{2}{3}$ |
| 6 | 513 | | | |
| | | 6 | 169 | $28\frac{1}{6}$ |
| 12 | 344 | | | |
| | | 6 | 164 | $27\frac{1}{3}$ |
| 18 | 180 | | | |
| | | 6 | 162 | 27 |
| 24 | 18 | | | |

A trois atmosphères, la compression est égale à 28 $\frac{2}{3}$ degrés; de 20 à 24 atmosphères, elle n'est plus que de 27 degrés : en réduisant les pressions en atmosphères de $0^m,76$ de mercure à 10°, et les degrés de contraction en millionièmes du volume primitif, on trouve que la compression apparente décroît de 146 à 138 millionièmes : ajoutant à ces deux nombres 1,65 pour le verre, on obtient pour limites de la compressibilité de l'éther à 11°,4 entre 2 et 24 atmosphères les nombres 140 et 148 millionièmes à très-peu près.

Ainsi, lorsque la température de l'éther sulfurique s'élève de 0° à 11°,4, sa compressibilité augmente à peu près dans le rapport de 12 à 14.

L'augmentation de compressibilité qui résulte de l'élévation de température a été signalée par Canton, qui l'avait observée pour l'huile d'olive et pour l'alcool mélangé d'eau.

---

## V.

### COMPRESSIBILITÉ DE L'ACIDE SULFURIQUE LIQUIDE.

Nous avons employé, pour cette détermination, de l'acide sulfurique hydraté très-concentré : sa densité était à très-peu près 1,848 à 15°. La résistance que ce liquide oppose à la compression est moindre que celle qu'on aurait dû lui supposer d'après sa densité et d'après les résultats obtenus sur d'autres liquides.

ACIDE SULFURIQUE CONCENTRÉ À 0°. — VOLUME PRIMITIF = 152655 DEGRÉS. — TEMPÉRATURE DU MANOMÈTRE = 8°,5.

| ATMOSPHÈRES de $0^m$,7466. | DEGRÉS de l'échelle. | DIFFÉRENCES de pression. | DIFFÉRENCES de contraction. | CONTRACTION pour une atmosphère. |
|---|---|---|---|---|
| 1 | 324 | | | |
| | | 3 | 14 | 4 $\frac{2}{3}$ |
| 4 | 310 | | | |
| | | 4 | 17 | 4 $\frac{1}{4}$ |
| 8 | 293 | | | |
| | | 4 | 17 | 4 $\frac{1}{4}$ |
| 12 | 276 | | | |
| | | 4 | 17 | 4 $\frac{1}{4}$ |
| 16 | 259 | | | |
| | | RETOUR. | | |
| 16 | 259 | | | |
| | | 4 | 17 | 4 $\frac{1}{4}$ |
| 12 | 276 | | | |
| | | 4 | 16 $\frac{1}{2}$ | 4 $_{8}$ |
| 8 | 292 $\frac{1}{2}$ | | | |
| | | 4 | 17 $\frac{1}{2}$ | 4 $\frac{5}{8}$ |
| 4 | 310 | | | |
| | | 3 | 13 $\frac{1}{2}$ | 4 $\frac{1}{2}$ |
| 1 | 323 $\frac{1}{2}$ | | | |

On peut adopter 4 $\frac{1}{4}$ pour valeur de la contraction moyenne pour une atmosphère de $0^m$,7466, l'air du manomètre étant à la température de $8°\frac{1}{2}$. On déduit de là que la contraction doit être à très-peu près égale à 4,37 degrés de l'échelle, pour une atmosphère de $0^m$,76 de mercure, l'air du manomètre étant porté à la température de 10°.

Or le volume du réservoir du piézomètre, plus celui du liquide contenu dans le tube capillaire, comprend 152655 degrés de ce tube : ainsi, en divisant 4,37 par 152655, on aura la contraction de l'acide sulfurique à 0° égale à 28,6 millioniènes ; en lui ajoutant celle du verre 1,65, on aura pour sa contraction réelle, 30,25 millioniémes.

La dilatation de l'acide sulfurique de 0° à 100° est de 0,0588; son point d'ébullition étant à plus de 300°, sa dilatation entre ces limites 0 et 100 doit être assez uniforme. En la supposant toujours la même pour chaque accroissement de température d'un degré, la condensation de l'acide sulfurique pour un abaissement de température d'un degré sera 0,000588. On voit qu'elle est équivalente à celle qui serait produite par une compression de 20 atmosphères.

---

## VI.

### COMPRESSIBILITÉ DE L'ACIDE NITRIQUE À 0°.

L'acide nitrique sur lequel nous avons opéré était parfaitement pur, mais il n'était pas très-concentré. Nous avons trouvé sa densité égale à 1,403 à 0°. Nous avons préféré le prendre à cette densité, pour éviter sa décomposition trop rapide par la lumière, et pour qu'il pût être conservé sans altération dans le piézomètre.

Un autre motif de ce choix, c'est que les expériences sur la dilatation et la chaleur spécifique de ce liquide ont été faites sur de l'acide ayant ce degré de densité. Pour empêcher qu'il ne pût absorber de l'humidité, nous avons introduit dans le tube capillaire une goutte de carbure de soufre, qui servait en même temps d'index.

ACIDE NITRIQUE À 0°. — DENSITÉ 1,403. — VOLUME PRIMITIF DU LIQUIDE = 214960 DEGRÉS. — TEMPÉRATURE DU MANOMÈTRE = 8 $\frac{1}{2}$.

| ATMOSPHÈRES de $0^m$,7446. | DEGRÉS de l'échelle. | DIFFÉRENCES de pression. | DIFFÉRENCES de contraction. | CONTRACTIONS pour une atmosphère. |
|---|---|---|---|---|
| 1 | 607,5 | | | |
| | | 3 | 20 | 6 $\frac{2}{3}$ |
| 4 | 587 | | | |
| | | 4 | 27 | 6 $\frac{3}{4}$ |
| 8 | 560 | | | |
| | | 4 | 27 | 6 $\frac{3}{4}$ |
| 12 | 533 | | | |
| | | 4 | 27 | 6 $\frac{3}{4}$ |
| 16 | 506 | | | |
| | | 16 | 109 | 6 $\frac{13}{16}$ |
| 32 | 397 | | | |
| | | RETOUR. | | |
| 32 | 397 | | | |
| | | 16 | 108 $\frac{1}{2}$ | 6 $\frac{3}{4}$ |
| 16 | 505 $\frac{1}{2}$ | | | |
| | | 4 | 26 | 6 $\frac{3}{4}$ |
| 12 | 532 $\frac{1}{2}$ | | | |
| | | 4 | 27 $\frac{1}{2}$ | 6 $\frac{5}{8}$ |
| 8 | 559 | | | |
| | | 4 | 27 | 6 $\frac{3}{4}$ |
| 4 | 586 | | | |
| 4 | 588 | | | |
| | | 12 | 81 | 6 $\frac{3}{4}$ |
| 16 | 507 | | | |

La contraction moyenne est à très-peu près égale à 6,75 degrés du tube capillaire, ce qui fait 32,2 millionièmes pour la contraction apparente sous la pression d'une colonne de mercure de $0^m$,760 à 10° : ajoutant à ce nombre la contraction de l'enveloppe, on trouve la compressibilité spécifique de l'acide nitrique (dont la densité est 1,403) = 33,85 millionièmes.

## VII.

### COMPRESSIBILITÉ DE L'EAU QUI CONTIENT DU GAZ AMMONIAC.

Jusqu'ici nous avons vu la compressibilité s'accroître à mesure que la densité diminue, et cette loi se vérifie pour les six liquides dont nous avons donné les tableaux de compressibilité. L'eau saturée de gaz ammoniac présente sous ce rapport une anomalie remarquable; cette solution a une densité moindre que celle de l'eau pure, et à 10° centigrades la densité de ce liquide saturé de gaz n'est que 0,9. C'est à cette densité que nous avons pris la solution dont nous avons rempli un piézomètre, en employant le procédé déjà décrit en détail à l'occasion des expériences sur l'eau saturée d'air. L'inspection des deux tableaux suivants nous donne, pour la compressibilité de cette solution, un nombre beaucoup plus faible que pour l'eau pure, et très-peu différent de celui qui représente la compressibilité de l'acide nitrique.

EAU ET GAZ AMMONIAC À 10° C. — VOLUME PRIMITIF DU LIQUIDE = 389360 DEGRÉS. — TEMPÉRATURE DU MANOMÈTRE = 10°.

| ATMOSPHÈRES. | DEGRÉS de l'échelle. | DIFFÉRENCES de pression. | DIFFÉRENCES de contraction. | CONTRACTIONS pour une atmosphère. |
|---|---|---|---|---|
| 1 | 580 | | | |
| | | 3 | 46 | 15 1/3 |
| 4 | 534 | | | |
| | | 4 | 53 | 13 1/4 |
| 8 | 481 | | | |
| | | 2 3/4 | 38 | 13 5/6 |
| 10 3/4 | 443 | | | |
| | | 5 1/4 | 68 | 13 |
| 16 | 375 | | | |
| | | RETOUR. | | |
| 16 | 378 | | | |
| | | 5 1/4 | 65 1/2 | 12 1/2 |
| 10 3/4 | 443 1/2 | | | |
| | | 2 3/4 | 37 1/2 | 13 1/2 |
| 8 | 481 | | | |
| | | 4 | 52 | 13 |
| 4 | 533 | | | |
| | | 3 | 46 | 15 1/3 |
| 1 | 579 | | | |

BIS.

| ATMOSPHÈRES. | DEGRÉS de l'échelle. | DIFFÉRENCES de pression. | DIFFÉRENCES de contraction. | CONTRACTIONS pour une atmosphère. |
|---|---|---|---|---|
| 4 | 534 | | | |
| | | 4 | 53 | 13 1/4 |
| 8 | 481 | | | |
| | | 2 3/4 | 37 | 13 |
| 10 3/4 | 444 | | | |
| | | 5 1/4 | 66 | 12 1/2 |
| 16 | 378 | | | |

Ces deux tableaux nous offrent une diminution très-marquée de compressibilité à mesure que la pression augmente; l'accord de ces deux séries ne permet pas de soupçonner une erreur d'observation; le piézomètre employé à cette expérience avait un tube capillaire parfaitement cylindrique dans toute la longueur occupée par l'échelle; ce liquide est d'ailleurs facile à observer, parce qu'il ne se divise pas dans la colonne capillaire comme l'éther sulfurique, le carbure de soufre, etc.

En admettant $13\frac{1}{4}$ pour la contraction moyenne produite par les premières atmosphères, on trouve que la contraction est égale à 34 millioniémes pour une atmosphère de $0^{m},76$ de mercure à $10^{\circ}$, ce qui donne $36\frac{1}{5}$ millioniémes pour la contraction vraie. La vitesse de transmission du son dans ce liquide serait, d'après ces nombres, de 1765 mètres par seconde.

## VIII.

### COMPRESSIBILITÉ DE L'ÉTHER NITRIQUE À 0°.

La dilatation des liquides étant en général très-grande et sujette à varier lorsqu'ils approchent de leur point d'ébullition, nous aurions supposé que la contraction de l'éther nitrique, dont le point d'ébullition est à $21^{\circ}$, aurait offert des différences sensibles pour diverses pressions. Cependant la tableau suivant ne donne qu'une diminution assez faible de compressibilité.

VOLUME PRIMITIF = 19774O DEGRÉS. — TEMPÉRATURE DU MANOMÈTRE = 10°.

| ATMOSPHÈRES de $0^m,7466$. | DEGRÉS de l'échelle. | DIFFÉRENCES de pression. | DIFFÉRENCES de contraction. | CONTRACTIONS pour une atmosphère. |
|---|---|---|---|---|
| 1 | 444 $\frac{1}{2}$ | | | |
| | | 5 | 99 $\frac{1}{2}$ | 13 $\frac{9}{10}$ |
| 6 | 375 | | | |
| | | 6 | 80 $\frac{1}{4}$ | 13 $\frac{1}{2}$ |
| 12 | 293 $\frac{3}{4}$ | | | |
| | | 6 | 81 $\frac{1}{4}$ | 13 $\frac{1}{2}$ |
| 6 | 372 $\frac{1}{4}$ | | | |
| | | 12 | 162 | 13 $\frac{1}{2}$ |
| 18 | 213 | | | |
| | | 6 | 80 | 13 $\frac{1}{3}$ |
| 24 | 133 | | | |

La contraction moyenne est 13,5, d'où résulte 13,74 pour une atmosphère de $0^m,76$; ce qui fait 68,2 millionièmes pour une atmosphère à 10° de $0^m,76$ de mercure. La contraction réelle est égale à 70,1 millionièmes.

## IX.

**ÉTHER ACÉTIQUE À 0°. — VOLUME PRIMITIF = 233,900 DEGRÉS DU TUBE CAPILLAIRE. — TEMPÉRATURE DU MANOMÈTRE 12°.**

| ATMOSPHÈRES. | DEGRÉS de l'échelle. | DIFFÉRENCES d'atmosphère. | DIFFÉRENCES de contraction. | CONTRACTIONS pour une atmosphère. |
|---|---|---|---|---|
| 1 | 520 | | | |
| 4 | 468 | 3 | 52 | 17 $\frac{1}{3}$ |
| 8 | 401 | 4 | 67 | 16 $\frac{3}{4}$ |
| 0 $\frac{2}{3}$ | 353 $\frac{1}{2}$ | 2 $\frac{2}{3}$ | 47 $\frac{1}{2}$ | 17 $\frac{3}{4}$ |
| 16 | 272 | 5 $\frac{1}{3}$ | 81 $\frac{1}{2}$ | 15 $\frac{1}{4}$ |
| | | RETOUR. | | |
| 16 | 272 | | | |
| 8 | 399 | 8 | 127 | 15 $\frac{7}{8}$ |
| 4 | 468 | 4 | 69 | 17 $\frac{1}{4}$ |
| 1 | 520 | 3 | 53 | 17 $\frac{1}{3}$ |
| | | BIS. | | |
| 4 | 468 | | | |
| 8 | 398 | 4 | 70 | 17 $\frac{1}{2}$ |
| 16 | 270 | 8 | 128 | 16 |

Quoique les nombres qui expriment les contractions de l'éther acétique à des degrés variables de pression présentent quelques différences, cependant on voit que ces erreurs se corrigent mutuellement, et l'inspection des résultats comparés à de fortes et faibles pressions indique une diminution sensible de compressibilité à peu près dans le rapport de 17 à 15,7.

Les contractions réduites à une atmosphère à 10° de $0^m,76$ de mercure varient de 76 à 68 millionièmes. En y ajoutant celle du verre 1,65, on aura les contractions réelles 77 2/3 et 69 2/3 millionièmes.

## X.

ÉTHER HYDRO-CHLORIQUE À 11°,2. — VOLUME PRIMITIF = 255,340 DEGRÉS. — THERMOMÈTRE DU MANOMÈTRE À 8°.

| ATMOSPHÈRES. | DEGRÉS de l'échelle. | DIFFÉRENCES de pression. | DIFFÉRENCES de contraction. | CONTRACTIONS pour une atmosphère. |
|---|---|---|---|---|
| 1 | 383 | | | |
| 3 | 341 | 2 | 42 | 21 |
| 6 | 280 | 3 | 61 | $20\frac{1}{5}$ |
| 12 | 159, 5 | 6 | 120, 5 | $20\frac{1}{12}$ |
| | | RETOUR. | | |
| 6 | 280 | | | |
| 3 | 340, 5 | 3 | 60, 5 | $20\frac{1}{6}$ |
| 1 | 383 | 2 | 22, 5 | $21\frac{1}{4}$ |

On sait que l'éther hydro-chlorique bout à 12°. Il nous a paru intéressant de mesurer la contraction que subit ce liquide lorsque sa température est très-rapprochée de son point d'ébullition.

De 1 à 3 atmosphères la contraction est de 82,6 millionièmes;

De 6 à 12 atmosphères la contraction moyenne est de 78,95 millionièmes.

En ajoutant la contraction du verre, on aura la contraction réelle du liquide 84 1/3 et 80 2/3 millioniėmes.

## XI.

ACIDE ACÉTIQUE À 0°. — VOLUME PRIMITIF = 239,060 DEGRÉS. — THERMOMÈTRE DU MANOMÈTRE À 9°,7.

| ATMOSPHÈRES. | DEGRÉS de l'échelle. | CONTRACTIONS pour une atmosphère. |
|---|---|---|
| 4 | 252 | |
| 8 | 289 | 9 $\frac{1}{4}$ |
| 10 $\frac{2}{3}$ | 315 | 9 $\frac{3}{4}$ |
| 16 | 363 | 9 |
| | RETOUR. | |
| 16 | 364 | |
| 10 $\frac{2}{3}$ | 316 | 9 |
| 8 | 291 | 9 $\frac{5}{8}$ |
| 4 | 254 | 9 $\frac{1}{4}$ |

Si l'on prend 9 1/4 pour la contraction moyenne du liquide, on aura la contraction pour une atmosphère de $0^m,76$ de mercure à 10°, égale à 39 millioniėmes, et, faisant la correction du verre, on aura la compressibilité absolue = 40 2/3 millioniėmes.

---

Nous avons pensé que les résultats des quatre tableaux précédents méritaient d'être ajoutés à ceux obtenus pour les autres liquides, quoique la composition des corps auxquels ils se rapportent ne soit pas encore déterminée avec la même précision que celle des liquides qui les précèdent (1). Ces tableaux donneront une notion suffisamment exacte de la compressibilité de ces liquides, jusqu'à l'époque où la chimie aura fourni de bons procédés pour la vérification de leur parfaite identité.

## XII.

### EAU DE MER.

Nous nous sommes procuré de l'eau de mer puisée dans la Manche entre le Havre et la côte d'Angleterre; nous avons trouvé que la densité de cette eau, prise au mois de décembre 1826, près de la surface, était égale à 1,022 à 100. La compressibilité de cette eau a été déterminée par les expériences suivantes.

EAU DE MER À 12°,4. — VOLUME PRIMITIF = 154,200 DEGRÉS. — TEMPÉRATURE DU MANOMÈTRE 10°.

| ATMOSPHÈRES de $0^m$,7466. | DEGRÉS de l'échelle. | DIFFÉRENCES de pression. | DIFFÉRENCES de contraction. | CONTRACTIONS pour une atmosphère. |
|---|---|---|---|---|
| 1 | 29 | | | |
| 3 | 41 $\frac{1}{3}$ | 2 | 12 $\frac{1}{3}$ | 6 $\frac{1}{6}$ |
| 6 | 60 $\frac{1}{2}$ | 3 | 19 $\frac{1}{6}$ | 6 $\frac{1}{3}$ |
| 18 | 134 | 12 | 73 $\frac{1}{2}$ | 6 $\frac{1}{8}$ |
| 24 | 170 $\frac{3}{4}$ | 6 | 36 $\frac{\ }{4}$ | 6 $\frac{1}{8}$ |
| 18 | 134 | 6 | 36 $\frac{3}{4}$ | 6 $\frac{1}{8}$ |
| 6 | 60 $\frac{1}{2}$ | 12 | 73 $\frac{1}{2}$ | 6 $\frac{1}{8}$ |
| 1 | 29 $\frac{1}{2}$ | 5 | 31 | 6 $\frac{1}{5}$ |

(1) Ces quatre liquides avaient été préparés par M. Robiquet; ce chimiste a eu la complaisance, sur la demande de M. Dumas et d'après nos propres instances, de faire préparer avec soin quelques échantillons de ces corps pour nos expériences de compression.

La contraction moyenne est de 6,14 degrés; elle serait de 6,25 pour une atmosphère de $0^m,76$. On trouve que la contraction apparente est égale à 40,5, ce qui donne pour la contraction réelle de cette eau 42,15 millionièmes. On sait d'ailleurs que la densité de l'eau de la mer varie dans les différents lieux et selon la profondeur à laquelle elle a été puisée; ainsi ce nombre ne peut être considéré que comme une mesure particulière, puisque de très-petites quantités de matières étrangères dissoutes dans l'eau peuvent modifier beaucoup sa compressibilité.

## XIII.

### CARBURE DE SOUFRE.

D'après plusieurs expériences la compression du carbure de soufre = 78 millionièmes environ à 0°; cependant nous ne donnons ce nombre que comme une approximation. Nous avons mesuré à diverses reprises la compressibilité de ce liquide, et ces différentes mesures nous ont offert des anomalies, qui ne nous permettent pas de fixer encore d'une manière précise la compressibilité spécifique de ce liquide. Son adhésion aux parois et les altérations chimiques qu'il éprouve contribuent à ces irrégularités.

## XIV.

### ESSENCE DE TÉRÉBENTHINE.

Les expériences sur ce liquide ne peuvent être faites avec une très-grande précision, parce qu'il adhère aux parois du tube par suite de sa viscosité, et qu'il n'arrive pas immédiatement au point que son extrémité doit atteindre. Nous avons réussi à neutraliser sensiblement cet effet, en fixant pendant très-longtemps le manomètre à 16, 18 et 24 atmosphères, jusqu'à ce que l'extrémité de la colonne demeurât parfaitement immobile.

ESSENCE DE TÉRÉBENTHINE À 0°. — VOLUME PRIMITIF = 255,340 DEG. — THERMOMÈTRE DU MANOMÈTRE À 8°.

| ATMOSPHÈRES de $0^m,7466$. | DEGRÉS de l'échelle. | DIFFÉRENCES de pression. | DIFFÉRENCES de contraction. | CONTRACTIONS pour une atmosphère. |
|---|---|---|---|---|
| 1 | 703 | | | |
| 4 | 640 | 3 | 63 | 21 |
| 8 | 570 | 4 | 70 | $17\frac{1}{2}$ |
| 12 | 503 | 4 | 68 | 17 |
| 16 | 432 | 4 | 70 | $17\frac{1}{2}$ |
| | | RETOUR. | | |
| 16 | 432 | | | |
| 12 | 502 | 3 | 70 | $17\frac{1}{2}$ |
| 8 | 571 | 4 | 69 | $17\frac{1}{4}$ |
| 4 | 641 | 4 | 70 | $17\frac{1}{2}$ |
| 1 | 704 | 4 | 63 | 21 |

En adoptant 17,33 pour contraction moyenne, on trouve 69,7 millionièmes pour la pression normale d'une atmosphère à 10° de $0^m,76$ de mercure. La contraction réelle est par conséquent = 71,35 millionièmes.

# DEUXIÈME PARTIE.

## § I.

### CHALEUR DÉGAGÉE PAR LA COMPRESSION DES LIQUIDES.

Les phénomènes de chaleur qui résultent de la compression des corps ont attiré depuis quelques années l'attention de plusieurs géomètres et physiciens. La connaissance de ces phénomenes se lie aux questions les plus importantes de la physique, et pourrait conduire à des conséquences d'un haut intérêt sur la nature de la chaleur, et sur les rapports qui existent entre ce fluide et les différents corps.

Ces recherches ont encore acquis une nouvelle importance pour les géomètres depuis que M. Laplace en a montré l'application à la théorie du son, et a prouvé qu'en tenant compte de la chaleur dégagée dans la compression de l'air on fait coïncider la formule mathématique du son avec les résultats fournis par l'expérience.

Les phénomènes du dégagement de la chaleur par la compression des gaz nous sont presque entièrement connus, grâce aux travaux de M. Gay-Lussac, de MM. Clément et Desormes et aux recherches plus récentes de MM. de Larive et Marcet.

On doit à MM. Berthollet et Pictet des observations sur l'élévation de température qui résulte de la compression des métaux dans le frappé des médailles; Rumfort et M. Morosi ont fait des recherches sur la chaleur dégagée par le frottement des métaux; mais, vu l'extrême difficulté de ce genre d'expériences, il est bien peu probable que l'on parvienne à des résultats bien précis.

Quant au dégagement de la chaleur qui semble devoir accompagner la compression des liquides, il n'a point encore été reconnu d'une manière directe; les seules expériences qui aient été faites jusqu'ici sur ce sujet sont celles de M. Desaigne et celle que M. Œrsted a consignée dans son mémoire sur la compressibilité de l'eau.

Le premier a annoncé, dans une note insérée dans le Bulletin de la société philomatique, qu'il est parvenu à dégager de la lumière de plusieurs liquides, en les soumettant à une compression forte et subite. M. Œrsted dit (*Annales de chimie et de physique*, tome XXII) avoir essayé vainement de produire de la chaleur par une compression de l'eau égale à 6 atmosphères. Il était douteux, d'après son expérience, que l'on pût parvenir à mesurer avec exactitude le dégagement de chaleur que doit produire la compression des liquides. Il fallait même, pour pouvoir espérer de la rendre sensible, employer un appareil où l'on pût reconnaître de très-faibles degrés de chaleur, et qui fût capable en même temps de résister à des pressions et à des chocs considérables. Celui que nous avons adopté nous paraît satisfaire à la fois à ces deux conditions. Il consiste (planche II, figure 3) en un ballon de verre B, dont la capacité intérieure est d'environ $\frac{3}{4}$ de litre, et dont les parois, épaisses de 25 à 35 millimètres, peuvent supporter des compressions rapides d'un grand nombre d'atmosphères. Au centre de ce ballon est suspendue la spirale *t* d'un thermomètre de Bréguet; une portion de cadran *a*, placée au-dessous, sert à mesurer les déviations de l'aiguille. Ce thermomètre se trouve ainsi plongé dans une masse suffisante de liquide, et il est impossible que la température de celui-ci puisse varier sans qu'on n'en soit averti à l'instant même.

La résistance du liquide rend l'observation de ce thermomètre beaucoup plus facile qu'elle ne l'est dans les gaz, où les oscillations de l'aiguille sont difficiles à observer. Le ballon ayant été rempli avec de l'eau distillée, privée d'air par l'ébullition, nous l'avons vissé à une pompe de compression fixée solidement à un étau. Pour connaître d'abord l'effet d'une compression lente sur la température du liquide, nous nous sommes servis d'un tour à vis sans fin F, adapté au cylindre de la pompe. En comprimant l'eau du ballon jusqu'à 36 atmosphères, nous avons observé une déviation de l'aiguille du thermomètre, mais en sens contraire de celle qu'aurait produite un accroissement de température. Cette déviation était d'environ un degré de la division du thermomètre pour 12 atmosphères. Elle s'explique très-bien par l'inégale compressibilité des deux métaux qui le composent. N'ayant pas d'expérience précise sur la mesure de la compressibilité du platine, nous ne pouvons décider si la déviation était exactement ce qu'elle devait être d'après l'inégale compressibilité de ce métal et de l'argent, ou si elle était diminuée par un très-petit accroissement de température. Cependant, si l'on fait attention que pour le plus grand nombre des métaux, une différence de pression d'au moins 15 atmosphères ne produit qu'une contraction qui équivaut tout au plus au changement de volume produit par un abaissement de température d'un seul degré, on en pourra conclure avec certitude qu'une compression lente de 36 atmosphères ne produit pas un changement de température d'un seul degré. Pensant que la rapidité de la compression pouvait avoir quelque influence, nous avons supprimé la vis sans fin du tour, et nous nous sommes servis d'un levier L pour opérer cette compression. Par ce moyen, nous pouvions produire une pression de 30 atmosphères en moins d'un quart de seconde. Les déviations de l'aiguille ont été exactement les mêmes et dans le même sens que pour une compression plus lente. Cependant, comme cette compression ne pouvait pas être considérée comme instantanée, nous avons fait des expériences semblables en faisant frapper sur le piston à coup de marteau. Indépendamment des légères oscillations imprimées à l'aiguille du thermomètre par l'action du choc, nous avons encore observé une déviation constante et négative, quoique les coups de marteau eussent été assez forts pour refouler beaucoup le métal à l'extrémité de la tige du piston.

En répétant ces expériences sur l'alcool, nous avons obtenu des résultats semblables ; seulement, la déviation nous a paru moindre, et même les coups de marteau paraissaient occasionner une légère déviation en plus sur le thermomètre.

L'éther sulfurique était le liquide le plus propre à rendre sensible un dégagement de chaleur, puisque sa compressibilité est presque triple de celle de l'eau. En conséquence, nous avons remplacé l'alcool par de l'éther à 64 degrés.

Les compressions lentes de 30 et 36 atmosphères n'ont eu presque aucune influence sur le thermomètre ; l'aiguille a paru presque stationnaire, et la contraction de l'hélice a été sensiblement nulle ; ce qui indiquait que la chaleur dégagée devait être de 1 à 2 degrés. Mais lorsque nous avons substitué à ces moyens de compression le choc des coups de marteau, l'aiguille a indiqué une élévation moyenne de température d'environ 4 degrés du thermomètre.

Nous avions déjà reconnu cette élévation de température dans des expériences précédentes, faites avec des pressions subites de 40 atmosphères, au moyen du même ballon auquel était adapté un récipient plein d'air comprimé S (figure 4), muni d'un manomètre *m* et d'un robinet R, pour établir subitement la communication ; les résultats que nous avions obtenus n'avaient pas différé beaucoup de ceux qu'ont produits les coups de marteau. Ce moyen a l'avantage d'occasionner une pression parfaitement déterminée, et qui ne varie point pendant l'expérience ; cependant, comme il est difficile de comprimer l'air à de si hautes pressions, et que l'effort nécessaire pour ouvrir subitement le robinet agitait l'aiguille presque autant que les coups de marteau, nous avons employé préférablement la pompe de compression. Si l'on essaie des expériences analogues, en remplaçant le thermomètre Breguet par de petits thermomètres à mercure très-sensibles, ouverts à leur extrémité supérieure, on observe presque constamment une élévation de la colonne capillaire, qui paraît indiquer des accroissements sensibles de température ; mais nous avons reconnu que cette élévation provient de l'inégale compression que supporte la boule au dedans et au dehors, parce que le frottement de la colonne de mercure dans le tube capillaire empêche la compression de se transmettre instantanément au liquide que contient la boule du thermomètre.

Il nous paraît démontré par ces expériences, 1° que la température de l'eau ne s'élève pas sensiblement par une compression subite de 40 atmosphères; 2° que, pour l'alcool et l'éther sulfurique, une compression de 36 et 40 atmosphères, opérée dans plus d'un quart de seconde, n'élève pas leur température de plus d'un ou deux degrés centigrades; mais qu'une compression plus puissante, telle que celle que peut produire un coup de marteau, opérée sur l'éther sulfurique, dégage assez de chaleur pour élever sa température d'environ quatre degrés centigrades.

Nous donnerons à la fin de ce Mémoire une nouvelle preuve du peu de chaleur dégagée dans une compression rapide de l'eau, déduite de la comparaison de la vitesse du son, observée dans ce liquide, avec celle que donne la formule de MM. Laplace et Poisson, indépendamment de toute élévation de température. Cette comparaison nous offrira une vérification précieuse des expériences comprises dans cet article.

Il est sans doute difficile de concilier en théorie ces résultats positifs avec les expériences de M. Desaigne; mais rien n'autorise à affirmer que la lumière, que ce physicien dit avoir observée dans ces liquides par des compressions très-puissantes, soit l'indice d'une haute élévation de température. Il faut ranger ce phénomène dans la même classe que celui du dégagement de lumière produit par la compression de quelques corps solides, des quartz, par exemple, qui, lorsqu'on les choque dans l'obscurité, paraissent lumineux, sans que pour cela leur température s'élève sensiblement, lors même qu'on réitère plusieurs fois ce choc.

## § II.

### RECHERCHES SUR L'INFLUENCE DE LA COMPRESSION SUR LA CONDUCTIBILITÉ ÉLECTRIQUE.

Pour ces recherches (voyez planche II, figure 5), nous avons pris des tubes de verre *a b*, longs d'environ 3 décimètres, fermés aux deux bouts ; aux extrémités *a* et *b* étaient soudés à la lampe des fils de platine communiquant à l'intérieur, et destinés à y faire passer le courant. La compression se transmettait au liquide contenu dans ce tube par le moyen d'un second tube *d*, soudé au milieu du premier et perpendiculairement à sa longueur, de manière à former une figure semblable à celle d'un *T*. C'est au moyen de ce second tube qu'on remplissait l'appareil du liquide. On l'adaptait ensuite à une pompe de compression C D, munie d'un manomètre *m m*.

Au moyen de cet appareil, le liquide qui transmettait le courant pouvait être comprimé sans qu'aucune cause autre que la compression pût influer sur sa conductibilité. Pour avoir un courant d'une intensité sensiblement constante pendant le temps nécessaire pour une expérience, nous avons employé une pile à auges P, chargée avec de l'eau pure ou légèrement salée. Une des extrémités correspondait à un galvanomètre *g* à deux aiguilles, dont le fil se trouvait compris dans le circuit. On réglait d'abord la pile de manière qu'en complétant le circuit avec le liquide introduit dans le tube, la déviation du galvanomètre fût au moins de 15 degrés plus faible que celle qu'on obtenait en le complétant avec du mercure. On était donc sûr que cette diminution de 15 degrés était due à l'imparfaite conductibilité du liquide soumis à l'expérience, et qu'elle était suffisante pour que l'on pût apprécier de très-petites différences de conductibilité. En effet, nous nous servions d'un galvanomètre dont l'aiguille supérieure portait un fil de verre très-fin qui mesurait les déviations sur un arc de cercle de trois pouces de rayon, et donnait très-facilement des quarts de degrés.

Un de nos appareils ayant été rempli d'eau distillée, on y fit passer un courant qui fit dévier l'aiguille de 22 degrés. En supprimant cette colonne d'eau intermédiaire, et la remplaçant par du mercure, la déviation s'éleva à 76°. Dans ce cas, la différence de déviation due au peu de conductibilité de l'eau était de 54°.

Voici le tableau des déviations observées pour des pressions de 5, 10, 20, 30 atmosphères :

| | ATMOSPHÈRES. | DEGRÉS DE DÉVIATION. |
|---|---|---|
| EAU PURE. | 1 | 22 $\frac{3}{4}$ |
| | 5 | 22 $\frac{3}{4}$ |
| | 10 | 22 $\frac{1}{4}$ |
| | 20 | 23 |
| | 30 | 23 |

On voit par ce tableau que le rapprochement des molécules de l'eau, dû à la compression de liquide, n'a pas une influence bien sensible sur sa conductibilité. La différence de déviation d'un quart de degré est trop petite pour qu'on puisse en conclure avec certitude une variation de conductibilité. Ce résultat mérite d'autant plus d'être remarqué, que ces 30 atmosphères produisent une contraction équivalente à celle que produirait un abaissement de température de 3 degrés, et qu'une telle diminution de chaleur fait varier sensiblement la conductibilité de l'eau.

Une expérience semblable, faite avec une dissolution concentrée d'ammoniaque, a donné le même résultat, c'est-à-dire que la déviation du galvanomètre était sensiblement la même lorsque le courant traversait ce liquide comprimé ou non comprimé.

En faisant passer le courant au travers d'une longue colonne de mercure contenue dans un tube capillaire, nous n'avons pu également obtenir aucune variation de conductibilité. Il n'en a pas été de même pour l'acide nitrique. Nous avons trouvé, en le comprimant, que la déviation de l'aiguille diminue d'une quantité notable, comme le montrent les résultats suivants déduits de trois expériences.

| | ATMOSPHÈRES. | DEGRÉS DE DÉVIATION. |
|---|---|---|
| ACIDE NITRIQUE. | 1 | 47 |
| | 5 | 47 |
| | 10 | 46 $\frac{3}{4}$ |
| | 20 | 46 |
| | 30 | 44 $\frac{3}{4}$ |

Lorsqu'on supprimait la colonne d'acide nitrique, et qu'on la remplaçait par une goutte de mercure, la déviation s'élevait à 63°. La différence de 16° provenait par conséquent de la conductibilité imparfaite de l'acide nitrique. La diminution de conductibilité dans cet acide, lorsqu'il est soumis à de fortes pressions, ne nous paraît pas provenir de l'obstacle que pourrait opposer au passage de l'électricité le rapprochement de ses particules, puisque, dans les liquides plus compressibles, tels que l'eau pure et l'eau saturée d'ammoniaque, ce rapprochement n'influe pas sur la conductibilité. Il nous semble que ce phénomène doit être attribué à une autre cause, c'est-à-dire au changement que l'accroissement de pression produit dans la force d'affinité des éléments du liquide.

On ne peut expliquer plusieurs phénomènes de conductibilité dans les corps liquides, par exemple, le peu d'intensité d'un courant qui passe à travers de l'eau pure, et l'accroissement considérable de cette intensité par l'addition d'une très-petite quantité d'un acide, d'une base ou d'un sel soluble, qu'en admettant, avec plusieurs chimistes et physiciens célèbres, que cette transmission du courant s'opère par une suite de compositions et de décompositions successives. Il y a, sans doute, dans tous les cas, une portion de l'électricité qui est transmise par le corps liquide, indépendamment de toute action chimique. Ainsi, dans le mercure, on ne peut soupçonner aucune composition et décomposition possible. L'eau parfaitement pure conduit l'électricité à haute tension, sans aucune séparation de ses éléments. Mais, pour des liquides non métalliques, et lorsque la force électro-motrice qui produit le courant n'a qu'une faible tension, la plus grande partie de l'électricité se transmet à travers le liquide par le transport des molécules électro-positives et électro-négatives. La facilité de décomposition doit alors influer d'une manière puissante sur l'intensité du courant, et cette intensité diminuera si une nouvelle cause vient mettre obstacle à la séparation des éléments. Il nous paraît probable que c'est à cette cause que tient la diminution que nous avons observée dans la déviation du galvanomètre, lorsque l'acide nitrique, qui transmettait l'électricité, était soumis à de fortes pressions. En effet, il a été bien établi, par les recherches de M. Hall et plusieurs autres qui ont été faites depuis, qu'une forte pression diminue ou empêche la décomposition d'un grand nombre de substances, surtout lorsqu'elles contiennent des éléments gazeux. Il est donc possible que la décomposition rapide de l'acide nitrique par le courant de la pile ait été ralentie par la compression, et qu'il en soit résulté une diminution dans l'intensité du courant. Si telle est réellement la cause de cette diminution de conductibilité dans l'acide nitrique comprimé, il est probable que le même phénomène a lieu pour l'eau distillée ou chargée d'ammoniaque, mais que, vu son peu de conductibilité, la différence ne peut être mesurée.

De l'observation générale des principaux faits mentionnés dans cet article nous croyons pouvoir conclure qu'une pression de 30 atmosphères ne change pas d'une manière sensible la conductibilité électrique du mercure d'une solution concentrée d'ammoniaque et de l'eau distillée; qu'elle produit une diminution dans la conductibilité de l'acide nitrique, et que cet effet peut s'expliquer par l'obstacle que la pression oppose à sa décomposition.

# TROISIÈME PARTIE.

## § I.

### VITESSE DU SON DANS LES LIQUIDES.

On sait depuis longtemps que le son se transmet à travers les corps solides et liquides, comme dans l'air et dans les fluides aériformes. La connaissance du degré de compressibilité de l'eau ou de tout autre liquide donne le moyen de déterminer la vitesse avec laquelle le son doit s'y propager. MM. Young et Laplace ont signalé cette application importante. Ils ont donné la formule à l'aide de laquelle, connaissant le degré de contraction qu'éprouve un liquide pour un accroissement donné de pression, on peut calculer la vitesse de la propagation du son dans une masse indéfinie de ce liquide. On calcule également par la même formule la vitesse du son dans les corps solides, pourvu que l'on connaisse la contraction qu'éprouve leur volume pour une pression donnée. M. Poisson a traité cette question dans un savant mémoire qui fait partie de ceux de l'Institut pour 1819 (pages 396-400). On y trouve la démonstration développée de la formule dont il s'agit.

La théorie étant aussi complète qu'elle peut l'être, il ne restait plus qu'à la comparer avec l'expérience, soit afin de vérifier l'une par l'autre, soit afin de découvrir la différence qui pouvait exister entre elles. Nous avons donc entrepris une suite d'expériences sur la vitesse du son dans l'eau, seul liquide où de telles expériences soient possibles, dans le dessein de comparer la vitesse observée avec la formule théorique qui doit la représenter.

On verra plus loin le détail de nos moyens d'expériences et de nos résultats; mais avant de les exposer, il nous paraît convenable de rappeler sommairement les points principaux de la théorie du son, et particulièrement la formule qui sert à calculer sa vitesse dans les substances liquides ou solides.

Newton est, comme on sait, le premier qui ait recherché les lois de la propagation du son dans l'atmosphère. Il considère une ligne indéfinie de molécules d'air, et suppose qu'une portion de petite étendue de cette ligne d'air soit primitivement ébranlée; il montre que cet ébranlement se propage de proche en proche dans toutes les tranches de la colonne d'air, comme on voit se faire la communication du mouvement dans une série de billes élastiques, et il détermine le temps que cet ébranlement, qui produit la sensation du son, emploie à parvenir à une distance quelconque de son origine. Il trouve que la propagation du son est uniforme, et que la vitesse de cette propagation supposée horizontale, ou l'espace que le son parcourt dans chaque seconde sexagésimale, a pour valeur la racine carrée du double produit de la hauteur dont la pesanteur fait tomber les corps dans la première seconde, par la hauteur d'une colonne d'air qui ferait équilibre à la colonne de mercure du baromètre, et qui aurait partout la même densité qu'au bas de la colonne.

Lagrange, Euler, Laplace et M. Poisson ont ensuite déduit cette même expression de la vitesse du son des équations analytiques aux différences partielles qui représentent le mouvement de l'air, soit dans une colonne cylindrique d'une longueur indéfinie, soit dans une masse d'air illimitée.

En étendant leurs recherches au cas où le mouvement de l'air se fait suivant deux ou trois dimensions, ils ont trouvé que, quoique l'intensité du son décroisse alors avec la distance, sa vitesse est la même que dans le cas où ce mouvement n'a lieu que suivant une seule dimension. Il résulte de cette théorie que chaque vibration d'une particule d'air produit dans la masse une onde sonore de figure sphérique, d'une épaisseur très-petite, qui se compose de toutes les molécules d'air en mouvement dans un instant donné, et qui s'éloigne indéfiniment du centre d'ébranlement. Le rayon de cette onde croît proportionnellement au temps écoulé, et c'est son accroissement constant dans l'unité de temps qui mesure la vitesse de propagation du son.

Il existait cependant une différence notable entre la vitesse du son dans l'air déduite de cette théorie et celle qui résulte des expériences. Les physiciens, en très-grand nombre, qui ont mesuré directement cette vitesse, se sont accordés à la trouver plus grande que la vitesse calculée, tellement que la différence s'élève à 1/6 de la valeur observée.

Il serait inutile de rappeler toutes les hypothèses qui ont été faites pour concilier sur ce point le calcul et l'observation.

On doit à M. Laplace la véritable explication de cette différence. Elle doit être attribuée à l'accroissement d'élasticité des molécules d'air produit par le dégagement de chaleur qui accompagne leur compression. En y ayant égard, on détermine la quantité de chaleur rendue sensible dans la production du son employée à augmenter l'élasticité de l'air. M. Poisson a fait voir que si la compression ou la dilatation est de $\frac{1}{116}$, la température doit s'élever ou s'abaisser d'un degré centésimal. Enfin M. Laplace est parvenu à un théorème qui ne laisse plus rien à désirer sur la certitude de son explication. Il a trouvé que la vitesse du son est égale au produit de la valeur que donne la formule de Newton, multipliée par la racine carrée du rapport de la chaleur spécifique sous un volume constant. Ce rapport est un nombre plus grand que l'unité. Pour le déterminer, M. Laplace a fait usage des expériences de M. Gay-Lussac et Welter. La formule de Newton ainsi modifiée s'est trouvée à peu près d'accord avec la vitesse réelle donnée par l'observation.

Le calcul de la vitesse du son et les lois de sa transmission dans les liquides et les solides sont presque les mêmes que dans l'air. Il suffit pour notre objet de rapporter ici la formule qui représente la vitesse du son dans un liquide.

Soit D la densité d'un liquide, K la longueur d'une colonne

cylindrique de ce liquide sous une pression connue, $\varepsilon$ la petite diminution de cette longueur pour un accroissement donné de pression P, la vitesse du son dans ce liquide étant désignée par $a$ sera donnée par la formule suivante :

$$a = \sqrt{\frac{\mathrm{PK}}{\mathrm{D}\varepsilon}}.$$

Supposons que l'on prenne pour P une pression égale au poids de 76 centimètres de mercure, on aura

$$\mathrm{P} = (0^{m},76).g.m,$$

$m$ désignant la densité du mercure et $g$ la force accélératrice de la pesanteur ou le double de la hauteur dont elle fait tomber les corps dans la première seconde.

La seconde étant prise pour unité de temps, on a

$$g = 9^{o},8088.$$

La vérification de ces formules appliquées aux substances liquides et solides exige des expériences très-précises. La terre n'offre pas des masses solides d'une continuité et d'une homogénéité suffisantes pour des expériences de cette nature; il n'est pas probable qu'on parvienne jamais à vérifier en grand les calculs de vitesse relativement aux solides. Les expériences de M. Biot sur la transmission du son par les tuyaux en fonte de fer ont bien appris que sa vitesse surpasse de beaucoup celle de sa transmission par l'air; mais comme le son lui parvenait en moins d'une demi-seconde, on n'en pouvait déduire qu'une évaluation très-incertaine, qui ne pouvait être regardée comme suffisante pour la vérification de la formule.

L'eau nous paraît le seul corps où de telles expériences puissent être faites avec exactitude : il a été reconnu que ce liquide transmet les sons à de très-grandes distances. Franklin s'était assuré que le bruit de deux cailloux choqués sous l'eau est encore sensible à plus d'un demi-mille. Il ne paraît pas cependant qu'il ait songé à en mesurer la vitesse. La seule expérience qui ait été faite jusqu'ici sur la vitesse du son dans un corps liquide est due à M. Beudant; elle a été faite dans l'eau de la mer, près de Marseille, il y a peu d'années. Voici sur cette expérience quelques détails que ce savant a bien voulu nous communiquer.

Les deux observateurs, éloignés l'un de l'autre d'une distance connue, étaient munis de montres réglées et cheminant exactement ensemble; au moment fixé, celui qui devait produire le son élevait un drapeau et frappait en même temps sur un timbre placé sous l'eau. L'observateur placé à l'autre station était accompagné d'un aide qui nageait près du bateau, entendait le son, et indiquait par un signe le moment où il lui parvenait. On avait ainsi la mesure du temps que le son mettait à parcourir l'intervalle des deux stations : cette mesure n'était pas rigoureusement exacte, parce que la personne placée sous l'eau ne pouvait pas donner son signal à l'instant même où le son lui parvenait. M. Beudant a conclu de ses expériences que la vitesse du son dans l'eau de mer doit être de 1,500 mètres par seconde; mais ses diverses expériences lui ayant présenté des différences sensibles, il n'a donné ce résultat que comme une moyenne.

Il est probable que la vitesse réelle ne diffère pas beaucoup de cette moyenne, qui paraît s'accorder assez bien avec la théorie. Mais pour pouvoir établir d'une manière certaine cette comparaison, il fallait nécessairement avoir une mesure parfaitement exacte, et de plus déterminer rigoureusement la densité et la compressibilité du liquide à la température même de l'expérience. Nous avons donc pensé à reprendre avec soin et en grand ces mesures, pour lesquelles l'eau d'un lac nous a paru convenable, comme donnant immédiatement la vitesse du son dans l'eau pure.

Dans ce but l'un de nous (M. Colladon) se rendit en Suisse,

au mois d'octobre 1826, pour entreprendre, sur le lac de Genève, une série d'expériences sur la propagation du son dans l'eau pure, et pour déterminer la vitesse de cette transmission, qui n'avait point encore été mesurée.

On fit d'abord quelques essais (1) pour déterminer le meilleur moyen de produire dans l'eau des sons qui pussent être entendus à de grandes distances; on essaya successivement l'explosion d'une poudre fulminante, des chocs violents sur une enclume entièrement plongée, et enfin des coups frappés avec un marteau sur une cloche suspendue dans l'eau : ce dernier moyen fut reconnu préférable. Chaque coup frappé sur cette cloche produisait un son très-bref, qui avait un timbre métallique facile à distinguer.

Ce bruit se transmettait très-faiblement à l'air environnant, et à 200 mètres on ne l'entendait déjà plus; à cette distance on aurait en vain cherché à le distinguer en se rapprochant de la surface du lac, ou même en mettant l'oreille en contact immédiat avec cette surface.

Cependant lorsqu'à cette même distance on plongeait la tête entièrement dans l'eau, on entendait très-distinctement chaque coup; en s'éloignant davantage le bruit conservait encore assez d'intensité pour qu'on pût le distinguer jusqu'à 2,009 mètres. Ce bruit entendu sous l'eau paraissait aussi net et aussi bref que celui qu'auraient produit deux clefs ou deux lames de couteau frappées fortement l'une contre l'autre; il avait exactement la même nature dans tous les points intermédiaires, et cette ressemblance était telle qu'il semblait toujours en écoutant que les coups étaient frappés à une très-petite distance.

C'est de cette manière que furent faites les premières tentatives pour obtenir une mesure de la vitesse du son (2). La personne

(1) M. Sturm n'ayant pas pu m'accompagner à Genève pour m'aider dans ces expériences, j'ai dû faire en mon nom seul le récit de ces recherches sur la propagation du son. D. C.

(2) J'ai fait mes premières expériences avec l'aide de M. A. de Candolle, près de la campagne de son père, située au bord du lac. Ces expériences se faisaient la nuit et étaient fort pénibles. Je dois exprimer ici ma reconnaissance aux personnes qui ont bien voulu me seconder dans ces essais, et particulièrement à mon père et à MM. De Candolle, E. Melly et H. Darier.

qui écoutait, ne pouvant apercevoir les signaux, communiquait à un second observateur l'annonce du bruit; celui-ci notait sur un chronomètre l'intervalle écoulé entre l'apparition des signaux destinés à fixer l'instant du coup et l'arrivée du son. Ce procédé n'était pas très-exact; l'intermédiaire chargé d'entendre le son ne pouvait l'annoncer avec assez de promptitude pour qu'il n'en résultât pas quelques erreurs. Ces erreurs étaient d'autant plus fâcheuses que la plus grande distance à laquelle on pouvait distinguer les coups de cloche n'était que de 2,500 mètres, et cet espace était parcouru par le son en moins de deux secondes.

Ces difficultés me suggérèrent l'idée de chercher un moyen différent pour écouter les sons dans l'eau; quelques essais me firent découvrir un appareil que je crois nouveau, et qui m'a servi à répéter ces expériences à la distance de 14,000 mètres.

Avant de décrire la forme de cet instrument, je crois devoir expliquer brièvement le principe sur lequel repose sa construction.

Nous avons dit que les ondes sonores transmises par le liquide ne se communiquent à l'air que dans le voisinage de la cloche; lorsque la direction de ces ondes vient rencontrer la surface sous un angle très-aigu, elles se réfléchissent dans l'intérieur de la masse liquide sans communiquer aucun ébranlement sensible à l'air qui touche cette surface.

Il me parut probable que si l'on pouvait interrompre la continuité de cette masse en y introduisant un vase métallique à parois très-minces et plein d'air, le gaz contenu dans cette enveloppe pourrait recevoir et transmettre au dehors le mouvement vibratoire propagé dans le liquide.

L'appareil que j'ai fait construire sur ce plan m'a donné des résultats très-remarquables. Je me suis servi dans mes premiers essais d'un simple tube en fer-blanc de forme prismatique; ce tube avait environ trois mètres de longueur et quinze centimètres de côté; il était fermé par le bas, et le fond portait un anneau auquel on suspendait un poids suffisant pour faire plonger l'instrument de deux mètres; l'extrémité supérieure était ouverte et s'élevait à un mètre au-dessus de l'eau. Lors de la première expérience avec cet instrument j'étais éloigné de la cloche de plus de deux mille mètres; quand les coups furent frappés, on entendit très-distinctement le bruit sortir du tube, et l'on aurait pu croire que ce bruit provenait du choc d'un petit corps métallique contre le bas du tube; et il était assez fort pour qu'on pût l'entendre à distance, et à plus de deux mètres de l'orifice on distinguait encore chaque coup.

J'ai cherché à perfectionner cet appareil, et j'ai adopté pour mes derniers essais la forme qui est figurée dans la figure 2, planche III; les détails de l'instrument sont aussi représentés dans les figures 3, 4 et 5 de la même planche; les mêmes lettres désignent dans ces figures les mêmes parties; la figure 2 représente l'instrument tel qu'il était placé pour les expériences; il se compose d'un long tube cylindrique en fer-blanc TT, recourbé à la partie supérieure et terminé par un petit orifice I, auquel on appliquait l'oreille. Dans la partie inférieure le tube se recourbe également, mais il s'évase beaucoup comme une cuiller, et son embouchure est entièrement fermée par le plan de fer-blanc MM, dont on voit la coupe dans la figure 5.

Cet instrument augmente tellement la sensation du son que le bruit d'un coup de cloche entendu dans cet appareil à quatorze mille mètres me paraissait aussi intense que le même bruit entendu à deux cents mètres en s'immergeant simplement la tête. Il est fort probable qu'en lui donnant de grandes dimensions il pourrait servir à communiquer sous l'eau à une distance considérable (1).

(1) Dans l'appareil dont je me suis servi, ce plan avait à peu près vingt décimètres carrés et le tube cinq mètres de longueur; la cloche pesait soixante-cinq kilogrammes. Je suis convaincu qu'en employant une cloche plus grosse et en perfectionnant ou agrandissant l'appareil pour écouter, on arriverait à communiquer facilement, sous l'eau d'un lac ou de la mer, à quinze ou vingt lieues. La possibilité d'entendre à cette distance des coups frappés sur une cloche même aussi petite que celle dont nous nous sommes servis peut être en quelque sorte démontrée par la supposition de plusieurs tubes semblables à celui de la figure 2, qui viendraient aboutir à l'orifice I, et multiplieraient ainsi l'intensité du son. Je dois faire observer que l'on n'entendrait absolument rien, si l'instrument n'était pas fermé et entièrement plein d'air; je m'en suis assuré par plusieurs expériences. On aurait pu croire que

Ayant reconnu la possibilité d'entendre le bruit à quelques lieues, j'entrepris de nouvelles expériences sur la vitesse du son, en prenant pour points de station les deux petites villes de Rolle et Thonon, situées sur les deux rives opposées du lac, dans l'endroit de sa plus grande largeur (voyez planche IV). La distance de ces deux villes est d'environ quatorze mille mètres (1).

Cette position était très-favorable pour ces mesures; la distance comprise entre ces deux villes peut être vérifiée exactement en la rattachant à celle de Genève à Langin, qui a servi de base pour la triangulation de la vallée du Léman; la profondeur moyenne de l'eau est très-grande entre ces deux rives. Le fond a de chaque côté une pente à peu près égale, et il n'existe aucun bas-fond intermédiaire qui puisse intercepter le son. La planche IV représente en RT une coupe du lac entre ces deux points. Cette coupe, dont l'échelle est double de celle de la carte, a été tracée d'après les indications de sondage faites par M. de la Bèche, et insérées dans la Bibliothèque universelle tome XII. La profondeur moyenne du lac entre Rolle et Thonon est de cent quarante mètres; on ne trouve d'ailleurs dans cet intervalle aucune trace de courant; l'eau y est d'une transparence remarquable et n'est point troublée par l'agitation des vagues.

On fut obligé de faire quelques modifications aux moyens employés précédemment pour indiquer l'instant où l'on frappait sur la cloche. La courbure du lac entre les deux stations avait une flèche

le bruit s'entendrait dans une cloche à plongeur ; cependant j'ai fait à Rouen, en 1830, avec l'assistance de MM. Descroizelle, Pérot et Couvant, ingénieur des ponts, des essais qui ne m'ont donné aucun résultat satisfaisant. Dans un moment où les eaux de la Seine étaient parfaitement calmes et le courant sensiblement nul, des coups frappés sur une cloche de même grosseur que celle dont je m'étais servi sur le lac de Genève ne s'entendaient pas à la distance de deux ou trois cents mètres, quoiqu'on eût arrêté les pompes à air pour éviter le bruit. Il est probable que cet effet singulier doit être attribué à l'épaisseur des parois. Celles de la cloche à plongeur où nous étions étaient en fer fondu et avaient à peu près douze centimètres d'épaisseur.

(1) Cette distance est à peu près la moitié de celle de Montlhéry à Montmartre, qu'avaient choisie les académiciens français, en 1738, pour mesurer la vitesse du son dans l'air.

d'environ dix mètres, et de l'un de ces points on ne pouvait apercevoir les objets placés à l'autre bord près de la surface de l'eau.

On parvint à surmonter cette difficulté en faisant usage de signaux de poudre; la flamme de cette poudre ne s'apercevait pas depuis l'autre station, mais cette lumière subite produisait un éclair très-distinct, qui paraissait s'élever à plusieurs degrés au-dessus de l'horizon toutes les fois que la quantité brûlée dépassait cent cinquante grammes.

Cette poudre prenait feu à l'instant même où le marteau atteignait la cloche. Le mécanisme très-simple employé dans ce but est représenté en détail dans la planche III, figure 1.

A, bateau qui porte la cloche. Cette cloche C est suspendue par une chaîne *c*, elle plonge à quinze décimètres sous la surface de l'eau. La chaîne passe sur une poulie, afin que l'on puisse faire varier la hauteur de suspension de la cloche.

Le marteau M, destiné à frapper sur cette cloche, est fixé au bout d'un long levier *m'* à *m*, courbé en équerre, et qui tourne en *a* autour d'un axe fixe. La partie horizontale *am* sert de poignée pour frapper. A cette poignée est fixée en K une petite corde, qui passe ensuite sur une poulie de renvoi Q, et va s'attacher à une autre poulie plus petite R. Ainsi, quand on abaisse la poignée *am* pour frapper la cloche, la poulie R tourne par la traction de la corde. A l'extrémité de la poutre HH', sur laquelle ce mécanisme est fixé, et près de la poulie R est une petite plaque horizontale F, sur laquelle on verse la poudre qui doit servir de signal. Au moment de l'expérience on fixe à la poulie R un bout de lance à feu allumé *ll*, et quand on frappe, cette lance s'abaissant sur le tas de poudre l'enflamme subitement. Les expériences faites par ce procédé ont acquis une telle régularité que dans les quatre ou cinq dernières séries de mesures la plus grande différence n'a jamais dépassé une demi-seconde (1).

(1) Dans toutes les expériences faites entre Rolle et Thonon, nous avons constamment opéré d'après la marche suivante pour ces mesures; nous avions à chaque station des chronomètres qui marchaient ensemble, de quinze minutes en quinze minutes on faisait une

J'étais assis à l'autre station, la face tournée du côté de la cloche et la tête appuyée contre l'orifice I du tube, qu'un aide maintenait dans cette position; j'avais ainsi l'usage de mes deux mains pour tenir et arrêter le chronomètre, et je pouvais observer avec facilité les signaux de poudre et l'arrivée du son.

Le chronomètre dont je me suis servi était à quart de seconde, et avait une détente très-légère; au moment du feu on pressait la détente pour faire marcher l'aiguille, et on l'arrêtait à l'arrivée du son. L'espace parcouru sur le cadran indiquait le temps que le son avait mis à arriver.

Il s'écoulait nécessairement une petit intervalle entre le moment où je voyais la lumière et celui où je touchais la détente. Il y avait aussi un retard semblable après la sensation du son; mais ce second retard devait être un peu moindre, et voici pourquoi: si l'on veut opérer un mouvement à un signal déterminé, il y a toujours un intervalle de temps entre la sensation reçue et l'action qui en est la suite, et ce temps est d'autant plus long que l'apparition du signal est plus difficile à prévoir. Dans mes expériences la préparation de la poudre et de la lance à feu exigeait quelques précautions. La personne chargée de frapper la cloche donnait rarement le coup à l'instant convenu, et la lumière m'apparaissait presque toujours d'une manière inattendue; tandis que le son, arrivant régulièrement après le signal de poudre, était facilement prévu, surtout dans les dernières expériences. Je suppose donc que les temps observés sur le chronomètre pour la transmission du son sont un peu trop courts d'une quantité très-petite qu'on ne pourrait évaluer, mais qui ne doit point dépasser un quart de seconde.

Les deux stations avaient été prises dans la direction d'une ligne droite menée du clocher de Thonon à l'une des tours du

expérience. Pour éviter que le bruit de la cloche ne pût se confondre avec des bruits étrangers, on frappait toujours trois coups de suite à un intervalle d'une seconde; les deux derniers servaient seulement à vérifier la nature du bruit, et n'étaient accompagnés d'aucune lumière. J'ai supprimé dans les séries toutes les expériences dans lesquelles le coup principal n'avait pas été suivi du bruit des deux coups additionnels.

château de Rolle; chaque bateau était fixé à deux cents mètres du bord.

On a fait entre ces deux distances plusieurs expériences à des jours différents; nous rapporterons seulement les trois dernières séries qui sont les plus régulières.

| TEMPS OBSERVÉS. | | |
|---|---|---|
| 7 NOVEMBRE. | 15 NOVEMBRE. | 18 NOVEMBRE. |
| $9\frac{1}{2}$ | $9\frac{1}{4}$ | $9\frac{1}{4}$ |
| $9\frac{1}{2}$ | $9\frac{1}{2}$ | $9\frac{1}{}$ |
| $9\frac{1}{4}$ | $9\frac{1}{4}$ | $9\frac{1}{4}$ |
| $9\frac{1}{2}$ | $9\frac{1}{4}$ | $9\frac{1}{4}$ |
| $9\frac{1}{2}$ | $9\frac{1}{4}$ | $9\frac{1}{4}$ |
| $9\frac{1}{4}$ | $9\frac{1}{4}$ | 9 |
| $9\frac{1}{4}$ | 9 | $9\frac{1}{4}$ |
| 9 | $9\frac{1}{4}$ | $9\frac{1}{2}$ |
| $9\frac{1}{2}$ | $9\frac{1}{2}$ | $9\frac{1}{4}$ |
| $9\frac{1}{4}$ | $9\frac{1}{4}$ | $9\frac{1}{4}$ |
| 9 | $9\frac{1}{4}$ | 9 |
| $9\frac{1}{2}$ | $9\frac{1}{4}$ | $9\frac{1}{4}$ |
| $9\frac{1}{4}$ | $9\frac{1}{4}$ | $9\frac{1}{4}$ |
| $9\frac{1}{4}$ | | $9\frac{1}{2}$ |
| | | $9\frac{1}{4}$ |
| | | $9\frac{1}{4}$ |
| | | $9\frac{1}{4}$ |

On voit par ce tableau que le temps écoulé entre l'apparition de la lumière et l'arrivée du son était plus grand que 9″ et plus petit que 9″ 1/2 ; sa valeur moyenne est un peu au-dessus de 9 1/4. Si nous évaluons à moins d'un quart de seconde la petite erreur dont nous avons parlé plus haut, nous pourrons adopter 9″,4 pour le temps que le son mettait réellement à venir d'une station à l'autre.

Comparons maintenant ce temps avec la distance des deux stations. La seule mesure connue de cette distance avait été prise par MM. de Saussure et Pictet, qui avaient trouvé 7,330 toises ou 14,237 mètres pour la distance du clocher de Thonon à la tour de Rolle. N'ayant pu me procurer les résultats mêmes de leur triangulation, et désirant vérifier l'exactitude de ce nombre, j'ai prié M. J. Mayer de Genève, ingénieur géographe très-habile, de vérifier cette mesure, en prenant pour base la distance de la tour Saint-Pierre de Genève à la tour de Langin, située au pied de la montagne des Voirons, distance qui a été mesurée à deux époques différentes, avec un très-grand soin, pour servir à une triangulation de la vallée du Léman.

Le premier triangle comprenait Genève, Langin, Rolle; le second Langin, Rolle et Thonon. Cette mesure directe a donné 14,240 mètres pour la distance du château de Rolle au clocher de Thonon. Le château de Rolle est situé sur le bord même du lac; quant au clocher de Thonon, sa projection est éloignée du bord de 353 mètres, ce qui donne 13,887 mètres pour la distance des deux rives.

En retranchant 400 mètres pour les distances des deux bateaux aux deux rives, on a 13,487 mètres pour la distance des deux stations. Ce nombre peut être regardé comme exact à moins de 20 mètres près.

Le temps que le son employait à parcourir cet espace était à très-peu près de 9″,4, comme nous l'avons dit plus haut. En divisant l'espace 13,487 mètres par le temps 9″,4, on aura la vitesse du son, ou l'espace qu'il parcourt dans une seconde. On trouve ainsi 1,435 mètres pour la vitesse réelle du son dans l'eau (1).

(1) Pour apprécier jusqu'à quel point ce nombre peut être exact, faisons observer que, si

Avant de discuter les résultats de ces mesures pour les comparer à ceux du calcul, je rapporterai sommairement quelques observations que j'ai pu faire pendant le cours de ces expériences.

La première remarque sur laquelle j'ai déjà insisté précédemment est relative à la ressemblance remarquable des sons entendus dans l'eau à des distances très-différentes. Le bruit des coups était aussi net et aussi bref à treize mille mètres qu'à cent mètres de la cloche ; il aurait été impossible de discerner un coup fort entendu à la première distance d'un choc plus faible écouté de près. On sait qu'il n'en est pas de même dans l'air : à mesure que l'on s'éloigne du corps sonore, le son diminue d'intensité, mais en même temps il change de nature, il devient plus sourd, plus prolongé. Des coups frappés à très-petits intervalles produisent, lorsqu'ils sont entendus de loin, le même effet qu'un bruit continu ; dans l'eau au contraire l'intervalle entre les coups reste le même, quelle que soit la distance qui sépare la cloche de l'observateur. Cette différence remarquable s'explique par la nature des ondes sonores transmises dans l'eau.

Le calcul indique en effet que dans le mouvement vibratoire d'un corps fluide, la durée de l'agitation d'une particule est égale au rayon de la portion sphérique du fluide, que l'on suppose primitivement ébranlée à l'origine du mouvement, divisée par la vitesse de transmission du son. La première de ces deux quantités est nécessairement plus petite dans l'eau que dans l'air ; la seconde au contraire est plus grande ; ainsi la durée de la sensation d'un

l'on prenait pour la distance des deux stations 13,500 mètres, nombre que je crois trop fort, et pour la durée de la transmission du son 9″ 1/4, nombre trop petit, on aurait pour la vitesse la plus grande valeur qu'on puisse supposer, savoir 1,459 mètres, mais cette quantité est certainement trop grande. Si au contraire on prenait la plus petite valeur possible pour la distance, c'est-à-dire 13,386 mètres moins 20 ou 13,366 mètres, et pour le temps sa plus grande valeur 9″,5, on aurait la plus petite valeur possible de la vitesse, savoir 1,417 mètres. On voit, par la détermination de ces limites, que si la vitesse véritable n'était pas égale à 1,435 mètres, elle ne pourrait pas du moins différer de ce nombre, soit en plus, soit en moins, de plus de 24 mètres ; de sorte que l'erreur possible dans cette expérience ne peut pas s'élever au-dessus de 1/60 de la valeur véritable.

son doit être en général plus courte quand il est transmis par l'eau que quand il se propage dans l'air.

Cette brièveté des sons propagés sous l'eau les rend si faciles à distinguer, qu'après quelques expériences le bruit du vent ou l'agitation de l'eau ne m'empêchait pas d'entendre les coups de cloche, de même que le bruit d'un sifflet se distingue dans une tempête.

L'expérience du 18 novembre citée plus bas a été terminée par un vent très-fort; le lac, qui était d'abord parfaitement calme, devint fortement agité, et l'on fut obligé de maintenir le bateau par plusieurs ancres; cependant, malgré le bruit des vagues, qui frappaient le tube et les flancs du bateau, je pus prendre encore plusieurs mesures, qui n'ont point différé de celles que j'avais observées précédemment.

Je terminerai cette digression par une troisième remarque sur l'influence remarquable des écrans interposés entre la cloche et le tube pour diminuer l'intensité du son. Voici l'expérience qui a donné lieu à cette observation. Pendant une suite d'essais que je fis avec M. A. de Candolle, nous avions choisi pour la cloche et le tube deux stations d'un même côté de la rive du lac et près de cette rive. Dans l'intervalle il y avait un mur qui s'avançait perpendiculairement dans le lac à douze ou quinze mètres; quand la ligne droite qui joignait les deux stations passait au delà de ce mur, le son était très-intense; mais quand cette ligne rencontrait le mur, même très-près de son extrémité, l'intensité du son diminuait aussitôt. Cette différence offre un point de rapprochement curieux entre la propagation des sons dans l'eau et celle de la lumière dans les milieux transparents.

Je terminerai ces observations en faisant remarquer combien cette facile transmission du son dans l'eau justifie les idées théoriques que l'on s'est formées sur la constitution de ce fluide et sur sa parfaite élasticité.

Le travail dépensé pendant moins d'une seconde par la personne qui frappait la cloche produisait un choc qui se transmettait successivement à une masse d'eau énorme, dont toutes les molécules subissaient à leur tour l'impression de ce choc. La quantité d'eau qui, dans ces expériences, avait dû recevoir successivement un mouvement capable d'agir sur nos organes ne peut être évaluée à moins de 50,000 milliards de kilogrammes. C'est un des exemples les plus frappants que l'on puisse citer de la vérité expérimentale du principe de la transmission des forces vives.

Le jour de l'expérience du 18 novembre je m'étais fait conduire entre les deux stations pour prendre la température de l'eau en différents endroits de la largeur du lac, à la profondeur de trois et six mètres, au moyen d'un thermomètre dont la boule était recouverte de cire ; je trouvai la température partout la même à ces deux profondeurs : elle était de 8°,2 degrés centigrades près de Thonon, 8°,1 au milieu du lac, et 7°,9 près de Rolle : la valeur moyenne est 8°,1.

Pour comparer ces résultats avec ceux du calcul, il fallait déterminer avec beaucoup de soin la compressibilité de cette eau à cette température, ainsi que le rapport de sa densité à celui de l'eau distillée à 0°.

L'eau du lac, à une distance suffisante de l'embouchure du Rhône, peut être regardée comme parfaitement pure ; à peine contient-elle $\frac{1}{2000}$ de son poids de matières étrangères. M. Tingry en a donné des analyses qui peuvent être regardées comme les meilleures, parce qu'il a opéré sur de grandes masses. Il les a faites en été et en hiver. Nos expériences ayant été faites à la fin de novembre, nous donnerons seulement ici la moyenne de ces deux analyses, qui d'ailleurs ne diffèrent pas beaucoup entre elles.

MOYENNE DE DEUX ANALYSES DE L'EAU DU LAC DE GENÈVE, PAR M. TINGRY.

24,475 grammes de cette eau contiennent :
82,796 centilitres de gaz (composé principalement d'air contenant plus d'oxygène que l'air atmosphérique);
1,722 carb. chaux:

0,172 carb. magnésie;
0,212 muriate de magnésie;
0,861 sulfate de chaux;
0,848 sulfate de magnésie;
0,040 argile siliceuse;
0,172 partie;

ce qui donne pour un kilog. d'eau 0,164 gr. de matière étrangère non gazeuse, c'est-à-dire un peu moins de $\frac{1}{6000}$ du poids total.

La densité de l'eau du lac est à très-peu près 1,00015 à 4°, celle de l'eau distillée à 4° étant prise pour unité. Et comme le volume d'eau augmente de 0,00013 quand elle passe de 4° à 8°, la densité de l'eau dans laquelle on a mesuré la vitesse du son était égale à l'unité, plus une fraction tout à fait négligeable.

Quelque petite que fût la quantité de matière étrangère contenue dans cette eau, nous avons cru devoir déterminer directement sa compressibilité, au lieu de la supposer égale à celle de l'eau distillée. On a pris cette mesure sur de l'eau recueillie à la surface dans une partie intermédiaire entre les deux stations; cette eau a été introduite dans un très-bon piézomètre, avec les précautions indiquées précédemment pour la compression de l'eau saturée d'air.

Une série d'expériences faites à la température de 3°, depuis une jusqu'à vingt atmosphères, a donné, pour la compression moyenne par chaque atmosphère, 46,18 millionièmes, la température du manomètre étant de dix degrés. Le manomètre ayant été gradué sous la pression de 0,7466 de mercure, il faut, pour ramener cette compression à celle d'une atmosphère de $0^m,76$, la multiplier par le rapport 7600/7466; cette multiplication donne 47,01 millionièmes pour la compressibilité apparente. Il n'y a pas de correction à faire pour la température du manomètre.

Si à ce nombre 47,01 on ajoute 1,65 pour la contraction du verre, la somme 48,66 millionièmes représentera la compressibilité réelle de l'eau du lac pour chaque atmosphère de $0^m,76$ de mercure, la *température de cette eau étant de* 8° centigrades.

Reprenons maintenant la formule de la vitesse du son que nous avons rapportée plus haut, afin d'y substituer les valeurs que nous venons de déterminer; cette formule est

$$a = \sqrt{\frac{PK}{D\varepsilon}}.$$

En se rappelant quelles sont les quantités désignées par D, K, E et P, on a pour l'eau du lac de Genève à la température de 8°,1 :

$$D = 1; \quad K = 1{,}000{,}000; \quad \varepsilon = 48{,}66.$$

Si l'on prend P pour la pression d'une atmosphère de $0^m,76$ de mercure à la température de 10°, qui est celle où notre manomètre a été fixé, en désignant par $m$ la densité de ce mercure, et par $g$ la force accélératrice de la pesanteur, ou le double de la hauteur dont elle fait tomber les corps dans la première seconde, on a :

$$P = (0^m,76).g.m.$$

La valeur de $g$ est, comme on le sait,

$$g = 9^m,8088.$$

La densité du mercure à 0° est, d'après les expériences de MM. Dulong et Petit, égale à 13,568; celle de l'eau distillée à 3°,90 étant prise pour unité. D'ailleurs, la dilatation du mercure est de 0,00018 pour chaque degré d'accroissement de température, et, par conséquent, de 0,0018 pour 10°. Le mercure passant donc de 0 à 10°, son volume augmente dans le rapport de 1 à 1,0018. La densité du mercure à 10° sera donc égale à sa densité à 0° ou 13,568 divisée par 1,0018; de sorte qu'on a:

$$m = \frac{13{,}568}{1{,}0018} = 13{,}544.$$

Substituant donc dans la formule de la vitesse du son toutes ces valeurs :

$$D = 1 ; \quad K = 1{,}000{,}000 ; \quad \varepsilon = 48{,}66 ;$$
$$P = (0^{m}{,}76).(9{,}8088).(13{,}544) ;$$

on trouve, en effectuant ce calcul,

$$a = 1437^{m}{,}8.$$

Telle est la détermination théorique de la vitesse du son dans l'eau déduite de la densité et de la compressibilité de ce liquide, dans l'hypothèse qu'il n'y a point de chaleur dégagée par la compression rapide des molécules liquides qui puisse élever leur température.

Dans nos expériences la distance 13,487 mètres a été parcourue en 9″,4, ce qui donne, pour la vitesse mesurée,

$$\frac{13487}{9{,}4} = 1435 \text{ mètres} ;$$

ainsi ces deux mesures ne diffèrent que d'environ trois mètres. Cette coïncidence remarquable, en confirmant les observations contenues dans la seconde partie de ce mémoire, peut servir à démontrer mieux que toute expérience directe que la compression de l'eau ne fait pas varier la température.

*Journal de Liouville*
III, pp. 357–384
1838



# MÉMOIRE SUR L'OPTIQUE;

Par C. STURM.

## I.

Lorsque des rayons lumineux homogènes émanés d'un point éprouvent une suite de réfractions ou de réflexions, ils se trouvent après chaque réfraction ou réflexion, constamment normaux à une certaine suite de surfaces, d'où il résulte qu'ils forment toujours deux séries de surfaces développables qui se coupent partout à angles droits suivant chaque rayon.

Cette propriété remarquable des faisceaux lumineux a été d'abord reconnue par Malus pour le cas d'une seule réfraction ou réflexion; M. Dupin et d'autres géomètres après lui l'ont démontrée dans toute sa généralité, et en ont tiré quelques conséquences. M. Hamilton a aussi publié sur ce sujet plusieurs mémoires très étendus dans *les Transactions* de l'Académie d'Irlande; il a considéré la marche des rayons, soit ordinaires, soit extraordinaires.

Mais on n'a pas, à ma connaissance, cherché à déterminer d'une manière précise les surfaces caustiques formées par les intersections successives des rayons, et qui ne sont autre chose que le lieu des centres de courbure de celles auxquelles ces rayons sont normaux, ou le lieu des arètes de rebroussement des surfaces développables dans lesquelles le faisceau se décompose. La résolution de cette question est l'objet du mémoire suivant.

On y trouvera des formules propres à la construction des surfaces caustiques par points. Quand les rayons sont dirigés dans un même plan, ces formules se réduisent à celle que Jacques Bernouilli a donnée pour les caustiques planes, et que Petit a reproduite avec quelques développements dans la *Correspondance de l'École Polytechnique*.

Concevons un faisceau de rayons lumineux qui passent d'un milieu homogène dans un autre séparé du premier par une surface quelconque S, en suivant la loi de la réfraction ordinaire. Considérons un rayon incident quelconque qui rencontre la surface séparatrice S en un point O; soit NO$n$ la normale à cette surface au point O. Sur la direction du rayon incident que nous supposerons prolongée indéfiniment de part et d'autre du point O, prenons à volonté un point K, et sur celle du rayon réfracté correspondant un point K′, qui soit situé du même côté que le point K par rapport à la normale NO$n$. Rapportons ces points à un système quelconque d'axes rectangulaires; soient X, Y, Z, les coordonnées du point d'incidence O; $x$, $y$, $z$, celles du point K, et $x'$, $y'$, $z'$ celles du point K′ : désignons par $a$, $b$, $c$, les cosinus des angles que la partie ON de la normale fait avec les trois axes rectangulaires; par $\alpha, \beta, \gamma$ et $\alpha', \beta', \gamma'$, les cosinus des angles que font avec les mêmes axes les deux droites OK et OK′ qu'on suppose dirigées du point O vers les points K et K′.

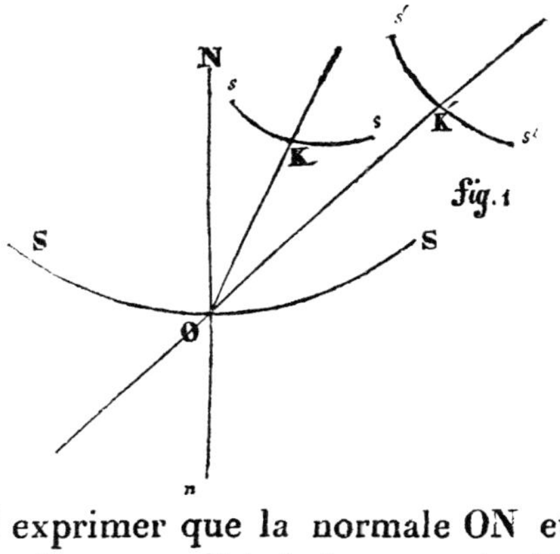


Il faut d'abord exprimer que la normale ON et les droites OK et OK′, suivant lesquelles sont dirigés le rayon incident et le rayon réfracté, se trouvent dans un même plan, ou que les deux plans NOK et NOK′ coïncident.

Or, la perpendiculaire au plan NOK, élevée par le point O d'un côté de ce plan, fait avec les trois axes rectangulaires des angles dont les cosinus sont respectivement

$$\frac{b\gamma - c\beta}{\sin \text{NOK}}, \quad \frac{\alpha c - a\gamma}{\sin \text{NOK}}, \quad \frac{a\beta - b\alpha}{\sin \text{NOK}}.$$

De même les cosinus des angles que la perpendiculaire au plan NOK′ fait avec les axes, sont

$$\frac{b\gamma'-c\beta'}{\sin \mathrm{NOK}'},\quad \frac{c\alpha'-a\gamma'}{\sin \mathrm{NOK}'},\quad \frac{a\beta'-b\alpha'}{\sin \mathrm{NOK}'}.$$

On exprime que ces deux perpendiculaires coïncident et sont en outre situées d'un même côté du plan qui contient les deux angles NOK et NOK′, en posant

$$\frac{b\gamma-c\beta}{\sin \mathrm{NOK}}=\frac{b\gamma'-c\beta'}{\sin \mathrm{NOK}'},\quad \frac{c\alpha-a\gamma}{\sin \mathrm{NOK}}=\frac{c\alpha'-a\gamma'}{\sin \mathrm{NOK}'},\quad \frac{a\beta-b\alpha}{\sin \mathrm{NOK}}=\frac{a\beta'-b\alpha'}{\sin \mathrm{NOK}'}. \qquad (1)$$

De plus, en représentant par $\frac{\lambda}{\lambda'}$ le rapport constant du sinus de l'angle d'incidence au sinus de l'angle de réfraction, on a

$$\frac{\sin \mathrm{NOK}}{\sin \mathrm{NOK}'}=\frac{\lambda}{\lambda'}, \qquad (2)$$

puisque ces deux angles sont NOK et NOK′ ou leurs suppléments. Ces équations donnent les suivantes

$$\frac{b\gamma-c\beta}{\lambda}=\frac{b\gamma'-c\beta'}{\lambda'},\quad \frac{c\alpha-a\gamma}{\lambda}=\frac{c\alpha'-a\gamma'}{\lambda'},\quad \frac{a\beta-b\alpha}{\lambda}=\frac{a\beta'-b\alpha'}{\lambda'}. \qquad (3)$$

En regardant comme connues les directions de la normale ON et du rayon incident OK ou les valeurs de $a, b, c$ et de $\alpha, \beta, \gamma$, deux quelconques de ces dernières équations (3) auxquelles on joindra celle-ci $\alpha'^2+\beta'^2+\gamma'^2=1$, suffisent pour déterminer $\alpha', \beta', \gamma'$ et conséquemment pour faire connaître la direction du rayon réfracté OK′. On en conclut que deux des équations (3) doivent donner la troisième comme conséquence, et peuvent être substituées aux équations (1) et (2). C'est ce qu'on peut aussi vérifier directement. Car d'abord en multipliant la première des équations (3) par $a$, la seconde par $b$, et ajoutant, on obtient la troisième; ensuite, en élevant au carré ces trois équations et ajoutant, on a

$$\frac{1}{\lambda^2}\left[(b\gamma-c\beta)^2+(c\alpha-a\gamma)^2+(a\beta-b\alpha)^2\right]=\frac{1}{\lambda'^2}\left[(b\gamma'-c\beta')^2+(c\alpha'-a\gamma')^2+(a\beta'-b\alpha')^2\right]$$

ou

$$\frac{\sin^2 \mathrm{NOK}}{\lambda^2}=\frac{\sin^2 \mathrm{NOK}'}{\lambda'^2},$$

d'où

$$\frac{\sin \mathrm{NOK}}{\lambda} = \frac{\sin \mathrm{NOK'}}{\lambda'},$$

(les sinus étant positifs). On peut donc remplacer dans les équations (3) le rapport de $\lambda$ à $\lambda'$ par celui de ces sinus; on est ainsi ramené aux formules (1) et (2).

Les relations qui existent entre les directions de la normale ON et des rayons OK, OK', sont donc toutes exprimées par les deux premières équations (3), qu'on peut écrire comme il suit :

$$\left.\begin{aligned} \frac{6 - \frac{b}{c}\gamma}{\lambda} &= \frac{6' - \frac{b}{c}\gamma'}{\lambda'}, \\ \frac{\alpha - \frac{a}{c}\gamma}{\lambda} &= \frac{\alpha' - \frac{a}{c}\alpha}{\lambda'}. \end{aligned}\right\} \quad (4)$$

En désignant par $k$ et $k'$ les distances OK et OK', on a

$$\alpha = \frac{x - \mathrm{X}}{k}, \quad 6 = \frac{y - \mathrm{Y}}{k}, \quad \gamma = \frac{z - \mathrm{Z}}{k},$$
$$k = \sqrt{(x - \mathrm{X})^2 + (y - \mathrm{Y})^2 + (z - \mathrm{Z})^2},$$

et de même

$$\alpha' = \frac{x' - \mathrm{X}}{k'}, \text{ etc.}$$

Les coordonnées X, Y, Z du point O sont liées entre elles par une équation qui est celle de la surface séparatrice S. On peut la différentier soit par rapport à X, soit par rapport à Y, en regardant Z comme fonction de ces deux variables. Nous poserons, suivant les notations usitées,

$$\frac{d\mathrm{Z}}{d\mathrm{X}} = \mathrm{P}, \ \frac{d\mathrm{Z}}{d\mathrm{Y}} = \mathrm{Q}, \ \frac{d\mathrm{P}}{d\mathrm{X}} = \mathrm{R}, \ \frac{d\mathrm{P}}{d\mathrm{Y}} = \mathrm{S} = \frac{d\mathrm{Q}}{d\mathrm{X}}, \ \frac{d\mathrm{Q}}{d\mathrm{Y}} = \mathrm{T}.$$

Ayant désigné par $a$, $b$, $c$ les cosinus des angles que la normale ON à la surface S fait avec les axes, nous avons, d'après les formules connues

$$-\frac{a}{c} = \mathrm{P}, \quad -\frac{b}{c} = \mathrm{Q}.$$

En substituant ces valeurs de $-\frac{a}{c}$, $-\frac{b}{c}$ et celles de $\alpha$, $\alpha'$, $\mathcal{C}$, etc., dans les équations (4), on obtient

$$\left.\begin{aligned} \frac{x - X + P(z - Z)}{\lambda k} &= \frac{x' - X + P(z' - Z)}{\lambda' k'}, \\ \frac{y - Y + Q(z - Z)}{\lambda k} &= \frac{y' - Y + Q(z' - Z)}{\lambda' k'}. \end{aligned}\right\} \quad (5)$$

En supposant qu'on ait pris à volonté le point K $(x, y, z)$ sur la direction du rayon incident, ces deux équations (5) qui remplacent les équations (1) et (2), laissent indéterminées les coordonnées $x'$, $y'$, $z'$ du point K', puisqu'elles n'établissent entre elles que deux relations. Ce sont proprement les équations de la ligne droite que suit le rayon réfracté.

Supposons maintenant que les rayons incidents soient tous normaux à une surface quelconque $s$ et que le point K soit celui où le rayon incident que nous considérons rencontre cette surface. Ses coordonnées $x, y, z$ sont alors celles d'un point quelconque de la surface $s$ dont l'équation différentiée par rapport à $x$ et à $y$ donnera

$$\frac{dz}{dx} = p, \quad \frac{dz}{dy} = q, \quad \frac{dp}{dx} = r, \text{ etc.}$$

Nous exprimerons que le rayon incident OK est normal à la surface $s$ en son point K par les deux équations

$$\left.\begin{aligned} x - X + p(z - Z) &= 0, \\ y - Y + q(z - Z) &= 0. \end{aligned}\right\} \quad (6)$$

Pour achever de fixer la position du point K' qui est jusqu'ici un point quelconque du rayon réfracté, il nous est permis d'établir entre ses coordonnées $x'$, $y'$, $z'$ une nouvelle relation tout-à-fait arbitraire. En faisant attention à la forme des équations (5) et (6), on est conduit à prendre l'équation suivante

$$\frac{1}{\lambda}\left[\sqrt{(x-X)^2+(y-Y)^2+(z-Z)^2}+C\right] = \frac{1}{\lambda'}\sqrt{(x'-X)^2+(y'-Y)^2+(z'-Z)^2}, \quad (7)$$

dans laquelle C est une constante arbitraire, positive, négative ou nulle.

Cette équation exprime simplement que la distance OK′ du point K′ au point d'incidence O est à la distance OK augmentée ou diminuée d'une quantité constante dans le rapport donné du sinus de réfraction au sinus d'incidence. On remarquera que cette équation (7) abstraction faite des deux autres (5), est celle d'une sphère qui a pour centre le point d'incidence O et pour rayon $\frac{\lambda'}{\lambda}(k+C)$. Le point K′$(x', y', z')$ déterminé par les trois équations (5) et (7), est l'un des points où cette sphère est rencontrée par le rayon réfracté.

Les neuf coordonnées X, Y, Z, $x, y, z$ et $x', y', z'$ sont donc liées entre elles par sept équations, savoir les équations (5), (6) et (7); et celles des deux surfaces S et $s$. Ainsi deux de ces coordonnées peuvent être prises à volonté, et les autres en seront des fonctions déterminées. En éliminant X, Y, Z et $x, y, z$ entre ces sept équations, on aurait en $x', y', z'$ l'équation de la surface $s'$ qui est le lieu géométrique de tous les points K′.

Nous allons démontrer que tous les rayons réfractés OK′ sont normaux à cette surface $s'$.

Supposons qu'en différentiant son équation par rapport à $x'$ et à $y'$, on en tire

$$\frac{dz'}{dx'} = p', \quad \frac{dz'}{dy'} = q', \text{ etc.}$$

Nous pouvons considérer les neuf coordonnées X, Y, Z, $x$, etc., comme fonctions de deux variables indépendantes et différentier par rapport à l'une de ces variables, l'équation (7) que nous avons établie entre $x', y', z'$. En observant qu'on a

$$dZ = PdX + QdY, \quad dz = pdx + qdy, \quad dz' = p'dx' + q'dy',$$

on trouvera

$$\frac{1}{\lambda}\left[\frac{x-X+p(z-Z)}{k}dx + \frac{y-Y+q(z-Z)}{k}dy - \frac{x-X+P(z-Z)}{k}dX - \frac{y-Y+Q(z-Z)}{k}dY\right]$$
$$= \frac{1}{\lambda'}\left[\frac{x'-X+p'(z'-Z)}{k'}dx' + \frac{y'-Y+q'(z'-Z)}{k'}dy' - \frac{x'-X+P(z'-Z)}{k'}dX - \frac{y'-Y+Q(z'-Z)}{k'}dY\right]$$

équation qui se réduit en vertu des précédentes (5) et (6) à celle-ci :

$$\frac{x' - X + p'(z' - Z)}{k'} dx' + \frac{y' - Y + q'(z' - Z)}{k'} dy' = 0.$$

Comme on peut supposer que $x'$ et $y'$ sont les deux variables indépendantes, et qu'on a différentié par rapport à l'une d'elles, cette dernière équation se partage en deux autres, savoir

$$\left.\begin{aligned} x' - X + p'(z' - Z) = 0, \\ y' - Y + q'(z' - Z) = 0. \end{aligned}\right\} \quad (8)$$

Celles-ci expriment que la direction du rayon réfracté OK' est normale à la surface $s'$ en son point K' $(x', y', z')$.

Mais ce même rayon est aussi normal à la sphère représentée par l'équation

$$\sqrt{(x' - X)^2 + (y' - Y)^2 + (z' - Z)^2} = \frac{\lambda'}{\lambda}(k + C),$$

laquelle a pour centre le point d'incidence et passe par le point $(x', y', z')$, son rayon étant $k' = \frac{\lambda'}{\lambda}(k + C)$.

Donc la surface $s'$ à laquelle tous les rayons réfractés sont normaux, est l'enveloppe de toutes les sphères décrites d'après les mêmes conditions. Chaque point K' $(x', y', z')$ est le point de contact de quelqu'une de ces sphères, avec la surface $s'$ qui les enveloppe toutes. Cette enveloppe est visiblement composée de deux nappes situées des deux côtés de la surface séparatrice S ; mais ici l'on ne doit considérer qu'une seule de ces nappes.

Comme on peut dans l'équation (7) donner à la constante arbitraire C une valeur quelconque, on voit qu'il existe une infinité de surfaces telles que $s'$ ayant toutes à la fois pour normales ces rayons réfractés; deux quelconques de ces surfaces interceptent des longueurs égales sur toutes ces normales communes, de sorte qu'il suffit de connaître une seule de ces surfaces pour avoir toutes les autres. On voit qu'elles ont toutes les mêmes centres de courbure, et que les plans des deux sections principales passant par chaque normale, sont aussi les mêmes.

Pareillement, les rayons incidents qu'on a supposés normaux à la surface $s$ sont aussi normaux à une infinité d'autres surfaces, puisqu'on peut considérer les rayons réfractés comme incidents *et vice versâ*. On sait d'ailleurs et l'on démontre aisément que si l'on porte sur les normales d'une surface à partir de ses différents points et d'un même côté, une longueur constante arbitraire, on forme une autre surface qui a les mêmes normales que la première.

Nous avons supposé jusqu'ici qu'on prenait les deux points K et K' d'un même côté de la normale N0$n$. S'ils n'étaient pas d'un même côté, on verrait en suivant la même analyse, qu'il suffisait de changer $k'$ en $-k'$ ou $\lambda'$ en $-\lambda'$ dans les formules précédentes. Alors au lieu d'avoir la relation (7) qui donnait

$$\frac{k}{\lambda} - \frac{k'}{\lambda'} = \text{constante},$$

on aurait entre $k$ et $k'$ celle-ci

$$\frac{k}{\lambda} + \frac{k'}{\lambda'} = \text{constante}.$$

En continuant à supposer les points K et K' situés d'un même côté de la normale N0$n$, nous ferons pour plus de simplicité $C = 0$, dans l'équation (7), ce qui la réduit à $\frac{k}{\lambda} = \frac{k'}{\lambda'}$, c'est-à-dire que les distances de chaque point d'incidence aux deux surfaces $s$ et $s'$ mesurées sur le rayon incident normal à $s$ et sur le rayon réfracté normal à $s'$ sont toujours entre elles dans le rapport constant des sinus des angles d'incidence de réfraction. Ainsi l'on a le théorème suivant :

Lorsque des rayons lumineux normaux à une surface passent d'un milieu homogène dans un autre séparé du premier par une surface quelconque, les rayons réfractés se trouvent normaux à une autre surface telle que les distances normales des différents points d'incidence à cette nouvelle surface sont aux distances des mêmes points à la première surface à laquelle les rayons incidents sont normaux, dans le rapport constant du sinus de l'angle de réfraction au sinus de l'angle d'incidence. En outre ces deux surfaces en fournissent une infinité d'autres auxquelles les rayons soit incidents, soit réfractés, sont aussi normaux et qui ont entre elles deux à deux la même corrélation.

M. Dupin est arrivé le premier à ce théorème remarquable par des considérations purement géométriques, en généralisant les résultats de Malus; d'autres géomètres en ont donné ensuite de nouvelles démonstrations géométriques ou analytiques.

Si l'on conçoit d'une part toutes les surfaces $s$ auxquelles les rayons incidents sont normaux, de l'autre toutes les surfaces $s'$ auxquelles les rayons réfractés sont normaux, les surfaces correspondantes des deux séries se couperont deux à deux suivant une suite de courbes placées sur la surface séparatrice S. Chacune de ces courbes a pour normales les rayons incidents et réfractés qui aboutissent sur elle, d'où il suit que le plan normal à une telle courbe pour l'un quelconque de ses points est celui qui contient le rayon incident, le rayon réfracté et la normale à la surface séparatrice en ce point-là.

Des rayons lumineux qui partent d'un même point sont normaux à toutes les sphères qui ont ce point pour centre, et des rayons parallèles à une même droite sont normaux à tous les plans perpendiculaires à cette droite. Donc en vertu du théorème énoncé, si des rayons émanés d'un même point ou parallèles à une même droite, éprouvent une première réfraction, ils deviendront normaux à une certaine série de surfaces; s'ils éprouvent une seconde réfraction, ils deviendront normaux à une nouvelle série de surfaces, et ainsi de suite; en sorte que ces rayons après avoir subi autant de réfractions qu'on voudra en traversant différents milieux séparés par des surfaces quelconques, se trouveront toujours normaux à certaines surfaces.

On déduit aisément de ce qui précède la proposition que voici. Concevons que des rayons d'abord normaux à une surface $s$ éprouvent une suite de réfractions. Désignons par $k$ la portion d'un rayon quelconque comprise dans le premier milieu entre la surface $s$ à laquelle ce rayon est normal, et la surface qui sépare le premier milieu du second, par $l'$ la partie de ce rayon comprise dans le second milieu, par $l''$ sa partie comprise dans le troisième milieu, et ainsi de suite, puis par $k^{(n)}$, la portion de ce rayon comprise dans le dernier milieu entre la dernière surface séparatrice et l'une des surfaces auxquelles les rayons deviennent normaux dans le dernier milieu. Supposons enfin que le rapport du sinus d'incidence au sinus de réfraction, soit celui de $\lambda$ à $\lambda'$ en passant du premier milieu dans le second de $\lambda'$ à $\lambda''$ en passant du second dans le troisième, et ainsi de suite. Cela posé, la somme

$$\frac{k}{\lambda} + \frac{l'}{\lambda'} + \frac{l''}{\lambda''} + \ldots + \frac{k^{(n)}}{\lambda^{(n)}},$$

sera constante, quel que soit le rayon que l'on considère.

Il faudrait dans cette expression changer $\frac{k}{\lambda}$ en $-\frac{k}{\lambda}$, si la portion $k$ du rayon ne se trouvait pas dans le premier milieu; la même remarque s'applique à $k^{(n)}$.

Au surplus, on peut déduire directement cette proposition et les précédentes du principe de la moindre action, comme l'a fait M. Hamilton.

Ces propriétés relatives à la réfraction ont également lieu pour la réflexion qui n'est sous le point de vue géométrique, qu'un cas particulier de la réfraction. Car pour exprimer que la réfraction se change en réflexion, il suffit de faire $\lambda = \lambda'$ dans les formules précédentes, en supposant comme plus haut, les points K et K' situés d'un même côté de la normale NO$n$. On peut vérifier qu'on a alors $\cos \mathrm{NOK'} = -\cos \mathrm{NOK}$. Si l'on prenait les points K et K' des deux côtés de cette normale, il faudrait encore changer $k'$ en $-k'$ et l'on aurait $\cos \mathrm{NOK'} = \cos \mathrm{NOK}$.

Puisque des rayons qui ont subi un nombre quelconque de réfractions ou réflexions, sont toujours normaux à une certaine surface, on en conclut d'après la théorie connue de la courbure des surfaces, qu'ils forment deux séries de surfaces développables, qui se coupent deux à deux à angles droits. Pour connaître plus particulièrement la nature de ce faisceau, il faut d'abord en considérant l'un quelconque des rayons qui le composent, déterminer les deux points où il est rencontré par les rayons infiniment voisins susceptibles de le couper. Ces points, qui appartiennent à la surface caustique, sont pour le rayon dont il s'agit, les centres du plus grand et du plus petit cercle de courbure de la surface à laquelle les rayons sont normaux. Il faut encore connaître les deux plans qui contiennent ce rayon et les rayons infiniment voisins qui le coupent, ou, ce qui revient au même, les tangentes aux deux lignes de courbure de la surface à laquelle les rayons sont normaux pour le point où elle est rencontrée par le rayon que l'on considère. C'est là l'objet des recherches suivantes.

## II.

En supposant nulle dans l'équation (7) la constante arbitraire C, on a

$$\frac{1}{\lambda}\sqrt{(x-X)^2+(y-Y)^2+(z-Z)^2}=\frac{1}{\lambda'}\sqrt{(x'-X)^2+(y'-Y)^2+(z'-Z)^2},$$

ce qui revient à

$$\frac{k}{\lambda}=\frac{k'}{\lambda'},$$

en sorte qu'on peut poser

$$k=\lambda h,\quad k'=\lambda' h,$$

$h$ étant une certaine ligne qui disparaîtra du calcul.

Si l'on met ces valeurs de $k$ et $k'$ dans les équations (5), elles deviennent

$$\left.\begin{aligned}\frac{1}{\lambda^2}[x-X+P(z-Z)]&=\frac{1}{\lambda'^2}[x'-X+P(z'-Z)],\\ \frac{1}{\lambda^2}[y-Y+Q(z-Z)]&=\frac{1}{\lambda'^2}[y'-Y+Q(z'-Z)].\end{aligned}\right\}\quad(9)$$

Nous avons encore les équations (6) et (8),

$$\left.\begin{aligned}x-X+p(z-Z)&=0,\\ y-Y+q(z-Z)&=0,\end{aligned}\right\}\quad(6)$$

et

$$\left.\begin{aligned}x'-X+p'(z'-Z)&=0,\\ y'-Y+q'(z'-Z)&=0.\end{aligned}\right\}\quad(8)$$

Nous avons déjà dit qu'on peut considérer toutes les coordonnées X, Y, Z, $x$, $y$, $z$, $x'$, $y'$, $z'$ comme fonctions de deux variables indépendantes, en sorte qu'on peut différentier par rapport à l'une quelconque de ces variables, les six équations (9), (6), (8), que nous venons d'écrire.

Dans ce calcul on aura suivant les notations usitées

$$\begin{aligned} &dz = pdx + qdy, \quad dp = rdx + sdy, \quad dq = sdx + tdy, \\ &dZ = PdX + QdY, \text{ etc.}, \\ &dz' = p'dx' + q'dy', \text{ etc.} \end{aligned}$$

En effectuant la différentiation des six équations (9), (6), (8), on obtient les suivantes (10),

$$\left.\begin{aligned} &\frac{1}{\lambda^2}[dx - dX + P(dz - dZ) + (z - Z)(RdX + SdY)] \\ = &\frac{1}{\lambda'^2}[dx' - dX + P(dz' - dZ) + (z' - Z)(RdX + SdY)], \\ &\frac{1}{\lambda^2}[dy - dY + Q(dz - dZ) + (z - X)(SdX + TdY)] \\ = &\frac{1}{\lambda'^2}[dy' - dY + Q(dz' - dZ) + (z' - Z)(SdX + TdY)], \\ &dx - dX + p(pdx + qdy - PdX - QdY) + (z - Z)(rdx + sdy) = 0, \\ &dy - dY + q(pdx + qdy - PdX - QdY) + (z - Z)(sdx + tdy) = 0, \\ &dx' - dX + p'(p'dx' + q'dy' - PdX - QdY) + (z' - Z)(r'dx' + s'dy') = 0, \\ &dy' - dY + q'(p'dx' + q'dy' - PdX - QdY) + (z' - Z)(s'dx' + t'dy') = 0. \end{aligned}\right\} (10)$$

Les axes de coordonnées auxquels on a rapporté les trois surfaces S, $s$, $s'$, ne sont assujétis qu'à la seule condition d'être rectangulaires et peuvent d'ailleurs avoir une situation quelconque dans l'espace. Les équations précédentes subsisteront toujours quelle que soit la position de ce système d'axes. Pour plus de simplicité, nous prendrons maintenant pour origine des coordonnées le point d'incidence O sur la surface séparatrice S, pour plan des $xy$ le plan tangent à cette surface en ce point O, et conséquemment pour axe des $z$, la normale au même point, pour plan des $xz$ et pour plan des $yz$, les plans du plus grand et du plus petit cercle de courbure de la surface S qui passent par cette normale, et sont perpendiculaires l'un à l'autre. D'après ces conventions, les quantités X, Y, Z, P, Q et S sont nulles, et les équations (10) deviennent

$$\left.\begin{aligned}\frac{1}{\lambda^2}[dx+(zR-1)dX] &= \frac{1}{\lambda'^2}[dx'+(z'R-1)dX],\\ \frac{1}{\lambda^2}[dy+(zT-1)dY] &= \frac{1}{\lambda'^2}[dy'+(z'T-1)dY],\end{aligned}\right\}\quad(11)$$

$$\left.\begin{aligned}(1+p^2+zr)dx+(pq+zs)dy &= dX,\\ (1+q^2+zt)dy+(pq+zs)dx &= dY,\end{aligned}\right\}\quad(12)$$

$$\left.\begin{aligned}(1+p'^2+z'r')dx'+(p'q'+z's')dy' &= dX,\\ (1+q'^2+z't')dy'+(p'q'+z's')dx' &= dY.\end{aligned}\right\}\quad(13)$$

On tire des deux équations (12) les valeurs suivantes de $dx$

$$dx = \frac{(1+q^2+zt)dX-(pq+zs)dY}{1+p^2+q^2+[(1+p^2)t+(1+q^2)r-2pqs]z+[rt-s^2]z^2},$$

$$dy = \frac{(1+p^2+zr)dY-(pq+zs)dX}{1+p^2+q^2+[(1+p^2)t+(1+q^2)r-2pqs]z+[rt-s^2]z^2}.$$

Les équations (13) donnent des valeurs analogues pour $dx'$ et $dy'$.

En substituant ces valeurs de $dx$, $dy$, $dx'$, $dy'$ dans les deux équations (11) on obtient deux équations qui contiennent $dX$ ou $dY$ comme facteur dans leurs différents termes, et comme on peut supposer que X et Y étaient les deux variables indépendantes et qu'on a différentié par rapport à l'une d'elles, ces deux dernières équations se décomposeront en trois que voici :

$$\left.\begin{aligned}&\frac{1}{\lambda^2}\left[zR-1+\frac{1+q^2+zt}{1+p^2+q^2+[(1+p^2)t+(1+q^2)r-2pqs]z+[rt-s^2]z^2}\right]\\ &=\frac{1}{\lambda'^2}\left[z'R-1+\frac{1+q'^2+z't'}{1+p'^2+q'^2+[(1+p'^2)t'+(1+q'^2)r'-2p'q's']z'+[r't'-s'^2]z'^2}\right],\end{aligned}\right\}(14)$$

$$\left.\begin{aligned}&\frac{1}{\lambda^2}\left[zT-1+\frac{1+p^2+zr}{1+p^2+q^2+[(1+p^2)t+(1+q^2)r-2pqs]z+[rt-s^2]z^2}\right]\\ &=\frac{1}{\lambda'^2}\left[z'T-1+\frac{1+p'^2+z'r'}{1+p'^2+q'^2+[(1+p'^2)t'+(1+q'^2)r'-2p'q's']z'+[r't'-s'^2]z'^2}\right],\end{aligned}\right\}(15)$$

$$\left.\begin{aligned}&\frac{1}{\lambda^2}\left[\frac{pq+zs}{1+p^2+q^2+[(1+p^2)t+(1+q^2)r-2pqs]z+[rt-s^2]z^2}\right]\\ &=\frac{1}{\lambda'^2}\left[\frac{p'q'+z's'}{1+p'^2+q'^2+[(1+p'^2)t'+(1+q'^2)r'-2p'q's']z'+[r't'-s'^2]z'^2}\right].\end{aligned}\right\}(16)$$

En joignant à celles-ci les deux équations (8), on a autant d'équations qu'il en faut pour déterminer les valeurs des cinq quantités inconnues

$p'q'r's't'$ relatives à la surface $s'$ et par suite tous les éléments de la courbure de cette surface pour chacun de ses points, en supposant connues, les quantités analogues qui se rapportent aux deux surfaces S et $s$. Mais pour arriver à l'interprétation géométrique de ces équations, il faut leur faire subir quelques transformations.

## III.

Un point quelconque de la surface $s$ ayant pour coordonnées $x, y, z$, rapportons-le à un nouveau système de coordonnées rectangulaires $x_{,}, y_{,}, z_{,}$ ayant la même origine que $x, y, z$. Si l'on désigne par A, B, C les cosinus des angles que l'axe des $x_{,}$ fait avec l'axe des $x, y, z$; par $a, b, c$ et $\alpha, \beta, \gamma$, les cosinus des angles que font avec les mêmes axes l'axe des $y_{,}$ et celui des $z_{,}$, on a pour la transformation des coordonnées les formules

$$\left.\begin{aligned} x &= Ax_{,} + ay_{,} + \alpha z_{,}, \\ y &= Bx_{,} + by_{,} + \beta z_{,}, \\ z &= Cx_{,} + cy_{,} + \gamma z_{,}, \end{aligned}\right\} \qquad (17)$$

et réciproquement

$$\left.\begin{aligned} x_{,} &= Ax + By + Cz, \\ y_{,} &= ax + by + cz, \\ z_{,} &= \alpha x + \beta y + \gamma z. \end{aligned}\right\} \qquad (18)$$

En mettant dans l'équation de la surface $s$ les valeurs (17) de $x, y$, $z$, on aura l'équation de cette surface entre $x_{,}, y_{,}, z_{,}$,

$$z_{,} = f(x_{,}, y_{,}),$$

et l'on en pourra tirer par la différentiation

$$\frac{dz_{,}}{dx_{,}} = p_{,}, \quad \frac{dz_{,}}{dy_{,}} = q_{,}, \quad \frac{dp_{,}}{dx_{,}} = r_{,}, \quad \frac{dp_{,}}{dy_{,}} = \frac{dq_{,}}{dx_{,}} = s_{,}, \quad \frac{dq_{,}}{dy_{,}} = t_{,}.$$

Mais on peut aussi regarder $x_{,}, y_{,}, z_{,}$ comme étant ainsi que $z$ des fonctions de $x$ et de $y$ données par les formules (18).

Si l'on différentie sous ce point de vue l'équation $z_{\prime} = f(x_{\prime}, y_{\prime})$ par rapport à $x$ et à $y$, on aura

$$\frac{dz_{\prime}}{dx} = p_{\prime}\frac{dx_{\prime}}{dx} + q\frac{dy_{\prime}}{dx},$$
$$\frac{dz_{\prime}}{dy} = p_{\prime}\frac{dx_{\prime}}{dq} + q_{\prime}\frac{dy_{\prime}}{dy}.$$

Or, on tire des formules (18), en observant que $\frac{dz}{dx} = p$, $\frac{dz}{dy} = q$,

$$\frac{dx_{\prime}}{dx} = \mathrm{A} + \mathrm{C}p,\quad \frac{dy_{\prime}}{dx} = a + cp,\quad \frac{dz_{\prime}}{dx} = \alpha + \gamma p,$$
$$\frac{dx_{\prime}}{dy} = \mathrm{B} + \mathrm{C}q,\quad \frac{dy_{\prime}}{dy} = b + cq,\quad \frac{dz_{\prime}}{dy} = \beta + \gamma q,$$

de sorte que les deux équations précédentes deviennent

$$\alpha + \gamma p = p_{\prime}(\mathrm{A} + \mathrm{C}p) + q_{\prime}(a + cp), \qquad (19)$$
$$\beta + \gamma q = p'(\mathrm{B} + \mathrm{C}q) + q_{\prime}(b + cq), \qquad (20)$$

si l'on différentie encore l'équation (19) par rapport à $x$, il vient

$$\gamma\frac{dp}{dx} = \frac{dp_{\prime}}{dx}(\mathrm{A} + \mathrm{C}p) + \mathrm{C}p_{\prime}\frac{dp}{dx} + \frac{dq_{\prime}}{dx}(a + cp) + cq_{\prime}\frac{dp}{dx},$$

et comme on a

$$\frac{dp_{\prime}}{dx} = r_{\prime}\frac{dx_{\prime}}{dx} + s_{\prime}\frac{dy_{\prime}}{dx} = r_{\prime}(\mathrm{A} + \mathrm{C}p) + s_{\prime}(a + cp),$$
$$\frac{dq_{\prime}}{dx} = s_{\prime}\frac{dx_{\prime}}{dx} + t_{\prime}\frac{dy_{\prime}}{dx} = s_{\prime}(\mathrm{A} + \mathrm{C}p) + t_{\prime}(a + cp),$$

on obtient par la substitution

$$\gamma r = [r_{\prime}(\mathrm{A}+\mathrm{C}p)+s_{\prime}(a+cp)](\mathrm{A}+\mathrm{C}p)+\mathrm{C}rp_{\prime}+[s'(\mathrm{A}+\mathrm{C}p)+t_{\prime}(a+cp)]\,(a+cp)+crq_{\prime}.$$

En différentiant l'équation (20) par rapport à $y$ on trouve de même

$$\gamma t = [r_{\prime}(\mathrm{B}+\mathrm{C}q)+s_{\prime}(b+cq)]\,(\mathrm{B}+\mathrm{C}q)+\mathrm{C}tp_{\prime}+[s_{\prime}(\mathrm{B}+\mathrm{C}q)+t_{\prime}(b+cq)]\,(b+cq)+ctq'.$$

Enfin, en différentiant l'équation (19) par rapport à $y$, ou l'équation (20) par rapport à $x$, on trouve également

$$\gamma s = [r_{,}(B+Cq)+s_{,}(b+cq)](A+Cp)+Csp_{,}+[s(B+Cq)+t_{,}(b+cq)](a+cp)+cs_{,}q.$$

Supposons maintenant le plan des $x_{,}, y_{,}$, parallèle au plan tangent à la surface $s$ pour le point que nous considérons sur cette surface et les plans des $x_{,}z_{,}$ et $y_{,}z_{,}$ parallèles aux plans des deux sections principales de cette surface pour le même point ; ce qui donnera $p_{,}=0$, $q_{,}=0$, $s_{,}=0$.

Les équations précédentes se réduiront à celles-ci :

$$\begin{aligned} \alpha + \gamma p &= 0, \\ \beta + \gamma q &= 0, \\ \gamma r &= r_{,}(A+Cp)^2 + t_{,}(a+cp)^2, \\ \gamma t &= r_{,}(B+Cq)^2 + t_{,}(b+cq)^2, \\ \gamma s &= r_{,}(A+Cp)(B+Cq) + t_{,}(a+cp)(b+cq). \end{aligned}$$

Les deux premières donnent

$$p = -\frac{\alpha}{\gamma}, \quad q = -\frac{\beta}{\gamma}, \qquad (21)$$

d'où résulte

$$A + Cp = A - \frac{C\alpha}{\gamma} = \frac{A\gamma - C\alpha}{\gamma} = \frac{\pm b}{\gamma},$$

car on sait que

$$A\gamma - C\alpha = \pm b.$$

On a de même

$$B + Cq = \frac{\mp b}{\gamma};$$

$$a + cp = \frac{\mp B}{\gamma},$$

$$b + cq = \frac{\pm A}{\gamma},$$

et les trois autres équations deviennent

$$\left.\begin{aligned} r &= \frac{b^2 r_{,} + B^2 t_{,}}{\gamma^3}, \\ t &= \frac{a^2 r_{,} + A^2 t_{,}}{\gamma^3}, \\ s &= -\frac{abr_{,} + ABt_{,}}{\gamma^3}. \end{aligned}\right\} \quad (22)$$

Il convient de rappeler ici la signification géométrique des quantités $r_{,}$, $t_{,}$, quand on suppose $p_{,} = 0$, $q_{,} = 0$, $s_{,} = 0$.

L'équation qui donne les deux rayons de courbure de la surface $s$ rapportée aux axes des $x$, $y$, $z$, dont la position est quelconque à l'égard de cette surface est, comme on sait

$$(rt - s^2)\rho^2 - [(1+p^2)t + (1+q^2)r - 2pqs]\sqrt{1+p^2+q^2}.\rho + (1+p^2+q^2)^2 = 0.$$

Relativement aux axes des $x_{,}$, $y_{,}$, $z_{,}$ pour lesquels on a $p_{,} = 0$, $q_{,} = 0$, $s_{,} = 0$; cette équation devient

$$r_{,}t_{,}\rho^2 - (r_{,} + t_{,})\rho + 1 = 0.$$

Les racines de celle-ci sont $\frac{1}{r_{,}}$ et $\frac{1}{t_{,}}$; ce sont les valeurs des deux rayons de courbure, et comme elles doivent être aussi données par l'équation générale, on en conclut

$$\left.\begin{aligned} rt - s^2 &= (1+p^2+q^2)^2.r_{,}t_{,} \\ [(1+p^2)t+(1+q^2)s-2pqs]\sqrt{1+p^2+q^2} &= (1+p^2+q^2)^2.(r_{,}+t_{,}), \end{aligned}\right\} \quad (23)$$

résultat qu'on obtiendrait également, mais d'une manière moins simple, par la substitution des valeurs (21) et (22) trouvées pour $p$, $q$, $r$, $s$, $t$.

## IV.

Supposons actuellement que le point que nous considérons sur la surface $s$, soit le point **K** d'où part le rayon incident qui tombe sur la surface **S** au point **O** pris pour origine des coordonnées. Alors l'axe des $z_{,}$ coïncide avec la direction de ce rayon incident **OK**, le plan des $x_{,}$, $y_{,}$ lui est perpendiculaire, et les plans des $x_{,}z_{,}$ et $y_{,}z_{,}$, sont ceux des sections principales de la surface $s$ pour le point K dont il s'agit. De là résulte

$$x_{,} = 0, \quad y_{,} = 0, \quad z_{,} = k = \lambda h, \qquad (\text{n}^{\circ}\ \text{II}),$$

et comme on avait en général

$$z = Cx_{,} + cy_{,} + \gamma z_{,},$$

on a maintenant

$$z = \gamma\lambda h.$$

Substituons dans le premier membre de l'équation (14), cette valeur de $z$ et les valeurs (21), (22) et (23), que nous avons trouvées n° III, pour $p$, $q$, $r$, $s$, $t$ et pour les deux fonctions

$$rt - s^2, \quad (1 + p^2)t + (1 + q^2)r - 2pqs.$$

Nous trouverons successivement

$$\left.\begin{aligned} zR - 1 &+ \frac{1 + q^2 + zt}{1+p^2+q^2+[(1+p^2)t+(1+q^2)r-2pqs]z+[rt-s^2]z^2} \\ = \gamma\lambda h R - 1 &+ \frac{6^2 + \gamma^2 + \lambda h(a^2 r_{,} + A^2 t_{,})}{\alpha^2+6^2+\gamma^2+(r_{,}+t_{,})\lambda h + r_{,}t_{,}\lambda^2 h^2} \\ = \gamma\lambda h R - 1 &+ \frac{1 - \alpha^2 + \lambda h(a^2 r_{,} + A^2 t_{,})}{(1+\lambda h r_{,})(1+\lambda h t_{,})} \\ = \gamma\lambda h R - 1 &+ \frac{\dfrac{1-\alpha^2}{r_{,}t_{,}} + \lambda h\left(\dfrac{A^2}{r_{,}} + \dfrac{a^2}{t_{,}}\right)}{\left(\dfrac{1}{r_{,}} + \lambda h\right)\left(\dfrac{1}{t_{,}} + \lambda h\right)}. \end{aligned}\right\} \quad (24)$$

Nous avons dit plus haut que $\frac{1}{r_{,}}$ et $\frac{1}{t_{,}}$ sont les deux rayons de courbure de la surface $s$ en son point K $(x_{,}, y_{,}, z_{,})$ pour lequel on a $p_{,} = 0$, $q_{,} = 0$, $s_{,} = 0$. Pareillement $\frac{1}{R}$ et $\frac{1}{T}$ sont les deux rayons de courbure de la surface séparatrice S au point d'incidence O pour lequel on a par hypothèse $P = 0$, $Q = 0$, $S = 0$.

Comme nous n'aurons plus besoin des lettres R et $r$ pour représenter les dérivées partielles $\frac{d^2Z}{dX^2}$ et $\frac{d^2z}{dx^2}$, nous désignerons les deux rayons de courbure de la surface S par R et $r$; de sorte que nous remplacerons dans nos formules les dérivées R et T par $\frac{1}{R}$ et $\frac{1}{r}$.

Nous conviendrons de prendre pour la direction des $z$ positives, celle du plus grand rayon de courbure R à partir de l'origine O, ou s'il est infini, celle du plus petit rayon $r$. Nous prendrons pour l'angle des coordonnées positives, celui qui contient la partie du rayon incident qui fait un angle aigu avec la direction des $z$ positives.

Remarquons encore qu'on peut toujours faire passer la surface $s$ par un point K pris à volonté sur la direction du rayon incident. On peut donc prendre ce point K aussi près qu'on voudra du point O, sur la partie du rayon incident qui est dans l'angle des coordonnées positives; et alors le point correspondant K' de la surface $s'$ se trouvera aussi sur la partie positive du rayon réfracté à une petite distance de l'origine O.

Cela posé, si l'on désigne par D et $d$ les distances du point d'incidence O aux deux centres de courbure de la surface S situés sur la direction du rayon incident OK qui lui est normal, en supposant que ces deux centres se trouvent sur la partie positive de ce rayon, on aura évidemment

$$\frac{1}{r_{,}} = \mathrm{D} - \lambda h, \quad \frac{1}{t_{,}} = d - \lambda h.$$

Les distances D, $d$, changeront de signe quand elles tomberont sur la partie négative du rayon incident.

En mettant ces valeurs de $\frac{1}{r_{,}}$ et $\frac{1}{t_{,}}$ dans l'expression (24) et y remplaçant comme nous l'avons dit R par $\frac{1}{R}$, elle devient

$$\frac{\gamma\lambda h}{\mathrm{R}} - 1 + \frac{(1-\alpha^2)(\mathrm{D}-\lambda h)(d-\lambda h) + \lambda h \mathrm{A}^2(\mathrm{D}-\lambda h) + \lambda h a^2 (d-\lambda h)}{\mathrm{D}d},$$

et se réduit à

$$-\alpha^2 + \lambda h\left(\frac{\gamma}{\mathrm{R}} - \frac{\mathrm{A}^2}{\mathrm{D}} - \frac{a^2}{d}\right),$$

en ayant égard à la relation

$$A^2 + a^2 + \alpha^2 = 1.$$

Le premier membre de l'équation (14) se trouve donc transformé dans l'expression

$$-\frac{\alpha^2}{\lambda^2} + \frac{h}{\lambda}\left(\frac{\gamma}{R} - \frac{A^2}{D} - \frac{a^2}{d}\right),$$

son second membre deviendra pareillement

$$-\frac{\alpha'^2}{\lambda'^2} + \frac{h}{\lambda'}\left(\frac{\gamma'}{R} - \frac{A'^2}{D'} - \frac{a'^2}{d'}\right).$$

On représente par $D'$ et $d'$ les distances du point d'incidence O aux deux centres de courbure de la surface $s'$ situés sur la direction du rayon réfracté OK'; ces centres sont les points où OK' touche les deux nappes de la surface caustique formée par les intersections successives des rayons réfractés (les distances $D'$, $d'$ sont censées positives, lorsqu'elles sont comptées sur la partie de la droite OK' qui est dans l'angle des coordonnées positives, et négatives dans la direction opposée). On désigne par $A'B'C'$ et $a'b'c'$ les cosinus des angles que font avec les axes des $x$, $y$, $z$ positives les deux droites menées par le point O perpendiculairement au rayon réfracté OK' dans les plans des deux sections principales de la surface $s'$ passant par ce rayon OK'; enfin, $\alpha'$, $\beta'$, $\gamma'$ sont les cosinus des angles que fait ce rayon avec les mêmes axes.

L'équation (14) sera donc remplacée par celle-ci

$$-\frac{\alpha^2}{\lambda^2} + \frac{h}{\lambda}\left(\frac{\gamma}{R} - \frac{A^2}{D} - \frac{a^2}{d}\right) = -\frac{\alpha'^2}{\lambda'^2} + \frac{h}{\lambda'}\left(\frac{\gamma'}{R} - \frac{A'^2}{D'} - \frac{a'^2}{d'}\right)$$

qui devant avoir lieu, quelle que soit $h$, se partage en deux autres

$$\frac{\alpha^2}{\lambda^2} = \frac{\alpha'^2}{\lambda'^2}, \quad \frac{1}{\lambda}\left(\frac{A^2}{D} + \frac{a^2}{d} - \frac{\gamma}{R}\right) = \frac{1}{\lambda'}\left(\frac{A'^2}{D'} + \frac{a'^2}{d'} - \frac{\gamma'}{R}\right).$$

On peut faire subir des transformations analogues aux deux autres équations (15) et (16).

Voici le résultat de tout ce calcul.

On a d'abord les équations

$$\frac{\alpha^2}{\lambda^2} = \frac{\alpha'^2}{\lambda'^2}, \quad \frac{\mathcal{E}^2}{\lambda^2} = \frac{\mathcal{E}'^2}{\lambda'^2}, \quad \frac{\alpha\mathcal{E}}{\lambda^2} = \frac{\alpha'\mathcal{E}'}{\lambda'^2}$$

qui se réduisent à

$$\alpha' = \frac{\alpha\lambda'}{\lambda}, \quad \mathcal{E}' = \frac{\mathcal{E}\lambda'}{\lambda}, \qquad (25)$$

elles expriment simplement, comme il est aisé de s'en assurer, que le rayon incident et le rayon réfracté sont dans un même plan passant par l'axe des $z$, c'est-à-dire par la normale à la surface S au point O et que le rapport des sinus des angles qu'ils font avec cette normale est $\frac{\lambda}{\lambda'}$.

On a ensuite les trois équations

$$\left.\begin{aligned} \frac{1}{\lambda}\left(\frac{A^2}{D} + \frac{a^2}{d} - \frac{\gamma}{R}\right) &= \frac{1}{\lambda'}\left(\frac{A'^2}{D'} + \frac{a'^2}{d'} - \frac{\gamma'}{R}\right), \\ \frac{1}{\lambda}\left(\frac{B^2}{D} + \frac{b^2}{d} - \frac{\gamma}{r}\right) &= \frac{1}{\lambda'}\left(\frac{B'^2}{D'} + \frac{b'^2}{d'} - \frac{\gamma'}{r}\right), \\ \frac{1}{\lambda}\left(\frac{AB}{D} + \frac{ab}{d}\right) &= \frac{1}{\lambda'}\left(\frac{A'B'}{D'} + \frac{a'b'}{d'}\right). \end{aligned}\right\} \qquad (26)$$

Celles-ci renferment toutes les relations qui existent entre les courbures des trois surfaces S, $s$ et $s'$. Nous allons en développer les conséquences.

## V.

Pour plus de simplicité, nous pouvons actuellement faire passer les deux surfaces $s$ et $s'$ par le point d'incidence O. Alors D et $d$, D' et $d'$ deviennent précisément les rayons de courbure des deux surfaces $s$, $s'$ pour ce point-là, tandis que A, B, C et $a$, $b$, $c$, A', B', C' et $a'$, $b'$, $c'$ sont les cosinus des angles que les tangentes aux lignes de courbure de ces surfaces passant par le point O font avec les tangentes aux deux lignes de courbure de la surface séparatrice S et avec sa normale au point O; $\alpha$, $\mathcal{E}$, $\gamma$ et $\alpha'$, $\mathcal{E}'$, $\gamma'$ sont les cosinus des angles que le rayon incident et le rayon réfracté font avec les mêmes axes. Il s'agit maintenant de déterminer par le moyen des équations (26) les quantités D′ et $d'$, A′, B′, C′ et $a'$, $b'$, $c'$ relatives à la surface $s'$, en supposant connues les quantités R et $r$, D et $d$, A, B, C et $a$, $b$, $c$, relatives aux deux premières surfaces S et $s$ qui sont données.

On tire d'abord des équations (2)

$$\left.\begin{aligned} \frac{A'^2}{D'} + \frac{a'^2}{d'} &= f, \\ \frac{B'^2}{D'} + \frac{b'^2}{d'} &= g, \\ \frac{A'B'}{D'} + \frac{a'b'}{d'} &= e, \end{aligned}\right\} \quad (27)$$

en posant, pour abréger,

$$\left.\begin{aligned} f &= \frac{\gamma'}{R} + \frac{\lambda'}{\lambda}\left(\frac{A^2}{D} + \frac{a^2}{d} - \frac{\gamma}{R}\right), \\ g &= \frac{\gamma'}{r} + \frac{\lambda'}{\lambda}\left(\frac{B^2}{D} + \frac{b^2}{d} - \frac{\gamma}{r}\right), \\ e &= \frac{\lambda'}{\lambda}\left(\frac{AB}{D} + \frac{ab}{d}\right). \end{aligned}\right\} \quad (28)$$

$f$, $g$, $e$ ne se composent que de quantités connues.

On peut résoudre facilement les équations (27), en remarquant l'analogie qui existe entre elles et les formules (22) et la liaison de celles-ci avec les équations (23). Ainsi, en multipliant d'abord les équations (27) par $1 + \frac{\alpha'^2}{\gamma'^2}$, $1 + \frac{6'^2}{\gamma'^2}$, $\frac{2\alpha'6'}{\gamma'^2}$ respectivement et ajoutant, on trouve

$$\frac{A'^2+B'^2}{D'} + \frac{A'^2\alpha'^2+B'^26'^2+2A'\alpha'B'6'}{D'\gamma'^2} + \frac{a'^2+b'^2}{d'} + \frac{a'^2\alpha'^2+b'^26'^2+2a'\alpha'b'6'}{d'\gamma'^2}$$
$$= \frac{(\gamma'^2+\alpha'^2)f+(\gamma'^2+6'^2)g+2\alpha'6'e}{\gamma'^2}$$

et en réduisant (à cause de $A'\alpha' + B'6' = -C'\gamma'$),

$$\frac{1}{D'} + \frac{1}{d'} = \frac{(\gamma'^2+\alpha'^2)f + (\gamma'^2+6'^2)g + 2\alpha'6'.e}{\gamma'^2}. \quad (29)$$

En retranchant du produit des deux premières équations (27) le carré de la troisième et observant que $A'b' - B'a' = \pm\gamma'$, on obtient

$$\frac{1}{D'd'} = \frac{fg - e^2}{\gamma'^2}. \qquad (29)$$

On connaît donc la somme et le produit des deux quantités $\frac{1}{D'}$ et $\frac{1}{d'}$, et par conséquent, on aura les valeurs de D′ et $d'$ par la résolution d'une équation du second degré qu'il est inutile d'écrire.

Connaissant D′ et $d'$ on pourra déterminer A′ et $a'$ par le moyen des deux équations

$$\frac{A'^2}{D'} + \frac{a'^2}{d'} = f, \quad A'^2 + a'^2 = 1 - \alpha'^2, \quad \left(\alpha' = \frac{\alpha\lambda'}{\lambda}\right)$$

et l'on aura de même B′ et $b'$.

On peut aussi trouver ces dernières inconnues, indépendamment de D′ et $d'$. Car on tire des équations (27) après quelques réductions

$$\frac{\alpha'\mathcal{C}'f + (\gamma'^2 + \mathcal{C}'^2)e}{\gamma'} = A'a'\left(\frac{1}{D'} - \frac{1}{d'}\right)$$

$$-\frac{\alpha'\mathcal{C}'g + (\gamma'^2 + \alpha'^2)e}{\gamma'} = B'b'\left(\frac{1}{D'} - \frac{1}{d'}\right)$$

$$\frac{(\gamma'^2 + \alpha'^2)f - (\gamma'^2 + \mathcal{C}'^2)g}{\gamma'} = (A'b' + B'a')\left(\frac{1}{D'} - \frac{1}{d'}\right),$$

d'où résulte

$$\left.\begin{aligned} \frac{B'b'}{A'a'} &= -\frac{\alpha'\mathcal{C}'g + (\gamma'^2 + \alpha'^2)e}{\alpha'\mathcal{C}'f + (\gamma'^2 + \mathcal{C}'^2)e}, \\ \frac{B'}{A'} + \frac{b'}{a'} &= \frac{(\gamma'^2 + \alpha'^2)f - (\gamma'^2 + \mathcal{C}'^2)g}{\alpha'\mathcal{C}'f + (\gamma'^2 + \mathcal{C}'^2)g}. \end{aligned}\right\} \qquad (30)$$

On connaîtra donc $\frac{B'}{A'}$ et $\frac{b'}{a'}$, ce qui suffit pour déterminer les directions des tangentes aux deux lignes de courbure de la surface $s'$, car $\frac{B'}{A'}$ et $\frac{b'}{a'}$ sont les tangentes trigonométriques des angles que leurs projections sur le plan des $xy$ font avec l'axe des $x$, ou bien $-\frac{a'}{b'}$ et $-\frac{A'}{B'}$ sont les tangentes des angles que font avec l'axe des $x$ les traces sur le plan des $xy$ des plans des sections principales de la surface $s'$ pour le point O.

Il est à remarquer que si deux rayons incidents infiniment voisins se coupent, les deux rayons réfractés correspondants ne se coupent pas généralement. Car s'ils se coupaient, le plan contenant les deux rayons incidents et le plan contenant les deux rayons réfractés, se couperaient suivant la droite qui joint les deux points d'incidence infiniment voisins, c'est-à-dire suivant une tangente à la surface S; et comme ces plans déterminent des sections principales dans les surfaces $s$ et $s'$, le rapport $\frac{a}{b}$ ou $\frac{A}{B}$ serait égal à $\frac{a'}{b'}$ ou $\frac{A'}{B'}$, ce qui n'a pas lieu généralement.

Lorsqu'on a $d = D$, ce qui arrive en particulier quand les rayons incidents partent tous d'un même point, les quantités $\frac{A^2}{D} + \frac{a^2}{d}$, $\frac{B^2}{D} + \frac{b^2}{d}$, $\frac{AB}{D} + \frac{ab}{d}$, dans les formules précédentes se réduisent à $\frac{1-\alpha^2}{D}$, $\frac{1-6^2}{D}$ et $-\frac{\alpha 6}{D}$ respectivement. Une simplification semblable a lieu quand on a $d' = D'$.

Ces formules s'appliqueront à la réflexion, en y faisant $\lambda' = \lambda$ et $\alpha' = \alpha$, $6' = 6$, $\gamma' = -\gamma$. Si l'on a de plus $d = D$, on verra d'après les formules (30) que les plans des sections principales de la surface $s'$ sont toujours les mêmes, quelle que soit la grandeur de D, ce que M. Dupin avait déjà remarqué.

## VI.

On peut encore déterminer la courbure de toute section faite dans la surface $s'$ par un plan mené à volonté par sa normale qui n'est autre que le rayon réfracté. Soient OZ la normale à la surface séparatrice S pour le point O, XOY son plan tangent, XOZ et YOZ les plans de ses courbures principales; ces trois plans sont pris pour ceux des coordonnées $x$, $y$, $z$. Soient OK la direction du rayon incident normale à la surface $s$, OK' celle du rayon réfracté normale à $s'$, $x_{,}Oy_{,}$ le plan tangent à $s$ et $Ox_{,}$, $Oy_{,}$ les tangentes à ses lignes de cour-

fig. 2

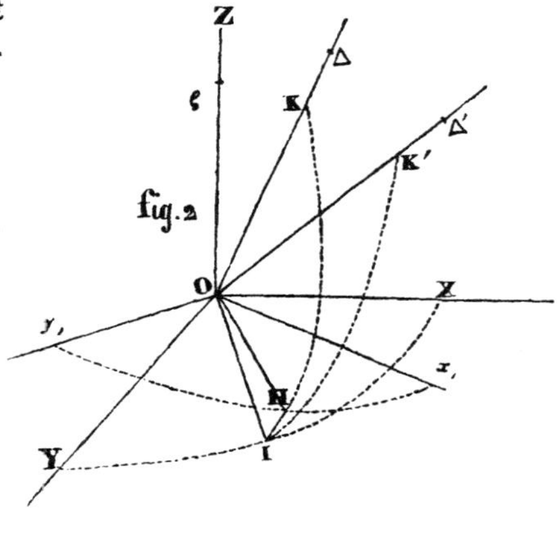

bure. Traçons dans le plan XOY tangent à S une ligne droite OI et faisons passer par cette droite et par les lignes OK, OK', deux plans IOK, IOK'; soient $\Delta$ et $\Delta'$ les rayons de courbure des sections normales faites par ces deux plans dans les surfaces $s$, $s'$, et $\rho$ le rayon de courbure de la section normale faite dans la surface S par le plan IOZ.

Cela posé, en multipliant les trois équations (26) par $\cos^2 \mathrm{IOX}$, $\cos^2 \mathrm{IOY}$ et $2\cos \mathrm{IOX} \cos \mathrm{IOY}$, puis ajoutant, on trouve

$$\left.\begin{array}{l}\frac{1}{\lambda}\left[\frac{A^2\cos^2 IOX + B^2\cos^2 IOY + 2AB\cos IOX\cos IOY}{D} + \frac{a^2\cos^2 IOX + b^2\cos^2 IOY + 2ab\cos IOX\cos IOY}{d} \right. \\ \qquad\qquad\qquad \left. - \gamma\left(\frac{\cos^2 IOX}{R} + \frac{\cos^2 IOY}{r}\right)\right] \\ = \frac{1}{\lambda'}\left[\frac{A'^2\cos^2 IOX + B'^2\cos^2 IOY + 2A'B'\cos IOX\cos IOY}{D'} + \frac{a'^2\cos^2 IOX + b'^2\cos^2 IOY + 2a'b'\cos IOX\cos IOY}{d'} \right. \\ \qquad\qquad\qquad \left. - \gamma'\left(\frac{\cos^2 IOX}{R} + \frac{\cos^2 IOY}{r}\right)\right].\end{array}\right\} \quad (31)$$

Mais la formule connue d'Euler donne

$$\frac{1}{\rho} = \frac{\cos^2 IOX}{R} + \frac{\cos^2 IOY}{r};$$

on a ensuite

$$\begin{aligned}\cos . IOx_{,} &= A\cos IOX + B\cos IOY, \\ \cos . IOy_{,} &= a\cos IOX + b\cos IOY;\end{aligned}$$

et en supposant que le plan IOK coupe le plan $x_{,}Oy_{,}$ tangent à la surface $s$ suivant OH,

$$\begin{aligned}\cos IOx_{,} &= \cos IOH \cos HOx_{,} = \sin IOK \cos HOx_{,}, \\ \cos IOy_{,} &= \cos IOH \cos HOy_{,} = \sin . IOK \cos HOy_{,}.\end{aligned}$$

Donc le premier membre de l'équation (31) devient

$$\frac{1}{\lambda}\left[\sin^2 . IOK\left(\frac{\cos^2 HOx_{,}}{D} + \frac{\cos^2 HOy_{,}}{d}\right) - \frac{\gamma}{\rho}\right],$$

ou bien encore,

$$\frac{1}{\lambda}\left(\frac{\sin^2 IOK}{\Delta} - \frac{\gamma}{\rho}\right),$$

car la formule d'Euler donne

$$\frac{1}{\Delta} = \frac{\cos^2 \mathrm{HO}x_{,}}{\mathrm{D}} + \frac{\cos^2 \mathrm{HO}y_{,}}{d}.$$

Le second membre de l'équation (31) se transforme de même, de sorte que cette équation devient la suivante

$$\frac{1}{\lambda}\left(\frac{\sin^2 \mathrm{IOK}}{\Delta} - \frac{\gamma}{\varrho}\right) = \frac{1}{\lambda'}\left(\frac{\sin^2 \mathrm{IOK}'}{\Delta'} - \frac{\gamma'}{\varrho}\right). \qquad (32)$$

Telle est la relation très simple qui existe entre les rayons de courbure des sections normales faites dans les trois surfaces S, $s$, $s'$, par les trois plans IOZ, IOK, IOK′ dont la ligne de commune intersection OI est prise à volonté sur le plan tangent à la première surface S. On aura donc le rayon $\Delta'$ quand on connaîtra $\rho$ et $\Delta$.

En particulier, si l'on prend OI perpendiculaire au plan qui contient la normale OZ et les rayons incident et réfracté OK, OK′, on aura

$$\frac{1}{\lambda}\left(\frac{1}{\Delta} - \frac{\gamma}{\varrho}\right) = \frac{1}{\lambda}\left(\frac{1}{\Delta'} - \frac{\gamma'}{\varrho}\right), \qquad (33)$$

d'où l'on peut conclure que les trois centres de courbure correspondants sont en ligne droite; et si OI est la trace de ce même plan ZOK sur le plan tangent à S, on aura

$$\frac{1}{\lambda}\left(\frac{\gamma^2}{\Delta} - \frac{\gamma}{\varrho}\right) = \frac{1}{\lambda'}\left(\frac{\gamma'^2}{\Delta'} - \frac{\gamma'}{\varrho}\right). \qquad (34)$$

Ici $\rho$, $\Delta$ et $\Delta'$ sont les rayons de courbure des sections faites dans les trois surfaces S, $s$, $s'$ par le plan dont il s'agit. Cette dernière formule suffit pour la construction des surfaces caustiques lorsque les trois surfaces S, $s$, $s'$ sont des surfaces cylindriques dont les génératrices sont perpendiculaires à un même plan, ou des surfaces de révolution autour d'un même axe; dans ce dernier cas l'une des deux nappes de chaque surface caustique se réduit à une portion de ligne droite placée sur l'axe, et la formule (34) détermine les points de l'autre nappe. Les deux surfaces développables qui passent par un rayon quelconque, sont l'une un plan passant par l'axe, l'autre un cône droit de révolution autour de ce même axe. Ces cas reviennent à celui où l'on ne considère qu'un faisceau de rayons lumineux dirigés dans un seul et même plan suivant les normales à une courbe tracée sur ce plan et réfractés ou réfléchis à la rencontre d'une autre courbe sur le même plan. Alors la formule (34) coïncide avec celle que Bernouilli a donnée pour les caustiques planes et qu'il est très facile d'établir directement.

## VII.

La détermination des quantités D', $d'$, $\Delta'$, A', B', C' et $a'$, $b'$, $c'$, qui se rapportent à la courbure de la surface $s'$ pour le point O, peut encore être ramenée à la construction de la courbe que M. Dupin a nommée *indicatrice*.

On sait que si l'on prend sur une surface un point quelconque O, et si l'on coupe cette surface par un plan parallèle à son plan tangent au point O, et qui en soit infiniment voisin, la section est une ellipse ou une hyperbole dont les diamètres sont proportionnels à la racine carrée des rayons de courbure des sections faites dans la surface par des plans normaux passant par ces diamètres. Si l'on imagine que ces diamètres grandissent dans un rapport infini, on aura alors une ellipse ou une hyperbole s'éloignant à distance finie du centre O, et qui sera *l'indicatrice* de la surface pour le point O. Les carrés des demi-axes de cette courbe sont proportionnels aux deux rayons de courbure principaux de la surface et ont les mêmes signes que ces rayons; les deux plans normaux passant par les axes de la courbe, sont ceux des sections principales de la surface.

Ainsi, en supposant la surface S rapportée aux axes des $x$, $y$, $z$, que nous avons adoptés précédemment, l'indicatrice de cette surface S pour le point O, tracée sur son plan tangent, qui est le plan des $xy$, pourra être représentée par l'équation

$$\frac{x^2}{R} + \frac{y^2}{r} = 1. \qquad \text{(C)}$$

En supposant la surface $s$ rapportée aux axes des $x_i$, $y_i$, $z_i$, qui ont été définis plus haut, nous prendrons pour son indicatrice sur son plan tangent $x_i O y_i$ la courbe donnée par l'équation

$$\frac{x_i^2}{\gamma D} + \frac{y_i^2}{\gamma d} = 1.$$

Cette équation représente aussi le cylindre droit qui a pour base cette indicatrice, et dont les génératrices sont parallèles à la direction du rayon incident OK qui est l'axe des $z_{\prime}$. L'équation de ce cylindre rapporté aux axes des $x$, $y$, $z$, est

$$\frac{(Ax + By + Cz)^2}{\gamma D} + \frac{(ax + by + cz)^2}{\gamma d} = 1.$$

en y faisant $z = 0$, on aura pour l'équation de sa trace sur le plan XOY tangent à la surface S,

$$\left(\frac{A^2}{D} + \frac{a^2}{d}\right)x^2 + \left(\frac{B^2}{D} + \frac{b^2}{d}\right)y^2 + 2\left(\frac{AB}{D} + \frac{ab}{d}\right)xy = \gamma. \quad (c)$$

De même, en prenant les carrés des demi-axes de l'indicatrice de la surface $s'$ égaux à $\gamma' D'$ et $\gamma' d'$, le cylindre droit qui a pour base cette indicatrice et ses génératrices parallèles au rayon réfracté OK', coupera le plan des $xy$ tangent à S suivant la courbe représentée par l'équation

$$\left(\frac{A'^2}{D'} + \frac{a'^2}{d'}\right)x^2 + \left(\frac{B'^2}{D'} + \frac{b'^2}{d'}\right)y^2 + 2\left(\frac{A'B'}{D'} + \frac{a'b'}{d'}\right)xy = \gamma'. \quad (c')$$

Cela posé, si l'on ajoute l'équation (C), multipliée par $\frac{\gamma'}{\lambda'} - \frac{\gamma}{\lambda}$, à l'equation $(c)$ multipliée par $\frac{1}{\lambda}$, et si l'on a égard aux formules (26), on obtiendra l'équation $(c')$. Ainsi, connaissant les courbes (C) et $(c)$ ou leurs équations, il est facile d'obtenir comme on voit, l'équation de la courbe $(c')$, ou seulement trois points de cette courbe, dont la projection sur un plan perpendiculaire au rayon réfracté OK' sera l'indicatrice de la surface $s'$ pour le point O. On voit aussi que ces trois courbes C, $c$, $c'$, se coupent aux quatre mêmes points, aux extrémités de deux diamètres communs; donc si l'on construit les deux premières courbes ou seulement leurs points d'intersection, la courbe $c'$ devra passer par ces points, si toutefois ils sont réels, et il suffira pour achever de déterminer cette courbe, d'en connaître un autre point quelconque ; par exemple l'un de ceux où elle rencontre, soit la trace du plan ZOK sur le plan XOY tangent à S, soit la perpendiculaire à cette trace, ce qui est facile d'après les formules (33) et (34).

Ces constructions peuvent être effectuées par la géométrie descriptive.

*Comptes Rendus hebdomadaires des séances de l'Académie Royale des Sciences*
VIII, p. 788
1839



*Note de* M. **Sturm**, *relative au Mémoire de* M. Libri *inséré dans le précédent* Compte rendu.

« M. Liouville a présenté à l'Académie, en février 1838, des observations critiques sur un Mémoire de M. Libri, relatif à la théorie de la chaleur. Cette Note de M. Liouville fut renvoyée à l'examen d'une Commission composée de MM. Poisson, Poinsot et moi. M. Liouville, en publiant sa Note quelque temps après, dans son Journal, nous dégagea de l'obligation de faire un rapport qui pouvait n'être pas favorable à M. Libri. Notre confrère n'ayant fait alors aucune réponse aux objections élevées contre sa méthode, il y avait lieu de croire que la question était suffisamment éclaircie, et la Commission se trouvait excusable de n'avoir pas prononcé son jugement. Malheureusement, M. Libri a voulu renouveler une discussion qui semblait terminée; dans le Mémoire qu'il a lu à la dernière séance de l'Académie, il a affirmé qu'il ne trouve aucun fondement dans les observations de M. Liouville, et il a attaqué à son tour une partie des travaux de ce géomètre. M. Libri a sur M. Liouville l'avantage d'être membre de l'Académie, et il a choisi pour l'accuser d'erreur le moment où M. Liouville se présente comme candidat pour la section d'Astronomie. Il serait fâcheux que le silence de la Commission qui avait été chargée de décider la question controversée, reçût une interprétation défavorable à M. Liouville. Ayant fait partie de cette Commission, je crois accomplir un devoir et n'être que juste envers M. Liouville, en déclarant à l'Académie que sa critique, conçue en termes convenables, m'a paru fondée, et que, dans mon opinion, la méthode de M. Libri et les formules qu'il en a déduites sont inexactes. Je regrette que M. Libri ait rendu nécessaire cette explication qui pourra lui paraître désobligeante; je la devais à l'Académie aussi bien qu'à M. Liouville dont le talent et le caractère ont toute mon estime, et à qui il fallait rendre justice. Je suis d'ailleurs disposé à motiver mon opinion, en discutant avec M. Libri le fond même de la question. »

*Comptes Rendus hebdomadaires des séances*
*de l'Académie Royale des Sciences*
VIII, pp. 789–790
1839



## *Réponse de* M. Libri *à la Note de* M. Sturm.

« Après la lecture de la Note de M. Sturm, M. Libri prend la parole et fait remarquer à l'Académie tout ce que cette communication a d'insolite. M. Sturm parle comme si la Commission, après avoir examiné la Note de M. Liouville et le Mémoire critiqué dans cette Note, avait pu se former une opinion. *Or, cela est complétement inexact* (1). Jamais la Commission ne s'est assemblée: jamais il n'a été fait de rapport ni aucun projet de rapport: jamais la Commission n'a manifesté son opinion d'une manière quelconque : jamais M. Libri, qui a laissé toute la latitude imaginable aux travaux de la Commission, et qui s'est interdit de faire la moindre remarque critique sur les recherches de M. Liouville, tant que cette Commission a existé, n'a reçu aucune communication à cet égard. Que M. Sturm parle donc pour lui seul, qui formait la minorité de la Commission. D'après la Note précédente, l'Académie jugera si c'est uniquement pour ne pas désobliger un confère que M. Sturm a gardé quatre mois le Mémoire entre les mains et qu'il l'a rendu ensuite à M. Liouville sans qu'il ait été fait ni préparé aucun rapport.

» Pendant que M. Libri continuait de se livrer à l'examen de la Note de M. Sturm, celui-ci a brusquement abandonné la discussion, malgré les instances répétées et les efforts inutiles de M. Libri pour le retenir. Alors, M. Libri a dû compléter ses explications en s'adressant à l'Académie, et il l'a fait en ces termes.

» M. Sturm dit que, pour accuser d'erreur M. Liouville, j'ai choisi le moment où il se présente comme candidat pour la section d'Astronomie. Ici je dois déclarer d'abord que lorsque j'ai écrit mon Mémoire, je n'avais aucune connaissance de la candidature de M. Liouville, qui n'avait fait aucune démarche officielle à ce sujet, et dont la candidature n'avait pas été, comme celle d'autres personnes, annoncée à l'Académie. Je pouvais d'autant moins prévoir cette candidature, que M. Liouville s'étant déjà

---

(1) La Commission se composait de MM. Biot, Poinsot, Poisson et Sturm. Vérification faite au secrétariat, M. Biot s'est retiré immédiatement de la Commission; M. Poisson n'a gardé la Note de M. Liouville que cinq jours chez lui. Il n'a jamais dit à personne, que je sache, s'il avait pu l'examiner, et il n'a jamais fait connaître son opinion. M. Poinsot, qui assistait à la séance, interpellé par moi à ce sujet, a déclaré que la Note de M. Liouville lui avait, à la vérité, *passé sous les yeux*, mais qu'il ne l'avait pas assez examinée pour se former une opinion. Il a déclaré de plus que la Commission ne s'était jamais assemblée, et que jamais il n'avait été proposé aucun projet de rapport.

plusieurs fois présenté pour la section de Géométrie, je ne devais pas supposer qu'il voulût maintenant donner une autre direction à ses travaux. J'ajouterai, et l'Académie le sait bien, que M. Liouville a été déjà candidat depuis qu'il a commencé à m'attaquer, et tous mes confrères doivent se rappeler que je me suis tenu à son égard dans la plus complète réserve: ce n'est donc pas une occasion, comme on a semblé l'insinuer, que j'ai voulu choisir pour répondre à M. Liouville; j'ai attendu d'avoir complété un travail analytique relatif à un des points sur lesquels j'avais été attaqué. Je repousse formellement toute autre interprétation. »

*Comptes Rendus hebdomadaires des séances*
*de l'Académie Royale des Sciences*
XIII, pp. 1046–1051
1841



MÉCANIQUE. — *Mémoire sur quelques propositions de mécanique rationnelle; par* M. STURM.

« Le théorème de Carnot sur la perte de force vive qui a lieu dans un système dont certaines parties dénuées d'élasticité changent brusquement de vitesse en se choquant, a été étendu par quelques auteurs à tous les changements brusques de vitesse produits par des causes quelconques. La démonstration de Carnot n'étant pas fondée sur la considération des actions mutuelles développées entre les molécules dans le choc, semblait se prêter à cette extension de son principe. Mais, après un examen plus approfondi, plusieurs géomètres ont été conduits à juger cette démonstration de Carnot insuffisante, et à restreindre considérablement la généralité de son théorème. On savait déjà qu'il n'avait pas lieu dans le choc des corps élastiques; on a cru devoir le borner au cas des changements brusques de vitesse dus au choc proprement dit entre des corps dépourvus d'élasticité, en observant que pour ce cas même il ne donne qu'une partie de la perte de force vive du système, quand il y a frottement entre les corps en contact; qu'il faut d'ailleurs que les vitesses des points en contact dans le sens de la normale commune aux surfaces des deux corps qui se touchent soient les mêmes à la fin du choc, et qu'enfin les conditions ou liaisons géométriques auxquelles les points du système sont assujettis ne doivent pas changer de nature avec le temps. M. Poisson a remarqué qu'une explosion ou une production subite de forces qui séparerait brusquement des corps d'abord en contact, doit toujours donner lieu à une augmentation de forces vives dont l'expression est analogue à celle de la perte dans le théorème de Carnot.

» S'il est certain que ce théorème ne peut pas s'appliquer à tous les changements très-rapides de vitesse, quelles qu'en soient les causes, il ne doit pas cependant être limité exclusivement au cas du choc des corps non élastiques. Le présent Mémoire a pour objet principal de faire voir qu'il a lieu dans d'autres circonstances qu'il est utile de connaître. Je démontre en effet, par des considérations différentes de celles qui se rapportent au cas du choc, la proposition suivante :

» Si l'on conçoit que les liaisons d'un système de points matériels en mouvement soient changées à un instant donné, ou, pour mieux dire, dans un intervalle de temps très-court, la somme des forces vives acquises avant cet instant surpassera celle qui aura lieu immédiatement après, d'une quantité égale à la somme des forces vives correspondantes aux vitesses perdues dans le passage du premier état du système au second.

» On suppose ici que les nouvelles liaisons auxquelles on assujettit les points du système soient, comme à l'ordinaire, exprimées par des équations entre leurs coordonnées, qui ne renferment pas le temps explicitement.

» Ainsi, soit $v$ la vitesse acquise d'un point quelconque $m$ du système à l'instant où les liaisons vont être changées; et soit $v_1$ la nouvelle vitesse qu'il aura après cet instant. Décomposons la vitesse $v$ en deux dont l'une soit $v_1$ et l'autre, qu'on appelle la vitesse perdue, soit $\omega$, de telle sorte que $v$ soit la diagonale d'un parallélogramme dont $v_1$ et $\omega$ seront les côtés. On a la formule

$$\Sigma mv^2 = \Sigma mv_1^2 + \Sigma m\omega^2.$$

» Il suit de là comme corollaire, que si un système est mis en mouvement par des percussions appliquées à ses différents points assujettis à certaines liaisons, la somme des forces vives dues aux vitesses que les percussions imprimeraient à ces points, s'ils étaient libres, est égale à la somme des forces vives produites après cet instant dans le mouvement effectif du système, plus la somme des forces vives correspondantes aux vitesses perdues.

» Considérons de nouveau un système de points en mouvement assujettis à des liaisons indépendantes du temps, et concevons qu'à un instant donné pour lequel chaque point $m$ a une certaine vitesse acquise $v$, on établisse de nouvelles liaisons indépendantes du temps et parmi lesquelles se trouvent comprises toutes les anciennes liaisons; le point $m$ qui avait la vitesse $v$ prendra une autre vitesse $v_1$.

» Supposons qu'au même instant et dans la même position du système, on établisse encore de nouvelles liaisons qui comprennent les précédentes et par conséquent aussi les premières; et supposons que le point $m$, qui était animé de la vitesse $v$, prenne dans cet autre état du système une vitesse $v_2$.

» Cela posé, si l'on représente par $a$, $b$, $c$ les composantes de la vitesse $v$ parallèles à trois axes rectangulaires, par $a_1$, $b_1$, $c_1$ celles de la vitesse $v_1$ et par $a_2$, $b_2$, $c_2$ celles de $v_2$, on aura la double équation

$$\begin{aligned}\Sigma mv^2 - \Sigma mv_2^2 &= \Sigma m\left[(a-a_2)^2+(b-b_2)^2+(c-c_2)^2\right]\\ &= \Sigma m\left[(a-a_1)^2+(b-b_1)^2+(c-c_1)^2\right]+\Sigma m\left[(a_1-a_2)^2+(b_1-b_2)^2+(c_1-c_2)^2\right].\end{aligned}$$

» Cette formule s'étend au cas général où l'on introduirait successivement de nouveaux systèmes de liaisons en nombre quelconque, chaque nouveau système de liaisons s'*ajoutant* aux liaisons précédentes.

» On peut donc énoncer la proposition suivante, qui n'est pas une conséquence aussi immédiate de la première, qu'elle le paraît au premier abord. Des points matériels en mouvement et soumis à des liaisons ayant certaines vitesses acquises à un instant donné, si l'on conçoit qu'à cet instant on ajoute successivement aux liaisons données un, deux, trois systèmes de nouvelles liaisons, et que l'on considère la série des vitesses que prendra chaque point dans les états successifs du système, l'excès de la somme des forces vives de ce système dans son état primitif sur la somme des forces vives qu'il possèdera dans son dernier état pour lequel le nombre des liaisons est le plus grand, sera égal soit à la somme des forces vives correspondantes aux vitesses perdues dans le passage immédiat du premier état au dernier, soit encore à la somme des forces vives correspondantes aux vitesses perdues, en supposant que le système passe successivement de son premier état au second, puis du second au troisième, et ainsi de suite jusqu'au dernier.

» On déduit immédiatement des propositions qui précèdent quelques propriétés du mouvement déjà connues, qu'on avait démontrées par des calculs plus ou moins simples. Par exemple, si l'on considère un corps solide en mouvement autour d'un point fixe, la somme des forces vives de tous les points de ce corps à une époque quelconque de son mouvement sera plus grande que celle qu'on obtiendrait si, en conservant à chaque molécule sa vitesse actuelle, on fixait un point quelconque de ce corps situé hors de son axe instantané. Il en est de même pour le mouvement initial. Si un corps solide retenu par un point fixe est mis en mouvement par des percussions, l'axe instantané autour duquel il commencera à tourner sera, parmi tous les axes passant par le point fixe qu'on peut imaginer dans le corps, celui pour lequel la somme des forces vives initiales est un maximum, c'est-à-dire que cette somme sera plus grande que celle que produiraient les mêmes percussions, si l'on assujettissait le corps à tourner autour d'un axe fixe différent de l'*axe spontané*. Euler et Lagrange avaient dit que la somme des forces vives du corps tournant autour de son axe spontané devait être un maximum ou un minimum. M. Delaunay a prouvé, par l'application de la méthode générale des maxima et minima, que cette force vive est toujours un maximum. Au reste, j'obtiens aisément cette proposition et une autre encore plus précise par la considération de la surface que M. Poinsot a nommée l'ellipsoïde central.

» Le principe général donne de même, sans aucun calcul, cet autre théorème dû à M. Coriolis.

» La somme des forces vives d'un système de points matériels à une époque quelconque de son mouvement est égale à la somme des forces vives que prendraient ces points, si, étant animés de leurs vitesses actuelles, ils venaient à former à cet instant un système de figure invariable assujetti aux mêmes liaisons qu'auparavant, plus la somme des forces vives qu'auraient ces points en vertu des seules vitesses relatives par lesquelles ils s'écartent des positions qu'ils occuperaient dans le système solidifié.

» La somme des forces vives dans le mouvement que prendrait le système s'il venait à être solidifié dans l'état où il se trouve à un instant quelconque, et que M. Coriolis appelle *son mouvement moyen* pour cet instant, peut elle-même se décomposer en deux parties, dont l'une est la force vive qu'aurait la masse totale du système animée de la vitesse du centre de gravité, et dont l'autre est la somme des forces vives qu'auraient les molécules dans le mouvement relatif ou apparent du système solidifié autour du centre de gravité considéré comme fixe.

» Dans la seconde partie de ce Mémoire, je compare le mouvement d'un système de points sollicités par des forces données et assujettis à des liaisons arbitraires, à un autre mouvement quelconque que pourrait avoir le même système dans chacune des positions successives qu'il occupe, sans cesser d'être assujetti aux liaisons données. J'établis la proposition suivante :

» Soit un système de points matériels en mouvement assujettis à des liaisons quelconques qui peuvent ici contenir le temps explicitement. Considérons ce système à un instant donné, et supposons qu'à cet instant et pour cette même position du système, on lui donne un autre mouvement quelconque différent du mouvement réel, mais toutefois compatible avec toutes les liaisons données. Cet autre mouvement sera, si l'on veut, purement fictif. On pourra décomposer la vitesse $v$ de chaque point $m$ dans le premier mouvement en deux vitesses, dont l'une $v_1$ soit la vitesse de ce point dans le second mouvement, l'autre composante $\omega$ sera la vitesse *perdue* ou *relative* avec laquelle le point devrait s'écarter de la position qu'il occuperait dans le mouvement fictif (après l'instant $dt$) pour arriver à celle qu'il occupe dans le mouvement réel : le produit $\omega dt$ de cette vitesse perdue ou relative par l'élément du temps peut être appelé le déplacement *relatif* du point $m$, $vdt$ étant le déplacement réel, et $v_1 dt$ le déplacement fictif. Cela posé, la demi-somme des forces vives $\frac{1}{2}\Sigma.m\omega$ correspondantes aux vitesses relatives $\omega$, prendra dans chaque instant $dt$ un accroissement égal à la somme des quantités de travail élémentaire $P\omega dt\cos(P,\omega)$, dues aux forces extérieures P qui agissent sur les points du système et à leurs déplacements relatifs, plus les quantités de travail $Q\omega dt\cos(Q,\omega)$, qu'on obtient en considérant des forces Q égales et contraires à celles qui donneraient à chaque point supposé libre et d'abord animé de la vitesse fictive $v_1$, le mouvement fictif qu'on a supposé, et multipliant ces nouvelles forces Q par les mêmes déplacements relatifs $\omega dt$ projetés sur les directions de ces forces. On a donc, pour un temps quelconque,

$$\Sigma m\omega^2 - \Sigma m\omega_0^2 = 2\int\Sigma.P\omega dt\cos(P,\omega) + 2\int\Sigma.Q\omega dt\cos(Q,\omega),$$

$\omega_0$ étant la valeur initiale de $\omega$ à l'origine de ce temps.

» On peut encore supposer dans cette formule que les forces Q soient des forces égales et contraires à celles qui seraient capables de produire le mouvement fictif à l'aide des liaisons données.

» Cette proposition comprend le beau théorème que M. Coriolis a donné pour l'extension du principe des forces vives ou de la transmission du travail aux mouvements relatifs en vertu desquels les points d'un système animés de leurs vitesses acquises à chaque instant s'écarteraient des positions infiniment voisines qu'ils prendraient dans le système solidifié. M. Coriolis a fait des applications importantes de son théorème; il en a donné un autre analogue pour estimer la force vive dans le mouvement fictif, et qui peut aussi être généralisé, comme l'exprime la formule suivante

$$d.\Sigma m v_1^2 = 2\Sigma.\mathrm{P} v_1 dt \cos(\mathrm{P}, v_1) - 2\Sigma.\mathrm{Q}\omega dt \cos(\mathrm{Q}, \omega),$$

qui suppose, toutefois, les liaisons indépendantes du temps. Dans cette hypothèse, en ajoutant les valeurs précédentes de $d.\Sigma m\omega^2$ et de $d.\Sigma m v_1^2$, on retrouve l'équation ordinaire des forces vives.

» Dans la démonstration de ces formules, on observe qu'en décomposant le mouvement réel de chaque point en un mouvement fictif quelconque satisfaisant à toutes les conditions du système, et en un mouvement relatif, ce dernier peut toujours être pris pour un mouvement virtuel quelconque compatible avec toutes les liaisons données, quand bien même elles dépendraient du temps explicitement. Cette remarque suffit pour déduire de la formule générale de Dynamique toutes les équations du mouvement relatif du système, en supposant connu le mouvement fictif à chaque instant. »

*Journal de Liouville*
VI, pp. 315–320
1841



---

## *Note de* M. STURM, *à l'occasion de l'article précédent.*

Il s'agit de déterminer la courbe qui, par sa révolution autour d'un axe (l'axe des $x$), engendre la surface *minimum* qui renferme un volume donné.

Ce volume étant $\pi\int y^2 dx$ et l'aire $2\pi\int y ds$, il faut poser, suivant la méthode connue,

$$\delta . \int (y^2 dx + 2ay ds) = 0,$$

$a$ étant une constante.

En considérant comme fixes les deux extrémités de la courbe, on peut ne faire varier que $x$, et comme la formule

$$ds^2 = dx^2 + dy^2$$

donne

$$\delta ds = \frac{dx}{ds} d\,\delta x,$$

on aura

$$\int \left( y^2 + 2ay \frac{dx}{ds} \right) d\delta x = 0.$$

En intégrant par parties et faisant

$$\delta x = 0$$

aux deux limites, on a

$$\int \delta x . d . \left( y^2 + 2ay \frac{dx}{ds} \right) = 0,$$

d'où l'on conclut

$$y^2 + 2ay \frac{dx}{ds} = \text{une constante C.}$$

Chacune des constantes $a$ et C pouvant être positive ou négative, on peut écrire

$$(1) \qquad y^2 \pm 2ay \frac{dx}{ds} \pm b^2 = 0,$$

et de là résulte

$$dx = \frac{(y^2 \pm b^2)\, dy}{\sqrt{4a^2 y^2 - (y^2 \pm b^2)^2}}.$$

C'est l'équation différentielle de la courbe méridienne cherchée; le radical doit être tantôt positif, tantôt négatif; il change de signe quand $y$ devient un maximum ou un minimum.

Si la constante $b$ est nulle, on a un cercle ou l'axe des $x$.

Si $b$ n'est pas nulle, l'équation différentielle (1) appartient à la courbe décrite par l'un des foyers d'une ellipse ou d'une hyperbole qui roule sans glisser sur l'axe des $x$.

En effet, supposons qu'une ellipse dont les demi-axes sont $a$ et $b$ roule sur l'axe des $x$. Son foyer F décrit une courbe qui, d'après une propriété générale des épicycloïdes, a pour normale la droite menée du point F au point K où l'ellipse mobile touche l'axe OX.

En désignant par $x$ et $y$ les coordonnées OP, PF, du point F, on a

$$\text{FP} \quad \text{ou} \quad y = \text{KF} . \sin \text{FKP}.$$

Mais FKP est le complement de l'angle que fait avec l'axe des $x$ la tangente FT à la courbe décrite par le point F. On a donc

$$\sin \text{FKP} = \cos \text{FTP} = \frac{dx}{\sqrt{dx^2 + dy^2}} = \frac{dx}{ds},$$

et

$$y = \text{KF} . \frac{dx}{ds}.$$

En désignant par $y'$ la perpendiculaire F'P' abaissée de l'autre foyer sur l'axe et observant que l'angle F'KP' est égal à FKP, on a aussi

$$y' = \mathrm{KF'}.\frac{dx}{ds}.$$

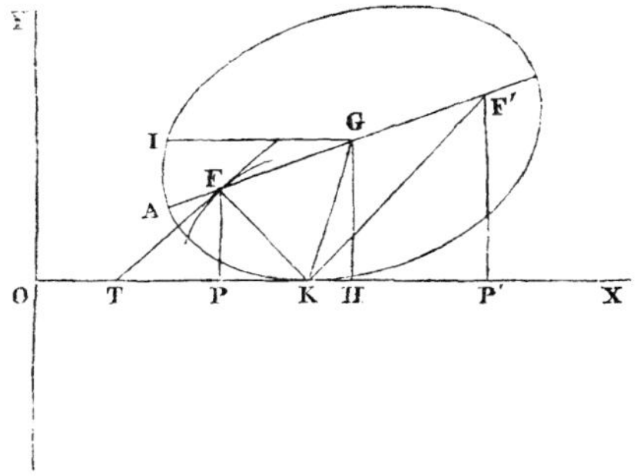


Ajoutant et remplaçant KF + KF' par $2a$, il vient

$$y + y' = 2a\frac{dx}{ds}.$$

On a d'ailleurs

$$yy' = b^2.$$

Éliminant $y'$, on trouve

$$y^2 - 2ay\frac{dx}{ds} + b^2 = 0.$$

C'est l'équation différentielle de la courbe décrite par le foyer F.

Quand l'angle FTX devient obtus, $\frac{dx}{ds}$ est négatif et l'équation devient

$$y^2 + 2ay\frac{dx}{ds} + b^2 = 0.$$

On trouverait la même équation

$$y^2 \pm 2ay\frac{dx}{ds} + b^2 = 0$$

pour la courbe décrite par l'autre foyer F'. Les courbes décrites par les deux foyers ne diffèrent, en effet, que par la position.

Cette équation, si l'on fait $b = a$, n'a pas d'autre solution réelle que

$$y = a,$$

et devient impossible si l'on suppose $b > a$.

En changeant $b^2$ en $-b^2$ dans ce qui précède, on verra que l'équation

$$y^2 \pm 2ay\frac{dx}{ds} - b^2 = 0$$

appartient aux courbes décrites par les foyers d'une hyperbole dont les demi-axes sont $a$ et $b$ et qui roule sur une ligne droite.

Si l'on fait rouler sur OX une parabole AK dont le foyer est F et le sommet A, on aura, d'après les propriétés connues de sa tangente,

$$\mathrm{FA} = \mathrm{FP} \cos \mathrm{AFP} = \mathrm{FP}. \cos \mathrm{PFK}.$$

L'angle PFK est égal à l'angle que fait avec l'axe des $x$ la tangente à la courbe décrite par le point F ou $(x, y)$; on a donc

$$\cos \mathrm{PFK} = \frac{dx}{ds}.$$

Donc, en posant

$$\mathrm{FA} = a,$$

la courbe décrite par le foyer a pour équation

$$y \frac{dx}{ds} = a,$$

d'où

$$dx = \frac{a\,dy}{\sqrt{y^2 - a^2}}.$$

C'est la chaînette.

On trouve aussi facilement la courbe décrite par le centre G d'une ellipse qui roule sur la droite OX. Soient $x$ et $y$ les coordonnées de ce centre mobile G. En menant le demi-diamètre GI parallèle à OX, conjugué de GK, on a

$$\overline{\mathrm{GK}}^2 + \overline{\mathrm{GI}}^2 = a^2 + b^2,$$

$$\mathrm{GK}.\ \mathrm{GI}.\ \sin \mathrm{IGK} = ab.$$

Mais

$$\sin \mathrm{IGK} = \sin \mathrm{GKH} = \pm \frac{dx}{ds},$$

et

$$\mathrm{GK} \sin \mathrm{IGK} = \mathrm{GH} = y.$$

Substituant et éliminant GI, on trouve

$$y^4 + a^2 b^2 \frac{dx^2}{ds^2} = (a^2 + b^2)\, y^2 \frac{dx^2}{ds^2};$$

puis, en réduisant,

$$dx = \frac{y^2 dy}{\sqrt{(a^2 - y^2)(y^2 - b^2)}}.$$

En remplaçant $b^2$ par $-b^2$, on aurait l'équation différentielle de la courbe décrite par le centre d'une hyperbole roulant sur l'axe des $x$.

Si l'hyperbole est équilatère, on a cette équation plus simple

$$y^2 = \pm a^2 \frac{dx}{ds},$$

ou

$$dx = \frac{y^2 dy}{\sqrt{a^4 - y^4}},$$

qui est un cas particulier de celle de la courbe élastique

$$y^2 \pm a^2 \frac{dx}{ds} + C = 0,$$

ou

$$dx = \frac{(C + y^2)\,dy}{\sqrt{a^4 - (C + y^2)^2}}.$$

On sait que cette dernière courbe est celle qui, parmi toutes les courbes de longueur donnée sur un plan, engendre, en tournant autour d'un axe tracé dans ce plan, le plus grand ou le plus petit volume, en supposant que la courbe doive se terminer à des points donnés ou à des lignes données. Quand les extrémités doivent se trouver à des distances données de l'axe, on a l'équation plus simple

$$y^2 = \pm a^2 \frac{dx}{ds}.$$

La discussion de ces différentes courbes présente des circonstances curieuses qu'il serait trop long d'indiquer.

On peut, en général, déterminer la courbe qu'il faut faire rouler sur une ligne droite pour qu'un certain point appartenant à cette courbe mobile décrive une autre courbe donnée par son équation différentielle.

Reprenons, par exemple, la courbe représentée par l'équation

$$y^2 \pm 2ay \frac{dx}{ds} + b^2 = 0,$$

et supposons qu'elle soit décrite par un point F lié à une courbe mobile AK qui roule sur l'axe des $x$.

Désignons par $r$ la longueur variable de la droite FK menée du point décrivant F au point K où la courbe inconnue AK touche l'axe des $x$, et par $\theta$ l'angle que cette droite FK fait avec une droite FA fixe par rapport à la courbe AK.

On a

$$\frac{dx}{ds} = \pm \sin \mathrm{FKP} = \pm \frac{r d\theta}{\sqrt{dr^2 + r^2 d\theta^2}} = \pm \frac{1}{r\sqrt{\frac{1}{r^2} + \left(\frac{d\frac{1}{r}}{d\theta}\right)^2}},$$

et

$$y = r \sin \mathrm{FKP} = \frac{1}{\sqrt{\frac{1}{r^2} + \left(\frac{d\frac{1}{r}}{d\theta}\right)^2}}.$$

Substituant ces valeurs dans l'équation (1), on trouve

$$\frac{1 \pm \frac{2a}{r}}{\frac{1}{r^2} + \left(\frac{d\frac{1}{r}}{d\theta}\right)^2} + b^2 = 0;$$

d'où l'on tire

$$d\theta = \frac{b.d.\frac{1}{r}}{\sqrt{-1 \mp \frac{2a}{r} - \frac{b^2}{r^2}}};$$

et en intégrant,

$$r = \frac{\frac{b^2}{a}}{1 + \sqrt{1 - \frac{b^2}{a^2}} \cdot \cos(\theta - \alpha)}.$$

équation polaire d'une ellipse dont le point F est un foyer et dont les demi-axes sont $a$ et $b$.

Ce procédé, appliqué à la courbe élastique, ne donne pas un résultat simple.

*Journal de Liouville*
VII, pp. 132–133
1842



---

## *Note de* M. Sturm, *à l'occasion de l'article précédent.*

On peut reconnaître la réalité des racines de l'équation $S_n = 0$ où l'inconnue est $z$, sans faire usage des restes que fournit le calcul du plus grand commun diviseur entre $S_n$ et sa dérivée (par rapport à $z$).

Considérons la suite des fonctions $S_0, S_1, S_2, \ldots, S_i, \ldots, S_n$. Chacune est liée aux deux précédentes par la relation

(1) $$S_{i+1} = S_i z - S_{i-1}.$$

On a d'ailleurs

$$S_0 = 1, \quad \text{et} \quad S_1 = z + 1.$$

En faisant $z = 2$, on trouve par l'équation (1) que les valeurs de ces fonctions sont

$$+1, \quad +3, \quad +5, \quad +7, \text{ etc.}$$

Pour $z = -2$, elles sont alternativement

$$+1, \quad -1, \quad +1, \quad -1, \ldots,$$

Ainsi les signes de ces fonctions pour $z = -2$ étant écrits par ordre, ne présentent que des variations au nombre de $n$, tandis que pour $z = 2$ elles ont toutes le même signe. Si donc $z$ croît d'une manière continue depuis $-2$ jusqu'à $+2$, la suite des signes de ces fonctions $S_0, S_1, S_2, \ldots, S_n$, doit perdre successivement les $n$ variations qui s'y trouvent d'abord pour $z = -2$. Mais quand une fonction $S_i$ intermédiaire entre $S_0$ et $S_n$ s'évanouit et change de signe pour une certaine valeur de $z$, on voit par l'équation (1) que les deux fonctions adjacentes $S_{i+1}$, $S_{i-1}$, ont des valeurs différentes de zéro et de signes contraires, de sorte que le nombre des variations n'est pas changé dans la suite des signes. Il faut donc, pour qu'il n'y ait plus de variations quand $z$ devient égal à 2, que la fonction du plus haut degré $S_n$ s'évanouisse en changeant de signe au moins $n$ fois, et qu'à chaque fois une variation disparaisse; d'ailleurs $S_n$ ne peut s'évanouir plus de $n$ fois, $n$ étant son degré. Donc l'équation $S_n = 0$ a ses $n$ racines toutes réelles, inégales, et comprises entre $-2$ et $+2$.

Il y a plus, puisque chaque racine fait disparaître une variation, on voit que si l'on substitue à la place de $z$ un nombre A quelconque compris entre $-2$ et $+2$, autant la suite des signes des fonctions $S_0, S_1, \ldots, S_n$ pour $z = A$ présentera de variations, autant l'équation $S_n = 0$ aura de racines comprises entre A et la limite 2. Et si l'on substitue deux nombres A et B, le nombre de variations perdues en passant de l'un à l'autre indiquera combien ils comprennent de racines de $S_n = 0$.

La même proposition s'appliquant à $S_{n-1}$, on en conclut qu'il y a toujours une racine réelle de l'équation $S_{n-1} = 0$ et une seule comprise entre deux racines consécutives $\alpha$ et $\beta$ de $S_n = 0$; c'est ce qu'on voit en substituant $\alpha + h$ et $\beta - h$ dans la suite $S_0, S_1, S_2, \ldots, S_{n-1}, S_n$, $h$ étant une quantité positive très-petite. Pareillement les $n-1$ racines de $S_{n-1} = 0$ comprennent dans leurs intervalles les $n-2$ racines de $S_{n-2} = 0$, et ainsi de suite.

En faisant $z = 0$ dans les fonctions $S_0, S_1, \ldots, S_n$, elles prennent les valeurs

$$+1, \quad +1, \quad -1, \quad -1, \quad +1, \quad +1, \text{ etc.}$$

En comparant les signes de ces valeurs avec ceux que donne la substitution de $-2$ et de $+2$, on voit que si $n$ est pair, l'équation $S_n = 0$ a autant de racines négatives que de positives, et que si $n$ est impair, elle a $\frac{n+1}{2}$ racines négatives et $\frac{n-1}{2}$ positives.

On verrait de la même manière que les propriétés précédentes conviennent aux équations

$$U_n = 0, \quad U_{n-1} = 0, \text{ etc.}$$

(provenant de $y^{2n} + 1 = 0$), dont les racines toutes comprises entre $-2$ et $+2$ sont d'ailleurs égales deux à deux et de signes contraires, celles de degrés impairs ayant la racine zéro.

La relation $U_n = S_n - S_{n-1}$ montre que pour les valeurs de $z$ qui annullent $S_n$, la fonction $U_n$ a un signe contraire à celui de $S_{n-1}$, et que pour celles qui annullent $S_{n-1}$, $U_n$ a le signe de $S_n$. En substituant aussi les limites $-2$ et $+2$, on en conclut que $U_n = 0$ a ses $n$ racines réelles, et que les trois fonctions $S_n, U_n, S_{n-1}$ s'évanouissent toujours l'une après l'autre alternativement pour des valeurs de $z$ croissantes entre $-2$ et $+2$, c'est-à-dire qu'en faisant croître $z$, $S_n$ s'évanouit d'abord pour une certaine valeur de $z$, puis $U_n$ pour une valeur un peu plus grande, ensuite $S_{n-1}$, puis de nouveau $S_n$, et ainsi de suite.

Ces diverses propriétés des racines des équations

$$S_n = 0, \quad U_n = 0,$$

résultent d'ailleurs de leurs expressions trigonométriques connues. Mais les démonstrations que je viens d'indiquer conviennent à une classe d'équations que j'ai traitées dans un Mémoire qui paraîtra prochainement.

*Journal de Liouville*
VII, pp. 345–355
1842



# NOTE

## *Sur un Mémoire de* M. Chasles;

### Par M. STURM.

M. Chasles vient de publier, dans les Additions à la *Connaissance des Temps* pour 1845, de beaux théorèmes généraux sur l'attraction des corps, parmi lesquels se trouve celui qu'il avait communiqué à l'Académie des Sciences le 11 février 1839. Le Mémoire de M. Chasles repose en grande partie sur le principe suivant, qu'il avait fait connaître antérieurement (dans le 25e cahier du *Journal de l'École Polytechnique*) : « Si l'on conçoit un canal infiniment étroit dont les arêtes » curvilignes soient des trajectoires orthogonales aux surfaces de ni- » veau relatives à un corps quelconque, les attractions que ce corps » exercera sur les éléments des surfaces de niveau interceptés par ce » canal auront toutes la même valeur. »

La démonstration de cette proposition n'étant pas aussi simple et immédiate qu'on pourrait le désirer, il ne sera peut-être pas inutile de ramener la théorie de M. Chasles à des principes plus élémentaires. C'est l'objet que je me propose dans cette Note.

I.

J'adopte les hypothèses et les notations de l'auteur, en supposant toutefois que, pour un point quelconque $m$ pris sur une surface de niveau A, on représente par $dn$ la portion de la normale à la surface A, menée par le point $m$ *intérieurement* à cette surface et comprise entre ce point $m$ et la surface de niveau $A_1$ infiniment voisine de A et *intérieure* à A. Alors, en passant de la surface A à l'autre $A_1$, la fonction V (somme des molécules du corps attirant M divisées respectivement par leurs distances au point $m$) prend un accroissement positif $d$V, et le rapport $\frac{dV}{dn}$ est positif (du moins en supposant toutes les molécules du corps M douées du pouvoir attractif). On prend aussi, intérieurement à la surface A, sur la direction de la normale $dn$, une longueur infiniment petite $\varepsilon$ égale à $\frac{k}{dn}$, c'est-à-dire réciproquement proportionnelle à $dn$; son extrémité a pour lieu géométrique une certaine surface. Cette dernière surface et la surface primitive A comprennent entre elles un volume qu'on peut regarder comme une couche infiniment mince de matière homogène, dont *l'épaisseur*, variable d'un point à un autre, est $\varepsilon$, ou $\frac{k}{dn}$.

En désignant par $d\omega$ l'élément superficiel de la surface A au point $m$, ou même encore d'une autre surface fermée arbitraire B dont $m$ est un point quelconque, pourvu qu'elle soit extérieure au corps attirant dont la masse est M, M. Chasles établit d'abord la formule

$$\int\int \frac{dV}{dn}\, d\omega = 4\pi M,$$

dans laquelle l'intégrale double s'étend à tous les éléments de la surface A ou B que l'on considère. Cette formule se trouve aussi dans le Mémoire de M. Gauss (pages 304 et suivantes de ce Journal), démontrée à peu près de la même manière. On peut la déduire de l'équation connue

$$(1) \qquad \frac{d^2V}{dx^2} + \frac{d^2V}{dy^2} + \frac{d^2V}{dz^2} = -4\pi\rho,$$

qui a lieu pour tout point $(x, y, z)$ compris dans la masse M, $\rho$ étant la densité du corps en ce point, et qu'on peut étendre aux points extérieurs, pourvu qu'à l'égard de ceux-ci on considère la densité $\rho$ du corps comme nulle. On n'a pas besoin de s'occuper ici des points situés sur la surface même du corps M. Multiplions cette équation par l'élément de volume $dx\,dy\,dz$, puis intégrons par rapport aux variables $x$, $y$, $z$, en étendant l'intégration à tous les points de l'espace limité par une surface fermée quelconque B, extérieure au corps M. Quoique dans l'intégration la valeur des deux membres de l'équation (1) change brusquement en passant de l'intérieur à l'extérieur du corps M, il est aisé de voir que l'intégration se fera comme s'il n'y avait pas de discontinuité à la surface de ce corps. (Il suffit, par exemple, d'ajouter au corps M une couche matérielle aussi mince qu'on voudra et telle que la densité $\rho$, pour l'espace extérieur au corps M, soit une fonction qui décroisse très-rapidement, mais d'une manière continue, de manière à devenir nulle un peu au-delà de la surface du corps M, ce qui n'altérera qu'infiniment peu les valeurs de V et de ses dérivées premières $\frac{dV}{dx}$, $\frac{dV}{dy}$, $\frac{dV}{dz}$, ainsi que les résultats de l'intégration.)

On a donc pour un espace quelconque

$$(2)\qquad \iiint\left(\frac{d^2V}{dx^2}+\frac{d^2V}{dy^2}+\frac{d^2V}{dz^2}\right)dx\,dy\,dz = -4\pi\iiint \rho\,dx\,dy\,dz.$$

L'intégrale $\iiint \rho\,dx\,dy\,dz$, étendue à tout l'espace que renferme une surface fermée B extérieure au corps attirant, n'est autre chose que la masse M de ce corps, puisque $\rho$ est nulle hors de cette masse. Quant à l'intégrale triple qui forme le premier membre, elle est la somme de trois autres, qui se réduisent à des intégrales doubles relatives à tous les éléments de la surface limite B. En effet, l'intégration indéfinie par rapport à $x$ donne

$$\iiint \frac{d^2V}{dx^2}\,dx\,dy\,dz = \iint \frac{dV}{dx}\,dy\,dz.$$

Observons que $dydz$ est la projection sur le plan des $yz$ d'un élément $d\omega$ de la surface B jusqu'à laquelle s'étend l'intégration, et désignons par $\alpha$, $\beta$, $\gamma$ les angles que fait avec les axes des $x$, $y$, $z$ la normale à la surface B menée par un point $m$ de cet élément extérieurement à cette surface. Nous aurons

$$dy\,dz = d\omega\cos\alpha,$$

et l'intégrale définie triple

$$\iiint \frac{d^2V}{dx^2}\,dx\,dy\,dz$$

sera égale à l'intégrale double

$$\iint \frac{dV}{dx}\cos\alpha\,d\omega,$$

étendue à tous les éléments $d\omega$ de la surface B. Par de semblables transformations, l'équation (2) deviendra

$$\int\int\left(\frac{dV}{dx}\cos\alpha+\frac{dV}{dy}\cos 6+\frac{dV}{dz}\cos\gamma\right)d\omega=-4\pi M.$$

D'ailleurs, si l'on désigne par $dn$ la distance du point $m$ de la surface B à un point infiniment voisin pris sur la partie intérieure de la normale en $m$ à cette surface, l'accroissement de V en passant du point $m$, qui a pour coordonnées $x$, $y$, $z$ à ce point infiniment voisin qui a pour coordonnées $x - dn\cos\alpha$, etc., sera évidemment

$$dV=-\frac{dV}{dx}dn\cos\alpha-\frac{dV}{dy}dn\cos 6-\frac{dV}{dz}dn\cos\gamma\ [*].$$

La formule précédente devient par là

$$(3)\qquad \int\int\frac{dV}{dn}d\omega=4\pi M,$$

l'intégrale double s'étendant à tous les éléments de la surface arbitraire B.

Si, au lieu d'une surface quelconque B, on considère la surface de niveau A, cette même équation aura lieu pour la surface A. En observant que $\cos\alpha$, $\cos 6$, $\cos\gamma$ sont alors proportionnels à $\frac{dV}{dx}$, $\frac{dV}{dy}$, $\frac{dV}{dz}$, on a

$$\frac{dV}{dn}=\sqrt{\left(\frac{dV}{dx}\right)^2+\left(\frac{dV}{dy}\right)^2+\left(\frac{dV}{dz}\right)^2}:$$

c'est la valeur même de l'attraction du corps M sur le point $m$; et l'équation (3) qui précède peut s'écrire ainsi

$$\int\int\sqrt{\left(\frac{dV}{dx}\right)+\left(\frac{dV}{dy}\right)^2+\left(\frac{dV}{dz}\right)^2}\,d\omega=4\pi M.$$

---

[*] On voit que $\frac{dV}{dn}$ exprime la composante normale à la surface B de l'attraction que le corps M exerce sur le point $m$ rapportée à l'unité de masse, les composantes de cette attraction parallèles aux axes étant $-\frac{dV}{dx}$, etc.

Si $dn$ représente, comme on l'a supposé en commençant, la portion de la normale à la surface de niveau A comprise entre cette surface et la surface de niveau infiniment voisine intérieure à A, alors $d\mathrm{V}$ est constante dans le rapport $\frac{d\mathrm{V}}{dn}$, et l'équation précédente (3) devient

$$d\mathrm{V}\int\int\frac{d\omega}{dn} = 4\pi\mathrm{M}.$$

Et comme on a supposé l'épaisseur $\varepsilon$ de la couche formée intérieurement sur la surface de niveau A, égale à $\frac{k}{dn}$, cette formule devient

$$\frac{d\mathrm{V}}{k}\int\int\varepsilon d\omega = 4\pi\mathrm{M},$$

ou bien encore

$$(4) \qquad \frac{d\mathrm{V}}{k} = 4\pi\,\frac{\mathrm{M}}{\mu},$$

en nommant $\mu$ le volume $\int\int\varepsilon d\omega$ ou la masse de la couche infiniment mince.

## II.

Considérons maintenant un point S ayant pour coordonnées $a$, $b$, $c$, et que nous supposerons d'abord extérieur à la surface de niveau A, et par conséquent au corps M que cette surface environne.

Soient $x$, $y$, $z$ les coordonnées d'un point quelconque $m$ intérieur à cette surface A, et soit $r = \sqrt{(x-a)^2 + (y-b)^2 + (z-c)^2}$ la distance du point variable $m$ au point fixe S. On a les deux équations

$$\frac{d^2\mathrm{V}}{dx^2} + \frac{d^2\mathrm{V}}{dy^2} + \frac{d^2\mathrm{V}}{dz^2} = -4\pi\rho,$$

$$\frac{d^2\frac{1}{r}}{dx^2} + \frac{d^2\frac{1}{r}}{dy^2} + \frac{d^2\frac{1}{r}}{dz^2} = 0.$$

Dans la première, $\rho$ exprime, comme on l'a dit plus haut, la densité du corps M au point $m$, si ce point fait partie de la masse M, et

$\rho$ est censée nulle pour tout point $(x, y, z)$ qui n'appartient pas à cette masse M.

En multipliant la première équation par $\frac{1}{r}$, la seconde par V, et retranchant, on obtient la suivante :

$$(5)\quad \left(\frac{1}{r}\frac{d^2V}{dx^2} - V\frac{d^2\frac{1}{r}}{dx^2}\right) + \left(\frac{1}{r}\frac{d^2V}{dy^2} - V\frac{d^2\frac{1}{r}}{dy^2}\right) + \left(\frac{1}{r}\frac{d^2V}{dz^2} - V\frac{d^2\frac{1}{r}}{dz^2}\right) = -\frac{4\pi\rho}{r}.$$

Multiplions celle-ci par $dx\,dy\,dz$, puis intégrons-la par rapport aux variables $x, y, z$, en étendant l'intégration à tous les points de l'espace que renferme la surface A.

Dans le second membre on aura

$$-4\pi\int\int\int\frac{\rho\,dx\,dy\,dz}{r}, \quad \text{ou} \quad -4\pi U,$$

en appelant U la valeur de V relative au point S $(a, b, c)$, c'est-à-dire la somme des molécules du corps M divisées par leurs distances respectives à ce point S.

Quant au premier membre, en observant qu'on a

$$\frac{1}{r}\frac{d^2V}{dx^2} - V\frac{d^2\frac{1}{r}}{dx^2} = \frac{d}{dx}\left(\frac{1}{r}\frac{dV}{dx} - V\frac{d\frac{1}{r}}{dx}\right),$$

et que

$$\frac{d\frac{1}{r}}{dx} = -\frac{1}{r^2}\frac{dr}{dx} = -\frac{1}{r^2}\frac{x-a}{r},$$

on voit que l'intégrale triple indéfinie

$$\int\int\int\left(\frac{1}{r}\frac{d^2V}{dx^2} - V\frac{d^2\frac{1}{r}}{dx^2}\right)dx\,dy\,dz$$

se réduit à l'intégrale double

$$\int\int\left(\frac{1}{r}\frac{dV}{dx} + \frac{V}{r^2}\frac{x-a}{r}\right)dy\,dz.$$

De là il est aisé de conclure que cette intégrale triple, prise dans tout l'espace limité par la surface A, est égale à la valeur de l'intégrale double

$$\iint \left(\frac{1}{r}\frac{dV}{dx}\cos\alpha + \frac{V}{r^2}\frac{x-a}{r}\cos\alpha\right) d\omega,$$

étendue à tous les éléments $d\omega$ de la surface A.

Les autres termes de l'équation (5) donneront par l'intégration des résultats analogues.

Ainsi, en multipliant cette équation (5) par $dx\,dy\,dz$, puis intégrant pour tout l'espace intérieur à la surface A, on obtiendra

$$\left.\begin{aligned} &\iint \frac{1}{r}\left(\frac{dV}{dx}\cos\alpha + \frac{dV}{dy}\cos 6 + \frac{dV}{dz}\cos\gamma\right) d\omega \\ + &\iint \frac{V}{r^2}\left(\frac{x-a}{r}\cos\alpha + \frac{y-b}{r}\cos 6 + \frac{z-c}{r}\cos\gamma\right) d\omega \end{aligned}\right\} = -4\pi U,$$

les intégrales doubles s'étendant à toute la surface A.

Mais on a, sur la surface A,

$$V = \text{constante},$$

$$\frac{dV}{dn} = -\frac{dV}{dx}\cos\alpha - \frac{dV}{dy}\cos 6 - \frac{dV}{dz}\cos\gamma.$$

D'ailleurs

$$\frac{x-a}{r}\cos\alpha + \frac{y-b}{r}\cos 6 + \frac{z-c}{r}\cos\gamma$$

est le cosinus de l'angle $i$ que la droite menée du point S $(a, b, c)$ au point $m$ $(x, y, z)$ de la surface A, fait avec la normale en $m$ à cette surface. L'équation qui précède devient donc

$$\iint \frac{1}{r}\frac{dV}{dn} d\omega - V\iint \frac{\cos i\, d\omega}{r^2} = 4\pi U.$$

Le point S étant extérieur à la surface A, on sait que l'intégrale $\iint \frac{\cos i\, d\omega}{r^2}$, prise dans toute l'étendue de cette surface, est nulle, ce qui réduit l'équation précédente à celle-ci

$$\int\int \frac{1}{r}\frac{dV}{dn}\,d\omega = 4\pi U;$$

et comme on a, d'après la formule (4),

$$\frac{dV}{dn} = \frac{dV}{k}\,\varepsilon = 4\pi\,\frac{M}{\mu}\,\varepsilon,$$

elle devient

$$\frac{M}{\mu}\int\int \frac{\varepsilon\,d\omega}{r} = U.$$

Mais $\int\int \frac{\varepsilon\,d\omega}{r}$ est la somme des molécules de la couche formée sur la surface A, divisées respectivement par leurs distances au point S. En désignant par $v$ cette somme, on a donc enfin la formule

$$(6) \qquad \frac{v}{\mu} = \frac{U}{M},$$

qui exprime ce théorème :

« Si l'on considère une surface de niveau quelconque A d'un corps
» M et un point quelconque S extérieur à cette surface, la somme des
» molécules de la couche infiniment mince qui répond à cette surface,
» divisées respectivement par leurs distances au point extérieur S, est à
» la somme des molécules du corps M divisées par leurs distances
» au même point S, comme la masse de la couche est à la masse du
» corps. »

Il suit de là que *la somme des molécules d'une couche divisées par leurs distances à un point extérieur est à la masse de la couche dans un rapport constant, quelle que soit la couche;* ce qu'on pourrait encore trouver directement en intégrant l'équation (5) multipliée par $dx\,dy\,dz$ et où $\rho$ serait nulle, dans tout l'espace compris entre deux surfaces de niveau quelconques auxquelles le point S est extérieur.

## III.

Considérons à présent un point S $(a, b, c)$ situé dans l'intérieur de la surface de niveau A, soit au-dedans, soit au-dehors du corps M. Soient $x, y, z$ les coordonnées d'un point quelconque $m$ de l'espace extérieur à la surface A, et par conséquent au corps M, et soit $r$ la distance $Sm$. On a les deux équations

$$\frac{d^2V}{dx^2} + \frac{d^2V}{dy^2} + \frac{d^2V}{dz^2} = 0,$$

$$\frac{d^2\frac{1}{r}}{dx^2} + \frac{d^2\frac{1}{r}}{dy^2} + \frac{d^2\frac{1}{r}}{dz^2} = 0,$$

qui donnent

$$(7)\quad \left(\frac{1}{r}\frac{d^2V}{dx^2} - V\frac{d^2\frac{1}{r}}{dx^2}\right) + \left(\frac{1}{r}\frac{d^2V}{dy^2} - V\frac{d^2\frac{1}{r}}{dy^2}\right) + \left(\frac{1}{r}\frac{d^2V}{dz^2} - V\frac{d^2\frac{1}{r}}{dz^2}\right) = 0.$$

Multiplions celle-ci par $dx\,dy\,dz$, puis intégrons-la par rapport aux variables $x$, $y$, $z$, en étendant l'intégration à tout l'espace extérieur à la surface A. L'intégrale triple indéfinie

$$\int\int\int\left(\frac{1}{r}\frac{d^2V}{dx^2} - V\frac{d^2\frac{1}{r}}{dx^2}\right)dx\,dy\,dz$$

se réduit, comme plus haut, à l'intégrale double

$$\int\int\left(\frac{1}{r}\frac{dV}{dx} + \frac{V}{r^2}\frac{x-a}{r}\right)dy\,dz.$$

Si l'on veut intégrer pour tout l'espace compris entre la surface A et une autre surface fermée quelconque A′ extérieure à A, il est aisé de voir qu'on aura à retrancher l'intégrale double

$$\int\int\left(\frac{1}{r}\frac{dV}{dx}\cos\alpha + \frac{V}{r^2}\frac{x-a}{r}\cos\alpha\right)d\omega,$$

étendue à tous les éléments $d\omega$ de la surface A d'une intégrale double analogue relative à l'autre surface A′. Or cette dernière intégrale aura une valeur infiniment petite ou nulle, si l'on suppose que tous les points de cette surface A′ s'éloignent à l'infini de l'origine des coordonnées [*].

[*] Car, en désignant par $h$ la droite la plus courte qu'on puisse mener entre les deux surfaces A et A′, on a $r > h$ et $V < \frac{M}{h}$, V étant la somme des molécules de M divi-

L'intégrale triple

$$\int\int\int\left(\frac{1}{r}\frac{d^2V}{dx^2} - V\frac{d^2\frac{1}{r}}{dx^2}\right)dx\,dy\,dz,$$

étendue à tout l'espace extérieur à la surface A, est donc égale à

$$-\int\int\left(\frac{1}{r}\frac{dV}{dx}\cos\alpha + \frac{V}{r^2}\frac{x-a}{r}\cos\alpha\right)d\omega,$$

cette intégrale double s'étendant à tous les éléments $d\omega$ de la surface A.

Ainsi, en intégrant l'équation (7) multipliée par $dx\,dy\,dz$ pour tout l'espace extérieur à A, on obtiendra

$$\left.\begin{array}{l}\displaystyle\int\int\frac{1}{r}\left(\frac{dV}{dx}\cos\alpha + \frac{dV}{dy}\cos\beta + \frac{dV}{dz}\cos\gamma\right)d\omega \\ \displaystyle+\int\int\frac{V}{r^2}\left(\frac{x-a}{r}\cos\alpha + \frac{y-b}{r}\cos\beta + \frac{z-c}{r}\cos\gamma\right)d\omega\end{array}\right\} = 0,$$

équation qui peut, d'après ce qui a été expliqué plus haut, se trans-

sées par leurs distances au point $m$ de la surface A′, lesquelles surpassent $h$; d'ailleurs $\frac{dV}{dx}$ (composante de l'attraction que M exerce sur $m$) est $< \frac{M}{h^2}$, attraction qu'exercerait un point de masse égale à M à la distance $h$. D'ailleurs $\cos\alpha$ et $\frac{x-a}{r}$ sont $< 1$. On a donc, pour tout point de la surface A′, en ne considérant que les valeurs absolues,

$$\frac{1}{r}\frac{dV}{dx}\cos\alpha < \frac{1}{h}\frac{M}{h^2}, \quad \text{et} \quad \frac{V}{r^2}\frac{x-a}{r}\cos\alpha < \frac{M}{h^3}.$$

Ainsi l'intégrale double

$$\int\int\left(\frac{1}{r}\frac{dV}{dx}\cos\alpha + \frac{V}{r^2}\frac{x-a}{r}\cos\alpha\right)d\omega,$$

étendue à toute la surface A′, est $< \int\int\frac{2M}{h^3}d\omega$ ou $< \frac{2M}{h^3}\times$ surface A′. Mais la surface A′ (supposée convexe) est plus petite que celle d'un parallélipipède qui l'envelopperait de toutes parts, et dont les côtés seraient proportionnels à $h$, de sorte qu'on peut poser la surface A′$< nh^2$, $n$ étant un nombre fini indépendant de $h$. L'intégrale dont il s'agit est donc $< \frac{2M}{h^3}\times nh^2$ ou $< \frac{2Mn}{h}$; elle devient donc nulle si la surface A′ s'éloigne à l'infini, puisque $h$ devient infinie.

former dans la suivante

$$\iint \frac{1}{r} \frac{dV}{dn} d\omega = V \iint \frac{\cos i \, d\omega}{r^2},$$

en observant que V, étant constante sur la surface A, peut être mise hors des signes $\iint$.

Le point S étant ici intérieur à la surface A, on sait que

$$\iint \frac{\cos i \, d\omega}{r^2} = 4\pi;$$

on a aussi

$$\frac{dV}{dn} = \frac{dV}{k} \varepsilon = 4\pi \frac{M}{\mu} \varepsilon.$$

La formule qui précède devient donc

$$\frac{M}{\mu} \iint \frac{\varepsilon \, d\omega}{r} = V,$$

ou

$$\frac{v}{\mu} = \frac{V}{M};$$

c'est-à-dire que *si l'on considère un point quelconque* S *intérieur à une surface de niveau quelconque* A *du corps* M, *la somme des molécules de la couche qui répond à cette surface* A, *divisées par leurs distances au point intérieur* S, *est à la somme des molécules du corps* M *divisées par leurs distances à un point quelconque de la surface externe* A *de la couche comme la masse de la couche est à la masse du corps.*

Par conséquent *la somme des molécules d'une couche divisées par leurs distances à un point pris dans son intérieur, est constante, quel que soit ce point.*

Après avoir donné les théorèmes qui précèdent, M. Chasles en déduit sans peine les autres propositions exposées dans les §§ III et IV de son Mémoire, auquel nous renvoyons le lecteur.

*Journal de Liouville*
VII, pp. 356–368
1842



# *Démonstration d'un Théorème d'algèbre de* M. Sylvester ;

Par M. STURM.

## I.

M. Sylvester a donné sans démonstration, dans le numéro de décembre 1839 du *Philosophical Magazine*, le théorème suivant :

Soit $V = 0$ une équation quelconque du degré $m$ à une inconnue $x$ dont les racines supposées inégales soient désignées par $a, b, c, d, \ldots, h$ ; d'où résulte

$$V = (x - a)(x - b)(x - c) \ldots (x - h).$$

Soit $V_1$ la fonction dérivée de V. Concevons qu'on cherche par le procédé ordinaire le plus grand commun diviseur de V et $V_1$, en ayant soin, dans les divisions successives, de n'introduire et de ne supprimer aucun facteur indépendant de $x$, et en changeant toujours les signes des restes avant de les prendre pour diviseurs. Désignons par $V_2, V_3, \ldots, V_m$ ces restes pris ainsi avec des signes contraires, dont les degrés par rapport à $x$ sont respectivement $m - 2$, $m - 3, \ldots$, jusqu'à 0. Les polynômes $V_1, V_2, V_3, \ldots, V_m$ s'exprimeront en fonction de $x$ et des racines $a, b, c, \ldots$ de l'équation $V = 0$ de la manière suivante :

La dérivée $V_1$ est, comme on sait, la somme des produits $m - 1$ à $m - 1$ des facteurs $x - a$, $x - b, \ldots$, $x - h$, ce que nous écrirons ainsi

$$V_1 = \sum (x - b)(x - c) \ldots (x - h).$$

Pour former $V_2$, on multipliera chacun des produits $m - 2$ à $m - 2$ des facteurs $x - a$, $x - b$, $x - c, \ldots$, $x - h$ par le carré de la différence des deux racines qui n'entrent pas dans le produit que l'on considère; la somme des résultats, divisée par $m^2$ donnera $V_2$, c'est-à-dire qu'on a

$$V_2 = \frac{1}{m^2} \sum (a - b)^2 (x - c)(x - d) \ldots (x - h).$$

On a de même

$$(1)\begin{cases} V_3=\frac{1}{\lambda_3}\sum(a-b)^2(a-c)^2(b-c)^2(x-d)(x-e)\ldots(x-h), \\ V_4=\frac{1}{\lambda_4}\sum(a-b)^2(a-c)^2(a-d)^2(b-c)^2(b-d)^2(c-d)^2(x-e)\ldots(x-h), \\ \ldots\ldots\ldots\ldots\ldots\ldots\ldots\ldots \\ V_m=\frac{1}{\lambda_m}(a-b)^2(a-c)^2\ldots(a-h)^2(b-c)^2\ldots(g-h)^2, \end{cases}$$

en désignant par $\frac{1}{\lambda_3}$, $\frac{1}{\lambda_4}$,..., $\frac{1}{\lambda_m}$ certaines quantités indépendantes de $x$ et fonctions symétriques des racines $a$, $b$, $c$,... de l'équation $V=0$. Ces quantités sont toutes positives, quand l'équation $V=0$ a tous ses coefficients réels [*].

II.

Soient $q_1, q_2, q_3$, etc. les quotients que fournit le calcul du plus grand commun diviseur de V et $V_1$; ils sont du premier degré par rapport à $x$, et l'on a les équations

$$V=V_1q_1-V_2,\quad V_1=V_2q_2-V_3,\quad V_2=V_3q_3-V_4,\ \text{etc.}$$

La première donne

$$V_2=V_1q_1-V.$$

En mettant cette expression de $V_2$ dans la seconde, on en tire

$$V_3=V_1(q_1q_2-1)-Vq_2.$$

En substituant dans la troisième ces valeurs de $V_2$ et $V_3$, on trouve

$$V_4=V_1[(q_1q_2-1)q_3-q_1]-V(q_2q_3-1).$$

En continuant ainsi, on voit que chacun des polynômes $V_2$, $V_3$, $V_4$, etc. est de la forme $V_1N-VP$, N et P étant deux polynômes dont les degrés diffèrent d'une unité. On voit d'ailleurs que N et P sont toujours les deux termes de l'une *des réduites* qui proviennent de la fraction continue $q_1-\cfrac{1}{q_2-\cfrac{1}{q_3-\text{etc.}}}$ égale à $\frac{V}{V_1}$.

---

[*] M. Sylvester n'a pas donné explicitement, dans le Journal cité, les expressions de ces facteurs $\frac{1}{\lambda_3}$, $\frac{1}{\lambda_4}$,... en fonction des racines $a$, $b$, $c$,... On les trouvera plus loin, au § V.

Ainsi, pour $V_k$ qui est du degré $m-k$, on a

$$V_k = V_1 N - VP. \tag{2}$$

N est le numérateur et P le dénominateur de la réduite équivalente à $q_1 - \cfrac{1}{q_2 - \ldots - \cfrac{1}{q_{k-1}}}$; N est du degré $k-1$ et P du degré $k-2$.

L'équation (2) fait voir qu'étant donnés les deux polynômes V et $V_1$ des degrés $m$ et $m-1$, on pourra toujours trouver trois autres polynômes T, Y et Z des degrés $m-k$, $k-1$ et $k-2$ respectivement, tels qu'on ait

$$T = V_1 Y - VZ. \tag{3}$$

D'après l'équation (2), il suffira, en effet, de prendre

$$T = \lambda V_k, \quad Y = \lambda N, \quad Z = \lambda P,$$

$\lambda$ étant une quantité arbitraire indépendante de $x$.

Je dis en outre qu'il n'y a pas d'autre manière de satisfaire à cette équation (3), en supposant toujours que T, Y et Z soient des degrés $m-k$, $k-1$ et $k-2$. En effet, en éliminant $V_1$ entre les équations (2) et (3), on trouve

$$NT - V_k Y = V(PY - NZ),$$

d'où il résulte que les deux expressions $NT - V_k Y$ et $PY - NZ$ doivent être nulles identiquement. Car autrement, d'après les degrés de nos polynômes, le premier membre de cette équation serait du degré $m-1$ au plus, tandis que le second serait au moins du degré $m$, ce qui est absurde. On a donc à la fois

$$NT - V_k Y = 0, \quad PY - NZ = 0,$$

d'où

$$\frac{T}{V_k} = \frac{Y}{N} = \frac{Z}{P} = \lambda,$$

$\lambda$ étant une quantité indépendante de $x$ (puisque T et $V_k$ sont du même degré $m-k$).

Si l'on prend pour Y et Z des polynômes à coefficients indéterminés, Y, étant du degré $k-1$, renfermera $k$ de ces coefficients; Z en contiendra $k-1$; leur nombre total est $2k-1$. L'expression $V_1 Y - VZ$ est en général du degré $m+k-2$; mais on peut la réduire à un degré moindre en égalant à zéro quelques-uns des coefficients des plus hautes puissances de $x$. Si l'on veut réduire $V_1Y - VZ$ à un polynôme T du degré $m-k$, il faudra égaler à zéro les coefficients de toutes les puissances de $x$, depuis la plus haute $x^{m+k-2}$ jusqu'à $x^{m-k+1}$ inclusivement; on aura ainsi $2k-2$ équations de condition linéaires entre les $2k-1$ coefficients des polynômes Y et Z, lesquelles détermineront les rapports de ces coefficients à l'un d'entre eux, qui restera seul arbitraire, et se trouvera comme facteur commun dans les valeurs de Y, Z et T. Ces équations linéaires ne peuvent être ni incompatibles ni indéterminées, puisqu'on a vu que l'équation (3) a pour solution unique

$$Y = \lambda N, \quad Z = \lambda P, \quad T = \lambda V_k,$$

$\lambda$ étant indépendant de $x$, et les polynômes N, P, $V_k$ étant complétement déterminés.

On voit bien par là que le degré de $V_1Y - VZ$ ne peut pas, en général, devenir moindre que $m-k$, en prenant toujours des polynômes Y et Z des degrés $k-1$ et $k-2$; mais on pourra d'une infinité de manières réduire $V_1Y - VZ$ à un degré plus petit que $m+k-2$ et plus grand que $m-k$.

Pour avoir $V_1Y - VZ$ = une constante C, il faudra nécessairement prendre pour Y et Z le numérateur et le dénominateur de l'avant-dernière *réduite* provenant de $q_1 - \cfrac{1}{q_2 - \text{etc.}}$, multipliés par $\frac{C}{V_m}$; Y est alors du degré $m-1$ et Z du degré $m-2$. Cela résulte de la formule $V_m = V_1N - VP$, ou bien encore de ce que les termes de deux réduites consécutives $\frac{N}{P}$, $\frac{N'}{P'}$, sont toujours liés par la relation $NP' - PN' = +1$, et que les deux termes de la dernière réduite sont égaux à $\frac{V}{V_m}$ et $\frac{V_1}{V_m}$ identiquement.

Ce qu'on vient d'établir ne suppose point que $V_1$ soit la fonction dérivée de V. Il suffit que $V_1$ soit du degré $m-1$, V étant du degré $m$, et que V et $V_1$ n'aient pas de diviseur commun.

On voit aussi comment il faudrait modifier ce qui précède, si V et $V_1$ représentaient deux polynômes quelconques.

## III.

Il s'agit maintenant d'exprimer *les restes* $V_2$, $V_3$, etc. en fonction de $x$ et des racines $a, b, c, \ldots, h$ de l'équation $V = 0$.

Pour fixer les idées, considérons $V_4$, qui est du degré $m-4$ par rapport à $x$. La méthode serait la même pour toute autre fonction $V_k$.

Multiplions la fonction $V_1$, dérivée de V, par le polynôme suivant :

(4) $(a-b)^2(a-c)^2(b-c)^2(x-a)(x-b)(x-c)+\ldots+(b-c)^2(b-d)^2(c-d)^2(x-b)(x-c)(x-d)+$ etc.,

que nous désignerons par Y et qui est une fonction symétrique des racines de $V=0$, du troisième degré par rapport à $x$.

Le produit $V_1 Y$ sera du degré $m+2$. Si l'on divise ce produit par V, qui est du degré $m$, on aura un quotient Z du deuxième degré, et un reste T qu'on pourra présenter sous une forme particulière et qui ne différera de $V_4$ que par un facteur indépendant de $x$, comme nous allons le montrer.

La division indiquée donne

(5) $$\frac{V_1 Y}{V} = Z + \frac{T}{V}.$$

La fraction rationnelle $\frac{T}{V}$ peut se décomposer en fractions simples ayant pour dénominateurs les facteurs du premier degré $x-a, x-b,\ldots,x-h$ du polynôme V. D'après la règle connue pour la formation des fractions partielles, celle qui a pour dénominateur $x-a$ doit avoir pour numérateur ce que devient pour $x=a$ le quotient de $V_1 Y$ divisé par la dérivée de V qui est $V_1$, c'est-à-dire la valeur même de Y pour $x=a$, qu'on peut désigner par $Y(a)$. On aura donc

$$\frac{T}{V} = \frac{Y(a)}{x-a} + \frac{Y(b)}{x-b} + \cdots + \frac{Y(h)}{x-h} = \sum \frac{Y(a)}{x-a},$$

ou, d'après l'expression (4) de Y,

$$\frac{T}{V} = \sum \frac{(b-c)^2(b-d)^2(c-d)^2(a-b)(a-c)(a-d) + (b-c)^2(b-e)^2(c-e)^2(a-b)(a-c)(a-e) + \text{etc.}}{x-a}.$$

Or cette valeur de $\frac{T}{V}$ n'est autre chose que la somme des fractions partielles qu'on trouve en décomposant la fraction rationnelle suivante

$$\frac{(a-b)^2(a-c)^2(a-d)^2(b-c)^2(b-d)^2(c-d)^2(x-e)(x-f)\ldots(x-h) + \text{etc.}}{(x-a)(x-b)(x-c)\ldots(x-h)},$$

dont le dénominateur est égal à V [*].

En conséquence, T est égal au numérateur de cette fraction, lequel est du degré $m-4$ par rapport à $x$.

[*] Il faut observer dans cette décomposition que $V_1(a) = (a-b)(a-c)\ldots(a-h)$.

D'ailleurs l'équation (5) donne $T = V_1 Y - VZ$; et comme T, Y et Z sont respectivement des degrés $m-4$, 3 et 2, il faut, d'après ce qu'on a vu précédemment au § II, qu'on ait $T = \lambda V_4$, $\lambda$ étant un facteur indépendant de $x$. On a donc

$$V_4 = \frac{1}{\lambda}\sum (a-b)^2(a-c)^2(a-d)^2(b-c)^2(b-d)^2(c-d)^2(x-e)(x-f)\ldots(x-h),$$

conformément au théorème de M. Sylvester.

On a en même temps, Y désignant toujours le polynôme (4),

$$Y = \lambda N,\quad Z = \lambda P,\quad \text{en supposant } \frac{N}{P} = q_1 - \cfrac{1}{q_2 - \cfrac{1}{q_3}}.$$

On trouverait de même les expressions de $V_2$, $V_3$,... en prenant successivement

$$Y = (x-a)+(x-b)+\ldots+(x-h)\quad (\text{d'où } Z = m^2,\quad \lambda = m^2 \quad\text{et}\quad Y = \lambda q_1 = m^2 q_1),$$
$$Y = (a-b)^2(x-a)(x-b)+(a-c)^2(x-a)(x-c)+\text{etc.},$$

. . . . . . . . . . . . . . . . . . . . . . . . .

## IV.

M. Liouville m'a fait voir que les résultats précédents se déduisent aussi d'une formule que M. Cauchy a donnée dans son *Cours d'Analyse algébrique*, note 5, page 528, et par laquelle on détermine une fraction rationnelle, dont on connaît un certain nombre de valeurs particulières.

Supposons qu'on cherche l'expression de $V_4$. Comme on l'a expliqué au § II, on aura

$$V_4 = \frac{1}{\lambda} T,$$

si l'on trouve un polynôme T du degré $m-4$ et deux autres Y et Z du troisième et du deuxième degré qui satisfassent à l'équation

$$T = V_1 Y - VZ.$$

Il faut et il suffit évidemment que $V_1 Y - T$ soit divisible par V, ou, ce qui revient au même, s'annule pour les $m$ valeurs $a$, $b$, $c$,..., $h$ attribuées à $x$. Donc, pour chacune de ces valeurs, la fraction $\frac{T}{Y}$ doit être égale à $V_1$, de sorte que, pour $x = a$, par exemple, on aura

$$\frac{T}{Y} = V_1(a) = (a-b)(a-c)\ldots(a-h).$$

On connaît ainsi $m$ valeurs particulières de la fraction $\frac{T}{Y}$, ce qui la détermine complétement, puisque, d'après les degrés des polynômes T et Y, les coefficients indéterminés qui doivent entrer dans $\frac{T}{Y}$ sont au nombre de $m+1$, et que l'un d'eux peut être remplacé par l'unité. En introduisant ces $m$ valeurs de $\frac{T}{Y}$ pour $x=a$, $x=b$, etc., dans la formule mentionnée de M. Cauchy, on retrouve précisément les expressions de T et de Y données plus haut, et par suite celle de $V_4$.

## V.

Posons, pour abréger,

$$T_2=\sum(a-b)^2(x-c)(x-d)\ldots(x-h),$$

$$T_3=\sum(a-b)^2(a-c)^2(b-c)^2(x-d)(x-e)\ldots(x-h),$$

$$T_4=\sum(a-b)^2(a-c)^2(b-c)^2(a-d)^2(b-d)^2(c-d)^2(x-e)\ldots(x-h),$$
etc.

Nous avons trouvé

$$V_2=\frac{1}{m^2}T_2,\quad V_3=\frac{1}{\lambda_3}T_3,\quad V_4=\frac{1}{\lambda_4}T_4,\ldots,\quad V_k=\frac{1}{\lambda_k}T_k,\ \text{etc.},$$

les quantités $\frac{1}{\lambda_3}$, $\frac{1}{\lambda_4}$,... devant être indépendantes de $x$, mais fonctions symétriques des racines $a, b, c,\ldots$ de l'équation $V=0$ (car elles dépendent des coefficients de cette équation). Il nous reste à déterminer ces facteurs $\frac{1}{\lambda_k}$.

On a vu, au § III, qu'au polynôme T du degré $m-4$ qui est maintenant représenté par $T_4$, correspondaient deux autres polynômes Y et Z des degrés 3 et 2 liés avec T par la relation $T=V_1Y-VZ$.

De même, à tout autre polynôme $T_k$ du degré $m-k$ correspondent deux polynômes des degrés $k-1$ et $k-2$ que nous désignerons par $Y_k$ et $Z_k$, et tels qu'on a

$$T_k=V_1Y_k-VZ_k.$$

Les polynômes Y sont ainsi exprimés :

$$Y_2 = x - a + x - b + \ldots + x - h = \sum (x-a),$$

$$Y_3 = \sum (a-b)^2 (x-a)(x-b),$$

$$Y_4 = \sum (a-b)^2 (a-c)^2 (b-c)^2 (x-a)(x-b)(x-c),$$

$$Y_5 = \sum (a-b)^2 (a-c)^2 (a-d)^2 (b-c)^2 (b-d)^2 (c-d)^2 (x-a)(x-b)(x-c)(x-d),$$

etc.

Je désigne encore par $p_2$, $p_3$, $p_4$, etc. le coefficient de la plus haute puissance de $x$ dans $T_2$, $T_3$, $T_4$,... respectivement, de sorte que

$$p_2 = (a-b)^2 + (a-c)^2 + \ldots + (g-h)^2 = \sum (a-b)^2,$$

$$p_3 = \sum (a-b)^2 (a-c)^2 (b-c)^2,$$

$$p_4 = \sum (a-b)^2 (a-c)^2 (a-d)^2 (b-c)^2 (b-d)^2 (c-d)^2,$$

etc.

On voit qu'en général, $p_k$, qui est le coefficient de la plus haute puissance de $x$ dans $T_k$, est aussi le coefficient de la plus haute puissance de $x$ dans $Y_{k+1}$.

Cela posé, on a les deux équations

$$(6) \qquad \left\{ \begin{array}{l} T_k = V_1 Y_k - V Z_k, \\ T_{k+1} = V_1 Y_{k+1} - V Z_{k+1}, \end{array} \right.$$

qui donnent, par l'élimination de $V_1$,

$$T_k Y_{k+1} - T_{k+1} Y_k = V (Y_k Z_{k+1} - Y_{k+1} Z_k).$$

Mais, en désignant par $\frac{N_k}{P_k}$ la réduite égale à $q_1 - \cfrac{1}{q_2 - \cdots - \cfrac{1}{q_{k-1}}}$, et par $\frac{N_{k+1}}{P_{k+1}}$ la réduite suivante, on a

$$Y_k = \lambda_k N_k, \qquad Z_k = \lambda_k P_k, \qquad \text{avec} \qquad V_k = \frac{1}{\lambda_k} T_k,$$

et

$$Y_{k+1} = \lambda_{k+1} N_{k+1}, \qquad Z_{k+1} = \lambda_{k+1} P_{k+1};$$

donc $\quad Y_k Z_{k+1} - Y_{k+1} Z_k = \lambda_k \lambda_{k+1} (N_k P_{k+1} - P_k N_{k+1}) = \lambda_k \lambda_{k+1},$

à cause de la relation connue $\quad N_k P_{k+1} - P_k N_{k+1} = +1.$

En conséquence, l'équation précédente devient

(7) $$T_k Y_{k+1} - T_{k+1} Y_k = V.\lambda_k \lambda_{k+1}.$$

Le premier terme du produit effectué $T_k Y_{k+1}$ est $p_k x^{m-k}.p_k x^k$ ou $p_k^2 x^m$; la plus haute puissance de $x$ dans $T_{k+1} Y_k$ est $x^{m-2}$, et le premier terme de V est $x^m$. Donc, en égalant les coefficients de la plus haute puissance de $x$, qui est $x^m$, dans les deux membres, on aura

(8) $$p_k^2 = \lambda_k \lambda_{k+1};$$

ce qui donne successivement (en observant que $p_1 = m$ et $\lambda_1 = 1$).

$$m^2 = \lambda_2, \quad p_2^2 = \lambda_2 \lambda_3, \quad p_3^2 = \lambda_3 \lambda_4, \quad p_4^2 = \lambda_4 \lambda_5, \quad \text{etc.}$$

On déduit de là les valeurs de $\frac{1}{\lambda_2}$, $\frac{1}{\lambda_3}$, etc., et par suite

(9) $$\left\{\begin{array}{l} V_2 = \frac{1}{m^2} T_2, \quad V_3 = \frac{1}{\lambda_3} T_3 = \left(\frac{m}{p_2}\right)^2 T_3, \quad V_4 = \left(\frac{p_2}{mp_3}\right)^2 T_4, \\ V_5 = \left(\frac{mp_3}{p_2 p_4}\right)^2 T_5, \quad V_6 = \left(\frac{p_2 p_4}{mp_3 p_5}\right)^2 T_6, \quad V_7 = \left(\frac{mp_3 p_5}{p_2 p_4 p_6}\right)^2 T_7, \quad \text{etc.,} \\ \text{et enfin, selon que } m \text{ est pair ou impair,} \\ V_m = \left(\frac{p_2 p_4 p_6 \ldots p_{m-2}}{mp_3 p_5 \ldots p_{m-1}}\right)^2 p_m \text{ [*]}, \quad \text{ou} \quad V_m = \left(\frac{mp_3 p_5 \ldots p_{m-2}}{p_2 p_4 p_6 \ldots p_{m-1}}\right)^2 p_m. \end{array}\right.$$

C'est là le théorème complet de M. Sylvester.

Quand l'équation V = o a tous ses coefficients réels, les quantités $p_2, p_3, \ldots, p_m$ sont aussi toutes réelles, puisqu'elles sont des fonctions symétriques et entières des racines $a, b, c, \ldots$ de l'équation V=o, et par conséquent des fonctions entières de ses coefficients. Les polynômes $V_2$, $V_3$, etc., ne diffèrent alors de $T_2$, $T_3$, etc. que par des facteurs indépendants de $x$ essentiellement positifs, comme le montrent les formules (9).

## VI.

Je dois dire encore comment, étant donnée une équation V = o numérique ou littérale dont on ne connaît pas les racines, on trouvera les polynômes $T_2$, $T_3$, $T_4, \ldots$ sans aucun facteur étranger.

---

[*] $p_m$ représente, comme $T_m$, le produit des carrés des différences de toutes les racines $a, b, c, \ldots, h$.

Pour cela, je substitue les expressions précédentes de $V_2, V_3, V_4$, etc., dans les équations primitives

$$V = V_1 q_1 - V_2, \quad V_1 = V_2 q_2 - V_3, \quad V_2 = V_3 q_3 - V_4, \ldots,$$

et je trouve

$$(10) \quad \left\{ \begin{aligned} m^2 V &= V_1 q_1 m^2 - T_2, \\ p_2^2 V_1 &= T_2 q_2 \frac{p_2^2}{m^2} - m^2 T_3, \\ p_3^2 T_2 &= T_3 q_3 \frac{m^4 p_3^2}{p_2^2} - p_2^2 T_4, \\ p_4^2 T_3 &= T_4 q_4 \frac{p_2^4 p_4^2}{m^4 p_3^2} - p_3^2 T_5, \\ p_5^2 T_4 &= T_5 q_5 \frac{m^4 p_3^4 p_5^2}{p_2^4 p_4^2} - p_4^2 T_6, \\ p_6^2 T_5 &= T_6 q_6 \frac{p_2^4 p_4^4 p_6^2}{m^4 p_3^4 p_5^2} - p_5^2 T_7, \\ &\text{etc. [*].} \end{aligned} \right.$$

En considérant que $m$ est le premier coefficient de $V_1$ ordonné suivant les puissances décroissantes de $x$, que $p_2$ est le premier coefficient de $T_2$, $p_3$ celui de $T_3$, etc., on tire de ces formules les conclusions suivantes.

On voit d'abord que si l'on multiplie V par $m^2$ et qu'on divise le produit $m^2 V$ par $V_1$, on obtient un quotient $Q_1$ du premier degré par rapport à $x$, égal à $q_1 m^2$, et entier par rapport à toutes les lettres qui y entrent, puis un reste qui, pris en signe contraire, est précisément $T_2$. On connaît donc $p_2$, qui est le premier coefficient de $T_2$. Multipliant $V_1$ par $p_2^2$, et divisant le produit $p_2^2 V_1$ par $T_2$, on a encore un quotient $Q_2$, entier par rapport à toutes les lettres, et égal à $q_2 \frac{p_2^2}{m^2}$ (quoique cette quantité paraisse fractionnaire), puis un reste qui, pris en signe contraire, est égal à $m^2 T_3$; en le divisant par $m^2$ on a $T_3$, et par conséquent

---

[*] On aperçoit mieux la loi de ces formules en observant que l'équation

$$V_{k-1} = V_k q_k - V_{k+1}$$

donne

$$\frac{1}{\lambda_{k-1}} T_{k-1} = \frac{1}{\lambda_k} T_k q_k - \frac{1}{\lambda_{k+1}} T_{k+1} \quad \text{ou} \quad \lambda_k \lambda_{k+1} T_{k-1} = T_k q_k \lambda_{k-1} \lambda_{k+1} - \lambda_{k-1} \lambda_k T_{k+1},$$

ou enfin, d'après l'équation (8),

$$p_k^2 T_{k-1} = T_k \cdot q_k \lambda_{k-1} \lambda_{k+1} - p_{k-1}^2 T_{k+1}.$$

on connaît $p_3$, coefficient de la plus haute puissance de $x$ dans $T_3$. Divisant ensuite le produit $p_3^2 T_2$ par $T_3$, on aura encore un quotient entier $Q_3$, égal à $q_3 \frac{m^4 p_3^2}{p_2^2}$, et un nouveau reste qui sera divisible par $p_2^2$ ; en le divisant par ce facteur, puis changeant les signes, on aura $T_4$, et par suite on connaîtra $p_4$, qui est le premier coefficient de $T_4$. De même, la division de $p_4^2 T_3$ par $T_4$ donnera un quotient entier $Q_4$ et un reste divisible par $p_3^2$ ; en supprimant ce facteur et changeant les signes, on connaîtra $T_5$ et aussi $p_5$. On forme ainsi successivement tous les polynômes $T_2$, $T_3$, $T_4$, etc. On peut les substituer à $V_2$, $V_3$, $V_4$,... dans la recherche des racines réelles de l'équation $V = 0$, en conservant $V$ et $V_1$ pour les deux premières fonctions.

Connaissant $T_2$, $T_3$, $T_4$,..., on pourra obtenir aussi les polynômes $Y_2$, $Y_3$, $Y_4$,...

D'abord on a $Y_2 = x - a + x - b +$ etc. $= mx + p$, $p$ étant le coefficient de $x^{m-1}$ dans $V$.

Ensuite, l'équation (7) donnera successivement

$$Y_3 = \frac{Vp_2^2 + T_3 Y_2}{T_2}, \quad Y_4 = \frac{Vp_3^2 + T_4 Y_3}{T_3}, \text{ etc.}$$

On peut aussi, connaissant $T_2$, $T_3$,..., former les polynômes $Z_2$, $Z_3$, etc.

En comparant les formules

$$T_2 = V_1 Y_2 - VZ_2, \quad \text{et} \quad T_2 = V_1 Q_1 - m^2 V,$$

on a d'abord

$$Z_2 = m^2.$$

Ensuite les équations (6) donnent, en éliminant $V$,

$$T_k Z_{k+1} - T_{k+1} Z_k = V_1 (Y_k Z_{k+1} - Y_{k+1} Z_k) = V_1 \lambda_k \lambda_{k+1} = V_1 p_k^2,$$

d'où l'on tire

$$Z_3 = \frac{p_2^2 V_1 + m^2 T_3}{T_2}, \quad Z_4 = \frac{p_3^2 V_1 + T_4 Z_3}{T_3}, \text{ etc.}$$

Si l'on connaissait déjà $Y_k$, on trouverait immédiatement $Z_k$ en divisant le produit $V_1 Y_k$ par $V$, car $Z_k$ est la partie entière du quotient de cette division, d'après le § III.

On peut encore déterminer successivement $Y_2$, $Y_3$, $Y_4$,..., $Z_2$, $Z_3$, etc., si l'on connaît seulement tous les quotients entiers $Q_1$, $Q_2$, etc. On partira des valeurs $Y_1 = 1$, $Z_1 = 0$, $Y_2 = Q_1$, $Z_2 = m^2$, qui résultent de la comparaison des formules $T_1 = V_1$, $T_2 = V_1 Q_1 - m^2 V$, avec la formule générale $T_k = V_1 Y_k - VZ_k$. Et l'on formera de proche en proche $Y_3$, $Z_3$, $Y_4$, etc. au moyen des relations

$$p_{k-1}^2 Y_{k+1} = Y_k Q_k - p_k^2 Y_{k-1}, \quad p_{k-1}^2 Z_{k+1} = Z_k Q_k - p_k^2 Z_{k-1},$$

qu'on déduit de celles-ci

$$N_{k+1} = N_k q_k - N_{k-1} \text{ [*]}, \quad P_{k+1} = P_k q_k - P_{k-1},$$

en y remplaçant $N_k$, $P_k$, $N_{k-1}$, etc. par leurs valeurs $\frac{1}{\lambda_k} Y_k$, $\frac{1}{\lambda_k} Z_k$, $\frac{1}{\lambda_{k-1}} Y_{k-1}$, etc., multipliant par $\lambda_{k-1}\lambda_k\lambda_{k+1}$, et ayant égard à la formule (8), et à ce que $Q_k = q_k \lambda_{k-1} \lambda_{k+1}$.

Nous avons appelé $Q_1, Q_2, Q_3, \ldots$ les quotients que fournit le calcul du plus grand commun diviseur de V et de $V_1$, effectué, comme l'indiquent les formules (10), de manière à éviter les coefficients fractionnaires. Ces quotients peuvent aussi s'exprimer en fonctions entières et symétriques des racines $a, b, c, \ldots$ de l'équation $V = 0$.

Par exemple, en effectuant la division de $p_4^2 T_3$ par $T_4$, on voit que le quotient $Q_4$ ne dépend que du premier et du second terme du divi-

---

[*] On peut remarquer ici une propriété des fonctions N ou Y. On a les relations

(11) $$N_3 = N_2 q_2 - N_1, \quad N_4 = N_3 q_3 - N_2, \ldots, \quad N_{m+1} = N_m q_m - N_{m-1},$$

dans lesquelles $N_1 = 1$, $N_2 = q_1$, et, comme on l'a déjà dit § II, $N_{m+1} = \frac{V}{V_m}$, ce que donne aussi l'élimination de $V_1$ entre les formules

$$V_m = V_1 N_m - V P_m, \quad 0 = V_1 N_{m+1} - V P_{m+1}.$$

L'équation $N_{m+1} = 0$ a donc les mêmes racines que $V = 0$.

D'après les relations (11), lorsqu'en faisant croître $x$, une fonction $N_k$ autre que $N_{m+1}$ s'évanouira, la suite des signes des fonctions $N_1, N_2, \ldots, N_m, N_{m+1}$ conservera le même nombre de variations. Mais elle en perdra une chaque fois que $N_{m+1}$ deviendra nulle. En effet, on a

$$\frac{V}{V_1} = \frac{N_{m+1}}{P_{m+1}} = \frac{N_m N_{m+1}}{N_m P_{m+1}} \quad \text{ou} \quad \frac{V}{V_1} = \frac{N_m N_{m+1}}{1 + P_m N_{m+1}}.$$

Pour les valeurs réelles de $x$ un peu plus grandes que celles qui annulent V, ou $N_{m+1}$, on sait que V et $V_1$ sont de même signe, et cette expression de $\frac{V}{V_1}$ montre que $N_m$ et $N_{m+1}$ sont aussi de même signe (le dénominateur étant alors peu différent de $+1$). Pour les valeurs de $x$ un peu moindres que celles qui annulent V, V et $V_1$ ayant des signes contraires, $N_m$ et $N_{m+1}$ auront aussi des signes contraires.

On conclut de là que l'équation $V = 0$ ou $N_{m+1} = 0$ a autant de racines comprises entre deux nombres quelconques A et B qu'il y a de variations perdues dans la suite des signes des fonctions $N_1, N_2, \ldots, N_{m+1}$ en passant de A à B. On dira la même chose des polynômes Y, qui ne diffèrent des fonctions N que par des facteurs positifs.

On peut observer encore que, pour chaque valeur de $x$ qui annule V, les fonctions $N_2, N_3, \ldots, N_m$, d'après les formules (11), comparées à $V_{k-1} = V_k q_k - V_{k+1}$, prennent des valeurs égales à $\frac{V_2}{V_1}$, $\frac{V_3}{V_1}, \ldots, \frac{V_m}{V_1}$, et ce fait fournit une autre démonstration de la propriété précédente.

dende et du diviseur, et l'on trouve,

$$Q_4 = \sum (a-b)^2(a-c)^2(b-c)^2 \times \sum (a-b)^2(a-c)^2(a-d)^2(b-c)^2(b-d)^2(c-d)^2(x-a+x-b+x-c+x-d)$$
$$-\sum (a-b)^2(a-c)^2(a-d)^2(b-c)^2(b-d)^2(c-d)^2 \times \sum (a-b)^2(a-c)^2(b-c)^2(x-a+x-b+x-c).$$

On aurait des valeurs analogues pour les autres quotients. On y arrive encore de la manière suivante.

Les équations $T_3 = V_1 Y_3 - VZ_3$, $T_5 = V_1 Y_5 - VZ_5$, donnent

$$T_3 Y_5 - T_5 Y_3 = V(Y_3 Z_5 - Y_5 Z_3) = V\lambda_3\lambda_5(N_3 P_5 - N_5 P_3).$$

Mais on a

$$N_3 P_5 - N_5 P_3 = N_3(P_4 q_4 - P_3) - P_3(N_4 q_4 - N_3) = q_4,$$

et $$\lambda_3\lambda_5 q_4 = Q_4;$$

donc $$T_3 Y_5 - T_5 Y_3 = VQ_4.$$

Cette équation montre que si l'on divise $T_3 Y_5$ par V, la partie entière du quotient sera $Q_4$, et le reste $T_5 Y_3$; car le degré de $T_3$ surpasse celui de $T_5$ de deux unités, le degré de $Y_5$ surpasse aussi celui de $Y_3$ de deux unités; $T_3 Y_5$ est du degré $m+1$ et V du degré $m$. La division effectuée de $T_3 Y_5$ par le polynôme V, mis sous la forme

$$x^m - (a+b+\ldots+h)x^{m-1} + \text{etc.},$$

donnera la valeur de $Q_4$ trouvée plus haut.

J'observerai, en terminant, que la quantité $p_2$ ou $\sum (a-b)^2$, prise avec un signe contraire, est le coefficient du second terme de l'équation qui a pour racines les carrés des différences des racines $a$, $b$, $c$,... de $V = 0$, et que le dernier terme de cette équation est $p_m$ ou $-p_m$, selon que son degré $\frac{m(m-1)}{2}$ est pair ou impair. Mais les autres quantités $p_3$, $p_4$,... n'entrent pas comme coefficients dans l'équation aux carrés des différences. Ainsi $p_3$, qui représente $\sum (a-b)^2(a-c)^2(b-c)^2$, n'est pas la somme de tous les produits trois à trois des carrés des différences des racines $a$, $b$, $c$, ..., $h$, puisque, par exemple, le produit $(a-b)^2(a-c)^2(c-d)^2$ ne fait pas partie de $p_3$.

*Comptes Rendus hebdomadaires des séances*
*de l'Académie Royale des Sciences*
XX, pp. 554–560, 761–767, 1238–1257
1845



OPTIQUE. — *Mémoire sur la théorie de la vision; par* M. STURM.

« Le mécanisme de la vision et les procédés que la nature emploie pour donner à l'œil la faculté de voir nettement les objets placés à différentes distances sont encore un sujet de controverse entre les physiciens et les physiologistes. Il serait inutile de rappeler toutes les explications et les hypothèses souvent contradictoires qui ont été proposées à ce sujet, pour modifier la théorie fondamentale de Kepler. Les belles expériences du docteur Young ont mis hors de doute l'invariabilité de forme de la cornée transparente, et conséquemment celle du globe de l'œil, comme aussi l'impossibilité d'un déplacement appréciable du cristallin; mais l'opinion qu'il a adoptée sur le changement de courbure et la contraction musculaire du cristallin n'a pas paru aussi bien motivée.

» La diminution d'ouverture de la pupille doit sans doute arrêter les rayons trop divergents, mais ne suffit pas pour rendre la vision distincte à des distances très-inégales.

» Le professeur Mile (*Journal de Physiologie* de M. Magendie, t. VI) fait dépendre cette propriété de deux causes qu'on ne saurait admettre: la diffraction que, suivant lui, les rayons éprouveraient en rasant le bord de la pupille, et un changement de courbure de la cornée qui accompagnerait la contraction de l'iris.

» Parmi les travaux récents dont la vision a été l'objet, il faut distinguer les recherches expérimentales de M. de Haldat, correspondant de l'Académie. Après avoir confirmé par des observations nouvelles l'invariabilité de courbure de la cornée, et la structure composée du cristallin, il a constaté, par des expériences précises et variées, que le cristallin séparé du reste de l'œil et employé comme objectif de chambre obscure, possède à lui seul la faculté de réunir au même point les rayons lumineux envoyés par des objets placés à des distances différentes. Un cristallin fixé dans un tube et tourné vers des objets extérieurs situés dans la même direction, les uns à 3 et 4 décimètres, les autres à 20 et à 30 mètres, lui a donné des images d'une égale pureté sur un verre dépoli placé en arrière à une certaine distance du cristallin. Cette propriété du cristallin à l'état d'inertie le distingue tout à fait de nos lentilles artificielles, et mérite d'autant plus notre attention qu'elle semble en opposition avec les lois ordinaires de la dioptrique. M. de Haldat a fait aussi, avec l'œil entier convenablement préparé, des expériences non moins remarquables qui ont confirmé la propriété spéciale qu'il attribue au cristallin; mais il n'en a pas donné l'explication théorique (1).

» Je crois pouvoir rendre raison de l'action du cristallin et des autres parties de l'œil par des considérations géométriques très-simples, que j'ai indiquées depuis longtemps à quelques personnes. Si la théorie que je propose ne résout pas complétement les difficultés relatives à l'ajustement de l'œil, elle aura du moins l'avantage de les diminuer notablement ; car, en ayant égard à mes remarques, on n'aura plus besoin de supposer dans l'œil les mouvements internes et les changements de forme trop considérables qu'exigent les autres théories.

» Je pose d'abord en fait, que l'œil ne doit pas être assimilé d'une manière absolue à une chambre obscure ou à un système de lentilles homogènes et sphériques juxtaposées sur un même axe : le cristallin en particulier ne doit pas être traité comme une lentille sphérique homogène. Quoique les docteurs Young, Chossat, Krause et d'autres physiologistes aient reconnu que les courbures des milieux de l'œil ne sont pas sphériques, on a toujours supposé l'œil doué des propriétés focales qui n'appartiennent qu'aux lentilles sphériques, en admettant sans examen que les rayons émanés d'un point et réfractés dans l'œil selon les lois ordinaires de la réfraction, doivent former au fond de l'œil un foyer unique, comme dans le cas où ces rayons auraient traversé des verres sphériques bien centrés. Pour faire comprendre par un exemple simple l'erreur d'une telle supposition, imaginons un œil qui serait composé d'une seule substance homogène terminée par un segment d'ellipsoïde ayant son grand axe dirigé suivant l'axe de la pupille, son axe moyen horizontal et

(1) Je ne discute pas ici l'hypothèse que M. Forbes a communiquée récemment à l'Académie, et que M. de Haldat a combattue dans une Note qui n'a pu paraître dans le *Compte rendu*.

son petit axe vertical. Un petit faisceau de rayons partant d'un point situé sur le prolongement du grand axe et traversant la pupille, ne pourra pas, après la réfraction, converger en un foyer unique, et, si la pupille est large, il ne formera pas une surface caustique qui soit de révolution autour du grand axe. Car les rayons dirigés très-près du grand axe dans le plan de la section horizontale de l'ellipsoïde se réfractent comme s'ils tombaient sur le cercle osculateur de cette section au sommet du grand axe, et vont se réunir sur ce grand axe en un certain foyer; tandis que les rayons dirigés dans la section verticale qui a au sommet une courbure plus forte, vont concourir sur le même grand axe en un autre foyer plus rapproché du sommet. Quant aux rayons voisins situés hors de ces deux plans, ils ne rencontrent pas le grand axe après la réfraction (c'est à-dire que leur plus courte distance à ce grand axe n'est pas une fraction infiniment petite de la distance du point d'incidence à ce même axe).

» La marche des rayons réfractés serait encore moins régulière si les rayons émanaient d'un point situé hors de l'axe et tombaient sur une autre partie de l'ellipsoïde.

» Pour rentrer dans la réalité, on doit considérer l'œil comme composé de plusieurs milieux réfringents séparés par des surfaces qui ne sont pas exactement sphériques ni même de révolution ou symétriques autour d'un axe commun. Il paraît alors difficile, au premier abord, de déterminer la forme que prendra un faisceau très-mince de rayons homogènes émanés d'un point lumineux, après avoir subi des réfractions à travers tous ces milieux. Heureusement, cette forme est assujettie à une loi générale et constante qui se déduit d'un théorème bien connu, donné d'abord par Malus pour le cas d'une seule réfraction, et démontré ensuite par M. Dupin, puis par d'autres géomètres, pour un nombre quelconque de réfractions. En voici l'énoncé : Lorsque des rayons partant d'un point lumineux éprouvent des réfractions en traversant différents milieux séparés par des surfaces quelconques, ces rayons, après leur dernière réfraction, sont toujours normaux à une certaine surface (et par conséquent aussi à une suite de surfaces dont deux quelconques interceptent sur tous ces rayons une même longueur).

» En partant de ce principe, auquel on est aussi conduit par la théorie des ondulations, on peut étudier la forme qu'affecte, après la dernière réfraction, un faisceau très-mince de rayons qui traversent un diaphragme d'une très-petite ouverture, ayant son plan perpendiculaire au rayon qui passe par son centre. (Sur la figure, où les dimensions sont fort exagérées, ce diaphragme a la forme d'un cercle.)

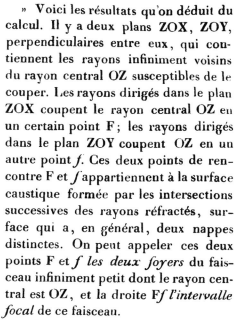

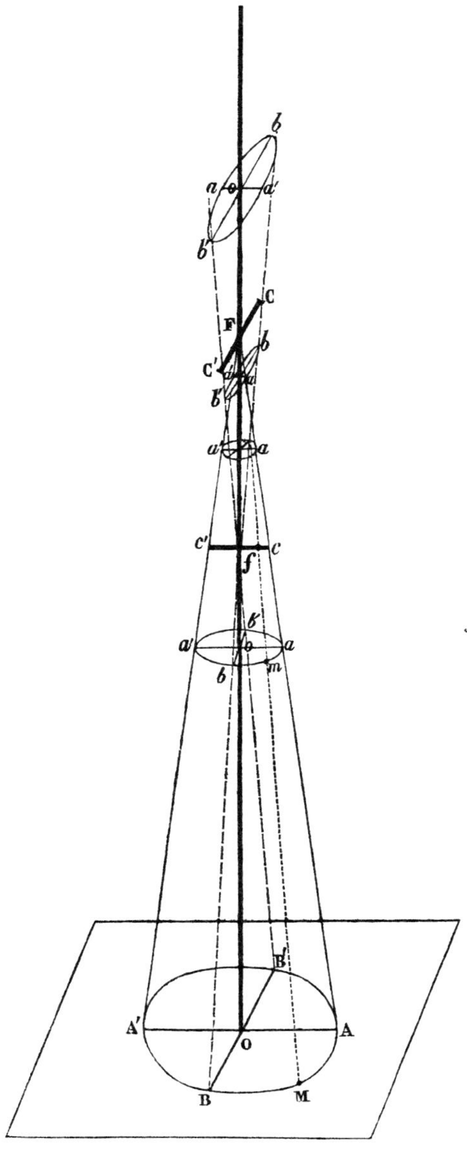


» Voici les résultats qu'on déduit du calcul. Il y a deux plans ZOX, ZOY, perpendiculaires entre eux, qui contiennent les rayons infiniment voisins du rayon central OZ susceptibles de le couper. Les rayons dirigés dans le plan ZOX coupent le rayon central OZ en un certain point F; les rayons dirigés dans le plan ZOY coupent OZ en un autre point *f*. Ces deux points de rencontre F et *f* appartiennent à la surface caustique formée par les intersections successives des rayons réfractés, surface qui a, en général, deux nappes distinctes. On peut appeler ces deux points F et *f les deux foyers* du faisceau infiniment petit dont le rayon central est OZ, et la droite F*f l'intervalle focal* de ce faisceau.

» Les deux plans ZOX, ZOY coupent le diaphragme suivant deux diamètres AOA′, BOB′, perpendiculaires entre eux. Menons des points A, A′ au point F les droites indéfinies AF, A′F, et des points B, B′ au point *f* les droites B*f*, B′*f*. Par le point *f* menons dans le plan ZOX la droite *cfc′* parallèle à AA′ et comprise entre AF et A′F. Menons aussi par le point F dans le plan ZOY la droite CFC′ parallèle à BB′, et comprise entre les lignes B*f* et B′*f* prolongées. Ces deux droites *cfc′* et CFC′ ont des directions perpendiculaires entre elles et à OZ.

» Cela posé, le rayon qui passe par un point M, pris dans l'intérieur ou sur le contour du diaphragme, est assujetti à rencontrer les deux droites fixes *cfc′* et CFC′; d'où il suit que la surface qui termine le petit faisceau de lumière est une surface gauche engendrée par une ligne droite indéfinie, qui se meut en s'appuyant sur la circonférence du diaphragme et sur les deux droites fixes et limitées $cc'$, $CC'$.

» Si l'on suppose, pour plus de simplicité, le diaphragme de forme circulaire, tout plan perpendiculaire au rayon central OZ en un point quelconque $o$ différent des points F et $f$, coupe cette surface gauche ou le faisceau lumineux suivant une ellipse dont les axes $aoa'$, $bob'$ sont parallèles aux diamètres $AA'$, $BB'$ du cercle AB, et compris, le premier, entre les droites AF, $A'F$, le second, entre les droites $Bf$, $B'f$. Mais, quand on mène un plan perpendiculaire à OZ par le point $f$, la section se réduit simplement à la droite $cfc'$, et de même un plan perpendiculaire à OZ au point F coupe la surface suivant l'autre droite $CFC'$. Ces deux droites sont deux petits traits brillants sur le papier qui reçoit le faisceau lumineux. Les longueurs de ces deux droites et leur différence, comparées au diamètre $AA'$ du cercle AB, sont d'autant moindres que la distance $Of$ est plus grande et que l'intervalle focal $Ff$ est plus petit; car on a les proportions

$$cc' : AA' :: Ff : OF, \quad CC' : AA' :: Ff : Of,$$

et conséquemment

$$CC' - cc' : cc' :: Ff : Of.$$

» Quand le plan perpendiculaire à OZ, sur lequel tombe la lumière, se meut en s'éloignant du diaphragme AB, les sections qu'il fait dans le faisceau lumineux, ou les portions éclairées, sont une suite d'ellipses dont les deux axes $aa'$, $bb'$ diminuent ensemble, mais non dans le même rapport, jusqu'à ce que le plan mobile vienne passer par le foyer $f$ le plus rapproché du diaphragme. Alors l'axe parallèle à $AA'$ est $cc'$, et l'autre axe devient nul, de sorte que l'ellipse se réduit à la droite $cc'$. Le plan continuant à s'éloigner du diaphragme, l'axe $aa'$, parallèle à $AA'$, continue à décroître; l'autre axe $bb'$, qui s'était évanoui, commence à croître; la section devient un cercle, lorsque les distances du plan coupant aux deux foyers F et $f$ sont entre elles comme les distances du diaphragme circulaire O à ces mêmes foyers; d'où il suit que lorsque l'intervalle focal $Ff$ est une petite fraction de la distance $Of$, cette section circulaire est à très-peu près au milieu de l'intervalle $Ff$, mais toujours plus près de $f$ que de F. Le plan passant au delà de cette position, l'axe $aa'$ continue à diminuer, et $bb'$ à augmenter; de sorte que $bb'$, qui était jusqu'ici le petit axe, devient maintenant le grand axe. Au point F, la section se réduit à la droite CFC′, car l'axe *aa′* devient nul, et *bb′* égal à CC′. Au delà du point F, les sections sont des ellipses dont les deux axes augmentent à la fois indéfiniment.

» L'aire d'une section quelconque ou la portion éclairée est proportionnelle au rectangle des distances de son plan aux deux points F et *f*; cette aire est donc la plus grande au milieu de l'intervalle focal F*f*.

» On voit par là que le faisceau lumineux est beaucoup plus condensé autour de l'intervalle focal F*f*, et même un peu en deçà et au delà, que partout ailleurs; car, près des points F et *f*, s'il est dilaté dans un sens, il est rétréci dans un autre, d'où résulte une sorte de compensation. Le faisceau ne deviendrait exactement ou sensiblement conique qu'autant que les deux foyers F, *f* coïncideraient ou seraient extrêmement rapprochés l'un de l'autre. C'est un cas exceptionnel, qui ne peut arriver que dans des conditions très-particulières.

» Toutes les circonstances que je viens de décrire se vérifient par des expériences faciles.

» Il suffit, par exemple, de faire passer dans une chambre noire, à travers un très-petit trou percé dans un écran, un faisceau de lumière homogène qui tombe sur un sphéroïde de verre ou sur une petite fiole contenant un liquide, et offrant une surface courbe irrégulière dont on recouvre la partie postérieure avec un papier percé d'un petit trou d'une forme arbitraire. Les rayons qui sortent par cette petite ouverture, après être entrés par celle de l'écran, sont ceux qui émanent d'une particule du corps lumineux assez petite pour pouvoir être considérée comme un simple point. En recevant dans l'obscurité le faisceau émergent sur un papier blanc qu'on éloignera graduellement, on reconnaîtra la forme des différentes sections, et particulièrement les deux petits traits lumineux plus ou moins distants l'un de l'autre et dont les directions sont perpendiculaires entre elles. C'est dans l'intervalle focal compris entre ces deux traits que la lumière est plus concentrée et plus vive. On peut voir aussi la forme de tout le faisceau lumineux émergent, en produisant au-dessous une fumée épaisse, dans laquelle ce faisceau apparaît dans toute son étendue. Sa forme variera sans perdre ses caractères généraux, si l'on approche ou si l'on éloigne de l'écran le corps lumineux ou le corps réfringent.

» Le fait que je viens de décrire en détail me paraît applicable à la théorie de la vision.

» On a admis généralement que, pour avoir la vision distincte d'un point lumineux, il fallait que les rayons émanés de ce point vinssent converger, ou

( 560 )

*former leur foyer* sur la rétine, ou du moins très-près de la rétine. Mais les considérations qui précèdent prouvent, ce me semble, qu'il n'y a pas un foyer ou point de convergence unique. Ce qui existe toujours pour un faisceau très-mince qui a pénétré dans l'humeur vitrée et qui vient rencontrer la rétine, c'est ce que j'ai appelé plus haut l'*intervalle focal Ff*, qui peut être plus ou moins long. Cet intervalle F*f* ne peut pas être absolument nul dans l'œil, car l'œil offre un assemblage de différents milieux inégalement réfringents (au nombre de trois au moins en négligeant la cornée); et ces milieux sont séparés par des surfaces qui ne sont pas rigoureusement sphériques ni même symétriques par rapport à un axe commun. »

(La suite au prochain *Compte rendu.*)

OPTIQUE. — *Mémoire sur la théorie de la vision; par* M. **Sturm**. (Suite.)

« M. Chossat a reconnu, par les mesures très-précises qu'il a prises sur des dessins amplifiés et parfaitement exacts d'yeux de bœuf, que la cornée transparente est un segment d'un ellipsoïde de révolution autour du grand axe de l'ellipse que représente la section horizontale de la cornée, et que ce grand axe ne coïncide jamais avec la normale au centre apparent de l'ouverture de la cornée et n'est point perpendiculaire à la corde menée entre ses deux extrémités, mais qu'il est incliné en dedans vers le nez, et fait, avec cette normale, un angle d'environ 10 degrés dans un plan horizontal. M. Sömmering avait déjà observé cette circonstance dans l'œil du cheval. M. Chossat ayant fait, avec quelque tâtonnement, une section verticale de la cornée passant par le grand axe de la section horizontale, a obtenu une ellipse qui lui a paru identique avec l'ellipse horizontale, le grand axe étant le même en grandeur et en direction pour les deux ellipses. De cette similitude il a conclu que la cornée du bœuf est un ellipsoïde de révolution autour du grand axe. M. Chossat a trouvé, par les mêmes procédés, que les faces du cristallin sont des segments de deux ellipsoïdes dont chacun est de révolution autour du petit axe de son ellipse génératrice; les deux ellipses n'ont pas les mêmes longueurs d'axes: la postérieure est plus convexe, ce qui est contraire à la condition qu'on remplit ordinairement, dans les grands objectifs des lunettes, pour diminuer l'aberration de sphéricité. L'axe de révolution de la face antérieure ne coïncide pas avec celui de la face postérieure. Ces axes font entre eux un angle qui varie de 3 à 5 degrés d'un œil à un autre, et ils s'écartent toujours de l'axe du corps de l'animal, ou de la normale au milieu apparent de la cornée en sens contraire de l'écart que présentait l'axe réel de la cornée. M. Chossat a remarqué encore que les courbures ne sont point de même nature dans tous les Mammifères : ainsi la cornée est elliptique chez la plupart, mais hyperbolique chez l'éléphant. Young connaissait déjà ces différences de courbures, et admettait, d'après Petit, que les sections du cristallin, chez l'homme sont plus ou moins elliptiques, paraboliques ou hyperboliques.

» Le docteur Krause a aussi démontré que les courbures des parties réfringentes de l'œil ne sont pas sphériques. Il a mesuré avec un soin extrême sur deux yeux d'homme, un grand nombre d'abscisses et d'ordonnées, et n'a pas trouvé des courbures régulières pour la cornée, le cristallin et la surface du fond de l'œil ; les sections des faces du cristallin lui ont paru presque elliptiques, et il a trouvé, pour la surface de la rétine ou la surface postérieure de l'humeur vitrée, une portion d'ellipsoïde à trois axes inégaux, circonstance qui peut influer sur la forme de l'image d'un objet sur la rétine. Toutes ces mesures indiquent seulement, à ce qu'il me semble, que les surfaces qui séparent les milieux de l'œil ressemblent à des portions d'ellipsoïdes, sans être assujetties à une équation algébrique, d'autant qu'il ne résulte pas bien clairement des expériences de MM. Chossat et Krause que leurs ellipsoïdes soient de révolution.

» Les densités des milieux de l'œil ont aussi quelque chose d'irrégulier; le cristallin est composé de couches d'épaisseurs inégales et de densités croissantes en allant de la surface au centre, et l'on pourrait croire, sans adopter les idées de M. Vallée, que l'humeur vitrée n'est pas parfaitement homogène.

» D'après tous ces faits, il paraît peu probable que les deux foyers F et $f$ du petit faisceau lumineux, qui, après plusieurs réfractions, a pénétré dans l'humeur vitrée, se confondent en un seul, comme si les rayons avaient traversé des lentilles artificielles bien centrées et homogènes (1). Je pense donc que, dans l'œil, l'intervalle focal $Ff$, propre à chaque faisceau provenant d'un point extérieur, est non pas nul, mais seulement très-petit, de 1 ou de 2 millimètres au plus. J'admets, selon l'opinion générale des physiologistes, que c'est la rétine seule qui reçoit l'impression de la lumière (ou, selon Mariotte et Brewster, l'enveloppe choroïde qui se trouve immédiatement au-dessous de la rétine, celle-ci étant transparente). La direction du rayon central sur laquelle se trouvent les foyers $F$, $f$, étant presque perpendiculaire à la surface de la rétine, le point d'où émanent les rayons lumineux sera vu avec une netteté suffisante, si la ligne $Ff$, quoique très-courte, rencontre la rétine en un point situé entre les deux foyers $F$ et $f$, ou même encore un peu au delà de $F$, ou en deçà de $f$; car alors le mince faisceau lumineux que la pupille a laissé passer, interceptera sur la surface de la rétine un espace extrêmement petit, incomparablement moindre que les sections faites dans ce faisceau très-près du cristallin. A la vérité, l'image d'un simple point sur la rétine peut être alors plus étendue en longueur qu'en largeur; mais, comme la lumière est plus condensée au centre de cette image et que ses deux dimensions, quoique inégales, sont d'une extrême petitesse, on conçoit que si l'on regarde un objet d'une étendue finie, des points contigus de cet objet donneront sur la rétine des images qui se superposeront en partie dans le sens de leur longueur, de manière à former, par leur ensemble, une image de l'objet assez nette et bien terminée (2).

---

(1) Le docteur Young lui-même a remarqué, dans son Mémoire (page 30), après Newton et Smith, « qu'une surface sphérique ne peut pas rassembler un faisceau de rayons obliques émanés d'un point en un foyer physique. Cette réunion n'a lieu que pour les rayons situés dans la section du faisceau faite par un plan passant par le centre et le point lumineux. Ces rayons restent dans ce plan malgré la réfraction, et par conséquent ne coupent pas les rayons des sections collatérales jusqu'à ce qu'ils arrivent à l'axe. Le foyer géométrique devient ainsi une ligne, un cercle, un ovale ou autre figure, selon la forme du faisceau, la nature de la surface, et la place du plan qui reçoit l'image. Les variétés de l'image focale d'un pinceau cylindrique obliquement réfracté sont représentées dans une figure du Mémoire. »

(2) Il faut considérer d'ailleurs que la figure du faisceau réfracté, telle que je l'ai décrite, ne serait rigoureusement exacte que pour un faisceau infiniment mince, ce qui signifie que plus l'ouverture par laquelle passe le faisceau sera petite, plus sa forme approchera de celle qui a été représentée ci-dessus. On conçoit que l'ouverture de la pupille qui fait l'office de diaphragme peut devenir assez grande pour que la figure du faisceau soit un peu différente de celle que la théorie assigne à un faisceau infiniment mince; alors les deux petits traits

» On explique par là comment la distance d'un objet à l'œil peut varier entre certaines limites, sans que les images sur la rétine des différents points de cet objet grandissent, jusqu'à se confondre, en s'étendant et empiétant trop les unes sur les autres, ce qui troublerait la vision.

» Si l'objet se rapproche ou s'éloigne, le petit faisceau de lumière qui, émané d'un point de cet objet, traverse l'œil, changera de forme graduellement; ses deux foyers F et $f$ au fond de l'œil se déplaceront simultanément en marchant dans le même sens, et restant toujours très-près l'un de l'autre, et il suffira que l'un d'eux se trouve encore assez près de la rétine pour que l'image n'occupe toujours qu'un très-petit espace sur la rétine, et que la vision ne cesse pas d'être distincte. D'autres circonstances peuvent d'ailleurs contribuer à cette petitesse de l'image; savoir : la contraction de l'iris, le déplacement imperceptible de la tête lorsque l'œil se fixe sur l'objet, ou se dirige d'un objet vers un autre, ce qui change un peu les incidences des rayons, et peut être aussi un très-léger changement de courbure du cristallin.

» Quand l'objet sera trop rapproché ou éloigné, la vue pourra devenir confuse, parce que les deux foyers F, $f$, correspondants à chaque point de l'objet, se trouveront trop loin de la rétine, ou bien encore trop distants l'un de l'autre. Un œil qui aura le défaut de donner, pour les distances ordinaires, un intervalle focal F$f$ trop en avant ou en arrière de la rétine, sera myope ou presbyte; ce qui arrivera si la convexité de la cornée ou du cristallin est trop forte ou trop faible.

» L'œil peut avoir un autre défaut, lorsque les deux foyers F et $f$ sont trop distants l'un de l'autre; ce qui doit résulter d'une conformation vicieuse de la cornée ou du cristallin, dont la partie correspondante à l'ouverture de la pupille s'écarterait trop de la forme sphérique. M. Airy a rapporté un exemple remarquable de ce défaut et qui vient à l'appui de ma théorie. Il a observé d'abord qu'en lisant il ne faisait point usage de son œil gauche, et qu'avec cet œil il ne distinguait pas les caractères, à quelque distance qu'ils fussent placés. Il a remarqué ensuite que l'image formée dans son œil gauche par un point lumineux (comme une étoile ou une lumière éloignée) n'était pas circulaire, mais bien elliptique, le grand axe faisant un angle d'environ 35 de-

---

$cfc'$, CFC', doivent prendre une largeur sensible, en s'allongeant et se courbant un peu ; car ils deviennent de petites portions des deux nappes de la surface caustique à laquelle les rayons réfractés sont tangents, portions assez semblables à deux éléments de forme rectangulaire pris sur deux surfaces cylindriques qui auraient leurs arêtes perpendiculaires entre elles, et à la direction du rayon central.

grés avec la verticale, et son extrémité la plus élevée étant inclinée à droite. En mettant des lunettes biconcaves qui lui faisaient voir distinctement les objets éloignés avec l'œil droit, il trouva que dans son œil gauche un point lumineux éloigné avait l'apparence d'une ligne bien terminée, correspondant exactement, en direction et presque en longueur, avec le grand axe de l'ellipse mentionnée plus haut. Il trouva aussi qu'en traçant sur un papier deux lignes noires se croisant à angles droits, et plaçant le papier dans une position convenable à une certaine distance de l'œil, l'une de ces lignes était vue très-distinctement, tandis que l'autre était à peine visible. En rapprochant le papier de l'œil, la ligne qui avait été distincte disparaissait, et l'autre était vue avec netteté. Ces apparences lui indiquaient que la réfraction de l'œil était plus grande dans un plan presque vertical que dans le plan perpendiculaire à celui-là, et que, par conséquent, il ne lui serait pas possible de voir distinctement avec le secours de lentilles à surfaces sphériques. Il est vrai qu'en tournant obliquement une lentille concave, ou en regardant par le bord de cette lentille, il pouvait voir les objets sans confusion; mais dans les deux cas, la déformation était telle, qu'il ne pouvait pas espérer de se servir de son œil gauche sans quelque secours plus efficace. M. Airy a remédié à ce défaut de son œil, en faisant usage d'une lentille dont la surface antérieure est cylindrique, la surface postérieure sphérique, toutes deux concaves. Cette lentille réfracte inégalement les rayons parallèles à son axe, de manière que, dans le plan passant par l'axe de la lentille et par l'axe de la surface cylindrique antérieure, les rayons sont moins divergents (ou divergent d'une distance plus grande) que dans le plan perpendiculaire à l'axe de la surface cylindrique. M. Airy, pour déterminer les courbures qu'il devait donner aux deux faces de sa lentille, afin de corriger l'inégalité de réfraction de son œil gauche, a fait une nouvelle observation : en regardant avec cet œil par un très-petit trou percé dans une carte, un papier blanc fortement éclairé, il a vu un point du papier, à la distance de 6 pouces de l'œil, sous l'apparence d'une petite ligne bien terminée, inclinée de 35 degrés sur la verticale, et soutendant un angle d'environ 2 degrés; et un point à la distance de $3\frac{1}{2}$ pouces, comme une autre ligne perpendiculaire à la première et de la même longueur apparente.

» Voici comment je m'explique ces apparences diverses observées par M. Airy. Pour un point lumineux à la distance de 6 pouces, le foyer F ou plutôt la petite ligne CFC′ a dû se trouver sur la rétine, et le point lumineux s'éloignant, les deux foyers F et $f$ devaient marcher tous deux en avant de la rétine; en sorte que l'image d'un point très-éloigné a dû se présenter sous la forme d'une ellipse et a pu redevenir linéaire par l'interposition d'une lentille biconcave qui a ramené en arrière le foyer F sur la rétine.

» Thomas Young avait déjà constaté une inégalité de réfraction semblable, mais moins sensible, à l'aide de l'optomètre de Porterfield. Si l'on regarde une ligne droite noire tracée sur un carton blanc horizontal, à travers deux fentes fines ou deux petits trous très-rapprochés, percés dans un écran qu'on place à peu près perpendiculairement à la ligne noire, une partie de cette ligne, la plus voisine de l'œil, présente l'apparence de deux lignes qui, pour une vue longue, se rapprochent l'une de l'autre et s'amincissent en s'éloignant de l'œil, et vont se réunir en une seule à partir d'un certain point de la ligne noire indéfinie; tandis que, pour une vue courte, après s'être rapprochées, puis réunies en un certain point, elles se séparent un peu plus loin et s'écartent de plus en plus l'une de l'autre en s'élargissant. La distance de la cornée au point où les deux lignes concourent, et en deçà duquel tout autre point paraît double, est ce que Young appelle la distance de *la vision parfaite*. Voici le fait qu'il a observé (p. 39 du Mém.) : « Mon œil, dit-il, » dans l'état de relâchement, rassemble en un foyer sur la rétine les rayons qui » divergent verticalement d'un objet à la distance de 10 pouces de la cornée, » et les rayons qui divergent horizontalement d'un objet à la distance de » 7 pouces; car si je place le plan de l'optomètre verticalement, les deux » images de la ligne noire paraissent se couper à 10 pouces de distance, et à » 7 si je le place horizontalement. Je n'ai jamais éprouvé d'inconvénient de » cette imperfection, et je crois pouvoir examiner de petits objets avec » autant d'exactitude que ceux dont les yeux sont autrement conformés. » M. Cary m'a dit qu'il a remarqué fréquemment pareille circonstance, et » que beaucoup de personnes sont obligées de tenir obliquement un verre » concave afin de voir distinctement, contre-balançant par l'inclinaison du » verre le trop grand pouvoir réfringent de l'œil dans le sens de cette in- » clinaison. La différence n'est pas dans la cornée, car elle subsiste encore » quand l'effet de la cornée est écarté (en plaçant, comme il l'a fait, sur la » cornée, un tube rempli d'eau et terminé par une lentille biconvexe). » Et ailleurs : « Quand je regarde un point, tel que l'image d'une chandelle dans » un petit miroir concave, il paraît (*voir* la figure dans le Mémoire de Young) » comme une étoile radiée ou une croix (informe), ou une ligne inégale, et » jamais comme un point parfait, à moins que je n'emploie une lentille con- » cave inclinée convenablement. Ces figures ont une analogie considérable

» avec les images produites par la réfraction de rayons obliques. » (*Voyez* aussi la page 68.)

» M. Herschel dit, dans son *Optique,* que des vices de conformation dans la cornée sont beaucoup plus communs qu'on ne le croit généralement, et que peu d'yeux en sont exempts. Je pense, d'après tout ce qui précède, qu'un léger défaut de sphéricité et de symétrie de la cornée et du cristallin est l'état ordinaire et normal, et que cette irrégularité ne devient une imperfection de l'œil qu'en dépassant de justes limites. »

(La fin au prochain *Compte rendu.*)

( 1238 )

OPTIQUE. — *Mémoire sur la vision; par* M. STURM. (Fin.)

« Il ne sera pas inutile de citer encore à ce sujet quelques observations de M. Plateau, connu par ses recherches ingénieuses sur les apparences visuelles. Il a constaté (*Bulletin de l'Académie de Bruxelles*, 1834, n° 27), que la vision *ne s'effectue pas d'une manière symétrique dans tous les sens autour de l'axe optique*. Lorsqu'il remarqua ces effets singuliers, il crut d'abord qu'ils résultaient d'une conformation particulière de ses yeux; mais depuis, il a reconnu que des effets semblables se produisent d'une manière plus ou moins prononcée dans la plupart des yeux, sinon dans tous, car il n'a rencontré aucune personne à qui ne réussît au moins l'une des expériences suivantes.

» Sur un carton blanc on trace deux bandes noires qui se coupent à angles droits, ayant une même largeur de 8 à 9 millimètres. On place ce carton dans un lieu bien éclairé, de manière que les deux bandes soient l'une horizontale et l'autre verticale, puis on s'en éloigne d'une vingtaine de pas. A cette distance, la bande horizontale paraît, pour certains yeux, plus large et plus noire que la seconde; pour d'autres yeux, c'est la bande verticale qui paraît plus large et plus noire. Si l'on incline la tête de manière que la ligne qui joint les deux yeux soit verticale, l'effet devient inverse. Si l'on incline la tête d'environ 45 degrés, ou si, la tête restant droite, on tourne le carton de manière que les deux bandes soient également inclinées sur l'horizon, elles paraissent identiques en largeur et en teinte. On obtient des effets analogues en employant une croix blanche sur un fond noir.

» Si l'on regarde un anneau circulaire noir sur un fond blanc, ou blanc sur un fond noir, la largeur de l'anneau étant de 5 millimètres, l'anneau paraît plus large et d'une teinte plus forte en deux points opposés qui, pour certains yeux, occupent le haut et le bas de l'anneau, et pour d'autres les côtés. Chez quelques personnes, ces deux points sont placés aux extrémités d'un diamètre oblique à l'horizon. Si l'on incline la tête, l'effet suit constamment la position des yeux. Plusieurs anneaux concentriques produisent des effets encore plus intenses. Les raies parallèles d'une gravure paraissent aussi plus ou moins espacées et distinctes, suivant leur inclinaison à l'horizon et la distance à laquelle on se place. Enfin, si l'on regarde une gravure dans laquelle deux systèmes de raies semblables se coupent à angles droits, et si l'on l'éloigne graduellement des yeux en la plaçant de manière que les raies soient les unes horizontales, les autres verticales, l'un des deux systèmes cesse avant l'autre d'être distinct.

» La forme que j'ai assignée aux faisceaux lumineux, dans le fond de l'œil, explique aussi son achromatisme apparent. Diverses expériences de Wollaston, de Young, de Fraunhofer, confirmées par MM. Arago et Dulong, ont démontré positivement que l'œil n'est pas réellement achromatique, c'est-à-dire qu'il *disperse* tout rayon de lumière non homogène. L'absence des bandes irisées dans les images des objets qu'on regarde, excepté dans des cas très-particuliers, est assez généralement attribuée à la ténuité de chaque faisceau lumineux qui passe par l'ouverture de la pupille, et à ce que les rayons inégalement réfrangibles, rencontrant les surfaces des milieux de l'œil sous des incidences presque normales, doivent s'écarter très-peu d'un certain rayon central qui est à peine dévié et dispersé, de sorte que l'image formée sur la rétine (ou dans son épaisseur) n'y occupe qu'un très-petit espace. Je crois rendre cette explication plus complète et plus satisfaisante, en ajoutant que, d'après mes principes, lorsqu'un faisceau très-mince émané d'un point lumineux s'est réfracté et dispersé dans l'œil, l'intervalle focal $Ff$ propre aux rayons simples les moins réfrangibles, et mesuré sur le rayon central le moins dévié, coïncide sensiblement en direction avec un autre intervalle focal $F'f'$ appartenant aux rayons simples les plus réfrangibles, et que ces deux intervalles ont une portion commune $F'f$, autour de laquelle les rayons de couleurs diverses se condensent et se superposent, de manière à recomposer par leur mélange la teinte de l'objet extérieur. Cette superposition des rayons divers diminue l'inconvénient, remarqué plus haut, d'avoir pour un simple point une image sur la rétine plus longue que large, quand les rayons sont homogènes.

» Cette théorie sur la marche des rayons dans l'œil aurait besoin d'être vérifiée par des expériences directes, qui exigeraient, pour être concluantes, des préparations et des mesures assez délicates. Je ne dirai rien ici de mes essais, auxquels je n'ai pas encore apporté la précision nécessaire.

---

» Je vais maintenant donner les calculs par lesquels on peut déterminer la figure d'un faisceau très-mince de rayons lumineux homogènes émanés d'un point et qui ont traversé différents milieux. D'après le théorème de Malus généralisé, ces rayons, après leur dernière réfraction, sont dirigés suivant les normales d'une certaine surface.

» Considérons donc une surface quelconque $s$ (*voir* la figure ci-dessus) rapportée à trois axes de coordonnées rectangulaires et représentée par une équation

$$z = \mathrm{f}(x, y).$$

( 1240 )

En posant

$$\frac{dz}{dx} = p, \quad \frac{dz}{dy} = q,$$

les équations de la normale à cette surface en un point quelconque $(x, y, z)$ sont, comme on sait,

$$X - x + p(Z - z) = 0,$$
$$Y - y + q(Z - z) = 0,$$

X, Y, Z étant les coordonnées courantes.

» Si l'on prend pour origine un point O de la surface $s$, pour axe des $z$ la normale en ce point, et pour axes des $x$ et des $y$ deux droites perpendiculaires entre elles dans le plan tangent au point O, $x, y, z, p$ et $q$ seront nulles pour le point O, et l'on aura, pour la normale OZ,

$$X = 0, \quad Y = 0.$$

» Considérons un autre point M, voisin du point O, et dont les coordonnées soient $\xi$, $\eta$, $\zeta$. Si l'on pose

$$\frac{dp}{dx} = r, \quad \frac{dp}{dy} = s = \frac{dq}{dx}, \quad \frac{dq}{dy} = t,$$

la valeur de $p$, en passant du point O au point M, deviendra

$$p + \frac{dp}{dx}\xi + \frac{dp}{dy}\eta + \mu,$$

ou

$$r\xi + s\eta + \mu;$$

$p$ étant nulle pour le point O, les valeurs de $r$, $s$ étant prises pour le point O, et $\mu$ désignant une quantité dont le rapport à $\xi$ ou à $\eta$ tend vers zéro quand $\xi$ et $\eta$ deviennent infiniment petites.

» De même, la valeur de $q$ pour le point M sera

$$s\xi + t\eta + \nu,$$

$s$ et $t$ se rapportant encore au point O, et $\nu$ devenant infiniment petit vis-à-vis de $\xi$ ou $\eta$.

» La normale au point M est donc représentée par les deux équations

$$X - \xi + (r\xi + s\eta + \mu)(Z - \zeta) = 0,$$
$$Y - \eta + (s\xi + t\eta + \nu)(Z - \zeta) = 0,$$

qui deviennent

$$X - \xi + (r\xi + s\eta)Z = 0,$$
$$Y - \eta + (s\xi + t\eta)Z = 0,$$

si l'on suppose le point M très-rapproché du point O, en ne prenant que les termes du premier ordre par rapport à $\xi$ et $\eta$. On néglige $\zeta$, qui est du deuxième ordre [puisque $\zeta = \frac{1}{2}(r\xi^2 + 2s\xi\eta + t\eta^2) +$ etc.], et qui est d'ailleurs multipliée par des quantités très-petites du premier ordre.

» Si l'on prend pour axes des $x$ et des $y$ les tangentes aux deux sections principales de la surface au point O, on aura

$$s = 0, \quad r = \frac{1}{F}, \quad t = \frac{1}{f},$$

en désignant par F et $f$ les deux rayons de courbure principaux OF et O$f$ de la surface au point O, chacun de ces rayons pouvant être positif ou négatif, selon qu'il est dirigé dans le sens de OZ ou dans le sens contraire ; et les équations de la normale au point M deviendront

$$X = \xi\left(1 - \frac{Z}{F}\right), \quad Y = \eta\left(1 - \frac{Z}{f}\right).$$

Cette normale rencontre le plan ZOX en un point pour lequel

$$Y = 0, \quad Z = f \quad \text{et} \quad X = \xi\left(1 - \frac{f}{F}\right),$$

et le plan ZOY en un autre point pour lequel

$$X = 0, \quad Y = F \quad \text{et} \quad Y = \eta\left(1 - \frac{F}{f}\right),$$

d'où l'on voit qu'elle coupe la droite $cfc'$ parallèle à OX menée par le centre de courbure $f$, en un point dont la distance à ce point $f$ est proportionnelle à $\xi$, et qu'elle coupe aussi la droite CFC' parallèle à OY menée par l'autre centre de courbure F, et à une distance de F proportionnelle à $\eta$. Cette normale en M est donc dirigée suivant l'intersection de deux plans passant par le point M et par les deux droites $cfc'$ et CFC'. Ainsi les normales ou les rayons de lumière qui passent par les différents points d'un contour très-petit, tracé autour du point O sur la surface ou sur son plan tangent, s'appuient toujours sur les deux droites fixes $cfc'$ et CFC', et forment une surface réglée dont il est aisé d'avoir l'équation. En supposant que ce petit contour ou diaphragme soit un cercle ayant pour centre le point O et pour rayon $\delta$, on aura l'équa-

( 1242 )

tion de cette surface réglée en éliminant $\xi$ et $\eta$ entre les équations de la normale M$m$,

$$X = \xi\left(1 - \frac{Z}{F}\right), \quad Y = \eta\left(1 - \frac{Z}{f}\right),$$

et celle du cercle

$$\xi^2 + \eta^2 = \delta^2,$$

ce qui donne

$$\frac{X^2}{\delta^2\left(1 - \frac{Z}{F}\right)^2} + \frac{Y^2}{\delta^2\left(1 - \frac{Z}{f}\right)^2} = 1.$$

» En faisant Z constante, on voit que toute section $aob$ de la surface réglée perpendiculaire à l'axe OZ est une ellipse dont les demi-axes situés dans les deux plans principaux de la surface $s$ sont

$$\delta\left(1 - \frac{Z}{F}\right) \quad \text{et} \quad \delta\left(1 - \frac{Z}{f}\right), \quad \text{ou} \quad \delta.\frac{oF}{OF} \quad \text{et} \quad \delta.\frac{oF}{Of},$$

et dont l'aire est

$$\pi\delta^2.\left(1 - \frac{Z}{F}\right)\left(1 - \frac{Z}{f}\right), \quad \text{ou} \quad \pi\delta^2.\frac{oF.of}{OF.Of},$$

de sorte que cette aire varie comme le rectangle $oF.of$. L'aire maximum entre F et $f$ répond au milieu de l'intervalle F$f$, et a pour valeur

$$\pi\delta^2.\frac{(F-f)^2}{4Ff}.$$

A chacun des points F et $f$, la section se réduit à une ligne droite. La section devient un cercle quand on a

$$1 - \frac{Z}{F} = \frac{Z}{f} - 1, \quad \text{ou} \quad \frac{F - Z}{F} = \frac{Z - f}{f},$$

c'est-à-dire

$$oF : of :: OF : Of.$$

Son rayon est

$$\delta.\left(\frac{F-f}{F+f}\right),$$

et son aire

$$\pi\delta^2.\left(\frac{F-f}{F+f}\right)^2.$$

» On voit, au reste, que la normale M$m$ à la surface $s$ en un point quelconque M ($\xi$, $\eta$, $\zeta$) infiniment voisin du point O coïncide en direction avec la normale au paraboloïde osculateur représenté par l'équation

$$\zeta = \frac{1}{2}(r\xi^2 + t\eta^2) \quad \text{ou} \quad \zeta = \frac{1}{2}\left(\frac{\xi^2}{F} + \frac{\eta^2}{f}\right),$$

en négligeant les infiniment petits du deuxième ordre dans l'équation de la normale.

---

» La considération de deux normales infiniment voisines conduit de la manière la plus simple aux théorèmes sur la courbure des surfaces, qui complètent ce qu'on peut dire sur la forme d'un petit faisceau de normales.

» En prenant, comme plus haut, pour axe des $z$ la normale OZ au point O d'une surface $s$, la normale M$m$ en un point M situé à une distance infiniment petite $\delta$ du point O, et qui a pour coordonnées $\xi$, $\eta$, $\zeta$, a pour équations

$$X - \xi + (r\xi + s\eta)Z = 0,$$
$$Y - \eta + (s\xi + t\eta)Z = 0$$

(en ne supposant pas encore $s = 0$).

» En désignant par $\varphi$ l'angle que le plan ZOM fait avec le plan ZOX, on a

$$\xi = \delta \cos\varphi, \quad \eta = \delta \sin\varphi.$$

Le point M étant donné, la position de la normale en ce point sera déterminée, si l'on connaît l'angle infiniment petit $\mu$ que cette normale M$m$ fait avec sa projection sur le plan ZOM et l'angle $\nu$ que cette projection fait avec OZ. Le premier angle est le complément (positif ou négatif) de l'angle que la normale M$m$ fait avec la perpendiculaire au plan ZOM menée par le point M (dans l'angle MOX). Si l'on appelle $c$ le cosinus de l'angle que la normale M$m$ fait avec l'axe OZ, on aura, d'après les équations de cette normale, pour les cosinus des angles qu'elle fait avec les trois axes OX, OY, OZ, les valeurs

$$-c(r\xi + s\eta), \quad -c(s\xi + t\eta) \quad \text{et} \quad c,$$

ou

$$-c\delta(r\cos\varphi + s\sin\varphi), \quad -c\delta(s\cos\varphi + t\sin\varphi) \quad \text{et} \quad c.$$

La perpendiculaire au plan ZOM (menée dans l'angle MOX) fait avec les mêmes axes des angles dont les cosinus sont

$$\sin\varphi, \quad -\cos\varphi \text{ et } 0.$$

» Donc, d'après la formule qui donne le cosinus de l'angle de deux droites, et en négligeant toujours les infiniment petits du second ordre, auquel cas $c = 1$, on aura

$$\sin\mu \text{ ou } \mu = \delta\left[(t-r)\sin\varphi\cos\varphi + s(\cos^2\varphi - \sin^2\varphi)\right],$$

ou

$$\mu = \tfrac{1}{2}\delta\left[(t-r)\sin 2\varphi + 2s\cos 2\varphi\right].$$

Si l'on considère un autre plan normal ZOM′, perpendiculaire au plan ZOM, la normale à la surface $s$, au point M′, fera, avec ce plan ZOM′, un angle $\mu'$ dont la valeur se déduira de celle de $\mu$, en y remplaçant $\varphi$ par $\varphi \pm \frac{\pi}{2}$, ce qui donne $\mu' = -\mu$, les deux longueurs infiniment petites OM, OM′, tangentes à la surface S, étant supposées égales et perpendiculaires entre elles. Ces angles $\mu$ et $\mu'$ étant de signes contraires, il doit exister, en vertu de la loi de continuité, entre OM et OM′ une direction intermédiaire ON telle, que la normale correspondante N$n$ se trouve dans le plan normal mené suivant cette direction; elle est déterminée par l'équation

$$\mu = 0 \text{ ou } (t-r)\sin 2\varphi + 2s\cos 2\varphi = 0,$$

d'où

$$\tang 2\varphi = \frac{2s}{r-t}.$$

La direction perpendiculaire à celle-là jouit de la même propriété, et, pour toute autre direction, $\mu$ ne sera pas nul, de sorte que la plus courte distance de la normale M$m$ à la normale OZ ne sera pas infiniment petite par rapport à OM.

» On voit même que les normales aux points M et M′ étant dirigées toutes deux en dedans ou en dehors de l'angle dièdre des deux plans rectangulaires ZOM, ZOM′, il y aura toujours entre ces deux plans une normale, et une seule, qui sera rigoureusement dans un même plan avec OZ, et coupera OZ, quand même on ne négligera rien dans le calcul, pourvu que la distance $\delta$ soit suffisamment petite.

» Ces propriétés, trouvées par M. Bertrand d'une autre manière, caractérisent, comme il l'a fait voir, un système de droites normales à une même surface, et l'ont conduit à des conséquences remarquables. (Journal de M. Liouville, tome IX, page 133) [*].

» Si l'on prend l'axe OX suivant cette direction ON, $\varphi$ désignera l'angle que fait avec ON la direction quelconque OM, et il faudra qu'on ait $\mu = 0$ pour $\varphi = 0$, ce qui donne $s = 0$; la valeur générale de $\mu$ devient alors

$$\mu = \tfrac{1}{2}\delta(t - r).\sin 2\varphi$$

($r$ et $t$ désignant les valeurs de $\frac{d^2z}{dx^2}$, $\frac{d^2z}{dy^2}$ pour le point O par rapport aux nouveaux axes).

» Il est donc prouvé qu'on peut toujours mener par la normale OZ deux plans perpendiculaires entre eux, tels qu'en prenant ces plans avec le plan tangent XOY pour plans coordonnés, on ait, pour le point O, $s$ ou $\frac{d^2z}{dx\,dy} = 0$. Ces plans déterminent les deux sections principales de la surface $s$.

» La projection de la normale quelconque M$m$ sur le plan ZOM fait avec OZ un angle $\nu$ dont la tangente est égale au cosinus de l'angle que la direction M$m$ fait avec OM divisé par le cosinus de l'angle que M$m$ fait avec OZ (car cette projection aurait pour équation

$$X - \xi = (Z - \zeta)\operatorname{tang}\nu,$$

---

[*] M. Bertrand a démontré (page 143) que pour que des droites dont la direction est donnée en fonction des coordonnées d'un quelconque de leurs points, soient normales à une surface (ou à une série de surfaces), il faut et il suffit qu'en prenant un point quelconque O dans l'espace et la droite OZ correspondante à ce point, puis portant perpendiculairement à OZ deux longueurs infiniment petites OM, OM′, égales et perpendiculaires entre elles, la droite correspondante au point M fasse avec le plan ZOM un angle égal à celui que la droite correspondante au point M′ fait avec le plan ZOM′.

J'ajouterai à cette proposition la suivante, qui la comprend et la complète :

Si l'on considère un système de lignes droites disposées dans l'espace suivant une loi analytique quelconque et qui ne puissent être normales à aucune surface, en prenant un point quelconque O dans l'espace et la droite OZ correspondante à ce point, puis portant perpendiculairement à OZ deux longueurs infiniment petites OM, OM′, égales et perpendiculaires entre elles, les angles infiniment petits $\mu$ et $\mu'$ que feront la droite correspondante au point M avec le plan ZOM, et la droite correspondante au point M′ avec le plan ZOM′, auront leur somme (*algébrique*) $\mu + \mu'$ différente de zéro et constante, quelles que soient les directions des deux lignes OM, OM′, pourvu qu'elles soient toujours égales, perpendiculaires l'une à l'autre et à OZ au même point O. La somme $\mu + \mu'$ est nulle dans le seul cas où les droites du système sont normales à une même surface.

( 1246 )

si l'on prenait le plan ZOM pour plan des $z$, $x$). Ce dernier cosinus diffère infiniment peu de l'unité, et $\nu$ est infiniment petit; donc

$$\nu = \cos \mathrm{OM}m.$$

Or, la droite M$m$ fait, avec les axes OX, OY, OZ, des angles dont les cosinus sont

$$-c\delta(r\cos\varphi + s\sin\varphi), \quad -c\delta(s\cos\varphi + t\sin\varphi) \text{ et } c.$$

Pour la droite MO, les cosinus sont

$$-\cos\varphi, \quad -\sin\varphi \text{ et } 0.$$

Donc, en posant $c = 1$, on a

$$\cos \mathrm{OM}m, \quad \text{ou} \quad \nu = \delta(r\cos^2\varphi + 2s\sin\varphi\cos\varphi + t\sin^2\varphi).$$

» Le plan qui projette la normale M$m$ à la surface $s$, sur le plan ZOM, est normal en M à la courbe suivant laquelle le plan ZOM coupe la surface $s$; il rencontre la normale OZ en un point qui est, comme on sait, le centre de courbure de cette courbe; conséquemment, le rayon de courbure $\rho$ de cette section normale ZOM est

$$\rho = \frac{\delta}{\nu} = \frac{1}{r\cos^2\varphi + 2s\sin\varphi\cos\varphi + t\sin^2\varphi}.$$

Si l'on prend pour axes des $x$ et $y$ les tangentes aux deux *sections principales*, on a

$$s = 0,$$

et

$$\rho = \frac{1}{r\cos^2\varphi + t\sin^2\varphi}, \quad \text{ou} \quad \frac{1}{\rho} = r\cos^2\varphi + t\sin^2\varphi.$$

En faisant $\varphi = 0$ et $\varphi = \frac{\pi}{2}$, on aura les rayons de courbure F et $f$ des deux sections principales

$$\mathrm{F} = \frac{1}{r}, \quad f = \frac{1}{t},$$

puis on obtient la formule d'Euler

$$\frac{1}{\rho} = \frac{\cos^2\varphi}{\mathrm{F}} + \frac{\sin^2\varphi}{f}.$$

F et $f$ sont les rayons du plus grand et du plus petit cercle de courbure.

» L'angle infiniment petit $\mu$ devient aussi

$$\mu = \frac{1}{2}\delta \cdot \left(\frac{1}{f} - \frac{1}{F}\right) \cdot \sin 2\varphi.$$

» On peut encore trouver le rayon de courbure $\rho$ de la section normale faite par le plan ZOM et l'angle $\nu$ de cette autre manière; $\rho$ est le rayon du cercle osculateur en O, qui a son centre sur la normale OZ, et qui passe par le point $M(\xi, \eta, \zeta)$; ce rayon est donc égal à $\frac{1}{2}OM^2$ divisé par la projection de la droite infiniment petite OM sur OZ, c'est-à-dire égal à $\frac{\delta^2}{2\zeta}$. Or on a

$$\zeta = \frac{1}{2}(r\xi^2 + 2s\xi\eta + t\eta^2) = \frac{1}{2}\delta^2(r\cos^2\varphi + 2s\sin\varphi\cos\varphi + t\sin^2\varphi);$$

donc

$$\rho = \frac{1}{r\cos^2\varphi + 2s\sin\varphi\cos\varphi + t\sin^2\varphi},$$

et quand $s = 0$,

$$\frac{1}{\rho} = \frac{\cos^2\varphi}{F} + \frac{\sin^2\varphi}{f}.$$

D'ailleurs l'angle $\nu = \frac{\delta}{\rho} = \delta\left(\frac{\cos^2\varphi}{F} + \frac{\sin^2\varphi}{f}\right)$.

» En faisant $\zeta$ constante, l'équation $\zeta = \frac{1}{2}(r\xi^2 + 2s\xi\eta + t\eta^2)$ représente la section faite dans la surface $s$ par un plan parallèle au plan tangent XOY à la distance infiniment petite $\zeta$. Cette courbe ou sa projection sur le plan tangent est une ellipse ou une hyperbole qu'on appelle *l'indicatrice* de la surface pour le point O. Les rayons de courbure des différentes sections normales sont proportionnels aux carrés des demi-diamètres correspondants de cette conique ou d'une conique semblable de grandeur finie.

» La projection de la normale $Mm$ sur le plan XOY a pour équation

$$\frac{Y - \eta}{X - \xi} = \frac{s\xi + t\eta}{r\xi + s\eta},$$

ou, quand $s = 0$,

$$\frac{Y - \eta}{X - \xi} = \frac{t\eta}{r\xi} = \frac{F}{f}\tang\varphi;$$

d'où l'on conclut que la normale $Mm$ se trouve dans le plan normal à la conique indicatrice passant par le point M, et qu'ainsi la plus courte distance de $Mm$ à OZ est une droite égale et parallèle à la perpendiculaire abaissée du centre de l'indicatrice ou du point O sur sa normale au point M. L'intersection du plan tangent à la surface $s$ au point M avec le plan tangent au point O coïncide aussi avec cette même direction, qui est celle du diamètre conjugué de OM, le plan tangent en M ayant pour équation (quand $s = 0$)

$$Z - \zeta = r\xi(X - \xi) + t\eta(Y - \eta).$$

---

» Il me reste à faire voir comment, en considérant un faisceau de rayons homogènes qui, après avoir subi plusieurs réfractions, se trouvent normaux à une certaine surface, on peut déterminer, sur chaque rayon, les deux points (ou foyers F et $f$) où il est rencontré par des rayons infiniment voisins, et les deux plans qui contiennent ce rayon et les rayons infiniment voisins susceptibles de le couper. Ces deux points, qui appartiennent à la surface caustique formée par les intersections successives des rayons, sont, pour le rayon considéré, les centres du plus grand et du plus petit cercle de courbure de la surface à laquelle les rayons sont normaux. Les plans passant par les rayons consécutifs qui se coupent sont ceux des sections principales de cette surface; ce sont aussi les plans tangents aux deux séries de surfaces développables se coupant partout à angles droits, dans lesquelles le faisceau se décompose.

» J'ai déjà traité cette question dans un Mémoire inséré au Journal de M. Liouville (numéro de juillet 1838). M. Bertrand est parvenu, dans le numéro d'avril 1844, par une méthode géométrique qui lui est propre, à des formules semblables aux miennes. Voici une nouvelle solution analytique qui me paraît assez simple et qui conduit à des formules un peu plus générales.

» Il faut d'abord remarquer que si des rayons sont normaux à une même surface, ils sont aussi normaux à toutes les surfaces en nombre infini qu'on forme en portant sur ces rayons une longueur constante et arbitraire à partir de la surface normale primitive.

» Concevons un faisceau de rayons homogènes normaux à une surface $s$ et réfractés à la rencontre d'une autre surface quelconque $S$ suivant la loi ordinaire. Les rayons réfractés seront aussi normaux à une nouvelle surface $s'$ ou plutôt à une infinité de surfaces $s'$ qu'on forme en prenant, sur la direction de chaque rayon réfracté à partir de la surface de séparation $S$, une longueur qui soit à celle du rayon incident comprise entre $S$ et $s$, augmentée ou diminuée d'une quantité constante, dans le rapport constant du sinus de l'angle de réfraction au sinus de l'angle d'incidence. (*Voir* mon Mémoire cité.)

» Considérons un rayon incident quelconque et le rayon réfracté correspondant. Soient $a$, $b$, $c$ les cosinus des angles que la normale à la surface séparatrice $S$ au point d'incidence fait avec trois axes rectangulaires OX, OY, OZ.

» Soient $\alpha$, $\beta$, $\gamma$ et $\alpha'$, $\beta'$, $\gamma'$ les cosinus des angles que le rayon incident et le rayon réfracté font avec les mêmes axes.

» Il faut exprimer d'abord que ces trois droites se trouvent dans un même plan. En appelant $\theta$ l'angle d'incidence et $\theta'$ l'angle de réfraction, la perpendiculaire au plan qui passe par la normale à la surface $S$, et par le rayon incident, fait, avec les axes, des angles dont les cosinus sont

$$\frac{b\gamma - c\beta}{\sin\theta}, \quad \frac{c\alpha - a\gamma}{\sin\theta}, \quad \frac{a\beta - b\alpha}{\sin\theta}.$$

De même, la perpendiculaire au plan qui passe par la normale à la surface S et par le rayon réfracté, fait, avec les axes, des angles dont les cosinus sont

$$\frac{b\gamma' - c\beta'}{\sin\theta'}, \quad \frac{c\alpha' - a\gamma'}{\sin\theta'}, \quad \frac{a\beta' - b\alpha'}{\sin\theta'}.$$

On exprime que ces perpendiculaires coïncident et sont dirigées dans le même sens, en posant

$$\frac{b\gamma - c\beta}{\sin\theta} = \frac{b\gamma' - c\beta'}{\sin\theta'}, \quad \frac{c\alpha - a\gamma}{\sin\theta} = \frac{c\alpha' - a\gamma'}{\sin\theta'}, \quad \frac{a\beta - b\alpha}{\sin\theta} = \frac{a\beta' - b\alpha'}{\sin\theta'}.$$

De plus, en représentant par $\frac{\lambda}{\lambda'}$ le rapport constant du sinus de l'angle d'incidence au sinus de l'angle de réfraction, on a

$$\frac{\sin\theta}{\sin\theta'} = \frac{\lambda}{\lambda'}.$$

Ces équations donnent les suivantes

$$\frac{b\gamma - c\beta}{\lambda} = \frac{b\gamma' - c\beta'}{\lambda'}, \quad \frac{c\alpha - a\gamma}{\lambda} = \frac{c\alpha' - a\gamma'}{\lambda'}, \quad \frac{a\beta - b\alpha}{\lambda} = \frac{a\beta' - b\alpha'}{\lambda'},$$

dont deux, en y joignant $\alpha'^2 + \beta'^2 + \gamma'^2 = 1$, suffisent pour déterminer $\alpha'$ $\beta'$ $\gamma'$, c'est-à-dire la direction du rayon réfracté, quand on connaît celles du rayon incident et de la normale à S. Les relations qui existent entre ces trois directions sont donc toutes exprimées par les deux équations

( 1250 )

$$\frac{1}{\lambda}(a\gamma - c\alpha) = \frac{1}{\lambda'}(a\gamma' - c\alpha'),$$

$$\frac{1}{\lambda}(b\gamma - c6) = \frac{1}{\lambda'}(b\gamma' - c6').$$

Si l'on considère sur la surface S un autre point d'incidence infiniment voisin du premier, les cosinus $a$, $b$, $c$, $\alpha$, etc., prendront, en passant du premier point au second, des accroissements simultanés $da$, $db$, etc., et l'on aura, en différentiant les deux équations précédentes,

$$\frac{1}{\lambda}(\gamma da + ad\gamma - cd\alpha - \alpha dc) = \frac{1}{\lambda'}(\gamma' da + ad\gamma' - cd\alpha' - \alpha' dc),$$

$$\frac{1}{\lambda}(\gamma db + bd\gamma - cd6 - 6dc) = \frac{1}{\lambda'}(\gamma' db + bd\gamma' - cd6' - 6' dc).$$

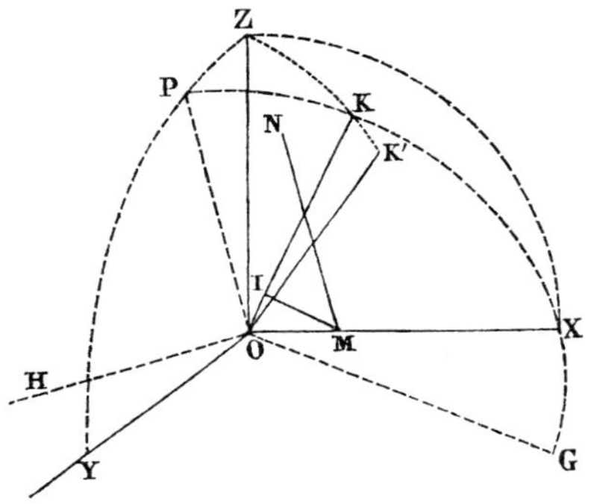


» Prenons maintenant pour origine des axes coordonnés le premier point d'incidence O, pour axe des $z$ la normale OZ à la surface séparatrice S, pour plan des $xz$ le plan ZOM qui passe par cette normale OZ et par le second point d'incidence M, qu'on pourra alors regarder comme situé sur l'axe OX. On aura, pour ce système d'axes,

$$a = 0, \quad b = 0, \quad c = 1, \quad \gamma = \cos\theta, \quad \gamma' = \cos\theta',$$

et aussi $dc = 0$, à cause de la relation $a^2 + b^2 + c^2 = 1$, qui donne

$$ada + bdb + cdc = 0.$$

Les quatre équations précédentes deviendront

( 1251 )

$$\frac{\alpha}{\lambda}=\frac{\alpha'}{\lambda'},\quad \frac{6}{\lambda}=\frac{6'}{\lambda'},$$

$$\left.\begin{aligned}\frac{1}{\lambda}(\gamma da-d\alpha)&=\frac{1}{\lambda'}(\gamma' da-d\alpha'),\\ \frac{1}{\lambda}(\gamma db-d6)&=\frac{1}{\lambda'}(\gamma' da-d6').\end{aligned}\right\}\quad\text{(a)}$$

Il faut trouver maintenant les valeurs géométriques de $da$, $db$, $d\alpha$, etc.

» Lorsque les axes sont quelconques, le rapport $\frac{a}{c}$, relatif à la normale au point O de la surface S, est égal, comme on sait, à la tangente de l'angle que fait, avec l'axe des $z$, la projection de cette normale sur le plan des $z$, $x$. Pour les axes actuels, la normale étant OZ, ce rapport $\frac{a}{c}$ est égal à zéro, puisque $a=0$ et $c=1$; pour la normale infiniment voisine MN, la quantité analogue est $\frac{a+da}{c+dc}$, qui se réduit à $da$ et qui est égale à la tangente de l'angle infiniment petit que fait avec OZ la projection de la normale MN sur le plan ZOX, ou à cet angle même. Or, cet angle est aussi égal à $\frac{\delta}{\rho}$, en désignant par $\delta$ la distance infiniment petite OM, et par $\rho$ le rayon de courbure de la section normale faite dans la surface S par le plan ZOX. Car le centre de courbure de cette section est le point de rencontre de la normale OZ avec le plan normal à la courbe OM au point M, et ce plan normal est celui qui projette la normale MN sur le plan ZOM.

» On a donc

$$da=\frac{\delta}{\rho}.$$

D'ailleurs la formule d'Euler donne

$$\frac{1}{\rho}=\frac{\cos^2\omega}{R}+\frac{\sin^2\omega}{r},$$

en appelant R et $r$ les deux rayons de courbure principaux de la surface S pour le point O, et $\omega$ l'angle que le plan ZOX fait avec le plan de la section principale de S qui a la moindre courbure $\frac{1}{R}$.

» Ainsi

$$da=\frac{\delta}{\rho}=\delta.\left(\frac{\cos^2\omega}{R}+\frac{\sin^2\omega}{r}\right).$$

La normale MN fait avec l'axe OY un angle dont le cosinus est $b+db$ ou simplement $db$, puisque $b=0$. Mais cet angle est le complément de l'angle infiniment petit que cette normale fait avec le plan ZOX, et qui a pour valeur

$$\frac{1}{2}\delta.\left(\frac{1}{r}-\frac{1}{R}\right)\sin 2\omega.$$

On a donc

$$db=\frac{1}{2}\delta.\left(\frac{1}{r}-\frac{1}{R}\right)\sin 2\omega.$$

Pour évaluer $d\alpha$ et $d\beta$, concevons, dans le plan KOX mené par le rayon incident OK et le point M, la droite OG perpendiculaire au rayon incident OK, puis OH perpendiculaire à ce plan KOX. Désignons par $g$, $h$, $k$ les angles que fait, avec ces trois droites rectangulaires OG, OH, OK, un rayon incident quelconque; $\alpha$ désignant le cosinus de l'angle que ce rayon quelconque fait avec la ligne OX, on aura, d'après la formule qui donne le cosinus de l'angle de deux droites rapportées à trois axes rectangulaires,

$$\alpha = g\cos \mathrm{GOX} + h\cos \mathrm{HOX} + k\cos \mathrm{KOX},$$

ou

$$\alpha = g\sin \mathrm{KOX} + k\cos \mathrm{KOX},$$

la ligne OX faisant avec les axes rectangulaires OG, OH, OK, des angles dont les cosinus sont respectivement

$$\sin \mathrm{KOX},\quad 0,\quad \cos \mathrm{KOX}.$$

$\beta$ étant le cosinus de l'angle que le même rayon incident fait avec OY, on aura pareillement

$$\beta = g\cos \mathrm{GOY} + h\cos \mathrm{HOY} + k\cos \mathrm{KOY}.$$

Pour un rayon incident infiniment voisin, on aura (les axes OG, OH, OK restant fixes, ainsi que OX, OY, OZ)

$$d\alpha = dg.\sin \mathrm{KOX} + dk\cos \mathrm{KOX},$$
$$d\beta = dg.\cos \mathrm{GOY} + dh\cos \mathrm{HOY} + dk\cos \mathrm{KOY}.$$

Si ces deux rayons incidents sont ceux qui tombent aux points O et M, on aura

$$g=0,\quad h=0,\quad k=1,$$

puis $dk=0$, à cause de $gdg+hdh+kdk=0$.

» Si l'on considère, parmi toutes les surfaces $s$ normales aux rayons incidents, celle qui passe par le point M et qui coupera OK en un point I, $dg$ est (comme on l'a vu pour $da$) égal à l'angle que fait avec OK la projection du rayon incident en M sur le plan KOM, ou égal à la ligne infiniment petite OI ou $\delta \sin$ KOX, divisée par le rayon de courbure de la section normale faite dans cette surface-là par le plan KOM. Mais ce rayon diffère infiniment peu du rayon $v$ de la section faite par le plan KOM dans la surface normale aux rayons incidents qui passe par le point O; la valeur inverse de ce rayon $v$ est

$$\frac{1}{v} = \frac{\cos^2 \varphi}{F} + \frac{\sin^2 \varphi}{f},$$

en désignant par F et $f$ les deux rayons de courbure principaux de la surface $s$ pour le point O, et par $\varphi$ l'angle que le plan KOM normal à $s$ fait avec la section principale de $s$ dont la courbure est $\frac{1}{F}$.

» On a donc, en désignant par $\tau$ l'angle KOX,

$$dg = \frac{\delta \sin \tau}{v} = \delta \sin \tau \left( \frac{\cos^2 \varphi}{R} + \frac{\sin^2 \varphi}{r} \right);$$

et conséquemment

$$da = \frac{\delta \sin^2 \tau}{v} = \delta \sin^2 \tau \left( \frac{\cos^2 \varphi}{F} + \frac{\sin^2 \varphi}{f} \right),$$

$dk$ étant nulle.

» La quantité $h + dh$, ou simplement $dh$, puisque $h$ est nul, est le cosinus de l'angle que le rayon incident en M fait avec OH, ou le sinus de l'angle infiniment petit que ce rayon fait avec sa projection sur le plan KOM. Donc $dh$ est égal à cet angle, qui a pour valeur

$$\tfrac{1}{2}\,\mathrm{MI} \left( \frac{1}{f - \mathrm{OI}} - \frac{1}{F - \mathrm{OI}} \right) \sin 2\varphi,$$

car F — OI et $f$ — OI sont les rayons de courbure principaux de la surface $s$, normale aux rayons incidents, qui passe par le point M et qui a les mêmes plans principaux que celle qui passe par le point O. Comme on doit négliger les infiniment petits du second ordre, et que $\mathrm{MI} = \delta \sin \mathrm{KOX} = \delta \sin \tau$, la valeur de $dh$ sera

$$dh = \tfrac{1}{2}\,\delta \sin \tau \left( \frac{1}{f} - \frac{1}{F} \right) \sin 2\varphi.$$

» Si le plan KOX coupe le plan ZOY suivant OP, on aura dans l'angle trièdre rectangle formé par les trois droites OG, OY, OP,

$$\cos \text{GOY} = \cos \text{GOP} \cos \text{YOP} = -\cos \text{KOX} \sin \text{ZOP}.$$

» L'angle ZOP n'est autre chose que l'angle dièdre ZXK des plans ZOX, KOX. Or, on a, dans l'angle trièdre formé par les trois droites OZ, OX, OK,

$$\cos \text{KOX} = \cos \text{ZOX} \cos \text{ZOK} + \sin \text{ZOX} \sin \text{ZOK} \cos \text{KZX},$$

ou

$$\cos \text{KOX} = \sin \theta \cos \varepsilon,$$

en appelant $\varepsilon$ l'angle dièdre KZX, que le plan ZOM fait avec le plan OZKK' qui contient le rayon incident OK et le rayon réfracté correspondant OK'. On a encore

$$\sin \text{ZXK} \text{ ou } \sin \text{ZOP} : \sin \text{KZX} :: \sin \text{ZOK} : \sin \text{KOX},$$

ou

$$\sin \text{ZOP} = \frac{\sin \theta \sin \varepsilon}{\sin \tau}.$$

De là résulte

$$\cos \text{GOY} = -\cos \text{KOX} \sin \text{ZOP} = -\frac{\sin^2 \theta \sin \varepsilon \cos \varepsilon}{\sin \tau},$$

et le terme $dg \cos \text{GOY}$, dans la valeur de $d\beta$, devient

$$-\tfrac{1}{2}\delta.\left(\frac{\cos^2 \varphi}{\text{R}} + \frac{\sin^2 \varphi}{r}\right) \sin^2 \theta \sin 2\varepsilon.$$

» L'angle HOY est aussi égal à l'angle dièdre des plans ZOX, KOX, ou à ZOP, et le même trièdre OZXK, ou bien le trièdre OZKP, donne

$$\cos \text{ZOK} = \sin \text{KOX} \cos \text{ZOP} \text{ ou } \cos \theta = \sin \tau \cos \text{HOY}.$$

Le terme $dh \cos \text{HOY}$, dans la valeur de $d\beta$, devient ainsi

$$\tfrac{1}{2}\delta\left(\frac{1}{f} - \frac{1}{\text{F}}\right) \sin 2\varphi \cos \theta,$$

de sorte qu'on a

$$d\beta = -\tfrac{1}{2}\delta\left(\frac{\cos^2 \varphi}{\text{R}} + \frac{\sin^2 \varphi}{r}\right) \sin^2 \theta \sin 2\varepsilon + \tfrac{1}{2}\delta\left(\frac{1}{f} - \frac{1}{\text{F}}\right) \sin 2\varphi \cos \theta.$$

On aura de même les valeurs de $d\alpha'$ et $d\beta'$ qui se rapportent au rayon réfracté OK', en désignant par F', $f'$, $\varphi'$ et $\tau'$, pour ce rayon, les quantités analogues à celles que nous avons appelées F, $f$, $\varphi$ et $\tau$ pour le rayon incident OK; les angles dièdres $\varepsilon$ et $\omega$ sont les mêmes pour les deux rayons, et l'on a les relations

$$\cos\tau = \sin\theta\cos\varepsilon, \quad \cos\tau' = \sin\theta'\cos\varepsilon.$$

» En mettant toutes ces valeurs dans les deux équations ci-dessus (a), on obtient d'abord la formule

$$\frac{1}{\lambda}\left(\frac{\cos\theta}{\rho} - \frac{\sin^2\tau}{\upsilon}\right) = \frac{1}{\lambda'}\left(\frac{\cos\theta'}{\rho} - \frac{\sin^2\tau'}{\upsilon'}\right),$$

ou bien

$$\left.\begin{aligned}&\frac{1}{\lambda}\left[\left(\frac{\cos^2\omega}{R} + \frac{\sin^2\omega}{r}\right)\cos\theta - \left(\frac{\cos^2\varphi}{F} + \frac{\sin^2\varphi}{f}\right)\sin^2\tau\right]\\ = &\frac{1}{\lambda'}\left[\left(\frac{\cos^2\omega}{R} + \frac{\sin^2\omega}{r}\right)\cos\theta' - \left(\frac{\cos^2\varphi'}{F'} + \frac{\sin^2\varphi'}{f'}\right)\sin^2\tau'\right].\end{aligned}\right\} \quad (b)$$

C'est la formule (32) de mon premier Mémoire; elle établit une relation entre les rayons de courbure des sections normales faites dans les trois surfaces S, $s$, $s'$, par trois plans dont la ligne d'intersection commune OM est prise à volonté sur le plan tangent à S.

» On trouve ensuite

$$\left.\begin{aligned}&\frac{1}{\lambda}\left[\left(\frac{1}{r} - \frac{1}{R}\right)\sin 2\omega\cos\theta - \left(\frac{1}{f} - \frac{1}{F}\right)\sin 2\varphi\cos\theta + \left(\frac{\cos^2\varphi}{F} + \frac{\sin^2\varphi}{f}\right)\sin 2\varepsilon\sin^2\theta\right]\\ = &\frac{1}{\lambda'}\left[\left(\frac{1}{r} - \frac{1}{R}\right)\sin 2\omega\cos\theta' - \left(\frac{1}{f'} - \frac{1}{F'}\right)\sin 2\varphi'\cos\theta' + \left(\frac{\cos^2\varphi'}{F'} + \frac{\sin^2\varphi'}{f'}\right)\sin 2\varepsilon\sin^2\theta'\right].\end{aligned}\right\} \quad (c)$$

Pour chaque direction arbitraire de OM, on aura deux équations semblables.

» Si l'on prend la ligne OMX suivant l'intersection du plan tangent à la surface S avec le plan OZKK' qui contient la normale OZ et les rayons incident et réfracté OK, OK', les angles $\tau$ et $\tau'$ deviendront les compléments de $\theta$ et $\theta'$, et la formule (b) donnera

$$\frac{1}{\lambda}\left(\frac{\cos\theta}{\rho} - \frac{\cos^2\theta}{\upsilon}\right) = \frac{1}{\lambda'}\left(\frac{\cos\theta'}{\rho} - \frac{\cos^2\theta'}{\upsilon'}\right),$$

ou

$$\left.\begin{aligned}&\frac{1}{\lambda}\left[\left(\frac{\cos^2\omega}{R} + \frac{\sin^2\omega}{r}\right)\cos\theta - \left(\frac{\cos^2\varphi}{F} + \frac{\sin^2\varphi}{f}\right)\cos^2\theta\right]\\ = &\frac{1}{\lambda'}\left[\left(\frac{\cos^2\omega}{R} + \frac{\sin^2\omega}{r}\right)\cos\theta' - \left(\frac{\cos^2\varphi'}{F'} + \frac{\sin^2\varphi'}{f'}\right)\cos^2\theta'\right].\end{aligned}\right\} \quad (d)$$

$\rho$, $\upsilon$ et $\upsilon'$ sont maintenant les rayons de courbure des sections faites dans les

( 1256 )

trois surfaces S, $s$, $s'$, par le plan ZOK qui leur est normal, et $\omega$, $\varphi$, $\varphi'$ sont les angles que ce plan fait avec les plans des sections principales ou des plus grands cercles de courbure de ces mêmes surfaces.

» Si l'on suppose, en second lieu, OM perpendiculaire au plan ZOK, les angles $\tau$, $\tau'$ seront droits, et il faudra augmenter de $\frac{\pi}{2}$ les angles $\omega$, $\varphi$ et $\varphi'$ qui viennent d'être définis. Alors la formule (b) donnera

$$\frac{1}{\lambda}\left(\frac{\cos\theta}{\rho_1}-\frac{1}{u}\right)=\frac{1}{\lambda'}\left(\frac{\cos\theta'}{\rho_1}-\frac{1}{u'}\right),$$

ou

$$\left.\begin{aligned}&\frac{1}{\lambda}\left[\left(\frac{\sin^2\omega}{R}+\frac{\cos^2\omega}{r}\right)\cos\theta-\left(\frac{\sin^2\varphi}{F}+\frac{\cos^2\varphi}{f}\right)\right]\\&=\frac{1}{\lambda'}\left[\left(\frac{\sin^2\omega}{R}+\frac{\cos^2\omega}{r}\right)\cos\theta'-\left(\frac{\sin^2\varphi'}{F'}+\frac{\cos^2\varphi'}{f'}\right)\right].\end{aligned}\right\}\quad(e)$$

$\rho_1$, $u$ et $u'$ sont ici les rayons de courbure des sections normales faites dans les surfaces S, $s$, $s'$ par les plans qui passent par leur tangente commune perpendiculaire au plan ZOK. On sait d'ailleurs que

$$\frac{1}{\rho}+\frac{1}{\rho_1}=\frac{1}{R}+\frac{1}{r},\qquad \frac{1}{v}+\frac{1}{u}=\frac{1}{F}+\frac{1}{f},\qquad \frac{1}{v'}+\frac{1}{u'}=\frac{1}{F'}+\frac{1}{f'}.$$

Ces équations (d) et (e) sont les formules (33) et (34) de mon premier Mémoire, et (c), (e) de M. Bertrand.

» En supposant que le plan ZOM coïncide avec le plan ZOK, ou lui soit perpendiculaire, on a

$$\varepsilon=0 \quad \text{ou} \quad \varepsilon=\frac{\pi}{2},$$

et, dans les deux cas, la formule (c) se réduit à celle-ci :

$$\left.\begin{aligned}&\frac{\cos\theta}{\lambda}\left[\left(\frac{1}{r}-\frac{1}{R}\right)\sin 2\omega-\left(\frac{1}{f}-\frac{1}{F}\right)\sin 2\varphi\right]\\&=\frac{\cos\theta'}{\lambda'}\left[\left(\frac{1}{r}-\frac{1}{R}\right)\sin 2\omega-\left(\frac{1}{f}-\frac{1}{F'}\right)\sin 2\varphi'\right].\end{aligned}\right\}\quad(f)$$

» Ces trois formules (d), (e), (f) permettront de calculer les quantités F', $f'$, $\varphi'$ quand on connaîtra R, $r$, $\omega$, F, $f$ et $\varphi$; c'est-à-dire qu'on pourra déterminer les rayons de courbure et les sections principales de la surface normale aux rayons réfractés, si l'on connaît les éléments correspondants de la surface normale aux rayons incidents et de la surface séparatrice.

» On peut d'ailleurs déterminer ces éléments par un autre calcul, et aussi par une construction géométrique indiquée dans mon premier Mémoire.

» Donc, si des rayons lumineux, émanés d'un point, éprouvent une suite de réfractions, on pourra, après chaque réfraction, déterminer, pour un rayon quelconque, les deux plans où se trouvent les rayons infiniment voisins qui le coupent, et les deux points de rencontre F et $f$, qui appartiennent aux deux nappes de la surface caustique formée par les intersections successives des rayons. Ces éléments déterminent la forme de tout faisceau mince passant par une petite ouverture. Les calculs ne seraient guère plus simples dans le cas d'un rayon central non dévié qui serait normal à toutes les surfaces réfringentes; mais si les plans des sections principales, suivant ce rayon, étaient les mêmes pour toutes ces surfaces, on n'aurait plus besoin que des formules ordinaires qui donnent les foyers des lentilles sphériques. La marche des rayons à travers les milieux de l'œil ne saurait comporter une telle simplification, et ne peut être calculée rigoureusement qu'à l'aide des formules plus générales et plus compliquées qui précèdent; il faudrait, pour cela, connaître les indices de réfraction des divers milieux, les rayons de courbure et les plans des sections principales de leurs surfaces, à chaque point d'incidence du rayon central du faisceau. »

*Comptes Rendus hebdomadaires des séances*
*de l'Académie Royale des Sciences*
XXVI, pp. 658–666
1848



MÉCANIQUE. — *Note sur l'intégration des équations générales de la dynamique; par* M. STURM.

« Cette Note a pour but d'abréger les calculs par lesquels MM. Hamilton et Jacobi ont fait voir que l'intégration des équations du mouvement d'un ou de plusieurs points matériels se ramène à la recherche d'*une solution complète quelconque* d'une certaine équation à différentielles partielles. M. Serret vient de démontrer le beau théorème de M. Jacobi pour le cas où le principe des forces vives a lieu par une méthode nouvelle et ingénieuse, mais qui pourtant ne me paraît pas préférable à celle de M. Jacobi. Je considère l'équation à différentielles partielles pour des points libres et ensuite celle qui se rapporte à un système de points assujettis à des liaisons quelconques, en réduisant au plus petit nombre les variables qui fixent la position du système.

» Il serait inutile de rappeler les considérations qui ont conduit M. Hamilton à sa découverte, et que M. Jacobi a reproduites dans le premier article de son Mémoire. En adoptant ses notations, soit S *une solution complète quelconque* de l'équation différentielle partielle

$$(1) \qquad \frac{dS}{dt} + \frac{1}{2}\sum \frac{1}{m}\left[\left(\frac{dS}{dx}\right)^2 + \left(\frac{dS}{dy}\right)^2 + \left(\frac{dS}{dz}\right)^2\right] = U;$$

S sera une fonction de $t$ des $3n$ coordonnées $x, y, z, x', \ldots$, toutes indépendantes, et de $3n$ constantes arbitraires $\alpha, \beta, \gamma, \ldots$, en ne comptant pas celle qui peut être ajoutée à S.

» Établissons entre les variables $t, x, y, z, x', \ldots$, les $3n$ équations différentielles

$$(2) \qquad m\frac{dx}{dt} = \frac{dS}{dx}, \quad m\frac{dy}{dt} = \frac{dS}{dy}, \quad m\frac{dz}{dt} = \frac{dS}{dz}, \quad m'\frac{dx'}{dt} = \frac{dS}{dx'}, \text{ etc.}$$

---

(1) L'année 1847 a, de nouveau, été consacrée à des recherches de ce genre, avec du papier chimique très-sensible préparé par M. Pelouze. M. Gaudichaud se propose de les continuer sur des végétaux arrosés avec des substances alcalines employées à des doses progressives. Il engage les amis de la science qui sont convenablement placés pour cela, à s'occuper de ce sujet important.

Je dis d'abord qu'elles auront pour intégrales en quantités finies les équations

(3) $$\frac{dS}{d\alpha} = \alpha_1, \quad \frac{dS}{d\beta} = \beta_1, \quad \frac{dS}{d\gamma} = \gamma_1, \text{ etc.}$$

$\alpha_1, \beta_1, \gamma_1, \ldots$ étant $3n$ nouvelles constantes arbitraires.

» En effet, en différentiant l'équation (1) par rapport à la quantité $\alpha$ dont S dépend et qui n'entre pas dans U (*fonction des forces*), on trouve

$$\frac{d\frac{dS}{d\alpha}}{dt} + \sum \frac{1}{m}\left(\frac{dS}{dx}\frac{d\frac{dS}{d\alpha}}{dx} + \frac{dS}{dy}\frac{d\frac{dS}{d\alpha}}{dy} + \frac{dS}{dz}\frac{d\frac{dS}{d\alpha}}{dz}\right) = 0;$$

puis, en ayant égard aux équations (2),

$$\frac{d\frac{dS}{d\alpha}}{dt} + \sum\left(\frac{d\frac{dS}{d\alpha}}{dx}\cdot\frac{dx}{dt} + \frac{d\frac{dS}{d\alpha}}{dy}\cdot\frac{dy}{dt} + \frac{d\frac{dS}{d\alpha}}{dz}\cdot\frac{dz}{dt}\right) = 0,$$

ou bien

$$\frac{D\frac{dS}{d\alpha}}{dt} = 0,$$

en désignant par $D\frac{dS}{d\alpha}$ la différentielle complète par rapport au temps $t$ de la fonction $\frac{dS}{d\alpha}$, dans laquelle toutes les coordonnées $x, y, z, x'$ sont fonctions de $t$, en vertu des équations (2).

» On a donc

$$\frac{dS}{d\alpha} = \text{une constante arbitraire } \alpha_1;$$

on aura de même

$$\frac{dS}{d\beta} = \beta_1, \quad \frac{dS}{d\gamma} = \gamma_1, \text{ etc.}$$

» Les valeurs de $x, y, z, x', \ldots$, qui, d'après les équations (2) et (3), dépendent de $t$ et des $6n$ constantes $\alpha, \beta, \gamma, \ldots, \alpha_1, \beta_1, \gamma_1, \ldots$, satisferont aussi, quelles que soient ces constantes, aux équations suivantes :

(4) $$m\frac{d^2x}{dt^2} = \frac{dU}{dx}, \quad m\frac{d^2y}{dt^2} = \frac{dU}{dy}, \quad m\frac{d^2z}{dt^2} = \frac{dU}{dz}, \quad m'\frac{d^2x'}{dt^2} = \frac{dU}{dx'}, \text{ etc.},$$

qui sont celles du mouvement des points $m, m', \ldots$, qu'on suppose libres et sollicités par les forces $\frac{dU}{dx}, \frac{dU}{dy}, \frac{dU}{dz}$, etc., parallèles aux axes. Il suffit de prouver qu'elles vérifient l'équation unique

$$(5)\qquad \sum m\left(\frac{d^2x}{dt^2}\delta x + \frac{d^2y}{dt^2}\delta y + \frac{d^2z}{dt^2}\delta z\right) = \delta U,$$

qui comprend toutes les précédentes, les variations $\delta x, \delta y, \delta z, \delta x',\ldots$ étant supposées toutes arbitraires et indépendantes (1).

» Comme on a

$$d\left(\frac{dx}{dt}\delta x + \frac{dy}{dt}\delta y + \frac{dz}{dt}\delta z\right)$$
$$= \frac{d^2x}{dt^2}\delta x + \frac{d^2y}{dt^2}\delta y + \frac{d^2z}{dt^2}\delta z + \frac{dx}{dt}d\delta x + \frac{dy}{dt}d\delta y + \frac{dz}{dt}d\delta z$$
$$= \frac{d^2x}{dt^2}\delta x + \frac{d^2y}{dt^2}\delta y + \frac{d^2z}{dt^2}\delta z + \frac{1}{2}\delta\left(\frac{dx^2+dy^2+dz^2}{dt^2}\right),$$

l'équation (5) peut prendre cette forme,

$$(6)\quad \frac{d.}{dt}\sum m\left(\frac{dx}{dt}\delta x + \frac{dy}{dt}\delta y + \frac{dz}{dt}\delta z\right) = \delta.\left(U + \frac{1}{2}\sum m\,\frac{dx^2+dy^2+dz^2}{dt^2}\right).$$

Or on a, d'après les équations (2),

$$\frac{d.}{dt}\sum m\left(\frac{dx}{dt}\delta x + \frac{dy}{dt}\delta y + \frac{dz}{dt}\delta z\right) = \frac{d}{dt}.\left(\frac{dS}{dx}\delta x + \frac{dS}{dy}\delta y + \frac{dS}{dz}\delta z\right) = \frac{d.}{dt}\delta S$$
$$= \delta\frac{DS}{dt} = \delta\left[\frac{dS}{dt} + \sum\left(\frac{dS}{dx}\frac{dx}{dt} + \frac{dS}{dy}\frac{dy}{dt} + \frac{dS}{dz}\frac{dz}{dt}\right)\right]$$
$$= \delta.\left\{\frac{dS}{dt} + \sum\frac{1}{m}\left[\left(\frac{dS}{dx}\right)^2 + \left(\frac{dS}{dy}\right)^2 + \left(\frac{dS}{dz}\right)^2\right]\right\},$$

et enfin

$$= \delta.\left(U + \frac{1}{2}\sum m\,\frac{dx^2+dy^2+dz^2}{dt^2}\right),$$

en vertu des équations (1) et (2); c'est ce qu'il fallait démontrer.

---

» Quand la fonction des forces U ne contient pas $t$ explicitement, on a

$$\frac{1}{2}\sum m\frac{dx^2+dy^2+dz}{dt^2} = U + h,$$

$h$ étant une constante.

(1) On peut toujours considérer les $3n$ variations $\delta x$, $\delta y$, $\delta z$, $\delta x',\ldots$, et aussi celles des coordonnées initiales $\delta x_0$, $\delta y_0,\ldots$, comme provenant de la variation arbitraire des $6n$ constantes $\alpha$, $\beta$, $\gamma$, $\alpha_1$, $\beta_1$, $\gamma_1,\ldots$, contenues dans les valeurs générales de $x$, $y$, $z$, $x',\ldots$ en fonction de $t$; et, par conséquent, $\delta x$, $\delta y,\ldots$, $\delta x_0$, $\delta y_0,\ldots$ sont toutes arbitraires.

» En posant $V = S + ht$, on trouve que V doit être une fonction de $x$, $y$, $z$, $x'$;... sans $t$, satisfaisant à l'équation

$$\sum \frac{1}{m}\left[\left(\frac{dV}{dx}\right)^2 + \left(\frac{dV}{dy}\right)^2 + \left(\frac{dV}{dz}\right)^2\right] = 2(U + h),$$

si l'on prend une solution complète quelconque de cette équation, renfermant $x$, $y$, $z$, $x'$, ..., la constante $h$, et $3n - 1$ autres constantes arbitraires $\alpha$, $\beta$, $\gamma$, ..., on démontre, comme plus haut, que les intégrales des équations du mouvement du système seront

$$\frac{dV}{d\alpha} = \alpha_1 \quad \frac{dV}{d\beta} = \beta_1, \ldots, \quad \frac{dV}{dh} = t + \gamma_1$$

$$m\frac{dx}{dt} = \frac{dV}{dx}, \quad m\frac{dy}{dt} = \frac{dV}{dy}, \text{ etc.}$$

---

» Considérons maintenant un système de points assujettis à des liaisons exprimées par des équations

$$L = 0, \quad M = 0, \ldots,$$

au nombre de $i$ entre leurs coordonnées qui ne renferment pas le temps $t$ explicitement; les équations du mouvement de ces points sollicités par des forces X, Y, Z, X', ..., sont toutes comprises dans la formule

$$\sum\left[\left(X - m\frac{d^2x}{dt^2}\right)\delta x + \left(Y - m\frac{d^2y}{dt^2}\right)\delta y + \left(Z - m\frac{d^2z}{dt^2}\right)\delta z\right] = 0;$$

$\delta x$, $\delta y$, $\delta z$, $\delta x'$, ... devant satisfaire aux équations

$$\frac{dL}{dx}\delta x + \frac{dL}{dy}\delta y + \frac{dL}{dz}\delta z + \frac{dL}{dx'}\delta x' + \ldots = 0, \quad \frac{dM}{dx}\delta x + \ldots = 0.$$

En supposant que $\sum(X\delta x + Y\delta y + Z\delta z)$ soit la variation exacte d'une fonction U des coordonnées $x$, $y$, $z$, $x'$,..., considérées comme indépendantes ou bien encore comme liées entre elles par les relations données $L = 0$, $M = 0$,..., l'équation précédente devient

$$\sum m\left(\frac{d^2x}{dt^2}\delta x + \frac{d^2y}{dt^2}\delta y + \frac{d^2z}{dt^2}\delta z\right) = \delta U,$$

ou, comme plus haut,

$$(6) \qquad \frac{d.}{dt}\sum m\left(\frac{dx}{dt}\delta x + \frac{dy}{dt}\delta y + \frac{dz}{dt}\delta z\right) = \delta(T + U),$$

en appelant T la fonction $\frac{1}{2}\sum m\frac{dx^2 + dy^2 + dz^2}{dt^2}$, qui est la demi-somme des forces vives de tous les points.

( 662 )

» On transformera cette équation en exprimant $x, y, z, x'$,... en fonction d'autres variables $\varphi$, $\theta$, $\psi$,..., de telle manière que les équations de condition données $L = 0$, $M = 0$,... soient toutes satisfaites.

» Nous supposerons, pour plus de simplicité, que les nouvelles variables substituées à $x$, $y$, $z$, $x'$,... se réduisent à trois $\varphi$, $\psi$, $\theta$. Il sera aisé de généraliser.

» En différentiant, on aura des expressions de cette forme :

$$dx = pd\varphi + qd\psi + rd\theta, \quad dy = p'd\varphi + q'd\psi + r'd\theta, \quad \text{etc.},$$
$$\delta x = p\delta\varphi + q\delta\psi + r\delta\theta, \quad \delta y = p'\delta\varphi + q'\delta\psi + r'\delta\theta, \quad \text{etc.},$$

dans lesquelles $p, q, r, p'$,... sont des fonetions connues des mêmes variables $\varphi$, $\psi$, $\theta$.

» La somme $\sum m(dx\,\delta x + dy\,\delta y + dz\,\delta z)$ prendra la forme

$$\begin{aligned} &a d\varphi\,\delta\varphi + b d\psi\,\delta\psi + c d\theta\,\delta\theta + \partial d\psi\,\delta\theta + \partial d\theta\,\delta\psi + e d\varphi\,\delta\theta + e d\theta\,\delta\varphi \\ &\quad + f d\varphi\,\delta\psi + f d\psi\,\delta\varphi, \end{aligned}$$

$a$, $b$, $c$,... étant aussi fonctions de $\varphi$, $\psi$, $\theta$.

» En changeant $\delta$ en $d$, et désignant par $\varphi'$, $\psi'$, $\theta'$ les dérivées $\frac{d\varphi}{dt}$, $\frac{d\psi}{dt}$, $\frac{d\theta}{dt}$, on aura

$$(7) \quad \left\{ \begin{aligned} \mathrm{T} &= \frac{1}{2}\sum m \frac{dx^2 + dy^2 + dz^2}{dt^2} \\ &= \frac{1}{2}(a\varphi'^2 + b\psi'^2 + c\theta'^2 + 2\partial\psi'\theta' + 2e\varphi'\theta' + 2f\varphi'\psi'), \end{aligned} \right.$$

et

$$\begin{aligned} &\sum m\left(\frac{dx}{dt}\delta x + \frac{dy}{dt}\delta y + \frac{dz}{dt}\delta z\right) \\ &= (a\varphi' + f\psi' + e\theta')\delta\varphi + (f\varphi' + b\psi' + \partial\theta')\delta\psi + (e\varphi' + \partial\psi' + c\theta')\delta\theta \\ &= \frac{d\mathrm{T}}{d\varphi'}\delta\varphi + \frac{d\mathrm{T}}{d\psi'}\delta\psi + \frac{d\mathrm{T}}{d\theta'}\delta\theta. \end{aligned}$$

La formule (6) devient

$$(8) \qquad \frac{d.}{dt}\left(\frac{d\mathrm{T}}{d\varphi'}\delta\varphi + \frac{d\mathrm{T}}{d\psi'}\delta\psi + \frac{d\mathrm{T}}{d\theta'}\delta\theta\right) = \delta(\mathrm{T} + \mathrm{U}).$$

» Posons

$$\int_0^t (\mathrm{T}+\mathrm{U})\,dt = \mathrm{S}.$$

En mettant pour T + U sa valeur en fonction de $t$ et des six constantes arbitraires que doivent renfermer les valeurs générales de $\varphi$, $\psi$, $\theta$ qui satisferont aux équations du mouvement, on pourra trouver $\int_0^t (\mathrm{T}+\mathrm{U})\,dt$, ou S, en fonction de $t$ et de ces six constantes, et ensuite exprimer S en fonction des variables $t$, $\varphi$, $\psi$, $\theta$ et de trois de ces constantes $\alpha$, $\beta$, $\gamma$, en éliminant les trois autres, au moyen des équations finies entre $t$, $\varphi$, $\psi$, $\theta$ et les six constantes.

» Alors l'équation (8) devient

$$\frac{d.}{dt}\left(\frac{d\mathrm{T}}{d\varphi'}\delta\varphi + \frac{d\mathrm{T}}{d\psi'}\delta\psi + \frac{d\mathrm{T}}{d\theta'}\delta\theta\right) = \delta\frac{\mathrm{DS}}{dt} = \frac{\mathrm{D}\delta\mathrm{S}}{dt};$$

elle s'intègre par rapport à $t$, et donne

$$(9)\qquad \left(\frac{d\mathrm{T}}{d\varphi'}\delta\varphi + \frac{d\mathrm{T}}{d\psi'}\delta\psi + \frac{d\mathrm{T}}{d\theta'}\delta\theta\right) - \left(\frac{d\mathrm{T}}{d\varphi'}\delta\varphi + \frac{d\mathrm{T}}{d\psi'}\delta\psi + \frac{d\mathrm{T}}{d\theta'}\delta\theta\right)_0 = \delta\mathrm{S},$$

en représentant par $\left(\frac{d\mathrm{T}}{d\varphi'}\delta\varphi + \frac{d\mathrm{T}}{d\psi'}\delta\psi + \frac{d\mathrm{T}}{d\theta'}\delta\theta\right)_0$ ce que devient l'expression $\frac{d\mathrm{T}}{d\varphi'}\delta\varphi$ + etc., quand on y remplace $\varphi, \psi, \theta, \varphi', \ldots, \delta\varphi\ldots$ par leurs valeurs initiales (qui répondent à $t = 0$). Si l'on suppose les variables $\varphi$, $\psi$, $\theta$ réduites au plus petit nombre, de sorte qu'elles n'aient entre elles aucune relation donnée, les variations des quantités $\varphi$, $\psi$, $\theta$ et $\alpha$, $\beta$, $\gamma$, contenues dans S, pourront toutes être supposées arbitraires et indépendantes.

» On a, dans l'équation (9),

$$\delta\mathrm{S} = \frac{d\mathrm{S}}{d\varphi}\delta\varphi + \frac{d\mathrm{S}}{d\psi}\delta\psi + \frac{d\mathrm{S}}{d\theta}\delta\theta + \frac{d\mathrm{S}}{d\alpha}\delta\alpha + \frac{d\mathrm{S}}{d\beta}\delta\beta + \frac{d\mathrm{S}}{d\gamma}\delta\gamma.$$

Cette équation (9) se partage et donne les suivantes, comme l'a trouvé M. Hamilton :

$$(10)\qquad \left\{\begin{array}{lll} \dfrac{d\mathrm{T}}{d\varphi'} = \dfrac{d\mathrm{S}}{d\varphi}, & \dfrac{d\mathrm{T}}{d\psi'} = \dfrac{d\mathrm{S}}{d\psi}, & \dfrac{d\mathrm{T}}{d\theta'} = \dfrac{d\mathrm{S}}{d\theta}, \\ \dfrac{d\mathrm{S}}{d\alpha} = \alpha_1, & \dfrac{d\mathrm{S}}{d\beta} = \beta_1, & \dfrac{d\mathrm{S}}{d\gamma} = \gamma_1, \end{array}\right.$$

$\alpha_1$, $\beta_1$, $\gamma_1$ étant trois nouvelles constantes arbitraires.

» Ce sont les intégrales des équations du mouvement du système.

( 664 )

» On a représenté par S l'intégrale $\int_0^t (\mathrm{T}+\mathrm{U})\,dt$, de sorte qu'on a

$$d\mathrm{S} \text{ ou plutôt } \mathrm{DS} = (\mathrm{T}+\mathrm{U})\,dt.$$

» En considérant S comme fonction de $t$, $\varphi$, $\psi$, $\theta$, et de trois constantes $\alpha$, $\beta$, $\gamma$, cette équation devient

$$(11)\qquad \frac{d\mathrm{S}}{dt} + \frac{d\mathrm{S}}{d\varphi}\varphi' + \frac{d\mathrm{S}}{d\psi}\psi' + \frac{d\mathrm{S}}{d\theta}\theta' = \mathrm{T}+\mathrm{U}.$$

Elle conduit à une équation à différentielles partielles à laquelle S doit satisfaire. En effet, on a trouvé

$$(12)\qquad \left\{\begin{aligned} &\frac{d\mathrm{T}}{d\varphi'} \quad \text{ou} \quad a\varphi' + f\psi' + e\theta' = \frac{d\mathrm{S}}{d\varphi},\\ &\frac{d\mathrm{T}}{d\psi'} \quad \text{ou} \quad f\varphi' + b\psi' + \partial\theta' = \frac{d\mathrm{S}}{d\psi},\\ &\frac{d\mathrm{T}}{d\theta'} \quad \text{ou} \quad e\varphi' + \partial\psi' + c\theta' = \frac{d\mathrm{S}}{d\theta}.\end{aligned}\right.$$

On en tire

$$(13)\qquad \left\{\begin{aligned} \varphi' &= \mathrm{A}\frac{d\mathrm{S}}{d\varphi} + \mathrm{F}\frac{d\mathrm{S}}{d\psi} + \mathrm{E}\frac{d\mathrm{S}}{d\theta},\\ \psi' &= \mathrm{F}\frac{d\mathrm{S}}{d\varphi} + \mathrm{B}\frac{d\mathrm{S}}{d\psi} + \mathrm{D}\frac{d\mathrm{S}}{d\theta},\\ \theta' &= \mathrm{E}\frac{d\mathrm{S}}{d\varphi} + \mathrm{D}\frac{d\mathrm{S}}{d\psi} + \mathrm{C}\frac{d\mathrm{S}}{d\theta},\end{aligned}\right.$$

en posant

$$\mathrm{A} = \frac{bc-\partial^2}{k},\qquad \mathrm{B} = \frac{ac-e^2}{k},\qquad \mathrm{C} = \frac{ab-f^2}{k},$$

$$\mathrm{D} = \frac{ef-a\partial}{k},\qquad \mathrm{E} = \frac{\partial f-be}{k},\qquad \mathrm{F} = \frac{\partial e-cf}{k},$$

$$k = abc - a\partial^2 - be^2 - cf^2 + 2\partial ef.$$

» En multipliant les équations (13) par $\frac{d\mathrm{S}}{d\varphi}$, $\frac{d\mathrm{S}}{d\psi}$, $\frac{d\mathrm{S}}{d\theta}$, et ajoutant, il vient

$$(14)\qquad \frac{d\mathrm{S}}{d\varphi}\varphi' + \frac{d\mathrm{S}}{d\psi}\psi' + \frac{d\mathrm{S}}{d\theta}\theta' = \mathrm{A}\left(\frac{d\mathrm{S}}{d\varphi}\right)^2 + \mathrm{B}\left(\frac{d\mathrm{S}}{d\psi}\right)^2 + \mathrm{C}\left(\frac{d\mathrm{S}}{d\theta}\right)^2$$
$$+ 2\mathrm{D}\frac{d\mathrm{S}}{d\psi}\frac{d\mathrm{S}}{d\theta} + 2\mathrm{E}\frac{d\mathrm{S}}{d\varphi}\frac{d\mathrm{S}}{d\theta} + 2\mathrm{F}\frac{d\mathrm{S}}{d\varphi}\frac{d\mathrm{S}}{d\psi}.$$

En multipliant les équations (12) par $\varphi'$, $\psi'$, $\theta'$, on trouve aussi

$$(15)\qquad a\varphi'^2 + b\psi'^2 + \ldots,\quad \text{ou} \quad 2\mathrm{T} = \frac{d\mathrm{S}}{d\varphi}\varphi' + \frac{d\mathrm{S}}{d\psi}\psi' + \frac{d\mathrm{S}}{d\theta}\theta'.$$

Par conséquent, l'équation (11) deviendra

$$(16)\qquad \frac{dS}{dt}+\frac{1}{2}\left[\begin{array}{c}\mathrm{A}\left(\frac{dS}{d\varphi}\right)^2+\mathrm{B}\left(\frac{dS}{d\psi}\right)^2+\mathrm{C}\left(\frac{dS}{d\theta}\right)^2\\ +2\mathrm{D}\frac{dS}{d\psi}\frac{dS}{d\theta}+2\mathrm{E}\frac{dS}{d\varphi}\frac{dS}{d\theta}+2\mathrm{F}\frac{dS}{d\varphi}\frac{dS}{d\psi}\end{array}\right]=\mathrm{U}.$$

» Il faut faire voir actuellement qu'*une solution complète quelconque* de cette équation à différentielles partielles, solution renfermant trois constantes arbitraires $\alpha$, $\beta$, $\gamma$, suffira pour fournir toutes les intégrales du mouvement du système. Pour cela, il faut prouver que, si l'on établit entre $\varphi, \psi, \theta$ et $t$ les équations différentielles

$$(10)\qquad \frac{d\mathrm{T}}{d\varphi'}=\frac{dS}{d\psi},\qquad \frac{d\mathrm{T}}{d\psi'}=\frac{dS}{d\psi},\qquad \frac{d\mathrm{T}}{d\theta'}=\frac{dS}{d\theta},$$

on aura, pour leurs intégrales,

$$\frac{dS}{d\alpha}=\alpha_1,\qquad \frac{dS}{d\beta}=\beta_1,\qquad \frac{dS}{d\gamma}=\gamma_1,$$

et que les valeurs de $\varphi$, $\psi$, $\theta$ dépendantes de $t$ et des six constantes arbitraires $\alpha, \beta, \gamma, \alpha_1, \beta_1, \gamma_1$, satisferont, quelles que soient ces constantes, à l'équation (6) qui règle le mouvement du système, les trois variations $\delta\varphi$, $\delta\psi$, $\delta\theta$ étant arbitraires.

» Si l'on différentie l'équation (16) par rapport à $\alpha$ qui n'entre pas dans U, on trouve celle-ci :

$$\begin{aligned}\frac{d\frac{dS}{d\alpha}}{dt}&+\mathrm{A}\frac{dS}{d\varphi}\frac{d\frac{dS}{d\alpha}}{d\varphi}+\mathrm{F}\frac{dS}{d\psi}\frac{d\frac{dS}{d\alpha}}{d\varphi}+\mathrm{E}\frac{dS}{d\theta}\frac{d\frac{dS}{d\alpha}}{d\varphi}\\ &+\mathrm{F}\frac{dS}{d\varphi}\frac{d\frac{dS}{d\alpha}}{d\psi}+\mathrm{B}\frac{dS}{d\psi}\frac{d\frac{dS}{d\alpha}}{d\psi}+\mathrm{D}\frac{dS}{d\theta}\frac{d\frac{dS}{d\alpha}}{d\psi}\\ &+\mathrm{E}\frac{dS}{d\varphi}\frac{d\frac{dS}{d\alpha}}{d\theta}+\mathrm{D}\frac{dS}{d\psi}\frac{d\frac{dS}{d\alpha}}{d\theta}+\mathrm{C}\frac{dS}{d\theta}\frac{d\frac{dS}{d\alpha}}{d\theta}=0,\end{aligned}$$

qui, en vertu des équations (13) équivalentes à (12), se réduit à

$$\frac{d\frac{dS}{d\alpha}}{dt}+\frac{d\frac{dS}{d\alpha}}{d\varphi}\frac{d\varphi}{dt}+\frac{d\frac{dS}{d\alpha}}{d\psi}\frac{d\psi}{dt}+\frac{d\frac{dS}{dx}}{d\theta}\frac{d\theta}{dt}=0\quad\text{ou}\quad\frac{\mathrm{D}\frac{dS}{d\alpha}}{dt}=0,$$

d'où résulte $\qquad \frac{dS}{d\alpha}=$ une constante $\alpha_1$.

( 666 )

De même, $\frac{dS}{d\beta} = \beta_1, \quad \frac{dS}{d\gamma} = \gamma_1.$

» L'équation générale du mouvement (6) sera aussi satisfaite; car on trouvera, en se servant des équations (12), (14), (15) et (16),

$$\begin{aligned}
\frac{d.}{dt}\left(\frac{dT}{d\varphi'}\,\delta\varphi + \frac{dT}{d\psi'}\,\delta\psi + \frac{dT}{d\theta'}\,\delta\theta\right) &= \frac{d.}{dt}\left(\frac{dS}{d\varphi}\,\delta\varphi + \frac{dS}{d\psi}\,\delta\psi + \frac{dS}{d\theta}\,\delta\theta\right) = \frac{d.}{dt}(\delta S) \\
&= \delta\left(\frac{DS}{dt}\right) = \delta\left(\frac{dS}{dt} + \frac{dS}{d\varphi}\,\varphi' + \frac{dS}{d\psi}\,\psi' + \frac{dS}{d\theta}\,\theta'\right) \\
&= \delta\left[\frac{dS}{dt} + A\left(\frac{dS}{d\varphi}\right)^2 + B\left(\frac{dS}{d\psi}\right)^2 + \ldots\right] \\
&= \delta\,(T + U).
\end{aligned}$$

*Annales de Terquem*
X, pp. 419–432
1851



## SUR LE MOUVEMENT D'UN CORPS SOLIDE AUTOUR D'UN POINT FIXE;

Par M. STURM.

On doit à M. Poinsot une nouvelle théorie fort ingénieuse de la rotation des corps, aujourd'hui bien connue et appréciée des géomètres. Toutefois l'ancienne méthode analytique est encore en usage, précisément parce qu'elle exige moins de raisonnement. Il peut donc être utile de simplifier la partie essentielle de cette analyse, qui est la formation des équations d'Euler, d'où l'on déduit ensuite toutes les circonstances du mouvement et même les propriétés nouvelles découvertes par M. Poinsot.

Considérons d'abord en lui-même, et indépendamment des forces qui le produisent, le mouvement d'un corps solide autour d'un point fixe. En adoptant les notations de la *Mécanique* de Poisson, soit O le point fixe, soient $x$, $y$, $z$ les coordonnées d'un point quelconque $m$ du corps rapporté à trois axes fixes rectangulaires passant par le point O, et $x_{,}$, $y_{,}$, $z_{,}$ les coordonnées du même point $m$ rapporté à un autre système d'axes rectangulaires liés au corps et tournant avec lui autour du point O. Ces derniers axes seront dans la suite les axes d'inertie principaux du corps pour le point O. On a les formules

$$(1)\qquad \left\{\begin{aligned} x &= ax_{,} + by_{,} + cz_{,},\\ y &= a'x_{,} + b'y_{,} + c'z_{,},\\ z &= a''y_{,} + b''y_{,} + c''z_{,},\end{aligned}\right.$$

les cosinus $a$, $b$, $c$, etc., étant liés par les relations connues

$$(2)\qquad \left\{\begin{aligned} &a^2 + a'^2 + a''^2 = 1, && ab + a'b' + a''b'' = 0,\\ &b^2 + b'^2 + b''^2 = 1, && ac + a'c' + a''c'' = 0,\\ &c^2 + c'^2 + c''^2 = 1, && bc + b'c' + b''c'' = 0,\end{aligned}\right.$$

qui en entraînent d'autres équivalentes

$$(3)\qquad a^2 + b^2 + c^2 = 1, \qquad aa' + bb' + cc' = 0, \text{ etc.}$$

Les composantes de la vitesse $v$ du point $m$ parallèles aux axes fixes $Ox$, $Oy$, $Oz$, ou les projections de cette vitesse sur les axes sont

$$(4)\qquad \left\{\begin{aligned} \frac{dx}{dt} &= x_{,}\frac{da}{dt} + y_{,}\frac{db}{dt} + z_{,}\frac{dc}{dt},\\ \frac{dy}{dt} &= x_{,}\frac{da'}{dt} + y_{,}\frac{db'}{dt} + z_{,}\frac{dc'}{dt},\\ \frac{dz}{dt} &= x_{,}\frac{da''}{dt} + y_{,}\frac{db''}{dt} + z_{,}\frac{dc''}{dt}.\end{aligned}\right.$$

Comme les axes fixes sont arbitraires, il nous est permis de supposer que leur position soit celle qu'occupe le système mobile des axes $Ox_,$, $Oy_,$, $Oz_,$ au bout du temps $t$, position dont ce dernier système s'écartera après le temps $t$. Alors $\frac{dx}{dt}$, $\frac{dy}{dt}$, $\frac{dz}{dt}$ deviennent les composantes $u_,$, $v_,$, $w_,$ de la vitesse $v$ parallèles aux axes $Ox_,$, $Oy_,$, $Oz_,$, au bout du temps $t$, pourvu qu'on prenne les valeurs de $\frac{da}{dt}$, $\frac{db}{dt}$, etc., dans cette hypothèse. Or les relations (2) donnent, quels que soient les axes fixes,

$$ada + a'\,da' + a''\,da'' = 0,$$
$$bdb + b'\,db' + b''\,db'' = 0,$$
$$cdc + c'\,dc' + c''\,dc'' = 0,$$
$$adb + a'\,db' + a''\,db'' + bda + b'\,da' + b''\,da'' = 0,$$
$$adc + a'\,dc' + a''\,dc'' + cda + c'\,da' + c''\,da'' = 0,$$
$$bdc + b'\,dc' + b''\,dc'' + cdb + c'\,db' + c''\,db'' = 0.$$

Si l'on suppose que ces axes fixes coïncident avec $Ox_,$, $Oy_,$, $Oz_,$, au bout du temps $t$, on a alors

$$a = 1, \qquad b = 0, \qquad c = 0,$$
$$a' = 0, \qquad b' = 1, \qquad c' = 0,$$
$$a'' = 0, \qquad b'' = 0, \qquad c'' = 1,$$

et les équations qui précèdent deviennent

$$da = 0, \qquad db + da' = 0,$$
$$db' = 0, \qquad dc + da'' = 0,$$
$$dc'' = 0, \qquad dc' + db'' = 0.$$

On aurait les mêmes résultats en différentiant les équations (3).

Posons

$$\frac{db''}{dt} = -\frac{dc'}{dt} = p, \quad \frac{dc}{dt} = -\frac{da''}{dt} = q, \quad \frac{da'}{dt} = -\frac{db}{dt} = r,$$

nous aurons

$$(5)\quad u_{,} = qz_{,} - ry_{,}, \quad v_{,} = rx_{,} - pz_{,}, \quad w_{,} = py_{,} - qx_{,}.$$

Ces quantités $p$, $q$, $r$ détermineront le déplacement après le temps $dt$ des axes $Ox_{,}$, $Oy_{,}$, $Oz_{,}$, liés au corps, car leurs directions nouvelles après le temps $dt$ que nous désignons par $Ox'$, $Oy'$, $Oz'$, font avec celles qu'ils ont au bout du temps $t$, et qu'on vient de prendre pour axes fixes, les angles qui ont pour cosinus $a + da$, $b + db$, etc.; en faisant

$$a = 1, \quad da = 0, \quad b = 0, \quad db = -rdt, \text{ etc.},$$

c'est-à-dire qu'on a

$$(6)\quad \left\{\begin{array}{l} \cos x_{,}Ox' = a + da = 1, \\ \cos x_{,}Oy' = db = rdt, \\ \cos x_{,}Oz' = dc = -qdt, \\ \cos y_{,}Ox' = da' = -rdt, \\ \cos y_{,}Oy' = 1, \\ \cos y_{,}Oz' = dc' = -pdt, \\ \cos z_{,}Ox' = da'' = -qdt, \\ \cos z_{,}Oy' = db'' = -pdt, \\ \cos z_{,}Oz' = 1. \end{array}\right.$$

Si l'on reprend des axes fixes quelconques $Ox$, $Oy$, $Oz$, les lignes $Ox_{,}$ et $Oy'$ feront avec eux des angles ayant pour cosinus $a$, $a'$, $a''$ et $b + db$, $b' + db'$, $b'' + db''$; on aura

$$\cos x_{,}Oy' \text{ ou } rdt = a(b + db) + a'(b' + db') + a''(b'' + db''),$$

ou

$$(7)\quad rdt = adb + a'db' + a''db'',$$

et aussi

$$rdt = -\cos y_{,}Ox' = -b(a + da) - b'(a' + da') - b''(a'' + da''),$$

ou

$$(8)\quad rdt = -bda - b'da' - b''da''.$$

On aura de même les expressions générales de $pdt$ et $qdt$ pour des axes fixes quelconques; et l'on en déduira les relations $\frac{dc}{dt}=aq-bp$, etc., $pda+qdb+rdc=0$, etc., qui se trouvent dans la *Mécanique* de Poisson, tome II, page 135; seconde édition.

Les points du corps dont la vitesse est nulle à l'époque $t$, se trouvent sur une droite OI représentée par les équations

$$qz_{,}-ry_{,}=0, \quad rx_{,}-pz_{,}=0, \quad py_{,}-qx_{,}=0,$$

ou

$$\frac{x_{,}}{p}=\frac{y_{,}}{q}=\frac{z_{,}}{r}.$$

Cette droite passe par le point fixe et fait avec les axes des angles dont les cosinus sont

$$\frac{p}{\sqrt{p^2+q^2+r^2}}, \quad \frac{q}{\sqrt{p^2+q^2+r^2}}, \quad \frac{r}{\sqrt{p^2+q^2+r^2}}.$$

Le corps tourne donc autour de cette droite pendant le temps infiniment petit $dt$. Mais la position de cet axe peut changer d'un instant à un autre; c'est pourquoi on l'appelle l'*axe instantané de rotation*. Les lieux des axes instantanés successifs dans le corps et dans l'espace sont deux surfaces coniques ayant pour sommet le point fixe O; elles *se touchent* à l'époque $t$ suivant la droite qui est l'axe instantané actuel, et après le temps $dt$ suivant une autre droite infiniment voisine qui a décrit un angle infiniment petit *du second ordre*, pour devenir le nouvel axe instantané. De sorte que le mouvement du corps n'est autre que celui du premier cone attaché au corps roulant, sans glisser sur la surface de l'autre cône fixe dans l'espace.

La vitesse angulaire de rotation autour de l'axe instantané est égale à $\sqrt{p^2+q^2+r^2}$ que je désignerai par $\omega$.

En effet, la vitesse $v$ d'un point quelconque $m$ est

$$\begin{aligned} v &= \sqrt{(qz_{,}-ry_{,})^2+(rx_{,}-pz_{,})^2+(py_{,}-qx_{,})^2} \\ &= \sqrt{(p^2+q^2+r^2)(x_{,}^2+y_{,}^2+z_{,}^2)-(px_{,}+qy_{,}+rz_{,})^2} \\ &= \sqrt{\omega^2.\mathrm{O}m^2-(\omega.\mathrm{O}m^2-\cos\mathrm{IO}m)^2} = \omega.\mathrm{O}m.\sin\mathrm{IO}m = \rho\omega, \end{aligned}$$

$\rho$ étant la perpendiculaire abaissée du point $m$ sur l'axe OI; ainsi $\omega$ est la vitesse angulaire.

On peut aussi l'obtenir, en cherchant la vitesse d'un point particulier, et la divisant par la distance de ce point à l'axe instantané. Si l'on choisit le point situé sur l'axe $\mathrm{O}z_{,}$, à une distance de l'origine égale à l'unité, on a

$$x_{,}=0,\qquad y_{,}=0,\qquad z_{,}=1,$$

et

$$u_{,}=q,\qquad v_{,}=p,\qquad w_{,}=0,$$

d'où résulte

$$v=\sqrt{p^2+q^2};$$

la distance de ce point à l'axe est

$$\sin\mathrm{IO}z_{,}\quad\text{ou}\quad\sqrt{1-\cos^2\mathrm{IO}z_{,}}$$

$$=\sqrt{1-\frac{r^2}{p^2+q^2+r^2}}=\frac{\sqrt{p^2+q^2}}{\sqrt{p^2+q^2+r^2}}.$$

En divisant $v$ par cette distance, on a bien la vitesse angulaire égale à $\sqrt{p^2+q^2+r^2}$ ou $\omega$.

On vérifie que la direction de la vitesse $v$ est perpendiculaire au plan $m$OI, en observant que les formules (5) donnent les relations

$$x_{,}u_{,}+y_{,}v_{,}+z_{,}w_{,}=0,\qquad pu_{,}+qv_{,}+rw_{,}=0.$$

Prenons les moments par rapport aux axes $\mathrm{O}x_{,}$, $\mathrm{O}y_{,}$, $\mathrm{O}z_{,}$, de la quantité de mouvement $mv$ du point $m$, comme si c'était une force (qu'on remplacerait, dans la théorie des couples, par une force égale et parallèle appliquée à l'origine et un couple).

Le moment de $mv$, par rapport $Ox_{,}$, est $m(w_{,}y_{,} - v_{,}z_{,})$, ou

$$my_{,}(py_{,} - qx_{,}) - mz_{,}(rx_{,} - pz_{,}).$$

La somme des moments de tous les points du corps par rapport à l'axe $Ox_{,}$ est donc

$$p\sum m(y_{,}^2 + z_{,}^2) - q\sum mx_{,}y_{,} - r\sum mx_{,}z_{,}.$$

Cette somme se réduit à $Ap$, en supposant que les axes $Ox_{,}$, $Oy_{,}$, $Oz_{,}$ soient les axes d'inertie principaux du corps pour le point O, et désignant par A la somme

$$\sum m(y_{,}^2 + z_{,}^2).$$

Ainsi, en nommant A, B, C les trois moments d'inertie principaux du corps par le point O; $Ap$, $Bq$, $Cr$ sont les sommes des moments des quantités de mouvement des points du corps par rapport aux axes principaux $Ox_{,}$, $Oy_{,}$, $Oz_{,}$. (Dans la théorie des couples, ces moments sont ceux de trois couples agissant dans les trois plans coordonnés $X_{,}$, $OY_{,}$,.... Ils donnent un couple résultant dont le moment $G = \sqrt{A^2p^2 + B^2q^2 + C^2r^2}$; la perpendiculaire à son plan fait avec les axes $Ox_{,}$, $Oy_{,}$, $Oz_{,}$ des angles qui ont pour cosinus $\frac{Ap}{G}$, $\frac{Bq}{G}$, $\frac{Cr}{G}$. M. Poinsot a remarqué que ce plan est le plan diamétral conjugué au diamètre de l'ellipsoïde central $AX^2 + BY^2 + CZ^2 = 1$, qui est dirigé suivant l'axe instantané, pour lequel les cosinus sont $\frac{p}{\omega}$, $\frac{q}{\omega}$, $\frac{r}{\omega}$.)

Si l'on prend des axes fixes quelconques, on aura la somme des moments des quantités de mouvement par rapport à l'axe $Ox$ d'après les lois connues de la composition des moments ou des couples, en multipliant les moments

( 426 )

$Ap$, $Bq$, $Cr$ relatifs aux axes $Ox_{\prime}$, $Oy_{\prime}$, $Oz_{\prime}$, par les cosinus $a$, $b$, $c$ des angles que $OX$ fait avec ces axes, et ajoutant, c'est-à-dire que

$$(8) \begin{cases} \sum m \left( y \frac{dz}{dt} - z \frac{dy}{dt} \right) = Apa + Bqb + Crc, \\ \sum m \left( z \frac{dx}{dt} - x \frac{dz}{dt} \right) = Apa' + Bqb' + Crc', \\ \sum m \left( x \frac{dy}{dt} - y \frac{dx}{dt} \right) = Apa'' + Bqb'' + Crc''. \end{cases}$$

*Équations du mouvement.* Supposons maintenant que des forces motrices données agissent sur le corps solide. Désignons par $X$, $Y$, $Z$ les composantes parallèles à des axes fixes de la force appliquée à la molécule $m$ qui a pour coordonnées $x$, $y$, $z$. D'après le principe de d'Alembert, les forces perdues $\left( X - m \frac{d^2x}{dt^2}, \text{ etc.} \right)$ doivent se faire équilibre autour du point fixe $O$ : il faut et il suffit pour cela que la somme de leurs moments, par rapport à chacun des axes fixes, soit égale à zéro, ce qui donne les trois équations

$$(9) \begin{cases} \sum m \left( y \frac{d^2z}{dt^2} - z \frac{d^2y}{dt^2} \right) = \sum (Zy - Yz) = L, \\ \sum m \left( z \frac{d^2x}{dt^2} - x \frac{d^2z}{dt^2} \right) = M, \\ \sum m \left( x \frac{d^2y}{dt^2} - y \frac{d^2x}{dt^2} \right) = N; \end{cases}$$

en désignant par $L$, $M$, $N$ les sommes de moments des forces motrices par rapport aux axes fixes,

$$\sum (Zy - Yz), \quad \sum (Xz - Zx), \quad \sum (Yx - Xy).$$

La première équation peut s'écrire ainsi :

$$(9) \qquad \frac{d}{dt} \sum m \left( y \frac{dz}{dt} - z \frac{dy}{dt} \right) = L.$$

Mais on a trouvé plus haut, équation (8),

$$\sum m\left(y\frac{dz}{dt}-z\frac{dy}{dt}\right)=\mathrm{A}pa+\mathrm{B}qb+\mathrm{C}rc.$$

Donc on a

$$\frac{d}{dt}.(\mathrm{A}pa+\mathrm{B}qb+\mathrm{C}rc)=\mathrm{L},$$

ou

$$\mathrm{A}a\frac{dp}{dt}+\mathrm{B}b\frac{dq}{dt}+\mathrm{C}c\frac{dr}{dt}+\mathrm{A}p\frac{da}{dt}+\mathrm{B}q\frac{db}{dt}+\mathrm{C}r\frac{dc}{dt}=\mathrm{L}.$$

Faisons coïncider les axes fixes avec les axes principaux du corps $\mathrm{O}x_{,}$, $\mathrm{O}y_{,}$, $\mathrm{O}z_{,}$, pris dans la position qu'ils occupent au bout du temps $t$. Nous aurons alors

$$a=1,\quad b=0,\quad c=0,\quad \frac{da}{dt}=0,\quad \frac{db}{dt}=-r,\quad \frac{dc}{dt}=q.$$

En même temps il faut remplacer L ou $\sum m(\mathrm{Z}y-\mathrm{Y}z)$ par la somme des moments des forces données

$$\sum m(\mathrm{Z}_{,}y_{,}-\mathrm{Y}_{,}z_{,}),$$

par rapport à l'axe $\mathrm{O}x_{,}$, que nous désignerons par $\mathrm{L}_{,}$.

L'équation précédente devient

$$(10)\qquad \mathrm{A}\frac{dp}{dt}+(\mathrm{C}-\mathrm{B})qr=\mathrm{L}_{,}.$$

Les deux autres équations (9) donnent, de même,

$$\mathrm{B}\frac{dq}{dt}+(\mathrm{A}-\mathrm{C})pr=\mathrm{M}_{,},$$

$$\mathrm{C}\frac{dr}{dt}+(\mathrm{B}-\mathrm{A})pq=\mathrm{N}_{,}.$$

Ce sont les formules d'Euler; $\mathrm{L}_{,}$, $\mathrm{M}_{,}$, $\mathrm{N}_{,}$ désignant les moments des forces motrices par rapport aux axes principaux du corps à l'époque $t$.

On les obtient encore de la manière suivante :

D'après les lois de la composition des moments ou des couples, analogue à celle des forces, la somme $Ap$ des moments des quantités de mouvement par rapport à l'axe $Ox_{,}$ est égale à la somme des moments par rapport aux axes fixes multipliés par les cosinus $a$, $a'$, $a''$, des angles que $Ox_{,}$ fait avec ces axes fixes. Ainsi, l'on a

$$\mathrm{A}p = a\sum m\left(y\frac{dz}{dt} - z\frac{dy}{dt}\right) + a'\sum m\left(z\frac{dx}{dt} - x\frac{dz}{dt}\right) + a''\sum m\left(x\frac{dy}{dt} - y\frac{dx}{dt}\right),$$

et, en différentiant,

$$\mathrm{A}\frac{dp}{dt} = a\sum m\left(y\frac{d^2z}{dt^2} - z\frac{d^2y}{dt^2}\right) + a'\sum m\left(z\frac{d^2x}{dt^2} - x\frac{d^2z}{dt^2}\right) + a''\sum m\left(x\frac{d^2y}{dt^2} - y\frac{d^2x}{dt^2}\right) + \frac{da}{dt}\sum m\left(y\frac{dz}{dt} - z\frac{dy}{dt}\right) + \frac{da'}{dt}\sum m\left(z\frac{dx}{dt} - x\frac{dz}{dt}\right) + \frac{da''}{dt}\sum m\left(x\frac{dy}{dt} - y\frac{dx}{dt}\right),$$

ou, d'après les équations (9),

$$\mathrm{A}\frac{dp}{dt} = a\mathrm{L} + a'\mathrm{M} + a''\mathrm{N} + \frac{da}{dt}\sum m\left(y\frac{dz}{dt} - z\frac{dy}{dt}\right) + \frac{da'}{dt}\sum m\left(z\frac{dx}{dt} - x\frac{dz}{dt}\right) + \frac{da''}{dt}\sum m\left(x\frac{dy}{dt} - y\frac{dx}{dt}\right).$$

Si l'on fait coïncider les axes fixes avec les axes $Ox_{,}$, $Oy_{,}$, $Oz_{,}$, au bout du temps $t$, cette équation deviendra

$$\mathrm{A}\frac{dp}{dt} = \mathrm{L}_{,} + r.\mathrm{B}q - q.\mathrm{C}r,$$

ou

$$\mathrm{A}\frac{dp}{dt} + (\mathrm{C} - \mathrm{B}).qr = \mathrm{L}_{,}.$$

Car, dans cette coïncidence, on a

$$a = 1,\quad a' = 0,\quad a'' = 0,\quad \frac{da}{dt} = 0,\quad \frac{da'}{dt} = r,\quad \frac{db''}{dt} = -q.$$

L devient $L_{,}$, et les sommes des moments

$$\sum m\left(y\frac{dz}{dt}-z\frac{dy}{dt}\right),\ \text{etc.},$$

deviennent celles qui se rapportent aux axes $Ox_{,}$, $Oy_{,}$, $Oz_{,}$, c'est-à-dire $Ap$, $Bq$, $Cr$.

On arrive ainsi aux équations d'Euler sans avoir besoin de calculer les forces accélératrices d'un point quelconque parallèles à des axes fixes, ou aux axes principaux du corps, ni les forces centrifuges de M. Poinsot. Au surplus, on peut encore trouver les expressions de ces forces d'une manière assez simple.

Les projections de la vitesse $v$ sur les axes $Ox_{,}$, $Oy_{,}$, $Oz_{,}$ étant données par les formules (5), sa projection sur l'un des axes fixes $Ox_{,}$ est

$$(11)\quad \frac{dx}{dt}=a(qz_{,}-ry_{,})+b(rx_{,}-pz_{,})+c(py_{,}-qx_{,}).$$

De là résulte

$$\begin{aligned}\frac{d^2x}{dt^2}&=a\left(z_{,}\frac{dq}{dt}-y_{,}\frac{dr}{dt}\right)+b\left(x_{,}\frac{dr}{dt}-z_{,}\frac{dp}{dt}\right)\\&+c\left(y_{,}\frac{dp}{dt}-x_{,}\frac{dq}{dt}\right)+(qz_{,}-ry_{,})\frac{da}{dt}+(rx_{,}-pz_{,})\frac{db}{dt}\\&+(py_{,}-qx_{,})\frac{dc}{dt}.\end{aligned}$$

Si l'on prend encore pour axes fixes les axes $Ox_{,}$, $Oy_{,}$, $Oz_{,}$ dans la position où ils se trouvent à l'époque $t$, $\frac{d^2x}{dt^2}$ deviendra la composante $p_{,}$ de la force accélératrice du point $m$ parallèle à l'axe $Ox_{,}$, et l'on aura $\left(\text{en faisant } a=1,\ b=0,\ c=0,\ \frac{da}{dt}=0,\ \frac{db}{dt}=r,\ \frac{dc}{dt}=q\right)$

$$p_{,}=z_{,}\frac{dq}{dt}-y_{,}\frac{dr}{dt}+(py_{,}-qx_{,})q-(rx_{,}-pz_{,})r,$$

ou

$$p_{,} = z_{,}\frac{dq}{dt} - y_{,}\frac{dr}{dt} - (p^2+q^2+r^2)x_{,} + p(px_{,}+qy_{,}+rz_{,})\ (*).$$

On connaît donc les composantes $p_{,}$, $q_{,}$, $r_{,}$ de la force accélératrice du point $m$ parallèles aux axes $Ox_{,}$, $Oy_{,}$, $Oz_{,}$.

Les forces perdues $X_{,} - mp_{,}$, $Y_{,} - mq_{,}$, $Z_{,} - mr_{,}$ doivent se faire équilibre autour du point fixe O; en égalant leurs moments à zéro, on aura

$$\sum[(Z_{,} - mr_{,})y_{,} - (Y_{,} - mq_{,})z_{,}] = 0, \quad \text{etc.}$$

Substituant les valeurs de $p_{,}$, $q_{,}$, $r_{,}$ et réduisant, on retrouvera les équations d'Euler.

A ces équations, qui expriment comment varient la vitesse de rotation et la position de l'axe instantané par rapport aux axes principaux du corps, il faut joindre les formules (3), ou plutôt trois relations équivalentes entre $p$, $q$, $r$ et les variations des angles désignés par $\psi$, $\theta$, $\varphi$ de la *Mécanique* de Poisson, angles qui définissent la position des axes principaux du corps solide par rapport à un système d'axes fixes $Ox$, $Oy$, $Oz$.

On obtient immédiatement les formules de la page 134,

$$p\,dt = \sin\varphi \sin\theta\, d\psi + \cos\varphi\, d\theta, \quad \text{etc.},$$

(*) Si du point $m$ on abaisse $mi$ perpendiculaire sur l'axe instantané, on voit que la partie $-(p^2+q^2+r^2)x_{,} + p(px_{,}+qy_{,}+rz_{,})$ représente la projection sur l'axe $Ox_{,}$ d'une force dirigée suivant cette perpendiculaire $mi$ et qui a pour valeur $\omega^2.mi$. Car, en projetant le triangle $Omi$ sur $Ox_{,}$, on a

$$mi\cos(mi, Ox_{,}) = Oi\cos(Oi, Ox_{,}) - Om\cos(Om, Ox_{,})$$
$$= \left(\frac{p}{\omega}x_{,} + \frac{q}{\omega}y_{,} + \frac{r}{\omega}z_{,}\right)\frac{p}{\omega} - x_{,},$$

d'où

$$\omega^2.mi.\cos(mi, Ox_{,}) = p(px_{,}+qy_{,}+rz_{,}) - (p^2+q^2+r^2)x_{,}.$$

à l'aide du théorème sur la composition des rotations infiniment petites, en vertu duquel, si l'on prend sur l'axe de chaque rotation (dans un certain sens) une longueur qui représente la grandeur de cette rotation, la somme des projections sur une droite quelconque de plusieurs rotations est égale à la projection de la rotation résultante. Il en résulte que la rotation $\omega\, dt$ du corps autour de l'axe instantané équivaut aux trois rotations successives $p\,dt$, $q\,dt$, $r\,dt$ autour des axes $Ox_{,}$, $Oy_{,}$, $Oz_{,}$ et aussi aux trois rotations successives du corps autour des lignes $Oz$, ON et $Oz_{,}$ indiquées par les différentielles $d\psi$, $d\theta$ et $d\varphi$. En outre, $p\,dt$, projection sur la ligne $Ox_{,}$ de la rotation effective $\omega dt$, est égale à la somme des projections sur $Ox_{,}$ des trois rotations correspondantes à $d\psi$, $d\theta$ et $d\varphi$, c'est-à-dire qu'on a

$$p\,dt = d\psi \cos zOx_{,} + d\theta \cos \mathrm{NO}x_{,} + d\varphi \cos z_{,}Ox_{,},$$

ou

$$p = \cos\varphi \frac{d\theta}{dt} + \sin\theta \sin\varphi \frac{d\psi}{dt}.$$

On trouve de même $q$ et $r$, et, réciproquement, $\frac{d\psi}{dt}$, $\frac{d\theta}{dt}$ et $\frac{d\varphi}{dt}$ en fonction de $p$, $q$, $r$.

On trouve aussi les mêmes formules en différentiant simplement les équations

$$\tang\psi = -\frac{c}{c'}, \quad \cos\theta = c'', \quad \tang\varphi = \frac{a''}{b''}:$$

puis, remplaçant $dc$, $dc'$, etc., par les valeurs qui se trouvent à la page 135, et qu'on obtient aussi en comparant les expressions (4) et (11) de $\frac{dx}{dt}$, etc.

On peut abréger de la même manière les calculs par lesquels M. Coriolis a établi son théorème sur le mouvement relatif d'un point ou d'un système de points par rapport à des axes qui ont un mouvement donné dans l'espace (*Calcul de l'effet des Machines*, pages 40 et suivantes). Pour le cas d'un système, il faut prendre la formule générale de dynamique

$$\sum m\left(\frac{d^2x}{dt^2}\delta x + \frac{d^2y}{dt^2}\delta y + \frac{d^2z}{dt^2}\delta z\right)$$

$$= \sum (X\delta x + Y\delta y + Z\delta z), \quad \text{ou} \quad \sum P\delta p,$$

substituer les valeurs de $\frac{d^2x}{dt^2}$, $\frac{d^2y}{dt^2}$, $\frac{d^2z}{dt^2}$, $\delta x$, $\delta y$, $\delta z$ qui résultent des formules

$$x = \xi + ax_{,} + by_{,} + cz_{,},$$
$$y = \eta + a'x_{,} + b'y_{,} + c'z_{,},$$
$$z = \zeta + a''x_{,} + b''y_{,} + c''z_{,},$$

où $\xi$, $a$, $b$, $c$, $x_{,}$, etc., sont variables avec $t$, et prendre ensuite les axes fixes $Ox$, $Oy$, $Oz$ parallèles aux axes mobiles $Ox_{,}$, $Oy_{,}$, $Oz_{,}$ considérés dans la position qu'ils occupent au bout du temps $t$, ce qui donne

$$a = 1, \quad b = 0, \quad c = 0, \quad \text{etc.},$$
$$\frac{da}{dt} = 0, \quad \frac{db}{dt} = r, \quad \text{etc.},$$
$$\delta x = \delta x_{,}, \quad \delta y = \delta y_{,}, \quad \delta z = \delta z_{,}, \quad \text{etc.}$$

Les liaisons du système étant exprimées par des équations

$$L = 0, \quad M = 0, \quad \text{etc.},$$

entre $t$, $x_{,}$, $y_{,}$, $z_{,}$, etc., on arrive, par la méthode de Lagrange, à des équations telles que

$$m\frac{d^2x_{,}}{dt^2} = X_{,} - X_e - m\left(q\frac{dz_{,}}{dt} - r\frac{dy_{,}}{dt}\right) + \lambda\frac{dL}{dx_{,}} + \mu\frac{dM}{dx_{,}} + \ldots,$$

$X_{,}$ étant la composante parallèle à $Ox_{,}$ de la force motrice appliquée au point $m$, et $X_e$ celle de sa force d'entraînement.

---

# Bibliographie des ouvrages de Charles François Sturm

## Abréviations

| | |
|---|---|
| *AMPA* | *Annales de mathématiques pures et appliquées* [ou *Annales de Gergonne*] |
| *JMPA* | *Journal de mathématiques pures et appliquées* [ou *Journal de Liouville*] |
| *BSMP* | *Bulletin des sciences mathématiques, physiques et chimiques* [ou *Bulletin de Férussac*] |
| *CRAS* | *Comptes Rendus hebdomadaires des séances de l'Académie Royale des Sciences* |
| *MPAS* | *Mémoires présentés par divers savants à l'Académie Royale des Sciences* |
| *NAM* | *Nouvelles annales de mathématiques* [ou *Annales de Terquem*] |
| *APC* | *Annalen der Physik und Chemie* [ou *Annales de Poggendorff*] |

## Références


[1822–23a], «Solution du problème de dynamique énoncé à la page 180 du présent volume», *AMPA* **XIII**, pp. 289–303.

[1822–23b], (avec A. L. Boyer) «Solution partielle du problème de géometrie énoncé à la page 288 du XIIe volume du présent recueil», *AMPA* **XIII**, pp. 314–318.*

[1823–24a], «Démonstration d'un théorème de géométrie, énoncé à la page 248 du précédent volume», *AMPA* **XIV**, pp. 13–16.

[1823–24b], «Démonstration de deux théorèmes de géométrie, énoncés à la page 248 du XIIIe volume des *Annales*», *AMPA* **XIV**, pp. 17–23.

[1823–24c], «Recherches analitiques, sur une classe de problèmes de géométrie dépendant de la théorie des *maxima* et *minima*», *AMPA* **XIV**, pp. 108–116.

[1823–24d], «[Démonstration des deux théorèmes de géométrie énoncés à la page 63 du présent volume]», *AMPA* **XIV**, pp. 225–228.


*Signalons que le nom de Boyer apparaît en première position dans cet article, mains ne figure pas dans les bibliographies courantes de Sturm.

[1823–24e], «Autre démonstration du même théorème», *AMPA* **XIV**, pp. 286–293.

[1823–24f], «Solution du dernier des quatre problèmes de géométrie proposés à la page 304 du précédent volume», *AMPA* **XIV**, pp. 302–307.

[1823–24g], «Solution du problème de statique énoncé à la page 28 du présent volume», *AMPA* **XIV**, pp. 381–389.

[1823–24h], «Addition à l'article inséré à la page 286 du présent volume», *AMPA* **XIV**, pp. 390–391.

[1824–25a], «Démonstration des quatre théorèmes sur l'hyperbole énoncés à la page 268 du précédent volume», *AMPA* **XV**, pp. 100–104.

[1824–25b], «Recherches sur les caustiques», *AMPA* **XV**, pp. 205–218.

[1824–25c], «Théorèmes sur les polygones réguliers», *AMPA* **XV**, pp. 250–256.

[1824–25d], «Recherches analitiques sur les polygones rectilignes plans ou gauches, renfermant la solution de plusieurs questions proposées dans le présent recueil», *AMPA* **XV**, pp. 309–344.

[1825–26a], «Recherches d'analise sur les caustiques planes», *AMPA* **XVI**, pp. 238–247.

[1825–26b], «Mémoire sur les lignes du second ordre. (Première partie)», *AMPA* **XVI**, pp. 265–293.

[1826–27], «Mémoire sur les lignes du second ordre. (Deuxième partie)», *AMPA* **XVII**, pp. 173–198.

[1829a], «Analyse d'un Mémoire sur la résolution des équations numériques. (Lu à l'Acad. roy. des Scien. le 23 Mai 1829), *BSMP* **XI**, pp. 419–422.

[1829b], «Extrait d'un mémoire de M. Sturm, présenté à l'Académie des sciences, dans sa séance du 1$^{er}$ juin 1829», *BSMP* **XI**, pp. 422–425.

[1829c], «Note présentée à l'Académie par M. Ch. Sturm, dans sa séance du 8 juin 1829», *BSMP* **XI**, p. 425.

[1829d], «Extrait d'un Mémoire sur l'intégration d'un système d'équations différentielles linéaires, présenté à l'Académie des sciences, le 27 juillet 1829, par M. Sturm», *BSMP* **XII**, pp. 313–322.

[1830], «[Rapport de M. Cauchy sur le Mémoire de M. Sturm intitulé] Résumé d'une nouvelle théorie relative à une classe de fonctions transcendantes», *Procès-verbaux des séances de l'Académie des sciences* **IX**, 1828–1831, pp. 469–470.

[1833a], «Analyse d'un mémoire sur les propriétés générales des fonctions, qui dépendent d'équations différentielles linéaires du second ordre», *L'Institut, Journal des Académies et Sociétés scientifiques de la France et de l'étranger* **1**, 9 novembre, pp. 219–233. [résumé de [1836a]].

[1833b], [Note sans titre], *L'Institut, Journal des Académies et Sociétés scientifiques de la France et de l'étranger* **1**, 30 novembre, pp. 247–248. [résumé de [1836d]].

[1835], «Mémoire sur la résolution des équations numériques», *MPAS* **6**, pp. 273–318.

[1836a], «Mémoire sur les Équations différentielles linéaires du second ordre; (Lu à l'Académie des Sciences le 28 septembre 1833)», *JMPA* **I**, pp. 106–186.

[1836b] (avec J. Liouville), «Démonstration d'un Théorème de M. Cauchy, relatif aux racines imaginaires des Équations», *JMPA* **I**, pp. 278–289.

[1836c], «Autres démonstrations du même Théorème», *JMPA* **I**, pp. 290–308.

[1836d], «Mémoire sur une classe d'Équations à différences partielles», *JMPA* **I**, pp. 373–444.

[1837a] (avec J. Liouville), «Note sur un théorème de M. Cauchy relatif aux racines des équations simultanées», *CRAS* **IV**, pp. 720–724.

[1837b] (avec J. Liouville), «Extrait d'un Mémoire sur le développement des fonctions en séries dont les différents termes sont assujettis à satisfaire à une même équation différentielle linéaire, contenant un paramètre variable», *JMPA* **II**, pp. 220–223. [Publié aussi dans *CRAS* **IV**, pp. 675–677].

[1838a] (avec D. Colladon), «Mémoire sur la compression des liquides», *MPAS* **V**, pp. 267–347.

[1838b], «Mémoire sur l'Optique», *JMPA* **III**, pp. 357–384.

[1839], «Note de M. Sturm, relative au Mémoire de M. Libri inséré dans le précédent Compte Rendu», *CRAS* **VIII**, p. 788.

[1841a], «Mémoire sur quelques propositions de mécanique rationnelle», *CRAS* **XIII**, pp. 1046–1051.

[1841b], «Note de M. Sturm à l'occasion de l'article précédent », *JMPA* **VI**, pp. 315–320.

[1842a], «Note de M. Sturm à l'occasion de l'article précédent », *JMPA* **VII**, pp. 132–133.

[1842b], «Note sur un Mémoire de M. Chasles», *JMPA* **VII**, pp. 345–355.

[1842c], «Démonstration d'un Théorème d'algèbre de M. Sylvester», *JMPA* **VII**, pp. 356–368.

[1845a], «Mémoire sur la théorie de la vision», *CRAS* **XX**, pp. 554–560, 761–767, 1238–1257.

[1845b], «Ueber die Theorie des Sehens», *APC* **LXV**, pp. 116–134, 374–395. [Traduction de 1845a]

[1848], «Note sur l'intégration des équations générales de la dynamique», *CRAS* **XXVI**, pp. 658–666.

[1851], «Sur le mouvement d'un corps solide autour d'un point fixe», *NAM* **X**, pp. 419–432.

[1857–1859], *Cours d'analyse de l'École polytechnique*, Paris: Mallet-Bachelier.

[1861], *Cours de mécanique de l'École polytechnique*, publié par E. Prouhet, Paris: Mallet-Bachelier.

## Note

Parmi les papiers de Liouville conservés à Bordeaux, Erwin Neuenschwander a retrouvé des pièces ayant appartenu à Charles Sturm parmi des papiers de Liouville. Parmi elles, un inédit de 63 pages d'août 1829 intitulé «Mémoire sur la distribution de la chaleur dans un assemblage de vases». On trouvera tous les renseignements utiles dans la publication de Neuenschwander mentionnée dans la bibliographie de Sturm. Comme il le mentionne p. 341, la famille Drouineau, dépositaire de ces papiers, l'a autorisé à les emmener avec lui à Zürich. Erwin Neuenschwander n'a pas souhaité participer à notre colloque, ni à la publication des Œuvres de Sturm. Nous espérons de sa part une publication prochaine de ces précieux documents.

# Bibliographie des principaux articles/ouvrages sur Charles François Sturm


AMREIN, Werner O., HINZ, Andreas M., PEARSON, David B.,
[2005], *Sturm-Liouville Theory. Past and Present*, Basel, Birkhäuser Verlag.

BÔCHER, Maxime,
[1911–1912], «The Published and Unpublished Work of Charles Sturm on Algebraic and Differential Equations», *Bulletin of the American Mathematical Society*, **18**, pp. 1–18.
[1914], «Charles Sturm et les mathématiques modernes», *Revue du Mois*, **17**, janvier–juin, pp. 88–104.

COLLADON, Jean Daniel,
[1893], *Souvenirs et Mémoires. Autobiographie de J.-Daniel Colladon*, Genève, Imprimerie Aubert-Schuchardt.

CROSLAND, Maurice,
[1992], *Science under Control. The French Academy of Sciences* 1795–1914, Cambridge, Cambridge University Press.

ÉCOLE POLYTECHNIQUE,
[1895], *Livre du Centenaire* 1794–1894, t. 1: *L'Ecole et la Science*, Paris, Gauthier-Villars.

LORIA, Gino,
[1938], «Charles Sturm et son œuvre mathématique», *L'Enseignement mathématique*, **37**, pp. 249–274.

LÜTZEN, Jesper,
[1984], «Sturm and Liouville's work on ordinary linear differential equations. The emergence of Sturm-Liouville theory», *Arch. Hist. Exact Sci.*, **29**, pp. 309–376.

MAINDRON, Ernest,
[1881], *Fondation de prix à l'Académie des Sciences. Les lauréats de l'Académie,* 1714–1880, Paris, Gauthier-Villars.

MASSÉ, Arthur,
[ca 1880], *Nouvelles rues. Hommes nouveaux*, Genève, J. Carey éd.; Paris, Sandoz et Fischbacher, pp. 160–173.

MIGNOSI, Gaspare,
[1925], «Teorema di Sturm e sue estensioni», *Rendiconti del Circolo matematico di Palermo*, **49**, pp. 1–16.

MONTANDON, Cléopâtre,
[1975], *Le développement de la science à Genève aux XVIIIe et XIXe siècles*, Vevey, Editions Delta.

NEUENSCHWANDER, Erwin,
[1989], «The unpublished papers of Joseph Liouville in Bordeaux», *Historia Mathematica*, **16**, pp. 334–342.

PROUHET, Eugène,
[1856], «Notice sur la vie et les travaux de Ch. Sturm», *Bulletin de bibliographie, d'histoire et de biographie mathématiques*, **2**, mai–juin, pp. 72–89. Repris dans Ch. Sturm, *Cours d'analyse*, 5e éd., Paris, 1877.

SPEZIALI, Pierre,
[1964], *Charles-François Sturm* (1803–1855). *Documents inédits*, Paris, Les Conférences du Palais de la Découverte, série D, n° 96.
[1997], *Physica Genevensis. La vie et l'œuvre de 33 physiciens genevois* 1546–1953, édité par Charles P. Enz, Genève, Georg, pp. 177–185.

TATON, René,
[1947], «Les mathématiques dans le *Bulletin de Férussac*», *Archives internationales d'histoire des sciences*, **1**, pp. 100–125.

VIVANTI, Giorgio,
[1938], «Sur quelques théorèmes géométriques de Charles Sturm», *L'Enseignement mathématique*, **37**, pp. 275–291.